Introducción a la estadística

AUTORES PRINCIPALES

BARBARA ILLOWSKY, DEANZA COLLEGE

SUSAN DEAN, DEANZA COLLEGE

openstax™

978-1-711494-66-1

OpenStax
Rice University
6100 Main Street MS-375
Houston, Texas 77005

Para obtener más información sobre OpenStax, visite https://openstax.org.
Pueden adquirirse copias impresas individuales y pedidos al por mayor a través de nuestro sitio web.

VERSIÓN DE TAPA BLANDA ISBN-13	**978-1-711494-66-1**
VERSIÓN DIGITAL ISBN-13	**978-1-951693-48-0**
AÑO DE PUBLICACIÓN ORIGINAL	**2022**

1 2 3 4 5 6 7 8 9 10 CJP 22

Printed by
XanEdu
17177 Laurel Park Drive, Suite 233
Livonia, MI 48152
800-562-2147
www.xanedu.com

OpenStax

OpenStax ofrece libros de texto gratuitos, revisados por expertos y con licencia abierta para cursos de introducción a la universidad y del programa Advanced Placement®, así como software didáctico personalizado de bajo costo que apoyan el aprendizaje de los estudiantes. Es una iniciativa de tecnología educativa sin fines de lucro con sede en Rice University (Universidad Rice), que se compromete a brindarle acceso a los estudiantes a las herramientas que necesitan para terminar sus cursos y alcanzar sus objetivos educativos.

Rice University

OpenStax, OpenStax CNX y OpenStax Tutor son iniciativas de Rice University. Como universidad líder en investigación con un compromiso particular con la educación de pregrado, Rice University aspira a una investigación pionera, una enseñanza insuperable y contribuciones para mejorar nuestro mundo. Su objetivo es cumplir esta misión y cultivar una comunidad diversa de aprendizaje y descubrimiento que forme líderes en todo el ámbito del esfuerzo humano.

RICE

Apoyo Filantrópico

OpenStax agradece a nuestros generosos socios filantrópicos, que apoyan nuestra visión de mejorar las oportunidades educativas para todos los estudiantes. Para ver el impacto de nuestra comunidad de colaboradores y nuestra lista más actualizada de socios, visite openstax.org/impact.

Arnold Ventures
Chan Zuckerberg Initiative
Chegg, Inc.
Arthur and Carlyse Ciocca Charitable Foundation
Digital Promise
Ann and John Doerr
Bill & Melinda Gates Foundation
Girard Foundation
Google Inc.
The William and Flora Hewlett Foundation
The Hewlett-Packard Company
Intel Inc.
Rusty and John Jaggers
The Calvin K. Kazanjian Economics Foundation
Charles Koch Foundation
Leon Lowenstein Foundation, Inc.
The Maxfield Foundation
Burt and Deedee McMurtry
Michelson 20MM Foundation
National Science Foundation
The Open Society Foundations
Jumee Yhu and David E. Park III
Brian D. Patterson USA-International Foundation
The Bill and Stephanie Sick Fund
Steven L. Smith & Diana T. Go
Stand Together
Robin and Sandy Stuart Foundation
The Stuart Family Foundation
Tammy and Guillermo Treviño
Valhalla Charitable Foundation
White Star Education Foundation
Schmidt Futures
William Marsh Rice University

Contenido

Prefacio

Bienvenido a *Introducción a la estadística*, un recurso de OpenStax. Este libro de texto fue escrito para aumentar el acceso de los estudiantes a material de aprendizaje de alta calidad, a la vez que se mantienen los más altos estándares de rigor académico a bajo costo o sin costo.

La base de este libro de texto es *Collaborative Statistics [Estadística de colaboración]*, de Barbara Illowsky y Susan Dean. Se han añadido temas adicionales, ejemplos e innovaciones en la terminología y las aplicaciones prácticas, todo ello con el objetivo de aumentar la relevancia y la accesibilidad para los estudiantes.

Acerca de OpenStax

OpenStax es una organización sin fines de lucro con sede en la Universidad de Rice. Nuestra misión es mejorar el acceso de los estudiantes a la educación. Nuestro primer libro de texto universitario con licencia abierta se publicó en 2012, y desde entonces nuestra biblioteca se ha ampliado a más de 25 libros para cursos universitarios y de Colocación Avanzada (Advanced Placement, AP®) utilizados por cientos de miles de estudiantes. OpenStax Tutor, nuestra herramienta de aprendizaje personalizado de bajo costo, se utiliza en cursos universitarios de todo el país. A través de nuestras asociaciones con fundaciones filantrópicas y nuestra alianza con otras organizaciones de recursos educativos, OpenStax rompe las barreras más comunes para el aprendizaje y otorga poder a los estudiantes e instructores para que triunfen.

Sobre los recursos de OpenStax

Personalización

Introducción a la estadística está autorizado conforme a la licencia Creative Commons Attribution 4.0 International (CC BY), lo que significa que se puede distribuir, mezclar y construir sobre el contenido, siempre y cuando proporcione la atribución a OpenStax y sus colaboradores de contenido.

Dado que nuestros libros tienen licencia abierta, usted es libre de utilizar todo el libro o de elegir las secciones que sean más relevantes para las necesidades de su curso. Siéntase libre de remezclar el contenido asignando a sus estudiantes determinados capítulos y secciones de su programa de estudios, en el orden que usted prefiera. Incluso puede proporcionar un enlace directo en su programa de estudios a las secciones en la vista web de su libro.

Los instructores también tienen la opción de crear una versión personalizada de su libro de OpenStax. La versión personalizada puede ponerse a disposición de los estudiantes en formato impreso o digital de bajo costo a través de la librería de su campus. Visite la página de su libro en OpenStax.org para obtener más información.

Errata

Todos los libros de texto de OpenStax se someten a un riguroso proceso de revisión. Sin embargo, como cualquier libro de texto de nivel profesional, a veces se producen errores. Dado que nuestros libros están en la web, podemos hacer actualizaciones periódicas cuando se considere pedagógicamente necesario. Si tiene una corrección que sugerir, envíela a través del enlace de la página de su libro en OpenStax.org. Los expertos en la materia revisan todas las sugerencias de erratas. OpenStax se compromete a ser transparente en todas las actualizaciones, por lo que también encontrará una lista de los cambios de erratas anteriores en la página de su libro en OpenStax.org.

Formato

Puede acceder a este libro de texto de forma gratuita en la página web o en PDF a través de OpenStax.org, y en ediciones impresas de bajo costo y en iBooks.

Acerca de *Introducción a la estadística*

Introducción a la estadística sigue los requisitos de alcance y secuencia de un curso de Introducción a la estadística de un semestre y está orientado a los estudiantes que se especializan en campos distintos de las matemáticas o la ingeniería. El texto asume algunos conocimientos de álgebra intermedia y se centra en la aplicación de la estadística por encima de la teoría. *Introducción a la estadística* incluye innovadoras aplicaciones prácticas que hacen que el texto sea relevante y accesible, así como ejercicios de colaboración, problemas de integración tecnológica y laboratorios de Estadística.

Cobertura y alcance

Capítulo 1 Muestreo y datos
Capítulo 2 Estadística descriptiva
Capítulo 3 Temas de probabilidad
Capítulo 4 Variables aleatorias discretas
Capítulo 5 Variables aleatorias continuas

Capítulo 6 La distribución normal
Capítulo 7 El teorema del límite central
Capítulo 8 Intervalos de confianza
Capítulo 9 Pruebas de hipótesis con una muestra
Capítulo 10 Pruebas de hipótesis con dos muestras
Capítulo 11 La distribución chi-cuadrado
Capítulo 12 Regresión lineal y correlación
Capítulo 13 Distribución F y ANOVA de una vía

Secuencia alternativa

Introducción a la estadística fue concebido y escrito para adaptarse a una secuencia temática concreta, pero puede utilizarse de forma flexible para acomodar otras estructuras de curso. A continuación, se presenta una de estas posibles estructuras, que se ajusta razonablemente bien al contenido del libro de texto. Sin embargo, hay que tener en cuenta que los capítulos no se escribieron para ser completamente independientes, y que la secuencia alternativa propuesta debe considerarse cuidadosamente para la preparación de los estudiantes y la coherencia del texto.

Capítulo 1 Muestreo y datos
Capítulo 2 Estadística descriptiva
Capítulo 12 Regresión lineal y correlación
Capítulo 3 Temas de probabilidad
Capítulo 4 Variables aleatorias discretas
Capítulo 5 Variables aleatorias continuas
Capítulo 6 La distribución normal
Capítulo 7 El teorema del límite central
Capítulo 8 Intervalos de confianza
Capítulo 9 Pruebas de hipótesis con una muestra
Capítulo 10 Pruebas de hipótesis con dos muestras
Capítulo 11 La distribución chi-cuadrado
Capítulo 13 Distribución F y ANOVA de una vía

Fundamentos y características pedagógicas

- Los **ejemplos** se ubican estratégicamente a lo largo del texto para mostrar a los estudiantes el proceso paso a paso de interpretación y resolución de problemas estadísticos. Para que el texto siga siendo relevante para los estudiantes, los ejemplos se extraen de un amplio espectro de temas prácticos, que incluyen ejemplos sobre la vida universitaria y el aprendizaje, la salud y la medicina, el comercio y los negocios, y los deportes y el entretenimiento.
- Los problemas de práctica de la sección **Ejercicio** siguen inmediatamente a muchos ejemplos y dan a los estudiantes la oportunidad de practicar mientras leen el texto. **Suelen basarse en temas prácticos y familiares, como los propios Ejemplos**.
- Los **ejercicios de colaboración** proporcionan un escenario en clase para que los estudiantes trabajen juntos para explorar los conceptos presentados.
- El **uso de las calculadoras TI-83, 83+, 84 u 84+** muestra a los estudiantes instrucciones paso a paso para introducir problemas en su calculadora.
- **El ícono de tecnología** indica dónde se recomienda el uso de una calculadora TI o de un software de computadora.
- Los problemas de las secciones **Práctica, Tarea para la casa y Resúmalo todo** ofrecen al estudiante situaciones con distintos grados de dificultad, a la vez que incluyen escenarios del mundo real para atraerlos.

Laboratorios de estadística

Barbara Illowsky y Susan Dean desarrollaron estas innovadoras actividades para ofrecer a los estudiantes la experiencia de diseñar, aplicar e interpretar análisis estadísticos. Se basan en experimentos y procesos de recopilación de datos reales y ofrecen una experiencia práctica y colaborativa única. Los laboratorios proporcionan una base para el aprendizaje posterior y la interacción en el aula que producirá una aplicación significativa de la estadística.

Los laboratorios de Estadística aparecen al final de cada capítulo y comienzan con los resultados de aprendizaje de los estudiantes, las estimaciones generales de tiempo en la tarea y cualquier nota de aplicación global. Luego, los estudiantes cuentan con una guía paso a paso, incluidas las tablas de datos de las muestras y las indicaciones de cálculo. La asistencia detallada ayudará a los estudiantes a aplicar con éxito los conceptos del texto y a sentar las bases para futuros trabajos colaborativos o individuales.

Recursos adicionales

Recursos para estudiantes e instructores

Hemos recopilado recursos adicionales tanto para estudiantes como para instructores, lo que incluye guías de inicio, un manual de soluciones para el instructor y láminas de PowerPoint. Los recursos para instructores requieren una cuenta de instructor verificada, la cual puede solicitar al iniciar sesión o crear su cuenta en OpenStax.org. Aproveche estos recursos para complementar su libro de OpenStax.

Centros comunitarios

OpenStax se asocia con el Instituto para el Estudio de la Administración del Conocimiento en la Educación (Institute for the Study of Knowledge Management in Education, ISKME) para ofrecer centros comunitarios en OER Commons, una plataforma para que los instructores compartan recursos creados por la comunidad que apoyan los libros de OpenStax, de forma gratuita. A través de nuestros centros comunitarios, los instructores pueden cargar sus propios materiales o descargar recursos para utilizarlos en sus cursos, lo que incluye anexos adicionales, material didáctico, multimedia y contenido relevante del curso. Animamos a los instructores a que se unan a los centros de los temas más relevantes para su docencia e investigación como una oportunidad, tanto para enriquecer sus cursos como para relacionarse con otros profesores.

Para comunicarse con los centros comunitarios (Community Hubs), visite www.oercommons.org/hubs/OpenStax (https://www.oercommons.org/hubs/OpenStax).

Recursos asociados

Los socios de OpenStax son nuestros aliados en la misión de hacer asequible y accesible el material de aprendizaje de alta calidad a los estudiantes e instructores de todo el mundo. Sus herramientas se integran perfectamente con nuestros títulos de OpenStax a un bajo costo. Para acceder a los recursos asociados a su texto, visite la página de su libro en OpenStax.org.

Sobre los autores

Autores principales

Barbara Illowsky, De Anza College
Susan Dean, De Anza College

Autores colaboradores

Daniel Birmajer, Nazareth College
Bryan Blount, Kentucky Wesleyan College
Sheri Boyd, Rollins College
Matthew Einsohn, Prescott College
James Helmreich, Marist College
Lynette Kenyon, Collin County Community College
Sheldon Lee, Viterbo University
Jeff Taub, Maine Maritime Academy

Revisores

Birgit Aquilonius, West Valley College
Charles Ashbacher, Upper Iowa University, Cedar Rapids
Abraham Biggs, Broward Community College
Roberta Bloom, De Anza College
Ernest Bonat, Portland Community College
Sarah Boslaugh, Kennesaw State University
David Bosworth, Hutchinson Community College
George Bratton, University of Central Arkansas
Jing Chang, College of Saint Mary
Laurel Chiappetta, University of Pittsburgh
Lenore Desilets, De Anza College
Ann Flanigan, Kapiolani Community College
David French, Tidewater Community College
Mo Geraghty, De Anza College
Larry Green, Lake Tahoe Community College
Michael Greenwich, College of Southern Nevada
Inna Grushko, De Anza College
Valier Hauber, De Anza College

Janice Hector, De Anza College
Robert Henderson, Stephen F. Austin State University
Mel Jacobsen, Snow College
Mary Jo Kane, De Anza College
Charles Klein, De Anza College
Alexander Kolovos
Sara Lenhart, Christopher Newport University
Wendy Lightheart, Lane Community College
Vladimir Logvenenko, De Anza College
Jim Lucas, De Anza College
Lisa Markus, De Anza College
Miriam Masullo, SUNY Purchase
Diane Mathios, De Anza College
Robert McDevitt, Germanna Community College
Mark Mills, Central College
Cindy Moss, Skyline College
Nydia Nelson, St. Petersburg College
Benjamin Ngwudike, Jackson State University
Jonathan Oaks, Macomb Community College
Carol Olmstead, De Anza College
Adam Pennell, Greensboro College
Kathy Plum, De Anza College
Lisa Rosenberg, Elon University
Sudipta Roy, Kankakee Community College
Javier Rueda, De Anza College
Yvonne Sandoval, Pima Community College
Rupinder Sekhon, De Anza College
Travis Short, St. Petersburg College
Frank Snow, De Anza College
Abdulhamid Sukar, Cameron University
Mary Teegarden, San Diego Mesa College
John Thomas, College of Lake County
Philip J. Verrecchia, York College of Pennsylvania
Dennis Walsh, Middle Tennessee State University
Cheryl Wartman, University of Prince Edward Island
Carol Weideman, St. Petersburg College
Andrew Wiesner, Pennsylvania State University

1 MUESTREO Y DATOS

Figura 1.1 Nos encontramos con estadísticas en nuestra vida diaria más a menudo de lo que probablemente pensamos y de muchas fuentes diferentes, como las noticias (créditos: David Sim).

Objetivos del Capítulo

Al final de este capítulo el estudiante podrá:

- Reconocer y diferenciar los términos clave.
- Aplicar diversos tipos de métodos de muestreo a la recolección de datos.
- Crear e interpretar tablas de frecuencia.

Introducción

Probablemente se esté preguntando: "¿Cuándo y dónde voy a utilizar la estadística?". Si lee cualquier periódico, ve la televisión o utiliza internet, verá información estadística. Hay estadísticas sobre delincuencia, deportes, educación, política y bienes raíces. Normalmente, cuando se lee un artículo de periódico o se ve un programa de noticias de televisión se da una información de muestra. Con esta información, puede tomar una decisión sobre la corrección de una declaración, afirmación o "hecho". Los métodos estadísticos pueden ayudarlo a hacer una "mejor estimación".

Como sin duda recibirá información estadística en algún momento de su vida, necesita conocer algunas técnicas para analizar la información de forma reflexiva. Piense en la compra de una casa o en la gestión de un presupuesto. Piense en la profesión que ha elegido. Economía, Negocios, Psicología, Educación, Biología, Derecho, Informática, Política y Desarrollo de la Primera Infancia son campos de conocimiento que requieren, al menos, un curso de Estadística.

En este capítulo se incluyen las ideas y palabras básicas de probabilidad y estadística. Pronto entenderá que la estadística y la probabilidad trabajan juntas. También aprenderá cómo se recopilan los datos y qué datos "buenos" pueden distinguirse de los "malos".

1.1 Definiciones de estadística, probabilidad y términos clave

La ciencia de la **Estadística** se ocupa de la recopilación, del análisis, de la interpretación y de la presentación de **datos**. Vemos y utilizamos datos en nuestra vida cotidiana.

EJERCICIO COLABORATIVO

Intente este ejercicio en clase. Pida a sus compañeros de clase que anoten el tiempo promedio (en horas, redondeado a la media hora más cercana) que duermen por noche. Su instructor registrará los datos. A continuación, cree un gráfico sencillo (llamado **diagrama de puntos**) de los datos. Un diagrama de puntos consiste en una línea numérica y puntos (o pequeños círculos) colocados sobre la línea numérica. Por ejemplo, considere los siguientes datos:

5; 5,5; 6; 6; 6; 6,5; 6,5; 6,5; 6,5; 7; 7; 8; 8; 9

El diagrama de puntos para estos datos sería el siguiente:

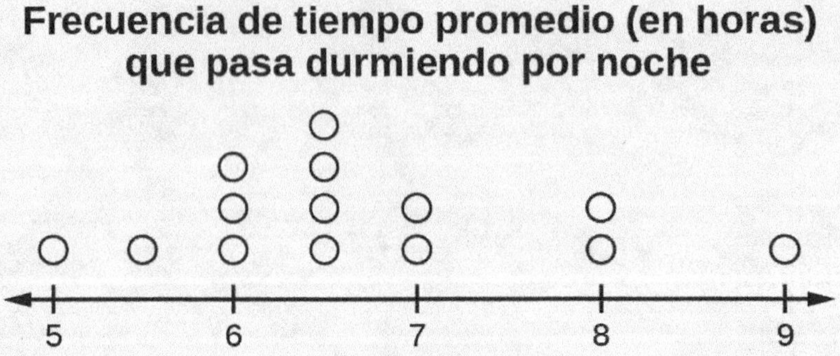

Figura 1.2

¿Su diagrama de puntos es igual o diferente al del ejemplo? ¿Por qué? Si realizara el mismo ejercicio en una clase de inglés con el mismo número de estudiantes, ¿cree que los resultados serían los mismos? ¿Por qué sí o por qué no?

¿Dónde parecen conglomerarse sus datos? ¿Cómo podría interpretar el conglomerado?

Las preguntas anteriores le piden que analice e interprete sus datos. Con este ejemplo, ha comenzado su estudio de la estadística.

En este curso aprenderá a organizar y resumir datos. La organización y el resumen de los datos se denominan **Estadística Descriptiva**. Dos formas de resumir los datos son la elaboración de gráficos y el uso de números (por ejemplo, hallar un promedio). Después de haber estudiado la probabilidad y las distribuciones de probabilidad, utilizará métodos formales para sacar conclusiones de los datos "buenos". Los métodos formales se denominan **Estadística Inferencial**. La inferencia estadística utiliza la probabilidad para determinar el grado de confianza que podemos tener en que nuestras conclusiones son correctas.

La interpretación eficaz de los datos (inferencia) se basa en buenos procedimientos de producción de datos y en examinarlos de forma reflexiva. Se encontrará con lo que le parecerá un exceso de fórmulas matemáticas para interpretar los datos. La meta de la Estadística no es realizar numerosos cálculos con las fórmulas, sino comprender los datos. Los cálculos se pueden hacer con una calculadora o una computadora. La comprensión debe venir de usted. Si puede comprender a fondo los fundamentos de la Estadística, podrá tener más confianza en las decisiones que tome en la vida.

Probabilidad

La **probabilidad** es una herramienta matemática utilizada para estudiar el azar. Se trata de la oportunidad (la posibilidad) de que se produzca un evento. Por ejemplo, si se lanza una moneda **imparcial** cuatro veces, los resultados no pueden ser dos caras y dos cruces. Sin embargo, si se lanza la misma moneda 4.000 veces, los resultados se aproximarán a mitad cara y mitad cruz. La probabilidad teórica esperada de salir cara en cualquier lanzamiento es $\frac{1}{2}$ o 0,5. Aunque los resultados de unas pocas repeticiones son inciertos, existe un patrón regular de resultados cuando hay muchas repeticiones. Tras leer sobre el estadístico inglés Karl **Pearson**, que lanzó una moneda 24.000 veces con un resultado de 12.012 caras, uno de los autores lanzó una moneda 2.000 veces. Los resultados fueron 996 caras. La fracción $\frac{996}{2000}$ es igual a 0,498, que está muy cerca de 0,5, la probabilidad esperada.

La teoría de la probabilidad comenzó con el estudio de los juegos de azar, como el póquer. Las predicciones adoptan la forma de probabilidades. Para predecir la probabilidad de que se produzca un terremoto, de que llueva o de que obtenga una A en este curso utilizamos las probabilidades. Los médicos utilizan la probabilidad para determinar la posibilidad de que una vacuna provoque la enfermedad que se supone que debe prevenir. Un agente de bolsa utiliza la probabilidad para determinar la tasa de rendimiento de las inversiones de un cliente. Puede utilizar la probabilidad para decidir si compra un billete de lotería o no. En su estudio de la Estadística, utilizará el poder de las Matemáticas a través de cálculos de probabilidad para analizar e interpretar sus datos.

Términos clave

En estadística, generalmente queremos estudiar una **población**. Se puede pensar en una población como un conjunto de personas, cosas u objetos en estudio. Para estudiar la población seleccionamos una **muestra**. La idea del **muestreo** es seleccionar una porción (o subconjunto) de la población mayor y estudiar esa porción (la muestra) para obtener información sobre la población. Los datos son el resultado de un muestreo de una población.

Como se necesita mucho tiempo y dinero para examinar toda una población, el muestreo es una técnica muy práctica. Si desea calcular el promedio general de calificaciones de su escuela, tendría sentido seleccionar una muestra de estudiantes que asisten a la escuela. Los datos recopilados de la muestra serían los promedios de las calificaciones de los estudiantes. En las elecciones presidenciales se toman muestras de sondeos de opinión de 1.000 a 2.000 personas. Se supone que el sondeo de opinión representa el punto de vista de las personas de todo el país. Los fabricantes de bebidas carbonatadas en lata toman muestras para determinar si una lata de 16 onzas contiene 16 onzas de bebida carbonatada.

A partir de los datos de la muestra podemos calcular un estadístico. Un **estadístico** es un número que representa una propiedad de la muestra. Por ejemplo, si consideramos que una clase de Matemáticas es una muestra de la población de todas las clases de Matemáticas, el número promedio de puntos obtenidos por los estudiantes de esa clase de Matemáticas al final del trimestre es un ejemplo de un estadístico. El estadístico es una estimación de un parámetro de población. Un **parámetro** es una característica numérica de toda la población que puede estimarse mediante un estadístico. Dado que consideramos que todas las clases de Matemáticas son la población, el número promedio de puntos obtenidos por estudiante en todas las clases de Matemáticas es un ejemplo de parámetro.

Una de las principales preocupaciones en el campo de la Estadística es la precisión con la que un estadístico estima un parámetro. La precisión depende realmente de lo bien que la muestra represente a la población. La muestra debe contener las características de la población para ser una **muestra representativa**. En la Estadística Inferencial nos interesa tanto el estadístico de la muestra como el parámetro de la población. En un capítulo posterior utilizaremos el estadístico de la muestra para comprobar la validez del parámetro poblacional establecido.

Una **variable**, generalmente anotada con letras mayúsculas como *X* e *Y*, es una característica o medida que puede determinarse para cada miembro de una población. Las variables pueden ser **numéricas** o **categóricas**. Las **variables numéricas** toman valores con unidades iguales, como el peso en libras y el tiempo en horas. Las **variables categóricas** sitúan a la persona o cosa en una categoría. Si suponemos que *X* equivale al número de puntos obtenidos por un estudiante de Matemáticas al final de un trimestre, entonces *X* es una variable numérica. Si suponemos que *Y* es la afiliación de una persona a un partido, entonces algunos ejemplos de *Y* incluyen republicano, demócrata e independiente. *Y* es una variable categórica. Podríamos hacer algunos cálculos con valores de *X* (calcular el promedio de puntos obtenidos, por ejemplo), pero no tiene sentido hacer cálculos con valores de *Y* (calcular un promedio de afiliación a un partido no tiene sentido).

Los **datos** son los valores reales de la variable. Pueden ser números o palabras. El **dato** es un valor único.

Dos palabras que aparecen a menudo en estadística son **media** y **proporción**. Si presenta tres exámenes de sus clases de Matemáticas y obtiene calificaciones de 86, 75 y 92, calcularía su calificación media sumando las tres calificaciones de los exámenes y dividiéndolas entre tres (su calificación media sería 84,3 con un decimal). Si en su clase de Matemáticas hay 40 estudiantes y 22 son hombres y 18 son mujeres, entonces la proporción de estudiantes hombres es $\frac{22}{40}$ y la proporción de estudiantes mujeres es $\frac{18}{40}$. La media y la proporción se tratan con más detalle en capítulos posteriores.

NOTA

Las palabras "**media**" y "**promedio**" suelen utilizarse indistintamente. La sustitución de una palabra por otra es una práctica habitual. El término técnico es "media aritmética" y "promedio" es técnicamente un lugar central. Sin embargo, en la práctica, entre los no estadísticos, se suele aceptar "promedio" por "media aritmética".

EJEMPLO 1.1

Determine a qué se refieren los términos clave en el siguiente estudio. Queremos saber la cantidad promedio (media) de dinero que gastan los estudiantes de primer año del ABC College en material escolar que no incluya libros. Encuestamos al azar a 100 estudiantes de primer año del ABC College. Tres de esos estudiantes gastaron 150, 200 y 225 dólares, respectivamente.

Solución 1

La **población** está formada por todos los estudiantes de primer año que asisten al ABC College este trimestre.

La **muestra** podría ser todos los estudiantes inscritos en una sección de un curso de Estadística para principiantes en el ABC College (aunque esta muestra podría no representar a toda la población).

El **parámetro** es la cantidad promedio (media) de dinero (sin libros) que gastan los estudiantes de primer año del ABC College este trimestre.

El **estadístico** es la cantidad promedio de dinero gastado (sin libros) por los estudiantes de primer año en la muestra.

La **variable** podría ser la cantidad de dinero gastado (sin libros) por un estudiante de primer año. Supongamos que X = la cantidad de dinero gastado (sin libros) por un estudiante de primer año que asiste al ABC College.

Los **datos** son los montos en dólares gastados por los estudiantes de primer año. Los datos son, por ejemplo, 150, 200 y 225 dólares.

INTÉNTELO 1.1

Determine a qué se refieren los términos clave en el siguiente estudio. Queremos saber la cantidad promedio de dinero que gastan cada año en uniformes escolares las familias con hijos en Knoll Academy. Encuestamos al azar a 100 familias con hijos en la escuela. Tres de las familias gastaron 65, 75 y 95 dólares, respectivamente.

EJEMPLO 1.2

Determine a qué se refieren los términos clave en el siguiente estudio.

Se ha realizado un estudio en un instituto universitario local para analizar el promedio de calificaciones (Grade Point Average, GPA) acumulado de los estudiantes que se graduaron el año pasado. Marque la letra de la oración que mejor describa cada uno de los elementos siguientes.

1. Población____ 2. Estadística ____ 3. Parámetro ____ 4. Muestra ____ 5. Variable ____ 6. Datos ____

a. todos los estudiantes que cursaron educación superior el año pasado
b. el GPA acumulado de un estudiante que se graduó de la educación superior el año pasado
c. 3,65, 2,80, 1,50, 3,90
d. un grupo de estudiantes que se graduaron de la educación superior el año pasado seleccionados al azar
e. el GPA acumulado de los estudiantes que se graduaron de la educación superior el año pasado
f. todos los estudiantes que se graduaron de la educación superior el año pasado
g. el GPA acumulado de los estudiantes del estudio que se graduaron de la educación superior el año pasado

Solución 1

1. f; 2. g; 3. e; 4. d; 5. b; 6. c

EJEMPLO 1.3

Determine a qué se refieren los términos clave en el siguiente estudio.

Como parte de un estudio diseñado para probar la seguridad de los automóviles, la Junta Nacional de Seguridad del Transporte recopiló y revisó datos sobre los efectos de un choque de automóviles en maniquíes de prueba. Este es el criterio que utilizaron:

Velocidad a la que chocan los autos	Ubicación de los "conductores" (es decir, los maniquíes)

Tabla 1.1

35 millas/hora	Asiento delantero

Tabla 1.1

Los automóviles con maniquíes en los asientos delanteros se estrellaron contra un muro a una velocidad de 35 millas por hora. Queremos saber la proporción de maniquíes en el asiento del conductor que habrían tenido lesiones en la cabeza, si hubieran sido conductores reales. Empezamos con una muestra aleatoria simple de 75 automóviles.

Solución 1

La **población** son todos los automóviles que contienen maniquíes en el asiento delantero.

La **muestra** son los 75 automóviles seleccionados por muestreo aleatorio simple.

El **parámetro** es la proporción de maniquíes conductores (si hubiesen sido personas reales) que habrían sufrido lesiones en la cabeza en la población.

El **estadístico** es la proporción de maniquíes conductores (si hubiesen sido personas reales) que habrían sufrido lesiones en la cabeza en la muestra.

La **variable** X = si un maniquí conductor (si hubiese sido una persona real) habría sufrido lesiones en la cabeza.

Los **datos** son: sí, tuvo una lesión en la cabeza, o no, no la tuvo.

EJEMPLO 1.4

Determine a qué se refieren los términos clave en el siguiente estudio.

Una compañía de seguros desea determinar la proporción de todos los médicos que se han visto implicados en una o más demandas por negligencia. La compañía selecciona 500 médicos al azar de un directorio profesional y determina el número de la muestra que se ha visto envuelto en una demanda por negligencia.

Solución 1

La **población** son todos los médicos que figuran en el directorio profesional.

El **parámetro** es la proporción de médicos que se han visto implicados en una o más demandas por negligencia en la población.

La **muestra** son los 500 médicos seleccionados al azar del directorio profesional.

El **estadístico** es la proporción de médicos que han estado implicados en una o más demandas por negligencia en la muestra.

La **variable** X = si un médico individual ha estado involucrado en una demanda por negligencia.

Los **datos** son: sí, estuvo involucrado en una o más demandas por negligencia, o no, no lo estuvo.

EJERCICIO COLABORATIVO

Realice el siguiente ejercicio en colaboración con un máximo de cuatro personas por grupo. Halle una población, una muestra, el parámetro, la estadística, una variable y los datos para el siguiente estudio: Se quiere determinar el número promedio de vasos de leche que beben los estudiantes universitarios al día. Supongamos que ayer, en su clase de Inglés, les preguntó a cinco estudiantes cuántos vasos de leche bebieron el día anterior. Las respuestas fueron 1, 0, 1, 3 y 4 vasos de leche.

1.2 Datos, muestreo y variación de datos y muestreo

Los datos pueden proceder de una población o de una muestra. Letras minúsculas como x o y se utilizan generalmente para representar valores de datos. La mayoría de los datos se pueden clasificar en las siguientes categorías:

- Cualitativa
- Cuantitativa

Los **datos cualitativos** son el resultado de categorizar o describir los atributos de una población. Los datos cualitativos también suelen denominarse **datos categóricos**. El color del pelo, el tipo de sangre, el grupo étnico, el automóvil que conduce una persona y la calle en la que vive son ejemplos de datos cualitativos. Los datos cualitativos suelen describirse con palabras o letras. Por ejemplo, el color del cabello puede ser negro, castaño oscuro, castaño claro, rubio, gris o rojo. El tipo de sangre puede ser AB+, O- o B+. Los investigadores suelen preferir los datos cuantitativos a los cualitativos porque se prestan más al análisis matemático. Por ejemplo, no tiene sentido hallar un color de cabello o un tipo de sangre promedio.

Los **datos cuantitativos** son siempre números. Los datos cuantitativos son el resultado de **contar** o **medir** los atributos de una población. La cantidad de dinero, la frecuencia del pulso, el peso, el número de personas que viven en su ciudad y el número de estudiantes que cursan Estadística son ejemplos de datos cuantitativos. Los datos cuantitativos pueden ser **discretos** o **continuos**.

Todos los datos que son el resultado de contar se denominan **datos discretos cuantitativos**. Estos datos solo adoptan ciertos valores numéricos. Si cuenta el número de llamadas telefónicas que recibe cada día de la semana, puede obtener valores como cero, uno, dos o tres.

Los datos que no solo se componen de números para contar, sino que pueden incluir fracciones, decimales o números irracionales, se denominan **datos cuantitativos continuos**. Los datos continuos suelen ser el resultado de mediciones como longitudes, pesos o tiempos. Una lista de la duración en minutos de todas las llamadas telefónicas que realiza en una semana, con números como 2,4; 7,5; u 11,0, sería un dato cuantitativo continuo.

EJEMPLO 1.5

Muestra de datos cuantitativos discretos

Los datos son el número de libros que los estudiantes llevan en sus mochilas. Usted toma una muestra de cinco estudiantes. Dos estudiantes llevan tres libros, un estudiante lleva cuatro, un estudiante lleva dos y un estudiante lleva uno. Los números de libros (tres, cuatro, dos y uno) son los datos cuantitativos discretos.

INTÉNTELO 1.5

Los datos son el número de máquinas de un gimnasio. Usted tiene muestras de cinco gimnasios. Un gimnasio tiene 12 máquinas, otro tiene 15, otro tiene diez, otro tiene 22 y el otro tiene 20. ¿De qué tipo de datos se trata?

EJEMPLO 1.6

Muestra de datos cuantitativos continuos

Los datos son los pesos de mochilas que contienen libros. La muestra es de los mismos cinco estudiantes. Los pesos (en libras) de sus mochilas son 6,2; 7; 6,8; 9,1 y 4,3. Tome en cuenta que las mochilas que llevan tres libros pueden tener pesos diferentes. Los pesos son datos cuantitativos continuos.

INTÉNTELO 1.6

Los datos son las superficies de césped en pies cuadrados. Su muestra es de cinco casas. Las superficies de los céspedes son 144, 160, 190, 180 y 210 pies cuadrados respectivamente. ¿De qué tipo de datos se trata?

EJEMPLO 1.7

Va al supermercado y compra tres latas de sopa (19 onzas de sopa de tomate, 14,1 onzas de lentejas y 19 onzas de boda italiana), dos paquetes de frutos secos (nueces y cacahuetes), cuatro tipos de vegetales diferentes (brócoli, coliflor, espinacas y zanahorias) y dos postres (16 onzas de helado de pistacho y 32 onzas de galletas de chocolate).

Nombre los conjuntos de datos que son cuantitativos discretos, cuantitativos continuos y cualitativos.

Solución 1

Una posible solución:

- Las tres latas de sopa, los dos paquetes de frutos secos, las cuatro clases de vegetales y los dos postres son datos cuantitativos discretos porque usted los cuenta.
- Los pesos de las sopas (19 onzas, 14,1 onzas y 19 onzas) son datos cuantitativos continuos porque mide los pesos con la mayor precisión posible.
- Los tipos de sopas, frutos secos, vegetales y postres son datos cualitativos porque son categóricos.

Intente identificar otros conjuntos de datos en este ejemplo.

EJEMPLO 1.8

Los datos son los colores de las mochilas. Una vez más, la muestra son los mismos cinco estudiantes. Un estudiante tiene una mochila roja, las de dos estudiantes son negras, la de un estudiante es verde y la de otro es gris. Los colores rojo, negro, verde y gris son datos cualitativos.

INTÉNTELO 1.8

Los datos son los colores de las casas. Su muestra es de cinco casas. Los colores de las casas son blanco, amarillo, blanco, rojo y blanco. ¿De qué tipo de datos se trata?

Nota

Puede recopilar los datos en forma de números y presentarlos categóricamente. Por ejemplo, las calificaciones de los exámenes de cada estudiante se registran a lo largo del trimestre. Al final del trimestre, las calificaciones de los cuestionarios se presentan como A, B, C, D o F.

EJEMPLO 1.9

Trabaje en colaboración para determinar el tipo de datos correcto (cuantitativo o cualitativo). Indique si los datos cuantitativos son continuos o discretos. Pista: Los datos que son discretos suelen empezar con las palabras "el número de".

a. el número de pares de zapatos que tiene
b. el tipo de automóvil que conduce
c. la distancia que hay desde su casa hasta la tienda de comestibles más cercana
d. el número de clases que se imparten por año escolar.
e. el tipo de calculadora que utiliza
f. pesos de luchadores de sumo
g. número de respuestas correctas en un cuestionario
h. Calificaciones de IQ (esto puede provocar alguna discusión).

Solución 1

Los ítems a, d y g son cuantitativamente discretos; los ítems c, f y h son cuantitativamente continuos; los ítems b y e son cualitativos o categóricos.

> **INTÉNTELO 1.9**

Determine el tipo de dato correcto (cuantitativo o cualitativo) para el número de automóviles en un estacionamiento. Indique si los datos cuantitativos son continuos o discretos.

EJEMPLO 1.10

Una profesora de Estadística recopila información sobre la clasificación de sus estudiantes en primer y segundo años, júnior y sénior. Los datos que recopila se resumen en el gráfico circular Figura 1.3. ¿Qué tipo de datos muestra este gráfico?

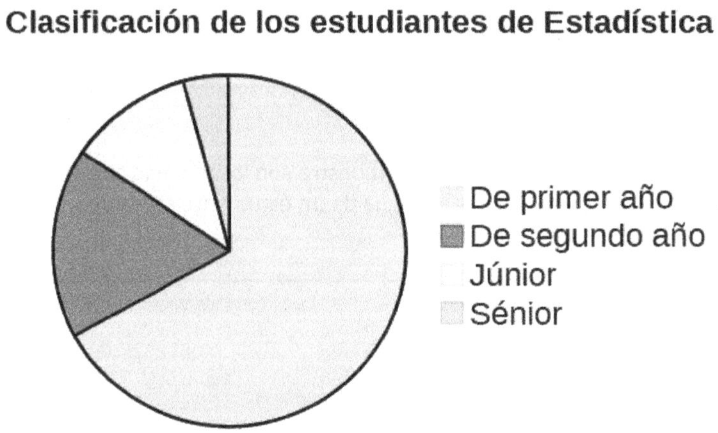

Figura 1.3

Solución 1

Este gráfico circular muestra los estudiantes de cada año, que son **datos cualitativos (o categóricos)**.

> **INTÉNTELO 1.10**

El registrador de la universidad estatal mantiene un registro del número de horas de crédito que los estudiantes completan cada semestre. Los datos que recopila se resumen en el histograma. Los límites de las clases son de 10 a menos de 13, de 13 a menos de 16, de 16 a menos de 19, de 19 a menos de 22 y de 22 a menos de 25.

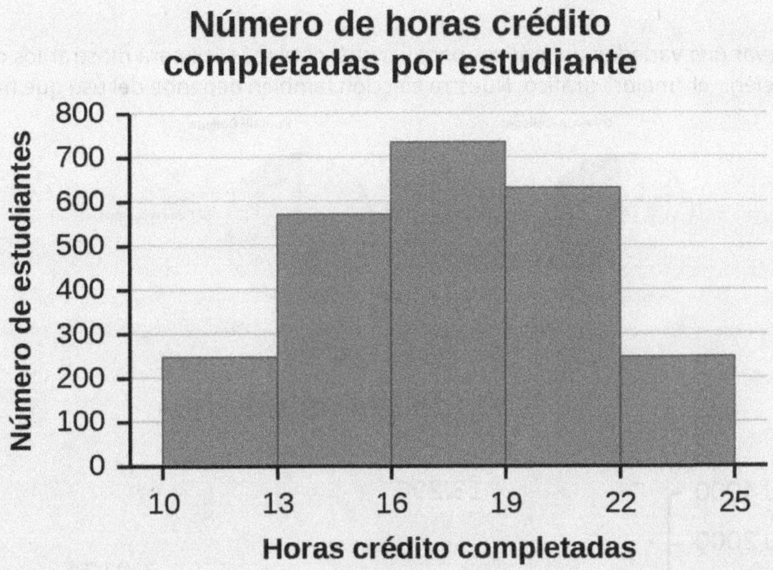

Figura 1.4

¿Qué tipo de datos muestra este gráfico?

Discusión de datos cualitativos

A continuación se muestran tablas que comparan el número de estudiantes a tiempo parcial y a tiempo completo en De Anza College y Foothill College inscritos para el trimestre de primavera de 2010. Las tablas muestran recuentos (frecuencias) y porcentajes o proporciones (frecuencias relativas). Las columnas de porcentajes facilitan la comparación de las mismas categorías en los institutos universitarios. Suele ser útil mostrar porcentajes junto con números, pero es especialmente importante cuando se comparan conjuntos de datos que no tienen los mismos totales, como las inscripciones totales de ambos institutos universitarios en este ejemplo. Observe que el porcentaje de estudiantes a tiempo parcial del Foothill College es mucho mayor que el del De Anza College.

De Anza College			Foothill College		
	Número	Porcentaje		Número	Porcentaje
Tiempo completo	9.200	40,9%	Tiempo completo	4.059	28,6%
Tiempo parcial	13.296	59,1%	Tiempo parcial	10.124	71,4%
Total	22.496	100 %	Total	14.183	100 %

Tabla 1.2 Otoño 2007 (día del censo)

Las tablas son una buena forma de organizar y mostrar datos. Pero los gráficos pueden ser aun más útiles para entender los datos. No hay reglas estrictas en cuanto a los gráficos que hay que utilizar. Dos gráficos que se utilizan para mostrar datos cualitativos son los gráficos circulares y los de barras.

En un **gráfico circular** las categorías de datos se representan mediante cuñas en un círculo y su tamaño es proporcional al porcentaje de personas de cada categoría.

En un **gráfico de barras** la longitud de la barra para cada categoría es proporcional al número o porcentaje de personas en cada categoría. Las barras pueden ser verticales u horizontales.

Un **diagrama de Pareto** está formado por barras que se ordenan por el tamaño de la categoría (de mayor a menor).

Observe la Figura 1.5 y la Figura 1.6 y determine qué gráfico (circular o de barras) cree que muestra mejor las comparaciones.

Es una buena idea observar una variedad de gráficos para ver cuál es el más útil para mostrar los datos. Según los datos y el contexto, podemos elegir el "mejor" gráfico. Nuestra elección también depende del uso que hagamos de los datos.

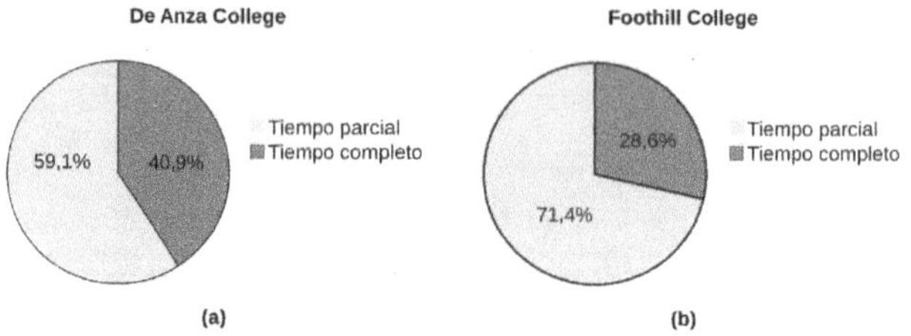

Figura 1.5

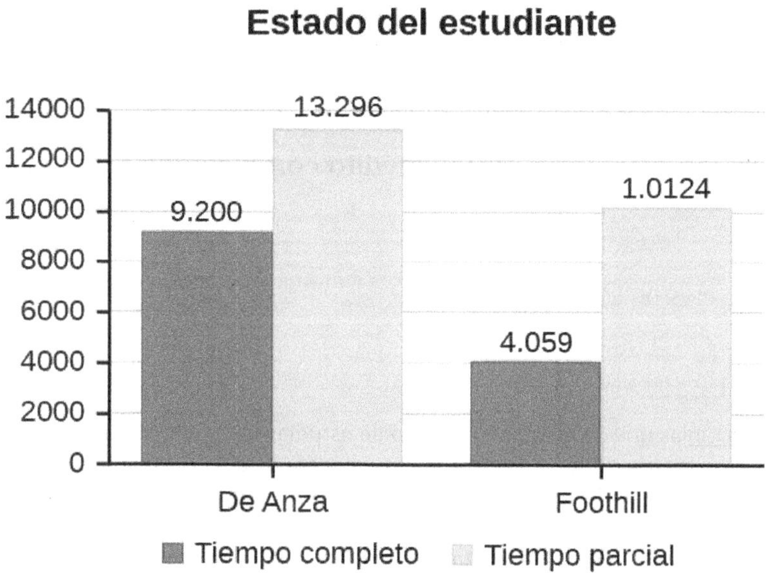

Figura 1.6

Porcentajes que suman más (o menos) que el 100 %

A veces, los porcentajes suman más del 100 % (o menos del 100 %). En el gráfico, los porcentajes suman más del 100 % porque los estudiantes pueden estar en más de una categoría. Un gráfico de barras es apropiado para comparar el tamaño relativo de las categorías. No se puede utilizar un gráfico circular. Tampoco podía utilizarse si los porcentajes sumaban menos del 100 %.

Característica/Categoría	Porcentaje
Estudiantes a tiempo completo	40,9%
Estudiantes que pretenden transferirse a una institución educativa de 4 años	48,6%
Estudiantes menores de 25 años	61,0%
TOTAL	150,5%

Tabla 1.3 De Anza College, primavera de 2010

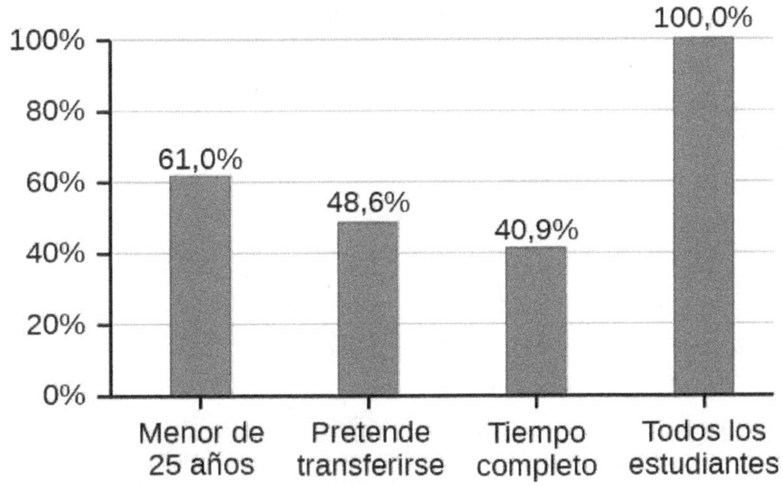

Figura 1.7

Omisión de categorías/falta de datos

La tabla muestra el origen étnico de los estudiantes pero falta la categoría "otros/desconocidos". En esta categoría se ubican las personas que no se consideraron incluidas en ninguna de las categorías étnicas o que se negaron a responder. Observe que las frecuencias no suman el número total de estudiantes. En esta situación, cree un gráfico de barras y no un gráfico circular.

	Frecuencia	Porcentaje
Asiáticos	8.794	36,1%
Negros	1.412	5,8%
Filipinos	1.298	5,3%
Hispanos	4.180	17,1%
Nativos de Estados Unidos	146	0,6 %
Isleños del Pacífico	236	1,0%
Blancos	5.978	24,5%
TOTAL	22.044 de 24.382	90,4 % del 100 %

Tabla 1.4 Origen étnico de los estudiantes del De Anza College, otoño de 2007 (día del censo)

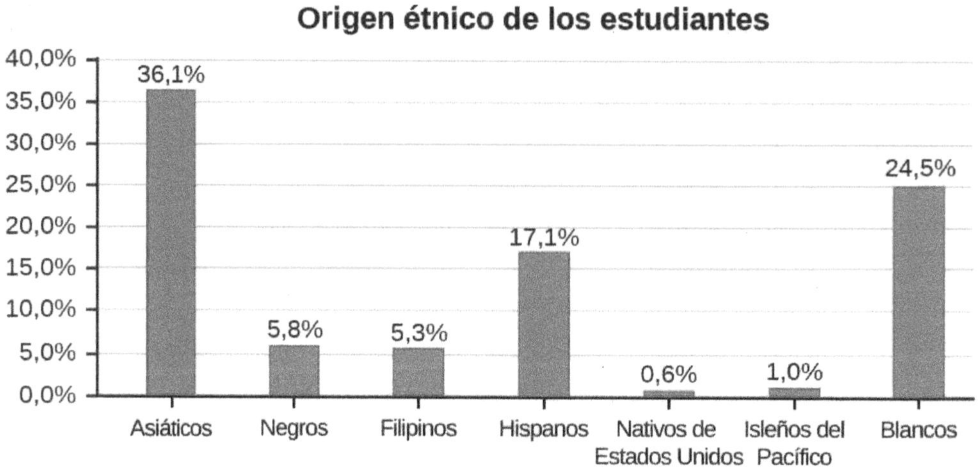

Figura 1.8

El siguiente gráfico es igual que el anterior, pero se ha incluido el porcentaje de "otros/desconocidos" (9,6 %). La categoría "otros/desconocidos" es grande en comparación con algunas de las otras categorías (nativos de Estados Unidos, 0,6 %, isleños del Pacífico, 1,0 %). Es importante saber esto cuando pensamos en lo que nos dicen los datos.

Este gráfico de barras particular en la Figura 1.9 puede ser difícil de entender visualmente. El gráfico de la Figura 1.10 es un diagrama de Pareto. El diagrama de Pareto tiene las barras ordenadas de mayor a menor y es más fácil de leer e interpretar.

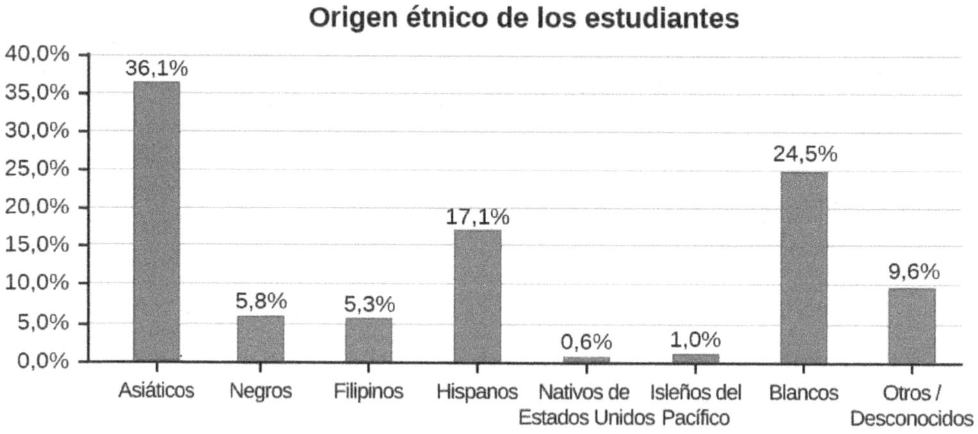

Figura 1.9 Gráfico de barras con la categoría otros/desconocidos

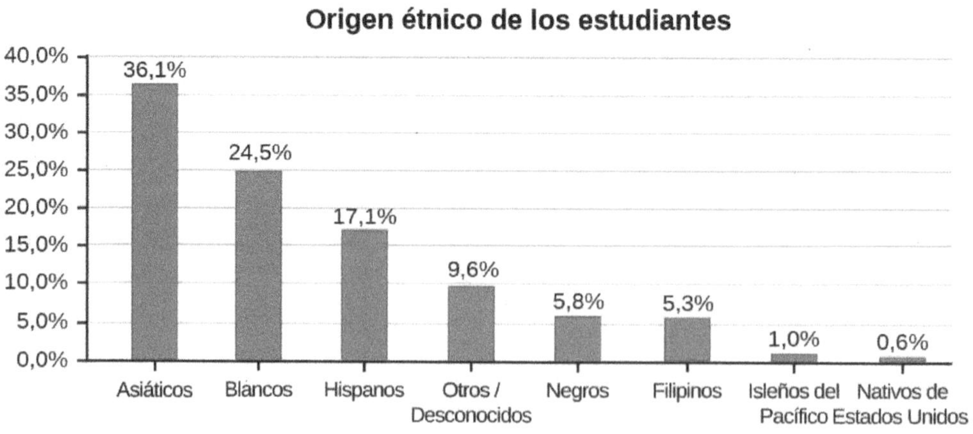

Figura 1.10 Diagrama de Pareto con barras ordenadas por tamaño

Gráficos circulares: no faltan datos

Los siguientes gráficos circulares incluyen la categoría "otros/desconocidos" (ya que los porcentajes deben sumar el 100 %). El gráfico en la Figura 1.11(b) está organizado por el tamaño de cada porción, lo que lo convierte en un gráfico visualmente más informativo que el gráfico sin clasificar en la Figura 1.11 (a).

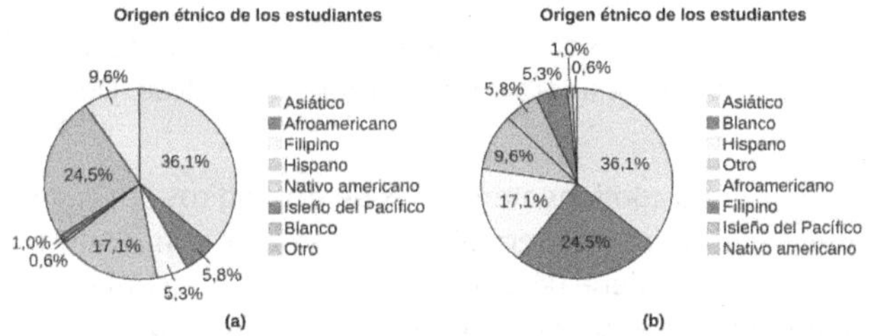

Figura 1.11

Muestreo

Recopilar información sobre toda una población suele ser demasiado costoso o prácticamente imposible. En cambio, utilizamos una muestra de la población. **Una muestra debe tener las mismas características que la población que representa.** La mayoría de los estadísticos utilizan varios métodos de muestreo aleatorio para intentar alcanzar esta meta. En esta sección se describen algunos de los métodos más comunes. Existen varios métodos de **muestreo aleatorio**. En cada forma de muestreo aleatorio, cada miembro de una población tiene inicialmente la misma probabilidad de que lo seleccionen para la muestra. Cada método tiene sus pros y sus contras. El método más fácil de describir se llama **muestra aleatoria simple**. Cualquier grupo de *n* personas tiene la misma probabilidad de que lo seleccionen que cualquier otro grupo de *n* personas si se utiliza la técnica de muestreo aleatorio simple. En otras palabras, cada muestra del mismo tamaño tiene la misma probabilidad de que la seleccionen. Por ejemplo, supongamos que Lisa quiere formar un grupo de estudio de cuatro personas (ella y otras tres) de su clase de precálculo, que tiene 31 miembros sin incluir a Lisa. Para elegir una muestra aleatoria simple de tamaño tres entre los demás miembros de su clase, Lisa podría poner los 31 nombres en un sombrero, agitar el sombrero, cerrar los ojos y elegir tres nombres. Una forma más tecnológica es que Lisa enumere primero los apellidos de los miembros de su clase junto con un número de dos dígitos, como en la Tabla 1.5:

ID	Nombre	ID	Nombre	ID	Nombre
00	Anselmo	11	King	21	Roquero
01	Bautista	12	Legeny	22	Roth
02	Bayani	13	Lundquist	23	Rowell
03	Cheng	14	Macierz	24	Salangsang
04	Cuarismo	15	Motogawa	25	Slade
05	Cuningham	16	Okimoto	26	Stratcher
06	Fontecha	17	Patel	27	Tallai
07	Hong	18	Price	28	Tran
08	Hoobler	19	Quizon	29	Wai
09	Jiao	20	Reyes	30	Madera
10	Khan				

Tabla 1.5 Lista de clases

Lisa puede utilizar una tabla de números aleatorios (que se encuentra en muchos libros de estadística y manuales de matemáticas), una calculadora o una computadora para generar números aleatorios. Para este ejemplo, supongamos que Lisa elige generar números aleatorios con una calculadora. Los números generados son los siguientes:

0,94360; 0,99832; 0,14669; 0,51470; 0,40581; 0,73381; 0,04399

Lisa lee grupos de dos dígitos hasta que haya elegido tres miembros de la clase (es decir, lee 0,94360 como los grupos 94, 43, 36, 60). Cada número aleatorio solo puede aportar un miembro de la clase. De ser necesario, Lisa podría haber generado más números aleatorios.

Los números aleatorios 0,94360 y 0,99832 no contienen números de dos dígitos adecuados. Sin embargo, el tercer número aleatorio, 0,14669, contiene 14 (el cuarto número aleatorio también contiene 14), el quinto número aleatorio contiene 05 y el séptimo número aleatorio contiene 04. El número de dos dígitos 14 corresponde a Macierz, el 05 a Cuningham y el 04 a Cuarismo. Aparte de ella, el grupo de Lisa estará formado por Marcierz, Cuningham y Cuarismo.

USO DE LAS CALCULADORAS TI-83, 83+, 84, 84+

Para generar números aleatorios:

- Pulse MATH.
- Flecha hacia PRB.
- Pulse 5:randInt(. Introduzca 0, 30).
- Pulse ENTER para el primer número aleatorio.
- Pulse ENTER dos veces más para los otros 2 números aleatorios. Si hay una repetición pulse de nuevo ENTER.

Nota: randInt(0, 30, 3) generará 3 números aleatorios.

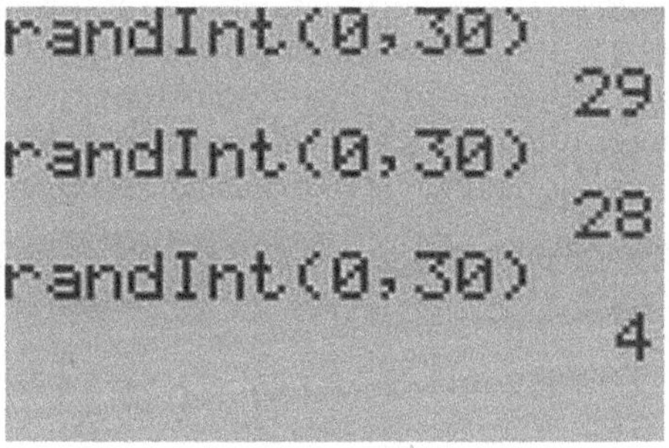

Figura 1.12

Además del muestreo aleatorio simple, existen otras formas de muestreo que implican un proceso de azar para obtener la muestra. **Otros métodos de muestreo aleatorio bien conocidos son la muestra estratificada, la muestra por conglomerados y la muestra sistemática.**

Para seleccionar una **muestra estratificada**, hay que dividir la población en grupos llamados estratos y, a continuación, tomar un número **proporcional** de cada estrato. Por ejemplo, podría estratificar (agrupar) la población de su instituto universitario por departamentos y luego seleccionar una muestra aleatoria simple proporcional de cada estrato (cada departamento) para obtener una muestra aleatoria estratificada. Para seleccionar una muestra aleatoria simple de cada departamento, numere cada miembro del primer departamento, numere cada miembro del segundo departamento y haga lo mismo con los departamentos restantes. Luego, utilice un muestreo aleatorio simple para seleccionar números proporcionales del primer departamento y haga lo mismo con cada uno de los departamentos restantes. Esos números seleccionados del primer departamento y del segundo departamento, y así sucesivamente, representan los miembros que componen la muestra estratificada.

Para seleccionar una **muestra por conglomerados** hay que dividir la población en conglomerados (grupos) y luego seleccionar al azar algunos de los conglomerados. Todos los miembros de estos grupos están en la muestra por conglomerados. Por ejemplo, si toma una muestra aleatoria de cuatro departamentos de la población de su instituto universitario, los cuatro departamentos constituyen la muestra por conglomerados. Divida el profesorado de su instituto universitario por departamento. Los departamentos son los conglomerados. Numere cada departamento y, a continuación, elija cuatro números diferentes mediante un muestreo aleatorio simple. Todos los miembros de los cuatro departamentos con esos números son la muestra de conglomerado.

Para seleccionar una **muestra sistemática**, seleccione al azar un punto de partida y tome cada *n.*ª (enésima) pieza de datos de una lista de la población. Por ejemplo, supongamos que tiene que hacer una encuesta telefónica. Su directorio telefónico contiene 20.000 listas de residencias. Debe seleccionar 400 nombres para la muestra. Numere la población de 1 a 20.000 y luego utilice una muestra aleatoria simple para seleccionar un número que represente el primer nombre de la muestra. Luego, elija cada quincuagésimo nombre hasta que tenga un total de 400 nombres (puede que tenga que volver al principio de su lista de teléfonos). El muestreo sistemático se elige con frecuencia porque es un método sencillo.

Un tipo de muestreo que no es aleatorio es el muestreo de conveniencia. El **muestreo de conveniencia** implica el uso de resultados que están fácilmente disponibles. Por ejemplo, una tienda de softwares realiza un estudio de mercadeo mediante entrevistas con los clientes potenciales que se encuentran en la tienda mirando softwares disponibles. Los resultados del muestreo de conveniencia pueden ser muy buenos en algunos casos y muy sesgados (favorecer ciertos resultados) en otros.

El muestreo de datos debe hacerse con mucho cuidado. Recolectar datos sin cuidado puede causar resultados devastadores. Las encuestas enviadas por correo a los hogares y luego devueltas pueden estar muy sesgadas (pueden favorecer a un determinado grupo). Es mejor que la persona que realiza la encuesta seleccione la muestra de encuestados.

El muestreo aleatorio verdadero se realiza **con reemplazo**. Es decir, una vez que se selecciona un miembro, ese miembro vuelve a la población y, por tanto, lo pueden escoger más de una vez. Sin embargo, por razones prácticas, en la mayoría de las poblaciones el muestreo aleatorio simple se realiza **sin reemplazo**. Las encuestas suelen hacerse sin reemplazo. Es decir, un miembro de la población solo lo pueden seleccionar una vez. La mayoría de las muestras se toman de poblaciones grandes y la muestra tiende a ser pequeña en comparación con la población. En este caso, el muestreo sin reemplazo es, aproximadamente, igual al muestreo con reemplazo, ya que la probabilidad de seleccionar a la misma persona más de una vez con reemplazo es muy baja.

En una población universitaria de 10.000 personas, supongamos que se quiere seleccionar una muestra de 1.000 al azar para una encuesta. **Para cualquier muestra particular de 1.000**, si se hace un muestreo **con reemplazo**,

- la probabilidad de seleccionar la primera persona es de 1.000 entre 10.000 (0,1000);
- la probabilidad de seleccionar una segunda persona diferente para esta muestra es de 999 entre 10.000 (0,0999);
- la probabilidad de volver a seleccionar a la misma persona es de 1 entre 10.000 (muy baja).

Si se trata de un muestreo **sin reemplazo**,

- la probabilidad de seleccionar la primera persona para cualquier muestra específica es de 1.000 entre 10.000 (0,1000);
- la probabilidad de seleccionar una segunda persona diferente es de 999 entre 9.999 (0,0999);
- no se sustituye la primera persona antes de seleccionar la siguiente.

Compare las fracciones 999/10.000 y 999/9.999. Para lograr más exactitud, lleve las respuestas decimales a cuatro cifras. Con cuatro decimales, estos números son equivalentes (0,0999).

El muestreo sin reemplazo en vez del muestreo con reemplazo se convierte en una cuestión matemática solo cuando la población es pequeña. Por ejemplo, si la población es de 25 personas, la muestra es de diez y se realiza un muestreo **con reemplazo para cualquier muestra particular**, entonces la probabilidad de seleccionar la primera persona es de diez entre 25, y la probabilidad de seleccionar una segunda persona diferente es de nueve entre 25 (se reemplaza la primera persona).

Si se hace una muestra **sin reemplazo**, la probabilidad de seleccionar la primera persona es de diez entre 25, y la probabilidad de seleccionar la segunda persona (que es diferente) es de nueve entre 24 (no se reemplaza la primera persona).

Compare las fracciones 9/25 y 9/24. Con cuatro decimales, 9/25 = 0,3600 y 9/24 = 0,3750. Con cuatro decimales, estos números no son equivalentes.

Al analizar los datos, es importante tener en cuenta los **errores de muestreo** y los errores ajenos al muestreo. El propio proceso de muestreo provoca errores de muestreo. Por ejemplo, la muestra puede no ser lo suficientemente grande. Los factores no relacionados con el proceso de muestreo provocan **errores ajenos al muestreo**. Un dispositivo de recuento defectuoso puede causar un error ajeno al muestreo.

En realidad, una muestra nunca será exactamente representativa de la población, por lo que siempre habrá algún error de muestreo. Por regla general, cuanto mayor sea la muestra, menor será el error de muestreo.

En estadística, se crea **un sesgo de muestreo** cuando se recopila una muestra de una población y algunos de sus miembros no tienen la misma probabilidad de que los seleccionen que otros (recuerde que cada miembro de la población debe tener la misma probabilidad de que lo seleccionen). Cuando se produce un sesgo de muestreo, se pueden extraer conclusiones incorrectas sobre la población que se está estudiando.

Evaluación crítica

Tenemos que evaluar los estudios estadísticos que leemos de forma crítica y analizarlos antes de aceptar sus resultados. Los problemas más comunes que hay que tener en cuenta son:

- Problemas con las muestras: una muestra debe ser representativa de la población. Una muestra que no es representativa de la población está sesgada. Las muestras sesgadas que no son representativas de la población dan resultados inexactos y no válidos.
- Muestras autoseleccionadas: las respuestas de las personas que deciden responder, como las encuestas telefónicas, suelen ser poco fiables.
- Problemas de tamaño de la muestra: las muestras demasiado pequeñas pueden ser poco fiables. Si es posible, las muestras más grandes son mejores. En algunas situaciones, es inevitable contar con muestras pequeñas y, aun así, se pueden usar para sacar conclusiones. Ejemplos: pruebas de choques de automóviles o pruebas médicas para detectar condiciones poco comunes.
- Influencia indebida: recopilar datos o hacer preguntas de forma que influyan en la respuesta.
- Falta de respuesta o negativa del sujeto a participar: las respuestas recogidas pueden dejar de ser representativas de la población. A menudo, personas con fuertes opiniones positivas o negativas pueden responder las encuestas, lo que puede afectar los resultados.
- Causalidad: una relación entre dos variables no significa que una cause la otra. Pueden estar relacionadas (correlacionadas) debido a su relación a través de una variable diferente.
- Estudios autofinanciados o de interés propio: estudio realizado por una persona u organización para respaldar su afirmación. ¿El estudio es imparcial? Lea atentamente el estudio para evaluar el trabajo. No asuma automáticamente que el estudio es bueno, pero tampoco asuma automáticamente que es deficiente. Valórelo por sus méritos y el trabajo realizado.
- Uso engañoso de datos: gráficos mal presentados, datos incompletos o falta de contexto.
- Confusión: cuando los efectos de múltiples factores sobre una respuesta no se pueden separar. Los factores de confusión dificultan o impiden sacar conclusiones válidas sobre el efecto de cada uno de ellos.

EJERCICIO COLABORATIVO

En clase, determine si las siguientes muestras son representativas o no. Si no lo son, analice las razones.

1. Para hallar el promedio de GPA de todos los estudiantes de una universidad, utilice todos los estudiantes de honor de la universidad como muestra.
2. Para saber cuál es el cereal más popular entre los niños menores de diez años, sitúese en la puerta de un gran supermercado durante tres horas y hable con cada veinte niños menores de diez años que entren en él.
3. Para hallar la renta promedio anual de todos los adultos de Estados Unidos, tome una muestra de congresistas estadounidenses. Cree una muestra por conglomerados considerando cada estado como un estrato (grupo). Mediante un muestreo aleatorio simple, se seleccionan los estados que formarán parte del conglomerado. Entonces, haga una encuesta a todos los congresistas del grupo.
4. Para determinar la proporción de personas que utilizan el transporte público para ir al trabajo, haga una encuesta a 20 personas en la ciudad de Nueva York. Realice la encuesta sentándose en Central Park en un banco y entrevistando a todas las personas que se sienten a su lado.
5. Para determinar el costo promedio de una estancia de dos días en un hospital de Massachusetts, se realiza una encuesta en 100 hospitales de todo el estado mediante un muestreo aleatorio simple.

EJEMPLO 1.11

Se realiza un estudio para determinar la matrícula promedio que los estudiantes de educación superior del estado de San José pagan por semestre. En las siguientes muestras se pregunta a cada estudiante cuánto pagó de matrícula en el semestre de otoño. ¿Cuál es el tipo de muestreo en cada caso?

a. Se toma una muestra de 100 estudiantes de educación superior del estado de San José y se organizan los nombres de los estudiantes por clasificación (primero y segundo años, júnior y sénior) y se seleccionan 25 estudiantes de cada uno.
b. Se utiliza un generador de números aleatorios para seleccionar un estudiante de la lista alfabética de todos los estudiantes de pregrado en el semestre de otoño. A partir de ese estudiante, se elige cada 50 estudiantes hasta incluir 75 en la muestra.
c. Se utiliza un método completamente aleatorio para seleccionar 75 estudiantes. Cada estudiante de educación superior del semestre de otoño tiene la misma probabilidad de que lo seleccionen en cualquier fase del proceso de muestreo.
d. Los de primero, segundo, júnior y sénior años están numerados como uno, dos, tres y cuatro, respectivamente. Se utiliza un generador de números aleatorios para seleccionar dos de esos años. Todos los estudiantes de esos dos años están en la muestra.
e. Se le pide a un asistente administrativo que se sitúe un miércoles frente a la biblioteca y les pregunte a los 100 primeros estudiantes de educación superior que calculen cuánto han pagado de matrícula en el semestre de otoño. Esos 100 estudiantes son la muestra.

Solución 1

a. estratificado; b. sistemático; c. aleatoria simple; d. por conglomerados; e. de conveniencia

---

INTÉNTELO 1.11

Utilice el generador de números aleatorios para generar diferentes tipos de muestras a partir de los datos.

Esta tabla muestra seis conjuntos de puntuaciones de pruebas (cada prueba cuenta con 10 puntos) para una clase de Estadística elemental.

N.º 1	N.º 2	N.º 3	N.º 4	N.º 5	N.º 6
5	7	10	9	8	3
10	5	9	8	7	6
9	10	8	6	7	9
9	10	10	9	8	9
7	8	9	5	7	4
9	9	9	10	8	7
7	7	10	9	8	8
8	8	9	10	8	8
9	7	8	7	7	8
8	8	10	9	8	7

Tabla 1.6

Instrucciones: Utilice el generador de números aleatorios para elegir las muestras.

1. Cree una muestra estratificada por columna. Escoja tres puntuaciones de la prueba al azar de cada columna

- Numere cada fila del uno al diez.
- En su calculadora, pulse Math y la flecha encima de PRB.
- En la columna 1, pulse 5:randInt(e introduzca 1,10). Pulse ENTER. Anote el número. Pulse ENTER 2 veces más (incluso las repeticiones). Registre estos números. Anote en la columna 1 las tres puntuaciones del cuestionario que corresponden a estos tres números.
- Repita la operación para las columnas dos a seis.
- Estas 18 puntuaciones de las pruebas son una muestra estratificada.

2. Cree una muestra de conglomerados eligiendo dos de las columnas. Utilice los números de la columna: del uno al seis.
   - Pulse MATH y vaya a PRB.
   - Pulse 5:randInt(e introduzca 1,6). Pulse ENTER. Anote el número. Pulse ENTER y registre ese número.
   - Los dos números son para dos de las columnas.
   - Las puntuaciones de las pruebas (20 de ellas) en estas 2 columnas son la muestra por conglomerados.
3. Cree una muestra aleatoria simple de 15 puntuaciones de pruebas
   - Utilice la numeración del uno al 60.
   - Pulse MATH. Flecha hacia PRB. Pulse 5:randInt (e introduzca 1, 60).
   - Pulsa ENTER 15 veces y anote los números.
   - Anote las puntuaciones de las pruebas que corresponden a estos números.
   - Estas 15 puntuaciones de las pruebas son la muestra sistemática.
4. Cree una muestra sistemática de 12 puntuaciones de pruebas
   - Utilice la numeración del uno al 60.
   - Pulse MATH. Flecha hacia PRB. Pulse 5:randInt (e introduzca 1, 60).
   - Pulse ENTER. Anote el número y la puntuación del primer examen. A partir de ese número, cuente diez puntuaciones de la prueba y anote esa puntuación de la prueba. Siga contando diez puntuaciones de pruebas y registrando su puntuación hasta que tenga una muestra de 12 puntuaciones de pruebas. Puede retomar todo (volver al principio).

EJEMPLO 1.12

Determine el tipo de muestreo utilizado (aleatorio simple, estratificado, sistemático, por conglomerados o de conveniencia).

a. Un entrenador de fútbol selecciona seis jugadores de un grupo de niños entre ocho y diez años, siete jugadores de un grupo de niños entre 11 y 12 años y tres jugadores de un grupo de niños entre 13 y 14 años para formar un equipo de fútbol recreativo.
b. Un encuestador entrevista a todo el personal de Recursos Humanos de cinco compañías diferentes de alta tecnología.
c. Un investigador educativo de escuela secundaria entrevista a 50 maestras y a 50 maestros de escuela secundaria.
d. Un investigador médico entrevista a uno de cada tres pacientes de cáncer de una lista de enfermos de cáncer de un hospital local.
e. El consejero de una escuela secundaria utiliza una computadora para generar 50 números al azar y luego toma a los estudiantes cuyos nombres se corresponden con los números.
f. Un estudiante entrevista a los compañeros de su clase de Álgebra para determinar cuántos jeans posee un estudiante, en promedio.

Solución 1

a. estratificado; b. por conglomerados; c. estratificado; d. sistemático; e. aleatorio simple; f. de conveniencia

INTÉNTELO 1.12

Determine el tipo de muestreo utilizado (aleatorio simple, estratificado, sistemático, por conglomerados o de conveniencia).

El director de una escuela encuesta a 50 estudiantes de primer año, 50 de segundo, 50 en el año júnior y 50 del año sénior sobre los cambios en la política de actividades extraescolares.

Si examinamos dos muestras que representen a la misma población, aunque utilicemos métodos de muestreo aleatorio para las muestras, no serán exactamente iguales. Al igual que hay variación en los datos, hay variación en las muestras. A medida que se acostumbre a la toma de muestras, la variabilidad empezará a parecer natural.

EJEMPLO 1.13

Supongamos que el ABC College tiene 10.000 estudiantes a tiempo parcial (la población). Estamos interesados en la cantidad promedio de dinero que un estudiante a tiempo parcial gasta en libros en el trimestre de otoño. Preguntarles a los 10.000 estudiantes es una tarea casi imposible.

Supongamos que tomamos dos muestras diferentes.

En primer lugar, utilizamos un muestreo de conveniencia y encuestamos a diez estudiantes de una clase de Química Orgánica del primer trimestre. Muchos de estos estudiantes están cursando el primer trimestre de Cálculo además de la clase de Química Orgánica. Gastan la siguiente cantidad de dinero en libros:

$128; $87; $173; $116; $130; $204; $147; $189; $93; $153

La segunda muestra se toma a partir de una lista de personas mayores que asisten a clases de Educación Física y se toma una de cada cinco personas mayores de la lista, lo que supone un total de diez personas mayores. Gastan:

$50; $40; $36; $15; $50; $100; $40; $53; $22; $22

Es poco probable que algún estudiante esté en ambas muestras.

a. ¿Cree que alguna de estas muestras es representativa de (o es característica de) toda la población de 10.000 estudiantes a tiempo parcial?

Solución 1

a. No. La primera muestra se compone probablemente de estudiantes orientados a la ciencia. Además del curso de Química, algunos de ellos también están cursando el primer trimestre de Cálculo. Los libros para estas clases suelen ser costosos. Es más que probable que la mayoría de estos estudiantes estén pagando más por sus libros que el promedio de los estudiantes a tiempo parcial. La segunda muestra es un grupo de personas mayores que, muy probablemente, están tomando cursos por salud e interés. La cantidad de dinero que gastan en libros es probablemente mucho menor que la del estudiante promedio a tiempo parcial. Ambas muestras están sesgadas. Además, en ambos casos, no todos los estudiantes tienen la oportunidad de estar en una u otra muestra.

b. Dado que estas muestras no son representativas de toda la población, ¿es prudente utilizar los resultados para describir a toda la población?

Solución 2

b. No. En estas muestras, cada miembro de la población no tenía la misma probabilidad de que lo seleccionaran.

Ahora, supongamos que tomamos una tercera muestra. Seleccionamos diez estudiantes diferentes a tiempo parcial de las disciplinas de Química, Matemáticas, Inglés, Psicología, Sociología, Historia, Enfermería, Educación Física, Arte y Desarrollo Infantil (suponemos que estas son las únicas disciplinas en las que están inscritos los estudiantes a tiempo parcial del ABC College y que hay un número igual de estudiantes a tiempo parcial en cada una de las disciplinas). Cada estudiante se selecciona mediante un muestreo aleatorio simple. Con una calculadora se generan números aleatorios y se selecciona un estudiante de una determinada disciplina si tiene el número correspondiente. Los estudiantes gastan las siguientes cantidades:

$180; $50; $150; $85; $260; $75; $180; $200; $200; $150

c. ¿La muestra está sesgada?

Solución 3

c. La muestra es sin sesgos, pero se recomendaría una muestra mayor para aumentar la probabilidad de que sea casi representativa de la población. Sin embargo, para una técnica de muestreo sesgada, incluso una muestra grande corre el riesgo de no ser representativa de la población.

Los estudiantes suelen preguntar si es "suficiente" tomar una muestra, en vez de encuestar a toda la población. Si la encuesta está bien hecha, la respuesta es sí.

> **INTÉNTELO 1.13**

Una emisora de radio local tiene una base de 20.000 oyentes. La emisora quiere saber si su audiencia prefiere más música o más programas de debate. Preguntarles a los 20.000 oyentes es una tarea casi imposible.

La emisora utiliza un muestreo de conveniencia y encuesta a las primeras 200 personas que encuentra en uno de los conciertos musicales de la emisora. 24 personas dijeron que preferirían más programas de debate, y 176 personas dijeron que preferirían más música.

¿Cree que esta muestra es representativa (o característica) de toda la población de 20.000 oyentes?

Variación de los datos

La **variación** está presente en cualquier conjunto de datos. Por ejemplo, las latas de bebida de 16 onzas pueden contener más o menos de 16 onzas de líquido. En un estudio, se midieron ocho latas de 16 onzas y produjeron la siguiente cantidad (en onzas) de bebida:

15,8; 16,1; 15,2; 14,8; 15,8; 15,9; 16,0; 15,5

Las medidas de la cantidad de bebida en una lata de 16 onzas pueden variar porque diferentes personas hacen las mediciones o porque no se puso la cantidad exacta, 16 onzas de líquido, en las latas. Los fabricantes realizan regularmente pruebas para determinar si la cantidad de bebida en una lata de 16 onzas está dentro del rango deseado.

Tenga en cuenta que, al tomar los datos, estos pueden variar en cierta medida con respecto a los datos que otra persona está tomando para el mismo fin. Esto es completamente natural. Sin embargo, si dos o más de ustedes toman los mismos datos y obtienen resultados muy diferentes, es hora de que usted y los demás reevalúen sus métodos de toma de datos y su exactitud.

Variación en las muestras

Ya se ha mencionado anteriormente que dos o más **muestras** de la misma **población**, tomadas al azar y que se aproximen a las mismas características de la población serán probablemente diferentes entre sí. Supongamos que Doreen y Jung deciden estudiar la cantidad promedio de tiempo que los estudiantes de su instituto universitario duermen cada noche. Doreen y Jung toman cada uno muestras de 500 estudiantes. Doreen utiliza el muestreo sistemático y Jung el muestreo por conglomerados. La muestra de Doreen será diferente a la de Jung. Aunque Doreen y Jung utilizaran el mismo método de muestreo, con toda probabilidad sus muestras serían diferentes. Sin embargo, ninguno de los dos estaría equivocado.

Piense en lo que contribuye a que las muestras de Doreen y Jung sean diferentes.

Si Doreen y Jung tomaran muestras más grandes (es decir, el número de valores de los datos se incrementa), los resultados de su muestra (la cantidad promedio de tiempo que duerme un estudiante) podrían estar más cerca del promedio real de la población. Pero aun así, sus muestras serían, con toda probabilidad, diferentes entre sí. Nunca se insistirá lo suficiente en esta **variabilidad en las muestras**.

Tamaño de la muestra

El tamaño de la muestra (a menudo llamado número de observaciones) es importante. Los ejemplos que ha visto en este libro hasta ahora han sido pequeños. Muestras de solo unos cientos de observaciones, o incluso más pequeñas, son suficientes para muchos propósitos. En los sondeos, las muestras que van de 1.200 a 1.500 observaciones se consideran suficientemente grandes y buenas si la encuesta es aleatoria y está bien hecha. Aprenderá por qué cuando estudie intervalos de confianza.

Tenga en cuenta que muchas muestras grandes están sesgadas. Por ejemplo, las encuestas con llamadas están invariablemente sesgadas porque la gente decide responder o no.

EJERCICIO COLABORATIVO

Divídanse en grupos de dos, tres o cuatro. El instructor dará a cada grupo un dado de seis caras. Pruebe este experimento dos veces. Tire un dado justo (de seis caras) 20 veces. Anote el número de unos, dos, tres, cuatro, cinco y seis que obtiene en la Tabla 1.7 y la Tabla 1.8 ("frecuencia" es el número de veces que aparece una cara concreta del dado):

Cara del dado	Frecuencia
1	
2	
3	
4	
5	
6	

Tabla 1.7 Primer experimento (20 tiradas)

Cara del dado	Frecuencia
1	
2	
3	
4	
5	
6	

Tabla 1.8 Segundo experimento (20 tiradas)

¿Los dos experimentos obtuvieron los mismos resultados? Probablemente no. Si hiciera el experimento por tercera vez, ¿espera que los resultados sean idénticos a los del primer o segundo experimento? ¿Por qué sí o por qué no?

¿Qué experimento obtuvo los resultados correctos? Ambos. El trabajo del estadístico es ver a través de la variabilidad y sacar las conclusiones adecuadas.

1.3 Frecuencia, tablas de frecuencia y niveles de medición

Una vez que tenga un conjunto de datos, tendrá que organizarlos para poder analizar la frecuencia con la que aparece cada dato en el conjunto. Sin embargo, al calcular la frecuencia, es posible que tenga que redondear sus respuestas para que sean lo más precisas posible.

Respuestas y redondeo

Una forma sencilla de redondear las respuestas es llevar la respuesta final a un decimal más de los que aparecen en los datos originales. Redondee solo la respuesta final. Si es posible, no redondee los resultados intermedios. Si es necesario redondear los resultados intermedios, llévelos al menos al doble de decimales que la respuesta final. Por ejemplo, el promedio de las tres puntuaciones de un cuestionario que son cuatro, seis y nueve es 6,3, redondeada a la décima más cercana, porque los datos son números enteros. La mayoría de las respuestas se redondearán de esta manera.

No es necesario reducir la mayoría de las fracciones en este curso. Especialmente en Temas de probabilidad, el capítulo sobre la probabilidad, es más útil dejar las respuestas como fracciones no reducidas.

Niveles de medición

La forma de medir un conjunto de datos se denomina **nivel de medición**. Los procedimientos estadísticos correctos dependen de que el investigador esté familiarizado con los niveles de medición. No todas las operaciones estadísticas se pueden usar con todos los conjuntos de datos. Los datos se pueden clasificar en cuatro niveles de medición. Son (de menor a mayor nivel):

- **Nivel de escala nominal**
- **Nivel de escala ordinal**
- **Nivel de escala de intervalos**
- **Nivel de escala de cociente**

Los datos que se miden mediante una **escala nominal** son **cualitativos (categóricos)**. Categorías, colores, nombres, etiquetas y alimentos favoritos junto con las respuestas de sí o no son ejemplos de datos de nivel nominal. Los datos de escala nominal no están ordenados. Por ejemplo, intentar clasificar a las personas según su comida favorita no tiene ningún sentido. Poner la pizza en primer lugar y el sushi en segundo no tiene sentido.

Las compañías de teléfonos inteligentes son otro ejemplo de datos de escala nominal. Los datos son los nombres de las compañías que fabrican teléfonos inteligentes, pero no hay un orden consensuado de estas marcas, aunque la gente pueda tener preferencias personales. Los datos de escala nominal no se pueden usar en cálculos.

Los datos que se miden con una **escala ordinal** son similares a los datos de la escala nominal, pero hay una gran diferencia. Los datos de la escala ordinal se pueden ordenar. Un ejemplo de datos de escala ordinal es una lista de los cinco mejores parques nacionales de Estados Unidos. Los cinco principales parques nacionales de Estados Unidos se pueden clasificar del uno al cinco, pero no podemos medir las diferencias entre los datos.

Otro ejemplo de uso de la escala ordinal es una encuesta sobre un crucero en la que las respuestas son "excelente", "bueno", "satisfactorio" e "insatisfactorio". Estas respuestas están ordenadas de la respuesta más deseada a la menos deseada. Pero las diferencias entre dos datos no se pueden medir. Al igual que los datos de la escala nominal, los datos de la escala ordinal no se pueden usar en cálculos.

Los datos que se miden con la **escala de intervalos** son similares a los datos de nivel ordinal porque tienen un orden definido, pero hay una diferencia entre los datos. Las diferencias entre los datos de la escala de intervalos se pueden medir aunque los datos no tengan un punto de partida.

Las escalas de temperatura como Celsius (C) y Fahrenheit (F) se miden utilizando la escala de intervalos. En ambas medidas de temperatura, 40° es igual a 100° menos 60°. Las diferencias tienen sentido. Pero los 0 grados no porque, en ambas escalas, el 0 no es la temperatura mínima absoluta. Existen temperaturas como −10 °F y −15 °C que son más frías que el 0.

Los datos a nivel de intervalo pueden utilizarse en cálculos, pero no se puede hacer un tipo de comparación. 80 °C no es cuatro veces más caliente que 20 °C (ni 80 °F es cuatro veces más caliente que 20 °F). El cociente de 80 a 20 (o de cuatro a uno) no tiene sentido.

Los datos que se miden con la **escala de cociente** se encargan del problema de las proporciones y ofrecen más información. Los datos de la escala de cociente son como los datos de la escala de intervalos, pero tienen un punto 0 y se pueden calcular cocientes. Por ejemplo, las calificaciones de cuatro exámenes finales de Estadística de opción múltiple son 80, 68, 20 y 92 (sobre 100 puntos posibles). Los exámenes son calificados por máquina.

Los datos se pueden ordenar de menor a mayor: 20, 68, 80, 92.

Las diferencias entre los datos tienen un significado. La calificación de 92 es superior a la de 68 por 24 puntos. Se pueden calcular cocientes. La calificación más baja es 0. Así que 80 es cuatro veces 20. La calificación de 80 es cuatro veces mejor que la de 20.

Frecuencia

Se les preguntó a veinte estudiantes cuántas horas trabajaban al día. Sus respuestas, en horas, son las siguientes: 5; 6; 3; 3; 2; 4; 7; 5; 2; 3; 5; 6; 5; 4; 4; 3; 5; 2; 5; 3.

La Tabla 1.9 enumera los diferentes valores de los datos en orden ascendente y sus frecuencias.

VALOR DE LOS DATOS	FRECUENCIA
2	3
3	5
4	3
5	6
6	2
7	1

Tabla 1.9 Tabla de frecuencias de las horas de trabajo de los estudiantes

Una **frecuencia** es el número de veces que se produce un valor de los datos. Según la Tabla 1.9, hay tres estudiantes que trabajan dos horas, cinco estudiantes que trabajan tres horas y así sucesivamente. La suma de los valores de la columna de frecuencia, 20, representa el número total de estudiantes incluidos en la muestra.

Una **frecuencia relativa** es el cociente (fracción o proporción) entre el número de veces que se produce un valor de los datos en el conjunto de todos los resultados y el número total de resultados. Para hallar las frecuencias relativas, divida cada frecuencia entre el número total de estudiantes de la muestra, en este caso, 20. Las frecuencias relativas se pueden escribir como fracciones, porcentajes o decimales.

VALOR DE LOS DATOS	FRECUENCIA	FRECUENCIA RELATIVA
2	3	$\frac{3}{20}$ o 0,15
3	5	$\frac{5}{20}$ o 0,25
4	3	$\frac{3}{20}$ o 0,15
5	6	$\frac{6}{20}$ o 0,30
6	2	$\frac{2}{20}$ o 0,10
7	1	$\frac{1}{20}$ o 0,05

Tabla 1.10 Tabla de frecuencias de las horas de trabajo de los estudiantes con frecuencias relativas

La suma de los valores de la columna de frecuencia relativa de la Tabla 1.10 es $\frac{20}{20}$, o 1.

La **frecuencia relativa acumulada** es la acumulación de las frecuencias relativas anteriores. Para hallar las frecuencias relativas acumuladas se suman todas las frecuencias relativas anteriores a la frecuencia relativa de la fila actual, como se muestra en la Tabla 1.11.

VALOR DE LOS DATOS	FRECUENCIA	FRECUENCIA RELATIVA	FRECUENCIA RELATIVA ACUMULADA
2	3	$\frac{3}{20}$ o 0,15	0,15
3	5	$\frac{5}{20}$ o 0,25	0,15 + 0,25 = 0,40
4	3	$\frac{3}{20}$ o 0,15	0,40 + 0,15 = 0,55
5	6	$\frac{6}{20}$ o 0,30	0,55 + 0,30 = 0,85
6	2	$\frac{2}{20}$ o 0,10	0,85 + 0,10 = 0,95
7	1	$\frac{1}{20}$ o 0,05	0,95 + 0,05 = 1,00

Tabla 1.11 Tabla de frecuencias de las horas de trabajo de los estudiantes con frecuencias relativas y acumuladas

La última entrada de la columna de frecuencia relativa acumulada es uno, lo que indica que se ha acumulado el cien por ciento de los datos.

NOTA

Debido al redondeo, es posible que la columna de frecuencia relativa no sume siempre uno, y que la última entrada de la columna de frecuencia relativa acumulada no sea uno. Sin embargo, cada uno de ellos debería estar cerca de uno.

La Tabla 1.12 representa las alturas, en pulgadas, de una muestra de 100 hombres jugadores de fútbol semiprofesionales.

ALTURAS (PULGADAS)	FRECUENCIA	FRECUENCIA RELATIVA	FRECUENCIA RELATIVA ACUMULADA
59.95–61.95	5	$\frac{5}{100}$ = 0,05	0,05
61.95–63.95	3	$\frac{3}{100}$ = 0,03	0,05 + 0,03 = 0,08
63.95–65.95	15	$\frac{15}{100}$ = 0,15	0,08 + 0,15 = 0,23
65.95–67.95	40	$\frac{40}{100}$ = 0,40	0,23 + 0,40 = 0,63
67.95–69.95	17	$\frac{17}{100}$ = 0,17	0,63 + 0,17 = 0,80
69.95–71.95	12	$\frac{12}{100}$ = 0,12	0,80 + 0,12 = 0,92
71.95–73.95	7	$\frac{7}{100}$ = 0,07	0,92 + 0,07 = 0,99

Tabla 1.12 Tabla de frecuencias de la altura de los jugadores de fútbol

ALTURAS (PULGADAS)	FRECUENCIA	FRECUENCIA RELATIVA	FRECUENCIA RELATIVA ACUMULADA
73.95–75.95	1	$\frac{1}{100}$ = 0,01	0,99 + 0,01 = 1,00
	Total = 100	**Total = 1,00**	

Tabla 1.12 Tabla de frecuencias de la altura de los jugadores de fútbol

Los datos de esta tabla se han **agrupado** en los siguientes intervalos:

- de 59,95 a 61,95 pulgadas
- de 61,95 a 63,95 pulgadas
- de 63,95 a 65,95 pulgadas
- de 65,95 a 67,95 pulgadas
- de 67,95 a 69,95 pulgadas
- de 69,95 a 71,95 pulgadas
- de 71,95 a 73,95 pulgadas
- de 73,95 a 75,95 pulgadas

Nota

Este ejemplo se vuelve a utilizar en Estadística descriptiva, donde se explicará el método utilizado para calcular los intervalos.

En esta muestra hay **cinco** jugadores cuyas alturas están dentro del intervalo de 59,95 a 61,95 pulgadas, **tres** dentro del intervalo de 61,95 a 63,95 pulgadas, **15** dentro del intervalo de 63,95 a 65,95 pulgadas, **40** dentro del intervalo de 65,95 a 67,95 pulgadas, **17** dentro del intervalo de 67,95 a 69,95 pulgadas, **12** jugadores dentro del intervalo de 69,95 a 71,95, **siete** dentro del intervalo de 71,95 a 73,95 y **un** jugador cuya altura está dentro del intervalo de 73,95 a 75,95. Todas las alturas caen entre los puntos finales de un intervalo y no en los puntos finales.

EJEMPLO 1.14

A partir de la Tabla 1.12, calcule el porcentaje de alturas que son inferiores a 65,95 pulgadas.

Solución 1

Si se observan la primera, la segunda y la tercera filas, las alturas son todas inferiores a 65,95 pulgadas. Hay 5 + 3 + 15 = 23 jugadores cuya altura es inferior a 65,95 pulgadas. El porcentaje de alturas inferiores a 65,95 pulgadas es entonces $\frac{23}{100}$ o el 23 %. Este porcentaje es la entrada de frecuencia relativa acumulada en la tercera fila.

INTÉNTELO 1.14

La Tabla 1.13 muestra la cantidad, en pulgadas, de precipitaciones anuales en una muestra de ciudades.

Precipitación (en pulgadas)	Frecuencia	Frecuencia relativa	Frecuencia relativa acumulada
2,95-4,97	6	$\frac{6}{50}$ = 0,12	0,12

Tabla 1.13

Precipitación (en pulgadas)	Frecuencia	Frecuencia relativa	Frecuencia relativa acumulada
4,97-6,99	7	$\frac{7}{50}$ = 0,14	0,12 + 0,14 = 0,26
6,99-9,01	15	$\frac{15}{50}$ = 0,30	0,26 + 0,30 = 0,56
9,01-11,03	8	$\frac{8}{50}$ = 0,16	0,56 + 0,16 = 0,72
11,03-13,05	9	$\frac{9}{50}$ = 0,18	0,72 + 0,18 = 0,90
13,05-15,07	5	$\frac{5}{50}$ = 0,10	0,90 + 0,10 = 1,00
	Total = 50	Total = 1,00	

Tabla 1.13

A partir de la Tabla 1.13, calcule el porcentaje de precipitación que es inferior a 9,01 pulgadas.

EJEMPLO 1.15

A partir de la Tabla 1.12, calcule el porcentaje de alturas que se encuentran entre 61,95 y 65,95 pulgadas.

Solución 1

Sume las frecuencias relativas en la segunda y tercera filas: 0,03 + 0,15 = 0,18 o 18 %.

INTÉNTELO 1.15

A partir de la Tabla 1.13, calcule el porcentaje de precipitaciones que se encuentra entre 6,99 y 13,05 pulgadas.

EJEMPLO 1.16

Utilice las alturas de los 100 hombres jugadores de fútbol semiprofesionales en la Tabla 1.12. Rellene los espacios en blanco y compruebe sus respuestas.

a. El porcentaje de alturas que van de 67,95 a 71,95 pulgadas es: ____.
b. El porcentaje de alturas que van de 67,95 a 73,95 pulgadas es: ____.
c. El porcentaje de alturas superiores a 65,95 pulgadas es: ____.
d. El número de jugadores de la muestra que miden entre 61,95 y 71,95 pulgadas es: ____.
e. ¿Qué tipo de datos son las alturas?
f. Describa cómo podría reunir estos datos (las alturas) para que los datos sean característicos de todos los jugadores hombres de fútbol semiprofesionales.

Recuerde, usted **cuentas frecuencias**. Para hallar la frecuencia relativa, divida la frecuencia entre el número total de valores de datos. Para hallar la frecuencia relativa acumulada se suman todas las frecuencias relativas anteriores a la frecuencia relativa de la fila actual.

Solución 1

a. 29 %
b. 36 %
c. 77 %
d. 87

e. cuantitativo continuo
f. obtener las listas de cada equipo y elegir una muestra aleatoria simple de cada uno

---

INTÉNTELO 1.16

A partir de la Tabla 1.13, halle el número de ciudades que tienen precipitaciones entre 2,95 y 9,01 pulgadas.

EJERCICIO COLABORATIVO

En su clase, pida a alguien que realice una encuesta sobre el número de hermanos (mujeres y hombres) que tiene cada estudiante. Cree una tabla de frecuencias. Añada una columna de frecuencia relativa y otra de frecuencia relativa acumulada. Responda las siguientes preguntas:

1. ¿Qué porcentaje de estudiantes de su clase no tiene hermanos?
2. ¿Qué porcentaje de estudiantes tiene de uno a tres hermanos?
3. ¿Qué porcentaje de estudiantes tiene menos de tres hermanos?

EJEMPLO 1.17

Se les preguntó a diecinueve personas cuántas millas recorren cada día para ir al trabajo, con una aproximación de una milla. Los datos son los siguientes: 2; 5; 7; 3; 2; 10; 18; 15; 20; 7; 10; 18; 5; 12; 13; 12; 4; 5; 10. Se produjo la Tabla 1.14:

DATOS	FRECUENCIA	FRECUENCIA RELATIVA	FRECUENCIA RELATIVA ACUMULADA
3	3	$\frac{3}{19}$	0,1579
4	1	$\frac{1}{19}$	0,2105
5	3	$\frac{3}{19}$	0,1579
7	2	$\frac{2}{19}$	0,2632
10	3	$\frac{4}{19}$	0,4737
12	2	$\frac{2}{19}$	0,7895
13	1	$\frac{1}{19}$	0,8421
15	1	$\frac{1}{19}$	0,8948
18	1	$\frac{1}{19}$	0,9474

Tabla 1.14 Frecuencia de las distancias de desplazamiento

DATOS	FRECUENCIA	FRECUENCIA RELATIVA	FRECUENCIA RELATIVA ACUMULADA
20	1	$\frac{1}{19}$	1,0000

Tabla 1.14 Frecuencia de las distancias de desplazamiento

a. ¿La tabla es correcta? Si no es correcta, ¿qué está errado?
b. Verdadero o falso: El tres por ciento de los encuestados se desplazan tres millas. Si la afirmación es incorrecta, ¿cuál debería serlo? Si la tabla es incorrecta, haga las correcciones.
c. ¿Qué fracción de las personas encuestadas se desplaza cinco o siete millas?
d. ¿Qué fracción de las personas encuestadas se desplaza 12 millas o más? ¿Menos de 12 millas? ¿Entre cinco y 13 millas (sin incluir cinco y 13 millas)?

Solución 1

a. No. La columna de frecuencia suma 18, no 19. No todas las frecuencias relativas acumuladas son correctas.
b. Falso. La frecuencia para tres millas debería ser una; para dos millas (omitidas), dos. La columna de frecuencia relativa acumulada debe decir: 0,1052, 0,1579, 0,2105, 0,3684, 0,4737, 0,6316, 0,7368, 0,7895, 0,8421, 0,9474, 1,0000.
c. $\frac{5}{19}$
d. $\frac{7}{19}$, $\frac{12}{19}$, $\frac{7}{19}$

INTÉNTELO 1.17

La Tabla 1.13 representa la cantidad, en pulgadas, de precipitaciones anuales en una muestra de ciudades. ¿Qué fracción de las ciudades recibe entre 11,03 y 13,05 pulgadas de lluvia al año?

EJEMPLO 1.18

La Tabla 1.15 contiene el número total de muertes en todo el mundo a causa de terremotos en el periodo comprendido entre 2000 y 2012.

Año	Número total de muertes
2000	231
2001	21.357
2002	11.685
2003	33.819
2004	228.802
2005	88.003
2006	6.605

Tabla 1.15

Año	Número total de muertes
2007	712
2008	88.011
2009	1.790
2010	320.120
2011	21.953
2012	768
Total	823.856

Tabla 1.15

Responda las siguientes preguntas.

a. ¿Cuál es la frecuencia de las muertes medidas desde 2006 hasta 2009?
b. ¿Qué porcentaje de muertes se produjo después de 2009?
c. ¿Cuál es la frecuencia relativa de las muertes ocurridas en 2003 o antes?
d. ¿Cuál es el porcentaje de muertes que se produjeron en 2004?
e. ¿Qué tipo de datos son los números de las muertes?
f. La escala de Richter se utiliza para cuantificar la energía producida por un terremoto. Ejemplos de números de la escala de Richter son 2,3; 4,0; 6,1 y 7,0. ¿Qué tipo de datos son estas cifras?

Solución 1

a. 97.118 (11,8 %)
b. 41,6 %
c. 67.092/823.356 o 0,081 o 8,1 %
d. 27,8 %
e. Discreto cuantitativo
f. Cuantitativo continuo

INTÉNTELO 1.18

La Tabla 1.16 contiene el número total de accidentes mortales de tráfico de vehículos de motor en Estados Unidos para el periodo de 1994 a 2011.

Año	Número total de accidentes	Año	Número total de accidentes
1994	36.254	2004	38.444
1995	37.241	2005	39.252
1996	37.494	2006	38.648
1997	37.324	2007	37.435

Tabla 1.16

Año	Número total de accidentes	Año	Número total de accidentes
1998	37.107	2008	34.172
1999	37.140	2009	30.862
2000	37.526	2010	30.296
2001	37.862	2011	29.757
2002	38.491	Total	653.782
2003	38.477		

Tabla 1.16

Responda las siguientes preguntas.

a. ¿Cuál es la frecuencia de las muertes medidas desde 2000 hasta 2004?
b. ¿Qué porcentaje de muertes se produjo después de 2006?
c. ¿Cuál es la frecuencia relativa de las muertes ocurridas en 2000 o antes?
d. ¿Cuál es el porcentaje de muertes que se produjeron en 2011?
e. ¿Cuál es la frecuencia relativa acumulada en 2006? Explique qué le dice este número sobre los datos.

1.4 Diseño experimental y ética

¿La aspirina reduce el riesgo de infarto? ¿Una marca de abono es más eficaz para el cultivo de rosas que otra? ¿El cansancio es tan peligroso para un conductor como la influencia del alcohol? Este tipo de preguntas se responden con experimentos aleatorios. En este módulo aprenderá aspectos importantes del diseño experimental. Un diseño adecuado del estudio garantiza la obtención de datos fiables y precisos.

El propósito de un experimento es investigar la relación entre dos variables. Cuando una variable provoca un cambio en otra, llamamos a la primera variable la **variable explicativa**. La variable afectada se denomina **variable de respuesta**. En un experimento aleatorio, el investigador manipula los valores de la variable explicativa y mide los cambios resultantes en la variable de respuesta. Los diferentes valores de la variable explicativa se denominan **tratamientos**. Una **unidad experimental** es un único objeto o persona que se va a medir.

Quiere investigar la eficacia de la vitamina E en la prevención de enfermedades. Usted recluta a un grupo de sujetos y les pregunta si toman regularmente vitamina E. Observa que los sujetos que toman vitamina E, en promedio, presentan una salud mejor que quienes no la toman. ¿Esto prueba que la vitamina E es eficaz en la prevención de enfermedades? No es así. Hay muchas diferencias entre los dos grupos comparados, además del consumo de vitamina E. Las personas que toman vitamina E con regularidad suelen tomar otras medidas para mejorar su salud: ejercicio, dieta, otros suplementos vitamínicos, elección de no fumar, etc. Cualquiera de estos factores podría estar influyendo en la salud. Como se ha descrito, este estudio no demuestra que la vitamina E sea la clave para la prevención de enfermedades.

Las variables adicionales que pueden enturbiar un estudio se denominan **variables ocultas**. Para demostrar que la variable explicativa provoca un cambio en la variable de respuesta, es necesario aislar la variable explicativa. La investigadora debe diseñar su experimento de forma que solo haya una diferencia entre los grupos que se comparan: los tratamientos previstos. Esto se consigue mediante la **asignación aleatoria** de unidades experimentales a grupos de tratamiento. Cuando los sujetos se asignan a los tratamientos de forma aleatoria, todas las variables ocultas potenciales se reparten por igual entre los grupos. En este punto, la única diferencia entre los grupos es la impuesta por el investigador. Los diferentes resultados medidos en la variable de respuesta, por tanto, deben ser una consecuencia directa de los diferentes tratamientos. De este modo, un experimento puede demostrar una conexión causa-efecto entre las variables explicativas y las de respuesta.

El poder de la sugestión puede tener una importante influencia en el resultado de un experimento. Los estudios han demostrado que la expectativa del participante en el estudio puede ser tan importante como el medicamento real. En un estudio sobre fármacos que mejoran el desempeño, los investigadores señalaron:

Los resultados mostraron que creer que se había tomado la sustancia provocaba tiempos de [desempeño] *casi tan rápidos como los asociados al consumo del propio fármaco. Por el contrario, la toma del fármaco sin conocimiento no produjo un aumento significativo del desempeño.*[1]

Cuando la participación en un estudio provoca una respuesta física del participante, es difícil aislar los efectos de la variable explicativa. Para contrarrestar el poder de la sugestión, los investigadores reservaron un grupo de tratamiento como **grupo de control**. Este grupo recibe un tratamiento **placebo**, es decir, un tratamiento que no puede influir en la variable de respuesta. El grupo de control ayuda a los investigadores a equilibrar los efectos de estar en un experimento con los efectos de los tratamientos activos. Por supuesto, si usted participa en un estudio y sabe que está recibiendo una píldora que no contiene ningún medicamento real, entonces el poder de la sugestión ya no es un factor. Que un experimento aleatorio sea **ciego** preserva el poder de la sugestión. Cuando una persona participa en un estudio de investigación ciego, no sabe quién recibe el tratamiento activo y quién el placebo. Un **experimento doble ciego** es aquel en el que tanto los sujetos como los investigadores que participan en él no conocen la información del fármaco.

EJEMPLO 1.19

Los investigadores quieren investigar si tomar aspirina con regularidad reduce el riesgo de infarto. Se reclutan como participantes 400 hombres de entre 50 y 84 años. Los hombres se dividen aleatoriamente en dos grupos: un grupo tomará aspirina y el otro un placebo. Cada hombre toma una píldora al día durante tres años, pero no sabe si está tomando aspirina o el placebo. Al final del estudio, los investigadores cuentan el número de hombres de cada grupo que han sufrido infartos.

Identifique los siguientes valores para este estudio: población, muestra, unidades experimentales, variable explicativa, variable de respuesta y tratamientos.

Solución 1

La *población* es de hombres de 50 a 84 años.
La *muestra* son los 400 hombres que participaron.
Las *unidades experimentales* son los hombres por individual del estudio.
La *variable explicativa* es el medicamento oral.
Los *tratamientos* son la aspirina y un placebo.
La *variable de respuesta* es si el sujeto ha sufrido un infarto.

EJEMPLO 1.20

La Fundación para el Tratamiento y la Investigación del Olfato y el Gusto realizó un estudio para investigar si el olor puede afectar el aprendizaje. Los sujetos completaron laberintos varias veces con máscaras puestas. Completaron los laberintos de lápiz y papel tres veces con máscaras con aroma floral y tres veces con máscaras sin aroma. Los participantes se asignaron al azar a ponerse la máscara floral durante los tres primeros ensayos o durante los tres últimos. En cada ensayo, los investigadores registraron el tiempo que se tardaban en completar el laberinto y la impresión de los sujetos sobre el olor de la máscara: positivo, negativo o neutro.

a. Describa las variables explicativas y de respuesta de este estudio.
b. ¿Cuáles son los tratamientos?
c. Identifique cualquier variable oculta que pueda interferir en este estudio.
d. ¿Es posible que este estudio se haga ciego?

Solución 1

a. La variable explicativa es el olor y la variable de respuesta es el tiempo que se tarda en completar el laberinto.
b. Hay dos tratamientos: una máscara con aroma floral y otra sin aroma.
c. Todos los sujetos experimentaron ambos tratamientos. El orden de los tratamientos se asignó al azar, por lo que no hubo diferencias entre los grupos de tratamiento. La asignación aleatoria elimina el problema de las variables ocultas.
d. Los sujetos sabrán claramente si pueden oler las flores o no, por lo que no es un estudio ciego para los

1 McClung, M. Collins, D. "Because I know it will!": placebo effects of an ergogenic aid on athletic performance. Journal of Sport & Exercise Psychology. Junio de 2007. 29(3):382-94. Web. 30 de abril de 2013.

participantes. Sin embargo, para los investigadores que cronometran los laberintos sí puede ser ciego. El investigador que observa a un sujeto no sabrá qué máscara se está usando.

EJEMPLO 1.21

Un investigador quiere estudiar los efectos del orden de nacimiento en la personalidad. Explique por qué este estudio no pudo realizarse como un experimento aleatorio. ¿Cuál es el principal problema de un estudio que no puede ser diseñado como un experimento aleatorio?

Solución 1

La variable explicativa es el orden de nacimiento. No se puede asignar al azar el orden de nacimiento de una persona. La asignación aleatoria elimina el impacto de las variables ocultas. Cuando no se pueden asignar a los sujetos a los grupos de tratamiento de forma aleatoria, habrá diferencias entre los grupos además de la variable explicativa.

INTÉNTELO 1.21

Le preocupan los efectos del envío de mensajes de texto en el rendimiento de la conducción. Diseñe un estudio para comprobar el tiempo de respuesta de los conductores mientras envían mensajes de texto y mientras conducen solamente ¿Cuántos segundos tarda un conductor en reaccionar cuando el automóvil que va delante pisa el freno?

a. Describa las variables explicativas y de respuesta del estudio.
b. ¿Cuáles son los tratamientos?
c. ¿Qué hay que tener en cuenta a la hora de seleccionar a los participantes?
d. Su socio de investigación quiere dividir a los participantes al azar en dos grupos: uno que conduzca sin distracciones y otro que envíe mensajes de texto y conduzca simultáneamente. ¿Es una buena idea? ¿Por qué sí o por qué no?
e. Identifique cualquier variable oculta que pueda interferir en este estudio.
f. ¿Cómo se puede utilizar el experimento ciego en este estudio?

Ética

El mal uso y la tergiversación generalizados de la información estadística suelen dar mala fama a este campo. Algunos dicen que "los números no mienten", pero las personas que utilizan los números para apoyar sus afirmaciones a menudo lo hacen.

Una reciente investigación sobre el famoso psicólogo social Diederik Stapel ha llevado a la retractación de sus artículos en algunas de las principales revistas del mundo, como *Journal of Experimental Social Psychology, Social Psychology, Basic and Applied Social Psychology, British Journal of Social Psychology* y la revista *Science*. Diederik Stapel es un antiguo profesor de la Universidad de Tilburg (Países Bajos). En los últimos dos años, una amplia investigación en la que han participado tres universidades en las que ha trabajado Stapel ha concluido que el psicólogo es culpable de un fraude a escala colosal. Los datos falsificados contaminaron más de 55 artículos de su autoría y 10 tesis doctorales que supervisó.

Stapel no negó que su engaño estuviera motivado por la ambición. Pero me dijo que era más complicado que eso. Insistió en que le encantaba la psicología social, pero que se sentía frustrado por el desorden de los datos experimentales, que rara vez conducían a conclusiones claras. Su obsesión de toda la vida por la elegancia y el orden, según él, le llevó a inventar resultados sexys que las revistas encontraban atractivos. "Era una búsqueda de la estética, de la belleza, en lugar de la verdad", dijo. Describió su comportamiento como una adicción que le llevaba a realizar actos de fraude cada vez más atrevidos, como un drogadicto que busca un estímulo mayor y mejor.[2]

La comisión que investiga a Stapel concluyó que es culpable de varias prácticas, entre ellas

2 Yudhijit Bhattacharjee, "The Mind of a Con Man", Magazine, New York Times, 26 de abril de 2013. Disponible en línea en: http://www.nytimes.com/2013/04/28/magazine/diederik-stapels-audacious-academic-fraud.html?src=dayp&_r=2 (consultado el 1.° de mayo de 2013).

- crear conjuntos de datos, que confirmaron en gran medida las expectativas previas,
- alterar los datos de los conjuntos de datos existentes,
- cambiar los instrumentos de medición sin informar del cambio, y
- tergiversar el número de sujetos experimentales.

Está claro que nunca es aceptable falsear los datos de la forma en que lo hizo este investigador. Sin embargo, a veces las violaciones de la ética no son tan fáciles de detectar.

Los investigadores tienen la responsabilidad de verificar que se siguen los métodos adecuados. El informe que describe la investigación del fraude de Stapel afirma que "los fallos estadísticos revelaron con frecuencia una falta de familiaridad con las estadísticas elementales".[3] Muchos de los coautores de Stapel deberían haber detectado irregularidades en sus datos. Desgraciadamente, no sabían mucho de análisis estadístico y se limitaban a confiar en que recopilaba y comunicaba los datos correctamente.

Muchos tipos de fraude estadístico son difíciles de detectar. Algunos investigadores simplemente dejan de recopilar datos una vez que tienen los suficientes para demostrar lo que esperaban comprobar. No quieren arriesgarse a que un estudio más extenso les complique la vida produciendo datos que contradigan su hipótesis.

Las organizaciones profesionales, como la American Statistical Association, definen claramente las expectativas de los investigadores. Incluso hay leyes en el código federal sobre el uso de datos de investigación.

Cuando un estudio estadístico utiliza participantes humanos, como en los estudios médicos, tanto la ética como la ley dictan que los investigadores deben tener en cuenta la seguridad de sus sujetos de investigación. El Departamento de Salud y Servicios Humanos de EE. UU. supervisa la normativa federal de los estudios de investigación con el objetivo de proteger a los participantes. Cuando una universidad u otra institución de investigación se dedica a la investigación, debe garantizar la seguridad de todos los sujetos humanos. Por esta razón, las instituciones de investigación establecen comités de supervisión conocidos como **Juntas de Revisión Institucional (Institutional Review Boards, IRB)**. Todos los estudios previstos deben ser aprobados previamente por la IRB. Entre las principales protecciones que impone la ley se encuentran las siguientes:

- Los riesgos para los afiliados deben ser mínimos y razonables con respecto a los beneficios previstos.
- Los participantes deben dar **su consentimiento informado**. Esto significa que los riesgos de la participación deben explicarse claramente a los sujetos del estudio. Los sujetos deben dar su consentimiento por escrito y los investigadores están obligados a conservar la documentación de su consentimiento.
- Los datos recogidos de las personas deben ser custodiados cuidadosamente para proteger su privacidad.

Estas ideas pueden parecer fundamentales, pero pueden ser muy difíciles de verificar en la práctica. ¿Es suficiente eliminar el nombre de un participante del registro de datos para proteger la privacidad? Tal vez se pueda descubrir la identidad de la persona a partir de los datos que quedan. ¿Qué ocurre si el estudio no se desarrolla como estaba previsto y surgen riesgos que no se habían considerado? ¿Cuándo es realmente necesario el consentimiento informado? Supongamos que su médico quiere una muestra de sangre para comprobar su nivel de colesterol. Una vez analizada la muestra, espera que el laboratorio se deshaga de la sangre restante. En ese momento la sangre se convierte en un residuo biológico. ¿Tiene un investigador derecho a tomarla para utilizarla en un estudio?

Es importante que los estudiantes de Estadística dediquen tiempo a considerar las cuestiones éticas que surgen en los estudios estadísticos. ¿Cuál es la prevalencia del fraude en los estudios estadísticos? Puede que se sorprenda y se decepcione. Existe un sitio web (http://www.retractionwatch.com) dedicado a catalogar las retractaciones de artículos de estudios que se han demostrado fraudulentos. Un rápido vistazo mostrará que el mal uso de las estadísticas es un problema más grande de lo que la mayoría de la gente cree.

La vigilancia contra el fraude requiere conocimientos. El aprendizaje de la teoría básica de la estadística le capacitará para analizar críticamente los estudios estadísticos.

EJEMPLO 1.22

Describa el comportamiento poco ético en cada ejemplo y cómo podría afectar la fiabilidad de los datos resultantes. Explique cómo se debe corregir el problema.

3 "Flawed Science: The Fraudulent Research Practices of Social Psychologist Diederik Stapel", Universidad de Tillburg, 28 de noviembre de 2012, http://www.tilburguniversity.edu/upload/064a10cd-bce5-4385-b9ff-05b840caeae6_120695_Rapp_nov_2012_UK_web.pdf (consultado el 1 de mayo de 2013).

Una investigadora está recopilando datos en una comunidad.

a. Elige una cuadra en la que se siente cómoda caminando porque conoce a muchas de las personas que viven en la calle.
b. Parece que no hay nadie en las cuatro casas de su ruta. No anota las direcciones y no vuelve más tarde para intentar encontrar a los residentes en sus casas.
c. Se salta cuatro casas de su ruta porque llega tarde a una cita. Cuando llega a casa, rellena los formularios seleccionando respuestas al azar de otros residentes del vecindario.

Solución 1

a. Al seleccionar una muestra conveniente, el investigador está seleccionando intencionadamente una muestra que podría estar sesgada. Afirmar que esta muestra representa a la comunidad es engañoso. El investigador debe seleccionar zonas de la comunidad al azar.
b. La omisión intencionada de datos relevantes creará un sesgo en la muestra. Supongamos que la investigadora está recopilando información sobre los puestos de trabajo y el cuidado de los niños. Al ignorar a las personas que no están en casa, puede estar perdiendo datos de familias trabajadoras que son relevantes para su estudio. Debe hacer todo lo posible por entrevistar a todos los miembros de la muestra objetivo.
c. Nunca es aceptable falsificar datos. Aunque las respuestas que utiliza son respuestas "reales" proporcionadas por otros participantes, la duplicación es fraudulenta y puede crear una alteración en los datos. Tiene que trabajar con diligencia para entrevistar a todos los de su ruta.

INTÉNTELO 1.22

Describa el comportamiento poco ético, si lo hay, en cada ejemplo y describa cómo podría afectar a la fiabilidad de los datos resultantes. Explique cómo se debe corregir el problema.

Se encarga un estudio para determinar la marca favorita de jugo de frutas entre los adolescentes de California.

a. La encuesta ha sido encargada por el vendedor de una popular marca de jugo de manzana.
b. Solo hay dos tipos de jugo incluidos en el estudio: el de manzana y el de arándanos.
c. Los investigadores permiten a los participantes ver la marca del jugo mientras se vierten las muestras para una prueba de sabor.
d. El 25 % de los participantes prefiere la marca X, el 33 % prefiere la marca Y y el 42 % no tiene preferencia entre las dos marcas. La marca X hace referencia al estudio en un anuncio que dice "a la mayoría de los adolescentes les gusta la marca X tanto o más que la marca Y".

1.5 Experimento de recopilación de datos

Laboratorio de estadística

Experimento de recopilación de datos

Hora de la clase:

Nombres:

Resultados del aprendizaje de los estudiantes

- El estudiante demostrará la técnica de muestreo sistemático.
- El estudiante construirá tablas de frecuencias relativas.
- El estudiante interpretará los resultados y sus diferencias a partir de diferentes agrupaciones de datos.

Encuesta de la película

Pregunte a cinco compañeros de otra clase cuántas películas vieron en el cine el mes pasado. No se incluyen las películas alquiladas.

1. Registre los datos.

2. En clase, elija al azar a una persona. En la lista de la clase, marque el nombre de esa persona. Desplace hacia abajo cuatro nombres en la lista de la clase. Marque el nombre de esa persona. Continúe haciendo esto hasta que haya marcado 12 nombres. Es posible que tenga que volver al principio de la lista. Para cada nombre marcado registre los cinco valores de los datos. Ahora tiene un total de 60 valores de datos.
3. En cada nombre marcado, anote los datos.

__	__	__	__	__	__	__	__	__	__	__	__
__	__	__	__	__	__	__	__	__	__	__	__
__	__	__	__	__	__	__	__	__	__	__	__
__	__	__	__	__	__	__	__	__	__	__	__
__	__	__	__	__	__	__	__	__	__	__	__

Tabla 1.17

Ordene los datos

Complete las dos tablas de frecuencias relativas que aparecen a continuación utilizando los datos de su clase.

Número de películas	Frecuencia	Frecuencia relativa	Frecuencia relativa acumulada
0			
1			
2			
3			
4			
5			
6			
7+			

Tabla 1.18 Frecuencia del número de películas vistas

Número de películas	Frecuencia	Frecuencia relativa	Frecuencia relativa acumulada
0–1			
2–3			
4–5			
6–7+			

Tabla 1.19 Frecuencia del número de películas vistas

1. Utilice las tablas para calcular el porcentaje de datos que son dos como máximo. ¿Qué tabla ha utilizado y por qué?

2. Utilice las tablas para calcular el porcentaje de datos que son como máximo tres. ¿Qué tabla ha utilizado y por qué?
3. Utilice las tablas para calcular el porcentaje de datos que son más de dos. ¿Qué tabla ha utilizado y por qué?
4. Utilice las tablas para calcular el porcentaje de datos que son más de tres. ¿Qué tabla ha utilizado y por qué?

Preguntas para el debate

1. ¿Es una de las tablas "más correcta" que la otra? ¿Por qué sí o por qué no?
2. En general, ¿cómo podría agrupar los datos de forma diferente? ¿Hay alguna ventaja en cualquiera de las dos formas de agrupar los datos?
3. ¿Por qué cambió de mesa, si lo hizo, al responder la pregunta anterior?

1.6 Experimento de muestreo

Laboratorio de estadística

Experimento de muestreo

Hora de la clase:

Nombres:

Resultados del aprendizaje de los estudiantes

- El estudiante demostrará las técnicas de muestreo aleatorio simple, sistemático, estratificado y por conglomerados.
- El estudiante explicará los detalles de cada procedimiento utilizado.

En este laboratorio, se le pedirá que elija varias muestras aleatorias de restaurantes. En cada caso, describa brevemente su procedimiento; incluya la forma en que podría haber utilizado el generador de números aleatorios y a continuación enumere los restaurantes de la muestra que ha obtenido.

Nota

La siguiente sección contiene restaurantes estratificados por ciudad en columnas y agrupados horizontalmente por costo de entrada (conglomerados).

Restaurantes estratificados por ciudad y costo de la entrada

Costo de la entrada	Menos de 10 dólares	De 10 a 15 dólares	De 15 a 20 dólares	Más de 20 dólares
San José	El Abuelo Taq, Pasta Mia, Emma's Express, Bamboo Hut	Emperor's Guard, Creekside Inn	Agenda, Gervais, Miro's	Blake's, Eulipia, Hayes Mansion, Germania
Palo Alto	Senor Taco, Olive Garden, Taxi's	Ming's, P.A. Joe's, Stickney's	Scott's Seafood, Poolside Grill, Fish Market	Sundance Mine, Maddalena's, Spago's
Los Gatos	Mary's Patio, Mount Everest, Sweet Pea's, Andele Taqueria	Lindsey's, Willow Street	Toll House	Charter House, La Maison Du Cafe

Tabla 1.20 Restaurantes utilizados en la muestra

Costo de la entrada	Menos de 10 dólares	De 10 a 15 dólares	De 15 a 20 dólares	Más de 20 dólares
Mountain View	Maharaja, New Ma's, Thai-Rific, Garden Fresh	Amber Indian, La Fiesta, Fiesta del Mar, Dawit	Austin's, Shiva's, Mazeh	Le Petit Bistro
Cupertino	Hobees, Hung Fu, Samrat, Panda Express	Santa Barb. Grill, Mand. Gourmet, Bombay Oven, Kathmandu West	Fontana's, Blue Pheasant	Hamasushi, Helios
Sunnyvale	Chekijababi, Taj India, Full Throttle, Tia Juana, Lemon Grass	Pacific Fresh, Charley Brown's, Cafe Cameroon, Faz, Aruba's	Lion & Compass, The Palace, Beau Sejour	
Santa Clara	Rangoli, Armadillo Willy's, Thai Pepper, Pasand	Arthur's, Katie's Cafe, Pedro's, La Galleria	Birk's, Truya Sushi, Valley Plaza	Lakeside, Mariani's

Tabla 1.20 Restaurantes utilizados en la muestra

Muestra aleatoria simple
Elija una **muestra aleatoria simple** de 15 restaurantes.

1. Describa su procedimiento.
2. Rellene la tabla con su muestra.

1. ________	6. ________	11. ________
2. ________	7. ________	12. ________
3. ________	8. ________	13. ________
4. ________	9. ________	14. ________
5. ________	10. ________	15. ________

Tabla 1.21

Muestra sistemática
Elija una **muestra sistemática** de 15 restaurantes.

1. Describa su procedimiento.
2. Rellene la tabla con su muestra.

1. ________	6. ________	11. ________
2. ________	7. ________	12. ________
3. ________	8. ________	13. ________
4. ________	9. ________	14. ________
5. ________	10. ________	15. ________

Tabla 1.22

Una muestra estratificada

Elija una **muestra estratificada**, por ciudad, de 20 restaurantes. Use el 25 % de los restaurantes de cada estrato. Redondee al número natural más cercano.

1. Describa su procedimiento.
2. Rellene la tabla con su muestra.

1. ____	6. ____	11. ____	16. ____
2. ____	7. ____	12. ____	17. ____
3. ____	8. ____	13. ____	18. ____
4. ____	9. ____	14. ____	19. ____
5. ____	10. ____	15. ____	20. ____

Tabla 1.23

Muestra estratificada

Elija una **muestra estratificada**, por el costo del plato principal, de 21 restaurantes. Use el 25 % de los restaurantes de cada estrato. Redondee al número natural más cercano.

1. Describa su procedimiento.
2. Rellene la tabla con su muestra.

1. ____	6. ____	11. ____	16. ____
2. ____	7. ____	12. ____	17. ____
3. ____	8. ____	13. ____	18. ____
4. ____	9. ____	14. ____	19. ____
5. ____	10. ____	15. ____	20. ____
			21. ____

Tabla 1.24

Muestra por conglomerados

Elija una **muestra por conglomerados** de restaurantes de dos ciudades. El número de restaurantes variará.

1. Describa su procedimiento.
2. Rellene la tabla con su muestra.

1. ____	6. ____	11. ____	16. ____	21. ____
2. ____	7. ____	12. ____	17. ____	22. ____
3. ____	8. ____	13. ____	18. ____	23. ____
4. ____	9. ____	14. ____	19. ____	24. ____
5. ____	10. ____	15. ____	20. ____	25. ____

Tabla 1.25

Términos Clave

Asignación aleatoria el acto de organizar las unidades experimentales en grupos de tratamiento con métodos aleatorios

Ciego no decirles a los participantes qué tratamiento está recibiendo un sujeto

Consentimiento informado todo sujeto humano que participe en un estudio de investigación debe ser consciente de los riesgos o los costos asociados al estudio. El sujeto tiene derecho a conocer la naturaleza de los tratamientos incluidos en el estudio, sus posibles riesgos y sus posibles beneficios. El consentimiento debe ser dado libremente por un participante informado y apropiado.

Datos un conjunto de observaciones (un conjunto de resultados posibles); la mayoría de los datos se pueden clasificar en dos grupos: **cualitativos** (un atributo cuyo valor se indica mediante un identificador) o **cuantitativos** (un atributo cuyo valor se indica mediante un número). Los datos cuantitativos se pueden dividir en dos subgrupos: **discretos** y **continuos**. Los datos son discretos si son el resultado de contar (como el número de estudiantes de un determinado grupo étnico en una clase o el número de libros en una estantería). Los datos son continuos si son el resultado de una medición (como la distancia recorrida o el peso del equipaje).

Datos cualitativos Consulte datos.

Datos cuantitativos Consulte datos.

Doble ciego cuando tanto los sujetos de un experimento como los investigadores que trabajan con ellos no saben cuál es el fármaco que se administra

Error ajeno al muestreo un problema que afecta la fiabilidad de los datos del muestreo, aparte de la variación natural; incluye una variedad de errores humanos, como un diseño deficiente del estudio, métodos de muestreo sesgados, información inexacta proporcionada por los participantes en el estudio, errores de introducción de datos y un análisis deficiente.

Error de muestreo la variación natural que resulta de la selección de una muestra para representar una población mayor; esta variación disminuye a medida que aumenta el tamaño de la muestra, por lo que la selección de muestras más grandes reduce el error de muestreo.

Estadístico una característica numérica de la muestra; un estadístico estima el parámetro poblacional correspondiente.

Frecuencia el número de veces que se produce un valor de los datos

Frecuencia relativa el cociente entre el número de veces que un valor de los datos ocurre en el conjunto de todos los resultados y el número de todos los resultados con el número total de resultados

Frecuencia relativa acumulada el término se aplica a un conjunto ordenado de observaciones de menor a mayor. La frecuencia relativa acumulada es la suma de las frecuencias relativas de todos los valores que son menores o iguales al valor dado.

Grupo de control un grupo en un experimento aleatorio que recibe un tratamiento inactivo pero que se gestiona exactamente igual que los demás grupos

Junta de Revisión Institucional un comité encargado de supervisar los programas de investigación con seres humanos

Muestra un subconjunto de la población estudiada

Muestra representativa un subconjunto de la población que tiene las mismas características que la población

Muestreo aleatorio un método de selección de una muestra que da a cada miembro de la población la misma oportunidad de que lo seleccionen.

Muestreo aleatorio simple un método sencillo para seleccionar una muestra aleatoria; dar a cada miembro de la población un número. Usa un generador de números aleatorios para seleccionar un conjunto de identificadores. Estos identificadores seleccionados al azar precisan los miembros de su muestra.

Muestreo con reemplazo una vez que se selecciona un miembro de la población para incluirlo en una muestra, ese miembro se devuelve a la población para la selección de la siguiente persona.

Muestreo de conveniencia un método no aleatorio de selección de una muestra; este método selecciona personas que son fácilmente accesibles y puede generar datos sesgados.

Muestreo estratificado método de selección de una muestra aleatoria utilizado para garantizar que los subgrupos de la población estén representados adecuadamente; divide la población en grupos (estratos). Usa el muestreo aleatorio simple para identificar un número proporcional de personas de cada estrato.

Muestreo por conglomerados un método para seleccionar una muestra aleatoria y dividir la población en grupos (conglomerados); usa el muestreo aleatorio simple para seleccionar un conjunto de conglomerados. Todas las personas de los grupos elegidos se incluyen en la muestra.

Muestreo sin reemplazo a un miembro de la población lo pueden elegir para incluirlo en una muestra solo una vez. Si se elige, el miembro no se devuelve a la población antes de la siguiente selección.

Muestreo sistemático un método para seleccionar una muestra aleatoria; enumera los miembros de la población. Usa el muestreo aleatorio simple para seleccionar un punto de partida en la población. Supongamos que k = (número de personas de la población)/(número de personas necesarios en la muestra). Elija cada "k-ésima" persona de la lista empezando por la que se seleccionó al azar. Si es necesario, vuelva al principio de la lista de población para completar su muestra.

Parámetro un número que se utiliza para representar una característica de la población y que generalmente no se puede determinar fácilmente

Placebo un tratamiento inactivo que no tiene ningún efecto real sobre la variable explicativa

Población todos las personas, objetos o medidas cuyas propiedades se estudian

Probabilidad un número entre cero y uno, ambos inclusive, que da la probabilidad de que ocurra un evento específico

Promedio también llamada media; número que describe la tendencia central de los datos

Proporción el número de aciertos dividido entre el número total de la muestra

Sesgo de muestreo no todos los miembros de la población tienen la misma probabilidad de que los seleccionen.

Tratamientos diferentes valores o componentes de la variable explicativa aplicada en un experimento

Unidad experimental cualquier persona u objeto que se va a medir

Variable una característica de interés para cada persona u objeto de una población

Variable aleatoria continua una variable aleatoria (random variable, RV) cuyos resultados se miden; la altura de los árboles en el bosque es una RV continua.

Variable aleatoria discreta una variable aleatoria (RV) cuyos resultados se cuentan

Variable categórica variables que toman valores que son nombres o identificadores

Variable de respuesta la variable dependiente en un experimento; es el valor que se mide para el cambio al final de un experimento

Variable explicativa la variable independiente en un experimento; el valor controlado por los investigadores

Variable numérica variables que toman valores indicados por números

Variable oculta una variable que tiene un efecto en un estudio, aunque no sea ni una variable explicativa ni una variable de respuesta

Repaso del capítulo

1.1 Definiciones de estadística, probabilidad y términos clave

La teoría matemática de la estadística es más fácil de aprender cuando se conoce el lenguaje. Este módulo presenta términos importantes que se utilizarán a lo largo del texto.

1.2 Datos, muestreo y variación de datos y muestreo

Los datos son elementos individuales de información que provienen de una población o muestra. Los datos se clasifican en cualitativos (categóricos), cuantitativos continuos o cuantitativos distintos.

Como no es práctico medir toda la población en un estudio, los investigadores utilizan muestras para representar a la población. Una muestra aleatoria es un grupo representativo de la población elegido mediante un método que da a cada persona de la población la misma oportunidad de que la incluyan en la muestra. Los métodos de muestreo aleatorio incluyen muestreo aleatorio simple, muestreo estratificado, muestreo por conglomerados y muestreo sistemático. El muestreo de conveniencia es un método no aleatorio de elección de una muestra que suele producir datos sesgados.

Las muestras que contienen personas diferentes generan datos diferentes. Esto es así incluso cuando las muestras están bien elegidas y son representativas de la población. Cuando se seleccionan adecuadamente, las muestras más grandes modelan la población con más precisión que las más pequeñas. Hay muchos problemas potenciales que pueden afectar la fiabilidad de una muestra. Los datos estadísticos se deben analizar críticamente, no simplemente aceptarlos.

1.3 Frecuencia, tablas de frecuencia y niveles de medición

Algunos cálculos generan números que son artificialmente precisos. No es necesario informar de un valor con ocho decimales cuando las medidas que generaron ese valor solo eran precisas hasta la décima más cercana. Redondee su respuesta final con un decimal más de los que había en los datos originales. Esto significa que si tiene datos medidos a la décima más cercana de una unidad, presente la estadística final a la centésima más cercana.

Además de redondear sus respuestas, puede medir sus datos utilizando los siguientes cuatro niveles de medición.

- **Nivel de escala nominal:** datos que no se pueden ordenar ni usar en cálculos
- **Nivel de escala ordinal:** datos que se pueden ordenar; las diferencias no se pueden medir
- **Nivel de escala de intervalos:** datos con un orden definido pero sin punto de partida; las diferencias se pueden medir, pero no como si fuera un cociente.

- **Nivel de escala de cociente:** datos con un punto de partida que se puede ordenar; las diferencias tienen significado y se pueden calcular cocientes.

Al organizar los datos, es importante saber cuántas veces aparece un valor. ¿Cuántos estudiantes de Estadística estudian cinco horas o más para un examen? ¿Qué porcentaje de familias de nuestra manzana tiene dos mascotas? La frecuencia, la frecuencia relativa y la frecuencia relativa acumulada son medidas que responden preguntas como estas.

1.4 Diseño experimental y ética

Un estudio de diseño deficiente no producirá datos fiables. Hay ciertos componentes clave que deben incluirse en cada experimento. Para eliminar las variables ocultas los sujetos deben ser asignados aleatoriamente a diferentes grupos de tratamiento. Uno de los grupos debe actuar como grupo de control, con lo que se demuestra lo que ocurre cuando no se aplica el tratamiento activo. Los participantes del grupo de control reciben un tratamiento placebo que es exactamente igual a los tratamientos activos, pero que no puede influir en la variable de respuesta. Para preservar la integridad del placebo, tanto los investigadores como los sujetos pueden estar sin conocimiento del fármaco. Cuando un estudio se diseña correctamente la única diferencia entre los grupos de tratamiento es la impuesta por el investigador. Por lo tanto, cuando los grupos responden de forma diferente a los distintos tratamientos, la diferencia debe ser por la influencia de la variable explicativa.

"Un problema de ética surge cuando se plantea una acción que le beneficia a usted o a alguna causa que apoya, perjudica o reduce los beneficios de otras personas y viola alguna norma" [4]. Las violaciones de la ética en las estadísticas no siempre son fáciles de detectar. Asociaciones profesionales y agencias federales publican directrices sobre la conducta adecuada. Es importante que aprenda los procedimientos estadísticos básicos para que pueda reconocer un análisis de datos adecuado.

Práctica

1.1 Definiciones de estadística, probabilidad y términos clave

Use la siguiente información para responder los siguientes cinco ejercicios. Las compañías farmacéuticas suelen realizar estudios para determinar la eficacia de un programa de tratamiento. Supongamos que se está estudiando un nuevo fármaco contra el sida. Se administra a los pacientes una vez que los síntomas del sida se han manifestado. Resulta interesante la duración promedio (media) de la vida de los pacientes, en meses, una vez iniciado el tratamiento. Dos investigadores siguen cada uno a un conjunto diferente de 40 pacientes con sida desde el inicio del tratamiento hasta su muerte. Se recogen los siguientes datos (en meses).

Investigador A:
3; 4; 11; 15; 16; 17; 22; 44; 37; 16; 14; 24; 25; 15; 26; 27; 33; 29; 35; 44; 13; 21; 22; 10; 12; 8; 40; 32; 26; 27; 31; 34; 29; 17; 8; 24; 18; 47; 33; 34

Investigador B:
3; 14; 11; 5; 16; 17; 28; 41; 31; 18; 14; 14; 26; 25; 21; 22; 31; 2; 35; 44; 23; 21; 21; 16; 12; 18; 41; 22; 16; 25; 33; 34; 29; 13; 18; 24; 23; 42; 33; 29

Determine a qué se refieren los términos clave en el ejemplo del investigador A.

1. población

2. muestra

3. parámetro

4. estadística

5. variable

4 (Andrew Gelman, "Open Data and Open Methods", Ethics and Statistics, http://www.stat.columbia.edu/~gelman/research/published/ChanceEthics1.pdf [consultado el 1.º de mayo de 2013])

1.2 Datos, muestreo y variación de datos y muestreo

6. "Número de veces por semana", ¿qué tipo de datos son?

a. cualitativo (categórico); b. cuantitativo discreto; c. continuo cuantitativo

Use la siguiente información para responder los próximos cuatro ejercicios: Se realizó un estudio para determinar la edad, el número de veces por semana y la duración (cantidad de tiempo) de los residentes que utilizan un parque local en San Antonio, Texas. Se seleccionó al azar la primera casa del vecindario que rodea el parque y, a continuación, se entrevistó al residente de una de cada ocho casas del vecindario que rodea el parque.

7. El método de muestreo fue

a. aleatorio simple; b. sistemático; c. estratificado; d. por conglomerado

8. La "duración (cantidad de tiempo)", ¿qué tipo de dato es?

a. cualitativo (categórico); b. cuantitativo discreto; c. continuo cuantitativo

9. Los colores de las casas que rodean el parque, ¿qué tipo de datos son?

a. cualitativo (categórico); b. cuantitativo discreto; c. continuo cuantitativo

10. La población es ____________________

11. La Tabla 1.26 contiene el número total de muertes en todo el mundo a causa de los terremotos desde el 2000 hasta el 2012.

Año	Número total de muertes
2000	231
2001	21.357
2002	11.685
2003	33.819
2004	228.802
2005	88.003
2006	6.605
2007	712
2008	88.011
2009	1.790
2010	320.120
2011	21.953
2012	768
Total	**823.856**

Tabla 1.26

Utilice la Tabla 1.26 para responder las siguientes preguntas.

a. ¿Cuál es la proporción de muertes entre el 2007 y el 2012?
b. ¿Qué porcentaje de muertes se produjo antes del 2001?
c. ¿Cuál es el porcentaje de muertes ocurridas en el 2003 o después del 2010?
d. ¿Cuál es la fracción de muertes ocurridas antes del 2012?
e. ¿Qué tipo de datos es el número de muertes?
f. Los terremotos se cuantifican según la cantidad de energía que producen (ejemplos: 2,1, 5,0, 6,7). ¿Qué tipo de datos son?
g. ¿Qué contribuyó al gran número de muertes en el 2010? ¿En el 2004? Explique.

Para los cuatro ejercicios siguientes, determine el tipo de muestreo utilizado (aleatorio simple, estratificado, sistemático, por conglomerados o de conveniencia).

12. Un grupo de sujetos de prueba se divide en doce grupos; luego se eligen cuatro de los grupos al azar.

13. Un investigador de mercado encuesta a una de cada diez personas que entran en una tienda.

14. Se encuesta a las primeras 50 personas que entran en un evento deportivo sobre sus preferencias televisivas.

15. Una computadora genera 100 números aleatorios y se eligen 100 personas cuyos nombres se corresponden con los números de la lista.

Use la siguiente información para responder los próximos siete ejercicios: Las compañías farmacéuticas suelen realizar estudios para determinar la eficacia de un programa de tratamiento. Supongamos que se está estudiando un nuevo fármaco contra el sida. Se administra a los pacientes una vez que los síntomas del sida se han manifestado. Resulta interesante la duración promedio (media) de la vida de los pacientes, en meses, una vez iniciado el tratamiento. Dos investigadores siguen cada uno a un grupo diferente de 40 pacientes con SIDA desde el inicio del tratamiento hasta su muerte. Se recopilan los siguientes datos (en meses)

Investigador A: 3; 4; 11; 15; 16; 17; 22; 44; 37; 16; 14; 24; 25; 15; 26; 27; 33; 29; 35; 44; 13; 21; 22; 10; 12; 8; 40; 32; 26; 27; 31; 34; 29; 17; 8; 24; 18; 47; 33; 34

Investigador B: 3; 14; 11; 5; 16; 17; 28; 41; 31; 18; 14; 14; 26; 25; 21; 22; 31; 2; 35; 44; 23; 21; 21; 16; 12; 18; 41; 22; 16; 25; 33; 34; 29; 13; 18; 24; 23; 42; 33; 29

16. Complete las tablas con los datos proporcionados:

Duración de la supervivencia (en meses)	Frecuencia	Frecuencia relativa	Frecuencia relativa acumulada
0,5–6,5			
6,5–12,5			
12,5–18,5			
18.5–24.5			
24,5–30,5			
30,5–36,5			
36.5–42.5			
42.5–48.5			

Tabla 1.27 Investigador A

Duración de la supervivencia (en meses)	Frecuencia	Frecuencia relativa	Frecuencia relativa acumulada
0,5–6,5			
6,5–12,5			
12,5–18,5			
18.5–24.5			
24,5–30,5			
30,5–36,5			
36,5-45,5			

Tabla 1.28 Investigador B

17. Determine a qué se refiere el término clave datos en el ejemplo anterior para el investigador A.

18. Enumere dos razones por las que los datos pueden discrepar.

19. ¿Puede decir si un investigador está en lo correcto y el otro no? ¿Por qué?

20. ¿Espera que los datos sean idénticos? ¿Por qué sí o por qué no?

21. Proponga al menos dos métodos que los investigadores podrían utilizar para recopilar datos aleatorios.

22. Supongamos que el primer investigador realiza su encuesta eligiendo al azar un estado de la nación y luego escogiendo al azar 40 pacientes de ese estado. ¿Qué método de muestreo habría utilizado ese investigador?

23. Supongamos que el segundo investigador realiza su encuesta eligiendo a 40 pacientes que conoce. ¿Qué método de muestreo habría utilizado ese investigador? ¿Qué preocupaciones tendría sobre este conjunto de datos, según el método de recopilación de datos?

Use los siguientes datos para responder los próximos cinco ejercicios: Dos investigadores están recopilando datos sobre las horas de videojuegos que juegan los niños en edad escolar y los adultos jóvenes. Cada uno de ellos toma una muestra aleatoria de diferentes grupos de 150 estudiantes de la misma escuela. Recopilan los siguientes datos.

Horas jugadas por semana	Frecuencia	Frecuencia relativa	Frecuencia relativa acumulada
0–2	26	0,17	0,17
2–4	30	0,20	0,37
4–6	49	0,33	0,70
6–8	25	0,17	0,87
8–10	12	0,08	0,95
10–12	8	0,05	1

Tabla 1.29 Investigador A

Horas jugadas por semana	Frecuencia	Frecuencia relativa	Frecuencia relativa acumulada
0–2	48	0,32	0,32
2–4	51	0,34	0,66
4–6	24	0,16	0,82
6–8	12	0,08	0,90
8–10	11	0,07	0,97
10–12	4	0,03	1

Tabla 1.30 Investigador B

24. Explique por qué los datos pueden ser diferentes.

25. ¿El tamaño de la muestra sería lo suficientemente grande si los estudiantes de la escuela fueran la población?

26. ¿El tamaño de la muestra sería lo suficientemente grande si los niños en edad escolar y los adultos jóvenes de Estados Unidos fueran la población?

27. El investigador A concluye que la mayoría de los estudiantes juegan a los videojuegos entre cuatro y seis horas a la semana. El investigador B concluye que la mayoría de los estudiantes juegan a los videojuegos entre dos y cuatro horas a la semana. ¿Quién tiene razón?

28. Como forma de recompensar a los estudiantes por participar en la encuesta, los investigadores dieron a cada uno de ellos una tarjeta regalo para una tienda de videojuegos. ¿Esto afectaría los datos si los estudiantes conocieran el premio antes del estudio?

Use los siguientes datos para responder los próximos cinco ejercicios: Se han realizado un par de estudios para medir la eficacia de un nuevo software diseñado para ayudar a los pacientes que sufrieron un ictus a recuperar su capacidad de resolución de problemas. Se pidió a los pacientes que utilizaran el software dos veces al día, una por la mañana y otra por la noche. Los estudios observaron a 200 pacientes con ictus que se recuperaban durante un periodo de varias semanas. El primer estudio recopiló los datos en la Tabla 1.31. El segundo estudio recopiló los datos en la Tabla 1.32.

Grupo	Ha mostrado una mejora	No hay mejora	Deterioro
Programa usado	142	43	15
No utilizó programa	72	110	18

Tabla 1.31

Grupo	Ha mostrado una mejora	No hay mejora	Deterioro
Programa usado	105	74	19
No utilizó programa	89	99	12

Tabla 1.32

29. Teniendo en cuenta lo que sabe, ¿qué estudio es el correcto?

30. El primer estudio lo realizó la compañía que diseñó el software. El segundo estudio lo realizó la Asociación Médica Americana. ¿Qué estudio es más fiable?

31. Los dos grupos que realizaron el estudio concluyeron que el software funciona. ¿Es esto correcto?

32. La compañía considera los dos estudios como prueba de que su software causa una mejora mental en los pacientes con ictus. ¿Esta afirmación es correcta?

33. Los pacientes que utilizaron el software también formaron parte de un programa de ejercicios, mientras que los que no lo utilizaron no lo hicieron. ¿Cambia esto la validez de las conclusiones del Ejercicio 1.31?

34. ¿Un tamaño de muestra de 1000 es una medida fiable para una población de 5000?

35. ¿Es una muestra de 500 voluntarios una medida fiable para una población de 2500?

36. Una pregunta de una encuesta dice: "¿Prefiere el delicioso sabor de la marca X o el de la marca Y?" ¿Es una pregunta correcta?

37. ¿Una muestra de dos personas es representativa de una población de cinco?

38. ¿Es posible que dos experimentos bien realizados con tamaños de muestra similares obtengan datos diferentes?

1.3 Frecuencia, tablas de frecuencia y niveles de medición

39. ¿Qué tipo de escala de medición se utiliza? Nominal, ordinal, de intervalo o de cociente.

a. Los jugadores de fútbol de la escuela secundaria se clasifican por su capacidad atlética: Superior, promedio, por encima del promedio
b. Las temperaturas de cocción para varios platos principales: 350, 400, 325, 250, 300
c. Los colores de los lápices de colores en una caja de 24 lápices
d. Los números de la seguridad social
e. Los ingresos medidos en dólares
f. Una encuesta de satisfacción de un sitio web social por número: 1 = muy satisfecho, 2 = algo satisfecho, 3 = no satisfecho
g. La perspectiva política: extrema izquierda, centro-izquierda, centro-derecha, extrema derecha
h. La hora del día en un reloj analógico
i. La distancia en millas a la tienda de comestibles más cercana
j. Las fechas 1066, 1492, 1644, 1947 y 1944
k. La altura de las mujeres de 21 a 65 años
l. Notas con letras comunes: A, B, C, D y F

1.4 Diseño experimental y ética

40. Diseñe un experimento. Identifique las variables explicativas y de respuesta. Describa la población estudiada y las unidades experimentales. Explique los tratamientos que se utilizarán y cómo se asignarán a las unidades experimentales. Describa cómo se puede utilizar el experimento ciego y los placebos para contrarrestar el poder de la sugestión.

41. Discuta las posibles violaciones de la norma que exige el consentimiento informado.

a. A los reclusos de un centro penitenciario se les ofrece un crédito por buen comportamiento a cambio de su participación en un estudio.
b. Se ha diseñado un estudio de investigación para investigar un nuevo medicamento contra la alergia infantil.
c. A los participantes en un estudio se les dice que el nuevo medicamento que se está probando es muy prometedor, pero no se les dice que solo una pequeña parte de los participantes recibirá el nuevo medicamento. Otros recibirán tratamientos placebo y tratamientos tradicionales.

Tarea para la casa

1.1 Definiciones de estadística, probabilidad y términos clave

Para cada uno de los ocho ejercicios siguientes, identifique: a. la población, b. la muestra, c. el parámetro, d. el estadístico, e. la variable y f. los datos. Dé ejemplos cuando sea necesario.

42. Un centro de acondicionamiento físico está interesado en la cantidad media de tiempo que un cliente hace ejercicio en el centro cada semana.

43. Las estaciones de esquí se interesan por la edad media a la que los niños toman sus primeras clases de esquí y snowboard. Necesitan esta información para planificar sus clases de esquí de forma óptima.

44. Una cardióloga está interesada en el periodo medio de recuperación de sus pacientes que han sufrido infartos.

45. Las compañías de seguros se interesan por los costos sanitarios medios anuales de sus clientes para poder determinar los costos del seguro de enfermedad.

46. A un político le interesa la proporción de votantes de su distrito que piensan que está haciendo un buen trabajo.

47. Una consejera matrimonial está interesada en la proporción de clientes a los que asesora que siguen casados.

48. Los encuestadores políticos pueden estar interesados en la proporción de personas que votarán por una causa particular.

49. Una compañía de mercadeo está interesada en la proporción de personas que comprarán un determinado producto.

Use la siguiente información para responder los tres próximos ejercicios: Una instructora del Lake Tahoe Community College está interesado en el número medio de días que los estudiantes de Matemáticas del Lake Tahoe Community College se ausentan de clase durante un trimestre.

50. ¿Cuál es la población que le interesa?

a. todos los estudiantes del Lake Tahoe Community College
b. todos los estudiantes de Inglés del Lake Tahoe Community College
c. todos los estudiantes del Lake Tahoe Community College en sus clases
d. todos los estudiantes de Matemáticas del Lake Tahoe Community College

51. Considere lo siguiente:

X = número de días de ausencia de un estudiante de Matemáticas del Lake Tahoe Community College

En este caso, X es un ejemplo de a:

a. variable.
b. población.
c. estadístico.
d. datos.

52. La muestra de la instructora arroja una media de días de ausencia de 3,5 días. Este valor es un ejemplo de:

a. parámetro.
b. datos.
c. estadístico.
d. variable.

1.2 Datos, muestreo y variación de datos y muestreo

En los siguientes ejercicios identifique el tipo de datos que se utilizaría para describir una respuesta (cuantitativa discreta, cuantitativa continua o cualitativa) y dé un ejemplo de los datos.

53. número de entradas vendidas para un concierto

54. porcentaje de grasa corporal

55. equipo de béisbol favorito

56. tiempo en la fila para comprar alimentos

57. número de estudiantes inscritos en el Evergreen Valley College

58. programa de televisión más visto

59. marca de pasta de dientes

60. distancia a la sala de cine más cercana

61. edad de los ejecutivos de las compañías de la lista Fortune 500

62. número de paquetes de software de hojas de cálculo de la competencia

Use la siguiente información para responder los dos próximos ejercicios: Se realizó un estudio para determinar la edad de los residentes que utilizan un parque local en San José y el número de veces por semana que van y la duración (cantidad de tiempo). Se seleccionó al azar la primera casa del vecindario que rodea el parque y luego se entrevistó a una de cada 8.ª casa del vecindario que rodea el parque.

63. "Número de veces por semana", ¿qué tipo de datos son?

a. cualitativo
b. cuantitativo discreto
c. cuantitativo continuo

64. La "duración (cantidad de tiempo)", ¿qué tipo de dato es?

a. cualitativo
b. cuantitativo discreto
c. cuantitativo continuo

65. Las compañías aéreas están interesadas en la coherencia del número de bebés en cada vuelo para tener un equipo de seguridad adecuado. Supongamos que una compañía aérea realiza una encuesta. Durante el fin de semana de Acción de Gracias realiza una encuesta en seis vuelos de Boston a Salt Lake City para determinar el número de bebés que hay en los vuelos. Esto determina la cantidad de equipos de seguridad necesarios según el resultado de ese estudio.

a. Use oraciones completas y enumere tres cosas que no funcionan en la forma en que se realizó la encuesta.
b. Use oraciones completas y enumere tres formas en las que mejoraría la encuesta si se repitiera.

66. Suponga que quiere determinar el número medio de estudiantes por clase de Estadística en su estado. Describa un posible método de muestreo en tres o cinco oraciones completas. Haga una descripción detallada.

67. Suponga que quiere determinar el número medio de latas de gaseosas que beben cada mes los estudiantes de veinte años de su escuela. Describa un posible método de muestreo en tres o cinco oraciones completas. Haga una descripción detallada.

68. Enumere algunas dificultades prácticas para obtener resultados precisos de una encuesta telefónica.

69. Enumere algunas dificultades prácticas para obtener resultados precisos de una encuesta por correo.

70. Con sus compañeros de clase haga una lluvia de ideas sobre cómo podría superar estos problemas si tuviera que realizar una encuesta telefónica o por correo.

71. La instructora toma su muestra recopilando datos de cinco estudiantes seleccionados al azar de cada clase de Matemáticas del colegio comunitario Lake Tahoe. El tipo de muestreo que utilizó es

a. muestreo por conglomerados
b. muestreo estratificado
c. muestreo aleatorio simple
d. muestreo de conveniencia

72. Se realizó un estudio para determinar la edad de los residentes que utilizan un parque local en San José y el número de veces por semana que van y la duración (cantidad de tiempo). Se seleccionó al azar la primera casa del vecindario que rodea el parque y luego se entrevistó a una de cada ocho casas del vecindario que rodea el parque. El método de muestreo fue:

a. simple aleatorio
b. sistemático
c. estratificado
d. conglomerado

73. Nombre el método de muestreo utilizado en cada una de las siguientes situaciones:

a. Una mujer en el aeropuerto está repartiendo cuestionarios a los viajeros pidiéndoles que evalúen el servicio del aeropuerto. No les pregunta a los viajeros que se apresuran a pasar por el aeropuerto con las manos llenas de equipaje, sino a todos los que están sentados cerca de las puertas de embarque y no toman una siesta mientras esperan.
b. Una maestra quiere saber si sus estudiantes están haciendo sus tareas para la casa, así que selecciona al azar las filas dos y cinco y luego llama a todos los estudiantes de la fila dos y a todos los de la fila cinco para que presenten a la clase las soluciones de los problemas de las tareas para la casa.
c. El gerente de mercadeo de una cadena de tiendas de electrónica quiere información sobre la edad de sus clientes. Durante las dos semanas siguientes, en cada establecimiento, se les entregan cuestionarios a 100 clientes seleccionados al azar para que los rellenen; se les pide información sobre la edad, así como sobre otras variables de interés.
d. La bibliotecaria de una biblioteca pública quiere determinar qué proporción de sus usuarios son niños. La bibliotecaria tiene una hoja de registro en la que marca si los libros se prestan a adultos o a niños. Registra estos datos para uno de cada cuatro clientes que pide libros prestados.
e. Un partido político quiere conocer la reacción de los votantes ante un debate entre los candidatos. El día después del debate, el personal de sondeos del partido llama a 1.200 números de teléfono seleccionados al azar. Si un votante registrado contesta el teléfono o está disponible para tomar la llamada, se le pregunta por quién piensa votar y si el debate ha cambiado su opinión sobre los candidatos.

74. Se realizó una "encuesta aleatoria" a 3.274 personas de la "generación del microprocesador" (personas nacidas a partir de 1971, año en que se inventó el microprocesador). Se informó que el 48 % de los encuestados declararon que, si tuvieran 2.000 dólares para gastar, los utilizarían para equipos de computación. Además, el 66 % de los encuestados se consideran usuarios relativamente expertos en usar una computadora.

a. ¿Considera que el tamaño de la muestra es suficiente para un estudio de este tipo? ¿Por qué sí o por qué no?
b. Basándose en su "intuición", ¿cree que los porcentajes reflejan con exactitud la población estadounidense de las personas que nacieron desde 1971? Si no es así, ¿cree que los porcentajes de la población son realmente mayores o menores que las estadísticas de la muestra? ¿Por qué?
Información adicional: la encuesta, realizada por Intel Corporation, la contestaron personas que visitaron el Centro de Convenciones de Los Ángeles para ver la presentación itinerante del Smithsonian Institute llamada "America's Smithsonian".
c. Con esta información adicional, ¿cree que todos los grupos demográficos y étnicos estuvieron representados por igual en el evento? ¿Por qué sí o por qué no?
d. Con la información adicional, comente con qué precisión cree que las estadísticas de la muestra reflejan los parámetros de la población.

75. El Índice de Bienestar es una encuesta que sigue periódicamente las tendencias de los residentes en EE. UU. La encuesta abarca seis áreas de salud y bienestar: evaluación de la vida, salud emocional, salud física, comportamiento saludable, ambiente laboral y acceso básico. A continuación se enumeran algunas de las preguntas utilizadas para medir el Índice.

Identifique el tipo de datos obtenidos de cada pregunta utilizada en esta encuesta: cualitativos, cuantitativos discretos o cuantitativos continuos.

a. ¿Tiene algún problema de salud que le impida hacer alguna de las cosas que la gente de su edad puede hacer normalmente?
b. Durante los 30 días pasados, ¿cuántos días no pudo hacer sus actividades habituales debido a condiciones de salud deficientes?
c. Durante los siete días pasados, ¿cuántos días hizo ejercicio por 30 minutos o más?
d. ¿Tiene seguro médico?

76. Antes de las elecciones presidenciales de 1936, una revista titulada Literary Digest publicó los resultados de un sondeo de opinión que predecía que el candidato republicano Alf Landon ganaría por un amplio margen. La revista envió tarjetas postales a unos 10.000.000 de posibles votantes. Estos posibles votantes se seleccionaron de la lista de suscriptores de la revista y de listas de registro de automóviles, telefónicas y de socios de clubes. Aproximadamente 2.300.000 personas enviaron sus respuestas.

a. Piense en la situación de Estados Unidos en 1936. Explique por qué una muestra elegida a partir de listas de suscripción a revistas, de registro de automóviles, de directorios telefónicos y de socios de clubes no era representativa de la población de Estados Unidos en aquella época.
b. ¿Qué efecto tiene la baja tasa de respuesta en la fiabilidad de la muestra?
c. ¿Estos problemas son ejemplos de error de muestreo o de error ajeno al muestreo?
d. Ese mismo año, George Gallup realizó su propio sondeo entre 30.000 posibles votantes. Estos investigadores utilizaron un método que denominaron "muestreo por cuotas" para obtener respuestas a la encuesta de subconjuntos específicos de la población. ¿El muestreo por cuotas es ejemplo de cuál método de muestreo de los que se describen en este módulo?

77. Las estadísticas demográficas y relacionadas con la delincuencia de 47 estados de EE. UU. en 1960 se recopilaron de organismos gubernamentales, incluido el *Informe Uniforme sobre Delincuencia* del FBI. Un análisis de estos datos halló una fuerte conexión entre educación y delincuencia e indicó que los niveles más altos de educación en una comunidad se corresponden con índices de delincuencia más altos.

¿Cuál de los posibles problemas con las muestras que se comentan en la 1.2 Datos, muestreo y variación de datos y muestreo podría explicar esta conexión?

78. YouPolls es un sitio web que permite a cualquiera crear y responder a sondeos. Una pregunta publicada el 15 de abril plantea:

"¿Se siente complacido pagando sus impuestos cuando a miembros de la administración Obama se les permite ignorar sus obligaciones fiscales?" [5].

Hasta el 25 de abril, 11 personas respondieron esta pregunta. Todos los participantes respondieron: "¡NO!".

¿Cuál de los posibles problemas analizados con las muestras en este módulo podría explicar esta conexión?

5 (lastbaldeagle. 2013. On Tax Day, House to Call for Firing Federal Workers Who Owe Back Taxes. Sondeo de opinión publicada en línea en: http://www.youpolls.com/details.aspx?id=12328 (consultada el 1.º de mayo de 2013)

79. Un artículo académico sobre tasas de respuesta comienza con la siguiente cita:

"El descenso de las tasas de contacto y cooperación en las encuestas telefónicas nacionales de marcación aleatoria (random digit dial, RDD) plantea serias dudas sobre la validez de las estimaciones extraídas de dichas investigaciones" [6]

El Pew Research Center for People and the Press admite:

"El porcentaje de personas que entrevistamos —de todas las que intentamos entrevistar— ha ido disminuyendo durante la década pasada o más" [7].

a. ¿Cuáles son algunos de los motivos de la disminución del índice de respuesta durante la década pasada?
b. Explique por qué los investigadores están preocupados por el efecto de la disminución del índice de respuesta en los sondeos de opinión pública.

1.3 Frecuencia, tablas de frecuencia y niveles de medición

80. Se les preguntó a cincuenta estudiantes a tiempo parcial cuántos cursos estaban tomando este trimestre. Los resultados (incompletos) se muestran a continuación:

Número de cursos	Frecuencia	Frecuencia relativa	Frecuencia relativa acumulada
1	30	0,6	
2	15		
3			

Tabla 1.33 Carga lectiva de los estudiantes a tiempo parcial

a. Llene los espacios en blanco en la Tabla 1.33.
b. ¿Qué porcentaje de estudiantes toman exactamente dos cursos?
c. ¿Qué porcentaje de estudiantes toman uno o dos cursos?

6 (Scott Keeter et al., "Gauging the Impact of Growing Nonresponse on Estimates from a National RDD Telephone Survey", Public Opinion Quarterly 70 no. 5 (2006), http://poq.oxfordjournals.org/content/70/5/759.full (http://poq.oxfordjournals.org/content/70/5/759.full) (consultado el 1 de mayo de 2013)

7 (Frequently Asked Questions, Pew Research Center for the People & the Press, http://www.people-press.org/methodology/frequently-asked-questions/#dont-you-have-trouble-getting-people-to-answer-your-polls (consultado el 1.° de mayo de 2013)

81. Antes de emitir el diagnóstico se les preguntó a sesenta adultos con enfermedades de las encías el número de veces por semana que utilizaban el hilo dental. Los resultados (incompletos) se muestran en la Tabla 1.34.

N.° de usos del hilo dental a la semana	Frecuencia	Frecuencia relativa	Frecuencia relativa acumulada
0	27	0,4500	
1	18		
3			0,9333
6	3	0,0500	
7	1	0,0167	

Tabla 1.34 Frecuencia de uso del hilo dental en adultos con enfermedades de las encías

a. Llene los espacios en blanco en la Tabla 1.34.
b. ¿Qué porcentaje de adultos utiliza el hilo dental seis veces por semana?
c. ¿Qué porcentaje utiliza el hilo dental como máximo tres veces por semana?

82. Se les preguntó a diecinueve inmigrantes en EE. UU. cuántos años, con una aproximación de un año, han vivido en EE. UU. Los datos son los siguientes: 2; 5; 7; 2; 2; 10; 20; 15; 0; 7; 0; 20; 5; 12; 15; 12; 4; 5; 10 .

Se produjo la Tabla 1.35.

Datos	Frecuencia	Frecuencia relativa	Frecuencia relativa acumulada
0	2	$\frac{2}{19}$	0,1053
2	3	$\frac{3}{19}$	0,2632
4	1	$\frac{1}{19}$	0,3158
5	3	$\frac{3}{19}$	0,4737
7	2	$\frac{2}{19}$	0,5789
10	2	$\frac{2}{19}$	0,6842
12	2	$\frac{2}{19}$	0,7895
15	1	$\frac{1}{19}$	0,8421
20	1	$\frac{1}{19}$	1,0000

Tabla 1.35 Frecuencia de las respuestas de los inmigrantes a la encuesta

a. Corrija los errores en la Tabla 1.35. Además, explique cómo alguien podría haber llegado a los números incorrectos.
b. Explique qué está errado en esta afirmación: "El 47 % de los encuestados lleva 5 años viviendo en EE. UU.".
c. Corrija el enunciado en **b** para que sea correcto.
d. ¿Qué fracción de las personas encuestadas ha vivido en EE. UU. cinco o siete años?
e. ¿Qué fracción de las personas encuestadas ha vivido como máximo 12 años en EE. UU.?
f. ¿Qué fracción de las personas encuestadas ha vivido en EE. UU. menos de 12 años?
g. ¿Qué fracción de las personas encuestadas ha vivido en EE. UU. de cinco a 20 años, ambos inclusive?

83. ¿Cuánto tiempo se tarda en ir al trabajo? La Tabla 1.36 muestra el tiempo medio de desplazamiento por estado para los trabajadores de, al menos, 16 años que no trabajan en casa. Calcule el tiempo medio de traslado, y redondee la respuesta correctamente.

24,0	24,3	25,9	18,9	27,5	17,9	21,8	20,9	16,7	27,3
18,2	24,7	20,0	22,6	23,9	18,0	31,4	22,3	24,0	25,5
24,7	24,6	28,1	24,9	22,6	23,6	23,4	25,7	24,8	25,5
21,2	25,7	23,1	23,0	23,9	26,0	16,3	23,1	21,4	21,5
27,0	27,0	18,6	31,7	23,3	30,1	22,9	23,3	21,7	18,6

Tabla 1.36

84. La revista *Forbes* publicó datos sobre las mejores pequeñas compañías en 2012. Se trata de compañías que cotizan en la bolsa desde hace al menos un año, con un precio de las acciones de al menos 5 dólares por acción y con unos ingresos anuales entre 5 millones de dólares y 1 mil millones de dólares. La Tabla 1.37 muestra la edad de los directores generales de las primeras 60 compañías clasificadas.

Edad	Frecuencia	Frecuencia relativa	Frecuencia relativa acumulada
40-44	3		
45-49	11		
50-54	13		
55-59	16		
60-64	10		
65-69	6		
70-74	1		

Tabla 1.37

a. ¿Cuál es la frecuencia para los directores generales entre 54 y 65 años?
b. ¿Qué porcentaje de directores generales tienen 65 años o más?
c. ¿Cuál es la frecuencia relativa de las edades inferiores a 50 años?
d. ¿Cuál es la frecuencia relativa acumulada de los directores generales menores de 55 años?
e. ¿Qué gráfico muestra la frecuencia relativa y cuál la frecuencia relativa acumulada?

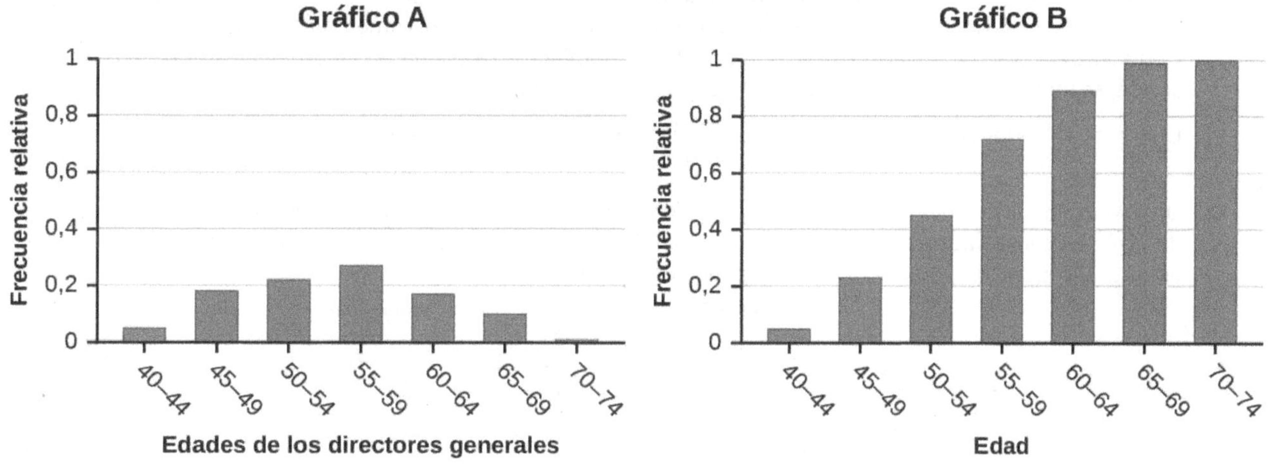

Figura 1.13

Use la siguiente información para responder los próximos dos ejercicios: la Tabla 1.38 contiene datos sobre los huracanes que han impactado directamente a EE. UU. entre 1851 y 2004. Un huracán recibe una categoría de fuerza basada en la velocidad mínima del viento generada por la tormenta.

Categoría	Número de impactos directos	Frecuencia relativa	Frecuencia acumulada
1	109	0,3993	0,3993
2	72	0,2637	0,6630

Tabla 1.38 Frecuencia de los impactos directos de los huracanes

Categoría	Número de impactos directos	Frecuencia relativa	Frecuencia acumulada
3	71	0,2601	
4	18		0,9890
5	3	0,0110	1,0000
	Total = 273		

Tabla 1.38 **Frecuencia de los impactos directos de los huracanes**

85. ¿Cuál es la frecuencia relativa de los impactos directos que fueron huracanes de categoría 4?

a. 0,0768
b. 0,0659
c. 0,2601
d. No hay suficiente información para calcular

86. ¿Cuál es la frecuencia relativa de los impactos directos que fueron COMO MÁXIMO una tormenta de categoría 3?

a. 0,3480
b. 0,9231
c. 0,2601
d. 0,3370

1.4 Diseño experimental y ética

87. ¿Cómo la privación de sueño afecta su capacidad para conducir? Un estudio reciente midió los efectos en 19 conductores profesionales. Cada conductor participó en dos sesiones experimentales: una tras un sueño normal y otra tras 27 horas de privación total de sueño. Los tratamientos se asignaron en orden aleatorio. En cada sesión, se midió el rendimiento en una serie de tareas que incluían una simulación de conducción.

Utilice los términos clave de este módulo para describir el diseño de este experimento.

88. Un anuncio de Acme Investments muestra los dos gráficos en la Figura 1.14 para mostrar el valor del producto de Acme en comparación con el producto de Other Guy. Describa el efecto visual potencialmente engañoso de estos gráficos de comparación. ¿Cómo se puede corregir esto?

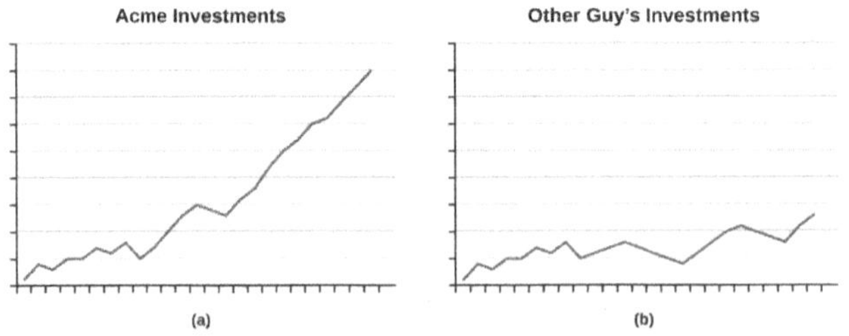

Figura 1.14 ¡Como muestran los gráficos, Acme supera sistemáticamente a Other Guys!

89. El gráfico de la Figura 1.15 muestra el número de quejas de seis aerolíneas diferentes, según lo comunicado al Departamento de Transporte de Estados Unidos en febrero de 2013. Alaska, Pinnacle y Airtran Airlines tienen muchas menos quejas que American, Delta y United. ¿Podemos concluir que American, Delta y United son las peores compañías aéreas, ya que son las que tienen más quejas?

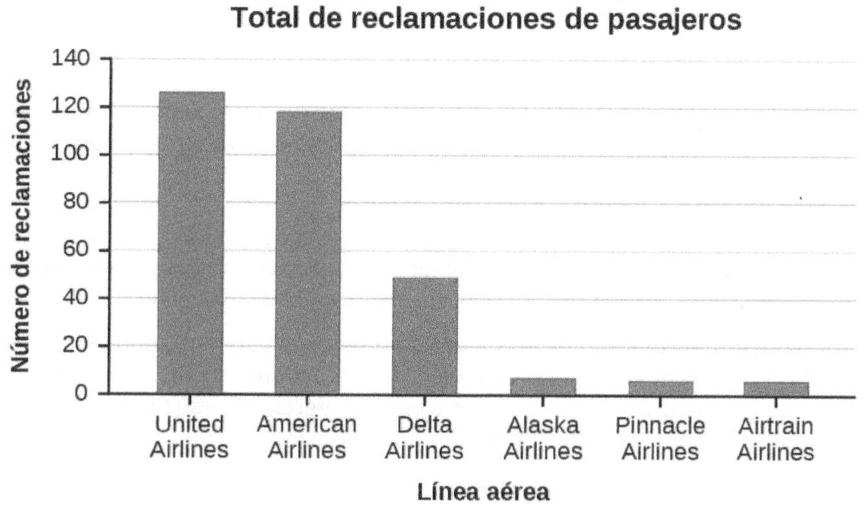

Figura 1.15

Resúmalo todo: tarea para la casa

90. Setecientos setenta y un estudiantes de educación a distancia del Long Beach City College respondieron a las encuestas en el año académico 2010-11. Los aspectos más destacados del informe de síntesis figuran en la Tabla 1.39.

Tener computadora en casa	96%
Imposibilidad de acudir al campus para asistir a las clases	65%
Edad de 41 años o más	24 %
Me gustaría que LBCC ofreciera más cursos de aprendizaje a distancia (distance learning, DL)	95 %
Tomó clases de DL debido a una discapacidad	17 %
Vive a un mínimo de 16 millas del campus	13 %
Tomó cursos de DL para cumplir con los requisitos de transferencia	71 %

Tabla 1.39 Resultados de la encuesta sobre el aprendizaje a distancia de Long Beach City College (LBCC)

a. ¿Qué porcentaje de los estudiantes encuestados no tiene computadora en casa?
b. Aproximadamente, ¿cuántos estudiantes de la encuesta viven a más de 16 millas del campus?
c. Si la misma encuesta se realizara en el Great Basin College de Elko (Nevada), ¿cree que los porcentajes serían los mismos? ¿Por qué?

91. Varios vendedores de libros de texto en línea anuncian que tienen precios más bajos que las librerías del campus. Sin embargo, un factor importante es si los minoristas de internet tienen realmente en stock los libros de texto que los estudiantes necesitan. Los estudiantes necesitan obtener los libros de texto con prontitud al comienzo del curso universitario. Si el libro no está disponible, el estudiante no podrá obtener el libro de texto en absoluto, o podría recibir una entrega retrasada si el libro tiene un pedido pendiente.

Un reportero de un periódico universitario investiga la disponibilidad de los libros de texto en las tiendas online. Decide investigar un libro de texto para cada una de las siete asignaturas siguientes: Cálculo, Biología, Química, Física, Estadística, Geología e Ingeniería general. Consulta los datos de ventas de la industria de libros de texto y selecciona el libro de texto más popular a nivel nacional en cada una de estas asignaturas. Visita los sitios web de una muestra aleatoria de los principales vendedores de libros de texto en línea y busca cada uno de estos siete libros de texto para ver si están disponibles en stock para una entrega rápida a través de estos minoristas. Con base en su investigación, escribe un artículo en el que saca conclusiones sobre la disponibilidad general de todos los libros de texto universitarios a través de los minoristas de libros de texto en línea

Escriba un análisis de su estudio que aborde las siguientes cuestiones: ¿Su muestra representativa de la población es de todos los libros de texto universitarios? Explique por qué sí o por qué no. Describa algunas posibles fuentes de sesgo en este estudio y cómo estas podrían afectar los resultados. Dé algunas sugerencias sobre lo que se podría hacer para mejorar el estudio.

Referencias

1.1 Definiciones de estadística, probabilidad y términos clave

The Data and Story Library, http://lib.stat.cmu.edu/DASL/Stories/CrashTestDummies.html (consultado el 1.° de mayo de 2013).

1.2 Datos, muestreo y variación de datos y muestreo

Gallup-Healthways Well-Being Index. http://www.well-beingindex.com/default.asp (consultado el 1.° de mayo de 2013).

Gallup-Healthways Well-Being Index. http://www.well-beingindex.com/methodology.asp (consultado el 1.° de mayo de 2013).

Gallup-Healthways Well-Being Index. http://www.gallup.com/poll/146822/gallup-healthways-index-questions.aspx (consultado el 1.° de mayo de 2013).

Datos de http://www.bookofodds.com/Relationships-Society/Articles/A0374-How-George-Gallup-Picked-the-President

Dominic Lusinchi, "President' Landon and the 1936 *Literary Digest* Poll: Were Automobile and Telephone Owners to Blame?" Social Science History 36, n.° 1: 23-54 (2012), http://ssh.dukejournals.org/content/36/1/23.abstract (consultado el 1.° de mayo de 2013).

"The Literary Digest Poll," Virtual Laboratories in Probability and Statistics http://www.math.uah.edu/stat/data/LiteraryDigest.html (consultado el 1.° de mayo de 2013).

"Gallup Presidential Election Trial-Heat Trends, 1936-2008", Gallup Politics http://www.gallup.com/poll/110548/gallup-presidential-election-trialheat-trends-19362004.aspx#4 (consultado el 1.° de mayo de 2013).

The Data and Story Library, http://lib.stat.cmu.edu/DASL/Datafiles/USCrime.html (consultado el 1.° de mayo de 2013).

LBCC Distance Learning (DL) program data in 2010-2011, http://de.lbcc.edu/reports/2010-11/future/highlights.html#focus (consultado el 1.° de mayo de 2013).

Datos de The Mercury News de San José

1.3 Frecuencia, tablas de frecuencia y niveles de medición

"State & County QuickFacts", U.S. Census Bureau. http://quickfacts.census.gov/qfd/

download_data.html (consultado el 1.° de mayo de 2013).

"State & County QuickFacts: Quick, easy access to facts about people, business, and geography", U.S. Census Bureau. http://quickfacts.census.gov/qfd/index.html (consultado el 1.° de mayo de 2013).

"Table 5: Direct hits by mainland United States Hurricanes (1851-2004)", National Hurricane Center, http://www.nhc.noaa.gov/gifs/table5.gif (consultado el 1.° de mayo de 2013).

"Levels of Measurement", http://infinity.cos.edu/faculty/woodbury/stats/tutorial/Data_Levels.htm (consultado el 1.° de mayo de 2013).

Courtney Taylor, "Levels of Measurement", about.com, http://statistics.about.com/od/HelpandTutorials/a/Levels-Of-Measurement.htm (consultado el 1.° de mayo de 2013).

David Lane. "Levels of Measurement", Connexions, http://cnx.org/content/m10809/latest/ (consultado el 1.° de mayo de 2013).

1.4 Diseño experimental y ética

"Vitamin E and Health", Nutrition Source, Harvard School of Public Health, http://www.hsph.harvard.edu/nutritionsource/vitamin-e/ (consultado el 1.° de mayo de 2013).

Stan Reents. "Don't Underestimate the Power of Suggestion," athleteinme.com, http://www.athleteinme.com/ArticleView.aspx?id=1053 (consultado el 1.° de mayo de 2013).

Ankita Mehta. "Daily Dose of Aspiring Helps Reduce Heart Attacks: Study," International Business Times, 21 de julio de 2011. También disponible en línea en http://www.ibtimes.com/daily-dose-aspirin-helps-reduce-heart-attacks-study-300443 (consultado el 1.° de mayo de 2013).

The Data and Story Library, http://lib.stat.cmu.edu/DASL/Stories/ScentsandLearning.html (consultado el 1.° de mayo de 2013).

M. L. Jacskon et al., "Cognitive Components of Simulated Driving Performance: Sleep Loss effect and Predictors", Accident Analysis and Prevention Journal, Enero n.° 50 (2013), http://www.ncbi.nlm.nih.gov/pubmed/22721550 (consultado el 1.° de mayo de 2013).

"Earthquake Information by Year", U.S. Geological Survey. http://earthquake.usgs.gov/earthquakes/eqarchives/year/ (consultado el 1.° de mayo de 2013).

"Fatality Analysis Report Systems (FARS) Encyclopedia", National Highway Traffic and Safety Administration. http://www-fars.nhtsa.dot.gov/Main/index.aspx (consultado el 1.° de mayo de 2013).

Datos de www.businessweek.com (consultado el 1.° de mayo de 2013).

Datos de www.forbes.com (consultado el 1.° de mayo de 2013).

"America's Best Small Companies", http://www.forbes.com/best-small-companies/list/ (consultado el 1.° de mayo de 2013).

U.S. Department of Health and Human Services, Code of Federal Regulations Title 45 Public Welfare Department of Health and Human Services Part 46 Protection of Human Subjects, revisado el 15 de enero de 2009. Section 46.111:Criteria for IRB Approval of Research.

"April 2013 Air Travel Consumer Report", U.S. Department of Transportation, 11 de abril (2013), http://www.dot.gov/airconsumer/april-2013-air-travel-consumer-report (consultado el 1.° de mayo de 2013).

Lori Alden, "Statistics can be Misleading", econoclass.com, http://www.econoclass.com/misleadingstats.html (consultado el 1.° de mayo de 2013).

María de los A. Medina, "Ethics in Statistics", basado en "Building an Ethics Module for Business, Science, and Engineering Students" de José A. Cruz-Cruz y William Frey, Connexions, http://cnx.org/content/m15555/latest/ (consultado el 1.° de mayo de 2013).

Soluciones

1. Pacientes con sida.

3. La duración promedio (en meses) de la vida de los pacientes con sida después del tratamiento.

5. X = el tiempo (en meses) que viven los pacientes con sida después del tratamiento.

7. b

9. a

11. a. 0,5242
    b. 0,03%
    c. 6,86%
    d. $\frac{823.088}{823.856}$
    e. cuantitativo discreto
    f. cuantitativo continuo
    g. En ambos años, los terremotos submarinos produjeron enormes tsunamis.

13. sistemático

15. simple aleatorio

17. valores para X, como 3, 4, 11, etc.

19. No, no tenemos suficiente información para hacer tal afirmación.

21. Tome una muestra aleatoria simple de cada grupo. Una forma es asignar un número a cada paciente y utilizar un generador de números aleatorios para seleccionarlos al azar.

23. Esto sería un muestreo de conveniencia y no es aleatorio.

25. Sí, el tamaño de la muestra de 150 sería lo suficientemente grande como para reflejar una población de una escuela.

27. Aunque los datos específicos apoyan las conclusiones de cada investigador, los diferentes resultados sugieren que es necesario recopilar más datos antes de que los investigadores puedan llegar a una conclusión.

29. No se da suficiente información para juzgar si uno de los dos es correcto o incorrecto.

31. El software parece funcionar, ya que el segundo estudio muestra que hay más pacientes que mejoran cuando lo utilizan que cuando no lo hacen. Aunque la diferencia no es tan grande como la del primer estudio, los resultados del segundo son probablemente más fiables y siguen mostrando una mejora.

33. Sí, porque no podemos saber si la mejora se debe al software o al ejercicio; los datos están confundidos y no se puede sacar una conclusión fiable. Deberían realizarse nuevos estudios.

35. No, aunque la muestra sea lo suficientemente grande, el hecho de que la muestra esté formada por voluntarios la

convierte en una muestra autoseleccionada, que no es confiable.

37. No, aunque la muestra sea una gran parte de la población, dos respuestas no son suficientes para justificar ninguna conclusión. Como la población es tan pequeña, sería mejor incluir a todos los habitantes para obtener los datos más precisos.

39.
a. ordinal
b. intervalo
c. nominal
d. nominal
e. cociente
f. ordinal
g. nominal
h. intervalo
i. cociente
j. intervalo
k. cociente
l. ordinal

41.
a. Es posible que los reclusos no se sientan cómodos rechazando la participación o que se sientan obligados a aprovechar las ventajas prometidas. Es posible que no se sientan realmente libres para rechazar la participación.
b. Los padres pueden dar el consentimiento en nombre de sus hijos, pero los niños no son competentes para darlo por sí mismos.
c. Todos los riesgos y beneficios deben estar claramente expuestos. Los participantes en el estudio deben ser informados de los aspectos relevantes del mismo para poder dar el consentimiento adecuado.

43.
a. todos los niños que reciben clases de esquí o snowboard
b. un grupo de estos niños
c. la edad media de la población de los niños que toman su primera clase de snowboard
d. la edad de la media muestral de los niños que toman su primera clase de snowboard
e. X = la edad de un niño que toma su primera clase de esquí o snowboard
f. valores para X, como 3, 7, etc.

45.
a. los clientes de las compañías de seguros
b. un grupo de los clientes
c. los costos de salud medios de los clientes
d. los costos de salud medios de la muestra
e. X = los costos de salud de un cliente
f. valores para X, como 34, 9, 82, etc.

47.
a. todos los clientes de esta consejera
b. un grupo de clientes de esta consejera matrimonial
c. la proporción de todos sus clientes que permanecen casados
d. la proporción de la muestra de clientes de la consejera que permanecen casados
e. X = el número de parejas que siguen casadas
f. sí, no

49.
a. todas las personas (tal vez en una zona geográfica determinada, como Estados Unidos)
b. un grupo de personas
c. la proporción de personas que comprarán el producto
d. la proporción de la muestra que comprará el producto
e. X = el número de personas que lo comprarán
f. comprar, no comprar

51. a

53. cuantitativa discreta, 150

55. cualitativo, Oakland A's

57. cuantitativo discreto, 11.234 estudiantes

59. cualitativo, Crest

61. cuantitativo continuo, 47,3 años

63. b

65.
a. La encuesta se realizó en seis vuelos similares.
La encuesta no sería una representación real de toda la población de viajeros aéreos.
Realizar la encuesta durante un fin de semana festivo no producirá resultados representativos.
b. Realizar la encuesta en diferentes épocas del año.
Llevar a cabo la encuesta en vuelos de ida y vuelta a varios lugares.
Realizar la encuesta en diferentes días de la semana.

67. Las respuestas variarán. Ejemplo de respuesta: podría utilizar un método de muestreo sistemático. Detenga a la décima persona al salir de uno de los edificios de la escuela a las 9:50 de la mañana. Luego, detenga a la décima persona cuando salga de otro edificio de la escuela a la 1:50 de la tarde.

69. Las respuestas variarán. Ejemplo de respuesta: Muchas personas no responden a las encuestas por correo. Si lo hacen, no se puede estar seguro de quién responde. Además, las listas de correo pueden estar incompletas.

71. b

73. de conveniencia conglomerado estratificado sistemático simple aleatorio

75.
a. cualitativo
b. cuantitativo discreto
c. cuantitativo discreto
d. cualitativo

77. Causalidad: El hecho de que dos variables estén relacionadas no garantiza que una de ellas influya en la otra. No podemos asumir que la tasa de criminalidad influye en el nivel de educación o que el nivel de educación influye en la tasa de criminalidad.

Confusión: Hay muchos factores que definen una comunidad, además del nivel educativo y el índice de criminalidad. Las comunidades con altos índices de delincuencia y altos niveles de educación pueden tener otras variables ocultas que las distinguen de las comunidades con índices de delincuencia y niveles de educación más bajos. Como no podemos aislar estas variables de interés, no podemos sacar conclusiones válidas sobre la conexión entre educación y delincuencia. Entre las posibles variables ocultas se encuentran gastos policiales, niveles de desempleo, región, edad promedio y tamaño.

79.
a. Posibles motivos: aumento del uso del identificador de llamadas, disminución del uso de teléfonos fijos, aumento del uso de números privados, buzón de voz, administradores de privacidad, carácter agitado de las agendas personales, disminución de la disposición a ser entrevistado.

b. Cuando un gran número de personas se niega a participar, la muestra puede no tener las mismas características de la población. Tal vez la mayoría de las personas que están dispuestas a participar lo hacen porque se sienten muy identificadas con el tema de la encuesta.

81. a.

N.° de usos del hilo dental a la semana	Frecuencia	Frecuencia relativa	Frecuencia relativa acumulada
0	27	0,4500	0,4500
1	18	0,3000	0,7500
3	11	0,1833	0,9333
6	3	0,0500	0,9833
7	1	0,0167	1

Tabla 1.40

b. 5,00 %
c. 93,33 %

83. La suma de los tiempos de viaje es de 1.173,1. Divida la suma entre 50 para calcular el valor medio: 23,462. Dado que el tiempo de viaje de cada estado se midió a la décima más cercana, redondee este cálculo a la centésima más cercana: 23,46.

85. b

87. Variable explicativa: cantidad de sueño
Variable de respuesta: rendimiento medido en las tareas asignadas
Tratamientos: sueño normal y 27 horas de privación total de sueño
Unidades experimentales: 19 conductores profesionales
Variables ocultas: ninguna. Todos los conductores participaron en ambos tratamientos
Asignación aleatoria: los tratamientos se asignaron en orden aleatorio; esto eliminó el efecto de cualquier "aprendizaje" que pudiera tener lugar durante la primera sesión experimental
Control/Placebo: completar la sesión experimental en condiciones normales de sueño
Ciego: los investigadores que evalúan el rendimiento de los sujetos no deben saber qué tratamiento se está aplicando en ese momento.

89. No se puede suponer que el número de quejas refleje la calidad de las compañías aéreas. Las aerolíneas que aparecen con el mayor número de quejas son las que tienen más pasajeros. Hay que tener en cuenta la idoneidad de los métodos de presentación de los datos; en este caso, mostrar los totales resulta engañoso.

91. Las respuestas variarán. Ejemplo de respuesta: La muestra no es representativa de la población de todos los libros de texto universitarios. Dos razones por las que no es representativo son que el investigador solo tomó una muestra de siete sujetos y que solo investigó un libro de texto en cada asignatura. Hay varias fuentes posibles de sesgo en el estudio. Las siete asignaturas que investigó son todas de Matemáticas y Ciencias; hay muchas asignaturas de Humanidades, Ciencias Sociales y otras áreas temáticas, (por ejemplo: Literatura, Arte, Historia, Psicología, Sociología o Negocios) que no investigó en absoluto. Puede ser que las diferentes áreas temáticas presenten diferentes patrones de disponibilidad de libros de texto, pero su muestra no detectaría tales resultados.

También se fijó solo en el libro de texto más popular en cada una de las asignaturas que investigó. La disponibilidad de los libros de texto más populares puede discrepar de la disponibilidad de otros libros de texto de una de estas dos maneras:

- los libros de texto más populares pueden estar más disponibles en línea, porque se imprimen más copias nuevas y más estudiantes de todo el país están vendiendo sus copias usadas O
- los libros de texto más populares pueden ser más difíciles de encontrar en línea, porque la mayor demanda de los estudiantes agota la oferta más rápidamente.

En realidad, muchos estudiantes universitarios no utilizan el libro de texto más popular de su asignatura y este estudio no ofrece información útil sobre la situación de los libros de texto menos populares.

Para mejorar este estudio se podría:

- ampliar la selección de temas que investiga para que sea más representativa de todas las asignaturas que estudian los universitarios, y
- ampliar la selección de libros de texto que se investiga dentro de cada asignatura para incluir una representación mixta de los libros de texto más populares y menos populares.

2 ESTADÍSTICA DESCRIPTIVA

Figura 2.1 Cuando tenga grandes cantidades de datos, tendrá que organizarlos de forma que tengan sentido. Estas papeletas de una elección se enrollan junto con otras similares para mantenerlas organizadas (créditos: William Greeson).

Objetivos del Capítulo

Al final de este capítulo el estudiante podrá:

- Representar los datos gráficamente e interpretar los gráficos: gráficos de tallo, histogramas y diagramas de caja.
- Reconocer, describir y calcular las medidas de localización de datos: cuartiles y percentiles.
- Reconocer, describir y calcular las medidas del centro de los datos: media, mediana y moda.
- Reconocer, describir y calcular las medidas de dispersión de los datos: varianza, desviación típica y rango.

Introducción

Una vez que haya recopilado los datos, ¿qué hará con ellos? Los datos se pueden describir y presentar en muchos formatos diferentes. Por ejemplo, supongamos que está interesado en comprar una casa en una zona determinada. Es posible que no tenga ni idea de los precios de las viviendas, por lo que puede pedirle a su agente inmobiliario que le dé un conjunto de datos de muestra de los precios. Mirar todos los precios de la muestra suele ser abrumador. Una mejor forma sería observar la mediana del precio y la variación de los precios. La mediana y la variación son solo dos formas que aprenderá para describir los datos. Su agente también puede proporcionarle un gráfico de los datos.

En este capítulo estudiará las formas numéricas y gráficas de describir y mostrar sus datos. Esta área de la estadística se llama **"Estadística Descriptiva".** Aprenderá a calcular y, lo que es más importante, a interpretar estas medidas y gráficos.

Un gráfico estadístico es una herramienta que ayuda a conocer la forma o la distribución de una muestra o de una población. Un gráfico puede ser una forma más eficaz de presentar los datos que una masa de números porque podemos ver dónde se agrupan los datos y dónde hay solo unos pocos valores de datos. Los periódicos e internet utilizan gráficos para mostrar tendencias y permitir a los lectores comparar rápidamente datos y cifras. Los estadísticos suelen hacer primero un gráfico de los datos para hacerse una idea de lo que arrojan. Luego, se pueden aplicar herramientas más formales.

Algunos de los tipos de gráficos que se utilizan para resumir y organizar los datos son el diagrama de puntos, el gráfico de barras, el histograma, el diagrama de tallo y hojas, el polígono de frecuencias (un tipo de gráfico de líneas discontinuas), el gráfico circular y el diagrama de caja. En este capítulo veremos brevemente gráficos de tallo y hoja, gráficos de líneas y gráficos de barras, así como polígonos de frecuencia y gráficos de series temporales. Haremos hincapié en los histogramas y los diagramas de caja.

NOTA

Este libro contiene instrucciones para construir un histograma y un diagrama de caja para las calculadoras TI-83+ y TI-84. El sitio web de Texas Instruments (TI) (http://education.ti.com/educationportal/sites/US/sectionHome/support.html) proporciona instrucciones adicionales para utilizar estas calculadoras.

2.1 Gráficos de tallo y hoja (gráfico de tallo), gráficos de líneas y gráficos de barras

Un gráfico sencillo, el **gráfico de tallo y hoja** o **gráfico de tallo**, procede del campo del análisis exploratorio de datos. Es una buena opción cuando los conjuntos de datos son pequeños. Para crear el gráfico, divida cada observación de datos en un tallo y una hoja. La hoja consta de un **último dígito significativo**. Por ejemplo, 23 tiene el tallo dos y la hoja tres. El número 432 tiene el tallo 43 y la hoja dos. Asimismo, el número 5.432 tiene el tallo 543 y la hoja dos. El decimal 9,3 tiene el tallo nueve y la hoja tres. Escriba los tallos en una línea vertical de menor a mayor. Dibuje una línea vertical a la derecha de los tallos. Luego, escriba las hojas en orden creciente junto a su correspondiente tallo.

EJEMPLO 2.1

En la clase de Precálculo de primavera de Susan Dean las calificaciones del primer examen fueron las siguientes (de menor a mayor):
33; 42; 49; 49; 53; 55; 55; 61; 63; 67; 68; 68; 69; 69; 72; 73; 74; 78; 80; 83; 88; 88; 88; 90; 92; 94; 94; 94; 94; 96; 100

Tallo	Hoja
3	3
4	2 9 9
5	3 5 5
6	1 3 7 8 8 9 9
7	2 3 4 8
8	0 3 8 8 8
9	0 2 4 4 4 4 6
10	0

Tabla 2.1 Gráfico de tallo y hoja

El gráfico de tallo muestra que la mayoría de las calificaciones fueron de 60, 70, 80 y 90. Ocho de las 31 calificaciones, es decir, aproximadamente el 26 % $\left(\frac{8}{31}\right)$ estaban en los 90 o 100, un número bastante alto de calificaciones con A.

> INTÉNTELO 2.1

Para el equipo de baloncesto de Park City los resultados de los últimos 30 partidos fueron los siguientes (de menor a mayor):
32; 32; 33; 34; 38; 40; 42; 42; 43; 44; 46; 47; 47; 48; 48; 48; 49; 50; 50; 51; 52; 52; 52; 53; 54; 56; 57; 57; 60; 61
Construya un diagrama de tallo para los datos.

El diagrama de tallo es una forma rápida de representar datos gráficamente y ofrece una imagen exacta de la información. Hay que buscar un patrón general y los valores atípicos. Un **valor atípico** es una observación de datos que no se ajusta al resto de los datos. A veces se le llama **valor extremo.** Cuando grafique un valor atípico parecerá que no se ajusta al patrón del gráfico. Algunos valores atípicos se deben a errores (por ejemplo, anotar 50 en vez de 500), mientras que otros pueden indicar que está ocurriendo algo inusual. Para explicar los valores atípicos se necesita información de fondo, por lo que los trataremos con más detalle más adelante.

EJEMPLO 2.2

Los datos son las distancias (en kilómetros) de un hogar a supermercados locales. Cree un diagrama de tallo con los datos:
1,1; 1,5; 2,3; 2,5; 2,7; 3,2; 3,3; 3,3; 3,5; 3,8; 4,0; 4,2; 4,5; 4,5; 4,7; 4,8; 5,5; 5,6; 6,5; 6,7; 12,3

¿Los datos parecen tener alguna concentración de valores?

NOTA

Las hojas están a la derecha del decimal.

Solución 1

El valor 12,3 puede ser un valor atípico. Los valores parecen concentrarse en los tres y cuatro kilómetros.

Tallo	Hoja
1	1 5
2	3 5 7
3	2 3 3 5 8
4	0 2 5 5 7 8
5	5 6
6	5 7
7	
8	
9	
10	

Tabla 2.2

Tallo	Hoja
11	
12	3

Tabla 2.2

INTÉNTELO 2.2

Los siguientes datos muestran las distancias (en millas) desde los hogares de los estudiantes de Estadística fuera del campus hasta el instituto universitario. Cree un diagrama de tallo con los datos e identifique los valores atípicos:

0,5; 0,7; 1,1; 1,2; 1,2; 1,3; 1,3; 1,5; 1,5; 1,7; 1,7; 1,8; 1,9; 2,0; 2,2; 2,5; 2,6; 2,8; 2,8; 2,8; 3,5; 3,8; 4,4; 4,8; 4,9; 5,2; 5,5; 5,7; 5,8; 8,0

EJEMPLO 2.3

El **diagrama de tallo y hoja bilateral** permite comparar los dos conjuntos de datos en dos columnas. En el diagrama de tallo y hoja bilateral dos conjuntos de hojas comparten el mismo tallo. Las hojas están a la izquierda y a la derecha de los tallos. La Tabla 2.4 y la Tabla 2.5 muestran las edades de los presidentes en su investidura y al momento de su muerte. Construya un diagrama de tallo y hoja bilateral utilizando estos datos.

Solución 1

Edades en la investidura		Edades al momento de la muerte
9 9 8 7 7 7 6 3 2	4	6 9
8 7 7 7 7 6 6 6 5 5 5 5 4 4 4 4 4 2 2 1 1 1 1 1 0	5	3 6 6 7 7 8
9 8 5 4 4 2 1 1 1 0	6	0 0 3 3 4 4 5 6 7 7 7 8
	7	0 0 1 1 1 4 7 8 8 9
	8	0 1 3 5 8
	9	0 0 3 3

Tabla 2.3

Presidente	Edad	Presidente	Edad	Presidente	Edad
Washington	57	Lincoln	52	Hoover	54
J. Adams	61	A. Johnson	56	F. Roosevelt	51
Jefferson	57	Grant	46	Truman	60

Tabla 2.4 Edades de los presidentes en su investidura

Presidente	Edad	Presidente	Edad	Presidente	Edad
Madison	57	Hayes	54	Eisenhower	62
Monroe	58	Garfield	49	Kennedy	43
J. Q. Adams	57	Arthur	51	L. Johnson	55
Jackson	61	Cleveland	47	Nixon	56
Van Buren	54	B. Harrison	55	Ford	61
W. H. Harrison	68	Cleveland	55	Carter	52
Tyler	51	McKinley	54	Reagan	69
Polk	49	T. Roosevelt	42	G. H. W. Bush	64
Taylor	64	Taft	51	Clinton	47
Fillmore	50	Wilson	56	G. W. Bush	54
Pierce	48	Harding	55	Obama	47
Buchanan	65	Coolidge	51		

Tabla 2.4 **Edades de los presidentes en su investidura**

Presidente	Edad	Presidente	Edad	Presidente	Edad
Washington	67	Lincoln	56	Hoover	90
J. Adams	90	A. Johnson	66	F. Roosevelt	63
Jefferson	83	Grant	63	Truman	88
Madison	85	Hayes	70	Eisenhower	78
Monroe	73	Garfield	49	Kennedy	46
J. Q. Adams	80	Arthur	56	L. Johnson	64
Jackson	78	Cleveland	71	Nixon	81
Van Buren	79	B. Harrison	67	Ford	93
W. H. Harrison	68	Cleveland	71	Reagan	93
Tyler	71	McKinley	58		

Tabla 2.5 **Edad del presidente al momento de su muerte**

Presidente	Edad	Presidente	Edad	Presidente	Edad
Polk	53	T. Roosevelt	60		
Taylor	65	Taft	72		
Fillmore	74	Wilson	67		
Pierce	64	Harding	57		
Buchanan	77	Coolidge	60		

Tabla 2.5 Edad del presidente al momento de su muerte

INTÉNTELO 2.3

La tabla muestra el número de victorias y derrotas que han tenido los Atlanta Hawks en 42 temporadas. Cree un gráfico de tallo y hoja de estas victorias y derrotas.

Pérdidas	Victorias	Año	Pérdidas	Victorias	Año
34	48	1968–1969	41	41	1989–1990
34	48	1969–1970	39	43	1990–1991
46	36	1970–1971	44	38	1991–1992
46	36	1971–1972	39	43	1992–1993
36	46	1972–1973	25	57	1993–1994
47	35	1973–1974	40	42	1994–1995
51	31	1974–1975	36	46	1995–1996
53	29	1975–1976	26	56	1996–1997
51	31	1976–1977	32	50	1997–1998
41	41	1977–1978	19	31	1998–1999
36	46	1978–1979	54	28	1999–2000
32	50	1979–1980	57	25	2000–2001
51	31	1980–1981	49	33	2001–2002

Tabla 2.6

Pérdidas	Victorias	Año	Pérdidas	Victorias	Año
40	42	1981–1982	47	35	2002–2003
39	43	1982–1983	54	28	2003–2004
42	40	1983–1984	69	13	2004–2005
48	34	1984–1985	56	26	2005–2006
32	50	1985–1986	52	30	2006–2007
25	57	1986–1987	45	37	2007–2008
32	50	1987–1988	35	47	2008–2009
30	52	1988–1989	29	53	2009–2010

Tabla 2.6

Otro tipo de gráfico que resulta útil para valores de datos específicos es el **gráfico de líneas**. En el gráfico de líneas en particular que se muestra en el Ejemplo 2.4, el **eje *x*** (eje horizontal) está formado por los **valores de los datos** y el **eje *y*** (eje vertical) por **puntos de frecuencia**. Los puntos de frecuencia se conectan mediante segmentos de la línea.

EJEMPLO 2.4

En una encuesta, se preguntó a 40 madres cuántas veces a la semana hay que recordarle a un adolescente que haga sus tareas. Los resultados se muestran en la Tabla 2.7 y en la Figura 2.2.

Número de veces que se le recuerda al adolescente	Frecuencia
0	2
1	5
2	8
3	14
4	7
5	4

Tabla 2.7

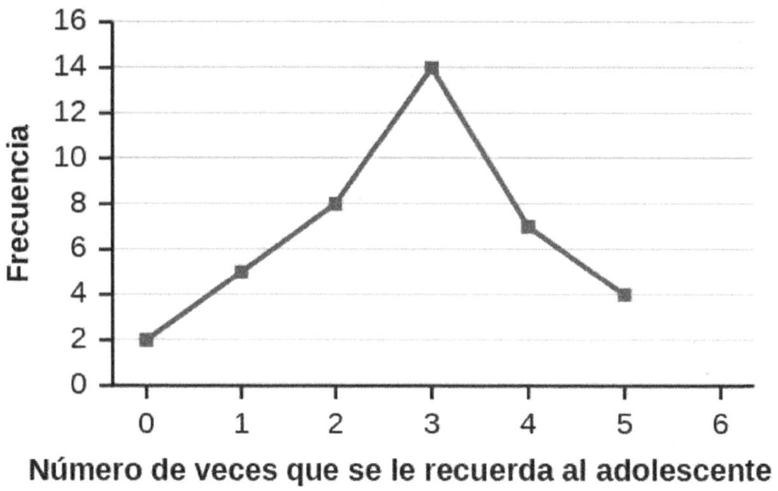

Figura 2.2

INTÉNTELO 2.4

En una encuesta, se preguntó a 40 personas cuántas veces al año llevaban su automóvil al taller para repararlo. Los resultados se muestran en la Tabla 2.8. Construya un gráfico de líneas.

Número de veces en el taller	Frecuencia
0	7
1	10
2	14
3	9

Tabla 2.8

Los **gráficos de barras** están formados por barras separadas entre sí. Las barras pueden ser rectángulos o recuadros rectangulares (usados en representaciones tridimensionales), y pueden ser verticales u horizontales. El **gráfico de barras** que se muestra en el Ejemplo 2.5 tiene los grupos de edad representados en el **eje *x*** y las proporciones en el **eje *y***.

EJEMPLO 2.5

A finales de 2011, Facebook tenía más de 146 millones de usuarios en Estados Unidos. La Tabla 2.9 muestra tres grupos de edad, el número de usuarios en cada grupo de edad y la proporción (%) de usuarios en cada grupo de edad. Construya un gráfico de barras con estos datos.

Grupos de edad	Número de usuarios de Facebook	Proporción (%) de usuarios de Facebook
13-25	65.082.280	45 %

Tabla 2.9

Grupos de edad	Número de usuarios de Facebook	Proporción (%) de usuarios de Facebook
26-44	53.300.200	36 %
45-64	27.885.100	19 %

Tabla 2.9

Solución 1

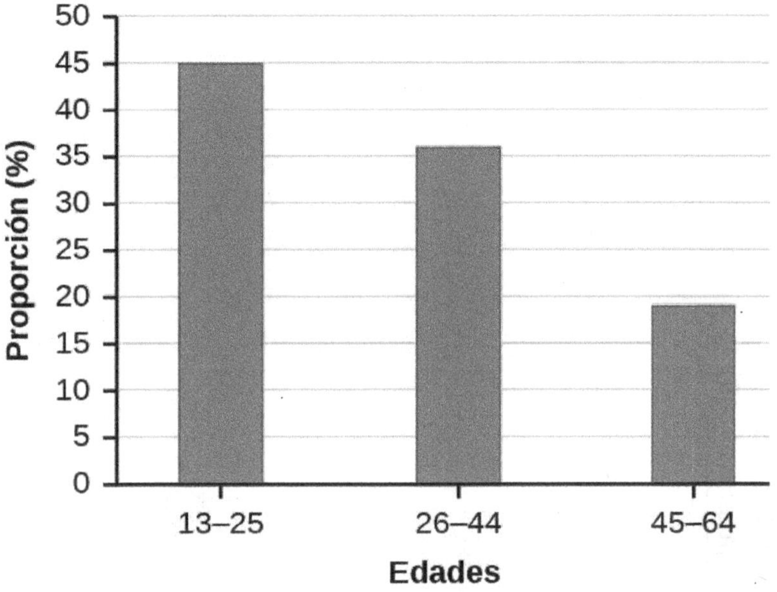

Figura 2.3

INTÉNTELO 2.5

La población de Park City se compone de niños, adultos en edad de trabajar y jubilados. La Tabla 2.10 muestra los tres grupos de edad, el número de personas de cada grupo en la ciudad y la proporción (%) de personas en cada grupo de edad. Construya un gráfico de barras que muestre las proporciones.

Grupos de edad	Número de personas	Proporción de la población
Niños	67.059	19 %
Adultos en edad de trabajar	152.198	43 %
Jubilados	131.662	38 %

Tabla 2.10

EJEMPLO 2.6

Las columnas de la Tabla 2.11 contienen la raza o el origen étnico de los estudiantes de escuelas públicas de EE. UU. para la clase de 2011, los porcentajes para la población examinada de Colocación Avanzada para esa clase y los porcentajes para la población estudiantil en general. Cree un gráfico de barras con la raza o el origen étnico de los estudiantes (datos cualitativos) en el eje *x* y los porcentajes de la población de examinados de Colocación Avanzada en el eje *y*.

Raza/etnia	Población examinada de AP	Población estudiantil total
1 = asiático, asiático americano o isleño del Pacífico	10,3 %	5,7 %
2 = negro o afroamericano	9,0 %	14,7 %
3 = hispano o latino	17,0 %	17,6 %
4 = amerindio o nativo de Alaska	0,6 %	1,1 %
5 = blanco	57,1 %	59,2 %
6 = no informado/otro	6,0 %	1,7%

Tabla 2.11

Solución 1

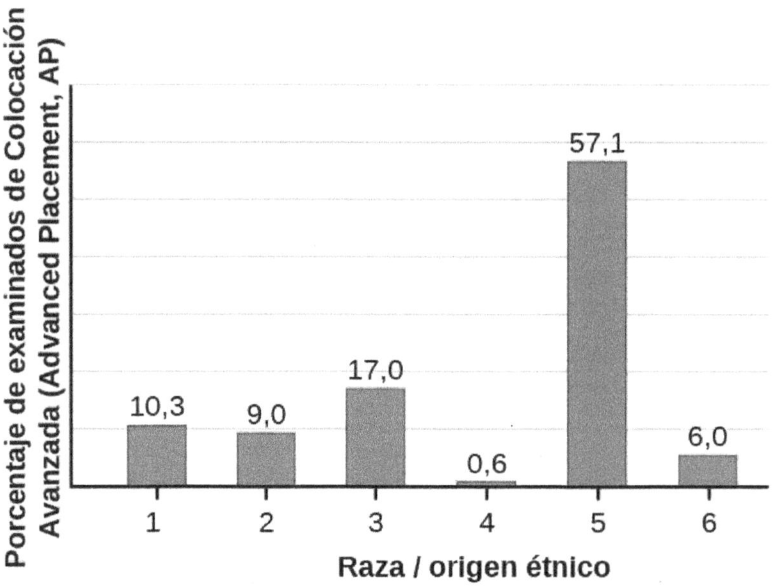

Figura 2.4

INTÉNTELO 2.6

Park City se divide en seis distritos electorales. La tabla muestra el porcentaje de la población total de votantes registrados que vive en cada distrito, así como el porcentaje total de la población entera que vive en cada distrito. Construya un gráfico de barras que muestre la población de votantes registrados por distrito.

Distrito	Población de votantes registrados	Población total de la ciudad
1	15,5 %	19,4 %

Tabla 2.12

Distrito	Población de votantes registrados	Población total de la ciudad
2	12,2 %	15,6 %
3	9,8 %	9,0 %
4	17,4 %	18,5 %
5	22,8 %	20,7 %
6	22,3 %	16,8 %

Tabla 2.12

2.2 Histogramas, polígonos de frecuencia y gráficos de series temporales

Para la mayor parte del trabajo que se realiza en este libro se utilizará un histograma para mostrar los datos. Una de las ventajas de un histograma es que puede mostrar fácilmente grandes conjuntos de datos. Una regla general es utilizar un histograma cuando el conjunto de datos consta de 100 valores o más.

Un **histograma** está formado por recuadros contiguos (adyacentes). Tiene un eje horizontal y otro vertical. El eje horizontal está identificado con lo que representan los datos (por ejemplo, la distancia de su casa a la escuela). El eje vertical está identificado como **frecuencia** o **frecuencia relativa** (o porcentaje de frecuencia o probabilidad). El gráfico tendrá la misma forma con cualquiera de las dos etiquetas. El histograma (al igual que el diagrama de tallo) puede darle la forma de los datos, el centro y la dispersión de los datos.

La frecuencia relativa es igual a la frecuencia de un valor observado de los datos dividida por el número total de valores de datos de la muestra. (Recuerde que la frecuencia se define como el número de veces que se produce una respuesta). Si:

- f = frecuencia
- n = número total de valores de datos (o la suma de las frecuencias individuales) y
- RF = frecuencia relativa,

entonces:

$$RF = \frac{e}{n}$$

Por ejemplo, si tres estudiantes de la clase de Inglés del Sr. Ahab compuesta por 40 estudiantes obtuvieron del 90 % al 100 %, entonces, $f = 3$, $n = 40$ y $RF = \frac{e}{n} = \frac{3}{40} = 0{,}075$. El 7,5 % de los estudiantes obtuvieron del 90 % al 100 %. Del 90 % al 100 % son medidas cuantitativas.

Para construir un histograma, primero hay que decidir cuántas **barras** o **intervalos** (también llamados clases) representan los datos. Muchos histogramas constan de cinco a 15 barras o clases para mayor claridad. Hay que elegir el número de barras. Elija un punto de partida para que el primer intervalo sea menor que el valor más pequeño de los datos. Un **punto de partida conveniente** es un valor inferior llevado a un decimal más que el valor con más decimales. Por ejemplo, si el valor con más decimales es 6,1 y este es el valor más pequeño, un punto de partida conveniente es 6,05 (6,1 - 0,05 = 6,05). Decimos que 6,05 tiene más precisión. Si el valor con más decimales es 2,23 y el valor más bajo es 1,5, un punto de partida conveniente es 1,495 (1,5 - 0,005 = 1,495). Si el valor con más decimales es 3,234 y el valor más bajo es 1,0, un punto de partida conveniente es 0,9995 (1,0 - 0,0005 = 0,9995). Si todos los datos son enteros y el valor más pequeño es dos, un punto de partida conveniente es 1,5 (2 - 0,5 = 1,5). Además, cuando el punto de partida y otros límites se llevan a un decimal adicional, ningún valor de los datos caerá en un límite. Los dos siguientes ejemplos detallan cómo construir un histograma utilizando datos continuos y cómo crear un histograma utilizando datos discretos.

EJEMPLO 2.7

Los siguientes datos son las estaturas (en pulgadas con una aproximación de media pulgada) de 100 jugadores hombres de fútbol semiprofesional. Las alturas son datos **continuos**, ya que la altura se mide.

60; 60,5; 61; 61; 61,5
63,5; 63,5; 63,5
64; 64; 64; 64; 64; 64; 64; 64,5; 64,5; 64,5; 64,5; 64,5; 64,5; 64,5; 64,5
66; 66; 66; 66; 66; 66; 66; 66; 66; 66; 66,5; 66,5; 66,5; 66,5; 66,5; 66,5; 66,5; 66,5; 66,5; 66,5; 66,5; 67; 67; 67; 67; 67; 67; 67; 67; 67; 67; 67; 67; 67,5; 67,5; 67,5; 67,5; 67,5; 67,5; 67,5
68; 68; 69; 69; 69; 69; 69; 69; 69; 69; 69; 69; 69,5; 69,5; 69,5; 69,5; 69,5
70; 70; 70; 70; 70; 70; 70,5; 70,5; 70,5; 71; 71; 71
72; 72; 72; 72,5; 72,5; 73; 73,5
74

El valor de datos más pequeño es 60. Como los datos con más decimales tienen un decimal (por ejemplo, 61,5), queremos que nuestro punto de partida tenga dos decimales. Dado que los números 0,5, 0,05, 0,005, etc. son números convenientes, utilice 0,05 y réstelo a 60, el valor más pequeño, para el punto de partida conveniente.

60 – 0,05 = 59,95 que es más preciso que, por ejemplo, 61,5 por un decimal. El punto de partida es, pues, 59,95.

El valor mayor es 74, por lo que 74 + 0,05 = 74,05 es el valor final.

Luego, calcule el ancho de cada barra o intervalo de clase. Para calcular este ancho, reste el punto inicial del valor final y divídalo entre el número de barras (debe elegir el número de barras que desee). Suponga que elige ocho barras.

$$\frac{74{,}05 - 59{,}95}{8} = 1{,}76$$

NOTA

Redondearemos a dos y haremos que cada barra o intervalo de clase tenga dos unidades de ancho. Redondear a dos es una forma de evitar que un valor caiga en un límite. El redondeo al número siguiente es a menudo necesario, incluso si va en contra de las reglas estándar de redondeo. Para este ejemplo, utilizar 1,76 como ancho también funcionaría. Una pauta que siguen algunos para el número de barras o intervalos de clase es tomar la raíz cuadrada del número de valores de datos y luego redondear al número entero más cercano, si es necesario. Por ejemplo, si hay 150 valores de datos, tome la raíz cuadrada de 150 y redondee a 12 barras o intervalos.

Los límites son:

- 59,95
- 59,95 + 2 = 61,95
- 61,95 + 2 = 63,95
- 63,95 + 2 = 65,95
- 65,95 + 2 = 67,95
- 67,95 + 2 = 69,95
- 69,95 + 2 = 71,95
- 71,95 + 2 = 73,95
- 73,95 + 2 = 75,95

Las alturas de 60 a 61,5 pulgadas están en el intervalo de 59,95 a 61,95. Las alturas que son 63,5 están en el intervalo de 61,95 a 63,95. Las alturas que van de 64 a 64,5 están en el intervalo de 63,95 a 65,95. Las alturas de 66 a 67,5 están en el intervalo de 65,95 a 67,95. Las alturas de 68 a 69,5 están en el intervalo de 67,95 a 69,95. Las alturas de 70 a 71 están en el intervalo de 69,95 a 71,95. Las alturas de 72 a 73,5 están en el intervalo de 71,95 a 73,95. La altura 74 está en el intervalo de 73,95 a 75,95.

El siguiente histograma muestra las alturas en el eje *x* y la frecuencia relativa en el eje *y*.

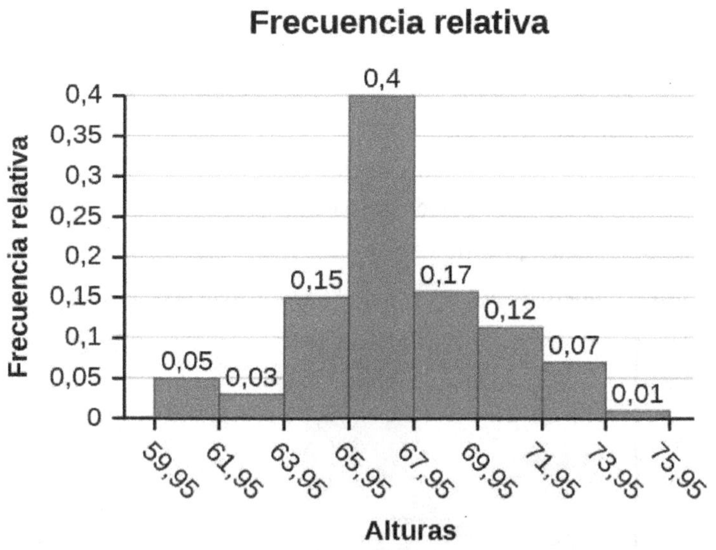

Figura 2.5

INTÉNTELO 2.7

Los siguientes datos son las tallas de los zapatos de 50 estudiantes hombres. Las tallas son datos discretos, ya que el tamaño del calzado se mide solo en unidades enteras y medias. Construya un histograma y calcule el ancho de cada barra o intervalo de clase. Suponga que elige seis barras.
9; 9; 9,5; 9,5; 10; 10; 10; 10; 10; 10; 10,5; 10,5; 10,5; 10,5; 10,5; 10,5; 10,5; 10,5
11; 11; 11; 11; 11; 11; 11; 11; 11; 11; 11; 11; 11; 11,5; 11,5; 11,5; 11,5; 11,5; 11,5; 11,5
12; 12; 12; 12; 12; 12; 12,5; 12,5; 12,5; 12,5; 14

EJEMPLO 2.8

Cree un histograma para los siguientes datos: el número de libros comprados por 50 estudiantes universitarios a tiempo parcial en el ABC College. El número de libros es un **dato discreto**, ya que los libros se cuentan.
1; 1; 1; 1; 1; 1; 1; 1; 1; 1; 1
2; 2; 2; 2; 2; 2; 2; 2; 2; 2
3; 3; 3; 3; 3; 3; 3; 3; 3; 3; 3; 3; 3; 3; 3; 3
4; 4; 4; 4; 4; 4
5; 5; 5; 5; 5
6; 6

Once estudiantes compran un libro. Diez estudiantes compran dos libros. Dieciséis estudiantes compran tres libros. Seis estudiantes compran cuatro libros. Cinco estudiantes compran cinco libros. Dos estudiantes compran seis libros.

Como los datos son enteros, reste 0,5 a 1, el valor más pequeño de los datos, y sume 0,5 a 6, el valor más grande de los datos. Entonces el punto de partida es 0,5 y el valor final es 6,5.

Luego, calcule el ancho de cada barra o intervalo de clase. Si los datos son discretos y no hay demasiados valores diferentes, lo más conveniente es un ancho que sitúe los valores de los datos en el centro del intervalo de barras o clases. Dado que los datos consisten en los números 1, 2, 3, 4, 5, 6, y el punto de partida es 0,5, un ancho de uno sitúa el 1 en el centro del intervalo de 0,5 a 1,5, el 2 en el centro del intervalo de 1,5 a 2,5, el 3 en el centro del intervalo de 2,5 a 3,5, el 4 en el centro del intervalo de ______ a ______, el 5 en el centro del intervalo de ______ a ______ y el ______ en el centro del intervalo de ______ a ______.

Solución 1

- de 3,5 a 4,5

- de 4,5 a 5,5
- 6
- de 5,5 a 6,5

Calcule el número de barras de la siguiente manera:

$$\frac{6{,}5 - 0{,}5}{\text{número de barras}} = 1$$

donde 1 es el ancho de una barra. Por lo tanto, barras = 6.

El siguiente histograma muestra el número de libros en el eje *x* y la frecuencia en el eje *y*.

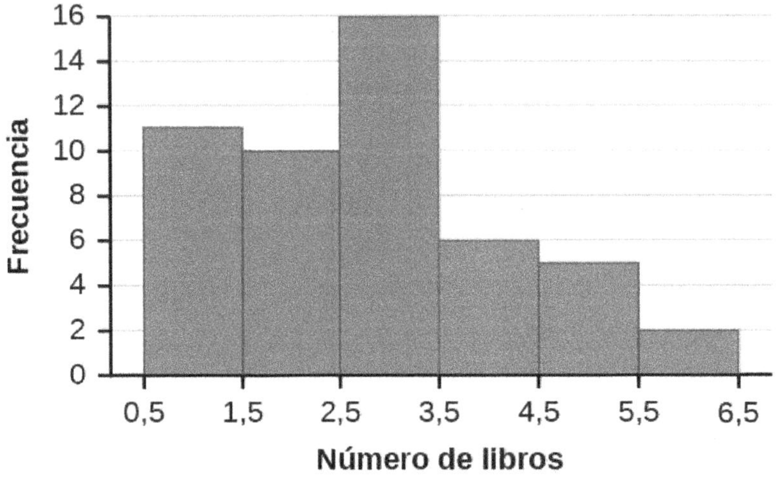

Figura 2.6

USO DE LAS CALCULADORAS TI-83, 83+, 84, 84+

Diríjase al G - NOTAS PARA LAS CALCULADORAS TI-83, 83+, 84, 84+G - NOTAS PARA LAS CALCULADORAS TI-83, 83+, 84, 84+. Hay instrucciones de la calculadora para introducir datos y para crear un histograma personalizado. Cree el histograma para el Ejemplo 2.8.

- Pulse Y=. Pulse CLEAR para borrar las ecuaciones.
- Pulse STAT 1:EDIT. Si L1 tiene datos, flecha hacia arriba en el nombre L1, pulse CLEAR y luego flecha hacia abajo. Si es necesario, haga lo mismo con L2.
- En L1, introduzca 1, 2, 3, 4, 5, 6.
- En L2, introduzca 11, 10, 16, 6, 5, 2.
- Pulse WINDOW. Escriba Xmin = 0,5, Xmax = 6,5, Xscl = (6,5 - 0.5)/6, Ymin = –1, Ymax = 20, Yscl = 1, Xres = 1.
- Pulse 2.° Y =. Comience pulsando 4:Plotsoff ENTER.
- Pulse 2.° Y =. Pulse 1: Plot1. Pulse ENTER. Flecha hacia abajo para TYPE. Flecha hacia la 3.ª imagen (histograma). Pulse ENTER.
- Flecha hacia abajo a Xlist: Introduzca L1 (2,° 1). Flecha hacia abajo hasta Freq. Introduzca L2 (2.° 2).
- Pulse GRAPH.
- Utilice la tecla TRACE y las teclas de flecha para examinar el histograma.

INTÉNTELO 2.8

Los siguientes datos son el número de deportes practicados por 50 estudiantes deportistas. El número de deportes es un dato discreto, ya que los deportes se cuentan.

1; 1; 1; 1; 1; 1; 1; 1; 1; 1; 1; 1; 1; 1; 1; 1; 1; 1; 1; 1
2; 2; 2; 2; 2; 2; 2; 2; 2; 2; 2; 2; 2; 2; 2; 2; 2; 2; 2; 2; 2; 2
3; 3; 3; 3; 3; 3; 3; 3
20 estudiantes deportistas practican un deporte. 22 estudiantes deportistas practican dos deportes. Ocho estudiantes deportistas practican tres deportes.

Rellene los espacios en blanco de la siguiente oración. Como los datos consisten en los números 1, 2, 3, y el punto de partida es 0,5, una anchura de uno sitúa el 1 en el centro del intervalo 0,5 a ____, el 2 en el centro del intervalo de ____ a ____, y el 3 en el centro del intervalo de ____ a ____.

EJEMPLO 2.9

Con este conjunto de datos construya un histograma.

Número de horas que mis compañeros de clase pasan jugando a los videojuegos los fines de semana				
9,95	10	2,25	16,75	0
19,5	22,5	7,5	15	12,75
5,5	11	10	20,75	17,5
23	21,9	24	23,75	18
20	15	22,9	18,8	20,5

Tabla 2.13

Solución 1

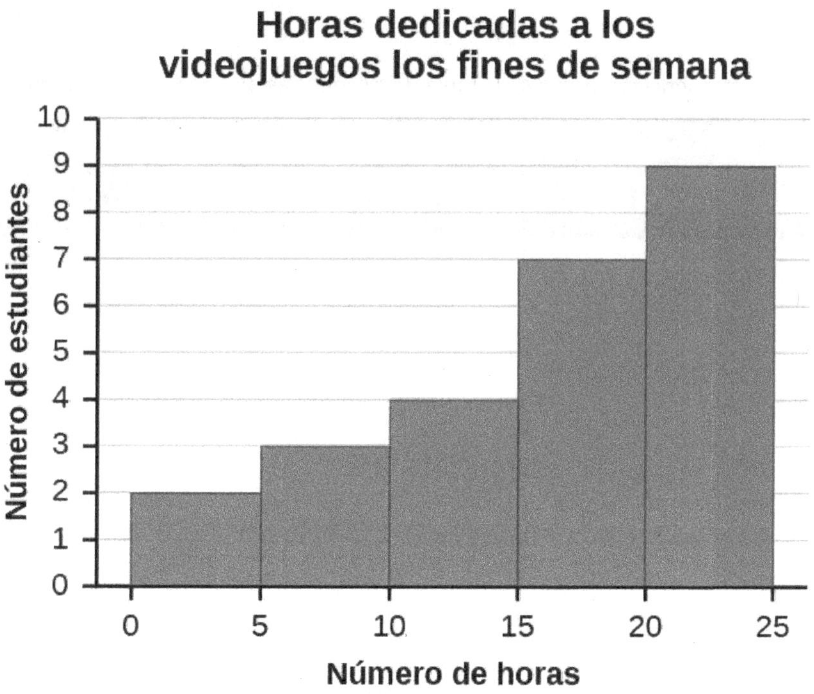

Figura 2.7

Algunos valores de este conjunto de datos caen en los límites de los intervalos de clase. Un valor se cuenta en un intervalo de clase si cae en el límite izquierdo, pero no si cae en el límite derecho. Diferentes investigadores pueden establecer histogramas para los mismos datos de diferentes maneras. Hay más de una forma correcta de configurar un histograma.

INTÉNTELO 2.9

Los siguientes datos representan el número de empleados de varios restaurantes de la ciudad de Nueva York. Con estos datos, cree un histograma.

22; 35; 15; 26; 40; 28; 18; 20; 25; 34; 39; 42; 24; 22; 19; 27; 22; 34; 40; 20; 38; y 28
Utilice 10-19 como primer intervalo.

EJERCICIO COLABORATIVO

Cuente el dinero (billetes y monedas) que lleva en el bolsillo o en el bolso. Su instructor registrará las cantidades. En clase, construya un histograma que muestre los datos. Analice cuántos intervalos cree que son apropiados. Puede experimentar con el número de intervalos.

Polígonos de frecuencia

Los polígonos de frecuencias son análogos a los gráficos de líneas y, al igual que los gráficos de líneas facilitan la interpretación visual de los datos continuos, también lo hacen los polígonos de frecuencias.

Para construir un polígono de frecuencias, primero hay que examinar los datos y decidir el número de intervalos, o intervalos de clase, que se van a utilizar en los ejes *x* y *y*. Después de elegir los rangos apropiados, comience a trazar los puntos de datos. Después de trazar todos los puntos, dibuje segmentos de línea para conectarlos.

EJEMPLO 2.10

Se construyó un polígono de frecuencias a partir de la tabla de frecuencias que aparece a continuación.

Distribución de frecuencias de las calificaciones del examen final de Cálculo			
Límite inferior	**Límite superior**	**Frecuencia**	**Frecuencia acumulada**
49,5	59,5	5	5
59,5	69,5	10	15
69,5	79,5	30	45
79,5	89,5	40	85
89,5	99,5	15	100

Tabla 2.14

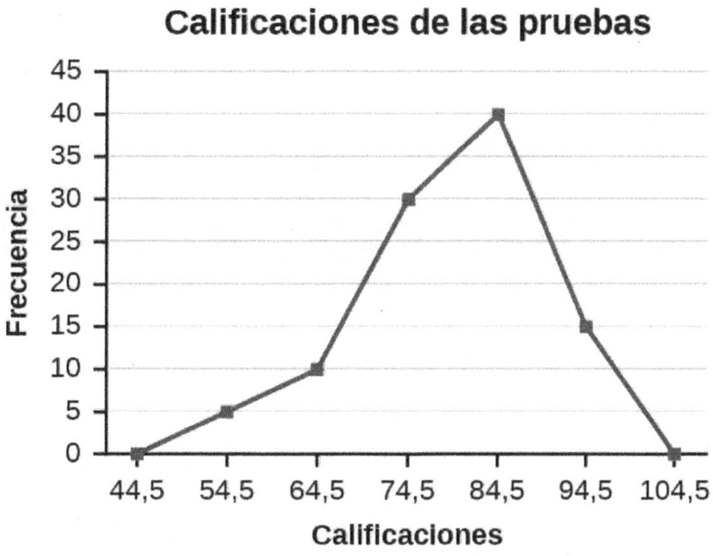

Figura 2.8

La primera etiqueta del eje *x* es 44,5. Esto representa un intervalo que va de 39,5 a 49,5. Dado que la calificación más baja de la prueba es 54,5, este intervalo se utiliza solo para permitir que el gráfico toque el eje *x*. El punto identificado como 54,5 representa el siguiente intervalo, o el primer intervalo "real" de la tabla, y contiene cinco calificaciones. Este razonamiento se sigue para cada uno de los intervalos restantes, con el punto 104,5 que representa el intervalo de 99,5 a 109,5. De nuevo, este intervalo no contiene datos y solo se utiliza para que el gráfico toque el eje *x*. Observando el gráfico, decimos que esta distribución está distorsionada porque un lado del gráfico no es un espejo del otro.

INTÉNTELO 2.10

Construya un polígono de frecuencias de las edades de los presidentes de EE. UU. en el momento de la investidura que se muestra en la Tabla 2.15.

Edad en la investidura	Frecuencia
41,5-46,5	4
46,5-51,5	11
51,5-56,5	14
56,5-61,5	9
61,5-66,5	4
66,5-71,5	2

Tabla 2.15

Los polígonos de frecuencia son útiles para comparar distribuciones. Esto se consigue superponiendo los polígonos de frecuencia dibujados para diferentes conjuntos de datos.

EJEMPLO 2.11

Construiremos un polígono de frecuencias superpuestas comparando las puntuaciones del Ejemplo 2.10 con la nota numérica final de los estudiantes.

Distribución de frecuencias de las calificaciones del examen final de Cálculo			
Límite inferior	Límite superior	Frecuencia	Frecuencia acumulada
49,5	59,5	5	5
59,5	69,5	10	15
69,5	79,5	30	45
79,5	89,5	40	85
89,5	99,5	15	100

Tabla 2.16

Distribución de frecuencias de las notas finales de Cálculo			
Límite inferior	Límite superior	Frecuencia	Frecuencia acumulada
49,5	59,5	10	10
59,5	69,5	10	20
69,5	79,5	30	50
79,5	89,5	45	95
89,5	99,5	5	100

Tabla 2.17

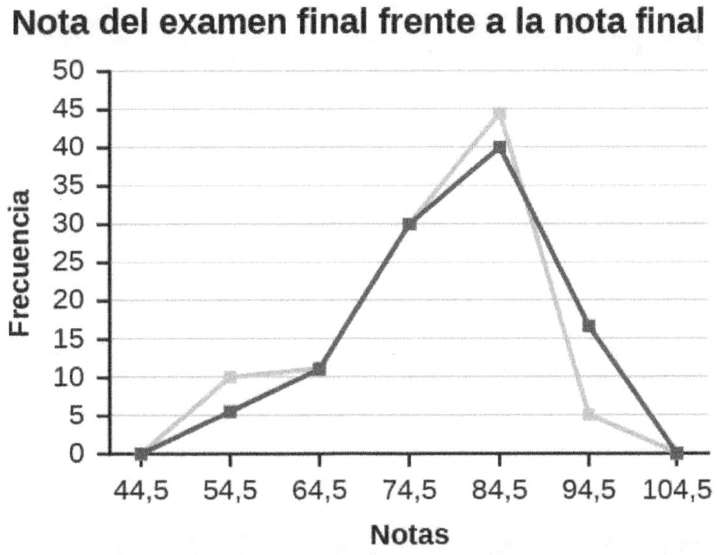

Figura 2.9

Supongamos que queremos estudiar el rango de temperaturas de una región durante todo un mes. Todos los días a mediodía anotamos la temperatura y la anotamos en un registro. Con estos datos se podrían realizar diversos estudios estadísticos. Podemos hallar la media o la mediana de la temperatura del mes. Podemos construir un histograma que muestre el número de días en que las temperaturas alcanzan un determinado rango de valores. Sin embargo, todos estos métodos ignoran una parte de los datos que hemos recopilado.

Una característica de los datos que podemos considerar es la del tiempo. Dado que cada fecha se empareja con la lectura de la temperatura del día, no tenemos que pensar que los datos son aleatorios. En cambio, podemos utilizar los tiempos indicados para imponer un orden cronológico a los datos. Un gráfico que reconoce esta ordenación y muestra la evolución de la temperatura a medida que avanza el mes se denomina gráfico de series temporales.

Construcción de un gráfico de series temporales

Para construir un gráfico de series temporales debemos observar las dos partes de nuestro **conjunto de datos emparejados**. Comenzamos con un sistema de coordenadas cartesianas estándar. El eje horizontal se utiliza para trazar la fecha o los incrementos de tiempo, y el eje vertical se utiliza para trazar los valores de la variable que estamos midiendo. De este modo, hacemos que cada punto del gráfico corresponda a una fecha y a una cantidad medida. Los puntos del gráfico suelen estar conectados por líneas rectas en el orden en que se producen.

EJEMPLO 2.12

Los siguientes datos muestran el Índice de Precios del Consumidor (IPC) Anual, cada mes, durante diez años. Construya un gráfico de series temporales solo para los datos del Índice de Precios del Consumidor Anual.

Año	Ene	Feb	Mar	Abr	May	Jun	Jul
2003	181,7	183,1	184,2	183,8	183,5	183,7	183,9
2004	185,2	186,2	187,4	188,0	189,1	189,7	189,4
2005	190,7	191,8	193,3	194,6	194,4	194,5	195,4
2006	198,3	198,7	199,8	201,5	202,5	202,9	203,5

Tabla 2.18

Año	Ene	Feb	Mar	Abr	May	Jun	Jul
2007	202,416	203,499	205,352	206,686	207,949	208,352	208,299
2008	211,080	211,693	213,528	214,823	216,632	218,815	219,964
2009	211,143	212,193	212,709	213,240	213,856	215,693	215,351
2010	216,687	216,741	217,631	218,009	218,178	217,965	218,011
2011	220,223	221,309	223,467	224,906	225,964	225,722	225,922
2012	226,665	227,663	229,392	230,085	229,815	229,478	229,104

Tabla 2.18

Año	Ago	Sep	Oct	Nov	Dic	Anual
2003	184,6	185,2	185,0	184,5	184,3	184,0
2004	189,5	189,9	190,9	191,0	190,3	188,9
2005	196,4	198,8	199,2	197,6	196,8	195,3
2006	203,9	202,9	201,8	201,5	201,8	201,6
2007	207,917	208,490	208,936	210,177	210,036	207,342
2008	219,086	218,783	216,573	212,425	210,228	215,303
2009	215,834	215,969	216,177	216,330	215,949	214,537
2010	218,312	218,439	218,711	218,803	219,179	218,056
2011	226,545	226,889	226,421	226,230	225,672	224,939
2012	230,379	231,407	231,317	230,221	229,601	229,594

Tabla 2.19

Solución 1

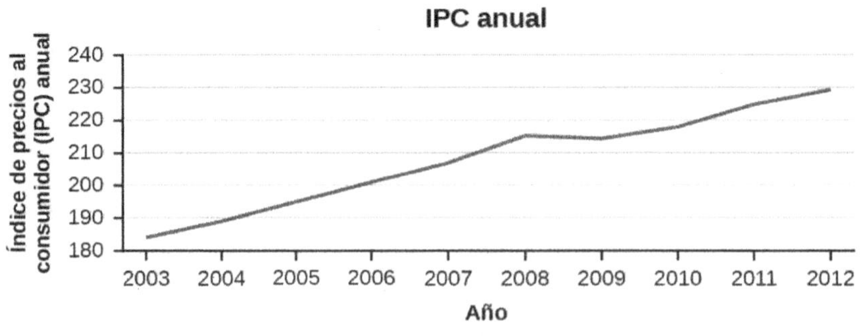

Figura 2.10

INTÉNTELO 2.12

La siguiente tabla es una parte de un conjunto de datos de www.worldbank.org. Utilice la tabla para construir un gráfico de la serie temporal de las emisiones de CO_2 de Estados Unidos.

Emisiones de CO2			
	Ucrania	Reino Unido	Estados Unidos
2003	352.259	540.640	5.681.664
2004	343.121	540.409	5.790.761
2005	339.029	541.990	5.826.394
2006	327.797	542.045	5.737.615
2007	328.357	528.631	5.828.697
2008	323.657	522.247	5.656.839
2009	272.176	474.579	5.299.563

Tabla 2.20

Usos de un gráfico de series temporales

Los gráficos de series temporales son herramientas importantes en diversas aplicaciones de la estadística. Cuando se registran los valores de una misma variable durante un largo periodo, a veces, es difícil discernir cualquier tendencia o patrón. Sin embargo, una vez que los mismos puntos de datos se muestran gráficamente, algunas características saltan a la vista. Los gráficos de series temporales facilitan la detección de tendencias.

2.3 Medidas de la ubicación de los datos

Las medidas habituales de localización son **cuartiles** y **percentiles**

Los cuartiles son percentiles especiales. El primer cuartil, Q_1, es igual que el percentil 25, y el tercer cuartil, Q_3, es igual que el percentil 75. La mediana, M, se denomina tanto el segundo cuartil como el percentil 50.

Para calcular cuartiles y percentiles, los datos se deben ordenar de menor a mayor. Los cuartiles dividen los datos ordenados en cuartos. Los percentiles dividen los datos ordenados en centésimas. Obtener una calificación en el percentil 90 de un examen no significa, necesariamente, que haya obtenido el 90 % en una prueba. Significa que el 90 % de las calificaciones de las pruebas son iguales o inferiores a su calificación y el 10 % de las calificaciones de las pruebas son iguales o superiores a su calificación.

Los percentiles son útiles para comparar valores. Por esta razón, universidades e institutos universitarios usan ampliamente los percentiles. Uno de los casos en los que institutos universitarios y universidades utilizan los percentiles es cuando los resultados del SAT se emplean para determinar una calificación mínima del examen que se utilizará como factor de aceptación. Por ejemplo, supongamos que Duke acepta calificaciones del SAT iguales o superiores al percentil 75. Eso se traduce en una calificación de, al menos, 1.220.

Los percentiles se utilizan sobre todo con poblaciones muy grandes. Por lo tanto, si se dijera que el 90 % de las calificaciones de las pruebas son menores (y no iguales o menores) que su calificación, sería aceptable porque eliminar un valor de datos particular no es significativo.

La **mediana** es un número que mide el "centro" de los datos. Se puede pensar en la mediana como el "valor medio", pero no tiene por qué ser uno de los valores observados. Es un número que separa los datos ordenados en mitades. La mitad de los valores son iguales o menores que la mediana, y la mitad de los valores son iguales o mayores. Por

ejemplo, considere los siguientes datos.
1; 11,5; 6; 7,2; 4; 8; 9; 10; 6,8; 8,3; 2; 2; 10; 1
Ordenado de menor a mayor:
1; 1; 2; 2; 4; 6; 6,8; 7,2; 8; 8,3; 9; 10; 10; 11,5

Como hay 14 observaciones, la mediana está entre el séptimo valor, 6,8, y el octavo, 7,2. Para hallar la mediana, sume los dos valores y divídalos entre dos.

$$\frac{6{,}8 + 7{,}2}{2} = 7$$

La mediana es siete. La mitad de los valores son menores que siete y la mitad de los valores son mayores que siete.

Los **cuartiles** son números que separan los datos en cuartos. Los cuartiles pueden o no formar parte de los datos. Para hallar los cuartiles, primero hay que hallar la mediana o el segundo cuartil. El primer cuartil, Q_1, es el valor central de la mitad inferior de los datos, y el tercer cuartil, Q_3, es el valor central, o la mediana, de la mitad superior de los datos. Para hacerse una idea, considere el mismo conjunto de datos:
1; 1; 2; 2; 4; 6; 6,8; 7,2; 8; 8,3; 9; 10; 10; 11,5

La mediana o **segundo cuartil** es siete. La mitad inferior de los datos son 1; 1; 2; 2; 4; 6; 6,8. El valor central de la mitad inferior es dos.
1; 1; 2; 2; 4; 6; 6,8

El número dos, que forma parte de los datos, es el **primer cuartil**. Una cuarta parte de los conjuntos de valores son iguales o inferiores a dos y tres cuartas partes de los valores son superiores a dos.

La mitad superior de los datos es 7,2; 8; 8,3; 9; 10; 10; 11,5. El valor central de la mitad superior es nueve.

El **tercer cuartil**, $Q3$, es nueve. Tres cuartas partes (75 %) del conjunto de datos ordenados son menores de nueve. Una cuarta parte (25 %) del conjunto de datos ordenados son mayores de nueve. El tercer cuartil forma parte del conjunto de datos de este ejemplo.

El **rango intercuartil** es un número que indica la dispersión de la mitad central o del 50 % central de los datos. Es la diferencia entre el tercer cuartil (Q_3) y el primer cuartil (Q_1).

$IQR = Q_3 - Q_1$

El *IQR* puede ayudar a determinar posibles **valores atípicos. Se sospecha que un valor es un posible valor atípico si está menos de (1,5)(*IQR*) por debajo del primer cuartil o más de (1,5)(*IQR*) por encima del tercer cuartil**. Los posibles valores atípicos siempre requieren una investigación más profunda.

NOTA

Un valor atípico potencial es un punto de datos que es significativamente diferente de los otros puntos de datos. Estos puntos de datos especiales pueden ser errores o algún tipo de anormalidad o pueden ser una clave para entender los datos.

EJEMPLO 2.13

Para los siguientes 13 precios de bienes raíces, calcule el *IQR* y determine si algún precio es un posible valor atípico. Los precios están en dólares.
389.950; 230.500; 158.000; 479.000; 639.000; 114.950; 5.500.000; 387.000; 659.000; 529.000; 575.000; 488.800; 1.095.000

Solución 1
Ordene los datos de menor a mayor.
114.950; 158.000; 230.500; 387.000; 389.950; 479.000; 488.800; 529.000; 575.000; 639.000; 659.000; 1.095.000; 5.500.000

$M = 488.800$

$Q_1 = \frac{230.500 + 387.000}{2} = 308.750$

$Q_3 = \frac{639.000 + 659.000}{2} = 649.000$

$IQR = 649.000 - 308.750 = 340.250$

$(1,5)(IQR) = (1,5)(340.250) = 510.375$

$Q_1 - (1,5)(IQR) = 308.750 - 510.375 = -201.625$

$Q_3 + (1,5)(IQR) = 649.000 + 510.375 = 1.159.375$

Ningún precio de la vivienda es inferior a –201.625. Sin embargo, 5.500.000 son más que 1.159.375. Por lo tanto, 5.500.000 es un posible **valor atípico**.

INTÉNTELO 2.13

Para los siguientes 11 salarios, calcule el *IQR* y determine si algún salario es un valor atípico. Los sueldos son en dólares.

$33.000; $64.500; $28.000; $54.000; $72.000; $68.500; $69.000; $42.000; $54.000; $120.000; $40.500

EJEMPLO 2.14

Para los dos conjuntos de datos del ejemplo de las calificaciones de los exámenes, halle lo siguiente:

a. El rango intercuartil. Compare los dos rangos intercuartiles.
b. Cualquier valor atípico en cualquier conjunto.

Solución 1

El resumen de cinco números para las clases diurnas y nocturnas es

	Mínimo	Q_1	Mediana	Q_3	Máximo
Día	32	56	74,5	82,5	99
Noche	25,5	78	81	89	98

Tabla 2.21

a. El IQR para el grupo de día es $Q_3 - Q_1 = 82,5 - 56 = 26,5$
El IQR para el grupo nocturno es $Q_3 - Q_1 = 89 - 78 = 11$

El rango intercuartil (la dispersión o variabilidad) para la clase diurna es mayor que el *IQR* de la clase nocturna. Esto sugiere que se hallarán más variaciones en los resultados de las pruebas de la clase diurna.

b. Los valores atípicos de la clase diurna se encuentran utilizando la regla del IQR por 1,5. Así que,
$Q_1 - IQR(1,5) = 56 - 26,5(1,5) = 16,25$
$Q_3 + IQR(1,5) = 82,5 + 26,5(1,5) = 122,25$

Dado que los valores mínimos y máximos de la clase diurna son superiores a 16,25 e inferiores a 122,25, no hay valores atípicos.

Los valores atípicos de la clase nocturna se calculan como:

$Q_1 - IQR\,(1,5) = 78 - 11(1,5) = 61,5$
$Q_3 + \text{IQR}(1,5) = 89 + 11(1,5) = 105,5$

Para esta clase, cualquier calificación de la prueba inferior a 61,5 es un valor atípico. Por lo tanto, las calificaciones de 45 y 25,5 son valores atípicos. Dado que ninguna calificación de la prueba es superior a 105,5, no hay ningún valor atípico en el extremo superior.

INTÉNTELO 2.14

Calcule el rango intercuartil para los dos conjuntos de datos siguientes y compárelos.

Resultados de las pruebas de la clase *A*
69; 96; 81; 79; 65; 76; 83; 99; 89; 67; 90; 77; 85; 98; 66; 91; 77; 69; 80; 94
Resultados de las pruebas de la clase *B*
90; 72; 80; 92; 90; 97; 92; 75; 79; 68; 70; 80; 99; 95; 78; 73; 71; 68; 95; 100

EJEMPLO 2.15

Se les preguntó a cincuenta estudiantes de Estadística cuánto dormían por noche de escuela (redondeado a la hora más cercana). Los resultados fueron:

CANTIDAD DE SUEÑO POR NOCHE DE ESCUELA (HORAS)	FRECUENCIA	FRECUENCIA RELATIVA	FRECUENCIA RELATIVA ACUMULADA
4	2	0,04	0,04
5	5	0,10	0,14
6	7	0,14	0,28
7	12	0,24	0,52
8	14	0,28	0,80
9	7	0,14	0,94
10	3	0,06	1,00

Tabla 2.22

Calcule el percentil 28. Fíjese en el 0,28 de la columna "frecuencia relativa acumulada". El veintiocho por ciento de 50 valores de datos son 14 valores. Hay 14 valores inferiores al percentil 28. Incluyen los dos 4, los cinco 5 y los siete 6. El percentil 28 está entre los seis últimos y los siete primeros. **El percentil 28 es 6,5.**

Calcule la mediana. Observe de nuevo la columna de "frecuencia relativa acumulada" y halle 0,52. La mediana es el percentil 50 o el segundo cuartil. El 50 % de 50 es 25. Hay 25 valores inferiores a la mediana. Incluyen los dos 4, los cinco 5, los siete 6 y once de los 7. La mediana o el percentil 50 está entre los valores 25, o siete, y 26, o siete. **La mediana es siete.**

Calcule el tercer cuartil. El tercer cuartil es lo mismo que el percentil 75. Puede dar esta respuesta "al ojo". Si observa la columna de "frecuencia relativa acumulada", verá 0,52 y 0,80. Cuando tiene todos los cuatros, cincos, seises y sietes tiene el 52 % de los datos. Cuando incluye todos los 8, tiene el 80 % de los datos. **El percentil 75, entonces, debe ser un ocho**. Otra forma de ver el problema es hallar el 75 % de 50, que es 37,5, y redondear a 38. El tercer cuartil, Q_3, es el valor 38, que es un ocho. Puede comprobar esta respuesta contando los valores (hay 37 valores por debajo del tercer cuartil y 12 valores por encima).

INTÉNTELO 2.15

Se les ha preguntado a cuarenta conductores de autobús cuántas horas dedican cada día a recorrer sus rutas (redondeadas a la hora más cercana). Calcule el percentil 65.

Cantidad de tiempo invertido en la ruta (horas)	Frecuencia	Frecuencia relativa	Frecuencia relativa acumulada
2	12	0,30	0,30
3	14	0,35	0,65
4	10	0,25	0,90
5	4	0,10	1,00

Tabla 2.23

EJEMPLO 2.16

Mediante la Tabla 2.22:

a. Calcule el percentil 80.
b. Calcule el percentil 90.
c. Calcule el primer cuartil. ¿Cuál es otro nombre para el primer cuartil?

Solución 1

Al usar los datos de la tabla de frecuencias, tenemos:

a. El percentil 80 está entre los ocho últimos y los nueve primeros de la tabla (entre los valores 40 y 41). Por lo tanto, tenemos que tomar la media de los valores 40 y 41. El percentil 80 $= \frac{8+9}{2} = 8{,}5$
b. El percentil 90 será el valor del dato 45 (la ubicación es 0,90(50) = 45) y el valor del dato 45 es nueve.
c. El Q_1 es también el percentil 25. El cálculo de la ubicación del percentil 25es: P_{25} = 0,25(50) = 12,5 ≈ 13 el valor del dato 13. Así, el percentil 25 es seis.

INTÉNTELO 2.16

Consulte la Tabla 2.23. Calcule el tercer cuartil. ¿Cuál es otro nombre para el tercer cuartil?

EJERCICIO COLABORATIVO

El instructor o un miembro de la clase preguntará a todos los asistentes cuántos suéteres poseen. Responda las siguientes preguntas

1. ¿A cuántos estudiantes se encuestó?
2. ¿Qué tipo de muestreo realizó?
3. Construya dos histogramas diferentes. Para cada uno, valor inicial = ____ valor final = ____.
4. Calcule la mediana, el primer cuartil y el tercer cuartil.
5. Construya una tabla con los datos para hallar lo siguiente
   a. el percentil 10
   b. el percentil 70
   c. el porcentaje de estudiantes que poseen menos de cuatro suéteres

Una fórmula para hallar el percentil k

Si investiga un poco, hallará varias fórmulas para calcular el percentil *k* Aquí está una de ellas.

k = el percentil *k*. Puede o no formar parte de los datos.

i = el índice (clasificación o posición de un valor de datos)

n = el número total de datos

- Ordene los datos de menor a mayor.
- Calcule $i = \frac{k}{100}(n + 1)$
- Si *i* es un número entero, el percentil *k* es el valor de los datos en la posición *i* en el conjunto ordenado de datos.
- Si *i* no es un entero, entonces redondee *i* hacia arriba o redondee *i* hacia abajo a los enteros más cercanos. Promedia los dos valores de los datos en estas dos posiciones en el conjunto de datos ordenados. Esto es más fácil de entender con un ejemplo.

EJEMPLO 2.17

Se enumeran 29 edades de los mejores actores ganadores del Oscar *en orden de menor a mayor.*
18; 21; 22; 25; 26; 27; 29; 30; 31; 33; 36; 37; 41; 42; 47; 52; 55; 57; 58; 62; 64; 67; 69; 71; 72; 73; 74; 76; 77

a. Calcule el percentil 70.
b. Calcule el percentil 83.

Solución 1

a. *k* = 70
i = el índice
n = 29

$i = \frac{k}{100}(n + 1) = (\frac{70}{100})(29 + 1) = 21$. Veintiuno es un número entero, y el valor de los datos en la posición 21 del conjunto de datos ordenados es 64. El percentil 70 es 64 años.

b. *k* = percentil 83
i = el índice
n = 29

$i = \frac{k}{100}(n + 1) = (\frac{83}{100})(29 + 1) = 24{,}9$, que NO es un número entero. Redondee a 24 hacia abajo y a 25 hacia arriba. La edad en el puesto 24 es de 71 años y la edad en el puesto 25 es de 72 años. Promedio 71 y 72. El percentil 83 es de 71,5 años.

INTÉNTELO 2.17

Se enumeran 29 edades de los mejores actores ganadores del Oscar *en orden de menor a mayor.*

18; 21; 22; 25; 26; 27; 29; 30; 31; 33; 36; 37; 41; 42; 47; 52; 55; 57; 58; 62; 64; 67; 69; 71; 72; 73; 74; 76; 77
Calcule el percentil 20 y el percentil 55.

NOTA

Puede calcular los percentiles con calculadoras y computadoras. Hay una gran variedad de calculadoras en línea.

Una fórmula para hallar el percentil de un valor en un conjunto de datos

- Ordene los datos de menor a mayor.
- *x* = el número de valores de datos contando desde la parte inferior de la lista de datos hasta, pero sin incluir, el valor de datos para el que se desea hallar el percentil.
- *y* = el número de valores de datos iguales al valor de los datos para los que se quiere hallar el percentil.
- *n* = el número total de datos.

- Calcule $\frac{x+0,5y}{n}(100)$. Luego, redondee al número entero más cercano.

EJEMPLO 2.18

Se enumeran 29 edades de los mejores actores ganadores del Oscar *en orden de menor a mayor.*
18; 21; 22; 25; 26; 27; 29; 30; 31; 33; 36; 37; 41; 42; 47; 52; 55; 57; 58; 62; 64; 67; 69; 71; 72; 73; 74; 76; 77

a. Calcule el percentil de 58.
b. Calcule el percentil de 25.

Solución 1

a. Contando desde el final de la lista hay 18 valores de datos inferiores a 58. Hay un valor de 58.
$x = 18$ y $y = 1$. $\frac{x+0,5y}{n}(100) = \frac{18+0,5(1)}{29}(100) = 63,80$. 58 es el percentil 64.

b. Contando desde el final de la lista hay tres valores de datos inferiores a 25. Hay un valor de 25.
$x = 3$ y $y = 1$. $\frac{x+0,5y}{n}(100) = \frac{3+0,5(1)}{29}(100) = 12,07$. Veinticinco es el percentil 12.

INTÉNTELO 2.18

Se enumeran las 30 edades de los mejores actores ganadores del Oscar en orden de menor a mayor.

18; 21; 22; 25; 26; 27; 29; 30; 31, 31; 33; 36; 37; 41; 42; 47; 52; 55; 57; 58; 62; 64; 67; 69; 71; 72; 73; 74; 76; 77
Halle los percentiles de 47 y 31.

Interpretación de percentiles, cuartiles y mediana

Un percentil indica la posición relativa de un valor de datos cuando estos se ordenan numéricamente de menor a mayor. Los porcentajes de los valores de los datos son menores o iguales al percentil p. Por ejemplo, el 15 % de los valores de los datos son inferiores o iguales al percentil 15.

- Los percentiles bajos corresponden siempre a valores de datos más bajos.
- Los percentiles altos corresponden siempre a valores de datos más altos.

Un percentil puede corresponder o no a un juicio de valor sobre si es "bueno" o "deficiente". La interpretación de si un determinado percentil es "bueno" o "deficiente" depende del contexto de la situación a la que se aplican los datos. En algunas situaciones, un percentil bajo se consideraría "bueno"; en otros contextos, un percentil alto podría considerarse "bueno". En muchas situaciones no se aplica ningún juicio de valor.

Entender cómo interpretar correctamente los percentiles es importante no solo a la hora de describir los datos, sino también a la hora de calcular las probabilidades en capítulos posteriores de este texto.

NOTA

Al escribir la interpretación de un percentil en el contexto de los datos dados, la oración debe contener la siguiente información.

- información sobre el contexto de la situación considerada.
- el valor del dato (valor de la variable) que representa el percentil.
- el porcentaje de personas o elementos con valores de datos por debajo del percentil.
- el porcentaje de personas o elementos con valores de datos por encima del percentil.

EJEMPLO 2.19

En un examen de Matemáticas cronometrado, el primer cuartil del tiempo que se tardó en terminar el examen fue de 35 minutos. Interprete el primer cuartil en el contexto de esta situación.

Solución 1

- El veinticinco por ciento de los estudiantes terminó el examen en 35 minutos o menos.
- El setenta y cinco por ciento de los estudiantes terminó el examen en 35 minutos o más.
- Un percentil bajo podría considerarse bueno, ya que es deseable terminar más rápido en un examen cronometrado (si tarda demasiado, es posible que no pueda terminar).

INTÉNTELO 2.19

En los 100 metros planos, el tercer cuartil de los tiempos para terminar la carrera fue de 11,5 segundos. Interprete el tercer cuartil en el contexto de la situación.

EJEMPLO 2.20

En un examen de Matemáticas de 20 preguntas, el percentil 70 del número de respuestas correctas fue de 16. Interprete el percentil 70 en el contexto de esta situación.

INTÉNTELO 2.20

En una asignación escrita de 60 puntos, el percentil 80 del número de puntos obtenidos fue de 49. Interprete el percentil 80 en el contexto de esta situación.

EJEMPLO 2.21

En un colegio comunitario se comprobó que el percentil 30 de unidades de crédito en las que se inscriben los estudiantes es de siete unidades. Interprete el percentil 30 en el contexto de esta situación.

INTÉNTELO 2.21

Durante una temporada, el percentil 40 de puntos anotados por jugador en un partido es de ocho. Interprete el percentil 40 en el contexto de esta situación.

EJEMPLO 2.22

La escuela intermedia Sharpe está solicitando una subvención que se utilizará para añadir equipos de acondicionamiento físico para el gimnasio. El director encuestó 15 estudiantes anónimos para determinar cuántos minutos al día dedican los estudiantes a hacer ejercicio. Se muestran los resultados de los 15 estudiantes anónimos.

0 minutos; 40 minutos; 60 minutos; 30 minutos; 60 minutos

10 minutos; 45 minutos; 30 minutos; 300 minutos; 90 minutos;

30 minutos; 120 minutos; 60 minutos; 0 minutos; 20 minutos

Determine los cinco valores siguientes.

Mín. = 0
Q_1 = 20
Med. = 40

$Q_3 = 60$
Máx. = 300

Si usted fuera el director, ¿se justificaría la compra de nuevos equipos de acondicionamiento físico? Dado que el 75 % de los estudiantes hacen ejercicio durante 60 minutos o menos al día, y que el *IQR* es de 40 minutos (60 – 20 = 40), sabemos que la mitad de los estudiantes encuestados hacen ejercicio entre 20 y 60 minutos al día. Esto parece una cantidad razonable de tiempo de ejercicio, por lo que el director estaría justificado en la compra del nuevo equipamiento.

Sin embargo, el director debe tener cuidado. El valor 300 parece ser un posible valor atípico.

$Q_3 + 1{,}5(IQR) = 60 + (1{,}5)(40) = 120$.

El valor 300 es mayor que 120, por lo que es un posible valor atípico. Si lo eliminamos y calculamos los cinco valores, obtenemos los siguientes valores:

Mín. = 0
$Q_1 = 20$
$Q_3 = 60$
Máx. = 120

Todavía tenemos un 75 % de los estudiantes que hacen ejercicio durante 60 minutos o menos al día y la mitad de los estudiantes que hacen ejercicio entre 20 y 60 minutos al día. Sin embargo, 15 estudiantes es una muestra pequeña y el director debería encuestar más estudiantes para estar seguro de los resultados de su encuesta.

2.4 Diagramas de caja

Los **diagramas de caja** (también llamados **diagramas de caja y bigotes** o **gráficos de caja y bigotes**) ofrecen una buena imagen gráfica de la concentración de los datos. También muestran lo lejos que están los valores extremos de la mayoría de los datos. Un diagrama de caja se construye a partir de cinco valores: el valor mínimo, el primer cuartil, la mediana, el tercer cuartil y el valor máximo. Utilizamos estos valores para comparar la proximidad de otros valores de datos.

Para construir un diagrama de caja, utilice una línea numérica horizontal o vertical y una caja rectangular. Los valores de datos más pequeños y más grandes marcan los puntos finales del eje. El primer cuartil marca un extremo de la caja y el tercer cuartil marca el otro extremo de la caja. Aproximadamente **el 50 % de los datos están dentro de la caja.** Los "bigotes" se extienden desde los extremos de la caja hasta los valores de datos más pequeños y más grandes. La mediana o el segundo cuartil pueden estar entre el primer y el tercer cuartil, o puede ser uno, el otro, o ambos. El diagrama de caja ofrece una buena y rápida imagen de los datos.

NOTA

Es posible que encuentre diagramas de caja y bigotes con puntos que marcan los valores atípicos. En esos casos, los bigotes no se extienden hasta los valores mínimos y máximos.

Consideremos, de nuevo, este conjunto de datos.

1; 1; 2; 2; 4; 6; 6,8; 7,2; 8; 8,3; 9; 10; 10; 11,5

El primer cuartil es dos, la mediana es siete y el tercer cuartil es nueve. El valor más pequeño es uno y el más grande es 11,5. La siguiente imagen muestra el diagrama de caja construido.

NOTA

Consulte las instrucciones de la calculadora en el sitio web de TI (http://education.ti.com/educationportal/sites/US/sectionHome/support.html) o en el apéndice.

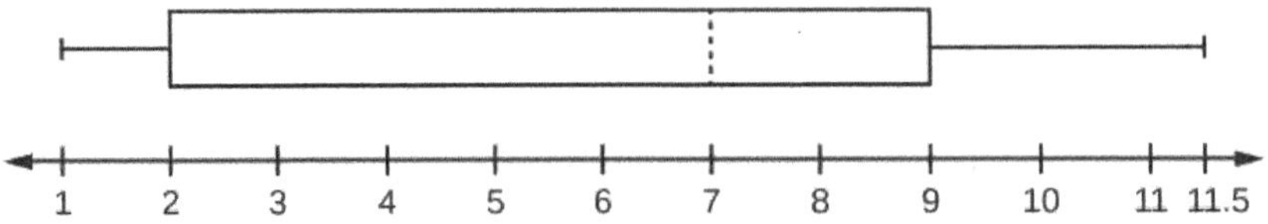

Figura 2.11

Los dos bigotes se extienden desde el primer cuartil hasta el valor más pequeño y desde el tercer cuartil hasta el valor más grande. La mediana se muestra con una línea discontinua.

NOTA

Es importante comenzar un diagrama de caja con una **línea numérica a escala**. De lo contrario, el diagrama de caja puede no ser útil.

EJEMPLO 2.23

Los siguientes datos son las estaturas de 40 estudiantes en una clase de Estadística.

59; 60; 61; 62; 62; 63; 63; 64; 64; 64; 65; 65; 65; 65; 65; 65; 65; 65; 65; 66; 66; 67; 67; 68; 68; 69; 70; 70; 70; 70; 70; 71; 71; 72; 72; 73; 74; 74; 75; 77

Construya un diagrama de caja con las siguientes propiedades; las instrucciones de la calculadora para los valores mínimo y máximo, así como los cuartiles, siguen el ejemplo.

- Valor mínimo = 59
- Valor máximo = 77
- *Q*1: Primer cuartil = 64,5
- *Q*2: Segundo cuartil o mediana= 66
- *Q*3: Tercer cuartil = 70

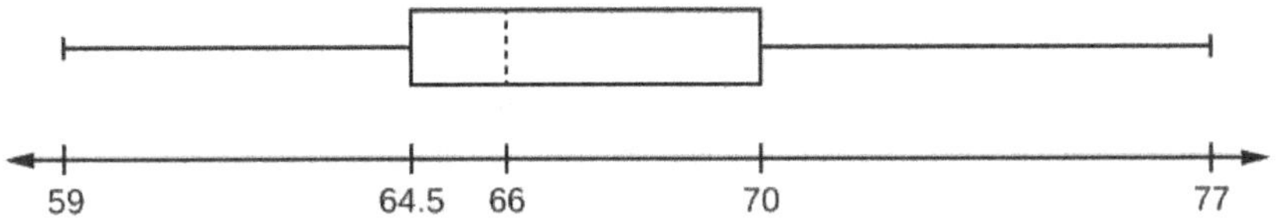

Figura 2.12

a. Cada trimestre tiene aproximadamente el 25 % de los datos.
b. Los diferenciales de los cuatro trimestres son 64,5 - 59 = 5,5 (primer trimestre), 66 - 64,5 = 1,5 (segundo trimestre), 70 - 66 = 4 (tercer trimestre) y 77 - 70 = 7 (cuarto trimestre). Así, el segundo trimestre tiene el menor diferencial y el cuarto el mayor.
c. Rango = valor máximo - el valor mínimo = 77 - 59 = 18
d. Rango intercuartil: $IQR = Q3 - Q1 = 70 - 64{,}5 = 5{,}5$.
e. El intervalo 59-65 tiene más del 25 % de los datos, por lo que tiene más datos que el intervalo 66-70, que tiene el 25 % de los datos.
f. El 50 % de los datos (la mitad) tiene un rango de 5,5 pulgadas.

USO DE LAS CALCULADORAS TI-83, 83+, 84, 84+

Para calcular el mínimo, el máximo y los cuartiles:

Introduzca los datos en el editor de listas (Pres STAT 1:EDIT). Si necesita borrar la lista, pulse flecha hacia arriba hasta el nombre L1, pulse BORRAR y luego flecha hacia abajo.

Ponga los valores de los datos en la lista L1.

Pulse STAT y la flecha hacia CALC. Pulse 1:1-VarStats. Ingrese L1.

Pulse ENTER.

Utilice las teclas de flecha hacia abajo y hacia arriba para desplazarse.

Valor más pequeño = 59.

Valor más alto = 77.

Q_1: Primer cuartil = 64,5.

Q_2: Segundo cuartil o mediana = 66.

Q_3: Tercer cuartil = 70

Para construir el diagrama de caja:

Pulse 4:Plotsoff. Pulse ENTER.

Con la flecha hacia abajo y luego con la tecla de flecha hacia la derecha se pasa a la quinta imagen, que es el diagrama de caja. Pulse ENTER.

Flecha hacia abajo a Xlist: Pulse el segundo 1 para L1

Flecha hacia abajo a Freq: Pulse ALPHA. Pulse 1.

Pulse Zoom. Pulse 9: ZoomStat.

Pulse TRACE y utilice las teclas de flecha para examinar el diagrama de caja.

INTÉNTELO 2.23

Los siguientes datos son el número de páginas de 40 libros en una estantería. Construya un diagrama de caja utilizando una calculadora gráfica e indique el rango intercuartílico.

136; 140; 178; 190; 205; 215; 217; 218; 232; 234; 240; 255; 270; 275; 290; 301; 303; 315; 317; 318; 326; 333; 343; 349; 360; 369; 377; 388; 391; 392; 398; 400; 402; 405; 408; 422; 429; 450; 475; 512

En algunos conjuntos de datos, el valor más grande, el valor más pequeño, el primer cuartil, la mediana y el tercer cuartil pueden ser los mismos. Por ejemplo, puede tener un conjunto de datos en el que la mediana y el tercer cuartil son iguales. En este caso, el diagrama no tendría una línea de puntos dentro de la caja que muestra la mediana. El lado derecho del cuadro mostraría tanto el tercer cuartil como la mediana. Por ejemplo, si el valor más pequeño y el primer cuartil fuesen ambos uno, la mediana y el tercer cuartil fuesen ambos cinco, y el valor más grande fuese siete, el diagrama de caja tendría el siguiente aspecto:

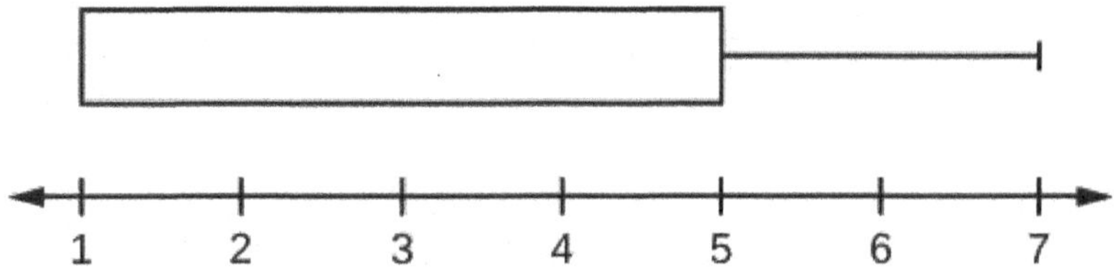

Figura 2.13

En este caso, al menos el 25 % de los valores son iguales a uno. El 25 % de los valores están entre uno y cinco, ambos inclusive. Al menos el 25 % de los valores son iguales a cinco. El 25 % de los valores más altos se sitúan entre el cinco y el siete, ambos inclusive.

EJEMPLO 2.24

Los resultados de las pruebas de una clase de Estadística universitaria impartida durante el día son:

99; 56; 78; 55,5; 32; 90; 80; 81; 56; 59; 45; 77; 84,5; 84; 70; 72; 68; 32; 79; 90

Los resultados de las pruebas de una clase de Estadística universitaria que se imparte por la noche son:

98; 78; 68; 83; 81; 89; 88; 76; 65; 45; 98; 90; 80; 84,5; 85; 79; 78; 98; 90; 79; 81; 25,5

a. Calcule los valores más pequeños y más grandes, la mediana y el primer y tercer cuartil en la clase del día.
b. Calcule los valores más pequeños y más grandes, la mediana y el primer y tercer cuartil para la clase nocturna.
c. En cada conjunto de datos, ¿qué porcentaje de los datos está entre el valor más pequeño y el primer cuartil? ¿El primer cuartil y la mediana? ¿La mediana y el tercer cuartil? ¿El tercer cuartil y el valor más grande? ¿Qué porcentaje de los datos está entre el primer cuartil y el valor más grande?
d. Cree un diagrama de caja en cada conjunto de datos. Utilice una línea numérica en ambos gráficos de caja.
e. ¿Qué diagrama de caja tiene la mayor dispersión para el 50 % medio de los datos (los datos entre el primer y el tercer cuartil)? ¿Qué significa esto en ese conjunto de datos en comparación con el otro conjunto de datos?

Solución 1

a. Mín. = 32
Q_1 = 56
M = 74,5
Q_3 = 82,5
Máx. = 99

b. Mín. = 25,5
Q_1 = 78
M = 81
Q_3 = 89
Máx. = 98

c. Clase diurna: hay seis valores de datos que van de 32 a 56: 30 %. Hay seis valores de datos que van de 56 a 74,5: 30 %. Hay cinco valores de datos que van de 74,5 a 82,5: 25 %. Hay cinco valores de datos que van de 82,5 a 99: 25 %. Hay 16 valores de datos entre el primer cuartil, 56, y el valor más grande, 99: 75 %. Clase nocturna:

d.

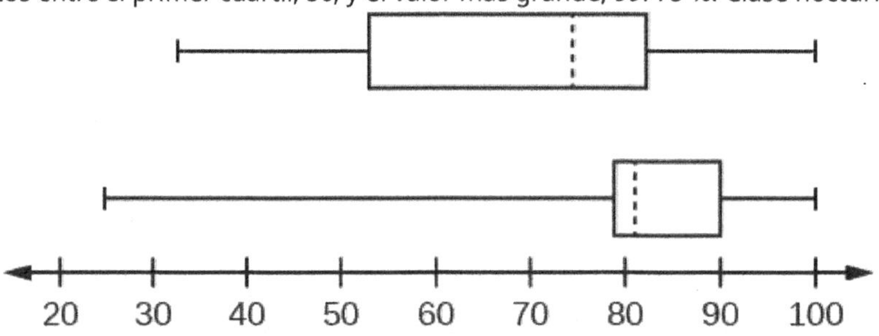

Figura 2.14

e. El primer conjunto de datos tiene la mayor dispersión para el 50 % de los datos. El IQR del primer conjunto de datos es mayor que el IQR del segundo conjunto. Esto significa que hay más variabilidad en el 50 % medio del primer conjunto de datos.

INTÉNTELO 2.24

El siguiente conjunto de datos muestra las estaturas en pulgadas de los chicos de una clase de 40 estudiantes.

66; 66; 67; 67; 68; 68; 68; 68; 68; 69; 69; 69; 70; 71; 72; 72; 72; 73; 73; 74
El siguiente conjunto de datos muestra las alturas en pulgadas de las chicas de una clase de 40 estudiantes.
61; 61; 62; 62; 63; 63; 63; 65; 65; 65; 66; 66; 66; 67; 68; 68; 68; 69; 69; 69
Construya un diagrama de caja utilizando una calculadora gráfica para cada conjunto de datos, e indique qué diagrama de caja tiene la mayor dispersión para el 50 % medio de los datos.

EJEMPLO 2.25

Grafique un diagrama de caja y bigote para los valores de los datos que se muestran a continuación.

10; 10; 10; 15; 35; 75; 90; 95; 100; 175; 420; 490; 515; 515; 790

Los cinco números utilizados para crear un diagrama de caja y bigotes son:

Mín.: 10
Q_1: 15
Med.: 95
Q_3: 490
Máx.: 790

El siguiente gráfico muestra el diagrama de cajas y bigotes.

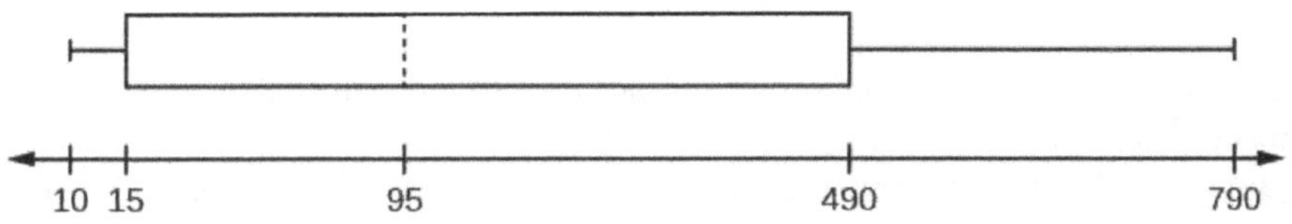

Figura 2.15

INTÉNTELO 2.25

Siga los pasos que utilizó para graficar un diagrama de caja y bigotes para los valores de datos que se muestran a continuación.

0; 5; 5; 15; 30; 30; 45; 50; 50; 60; 75; 110; 140; 240; 330

2.5 Medidas del centro de los datos

El "centro" de un conjunto de datos también es una forma de describir la ubicación. Las dos medidas más utilizadas del "centro" de los datos son la **media** (promedio) y la **mediana**. Para calcular el **peso medio** de 50 personas, sume los 50 pesos y los divide entre 50. Para calcular la **mediana del peso** de las 50 personas, ordene los datos y halle el número que divide los datos en dos partes iguales. La mediana suele ser una mejor medida del centro cuando hay valores extremos o atípicos porque no se ve afectada por los valores numéricos precisos de los atípicos. La media es la medida más común del centro.

NOTA

Las palabras "media" y "promedio" se suelen usar indistintamente. La sustitución de una palabra por otra es una práctica habitual. El término técnico es "media aritmética" y "promedio" es técnicamente un lugar central. Sin embargo, en la práctica, entre los no estadísticos, se suele aceptar "promedio" por "media aritmética".

Cuando cada valor del conjunto de datos no es único, la media se puede calcular multiplicando cada valor distinto por su frecuencia y dividiendo después la suma por el número total de valores de los datos. La letra utilizada para representar la **media muestral** es una *x* con una barra encima (se pronuncia "barra de *x*"): $\overline{x}$.

La letra griega μ (se pronuncia "mu") representa la **media de la población**. Uno de los requisitos para que la **media muestral** sea una buena estimación de la **media de la población** es que la muestra tomada sea realmente aleatoria.

Para ver que ambas formas de calcular la media son iguales, considere la muestra:
1; 1; 1; 2; 2; 3; 4; 4; 4; 4; 4

$$\overline{x} = \frac{1+1+1+2+2+3+4+4+4+4+4}{11} = 2{,}7$$

$$\overline{x} = \frac{3(1) + 2(2) + 1(3) + 5(4)}{11} = 2{,}7$$

En el segundo cálculo, las frecuencias son 3, 2, 1 y 5.

Puede hallar rápidamente la ubicación de la mediana utilizando la expresión $\frac{n+1}{2}$.

La letra *n* es el número total de valores de datos en la muestra. Si *n* es un número impar, la mediana es el valor del centro de los datos ordenados (ordenados de menor a mayor). Si *n* es un número par, la mediana es igual a los dos valores del centro sumados y divididos entre dos después de ordenar los datos. Por ejemplo, si el número total de valores de datos es de 97, entonces $\frac{n+1}{2} = \frac{97+1}{2} = 49$. La mediana es el 49.° valor de los datos ordenados. Si el número total de valores de datos es 100, entonces $\frac{n+1}{2} = \frac{100+1}{2} = 50{,}5$. La mediana está a medio camino entre los valores 50.° y 51.°. La ubicación de la mediana y el valor de la mediana **no** son lo mismo. La letra *M* mayúscula se utiliza a menudo para representar la mediana. El siguiente ejemplo ilustra la ubicación de la mediana y su valor.

EJEMPLO 2.26

Los datos sobre el sida que indican el número de meses que vive un paciente con sida después de tomar un nuevo medicamento con anticuerpos son los siguientes (de menor a mayor):
3; 4; 8; 8; 10; 11; 12; 13; 14; 15; 15; 16; 16; 17; 17; 18; 21; 22; 22; 24; 24; 25; 26; 26; 27; 27; 29; 29; 31; 32; 33; 33; 34; 34; 35; 37; 40; 44; 44; 47;
Calcule la media y la mediana.

Solución 1

El cálculo de la media es:

$$\overline{x} = \frac{[3+4+(8)(2)+10+11+12+13+14+(15)(2)+(16)(2)+...+35+37+40+(44)(2)+47]}{40} = 23{,}6$$

Para hallar la mediana, *M*, primero hay que utilizar la fórmula de la ubicación. La ubicación es:

$$\frac{n+1}{2} = \frac{40+1}{2} = 20{,}5$$

A partir del valor más pequeño, la mediana se sitúa entre los valores 20.° y 21.° (los dos 24):
3; 4; 8; 8; 10; 11; 12; 13; 14; 15; 15; 16; 16; 17; 17; 18; 21; 22; 22; 24; 24; 25; 26; 26; 27; 27; 29; 29; 31; 32; 33; 33; 34; 34; 35; 37; 40; 44; 44; 47;

$$M = \frac{24+24}{2} = 24$$

USO DE LAS CALCULADORAS TI-83, 83+, 84, 84+

Calcular la media y la mediana:

Borre lista L1. Pulse STAT 4:ClrList. Introduzca el 2.° 1 para la lista L1. Pulse ENTER.

Introduzca los datos en el editor de listas. Pulse STAT 1:EDIT.

Ponga los valores de los datos en la lista L1.

Pulse STAT y la flecha hacia CALC. Pulse 1:1-VarStats. Pulse el 2.° 1 para L1 y luego ENTER.

Pulse las teclas de flecha hacia abajo y hacia arriba para desplazarse.

$\overline{x} = 23{,}6$, $M = 24$

INTÉNTELO 2.26

Los siguientes datos muestran el número de meses que los pacientes suelen esperar en una lista de trasplantes antes de ser operados. Los datos están ordenados de menor a mayor. Calcule la media y la mediana.

3; 4; 5; 7; 7; 7; 7; 8; 8; 9; 9; 10; 10; 10; 10; 10; 11; 12; 12; 13; 14; 14; 15; 15; 17; 17; 18; 19; 19; 19; 21; 21; 22; 22; 23; 24; 24;

24; 24

EJEMPLO 2.27

Supongamos que en una pequeña ciudad de 50 personas una de ellas gana 5.000.000 de dólares al año y las otras 49 ganan 30.000 dólares cada una. ¿Cuál es la mejor medida del "centro": la media o la mediana?

Solución 1

$$\overline{x} = \frac{5{,}000{,}000+49(30{,}000)}{50} = 129.400$$

$M = 30.000$

(Hay 49 personas que ganan 30.000 dólares y una persona que gana 5.000.000 de dólares).

La mediana es una mejor medida del "centro" que la media porque 49 de los valores son 30.000 y uno es 5.000.000. El 5.000.000 es un valor atípico. Los 30.000 nos dan una mejor idea del centro de los datos.

INTÉNTELO 2.27

En una muestra de 60 hogares, una casa vale 2.500.000 dólares. Veintinueve casas valen 280.000 dólares y todas las demás valen 315.000 dólares. ¿Cuál es la mejor medida del "centro": la media o la mediana?

Otra medida del centro es la moda. La **moda** es el valor más frecuente. Puede haber más de una moda en un conjunto de datos siempre que esos valores tengan la misma frecuencia y esta sea la más alta. Un conjunto de datos con dos modas se denomina bimodal.

EJEMPLO 2.28

Las calificaciones de los exámenes de Estadística de 20 estudiantes son las siguientes:

50; 53; 59; 59; 63; 63; 72; 72; 72; 72; 72; 76; 78; 81; 83; 84; 84; 84; 90; 93

Calcule la moda.

Solución 1

La calificación más frecuente es 72, que aparece cinco veces. Moda = 72.

INTÉNTELO 2.28

El número de libros retirados de la biblioteca por 25 estudiantes es el siguiente:

0; 0; 0; 1; 2; 3; 3; 4; 4; 5; 5; 7; 7; 7; 7; 8; 8; 8; 9; 10; 10; 11; 11; 12; 12
Calcule la moda.

EJEMPLO 2.29

Las cinco calificaciones del examen sobre bienes raíces son 430, 430, 480, 480, 495. El conjunto de datos es bimodal porque las calificaciones 430 y 480 aparecen dos veces cada una.

¿Cuándo la moda es la mejor medida del "centro"? Piense en un programa de adelgazamiento que anuncia una pérdida media de peso de seis libras la primera semana del programa. La moda podría indicar que la mayoría de las personas pierden dos libras la primera semana, lo que hace que el programa sea menos atractivo.

NOTA

La moda puede calcularse tanto para datos cualitativos como para cuantitativos. Por ejemplo, si el conjunto de datos es: rojo, rojo, rojo, verde, verde, amarillo, púrpura, negro, azul, la moda es rojo.

El software estadístico calculará fácilmente la media, la mediana y la moda. Algunas calculadoras gráficas también pueden realizar estos cálculos. En el mundo real, la gente hace estos cálculos utilizando softwares.

INTÉNTELO 2.29

Las cinco puntuaciones de crédito son 680, 680, 700, 720, 720. El conjunto de datos es bimodal porque las puntuaciones 680 y 720 aparecen dos veces. Consideremos los ingresos anuales de los trabajadores de una fábrica. La modalidad es de 25.000 dólares y se produce 150 veces de cada 301. La mediana es de 50.000 dólares y la media de 47.500 dólares. ¿Cuál sería la mejor medida del "centro"?

La ley de los grandes números y la media

La ley de los grandes números dice que, si se toman muestras de tamaño cada vez mayor de cualquier población, entonces la media $\overline{x}$ de la muestra es muy probable que se acerque cada vez más a μ. Esto se analiza con más detalle más adelante en el texto.

Distribuciones muestrales y estadística de una distribución muestral

Se puede pensar en una **distribución de muestreo** como una **distribución de frecuencia relativa** con un gran número de muestras (vea la sección **Muestreo y datos** para hacer un repaso de la frecuencia relativa). Supongamos que se pregunta a treinta estudiantes seleccionados al azar el número de películas que vieron la semana anterior. Los resultados se encuentran en la **tabla de frecuencias relativas** que se muestra a continuación.

N.º de películas	Frecuencia relativa
0	$\frac{5}{30}$
1	$\frac{15}{30}$
2	$\frac{6}{30}$
3	$\frac{3}{30}$
4	$\frac{1}{30}$

Tabla 2.24

Si se deja que el número de muestras sea muy grande (por ejemplo, 300 millones o más), la tabla de frecuencias relativas se convierte en una distribución de frecuencias relativas.

Una **estadística** es un número calculado a partir de una muestra. Algunos ejemplos de estadísticas son la media, la mediana y la moda, entre otros. La media muestral $\overline{x}$ es un ejemplo de estadística que estima la media poblacional μ.

Cálculo de la media de las tablas de frecuencias agrupadas

Cuando solo se dispone de datos agrupados no se conocen los valores individuales de los datos (solo conocemos los intervalos y las frecuencias de los intervalos); por lo tanto, no se puede calcular una media exacta para el conjunto de datos. Lo que debemos hacer es estimar la media real calculando la media de una tabla de frecuencias. Una tabla de frecuencias es una representación de datos en la que se muestran datos agrupados junto con las frecuencias correspondientes. Para calcular la media de una tabla de frecuencias agrupadas podemos aplicar la definición básica de media: *media* = $\frac{\text{suma de los datos}}{\text{número de los valores de los datos}}$ Simplemente tenemos que modificar la definición para que se ajuste a las restricciones de una tabla de frecuencias.

Como no conocemos los valores individuales de los datos podemos hallar el punto medio de cada intervalo. El punto medio es $\frac{\text{límite inferior + límite superior}}{2}$. Ahora podemos modificar la definición de la media para que sea

$\textit{Tabla de media de la frecuencia} = \frac{\sum em}{\sum e}$ donde f = la frecuencia del intervalo y m = el punto medio del intervalo.

EJEMPLO 2.30

Se presenta una tabla de frecuencias que muestra la prueba estadística anterior del profesor Blount. Calcule la mejor estimación de la media de la clase.

Intervalo de grado	Número de estudiantes
50–56,5	1
56,5–62,5	0
62,5–68,5	4
68,5–74,5	4
74,5–80,5	2
80,5–86,5	3
86,5–92,5	4
92,5–98,5	1

Tabla 2.25

Solución 1

- Calcule los puntos medios de todos los intervalos

Intervalo de grado	Punto medio
50–56,5	53,25
56,5–62,5	59,5
62,5–68,5	65,5
68,5–74,5	71,5
74,5–80,5	77,5
80,5–86,5	83,5

Tabla 2.26

Intervalo de grado	Punto medio
86,5–92,5	89,5
92,5–98,5	95,5

Tabla 2.26

- Calcule la suma del producto de la frecuencia de cada intervalo y el punto medio. $\sum em$

$53{,}25(1) + 59{,}5(0) + 65{,}5(4) + 71{,}5(4) + 77{,}5(2) + 83{,}5(3) + 89{,}5(4) + 95{,}5(1) = 1460{,}25$

- $\mu = \frac{\sum em}{\sum e} = \frac{1460{,}25}{19} = 76{,}86$

INTÉNTELO 2.30

Maris realizó un estudio sobre el efecto que tiene jugar videojuegos en el recuerdo. Como parte de su estudio recopiló los siguientes datos:

Horas que los adolescentes dedican a los videojuegos	Número de adolescentes
0–3,5	3
3,5–7,5	7
7,5–11,5	12
11,5–15,5	7
15,5–19,5	9

Tabla 2.27

¿Cuál es la mejor estimación del número medio de horas dedicadas a los videojuegos?

2.6 Distorsión y media, mediana y moda

Considere el siguiente conjunto de datos.
4; 5; 6; 6; 6; 7; 7; 7; 7; 7; 7; 8; 8; 8; 9; 10

Este conjunto de datos se puede representar mediante el siguiente histograma. Cada intervalo tiene un ancho de uno y cada valor se sitúa en el centro de un intervalo.

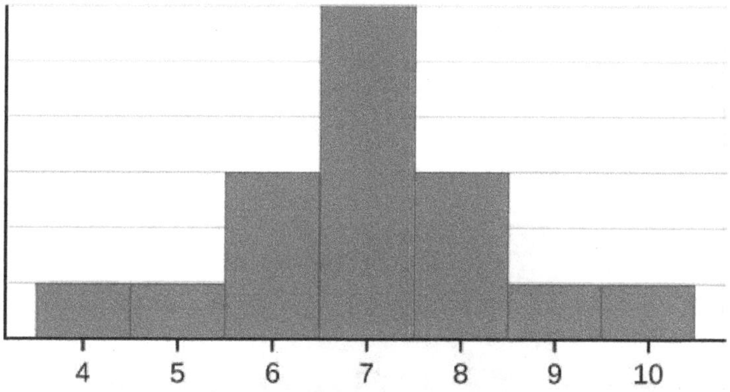

Figura 2.16

El histograma muestra una distribución **simétrica** de los datos. Una distribución es simétrica si se puede trazar una línea vertical en algún punto del histograma de manera que la forma a la izquierda y a la derecha de la línea vertical sean imágenes una espejo de la otra. La media, la mediana y la moda son siete para estos datos. **En una distribución perfectamente simétrica, la media y la mediana son iguales.** Este ejemplo tiene una moda (unimodal), y la moda es la misma que la media y la mediana. En una distribución simétrica que tiene dos modas (bimodal), las dos modas serían diferentes de la media y la mediana.

El histograma de los datos: 4; 5; 6; 6; 6; 7; 7; 7; 7; 8 (que se muestra en la Figura 2.17) no es simétrico. El lado derecho parece "cortado" en comparación con el lado izquierdo. Una distribución de este tipo se denomina **distorsionada a la izquierda** porque se desplaza hacia la izquierda.

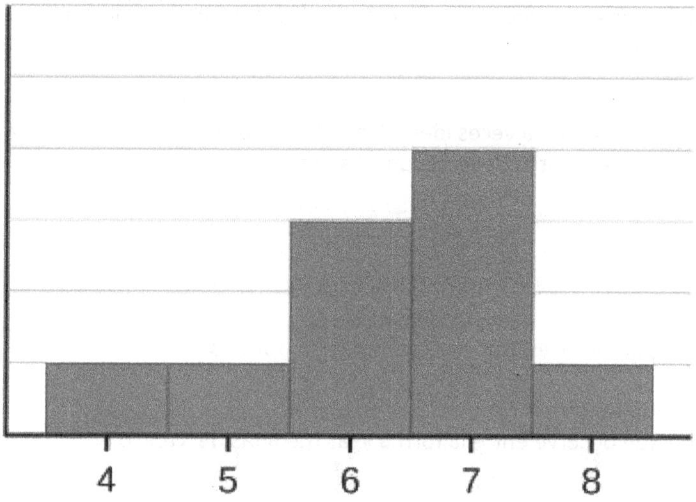

Figura 2.17

La media es 6,3, la mediana es 6,5 y la moda es siete. **Observe que la media es menor que la mediana y ambas son menores que la moda.** Tanto la media como la mediana reflejan la distorsión, pero la media lo refleja más.

El histograma de los datos: 6; 7; 7; 7; 7; 8; 8; 8; 9; 10 Figura 2.18, tampoco es simétrico. Es **distorsionada a la derecha**.

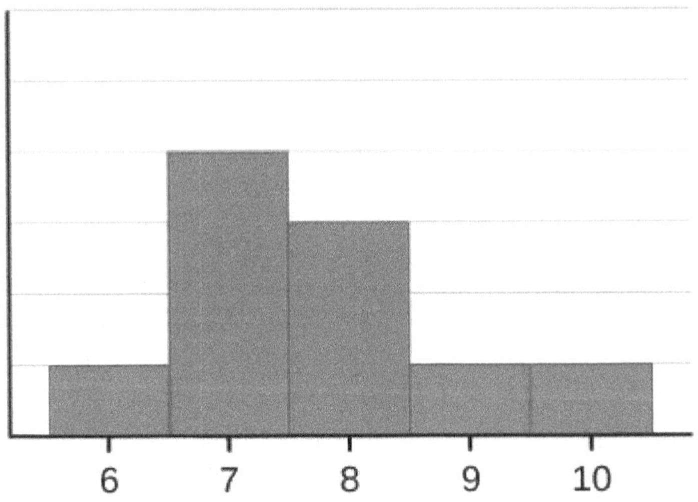

Figura 2.18

La media es 7,7, la mediana es 7,5 y la moda es siete. De las tres estadísticas, **la media es la mayor, mientras que la moda es la menor**. De nuevo, la media es la que más refleja la distorsión.

Para resumir, generalmente si la distribución de los datos está distorsionada a la izquierda, la media es menor que la mediana, que suele ser menor que la moda. Si la distribución de los datos está distorsionada a la derecha, la moda suele ser menor que la mediana, que es menor que la media.

La distorsión y la simetría son importantes cuando hablemos de distribuciones de probabilidad en capítulos posteriores.

EJEMPLO 2.31

Las estadísticas se utilizan para comparar y a veces identificar a los autores. Las siguientes listas muestran una simple muestra aleatoria que compara los recuentos de letras de tres autores.

Terry: 7; 9; 3; 3; 3; 4; 1; 3; 2; 2

Davis: 3; 3; 3; 4; 1; 4; 3; 2; 3; 1

Maris: 2; 3; 4; 4; 4; 6; 6; 6; 8; 3

a. Haga un gráfico de puntos para los tres autores y compare las formas.
b. Calcule la media de cada uno.
c. Calcule la mediana de cada uno.
d. Describa cualquier patrón que observe entre la forma y las medidas del centro.

Solución 1

a.

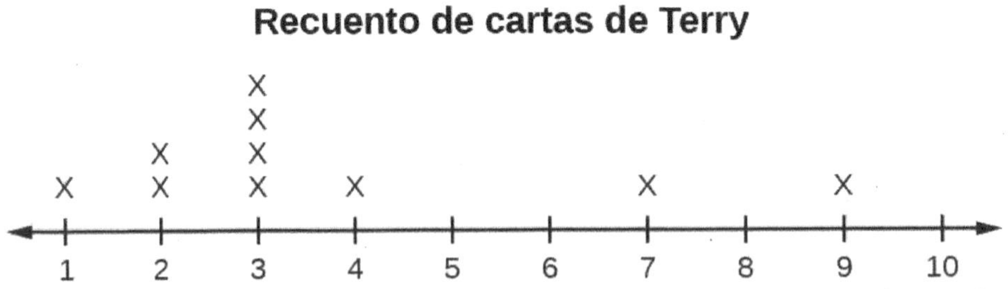

Figura 2.19 La distribución de Terry tiene una inclinación hacia la derecha (positiva).

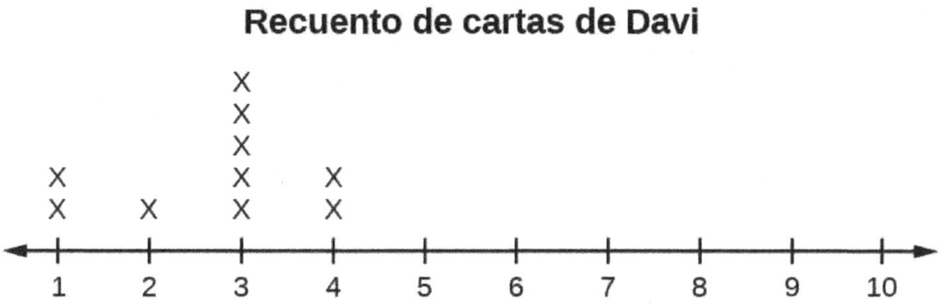

Figura 2.20 La distribución de Davis tiene una distorsión a la izquierda (negativo).

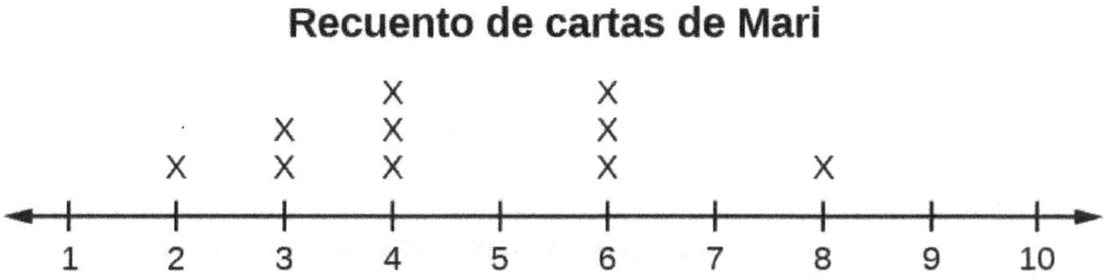

Figura 2.21 La distribución de Maris tiene una forma simétrica.

b. La media de Terry es de 3,7, la de Davis de 2,7 y la de Maris de 4,6.
c. La mediana de Terry es tres, la de Davis es tres. La mediana de Maris es de cuatro.
d. Parece que la mediana está siempre más cerca del punto alto (la moda), mientras que la media tiende a estar más lejos en la cola. En una distribución simétrica, la media y la mediana están situadas en el centro, cerca del punto más alto de la distribución.

INTÉNTELO 2.31

Analice la media, la mediana y la moda para cada uno de los siguientes problemas. ¿Existe un patrón entre la forma y la medida del centro?

a.

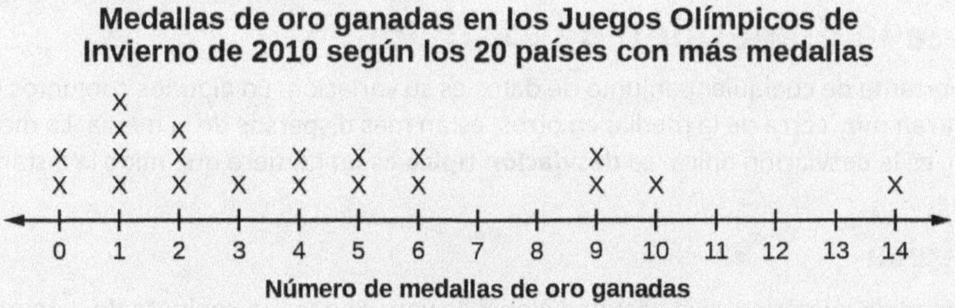

Figura 2.22

b.

Las edades en que murieron los expresidentes de EE. UU.	
4	6 9
5	3 6 7 7 7 8

Tabla 2.28

Las edades en que murieron los expresidentes de EE. UU.	
6	0 0 3 3 4 4 5 6 7 7 7 8
7	0 1 1 2 3 4 7 8 8 9
8	0 1 3 5 8
9	0 0 3 3

Clave: 8|0 significa 80.

Tabla 2.28

c.

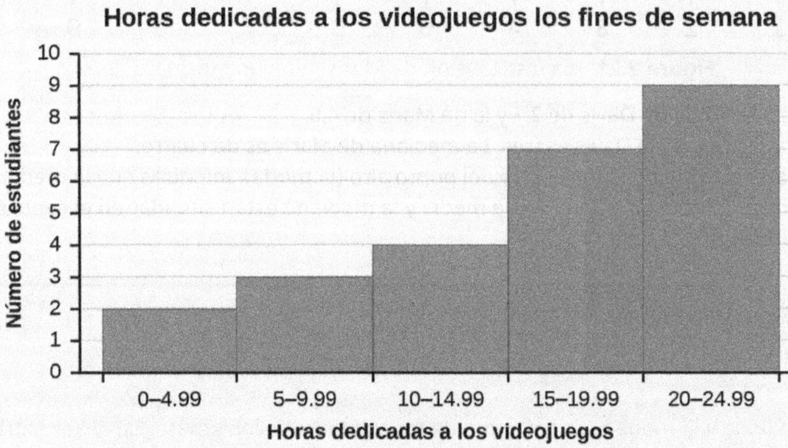

Figura 2.23

2.7 Medidas de la dispersión de los datos

Una característica importante de cualquier conjunto de datos es su variación. En algunos conjuntos de datos, los valores de los datos se concentran muy cerca de la media; en otros, están más dispersos de la media. La medida más común de variación, o dispersión, es la desviación típica. La **desviación típica** es un número que mide la distancia entre los valores de los datos y su media.

La desviación típica

- proporciona una medida numérica de la cantidad global de variación en un conjunto de datos y
- se puede usar para determinar si un valor de datos determinado está cerca o lejos de la media.

La desviación típica proporciona una medida de la variación global de un conjunto de datos

La desviación típica es siempre positiva o cero. La desviación típica es pequeña cuando todos los datos se concentran cerca de la media y muestran poca variación o dispersión. La desviación típica es mayor cuando los valores de los datos están más alejados de la media y muestran más variación.

Supongamos que estudiamos el tiempo que los clientes esperan en la fila de la caja del supermercado *A* y del supermercado *B*. El tiempo promedio de espera en ambos supermercados es de cinco minutos. En el supermercado *A*, la desviación típica del tiempo de espera es de dos minutos; en el supermercado *B*, la desviación típica del tiempo de espera es de cuatro minutos.

Como el supermercado *B* tiene una desviación típica más alta, sabemos que hay más variación en los tiempos de espera en el supermercado *B*. En general, los tiempos de espera en el supermercado *B* están más dispersos del promedio; los tiempos de espera en el supermercado *A* están más concentrados cerca del promedio.

La desviación típica se puede usar para determinar si un valor de los datos está cerca o lejos de la media.

Supongamos que Rosa y Binh compran en el supermercado *A*. Rosa espera en la caja siete minutos y Binh espera un minuto. En el supermercado *A*, el tiempo medio de espera es de cinco minutos y la desviación típica es de dos minutos. La desviación típica se puede usar para determinar si un valor de los datos está cerca o lejos de la media.

Rosa espera siete minutos:

- Siete son dos minutos más que el promedio de cinco; dos minutos equivalen a una desviación típica.
- El tiempo de espera de Rosa, de siete minutos, es dos **minutos más largo que el promedio de** cinco minutos.
- El tiempo de espera de Rosa, de siete minutos, está una **desviación típica por encima del promedio de** cinco minutos.

Binh espera un minuto.

- Uno es cuatro minutos menos que el promedio de cinco; cuatro minutos equivalen a dos desviaciones típicas.
- El tiempo de espera de Binh, de un minuto, es cuatro **minutos menos que el promedio de** cinco minutos.
- El tiempo de espera de Binh, de un minuto, está dos **desviaciones típicas por debajo del promedio de** cinco minutos.
- Un valor de los datos que está a dos desviaciones típicas del promedio está justo en el límite de lo que muchos estadísticos considerarían alejado del promedio. Plantearse que los datos están lejos de la media si están a más de dos desviaciones típicas es más una "regla general" aproximada que una regla rígida. En general, la forma de la distribución de los datos afecta a la cantidad de datos que se encuentran más allá de dos desviaciones típicas. (En los capítulos siguientes aprenderá más sobre este punto).

La recta numérica puede ayudarlo a entender la desviación típica. Si ponemos el cinco y el siete en una recta numérica, el siete está a la derecha del cinco. Decimos, entonces, que siete está **una** desviación típica a la **derecha** de cinco porque 5 + (1)(2) = 7.

Si el número uno también formara parte del conjunto de datos, entonces estaría **dos** desviaciones típicas a la **izquierda** de cinco porque 5 + (-2)(2) = 1.

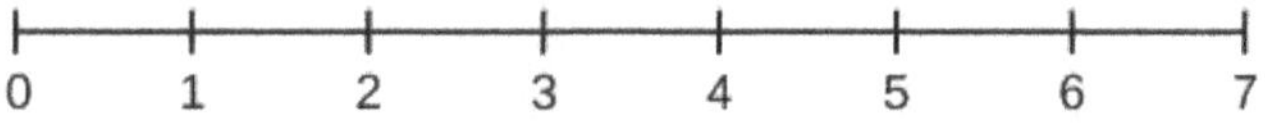

Figura 2.24

- En general, un **valor = media + (n.º de STDEV) (número de STandard DEViation, o desviación típica)**
- donde n.º de STDEV = el número de desviaciones típicas
- El n.º de STDEV no tiene que ser un número entero
- Uno es **dos desviaciones típicas menos que la media** de cinco porque: 1 = 5 + (-2)(2).

La ecuación **valor = media + (n.º de STDEV)(desviación típica)** puede expresarse para una muestra y para una población.

- **muestra:** $x = \overline{x} + (\text{n.º } oeSTDEV)(s)$
- **Población:** $x = \mu + (\text{n.º } oeSTDEV)(\sigma)$

La letra minúscula *s* representa la desviación típica de la muestra y la letra griega σ (sigma, minúscula) representa la desviación típica de la población.

El símbolo $\overline{x}$ es la media muestral y el símbolo griego μ es la media de la población.

Cálculo de la desviación típica

Si *x* es un número, la diferencia "*x* - media" se llama su **desviación**. En un conjunto de datos hay tantas desviaciones como elementos en el conjunto de datos. Las desviaciones se utilizan para calcular la desviación típica. Si los números pertenecen a una población, en símbolos una desviación es $x - \mu$. Para los datos de la muestra, en símbolos una desviación es $x - \overline{x}$.

El procedimiento para calcular la desviación típica depende de si los números son toda la población o son datos de una muestra. Los cálculos son similares, pero no idénticos. Por tanto, el símbolo utilizado para representar la desviación típica depende de si se calcula a partir de una población o de una muestra. La letra minúscula s representa la desviación típica de la muestra y la letra griega σ (sigma, minúscula) representa la desviación típica de la población. Si la muestra tiene las mismas características que la población, entonces s debería ser una buena estimación de σ.

Para calcular la desviación típica, tenemos que calcular primero la varianza. La **varianza** es el **promedio de los**

cuadrados de las desviaciones (la $x - \overline{x}$ para una muestra, o los valores $x - \mu$ para una población). El símbolo σ^2 representa la varianza de la población; la desviación típica de la población σ es la raíz cuadrada de la varianza de la población. El símbolo s^2 representa la varianza de la muestra; la desviación típica de la muestra s es la raíz cuadrada de la varianza de la muestra. Puede pensar en la desviación típica como un promedio especial de las desviaciones.

Si las cifras proceden de un censo de toda la **población** y no de una muestra, cuando calculamos el promedio de las desviaciones al cuadrado para hallar la varianza, dividimos entre N, el número de elementos de la población. Si los datos proceden de una **muestra** y no de una población, al calcular el promedio de las desviaciones al cuadrado, dividimos entre $\boldsymbol{n - 1}$, uno menos que el número de elementos de la muestra.

Fórmulas para la desviación típica de la muestra

- $s = \sqrt{\frac{\Sigma(x-\overline{x})^2}{n-1}}$ o $s = \sqrt{\frac{\Sigma e(x-\overline{x})^2}{n-1}}$
- Para la desviación típica de la muestra, el denominador es $\boldsymbol{n - 1}$, es decir, el tamaño de la muestra MENOS 1.

Fórmulas para la desviación típica de la población

- $\sigma = \sqrt{\frac{\Sigma(x-\mu)^2}{N}}$ o $\sigma = \sqrt{\frac{\Sigma e(x-\mu)^2}{N}}$
- Para la desviación típica de la población el denominador es N, el número de elementos de la población.

En estas fórmulas, f representa la frecuencia con la que aparece un valor. Por ejemplo, si un valor aparece una vez, f es uno. Si un valor aparece tres veces en el conjunto de datos o población, f es tres.

Variabilidad muestral de una estadística

La estadística de una distribución muestral se trató en Estadística descriptiva: medidas del centro de los datos. El grado de variación de la estadística de una muestra a otra se conoce como **variabilidad muestral de una estadística**. Normalmente se mide la variabilidad muestral de una estadística por su error estándar. El **error estándar de la media** es un ejemplo de error estándar. Es una desviación típica especial y se conoce como la desviación típica de la distribución muestral de la media. El error estándar de la media se tratará en el capítulo El teorema del límite central en otro momento. La notación para el error estándar de la media es $\frac{\sigma}{\sqrt{n}}$ donde σ es la desviación típica de la población y n es el tamaño de la muestra.

NOTA

En la práctica, UTILICE UNA CALCULADORA O UN SOFTWARE DE COMPUTADORA PARA CALCULAR LA DESVIACIÓN TÍPICA. Si está utilizando una calculadora TI-83, 83+ u 84+, debe seleccionar la desviación típica σ_x o s_x correspondiente de las estadísticas de resumen. Nos centraremos en la utilización e interpretación de la información que nos proporciona la desviación típica. Sin embargo, debería estudiar el siguiente ejemplo paso a paso para entender cómo la desviación típica mide la variación de la media. (Las instrucciones de la calculadora aparecen al final de este ejemplo).

EJEMPLO 2.32

En una clase de quinto grado la maestra estaba interesada en la edad promedio y la desviación típica de la muestra de las edades de sus estudiantes. Los siguientes datos son las edades de una MUESTRA de $n = 20$ estudiantes de quinto grado. Las edades están redondeadas al medio año más cercano:

9; 9,5; 9,5; 10; 10; 10; 10; 10,5; 10,5; 10,5; 10,5; 11; 11; 11; 11; 11; 11; 11,5; 11,5; 11,5;

$$\overline{x} = \frac{9 + 9{,}5(2) + 10(4) + 10{,}5(4) + 11(6) + 11{,}5(3)}{20} = 10{,}525$$

La edad promedio es de 10,53 años, redondeada a dos cifras.

La varianza se puede calcular mediante una tabla. A continuación se calcula la desviación típica tomando la raíz cuadrada de la varianza. Explicaremos las partes de la tabla después de calcular s.

Datos	Frec.	Desviaciones	*Desviaciones*^{2}	(Frecuencia)(*Desviaciones*^{2})
x	f	$(x - \overline{x})$	$(x - \overline{x})^2$	$(f)(x - \overline{x})^2$
9	1	9 - 10,525 = −1,525	$(-1{,}525)^2 = 2{,}325625$	1 × 2,325625 = 2,325625
9,5	2	9,5 - 10,525 = −1,025	$(-1{,}025)^2 = 1{,}050625$	2 × 1,050625 = 2,101250
10	4	10 - 10,525 = −0,525	$(-0{,}525)^2 = 0{,}275625$	4 × 0,275625 = 1,1025
10,5	4	10,5 - 10,525 = −0,025	$(-0{,}025)^2 = 0{,}000625$	4 × 0,000625 = 0,0025
11	6	11 - 10,525 = 0,475	$(0{,}475)^2 = 0{,}225625$	6 × 0,225625 = 1,35375
11,5	3	11,5 - 10,525 = 0,975	$(0{,}975)^2 = 0{,}950625$	3 × 0,950625 = 2,851875
				El total es 9,7375

Tabla 2.29

La varianza de la muestra, s^2, es igual a la suma de la última columna (9,7375) dividida entre el número total de valores de datos menos uno (20 - 1):

$$s^2 = \frac{9{,}7375}{20-1} = 0{,}5125$$

La **desviación típica de la muestra** s es igual a la raíz cuadrada de la varianza de la muestra:

$s = \sqrt{0{,}5125} = 0{,}715891$, que se redondea a dos decimales, $s = 0{,}72$.

Normalmente, el cálculo de la desviación típica se realiza en la calculadora o en la computadora. Los resultados intermedios no están redondeados para mayor exactitud.

- En los siguientes problemas, recuerde que **valor = media + (n.° de STDEV)(desviación típica)**. Compruebe la media y la desviación típica con una calculadora o una computadora.
- Para una muestra: $X = \overline{x}$ + (n.° de STDEV)(s)
- Para una población: $x = \mu$ + (n.° de STDEV)(σ)
- Para este ejemplo, utilice $x = \overline{x}$ + (n.° de STDEV)(s) porque los datos son de una muestra.

a. Compruebe la media y la desviación típica en su calculadora o computadora.
b. Halle el valor que está una desviación típica por encima de la media. Calcule ($\overline{x}$ + 1s).
c. Halle el valor que está dos desviaciones típicas por debajo de la media. Calcule ($\overline{x}$ - 2s).
d. Halle los valores que están a 1,5 desviaciones típicas **de** (por debajo y por encima) la media.

Solución 1

a.

USO DE LAS CALCULADORAS TI-83, 83+, 84, 84+

- Borre las listas L1 y L2. Pulse STAT 4:ClrList. Introduzca el 2nd 1 para L1, la coma (,), y el 2nd 2 para L2.
- Introduzca los datos en el editor de listas. Pulse STAT 1:EDIT. Si es necesario, borre las listas subiendo con la flecha hasta el nombre. Pulse CLEAR y mueva la flecha hacia abajo.
- Ponga los valores de los datos (9, 9,5, 10, 10,5, 11, 11,5) en la lista L1 y las frecuencias (1, 2, 4, 4, 6, 3) en la lista L2. Utilice las teclas de flecha para moverse.
- Pulse STAT y la flecha hacia CALC. Pulse 1:1-VarStats e introduzca L1 (2nd 1), L2 (2nd 2). No olvide la coma. Pulse ENTER.
- $\overline{x}$ = 10,525
- Utilice Sx porque se trata de datos de muestra (no de una población): Sx=0,715891

b. $(\overline{x} + 1s) = 10,53 + (1)(0,72) = 11,25$
c. $(\overline{x} - 2s) = 10,53 - (2)(0,72) = 9,09$
d.
- $(\overline{x} - 1,5s) = 10,53 - (1,5)(0,72) = 9,45$
- $(\overline{x} + 1,5s) = 10,53 + (1,5)(0,72) = 11,61$

INTÉNTELO 2.32

En un equipo de béisbol, las edades de cada uno de los jugadores son las siguientes:

21; 21; 22; 23; 24; 24; 25; 25; 28; 29; 29; 31; 32; 33; 33; 34; 35; 36; 36; 36; 36; 38; 38; 38; 40

Utilice su calculadora o computadora para hallar la media y la desviación típica. A continuación, halle el valor que está dos desviaciones típicas por encima de la media.

Explicación del cálculo de la desviación típica que aparece en la tabla

Las desviaciones muestran la dispersión de los datos respecto a la media. El valor de los datos 11,5 está más alejado de la media que el valor de los datos 11, lo que se indica con las desviaciones 0,97 y 0,47. Una desviación positiva se produce cuando el valor de los datos es mayor que la media, mientras que una desviación negativa se produce cuando el valor de los datos es menor que la media. La desviación es de –1,525 para el noveno valor de los datos. **Si se suman las desviaciones, la suma es siempre cero** (según el Ejemplo 2.32, hay $n = 20$ desviaciones). Por lo tanto, no se puede simplemente sumar las desviaciones para obtener la dispersión de los datos. Al elevar al cuadrado las desviaciones se convierten en números positivos, y la suma también será positiva. La varianza, por tanto, es la desviación promedio al cuadrado.

La varianza es una medida al cuadrado y no tiene las mismas unidades que los datos. Calcular la raíz cuadrada resuelve el problema. La desviación típica mide la dispersión en las mismas unidades que los datos.

Observe que en vez de dividir entre $n = 20$, el cálculo divide entre $n - 1 = 20 - 1 = 19$ porque los datos son una muestra. Para la varianza de la **muestra**, se divide entre el tamaño de la muestra menos uno ($n - 1$). ¿Por qué no dividir entre n? La respuesta tiene que ver con la varianza de la población. **La varianza de la muestra es una estimación de la varianza de la población.** Basándose en la matemática teórica que hay detrás de estos cálculos, al dividir entre ($n - 1$) da una mejor estimación de la varianza de la población.

NOTA

Debe concentrarse en lo que la desviación típica nos dice sobre los datos. La desviación típica es un número que mide la dispersión de los datos con respecto a la media. Efectúe la aritmética con una calculadora o una computadora.

La desviación típica, s o σ, es cero o mayor que cero. La descripción de los datos con referencia a la dispersión se denomina “variabilidad”. La variabilidad de los datos depende del método con el que se obtienen los resultados; por ejemplo, por medición o por muestreo aleatorio. Cuando la desviación típica es cero, no hay dispersión; es decir, todos los valores de los datos son iguales entre sí. La desviación típica es pequeña cuando todos los datos se concentran cerca de la media, y es mayor cuando los valores de los datos muestran más variación con respecto a la media. Cuando la desviación típica es mucho mayor que cero, los valores de los datos están muy dispersos alrededor de la media; los valores atípicos pueden hacer que s o σ sean muy grandes.

La desviación típica, cuando se presenta por primera vez, puede parecer poco clara. Al graficar los datos, puede tener una mejor "percepción" de las desviaciones y la desviación típica. Encontrará que en las distribuciones simétricas la desviación típica puede ser muy útil, pero en las distribuciones sesgadas, es posible que la desviación típica no sea de mucha ayuda. La razón es que los dos lados de una distribución sesgada tienen diferentes márgenes. En una distribución sesgada, es mejor fijarse en el primer cuartil, la mediana, el tercer cuartil, el valor más pequeño y el valor más grande. Como los números pueden ser confusos, **siempre hay que hacer un gráfico de los datos**. Visualice sus datos en un histograma o un diagrama de caja y bigotes.

EJEMPLO 2.33

Utilice los siguientes datos (calificaciones del primer examen) de la clase de Precálculo de primavera de Susan Dean:

33; 42; 49; 49; 53; 55; 55; 61; 63; 67; 68; 68; 69; 69; 72; 73; 74; 78; 80; 83; 88; 88; 88; 90; 92; 94; 94; 94; 94; 96; 100

a. Cree un gráfico que contenga los datos, las frecuencias, las frecuencias relativas y las frecuencias relativas acumuladas con tres decimales.
b. Calcule lo siguiente con un decimal utilizando una calculadora TI-83+ o TI-84:
   i. La media muestral
   ii. La desviación típica de la muestra
   iii. La mediana
   iv. El primer cuartil
   v. El tercer cuartil
   vi. *IQR*
c. Construya un diagrama de caja y bigotes y un histograma en el mismo conjunto de ejes. Comente sobre el diagrama de caja y bigotes, el histograma y el gráfico.

Solución 1

a. Vea la Tabla 2.30
b. i. La media muestral = 73,5
   ii. La desviación típica de la muestra = 17,9
   iii. La mediana = 73
   iv. El primer cuartil = 61
   v. El tercer cuartil = 90
   vi. *IQR* = 90 - 61 = 29
c. El eje *x* va de 32,5 a 100,5; el eje *y* va de –2,4 a 15 en el histograma. El número de intervalos es cinco, por lo que la anchura de un intervalo es (100,5 - 32,5) dividida entre cinco, es igual a 13,6. Los puntos finales de los intervalos son los siguientes: el punto de partida es 32,5, 32,5 + 13,6 = 46,1, 46,1 + 13,6 = 59,7, 59,7 + 13,6 = 73,3, 73,3 + 13,6 = 86,9, 86,9 + 13,6 = 100,5 = el valor final; ningún valor de los datos cae en un límite de intervalo.

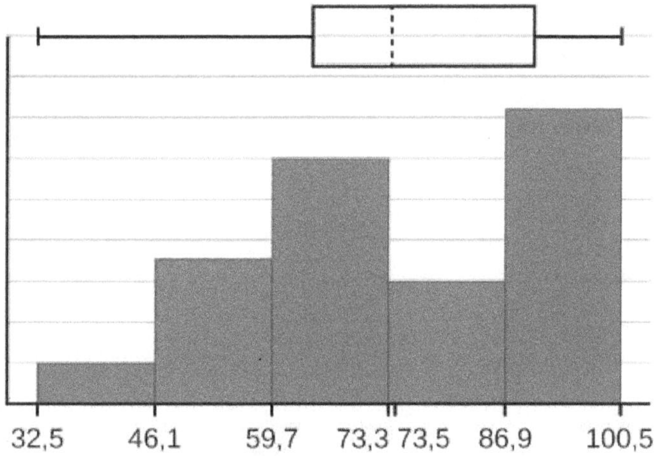

Figura 2.25

Datos	Frecuencia	Frecuencia relativa	Frecuencia relativa acumulada
33	1	0,032	0,032
42	1	0,032	0,064
49	2	0,065	0,129

Tabla 2.30

Datos	Frecuencia	Frecuencia relativa	Frecuencia relativa acumulada
53	1	0,032	0,161
55	2	0,065	0,226
61	1	0,032	0,258
63	1	0,032	0,29
67	1	0,032	0,322
68	2	0,065	0,387
69	2	0,065	0,452
72	1	0,032	0,484
73	1	0,032	0,516
74	1	0,032	0,548
78	1	0,032	0,580
80	1	0,032	0,612
83	1	0,032	0,644
88	3	0,097	0,741
90	1	0,032	0,773
92	1	0,032	0,805
94	4	0,129	0,934
96	1	0,032	0,966
100	1	0,032	0,998 (¿Por qué este valor no es 1?)

Tabla 2.30

El largo bigote izquierdo del diagrama de caja y bigotes se refleja en la parte izquierda del histograma. La dispersión de las calificaciones del examen en el 50 % inferior es mayor (73 - 33 = 40) que la dispersión en el 50 % superior (100 - 73 = 27). El histograma, el diagrama de caja y bigotes y el gráfico lo reflejan. Hay un número considerable de notas A y B (80, 90 y 100). El histograma lo muestra claramente. El diagrama de caja y bigotes nos muestra que el 50 % de las calificaciones del examen (*IQR* = 29) son D, C y B. El diagrama de caja también nos muestra que el 25 % inferior de las puntuaciones del examen son D y F.

> **INTÉNTELO 2.33**

Los siguientes datos muestran los diferentes tipos de alimentos para mascotas que tienen las tiendas de la zona.
6; 6; 6; 6; 7; 7; 7; 7; 7; 8; 9; 9; 9; 9; 9; 10; 10; 10; 10; 10; 11; 11; 11; 11; 12; 12; 12; 12; 12; 12;
Calcule la media muestral y la desviación típica de la muestra con un decimal utilizando una calculadora TI-83+ o TI-84.

Desviación típica de las tablas de frecuencia agrupadas

Recordemos que para los datos agrupados no conocemos los valores individuales de los datos, por lo que no podemos describir el valor típico de los datos con precisión. En otras palabras, no podemos hallar la media, la mediana ni la moda exactas. Sin embargo, podemos determinar la mejor estimación de las medidas de centro al hallar la media de los datos agrupados con la fórmula $\textit{Tabla de media de la frecuencia} = \frac{\sum em}{\sum e}$

donde e = frecuencias de intervalo y m = puntos medios del intervalo.

Al igual que no podemos hallar la media exacta, tampoco podemos hallar la desviación típica exacta. Recuerde que la desviación típica describe numéricamente la desviación esperada que tiene un valor de datos con respecto a la media. En términos sencillos, la desviación típica nos permite comparar lo "inusual" que son los datos individuales en comparación con la media.

EJEMPLO 2.34

Calcule la desviación típica de los datos en la Tabla 2.31.

Clase	Frecuencia, f	Punto medio, m	m^2	$\overline{x}^2$	fm^2	Desviación típica
0–2	1	1	1	7,58	1	3,5
3–5	6	4	16	7,58	96	3,5
6–8	10	7	49	7,58	490	3,5
9–11	7	10	100	7,58	700	3,5
12–14	0	13	169	7,58	0	3,5
15–17	2	16	256	7,58	512	3,5

Tabla 2.31

Para este conjunto de datos, tenemos la media, $\overline{x}$ = 7,58 y la desviación típica, s_x = 3,5. Esto significa que se espera que un valor de datos seleccionado al azar se aleje 3,5 unidades de la media. Si observamos la primera clase, vemos que el punto medio de la clase es igual a uno. Esto supone casi dos desviaciones típicas completas de la media, ya que 7,58 - 3,5 - 3,5 = 0,58. La fórmula para calcular la desviación típica no es complicada, $s_x = \sqrt{\frac{e(m-\overline{x})^2}{n-1}}$ donde s_x = desviación típica de la muestra, $\overline{x}$ = media muestral, los cálculos son tediosos. Por lo general, lo mejor es utilizar la tecnología para realizar los cálculos.

> **INTÉNTELO 2.34**

Calcule la desviación típica de los datos del ejemplo anterior

Clase	Frecuencia, *f*
0–2	1
3–5	6
6–8	10
9–11	7
12–14	0
15–17	2

Tabla 2.32

Primero, pulse la tecla **STAT** y seleccione **1:Edit**

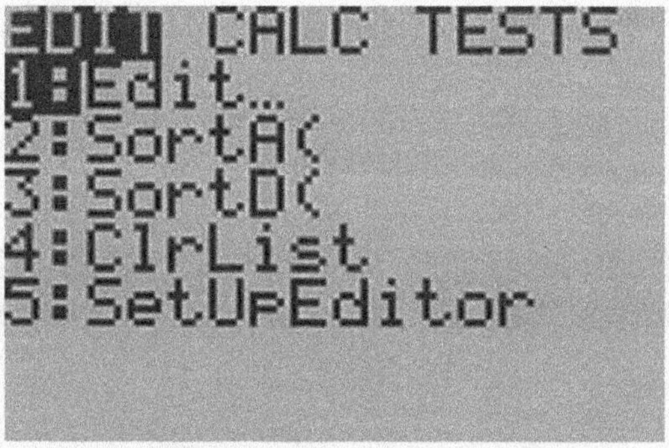

Figura 2.26

Introduzca los valores del punto medio en **L1** y las frecuencias en **L2**

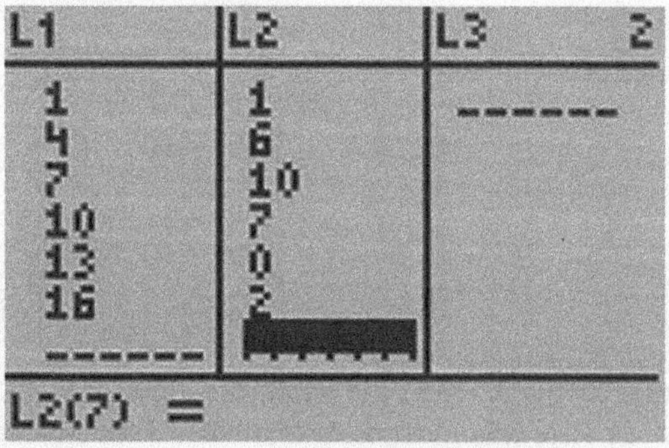

Figura 2.27

Seleccione **STAT**, **CALC**, y **1: 1-Var Stats**

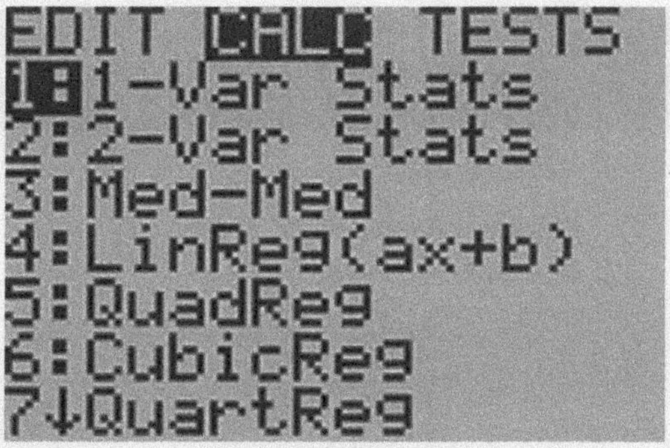

Figura 2.28

Seleccione **2nd** luego **1** luego, **2nd** y por último, **2 Enter**

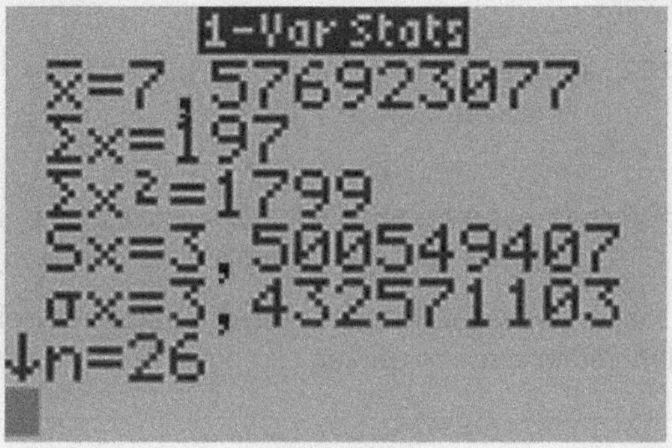

Figura 2.29

Verá que se muestra tanto la desviación típica de la población, σ_x, como la desviación típica de la muestra, s_x.

Comparación de valores de diferentes conjuntos de datos

La desviación típica es útil cuando se comparan valores de datos que provienen de diferentes conjuntos de datos. Si los conjuntos de datos tienen medias y desviaciones típicas diferentes, la comparación directa de los valores de los datos puede ser engañosa.

- Calcule cuántas desviaciones típicas se alejan de su media para cada valor de los datos.
- Utilice la fórmula: valor = media + (n.° de STDEV)(desviación típica); resuelva para n.° de STDEVs.
- n.° $oeSTDEVs = \frac{\text{valor - media}}{\text{desviación típica}}$
- Compare los resultados de este cálculo.

N.° de STDEV suele llamarse "puntuación *z*"; podemos utilizar el símbolo *z*. En símbolos, las fórmulas se convierten en:

Muestra	$x = \overline{x} + zs$	$z = \frac{x - \overline{x}}{s}$
Población	$x = \mu + z\sigma$	$z = \frac{x - \mu}{\sigma}$

Tabla 2.33

EJEMPLO 2.35

Dos estudiantes, John y Ali, de diferentes escuelas secundarias, querían averiguar quién tenía el mejor GPA en comparación con su escuela. ¿Cuál estudiante tiene el mejor GPA en comparación con su escuela?

Estudiante	GPA	Media de las calificaciones escolares (Grade Point Average, GPA)	Desviación típica de la escuela
John	2,85	3,0	0,7
Ali	77	80	10

Tabla 2.34

Solución 1

Para cada estudiante, determine cuántas desviaciones típicas (n.° de STDEV) se aleja su GPA del promedio, para su escuela. Preste mucha atención a los signos al comparar e interpretar la respuesta.

$z = \text{N.° de STDEV} = \frac{\text{valor} - \text{media}}{\text{desviación típica}} = \frac{x-\mu}{\sigma}$

Para John, $z = \text{n.°}\ oeSTDEVs = \frac{2,85-3,0}{0,7} = -0,21$

Para Ali, $z = \text{n.°}\ oeSTDEVs = \frac{77-80}{10} = -0,3$

John tiene el mejor GPA en comparación con su escuela porque su GPA está 0,21 desviaciones típicas **por debajo** de la media de su escuela mientras que el GPA de Ali está 0,3 desviaciones típicas **por debajo** de la media de su escuela.

La puntuación *z* de John, de –0,21, es mayor que la puntuación *z* de Ali, de –0,3. Para el GPA, los valores más altos son mejores, por lo que concluimos que John tiene el mejor GPA en comparación con su escuela.

INTÉNTELO 2.35

Dos nadadoras, Angie y Beth, de equipos diferentes, querían averiguar quién tenía el tiempo más rápido en los 50 metros libres en comparación con su equipo. ¿Qué nadadora tuvo el mejor tiempo en comparación con su equipo?

Nadadora	Tiempo (segundos)	Tiempo medio del equipo	Desviación típica del equipo
Angie	26,2	27,2	0,8
Beth	27,3	30,1	1,4

Tabla 2.35

Las siguientes listas ofrecen algunos hechos que proporcionan un poco más de información sobre lo que la desviación típica nos dice sobre la distribución de los datos.

Para CUALQUIER conjunto de datos, no importa cuál sea la distribución de los datos:

- Al menos el 75 % de los datos están dentro de las dos desviaciones típicas de la media.
- Al menos el 89 % de los datos están dentro de las tres desviaciones típicas de la media.
- Al menos el 95 % de los datos están dentro de 4,5 desviaciones típicas de la media.
- Esto se conoce como la regla de Chebyshev.

Para los datos que tienen una distribución en FORMA DE CAMPANA y SIMÉTRICA:

- Aproximadamente el 68 % de los datos están dentro de una desviación típica de la media.
- Aproximadamente el 95 % de los datos están dentro de las dos desviaciones típicas de la media.
- Más del 99 % de los datos están dentro de las tres desviaciones típicas de la media.
- Esto se conoce como la regla empírica.
- Es importante señalar que esta regla solo se aplica cuando la forma de la distribución de los datos tiene forma de campana y es simétrica. Aprenderemos más sobre esto cuando estudiemos la distribución de probabilidad "normal" o "gaussiana" en capítulos posteriores.

2.8 Estadística descriptiva

Laboratorio de estadística

Estadística descriptiva

Hora de la clase:

Nombres:

Resultados del aprendizaje de los estudiantes

- El estudiante construirá un histograma y un diagrama de caja.
- El estudiante calculará estadísticas univariantes.
- El estudiante examinará los gráficos para interpretar lo que implican los datos.

Recopilación de datos

Registre el número de pares de zapatos que tiene.

1. Encueste al azar a 30 compañeros de clase sobre el número de pares de zapatos que poseen. Registre sus valores.

____	____	____	____	____
____	____	____	____	____
____	____	____	____	____
____	____	____	____	____
____	____	____	____	____
____	____	____	____	____

Tabla 2.36 Resultados de la encuesta

2. Construya un histograma. Haga de cinco a seis intervalos. Dibuje el gráfico con una regla y un lápiz y escale los ejes.

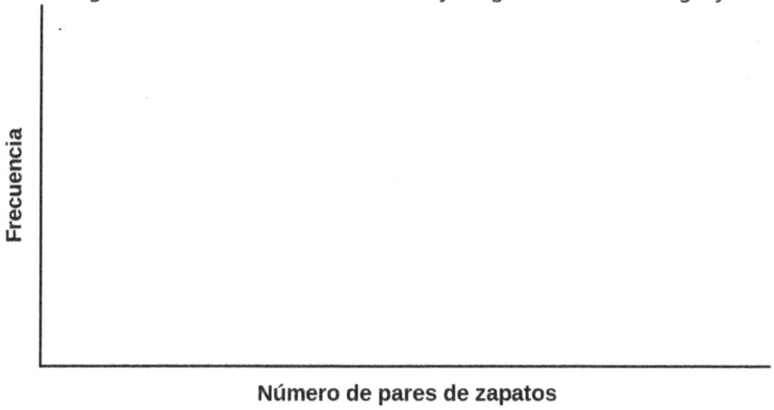

Figura 2.30

3. Calcule los siguientes valores
   a. $\overline{x}$ = ____
   b. s = ____
4. ¿Los datos son discretos o continuos? ¿Cómo lo sabe?
5. Describa con frases completas la forma del histograma.
6. ¿Hay posibles valores atípicos? Enumere los valores que podrían ser valores atípicos. Utilice una fórmula para

comprobar los valores finales y determinar si son posibles valores atípicos.

Analice los datos

1. Determine los siguientes valores
   a. Mín. = ____
   b. M = ____
   c. Máx. = ____
   d. Q_1 = ____
   e. Q_3 = ____
   f. IQR = ____
2. Construir un diagrama de caja de los datos
3. ¿Qué implica la forma del diagrama de caja sobre la concentración de datos? Utilice oraciones completas.
4. Con el diagrama de caja, ¿cómo puede determinar si hay posibles valores atípicos?
5. ¿Cómo le ayuda la desviación típica a determinar la concentración de los datos y si existen o no posibles valores atípicos?
6. ¿Qué representa el *IQR* en este problema?
7. Muestre su trabajo para hallar el valor que es 1,5 desviaciones típicas
   a. por encima de la media.
   b. por debajo de la media.

Términos Clave

Atípico una observación que no se ajusta al resto de los datos

Conjunto de datos emparejados dos conjuntos de datos que tienen una relación de uno a uno para que

- ambos conjuntos de datos tienen el mismo tamaño, y
- cada punto de datos de un conjunto de datos coincide exactamente con un punto del otro conjunto.

Cuartiles los números que separan los datos en cuartos; los cuartiles pueden o no formar parte de los datos. El segundo cuartil es la mediana de los datos.

Desviación típica número igual a la raíz cuadrada de la varianza y que mide lo lejos que están los valores de los datos de su media; notación: *s* para la desviación típica de la muestra y σ para la desviación típica de la población.

Diagrama de caja gráfico que ofrece una imagen rápida del 50 % de los datos

Distorsionado se utiliza para describir datos que no son simétricos; cuando el lado derecho de un gráfico parece "cortado" en comparación con el lado izquierdo, decimos que está "distorsionado a la izquierda" Cuando el lado izquierdo del gráfico parece "cortado" en comparación con el lado derecho, decimos que los datos están " distorsionado a la derecha" Alternativamente: cuando los valores más bajos de los datos están más repartidos, decimos que los datos están distorsionados a la izquierda. Cuando los valores mayores están más repartidos, los datos están distorsionados hacia la derecha.

Frecuencia el número de veces que se produce un valor de los datos

Frecuencia relativa el cociente entre el número de veces que un valor de los datos ocurre en el conjunto de todos los resultados y el número de todos los resultados

Histograma una representación gráfica en forma de *x*-*y* de la distribución de los datos en un conjunto de datos; *x* representa los datos y *y* representa la frecuencia o la frecuencia relativa. El gráfico está formado por rectángulos contiguos.

Intervalo también llamado intervalo de clase; un intervalo representa un rango de datos y se utiliza cuando se muestran grandes conjuntos de datos

Media un número que mide la tendencia central de los datos; un nombre común para la media es 'promedio'. El término "media" es una forma abreviada de "media aritmética". Por definición, la media de una muestra (denotada por $\overline{x}$) es $\overline{x} = \frac{\text{Suma de todos los valores de la muestra}}{\text{Número de valores de la muestra}}$, y la media de una población (denotada por μ) es $\mu = \frac{\text{Suma de todos los valores de la población}}{\text{Número de valores en la población}}$.

Mediana número que separa los datos ordenados en mitades; la mitad de los valores son del mismo número o menores que la mediana y la mitad de los valores son del mismo número o mayores que la mediana. La mediana puede o no formar parte de los datos.

Moda el valor que aparece con mayor frecuencia en un conjunto de datos

Percentil un número que divide los datos ordenados en centésimas; los percentiles pueden o no formar parte de los datos. La mediana de los datos es el segundo cuartil y el percentil 50. El primer y tercer cuartil son el percentil 25 y el percentil 75, respectivamente.

Polígono de frecuencia parece un gráfico de líneas, pero utiliza intervalos para mostrar rangos de grandes cantidades de datos

Primer cuartil valor que es la mediana de la mitad inferior del conjunto de datos ordenados

Punto medio la media de un intervalo en una tabla de frecuencia

Rango intercuartil o *IQR*, es el rango del 50 % del centro de los valores de los datos; el *IQR* se encuentra al restar el primer cuartil del tercer cuartil.

Tabla de frecuencias una representación de datos en la que se muestran los datos agrupados junto con las frecuencias correspondientes

Varianza media de las desviaciones al cuadrado de la media, o el cuadrado de la desviación típica; para un conjunto de datos, una desviación puede representarse como $x - \overline{x}$ donde x es un valor de los datos y $\overline{x}$ es la media muestral. La varianza de la muestra es igual a la suma de los cuadrados de las desviaciones dividida entre la diferencia del tamaño de la muestra y uno.

Repaso del capítulo

2.1 Gráficos de tallo y hoja (gráfico de tallo), gráficos de líneas y gráficos de barras

Un **gráfico de tallo y hoja** es una forma de representar los datos y observar la distribución. En un gráfico de tallo y hoja todos los valores de los datos de una clase son visibles. La ventaja de un gráfico de tallo y hoja es que se enumeran todos los valores, a diferencia de un histograma, que da clases de valores de datos. Un **gráfico de líneas** se suele usar para representar un conjunto de valores de datos en los que una cantidad varía con el tiempo. Estos gráficos son útiles para hallar tendencias. Es decir, hallar un patrón general en conjuntos de datos que incluyan temperatura, ventas, empleo, ganancias o costos de la compañía durante un periodo. Un **gráfico de barras** es un gráfico que utiliza barras horizontales o verticales para mostrar comparaciones entre categorías. Un eje del gráfico muestra las categorías específicas que se comparan, y el otro eje representa un valor discreto. Algunos gráficos de barras presentan las barras agrupadas en grupos de más de uno (gráficos de barras agrupados), y otros muestran las barras divididas en subpartes para mostrar el efecto acumulativo (gráficos de barras apilados). Los gráficos de barras son especialmente útiles cuando se utilizan datos categóricos.

2.2 Histogramas, polígonos de frecuencia y gráficos de series temporales

Un **histograma** es una versión gráfica de una distribución de frecuencias. El gráfico consiste en barras de igual ancho dibujadas de forma adyacente. La escala horizontal representa clases de valores de datos cuantitativos y la escala vertical representa frecuencias. Las alturas de las barras corresponden a valores de frecuencia. Los histogramas se suelen utilizar para conjuntos de datos cuantitativos, continuos y de gran tamaño. Un polígono de frecuencias también se puede usar cuando se grafican grandes conjuntos de datos con puntos de datos que se repiten. Los datos suelen ir en el eje *y*, y la frecuencia se representa en el eje *x*. Los gráficos de series temporales pueden ser útiles cuando se observan grandes cantidades de datos de una variable durante un periodo.

2.3 Medidas de la ubicación de los datos

Los valores que dividen un conjunto de datos ordenados en 100 partes iguales se llaman percentiles. Los percentiles se utilizan para comparar e interpretar datos. Por ejemplo, una observación en el percentil 50 sería mayor que el 50 % de las demás observaciones del conjunto. Los cuartiles dividen los datos en cuartos. El primer cuartil (Q_1) es el percentil 25, el segundo cuartil (Q_2 o mediana) es el percentil 50 y el tercer cuartil (Q_3) es el percentil 75. El rango intercuartil, o *IQR*, es el rango del 50 % del centro de los valores de los datos. El *IQR* se encuentra restando Q_1 de Q_3, y puede ayudar a determinar los valores atípicos utilizando las dos expresiones siguientes.

- $Q_3 + IQR(1{,}5)$
- $Q_1 - IQR(1{,}5)$

2.4 Diagramas de caja

Los gráficos de caja son un tipo de gráfico que puede ayudar a organizar los datos visualmente. Para elaborar un diagrama de caja se deben calcular los siguientes puntos de datos: el valor mínimo, el primer cuartil, la mediana, el tercer cuartil y el valor máximo. Una vez que el diagrama de caja se ha graficado, se pueden visualizar y comparar las distribuciones de los datos.

2.5 Medidas del centro de los datos

La media y la mediana se pueden calcular para ayudar a hallar el "centro" de un conjunto de datos. La media es la mejor estimación para el conjunto de datos reales, pero la mediana es la mejor medida cuando un conjunto de datos contiene varios valores atípicos o extremos. La moda le indicará el dato (o los datos) que aparecen con más frecuencia en su conjunto de datos. La media, la mediana y la moda son extremadamente útiles cuando se necesita analizar datos, pero si el conjunto de datos está formado por rangos que carecen de valores específicos, la media puede parecer imposible de calcular. Sin embargo, la media se puede aproximar si se suma el límite inferior con el superior y se divide entre dos para hallar el punto medio de cada intervalo. Multiplique cada punto medio por el número de valores hallados en el rango correspondiente. Divida la suma de estos valores entre el número total de valores de datos del conjunto.

2.6 Distorsión y media, mediana y moda

Observar la distribución de los datos puede revelar mucho sobre la relación entre la media, la mediana y la moda. Hay tres tipos de distribuciones. Una distribución **distorsionada a la izquierda (o negativa)** tiene una forma como la Figura 2.17. Una distribución **distorsionada a la derecha (o positiva)** tiene una forma como la Figura 2.18. Una distribución **simétrica** se parece a la Figura 2.16.

2.7 Medidas de la dispersión de los datos

La desviación típica puede ayudarlo a calcular la dispersión de los datos. Existen diferentes ecuaciones para calcular la desviación típica de una muestra o de una población.

- La desviación típica nos permite comparar numéricamente datos individuales o clases con la media del conjunto de datos.
- $s = \sqrt{\frac{\sum (x-\bar{x})^2}{n-1}}$ o $s = \sqrt{\frac{\sum e(x-\bar{x})^2}{n-1}}$ es la fórmula para calcular la desviación típica de una muestra. Para

calcular la desviación típica de una población usaríamos la media de la población, μ, y la fórmula $\sigma = \sqrt{\frac{\sum (x-\mu)^2}{N}}$ o $\sigma = \sqrt{\frac{\sum e(x-\mu)^2}{N}}$.

Repaso de fórmulas

2.3 Medidas de la ubicación de los datos

$i = \left(\frac{k}{100}\right)(n+1)$

donde i = la clasificación o posición de un valor de datos,

k = el percentil k,

n = número total de datos.

Expresión para hallar el percentil de un valor de datos: $\left(\frac{x + 0{,}5y}{n}\right)(100)$

donde x = el número de valores contando desde el final de la lista de datos hasta el valor de los datos para el que se quiere hallar el percentil, pero sin incluirlo,

y = el número de valores de datos iguales al valor de los datos para los que se quiere hallar el percentil,

n = número total de datos

2.5 Medidas del centro de los datos

$\mu = \frac{\sum em}{\sum e}$ Donde f = frecuencias de intervalo y m = puntos medios de intervalo.

2.7 Medidas de la dispersión de los datos

$s_x = \sqrt{\frac{\sum em^2}{n} - \overline{x}^2}$ donde

s_x = desviación típica de la muestra

$\overline{x}$ = media muestral

Práctica

2.1 Gráficos de tallo y hoja (gráfico de tallo), gráficos de líneas y gráficos de barras

Para cada uno de los siguientes conjuntos de datos, cree un gráfico de tallo e identifique los valores atípicos.

1. A continuación, se muestran los índices de millas por galón de 30 coches (de menor a mayor).
19, 19, 19, 20, 21, 21, 25, 25, 25, 26, 26, 28, 29, 31, 31, 32, 32, 33, 34, 35, 36, 37, 37, 38, 38, 38, 38, 41, 43, 43

2. A continuación, se muestra la altura en pies de 25 árboles (de menor a mayor).
25, 27, 33, 34, 34, 34, 35, 37, 37, 38, 39, 39, 39, 40, 41, 45, 46, 47, 49, 50, 50, 53, 53, 54, 54

3. Los datos son los precios de diferentes computadoras portátiles en una tienda de electrónica. Redondee cada valor a la decena más cercana.
249, 249, 260, 265, 265, 280, 299, 299, 309, 319, 325, 326, 350, 350, 350, 365, 369, 389, 409, 459, 489, 559, 569, 570, 610

4. Los datos son las temperaturas máximas diarias en una ciudad durante un mes.
61, 61, 62, 64, 66, 67, 67, 67, 68, 69, 70, 70, 70, 71, 71, 72, 74, 74, 74, 75, 75, 75, 76, 76, 77, 78, 78, 79, 79, 95

Para los tres ejercicios siguientes utilice los datos para construir un gráfico de líneas.

5. En una encuesta se preguntó a 40 personas cuántas veces habían visitado una tienda antes de hacer una compra importante. Los resultados se muestran en la Tabla 2.37.

Número de veces en la tienda	Frecuencia
1	4
2	10
3	16
4	6
5	4

Tabla 2.37

6. En una encuesta se preguntó a varias personas cuántos años hacía que no compraban un colchón. Los resultados se muestran en la Tabla 2.38.

Años desde la última compra	Frecuencia
0	2
1	8
2	13
3	22
4	16
5	9

Tabla 2.38

7. Se preguntó a varios niños cuántos programas de televisión ven al día. Los resultados de la encuesta se muestran en la Tabla 2.39.

Número de programas de televisión	Frecuencia
0	12
1	18
2	36
3	7
4	2

Tabla 2.39

8. Los estudiantes de la clase de Matemáticas de la Sra. Ramírez cumplen años en cada una de las cuatro estaciones. La Tabla 2.40 muestra las cuatro estaciones, el número de estudiantes que cumplen años en cada estación y el porcentaje (%) de estudiantes en cada grupo. Construya un gráfico de barras que muestre el número de estudiantes.

Estaciones	Número de estudiantes	Proporción de la población
Primavera	8	24 %
Verano	9	26 %
Otoño	11	32 %
Invierno	6	18 %

Tabla 2.40

Ejercicio 2.8

9. El condado de David tiene seis escuelas secundarias. Cada escuela envió a sus estudiantes a participar en un concurso de Ciencias de todo el condado. La Tabla 2.41 muestra el desglose porcentual de los competidores de cada escuela y el porcentaje de toda la población estudiantil del condado que va a cada escuela. Construya un gráfico de barras que muestre el porcentaje de población de los competidores de cada escuela.

Escuela Secundaria	Población de la competición científica	Población estudiantil total
Alabaster	28,9 %	8,6 %
Concordia	7,6 %	23,2 %
Genoa	12,1 %	15,0 %
Mocksville	18,5 %	14,3 %
Tynneson	24,2 %	10,1 %
West End	8,7 %	28,8 %

Tabla 2.41

Ejercicio 2.9

2.2 Histogramas, polígonos de frecuencia y gráficos de series temporales

10. se preguntó a sesenta y cinco vendedores de automóviles seleccionados al azar el número de automóviles que suelen vender en una semana. Catorce personas respondieron que generalmente venden tres, diecinueve que venden cuatro, doce que venden cinco, nueve que venden seis y once que venden siete. Rellene la tabla.

Valor de datos (N.° de vehículos)	Frecuencia	Frecuencia relativa	Frecuencia relativa acumulada

Tabla 2.42

11. ¿A cuánto asciende la columna de frecuencia en la Tabla 2.42? ¿Por qué?

12. ¿A cuánto asciende la columna de frecuencia relativa en la Tabla 2.42? ¿Por qué?

13. ¿Cuál es la diferencia entre la frecuencia relativa y la frecuencia de cada valor de los datos en la Tabla 2.42?

14. ¿Cuál es la diferencia entre la frecuencia relativa acumulada y la frecuencia relativa de cada valor de los datos?

15. Para construir el histograma de los datos en la Tabla 2.42, determine los valores mínimos y máximos de *x* y *y* y la escala. Dibuje el histograma. Identifique los ejes horizontal y vertical con palabras. Incluya la escala numérica.

Figura 2.31

16. Construya un polígono de frecuencias para lo siguiente:

a.

Frecuencia cardiaca de las mujeres	Frecuencia
60-69	12
70-79	14
80-89	11
90-99	1
100-109	1
110-119	0
120-129	1

Tabla 2.43

b.

Velocidad real en una zona de 30 MPH (48,28 km)	Frecuencia
42-45	25
46-49	14
50-53	7
54-57	3
58-61	1

Tabla 2.44

c.

Alquitrán (mg) en cigarrillos no filtrados	Frecuencia
10-13	1
14-17	0
18-21	15
22-25	7
26-29	2

Tabla 2.45

17. Construya un polígono de frecuencias a partir de la distribución de frecuencias para los 50 países con más puntos en cuanto a la magnitud del hambre.

Magnitud del hambre	Frecuencia
230-259	21
260-289	13
290-319	5
320-349	7
350-379	1
380-409	1
410-439	1

Tabla 2.46

18. Utilice las dos tablas de frecuencia para comparar la esperanza de vida de hombres y mujeres de 20 países seleccionados al azar. Incluya un polígono de frecuencias superpuesto y analice las formas de las distribuciones, el centro, la dispersión y cualquier valor atípico. ¿Qué podemos concluir sobre la esperanza de vida de las mujeres en comparación con la de los hombres?

Esperanza de vida al nacer: mujeres	Frecuencia
49-55	3
56-62	3
63-69	1
70-76	3
77-83	8
84-90	2

Tabla 2.47

Esperanza de vida al nacer: hombres	Frecuencia
49-55	3
56-62	3
63-69	1
70-76	1
77-83	7
84-90	5

Tabla 2.48

19. Construya un gráfico de series temporales para (a) el número de nacimientos de hombres; (b) el número de nacimientos de mujeres; y (c) el número total de nacimientos.

Sexo/Año	1855	1856	1857	1858	1859	1860	1861
Mujeres	45.545	49.582	50.257	50.324	51.915	51.220	52.403
Hombres	47.804	52.239	53.158	53.694	54.628	54.409	54.606
Total	93.349	101.821	103.415	104.018	106.543	105.629	107.009

Tabla 2.49

Sexo/Año	1862	1863	1864	1865	1866	1867	1868	1869
Mujeres	51.812	53.115	54.959	54.850	55.307	55.527	56.292	55.033
Hombres	55.257	56.226	57.374	58.220	58.360	58.517	59.222	58.321
Total	107.069	109.341	112.333	113.070	113.667	114.044	115.514	113.354

Tabla 2.50

Sexo/Año	1870	1871	1872	1873	1874	1875
Mujeres	56.431	56.099	57.472	58.233	60.109	60.146
Hombres	58.959	60.029	61.293	61.467	63.602	63.432
Total	115.390	116.128	118.765	119.700	123.711	123.578

Tabla 2.51

20. Los siguientes conjuntos de datos enumeran los policías a tiempo completo por cada 100.000 ciudadanos junto con los homicidios por cada 100.000 ciudadanos para la ciudad de Detroit, Michigan, durante el periodo de 1961 a 1973.

Año	1961	1962	1963	1964	1965	1966	1967
Policía	260,35	269,8	272,04	272,96	272,51	261,34	268,89
Homicidios	8,6	8,9	8,52	8,89	13,07	14,57	21,36

Tabla 2.52

Año	1968	1969	1970	1971	1972	1973
Policía	295,99	319,87	341,43	356,59	376,69	390,19
Homicidios	28,03	31,49	37,39	46,26	47,24	52,33

Tabla 2.53

a. Construya un gráfico de serie temporal doble utilizando un eje *x* común para ambos conjuntos de datos.
b. ¿Qué variable aumentó más rápido? Explique.
c. ¿El aumento de policías en Detroit tuvo un efecto en la tasa de homicidios? Explique.

2.3 Medidas de la ubicación de los datos

21. Se enumeran 29 edades de los mejores actores ganadores del Oscar *en orden de menor a mayor.*

18; 21; 22; 25; 26; 27; 29; 30; 31; 33; 36; 37; 41; 42; 47; 52; 55; 57; 58; 62; 64; 67; 69; 71; 72; 73; 74; 76; 77

a. Calcule el percentil 40.
b. Calcule el percentil 78.

22. Se enumeran las 32 edades de los mejores actores ganadores de los Premios de la Academia (Oscar) *en orden de menor a mayor.*

18; 18; 21; 22; 25; 26; 27; 29; 30; 31; 31; 33; 36; 37; 37; 41; 42; 47; 52; 55; 57; 58; 62; 64; 67; 69; 71; 72; 73; 74; 76; 77

a. Calcule el percentil de 37.
b. Calcule el percentil de 72.

23. Jesse ocupó el puesto 37 de su promoción de 180 estudiantes. ¿En qué percentil se encuentra Jesse?

24. a. Para los corredores en una carrera un tiempo bajo significa una carrera más rápida. Los ganadores de una carrera tienen los tiempos de carrera más cortos. ¿Es más deseable tener un tiempo de llegada con un percentil alto o bajo cuando se corre una carrera?
b. El percentil 20 de los tiempos de carrera en una determinada carrera es de 5,2 minutos. Escriba una oración con la interpretación del percentil 20 en el contexto de la situación.
c. Un ciclista en el percentil 90 de una carrera la terminó en 1 hora y 12 minutos. ¿Está entre los ciclistas más rápidos o más lentos de la carrera? Escriba una oración con la interpretación del percentil 90 en el contexto de la situación.

25. a. Para los corredores en una carrera una mayor velocidad significa una carrera más rápida. ¿Es más deseable tener una velocidad con un percentil alto o bajo cuando se corre una carrera?
b. El percentil 40 de las velocidades en una carrera particular es de 7,5 millas por hora. Escriba una oración con la interpretación del percentil 40 en el contexto de la situación.

26. En un examen, ¿sería más deseable obtener una calificación con un percentil alto o bajo? Explique.

27. Mina está esperando en la fila del Departamento de Vehículos Motorizados (Department of Motor Vehicles, DMV). Su tiempo de espera de 32 minutos está en el percentil 85 de los tiempos de espera. ¿Es eso bueno o malo? Escriba una oración con la interpretación del percentil 85 en el contexto de esta situación.

28. En una encuesta en la que se recopilan datos sobre los salarios que ganan los recién graduados universitarios, Li descubrió que su sueldo estaba en el percentil 78. ¿Li debe alegrarse o molestarse por este resultado? Explique.

29. En un estudio en el que se recopilan datos sobre costos de reparación por daños sufridos por automóviles en un determinado tipo de pruebas de choque, un determinado modelo de automóvil sufrió daños por valor de 1.700 dólares y se situó en el percentil 90. ¿El fabricante y el consumidor deben estar satisfechos o molestos por este resultado? Explique y escriba una oración con la interpretación del percentil 90 en el contexto de este problema.

30. La Universidad de California (UC) tiene dos criterios que se utilizan para establecer las normas de admisión de los estudiantes de primer año de educación superior en el sistema UC:

a. Los GPA de los estudiantes y las calificaciones de los exámenes estandarizados (SAT y ACT) se introducen en una fórmula que calcula una calificación de "índice de admisión". La calificación del índice de admisión se utiliza para establecer normas de elegibilidad destinadas a cumplir la meta de admitir el 12 % de los mejores estudiantes de escuela secundaria del estado. En este contexto, ¿qué percentil representa el 12 % superior?
b. Los estudiantes cuyos GPA se sitúan en o sobre el percentil 96 de todos los estudiantes de su escuela secundaria son elegibles (denominados elegibles en el contexto local), aunque no se encuentren en el 12 % superior de todos los estudiantes del estado. ¿Qué porcentaje de estudiantes de cada escuela secundaria son "elegibles en el contexto local"?

31. Supongamos que va a comprar una casa. Usted y su agente inmobiliario han determinado que la casa más costosa que puede permitirse es la del percentil 34. El percentil 34 de los precios de la vivienda es de 240.000 dólares en la ciudad a la que quiere mudarse. En esta ciudad, ¿puede permitirse el 34 % de las casas o el 66 % de las casas?

Use la siguiente información para responder los próximos seis ejercicios. se preguntó a sesenta y cinco vendedores de automóviles seleccionados al azar el número de automóviles que suelen vender en una semana. Catorce personas respondieron que generalmente venden tres, diecinueve que venden cuatro, doce que venden cinco, nueve que venden seis y once que venden siete.

32. Primer cuartil = ______

33. Segundo cuartil = mediana = percentil 50 = ______

34. Tercer cuartil = ______

35. Rango intercuartil (IQR) = ____ – ____ = ____

36. percentil 10 = ______

37. percentil 70 = ______

2.4 Diagramas de caja

Use la siguiente información para responder los próximos dos ejercicios. se preguntó a sesenta y cinco vendedores de automóviles seleccionados al azar el número de automóviles que suelen vender en una semana. Catorce personas respondieron que generalmente venden tres, diecinueve que venden cuatro, doce que venden cinco, nueve que venden seis y once que venden siete.

38. Construya un diagrama de caja a continuación. Utilice una regla para medir con una escala exacta.

39. Al observar el diagrama de caja, ¿parece que los datos están concentrados juntos, repartidos uniformemente, o concentrados en algunas zonas, pero no en otras? ¿Cómo se puede saber?

2.5 Medidas del centro de los datos

40. Calcule la media de las siguientes tablas de frecuencia.

a.

Grado	Frecuencia
49,5-59,5	2
59,5-69,5	3
69,5-79,5	8
79,5-89,5	12
89,5-99,5	5

Tabla 2.54

b.

Temperatura mínima diaria	Frecuencia
49,5-59,5	53
59,5-69,5	32
69,5-79,5	15
79,5-89,5	1
89,5-99,5	0

Tabla 2.55

c.

Puntos por partido	Frecuencia
49,5-59,5	14
59,5-69,5	32
69,5-79,5	15
79,5-89,5	23
89,5-99,5	2

Tabla 2.56

Use la siguiente información para responder los próximos tres ejercicios: los siguientes datos muestran las esloras de barcos atracados en un puerto. Los datos están ordenados de menor a mayor: 16; 17; 19; 20; 20; 21; 23; 24; 25; 25; 25; 26; 26; 27; 27; 27; 28; 29; 30; 32; 33; 33; 34; 35; 37; 39; 40

41. Calcule la media.

42. Identifique la mediana.

43. Identifique la moda.

Use la siguiente información para responder los próximos tres ejercicios: se preguntó a sesenta y cinco vendedores de automóviles seleccionados al azar el número de automóviles que suelen vender en una semana. Catorce personas respondieron que generalmente venden tres, diecinueve que venden cuatro, doce que venden cinco, nueve que venden seis y once que venden siete. Calcule lo siguiente:

44. media muestral = $\overline{x}$ = ______

45. mediana = ______

46. moda = ______

2.6 Distorsión y media, mediana y moda

Use la siguiente información para responder los próximos tres ejercicios: Indique si los datos son simétricos, distorsionados a la izquierda o distorsionados a la derecha.

47. 1; 1; 1; 2; 2; 2; 2; 3; 3; 3; 3; 3; 3; 3; 3; 4; 4; 4; 5; 5

48. 16; 17; 19; 22; 22; 22; 22; 22; 23

49. 87; 87; 87; 87; 87; 88; 89; 89; 90; 91

50. Cuando los datos están distorsionados a la izquierda, ¿cuál es la relación típica entre la media y la mediana?

51. Cuando los datos son simétricos, ¿cuál es la relación típica entre la media y la mediana?

52. ¿Qué palabra describe una distribución que tiene dos modas?

53. Describa la forma de esta distribución.

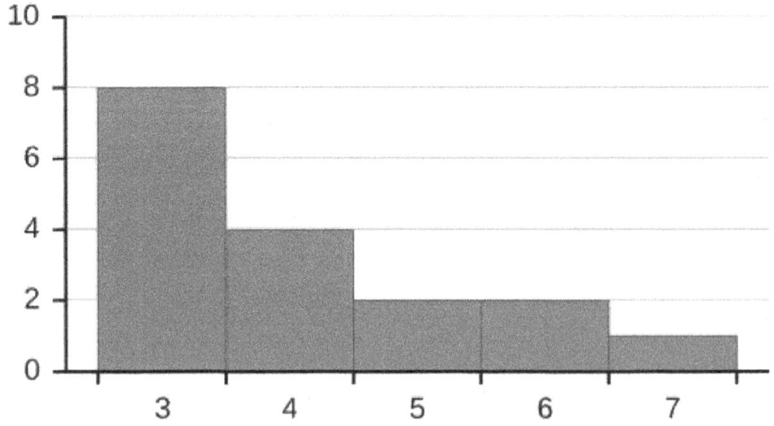

Figura 2.32

54. Describa la relación entre la moda y la mediana de esta distribución.

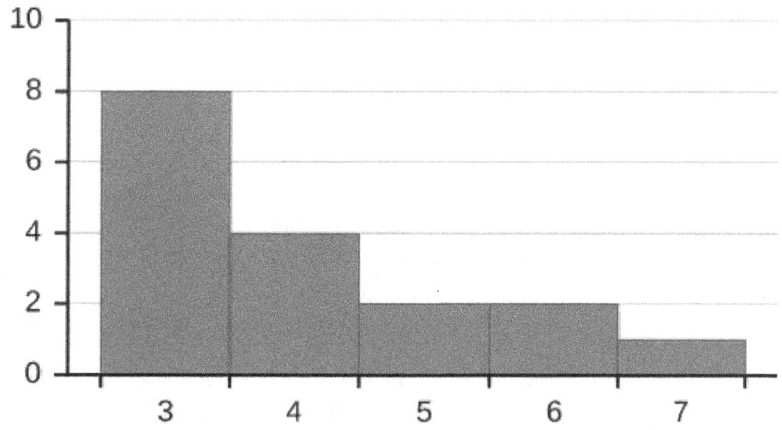

Figura 2.33

55. Describa la relación entre la media y la mediana de esta distribución.

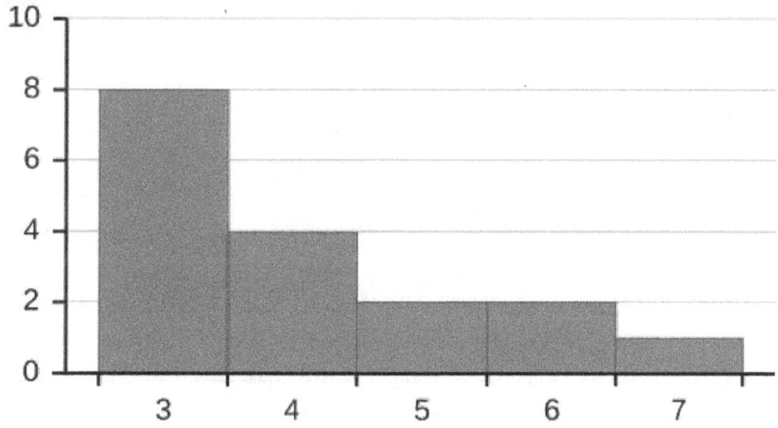

Figura 2.34

56. Describa la forma de esta distribución.

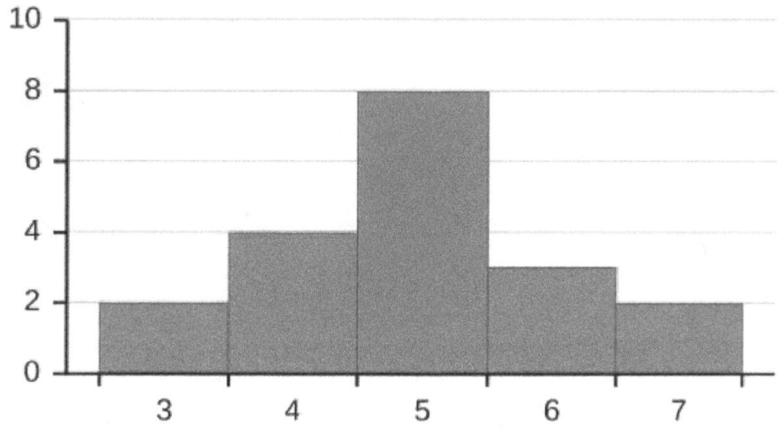

Figura 2.35

57. Describa la relación entre la moda y la mediana de esta distribución.

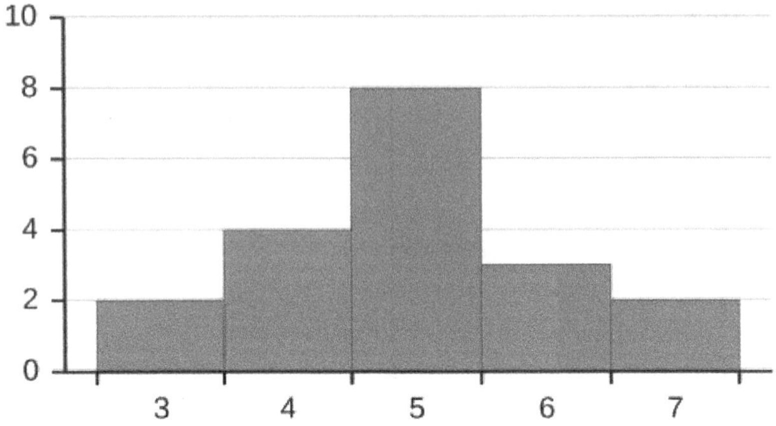

Figura 2.36

58. ¿La media y la mediana son exactamente iguales en esta distribución? ¿Por qué sí o por qué no?

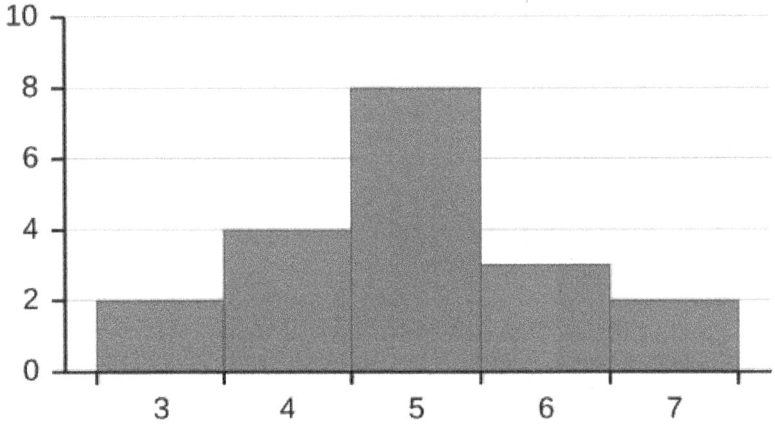

Figura 2.37

59. Describa la forma de esta distribución.

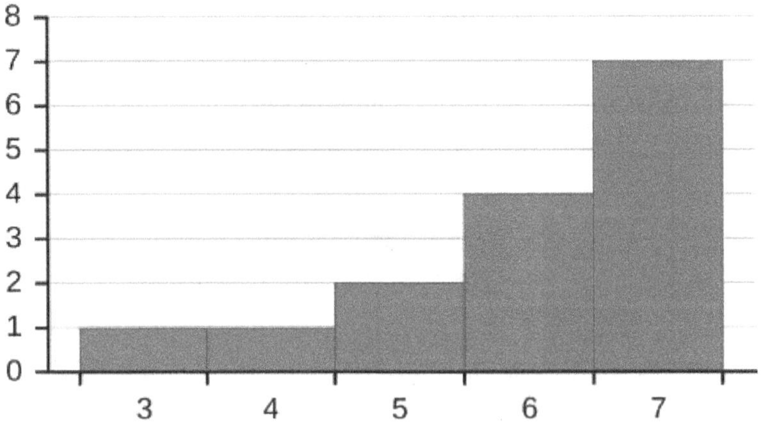

Figura 2.38

60. Describa la relación entre la moda y la mediana de esta distribución.

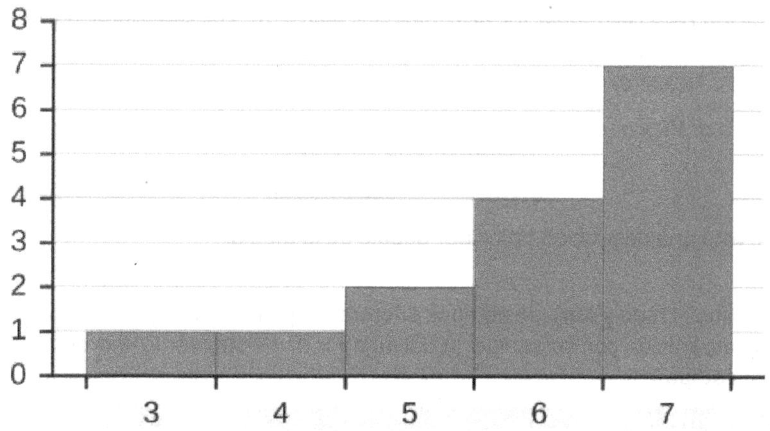

Figura 2.39

61. Describa la relación entre la media y la mediana de esta distribución.

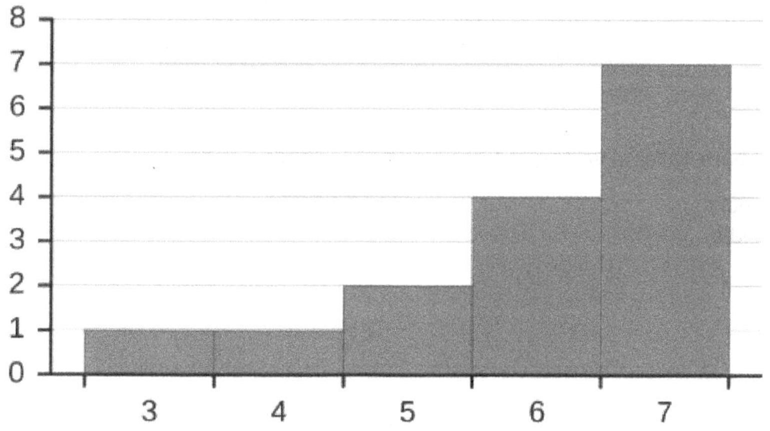

Figura 2.40

62. La media y la mediana de los datos son iguales.

3; 4; 5; 5; 6; 6; 6; 6; 7; 7; 7; 7; 7; 7; 7

¿Los datos son perfectamente simétricos? ¿Por qué sí o por qué no?

63. ¿Cuál es la mayor, la media, la moda o la mediana del conjunto de datos?

11; 11; 12; 12; 12; 12; 13; 15; 17; 22; 22; 22

64. ¿Cuál es menor, la media, la moda y la mediana del conjunto de datos?

56; 56; 56; 58; 59; 60; 62; 64; 64; 65; 67

65. De las tres medidas, ¿cuál tiende a reflejar más la distorsión: la media, la moda o la mediana? ¿Por qué?

66. En una distribución perfectamente simétrica, ¿cuándo la moda sería diferente de la media y la mediana?

Tarea para la casa

2.1 Gráficos de tallo y hoja (gráfico de tallo), gráficos de líneas y gráficos de barras

72. Las notas de los estudiantes en un examen de Química fueron: 77, 78, 76, 81, 86, 51, 79, 82, 84, 99

a. Construya un gráfico de tallo y hoja de los datos.
b. ¿Hay posibles valores atípicos? Si es así, ¿qué puntuaciones son? ¿Por qué los considera atípicos?

73. La Tabla 2.61 contiene las tasas de obesidad de 2010 en estados de EE. UU. y en Washington, DC.

Estado	Porcentaje (%)	Estado	Porcentaje (%)	Estado	Porcentaje (%)
Alabama	32,2	Kentucky	31,3	Dakota del Norte	27,2
Alaska	24,5	Luisiana	31,0	Ohio	29,2
Arizona	24,3	Maine	26,8	Oklahoma	30,4
Arkansas	30,1	Maryland	27,1	Oregón	26,8
California	24,0	Massachusetts	23,0	Pensilvania	28,6
Colorado	21,0	Michigan	30,9	Rhode Island	25,5
Connecticut	22,5	Minnesota	24,8	Carolina del Sur	31,5
Delaware	28,0	Misisipi	34,0	Dakota del Sur	27,3
Washington, DC	22,2	Misuri	30,5	Tennessee	30,8
Florida	26,6	Montana	23,0	Texas	31,0
Georgia	29,6	Nebraska	26,9	Utah	22,5
Hawái	22,7	Nevada	22,4	Vermont	23,2
Idaho	26,5	Nuevo Hampshire	25,0	Virginia	26,0
Illinois	28,2	Nueva Jersey	23,8	Washington	25,5
Indiana	29,6	Nuevo México	25,1	Virginia Occidental	32,5
Iowa	28,4	Nueva York	23,9	Wisconsin	26,3
Kansas	29,4	Carolina del Norte	27,8	Wyoming	25,1

Tabla 2.61

a. Utilice un generador de números aleatorios para elegir al azar ocho estados. Construya un gráfico de barras con las tasas de obesidad de esos ocho estados.
b. Construya un gráfico de barras para todos los estados que comienzan con la letra "A".
c. Construya un gráfico de barras para todos los estados que comienzan con la letra "M".

2.2 Histogramas, polígonos de frecuencia y gráficos de series temporales

74. Supongamos que tres editoriales se interesan por el número de libros de ficción de tapa blanda que compran los consumidores adultos al mes. Cada editorial realizó una encuesta. En la encuesta se les preguntó a los consumidores adultos el número de libros de ficción de tapa blanda que compraron el mes anterior. Los resultados son los siguientes:

N.° de libros	Frec.	Rel. Frec.
0	10	
1	12	
2	16	
3	12	
4	8	
5	6	
6	2	
8	2	

Tabla 2.62 **Editorial A**

N.° de libros	Frec.	Rel. Frec.
0	18	
1	24	
2	24	
3	22	
4	15	
5	10	
7	5	
9	1	

Tabla 2.63 **Editorial B**

N.° de libros	Frec.	Rel. Frec.
0–1	20	
2–3	35	
4–5	12	

Tabla 2.64 **Editorial C**

escalar el eje x a 50 dólares, escálelo a 100 dólares. Utilice la frecuencia relativa en el eje y.

f. Compare el gráfico de los solteros con el nuevo gráfico de las parejas:
   i. Enumere dos similitudes entre los gráficos.
   ii. En general, ¿los gráficos son más parecidos o más diferentes?
g. ¿Cómo ha cambiado la escala del gráfico de parejas en comparación con el gráfico de solteros?
h. Basándose en los gráficos, ¿cree que las personas gastan la misma cantidad, más o menos como solteros que como pareja? Explique por qué en una o dos oraciones completas.

76. Se les preguntó a veinticinco estudiantes seleccionados al azar el número de películas que habían visto la semana anterior. Los resultados son los siguientes.

N.° de películas	Frecuencia	Frecuencia relativa	Frecuencia relativa acumulada
0	5		
1	9		
2	6		
3	4		
4	1		

Tabla 2.67

a. Construya un histograma de los datos.
b. Rellene las columnas del cuadro.

Use la siguiente información para responder los dos próximos ejercicios: supongamos que se les pregunta a ciento once personas que compran en una tienda especial de camisetas el número de camisetas que tienen y que cuestan más de 19 dólares cada una.

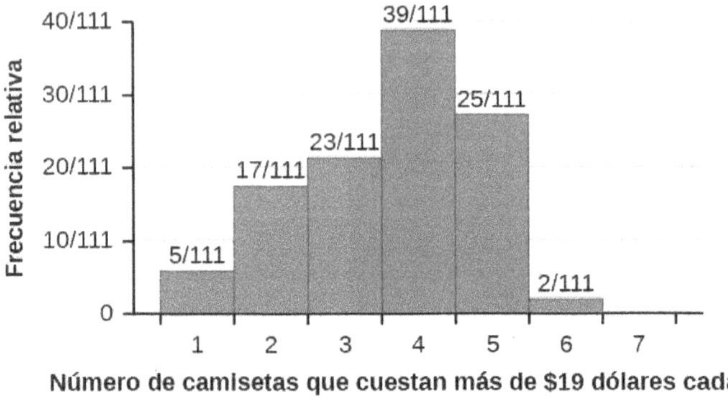

77. El porcentaje de personas que tienen como máximo tres camisetas que cuestan más de 19 dólares cada una es aproximadamente:

a. 21
b. 59
c. 41
d. No se puede determinar

78. Si los datos se recopilaron al preguntarles a las primeras 111 personas que entraron en la tienda, entonces el tipo de muestreo es:

a. conglomerado
b. simple aleatorio
c. estratificado
d. de conveniencia

79. A continuación se muestran las tasas de obesidad de 2010 por estados de EE. UU. y Washington, DC.

Estado	Porcentaje (%)	Estado	Porcentaje (%)	Estado	Porcentaje (%)
Alabama	32,2	Kentucky	31,3	Dakota del Norte	27,2
Alaska	24,5	Luisiana	31,0	Ohio	29,2
Arizona	24,3	Maine	26,8	Oklahoma	30,4
Arkansas	30,1	Maryland	27,1	Oregón	26,8
California	24,0	Massachusetts	23,0	Pensilvania	28,6
Colorado	21,0	Michigan	30,9	Rhode Island	25,5
Connecticut	22,5	Minnesota	24,8	Carolina del Sur	31,5
Delaware	28,0	Misisipi	34,0	Dakota del Sur	27,3
Washington, DC	22,2	Misuri	30,5	Tennessee	30,8
Florida	26,6	Montana	23,0	Texas	31,0
Georgia	29,6	Nebraska	26,9	Utah	22,5
Hawái	22,7	Nevada	22,4	Vermont	23,2
Idaho	26,5	Nuevo Hampshire	25,0	Virginia	26,0
Illinois	28,2	Nueva Jersey	23,8	Washington	25,5
Indiana	29,6	Nuevo México	25,1	Virginia Occidental	32,5
Iowa	28,4	Nueva York	23,9	Wisconsin	26,3
Kansas	29,4	Carolina del Norte	27,8	Wyoming	25,1

Tabla 2.68

Construya un gráfico de barras de las tasas de obesidad de su estado y de los cuatro estados más cercanos al suyo. Pista: Identifique el eje *x* con los estados.

2.3 Medidas de la ubicación de los datos

80. La edad media de las personas negras en Estados Unidos es actualmente de 30,9 años; la de las personas blancas es de 42,3 años.

a. Basándose en esta información, indique dos razones por las que la edad media de las personas negras podría ser inferior a la de las personas blancas.
b. ¿La menor edad media de las personas negras significa necesariamente que estas mueren más jóvenes que las personas blancas? ¿Por qué sí o por qué no?
c. ¿Cómo es posible que las personas negras y las blancas mueran aproximadamente a la misma edad, pero que la edad media de las personas blancas sea mayor?

81. A seiscientos estadounidenses adultos se les preguntó mediante un sondeo telefónico: "¿Qué cree usted que constituye un ingreso de clase media?". Los resultados están en la Tabla 2.69. Además, se incluye el extremo izquierdo, pero no el derecho.

Salario (dólares)	Frecuencia relativa
< 20.000	0,02
20.000-25.000	0,09
25.000-30.000	0,19
30.000-40.000	0,26
40.000-50.000	0,18
50.000-75.000	0,17
75.000-99.999	0,02
100.000 o más	0,01

Tabla 2.69

a. ¿Qué porcentaje de la encuesta respondió "no estoy seguro"?
b. ¿Qué porcentaje cree que la clase media es de 25.000 a 50.000 dólares?
c. Construya un histograma de los datos.
    i. ¿Según los datos, todas las barras deben tener el mismo ancho? ¿Por qué sí o por qué no?
    ii. ¿Cómo se deben tratar los intervalos <20.000 y más de 100.000? ¿Por qué?
d. Calcule el percentil 40 y el percentil 80
e. Construya un gráfico de barras de los datos

82. Dado el siguiente diagrama de caja:

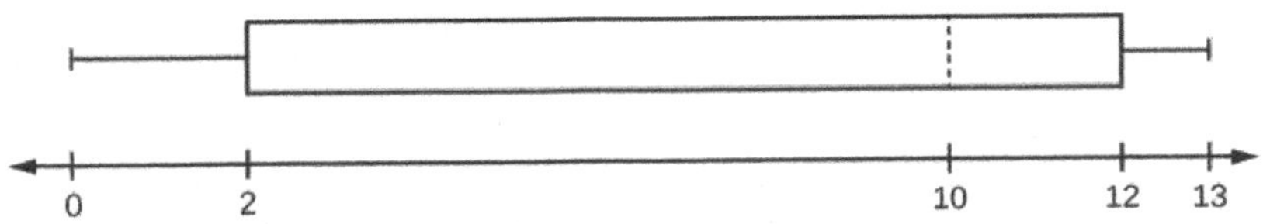

Figura 2.41

a. ¿cuál es el trimestre con menor dispersión de datos? ¿Cuál es esa dispersión?
b. ¿cuál es el trimestre con mayor dispersión de datos? ¿Cuál es esa dispersión?
c. calcule el rango intercuartil(IQR).
d. ¿hay más datos en el intervalo 5-10 o en el intervalo 10-13? ¿Cómo lo sabe?
e. ¿qué intervalo tiene menos datos? ¿Cómo lo sabe?
   i. 0–2
   ii. 2–4
   iii. 10–12
   iv. 12–13
   v. necesito más información

83. El siguiente diagrama de caja muestra la población de Estados Unidos en 1990, el último año disponible.

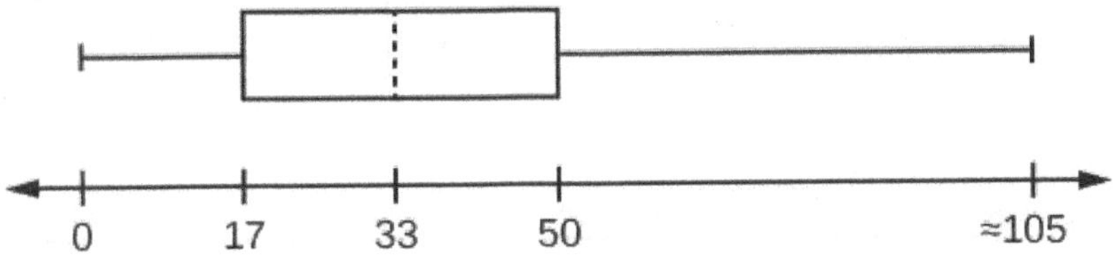

Figura 2.42

a. ¿Hay menos o más niños (de 17 años o menos) que personas mayores (de 65 años o más)? ¿Cómo lo sabe?
b. El 12,6 % tiene 65 años o más. Aproximadamente, ¿qué porcentaje de la población son adultos en edad de trabajar (desde los 17 hasta los 65 años)?

2.4 Diagramas de caja

84. En una encuesta realizada a personas de 20 años en China, Alemania y Estados Unidos, se les preguntó por el número de países extranjeros que habían visitado en su vida. Los siguientes diagramas de caja muestran los resultados.

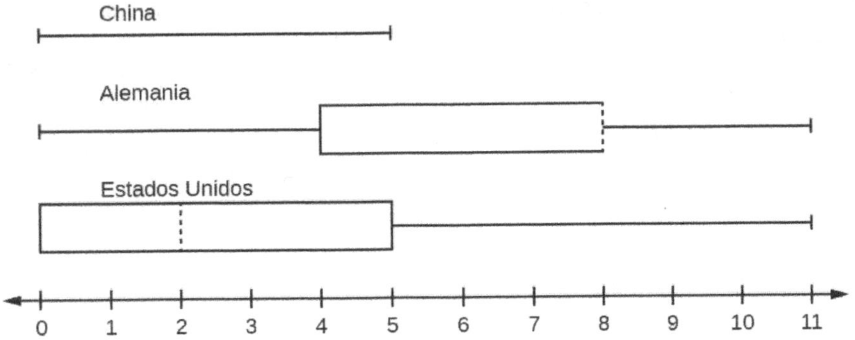

Figura 2.43

a. En oraciones completas, describa lo que la forma de cada diagrama de caja implica sobre la distribución de los datos recogidos.
b. ¿Más estadounidenses o más alemanes encuestados han estado en más de ocho países extranjeros?
c. Compare los tres diagramas de caja. ¿Qué implican los viajes al extranjero de los residentes de 20 años de los tres países cuando se comparan entre sí?

85. Dado el siguiente diagrama de caja, responda las preguntas.

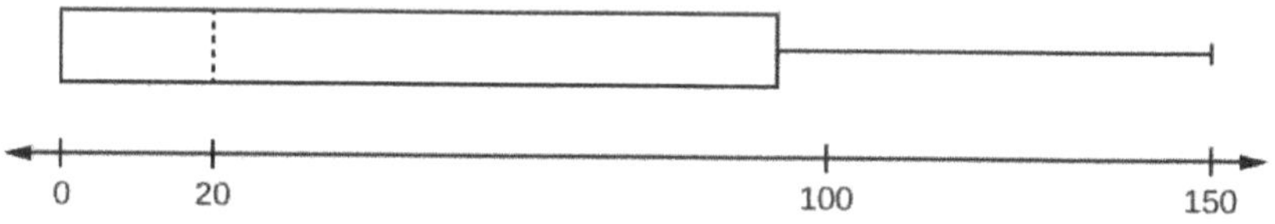

Figura 2.44

a. Piense en un ejemplo (con palabras) en el que los datos puedan ajustarse al diagrama de caja anterior. Escriba el ejemplo en unas 2 a 5 oraciones.
b. ¿Qué significa que el primer y el segundo cuartil estén tan juntos, mientras que el segundo y el tercer cuartil están bastante separados?

86. Dados los siguientes gráficos de caja, responda las preguntas.

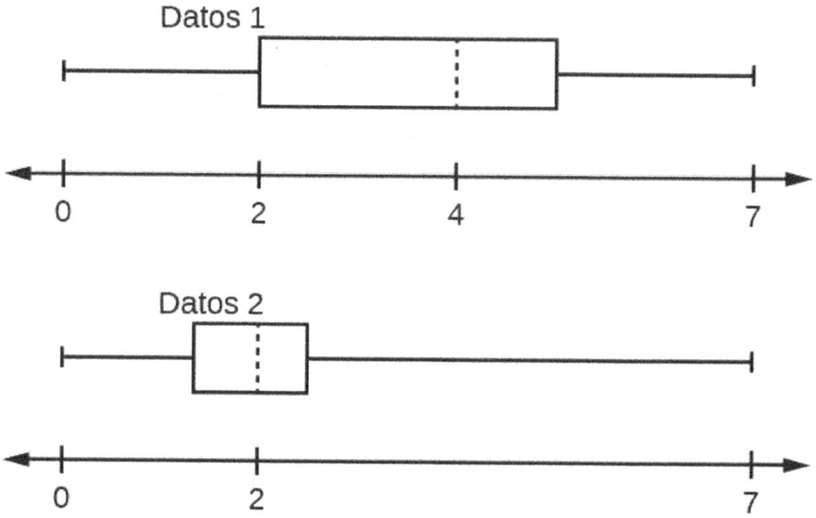

Figura 2.45

a. Explique en oraciones completas, por qué cada afirmación es falsa
   i. **Datos 1** tiene más valores de datos por encima de 2 que **Datos 2**.
   ii. Los conjuntos de datos no pueden tener el mismo modo.
   iii. En los **Datos 1**, hay más valores de datos por debajo de cuatro que por encima de cuatro.
b. ¿En qué grupo, Datos 1 o Datos 2, es más probable que el valor de "7" sea un valor atípico? Explique con oraciones completas.

87. Se realizó una encuesta a 130 compradores de automóviles nuevos de la serie 3 de BMW, 130 compradores de automóviles nuevos de la serie 5 de BMW y 130 compradores de automóviles nuevos de la serie 7 de BMW. En esta, se preguntaba a las personas, la edad que tenían cuando compraron su automóvil. Los siguientes diagramas de caja muestran los resultados.

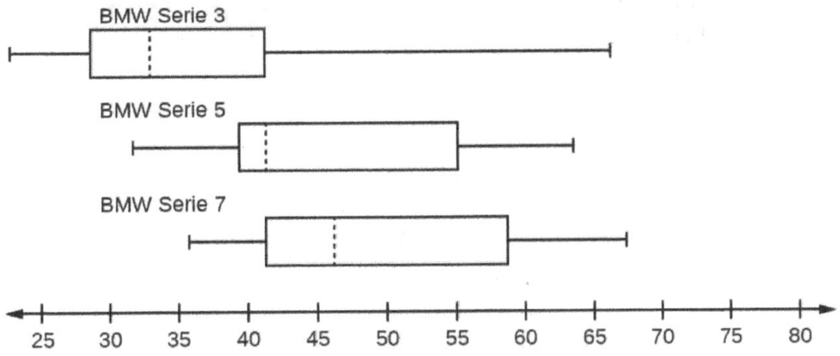

Figura 2.46

a. En oraciones completas, describa lo que la forma de cada diagrama de caja implica sobre la distribución de los datos recopilados para esa serie de automóviles.
b. ¿Qué grupo tiene más probabilidades de tener un valor atípico? Explique cómo lo determinó.
c. Compare los tres diagramas de caja. ¿Qué implican sobre la edad de compra de un BMW de la serie cuando se comparan entre sí?
d. Mire la serie 5 de BMW. ¿Qué trimestre tiene la menor dispersión de datos? ¿Cuál es la dispersión?
e. Mire la serie 5 de BMW. ¿Qué trimestre tiene la mayor dispersión de datos? ¿Cuál es la dispersión?
f. Mire la serie 5 de BMW. Estime el rango intercuartil (IQR).
g. Mire la serie 5 de BMW. ¿Hay más datos en el intervalo 31 a 38 o en el intervalo 45 a 55? ¿Cómo lo sabe?
h. Mire la serie 5 de BMW. ¿Qué intervalo tiene menos datos? ¿Cómo lo sabe?
   i. 31–35
   ii. 38–41
   iii. 41–64

88. Se les preguntó a veinticinco estudiantes seleccionados al azar el número de películas que habían visto la semana anterior. Los resultados son los siguientes:

N.º de películas	Frecuencia
0	5
1	9
2	6
3	4
4	1

Tabla 2.70

Construya un diagrama de caja de los datos.

2.5 Medidas del centro de los datos

89. Los países más obesos del mundo tienen tasas de obesidad que van del 11,4 % al 74,6 %. Estos datos se resumen en el siguiente cuadro.

Porcentaje de población obesa	Número de países
11,4-20,45	29
20,45-29,45	13
29,45-38,45	4
38,45-47,45	0
47,45-56,45	2
56,45-65,45	1
65,45-74,45	0
74,45-83,45	1

Tabla 2.71

a. ¿Cuál es la mejor estimación del porcentaje promedio de obesidad en estos países?
b. Estados Unidos tiene una tasa promedio de obesidad del 33,9 %. ¿Esta tasa está por encima o por debajo del promedio?
c. ¿Cómo se compara Estados Unidos con otros países?

90. La Tabla 2.72 da el porcentaje de niños menores de cinco años considerados con bajo peso. ¿Cuál es la mejor estimación del porcentaje medio de niños con bajo peso?

Porcentaje de niños con bajo peso	Número de países
16-21,45	23
21,45-26,9	4
26,9-32,35	9
32,35-37,8	7
37,8-43,25	6
43,25-48,7	1

Tabla 2.72

2.6 Distorsión y media, mediana y moda

91. La edad media de la población de EE. UU. en 1980 era de 30,0 años. En 1991, la edad media era de 33,1 años.

a. ¿Qué significa que la edad media aumente?
b. Dé dos razones por las que la edad media podría aumentar.
c. Para que la edad media aumente, ¿el número real de niños es menor en 1991 que en 1980? ¿Por qué sí o por qué no?

2.7 Medidas de la dispersión de los datos

Utilice la siguiente información para responder a los siguientes nueve ejercicios: Los parámetros de población que aparecen a continuación describen el número de estudiantes equivalentes a tiempo completo (full-time equivalent number of students, FTES) cada año en el Lake Tahoe Community College desde 1976-1977 hasta 2004-2005.

- μ = 1.000 FTES
- mediana = 1.014 FTES
- σ = 474 FTES
- primer cuartil = 528,5 FTES
- tercer cuartil = 1.447,5 FTES
- n = 29 años

92. Se toma una muestra de 11 años. ¿Cuántos se espera que tengan un FTES de 1.014 o más? Explique cómo ha determinado su respuesta.

93. El 75 % de todos los años tiene un FTES:

a. en o por debajo de: ____
b. en o por encima de: ____

94. La desviación típica de la población = ____

95. ¿Qué porcentaje de FTES fue de 528,5 a 1.447,5? ¿Cómo lo sabe?

96. ¿Cuál es el *rango intercuartil (InterQuartile Range, IQR)*? ¿Qué representa el *IQR*?

97. ¿A cuántas desviaciones típicas de la media está la mediana?

Información adicional: La población FTES para 2005-2006 hasta 2010-2011 se dio en un informe actualizado. Los datos se presentan aquí.

Año	2005-2006	2006–07	2007–08	2008–09	2009–10	2010–11
Total de FTES	1.585	1.690	1.735	1.935	2.021	1.890

Tabla 2.73

98. Calcule la media, la mediana, la desviación típica, el primer cuartil, el tercer cuartil y el *IQR*. Redondee a un decimal.

99. ¿Qué información adicional se necesita para construir un diagrama de cajas para los FTES de 2005-2006 a 2010-2011 y para los FTES de 1976-1977 a 2004-2005?

100. Compare el *IQR* de los FTES de 1976-1977 a 2004-2005 con el *IQR* de los FTES de 2005-2006 a 2010-2011. ¿Por qué cree que los *IQR* son tan diferentes?

101. Tres estudiantes solicitaban el ingreso en la misma escuela de posgrado. Venían de escuelas con sistemas de calificación diferentes. ¿Cuál estudiante tiene el mejor GPA en comparación con otros estudiantes de su escuela? Explique cómo ha determinado su respuesta.

Estudiante	GPA	GPA de la escuela	Desviación típica de la escuela
Thuy	2,7	3,2	0,8
Vichet	87	75	20
Kamala	8,6	8	0,4

Tabla 2.74

102. Una escuela de música presupuestó la compra de tres instrumentos musicales. Planean comprar un piano que cuesta 3.000 dólares, una guitarra que cuesta 550 dólares y una batería que cuesta 600 dólares. El costo medio de un piano es de 4.000 dólares, con una desviación típica de 2.500 dólares. El costo medio de una guitarra es de 500 dólares, con una desviación típica de 200 dólares. El costo medio de la batería es de 700 dólares, con una desviación típica de 100 dólares. ¿Cuál es el costo más bajo en comparación con otros instrumentos del mismo tipo? ¿Qué costo es el más elevado en comparación con otros instrumentos del mismo tipo? Justifique su respuesta.

103. Una clase de escuela primaria corrió una milla con una media de 11 minutos y una desviación típica de tres minutos. Rachel, una estudiante de la clase, corrió una milla en ocho minutos. Una clase de escuela secundaria júnior corrió una milla con una media de nueve minutos y una desviación típica de dos minutos. Kenji, un estudiante de la clase, corrió 1 milla en 8,5 minutos. Una clase de escuela secundaria corrió una milla con una media de siete minutos y una desviación típica de cuatro minutos. Nedda, una estudiante de la clase, corrió una milla en ocho minutos.

a. ¿Por qué se considera a Kenji mejor corredor que Nedda, a pesar de que esta corría más rápido que él?
b. ¿Quién es el corredor más rápido con respecto a su clase? Explique por qué.

104. Los países más obesos del mundo tienen tasas de obesidad que van del 11,4 % al 74,6 %. Estos datos se resumen en la tabla 14.

Porcentaje de población obesa	Número de países
11,4-20,45	29
20,45-29,45	13
29,45-38,45	4
38,45-47,45	0
47,45-56,45	2
56,45-65,45	1
65,45-74,45	0
74,45-83,45	1

Tabla 2.75

¿Cuál es la mejor estimación del porcentaje promedio de obesidad en estos países? ¿Cuál es la desviación típica de las tasas de obesidad indicadas? Estados Unidos tiene una tasa promedio de obesidad del 33,9 %. ¿Esta tasa está por encima o por debajo del promedio? ¿Cuán "inusual" es la tasa de obesidad de Estados Unidos en comparación con la tasa promedio? Explique.

105. La Tabla 2.76 da el porcentaje de niños menores de cinco años considerados con bajo peso.

Porcentaje de niños con bajo peso	Número de países
16-21,45	23
21,45-26,9	4
26,9-32,35	9
32,35-37,8	7
37,8-43,25	6
43,25-48,7	1

Tabla 2.76

¿Cuál es la mejor estimación del porcentaje medio de niños con bajo peso? ¿Cuál es la desviación típica? ¿Cuáles intervalos podrían considerarse inusuales? Explique.

Número de años	Frecuencia	Número de años	Frecuencia
			Total = 20

Tabla 2.79

108. ¿Cuál es el *rango intercuartil (InterQuartile Range, IQR)*?

a. 8
b. 11
c. 15
d. 35

109. ¿Cuál es la moda?

a. 19
b. 19,5
c. 14 y 20
d. 22,65

110. ¿Se trata de una muestra o de toda la población?

a. muestra
b. toda la población
c. ninguna

111. Se les preguntó a veinticinco estudiantes seleccionados al azar el número de películas que habían visto la semana anterior. Los resultados son los siguientes:

N.º de películas	Frecuencia
0	5
1	9
2	6
3	4
4	1

Tabla 2.80

a. Calcule la media muestral $\overline{x}$.
b. Calcule la desviación típica aproximada de la muestra, *s*.

112. Se preguntó a cuarenta estudiantes seleccionados al azar el número de pares de zapatillas que tenían. Supongamos que X = el número de pares de zapatillas que tienen. Los resultados son los siguientes:

X	Frecuencia
1	2
2	5
3	8
4	12
5	12
6	0
7	1

Tabla 2.81

a. Calcule la media muestral $\overline{x}$
b. Calcule la desviación típica de la muestra, s
c. Construya un histograma de los datos.
d. Rellene las columnas del cuadro.
e. Calcule el primer cuartil.
f. Calcule la mediana.
g. Calcule el tercer cuartil.
h. Construya un diagrama de caja de los datos.
i. ¿Qué porcentaje de estudiantes tenía al menos cinco pares?
j. Calcule el percentil 40.
k. Calcule el percentil 90.
l. Construya un gráfico de líneas de los datos
m. Construya un diagrama de tallo de los datos

113. A continuación se muestran los pesos publicados (en libras) de todos los miembros del equipo de los San Francisco 49ers de un año anterior.

177; 205; 210; 210; 232; 205; 185; 185; 178; 210; 206; 212; 184; 174; 185; 242; 188; 212; 215; 247; 241; 223; 220; 260; 245; 259; 278; 270; 280; 295; 275; 285; 290; 272; 273; 280; 285; 286; 200; 215; 185; 230; 250; 241; 190; 260; 250; 302; 265; 290; 276; 228; 265

a. Organice los datos de menor a mayor valor.
b. Calcule la mediana.
c. Calcule el primer cuartil.
d. Calcule el tercer cuartil.
e. Construya un diagrama de caja de los datos.
f. El 50 % de los pesos son de ______ a ______.
g. Si nuestra población fueran todos los jugadores de fútbol americano profesionales, ¿los datos anteriores serían una muestra de pesos o la población de pesos? ¿Por qué?
h. Si nuestra población incluyera a todos los miembros del equipo que alguna vez jugaron con los San Francisco 49ers, ¿los datos anteriores serían una muestra de pesos o la población de pesos? ¿Por qué?
i. Supongamos que la población fuera los 49ers de San Francisco. Calcule:
   i. la media de la población, μ.
   ii. la desviación típica de la población, σ.
   iii. el peso que está dos desviaciones típicas por debajo de la media.
   iv. Cuando Steve Young, mariscal de campo, jugaba fútbol americano pesaba 205 libras. ¿Cuántas desviaciones típicas por encima o por debajo de la media estaba?
j. Ese mismo año, el peso medio de los Dallas Cowboys era de 240,08 libras con una desviación típica de 44,38 libras. Emmit Smith pesó 209 libras. Con respecto a su equipo, ¿quién era más liviano, Smith o Young? ¿Cómo determinó su respuesta?

114. Cien maestros asistieron a un seminario sobre resolución de problemas matemáticos. Se midieron las actitudes de una muestra representativa de 12 de los maestros antes y después del seminario. Un número positivo para el cambio de actitud indica que la actitud del maestro hacia las Matemáticas se volvió más positiva. Las 12 calificaciones de los cambios son las siguientes:

3; 8; -1; 2; 0; 5; -3; 1; -1; 6; 5; -2

a. ¿Cuál es la puntuación media del cambio?
b. ¿Cuál es la desviación típica de esta población?
c. ¿Cuál es la calificación media de los cambios?
d. Calcule la calificación de cambio que está 2,2 desviaciones típicas por debajo de la media.

115. Consulte la Figura 2.50 y determine cuáles de las siguientes afirmaciones son verdaderas y cuáles son falsas. Explique su solución a cada parte con oraciones completas.

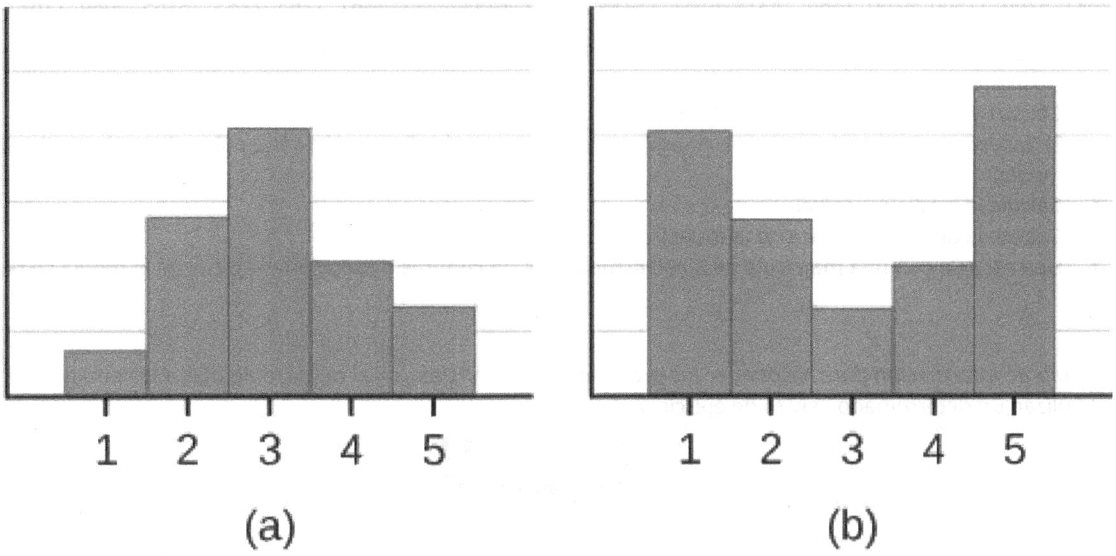

Figura 2.50

a. Las medianas de los tres gráficos son iguales.
b. No podemos determinar si alguna de las medias de los tres gráficos es diferente.
c. La desviación típica del gráfico b es mayor que la desviación típica del gráfico a.
d. No podemos determinar si alguno de los terceros cuartiles de los tres gráficos es diferente.

116. En un número reciente de la revista *IEEE Spectrum*, se anunciaron 84 conferencias de ingeniería. Cuatro conferencias duraron dos días. Treinta y seis duraron tres días. Dieciocho dudaron cuatro días. Diecinueve dudaron cinco días. Cuatro duraron seis días. Una duró siete días. Una duró ocho días. Una duró nueve días. Supongamos que X = la duración (en días) de una conferencia de ingeniería.

a. Organice los datos en un gráfico.
b. Calcule la mediana, el primer cuartil y el tercer cuartil.
c. Calcule el percentil 65.
d. Calcule el percentil 10.
e. Construya un diagrama de caja de los datos.
f. El 50 % del centro de las conferencias duran entre ______ y ______.
g. Calcule la media muestral de los días de conferencias de ingeniería.
h. Calcule la desviación típica de la muestra de los días de conferencias de ingeniería.
i. Calcule la moda.
j. Si estuviera planificando una conferencia de ingeniería, ¿qué elegiría como su duración: la media, la mediana o la moda? Explique por qué tomó esa decisión.
k. Dé dos razones por las que piense que la duración de las conferencias de ingeniería parece ser de tres a cinco días.

teachers/article/timeline-guide-us-presidents (consultado el 3 de abril de 2013).

"Presidents". Fact Monster. Pearson Education, 2007. Disponible en línea en http://www.factmonster.com/ipka/A0194030.html (consultado el 3 de abril de 2013).

"Food Security Statistics". Food and Agriculture Organization of the United Nations. Disponible en línea en http://www.fao.org/economic/ess/ess-fs/en/ (consultado el 3 de abril de 2013).

"Consumer Price Index". United States Department of Labor: Bureau of Labor Statistics. Disponible en línea en http://data.bls.gov/pdq/SurveyOutputServlet (consultado el 3 de abril de 2013).

"CO2 emissions (kt)". The World Bank, 2013. Disponible en línea en http://databank.worldbank.org/data/home.aspx (consultado el 3 de abril de 2013).

"Births Time Series Data". General Register Office For Scotland, 2013. Disponible en línea en http://www.gro-scotland.gov.uk/statistics/theme/vital-events/births/time-series.html (consultado el 3 de abril de 2013).

"Demographics: Children under the age of 5 years underweight". Indexmundi. Disponible en línea en http://www.indexmundi.com/g/r.aspx?t=50&v=2224&aml=en (consultado el 3 de abril de 2013).

Gunst, Richard, Robert Mason. *Regression Analysis and Its Application: A Data-Oriented Approach*. CRC Press: 1980.

"Overweight and Obesity: Adult Obesity Facts". Centers for Disease Control and Prevention. Disponible en línea en http://www.cdc.gov/obesity/data/adult.html (consultado el 13 de septiembre de 2013).

2.3 Medidas de la ubicación de los datos

Cauchon, Dennis, Paul Overberg. "Census data shows minorities now a majority of U.S. births". USA Today, 2012. Disponible en línea en http://usatoday30.usatoday.com/news/nation/story/2012-05-17/minority-birthscensus/55029100/1 (consultado el 3 de abril de 2013).

Datos del Departamento de Comercio de Estados Unidos: Oficina del Censo de Estados Unidos. Disponible en línea en http://www.census.gov/ (consultado el 3 de abril de 2013).

"1990 Census". United States Department of Commerce: Oficina del Censo de Estados Unidos. Disponible en línea en http://www.census.gov/main/www/cen1990.html (consultado el 3 de abril de 2013).

Datos de *The Mercury News* de San José.

Datos de la *Revista Time*; encuesta de Yankelovich Partners, Inc.

2.4 Diagramas de caja

Datos de la *Revista West*.

2.5 Medidas del centro de los datos

Datos del Banco Mundial, disponibles en línea en http://www.worldbank.org (consultado el 3 de abril de 2013).

"Demographics: Obesity – adult prevalence rate". Indexmundi. Disponible en línea en http://www.indexmundi.com/g/r.aspx?t=50&v=2228&l=en (consultado el 3 de abril de 2013).

2.7 Medidas de la dispersión de los datos

Datos de Microsoft Bookshelf.

King, Bill."Graphically Speaking". Institutional Research, Lake Tahoe Community College. Disponible en línea en http://www.ltcc.edu/web/about/institutional-research (consultado el 3 de abril de 2013).

Soluciones

1.

Tallo	Hoja
1	9 9 9
2	0 1 1 5 5 5 6 6 8 9
3	1 1 2 2 3 4 5 6 7 7 8 8 8 8
4	1 3 3

Tabla 2.84

3.

Tallo	Hoja
2	5 5 6 7 7 8
3	0 0 1 2 3 3 5 5 5 7 7 9
4	1 6 9
5	6 7 7
6	1

Tabla 2.85

5.

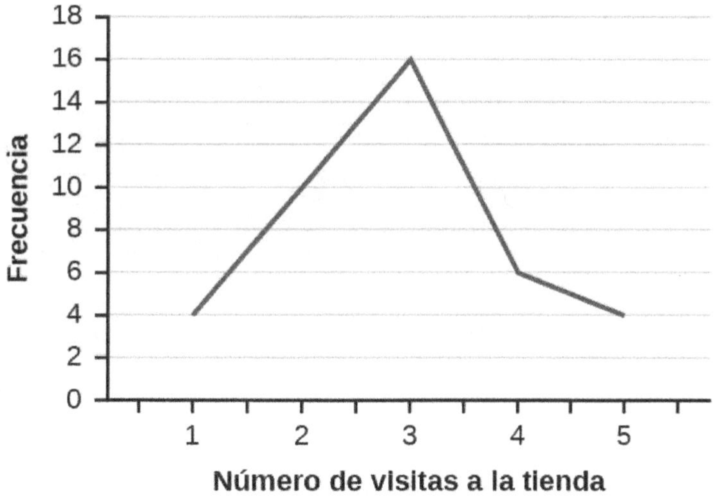

Figura 2.51

7.

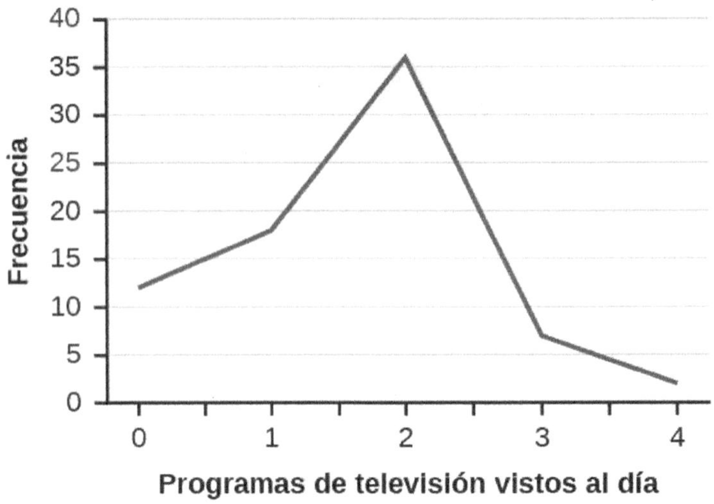

Figura 2.52

11. 65

13. La frecuencia relativa muestra la *proporción* de puntos de datos que tiene cada valor. La frecuencia indica el *número* de puntos de datos que tiene cada valor.

15. Las respuestas variarán. Se muestra un posible histograma:

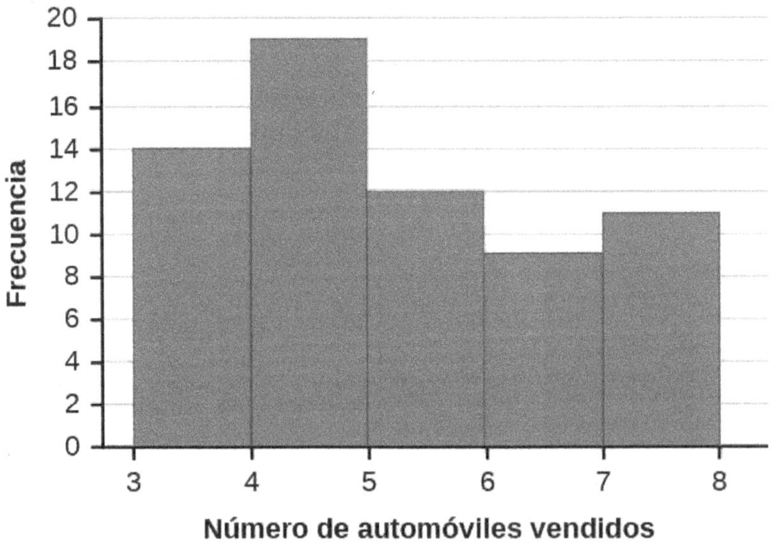

Figura 2.53

17. Calcule el punto medio de cada clase. Estos se graficarán en el eje *x*. Los valores de la frecuencia se graficarán en los valores del eje *y*.

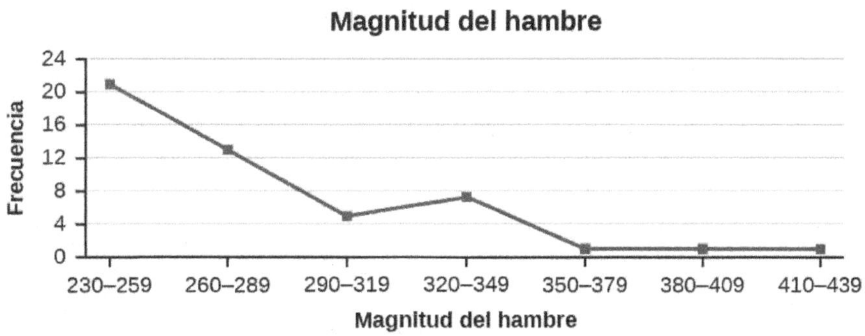

Figura 2.54

19.

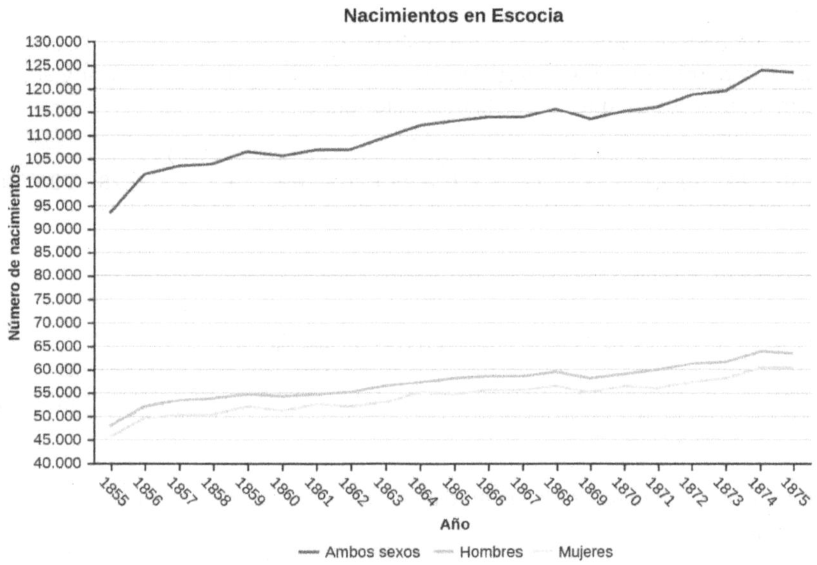

Figura 2.55

21. a. El percentil 40 es 37 años.
b. El percentil 78 es 70 años.

23. Jesse se graduó en el puesto 37 de una clase de 180 estudiantes. Hay 180 – 37 = 143 estudiantes clasificados por debajo de Jesse. Hay un rango de 37.

$x = 143$ y $y = 1$ $\frac{x+0{,}5y}{n}(100) = \frac{143+0{,}5(1)}{180}(100) = 79{,}72$. El puesto 37 de Jesse le sitúa en el percentil 80.

25. a. Para los corredores en una carrera es más deseable tener un percentil alto de velocidad. Un percentil alto significa una mayor velocidad, lo cual es más rápida.
b. El 40 % de los corredores corrió a velocidades de 7,5 millas por hora o menos (más lento). El 60 % de los corredores corrió a velocidades de 7,5 millas por hora o más (más rápido).

27. Cuando se espera en la fila del DMV, el percentil 85 sería un tiempo de espera largo en comparación con las demás personas que esperan. El 85 % de las personas tuvieron tiempos de espera más cortos que Mina. En este contexto, Mina preferiría un tiempo de espera correspondiente a un percentil inferior. El 85 % de las personas en el DMV esperaron 32 minutos o menos. El 15 % de las personas en el DMV esperaron 32 minutos o más.

29. El fabricante y el consumidor estarían molestos. Este es un gran costo de reparación de daños en comparación con los otros automóviles de la muestra. INTERPRETACIÓN: El 90 % de los automóviles sometidos a pruebas de choque tuvieron costos de reparación de daños de 1.700 dólares o menos; solo el 10 % tuvo costos de reparación de daños de 1.700 dólares o más.

31. Puede permitirse el 34 % de las casas. El 66 % de las casas son demasiado costosas para su presupuesto. INTERPRETACIÓN: El 34 % de las casas cuestan 240.000 dólares o menos. El 66 % de las casas cuestan 240.000 dólares o más.

33. 4

35. 6 – 4 = 2

37. 6

39. Más del 25 % de los vendedores venden cuatro automóviles en una semana normal. Puede ver esta concentración en el diagrama de caja porque el primer cuartil es igual a la mediana. El 25 % superior y el 25 % inferior están repartidos uniformemente; los bigotes tienen la misma longitud.

41. Media: 16 + 17 + 19 + 20 + 20 + 21 + 23 + 24 + 25 + 25 + 25 + 26 + 26 + 27 + 27 + 27 + 28 + 29 + 30 + 32 + 33 + 33 + 34 + 35 + 37 + 39 + 40 = 738;

$\frac{738}{27} = 27,33$

43. Las esloras más frecuentes son 25 y 27, que aparecen tres veces. Moda = 25, 27

45. 4

47. Los datos son simétricos. La mediana es 3 y la media es 2,85. Están cerca, y la moda se encuentra cerca del centro de los datos, por lo que los datos son simétricos.

49. Los datos están distorsionados a la derecha. La mediana es de 87,5 y la media de 88,2. Aunque están cerca, la moda se encuentra a la izquierda del centro de los datos, y hay muchos más casos de 87 que de cualquier otro número, por lo que los datos están distorsionados a la derecha.

51. Cuando los datos son simétricos, la media y la mediana están cerca o son iguales.

53. La distribución está distorsionada a la derecha porque luce desplazada hacia la derecha.

55. La media es de 4,1 y es ligeramente superior a la mediana, que es de cuatro.

57. La moda y la mediana son iguales. En este caso, las dos son cinco.

59. La distribución está distorsionada a la izquierda porque luce desplazada hacia la izquierda.

61. La media y la mediana son seis.

63. La moda es 12, la mediana es 12,5 y la media es 15,1. La media es la mayor.

65. La media tiende a reflejar más la distorsión porque es la más afectada por los valores atípicos.

67. $s = 34{,}5$

69. Para Fredo: $z = \frac{0{,}158 - 0{,}166}{0{,}012} = -0{,}67$

Para Karl: $z = \frac{0{,}177 - 0{,}189}{0{,}015} = -0{,}8$

La puntuación z de Fredo, de −0,67, es mayor que la puntuación z de Karl, de −0,8. Para el promedio de bateo, los valores más altos son mejores, por lo que Fredo tiene un mejor promedio de bateo en comparación con su equipo.

71. a. $s_x = \sqrt{\frac{\sum em^2}{n} - \overline{x}^2} = \sqrt{\frac{193157{,}45}{30} - 79{,}5^2} = 10{,}88$

b. $s_x = \sqrt{\frac{\sum em^2}{n} - \overline{x}^2} = \sqrt{\frac{380945{,}3}{101} - 60{,}94^2} = 7{,}62$

c. $s_x = \sqrt{\frac{\sum em^2}{n} - \overline{x}^2} = \sqrt{\frac{440051{,}5}{86} - 70{,}66^2} = 11{,}14$

73. a. Solución de ejemplo para utilizar el generador de números aleatorios de la calculadora TI-84+ para generar una muestra aleatoria simple de 8 estados. Las instrucciones son las siguientes.

Numere las entradas de la tabla 1-51 (incluye Washington, DC; numeradas verticalmente)
Pulse MATH
Flecha hacia PRB
Pulse 5:randInt(
Introduzca 51,1,8)

Se generan ocho números (utilice la tecla de flecha derecha para desplazarse por los números). Los números corresponden a los estados numerados (para este ejemplo: {47 21 9 23 51 13 25 4}. Si algún número se repite, genere un número diferente utilizando 5:randInt(51,1)). Aquí, los estados (y Washington, DC) son {Arkansas, Washington DC, Idaho, Maryland, Michigan, Misisipi, Virginia, Wyoming}.

Los porcentajes correspondientes son {30,1; 22,2; 26,5; 27,1; 30,9; 34,0; 26,0; 25,1}.

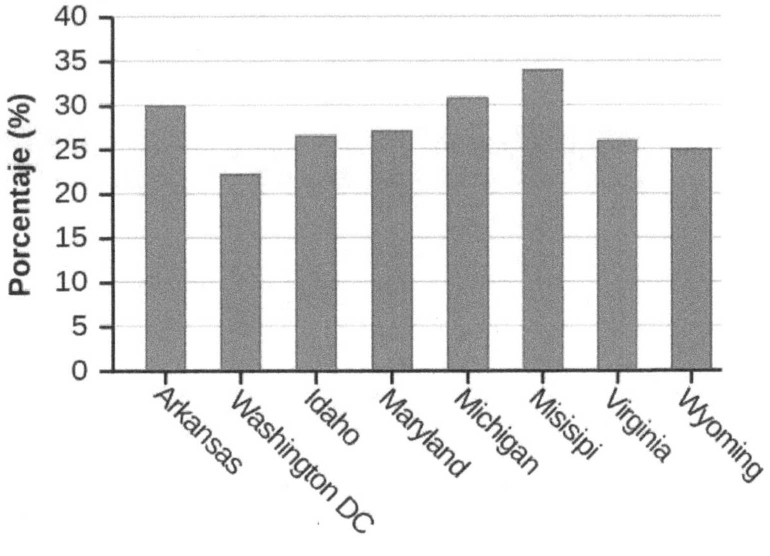

Figura 2.56

b.

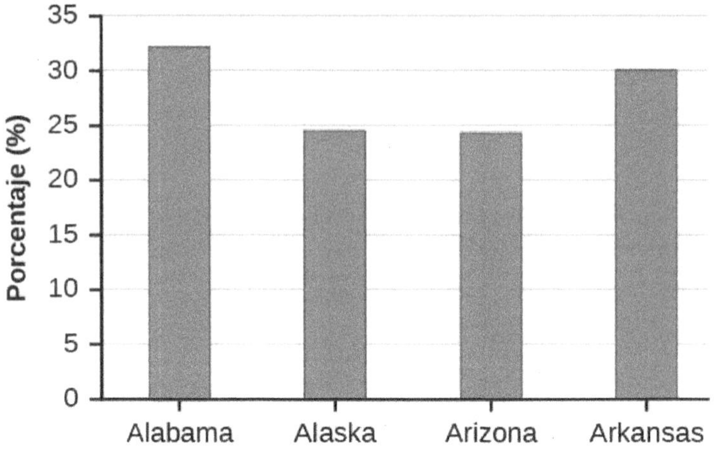

Figura 2.57

c.

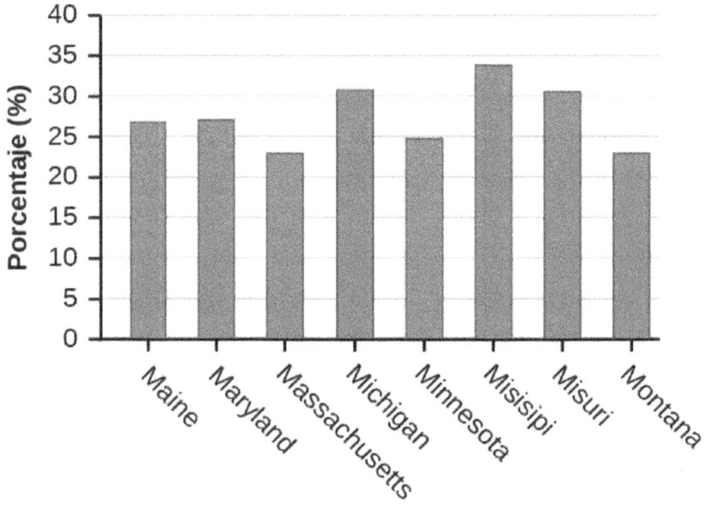

Figura 2.58

75.

Monto (en dólares)	Frecuencia	Frecuencia relativa
51-100	5	0,08
101-150	10	0,17
151-200	15	0,25
201-250	15	0,25
251-300	10	0,17
301-350	5	0,08

Tabla 2.86 Solteros

Monto (en dólares)	Frecuencia	Frecuencia relativa
100-150	5	0,07
201-250	5	0,07
251-300	5	0,07
301-350	5	0,07
351-400	10	0,14
401-450	10	0,14
451-500	10	0,14
501-550	10	0,14
551-600	5	0,07
601-650	5	0,07

Tabla 2.87 Parejas

a. Vea la Tabla 2.86 y la Tabla 2.87.
b. En el siguiente histograma los valores de los datos que caen en el límite de la derecha se cuentan en el intervalo de la clase, mientras que los valores que caen en el límite de la izquierda no se cuentan (con la excepción del primer intervalo en el que se incluyen ambos valores del límite).

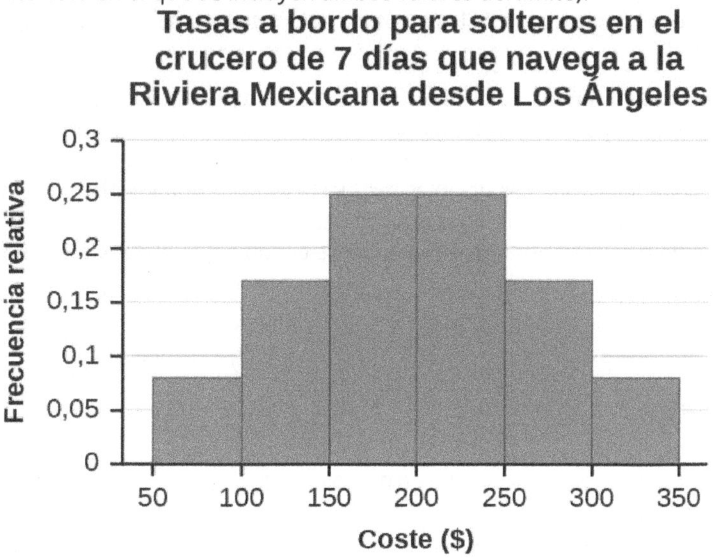

Figura 2.59

c. En el siguiente histograma los valores de los datos que caen en el límite de la derecha se cuentan en el intervalo de la clase, mientras que los valores que caen en el límite de la izquierda no se cuentan (con la excepción del primer intervalo en el que se incluyen los valores de ambos límites).

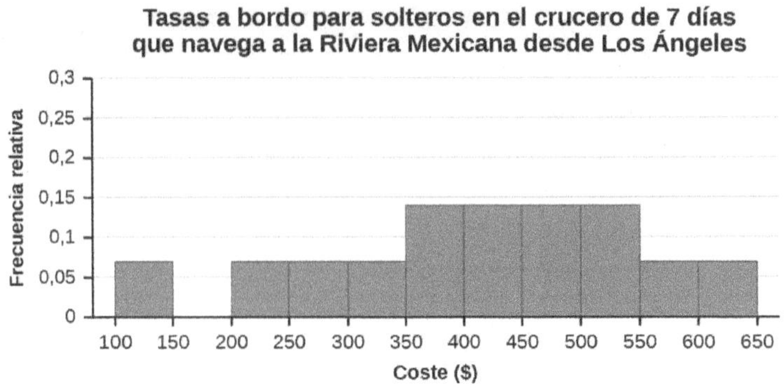

Figura 2.60

d. Compare los dos gráficos:
   i. Las respuestas pueden variar. Las posibles respuestas son:
   - Ambos gráficos tienen un solo pico.
   - Ambos gráficos utilizan intervalos de clase con un ancho igual a 50 dólares.

   ii. Las respuestas pueden variar. Las posibles respuestas son:
   - El gráfico de parejas tiene un intervalo de clase sin valores.
   - Se necesita casi el doble de intervalos de clase para mostrar los datos de las parejas.

   iii. Las respuestas pueden variar. Las posibles respuestas son: Los gráficos son más similares que diferentes porque los patrones generales de los gráficos son iguales.

e. Compruebe la solución del estudiante.

f. Compare el gráfico de los solteros con el nuevo gráfico de las parejas:
   i. Ambos gráficos tienen un solo pico.
   - Ambos gráficos muestran intervalos de 6 clases.
   - Ambos gráficos muestran el mismo patrón general.

   ii. Las respuestas pueden variar. Las posibles respuestas son: Aunque el ancho de los intervalos de clase de las parejas es el doble que la de los intervalos de clase de los solteros, los gráficos son más similares que diferentes.

g. Las respuestas pueden variar. Las posibles respuestas son: Puede comparar los gráficos intervalo por intervalo. Es más fácil comparar los patrones generales con la nueva escala del gráfico de las parejas. Como una pareja representa a dos personas, la nueva escala permite una comparación más precisa.

h. Las respuestas pueden variar. Las posibles respuestas son: Según los histogramas, parece que el gasto no varía mucho entre los solteros y las personas que forman parte de una pareja. Los patrones generales son iguales. El rango de gasto de las parejas es aproximadamente el doble que el de personas individuales.

77. c

79. Las respuestas variarán.

81. a. 1 – (0,02 + 0,09 + 0,19 + 0,26 + 0,18 + 0,17 + 0,02 + 0,01) = 0,06
b. 0,19 + 0, 26 + 0,18 = 0,63
c. Compruebe la solución del estudiante.
d. El percentil 40 se situará entre 30.000 y 40.000

   El percentil 80 estará entre 50.000 y 75.000

e. Compruebe la solución del estudiante.

83. a. más niños; el bigote de la izquierda muestra que el 25 % de la población son niños de 17 años o menos. El bigote de la derecha muestra que el 25 % de la población son adultos de 50 años o más, por lo que los adultos de 65 años o más representan menos del 25 %.
b. 62.4%

85. a. Las respuestas variarán. Posible respuesta La Universidad Estatal realizó una encuesta para comprobar el grado de implicación de sus estudiantes en el servicio a la comunidad. El diagrama de caja muestra el número de horas de servicio comunitario registradas por los participantes durante el último año.

b. Dado que el primer y el segundo cuartil están próximos, los datos de este trimestre son muy similares. No hay mucha variación en los valores. Los datos del tercer trimestre son mucho más variables, o dispersos. Esto está claro porque el segundo cuartil está muy lejos del tercer cuartil.

87. a. Cada diagrama de caja se extiende más en los valores mayores. Cada gráfico está distorsionado hacia la derecha, de modo que las edades del 50 % de los compradores que compran más son más variables que las del 50 % de los que compran menos.

b. La serie 3 de BMW es la que tiene más probabilidades de tener un valor atípico. Tiene el bigote más largo.

c. Comparando las edades medias, los más jóvenes tienden a comprar la serie 3 de BMW, mientras que los mayores tienden a comprar la serie 7 de BMW. Sin embargo, esto no es una regla, porque hay mucha variabilidad en cada conjunto de datos.

d. El segundo trimestre es el que presenta el menor diferencial. Parece que solo hay una diferencia de tres años entre el primer cuartil y la mediana.

e. El tercer trimestre es el que presenta la mayor dispersión. Parece que hay una diferencia de aproximadamente 14 años entre la mediana y el tercer cuartil.

f. *IQR* ~ 17 años

g. No hay suficiente información para decirlo. Cada intervalo se encuentra dentro de un trimestre, por lo que no podemos saber exactamente dónde se concentran los datos de ese trimestre.

h. El intervalo de 31 a 35 años es el que presenta menos valores de datos. El 25 % de los valores se encuentran en el intervalo de 38 a 41, y el 25 % entre 41 y 64. Dado que el 25 % de los valores están entre 31 y 38, sabemos que menos del 25 % están entre 31 y 35.

90. El porcentaje de la media, $\overline{x} = \frac{1.328,65}{50} = 26,75$

92. El valor de la mediana es el valor medio en la lista ordenada de valores de datos. El valor mediano de un conjunto de 11 será el 6.° número en orden. Seis años tendrán totales iguales o inferiores a la mediana.

94. 474 FTES

96. 919

98.
- media = 1.809,3
- mediana = 1.812,5
- desviación típica = 151,2
- primer cuartil = 1.690
- tercer cuartil = 1.935
- *IQR* = 245

100. Pista: Piense en el número de años que abarca cada periodo y en lo que ocurrió con la educación superior durante esos periodos.

102. En el caso de los pianos, el costo está 0,4 desviaciones típicas POR DEBAJO de la media. En el caso de las guitarras, el costo está 0,25 desviaciones típicas POR ENCIMA de la media. En el caso de la batería, el costo está 1,0 desviaciones típicas POR DEBAJO de la media. De los tres, la batería es el instrumento que menos cuesta en comparación con el costo de otros instrumentos del mismo tipo. La guitarra es la que más cuesta en comparación con el costo de otros instrumentos del mismo tipo.

104.
- $\overline{x} = 23,32$
- Utilizando la TI 83/84, obtenemos una desviación típica de: $s_x = 12,95$.
- La tasa de obesidad de Estados Unidos es un 10,58 % superior a la tasa promedio de obesidad.

- Dado que la desviación típica es 12,95, vemos que 23,32 + 12,95 = 36,27 es el porcentaje de obesidad que está a una desviación típica de la media. La tasa de obesidad de Estados Unidos es ligeramente inferior a una desviación típica de la media. Por lo tanto, podemos suponer que Estados Unidos, aunque tenga un 34 % de obesos, no tiene un porcentaje inusualmente alto de personas obesas.

106. a. Para el gráfico, compruebe la solución del estudiante.
b. El 49,7 % de la comunidad tiene menos de 35 años.
c. A partir de la información de la tabla, el gráfico (a) es el que mejor representa los datos.

108. a

110. b

111. a. 1,48
b. 1,12

113. a. 174; 177; 178; 184; 185; 185; 185; 185; 188; 190; 200; 205; 205; 206; 210; 210; 210; 212; 212; 215; 215; 220; 223; 228; 230; 232; 241; 241; 242; 245; 247; 250; 250; 259; 260; 260; 265; 265; 270; 272; 273; 275; 276; 278; 280; 280; 285; 285; 286; 290; 290; 295; 302
b. 241
c. 205,5
d. 272,5
e. 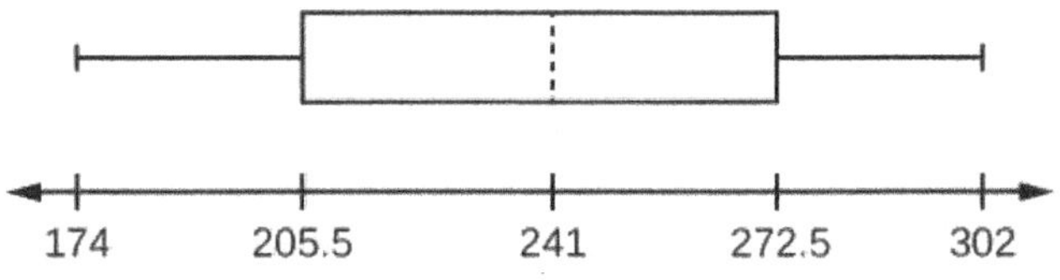

f. 205,5, 272,5
g. muestra
h. población
i. i. 236,34
ii. 37,50
iii. 161,34
iv. 0,84 de desviación típica por debajo de la media
j. Young

115. a. Verdadero
b. Verdadero
c. Verdadero
d. Falso

117. a.

Inscripción	Frecuencia
1.000-5.000	10
5.000-10.000	16
10.000-15.000	3
150.00-20.000	3
20.000-25.000	1
25.000-30.000	2

Tabla 2.88

b. Compruebe la solución del estudiante.
c. moda
d. 8628,74
e. 6943,88
f. -0,09

119. a

3 TEMAS DE PROBABILIDAD

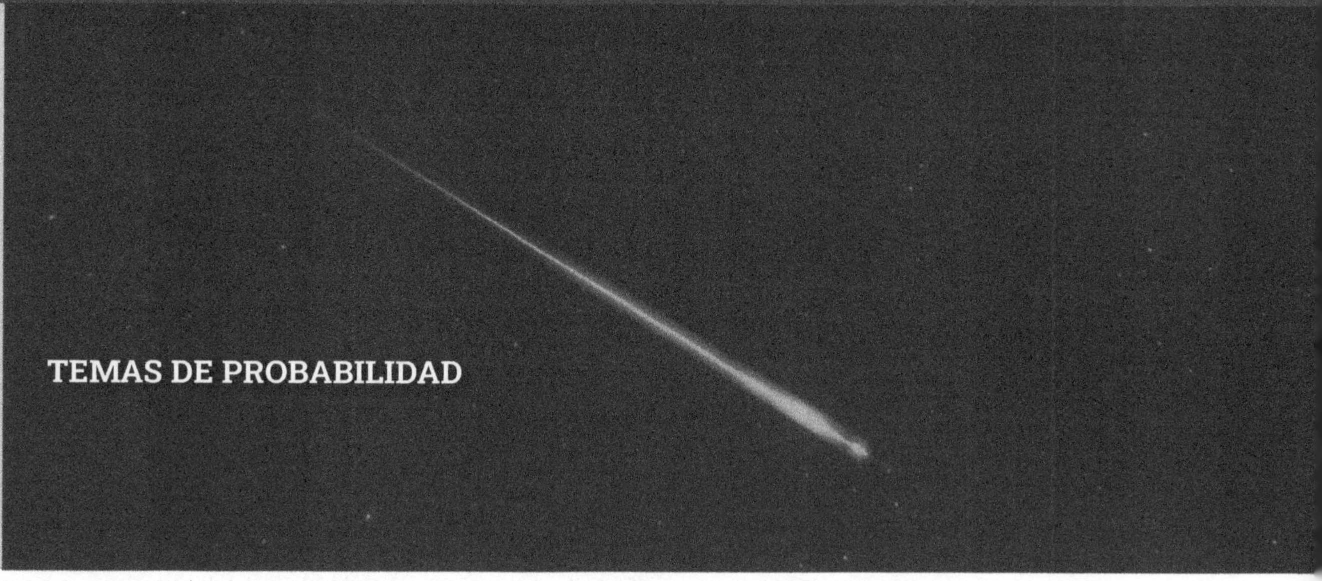

Figura 3.1 Las lluvias de meteoros son poco comunes, pero se puede calcular la probabilidad de que se produzcan (créditos: Navicore/flickr).

Objetivos del Capítulo

Al final de este capítulo el estudiante podrá:

- Comprender y utilizar la terminología de la probabilidad.
- Determinar si dos eventos son mutuamente excluyentes y si dos eventos son independientes.
- Calcular las probabilidades utilizando las reglas de adición y de multiplicación.
- Construir e interpretar tablas de contingencia.
- Construir e interpretar diagramas de Venn.
- Construir e interpretar diagramas de árbol.

Introducción

A menudo es necesario "estimar" el resultado de un evento para tomar una decisión. Los políticos estudian los sondeos para estimar sus posibilidades de ganar unas elecciones. Los maestros eligen un curso de estudio particular con base en lo que creen que los estudiantes pueden comprender. Los médicos eligen los tratamientos necesarios para las distintas enfermedades con base en su evaluación de los resultados probables. Es posible que haya visitado un casino en el que las personas participan en juegos elegidos por la creencia de que la probabilidad de ganar es buena. Es posible que haya elegido sus estudios según la probable disponibilidad de trabajo.

Es más que posible que haya utilizado la probabilidad. De hecho, posiblemente tenga un sentido intuitivo de la probabilidad. La probabilidad se refiere a la posibilidad de que se produzca un evento. Cada vez que sopesa las probabilidades de hacer o no la tarea para la casa o de estudiar para un examen está utilizando la probabilidad. En este capítulo aprenderá a resolver problemas de probabilidad mediante un enfoque sistemático.

EJERCICIO COLABORATIVO

Su instructor hará una encuesta en su clase. Cuente el número de estudiantes que hay hoy en la clase.

- Levante la mano quien tenga algunas monedas en el bolsillo o en el bolso. Anote el número de manos levantadas.
- Levante la mano quien haya viajado en autobús en el último mes. Anote el número de manos levantadas.
- Levante la mano quien haya respondido "sí" a AMBAS preguntas. Anote el número de manos levantadas.

Utilice los datos de la clase como estimaciones de las siguientes probabilidades. *P*(monedas) significa la probabilidad de que una persona elegida al azar en su clase tenga monedas en su bolsillo o bolso. *P*(autobús) significa la probabilidad de que una persona elegida al azar de su clase haya viajado en autobús en el último mes y así sucesivamente. Discuta sus respuestas.

- Calcule *P*(monedas).
- Calcule *P*(autobús).
- Calcule *P*(monedas Y autobús). Calcule la probabilidad de que un estudiante de su clase elegido al azar tenga monedas en su bolsillo o bolso y haya viajado en autobús durante el mes pasado.
- Calcule *P*(monedas | autobús). Calcule la probabilidad de que un estudiante elegido al azar tenga monedas dado que ha viajado en autobús durante el mes pasado. Cuente todos los estudiantes que han viajado en autobús. Del grupo de estudiantes que han viajado en autobús, cuente a los que tienen monedas. La probabilidad es igual a la de los que tienen monedas y han viajado en autobús dividida por la de los que han viajado en autobús.

3.1 Terminología

La probabilidad es una medida asociada a la certeza de los resultados de un determinado experimento o actividad. Un **experimento** es una operación planificada que se realiza en condiciones controladas. Si el resultado no está predeterminado, se dice que el experimento es **fortuito**. Lanzar una moneda imparcial dos veces es un ejemplo de experimento.

El producto de un experimento se llama **resultado**. El **espacio muestral** de un experimento es el conjunto de todos los resultados posibles. Tres formas de representar un espacio muestral son: hacer una lista de los posibles resultados, crear un diagrama de árbol o crear un diagrama de Venn. La letra *S* mayúscula se utiliza para denotar el espacio muestral. Por ejemplo, si se lanza una moneda imparcial, $S = \{H, T\}$ donde H = cara y T = cruz son los resultados.

Un **evento** es cualquier combinación de resultados. Las letras mayúsculas como *A* y *B* representan eventos. Por ejemplo, si el experimento consiste en lanzar una moneda imparcial, el evento *A* podría obtener como máximo una cara. La probabilidad de un evento *A* se escribe $P(A)$.

La **probabilidad** de cualquier resultado es la **frecuencia relativa a largo plazo** de ese resultado. Las **probabilidades están comprendidas entre el cero y el uno, ambos inclusive** (es decir, el cero y el uno y todos los números entre estos valores). $P(A) = 0$ significa que el evento *A* no puede ocurrir nunca. $P(A) = 1$ significa que el evento *A* siempre ocurre. $P(A) = 0{,}5$ significa que el evento *A* tiene la misma probabilidad de ocurrir que de no ocurrir. Por ejemplo, si se lanza una moneda imparcial repetidamente (de 20 a 2.000 a 20.000 veces) la frecuencia relativa de caras se acerca a 0,5 (la probabilidad de cara).

Igual de probable significa que cada resultado de un experimento ocurre con igual probabilidad. Por ejemplo, si se lanza un dado **imparcial** de seis lados, cada lado (1, 2, 3, 4, 5 o 6) tiene la misma probabilidad de caer que cualquier otro. Si se lanza una moneda imparcial, hay la misma probabilidad de que salga cara (*H*) que de que salga cruz (*T*). Si estima al azar la respuesta a una pregunta de verdadero-falso en un examen, tiene la misma probabilidad de seleccionar una respuesta correcta o una incorrecta.

Para calcular la probabilidad de un evento *A* cuando todos los resultados del espacio muestral son igualmente probables, cuente el número de resultados del evento *A* y divídalo entre el número total de resultados del espacio muestral. Por ejemplo, si se lanza una moneda imparcial de diez centavos y una moneda justa de cinco centavos, el espacio muestral es $\{HH, TH, HT, TT\}$ donde T = cruz y H = cara. El espacio muestral tiene cuatro resultados. A = obtener una cara. Hay dos resultados que cumplen esta condición $\{HT, TH\}$, por lo que $P(A) = \frac{2}{4} = 0{,}5$.

Supongamos que lanza un dado imparcial de seis lados, con los números {1, 2, 3, 4, 5, 6} en sus lados. Supongamos que el evento E = lanzar un número que sea al menos cinco. Hay dos resultados {5, 6}. $P(E) = \frac{2}{6}$. Si lanzara el dado solo unas pocas veces, no se sorprendería si los resultados observados no coinciden con la probabilidad. Si se lanzara el dado un gran número de veces, se esperaría eso, en general, $\frac{2}{6}$ de las lanzadas daría un resultado de "al menos cinco". No se puede esperar exactamente $\frac{2}{6}$. La frecuencia relativa a largo plazo de obtener este resultado se acerca a la probabilidad teórica de $\frac{2}{6}$ a medida que el número de repeticiones aumenta.

Esta importante característica de los experimentos probabilísticos se conoce como la **ley de los grandes números**, que establece que, a medida que aumenta el número de repeticiones de un experimento, la frecuencia relativa obtenida tiende a acercarse cada vez más a la probabilidad teórica. Aunque los resultados no se produzcan según un patrón u orden determinado, en general, la frecuencia relativa observada a largo plazo se acerca a la probabilidad teórica (a menudo se utiliza la palabra **empírica** en vez de la palabra observado).

Es importante darse cuenta de que, en muchas situaciones, los resultados no son igualmente probables. Una moneda o un dado pueden ser **desiguales** o **sesgados**. Dos profesores de Matemáticas de Europa hicieron que sus estudiantes de Estadística probaran la moneda belga de un euro y descubrieron que, en 250 ensayos, se obtenía una cara el 56 % de las veces y una cruz el 44 %. Los datos parecen mostrar que la moneda no es imparcial; más repeticiones serían útiles para obtener una conclusión más precisa sobre dicho sesgo. Algunos dados pueden estar sesgados. Observe los dados de un juego que tenga en casa; los puntos de cada lado suelen ser pequeños agujeros tallados y luego pintados para que sean visibles. Sus dados pueden o no estar sesgados; es posible que los resultados se vean afectados por las ligeras diferencias de peso debido al diferente número de agujeros en las caras. Los casinos ganan mucho dinero dependiendo de los resultados de los dados, por lo que los dados de los casinos se fabrican de forma diferente para eliminar el sesgo. Los dados de casino tienen lados planos; los agujeros se rellenan completamente con pintura de la misma densidad que el material del que están hechos los dados, de modo que cada cara tiene la misma probabilidad de ocurrir. Más adelante aprenderemos técnicas para trabajar con probabilidades para eventos que no son igualmente probables.

Evento "O":
Un resultado está en el evento *A* O *B* si el resultado está en *A* o está en *B* o está tanto en *A* como en *B*. Por ejemplo, supongamos que $A = \{1, 2, 3, 4, 5\}$ y $B = \{4, 5, 6, 7, 8\}$. *A* O $B = \{1, 2, 3, 4, 5, 6, 7, 8\}$. Observe que el 4 y el 5 NO aparecen dos veces en la lista.

Evento "Y":
Un resultado está en el evento *A* Y *B* si el resultado está en *A* y *B* al mismo tiempo. Por ejemplo, que *A* y *B* sean {1, 2, 3, 4, 5} y {4, 5, 6, 7, 8}, respectivamente. Entonces *A* Y $B = \{4, 5\}$.

El **complemento** del evento *A* se denomina *A'* (léase "*A* prima"). *A'* consiste en todos los resultados que **NO** están en *A*. Observe que $P(A) + P(A') = 1$. Por ejemplo, supongamos que $S = \{1, 2, 3, 4, 5, 6\}$ y que $A = \{1, 2, 3, 4\}$. Entonces, $A' = \{5, 6\}$. $P(A) = \frac{4}{6}$, $P(A') = \frac{2}{6}$ y $P(A) + P(A') = \frac{4}{6} + \frac{2}{6} = 1$

La **probabilidad condicional** de *A* dada *B* se escribe $P(A|B)$. $P(A|B)$ es la probabilidad de que ocurra el evento *A* dado que el evento *B* ya ha ocurrido. **Un condicional reduce el espacio muestral**. Calculamos la probabilidad de *A* a partir del espacio muestral reducido *B*. La fórmula para calcular $P(A|B)$ es $P(A|B) = \frac{P(A \text{ Y } B)}{P(B)}$ donde $P(B)$ es mayor que cero.

Por ejemplo, supongamos que lanzamos un dado imparcial de seis lados. El espacio muestral $S = \{1, 2, 3, 4, 5, 6\}$. Supongamos que *A* = el lado es 2 o 3 y *B* = el lado es par (2, 4, 6). Para calcular $P(A|B)$ contamos el número de resultados 2 o 3 en el espacio muestral $B = \{2, 4, 6\}$. Luego lo dividimos entre el número de resultados *B* (en vez de *S*).

Obtenemos el mismo resultado utilizando la fórmula. Recuerde que *S* tiene seis resultados.

$$P(A|B) = \frac{P(A \text{ Y } B)}{P(B)} = \frac{\frac{(\text{el número de resultados que son 2 o 3 o par en } S)}{6}}{\frac{(\text{el número de resultados que son pares en } S)}{6}} = \frac{\frac{1}{6}}{\frac{3}{6}} = \frac{1}{3}$$

Entender la terminología y los símbolos
Es importante leer detenidamente cada problema para reflexionar y comprender los eventos. Entender el enunciado es el primer paso muy importante para resolver problemas de probabilidad. Vuelva a leer el problema varias veces si es necesario. Identifique claramente el evento de interés. Determine si hay una condición establecida en el enunciado que indique que la probabilidad es condicional; identifique cuidadosamente la condición, si la hay.

EJEMPLO 3.1

El espacio muestral *S* son los números enteros a partir de uno y menores de 20.

a. *S* = ________________________
   Supongamos que el evento *A* = los números pares y el evento *B* = los números mayores de 13.

b. *A* = _________________, *B* = __________________
c. *P*(*A*) = __________, *P*(*B*) = ____________
d. *A* Y *B* = ________________, *A* O *B* = ____________
e. *P*(*A* Y *B*) = _______, *P*(*A* O *B*) = __________
f. *A'* = __________, *P*(*A'*) = __________

g. $P(A) + P(A') =$ __________
h. $P(A|B) =$ __________, $P(B|A) =$ __________; ¿las probabilidades son iguales?

Solución 1

a. $S = \{1, 2, 3, 4, 5, 6, 7, 8, 9, 10, 11, 12, 13, 14, 15, 16, 17, 18, 19\}$
b. $A = \{2, 4, 6, 8, 10, 12, 14, 16, 18\}$, $B = \{14, 15, 16, 17, 18, 19\}$
c. $P(A) = \frac{9}{19}$, $P(B) = \frac{6}{19}$
d. $A \text{ Y } B = \{14,16,18\}$, $A \text{ O } B = \{2, 4, 6, 8, 10, 12, 14, 15, 16, 17, 18, 19\}$
e. $P(A \text{ Y } B) = \frac{3}{19}$, $P(A \text{ O } B) = \frac{12}{19}$
f. $A' = 1, 3, 5, 7, 9, 11, 13, 15, 17, 19$; $P(A') = \frac{10}{19}$
g. $P(A) + P(A') = 1$ $(\frac{9}{19} + \frac{10}{19} = 1)$
h. $P(A|B) = \frac{P(A \text{Y} B)}{P(B)} = \frac{3}{6}$, $P(B|A) = \frac{P(A \text{Y} B)}{P(A)} = \frac{3}{9}$, No

---

INTÉNTELO 3.1

El espacio muestral S son todos los pares ordenados de dos números enteros, el primero de uno a tres y el segundo de uno a cuatro (ejemplo: (1, 4)).

a. $S =$ __________

Supongamos que el evento A = la suma es par y el evento B = el primer número es primo.

b. $A =$ __________, $B =$ __________
c. $P(A) =$ __________, $P(B) =$ __________
d. $A \text{ Y } B =$ __________, $A \text{ O } B =$ __________
e. $P(A \text{ Y } B) =$ __________, $P(A \text{ O } B) =$ __________
f. $B' =$ __________, $P(B') =$ __________
g. $P(A) + P(A') =$ __________
h. $P(A|B) =$ __________, $P(B|A) =$ __________; ¿las probabilidades son iguales?

EJEMPLO 3.2

Se lanza un dado imparcial de seis lados. Describa el espacio muestral S, identifique cada uno de los siguientes eventos con un subconjunto de S y calcule su probabilidad (un resultado es el número de puntos que aparecen).

a. Evento T = el resultado es dos.
b. Evento A = el resultado es un número par.
c. Evento B = el resultado es inferior a cuatro.
d. El complemento de A.
e. A DADO B
f. B DADO A
g. A Y B
h. A O B
i. A O B'
j. Evento N = el resultado es un número primo.
k. Evento I = el resultado es siete.

Solución 1

a. $T = \{2\}$, $P(T) = \frac{1}{6}$
b. $A = \{2, 4, 6\}$, $P(A) = \frac{1}{2}$
c. $B = \{1, 2, 3\}$, $P(B) = \frac{1}{2}$
d. $A' = \{1, 3, 5\}$, $P(A') = \frac{1}{2}$

e. $A|B = \{2\}$, $P(A|B) = \frac{1}{3}$
f. $B|A = \{2\}$, $P(B|A) = \frac{1}{3}$
g. $A \text{ Y } B = \{2\}$, $P(A \text{ Y } B) = \frac{1}{6}$
h. $A \text{ O } B = \{1, 2, 3, 4, 6\}$, $P(A \text{ O } B) = \frac{5}{6}$
i. $A \text{ O } B' = \{2, 4, 5, 6\}$, $P(A \text{ O } B') = \frac{2}{3}$
j. $N = \{2, 3, 5\}$, $P(N) = \frac{1}{2}$
k. Un dado de seis lados no tiene siete puntos. $P(7) = 0$.

EJEMPLO 3.3

La Tabla 3.1 describe la distribución de una muestra aleatoria S de 100 personas, organizada por sexo y por si son diestras o zurdas.

	Diestro	Zurdo
Hombres	43	9
Mujeres	44	4

Tabla 3.1

Denotamos los eventos M = el sujeto es hombre, F = el sujeto es mujer, R = el sujeto es diestro, L = el sujeto es zurdo. Calcule las siguientes probabilidades:

a. $P(M)$
b. $P(F)$
c. $P(R)$
d. $P(L)$
e. $P(M \text{ Y } R)$
f. $P(F \text{ Y } L)$
g. $P(M \text{ O } F)$
h. $P(M \text{ O } R)$
i. $P(F \text{ O } L)$
j. $P(M')$
k. $P(R|M)$
l. $P(F|L)$
m. $P(L|F)$

Solución 1

a. $P(M) = 0{,}52$
b. $P(F) = 0{,}48$
c. $P(R) = 0{,}87$
d. $P(L) = 0{,}13$
e. $P(M \text{ Y } R) = 0{,}43$
f. $P(F \text{ Y } L) = 0{,}04$
g. $P(M \text{ O } F) = 1$
h. $P(M \text{ O } R) = 0{,}96$
i. $P(F \text{ O } L) = 0{,}57$
j. $P(M') = 0{,}48$
k. $P(R|M) = 0{,}8269$ (redondeado a cuatro decimales)
l. $P(F|L) = 0{,}3077$ (redondeado a cuatro decimales)
m. $P(L|F) = 0{,}0833$

3.2 Eventos mutuamente excluyentes e independientes

Independiente y mutuamente excluyente **no** significan lo mismo.

Eventos independientes

Dos eventos son independientes si lo siguiente es cierto:

- $P(A|B) = P(A)$
- $P(B|A) = P(B)$
- $P(A \text{ Y } B) = P(A)P(B)$

Dos eventos *A* y *B* son **independientes** si el conocimiento de que uno ha ocurrido no afecta la posibilidad de que ocurra el otro. Por ejemplo, los resultados de lanzar dos veces un dado imparcial son eventos independientes. El resultado de la primera lanzada no cambia la probabilidad del resultado de la segunda. Para demostrar que dos eventos son independientes, debe mostrar **solo una** de las condiciones anteriores. Si dos eventos NO son independientes, decimos que son **dependientes.**

El muestreo se puede hacer **con reemplazo** o **sin reemplazo.**

- **Con reemplazo**: si cada miembro de una población es reemplazado después de ser elegido, entonces ese miembro tiene la posibilidad de ser elegido más de una vez. Cuando el muestreo se hace con reemplazo, los eventos se consideran independientes, lo que significa que el resultado de la primera elección no cambiará las probabilidades de la segunda.
- **Sin reemplazo**: cuando el muestreo se hace sin reemplazo, cada miembro de una población solo lo pueden seleccionar una vez. En este caso, las probabilidades de la segunda elección se ven afectadas por el resultado de la primera. Los eventos se consideran dependientes o no independientes.

Si no se sabe si *A* y *B* son independientes o dependientes, **suponga que son dependientes hasta que pueda demostrar lo contrario.**

EJEMPLO 3.4

Tiene un mazo de cartas imparcial y bien mezclado de 52 cartas. Consta de cuatro palos. Los palos son tréboles, diamantes, corazones y picas. Hay 13 cartas en cada palo que consisten en 1, 2, 3, 4, 5, 6, 7, 8, 9, 10, *J* (sota), *Q* (reina), *K* (rey) de ese palo.

a. Muestreo con reemplazo:
Supongamos que elige tres cartas con reemplazo. La primera carta que elige de las 52 cartas es la *Q* de picas. Vuelve a poner esta carta, baraja las cartas y saca una segunda carta del mazo de 52. Es el diez de tréboles. Vuelve a poner esta carta, baraja las cartas y saca una tercera carta del mazo de 52. Esta vez, la carta es la *Q* de picas de nuevo. Sus elecciones son {*Q* de picas, diez de tréboles, *Q* de picas}. Ha sacado la *Q* de picas dos veces. Saca cada carta del mazo de 52 cartas.

b. Muestreo sin reemplazo:
Supongamos que elige tres cartas sin reemplazo. La primera carta que saca de las 52 cartas es la *K* de corazones. Pone esta carta a un lado y saca la segunda carta de las 51 que quedan en el mazo. Es el tres de diamantes. Pone esta carta a un lado y saca la tercera carta de las 50 restantes del mazo. La tercera carta es la *J* de picas. Sus elecciones son {*K* de corazones, tres de diamantes, *J* de picas}. Como ha escogido las cartas sin reemplazo, no puede escoger la misma carta dos veces.

INTÉNTELO 3.4

Tiene un mazo de cartas imparcial y bien mezclado de 52 cartas. Consta de cuatro palos. Los palos son tréboles, diamantes, corazones y picas. Hay 13 cartas en cada palo que consisten en 1, 2, 3, 4, 5, 6, 7, 8, 9, 10, *J* (sota), *Q* (reina), *K* (rey) de ese palo. Se sacan tres cartas al azar.

a. Suponga que sabe que las cartas elegidas son *Q* de picas, *K* de corazones y *Q* de picas. ¿Puede decidir si el muestreo fue con o sin reemplazo?
b. Suponga que sabe que las cartas elegidas son *Q* de picas, *K* de corazones y *J* de picas. ¿Puede decidir si el

muestreo fue con o sin reemplazo?

EJEMPLO 3.5

Tiene un mazo de cartas imparcial y bien mezclado de 52 cartas. Consta de cuatro palos. Los palos son tréboles, diamantes, corazones y picas. Hay 13 cartas en cada palo que consisten en 1, 2, 3, 4, 5, 6, 7, 8, 9, 10, *J* (sota), *Q* (reina) y *K* (rey) de ese palo. *P* = picas, *C* = corazones, *D* = diamantes *T* = tréboles.

a. Supongamos que saca cuatro cartas, pero no vuelve a poner ninguna en el mazo. Sus cartas son *QP*, 1*D*, 1*T*, *QD*.
b. Supongamos que toma cuatro cartas y devuelve cada una de ellas antes de tomar la siguiente. Sus cartas son *KC*, 7*D*, 6*D*, *KC*.

¿Cuál de a. o b. se muestreó con reemplazo y cuál se muestreó sin reemplazo?

Solución 1

a. Sin reemplazo; b. Con reemplazo

INTÉNTELO 3.5

Tiene un mazo de cartas imparcial y bien mezclado de 52 cartas. Consta de cuatro palos. Los palos son tréboles, diamantes, corazones y picas. Hay 13 cartas en cada palo que consisten en 1, 2, 3, 4, 5, 6, 7, 8, 9, 10, *J* (sota), *Q* (reina) y *K* (rey) de ese palo. *P* = picas, *C* = corazones, *D* = diamantes *T* = tréboles. Supongamos que se muestrean cuatro cartas sin reemplazo. ¿Cuál de los siguientes resultados es posible? Responda la misma pregunta para el muestreo con reemplazo.

a. *QP*, 1*D*, 1*T*, *QD*
b. *KC*, 7*D*, 6*D*, *KC*
c. *QP*, 7*D*, 6*D*, *KP*

Eventos mutuamente excluyentes

A y *B* son eventos **mutuamente excluyentes** si no pueden ocurrir al mismo tiempo. Esto significa que *A* y *B* no comparten ningún resultado y $P(A \text{ Y } B) = 0$.

Por ejemplo, supongamos que el espacio muestral $S = \{1, 2, 3, 4, 5, 6, 7, 8, 9, 10\}$. Supongamos que $A = \{1, 2, 3, 4, 5\}$, $B = \{4, 5, 6, 7, 8\}$, y $C = \{7, 9\}$. $A \text{ Y } B = \{4, 5\}$. $P(A \text{ Y } B) = \frac{2}{10}$ y no es igual a cero. Por lo tanto, *A* y *B* no son mutuamente excluyentes. *A* y *C* no tienen ningún número en común por lo que $P(A \text{ Y } C) = 0$. Por lo tanto, *A* y *C* son mutuamente excluyentes.

Si no se sabe si *A* y *B* son mutuamente excluyentes, **suponga que no lo son hasta que pueda demostrar lo contrario**. Los siguientes ejemplos ilustran estas definiciones y términos.

EJEMPLO 3.6

Lance dos monedas imparciales (esto es un experimento).

El espacio muestral es {*HH*, *HT*, *TH*, *TT*} donde *T* = cruces (tails) y *H* = caras (heads). Los resultados son *HH*, *HT*, *TH* y *TT*. Los resultados HT y TH son diferentes. La *HT* significa que la primera moneda salió cara y la segunda salió cruz. La *TH* significa que la primera moneda salió cruz y la segunda salió cara.

- Supongamos que *A* = el evento de obtener **como máximo una cruz** (como máximo una cruz significa cero o una cruz). Entonces *A* se puede escribir como {*HH*, *HT*, *TH*}. El resultado *HH* muestra cero cruces. *HT* y *TH* muestran una cruz cada uno.
- Supongamos que *B* = el evento de obtener siempre cruces. *B* se puede escribir como {*TT*}. *B* es el **complemento** de *A*, por lo que $B = A'$. Además, $P(A) + P(B) = P(A) + P(A') = 1$.
- Las probabilidades para *A* y para *B* son $P(A) = \frac{3}{4}$ y $P(B) = \frac{1}{4}$.

- Supongamos que C = el evento de obtener siempre caras. $C = \{HH\}$. Como $B = \{TT\}$, $P(B \text{ Y } C) = 0$. B y C son mutuamente excluyentes. (B y C no tienen miembros en común porque no se pueden tener siempre cruces y siempre caras al mismo tiempo).
- Supongamos que D = evento de obtener **más de una** cruz. $D = \{TT\}$. $P(D) = \frac{1}{4}$
- Supongamos que E = evento de obtener una cara en la primera lanzada (esto implica que puede obtener una cara o una cruz en la segunda lanzada). $E = \{HT, HH\}$. $P(E) = \frac{2}{4}$
- Calcule la probabilidad de obtener **al menos una** (una o dos) cruces en dos lanzadas. Supongamos que F = evento de obtener al menos una cruz en dos lanzadas. $F = \{HT, TH, TT\}$. $P(F) = \frac{3}{4}$

INTÉNTELO 3.6

Saque dos cartas de un mazo estándar de 52 cartas con reemplazo. Calcule la probabilidad de obtener una carta negra como mínimo.

EJEMPLO 3.7

Lance dos monedas imparciales Calcule las probabilidades de los eventos.

a. Supongamos que F = el evento de obtener como máximo una cruz (cero o una cruz).
b. Supongamos que G = el evento de obtener dos caras iguales.
c. Supongamos que H = el evento de obtener una cara en el primer lanzamiento seguido de una cara o una cruz en el segundo lanzamiento.
d. ¿F y G son mutuamente excluyentes?
e. Supongamos que J = el evento de obtener siempre cruces. ¿J y H son mutuamente excluyentes?

Solución 1

Observe el espacio muestral en el Ejemplo 3.6.

a. Cero (0) o una (1) cruz se producen cuando aparecen los resultados HH, TH, HT. $P(F) = \frac{3}{4}$
b. Dos lados son iguales si aparece HH o TT. $P(G) = \frac{2}{4}$
c. Una cara en la primera lanzada seguida de una cara o cruz en la segunda lanzada ocurre cuando aparece HH o HT. $P(H) = \frac{2}{4}$
d. F y G comparten HH por lo que $P(F \text{ Y } G)$ no es igual a cero (0). F y G no son mutuamente excluyentes.
e. Obtener siempre cruces se produce cuando aparecen cruces en ambas monedas (TT). Los resultados de H son HH y HT.

J y H no tienen nada en común por lo que $P(J \text{ Y } H) = 0$. J y H son mutuamente excluyentes.

INTÉNTELO 3.7

Una caja tiene dos pelotas, una blanca y otra roja. Seleccionamos una pelota, la devolvemos a la caja y seleccionamos una segunda pelota (muestreo con reemplazo). Calcule la probabilidad de los siguientes eventos:

a. Supongamos que F = el evento de obtener la pelota blanca dos veces.
b. Supongamos que G = el evento de obtener dos pelotas de colores diferentes.
c. Supongamos que H = el evento de obtener blanco en la primera elección.
d. ¿F y G son mutuamente excluyentes?
e. ¿G y H son mutuamente excluyentes?

EJEMPLO 3.8

Lance un dado imparcial de seis caras. El espacio muestral es {1, 2, 3, 4, 5, 6}. Supongamos que el evento *A* = una cara es impar. Entonces *A* = {1, 3, 5}. Supongamos que el evento *B* = una cara es par. Entonces *B* = {2, 4, 6}.

- Calcule el complemento de *A*, *A′*. El complemento de *A*, *A′*, es *B* porque *A* y *B* juntos constituyen el espacio muestral. $P(A) + P(B) = P(A) + P(A') = 1$. Además, $P(A) = \frac{3}{6}$ y $P(B) = \frac{3}{6}$.
- Supongamos que el evento *C* = caras impares mayores que dos. Entonces *C* = {3, 5}. Supongamos que el evento *D* = todas las caras pares menores que cinco. Entonces *D* = {2, 4}. $P(C \text{ Y } D) = 0$ porque no se puede tener una cara par e impar al mismo tiempo. Por lo tanto, *C* y *D* son eventos mutuamente excluyentes.
- Supongamos que el evento *E* = todas las caras menores de cinco. *E* = {1, 2, 3, 4}.

¿*C* y *E* son eventos mutuamente excluyentes? (Responda sí o no). ¿Por qué sí o por qué no?

Solución 1

No. *C* = {3, 5} y *E* = {1, 2, 3, 4}. $P(C \text{ Y } E) = \frac{1}{6}$. Para que sean mutuamente excluyentes, $P(C \text{ Y } E)$ debe ser cero.

- Calcule $P(C|A)$. Se trata de una probabilidad condicional. Recordemos que el evento *C* es {3, 5} y el evento *A* es {1, 3, 5}. Para hallar $P(C|A)$, calcule la probabilidad de *C* utilizando el espacio muestral *A*. Ha reducido el espacio muestral del espacio muestral original {1, 2, 3, 4, 5, 6} a {1, 3, 5}. Por tanto, $P(C|A) = \frac{2}{3}$.

INTÉNTELO 3.8

Supongamos que el evento *A* = aprender español. Supongamos que el evento *B* = aprender alemán. Entonces *A* Y *B* = aprender español y alemán. Supongamos que $P(A) = 0{,}4$ y $P(B) = 0{,}2$. $P(A \text{ Y } B) = 0{,}08$. ¿Los eventos *A* y *B* son independientes? Pista: Debe demostrar UNO de los siguientes aspectos:

- $P(A|B) = P(A)$
- $P(B|A) = P(B)$
- $P(A \text{ Y } B) = P(A)P(B)$

EJEMPLO 3.9

Supongamos que el evento *G* = tomar una clase de Matemáticas. Supongamos que el evento *H* = tomar una clase de Ciencias. Entonces, *G* Y *H* = tomar una clase de Matemáticas y otra de Ciencias. Supongamos que $P(G) = 0{,}6$, $P(H) = 0{,}5$, y $P(G \text{ Y } H) = 0{,}3$. ¿Son *G* y *H* independientes?

Si *G* y *H* son independientes, entonces debe demostrar **UNA** de las siguientes cosas:

- $P(G|H) = P(G)$
- $P(H|G) = P(H)$
- $P(G \text{ Y } H) = P(G)P(H)$

NOTA

La elección que haga depende de la información que tenga. Puede elegir cualquiera de los métodos aquí porque tiene la información necesaria.

a. Demuestre que $P(G|H) = P(G)$.

Solución 1

$$P(G|H) = \frac{P(G \text{ Y } H)}{P(H)} = \frac{00{,}3}{00{,}5} = 0{,}6 = P(G)$$

b. Demuestre que $P(G \text{ Y } H) = P(G)P(H)$.

Solución 2

$P(G)P(H) = (0,6)(0,5) = 0,3 = P(G \text{ Y } H)$

Dado que G y H son independientes, saber que una persona está tomando una clase de Ciencias no cambia la posibilidad de que esté tomando una clase de Matemáticas. Si los dos eventos no fueran independientes (es decir, son dependientes), entonces saber que una persona está tomando una clase de Ciencias cambiaría la probabilidad de que esté tomando la clase de Matemáticas. Para practicar, demuestre que $P(H|G) = P(H)$ para demostrar que G y H son eventos independientes.

INTÉNTELO 3.9

En una bolsa hay seis canicas rojas y cuatro verdes. Las canicas rojas están marcadas con los números 1, 2, 3, 4, 5 y 6. Las canicas verdes están marcadas con los números 1, 2, 3 y 4.

- R = una canica roja (red)
- G = una canica verde (green)
- O = una canica impar (odd)
- El espacio muestral es $S = \{R1, R2, R3, R4, R5, R6, G1, G2, G3, G4\}$.

S tiene diez resultados. ¿Qué es $P(G \text{ Y } O)$?

EJEMPLO 3.10

Supongamos que el evento C = tomar una clase de Inglés. Supongamos que el evento D = tomar una clase de oratoria.

Supongamos que $P(C) = 0,75$, $P(D) = 0,3$, $P(C|D) = 0,75$ y $P(C \text{ AND } D) = 0,225$.

Justifique numéricamente sus respuestas a las siguientes preguntas.

a. ¿C y D son independientes?
b. ¿C y D son mutuamente excluyentes?
c. ¿Qué es $P(D|C)$?

Solución 1

a. Sí, porque $P(C|D) = P(C)$.
b. No, porque $P(C \text{ Y } D)$ no es igual a cero.
c. $P(D|C) = \frac{P(C \text{ Y } D)}{P(C)} = \frac{00{,}225}{0{,}75} = 0{,}3$

INTÉNTELO 3.10

Un estudiante va a la biblioteca. Supongamos que los eventos B = el estudiante pide prestado un libro y D = el estudiante pide prestado un DVD. Supongamos que $P(B) = 0,40$, $P(D) = 0,30$ y $P(B \text{ Y } D) = 0,20$.

a. Calcule $P(B|D)$.
b. Calcule $P(D|B)$.
c. ¿B y D son independientes?
d. ¿B y D son mutuamente excluyentes?

EJEMPLO 3.11

En una caja hay tres tarjetas rojas y cinco azules. Las cartas rojas están marcadas con los números 1, 2 y 3, y las azules con los números 1, 2, 3, 4 y 5. Las cartas están bien barajadas. Usted mete la mano en la caja (no puede ver dentro de ella) y saca una carta.

Supongamos que R = se saca la tarjeta roja (red), B = se saca la tarjeta azul (blue), E = se saca la tarjeta par (even).

El espacio muestral S = $R1$, $R2$, $R3$, $B1$, $B2$, $B3$, $B4$, $B5$. S tiene ocho resultados.

- $P(R) = \frac{3}{8}$. $P(B) = \frac{5}{8}$. $P(R \text{ Y } B) = 0$. (No puede sacar una tarjeta que sea roja y azul a la vez).
- $P(E) = \frac{3}{8}$. (Hay tres cartas con números pares, $R2$, $B2$ y $B4$).
- $P(E|B) = \frac{2}{5}$. (Hay cinco tarjetas azules: $B1$, $B2$, $B3$, $B4$ y $B5$. De las tarjetas azules, hay dos tarjetas pares; $B2$ y $B4$).
- $P(B|E) = \frac{2}{3}$. (Hay tres tarjetas con números pares: $R2$, $B2$ y $B4$. De las tarjetas pares, dos son azules; $B2$ y $B4$).
- Los eventos R y B son mutuamente excluyentes porque $P(R \text{ Y } B) = 0$.
- Supongamos que G = tarjeta con un número mayor que 3. $G = \{B4, B5\}$. $P(G) = \frac{2}{8}$. Supongamos que H = tarjeta azul numerada entre el uno y el cuatro, ambos inclusive. $H = \{B1, B2, B3, B4\}$. $P(G|H) = \frac{1}{4}$. (La única carta de H que tiene un número mayor que tres es $B4$). Dado que $\frac{2}{8} = \frac{1}{4}$, $P(G) = P(G|H)$, lo que significa que G y H son independientes.

INTÉNTELO 3.11

En un estadio de baloncesto,

- El 70 % de los aficionados apoyan al equipo local.
- El 25 % de los aficionados están vestidos de color azul.
- El 20 % de los aficionados están vestidos de color azul y animan al equipo visitante.
- El 67 % de los aficionados que apoyan al equipo visitante están vestidos de color azul.

Supongamos que A es el evento en el que un aficionado apoya al equipo visitante.
Supongamos que B es el evento en el que un aficionado esté vestido de color azul.
¿Los eventos de animar al equipo visitante y vestir de color azul son eventos independientes? ¿Son mutuamente excluyentes?

EJEMPLO 3.12

En una clase en el instituto universitario, el 60 % de los estudiantes son mujeres. El cincuenta por ciento de los estudiantes de la clase tienen el cabello largo. El cuarenta y cinco por ciento de los estudiantes son mujeres y tienen el cabello largo. De las estudiantes, el 75 % tiene el cabello largo. Supongamos que F es el evento en el que un estudiante es mujer. Supongamos que L es el evento en el que un estudiante tiene el cabello largo. Se elige un estudiante al azar. ¿Los hechos de ser mujer y tener el cabello largo son independientes?

- En este ejemplo se dan las siguientes probabilidades:
- $P(F) = 0{,}60$; $P(L) = 0{,}50$
- $P(F \text{ Y } L) = 0{,}45$
- $P(L|F) = 0{,}75$

NOTA

La elección que haga depende de la información que tenga. Para este ejemplo puede utilizar la primera o la última condición de la lista. Todavía no conoce $P(F|L)$, por lo que no puede utilizar la segunda condición.

Solución 1

>Compruebe si $P(F \text{ Y } L) = P(F)P(L)$. Se nos ha dado que $P(F \text{ Y } L) = 0{,}45$, pero $P(F)P(L) = (0{,}60)(0{,}50) = 0{,}30$. Los eventos de ser mujer y tener el pelo largo no son independientes porque $P(F \text{ Y } L)$ no es igual a $P(F)P(L)$.

Compruebe si $P(L|F)$ es igual a $P(L)$. Nos dan que $P(L|F) = 0{,}75$, pero $P(L) = 0{,}50$; no son iguales. Los eventos de ser mujer y tener el cabello largo no son independientes.

Los eventos de ser mujer y tener el cabello largo no son independientes; saber que un estudiante es mujer cambia la probabilidad de que un estudiante tenga el cabello largo.

INTÉNTELO 3.12

Mark está decidiendo qué ruta tomar para ir al trabajo. Sus opciones son la I = Interestatal y la F = Fifth Street

- $P(I) = 0{,}44$ y $P(F) = 0{,}56$
- $P(I \text{ Y } F) = 0$ porque Mark solo tomará una ruta para ir al trabajo.

¿Cuál es la probabilidad de $P(I \text{ O } F)$?

EJEMPLO 3.13

a. Lanza una moneda imparcial (la moneda tiene dos caras, *H* y *T*). Los resultados son _______. Cuente los resultados. Hay ____ resultados.
b. Lanza un dado imparcial de seis caras (el dado tiene 1, 2, 3, 4, 5 o 6 puntos en una cara). Los resultados son ______________. Cuente los resultados. Hay ___ resultados.
c. Multiplique los dos números de los resultados. La respuesta es ______.
d. Si se lanza una moneda y se sigue con el lanzamiento de un dado justo de seis caras, la respuesta en la parte c. es el número de resultados (tamaño del espacio muestral). ¿Cuáles son los resultados? (Pista: dos de los resultados son *H*1 y *T*6).
e. Evento A = cara (H) en la moneda seguida de un número par (2, 4, 6) en el dado. A = {_______________}. Calcule $P(A)$.
f. Evento B = cara en la moneda seguida de un tres en el dado. B = {_______}. Calcule $P(B)$.
g. ¿A y B son mutuamente excluyentes? (Pista: ¿Qué es $P(A \text{ Y } B)$? Si $P(A \text{ Y } B) = 0$, entonces A y B son mutuamente excluyentes)
h. ¿A y B son independientes? (Pista: ¿Es $P(A \text{ Y } B) = P(A)P(B)$? Si $P(A \text{ Y } B) = P(A)P(B)$, entonces A y B son independientes. Si no es así, entonces son dependientes).

Solución 1

a. *H* y *T*; 2
b. 1, 2, 3, 4, 5, 6; 6
c. 2(6) = 12
d. *T*1, *T*2, *T*3, *T*4, *T*5, *T*6, *H*1, *H*2, *H*3, *H*4, *H*5, *H*6
e. $A = \{H2, H4, H6\}$; $P(A) = \frac{3}{12}$
f. $B = \{H3\}$; $P(B) = \frac{1}{12}$
g. Sí, porque $P(A \text{ Y } B) = 0$
h. $P(A \text{ Y } B) = 0.P(A)P(B) = \left(\frac{3}{12}\right)\left(\frac{1}{12}\right)$. $P(A \text{ Y } B)$ no es igual a $P(A)P(B)$, por lo que A y B son dependientes.

INTÉNTELO 3.13

Una caja tiene dos pelotas, una blanca y otra roja. Seleccionamos una pelota, la devolvemos a la caja y seleccionamos una segunda pelota (muestreo con reemplazo). Supongamos que T es el evento de obtener la pelota blanca dos veces, F el evento de sacar la pelota blanca primero y S el evento de sacar la pelota blanca en la segunda extracción.

a. Calcule $P(T)$.
b. Calcule $P(T|F)$.
c. ¿T y F son independientes?.
d. ¿F y S son mutuamente excluyentes?
e. ¿F y S son independientes?

3.3 Dos reglas básicas de la probabilidad

Al calcular la probabilidad, hay que tener en cuenta dos reglas para determinar si dos eventos son independientes o dependientes y si son mutuamente excluyentes o no.

La regla de multiplicación

Si *A* y *B* son dos eventos definidos en un **espacio muestral**, entonces: $P(A \text{ Y } B) = P(B)P(A|B)$.

Esta regla también puede escribirse como: $P(A|B) = \frac{P(A \text{ Y } B)}{P(B)}$

(La probabilidad de *A* dada *B* es igual a la probabilidad de *A* y *B* dividida por la probabilidad de *B*)

Si *A* y *B* son **independientes**, entonces $P(A|B) = P(A)$. Entonces $P(A \text{ Y } B) = P(A|B)P(B)$ se convierte en $P(A \text{ Y } B) = P(A)P(B)$.

La regla de adición

Si *A* y *B* están definidos en un espacio muestral, entonces: $P(A \text{ O } B) = P(A) + P(B) - P(A \text{ Y } B)$.

Si *A* y *B* son **mutuamente excluyentes**, entonces $P(A \text{ Y } B) = 0$. Entonces $P(A \text{ O } B) = P(A) + P(B) - P(A \text{ Y } B)$ se convierte en $P(A \text{ O } B) = P(A) + P(B)$.

EJEMPLO 3.14

Klaus está tratando de elegir dónde ir de vacaciones. Sus dos opciones son: *A* = Nueva Zelanda y *B* = Alaska

- Klaus solo puede permitirse unas vacaciones. La probabilidad de que elija *A* es $P(A) = 0,6$ y la probabilidad de que elija *B* es $P(B) = 0,35$.
- $P(A \text{ Y } B) = 0$ porque Klaus solo puede permitirse unas vacaciones
- Por tanto, la probabilidad de que elija Nueva Zelanda o Alaska es $P(A \text{ O } B) = P(A) + P(B) = 0,6 + 0,35 = 0,95$. Tenga en cuenta que la probabilidad de que no elija ir a ningún sitio de vacaciones debe ser de 0,05.

EJEMPLO 3.15

Carlos juega fútbol universitario. Hace un gol el 65 % de las veces que chuta. Carlos va a intentar marcar dos goles seguidos en el próximo partido. *A* = el evento en el que Carlos acierta en su primer intento. $P(A) = 0,65$. *B* = el evento en el que Carlos acierta en su segundo intento. $P(B) = 0,65$. Carlos tiende a chutar en líneas. La probabilidad de que haga el segundo gol **DADO** que hizo el primero, es de 0,90

a. ¿Cuál es la probabilidad de que anote ambos goles?

b. ¿Cuál es la probabilidad de que Carlos anote el primer gol o el segundo?

c. ¿*A* y *B* son independientes?

d. ¿*A* y *B* son mutuamente excluyentes?

Solución 1

a. El problema le pide que calcule $P(A \text{ "Y" } B) = P(B \text{ "Y" } A)$. Ya que $P(B|A) = 0,90$: $P(B \text{ Y } A) = P(B|A)\ P(A) = (0,90)(0,65) = 0,585$

Carlos anota el primero y el segundo goles con una probabilidad de 0,585.

b. El problema le pide que calcule $P(A \text{ O } B)$.

$P(A \text{ O } B) = P(A) + P(B) - P(A \text{ Y } B) = 0,65 + 0,65 - 0,585 = 0,715$

Carlos anota el primer gol o el segundo con una probabilidad de 0,715.

c. No, no lo son, porque $P(B \text{ Y } A) = 0,585$.

$P(B)P(A) = (0,65)(0,65) = 0,423$

$0{,}423 \neq 0{,}585 = P(B \text{ Y } A)$

Por tanto, $P(B \text{ Y } A)$ **no** es igual a $P(B)P(A)$.

d. No, no lo son porque $P(A \text{ y } B) = 0{,}585$.

Para que sean mutuamente excluyentes, $P(A \text{ Y } B)$ debe ser igual a cero.

INTÉNTELO 3.15

Helen juega baloncesto. En cuanto a los tiros libres, acierta el tiro el 75 % de las veces. Helen debe intentar ahora dos tiros libres. C = el evento en el que Helen anota el primer tiro. $P(C) = 0{,}75$. D = el evento en el que Helen anota el segundo tiro. $P(D) = 0{,}75$. La probabilidad de que Helen anote el segundo tiro libre dado que anotó el primero es de 0,85. ¿Cuál es la probabilidad de que Helen anote ambos tiros libres?

EJEMPLO 3.16

Un equipo de natación comunitario tiene **150** miembros. **Setenta y cinco** de los miembros son nadadores avanzados. **Cuarenta y siete** son nadadores intermedios. El resto son nadadores principiantes. **Cuarenta** de los nadadores avanzados practican cuatro veces por semana. **Treinta** de los nadadores de nivel intermedio practican cuatro veces por semana. **Diez** de los nadadores principiantes practican cuatro veces por semana. Supongamos que un miembro del equipo de natación es elegido al azar.

a. ¿Cuál es la probabilidad de que el miembro sea un nadador principiante?

b. ¿Cuál es la probabilidad de que el miembro practique cuatro veces por semana?

c. ¿Cuál es la probabilidad de que el miembro sea un nadador avanzado y practique cuatro veces por semana?

d. ¿Cuál es la probabilidad de que un miembro sea un nadador avanzado y un nadador intermedio? ¿Ser un nadador avanzado y un nadador intermedio son mutuamente excluyentes? ¿Por qué sí o por qué no?

e. ¿Ser un nadador principiante y practicar cuatro veces a la semana son eventos independientes? ¿Por qué sí o por qué no?

Solución 1

a. $\frac{28}{150}$

b. $\frac{80}{150}$

c. $\frac{40}{150}$

d. $P(\text{avanzado E intermedio}) = 0$, por lo que son eventos mutuamente excluyentes. Un nadador no puede ser un nadador avanzado y un nadador intermedio al mismo tiempo

e. No, no son eventos independientes.
$P(\text{novato Y práctica cuatro veces por semana}) = 0{,}0667$
$P(\text{novato})P(\text{práctica cuatro veces por semana}) = 0{,}0996$
$0{,}0667 \neq 0{,}0996$

> **INTÉNTELO 3.16**

Una escuela tiene 200 estudiantes sénior, de los cuales 140 irán al instituto universitario el año siguiente. Cuarenta irán directamente a trabajar. El resto se está tomando un año sabático. Cincuenta de los estudiantes de último año que van al instituto universitario practican deportes. Treinta de los estudiantes de último año que van directamente a trabajar practican deportes. Cinco de los estudiantes de último año que se toman un año sabático practican deportes. ¿Cuál es la probabilidad de que un estudiante de último año se tome un año sabático?

EJEMPLO 3.17

Felicity asiste a Modesto JC en Modesto, CA. La probabilidad de que Felicity se inscriba en una clase de Matemáticas es de 0,2 y la probabilidad de que lo haga en una clase de Oratoria es de 0,65. La probabilidad de que se inscriba en una clase de Matemáticas DADO que se inscribe en la clase de Oratoria es de 0,25.

Supongamos que: M = clase de Matemáticas, S = clase de Oratoria, $M|S$ = Matemáticas dado Oratoria

a. ¿Cuál es la probabilidad de que Felicity se inscriba en Matemáticas y Oratoria?
Calcule $P(M \text{ Y } S) = P(M|S)P(S)$.
b. ¿Cuál es la probabilidad de que Felicity se inscriba en clases de Matemáticas o de Oratoria?
Calcule $P(M \text{ O } S) = P(M) + P(S) - P(M \text{ Y } S)$.
c. ¿M y S son independientes? ¿$P(M|S)$ es = $P(M)$?
d. ¿M y S son mutuamente excluyentes? ¿$P(M \text{ Y } S)$ es = 0?

Solución 1

a. 0,1625, b. 0,6875, c. No, d. No

> **INTÉNTELO 3.17**

Un estudiante va a la biblioteca. Supongamos los eventos B = el estudiante pide un libro prestado y D = el estudiante pide un DVD prestado. Supongamos que $P(B) = 0{,}40$, $P(D) = 0{,}30$ y $P(D|B) = 0{,}5$.

a. Calcule $P(B \text{ Y } D)$.
b. Calcule $P(B \text{ O } D)$.

EJEMPLO 3.18

Los estudios demuestran que una de cada siete mujeres (aproximadamente el 14,3 %) que viven hasta los 90 años desarrollará cáncer de mama. Supongamos que de las mujeres que desarrollan cáncer de mama el resultado de la prueba es negativo en el 2 % de las ocasiones. Supongamos también que en la población general de mujeres, el resultado de la prueba de cáncer de mama es negativo en el 85 % de las ocasiones. Supongamos que B = la mujer desarrolla cáncer de mama y supongamos que N = el resultado de la prueba es negativo. Supongamos que se selecciona una mujer al azar.

a. ¿Cuál es la probabilidad de que la mujer desarrolle cáncer de mama? ¿Cuál es la probabilidad de que la mujer obtenga un resultado negativo?

b. Dado que la mujer tiene cáncer de mama, ¿cuál es la probabilidad de que el resultado de la prueba sea negativo?

c. ¿Cuál es la probabilidad de que la mujer tenga cáncer de mama Y el resultado de la prueba sea negativo?

d. ¿Cuál es la probabilidad de que la mujer tenga cáncer de mama o de que el resultado de la prueba sea negativo?

e. ¿Tener cáncer de mama y tener un resultado negativo en la prueba son eventos independientes?

f. ¿Tener cáncer de mama y tener un resultado negativo en la prueba son mutuamente excluyentes?

Solución 1

a. $P(B) = 0,143$; $P(N) = 0,85$

b. $P(N|B) = 0,02$

c. $P(B \text{ Y } N) = P(B)P(N|B) = (0,143)(0,02) = 0,0029$

d. $P(B \text{ O } N) = P(B) + P(N) - P(B \text{ Y } N) = 0,143 + 0,85 - 0,0029 = 0,9901$

e. No. $P(N) = 0,85$; $P(N|B) = 0,02$. Por tanto, $P(N|B)$ no es igual a $P(N)$.

f. No. $P(B \text{ Y } N) = 0,0029$. Para que B y N sean mutuamente excluyentes, $P(B \text{ Y } N)$ debe ser cero.

INTÉNTELO 3.18

Una escuela tiene 200 estudiantes sénior, de los cuales 140 irán al instituto universitario el año siguiente. Cuarenta irán directamente a trabajar. El resto se está tomando un año sabático. Cincuenta de los estudiantes de último año que van al instituto universitario practican deportes. Treinta de los estudiantes de último año que van directamente a trabajar practican deportes. Cinco de los estudiantes de último año que se toman un año sabático practican deportes. ¿Cuál es la probabilidad de que un estudiante de último año vaya al instituto universitario y practique deportes?

EJEMPLO 3.19

Consulte la información en el Ejemplo 3.18. P = pruebas con resultado positivo.

a. Dado que una mujer desarrolla cáncer de mama, ¿cuál es la probabilidad de que el resultado de la prueba sea positivo? Calcule $P(P|B) = 1 - P(N|B)$.
b. ¿Cuál es la probabilidad de que una mujer desarrolle cáncer de mama y el resultado de la prueba sea positivo? Calcule $P(B \text{ Y } P) = P(P|B)P(B)$.
c. ¿Cuál es la probabilidad de que una mujer no desarrolle cáncer de mama? Calcule $P(B') = 1 - P(B)$.
d. ¿Cuál es la probabilidad de que una mujer tenga un resultado positivo en la prueba de cáncer de mama? Calcule $P(P) = 1 - P(N)$.

Solución 1

a. 0,98; b. 0,1401; c. 0,857; d. 0,15

INTÉNTELO 3.19

Un estudiante va a la biblioteca. Supongamos que los eventos B = el estudiante pide prestado un libro y D = el estudiante pide prestado un DVD. Supongamos que $P(B) = 0,40$, $P(D) = 0,30$ y $P(D|B) = 0,5$.

a. Calcule $P(B')$.
b. Calcule $P(D \text{ Y } B)$.
c. Calcule $P(B|D)$.
d. Calcule $P(D \text{ Y } B')$.
e. Calcule $P(D|B')$.

3.4 Tablas de contingencia

Una **tabla de contingencia** proporciona una forma de representar los datos que puede facilitar el cálculo de probabilidades. La tabla ayuda a determinar las probabilidades condicionales con bastante facilidad. La tabla muestra los valores de la muestra en relación con dos variables diferentes que pueden ser dependientes o contingentes entre sí. Más adelante volveremos a utilizar las tablas de contingencia, pero de otra manera.

EJEMPLO 3.20

Supongamos que un estudio sobre infracciones de velocidad y conductores que utilizan teléfonos móviles arroja los siguientes datos ficticios:

	Infracción por exceso de velocidad durante el año anterior	Ninguna infracción por exceso de velocidad durante el año anterior	Total
Utiliza el teléfono móvil mientras conduce	25	280	305
No utiliza el teléfono móvil mientras conduce	45	405	450
Total	70	685	755

Tabla 3.2

El número total de personas de la muestra es de 755. Los totales de las filas son 305 y 450. Los totales de las columnas son 70 y 685. Tome en cuenta que 305 + 450 = 755 y 70 + 685 = 755.

Use la tabla para calcular las siguientes probabilidades.

a. Calcule *P*(El conductor es un usuario de teléfono móvil).
b. Calcule *P*(el conductor no tuvo ninguna infracción durante el año pasado).
c. Calcule *P*(El conductor no tuvo ninguna infracción durante el año pasado Y era usuario de teléfono móvil).
d. Calcule *P*(El conductor es un usuario de teléfono móvil O el conductor no tuvo ninguna infracción durante el año pasado).
e. Calcule *P*(El conductor es un usuario de teléfono móvil DADO que el conductor tuvo una infracción durante el año pasado).
f. Calcule *P*(El conductor no tuvo ninguna infracción el año pasado DADO que el conductor no usaba el teléfono móvil).

Solución 1

a. $\frac{\text{número de usuarios de teléfonos móviles}}{\text{número total en el estudio}} = \frac{305}{755}$

b. $\frac{\text{número que no tenía ninguna infracción}}{\text{número total en el estudio}} = \frac{685}{755}$

c. $\frac{280}{755}$

d. $\left(\frac{305}{755} + \frac{685}{755}\right) - \frac{280}{755} = \frac{710}{755}$

e. $\frac{25}{70}$ (El espacio de la muestra se reduce al número de conductores que tuvieron una infracción).

f $\frac{405}{450}$ (El espacio muestral se reduce al número de conductores que no eran usuarios de teléfonos móviles).

INTÉNTELO 3.20

La Tabla 3.3 muestra el número de atletas que hacen estiramientos antes del ejercicio y cuántos tuvieron lesiones durante el año pasado.

	Lesión durante el año pasado	Ninguna lesión durante el año pasado	Total
Hace estiramientos	55	295	350
No hace estiramientos	231	219	450
Total	286	514	800

Tabla 3.3

a. ¿Qué es *P*(el atleta se estira antes de hacer ejercicio)?
b. ¿Qué es *P*(el atleta se estira antes de hacer ejercicio | no se ha lesionado durante el año pasado)?

EJEMPLO 3.21

La Tabla 3.4 presenta una muestra aleatoria de 100 excursionistas y las zonas de excursión que prefieren.

Sexo	La costa	Cerca de lagos y arroyos	En los picos de las montañas	Total
Mujeres	18	16	___	45
Hombres	___	___	14	55
Total	___	41	___	___

Tabla 3.4 Preferencia de zona de excursión

a. Rellene la tabla.

Solución 1

a.

Sexo	La costa	Cerca de lagos y arroyos	En los picos de las montañas	Total
Mujeres	18	16	**11**	45
Hombres	**16**	**25**	14	55
Total	**34**	41	**25**	**100**

Tabla 3.5 Preferencia de zona de excursión

b. ¿Los eventos "ser mujer" y "preferir la costa" son eventos independientes?

Supongamos que F = ser mujer y supongamos que C = preferir la costa.

1. Calcule $P(F \text{ Y } C)$.
2. Calcule $P(F)P(C)$

¿Estos dos números son iguales? Si lo son, entonces F y C son independientes. Si no lo son, entonces F y C no son independientes.

Solución 2

b.

1. $P(F \text{ Y } C) = \frac{18}{100} = 0{,}18$
2. $P(F)P(C) = \left(\frac{45}{100}\right)\left(\frac{34}{100}\right) = (0{,}45)(0{,}34) = 0{,}153$

$P(F \text{ Y } C) \neq P(F)P(C)$, por lo que los eventos F y C no son independientes

c. Calcule la probabilidad de que una persona sea hombre dado que prefiere ir de excursión cerca de lagos y arroyos. Supongamos que M = ser hombre, y supongamos que L = prefiere ir de excursión cerca de lagos y arroyos.

1. ¿Qué palabra le dice que es un condicional?
2. Rellene los espacios en blanco y calcule la probabilidad: P(___|___) = ___.
3. ¿El espacio muestral para este problema son los 100 excursionistas? Si no es así, ¿qué es?

Solución 3

c.

1. La expresión "dado que" indica que se trata de una condición.
2. $P(M|L) = \frac{25}{41}$
3. No, el espacio muestral para este problema son los 41 excursionistas que prefieren lagos y arroyos.

d. Calcule la probabilidad de que una persona sea mujer o prefiera ir de excursión en los picos de las montañas. Supongamos que F = ser mujer, y supongamos que P = prefiere los picos de las montañas.

1. Calcule $P(F)$.
2. Calcule $P(P)$.
3. Calcule $P(F \text{ Y } P)$.
4. Calcule $P(F \text{ O } P)$.

Solución 4

d.

1. $P(F) = \frac{45}{100}$
2. $P(P) = \frac{25}{100}$
3. $P(F \text{ Y } P) = \frac{11}{100}$
4. $P(F \text{ O } P) = \frac{45}{100} + \frac{25}{100} - \frac{11}{100} = \frac{59}{100}$

INTÉNTELO 3.21

La Tabla 3.6 presenta una muestra aleatoria de 200 ciclistas y las rutas que prefieren. Supongamos que M = hombres y H = camino de colinas.

Sexo	Lake Path	Hilly Path	Wooded Path	Total
Mujeres	45	38	27	110
Hombres	26	52	12	90

Tabla 3.6

Sexo	Lake Path	Hilly Path	Wooded Path	Total
Total	71	90	39	200

Tabla 3.6

a. Entre los hombres, ¿cuál es la probabilidad de que el ciclista prefiera un camino de colinas?
b. ¿Los eventos "ser hombre" y "preferir el camino de colinas" son eventos independientes?

EJEMPLO 3.22

El ratón Muddy vive en una jaula con tres puertas. Si Muddy sale por la primera puerta, la probabilidad de que sea atrapado por la gata Alissa es $\frac{1}{5}$ y la probabilidad de que no sea atrapado es $\frac{4}{5}$. Si sale por la segunda puerta, la probabilidad de que sea atrapado por Alissa es $\frac{1}{4}$ y la probabilidad de que no sea atrapado es $\frac{3}{4}$. La probabilidad de que Alissa atrape a Muddy saliendo por la tercera puerta es $\frac{1}{2}$ y la probabilidad de que no atrape a Muddy es $\frac{1}{2}$. Es igualmente probable que Muddy elija cualquiera de las tres puertas por lo que la probabilidad de elegir cada puerta es $\frac{1}{3}$.

Atrapado o no	Puerta uno	Puerta dos	Puerta tres	Total
Atrapado	$\frac{1}{15}$	$\frac{1}{12}$	$\frac{1}{6}$	___
No atrapado	$\frac{4}{15}$	$\frac{3}{12}$	$\frac{1}{6}$	___
Total	___	___	___	1

Tabla 3.7 Elección de la puerta

- La primera entrada $\frac{1}{15} = \left(\frac{1}{5}\right)\left(\frac{1}{3}\right)$ es *P*(Puerta uno Y atrapado)
- La entrada $\frac{4}{15} = \left(\frac{4}{5}\right)\left(\frac{1}{3}\right)$ es *P*(Puerta uno Y no Atrapado)

Verifique las entradas restantes.

a. Rellene la tabla de contingencia de probabilidades. Calcule las entradas para los totales. Compruebe que la entrada de la esquina inferior derecha es 1.

b. ¿Cuál es la probabilidad de que Alissa no atrape a Muddy?

c. ¿Cuál es la probabilidad de que Muddy elija la puerta uno o la puerta dos dado que Muddy es atrapado por Alissa?

Solución 1

a.

Atrapado o no	Puerta uno	Puerta dos	Puerta tres	Total
Atrapado	$\frac{1}{15}$	$\frac{1}{12}$	$\frac{1}{6}$	$\frac{19}{60}$
No atrapado	$\frac{4}{15}$	$\frac{3}{12}$	$\frac{1}{6}$	$\frac{41}{60}$
Total	$\frac{5}{15}$	$\frac{4}{12}$	$\frac{2}{6}$	1

Tabla 3.8 Elección de la puerta

b. $\frac{41}{60}$

c. $\frac{9}{19}$

EJEMPLO 3.23

La Tabla 3.9 contiene el número de delitos por cada 100.000 habitantes de 2008 a 2011 en EE. UU.

Año	Robo con violencia	Robo	Violación	Vehículo	Total
2008	145,7	732,1	29,7	314,7	
2009	133,1	717,7	29,1	259,2	
2010	119,3	701	27,7	239,1	
2011	113,7	702,2	26,8	229,6	
Total					

Tabla 3.9 Índices de criminalidad en Estados Unidos por cada 100.000 habitantes de 2008 a 2011

TOTAL de cada columna y cada fila. Datos totales = 4.520,7

a. Calcule *P*(2009 Y Robo).
b. Calcule *P*(2010 Y Robo con allanamiento de morada).
c. Calcule *P*(2010 O Robo con allanamiento de morada).
d. Calcule *P*(2011 | Violación).
e. Calcule *P*(Vehículo | 2008).

Solución 1

a. 0,0294, b. 0,1551, c. 0,7165, d. 0,2365, e. 0,2575

INTÉNTELO 3.23

La Tabla 3.10 relaciona los pesos y las alturas de un grupo de personas que participan en un estudio de observación.

Peso/Estatura	Alto	Medio	Bajo	Totales
Obeso	18	28	14	
Normal	20	51	28	
Bajo peso	12	25	9	
Totales				

Tabla 3.10

a. Calcule el total de cada fila y columna

b. Calcule la probabilidad de que una persona elegida al azar de este grupo sea alta.
c. Calcule la probabilidad de que una persona elegida al azar de este grupo sea obesa y alta.
d. Calcule la probabilidad de que una persona elegida al azar de este grupo sea alta dado que es obesa.
e. Calcule la probabilidad de que una persona elegida al azar de este grupo sea obesa, dado que es alta.
f. Calcule la probabilidad de que una persona elegida al azar de este grupo sea alta y de bajo peso.
g. ¿Los eventos obeso y alto son independientes?

3.5 Diagramas de árbol y de Venn

A veces, cuando los problemas de probabilidad son complejos, puede ser útil hacer un gráfico de la situación. Los diagramas de árbol y los diagramas de Venn son dos herramientas que pueden utilizarse para visualizar y resolver las probabilidades condicionales.

Diagramas de árbol

Un **diagrama de árbol** es un tipo especial de gráfico utilizado para determinar los resultados de un experimento. Consta de "ramas" que se identifican con frecuencias o probabilidades. Los diagramas de árbol pueden hacer que algunos problemas de probabilidad sean más fáciles de visualizar y resolver. El siguiente ejemplo ilustra cómo utilizar un diagrama de árbol.

EJEMPLO 3.24

En una urna hay 11 pelotas. Tres pelotas son rojas (R) y ocho azules(B). Saque dos pelotas, una a la vez, **con reemplazo**. "Con reemplazo" significa que se devuelve la primera pelota a la urna antes de seleccionar la segunda. Luego, el diagrama de árbol con frecuencias que muestra todos los resultados posibles.

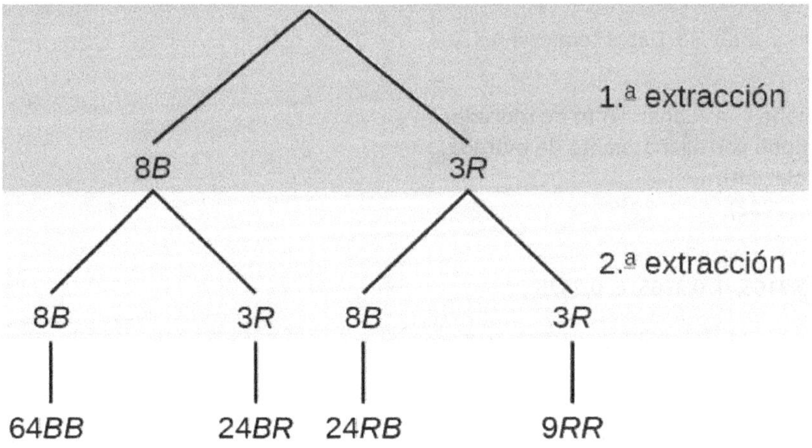

Figura 3.2 Total = 64 + 24 + 24 + 9 = 121

El primer conjunto de ramas representa la primera pelota que sacó. El segundo conjunto de ramas representa la segunda. Cada uno de los resultados es distinto. De hecho, podemos enumerar cada pelota roja como $R1$, $R2$ y $R3$ y cada pelota azul como $B1$, $B2$, $B3$, $B4$, $B5$, $B6$, $B7$ y $B8$. Entonces, los nueve resultados de RR se pueden escribir como:

$R1R1$; $R1R2$; $R1R3$; $R2R1$; $R2R2$; $R2R3$; $R3R1$; $R3R2$; $R3R3$

Los demás resultados son similares.

Hay un total de 11 pelotas en la urna. Saque dos pelotas, una a la vez, con reemplazo. Hay 11(11) = 121 resultados, el tamaño del **espacio muestral**.

a. Enumere los 24 resultados de RB: $B1R1$, $B1R2$, $B1R3$, ...

b. Use el diagrama de árbol y calcule $P(RR)$.

c. Utilizando el diagrama de árbol, calcule $P(RB \text{ O } BR)$.

d. Utilizando el diagrama de árbol, calcule $P(R$ en la primera extracción Y B en la segunda).

e. Utilizando el diagrama de árbol, calcule P(R en la segunda extracción DADO B en la primera extracción).

f. Use el diagrama de árbol y calcule $P(BB)$.

g. Utilizando el diagrama de árbol, calcule P(B en la segunda extracción dado R en la primera extracción).

Solución 1

a. $B1R1$; $B1R2$; $B1R3$; $B2R1$; $B2R2$; $B2R3$; $B3R1$; $B3R2$; $B3R3$; $B4R1$; $B4R2$; $B4R3$; $B5R1$; $B5R2$; $B5R3$; $B6R1$; $B6R2$; $B6R3$; $B7R1$; $B7R2$; $B7R3$; $B8R1$; $B8R2$; $B8R3$

b. $P(RR) = \left(\frac{3}{11}\right)\left(\frac{3}{11}\right) = \frac{9}{121}$

c. $P(RB \text{ O } BR) = \left(\frac{3}{11}\right)\left(\frac{8}{11}\right) + \left(\frac{8}{11}\right)\left(\frac{3}{11}\right) = \frac{48}{121}$

d. P(R en la primera extracción Y B en la segunda) = $P(RB) = \left(\frac{3}{11}\right)\left(\frac{8}{11}\right) = \frac{24}{121}$

e. P(R en la segunda extracción DADO B en la primera extracción) = P(R en la segunda extracción | B en la primera extracción) = $\frac{24}{88} = \frac{3}{11}$

Este problema es condicional. El espacio muestral se ha reducido a los resultados que ya tienen azul en la primera extracción. Hay 24 + 64 = 88 resultados posibles (24 BR y 64 BB). Veinticuatro de los 88 resultados posibles son BR. $\frac{24}{88} = \frac{3}{11}$.

f. $P(BB) = \frac{64}{121}$

g. P(B en la segunda extracción | R en la primera extracción) = $\frac{8}{11}$

Hay 9 + 24 resultados que tienen R en la primera extracción (9 RR y 24 RB). El espacio muestral es entonces 9 + 24 = 33. 24 de los 33 resultados tienen B en la segunda extracción. La probabilidad es entonces $\frac{24}{33}$.

INTÉNTELO 3.24

En un mazo estándar hay 52 cartas. 12 cartas son de figura (evento F) y 40 cartas no lo son (evento N). Saque dos cartas, una a la vez, con reemplazo. Todos los resultados posibles se muestran en el diagrama de árbol como frecuencias. Use el diagrama de árbol y calcule $P(FF)$.

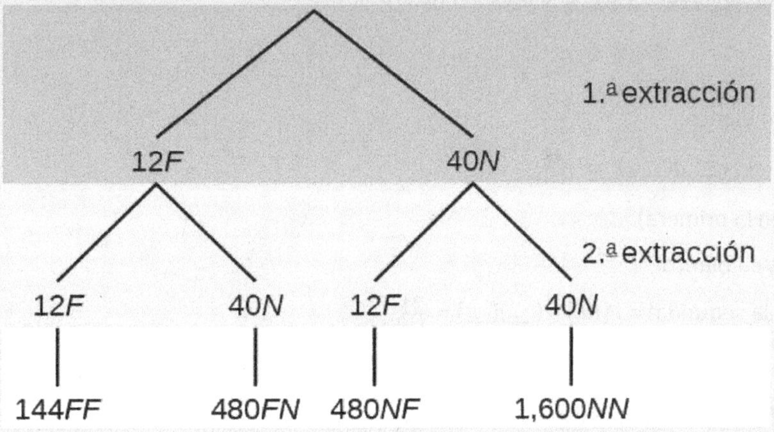

Figura 3.3

EJEMPLO 3.25

En una urna hay tres canicas rojas y ocho azules. Saque dos canicas, una a la vez de la urna, esta vez sin reemplazo. **"Sin reemplazo" significa** que no se devuelve la primera canica antes de seleccionar la segunda. A continuación se muestra un diagrama de árbol para esta situación. Las ramas se identifican con probabilidades en vez de con frecuencias. Los números de los extremos de las ramas se calculan al multiplicar los números de las dos ramas correspondientes, por ejemplo, $\left(\frac{3}{11}\right)\left(\frac{2}{10}\right) = \frac{6}{110}$.

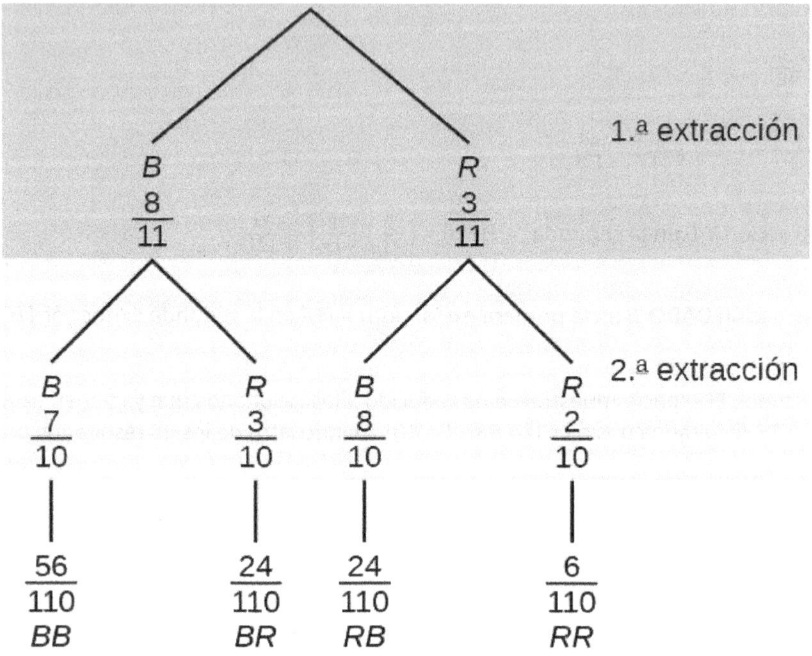

Figura 3.4 Total = $\frac{56+24+24+6}{110} = \frac{110}{110} = 1$

NOTA

Si saca una roja en la primera extracción de las tres posibilidades rojas, quedan dos canicas rojas para sacar en la segunda extracción. No se vuelve a colocar o reemplazar la primera canica después de haberla sacado. Extraiga **sin reemplazo**, de modo que en la segunda extracción quedan diez canicas en la urna.

Calcule las siguientes probabilidades y use el diagrama de árbol.

a. *P*(*RR*) = _______

b. Rellene los espacios en blanco:

P(*RB* O *BR*) = $\left(\frac{3}{11}\right)\left(\frac{8}{10}\right)$ + (___)(___) = $\frac{48}{110}$

c. *P*(*R* en la segunda | *B* en la primera) =

d. Complete los espacios en blanco.

P(*R* en la primera Y *B* en la segunda) = *P*(*RB*) = (__)(__) = $\frac{24}{110}$

e. Calcule *P*(*BB*).

f. Calcule *P*(*B* en la segunda | *R* en la primera).

Solución 1

a. *P*(*RR*) = $\left(\frac{3}{11}\right)\left(\frac{2}{10}\right) = \frac{6}{110}$

b. $P(RB \text{ O } BR) = \left(\frac{3}{11}\right)\left(\frac{8}{10}\right) + \left(\frac{8}{11}\right)\left(\frac{3}{10}\right) = \frac{48}{110}$

c. $P(R$ en la segunda $|$ B en la primera$) = \frac{3}{10}$

d. $P(R$ en la primera Y B en la segunda$) = P(RB) = \left(\frac{3}{11}\right)\left(\frac{8}{10}\right) = \frac{24}{110}$

e. $P(BB) = \left(\frac{8}{11}\right)\left(\frac{7}{10}\right)$

f. Utilizando el diagrama de árbol, $P(B$ en la segunda $|$ R en la primera$) = P(R|B) = \frac{8}{10}$.

Si utilizamos probabilidades, podemos identificar el árbol de la siguiente manera general.

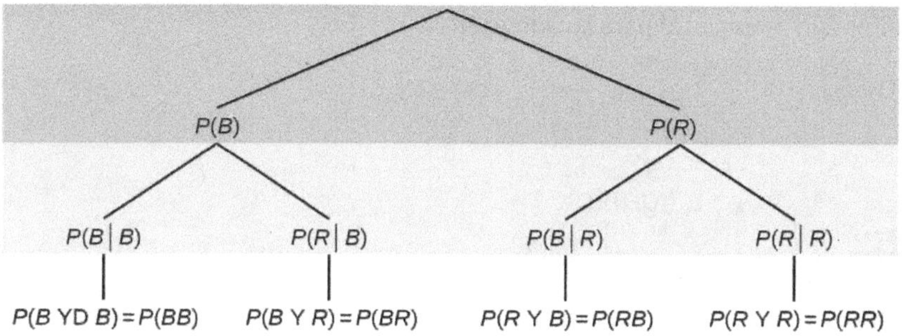

- $P(R|R)$ significa aquí $P(R$ en la 2.ª $|$ R en la 1.ª$)$
- $P(B|R)$ significa aquí $P(B$ en la 2.ª $|$ R en la 1.ª$)$
- $P(R|B)$ significa aquí $P(R$ en la 2.ª $|$ B en la 1.ª$)$
- $P(B|B)$ significa aquí $P(B$ en la 2.ª $|$ B en la 1.ª$)$

INTÉNTELO 3.25

En un mazo estándar hay 52 cartas. Doce cartas son de figura (*F*) y 40 cartas no lo son (*N*). Saque dos cartas, una a la vez, sin reemplazo. El diagrama de árbol está identificado con todas las probabilidades posibles.

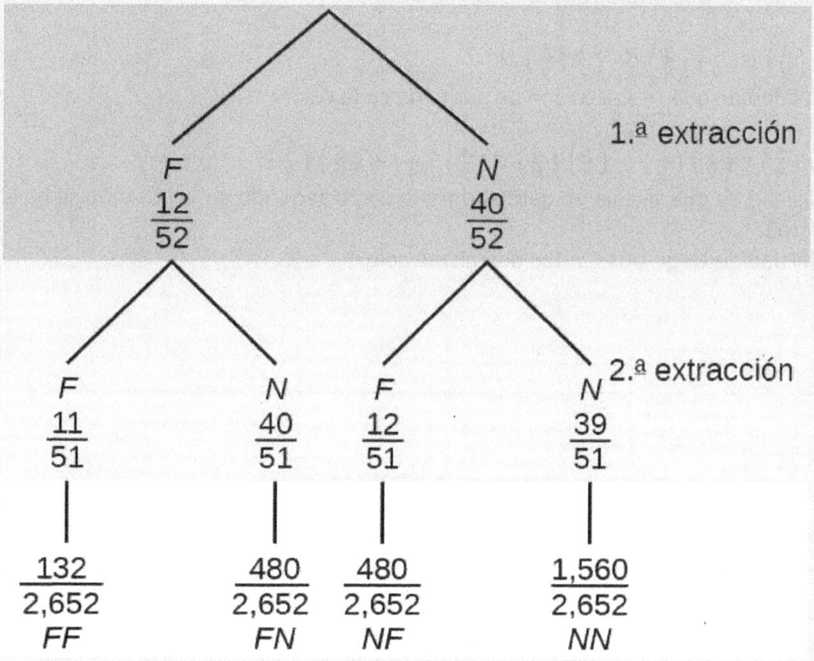

Figura 3.5

a. Calcule *P*(*FN* O *NF*).
b. Calcule *P*(*N*| *F*).
c. Calcule *P*(como máximo una carta de figura).
Pista: "Como máximo una carta de figura" significa cero o una carta de figura.
d. Calcule *P*(al menos una carta de figura).
Pista: "Al menos una carta de figura" significa una o dos cartas de figura.

EJEMPLO 3.26

Una camada de gatitos disponibles para su adopción en la Humane Society tiene cuatro gatitos atigrados y cinco negros. Una familia viene y selecciona al azar dos gatitos (sin reemplazo) para su adopción.

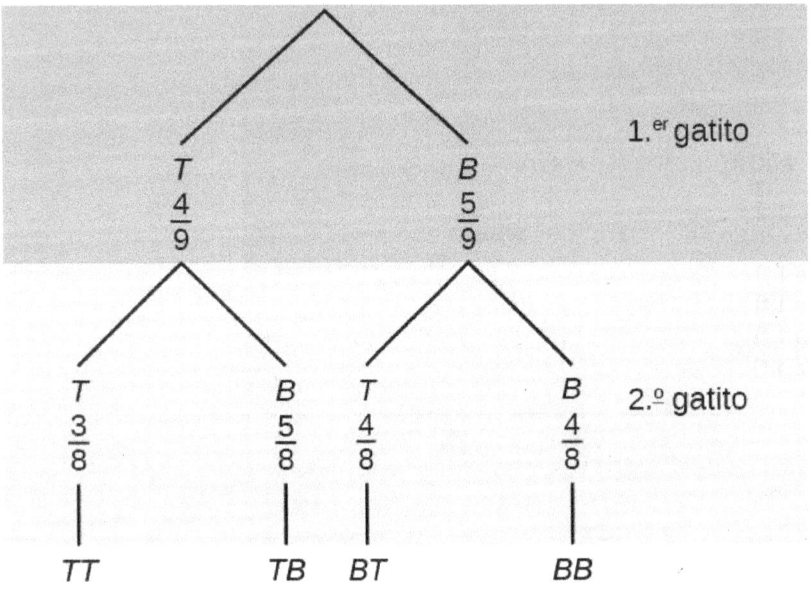

a. ¿Cuál es la probabilidad de que ambos gatitos sean atigrados?

a. $\left(\frac{1}{2}\right)\left(\frac{1}{2}\right)$ b. $\left(\frac{4}{9}\right)\left(\frac{4}{9}\right)$ c. $\left(\frac{4}{9}\right)\left(\frac{3}{8}\right)$ d. $\left(\frac{4}{9}\right)\left(\frac{5}{9}\right)$

b. ¿Cuál es la probabilidad de que se seleccione un gatito de cada color?

a. $\left(\frac{4}{9}\right)\left(\frac{5}{9}\right)$ b. $\left(\frac{4}{9}\right)\left(\frac{5}{8}\right)$ c. $\left(\frac{4}{9}\right)\left(\frac{5}{9}\right)+\left(\frac{5}{9}\right)\left(\frac{4}{9}\right)$ d. $\left(\frac{4}{9}\right)\left(\frac{5}{8}\right)+\left(\frac{5}{9}\right)\left(\frac{4}{8}\right)$

c. ¿Cuál es la probabilidad de que se elija un gatito atigrado como segundo gatito cuando se ha elegido un gatito negro como primero?
d. ¿Cuál es la probabilidad de elegir dos gatitos del mismo color?

Solución 1
a. c, b. d, c. $\frac{4}{8}$, d. $\frac{32}{72}$

INTÉNTELO 3.26

Supongamos que en una caja hay cuatro pelotas rojas y tres amarillas. Se extraen dos pelotas de la caja sin reemplazarlas. ¿Cuál es la probabilidad de que se seleccione una pelota de cada color?

Diagrama de Venn

Un **diagrama de Venn** es una imagen que representa los resultados de un experimento. Generalmente consiste en un recuadro que representa el espacio muestral S junto con círculos u óvalos. Los círculos u óvalos representan eventos.

EJEMPLO 3.27

Supongamos que un experimento tiene los resultados 1, 2, 3, ..., 12 donde cada resultado tiene la misma probabilidad de ocurrir. Supongamos que el evento $A = \{1, 2, 3, 4, 5, 6\}$ y el evento $B = \{6, 7, 8, 9\}$. Entonces A Y $B = \{6\}$ y A O $B = \{1, 2, 3, 4, 5, 6, 7, 8, 9\}$. El diagrama de Venn es el siguiente:

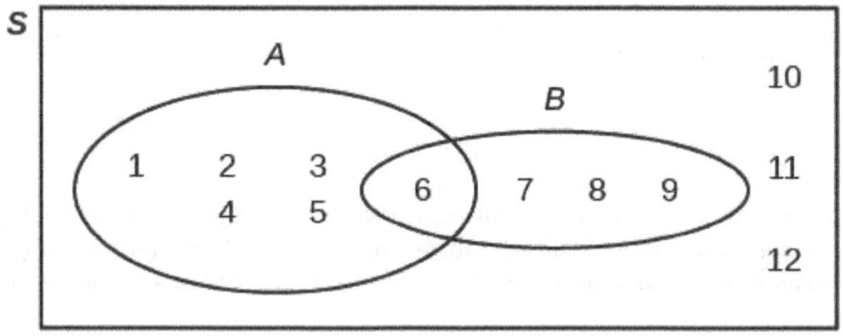

Figura 3.6

INTÉNTELO 3.27

Supongamos que un experimento tiene los resultados negro, blanco, rojo, anaranjado, amarillo, verde, azul y morado, donde cada resultado tiene la misma probabilidad de ocurrir. Supongamos que el evento C = {verde, azul, morado} y el evento P = {rojo, amarillo, azul}. Entonces C Y P = {azul} y C O P = {verde, azul, morado, rojo, amarillo}. Dibuje un diagrama de Venn que represente esta situación.

EJEMPLO 3.28

Lance dos monedas imparciales Supongamos que A = cruz en la primera moneda. Supongamos que B = cruz en la segunda moneda. Entonces $A = \{TT, TH\}$ y $B = \{TT, HT\}$. Por lo tanto, A Y $B = \{TT\}$. A O $B = \{TH, TT, HT\}$.

El espacio muestral al lanzar dos monedas imparciales es $X = \{HH, HT, TH, TT\}$. El resultado HH no es NI A NI B. El diagrama de Venn es el siguiente:

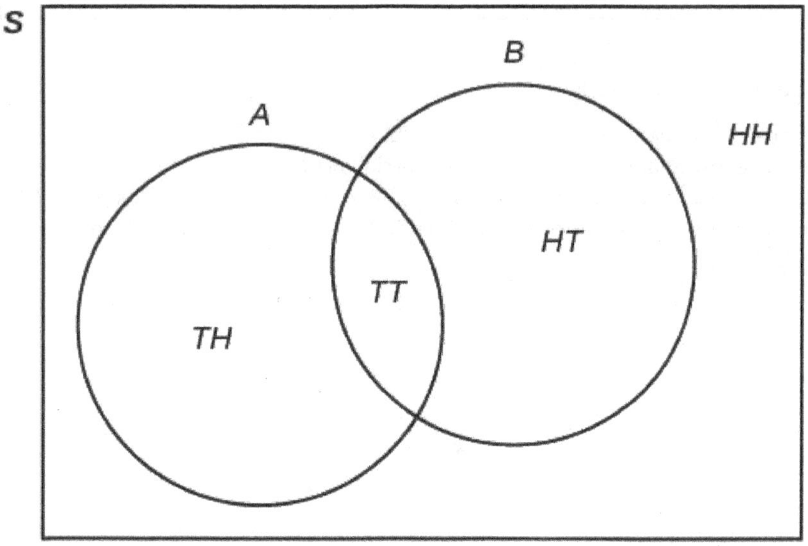

Figura 3.7

INTÉNTELO 3.28

Usted lanza un dado imparcial de seis lados. Supongamos que A = se obtiene un número primo de puntos. Supongamos que B = se obtiene un número impar de puntos. Entonces $A = \{2, 3, 5\}$ y $B = \{1, 3, 5\}$. Por lo tanto, A Y $B = \{3, 5\}$. A O $B = \{1, 2, 3, 5\}$. El espacio muestral para lanzar un dado imparcial es $S = \{1, 2, 3, 4, 5, 6\}$. Dibuje un diagrama de Venn que represente esta situación.

EJEMPLO 3.29

El **cuarenta por ciento** de los estudiantes de un instituto universitario local pertenece a un club y el **50 %** trabaja a tiempo parcial. El **cinco por ciento** de los estudiantes trabaja a tiempo parcial y pertenece a un club. Dibuje un diagrama de Venn que muestre las relaciones. Supongamos que C = el estudiante pertenece a un club y PT = el estudiante trabaja a tiempo parcial.

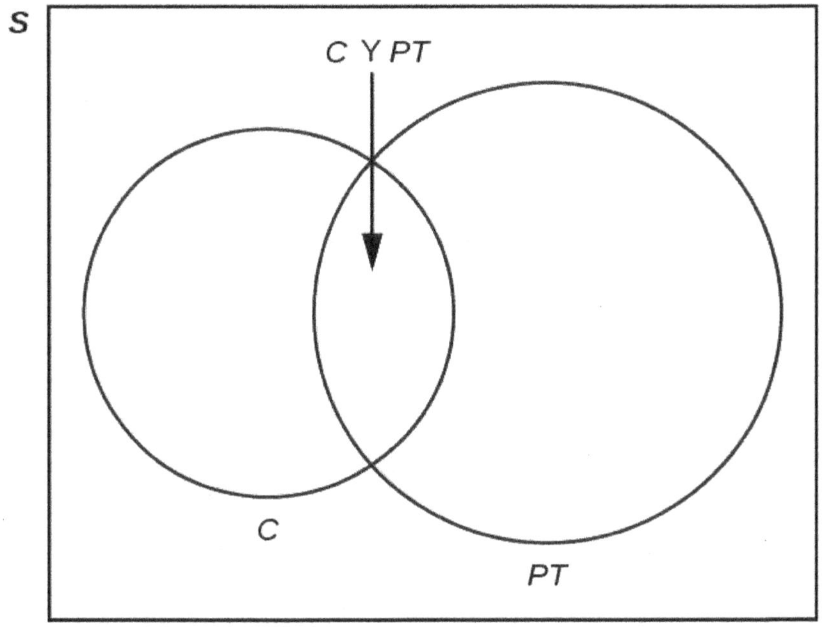

Figura 3.8

Si se selecciona un estudiante al azar, calcule

- la probabilidad de que el estudiante pertenezca a un club. $P(C) = 0{,}40$
- la probabilidad de que el estudiante trabaje a tiempo parcial. $P(PT) = 0{,}50$
- la probabilidad de que el estudiante pertenezca a un club Y trabaje a tiempo parcial. $P(C \text{ Y } PT) = 0{,}05$
- la probabilidad de que el estudiante pertenezca a un club **dado** que el estudiante trabaja a tiempo parcial.
  $P(C|PT) = \frac{P(C \text{ Y } PT)}{P(PT)} = \frac{0{,}05}{0{,}50} = 0{,}1$
- la probabilidad de que el estudiante pertenezca a un club **O** trabaje a tiempo parcial. $P(C \text{ O } PT) = P(C) + P(PT) - P(C \text{ Y } PT) = 0{,}40 + 0{,}50 - 0{,}05 = 0{,}85$

INTÉNTELO 3.29

El cincuenta por ciento de los trabajadores de una fábrica tiene un segundo empleo, el 25 % tiene un cónyuge que también trabaja, el 5 % tiene un segundo empleo y un cónyuge que también trabaja. Dibuje un diagrama de Venn que muestre las relaciones. Supongamos que W = trabaja en un segundo empleo y S = el cónyuge también trabaja.

EJEMPLO 3.30

Una persona con sangre del tipo O y factor Rh negativo (Rh–) puede donar sangre a cualquier persona con cualquier tipo de sangre. El cuatro por ciento de los afroamericanos tiene sangre del tipo O y un factor RH negativo, entre el 5 y el 10 % de los afroamericanos tiene el factor Rh– y el 51 % tiene sangre del tipo O.

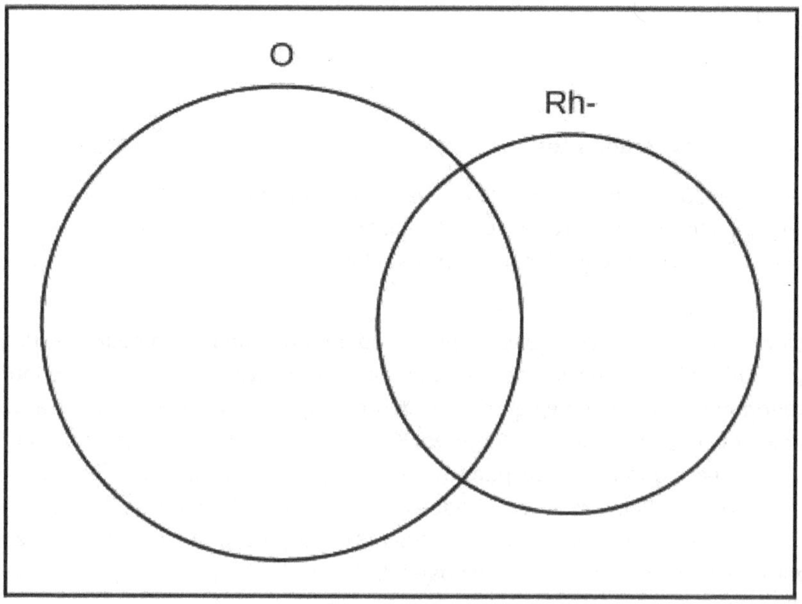

Figura 3.9

El círculo "O" representa a los afroamericanos con sangre del tipo O. El óvalo "Rh–" representa a los afroamericanos con el factor Rh–.

Tomaremos el promedio del 5 % y del 10 % y utilizaremos el 7,5 % como el porcentaje de afroamericanos que tienen el factor Rh–. Supongamos que O = afroamericano con sangre tipo O y R = afroamericano con factor Rh–.

a. $P(O)$ = _________
b. $P(R)$ = _________
c. $P(O \text{ Y } R)$ = _________
d. $P(O \text{ O } R)$ = _________
e. En el diagrama de Venn, describa con una oración completa la zona de solapamiento.
f. En el diagrama de Venn, describa con una oración completa el área que se encuentra en el rectángulo pero fuera del círculo y del óvalo.

Solución 1

a. 0,51; b. 0,075; c. 0,04; d. 0,545; e. El área representa a los afroamericanos que tienen sangre del tipo O y el factor Rh–. f. La zona representa a los afroamericanos que no tienen sangre del tipo O ni el factor Rh–.

INTÉNTELO 3.30

En una librería, la probabilidad de que el cliente compre una novela es de 0,6, y la de que compre un libro que no es de ficción es de 0,4. Supongamos que la probabilidad de que el cliente compre ambos es de 0,2.

a. Dibuje un diagrama de Venn que represente la situación.
b. Calcule la probabilidad de que el cliente compre una novela o un libro que no sea de ficción.
c. En el diagrama de Venn describa con una oración completa la zona de solapamiento.
d. Supongamos que algunos clientes solo compran discos compactos. Dibuje un óvalo en su diagrama de Venn que represente este evento.

3.6 Temas de probabilidad

Laboratorio de estadística

Temas de probabilidad

Hora de la clase:

Nombres:

Resultados del aprendizaje de los estudiantes

- El estudiante utilizará métodos teóricos y empíricos para estimar probabilidades.
- El estudiante valorará las diferencias entre las dos estimaciones.
- El estudiante demostrará que comprende las frecuencias relativas a largo plazo.

Haga el experimento

Cuente 40 M&M® de colores variados, lo que equivale aproximadamente a una bolsa pequeña. Registre el número de cada color en la Tabla 3.11. Utilice la información de esta tabla para completar la Tabla 3.12. A continuación, ponga los M&M en una taza. El experimento consiste en elegir dos M&M, uno a la vez. **No** los mire mientras los agarra. La primera vez, reemplace el primer M&M antes de agarrar el segundo. Registre los resultados en la columna "Con reemplazo" de la Tabla 3.13. Hágalo 24 veces. La segunda vez, después de tomar el primer M&M, **no** lo reemplace antes de tomar el segundo. Entonces, elija el segundo. Registre los resultados en la sección de la columna "Sin reemplazo" de la Tabla 3.14. Después de registrar la selección, vuelva a poner **los dos** M&M. Hágalo también un total de 24 veces. Utilice los datos de la Tabla 3.14 para calcular las preguntas de probabilidad empírica. Deje sus respuestas en forma fraccionaria no reducida. **No** multiplique ninguna fracción.

Color	Cantidad
Amarillo(Y)	
Verde(G)	
Azul(BL)	
Marrón(B)	
Naranja(O)	
Rojo(R)	

Tabla 3.11 Población

	Con reemplazo	Sin reemplazo
P(2 rojos)		
$P(R_1B_2$ O $B_1R_2)$		
$P(R_1$ Y $G_2)$		
$P(G_2 \mid R_1)$		

Tabla 3.12 Probabilidades teóricas

	Con reemplazo	Sin reemplazo
P(sin amarillos)		
P(dobles)		
P(sin dobles)		

Tabla 3.12 Probabilidades teóricas

Nota

G_2 = verde en la segunda selección; R_1 = rojo en la primera selección; B_1 = marrón en la primera selección; B_2 = marrón en la segunda selección; dobles = ambas selecciones son del mismo color.

Con reemplazo	Sin reemplazo
(__ , __) (__ , __)	(__ , __) (__ , __)
(__ , __) (__ , __)	(__ , __) (__ , __)
(__ , __) (__ , __)	(__ , __) (__ , __)
(__ , __) (__ , __)	(__ , __) (__ , __)
(__ , __) (__ , __)	(__ , __) (__ , __)
(__ , __) (__ , __)	(__ , __) (__ , __)
(__ , __) (__ , __)	(__ , __) (__ , __)
(__ , __) (__ , __)	(__ , __) (__ , __)
(__ , __) (__ , __)	(__ , __) (__ , __)
(__ , __) (__ , __)	(__ , __) (__ , __)
(__ , __) (__ , __)	(__ , __) (__ , __)
(__ , __) (__ , __)	(__ , __) (__ , __)

Tabla 3.13 Resultados empíricos

	Con reemplazo	Sin reemplazo
P(2 rojos)		
$P(R_1B_2$ O $B_1R_2)$		

Tabla 3.14 Probabilidades empíricas

	Con reemplazo	Sin reemplazo
$P(R_1 \text{ Y } G_2)$		
$P(G_2 \mid R_1)$		
P(sin amarillos)		
P(dobles)		
P(sin dobles)		

Tabla 3.14 Probabilidades empíricas

Preguntas para el debate

1. ¿Por qué son diferentes las probabilidades "con reemplazo" y "sin reemplazo"?
2. Convierta P(sin amarillas) a formato decimal tanto para la Teórica "con reemplazo" como para la Empírica "con reemplazo". Redondee a cuatro decimales.
   a. Teórico "con reemplazo": P(sin amarillos) = ______
   b. Empírico "con reemplazo": P(sin amarillos) = ______
   c. ¿Están los valores decimales "cerca"? ¿Esperabas que estuvieran más cerca o más lejos? ¿Por qué?
3. Si aumenta el número de veces que elige dos M&M a 240 veces, ¿por qué cambiarían los valores de probabilidad empírica?
4. ¿Este cambio (vea la parte 3) haría que las probabilidades empíricas y las teóricas se acercaran o se alejaran? ¿Cómo lo sabe?
5. Explique las diferencias que representan $P(G_1 \text{ Y } R_2)$ y $P(R_1 \mid G_2)$. Pista: Piense en el espacio muestral de cada probabilidad.

Términos Clave

Complemento del evento el complemento del evento *A* consiste en todos los resultados que NO están en *A*.

Diagrama de árbol la útil representación visual de un espacio muestral y de eventos en forma de "árbol" con ramas marcadas por los posibles resultados junto con las probabilidades asociadas (frecuencias, frecuencias relativas, etc.)

Diagrama de Venn la representación visual de un espacio muestral y de eventos en forma de círculos u óvalos que muestran sus intersecciones

El evento O Un resultado está en el evento *A* O *B* si el resultado está en *A* o está en *B* o está tanto en *A* como en *B*.

El evento Y Un resultado está en el evento *A* Y *B* si el resultado está en *A* Y *B* al mismo tiempo.

Espacio muestral el conjunto de todos los resultados posibles de un experimento

Evento un subconjunto del conjunto de todos los resultados de un experimento; el conjunto de todos los resultados de un experimento se denomina **espacio muestral** y se suele denotar por una *S*. Un evento es un subconjunto arbitrario en *S*. Puede contener un resultado, dos resultados, ningún resultado (subconjunto vacío), todo el espacio muestral y similares. Las anotaciones estándar para los eventos son letras mayúsculas como *A*, *B*, *C*, etc.

Eventos dependientes si dos eventos NO son independientes, decimos que son dependientes

Eventos independientes la ocurrencia de un evento no tiene efecto sobre la probabilidad de que ocurra otro evento. Los eventos *A* y *B* son independientes si una de las siguientes afirmaciones es cierta:

1. $P(A|B) = P(A)$
2. $P(B|A) = P(B)$
3. $P(A \text{ Y } B) = P(A)P(B)$

Experimento una actividad planificada y realizada en condiciones controladas

Igual de probable cada resultado de un experimento tiene la misma probabilidad

La "O" de dos eventos Un resultado está en el evento *A* O *B* si el resultado está en *A*, está en *B*, o está tanto en *A* como en *B*.

La probabilidad condicional de *A* DADO *B* $P(A|B)$ es la probabilidad de que ocurra el evento *A* dado que el evento *B* ya ha ocurrido.

La probabilidad condicional de un evento dado otro evento $P(A|B)$ es la probabilidad de que ocurra el evento *A* dado que el evento *B* ya ha ocurrido.

Muestreo con reemplazo si cada miembro de una población es reemplazado después de ser elegido, entonces ese miembro tiene la posibilidad de ser elegido más de una vez.

Muestreo sin reemplazo cuando el muestreo se hace sin reemplazo, cada miembro de una población solo lo pueden seleccionar una vez.

Mutuamente excluyente dos eventos son mutuamente excluyentes si la probabilidad de que ambos ocurran al mismo tiempo es cero Si los eventos *A* y *B* son mutuamente excluyentes, entonces $P(A \text{ Y } B) = 0$.

Probabilidad un número entre cero y uno, inclusive, que da la probabilidad de que ocurra un evento específico; el fundamento de la estadística viene dado por los siguientes 3 axiomas (por A. N. Kolmogorov, década de los años 30 del siglo XX): Supongamos que *S* es el espacio muestral y *A* y *B* son dos eventos en *S*. Entonces

- $0 \leq P(A) \leq 1$
- Si *A* y *B* son dos eventos mutuamente excluyentes, entonces $P(A \text{ O } B) = P(A) + P(B)$.
- $P(S) = 1$

Probabilidad condicional la probabilidad de que un evento ocurra dado que otro evento ya ha ocurrido

Resultado un producto particular de un experimento

tabla de contingencia el método de mostrar una distribución de frecuencias como una tabla con filas y columnas para mostrar cómo dos variables pueden ser dependientes (contingentes) entre sí; la tabla proporciona una manera fácil de calcular probabilidades condicionales.

Repaso del capítulo

3.1 Terminología

En este módulo hemos aprendido la terminología básica de la probabilidad. El conjunto de todos los resultados posibles de un experimento se denomina espacio muestral. Los eventos son subconjuntos del espacio muestral y se les asigna una probabilidad que es un número entre cero y uno, ambos inclusive.

3.2 Eventos mutuamente excluyentes e independientes

Dos eventos *A* y *B* son independientes si el conocimiento de que uno ha ocurrido no afecta a la posibilidad de que ocurra el otro. Si dos eventos no son independientes, decimos que son dependientes.

En el muestreo con reemplazo, cada miembro de una población se sustituye después de que lo seleccionen, por lo que ese miembro tiene la posibilidad de que lo seleccionen más de una vez, y los eventos se consideran independientes. En el muestreo sin reemplazo, cada miembro de una población solo lo pueden seleccionar una vez, y se considera que los eventos no son independientes. Cuando los eventos no comparten resultados, son mutuamente excluyentes.

3.3 Dos reglas básicas de la probabilidad

Las reglas de multiplicación y de adición se utilizan para calcular la probabilidad de *A* y *B*, así como la probabilidad de *A* o *B* para dos eventos dados *A*, *B* definidos en el espacio muestral. En el muestreo con reemplazo, cada miembro de una población se sustituye después de ser elegido, por lo que ese miembro tiene la posibilidad de ser elegido más de una vez, y los eventos se consideran independientes. En el muestreo sin reemplazo, cada miembro de una población solo lo pueden seleccionar una vez, y se considera que los eventos no son independientes. *A* y *B* son eventos mutuamente excluyentes cuando no tienen ningún resultado en común.

3.4 Tablas de contingencia

Hay varias herramientas que pueden ayudar a organizar y clasificar datos cuando se calculan probabilidades. Las tablas de contingencia ayudan a visualizar los datos y son especialmente útiles cuando se calculan probabilidades que tienen múltiples variables dependientes.

3.5 Diagramas de árbol y de Venn

Un diagrama de árbol utiliza ramas para mostrar los diferentes resultados de los experimentos y facilita la visualización de preguntas de probabilidad complejas.

Un diagrama de Venn es una imagen que representa los resultados de un experimento. Generalmente consiste en una caja que representa el espacio muestral *S* junto con círculos u óvalos. Los círculos u óvalos representan eventos. Un diagrama de Venn es especialmente útil para visualizar el evento O, el evento Y y el complemento de un evento, y para entender las probabilidades condicionales.

Repaso de fórmulas

3.1 Terminología

A y *B* son eventos

$P(S) = 1$ donde *S* es el espacio muestral

$0 \leq P(A) \leq 1$

$P(A|B) = \frac{P(A \text{ Y } B)}{P(B)}$

3.2 Eventos mutuamente excluyentes e independientes

Si *A* y *B* son independientes, $P(A \text{ Y } B) = P(A)P(B)$, $P(A|B) = P(A)$ and $P(B|A) = P(B)$.

Si *A* y *B* son mutuamente excluyentes, $P(A \text{ O } B) = P(A) + P(B)$ y $P(A \text{ Y } B) = 0$.

3.3 Dos reglas básicas de la probabilidad

La regla de multiplicación: $P(A \text{ Y } B) = P(A|B)P(B)$

La regla de adición: $P(A \text{ O } B) = P(A) + P(B) - P(A \text{ Y } B)$

Práctica

3.1 Terminología

1. En una determinada clase de un instituto universitario hay estudiantes hombres y mujeres. Algunos estudiantes tienen el cabello largo y otros tienen el cabello corto. Escriba los **símbolos** de las probabilidades de los eventos de las partes de la a a la j (tenga en cuenta que aquí no puede hallar respuestas numéricas. Todavía no se le ha dado suficiente información para hallar ningún valor de probabilidad; concéntrese en entender los símbolos).

- Supongamos que *F* es el evento en el que un estudiante es mujer.
- Supongamos que *M* es el evento en el que un estudiante es hombre.
- Supongamos que *S* es el evento en el que un estudiante tiene el cabello corto.
- Supongamos que *L* es el evento en el que un estudiante tiene el cabello largo.

a. La probabilidad de que un estudiante no tenga el cabello largo.
b. La probabilidad de que un estudiante sea hombre o tenga el cabello corto.
c. La probabilidad de que un estudiante sea una mujer y tenga el cabello largo.
d. La probabilidad de que un estudiante sea hombre, dado que el estudiante tiene el cabello largo.
e. La probabilidad de que un estudiante tenga el cabello largo, dado que el estudiante es hombre.
f. De todas las estudiantes mujeres, la probabilidad de que una estudiante tenga el cabello corto.
g. De todos los estudiantes con cabello largo, la probabilidad de que un estudiante sea mujer.
h. La probabilidad de que un estudiante sea mujer o tenga el cabello largo.
i. La probabilidad de que un estudiante seleccionado al azar sea un hombre con el cabello corto.
j. La probabilidad de que un estudiante sea mujer.

Use la siguiente información para responder los próximos cuatro ejercicios. Una caja está llena de varios regalos de fiesta. Contiene 12 sombreros, 15 pitos, diez trampas para dedos y cinco bolsas de confeti. Se elegirá al azar un regalo de fiesta de la caja.
Supongamos que H = el evento de sacar un sombrero.
Supongamos que N = el evento de sacar un pito.
Supongamos que F = el evento de sacar una trampa para dedos.
Supongamos que C = el evento de sacar una bolsa de confeti.

2. Calcule $P(H)$.

3. Calcule $P(N)$.

4. Calcule $P(F)$.

5. Calcule $P(C)$.

Use la siguiente información para responder los próximos seis ejercicios. Una jarra de 150 gominolas contiene 22 rojas, 38 amarillas, 20 verdes, 28 moradas, 26 azules y el resto son anaranjadas. Se saca de la caja una gominola al azar.
Supongamos que B = el evento de sacar una gominola azul.
Supongamos que G = el evento de sacar una gominola verde.
Supongamos que O = el evento de sacar una gominola anaranjada.
Supongamos que P = el evento de sacar una gominola morada.
Supongamos que R = el evento de sacar una gominola roja.
Supongamos que Y = el evento de sacar una gominola amarilla.

6. Calcule $P(B)$.

7. Calcule $P(G)$.

8. Calcule $P(P)$.

9. Calcule $P(R)$.

10. Calcule $P(Y)$.

11. Calcule $P(O)$.

Use la siguiente información para responder los próximos seis ejercicios. Hay 23 países en América del Norte, 12 en América del Sur, 47 en Europa, 44 en Asia, 54 en África y 14 en Oceanía (región del Océano Pacífico).
Supongamos que A = el evento en el que un país esté en Asia.
Supongamos que E = el evento en el que un país esté en Europa.
Supongamos que F = el evento en el que un país esté en África.
Supongamos que N = el evento en el que un país esté en América del Norte.
Supongamos que O = el evento en el que un país esté en Oceanía.
Supongamos que S = el evento en el que un país esté en América del Sur.

12. Calcule $P(A)$.

13. Calcule $P(E)$.

14. Calcule $P(F)$.

15. Calcule $P(N)$.

16. Calcule $P(O)$.

17. Calcule $P(S)$.

18. ¿Cuál es la probabilidad de sacar una carta roja en un mazo estándar de 52 cartas?

19. ¿Cuál es la probabilidad de sacar un trébol en un mazo estándar de 52 cartas?

20. ¿Cuál es la probabilidad de sacar un número par de puntos con un dado imparcial de seis lados numerados del uno al seis?

21. ¿Cuál es la probabilidad de sacar un número primo de puntos con un dado imparcial de seis lados numerados del uno al seis?

Use la siguiente información para responder los próximos dos ejercicios. Usted ve un juego en una feria local. Tiene que lanzar un dardo a una rueda de colores. Cada sección de la rueda de color es de igual área.

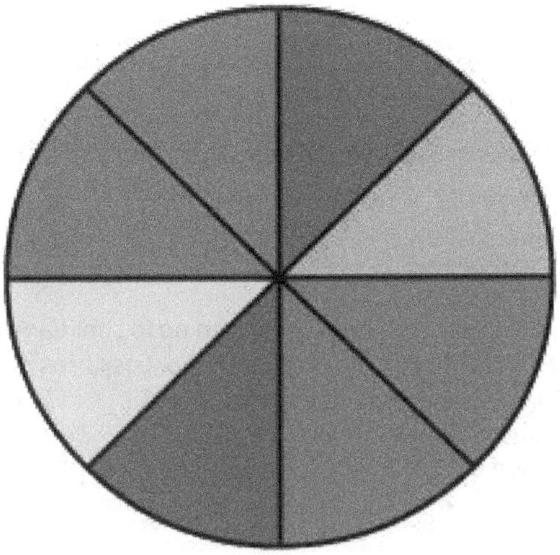

Figura 3.10

Supongamos que B = el evento de acertar al azul.
Supongamos que R = el evento de acertar al rojo.
Supongamos que G = el evento de acertar al verde.
Supongamos que Y = el evento de acertar al amarillo.

22. Si cae en Y, se lleva el premio mayor. Calcule $P(Y)$.

23. Si cae en rojo, no recibe premio. ¿Qué es $P(R)$?

Use la siguiente información para responder los próximos diez ejercicios. En un equipo de béisbol, hay jugadores de campo y jardineros. Algunos jugadores son grandes bateadores y otros no.
Supongamos que I = el evento en el que un jugador es un jugador de campo.
Supongamos que O = el evento en el que un jugador sea jardinero.
Supongamos que H = el evento en el que un jugador sea un gran bateador.
Supongamos que N = el evento en el que un jugador no sea un gran bateador.

24. Escriba los símbolos de la probabilidad de que un jugador no sea jardinero.

25. Escriba los símbolos de la probabilidad de que un jugador sea un jardinero o un gran bateador.

26. Escriba los símbolos de la probabilidad de que un jugador sea jugador de campo y no sea un gran bateador.

27. Escriba los símbolos de la probabilidad de que un jugador sea un gran bateador, dado que el jugador es un jugador de campo.

28. Escriba los símbolos para la probabilidad de que un jugador sea un jugador de campo, dado que el jugador es un gran bateador.

29. Escriba los símbolos para la probabilidad de que, de todos los jardineros, un jugador no sea un gran bateador.

30. Escriba los símbolos de la probabilidad de que, de todos los grandes bateadores, un jugador sea jardinero.

31. Escriba los símbolos de la probabilidad de que un jugador sea jugador de campo o no sea un gran bateador.

32. Escriba los símbolos de la probabilidad de que un jugador sea jardinero y sea un gran bateador.

33. Escriba los símbolos de la probabilidad de que un jugador sea jugador de campo.

34. ¿Cómo se denomina el conjunto de todos los resultados posibles?

35. ¿Qué es la probabilidad condicional?

36. En una estantería caben 12 libros. Ocho son de ficción y el resto no lo son. Cada uno es un libro diferente con un título único. Los libros de ficción están numerados del uno al ocho. Los libros que no son de ficción están numerados del uno al cuatro. Seleccione al azar un libro.
Supongamos que F = evento en el que el libro es de ficción
Supongamos que N = evento en el que el libro no es de ficción
¿Cuál es el espacio muestral?

37. ¿Cuál es la suma de las probabilidades de un evento y su complemento?

Use la siguiente información para responder los próximos dos ejercicios. Usted está lanzando un cubo numérico imparcial de seis lados. Supongamos que E = el evento en el que caiga en un número par. Supongamos que M = el evento en el que caiga en un múltiplo de tres.

38. ¿Qué significa $P(E|M)$ en palabras?

39. ¿Qué significa $P(E \text{ O } M)$ en palabras?

3.2 Eventos mutuamente excluyentes e independientes

40. E y F son eventos mutuamente excluyentes. $P(E) = 0{,}4$; $P(F) = 0{,}5$. Calcule $P(E|F)$.

41. J y K son eventos independientes. $P(J|K) = 0{,}3$. Calcule $P(J)$.

42. U y V son eventos mutuamente excluyentes. $P(U) = 0{,}26$; $P(V) = 0{,}37$. Calcule:

a. $P(U \text{ Y } V) =$
b. $P(U|V) =$
c. $P(U \text{ O } V) =$

43. Q y R son eventos independientes. $P(Q) = 0{,}4$ y $P(Q \text{ Y } R) = 0{,}1$. Calcule $P(R)$.

3.3 Dos reglas básicas de la probabilidad

Use la siguiente información para responder los próximos diez ejercicios. El cuarenta y ocho por ciento de todos los californianos votantes registrados prefieren la cadena perpetua sin libertad condicional a la pena de muerte para una persona condenada por asesinato en primer grado. Entre los votantes latinos registrados en California, el 55 % prefiere la cadena perpetua sin libertad condicional a la pena de muerte para una persona condenada por asesinato en primer grado. El 37,6 % de los californianos son latinos.

En este problema supongamos que:

- C = californianos (votantes registrados) que prefieren la cadena perpetua sin libertad condicional a la pena de muerte para una persona condenada por asesinato en primer grado.

- L = californianos latinos

Supongamos que se selecciona al azar un californiano.

44. Calcule $P(C)$.

45. Calcule $P(L)$.

46. Calcule $P(C|L)$.

47. En palabras, ¿qué es $C|L$?

48. Calcule $P(L \text{ Y } C)$.

49. En palabras, ¿qué es L Y C?

50. ¿L y C son eventos independientes? Demuestre por qué sí o por qué no.

51. Calcule $P(L \text{ O } C)$.

52. En palabras, ¿qué es L O C?

53. ¿L y C son eventos mutuamente excluyentes? Demuestre por qué sí o por qué no.

3.4 Tablas de contingencia

Use la siguiente información para responder los próximos cuatro ejercicios. La Tabla 3.15 muestra una muestra aleatoria de músicos y cómo aprendieron a tocar sus instrumentos.

Sexo	Autodidacta	Estudió en la escuela	Instrucción privada	Total
Mujeres	12	38	22	72
Hombres	19	24	15	58
Total	31	62	37	130

Tabla 3.15

54. Calcule P(el músico es una mujer).

55. Calcule P(el músico es un hombre Y tuvo instrucción privada).

56. Calcule$P$(el músico es una mujer O es autodidacta).

57. ¿Los eventos "ser una mujer música" y "aprender música en la escuela" son eventos mutuamente excluyentes?

3.5 Diagramas de árbol y de Venn

58. La probabilidad de que un hombre desarrolle algún tipo de cáncer a lo largo de su vida es de 0,4567. La probabilidad de que un hombre tenga, al menos, un resultado falso positivo (es decir, que la prueba dé un resultado de cáncer cuando el hombre no lo tiene) es de 0,51. Supongamos que: C = un hombre desarrolla un cáncer en su vida; P = el hombre tiene, al menos, un falso positivo. Construya un diagrama de árbol de la situación.

Uniéndolo todo: Práctica

Use la siguiente información para responder los próximos siete ejercicios. Un artículo en la *New England Journal of Medicine*, informó sobre un estudio de fumadores en California y Hawái. En una parte del informe se indicaba el origen étnico autodeclarado y la cantidad de cigarrillos por día. De las personas que fumaban como máximo diez cigarrillos al día, había 9.886 afroamericanos, 2.745 nativos de Hawái, 12.831 latinos, 8.378 japoneses americanos y 7.650 blancos. De las personas que fumaban entre 11 y 20 cigarrillos al día, había 6.514 afroamericanos, 3.062 nativos de Hawái, 4.932 latinos, 10.680 japoneses americanos y 9.877 blancos. De las personas que fumaban entre 21 y 30 cigarrillos al día, había 1.671 afroamericanos, 1.419 nativos de Hawái, 1.406 latinos, 4.715 japoneses americanos y 6.062 blancos. De las personas que fumaban al menos 31 cigarrillos al día, había 759 afroamericanos, 788 nativos de Hawái, 800 latinos, 2.305 japoneses americanos y 3.970 blancos.

59. Rellene la tabla con los datos proporcionados.

Nivel de fumadores	Afroamericanos	Nativos de Hawái	Latinos	Japoneses	Blancos	TOTALES
1-10						
11-20						
21-30						
31 o más						
TOTALES						

Tabla 3.16 Hábito de fumar por grupo étnico

60. Supongamos que se selecciona al azar una persona del estudio. Calcule la probabilidad de que la persona haya fumado de 11 a 20 cigarrillos al día.

61. Calcule la probabilidad de que la persona sea latina.

62. En palabras, explique qué significa elegir una persona del estudio que sea "japonés americano **Y** que fume de 21 a 30 cigarrillos al día". Además, encuentra la probabilidad.

63. En palabras, explique qué significa elegir una persona del estudio que sea "japonesa-americana **O** que fume de 21 a 30 cigarrillos al día. Además, encuentra la probabilidad.

64. En palabras, explique qué significa elegir una persona del estudio que sea "japonesa-americana, **dado** que esa persona fuma de 21 a 30 cigarrillos al día. Además, encuentra la probabilidad.

65. Demostrar que el hábito de fumar/día y la etnia son eventos dependientes.

Tarea para la casa

3.1 Terminología

66.

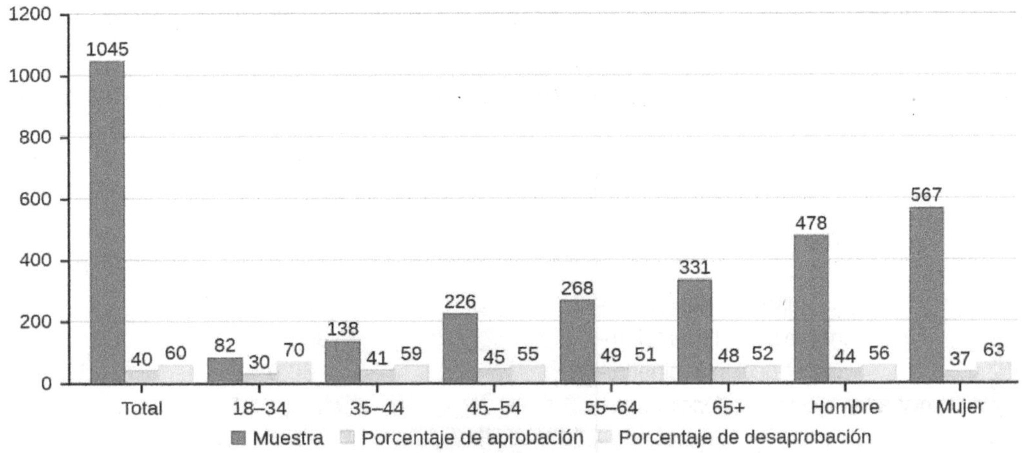

Figura 3.11

El gráfico de la Figura 3.11 muestra el tamaño de la muestra y los porcentajes de personas de diferentes grupos de edad y sexo que fueron consultadas sobre su aprobación de las acciones del alcalde Ford en el cargo. El número total de la muestra de todos los grupos de edad es de 1.045.

a. Defina tres eventos en el gráfico.
b. Describa con palabras lo que significa la entrada 40.
c. Describa con palabras el complemento de la entrada de la pregunta 2.
d. Describa con palabras lo que significa la entrada 30.
e. De los hombres y las mujeres, ¿qué porcentaje son hombres?
f. De las mujeres, ¿qué porcentaje desaprueba al alcalde Ford?
g. De todos los grupos de edad, ¿qué porcentaje aprueba al alcalde Ford?
h. Calcule *P*(Aprobar | Hombre).
i. De los grupos de edad, ¿qué porcentaje tiene más de 44 años?
j. Calcule *P*(Aprobar | Edad < 35).

67. Explique qué es incorrecto en las siguientes afirmaciones. Utilice oraciones completas.

a. Si hay un 60 % de probabilidad de lluvia el sábado y un 70 % de probabilidad de lluvia el domingo, entonces hay un 130 % de probabilidad de lluvia durante el fin de semana.
b. La probabilidad de que un jugador de béisbol batee un jonrón es mayor que la probabilidad de que haga un batazo imparable.

3.2 Eventos mutuamente excluyentes e independientes

Use la siguiente información para responder los próximos 12 ejercicios. El gráfico mostrado se basa en más de 170.000 entrevistas realizadas por Gallup que se llevaron a cabo entre enero y diciembre de 2012. La muestra está formada por estadounidenses de 18 años o más con empleo. Las calificaciones del Índice de Salud Emocional son el espacio muestral. Tomamos una muestra aleatoria de la calificación del Índice de Salud Emocional.

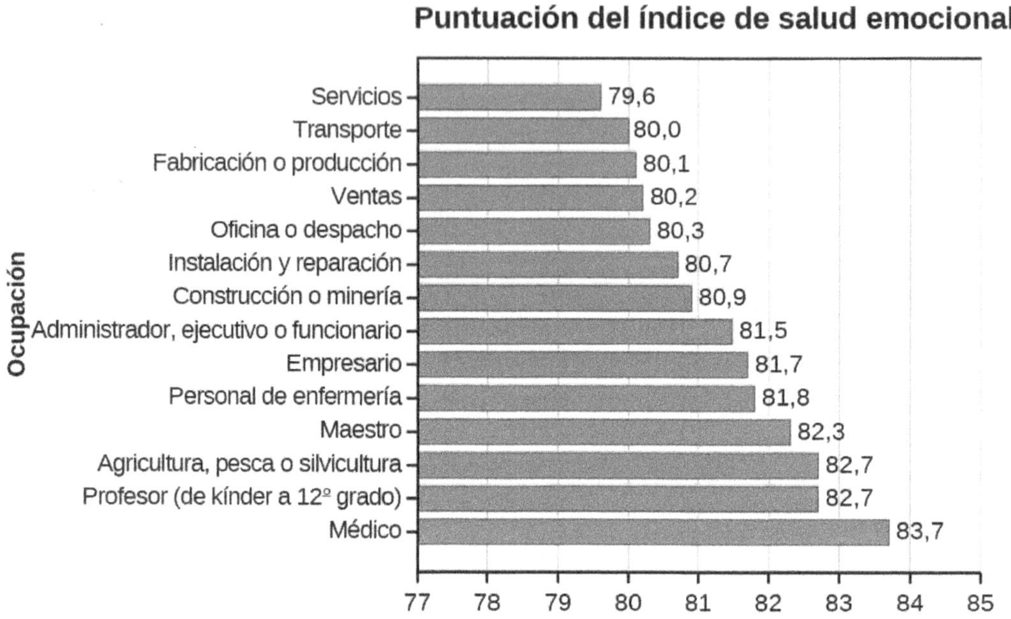

Figura 3.12

68. Calcule la probabilidad de que la calificación del Índice de Salud Emocional sea 82,7.

69. Calcule la probabilidad de que la calificación del Índice de Salud Emocional sea 81,0.

70. Calcule la probabilidad de que la calificación del Índice de Salud Emocional sea superior a 81.

71. Calcule la probabilidad de que la calificación del Índice de Salud Emocional esté entre 80,5 y 82.

72. Si sabemos que la calificación del Índice de Salud Emocional es de 81,5 o más, ¿cuál es la probabilidad de que sea 82,7?

73. ¿Cuál es la probabilidad de que la calificación del Índice de Salud Emocional sea 80,7 u 82,7?

74. ¿Cuál es la probabilidad de que la calificación del Índice de Salud Emocional sea inferior a 80,2 dado que ya es inferior a 81?

75. ¿Qué ocupación tiene la calificación más alta del índice emocional?

76. ¿Qué ocupación tiene la calificación más baja del índice emocional?

77. ¿Cuál es el rango de los datos?

78. Calcule el promedio de la Calificación del Índice de Salud Emocional (Emotional Health Index Score, EHIS).

79. Si todas las ocupaciones son igualmente probables para una determinada persona, ¿cuál es la probabilidad de que tenga una ocupación con un EHIS inferior al promedio?

3.3 Dos reglas básicas de la probabilidad

80. El 28 de febrero de 2013, una encuesta de Field Poll informó que el 61 % de los votantes registrados en California aprobaba que se les permitiera a dos personas del mismo sexo casarse y que rigieran las leyes regulares de matrimonio para ellos. Entre los jóvenes de 18 a 39 años (votantes registrados en California), el índice de aprobación fue del 78 %. Seis de cada diez votantes registrados en California dijeron que el próximo fallo del Tribunal Supremo sobre la constitucionalidad de la Proposición 8 de California era "muy importante" o "algo importante" para ellos. De los votantes registrados en California que apoyan el matrimonio entre personas del mismo sexo, el 75 % dijeron que la sentencia es "importante" para ellos.

En este problema, supongamos que:

- C = votantes registrados en California que apoyan el matrimonio entre personas del mismo sexo.
- B = votantes registrados en California que dicen que el fallo del Tribunal Supremo sobre la constitucionalidad de la Proposición 8 de California es "muy importante" o "algo importante" para ellos.
- A = Votantes registrados en California que tienen entre 18 y 39 años
  a. Calcule $P(C)$.
  b. Calcule $P(B)$.
  c. Calcule $P(C|A)$.
  d. Calcule $P(B|C)$.
  e. En palabras, ¿qué es $C|A$?
  f. En palabras, ¿qué es $B|C$?
  g. Calcule $P(C \text{ Y } B)$.
  h. En palabras, ¿qué es C Y B?
  i. Calcule $P(C \text{ O } B)$.
  j. ¿C y B son eventos mutuamente excluyentes? Demuestre por qué sí o por qué no.

81. Después de que Rob Ford, el alcalde de Toronto, anunciara sus planes de recortar los gastos presupuestarios a finales de 2011, el Forum Research hizo un sondeo entre 1.046 personas para medir su popularidad. Todos los consultados expresaron su aprobación o desaprobación. Estos son los resultados de su sondeo:

- A principios de 2011, el 60 % de la población aprobaba la actuación del alcalde Ford en el cargo.
- A mediados de 2011, el 57 % de la población aprobaba sus acciones.
- A finales de 2011, el porcentaje de aprobación popular se medía en un 42 %.
  a. ¿Cuál es el tamaño de la muestra de este estudio?
  b. ¿Qué proporción del sondeo desaprueba al alcalde Ford, según los resultados de finales de 2011?
  c. ¿Cuántas personas consultadas respondieron que aprobaban al alcalde Ford a finales de 2011?
  d. ¿Cuál es la probabilidad de que una persona apoye al alcalde Ford, según los datos recopilados a mediados de 2011?
  e. ¿Cuál es la probabilidad de que una persona apoye al alcalde Ford, según los datos recopilados a principios de 2011?

Use la siguiente información para responder los próximos tres ejercicios. El juego de casino, la ruleta, le permite al jugador apostar sobre la probabilidad de que una bola que gira en la rueda de la ruleta caiga en un color, número o rango de números particulares. La tabla utilizada para realizar las apuestas contiene 38 números, y cada número se asigna a un color y a un rango.

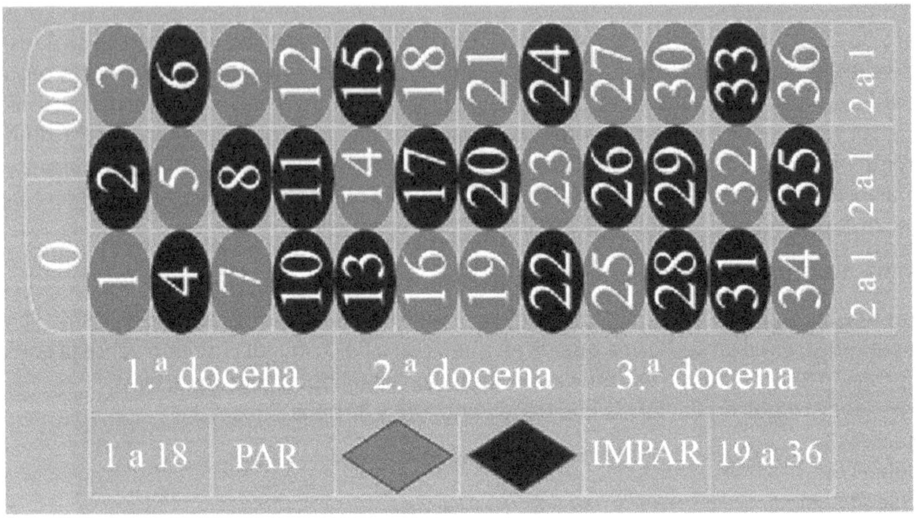

Figura 3.13 (créditos: film8ker/wikibooks).

82. a. Enumere el espacio muestral de los 38 resultados posibles en la ruleta.
b. Usted apuesta por el rojo. Calcule *P*(rojo).
c. Apuesta por -1.° 12- (1.ª docena). Calcule *P*(-1.° 12-).
d. Apuesta por un número par. Calcule *P*(número par).
e. ¿Obtener un número impar es el complemento de obtener un número par? ¿Por qué?
f. Halle dos eventos mutuamente excluyentes.
g. ¿Los eventos par y 1.ª docena son independientes?

83. Calcule la probabilidad de ganar los siguientes tipos de apuestas:

a. Apostar a dos líneas que se tocan en la mesa como en 1-2-3-4-5-6
b. Apostar a tres números en una línea, como en 1-2-3
c. Apostar a un número
d. Apostar a cuatro números que se tocan para formar un cuadrado, como en 10-11-13-14
e. Apostar a dos números que se tocan en la mesa, como 10-11 o 10-13
f. Apostar a 0-00-1-2-3
g. Apostar a 0-1-2; o 0-00-2; o 00-2-3

84. Calcule la probabilidad de ganar los siguientes tipos de apuestas:

a. Apostar a un color
b. Apostar a uno de los doce grupos
c. Apostar al rango de números del 1 al 18
d. Apostar al rango de números del 19 al 36
e. Apostar a una de las columnas
f. Apostar a un número par o impar (excluye el cero)

85. Suponga que tiene ocho cartas. Cinco son verdes y tres amarillas. Las cinco cartas verdes están numeradas como 1, 2, 3, 4 y 5. Las tres cartas amarillas están numeradas como 1, 2 y 3. Las cartas están bien barajadas. Saca una carta al azar.

- G = la carta que sacó es verde
- E = la carta extraída es par

a. Enumere el espacio muestral.
b. $P(G)$ = ____
c. $P(G|E)$ = ____
d. $P(G \text{ Y } E)$ = ____
e. $P(G \text{ O } E)$ = ____
f. ¿G y E son mutuamente excluyentes? Justifique su respuesta numéricamente.

86. Lanza dos dados imparciales por separado. Cada dado tiene seis caras.

a. Enumere el espacio muestral.
b. Supongamos que A es el evento para que salga primero un tres o un cuatro seguido de un número par. Calcule $P(A)$.
c. Supongamos que B es el evento para que la suma de las dos lanzadas sea como máximo siete. Calcule $P(B)$.
d. En palabras, explique qué representa "$P(A|B)$". Calcule $P(A|B)$.
e. ¿A y B son eventos mutuamente excluyentes? Explique su respuesta en una o tres oraciones completas incluida la justificación numérica.
f. ¿A y B son eventos independientes? Explique su respuesta en una o tres oraciones completas incluida la justificación numérica.

87. Un mazo especial tiene diez cartas. Cuatro son verdes, tres azules y tres rojas. Cuando se elige una carta se registra su color. El experimento consiste en elegir primero una carta y luego lanzar una moneda.

a. Enumere el espacio muestral.
b. Supongamos que A es el evento para que se elija primero una carta azul seguido de que salga cara en el lanzamiento de la moneda. Calcule $P(A)$.
c. Supongamos que B es el evento para que se elija una roja o una verde seguido de que salga cara en el lanzamiento de la moneda. ¿Los eventos A y B son mutuamente excluyentes? Explique su respuesta en una o tres oraciones completas incluida la justificación numérica.
d. Supongamos que C es el evento para que se elija una roja o una azul seguido de que salga cara en el lanzamiento de la moneda. ¿Los eventos A y C son mutuamente excluyentes? Explique su respuesta en una o tres oraciones completas incluida la justificación numérica.

88. El experimento consiste en lanzar primero un dado y luego una moneda.

a. Enumere el espacio muestral.
b. Supongamos que A es el evento para que salga primero un tres o un cuatro seguido de que salga una cara en el lanzamiento de la moneda. Calcule $P(A)$.
c. Supongamos que B es el evento para que en la primera y la segunda lanzada salgan caras. ¿Los eventos A y B son mutuamente excluyentes? Explique su respuesta en una o tres oraciones completas incluida la justificación numérica.

89. El experimento consiste en lanzar una moneda de cinco centavos, una de diez y una de veinticinco. Nos interesa el lado en el que cae la moneda.

a. Enumere el espacio muestral.
b. Supongamos que A es el evento para que haya dos cruces como mínimo. Calcule $P(A)$.
c. Supongamos que B es el evento para que en la primera y la segunda lanzada salgan caras. ¿Los eventos A y B son mutuamente excluyentes? Explique su respuesta con una o tres oraciones completas incluida la justificación.

90. Considere el siguiente escenario:
Supongamos que $P(C) = 0{,}4$.
Supongamos que $P(D) = 0{,}5$.
Supongamos que $P(C|D) = 0{,}6$

a. Calcule $P(C \text{ Y } D)$.
b. ¿C y D son mutuamente excluyentes? ¿Por qué sí o por qué no?
c. ¿C y D son eventos independientes? ¿Por qué sí o por qué no?
d. Calcule $P(C \text{ O } D)$.
e. Calcule $P(D|C)$.

91. Y y Z son eventos independientes.

a. Reescriba la regla básica de adición $P(Y \text{ O } Z) = P(Y) + P(Z) - P(Y \text{ Y } Z)$ utilizando la información de que Y y Z son eventos independientes.
b. Utilice la regla reescrita para calcular $P(Z)$ si $P(Y \text{ O } Z) = 0{,}71$ y $P(Y) = 0{,}42$.

92. G y H son eventos mutuamente excluyentes. $P(G) = 0{,}5$ $P(H) = 0{,}3$

a. Explique por qué la siguiente afirmación DEBE ser falsa: $P(H|G) = 0{,}4$.
b. Calcule $P(H \text{ O } G)$.
c. ¿G y H son eventos independientes o dependientes? Explique en una oración completa.

93. En Estados Unidos viven 281.000.000 de personas mayores de cinco años aproximadamente. De estas personas, 55.000.000 hablan una lengua distinta del inglés en casa. De los que hablan otro idioma en casa, el 62,3 % habla español.

Supongamos que: E = habla inglés en casa; E' = habla otro idioma en casa; S = habla español;

Termine cada enunciado de probabilidad y haga coincidir la respuesta correcta.

Declaraciones de probabilidad	Respuestas
a. $P(E') =$	i. 0,8043
b. $P(E) =$	ii. 0,623
c. $P(S \text{ y } E') =$	iii. 0,1957
d. $P(S|E') =$	iv. 0,1219

Tabla 3.17

94. En 1994, el gobierno de EE. UU. convocó un sorteo para expedir 55.000 tarjetas verdes (permisos para que los que no son ciudadanos puedan trabajar legalmente en EE. UU.). Renate Deutsch, de Alemania, fue una de las aproximadamente 6,5 millones de personas que participaron en este sorteo. Supongamos que G = obtener la tarjeta verde.

a. ¿Qué posibilidades tenía Renate de obtener la tarjeta verde? Escriba su respuesta en forma de declaración de probabilidad.
b. En el verano de 1994, Renate recibió una carta en la que se le comunicaba que era una de las 110.000 finalistas elegidas. Una vez elegidos los finalistas, suponiendo que cada uno de ellos tuviera las mismas posibilidades de obtenerla, ¿cuál era la probabilidad de Renate de obtener una tarjeta verde? Escriba su respuesta como una declaración de probabilidad condicional. Supongamos que F = ser finalista.
c. ¿G y F son eventos independientes o dependientes? Justifique su respuesta numéricamente y explique también por qué.
d. ¿G y F son eventos mutuamente excluyentes? Justifique su respuesta numéricamente y explique por qué.

95. Tres profesores de la Universidad George Washington hicieron un experimento para determinar si los economistas son más interesados que otras personas. Dejaron caer 64 sobres con sello y dirección con 10 dólares en efectivo en diferentes aulas del campus de George Washington. Se devolvió el 44 % en total. De las clases de Economía se devolvió el 56 % de los sobres. De las clases de Negocios, Psicología e Historia se devolvió el 31 %.

Supongamos que: R = dinero devuelto; E = clases de Economía; O = otras clases

a. Escriba una declaración de probabilidad para el porcentaje global de dinero devuelto.
b. Escriba un enunciado de probabilidad para el porcentaje de dinero devuelto de las clases de Economía.
c. Escriba una declaración de probabilidad para el porcentaje de dinero devuelto de las otras clases.
d. ¿La devolución del dinero es independientemente de la clase? Justifique su respuesta numéricamente y explíquela.
e. Basándose en este estudio, ¿cree que los economistas son más interesados que otras personas? Explique por qué sí o por qué no. Incluya números para justificar su respuesta.

96. La siguiente tabla de datos obtenida de www.baseball-almanac.com muestra la información de los batazos imparables de cuatro jugadores. Supongamos que se selecciona al azar un resultado de la tabla.

Nombre	Sencillo	Doble	Triple	Jonrón	Total de batazos imparables
Babe Ruth	1.517	506	136	714	2.873
Jackie Robinson	1.054	273	54	137	1.518
Ty Cobb	3.603	174	295	114	4.189
Hank Aaron	2.294	624	98	755	3.771
Total	8.471	1.577	583	1.720	12.351

Tabla 3.18

¿Son eventos independientes "el batazo imparable ejecutado por Hank Aaron" y "el batazo imparable que es un doble"?

a. Sí, porque P(batazo imparable de Hank Aaron | batazo imparable es un doble) = P(batazo imparable de Hank Aaron)
b. No, porque P(batazo imparable de Hank Aaron | batazo imparable es un doble) ≠ P(batazo imparable es un doble)
c. No, porque P(batazo imparable de Hank Aaron | batazo imparable es un doble) ≠ P(batazo imparable de Hank Aaron)
d. Sí, porque P(batazo imparable es de Hank Aaron | batazo imparable un doble) = P(batazo imparable es un doble)

97. United Blood Services es un banco de sangre que presta servicio a más de 500 hospitales en 18 estados. Según su sitio web, una persona con sangre del tipo O y factor Rh negativo (Rh–) puede donar sangre a cualquier persona con cualquier tipo de sangre. Sus datos muestran que el 43 % de las personas tienen sangre del tipo O y el 15 % del factor Rh–; el 52 % de las personas tienen el tipo O o el factor Rh–.

a. Calcule la probabilidad de que una persona tenga tanto sangre del tipo O como el factor Rh–.
b. Calcule la probabilidad de que una persona NO tenga ni sangre del tipo O ni el factor Rh–.

98. En un instituto universitario, el 72 % de los cursos tienen exámenes finales y el 46 % requieren trabajos de investigación. Supongamos que el 32 % de los cursos tienen un trabajo de investigación y un examen final. Supongamos que *F* es el evento en el que un curso tiene un examen final. Supongamos que *R* es el evento en el que un curso requiere un trabajo de investigación.

a. Calcule la probabilidad de que un curso tenga un examen final o un trabajo de investigación.
b. Calcule la probabilidad de que un curso no tenga NINGUNO de estos dos requisitos.

99. En una caja de galletas variadas, el 36 % tiene chocolate y el 12 % tiene frutos secos. En la caja, el 8 % contiene tanto chocolate como frutos secos. Sean es alérgico al chocolate y a los frutos secos.

a. Calcule la probabilidad de que una galleta contenga chocolate o frutos secos (no puede comerla).
b. Calcule la probabilidad de que una galleta no contenga ni chocolate ni frutos secos (puede comerla).

100. Un instituto universitario descubre que el 10 % de los estudiantes ha tomado una clase a distancia y que el 40 % de los estudiantes es a tiempo parcial. De los estudiantes a tiempo parcial, el 20 % ha tomado una clase a distancia. Supongamos que D = el evento en el que un estudiante tomó una clase a distancia y E = el evento en el que un estudiante es un estudiante a tiempo parcial

a. Calcule $P(D \text{ Y } E)$.
b. Calcule $P(E|D)$.
c. Calcule $P(D \text{ O } E)$.
d. Mediante una prueba apropiada demuestre si *D* y *E* son independientes.
e. Mediante una prueba apropiada demuestre si *D* y *E* son mutuamente excluyentes.

3.4 Tablas de contingencia

Utilice la información de la Tabla 3.19 para responder los próximos ocho ejercicios. La tabla muestra la afiliación a un partido político de cada uno de los 67 miembros del Senado de EE. UU. en junio de 2012, y cuándo se presentan a la reelección.

Se presenta a la reelección:	Partido Demócrata	Partido Republicano	Otros	Total
Noviembre de 2014	20	13	0	
Noviembre de 2016	10	24	0	
Total				

Tabla 3.19

101. ¿Cuál es la probabilidad de que un senador seleccionado al azar tenga una afiliación de “otro”?

102. ¿Cuál es la probabilidad de que un senador elegido al azar se presente a la reelección en noviembre de 2016?

103. ¿Cuál es la probabilidad de que un senador seleccionado al azar sea demócrata y se presente a la reelección en noviembre de 2016?

104. ¿Cuál es la probabilidad de que un senador seleccionado al azar sea republicano o se presente a la reelección en noviembre de 2014?

105. Supongamos que se selecciona al azar un miembro del Senado de Estados Unidos. Dado que el senador seleccionado al azar se presenta a la reelección en noviembre de 2016, ¿cuál es la probabilidad de que este senador sea demócrata?

106. Supongamos que se selecciona al azar un miembro del Senado de Estados Unidos. ¿Cuál es la probabilidad de que el senador se presente a la reelección en noviembre de 2014, sabiendo que este senador es republicano?

107. Los eventos "republicano" y "se presenta a la reelección en 2016" son _______

a. mutuamente excluyentes.
b. independiente.
c. ambos se excluyen mutuamente y son independientes.
d. no son mutuamente excluyentes ni independientes.

108. Los eventos "otro" y "se presenta a la reelección en noviembre de 2016" son _______

a. mutuamente excluyentes.
b. independiente.
c. ambos se excluyen mutuamente y son independientes.
d. no son mutuamente excluyentes ni independientes.

109. La Tabla 3.20 da el número de participantes en la reciente Encuesta Nacional de Salud que habían sido tratados por cáncer en los 12 meses anteriores. Los resultados se clasifican por edad, raza (blanca o negra) y sexo. Nos interesan las posibles relaciones entre la edad, la raza y el sexo.

Raza y sexo	15-24	25-40	41-65	Más de 65 años	TOTALES
Blanco, hombre	1.165	2.036	3.703		8.395
Blanco, mujer	1.076	2.242	4.060		9.129
Negro, hombre	142	194	384		824
Negro, mujer	131	290	486		1.061
Todos los demás					
TOTALES	2.792	5.279	9.354		21.081

Tabla 3.20

No incluya "todos los demás" para las partes f y g.

a. Rellene la columna correspondiente al tratamiento del cáncer para personas mayores de 65 años.
b. Rellene la fila de todas las demás razas.
c. Calcule la probabilidad de que una persona seleccionada al azar sea un hombre blanco.
d. Calcule la probabilidad de que una persona seleccionada al azar sea una mujer negra.
e. Calcule la probabilidad de que una persona seleccionada al azar sea negra
f. Halle la probabilidad de que un individuo seleccionado al azar sea hombre.
g. De las personas mayores de 65 años, calcule la probabilidad de que una persona seleccionada al azar sea un hombre blanco o negro.

Use la siguiente información para responder los próximos dos ejercicios. La tabla de datos obtenida de *www.baseball-almanac.com* muestra la información de bateo de cuatro conocidos jugadores de béisbol. Supongamos que se selecciona al azar un resultado de la tabla.

NOMBRE	Sencillo	Doble	Triple	Jonrón	TOTAL DE BATAZOS IMPARABLES
Babe Ruth	1.517	506	136	714	2.873

Tabla 3.21

NOMBRE	Sencillo	Doble	Triple	Jonrón	TOTAL DE BATAZOS IMPARABLES
Jackie Robinson	1.054	273	54	137	1.518
Ty Cobb	3.603	174	295	114	4.189
Hank Aaron	2.294	624	98	755	3.771
TOTAL	8.471	1.577	583	1.720	12.351

Tabla 3.21

110. Calcule *P*(Babe Ruth hizo el batazo imparable).

a. $\frac{1518}{2873}$
b. $\frac{2873}{12351}$
c. $\frac{583}{12351}$
d. $\frac{4189}{12351}$

111. Calcule *P*(Ty Cobb hizo el batazo imparable | el batazo imparable fue un jonrón).

a. $\frac{4189}{12351}$
b. $\frac{114}{1720}$
c. $\frac{1720}{4189}$
d. $\frac{114}{12351}$

112. La Tabla 3.22 identifica un grupo de niños por uno de los cuatro colores de cabello, y por el tipo de cabello.

Tipo de cabello	Brown	Rubio	Negros	Rojo	Totales
Ondulado	20		15	3	43
Liso	80	15		12	
Totales		20			215

Tabla 3.22

a. Rellene la tabla.
b. ¿Cuál es la probabilidad de que un niño seleccionado al azar tenga el cabello ondulado?
c. ¿Cuál es la probabilidad de que un niño seleccionado al azar tenga el cabello castaño o rubio?
d. ¿Cuál es la probabilidad de que un niño seleccionado al azar tenga el cabello castaño ondulado?
e. ¿Cuál es la probabilidad de que un niño seleccionado al azar tenga el cabello rojo, dado que tiene el cabello liso?
f. Si *B* es el evento en el que un niño tenga el cabello castaño, calcule la probabilidad del complemento de *B*.
g. En palabras, ¿qué representa el complemento de *B*?

113. En un año anterior, los pesos de los miembros de los **San Francisco 49ers** y los **Dallas Cowboys** se publicaron en el *The Mercury News de San José*. Los datos fácticos se recopilaron en la siguiente tabla.

N.° de camisa	≤ 210	211–250	251–290	> 290
1–33	21	5	0	0
34–66	6	18	7	4
66–99	6	12	22	5

Tabla 3.23

Para lo siguiente, suponga que selecciona al azar un jugador de los 49ers o de los Cowboys.

a. Calcule la probabilidad de que el número de su camiseta sea del 1 al 33.
b. Calcule la probabilidad de que pese como máximo 210 libras.
c. Calcule la probabilidad de que el número de su camisa esté entre el 1 y el 33 Y que pese como máximo 210 libras.
d. Calcule la probabilidad de que el número de su camisa sea del 1 al 33 O que pese como máximo 210 libras.
e. Calcule la probabilidad de que el número de su camisa sea del 1 al 33, DADO que pesa como máximo 210 libras.

3.5 Diagramas de árbol y de Venn

Use la siguiente información para responder los próximos dos ejercicios. Este diagrama de árbol muestra el lanzamiento de una moneda desigual seguido de la extracción de una cuenta de un vaso que contiene tres cuentas rojas (*R*), cuatro amarillas (*Y*) y cinco azules (*B*). Para la moneda, $P(H) = \frac{2}{3}$ y $P(T) = \frac{1}{3}$ donde *H* es cara y *T* es cruz.

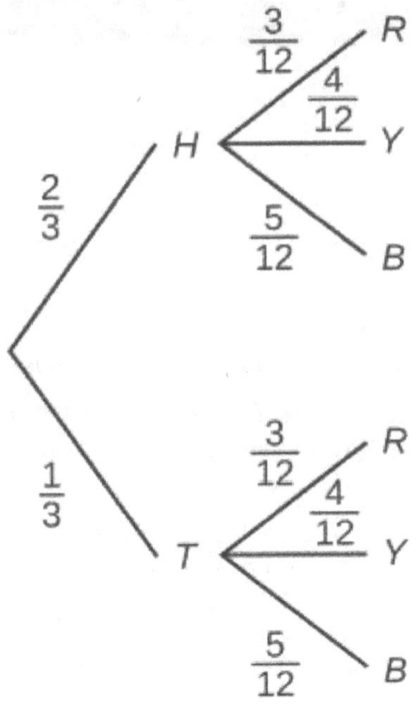

Figura 3.14

114. Calcule *P*(lanzando una cara en la moneda Y una cuenta roja)

a. $\frac{2}{3}$
b. $\frac{5}{15}$
c. $\frac{6}{36}$
d. $\frac{5}{36}$

115. Calcule *P*(cuenta azul).

a. $\frac{15}{36}$
b. $\frac{10}{36}$
c. $\frac{10}{12}$
d. $\frac{6}{36}$

116. Una caja de galletas contiene tres de chocolate y siete de mantequilla. Miguel elige al azar una galleta y se la come. Luego selecciona al azar otra galleta y se la come (¿cuántas galletas ha tomado?).

a. Dibuje el árbol que representa las posibilidades de las selecciones de galletas. Escriba las probabilidades a lo largo de cada rama del árbol.
b. ¿Las probabilidades del sabor de la SEGUNDA galleta que elige Miguel es independientes de su primera selección? Explique.
c. Para cada trayectoria completa a través del árbol, escriba el evento que representa y calcule las probabilidades.
d. Supongamos que S es el evento en el que las dos galletas seleccionadas sean del mismo sabor. Calcule *P*(*S*).
e. Supongamos que *T* es el evento en el que las galletas seleccionadas sean de distinto sabor. Calcule *P*(*T*) por dos métodos diferentes: utilizando la regla del complemento y utilizando las ramas del árbol. Sus respuestas deberían ser las mismas con ambos métodos.
f. Supongamos que *U* es el evento en el que la segunda galleta seleccionada sea una galleta de mantequilla. Calcule *P*(*U*).

Resúmalo todo: tarea para la casa

117. Un año antes, los pesos de los miembros de los **San Francisco 49ers** y los **Dallas Cowboys** se publicaron en el *The Mercury News de San José*. Los datos fácticos se recopilan en la Tabla 3.24.

N.° de camisa	≤ 210	211–250	251–290	290≤
1–33	21	5	0	0
34–66	6	18	7	4
66–99	6	12	22	5

Tabla 3.24

Para lo siguiente, suponga que selecciona al azar un jugador de los 49ers o de los Cowboys.

Si tener un número de camisa del uno al 33 y pesar como máximo 210 libras fueran eventos independientes, entonces, ¿qué debería ser cierto sobre *P*(N.° de camisa 1–33|≤ 210 libras)?

118. La probabilidad de que un hombre desarrolle algún tipo de cáncer a lo largo de su vida es de 0,4567. La probabilidad de que un hombre tenga, al menos, un resultado falso positivo (es decir, que la prueba arroje un resultado de cáncer cuando no lo tiene) es de 0,51. Algunas de las siguientes preguntas no tienen suficiente información para responderlas. Escriba "no hay suficiente información" en esas respuestas. Supongamos que *C* = un hombre desarrolla cáncer en su vida y *P* = el hombre tiene al menos un falso positivo

a. $P(C) =$ _____
b. $P(P|C) =$ _____
c. $P(P|C') =$ _____
d. Si una prueba da positivo, con base en los valores numéricos, ¿se puede asumir que ese hombre tiene cáncer? Justifique numéricamente y explique por qué sí o por qué no.

119. Dados los eventos G y H: $P(G) = 0{,}43$; $P(H) = 0{,}26$; $P(H \text{ Y } G) = 0{,}14$

a. Calcule $P(H \text{ O } G)$.
b. Calcule la probabilidad del complemento del evento (H Y G).
c. Calcule la probabilidad del complemento del evento (H O G).

120. Dados los eventos J y K: $P(J) = 0{,}18$; $P(K) = 0{,}37$; $P(J \text{ O } K) = 0{,}45$

a. Calcule $P(J \text{ Y } K)$.
b. Calcule la probabilidad del complemento del evento (J Y K).
c. Calcule la probabilidad del complemento del evento (J O K).

Use la siguiente información para responder los próximos dos ejercicios. Suponga que tiene ocho cartas. Cinco son verdes y tres amarillas. Las cartas están bien barajadas.

121. Supongamos que toma al azar dos cartas, una a la vez, **con reemplazo**.
Supongamos que G_1 = la primera carta es verde
Supongamos que G_2 = la segunda carta es verde

a. Dibuje un diagrama de árbol de la situación.
b. Calcule $P(G_1 \text{ Y } G_2)$.
c. Calcule P(al menos una verde).
d. Calcule $P(G_2 | G_1)$.
e. ¿G_2 y G_1 son eventos independientes? Explique por qué sí o por qué no.

122. Supongamos que saca al azar dos cartas, una a la vez, **sin reemplazo**.
G_1 = la primera carta es verde
G_2 = la segunda carta es verde

a. Dibuje un diagrama de árbol de la situación.
b. Calcule $P(G_1 \text{ Y } G_2)$.
c. Calcule P(al menos una verde).
d. Calcule $P(G_2 | G_1)$.
e. ¿G_2 y G_1 son eventos independientes? Explique por qué sí o por qué no.

Use la siguiente información para responder los próximos dos ejercicios. El porcentaje de conductores de EE. UU. con licencia (de un año reciente) que son mujeres es del 48,60. De las mujeres, el 5,03 % tienen 19 años o menos; el 81,36 % tienen entre 20 y 64 años; el 13,61 % tienen 65 años o más. De los conductores hombres con licencia en EE. UU., el 5,04 % tiene 19 años o menos; el 81,43 % tiene entre 20 y 64 años; el 13,53 % tiene 65 años o más.

123. Complete lo siguiente.

a. Construya una tabla o un diagrama de árbol de la situación.
b. Calcule P(el conductor es una mujer).
c. Calcule P(el conductor tiene 65 años o más | el conductor es una mujer).
d. Calcule P(el conductor tiene 65 años o más "Y" es mujer).
e. En palabras, explique la diferencia entre las probabilidades de la parte c y la parte d.
f. Calcule P(el conductor tiene 65 años o más).
g. ¿Ser mayor de 65 años y ser mujer son eventos mutuamente excluyentes? ¿Cómo lo sabe?

124. Supongamos que se seleccionan aleatoriamente 10.000 conductores con licencia en EE. UU.

a. ¿Cuántos espera que sean hombres?
b. Utilizando la tabla o el diagrama de árbol, construya una tabla de contingencia de sexo versus grupo de edad.
c. Utilizando la tabla de contingencia, calcule la probabilidad de que, del grupo de 20 a 64 años, un conductor seleccionado al azar sea mujer.

125. Aproximadamente el 86,5 % de los estadounidenses se desplazan al trabajo en automóvil, camioneta o van. De ese grupo, el 84,6 % conduce solo y el 15,4 % lo hace en automóvil compartido. Aproximadamente el 3,9 % va a pie al trabajo y el 5,3 % utiliza el transporte público.

a. Construya una tabla o un diagrama de árbol de la situación. Incluya una rama para todos los demás modos de transporte al trabajo.
b. Suponiendo que los que caminan van solos, ¿qué porcentaje de todos los que van al trabajo los hacen solos?
c. Supongamos que se seleccionan aleatoriamente 1.000 trabajadores. ¿Cuántas personas se desplazan solas al trabajo?
d. Supongamos que se seleccionan aleatoriamente 1.000 trabajadores. ¿Cuántos espera que conduzcan un automóvil compartido?

126. Cuando se introdujo la moneda de euro en 2002, dos profesores de Matemáticas hicieron que sus estudiantes de Estadística comprobaran si la moneda belga de un euro era una moneda imparcial. Hicieron girar la moneda en vez de lanzarla y descubrieron que de 250 giros, 140 mostraron una cara (evento H) mientras que 110 mostraron una cruz (evento T). Sobre esta base, afirmaron que no es una moneda imparcial.

a. A partir de los datos dados, halle $P(H)$ y $P(T)$.
b. Utilice un árbol para hallar las probabilidades de cada resultado posible para el experimento de lanzar la moneda dos veces.
c. Utilice el árbol para hallar la probabilidad de obtener exactamente una cara en dos lanzamientos de la moneda.
d. Utilice el árbol para hallar la probabilidad de obtener, al menos, una cara.

127. *Use la siguiente información para responder los próximos dos ejercicios.* Los siguientes son datos reales del condado de Santa Clara, CA. Hasta cierto momento, había un total de 3059 casos documentados de SIDA en el condado. Se agruparon en las siguientes categorías:

	Homosexual/ bisexual	Consumidor de drogas por vía intravenosa*	Contacto heterosexual	Otros	Totales
Mujeres	0	70	136	49	____
Hombres	2.146	463	60	135	____
Totales	____	____	____	____	____

Tabla 3.25 *** incluye consumidores de drogas intravenosas homosexuales/bisexuales**

Supongamos que se selecciona al azar una persona con SIDA en el condado de Santa Clara.

a. Calcule P(la persona es mujer).
b. Calcule P(La persona tiene un factor de riesgo contacto heterosexual).
c. Calcule P(La persona es mujer O tiene un factor de riesgo de usuario de drogas intravenosas).
d. Calcule P(La persona es mujer Y tiene un factor de riesgo homosexual/bisexual).
e. Calcule P(La persona es hombre Y tiene un factor de riesgo de consumidor de drogas por vía intravenosa).
f. Calcule P(La persona DADA es una mujer se contagió de la enfermedad por contacto heterosexual).
g. Construya un diagrama de Venn. Haga que un grupo sea de mujeres y el otro de contactos heterosexuales.

128. Responda a estas preguntas utilizando las reglas de la probabilidad. NO utilice la tabla de contingencia. En el condado de Santa Clara, California, se habían registrado 3059 casos de SIDA hasta una fecha determinada. Esos casos serán nuestra población. De esos casos, el 6,4 % contrajo la enfermedad por contacto heterosexual y el 7,4 % son mujeres. De las mujeres con la enfermedad, el 53,3 % se contagió por contacto heterosexual.

a. Calcule *P*(la persona es mujer).
b. Calcule *P*(La persona contrajo la enfermedad por contacto heterosexual).
c. Calcule *P*(La persona DADA es una mujer que adquirió la enfermedad por contacto heterosexual)
d. Construya un diagrama de Venn que represente esta situación. Haga que un grupo sea de mujeres y el otro de contactos heterosexuales. Rellene todos los valores como probabilidades.

Referencias

3.1 Terminología

"Lista de países por continente". Worldatlas, 2013. Disponible en línea en http://www.worldatlas.com/cntycont.htm (consultado el 2 de mayo de 2013).

3.2 Eventos mutuamente excluyentes e independientes

Lopez, Shane, Preety Sidhu. "U.S. Teachers Love Their Lives, but Struggle in the Workplace". Gallup Wellbeing, 2013. http://www.gallup.com/poll/161516/teachers-love-lives-struggle-workplace.aspx (consultado el 2 de mayo de 2013).

Datos de Gallup. Disponible en línea en www.gallup.com/ (consultado el 2 de mayo de 2013).

3.3 Dos reglas básicas de la probabilidad

DiCamillo, Mark, Mervin Field. "The File Poll". Field Research Corporation. Disponible en línea en http://www.field.com/fieldpollonline/subscribers/Rls2443.pdf (consultado el 2 de mayo de 2013).

Rider, David, "Ford support plumming, poll suggests", The Star, 14 de septiembre de 2011. Disponible en línea en http://www.thestar.com/news/gta/2011/09/14/ford_support_plummeting_poll_suggests.html (consultado el 2 de mayo de 2013).

"Mayor's Approval Down". News Release by Forum Research Inc. Disponible en línea en http://www.forumresearch.com/forms/News Archives/News Releases/74209_TO_Issues_-_Mayoral_Approval_%28Forum_Research%29 %2820130320 %29.pdf (consultado el 2 de mayo de 2013).

"Roulette". Wikipedia. Disponible en línea en http://en.wikipedia.org/wiki/Roulette (consultado el 2 de mayo de 2013).

Shin, Hyon B., Robert A. Kominski. "Language Use in the United States: 2007." Oficina del Censo de Estados Unidos. Disponible en línea en http://www.census.gov/hhes/socdemo/language/data/acs/ACS-12.pdf (consultado el 2 de mayo de 2013).

Datos del Baseball-Almanac, 2013. Disponible en línea en www.baseball-almanac.com (consultado el 2 de mayo de 2013).

Datos de la Oficina del Censo de EE. UU.

Datos del Wall Street Journal.

Datos The Roper Center: Public Opinion Archives at the University of Connecticut. Disponible en línea en http://www.ropercenter.uconn.edu/ (consultado el 2 de mayo de 2013).

Datos de Field Research Corporation. Disponible en línea en www.field.com/fieldpollonline (consultado el 2 de mayo de 2013).

3.4 Tablas de contingencia

"Blood Types". American Red Cross, 2013. Disponible en línea en http://www.redcrossblood.org/learn-about-blood/blood-types (consultado el 3 de mayo de 2013).

Datos del Centro Nacional de Estadísticas de Salud, que forma parte del Departamento de Salud y Servicios Humanos de Estados Unidos.

Datos del Senado de Estados Unidos. Disponible en línea en www.senate.gov (consultado el 2 de mayo de 2013).

Haiman, Christopher A., Daniel O. Stram, Lynn R. Wilkens, Malcom C. Pike, Laurence N. Kolonel, Brien E. Henderson y Loīc Le Marchand. "Ethnic and Racial Differences in the Smoking-Related Risk of Lung Cancer". The New England Journal of Medicine, 2013. Disponible en línea en http://www.nejm.org/doi/full/10.1056/NEJMoa033250 (consultado el 2 de mayo de 2013).

"Human Blood Types". Unite Blood Services, 2011. Disponible en línea en http://www.unitedbloodservices.org/learnMore.aspx (consultado el 2 de mayo de 2013).

Samuel, T. M. "Strange Facts about RH Negative Blood". eHow Health, 2013. Disponible en línea en http://www.ehow.com/facts_5552003_strange-rh-negative-blood.html (consultado el 2 de mayo de 2013).

"United States: Uniform Crime Report – State Statistics from 1960-2011". The Disaster Center. Disponible en línea en http://www.disastercenter.com/crime/ (consultado el 2 de mayo de 2013).

3.5 Diagramas de árbol y de Venn

Datos del Departamento de Salud Pública del condado de Santa Clara.

Datos de la Sociedad Americana del Cáncer.

Datos de The Data and Story Library, 1996. Disponible en línea en http://lib.stat.cmu.edu/DASL/ (consultado el 2 de mayo de 2013).

Datos de la Administración Federal de Carreteras, que forma parte del Departamento de Transporte de Estados Unidos.

Datos de la Oficina del Censo de Estados Unidos, que forma parte del Departamento de Comercio de Estados Unidos.

Datos de USA Today.

"Environment". The World Bank, 2013. Disponible en línea en http://data.worldbank.org/topic/environment (consultado el 2 de mayo de 2013).

"Search for Datasets". Roper Center: Public Opinion Archives, University of Connecticut, 2013. Disponible en línea en http://www.ropercenter.uconn.edu/data_access/data/search_for_datasets.html (consultado el 2 de mayo de 2013).

Soluciones

1. a. $P(L') = P(S)$
b. $P(M \text{ O } S)$
c. $P(F \text{ Y } L)$
d. $P(M|L)$
e. $P(L|M)$
f. $P(S|F)$
g. $P(F|L)$
h. $P(F \text{ O } L)$
i. $P(M \text{ Y } S)$
j. $P(F)$

3. $P(N) = \frac{15}{42} = \frac{5}{14} = 0{,}36$

5. $P(C) = \frac{5}{42} = 0{,}12$

7. $P(G) = \frac{20}{150} = \frac{2}{15} = 0{,}13$

9. $P(R) = \frac{22}{150} = \frac{11}{75} = 0{,}15$

11. $P(O) = \frac{150-22-38-20-28-26}{150} = \frac{16}{150} = \frac{8}{75} = 0{,}11$

13. $P(E) = \frac{47}{194} = 0{,}24$

15. $P(N) = \frac{23}{194} = 0{,}12$

17. $P(S) = \frac{12}{194} = \frac{6}{97} = 0{,}06$

19. $\frac{13}{52} = \frac{1}{4} = 0{,}25$

21. $\frac{3}{6} = \frac{1}{2} = 0{,}5$

23. $P(R) = \frac{4}{8} = 0{,}5$

25. $P(O \text{ O } H)$

27. $P(H|I)$

29. $P(N|O)$

31. $P(I \text{ O } N)$

33. $P(I)$

35. La probabilidad de que se produzca un evento, dado que ya se ha producido otro.

37. 1

39. la probabilidad de caer en un número par o en un múltiplo de tres

41. $P(J) = 0{,}3$

43. $P(Q \text{ Y } R) = P(Q)P(R)$

$0{,}1 = (0{,}4)P(R)$

$P(R) = 0{,}25$

45. 0,376

47. $C|L$ significa, dado que la persona elegida es un californiano latino, es un votante registrado que prefiere la cadena perpetua sin libertad condicional para una persona condenada por asesinato en primer grado.

49. *L* Y *C* es el caso de que la persona elegida sea un votante latino registrado en California que prefiere la cadena perpetua sin libertad condicional a la pena de muerte para una persona condenada por asesinato en primer grado.

51. 0,6492

53. No, porque *P*(*L* Y *C*) no es igual a 0.

55. *P*(el músico es un hombre Y ha tenido clases particulares) = $\frac{15}{130}$ = $\frac{3}{26}$ = 0,12

57. Los eventos no son mutuamente excluyentes. Es posible ser una mujer música que aprendió música en la escuela.

58.

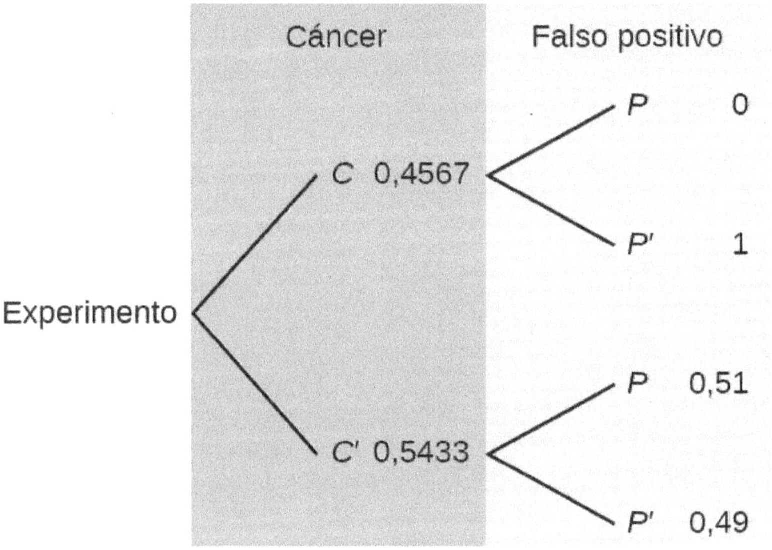

Figura 3.15

60. $\frac{35.065}{100.450}$

62. Elegir a una persona del estudio que sea japonés americano Y que fume entre 21 y 30 cigarrillos al día significa que la persona tiene que cumplir ambos criterios: ser japonés americano y fumar entre 21 y 30 cigarrillos. El espacio muestral debe incluir a todas las personas del estudio. La probabilidad es $\frac{4.715}{100.450}$.

64. Elegir una persona del estudio que sea japonés americano dado que fuma entre 21 y 30 cigarrillos al día, significa que la persona debe cumplir ambos criterios y el espacio muestral se reduce a los que fuman entre 21 y 30 cigarrillos al día. La probabilidad es $\frac{4715}{15.273}$.

67.
a. No se puede calcular la probabilidad conjunta conociendo la probabilidad de que se produzcan ambos eventos, que no está en la información dada; las probabilidades deben multiplicarse, no sumarse; y la probabilidad nunca es superior al 100 %
b. Un jonrón, por definición, es un batazo imparable exitoso, así que debe tener, al menos, tantos batazos imparables exitosos como jonrones.

69. 0

71. 0,3571

73. 0,2142

75. Médico (83,7)

77. 83,7 − 79,6 = 4,1

79. P(ocupación < 81,3) = 0,5

81. a. Forum Research encuestó a 1.046 toronteses.
b. 58%
c. 42 % de 1.046 = 439 (redondeando al número entero más cercano)
d. 0,57
e. 0,60.

83. a. P(apostar a dos líneas que se tocan en la mesa) = $\frac{6}{38}$
b. P(apostar a tres números en una línea) = $\frac{3}{38}$
c. P(apostar a un número) = $\frac{1}{38}$
d. P(apostar a cuatro números que se tocan para formar un cuadrado) = $\frac{4}{38}$
e. P(apostar a dos números que se tocan en la mesa) = $\frac{2}{38}$
f. P(apostar a 0-00-1-2-3) = $\frac{5}{38}$
g. P(apostar a 0-1-2; o 0-00-2; o 00-2-3) = $\frac{3}{38}$

85. a. {$G1$, $G2$, $G3$, $G4$, $G5$, $Y1$, $Y2$, $Y3$}
b. $\frac{5}{8}$
c. $\frac{2}{3}$
d. $\frac{2}{8}$
e. $\frac{6}{8}$
f. No, porque P(G Y E) no es igual a 0.

87. NOTA

El lanzamiento de la moneda es independiente de la carta que se sacó primero.

a. {(G,H) (G,T) (B,H) (B,T) (R,H) (R,T)}
b. $P(A)$ = P(azul)P(cara) = $\left(\frac{3}{10}\right)\left(\frac{1}{2}\right) = \frac{3}{20}$
c. Sí, A y B son mutuamente excluyentes porque no pueden ocurrir al mismo tiempo; no puede elegir una carta que sea azul y también (roja o verde). P(A Y B) = 0
d. No, A y C no son mutuamente excluyentes porque pueden ocurrir al mismo tiempo. De hecho, C incluye todos los resultados de A; si la carta que se sacó es azul, también lo es (roja o azul). P(A Y C) = $P(A)$ = $\frac{3}{20}$

89. a. S = {(HHH), (HHT), (HTH), (HTT), (THH), (THT), (TTH), (TTT)}
b. $\frac{4}{8}$
c. Sí, porque si se ha producido A, es imposible obtener dos cruces. En otras palabras, P(A Y B) = 0.

91. a. Si "Y" y Z son independientes, entonces P("Y" Y Z) = P("Y")P(Z), por lo que P("Y" O Z) = P("Y") + P(Z) - P("Y")P(Z).
b. 0,5

93. iii i iv ii

95. a. $P(R) = 0,44$
b. $P(R|E) = 0,56$
c. $P(R|O) = 0,31$
d. No, el hecho de que se devuelva el dinero no es independiente de la clase en la que se haya colocado el dinero. Hay varias formas de justificar esto matemáticamente, pero una de ellas es que el dinero colocado en las clases de Economía no se devuelve a la misma tasa global; $P(R|E) \neq P(R)$.
e. No, este estudio definitivamente no apoya esa noción *de hecho* sino que sugiere lo contrario. El dinero colocado en las aulas de Economía se devolvió en una proporción mayor que el dinero colocado en todas las clases colectivamente; $P(R|E) > P(R)$.

97. a. *P*(tipo "O" O Rh-) = *P*(tipo O) + *P*(Rh-) - *P*(tipo "O" Y Rh-)

0,52 = 0,43 + 0,15 - *P*(tipo "O" Y Rh-); resolver para hallar *P*(tipo "O" Y Rh-) = 0,06

El 6 % de las personas tienen sangre del tipo O, Rh–

b. *P*(NO(tipo "O" Y Rh-)) = 1 - *P*(tipo "O" Y Rh-) = 1 - 0,06 = 0,94

El 94 % de las personas no tienen sangre del tipo O, Rh–

99. a. Supongamos que *C* = el evento en el que la galleta contiene chocolate. Supongamos que *N* = el evento en el que la galleta contiene frutos secos.
b. *P*(*C* O *N*) = *P*(*C*) + *P*(*N*) - *P*(*C* Y *N*) = 0,36 + 0,12 - 0,08 = 0,40
c. *P*(NI chocolate NI nueces) = 1 - *P*(*C* O *N*) = 1 - 0,40 = 0,60

101. 0

103. $\frac{10}{67}$

105. $\frac{10}{34}$

107. d

109. a.

Raza y sexo	1-14	15-24	25-64	Más de 64	TOTALES
Blanco, hombre	1.165	2.036	3.703	1.491	8.395
Blanco, mujer	1.076	2.242	4.060	1.751	9.129
Negro, hombre	142	194	384	104	824
Negro, mujer	131	290	486	154	1.061
Todos los demás				156	
TOTALES	2.792	5.279	9.354	3.656	21.081

Tabla 3.26

b.

Raza y sexo	1-14	15-24	25-64	Más de 64	TOTALES
Blanco, hombre	1.165	2.036	3.703	1.491	8.395
Blanco, mujer	1.076	2.242	4.060	1.751	9.129
Negro, hombre	142	194	384	104	824
Negro, mujer	131	290	486	154	1.061
Todos los demás	278	517	721	156	1.672
TOTALES	2.792	5.279	9.354	3.656	21.081

Tabla 3.27

c. $\frac{8.395}{21.081} \approx 0{,}3982$
d. $\frac{1.061}{21.081} \approx 0{,}0503$
e. $\frac{1.885}{21.081} \approx 0{,}0894$
f. $\frac{9.219}{21.081} \approx 0{,}4373$
g. $\frac{1.595}{3.656} \approx 0{,}4363$

111. b

113. a. $\frac{26}{106}$
b. $\frac{33}{106}$
c. $\frac{21}{106}$
d. $\left(\frac{26}{106}\right) + \left(\frac{33}{106}\right) - \left(\frac{21}{106}\right) = \left(\frac{38}{106}\right)$
e. $\frac{21}{33}$

115. a

118. a. $P(C) = 0{,}4567$
b. no hay suficiente información
c. no hay suficiente información
d. No, porque más de la mitad (0,51) de los hombres tienen, al menos, una prueba con resultado falso positivo.

120. a. $P(J \text{ O } K) = P(J) + P(K) - P(J \text{ Y } K)$; $0{,}45 = 0{,}18 + 0{,}37 - P(J \text{ Y } K)$; resuelva para calcular $P(J \text{ Y } K) = 0{,}10$
b. $P(\text{NO } (J \text{ Y } K)) = 1 - P(J \text{ Y } K) = 1 - 0{,}10 = 0{,}90$
c. $P(\text{NO } (J \text{ O } K)) = 1 - P(J \text{ O } K) = 1 - 0{,}45 = 0{,}55$

121. a.

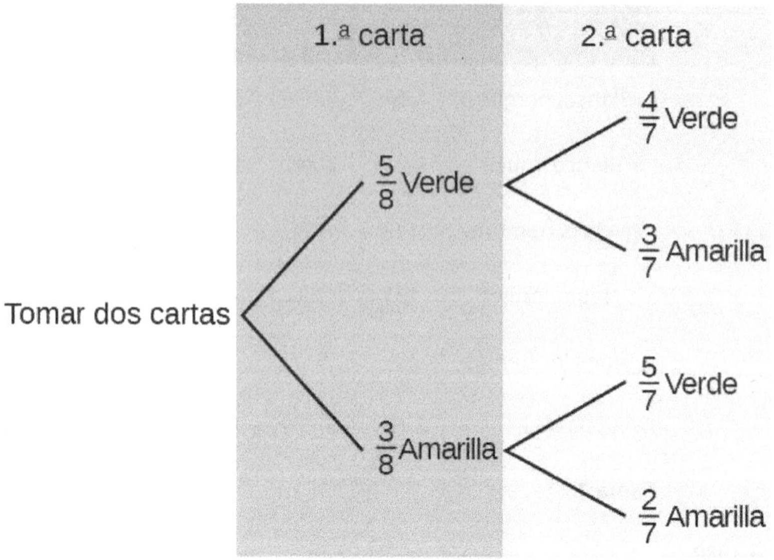

Figura 3.16

b. $P(GG) = \left(\frac{5}{8}\right)\left(\frac{5}{8}\right) = \frac{25}{64}$
c. P(al menos una verde) = $P(GG) + P(GY) + P(YG) = \frac{25}{64} + \frac{15}{64} + \frac{15}{64} = \frac{55}{64}$
d. $P(G|G) = \frac{5}{8}$
e. Sí, son independientes porque la primera carta se vuelve a colocar en la bolsa antes de que se extraiga la segunda; la composición de las cartas en la bolsa sigue siendo la misma desde la primera hasta la segunda extracción.

123. a.

	<20	20–64	>64	Totales
Mujer	0,0244	0,3954	0,0661	0,486
Hombre	0,0259	0,4186	0,0695	0,514
Totales	0,0503	0,8140	0,1356	1

Tabla 3.28

b. $P(F) = 0{,}486$
c. $P(>64 | F) = 0{,}1361$
d. $P(>64$ y $F) = P(F)\ P(>64 | F) = (0{,}486)(0{,}1361) = 0{,}0661$
e. $P(>64 | F)$ es el porcentaje de conductoras que tienen 65 años o más y $P(>64$ y $F)$ es el porcentaje de conductores que son mujeres y tienen 65 años o más.
f. $P(>64) = P(>64$ y $F) + P(>64$ y $M) = 0{,}1356$
g. No, ser mujer y tener 65 años o más no son mutuamente excluyentes porque pueden darse al mismo tiempo P(>64 y F) = 0,0661.

125. a.

	Automóvil, camioneta o furgoneta	Caminar	Transporte público	Otros	Totales
Solo	0,7318				
Acompañado	0,1332				
Totales	0,8650	0,0390	0,0530	0,0430	1

Tabla 3.29

b. Si asumimos que todos los caminantes están solos y que ninguno de los otros dos grupos se traslada solo (lo cual es un gran supuesto) tenemos: *P*(solos) = 0,7318 + 0,0390 = 0,7708.
c. Haciendo las mismas suposiciones que en (b) tenemos: (0,7708)(1.000) = 771
d. (0,1332)(1.000) = 133

127. La tabla de contingencia completada es la siguiente:

	Homosexual/ bisexual	Consumidor de drogas por vía intravenosa*	Contacto heterosexual	Otros	Totales
Mujeres	0	70	136	49	**255**
Hombres	2.146	463	60	135	**2.804**
Totales	**2.146**	**533**	**196**	**184**	**3.059**

Tabla 3.30 *** incluye consumidores de drogas intravenosas homosexuales/bisexuales**

a. $\frac{255}{3.059}$
b. $\frac{196}{3.059}$
c. $\frac{718}{3.059}$
d. 0
e. $\frac{463}{3.059}$
f. $\frac{136}{196}$
g.

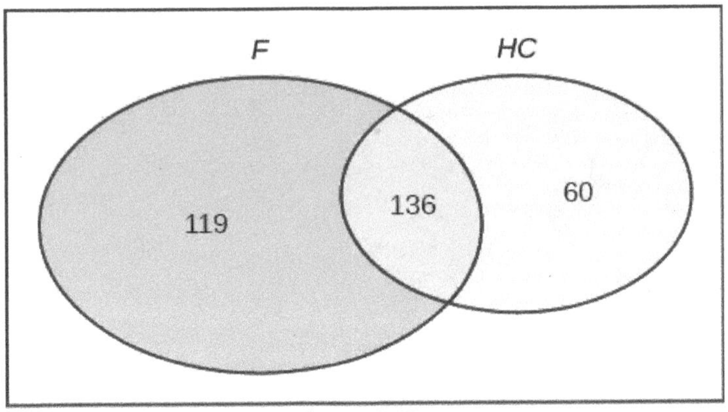

Figura 3.17

4 VARIABLES ALEATORIAS DISCRETAS

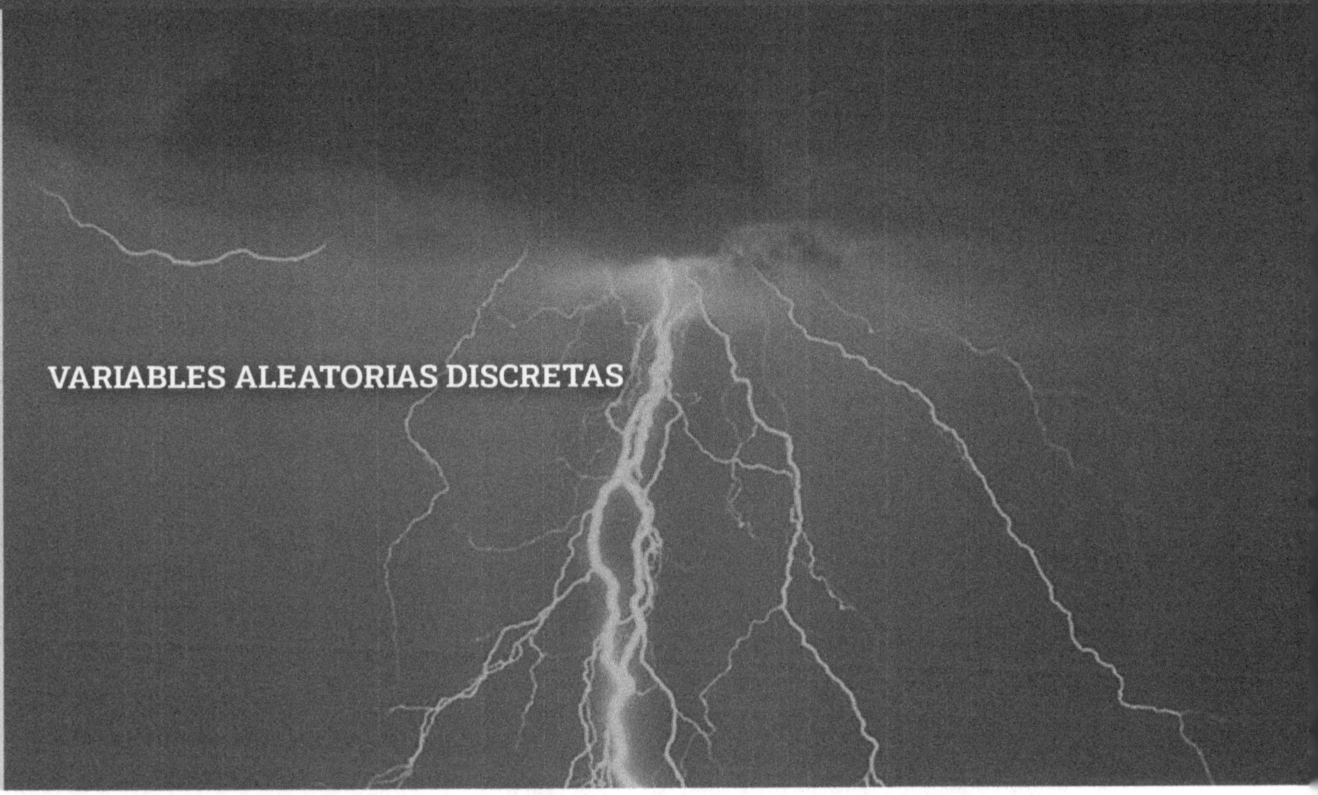

Figura 4.1 Puede utilizar probabilidad y variables aleatorias discretas para calcular la probabilidad de que un rayo llegue al suelo cinco veces durante una tormenta de media hora (créditos: Leszek Leszczynski).

Objetivos del Capítulo

Al final de este capítulo el estudiante podrá:

- Reconocer y comprender las funciones de distribución de probabilidad discreta, en general.
- Calcular e interpretar los valores esperados.
- Reconocer la distribución de probabilidad binomial y aplicarla adecuadamente.
- Reconocer la distribución de probabilidad de Poisson y aplicarla adecuadamente.
- Reconocer la distribución geométrica de la probabilidad y aplicarla adecuadamente.
- Reconocer la distribución de probabilidad hipergeométrica y aplicarla adecuadamente.
- Clasificar los problemas de palabras discretas por sus distribuciones.

Introducción

Un estudiante responde un cuestionario de diez preguntas de verdadero-falso. Como el estudiante tenía una agenda tan apretada, no podía estudiar y estimaba al azar cada respuesta. ¿Cuál es la probabilidad de que el estudiante apruebe el examen con, al menos, el 70 %?

Hay pequeñas compañías que pueden estar interesadas en el número de llamadas telefónicas de larga distancia que hacen sus empleados en las horas pico del día. Supongamos que el promedio es de 20 llamadas. ¿Cuál es la probabilidad de que los empleados hagan más de 20 llamadas de larga distancia durante las horas pico?

Estos dos ejemplos ilustran dos tipos diferentes de problemas de probabilidad que implican variables aleatorias discretas. Recordemos que los datos discretos son datos que se pueden contar. Una **variable aleatoria** describe con palabras los resultados de un experimento estadístico. Los valores de una variable aleatoria pueden variar con cada repetición de un experimento.

Notación de la variable aleatoria

Las letras mayúsculas como X o Y denotan una variable aleatoria. Las letras minúsculas como x o y denotan el valor de una variable aleatoria. Si **X es una variable aleatoria, entonces X se escribe con palabras y x se da como un número.**

Por ejemplo, supongamos que X = el número de caras que se obtiene al lanzar tres monedas imparciales. El espacio muestral para el lanzamiento de tres monedas imparciales es *TTT*; *THH*; *HTH*; *HHT*; *HTT*; *THT*; *TTH*; *HHH*. Entonces, $x = 0, 1, 2, 3$. X está en palabras y x es un número. Observe que para este ejemplo los valores de x son resultados contables. Como se pueden contar los posibles valores que puede tomar X y los resultados son aleatorios (los valores de x 0, 1, 2, 3), X es una variable aleatoria discreta.

EJERCICIO COLABORATIVO

Lance una moneda diez veces y anote el número de caras. Después de que todos los miembros de la clase hayan realizado el experimento (lanzar una moneda diez veces y contar el número de caras), rellene la Tabla 4.1. Supongamos que X = el número de caras en diez lanzamientos de la moneda.

x	Frecuencia de *x*	Frecuencia relativa de *x*

Tabla 4.1

a. ¿Qué valor(es) de x se ha(n) producido con mayor frecuencia?
b. Si lanza una moneda 1000 veces, ¿qué valores podría tomar x? ¿Qué valor(es) de x cree que se daría(n) con más frecuencia?
c. ¿A cuánto asciende la columna de frecuencia relativa?

4.1 Función de Distribución de Probabilidad (PDF) para una variable aleatoria discreta

Una **función de distribución de probabilidad** discreta tiene dos características:

1. Cada probabilidad está entre cero y uno, ambos inclusive.
2. La suma de las probabilidades es uno.

EJEMPLO 4.1

Un psicólogo infantil se interesa por el número de veces que el llanto de un recién nacido despierta a su madre después de la medianoche. Para una muestra aleatoria de 50 madres, se obtuvo la siguiente información. Supongamos que X = el número de veces por semana que el llanto de un recién nacido despierta a su madre después de la medianoche. En este ejemplo, $x = 0, 1, 2, 3, 4, 5$.

$P(x)$ = probabilidad de que X tome un valor x.

x	*P*(*x*)
0	$P(x = 0) = \frac{2}{50}$
1	$P(x = 1) = \frac{11}{50}$
2	$P(x = 2) = \frac{23}{50}$

Tabla 4.2

x	*P*(*x*)
3	$P(x = 3) = \frac{9}{50}$
4	$P(x = 4) = \frac{4}{50}$
5	$P(x = 5) = \frac{1}{50}$

Tabla 4.2

X toma los valores 0, 1, 2, 3, 4, 5. Esta es una PDF discreta porque:

a. Cada *P*(*x*) está entre cero y uno, ambos inclusive.
b. La suma de las probabilidades es uno, es decir,

$$\frac{2}{50} + \frac{11}{50} + \frac{23}{50} + \frac{9}{50} + \frac{4}{50} + \frac{1}{50} = 1$$

INTÉNTELO 4.1

Un investigador de un hospital se interesa por el número de veces que el paciente promedio de posoperatorio llama al personal de enfermería durante un turno de 12 horas. Para una muestra aleatoria de 50 pacientes se obtuvo la siguiente información. Supongamos que *X* = el número de veces que un paciente llama al personal de enfermería durante un turno de 12 horas. Para este ejercicio, *x* = 0, 1, 2, 3, 4, 5. *P*(*x*) = la probabilidad de que *X* tome el valor *x*. ¿Por qué esta es una función de distribución de probabilidad discreta (dos razones)?

X	*P*(*x*)
0	$P(x = 0) = \frac{4}{50}$
1	$P(x = 1) = \frac{8}{50}$
2	$P(x = 2) = \frac{16}{50}$
3	$P(x = 3) = \frac{14}{50}$
4	$P(x = 4) = \frac{6}{50}$
5	$P(x = 5) = \frac{2}{50}$

Tabla 4.3

EJEMPLO 4.2

Supongamos que Nancy tiene clases **tres días** a la semana. Asiste a clases tres días a la semana **el 80 %** del tiempo, **dos días el 15 %** del tiempo, **un día el 4 %** del tiempo y **ningún día el 1 %** del tiempo. Supongamos que se selecciona una semana al azar.

a. Supongamos que *X* = el número de días que Nancy ________________.

b. ¿Qué valores asume*X*?

c. Supongamos que se elige una semana al azar. Construya una tabla de distribución de probabilidades (llamada tabla PDF) como la que aparece en el Ejemplo 4.1. La tabla debe tener dos columnas denominadas *x* y *P*(*x*). ¿A cuánto asciende la columna *P*(*x*)?

Solución 1

a. Supongamos que *X* = el número de días que Nancy asiste a clase por semana

b. 0, 1, 2 y 3

c.

x	*P*(*x*)
0	0,01
1	0,04
2	0,15
3	0,80

Tabla 4.4

INTÉNTELO 4.2

Jeremiah tiene entrenamiento de baloncesto dos días a la semana. El noventa por ciento de las veces, asiste a ambos entrenamientos. El 8 % de las veces, asiste a un entrenamiento. El 2 % de las veces no asiste a ninguno de los dos entrenamientos. ¿Qué es *X* y qué valores adquiere?

4.2 Media o valor esperado y desviación típica

El **valor esperado** suele denominarse **media o promedio "a largo plazo"**. Esto significa que a largo plazo de hacer un experimento una y otra vez, **se esperaría** este promedio.

Se lanza una moneda y se anota el resultado. ¿Cuál es la probabilidad de que el resultado sea cara? Si lanza una moneda dos veces, ¿la probabilidad le dice que estos lanzamientos darán como resultado una cara y una cruz? Puede lanzar una moneda diez veces y registrar nueve caras. Como aprendió en el 3 - TEMAS DE PROBABILIDAD, la probabilidad no describe los resultados a corto plazo de un experimento. Ofrece información sobre lo que cabe esperar a largo plazo. ¡Para demostrarlo, Karl Pearson lanzó una vez una moneda justa 24.000 veces! Registró los resultados de cada lanzamiento, obteniendo cara 12.012 veces. **En su experimento, Pearson ilustró la ley de los grandes números**.

La ley de los grandes números establece que, a medida que aumenta el número de ensayos en un experimento de probabilidad, la diferencia entre la probabilidad teórica de un evento y la frecuencia relativa se aproxima a cero **(la probabilidad teórica y la frecuencia relativa se acercan cada vez más)**. Al evaluar los resultados a largo plazo de los experimentos estadísticos, a menudo queremos conocer el resultado del "promedio". Este "promedio a largo plazo" se conoce como la **media** o **valor esperado** del experimento y se denota con la letra griega μ. En otras palabras, después de realizar muchos ensayos de un experimento, se esperaría este valor promedio.

NOTA

Para hallar el valor esperado o promedio a largo plazo, μ, basta con multiplicar cada valor de la variable aleatoria por su probabilidad y sumar los productos.

EJEMPLO 4.3

Un equipo de fútbol masculino juega al fútbol en cero, en uno o en dos días a la semana. La probabilidad de que jueguen cero días es de 0,2, la de que jueguen un día es de 0,5 y la de que jueguen dos días es de 0,3. Calcule el promedio a largo plazo o el valor esperado, μ, del número de días por semana que el equipo de fútbol masculino juega al fútbol.

Para resolver el problema, primero dejemos la variable aleatoria X = el número de días que el equipo de fútbol masculino juega al fútbol por semana. X toma los valores 0, 1, 2 Construya una tabla PDF añadiendo una columna $x^* P(x)$. En esta columna, multiplicará cada valor de x por su probabilidad.

x	$P(x)$	$x^* P(x)$
0	0,2	(0)(0,2) = 0
1	0,5	(1)(0,5) = 0,5
2	0,3	(2)(0,3) = 0,6

Tabla 4.5 Tabla de valores esperados Esta tabla se denomina tabla de valores esperados. La tabla le ayuda a calcular el valor esperado o promedio a largo plazo.

Añada la última columna $x^* P(x)$ para hallar las intersecciones en el promedio a largo plazo o el valor esperado: (0)(0,2) + (1)(0,5) + (2)(0,3) = 0 + 0,5 + 0,6 = 1,1.

El valor esperado es 1,1. El equipo de fútbol masculino tendría, en promedio, que jugar al fútbol 1,1 días por semana. El número 1,1 es el promedio a largo plazo o el valor esperado si el equipo de fútbol masculino juega al fútbol semana tras semana. Decimos que μ = 1,1.

EJEMPLO 4.4

Calcule el valor esperado del número de veces que el llanto de un recién nacido despierta a su madre después de medianoche. El valor esperado es el número de veces por semana que el llanto de un recién nacido despierta a su madre después de medianoche. Calcule también la desviación típica de la variable.

x	$P(x)$	$x^* P(x)$	$(x - \mu)^2 \cdot P(x)$
0	$P(x = 0) = \frac{2}{50}$	$(0)\left(\frac{2}{50}\right) = 0$	$(0 - 2{,}1)^2 \cdot 0{,}04 = 0{,}1764$
1	$P(x = 1) = \left(\frac{11}{50}\right)$	$(1)\left(\frac{11}{50}\right) = \frac{11}{50}$	$(1 - 2{,}1)^2 \cdot 0{,}22 = 0{,}2662$
2	$P(x = 2) = \frac{23}{50}$	$(2)\left(\frac{23}{50}\right) = \frac{46}{50}$	$(2 - 2{,}1)^2 \cdot 0{,}46 = 0{,}0046$

Tabla 4.6 Se espera que un recién nacido despierte a su madre después de la medianoche 2,1 veces a la semana, en promedio.

x	$P(x)$	$x^*P(x)$	$(x-\mu)^2 \cdot P(x)$
3	$P(x=3)=\frac{9}{50}$	$(3)\left(\frac{9}{50}\right)=\frac{27}{50}$	$(3-2{,}1)^2 \cdot 0{,}18=0{,}1458$
4	$P(x=4)=\frac{4}{50}$	$(4)\left(\frac{4}{50}\right)=\frac{16}{50}$	$(4-2{,}1)^2 \cdot 0{,}08=0{,}2888$
5	$P(x=5)=\frac{1}{50}$	$(5)\left(\frac{1}{50}\right)=\frac{5}{50}$	$(5-2{,}1)^2 \cdot 0{,}02=0{,}1682$

Tabla 4.6 Se espera que un recién nacido despierte a su madre después de la medianoche 2,1 veces a la semana, en promedio.

Sume los valores de la tercera columna de la tabla para hallar el valor esperado de X:
μ = Valor esperado = $\frac{105}{50}$ = 2,1

Utilice μ para completar la tabla. La cuarta columna de esta tabla le proporcionará los valores que necesita para calcular la desviación típica. Para cada valor x, multiplique el cuadrado de su desviación por su probabilidad. (Cada desviación tiene el formato $x - \mu$).

Añada los valores en la cuarta columna de la tabla:

0,1764 + 0,2662 + 0,0046 + 0,1458 + 0,2888 + 0,1682 = 1,05

La desviación típica de X es la raíz cuadrada de esta suma: $\sigma = \sqrt{1{,}05} \approx 1{,}0247$

La media, μ, de una función de probabilidad discreta es el valor esperado.

$$\mu = \sum (x \bullet P(x))$$

La desviación típica, Σ, de la PDF es la raíz cuadrada de la varianza.

$$\sigma = \sqrt{\sum \left[(x-\mu)^2 \bullet P(x)\right]}$$

Cuando todos los resultados de la distribución de probabilidad son igualmente probables, estas fórmulas coinciden con la media y la desviación típica del conjunto de resultados posibles.

INTÉNTELO 4.4

Un investigador de un hospital se interesa por el número de veces que el paciente promedio de posoperatorio llama al personal de enfermería durante un turno de 12 horas. Para una muestra aleatoria de 50 pacientes se obtuvo la siguiente información. ¿Cuál es el valor esperado?

x	$P(x)$
0	$P(x=0)=\frac{4}{50}$
1	$P(x=1)=\frac{8}{50}$
2	$P(x=2)=\frac{16}{50}$
3	$P(x=3)=\frac{14}{50}$

Tabla 4.7

x	P(x)
4	$P(x = 4) = \frac{6}{50}$
5	$P(x = 5) = \frac{2}{50}$

Tabla 4.7

EJEMPLO 4.5

Suponga que juega a un juego de azar en el que se eligen cinco números entre 0, 1, 2, 3, 4, 5, 6, 7, 8 y 9. Una computadora selecciona al azar cinco números del cero al nueve con reemplazo. Usted paga 2 dólares para jugar y podría ganar 100.000 dólares si acierta los cinco números en orden (recupera sus 2 dólares más 100.000 dólares). A largo plazo, ¿cuál es el ganancia que **espera** obtener del juego?

Para resolver este problema, establezca una tabla de valor esperado para la cantidad de dinero que puede ganar.

Supongamos que *X* = la cantidad de dinero que se gana. Los valores de *x* no son 0, 1, 2, 3, 4, 5, 6, 7, 8, 9. Como le interesa su ganancia (o pérdida), los valores de *x* son 100.000 dólares y –2 dólares.

Para ganar, debe acertar los cinco números, en orden. La probabilidad de elegir un número correcto es $\frac{1}{10}$ porque hay diez números. Puede elegir un número más de una vez. La probabilidad de elegir los cinco números correctamente y en orden es

$$\left(\frac{1}{10}\right)\left(\frac{1}{10}\right)\left(\frac{1}{10}\right)\left(\frac{1}{10}\right)\left(\frac{1}{10}\right) = (1)(10^{-5}) = 0{,}00001.$$

Por lo tanto, la probabilidad de ganar es 0,00001 y la de perder es

$$1 - 0{,}00001 = 0{,}99999.$$

La tabla de valores esperados es la siguiente:

	x	P(x)	x*P(x)
Pérdidas	-2	0,99999	(-2)(0,99999) = -1,99998
Ganancias	100.000	0,00001	(100000)(0,00001) = 1

Tabla 4.8 Sume la última columna. –1,99998 + 1 = –0,99998

Dado que -0,99998 es aproximadamente -1, esperaría, en promedio, perder aproximadamente $1 por cada juego que juegue. Sin embargo, cada vez que juega, pierde 2 dólares o gana 100.000 dólares. Un dólar es el promedio o la PÉRDIDA esperada por partida después de jugar este juego una y otra vez.

INTÉNTELO 4.5

Está jugando a un juego de azar en el que se extraen cuatro cartas de una baraja estándar de 52 cartas. Adivine el palo de cada carta antes de que se extraiga. Las cartas se sustituyen en la baraja en cada sorteo. Paga un dólar para jugar. Si adivina el palo correcto todas las veces, le devuelven el dinero y 256 dólares. ¿Cuál es el ganancia que espera obtener del juego a largo plazo?

EJEMPLO 4.6

Supongamos que juega una partida con una moneda sesgada. Se juega cada partida lanzando la moneda una vez. $P(\text{caras}) = \frac{2}{3}$ y $P(\text{cruz}) = \frac{1}{3}$. Si lanza una cara, paga 6 dólares. Si lanza una cruz, gana 10 dólares. Si juega muchas veces a este juego, ¿saldrá ganando?

a. Defina una variable aleatoria *X*.

b. Rellene la siguiente tabla de valores esperados.

	x	___	___
GANA	10	$\frac{1}{3}$	___
PIERDE	___	___	$\frac{-12}{3}$

Tabla 4.9

c. ¿Cuál es el valor esperado, μ? ¿Usted sale ganando?

Solución 1

a. *X* = monto de la ganancia

b.

	x	*P*(*x*)	*xP*(*x*)
GANA	10	$\frac{1}{3}$	$\frac{10}{3}$
PIERDE	-6	$\frac{2}{3}$	$\frac{-12}{3}$

Tabla 4.10

c. Sume la última columna de la tabla. El valor esperado $\mu = \frac{-2}{3}$. Pierde, en promedio, aproximadamente 67 céntimos cada vez que juega, por lo que no sale ganando.

INTÉNTELO 4.6

Supongamos que juega un juego con una ruleta. Se juega cada partida haciendo girar la ruleta una vez. $P(\text{rojo}) = \frac{2}{5}$, $P(\text{azul}) = \frac{2}{5}$, y $P(\text{verde}) = \frac{1}{5}$. Si cae en rojo, paga 10 dólares. Si cae en azul, no paga ni gana nada. Si cae en verde, gana 10 dólares. Rellene la siguiente tabla de valores esperados.

	x	*P*(*x*)	
Rojo			$-\frac{20}{5}$
Azul		$\frac{2}{5}$	
Verde	10		

Tabla 4.11

Al igual que los datos, las distribuciones de probabilidad tienen desviaciones típicas. Para calcular la desviación típica(σ) de una distribución de probabilidad, halle cada desviación de su valor esperado, elévela al cuadrado, multiplíquela por su probabilidad, sume los productos y calcule la raíz cuadrada. Para entender cómo hacer el cálculo, observe la tabla del número de días por semana que un equipo de fútbol masculino juega al fútbol. Para calcular la desviación típica, sume las entradas de la columna marcada como $(x - \mu)^2 P(x)$ y calcule la raíz cuadrada.

x	$P(x)$	$x^* P(x)$	$(x - \mu)^2 P(x)$
0	0,2	(0)(0,2) = 0	$(0 - 1,1)^2(0,2) = 0,242$
1	0,5	(1)(0,5) = 0,5	$(1 - 1,1)^2(0,5) = 0,005$
2	0,3	(2)(0,3) = 0,6	$(2 - 1,1)^2(0,3) = 0,243$

Tabla 4.12

Sume la última columna de la tabla. 0,242 + 0,005 + 0,243 = 0,490. La desviación típica es la raíz cuadrada de 0,49, es decir, $\sigma = \sqrt{0,49} = 0,7$

Generalmente, para las distribuciones de probabilidad, utilizamos una calculadora o una computadora para calcular μ y σ para reducir el error de redondeo. Para algunas distribuciones de probabilidad, existen fórmulas abreviadas para calcular μ y σ.

EJEMPLO 4.7

Lance un dado justo de seis caras dos veces. Supongamos que X = el número de caras que muestran un número par. Construya una tabla como la Tabla 4.11 y calcule la media μ y la desviación típica σ de X.

Solución 1

Lanzar dos veces un dado justo de seis caras tiene el mismo espacio muestral que lanzar dos dados justos de seis caras. El espacio muestral tiene 36 resultados:

(1, 1)	(1, 2)	(1, 3)	(1, 4)	(1, 5)	(1, 6)
(2, 1)	(2, 2)	(2, 3)	(2, 4)	(2, 5)	(2, 6)
(3, 1)	(3, 2)	(3, 3)	(3, 4)	(3, 5)	(3, 6)
(4, 1)	(4, 2)	(4, 3)	(4, 4)	(4, 5)	(4, 6)
(5, 1)	(5, 2)	(5, 3)	(5, 4)	(5, 5)	(5, 6)
(6, 1)	(6, 2)	(6, 3)	(6, 4)	(6, 5)	(6, 6)

Tabla 4.13

Utilice el espacio muestral para completar la siguiente tabla:

x	$P(x)$	$xP(x)$	$(x - \mu)^2 \cdot P(x)$
0	$\frac{9}{36}$	0	$(0 - 1)^2 \cdot \frac{9}{36} = \frac{9}{36}$
1	$\frac{18}{36}$	$\frac{18}{36}$	$(1 - 1)^2 \cdot \frac{18}{36} = 0$

Tabla 4.14 Cálculo de μ y σ.

x	$P(x)$	$xP(x)$	$(x - \mu)^2 \cdot P(x)$
2	$\frac{9}{36}$	$\frac{18}{36}$	$(1 - 1)^2 \cdot \frac{9}{36} = \frac{9}{36}$

Tabla 4.14 Cálculo de μ y σ.

Sume los valores de la tercera columna para hallar el valor esperado: $\mu = \frac{36}{36} = 1$. Utilice este valor para completar la cuarta columna.

Sume los valores de la cuarta columna y calcule la raíz cuadrada de la suma: $\sigma = \sqrt{\frac{18}{36}} \approx 0.7071$.

EJEMPLO 4.8

El 11 de mayo de 2013 a las 09:30 p. m., la probabilidad de que se produjera una actividad sísmica moderada (un terremoto moderado) en las próximas 48 horas en Irán era de aproximadamente el 21,42 %. Suponga que hace una apuesta a que se producirá un terremoto moderado en Irán durante este periodo. Si gana la apuesta, gana 50 dólares. Si pierde la apuesta, paga 20 dólares. Supongamos que X = el monto de ganancia de una apuesta.

P(ganar) = P(se producirá un terremoto moderado) = 21,42 %

P(pérdida) = P(*no* se producirá un terremoto moderado) = 100 % - 21,42 %

Si apuesta muchas veces, ¿saldrá ganando? Explique su respuesta en una frase completa utilizando números. ¿Cuál es la desviación típica de X? Construya una tabla similar a la Tabla 4.12 y la Tabla 4.13 para ayudarse a responder a estas preguntas.

Solución 1

	x	$P(x)$	$x(Px)$	$(x - \mu)^2 P(x)$
gana	50	0,2142	10,71	$[50 - (-5{,}006)]^2(0{,}2142) = 648{,}0964$
pérdida	-20	0,7858	-15,716	$[-20 - (-5{,}006)]^2(0{,}7858) = 176{,}6636$

Tabla 4.15

Media = Valor esperado = 10,71 + (-15,716) = -5,006.

Si hace esta apuesta muchas veces en las mismas condiciones, su resultado a largo plazo será una *pérdida* promedio de 5,01 dólares por apuesta.

$$\text{Desviación típica} = \sqrt{648{,}0964 + 176{,}6636} \approx 28{,}7186$$

INTÉNTELO 4.8

El 11 de mayo de 2013 a las 9:30 p. m., la probabilidad de que se produjera una actividad sísmica moderada (un terremoto moderado) en las próximas 48 horas en Japón era de aproximadamente 1,08 %. Al igual que en el Ejemplo 4.8, se apuesta por que se produzca un terremoto moderado en Japón durante este periodo. Si gana la apuesta, gana 100 dólares. Si pierde la apuesta, paga 10 dólares. Supongamos que X = el monto de ganancia de una apuesta. Calcule la media y la desviación típica de X.

Algunas de las funciones de probabilidad discreta más comunes son la binomial, la geométrica, la hipergeométrica y la de Poisson. La mayoría de los cursos elementales no cubren la geométrica, la hipergeométrica y la Poisson. Su instructor le hará saber si desea cubrir estas distribuciones.

Una función de distribución de probabilidad es un patrón. Intente adaptar un problema de probabilidad en un **patrón** o distribución para realizar los cálculos necesarios. Estas distribuciones son herramientas que facilitan la resolución de problemas de probabilidad. Cada distribución tiene sus propias características especiales. Aprender las características le permite distinguir entre las diferentes distribuciones.

4.3 Distribución binomial

El experimento binomial tiene tres características.

1. Hay un número fijo de ensayos. Piense en los ensayos como repeticiones de un experimento. La letra n indica el número de ensayos.
2. Solo hay dos resultados posibles, llamados "acierto" y "fallo" para cada ensayo. La letra p denota la probabilidad de acierto en un ensayo, y la q la probabilidad de fracaso en un ensayo. $p + q = 1$.
3. Los n ensayos son independientes y se repiten utilizando condiciones idénticas. Como los n ensayos son independientes, el resultado de un ensayo no ayuda a predecir el resultado de otro. Otra forma de decir esto es que para cada ensayo individual la probabilidad, p, de un acierto y la probabilidad, q, de un fallo siguen siendo las mismas. Por ejemplo, estimar al azar una pregunta de estadística de verdadero-falso solo tiene dos resultados. Si un acierto es estimar correctamente, un fallo es estimar incorrectamente. Supongamos que Joe siempre acierta en cualquier pregunta de Estadística de verdadero-falso con una probabilidad $p = 0,6$. Entonces, $q = 0,4$. Esto significa que para cada pregunta de estadística de verdadero-falso que responda Joe su probabilidad de acierto ($p = 0,6$) y su probabilidad de fallo ($q = 0,4$) siguen siendo las mismas.

Los resultados de un experimento binomial se ajustan a una **distribución de probabilidad binomial**. La variable aleatoria X = el número de aciertos obtenidos en los n ensayos independientes.

La media, μ, y la varianza, σ^2, de la distribución de probabilidad binomial son $\mu = np$ y $\sigma^2 = npq$. La desviación típica, σ, es entonces $\sigma = \sqrt{npq}$.

Cualquier experimento que tenga las características dos y tres y en el que $n = 1$ se llama **Ensayo de Bernoulli** (llamado así por Jacob Bernoulli que, a finales de 1600, los estudió ampliamente). Un experimento binomial se produce cuando se cuenta el número de aciertos en uno o más ensayos de Bernoulli.

EJEMPLO 4.9

En el Colegio ABC, la tasa de abandono de un curso de Física elemental es del 30 % en cualquier trimestre. Esto implica que, en cualquier trimestre, el 70 % de los estudiantes permanecen en la clase durante todo el trimestre. Un "acierto" podría definirse como un individuo que se retira. La variable aleatoria X = el número de estudiantes que se retiran de la clase de Física elemental seleccionada al azar.

INTÉNTELO 4.9

El consejo estatal de salud está preocupado por la cantidad de fruta disponible en los almuerzos escolares. El 48 % de las escuelas del estado ofrecen fruta en sus almuerzos todos los días. Esto implica que el 52 % no lo hace. ¿Qué sería un "acierto" en este caso?

EJEMPLO 4.10

Supongamos que está en un juego en el que solo puede ganar o perder. La probabilidad de que gane cualquier partido es del 55 %, y la de que pierda es del 45 %. Cada partido que se juega es independiente. Si juega el juego 20 veces, escriba la función que describa la probabilidad de que gane 15 de las 20 veces. Aquí, si se define X como el número de victorias, entonces X toma los valores 0, 1, 2, 3, ..., 20. La probabilidad de acierto es $p = 0,55$. La probabilidad de fallo es $q = 0,45$. El número de ensayos es $n = 20$. La pregunta de la probabilidad se puede enunciar matemáticamente como $P(x = 15)$.

INTÉNTELO 4.10

Un entrenador está enseñando a un delfín a hacer trucos. La probabilidad de que el delfín acierte al desempeñar el truco es del 35 %, y la probabilidad de que el delfín no acierte al desempeñar el truco es del 65 %. De 20 intentos, se quiere hallar la probabilidad de que el delfín acierte 12 veces. Plantee la pregunta de la probabilidad de forma matemática.

EJEMPLO 4.11

Una moneda imparcial se lanza 15 veces. Cada lanzada es independiente. ¿Cuál es la probabilidad de obtener más de diez caras? Supongamos que X = el número de caras en 15 lanzamientos de la moneda imparcial. X toma los valores 0, 1, 2, 3, ..., 15. Como la moneda es imparcial, $p = 0,5$ y $q = 0,5$. El número de ensayos es $n = 15$. Plantee la pregunta de la probabilidad de forma matemática.

INTÉNTELO 4.11

Se lanza un dado justo de seis caras diez veces. Cada tirada es independiente. Quiere calcular la probabilidad de sacar un uno más de tres veces. Plantee la pregunta de la probabilidad de forma matemática.

EJEMPLO 4.12

Aproximadamente el 70 % de los estudiantes de Estadística hacen sus tareas para la casa a tiempo para que sean recopiladas y calificadas. Cada estudiante lo hace de forma independiente. En una clase de Estadística de 50 estudiantes, ¿cuál es la probabilidad de que, al menos, 40 hagan la tarea para la casa a tiempo? Los estudiantes son seleccionados al azar.

a. Se trata de un problema binomial porque solo hay un acierto o un ________, hay un número fijo de ensayos y la probabilidad de acierto es de 0,70 para cada ensayo.

b. Si nos interesa el número de estudiantes que hacen la tarea para la casa a tiempo, ¿cómo definimos X?

c. ¿Qué valores toma x?

d. ¿Qué es un "fallo" en palabras?

e. Si $p + q = 1$, ¿qué es q?

f. ¿Como qué tipo de inecuación se traducen las palabras "al menos" para la pregunta de probabilidad $P(x$ ___ $40)$?

Solución 1

a. fallo

b. X = número de estudiantes de Estadística que hacen la tarea para la casa a tiempo

c. 0, 1, 2, ..., 50

d. Fallo se define como un estudiante que no termina sus tareas para la casa a tiempo.

La probabilidad de acierto es $p = 0,70$. El número de ensayos es $n = 50$

e. $q = 0,30$

f. mayor o igual que (≥)
La pregunta de probabilidad es $P(x \geq 40)$.

INTÉNTELO 4.12

El sesenta y cinco por ciento de las personas aprueba el examen estatal de conducir en el primer intento. Se selecciona al azar un grupo de 50 personas que han tomado el examen de conducir. Dé dos justificaciones por las que este es un problema binomial.

Notación para el binomio: *B* = Función de distribución de la probabilidad binomial

$X \sim B(n, p)$

Léase esto como "*X* es una variable aleatoria con una distribución binomial". Los parámetros son *n* y *p*; *n* = número de ensayos, *p* = probabilidad de acierto en cada ensayo.

EJEMPLO 4.13

Se ha afirmado que alrededor del 41 % de los trabajadores adultos tienen un diploma de secundaria, pero no siguen ningún tipo de educación. Si se seleccionan al azar 20 trabajadores adultos, halle la probabilidad de que como máximo 12 de ellos tengan un diploma de secundaria, pero no sigan ningún tipo de educación. ¿Cuántos trabajadores adultos espera que tengan un título de secundaria, pero que no sigan estudiando?

Supongamos que *X* = el número de trabajadores que tienen un diploma de secundaria, pero que no siguen ningún tipo de educación.

X toma los valores 0, 1, 2, ..., 20 donde $n = 20$, $p = 0,41$ y $q = 1 - 0,41 = 0,59$. $X \sim B(20, 0,41)$

Halle $P(x \leq 12)$. $P(x \leq 12) = 0,9738$. (calculadora o computadora)

USO DE LAS CALCULADORAS TI-83, 83+, 84, 84+

Vaya a 2nd DISTR. La sintaxis de las instrucciones es la siguiente:

Para calcular (*x* = valor): binompdf(*n*, *p*, número) si se omite "número", el resultado es la tabla de probabilidad binomial.
Para calcular *P*(*x* ≤ valor): binomcdf(*n*, *p*, número) si se omite "número", el resultado es la tabla de probabilidad binomial acumulada.
Para este problema: una vez que esté en 2nd DISTR, use la flecha hacia abajo hasta binomcdf. Pulse ENTER. Introduzca 20,0.41,12). El resultado es *P*(*x* ≤ 12) = 0,9738.

NOTA

Si quiere hallar $P(x = 12)$, utilice la pdf (binompdf). Si quiere hallar $P(x > 12)$, utilice 1 - binomcdf(20; 0,41;12).

La probabilidad de que como máximo 12 trabajadores tengan un diploma de secundaria, pero no sigan ningún tipo de educación es de 0,9738.

El gráfico de $X \sim B(20, 0,41)$ es el siguiente:

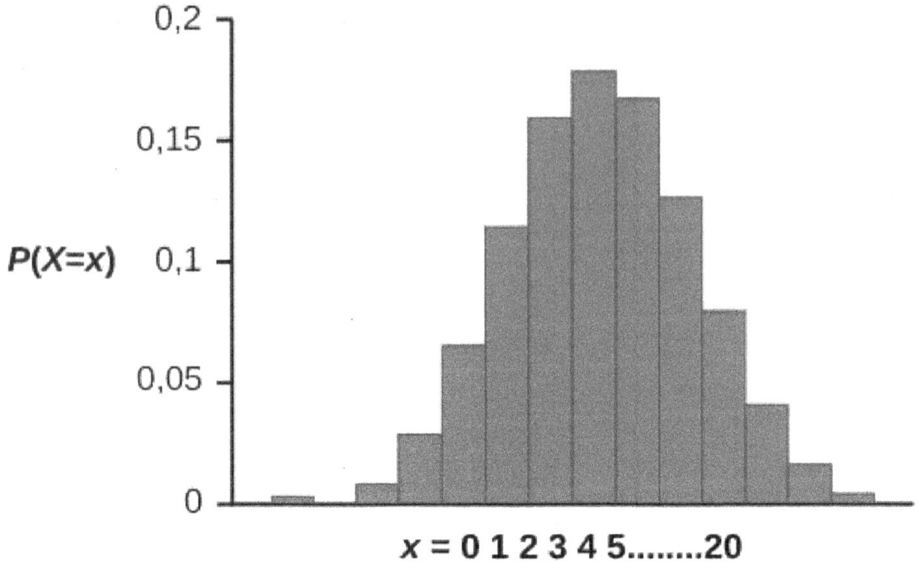

Figura 4.2

El eje *y* contiene la probabilidad de *x*, donde *X* = el número de trabajadores que solo tienen un diploma de secundaria.

El número de trabajadores adultos que se espera que tengan un diploma de secundaria, pero que no sigan ningún tipo de educación es la media, $\mu = np = (20)(0{,}41) = 8{,}2$.

La fórmula de la varianza es $\sigma^2 = npq$. La desviación típica es $\sigma = \sqrt{npq}$.

$\sigma = \sqrt{(20)(0{,}41)(0{,}59)} = 2.20$.

INTÉNTELO 4.13

Alrededor del 32 % de los estudiantes participan en un programa de voluntariado comunitario fuera de la escuela. Si se seleccionan 30 estudiantes al azar, calcule la probabilidad de que como máximo 14 de ellos participen en un programa de voluntariado comunitario fuera de la escuela. Utilice la calculadora TI-83+ o TI-84 para hallar la respuesta.

EJEMPLO 4.14

El catálogo de suministros de arte *Jerry's Artarama* del 2013 tiene 560 páginas. Ocho de las páginas incluyen artistas reconocidos. Supongamos que tomamos una muestra aleatoria de 100 páginas. Supongamos que *X* = el número de páginas en las que aparecen artistas reconocidos.

a. ¿Qué valores toma *x*?
b. ¿Cuál es la distribución de probabilidad? Calcule las siguientes probabilidades
   i. la probabilidad de que dos páginas presenten artistas reconocidos
   ii. la probabilidad de que como máximo seis páginas presenten artistas reconocidos
   iii. la probabilidad de que en más de tres páginas aparezcan artistas reconocidos.
c. Con las fórmulas, calcule la (i) media y la (ii) desviación típica.

Solución 1

a. $x = 0, 1, 2, 3, 4, 5, 6, 7, 8$
b. $X \sim B\left(100, \frac{8}{560}\right)$
   i. $P(x = 2) = \text{binompdf}\left(100, \frac{8}{560}, 2\right) = 0{,}2466$
   ii. $P(x \leq 6) = \text{binomcdf}\left(100, \frac{8}{560}, 6\right) = 0{,}9994$

iii. $P(x > 3) = 1 - P(x \leq 3) = 1 - \text{binomcdf}\left(100, \frac{8}{560}, 3\right) = 1 - 0{,}9443 = 0{,}0557$

c. i. Media = $np = (100)\left(\frac{8}{560}\right) = \frac{800}{560} \approx 1{,}4286$

ii. Desviación típica = $\sqrt{npq} = \sqrt{(100)\left(\frac{8}{560}\right)\left(\frac{552}{560}\right)} \approx 1{,}1867$

INTÉNTELO 4.14

Según una encuesta de Gallup, el 60 % de los adultos estadounidenses prefieren ahorrar a gastar. Supongamos que *X* = el número de adultos estadounidenses de una muestra aleatoria de 50 que prefieren ahorrar a gastar.

a. ¿Cuál es la distribución de probabilidad de *X*?
b. Utilice su calculadora para hallar las siguientes probabilidades
   i. la probabilidad de que 25 adultos de la muestra prefieran ahorrar a gastar
   ii. la probabilidad de que como máximo 20 adultos prefieran ahorrar
   iii. la probabilidad de que más de 30 adultos prefieran ahorrar
c. Use las fórmulas y calcule (i) la media y (ii) la desviación típica de *X*.

EJEMPLO 4.15

El riesgo de desarrollar cáncer de páncreas a lo largo de la vida es de alrededor de uno de cada 78 (1,28 %). Supongamos que tomamos una muestra aleatoria de 200 personas. Supongamos que *X* = el número de personas que desarrollarán cáncer de páncreas.

a. ¿Cuál es la distribución de probabilidad de *X*?
b. Use las fórmulas y calcule (i) la media y (ii) la desviación típica de *X*.
c. Utilice su calculadora para hallar la probabilidad de que como máximo ocho personas desarrollen cáncer de páncreas
d. ¿Es más probable que cinco o seis personas desarrollen un cáncer de páncreas? Justifique su respuesta numéricamente.

INTÉNTELO 4.15

Durante la temporada regular de la NBA de 2013, DeAndre Jordan, de Los Ángeles Clippers, tuvo el mayor índice de finalización de tiros de campo de la liga. DeAndre anotó con el 61,3 % de sus tiros. Supongamos que se elige una muestra aleatoria de 80 tiros realizados por DeAndre durante la temporada 2013. Supongamos que *X* = el número de tiros que anotaron puntos.

a. ¿Cuál es la distribución de probabilidad de *X*?
b. Use las fórmulas y calcule (i) la media y (ii) la desviación típica de *X*.
c. Utilice su calculadora para hallar la probabilidad de que DeAndre marque con 60 de estos tiros.
d. Calcule la probabilidad de que DeAndre acierte más de 50 de estos tiros.

EJEMPLO 4.16

El siguiente ejemplo ilustra un problema que **no es** binomial. Viola la condición de independencia. El Colegio ABC cuenta con un comité consultivo de estudiantes formado por diez miembros del personal y seis estudiantes. El comité desea elegir un presidente y un secretario. ¿Cuál es la probabilidad de que el presidente y el registrador sean ambos estudiantes? Los nombres de todos los miembros de la comisión se introducen en una urna y se extraen dos nombres **sin reemplazo.** El primer nombre extraído determina el presidente y el segundo el registrador. Hay dos ensayos. Sin embargo, los ensayos no son independientes porque el resultado del primer ensayo afecta al resultado del segundo. La probabilidad de que un estudiante salga en la primera extracción es $\frac{6}{16}$. La probabilidad de que un estudiante salga en la segunda extracción es $\frac{5}{15}$, cuando en la primera extracción se selecciona a un estudiante. La probabilidad es $\frac{6}{15}$, cuando en la primera extracción se selecciona a un miembro del personal. La probabilidad de sacar el nombre de un estudiante cambia en cada uno de los ensayos y, por tanto, viola la condición de independencia.

INTÉNTELO 4.16

Un equipo de lacrosse elige un capitán. Los nombres de todos los mayores se meten en un sombrero y los tres primeros que se extraigan serán los capitanes. Los nombres no se reemplazan una vez extraídos (una persona no puede ser dos capitanes). Quiere ver si los capitanes juegan todos en la misma posición. Indique si se trata de una probabilidad binomial o no y explique por qué.

4.4 Distribución geométrica

Hay tres características principales de un experimento geométrico.

1. Hay uno o más ensayos de Bernoulli con todos los fallos excepto el último, que es un acierto. En otras palabras, sigue repitiendo lo que está haciendo hasta el primer acierto. Entonces se detiene. Por ejemplo, se lanza un dardo a una diana hasta dar en ella. La primera vez que logra dar en la diana es un "acierto", así que deja de lanzar el dardo. Puede que le lleve seis intentos hasta que acierte en la diana. Puede pensar en las pruebas como fallo, fallo, fallo, fallo, acierto, PARAR.
2. En teoría, el número de pruebas podría ser eterno. Debe haber, al menos, un ensayo.
3. La probabilidad, p, de un acierto y la probabilidad, q, de un fallo es igual para cada ensayo. $p + q = 1$ y $q = 1 - p$. Por ejemplo, la probabilidad de sacar un tres al lanzar un dado imparcial es $\frac{1}{6}$. Esto es cierto sin importar cuántas veces se lance el dado. Supongamos que quiere saber la probabilidad de obtener el primer tres en la quinta lanzada. En las lanzadas del uno al cuatro, no se obtiene un lado con un tres. La probabilidad de cada una de las lanzadas es $q = \frac{5}{6}$, la probabilidad de un fallo. La probabilidad de obtener un tres en la quinta lanzada es $\left(\frac{5}{6}\right)\left(\frac{5}{6}\right)\left(\frac{5}{6}\right)\left(\frac{5}{6}\right)\left(\frac{1}{6}\right) =$ 0,0804

X = el número de ensayos independientes hasta el primer acierto.

EJEMPLO 4.17

Participa en un juego de azar que puede ganar o perder (no hay otras posibilidades) **hasta** que pierde. Su probabilidad de perder es $p = 0{,}57$. ¿Cuál es la probabilidad de que se necesiten cinco jugadas para perder? Supongamos que X = el número de partidas que juega hasta que pierde (incluye la partida perdida). Entonces X toma los valores 1, 2, 3, ... (podría seguir indefinidamente). La pregunta de probabilidad es $P(x = 5)$.

INTÉNTELO 4.17

Se lanzan dardos a un tablero hasta dar con la zona central. Su probabilidad de acertar el área central es $p = 0{,}17$. Quiere hallar la probabilidad de que se necesiten ocho lanzamientos hasta que acierte al centro. ¿Qué valores toma X?

EJEMPLO 4.18

Una ingeniera de seguridad considera que el 35 % de los accidentes laborales en su planta se deben a que los empleados no siguen las instrucciones. Decide mirar los informes de accidentes (seleccionados al azar y sustituidos en la pila después de la lectura) **hasta que** encuentra uno que muestra un accidente causado por el incumplimiento de las instrucciones por parte de los empleados. En promedio, ¿cuántos informes **tendría** que mirar la ingeniera de seguridad hasta hallar un informe que muestre un accidente causado por el incumplimiento de las instrucciones por parte de los empleados? ¿Cuál es la probabilidad de que la ingeniera de seguridad tenga que examinar al menos tres informes hasta hallar un informe que muestre un accidente causado por el incumplimiento de las instrucciones por parte de los empleados?

Supongamos que X = el número de accidentes que la ingeniera de seguridad debe examinar **hasta** hallar un informe que muestre un accidente causado por el incumplimiento de las instrucciones por parte de los empleados. X toma los valores 1, 2, 3, ... La primera pregunta le pide que calcule el **valor esperado** o la media. La segunda pregunta le pide que calcule $P(x \geq 3)$. ("Al menos" se traduce en un símbolo "mayor o igual que").

INTÉNTELO 4.18

Una instructora considera que el 15 % de los estudiantes obtienen menos de una C en su examen final. Decide revisar los exámenes finales (seleccionados al azar y sustituidos en el montón después de la lectura) hasta que halle uno que muestre una calificación inferior a C. Queremos saber la probabilidad de que la instructora tenga que examinar, al menos, diez exámenes hasta que halle uno con una calificación inferior a C. ¿Cuál es la pregunta de probabilidad enunciada matemáticamente?

EJEMPLO 4.19

Supongamos que busca a un estudiante de su instituto universitario que vive a menos de ocho millas de usted. Sabe que el 55 % de los 25.000 estudiantes viven a menos de ocho millas de usted. Contacta al azar con estudiantes del instituto universitario **hasta que** uno diga que vive a menos de ocho millas de usted. ¿Cuál es la probabilidad de que tenga que contactar cuatro personas?

Este es un problema geométrico porque puede tener varios fallos antes de tener el único acierto que desea. Además, la probabilidad de acierto sigue siendo la misma cada vez que le pregunta a un estudiante si vive a menos de cinco millas de usted. No hay un número definido de ensayos (número de veces que le pregunta a un estudiante).

a. Supongamos que X = el número de __________ a los que debe preguntar __________ uno dice que sí.

b. ¿Qué valores toma X?

c. ¿Qué son p y q?

d. La pregunta de probabilidad es $P($______$)$.

Solución 1

a. Supongamos que X = el número de **estudiantes** a los que debe preguntar **hasta que** uno diga que sí.

b. 1, 2, 3, ..., (número total de estudiantes)

c. $p = 0{,}55$; $q = 0{,}45$

d. $P(x = 4)$

INTÉNTELO 4.19

Tiene que hallar una tienda que tenga una tinta especial para impresoras. Sabe que de las tiendas que tienen tinta para impresoras, el 10 % tiene la tinta especial. Llame al azar a cada tienda hasta que una tenga la tinta que necesita. ¿Qué son p y q?

Notación para la Geometría: G = Función de distribución de probabilidad geométrica

$X \sim G(p)$

Lea como "X es *una* variable aleatoria con una **distribución geométrica"**. El parámetro es *p*; *p* = la probabilidad de acierto de cada ensayo.

EJEMPLO 4.20

Supongamos que la probabilidad de un componente informático defectuoso es de 0,02. Los componentes se seleccionan al azar. Calcule la probabilidad de que el primer defecto sea causado por el séptimo componente probado. ¿Cuántos componentes espera probar hasta que se halle uno defectuoso?

Supongamos que X = el número de componentes informáticos probados hasta que se encuentra el primer defecto.

X toma los valores 1, 2, 3, ... donde $p = 0{,}02$. $X \sim G(0{,}02)$

Calcule $P(x = 7)$. $P(x = 7) = 0{,}0177$.

USO DE LAS CALCULADORAS TI-83, 83+, 84, 84+

Hallar la probabilidad de que $x = 7$,

- Introduzca 2nd, DISTR
- Desplácese hacia abajo y seleccione geometpdf(
- Pulse ENTER
- Introduzca 0,02, 7); pulse ENTER para ver el resultado: $P(x = 7) = 0{,}0177$

Para hallar la probabilidad de que $x \leq 7$, siga las mismas instrucciones EXCEPTO que seleccione E:geometcdf(como la función de distribución.

La probabilidad de que el séptimo componente sea el primer defecto es de 0,0177.

El gráfico de $X \sim G(0{,}02)$ es:

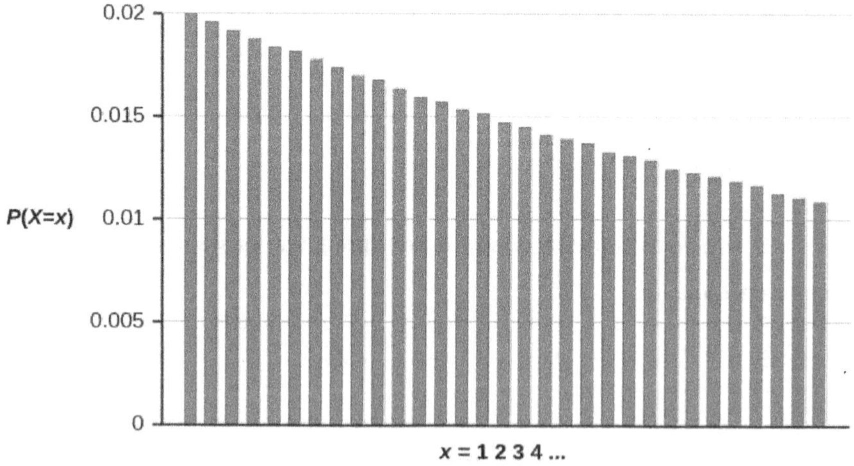

Figura 4.3

El eje *y* contiene la probabilidad de *x*, donde X = el número de componentes informáticos probados.

El número de componentes que se espera probar hasta hallar el primer defectuoso es la media, $\mu = 50$.

La fórmula de la media es $\mu = \frac{1}{p} = \frac{1}{0{,}02} = 50$

La fórmula de la varianza es $\sigma^2 = \left(\frac{1}{p}\right)\left(\frac{1}{p} - 1\right) = \left(\frac{1}{0{,}02}\right)\left(\frac{1}{0{,}02} - 1\right) = 2.450$

La desviación típica es $\sigma = \sqrt{\left(\frac{1}{p}\right)\left(\frac{1}{p}-1\right)} = \sqrt{\left(\frac{1}{0{,}02}\right)\left(\frac{1}{0{,}02}-1\right)} = 49{,}5$

INTÉNTELO 4.20

La probabilidad de que haya una varilla de acero defectuosa es de 0,01. Las varillas de acero se seleccionan al azar. Halle la probabilidad de que el primer defecto se produzca en la novena varilla de acero. Utilice la calculadora TI-83+ o TI-84 para hallar la respuesta.

EJEMPLO 4.21

El riesgo de desarrollar cáncer de páncreas a lo largo de la vida es de alrededor de uno de cada 78 (1,28 %). Supongamos que X = el número de personas a las que se pregunta hasta que una dice que tiene cáncer de páncreas. Entonces X es una variable aleatoria discreta con una distribución geométrica: $X \sim G\left(\frac{1}{78}\right)$ o $X \sim G(0{,}0128)$.

a. ¿Cuál es la probabilidad de que se pregunte a diez personas antes de que una diga que tiene cáncer de páncreas?
b. ¿Cuál es la probabilidad de que tenga que preguntar a 20 personas?
c. Calcule (i) la media y (ii) la desviación típica de X.

Solución 1

a. $P(x = 10)$ = geometpdf(0,0128, 10) = 0,0114
b. $P(x = 20)$ = geometpdf(0,0128, 20) = 0,01
c. i. Media = $\mu = \frac{1}{p} = \frac{1}{0{,}0128} = 78$
   ii. Desviación típica = $\sigma = \sqrt{\frac{1-p}{p^2}} = \sqrt{\frac{1-0{,}0128}{0{,}0128^2}} \approx 77{,}6234$

INTÉNTELO 4.21

La tasa de alfabetización de un país mide la proporción de personas mayores de 15 años que saben leer y escribir. La tasa de alfabetización de las mujeres en Afganistán es del 12 %. Supongamos que X = el número de mujeres afganas a las que se pregunta hasta que una dice que sabe leer y escribir.

a. ¿Cuál es la distribución de probabilidad de X?
b. ¿Cuál es la probabilidad de que les pregunte a cinco mujeres antes de que una diga que sabe leer y escribir?
c. ¿Cuál es la probabilidad de que tenga que preguntarles a diez mujeres?
d. Calcule (i) la media y (ii) la desviación típica de X.

4.5 Distribución hipergeométrica

Hay cinco características de un experimento hipergeométrico.

1. Se toman muestras de **dos** grupos.
2. Le interesa un grupo de interés, llamado primer grupo.
3. Se toma una muestra **sin reemplazo** de los grupos combinados. Por ejemplo, quiere elegir un equipo de softball entre un grupo combinado de 11 hombres y 13 mujeres. El equipo está formado por diez jugadores.
4. Cada elección de un jugador **no** es independiente, ya que el muestreo es sin reemplazo. En el ejemplo del sóftbol, la probabilidad de elegir primero a una mujer es $\frac{13}{24}$. La probabilidad de elegir a un hombre en segundo lugar es $\frac{11}{23}$ si se eligió a una mujer primero. Es $\frac{10}{23}$ si se eligió a un hombre primero. La probabilidad de la segunda elección depende de lo que haya ocurrido en la primera.
5. **No** se trata de ensayos de Bernoulli.

Los resultados de un experimento hipergeométrico se ajustan a una distribución de **probabilidad hipergeométrica**. La variable aleatoria X = el número de elementos del grupo de interés.

EJEMPLO 4.22

Un plato de caramelos contiene 100 gominolas y 80 chicles. Se eligen 50 caramelos al azar. ¿Cuál es la probabilidad de que 35 de los 50 sean chicles? Los dos grupos son gominolas y pastillas de goma. Como la pregunta de probabilidad pide la probabilidad de seleccionar un chicle, el grupo de interés (primer grupo) es el de los chicles. El tamaño del grupo de interés (primer grupo) es de 80. El tamaño del segundo grupo es de 100. El tamaño de la muestra es de 50 (gominolas o chicles). Supongamos que X = el número de chicles en la muestra de 50. X toma los valores x = 0, 1, 2, ..., 50. ¿Cuál es el enunciado de la probabilidad escrito matemáticamente?

Solución 1

$P(x = 35)$

INTÉNTELO 4.22

Una bolsa contiene fichas de letras. Cuarenta y cuatro de las fichas son vocales y 56 son consonantes. Se eligen siete fichas al azar. Quiere saber la probabilidad de que cuatro de las siete fichas sean vocales. ¿Cuál es el grupo de interés, el tamaño del grupo de interés y el tamaño de la muestra?

EJEMPLO 4.23

Supongamos que se sabe que un envío de 100 reproductores de DVD tiene diez reproductores defectuosos. Un inspector elige al azar 12 para la inspección. Le interesa determinar la probabilidad de que, entre los 12 reproductores de DVD, a lo sumo dos estén defectuosos. Los dos grupos son los 90 reproductores de DVD no defectuosos y los 10 reproductores de DVD defectuosos. El grupo de interés (primer grupo) es el grupo defectuoso porque la pregunta de probabilidad pide la probabilidad de que haya como máximo dos reproductores de DVD defectuosos. El tamaño de la muestra es de 12 reproductores de DVD. (Pueden estar o no defectuosos.). Supongamos que X = el número de reproductores de DVD defectuosos en la muestra de 12. X toma los valores 0, 1, 2, ..., 10. X no puede tomar los valores 11 o 12. El tamaño de la muestra es de 12, pero solo hay 10 reproductores de DVD defectuosos. Escriba el enunciado de la probabilidad matemáticamente.

Solución 1

$P(x \leq 2)$

INTÉNTELO 4.23

Una caja de huevos contiene 144 huevos. Se sabe que una caja en particular tiene 12 huevos rotos. Un inspector elige al azar 15 para la inspección. Quiere saber la probabilidad de que, entre los 15, a lo sumo tres estén agrietados. ¿Qué es X y qué valores adquiere?

EJEMPLO 4.24

Usted es el presidente de una organización de eventos especiales en el campus. Necesita un comité de siete estudiantes para planificar una fiesta de cumpleaños especial para el presidente del instituto universitario. Su organización está formada por 18 mujeres y 15 hombres. Le interesa el número de hombres en su comité. Si los miembros del comité se seleccionan al azar, ¿cuál es la probabilidad de que su comité tenga más de cuatro hombres?

Se trata de un problema hipergeométrico porque se está eligiendo el comité entre dos grupos (hombres y mujeres).

a. ¿Está eligiendo con o sin reemplazo?

b. ¿Cuál es el grupo de interés?

c. ¿Cuántos hay en el grupo de interés?

d. ¿Cuántos hay en el otro grupo?

e. Supongamos que *X* = _______ en el comité. ¿Qué valores toma *X*?

f. La pregunta de probabilidad es *P*(______).

Solución 1

a. sin

b. los hombres

c. 15 hombres

d. 18 mujeres

e. Supongamos que *X* = **el número de hombres** del comité. *x* = 0, 1, 2, ..., 7

f. *P*(*x* > 4)

INTÉNTELO 4.24

Una paleta tiene 200 cartones de leche. De los 200 cartones, se sabe que diez de ellos se filtraron y no se pueden vender. Un empleado de almacén elige al azar 18 para su inspección. Quiere saber la probabilidad de que entre los 18, no haya más de dos cartones con fugas. Dé cinco razones por las que este es un problema hipergeométrico.

Notación para el hipergeométrico: H = Función de distribución de la probabilidad hipergeométrica

X ~ *H*(*r*, *b*, *n*)

Léala como "*X* es una variable aleatoria con una distribución hipergeométrica". Los parámetros son *r*, *b* y *n*; *r* = el tamaño del grupo de interés (primer grupo), *b* = el tamaño del segundo grupo, *n* = el tamaño de la muestra elegida.

EJEMPLO 4.25

El comité escolar se elegirá al azar entre seis hombres y cinco mujeres. Si el comité está formado por cuatro miembros elegidos al azar, ¿cuál es la probabilidad de que dos de ellos sean hombres? ¿Cuántos hombres espera que haya en el comité?

Supongamos que *X* = el número de hombres del comité de cuatro. Los hombres son el grupo de interés (primer grupo).

X toma los valores 0, 1, 2, 3, 4, donde *r* = 6, *b* = 5 y *n* = 4. *X* ~ *H*(6, 5, 4)

Calcule *P*(*x* = 2). *P*(*x* = 2) = 0,4545 (calculadora o computadora)

NOTA

Actualmente, la TI-83+ y la TI-84 no tienen funciones de probabilidad hipergeométrica. Hay varios paquetes informáticos, como Microsoft Excel, que lo hacen.

La probabilidad de que haya dos hombres en el comité es de aproximadamente 0,45.

El gráfico de $X \sim H(6, 5, 4)$ es:

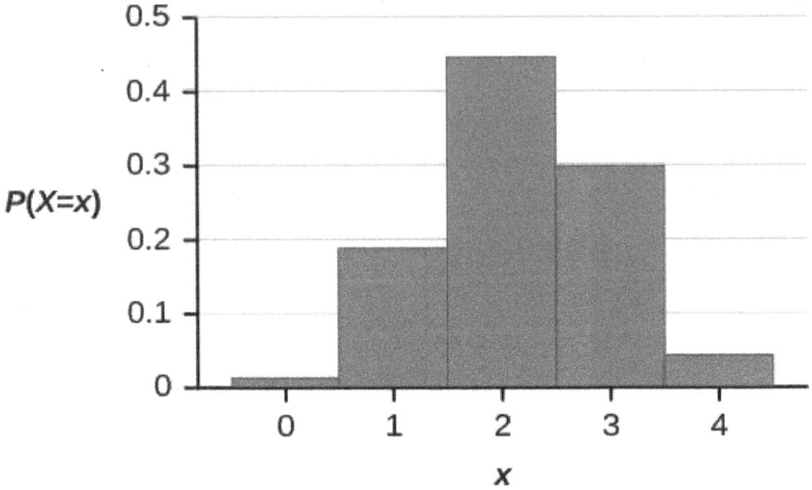

Figura 4.4

El eje *y*contiene la probabilidad de *X*, donde *X* = el número de hombres en el comité.

Es de esperar que haya *m* = 2,18 (unos dos) hombres en el comité.

La fórmula de la media es $\mu = \frac{nr}{r+b} = \frac{(4)(6)}{6+5} = 2{,}18$

INTÉNTELO 4.25

Se elegirá un equipo de baloncesto intramuros al azar entre 15 chicos y 12 chicas. El equipo tiene diez plazas. Quiere saber la probabilidad de que ocho de los jugadores sean chicos. ¿Cuál es el grupo de interés y la muestra?

4.6 Distribución de Poisson

Hay dos características principales de un experimento de Poisson.

1. La **distribución de probabilidad de Poisson** da la probabilidad de que se produzca un número de eventos en un **intervalo fijo** de tiempo o espacio si estos eventos se producen con una tasa promedio conocida y con independencia del tiempo transcurrido desde el último evento. Por ejemplo, un editor de libros podría estar interesado en el número de palabras escritas incorrectamente en un libro en particular. Puede ser que, en promedio, haya cinco palabras mal escritas en 100 páginas. El intervalo son las 100 páginas.
2. La distribución de Poisson puede utilizarse para aproximarse a la binomial si la probabilidad de éxito es "pequeña" (del orden de 0,01) y el número de intentos es "grande" (del orden de 1000). Comprobará la relación en los ejercicios de los deberes. *n* es el número de intentos, y *p* es la probabilidad de un "acierto".

La variable aleatoria *X* = el número de ocurrencias en el intervalo de interés.

EJEMPLO 4.26

El número promedio de panes colocados en un estante de una panadería en un periodo de media hora es de 12. Es interesante el número de panes que se ponen en la estantería en cinco minutos. El intervalo de tiempo de interés es de cinco minutos. ¿Cuál es la probabilidad de que el número de panes, seleccionados al azar, puestos en la estantería en cinco minutos sea tres?

Supongamos que *X* = el número de barras de pan puestas en la estantería en cinco minutos. Si el número promedio de panes colocados en el estante en 30 minutos (media hora) es 12, **entonces el número promedio de panes colocados**

en el estante en cinco minutos es $\left(\frac{5}{30}\right)(12) = 2$ panes.

La pregunta de probabilidad le pide que halle $P(x = 3)$.

> INTÉNTELO 4.26

El número promedio de peces capturados en una hora es de ocho. Es interesante el número de peces capturados en 15 minutos. El intervalo de tiempo de interés es de 15 minutos. ¿Cuál es el número promedio de peces capturados en 15 minutos?

EJEMPLO 4.27

Un banco espera recibir seis cheques sin fondos al día, en promedio. ¿Cuál es la probabilidad de que el banco reciba menos de cinco cheques sin fondos en un día determinado? El interés es el número de cheques que el banco recibe en un día, por lo que el intervalo de tiempo del interés es un día. Supongamos que X = el número de cheques sin fondos que recibe el banco en un día. Si el banco espera recibir seis cheques sin fondos al día, el promedio es de seis cheques al día. Escriba un enunciado matemático para la pregunta de probabilidad.

Solución 1

$P(x < 5)$

> INTÉNTELO 4.27

Una tienda de electrónica espera tener un promedio de diez devoluciones al día. El administrador quiere saber la probabilidad de que la tienda reciba menos de ocho devoluciones en un día determinado. Plantee la pregunta de la probabilidad de forma matemática.

EJEMPLO 4.28

Se da cuenta de que un reportero de noticias dice "uh", en promedio, dos veces por emisión. ¿Cuál es la probabilidad de que el periodista diga "uh" más de dos veces por emisión?

Se trata de un problema de Poisson porque le interesa saber el número de veces que el reportero de las noticias dice "uh" durante una emisión.

a. ¿Cuál es el intervalo de interés?

b. ¿Cuál es el número promedio de veces que el reportero de noticias dice "uh" durante una emisión?

c. Supongamos que X = __________. ¿Qué valores toma X?

d. La pregunta de probabilidad es P(______).

Solución 1

a. una emisión

b. 2

c. Supongamos que X = el número de veces que el reportero de noticias dice "eh" durante una emisión.
$x = 0, 1, 2, 3, \ldots$

d. $P(x > 2)$

> **INTÉNTELO 4.28**

La sala de urgencias de un determinado hospital recibe un promedio de cinco pacientes por hora. Un médico quiere saber la probabilidad de que Urgencias reciba más de cinco pacientes por hora. Indique la razón por la que se trata de una distribución de Poisson.

Notación para el Poisson: P = Función de distribución de probabilidad de Poisson

$X \sim P(\mu)$

Se lee como "*X* es una variable aleatoria con una distribución de Poisson". El parámetro es μ (o λ); μ (o λ) = la media del intervalo de interés. La desviación típica de la distribución de Poisson con media μ es $\Sigma=\sqrt{\mu}$

EJEMPLO 4.29

El contestador automático de Leah recibe unas seis llamadas telefónicas entre las 8 y las 10 a. m. ¿Cuál es la probabilidad de que Leah reciba más de una llamada durante **los próximos 15 minutos?**

Supongamos que X = el número de llamadas que recibe Leah durante 15 minutos (el **intervalo de interés** es de 15 minutos o $\frac{1}{4}$ hora)

$x = 0, 1, 2, 3, \ldots$

Si Leah recibe, en promedio, seis llamadas telefónicas en dos horas, y hay ocho intervalos de 15 minutos en dos horas, entonces Leah recibe

$\left(\frac{1}{8}\right)(6) = 0{,}75$ llamadas durante 15 minutos, en promedio. Por tanto, $\mu = 0{,}75$ para este problema.

$X \sim P(0{,}75)$

Calcule $P(x > 1)$. $P(x > 1) = 0{,}1734$ (calculadora o computadora)

USO DE LAS CALCULADORAS TI-83, 83+, 84, 84+

- Pulse 1 y luego pulse 2.° DISTR.
- Pulse la flecha hacia abajo y seleccione poissoncdf. Pulse ENTER.
- Introduzca (0,75,1).
- El resultado es $P(x > 1) = 0{,}1734$.

Nota

Las calculadoras de TI utilizan λ (lambda) para la media.

La probabilidad de que Leah reciba más de una llamada telefónica en los próximos 15 minutos es de 0,1734:
$P(x > 1)$ = 1 - poissoncdf(0,75, 1).

El gráfico de $X \sim P(0{,}75)$ es:

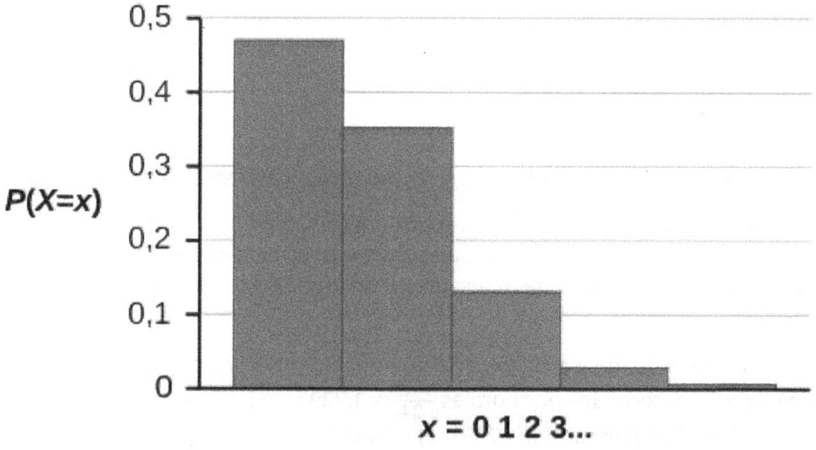

Figura 4.5

El eje *y* contiene la probabilidad de *x*, donde *X* = el número de llamadas durante 15 minutos.

INTÉNTELO 4.29

Un centro de atención al cliente recibe unos diez correos electrónicos cada media hora. ¿Cuál es la probabilidad de que el centro de atención al cliente reciba más de cuatro correos electrónicos en los próximos seis minutos? Utilice la calculadora TI-83+ o TI-84 para hallar la respuesta.

EJEMPLO 4.30

Según Baydin, una compañía de gestión de correo electrónico, un usuario de correo electrónico recibe, en promedio, 147 correos electrónicos al día. Supongamos que *X* = el número de correos electrónicos que recibe un usuario por día. La variable aleatoria discreta *X* toma los valores *x* = 0, 1, 2 ... La variable aleatoria *X* tiene una distribución de Poisson: *X* ~ *P*(147). La media es de 147 correos electrónicos.

a. ¿Cuál es la probabilidad de que un usuario de correo electrónico reciba exactamente 160 correos electrónicos al día?
b. ¿Cuál es la probabilidad de que un usuario de correo electrónico reciba como máximo 160 correos electrónicos al día?
c. ¿Cuál es la desviación típica?

Solución 1

a. $P(x = 160)$ = poissonpdf(147, 160) ≈ 0,0180
b. $P(x \leq 160)$ = poissoncdf(147, 160) ≈ 0,8666
c. Desviación típica = $\sigma = \sqrt{\mu} = \sqrt{147} \approx 12{,}1244$

INTÉNTELO 4.30

Según una encuesta reciente del Pew Internet Project, las chicas de entre 14 y 17 años envían un promedio de 187 mensajes de texto al día. Supongamos que *X* = el número de mensajes de texto que una chica de 14 a 17 años envía al día. La variable aleatoria discreta *X* toma los valores *x* = 0, 1, 2 ... La variable aleatoria *X* tiene una distribución de Poisson: *X* ~ *P*(187). La media es de 187 mensajes de texto.

a. ¿Cuál es la probabilidad de que una adolescente envíe exactamente 175 mensajes de texto al día?
b. ¿Cuál es la probabilidad de que una adolescente envíe como máximo 150 mensajes de texto al día?

c. ¿Cuál es la desviación típica?

EJEMPLO 4.31

Los usuarios de mensajes de texto reciben o envían un promedio de 41,5 mensajes de texto al día.

a. ¿Cuántos mensajes de texto recibe o envía un usuario por hora?
b. ¿Cuál es la probabilidad de que un usuario de mensajes de texto reciba o envíe dos mensajes por hora?
c. ¿Cuál es la probabilidad de que un usuario de mensajes de texto reciba o envíe más de dos mensajes por hora?

Solución 1

a. Supongamos que X = el número de mensajes de texto que un usuario envía o recibe en una hora. El número promedio de mensajes de texto recibidos por hora es $\frac{41,5}{24} \approx 1,7292$.
b. $X \sim P(1,7292)$, por lo que $P(x = 2)$ = poissonpdf(1,7292, 2) ≈ 0,2653
c. $P(x > 2) = 1 - P(x \leq 2)$ = 1 − poissoncdf(1,7292, 2) ≈ 1 - 0,7495 = 0,2505

INTÉNTELO 4.31

El aeropuerto internacional Hartsfield-Jackson de Atlanta es el más concurrido del mundo. En promedio, cada día hay 2.500 llegadas y salidas.

a. ¿Cuántos aviones llegan y salen del aeropuerto por hora?
b. ¿Cuál es la probabilidad de que haya exactamente 100 llegadas y salidas en una hora?
c. ¿Cuál es la probabilidad de que haya como máximo 100 llegadas y salidas en una hora?

EJEMPLO 4.32

El 13 de mayo de 2013, a partir de las 4:30 p. m., se informó que la probabilidad de actividad sísmica baja para las próximas 48 horas en Alaska era de 1,02 % aproximadamente. Utilice esta información para los próximos 200 días para hallar la probabilidad de que haya una actividad sísmica baja en diez de los próximos 200 días. Utilice las distribuciones binomial y de Poisson para calcular las probabilidades. ¿Están cerca?

Solución 1

Supongamos que X = el número de días con actividad sísmica baja.

Mediante la distribución binomial:

- $P(x = 10)$ = binompdf(200, 0,0102, 10) ≈ 0,000039

Mediante la distribución de Poisson:

- Calcule $\mu = np = 200(0{,}0102) \approx 2{,}04$
- $P(x = 10)$ = poissonpdf(2,04, 10) ≈ 0,000045

Esperamos que la aproximación sea buena porque n es grande (más de 20) y p es pequeño (menos de 0,05). Los resultados son muy parecidos: ambas probabilidades son casi 0.

INTÉNTELO 4.32

El 13 de mayo de 2013, a partir de las 4:30 p. m., se informó de que la probabilidad de actividad sísmica moderada para las próximas 48 horas en las islas Kuriles, frente a la costa de Japón, era de alrededor del 1,43 %. Utilice esta información para los próximos 100 días para hallar la probabilidad de que haya una actividad sísmica baja en cinco de los próximos 100 días. Utilice las distribuciones binomial y de Poisson para calcular las probabilidades. ¿Están cerca?

4.7 Distribución discreta (experimento con cartas)

Laboratorio de estadística

Distribución discreta (experimento con cartas)

Hora de la clase:

Nombres:

Resultados del aprendizaje de los estudiantes

- El estudiante comparará los datos empíricos y una distribución teórica para determinar si un experimento cotidiano se ajusta a una distribución discreta.
- El estudiante comparará la simulación generada por la tecnología y una distribución teórica.
- El estudiante demostrará que comprende las probabilidades a largo plazo.

Suministros

- Una baraja completa de cartas
- Una calculadora de programación

Procedimiento

El procedimiento experimental para los datos empíricos consiste en elegir una carta de una baraja.

1. La probabilidad teórica de escoger un diamante de una baraja es ________.
2. Baraje un mazo de cartas.
3. Elija una carta.
4. Anote si era o no un diamante.
5. Vuelva a poner la carta en su sitio y baraje de nuevo.
6. Haga esto un total de diez veces.
7. Anote el número de diamantes extraídos.
8. Supongamos que X = número de diamantes. Teóricamente, $X \sim B$(____,____)

Organice los datos

1. Registre el número de diamantes extraídos para su clase con las cartas en la Tabla 4.16. A continuación, calcule la frecuencia relativa.

x	Frecuencia	Frecuencia relativa
0	________	________
1	________	________
2	________	________
3	________	________
4	________	________
5	________	________
6	________	________
7	________	________
8	________	________

Tabla 4.16

x	Frecuencia	Frecuencia relativa
9	______	______
10	______	______

Tabla 4.16

2. Calcule lo siguiente:
   a. $\overline{x}$ = ______
   b. s = ______
3. Construya un histograma de los datos empíricos.

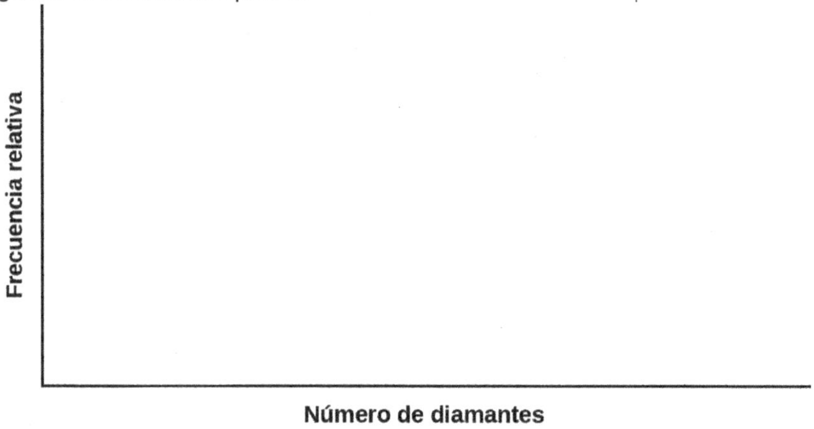

Figura 4.6

Distribución teórica

a. Construya el gráfico PDF teórico basado en la distribución de la sección Procedimiento.

x	*P*(*x*)
0	
1	
2	
3	
4	
5	
6	
7	
8	
9	

Tabla 4.17

x	$P(x)$
10	

Tabla 4.17

b. Calcule lo siguiente:
   a. μ = __________
   b. σ = __________

c. Construya un histograma de la distribución teórica.

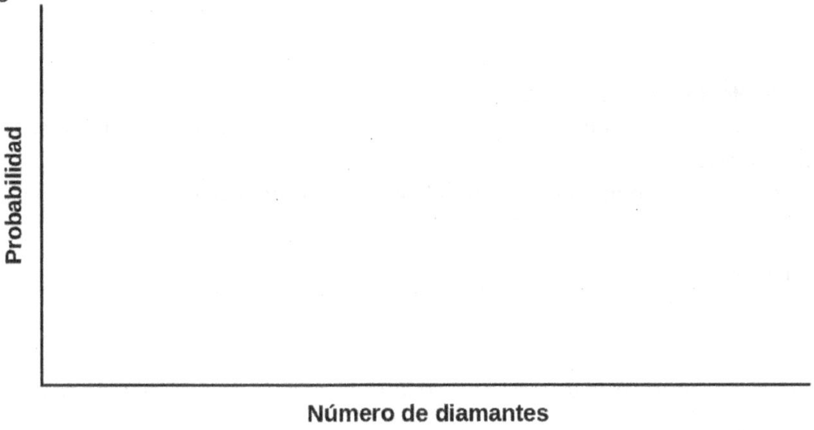

Figura 4.7

Uso de los datos

NOTA

RF = frecuencia relativa (relative frequency, RF)

Utilice la tabla de la sección Distribución teórica para calcular las siguientes respuestas. Redondee sus respuestas a cuatro decimales.

- $P(x = 3)$ = ________________
- $P(1 < x < 4)$ = ________________
- $P(x \geq 8)$ = ________________

Utilice los datos de la sección Organizar los datos para calcular las siguientes respuestas. Redondee sus respuestas a cuatro decimales

- $RF(x = 3)$ = ________________
- $RF(1 < x < 4)$ = ________________
- $RF(x \geq 8)$ = ________________

Preguntas para el debate

Para las preguntas 1 y 2, piense en las formas de los dos gráficos, las probabilidades, las frecuencias relativas, las medias y las desviaciones típicas.

1. Sabiendo que los datos varían, describa tres similitudes entre los gráficos y las distribuciones teóricas, empíricas y de simulación. Utilice oraciones completas.
2. Describa las tres diferencias más significativas entre los gráficos o las distribuciones teórica, empírica y de simulación.
3. Utilizando sus respuestas a las preguntas 1 y 2, ¿le parece que los dos conjuntos de datos se ajustan a la distribución teórica? Explique por qué sí o por qué no en oraciones completas.
4. Supongamos que el experimento se ha repetido 500 veces. ¿Espera que la Tabla 4.16 o la Tabla 4.17 cambien, y

cómo lo harían? ¿Por qué? ¿Por qué no cambiarían la(s) otra(s) tabla(s)?

4.8 Distribución discreta (experimento de los dados de la suerte)

Laboratorio de estadística

Distribución discreta (experimento de los dados de la suerte)

Hora de la clase:

Nombres:

Resultados del aprendizaje de los estudiantes

- El estudiante comparará los datos empíricos y una distribución teórica para determinar si un juego de azar Tet se ajusta a una distribución discreta.
- El estudiante demostrará que comprende las probabilidades a largo plazo.

Suministros

- un juego de "Dados de la Suerte" o tres dados normales

Procedimiento

Redondee las respuestas a los problemas de frecuencia relativa y probabilidad con cuatro decimales.

1. El procedimiento experimental consiste en apostar por un objeto. A continuación, lance los tres Dados de la Suerte y cuente el número de aciertos. Según el número de aciertos se decidirá su ganancia.
2. ¿Cuál es la probabilidad teórica de que un dado coincida con el objeto?
3. Elija un objeto para hacer una apuesta. Lance los tres dados de la suerte. Cuente el número de coincidencias.
4. Supongamos que X = número de aciertos. Teóricamente, $X \sim B($_____,_____$)$
5. Supongamos que Y = ganancia por juego.

Organice los datos

En la Tabla 4.18, rellene el valor de *y* que corresponde a cada valor de *x*. A continuación, anote el número de juegos elegidos para su clase. A continuación, calcule la frecuencia relativa.

1. Rellene la tabla.

x	y	Frecuencia	Frecuencia relativa
0			
1			
2			
3			

Tabla 4.18

2. Calcule lo siguiente:
   a. $\overline{x}$ = ______
   b. s_x = ______
   c. $\overline{y}$ = ______
   d. s_y = ______
3. Explique qué representa la $\overline{x}$.
4. Explique qué representa la $\overline{y}$.

5. Con base en el experimento,
    a. ¿Cuál fue la ganancia promedio por juego?
    b. ¿Representa esto una promedio de victorias o derrotas por juego?
    c. ¿Cómo lo sabe? Responda con oraciones completas.
6. Construya un histograma de los datos empíricos.

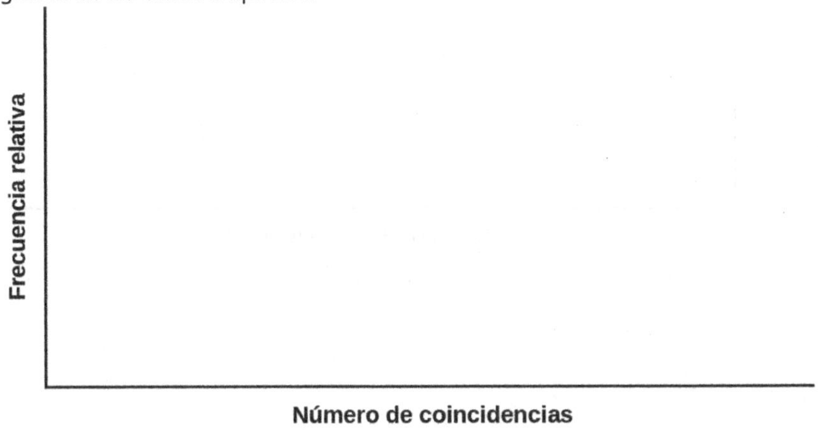

Figura 4.8

Distribución teórica

Construya el gráfico de la PDF teórica para *x* y *"y"* basándose en la distribución de la sección Procedimiento.

1.

x	*y*	*P*(*x*) = *P*(*y*)
0		
1		
2		
3		

Tabla 4.19

2. Calcule lo siguiente:
    a. μ_x = ______
    b. σ_x = ______
    c. μ_x = ______
3. Explique lo que μ_x representa.
4. Explique lo que μ_y representa.
5. Con base en la teoría,
    a. ¿Cuál era la ganancia esperada por juego?
    b. ¿La ganancia esperada representó un promedio de juegos que ganó o perdió?
    c. ¿Cómo lo sabe? Responda con oraciones completas.
6. Construya un histograma de la distribución teórica.

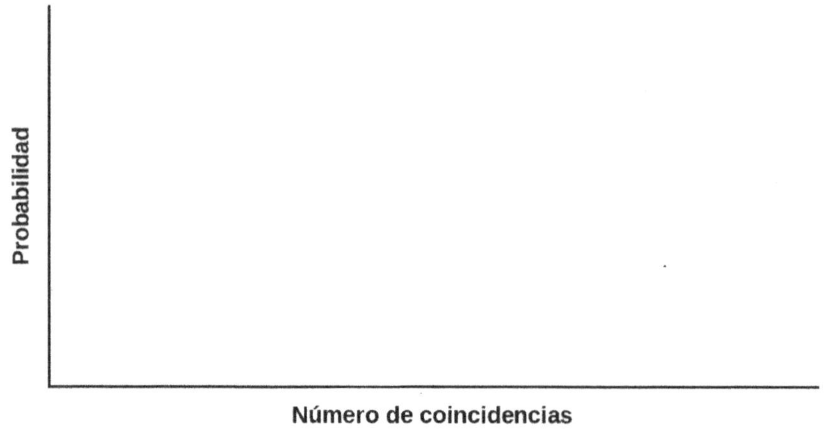

Figura 4.9

Utilizar los datos

Nota

RF = frecuencia relativa (relative frequency, RF)

Utilice los datos de la sección Distribución teórica para calcular las siguientes respuestas. Redondee sus respuestas a cuatro decimales

1. $P(x = 3) =$ ______________
2. $P(0 < x < 3) =$ ______________
3. $P(x \geq 2) =$ ______________

Utilice los datos de la sección Organizar los datos para calcular las siguientes respuestas. Redondee sus respuestas a cuatro decimales.

1. $RF(x = 3) =$ ______________
2. $RF(0 < x < 3) =$ ______________
3. $RF(x \geq 2) =$ ______________

Pregunta de debate

Para las preguntas 1 y 2, considere los gráficos, las probabilidades, las frecuencias relativas, las medias y las desviaciones típicas.

1. Sabiendo como los datos varían, describa tres similitudes entre los gráficos de las distribuciones teóricas y empíricas. Utilice oraciones completas.
2. Describa las tres diferencias más significativas entre los gráficos de las distribuciones teóricas y empíricas.
3. Pensando en sus respuestas a las preguntas 1 y 2, ¿parece que los datos se ajustan a la distribución teórica? Explique por qué sí o por qué no en oraciones completas.
4. Supongamos que el experimento se ha repetido 500 veces. ¿Espera que la Tabla 4.18 o la Tabla 4.19 cambien, y cómo lo harían? ¿Por qué? ¿Por qué la otra mesa no cambiaría?

Términos Clave

Desviación típica de una distribución de probabilidad número que mide la distancia de los resultados de un experimento estadístico con respecto a la media de la distribución $\sigma = \sqrt{\sum\left[(x-\mu)^2 \bullet P(x)\right]}$

Distribución de probabilidad binomial una variable aleatoria discreta (RV) que surge de ensayos de Bernoulli; hay un número fijo, n, de ensayos independientes. "Independiente" significa que el resultado de cualquier ensayo (por ejemplo, el ensayo uno) no afecta los resultados de los ensayos siguientes, y que todos los ensayos se llevan a cabo en las mismas condiciones. En estas circunstancias, la RV binomial X se define como el número de aciertos en n ensayos. La notación es: $X \sim B(n, p)$. La media es $\mu = np$ y la desviación típica es $\sigma = \sqrt{npq}$. La probabilidad de tener exactamente x aciertos en n ensayos es $P(X = x) = \binom{n}{x} p^x q^{n-x}$.

Distribución de probabilidad de Poisson una variable aleatoria (RV) discreta que cuenta el número de veces que se producirá un determinado evento en un intervalo específico; características de la variable

- La probabilidad de que el evento ocurra en un intervalo determinado es la misma para todos los intervalos.
- Los eventos ocurren con una media conocida e independientemente del tiempo transcurrido desde el último evento.

La distribución está definida por la media μ del evento en el intervalo. Notación: $X \sim P(\mu)$. La media es $\mu = np$. La desviación típica es $\sigma = \sqrt{\mu}$. La probabilidad de tener exactamente x aciertos en r intentos es $P(X = x) = (e^{-\mu})\frac{\mu^x}{x!}$. La distribución de Poisson se utiliza a menudo para aproximar la distribución binomial, cuando n es "grande" y p es "pequeña" (una regla general es que n debe ser mayor o igual a 20 y p debe ser menor o igual a 0,05).

Distribución geométrica una variable aleatoria (RV) discreta que surge de los ensayos de Bernoulli; los ensayos se repiten hasta el primer acierto. La variable geométrica X se define como el número de ensayos hasta el primer acierto. Notación: $X \sim G(p)$. La media es $\mu = \frac{1}{p}$ y la desviación típica es $\sigma = \sqrt{\frac{1}{p}\left(\frac{1}{p}-1\right)}$. La probabilidad de que se produzcan exactamente x fallos antes del primer acierto viene dada por la fórmula $P(X = x) = p(1 - p)^{x-1}$.

Ensayos de Bernoulli un experimento con las siguientes características:

1. Solo hay dos resultados posibles, denominados "acierto" y "fallo" para cada ensayo.
2. La probabilidad p de un acierto es igual para cualquier ensayo (por lo que la probabilidad $q = 1 - p$ de un fallo es la misma para cualquier ensayo).

Experimento binomial un experimento estadístico que satisfaga las tres condiciones siguientes:

1. Hay un número fijo de ensayos, n.
2. Solo hay dos resultados posibles, llamados "acierto" y "fallo" para cada ensayo. La letra p indica la probabilidad de acierto en un ensayo, y la q la probabilidad de fallo en un ensayo.
3. Los n ensayos son independientes y se repiten utilizando condiciones idénticas.

Experimento geométrico un experimento estadístico con las siguientes propiedades:

1. Hay uno o más ensayos de Bernoulli con todos los fallos excepto el último, que es un acierto.
2. En teoría, el número de pruebas podría ser eterno. Debe haber, al menos, un ensayo.
3. La probabilidad, p, de un acierto y la probabilidad, q, de un fallo no cambian de un ensayo a otro.

Experimento hipergeométrico un experimento estadístico con las siguientes propiedades:

1. Toma muestras de dos grupos.
2. Le interesa un grupo de interés, llamado primer grupo.
3. Toma una muestra sin reemplazo de los grupos combinados.
4. Cada elección de un jugador no es independiente, ya que el muestreo es sin reemplazo.
5. No se trata de ensayos de Bernoulli.

Función de distribución de probabilidad (PDF) una descripción matemática de una variable aleatoria (*RV*) discreta, dada en forma de ecuación (fórmula) o en forma de tabla que enumera todos los resultados posibles de un experimento y la probabilidad asociada a cada resultado.

La ley de los grandes números A medida que aumenta el número de ensayos en un experimento de probabilidad, la diferencia entre la probabilidad teórica de un evento y la probabilidad de frecuencia relativa se aproxima a cero.

Media número que mide la tendencia central; un nombre común para la media es 'promedio' El término "media" es una forma abreviada de "media aritmética" Por definición, la media de una muestra (denotada por $\overline{x}$) es $\overline{x} = \frac{\text{Suma de todo valores en la muestra}}{\text{Número de valores en la muestra}}$ y la media de una población (denotada por μ) es $\mu = \frac{\text{Suma de todo valores en la población}}{\text{Número de valores en la población}}$.

Media de una distribución de probabilidad el promedio a largo plazo de muchos ensayos de un experimento estadístico

Probabilidad hipergeométrica una variable aleatoria (RV) discreta que se caracteriza por:

1. Un número fijo de ensayos.
2. La probabilidad de acierto no es la misma de un ensayo a otro.

Tomamos muestras de dos grupos de elementos cuando solo nos interesa un grupo. *X* se define como el número de aciertos sobre el total de elementos elegidos. Notación: $X \sim H(r, b, n)$, donde r = el número de elementos en el grupo de interés, b = el número de elementos en el grupo que no es de interés, y n = el número de elementos elegidos.

Valor esperado promedio aritmético esperado cuando un experimento se repite muchas veces; también se denomina media. Notaciones: μ. En una variable aleatoria discreta (RV) con función de distribución de probabilidad $P(x)$, la definición también puede escribirse en la forma $\mu = \sum xP(x)$.

Variable aleatoria (RV) una característica de interés en una población que se estudia; la notación común para las variables son las letras latinas mayúsculas *X*, *Y*, *Z*,...; la notación común para un valor específico del dominio (conjunto de todos los valores posibles de una variable) son las letras latinas minúsculas *x*, *y*, *z*. Por ejemplo, si *X* es el número de hijos de una familia, entonces *x* representa un número entero específico 0, 1, 2, 3,.... Las variables en estadística se diferencian de las variables en álgebra intermedia en los dos aspectos siguientes.

- El dominio de la variable aleatoria (RV) no es necesariamente un conjunto numérico; el dominio puede expresarse en palabras; por ejemplo, si *X* = color de cabello entonces el dominio es {negro, rubio, gris, verde, naranja}.
- Podemos saber qué valor específico *x* toma la variable aleatoria *X* solo después de realizar el experimento.

Repaso del capítulo

4.1 Función de Distribución de Probabilidad (PDF) para una variable aleatoria discreta

Las características de una función de distribución de probabilidad (PDF) para una variable aleatoria discreta son las siguientes:

1. Cada probabilidad está entre cero y uno, ambos inclusive (*inclusive* significa incluir el cero y el uno).
2. La suma de las probabilidades es uno.

4.2 Media o valor esperado y desviación típica

El valor esperado, o media, de una variable aleatoria discreta predice los resultados a largo plazo de un experimento estadístico que se ha repetido muchas veces. La desviación típica de una distribución de probabilidad se utiliza para medir la variabilidad de los posibles resultados.

4.3 Distribución binomial

Un experimento estadístico se puede clasificar como experimento binomial si se cumplen las siguientes condiciones:

1. Hay un número fijo de ensayos, *n*.
2. Solo hay dos resultados posibles, denominados "acierto " y "fallo" para cada ensayo. La letra *p* indica la probabilidad de acierto en un ensayo y la *q* la probabilidad de fallo en un ensayo.
3. Los *n* ensayos son independientes y se repiten utilizando condiciones idénticas.

Los resultados de un experimento binomial se ajustan a una distribución de probabilidad binomial. La variable aleatoria *X* = el número de aciertos obtenidos en los *n* ensayos independientes. La media de *X* se puede calcular mediante la fórmula $\mu = np$, y la desviación típica viene dada por la fórmula $\sigma = \sqrt{npq}$.

4.4 Distribución geométrica

Hay tres características de un experimento geométrico:

1. Hay uno o más ensayos de Bernoulli con todos los fallos excepto el último, que es un acierto.
2. En teoría, el número de pruebas podría ser eterno. Debe haber, al menos, un ensayo.
3. La probabilidad, *p*, de un acierto y la probabilidad, *q*, de un fallo son iguales para cada ensayo.

En un experimento geométrico defina la variable aleatoria discreta *X* como el número de ensayos independientes hasta el primer acierto. Decimos que X tiene una distribución geométrica y escribimos $X \sim G(p)$ donde *p* es la probabilidad de acierto en un solo ensayo.

La media de la distribución geométrica $X \sim G(p)$ es $\mu = \frac{1}{p}$ y la desviación típica es $\sigma\sqrt{\frac{(1-p)}{p^2}} = \sqrt{\frac{1}{p}\left(\frac{1}{p}-1\right)}$.

4.5 Distribución hipergeométrica

Un experimento **hipergeométrico** es un experimento estadístico con las siguientes propiedades:

1. Toma muestras de dos grupos.
2. Le interesa un grupo de interés, llamado primer grupo.
3. Toma una muestra sin reemplazo de los grupos combinados.
4. Cada elección de un jugador no es independiente, ya que el muestreo es sin reemplazo.
5. No se trata de ensayos de Bernoulli.

Los resultados de un experimento hipergeométrico se ajustan a una distribución de probabilidad hipergeométrica. La variable aleatoria X = el número de elementos del grupo de interés. La distribución de X se denota como $X \sim H(r, b, n)$, donde r = el tamaño del grupo de interés (primer grupo), b = el tamaño del segundo grupo, y n = el tamaño de la muestra elegida. Se deduce que

$n \leq r + b$. La media de X es $\mu = \frac{nr}{r+b}$ y la desviación típica es $\sigma = \sqrt{\frac{rbn(r+b-n)}{(r+b)^2 \quad (r+b-1)}}$.

4.6 Distribución de Poisson

Una **distribución de probabilidad de Poisson** de una variable aleatoria discreta da la probabilidad de que se produzca un número de eventos en un intervalo fijo de tiempo o espacio, si estos eventos se producen a una tasa promedio conocida y con independencia del tiempo transcurrido desde el último evento. La distribución de Poisson puede utilizarse para aproximarse a la binomial, si la probabilidad de éxito es "pequeña" (menor o igual a 0,05) y el número de intentos es "grande" (mayor o igual a 20).

Repaso de fórmulas

4.2 Media o valor esperado y desviación típica

Media o valor esperado: $\mu = \sum_{x \in X} xP(x)$

Desviación típica: $\sigma = \sqrt{\sum_{x \in X} (x-\mu)^2 P(x)}$

4.3 Distribución binomial

$X \sim B(n, p)$ significa que la variable aleatoria discreta X tiene una distribución de probabilidad binomial con n ensayos y probabilidad de acierto p.

X = el número de aciertos en n ensayos independientes

n = el número de ensayos independientes

X toma los valores $x = 0, 1, 2, 3, ..., n$

p = la probabilidad de acierto de cualquier ensayo

q = la probabilidad de fallo de cualquier ensayo

$p + q = 1$

$q = 1 - p$

La media de X es $\mu = np$. La desviación típica de X es $\sigma = \sqrt{npq}$.

4.4 Distribución geométrica

$X \sim G(p)$ significa que la variable aleatoria discreta X tiene una distribución de probabilidad geométrica con probabilidad de acierto en un único ensayo p.

X = el número de ensayos independientes hasta el primer acierto

X toma los valores $x = 1, 2, 3, ...$

p = la probabilidad de acierto de cualquier ensayo

q = la probabilidad de fallo para cualquier ensayo $p + q = 1$

$q = 1 - p$

La media es $\mu = \frac{1}{p}$.

La desviación típica es $\sigma = \sqrt{\frac{1-p}{p^2}} = \sqrt{\frac{1}{p}\left(\frac{1}{p} - 1\right)}$.

4.5 Distribución hipergeométrica

$X \sim H(r, b, n)$ significa que la variable aleatoria discreta X tiene una distribución de probabilidad hipergeométrica con r = el tamaño del grupo de interés (primer grupo), b = el tamaño del segundo grupo y n = el tamaño de la muestra elegida.

X = el número de elementos del grupo de interés que están en la muestra elegida, y X puede tomar los valores $x = 0, 1, ...,$ hasta el tamaño del grupo de interés. (El valor mínimo de X puede ser mayor que cero en algunos casos)

$n \leq r + b$

La media de X viene dada por la fórmula $\mu = \frac{nr}{r+b}$ y la desviación típica es = $\sqrt{\frac{rbn(r+b-n)}{(r+b)^2(r+b-1)}}$.

4.6 Distribución de Poisson

$X \sim P(\mu)$ significa que X tiene una distribución de probabilidad de Poisson donde X = el número de ocurrencias en el intervalo de interés.

X toma los valores $x = 0, 1, 2, 3, ...$

La media μ normalmente está dada.

La varianza es $\sigma^2 = \mu$, y la desviación típica es $\sigma = \sqrt{\mu}$.

Cuando se utiliza $P(\mu)$ para aproximar una distribución binomial, $\mu = np$ donde n representa el número de ensayos independientes y p representa la probabilidad de aciertos en un solo ensayo.

Práctica

4.1 Función de Distribución de Probabilidad (PDF) para una variable aleatoria discreta

Use la siguiente información para responder los próximos cinco ejercicios: Una compañía quiere evaluar su tasa de deserción, es decir, el tiempo que los nuevos empleados permanecen en la compañía. A lo largo de los años han establecido la siguiente distribución de probabilidad.

Supongamos que X = el número de años que un nuevo empleado permanecerá en la compañía.

Supongamos que $P(x)$ = la probabilidad de que un nuevo empleado permanezca en la compañía x años.

1. Complete la Tabla 4.20 con los datos proporcionados.

x	$P(x)$
0	0,12
1	0,18
2	0,30
3	0,15
4	
5	0,10
6	0,05

Tabla 4.20

2. $P(x = 4)$ = ______

3. $P(x \geq 5)$ = ______

4. ¿Cuánto tiempo en promedio espera que un nuevo empleado permanezca en la compañía?

5. ¿A cuánto asciende la columna "$P(x)$"?

Use la siguiente información para responder los próximos seis ejercicios: Un panadero está decidiendo cuántos lotes de muffins va a hacer para vender en su panadería. Quiere hacer lo suficiente para venderlos todos y no menos. Mediante la observación, el panadero ha establecido una distribución de probabilidad.

x	*P*(*x*)
1	0,15
2	0,35
3	0,40
4	0,10

Tabla 4.21

6. Defina la variable aleatoria *X*.

7. ¿Cuál es la probabilidad de que el panadero venda más de un lote? $P(x > 1)$ = _____

8. ¿Cuál es la probabilidad de que el panadero venda exactamente un lote? $P(x = 1)$ = _____

9. En promedio, ¿cuántos lotes debe hacer el panadero?

Use la siguiente información para responder los próximos cuatro ejercicios: Ellen tiene práctica de música tres días a la semana. Practica los tres días el 85 % del tiempo, dos días el 8 % del tiempo, un día el 4 % del tiempo y ningún día el 3 % del tiempo. Se selecciona una semana al azar.

10. Defina la variable aleatoria *X*.

11. Construya una tabla de distribución de probabilidades para los datos.

12. Sabemos que para que una función de distribución de probabilidad sea discreta, debe tener dos características. Una es que la suma de las probabilidades es uno. ¿Cuál es la otra característica?

Use la siguiente información para responder los próximos cinco ejercicios: Javier es voluntario en eventos comunitarios cada mes. No realiza más de cinco eventos en un mes. Asiste exactamente a cinco eventos el 35 % del tiempo, a cuatro el 25 % del tiempo, a tres el 20 % del tiempo, a dos el 10 % del tiempo, a uno el 5 % del tiempo y a ninguno el 5 % del tiempo.

13. Defina la variable aleatoria *X*.

14. ¿Qué valores toma *x*?

15. Construir una tabla de PDF.

16. Calcule la probabilidad de que Javier sea voluntario en menos de tres eventos al mes. $P(x < 3)$ = _____

17. Calcule la probabilidad de que Javier sea voluntario en, al menos, un evento cada mes. $P(x > 0)$ = _____

4.2 Media o valor esperado y desviación típica

18. Complete la tabla de valores esperados.

x	*P*(*x*)	*x* * *P*(*x*)
0	0,2	
1	0,2	
2	0,4	
3	0,2	

Tabla 4.22

19. Halle el valor esperado en la tabla de valores esperados.

x	*P*(*x*)	*x* * *P*(*x*)
2	0,1	2(0,1) = 0,2
4	0,3	4(0,3) = 1,2
6	0,4	6(0,4) = 2,4
8	0,2	8(0,2) = 1,6

Tabla 4.23

20. Calcule la desviación típica.

x	*P*(*x*)	*x* * *P*(*x*)	$(x - \mu)^2 P(x)$
2	0,1	2(0,1) = 0,2	$(2–5{,}4)^2(0{,}1) = 1{,}156$
4	0,3	4(0,3) = 1,2	$(4–5{,}4)^2(0{,}3) = 0{,}588$
6	0,4	6(0,4) = 2,4	$(6–5{,}4)^2(0{,}4) = 0{,}144$
8	0,2	8(0,2) = 1,6	$(8–5{,}4)^2(0{,}2) = 1{,}352$

Tabla 4.24

21. Identifique el error en la tabla de distribución de probabilidades.

x	*P*(*x*)	*x* * *P*(*x*)
1	0,15	0,15
2	0,25	0,50
3	0,30	0,90
4	0,20	0,80
5	0,15	0,75

Tabla 4.25

22. Identifique el error en la tabla de distribución de probabilidades.

x	*P*(*x*)	*x* * *P*(*x*)
1	0,15	0,15
2	0,25	0,40
3	0,25	0,65
4	0,20	0,85
5	0,15	1

Tabla 4.26

Use la siguiente información para responder los próximos cinco ejercicios: Un profesor de física quiere saber qué porcentaje de los estudiantes de Física dedicarán los próximos años a la investigación de posgrado. Tiene la siguiente distribución de probabilidad.

x	*P*(*x*)	*x* * *P*(*x*)
1	0,35	
2	0,20	
3	0,15	
4		
5	0,10	
6	0,05	

Tabla 4.27

23. Defina la variable aleatoria *X*.

24. Defina $P(x)$ o la probabilidad de x.

25. Halle la probabilidad de que un estudiante de física haga investigación de posgrado durante cuatro años. $P(x = 4)$ = ______

26. Calcule la probabilidad de que un estudiante de física haga investigación de posgrado durante un máximo de tres años. $P(x \leq 3)$ = ______

27. En promedio, ¿cuántos años espera que un estudiante de física pase haciendo investigación de posgrado?

Use la siguiente información para responder los próximos siete ejercicios: A una profesora de ballet le interesa saber qué porcentaje de la clase de cada año continuará en el siguiente, para poder planificar qué clases ofrecer. A lo largo de los años, ha establecido la siguiente distribución de probabilidad.

- Supongamos que X = el número de años que un estudiante estudiará ballet con la maestra.
- Supongamos que $P(x)$ = la probabilidad de que un estudiante estudie ballet x años.

28. Complete la Tabla 4.28 con los datos proporcionados.

x	*P*(*x*)	*x* P*(*x*)
1	0,10	
2	0,05	
3	0,10	
4		
5	0,30	
6	0,20	
7	0,10	

Tabla 4.28

29. Defina la variable aleatoria X en palabras.

30. $P(x = 4)$ = ______

31. $P(x < 4)$ = ______

32. En promedio, ¿cuántos años espera que un niño estudie ballet con esta maestra?

33. ¿Qué suma la columna "$P(x)$" y por qué?

34. ¿Qué suma la columna "$x*P(x)$" y por qué?

35. Está en un juego de cartas en el que saca una carta de un mazo estándar y la sustituye. Si la carta es de figura, gana 30 dólares. Si no es una carta de figura, paga 2 dólares. En un mazo de 52 cartas hay 12 cartas de figura. ¿Cuál es el valor esperado del juego?

36. Está en un juego de cartas en el que saca una carta de un mazo estándar y la sustituye. Si la carta es de figura, gana 30 dólares. Si no es una carta de figura, paga 2 dólares. En un mazo de 52 cartas hay 12 cartas de figura. ¿Debe jugar el juego?

4.3 Distribución binomial

Use la siguiente información para responder los próximos ocho ejercicios: El Instituto de Investigación de la Educación Superior de la Universidad de California en Los Ángeles (University of California, Los Angeles, UCLA) recopiló datos de 203.967 estudiantes de primer año a tiempo completo de 270 institutos universitarios de cuatro años en EE. UU. El 71,3 % de esos estudiantes respondieron que sí, que creen que las parejas del mismo sexo deberían tener derecho a un estado civil legal. Supongamos que elige al azar a ocho estudiantes de primer año a tiempo completo de la encuesta. Le interesa saber el número de personas que creen que las parejas del mismo sexo deberían tener derecho a un estado civil legal.

37. Defina la variable aleatoria X en palabras.

38. X ~ ____(____,____)

39. ¿Qué valores toma la variable aleatoria X?

40. Construya la Función de Distribución de Probabilidad (PDF).

x	*P*(*x*)

Tabla 4.29

41. En promedio (μ), ¿cuántos esperaría que respondieran afirmativamente?

42. ¿Cuál es la desviación típica (σ)?

43. ¿Cuál es la probabilidad de que, como máximo, cinco de los estudiantes de primer año respondan que “sí”?

44. ¿Cuál es la probabilidad de que, al menos, dos de los estudiantes de primer año respondan que “sí”?

4.4 Distribución geométrica

Use la siguiente información para responder los próximos seis ejercicios: El Instituto de Investigación de la Educación Superior de la Universidad de California en Los Ángeles (University of California, Los Angeles, UCLA) recopiló datos de 203.967 estudiantes de primer año a tiempo completo de 270 institutos universitarios de cuatro años en EE. UU. El 71,3 % de esos estudiantes respondieron que sí, que creen que las parejas del mismo sexo deberían tener derecho a un estado civil legal. Supongamos que selecciona al azar a un estudiante de primer año del estudio hasta que halle uno que responda "sí". Le interesa el número de estudiantes de primer año a los que debe preguntar.

45. Defina la variable aleatoria *X* en palabras.

46. *X* ~ ____(____,____)

47. ¿Qué valores toma la variable aleatoria *X*?

48. Construya la Función de Distribución de Probabilidad (PDF). Deténgase en $x = 6$.

x	*P*(*x*)
1	
2	
3	
4	
5	
6	

Tabla 4.30

49. En promedio (μ), ¿a cuántos estudiantes de primer año tendría que preguntarles hasta hallar uno que responda "sí"?

50. ¿Cuál es la probabilidad de que tenga que preguntarles a menos de tres estudiantes de primer año?

4.5 Distribución hipergeométrica

Use la siguiente información para responder los próximos cinco ejercicios: Supongamos que un grupo de estudiantes de Estadística se divide en dos grupos: estudiantes de especialidad en Negocios y estudiantes de especialidad que no son en Negocios. En el grupo hay 16 especialidades en Negocios y siete que no son en Negocios. Se toma una muestra aleatoria de nueve estudiantes. Nos interesa el número de especialidades en Negocios en la muestra.

51. Defina la variable aleatoria *X* en palabras.

52. *X* ~ ____(____,____)

53. ¿Qué valores toma *X*?

54. Calcule la desviación típica.

55. Por término medio(μ), ¿cuántos esperaría que fueran estudiantes de negocios?

4.6 Distribución de Poisson

Use la siguiente información para responder los próximos seis ejercicios: en promedio, una tienda de ropa recibe 120 clientes al día.

56. Supongamos que el evento se produce de forma independiente en un día determinado. Defina la variable aleatoria *X*.

57. ¿Qué valores toma *X*?

58. ¿Cuál es la probabilidad de recibir 150 clientes en un día?

59. ¿Cuál es la probabilidad de recibir 35 clientes en las primeras cuatro horas? Supongamos que la tienda está abierta 12 horas al día.

60. ¿Cuál es la probabilidad de que la tienda reciba más de 12 clientes en la primera hora?

61. ¿Cuál es la probabilidad de que la tienda reciba menos de 12 clientes en las dos primeras horas?

62. ¿Qué tipo de distribución se puede utilizar para aproximar el modelo de Poisson? ¿Cuándo lo haría?

Use la siguiente información para responder los próximos seis ejercicios: en EE. UU. mueren un promedio de ocho adolescentes al día por accidentes de tráfico. Como consecuencia, los estados de todo el país están debatiendo el aumento de la edad para conducir.

63. Supongamos que el evento se produce de forma independiente en un día determinado. Defina la variable aleatoria *X* en palabras.

64. $X \sim$ _____(_____,_____)

65. ¿Qué valores toma *X*?

66. Para los valores dados de la variable aleatoria *X*, rellene las probabilidades correspondientes.

67. ¿Es probable que no haya ningún adolescente muerto por accidente de tráfico en un día determinado en EE. UU.? Justifique su respuesta numéricamente.

68. ¿Es probable que haya más de 20 adolescentes muertos por accidentes de tráfico en un día determinado en EE. UU.? Justifique su respuesta numéricamente.

Tarea para la casa

4.1 Función de Distribución de Probabilidad (PDF) para una variable aleatoria discreta

69. Supongamos que la PDF del número de años que se tarda en obtener una licenciatura en ciencias (Bachelor of Science B.S.) se da en la Tabla 4.31.

x	*P*(*x*)
3	0,05
4	0,40
5	0,30
6	0,15
7	0,10

Tabla 4.31

a. Defina la variable aleatoria *X* en palabras.
b. ¿Qué significa que los valores cero, uno y dos no están incluidos para *x* en la PDF?

4.2 Media o valor esperado y desviación típica

70. Un grupo de teatro organiza una recaudación de fondos. Vende 100 boletos de rifa a 5 dólares cada uno. Supongamos que usted compra cuatro entradas. El premio consiste en dos pases para un espectáculo de Broadway, por un valor total de 150 dólares.

a. ¿Qué le interesa aquí?
b. Defina la variable aleatoria *X* en palabras.
c. Enumere los valores que puede tomar *X*.
d. Construya una PDF.
e. Si esta recaudación de fondos se repite a menudo y siempre se compran cuatro boletos, ¿cuál sería el promedio de ganancias esperada por rifa?

71. El juego consiste en seleccionar una carta de una baraja normal de 52 cartas y lanzar una moneda. La moneda es justa y tiene la misma probabilidad de salir cara o cruz.

- Si la carta es de figura y la moneda sale cara, gana 6 dólares.
- Si la carta es de figura y la moneda cae en cruz, gana 2 dólares.
- Si la carta no es de figura, pierde 2 dólares, sin importar lo que muestre la moneda.

a. Calcule el valor esperado para este juego (ganancia o pérdida neta esperada).
b. Explique lo que indican sus cálculos sobre sus ganancias y pérdidas promedio a largo plazo en este juego.
c. ¿Debe jugar a este juego para ganar dinero?

72. Compra un billete de lotería que cuesta 10 dólares. Solo hay 100 boletos a la venta en esta lotería. Hay un premio de 500 dólares, dos premios de 100 dólares y cuatro premios de 25 dólares. Calcule su ganancia o pérdida esperada.

73. Complete la PDF y responda las preguntas.

x	$P(x)$	$xP(x)$
0	0,3	
1	0,2	
2		
3	0,4	

Tabla 4.32

a. Calcule la probabilidad de que $x = 2$.
b. Calcule el valor esperado.

74. Suponga que le ofrecen el siguiente "trato" Lance un dado. Si saca un seis, gana 10 dólares. Si saca un cuatro o un cinco, gana 5 dólares. Si saca un uno, dos o tres, paga 6 dólares.

a. ¿Qué le interesa en última instancia (el valor de la tirada o el dinero que gana)?
b. Defina la variable aleatoria *X* en palabras.
c. Enumere los valores que puede tomar *X*.
d. Construya una PDF.
e. A lo largo de este juego, ¿cuál es el promedio de ganancias que espera obtener por partida?
f. Con base en los valores numéricos, ¿debería aceptar el trato? Explique su decisión con frases completas.

75. Un inversionista de capital de riesgo, dispuesto a invertir 1.000.000 de dólares, tiene tres inversiones para elegir. La primera inversión, una compañía de software, tiene un 10 % de posibilidades de devolver 5.000.000 de dólares de ganancia, un 30 % de posibilidades de devolver 1.000.000 de dólares de ganancia y un 60 % de posibilidades de perder el millón de dólares. La segunda compañía, una compañía de hardware, tiene un 20 % de posibilidades de obtener 3.000.000 de dólares de ganancia, un 40 % de posibilidades de obtener 1.000.000 de dólares de ganancia y un 40 % de posibilidades de perder el millón de dólares. La tercera compañía, una compañía de biotecnología, tiene un 10 % de posibilidades de obtener 6.000.000 de dólares de ganancia, un 70 % de no obtener ganancias ni pérdidas y un 20 % de perder el millón de dólares.

a. Construya una PDF para cada inversión.
b. Calcule el valor esperado para cada inversión.
c. ¿Cuál es la inversión más segura? ¿Por qué cree que es así?
d. ¿Cuál es la inversión más arriesgada? ¿Por qué cree que es así?
e. ¿Qué inversión tiene la mayor rentabilidad esperada, en promedio?

76. Supongamos que 20.000 adultos casados de Estados Unidos son encuestados al azar sobre el número de hijos que tienen. Los resultados se recopilan y se utilizan como probabilidades teóricas. Supongamos que X = el número de hijos que tienen las personas casadas.

x	$P(x)$	$xP(x)$
0	0,10	
1	0,20	
2	0,30	
3		
4	0,10	
5	0,05	
6 (o más)	0,05	

Tabla 4.33

a. Calcule la probabilidad de que un adulto casado tenga tres hijos.
b. En palabras, ¿qué representa el valor esperado en este ejemplo?
c. Calcule el valor esperado.
d. ¿Es más probable que un adulto casado tenga de dos a tres hijos o de cuatro a seis? ¿Cómo lo sabe?

77. Supongamos que la PDF del número de años que se tarda en obtener un título de licenciado en ciencias (Bachelor of Science, B.S.) se da en la Tabla 4.34.

x	$P(x)$
3	0,05
4	0,40
5	0,30
6	0,15
7	0,10

Tabla 4.34

En promedio, ¿cuántos años cree que tarda una persona en obtener una licenciatura en Ciencias?

78. Las personas que acuden a los videoclubs suelen alquilar más de un DVD a la vez. En la siguiente tabla se da la distribución de probabilidad de los alquileres de DVD por cliente en Video To Go. En esta tienda hay un límite de cinco videos por cliente, por lo que nadie alquila nunca más de cinco DVD.

x	*P*(*x*)
0	0,03
1	0,50
2	0,24
3	
4	0,07
5	0,04

Tabla 4.35

a. Describa la variable aleatoria *X* con palabras.
b. Calcule la probabilidad de que un cliente alquile tres DVD.
c. Calcule la probabilidad de que un cliente alquile al menos cuatro DVD.
d. Calcule la probabilidad de que un cliente alquile como máximo dos DVD.
Otra tienda, Entertainment Headquarters, alquila DVD y videojuegos. La distribución de probabilidad de los alquileres de DVD por cliente en esta tienda es la siguiente. También tienen un límite de cinco DVD por cliente.

x	*P*(*x*)
0	0,35
1	0,25
2	0,20
3	0,10
4	0,05
5	0,05

Tabla 4.36

e. ¿En qué tienda es mayor el número esperado de DVD alquilados por cliente?
f. Si Video to Go calcula que tendrá 300 clientes la próxima semana, ¿cuántos DVD espera alquilar la próxima semana? Responda en forma de frase.
g. Si Video to Go espera 300 clientes la próxima semana, y Entertainment HQ proyecta que tendrá 420 clientes, ¿en qué tienda es mayor el número esperado de alquileres de DVD para la próxima semana? Explique.
h. ¿Cuál de los dos videoclubs experimenta más variación en el número de alquileres de DVD por cliente? ¿Cómo lo sabe?

79. Un “amigo” le ofrece el siguiente “trato”. Por una tarifa de 10 dólares, puede elegir un sobre de una caja que contiene 100 sobres aparentemente idénticos. Sin embargo, cada sobre contiene un cupón para un regalo.

- Diez de los cupones son para un regalo que tiene un valor de 6 dólares.
- Ochenta de los cupones son para un regalo que tiene un valor de 8 dólares.
- Seis de los cupones son para un regalo que tiene un valor de 12 dólares.
- Cuatro de los cupones son para un regalo que tiene un valor de 40 dólares.

Según la ganancia o la pérdida financiera a largo plazo, ¿debería jugar el juego?

a. Sí, espero ganar dinero.
b. No, espero perder dinero.
c. No importa. Espero llegar a un punto de equilibrio.

80. La Universidad Estatal de Florida tiene 14 clases de Estadística programadas para su trimestre de verano 2013. Una clase tiene cupos para 30 estudiantes, ocho clases tienen cupos para 60 estudiantes, una clase tiene cupos para 70 estudiantes y cuatro clases tienen cupos para 100 estudiantes.

a. ¿Cuál es el tamaño promedio de las clases, suponiendo que cada una de ellas esté llena?
b. Hay cupos para 980 estudiantes. Supongamos que el cupo de cada clase está completo y seleccionamos un estudiante de Estadística al azar. Supongamos que la variable aleatoria X igual al tamaño de la clase del estudiante. Definir la PDF para X.
c. Calcule la media de X.
d. Calcule la desviación típica de X.

81. En una lotería, hay 250 premios de 5 dólares, 50 premios de 25 dólares y diez premios de 100 dólares. Suponiendo que se emitan y vendan 10.000 billetes, ¿cuál es el precio justo que se debe cobrar para alcanzar el equilibrio?

4.3 Distribución binomial

82. Según un artículo reciente, el número promedio de bebés que nacen con una pérdida de audición significativa (sordera) es de aproximadamente dos por cada 1.000 bebés en una sala de cuidados sana. El número asciende a un promedio de 30 por cada 1.000 bebés en una sala de cuidados intensivos.

Supongamos que se estudian al azar 1.000 bebés de salas de cuidados sanas. Calcule la probabilidad de que exactamente dos bebés hayan nacido sordos.

Use la siguiente información para responder los próximos cuatro ejercicios. Recientemente, un enfermero comentó que cuando un paciente llama a la línea de asesoramiento médico para decir que tiene gripe, la probabilidad de que realmente la tenga (y no solo un desagradable resfriado) es solo del 4 %. De los siguientes 25 pacientes que llaman para decir que tienen gripe, nos interesa saber cuántos realmente la tienen.

83. Defina la variable aleatoria y enumere sus posibles valores.

84. Indique la distribución de X.

85. Calcule la probabilidad de que, al menos, cuatro de los 25 pacientes tengan realmente gripe.

86. En promedio, por cada 25 pacientes que llaman, ¿cuántos espera que tengan gripe?

87. Las personas que acuden a los videoclubs suelen alquilar más de un DVD a la vez. La distribución de probabilidad de los alquileres de DVD por cliente en Video To Go es Tabla 4.37. En esta tienda hay un límite de cinco videos por cliente, por lo que nadie alquila nunca más de cinco DVD.

x	$P(x)$
0	0,03
1	0,50
2	0,24
3	
4	0,07
5	0,04

Tabla 4.37

a. Describa la variable aleatoria X con palabras.
b. Calcule la probabilidad de que un cliente alquile tres DVD.
c. Calcule la probabilidad de que un cliente alquile al menos cuatro DVD.
d. Calcule la probabilidad de que un cliente alquile como máximo dos DVD.

88. Un reportero del periódico escolar decide hacer una encuesta al azar a 12 estudiantes para ver si asistirán a las festividades del Tet (Año Nuevo vietnamita) este año. Basándose en años anteriores, sabe que el 18 % de los estudiantes asisten a las festividades del Tet. Estamos interesados en el número de estudiantes que asistirán a las festividades.

a. Defina la variable aleatoria X en palabras.
b. Enumere los valores que puede tomar X.
c. Describa la distribución de X. X ~ _____(_____,_____)
d. ¿Cuántos de los 12 estudiantes esperamos que asistan a las festividades?
e. Calcule la probabilidad de que asistan como máximo cuatro estudiantes.
f. Calcule la probabilidad de que asistan más de dos estudiantes.

Use la siguiente información para responder los próximos tres ejercicios: La probabilidad de que los San José Sharks ganen un partido cualquiera es de 0,3694, basándose en un historial de 13 años de 382 victorias de 1.034 partidos jugados (a partir de una fecha determinada). El próximo calendario mensual contiene 12 partidos.

89. El número esperado de victorias para ese mes es:

a. 1,67
b. 12
c. $\frac{382}{1043}$
d. 4,43

Supongamos que X = el número de partidos ganados en ese mes.

90. ¿Cuál es la probabilidad de que los San José Sharks ganen seis partidos en ese mes?

a. 0,1476
b. 0,2336
c. 0,7664
d. 0,8903

91. ¿Cuál es la probabilidad de que los San José Sharks ganen al menos cinco partidos en ese mes?

a. 0,3694
b. 0,5266
c. 0,4734
d. 0,2305

92. Un estudiante toma una prueba de diez preguntas de verdadero-falso, pero no ha estudiado y estima al azar cada respuesta. Calcule la probabilidad de que el estudiante apruebe el examen con una calificación de, al menos, el 70 % de las preguntas correctas.

93. Un estudiante toma un examen de 32 preguntas de opción múltiple, pero no ha estudiado y estima al azar cada respuesta. Cada pregunta tiene tres posibles opciones de respuesta. Calcule la probabilidad de que el estudiante estime correctamente **más** del 75 % de las preguntas.

94. Se lanzan seis dados de diferentes colores. Nos interesa el número de dados que muestran un uno.

a. Defina la variable aleatoria *X* en palabras.
b. Enumere los valores que puede tomar *X*.
c. Describa la distribución de *X*. *X* ~ ____(____,____)
d. En promedio, ¿cuántos dados se espera que muestren un uno?
e. Calcule la probabilidad de que los seis dados muestren un uno.
f. ¿Es más probable que tres o que cuatro dados muestren un uno? Utilice números para justificar su respuesta numéricamente.

95. Más del 96 % de los institutos universitarios y universidades más grandes (más de 15.000 inscritos en total) tienen alguna oferta en línea. Supongamos que se eligen al azar 13 de estas instituciones. Nos interesa el número de los que ofrecen cursos a distancia.

a. Defina la variable aleatoria *X* en palabras.
b. Enumere los valores que puede tomar *X*.
c. Describa la distribución de *X*. *X* ~ ____(____,____)
d. En promedio, ¿cuántas escuelas espera que ofrezcan este tipo de cursos?
e. Calcule la probabilidad de que como máximo diez ofrezcan esos cursos.
f. ¿Es más probable que 12 o 13 ofrezcan estos cursos? Utilice los números para justificar su respuesta numéricamente y responda con una oración completa.

96. Supongamos que alrededor del 85 % de los estudiantes que se gradúan asisten a su graduación. Se elige al azar un grupo de 22 estudiantes que se gradúan.

a. Defina la variable aleatoria *X* en palabras.
b. Enumere los valores que puede tomar *X*.
c. Describa la distribución de *X*. *X* ~ ____(____,____)
d. ¿Cuántos se espera que asistan a su graduación?
e. Calcule la probabilidad de que asistan 17 o 18.
f. Basándose en los valores numéricos, ¿le sorprendería que los 22 asistieran a la graduación? Justifique su respuesta numéricamente.

97. En The Fencing Center el 60 % de los esgrimistas utilizan el florete como arma principal. Encuestamos al azar a 25 esgrimistas de The Fencing Center. Nos interesa el número de esgrimistas que **no** utilizan el florete como arma principal.

a. Defina la variable aleatoria *X* en palabras.
b. Enumere los valores que puede tomar *X*.
c. Describa la distribución de *X*. *X* ~ ____(____,____)
d. ¿Cuántos se espera que **no** utilicen el florete como arma principal?
e. Calcule la probabilidad de que seis **no** utilicen el florete como arma principal.
f. Basándose en los valores numéricos, ¿le sorprendería que los 25 **no** utilizaran el florete como arma principal? Justifique su respuesta numéricamente.

98. Aproximadamente el 8 % de los estudiantes de una escuela secundaria local participan en deportes extraescolares durante los cuatro años de escuela secundaria. Se elige al azar un grupo de 60 estudiantes de último año. Nos interesa el número que han participado en deportes extraescolares durante los cuatro años de escuela secundaria.

a. Defina la variable aleatoria *X* en palabras.
b. Enumere los valores que puede tomar *X*.
c. Describa la distribución de *X*. *X* ~ ____(____,____)
d. ¿Cuántos estudiantes de último año se espera que hayan participado en deportes extraescolares durante los cuatro años de escuela secundaria?
e. Basándose en los valores numéricos, ¿le sorprendería que ninguno de los estudiantes del último año participara en deportes extraescolares durante los cuatro años de escuela secundaria? Justifique su respuesta numéricamente.
f. Basándose en los valores numéricos, ¿es más probable que cuatro o que cinco de los estudiantes del último año hayan participado en deportes extraescolares durante los cuatro años de escuela secundaria? Justifique su respuesta numéricamente.

99. La posibilidad de una auditoría del Servicio de Impuestos Internos (Internal Revenue Service, IRS) para una declaración de impuestos con más de 25.000 dólares de ingresos es de alrededor del 2 % al año. Nos interesa el número esperado de auditorías que tiene una persona con esos ingresos en un periodo de 20 años. Supongamos que cada año es independiente.

a. Defina la variable aleatoria *X* en palabras.
b. Enumere los valores que puede tomar *X*.
c. Describa la distribución de *X*. *X* ~ ____(____,____)
d. ¿Cuántas auditorías se esperan en un periodo de 20 años?
e. Calcule la probabilidad de que una persona no sea auditada en absoluto.
f. Calcule la probabilidad de que una persona sea auditada más de dos veces.

100. Se ha calculado que solo un 30 % de los residentes de California tienen suministros adecuados para terremotos. Supongamos que se encuesta al azar a 11 residentes de California. Nos interesa saber el número de personas que disponen de suministros adecuados para terremotos.

a. Defina la variable aleatoria *X* en palabras.
b. Enumere los valores que puede tomar *X*.
c. Describa la distribución de *X*. *X* ~ ____(____,____)
d. ¿Cuál es la probabilidad de que, al menos, ocho tengan suministros adecuados para terremotos?
e. ¿Es más probable que ninguno o que todos los residentes encuestados dispongan de suministros adecuados para terremotos? ¿Por qué?
f. ¿Cuántos residentes espera que tengan suministros adecuados para terremotos?

101. Hay dos juegos similares para el Año Nuevo chino y el Año Nuevo vietnamita. En la versión china, se utilizan dados imparciales con los números 1, 2, 3, 4, 5 y 6 junto con un tablero con esos números. En la versión vietnamita, se utilizan dados de feria con dibujos de calabaza, pez, gallo, cangrejo, cangrejo de río y ciervo. El tablero también tiene esos seis objetos. Jugaremos con apuestas de 1 dólar. El jugador apuesta por un número u un objeto. La "casa" tira tres dados. Si ninguno de los dados muestra el número u objeto al que se apostó, la casa se queda con el 1 dólar apostado. Si uno de los dados muestra el número u objeto al que se apostó (y los otros dos no lo muestran), el jugador recupera su apuesta de 1 dólar, más 1 dólar de ganancia. Si dos de los dados muestran el número u objeto al que se apostó (y el tercer dado no lo muestra), el jugador recupera su apuesta de 1 dólar, más 2 dólares de ganancia. Si los tres dados muestran el número u objeto al que se apostó, el jugador recupera su apuesta de 1 dólar, más 3 dólares de ganancia. Supongamos que X = número de coincidencias y Y = ganancia por juego.

a. Defina la variable aleatoria X en palabras.
b. Enumere los valores que puede tomar X.
c. Describa la distribución de X. X ~ _____(_____,_____)
d. Enumere los valores que puede adoptar Y. Luego, construya una tabla de PDF que incluya tanto X como Y y sus probabilidades.
e. Calcule el promedio de coincidencias esperadas a largo plazo de jugar este juego para el jugador.
f. Calcule las ganancias promedio esperadas a largo plazo de este juego para el jugador.
g. Determine quién tiene la ventaja, el jugador o la casa.

102. Según el Banco Mundial, solo el 9 % de la población de Uganda tenía acceso a la electricidad en 2009. Supongamos que tomamos una muestra aleatoria de 150 personas en Uganda. Supongamos que X = el número de personas que tienen acceso a la electricidad.

a. ¿Cuál es la distribución de probabilidad de X?
b. Use las fórmulas y calcule la media y la desviación típica de X.
c. Utilice su calculadora para calcular la probabilidad de que 15 personas de la muestra tengan acceso a la electricidad.
d. Calcule la probabilidad de que como máximo diez personas de la muestra tengan acceso a la electricidad.
e. Calcule la probabilidad de que más de 25 personas de la muestra tengan acceso a la electricidad.

103. La tasa de alfabetización de un país mide la proporción de personas de 15 años en adelante que saben leer y escribir. La tasa de alfabetización en Afganistán es del 28,1 %. Supongamos que elige al azar a 15 personas en Afganistán. Supongamos que X = el número de personas alfabetizadas.

a. Dibuje un gráfico de la distribución de probabilidad de X.
b. Use las fórmulas y calcule (i) la media y (ii) la desviación típica de X.
c. Calcule la probabilidad de que más de cinco personas de la muestra sepan leer y escribir. ¿Es más probable que tres o cuatro personas sepan leer y escribir?

4.4 Distribución geométrica

104. Una consumidora que quiera comprar un Miata rojo de segunda mano llamará a los concesionarios hasta que halle uno que tenga ese automóvil. Calcula que la probabilidad de que cualquier concesionario independiente tenga el automóvil será del 28 %. Nos interesa el número de concesionarios a los que debe llamar.

a. Defina la variable aleatoria X en palabras.
b. Enumere los valores que puede tomar X.
c. Describa la distribución de X. X ~ _____(_____,_____)
d. En promedio, ¿a cuántos concesionarios tendríamos que llamar hasta hallar uno que tenga el automóvil?
e. Calcule la probabilidad de que tenga que llamar como máximo a cuatro concesionarios.
f. Calcule la probabilidad de que deba llamar a tres o cuatro concesionarios.

105. Supongamos que la probabilidad de que un adulto en Estados Unidos vea el supertazón es del 40 %. Cada persona se considera independiente. Nos interesa saber el número de adultos en Estados Unidos que debemos encuestar hasta hallar uno que vea el supertazón.

a. Defina la variable aleatoria *X* en palabras.
b. Enumere los valores que puede tomar *X*.
c. Describa la distribución de *X*. *X* ~ ____(____,____)
d. ¿A cuántos adultos en Estados Unidos espera encuestar hasta hallar uno que vea el supertazón?
e. Calcule la probabilidad de que deba preguntar a siete personas.
f. Calcule la probabilidad de que deba preguntar a tres o cuatro personas.

106. Se ha calculado que solo un 30 % de los residentes de California tienen suministros adecuados para terremotos. Supongamos que nos interesa saber el número de residentes de California que debemos encuestar hasta que hallemos uno que **no** tenga los suministros adecuados para un terremoto.

a. Defina la variable aleatoria *X* en palabras.
b. Enumere los valores que puede tomar *X*.
c. Describa la distribución de *X*. *X* ~ ____(____,____)
d. ¿Cuál es la probabilidad de que tengamos que encuestar a uno o a dos residentes hasta que hallemos uno que no tenga los suministros adecuados para un terremoto?
e. ¿Cuál es la probabilidad de que debamos encuestar, al menos, tres residentes de California hasta que hallemos uno que no tenga suministros adecuados para un terremoto?
f. ¿A cuántos residentes de California hay que encuestar hasta que se halle uno que **no** tenga los suministros adecuados para un terremoto?
g. ¿A cuántos residentes de California hay que encuestar hasta que se halle uno que **sí** tenga los suministros adecuados para un terremoto?

107. En uno de sus catálogos de primavera, L. L. Bean® anunciaba calzado en 29 de las 192 páginas de su catálogo. Supongamos que tomamos al azar 20 páginas. Nos interesa el número de páginas que anuncian calzado. Cada página puede ser elegida más de una vez.

a. Defina la variable aleatoria *X* en palabras.
b. Enumere los valores que puede tomar *X*.
c. Describa la distribución de *X*. *X* ~ ____(____,____)
d. ¿Cuántas páginas espera que anuncien calzado?
e. ¿Es probable que las veinte anuncien calzado en ellas? ¿Por qué sí o por qué no?
f. ¿Cuál es la probabilidad de que menos de diez anuncien calzado en ellas?
g. Recordatorio: Una página puede ser elegida más de una vez. Nos interesa saber el número de páginas que debemos inspeccionar aleatoriamente hasta hallar una que tenga calzado anunciado. Defina la variable aleatoria *X* y dé su distribución.
h. ¿Cuál es la probabilidad de que solo tenga que inspeccionar como máximo tres páginas para hallar una que anuncie calzado en ella?
i. ¿Cuántas páginas espera tener que inspeccionar para hallar una que anuncie calzado?

108. Suponga que está haciendo el experimento de probabilidad de lanzar un dado imparcial de seis lados. Supongamos que *F* es el evento de sacar un cuatro o un cinco. Le interesa saber cuántas veces tiene que lanzar el dado para obtener el primer cuatro o cinco como resultado.

- *p* = probabilidad de acierto (se produce el evento *F*)
- *q* = probabilidad de fallo (el evento *F* no se produce)

a. Escriba la descripción de la variable aleatoria *X*.
b. ¿Cuáles son los valores que puede asumir *X*?
c. Calcule los valores de *p* y *q*.
d. Calcule la probabilidad de que la primera ocurrencia del evento *F* (sacar un cuatro o un cinco) sea en el segundo ensayo.

109. Ellen tiene práctica de música tres días a la semana. Practica los tres días el 85 % del tiempo, dos días el 8 % del tiempo, un día el 4 % del tiempo y ningún día el 3 % del tiempo. Se selecciona una semana al azar. ¿Qué valores toma *X*?

110. El Banco Mundial registra la prevalencia del VIH en países de todo el mundo. Según sus datos, "la prevalencia del VIH se refiere al porcentaje de personas de 15 a 49 años que están infectadas por el VIH".[1] En Sudáfrica, la prevalencia del VIH es del 17,3 %. Supongamos que *X* = el número de personas a quienes se les hace la prueba hasta hallar una persona infectada por el VIH.

a. Dibuje un gráfico de la distribución de la variable aleatoria discreta *X*.
b. ¿Cuál es la probabilidad de que haya que hacer la prueba a 30 personas para hallar una con el VIH?
c. ¿Cuál es la probabilidad de que tenga que preguntar a diez personas?
d. Calcule la (i) media y (ii) desviación típica de la distribución de *X*.

111. Según un reciente sondeo de Pew Research, el 75 % de los mileniales (personas nacidas entre 1981 y 1995) tienen un perfil en una red social. Supongamos que *X* = el número de mileniales a quienes pregunta hasta hallar una persona sin perfil en una red social.

a. Describa la distribución de *X*.
b. Calcule (i) la media y (ii) la desviación típica de *X*.
c. ¿Cuál es la probabilidad de que haya que preguntar a diez personas para hallar a una persona sin red social?
d. ¿Cuál es la probabilidad de que haya que preguntar a 20 personas para hallar a una persona sin red social?
e. ¿Cuál es la probabilidad de que tenga que preguntar a *un máximo de* cinco personas?

4.5 Distribución hipergeométrica

112. Un grupo de estudiantes de artes marciales tiene previsto participar en una demostración en los próximos días. Seis son estudiantes de taekwondo; siete son estudiantes de karate Shotokan. Supongamos que se eligen al azar ocho estudiantes para participar en la primera demostración. Nos interesa el número de estudiantes de karate Shotokan en esa primera demostración.

a. Defina la variable aleatoria *X* en palabras.
b. Enumere los valores que puede tomar *X*.
c. Describa la distribución de *X*. *X* ~ ____(____,____)
d. ¿Cuántos estudiantes de karate Shotokan esperamos que haya en esa primera demostración?

113. En uno de sus catálogos de primavera, L. L. Bean® anunciaba calzado en 29 de las 192 páginas de su catálogo. Supongamos que tomamos al azar 20 páginas. Nos interesa el número de páginas que anuncian calzado. Cada página puede ser elegida como máximo una vez.

a. Defina la variable aleatoria *X* en palabras.
b. Enumere los valores que puede tomar *X*.
c. Describa la distribución de *X*. *X* ~ ____(____,____)
d. ¿Cuántas páginas espera que anuncien calzado?
e. Calcule la desviación típica.

1 "Prevalence of HIV, total (% of populations ages 15-49)," The World Bank, 2013. Disponible en línea en http://data.worldbank.org/indicator/SH.DYN.AIDS.ZS?order=wbapi_data_value_2011+wbapi_data_value+wbapi_data_value-last&sort=desc (consultado el 15 de mayo de 2013).

114. Supongamos que se está formando un grupo de trabajo sobre tecnología para estudiar el conocimiento de la tecnología entre instructores. Supongamos que diez personas serán elegidas al azar para formar parte del comité de un grupo de 28 voluntarios, 20 de los cuales tienen conocimientos técnicos y ocho no. Nos interesa el número de miembros del comité que **no** tienen conocimientos técnicos.

a. Defina la variable aleatoria *X* en palabras.
b. Enumere los valores que puede tomar *X*.
c. Describa la distribución de *X*. *X* ~ _____(_____,_____)
d. ¿Cuántos instructores espera que haya en el comité que **no** sean técnicamente competentes?
e. Calcule la probabilidad de que, al menos, cinco miembros del comité no sean técnicamente competentes.
f. Calcule la probabilidad de que como máximo tres miembros del comité no sean técnicamente competentes.

115. Supongamos que nueve atletas de Massachusetts tienen previsto aparecer en un acto benéfico. Los nueve son elegidos al azar entre ocho voluntarios de los Boston Celtics y cuatro de los New England Patriots. Nos interesa el número de Patriots elegidos.

a. Defina la variable aleatoria *X* en palabras.
b. Enumere los valores que puede tomar *X*.
c. Describa la distribución de *X*. *X* ~ _____(_____,_____)
d. ¿Elige a los nueve atletas con o sin reemplazo?

116. Una mano de bridge se define como 13 cartas sacadas al azar y sin reemplazo de un mazo de 52 cartas. En un mazo estándar hay 13 cartas de cada palo: corazones, picas, tréboles y diamantes. ¿Cuál es la probabilidad de que se reparta una mano que no contenga un corazón?

a. ¿Cuál es el grupo de interés?
b. ¿Cuántos hay en el grupo de interés?
c. ¿Cuántos hay en el otro grupo?
d. Supongamos que *X* = ________. ¿Qué valores toma *X*?
e. La pregunta de probabilidad es *P*(_______).
f. Calcule la probabilidad en cuestión.
g. Calcule (i) la media y (ii) la desviación típica de *X*.

4.6 Distribución de Poisson

117. La central de llamadas de un despacho de abogados de Minneapolis recibe un promedio de 5,5 llamadas telefónicas durante el mediodía de los lunes. La experiencia demuestra que el personal actual puede atender hasta seis llamadas en una hora. Supongamos que *X* = el número de llamadas recibidas a mediodía.

a. Calcule la media y la desviación típica de *X*.
b. ¿Cuál es la probabilidad de que el despacho reciba como máximo seis llamadas el lunes a mediodía?
c. Calcule la probabilidad de que el despacho de abogados reciba seis llamadas a mediodía. ¿Qué significa esto para el personal del despacho de abogados que recibe, en promedio, 5,5 llamadas telefónicas al mediodía?
d. ¿Cuál es la probabilidad de que el despacho reciba más de ocho llamadas al mediodía?

118. La maternidad del Dr. José Fabella Memorial Hospital de Manila, Filipinas es una de las más concurridas del mundo, con un promedio de 60 nacimientos diarios. Supongamos que *X* = el número de nacimientos en una hora.

a. Calcule la media y la desviación típica de *X*.
b. Dibuje un gráfico de la distribución de probabilidad de *X*.
c. ¿Cuál es la probabilidad de que en la maternidad nazcan tres bebés durante una hora?
d. ¿Cuál es la probabilidad de que en la maternidad nazcan como máximo tres bebés durante una hora?
e. ¿Cuál es la probabilidad de que en la maternidad nazcan más de cinco bebés durante una hora?

119. Un fabricante de bombillas para árboles de navidad sabe que el 3 % de sus bombillas son defectuosas. Calcule la probabilidad de que una cadena de 100 luces contenga como máximo cuatro bombillas defectuosas mediante las distribuciones binomial y de Poisson.

120. El número promedio de hijos que tiene una japonesa a lo largo de su vida es de 1,37. Supongamos que se elige una japonesa al azar.

a. Defina la variable aleatoria *X* en palabras.
b. Enumere los valores que puede tomar *X*.
c. Describa la distribución de *X*. *X* ~ ____(____,____)
d. Calcule la probabilidad de que no tenga hijos.
e. Calcule la probabilidad de que tenga menos hijos que el promedio de japonesas.
f. Calcule la probabilidad de que tenga más hijos que el promedio de japonesas.

121. El promedio de hijos que tiene una española a lo largo de su vida es de 1,47. Supongamos que se elige al azar una española.

a. Defina la variable aleatoria *X* en palabras.
b. Enumere los valores que puede tomar *X*.
c. Describa la distribución de *X*. *X* ~ ____(____,____)
d. Calcule la probabilidad de que no tenga hijos.
e. Calcule la probabilidad de que tenga menos hijos que el promedio de españolas.
f. Calcule la probabilidad de que tenga más hijos que el promedio de españolas.

122. Las gatas fértiles producen un promedio de tres camadas al año. Supongamos que se elige al azar una gata fértil. En un año, halla la probabilidad de que produzca:

a. Defina la variable aleatoria *X* en palabras.
b. Enumere los valores que puede tomar *X*.
c. Demuestre la distribución de *X*. *X* ~ ______
d. Calcule la probabilidad de que no tenga camadas en un año.
e. Calcule la probabilidad de que tenga, al menos, dos camadas en un año.
f. Calcule la probabilidad de que tenga exactamente tres camadas en un año.

123. La probabilidad de tener suerte adicional debido a una galleta de la fortuna es de un 3 % aproximadamente. Dada una bolsa de 144 galletas de la fortuna, nos interesa saber el número de galletas con suerte adicional. Se pueden utilizar dos distribuciones para resolver este problema, pero solo use una.

a. Defina la variable aleatoria *X* en palabras.
b. Enumere los valores que puede tomar *X*.
c. Describa la distribución de *X*. *X* ~ ____(____,____)
d. ¿Cuántas galletas esperamos que tengan suerte adicional?
e. Calcule la probabilidad de que ninguna de las galletas tenga suerte adicional.
f. Calcule la probabilidad de que más de tres tengan suerte adicional.
g. A medida que aumenta *n*, ¿qué ocurre con las probabilidades si usa las dos distribuciones? Explique con oraciones completas.

124. Según el sitio web del Departamento de Salud Mental de Carolina del Sur, por cada 200 mujeres de EE. UU., en promedio, una padece anorexia. De un grupo de 600 mujeres de EE. UU. elegidas al azar, determine lo siguiente.

a. Defina la variable aleatoria *X* en palabras.
b. Enumere los valores que puede tomar *X*.
c. Dada la distribución de *X*. *X* ~ ____(____,____)
d. ¿Cuántas se espera que sufran anorexia?
e. Calcule la probabilidad de que ninguna sufra anorexia.
f. Calcule la probabilidad de que más de cuatro sufran anorexia.

125. La posibilidad de una auditoría del Servicio de Impuestos Internos (Internal Revenue Service, IRS) para una declaración de impuestos con más de 25.000 dólares de ingresos es de alrededor del 2 % al año. Supongamos que se eligen al azar 100 personas con declaraciones de impuestos superiores a 25.000 dólares. Nos interesa el número de personas auditadas en un año. Use una distribución de Poisson para responder las siguientes preguntas.

a. Defina la variable aleatoria *X* en palabras.
b. Enumere los valores que puede tomar *X*.
c. Describa la distribución de *X*. *X* ~ ____(____,____)
d. ¿Cuántos se espera que se hayan auditado?
e. Calcule la probabilidad de que nadie haya sido auditado.
f. Calcule la probabilidad de que, al menos, tres hayan sido auditados.

126. Aproximadamente el 8 % de los estudiantes de una escuela secundaria local participan en deportes extraescolares durante los cuatro años de escuela secundaria. Se elige al azar un grupo de 60 estudiantes de último año. Nos interesa el número de los que participaron en deportes extraescolares durante los cuatro años de escuela secundaria.

a. Defina la variable aleatoria *X* en palabras.
b. Enumere los valores que puede tomar *X*.
c. Describa la distribución de *X*. *X* ~ ____(____,____)
d. ¿Cuántos estudiantes de último año se espera que hayan participado en deportes extraescolares durante los cuatro años de escuela secundaria?
e. Basándose en los valores numéricos, ¿le sorprendería que ninguno de los estudiantes del último año participara en deportes extraescolares durante los cuatro años de escuela secundaria? Justifique su respuesta numéricamente.
f. Basándose en los valores numéricos, ¿es más probable que cuatro o que cinco de los estudiantes del último año hayan participado en deportes extraescolares durante los cuatro años de escuela secundaria? Justifique su respuesta numéricamente.

127. En promedio, Pierre, cocinero aficionado, deja caer tres trozos de cáscara de huevo en cada dos mezclas de pastel que hace. Supongamos que usted compra uno de sus pasteles.

a. Defina la variable aleatoria *X* en palabras.
b. Enumere los valores que puede tomar *X*.
c. Describa la distribución de *X*. *X* ~ ____(____,____)
d. En promedio, ¿cuántos trozos de cáscara de huevo espera que haya en el pastel?
e. ¿Cuál es la probabilidad de que no haya ningún trozo de cáscara de huevo en el pastel?
f. Supongamos que compra uno de los pasteles de Pierre cada semana durante seis semanas. ¿Cuál es la probabilidad de que no haya ninguna cáscara de huevo en ninguno de los pasteles?
g. Basándose en el promedio dado por Pierre, ¿es posible que haya siete trozos de cáscara en el pastel? ¿Por qué?

Use la siguiente información para responder los dos próximos ejercicios: los gatos de la señora Plum la despiertan por la noche porque quieren jugar un promedio de diez veces a la semana. Nos interesa saber el número de veces que sus gatos la despiertan cada semana.

128. En palabras, la variable aleatoria *X* = ______________

a. el número de veces que los gatos de la Sra. Plum la despiertan cada semana.
b. el número de veces que los gatos de la Sra. Plum la despiertan cada hora.
c. el número de veces que los gatos de la Sra. Plum la despiertan cada noche.
d. el número de veces que los gatos de la Sra. Plum la despiertan.

129. Calcule la probabilidad de que sus gatos la despierten no más de cinco veces la próxima semana.

a. 0,5000
b. 0,9329
c. 0,0378
d. 0,0671

Referencias

4.2 Media o valor esperado y desviación típica

Catálogo de clases en la Universidad Estatal de Florida. Disponible en línea en https://apps.oti.fsu.edu/RegistrarCourseLookup/SearchFormLegacy (consultado el 15 de mayo de 2013).

"World Earthquakes: Live Earthquake News and Highlights", World Earthquakes, 2012. http://www.world-earthquakes.com/index.php?option=ethq_prediction (consultado el 15 de mayo de 2013).

4.3 Distribución binomial

"Access to electricity (% of population)". The World Bank, 2013. Disponible en línea en http://data.worldbank.org/indicator/EG.ELC.ACCS.ZS?order=wbapi_data_value_2009 %20wbapi_data_value%20wbapi_data_value-first&sort=asc (consultado el 15 de mayo de 2015).

"Distance Education". Wikipedia. Disponible en línea en http://en.wikipedia.org/wiki/Distance_education (consultado el 15 de mayo de 2013).

"NBA Statistics-2013", ESPN NBA, 2013. Disponible en línea en http://espn.go.com/nba/statistics/_/seasontype/2 (consultado el 15 de mayo de 2013).

Newport, Frank. "Americans Still Enjoy Saving Rather than Spending: Few demographic differences seen in these views other than by income", GALLUP® Economy, 2013. Disponible en línea en http://www.gallup.com/poll/162368/americans-enjoy-saving-rather-spending.aspx (consultado el 15 de mayo de 2013).

Pryor, John H., Linda DeAngelo, Laura Palucki Blake, Sylvia Hurtado, Serge Tran. *The American Freshman: National Norms Fall 2011*. Los Ángeles: Cooperative Institutional Research Program at the Higher Education Research Institute at UCLA, 2011. También disponible en línea en http://heri.ucla.edu/PDFs/pubs/TFS/Norms/Monographs/TheAmericanFreshman2011.pdf (consultado el 15 de mayo de 2013).

"The World FactBook", Central Intelligence Agency. Disponible en línea en https://www.cia.gov/library/publications/the-world-factbook/geos/af.html (consultado el 15 de mayo de 2013).

"What are the key statistics about pancreatic cancer?" American Cancer Society, 2013. Disponible en línea en http://www.cancer.org/cancer/pancreaticcancer/detailedguide/pancreatic-cancer-key-statistics (consultado el 15 de mayo de 2013).

4.4 Distribución geométrica

"Millennials: A Portrait of Generation Next", PewResearchCenter. Disponible en línea en http://www.pewsocialtrends.org/files/2010/10/millennials-confident-connected-open-to-change.pdf (consultado el 15 de mayo de 2013).

"Millennials: Confident. Connected. Open to Change". Executive Summary by PewResearch Social & Demographic Trends, 2013. Disponible en línea en http://www.pewsocialtrends.org/2010/02/24/millennials-confident-connected-open-to-change/ (consultado el 15 de mayo de 2013).

"Prevalence of HIV, total (% of populations ages 15-49)," The World Bank, 2013. Disponible en línea en http://data.worldbank.org/indicator/SH.DYN.AIDS.ZS?order=wbapi_data_value_2011+wbapi_data_value+wbapi_data_value-last&sort=desc (consultado el 15 de mayo de 2013).

Pryor, John H., Linda DeAngelo, Laura Palucki Blake, Sylvia Hurtado, Serge Tran. *The American Freshman: National Norms Fall 2011.* Los Ángeles: Cooperative Institutional Research Program at the Higher Education Research Institute at UCLA, 2011. También disponible en línea en http://heri.ucla.edu/PDFs/pubs/TFS/Norms/Monographs/TheAmericanFreshman2011.pdf (consultado el 15 de mayo de 2013).

"Summary of the National Risk and Vulnerability Assessment 2007/8: A profile of Afghanistan," The European Union and ICON-Institute. Disponible en línea en http://ec.europa.eu/europeaid/where/asia/documents/afgh_brochure_summary_en.pdf (consultado el 15 de mayo de 2013).

"The World FactBook", Central Intelligence Agency. Disponible en línea en https://www.cia.gov/library/publications/the-world-factbook/geos/af.html (consultado el 15 de mayo de 2013).

"UNICEF reports on Female Literacy Centers in Afghanistan established to teach women and girls basic resading [sic] and writing skills," UNICEF Television. Video disponible en línea en http://www.unicefusa.org/assets/video/afghan-female-literacy-centers.html (consultado el 15 de mayo de 2013).

4.6 Distribución de Poisson

"ATL Fact Sheet," Department of Aviation at the Hartsfield-Jackson Atlanta International Airport, 2013. Disponible en línea en http://www.atl.com/about-atl/atl-factsheet/ (consultado el 18 de febrero de 2019).

Center for Disease Control and Prevention. "Teen Drivers: Fact Sheet," Injury Prevention & Control: Motor Vehicle Safety, 2 de octubre de 2012. Disponible en línea en http://www.cdc.gov/Motorvehiclesafety/Teen_Drivers/teendrivers_factsheet.html (consultado el 15 de mayo de 2013).

"Children and Childrearing," Ministry of Health, Labour, and Welfare. Disponible en línea en http://www.mhlw.go.jp/english/policy/children/children-childrearing/index.html (consultado el 15 de mayo de 2013).

"Eating Disorder Statistics," South Carolina Department of Mental Health, 2006. Disponible en línea en http://www.state.sc.us/dmh/anorexia/statistics.htm (consultado el 15 de mayo de 2013).

"Giving Birth in Manila: The maternity ward at the Dr Jose Fabella Memorial Hospital in Manila, the busiest in the Philippines, where there is an average of 60 births a day", theguardian, 2013. Disponible en línea en http://www.theguardian.com/world/gallery/2011/jun/08/philippines-health#/?picture=375471900&index=2 (consultado el 15 de mayo de 2013).

"How Americans Use Text Messaging," Pew Internet, 2013. Disponible en línea en http://pewinternet.org/Reports/2011/Cell-Phone-Texting-2011/Main-Report.aspx (consultado el 15 de mayo de 2013).

Lenhart, Amanda. "Teens, Smartphones & Testing: Texting volum is up while the frequency of voice calling is down. About one in four teens say they own smartphones," Pew Internet, 2012. Disponible en línea en http://www.pewinternet.org/~/media/Files/Reports/2012/PIP_Teens_Smartphones_and_Texting.pdf (consultado el 15 de mayo de 2013).

"One born every minute: the maternity unit where mothers are THREE to a bed", MailOnline. Disponible en línea en http://www.dailymail.co.uk/news/article-2001422/Busiest-maternity-ward-planet-averages-60-babies-day-mothers-bed.html (consultado el 15 de mayo de 2013).

Vanderkam, Laura. "Stop Checking Your Email, Now". CNNMoney, 2013. Disponible en línea en http://management.fortune.cnn.com/2012/10/08/stop-checking-your-email-now/ (consultado el 15 de mayo de 2013).

"World Earthquakes: Live Earthquake News and Highlights", World Earthquakes, 2012. http://www.world-earthquakes.com/index.php?option=ethq_prediction (consultado el 15 de mayo de 2013).

Soluciones

1.

x	$P(x)$
0	0,12
1	0,18
2	0,30
3	0,15
4	0,10
5	0,10
6	0,05

Tabla 4.38

3. 0,10 + 0,05 = 0,15

5. 1

7. 0,35 + 0,40 + 0,10 = 0,85

9. 1(0,15) + 2(0,35) + 3(0,40) + 4(0,10) = 0,15 + 0,70 + 1,20 + 0,40 = 2,45

11.

x	$P(x)$
0	0,03
1	0,04
2	0,08
3	0,85

Tabla 4.39

13. Supongamos que X = el número de eventos en los que Javier es voluntario cada mes.

15.

x	$P(x)$
0	0,05
1	0,05
2	0,10
3	0,20
4	0,25
5	0,35

Tabla 4.40

17. 1 – 0,05 = 0,95

19. 0,2 + 1,2 + 2,4 + 1,6 = 5,4

21. Los valores de $P(x)$ no suman uno.

23. Supongamos que X = el número de años que un licenciado en física dedicará a la investigación de posgrado.

25. 1 – 0,35 – 0,20 – 0,15 – 0,10 – 0,05 = 0,15

27. 1(0,35) + 2(0,20) + 3(0,15) + 4(0,15) + 5(0,10) + 6(0,05) = 0,35 + 0,40 + 0,45 + 0,60 + 0,50 + 0,30 = 2,6 años

29. X es el número de años que un estudiante estudia ballet con la maestra.

31. 0,10 + 0,05 + 0,10 = 0,25

33. La suma de las probabilidades suma uno porque es una distribución de probabilidad.

35. $-2\left(\frac{40}{52}\right) + 30\left(\frac{12}{52}\right) =-1{,}54 + 6{,}92 = 5{,}38$

37. X = número de respuestas afirmativas

39. 0, 1, 2, 3, 4, 5, 6, 7, 8

41. 5,7

43. 0,4151

45. X = el número de estudiantes de primer año seleccionados del estudio hasta que uno respondió "sí" a que las parejas del mismo sexo deberían tener derecho a un estado civil legal.

47. 1,2,...

49. 1,4

51. *X* = el número de especialidades en Negocios en la muestra.

53. 2, 3, 4, 5, 6, 7, 8, 9

55. 6,26

57. 0, 1, 2, 3, 4, ...

59. 0,0485

61. 0,0214

63. *X* = el número de adolescentes estadounidenses que mueren por lesiones en vehículos de motor al día.

65. 0, 1, 2, 3, 4, ...

67. No

71. La variable de interés es *X*, es decir, la ganancia o pérdida, en dólares.

Las cartas de figura sota, reina y rey. Hay (3)(4) = 12 cartas de figura y 52 - 12 = 40 cartas que no son de figura.

Primero tenemos que construir la distribución de probabilidad para *X*. Utilizamos los eventos de la tarjeta y la moneda para determinar la probabilidad de cada resultado, pero utilizamos el valor monetario de *X* para determinar el valor esperado.

Evento con cartas	*X* ganancia o pérdida neta	*P*(*X*)
Carta de figura y cara	6	$\left(\frac{12}{52}\right)\left(\frac{1}{2}\right)=\left(\frac{6}{52}\right)$
Carta de figura y cruz	2	$\left(\frac{12}{52}\right)\left(\frac{1}{2}\right)=\left(\frac{6}{52}\right)$
(No es una carta de figura) y (H o T)	-2	$\left(\frac{40}{52}\right)(1)=\left(\frac{40}{52}\right)$

Tabla 4.41

- $\text{Valor esperado} = (6)\left(\frac{6}{52}\right)+(2)\left(\frac{6}{52}\right)+(-2)\left(\frac{40}{52}\right)=-\frac{32}{52}$
- Valor esperado = -0,62 dólares, redondeados al céntimo más cercano
- Si juega a este juego repetidamente, durante una larga serie de partidas, esperaría perder 62 céntimos por partida, en promedio.
- No debe jugar a este juego para ganar dinero porque el valor esperado indica una pérdida promedio esperada.

73.
a. 0,1
b. 1,6

75. a.

Compañía de software	
x	*P*(*x*)
5.000.000	0,10
1.000.000	0,30
–1.000.000	0,60

Tabla 4.42

Compañía de hardware	
x	*P*(*x*)
3.000.000	0,20
1.000.000	0,40
–1,000,00	0,40

Tabla 4.43

Empresa de biotecnología	
x	*P*(*x*)
6,00,000	0,10
0	0,70
–1.000.000	0,20

Tabla 4.44

b. $200.000; $600.000; $400.000
c. La tercera inversión porque tiene la menor probabilidad de pérdida
d. La primera inversión porque tiene la mayor probabilidad de pérdida
e. La segunda inversión

77. 4,85 años

79. b

81. Supongamos que *X* = la cantidad de dinero que se gana con un billete. La siguiente tabla muestra la PDF para *X*.

x	*P*(*x*)
0	0,969

Tabla 4.45

x	$P(x)$
5	$\frac{250}{10.000} = 0{,}025$
25	$\frac{50}{10.000} = 0{,}005$
100	$\frac{10}{10.000} = 0{,}001$

Tabla 4.45

Calcule el valor esperado de *X*.

0(0,969) + 5(0,025) + 25(0,005) + 100(0,001) = 0,35

El precio justo de un billete es de 0,35 dólares. Cualquier precio superior a 0,35 dólares permitirá a la lotería recaudar dinero.

83. *X* = el número de pacientes que llaman para decir que tienen gripe y que realmente la tienen.

X = 0, 1, 2, ... 25

85. 0,0165

87.
a. *X* = el número de DVD que alquila un cliente de Video to Go
b. 0,12
c. 0,11
d. 0,77

89. d. 4,43

91. c

93.
- *X* = número de preguntas contestadas correctamente
- $X \sim B\left(32, \frac{1}{3}\right)$
- Nos interesa que MÁS DEL 75 % de las 32 preguntas sean correctas. El 75 % de 32 es 24. Queremos hallar *P*(*x* > 24). El evento "más de 24" es el complemento de "menos de o igual a 24".
- Con el menú de distribución de su calculadora: 1 - binomcdf$\left(32, \frac{1}{3}, 24\right)$
- *P*(*x* > 24) = 0
- La probabilidad de acertar más del 75 % de las 32 preguntas cuando se estima al azar es muy pequeña y prácticamente cero.

95.
a. *X* = el número de institutos universitarios y universidades que ofrecen cursos en línea.
b. 0, 1, 2, ..., 13
c. *X* ~ *B*(13, 0,96)
d. 12,48
e. 0,0135
f. *P*(*x* = 12) = 0,3186 *P*(*x* = 13) = 0,5882. Más probabilidades de obtener 13.

97.
a. *X* = el número de esgrimistas que **no** utilizan el florete como arma principal
b. 0, 1, 2, 3,... 25
c. *X* ~ *B*(25, 0,40)
d. 10
e. 0,0442

f. La probabilidad de que los 25 no utilicen el florete es casi cero. Por lo tanto, sería muy sorprendente.

99. a. X = el número de auditorías en un periodo de 20 años
b. 0, 1, 2, ..., 20
c. $X \sim B(20, 0{,}02)$
d. 0,4
e. 0,6676
f. 0,0071

101. 1. X = el número de coincidencias
2. 0, 1, 2, 3
3. $X \sim B\left(3, \frac{1}{6}\right)$
4. En dólares: −1, 1, 2, 3
5. $\frac{1}{2}$
6. Multiplique cada valor Y por la probabilidad X correspondiente de la tabla de PDF. La respuesta es −0,0787. Usted pierde unos ocho céntimos, en promedio, por juego.
7. La casa tiene la ventaja.

103. a. $X \sim B(15, 0{,}281)$

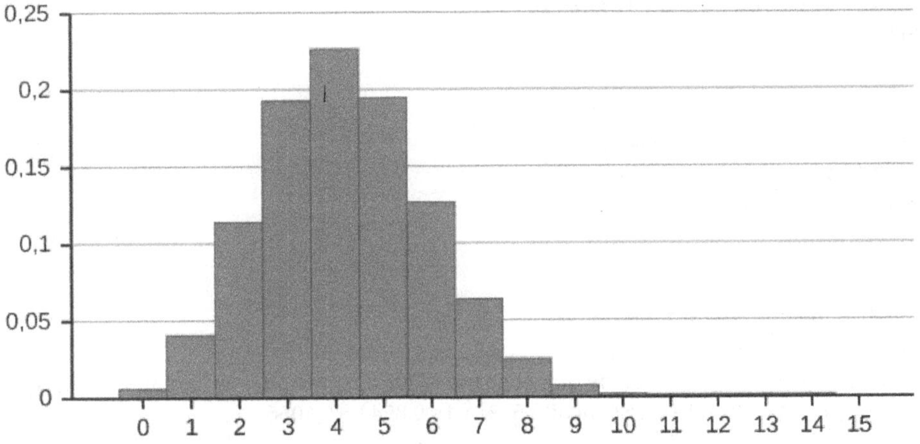

Figura 4.10

b. i. Media = $\mu = np = 15(0{,}281) = 4{,}215$
ii. Desviación típica = $\sigma = \sqrt{npq} = \sqrt{15(0{,}281)(0{,}719)} = 1{,}7409$

c. $P(x > 5) = 1 - P(x \leq 5) = 1 -$ binomcdf(15, 0,281, 5) = 1 - 0,7754 = 0,2246
$P(x = 3)$ = binompdf(15, 0,281, 3) = 0,1927
$P(x = 4)$ = binompdf(15, 0,281, 4) = 0,2259
Es más probable que cuatro personas sepan leer y escribir que tres.

105. a. X = el número de adultos en Estados Unidos encuestados hasta que uno dice que verá el supertazón.
b. $X \sim G(0{,}40)$
c. 2,5
d. 0,0187
e. 0,2304

107.

a. X = el número de páginas que anuncian calzado
b. X toma los valores 0, 1, 2, ..., 20
c. $X \sim B(20, \frac{29}{192})$
d. 3,02

e. No
f. 0,9997
g. X = el número de páginas que debemos inspeccionar hasta hallar una que anuncie calzado. $X \sim G(\frac{29}{192})$
h. 0,3881
i. 6,6207 páginas

109. 0, 1, 2 y 3

111. a. $X \sim G(0,25)$
b. i. Media = $\mu = \frac{1}{p} = \frac{1}{0,25} = 4$
ii. Desviación típica = $\sigma = \sqrt{\frac{1-p}{p^2}} = \sqrt{\frac{1-00,25}{0,25^2}} \approx 3,4641$
c. $P(x = 10)$ = geometpdf(0,25, 10) = 0,0188
d. $P(x = 20)$ = geometpdf(0,25, 20) = 0,0011
e. $P(x \leq 5)$ = geometcdf(0,25, 5) = 0,7627

113. a. X = el número de páginas que anuncian calzado
b. 0, 1, 2, 3, ..., 20
c. $X \sim H(29, 163, 20)$; $r = 29$, $b = 163$, $n = 20$
d. 3,03
e. 1,5197

115. a. X = el número de Patriots elegidos
b. 0, 1, 2, 3, 4
c. $X \sim H(4, 8, 9)$
d. Sin reemplazo

117. a. $X \sim P(5,5)$; $\mu = 5,5$; $\sigma = \sqrt{5,5} \approx 2,3452$
b. $P(x \leq 6)$ = poissoncdf(5,5, 6) ≈ 0,6860
c. Hay un 15,7 % de probabilidad de que el personal jurídico reciba más llamadas de las que puede atender.
d. $P(x > 8) = 1 - P(x \leq 8)$ = 1 - poissoncdf(5,5, 8) ≈ 1 - 0,8944 = 0,1056

119. Supongamos que X = el número de bombillas defectuosas en una cadena.

Mediante la distribución de Poisson:

- $\mu = np = 100(0,03) = 3$
- $X \sim P(3)$
- $P(x \leq 4)$ = poissoncdf(3, 4) ≈ 0,8153

Mediante la distribución binomial:

- $X \sim B(100, 0,03)$
- $P(x \leq 4)$ = binomcdf(100, 0,03, 4) ≈ 0,8179

La aproximación de Poisson es muy buena: la diferencia entre las probabilidades es de solo 0,0026.

121. a. X = el número de hijos de una española
b. 0, 1, 2, 3,...
c. $X \sim P(1,47)$
d. 0,2299
e. 0,5679
f. 0,4321

123. a. X = el número de galletas de la fortuna que tienen suerte adicional

b. 0, 1, 2, 3,... 144
c. $X \sim B(144, 0,03)$ o $P(4,32)$
d. 4,32
e. 0,0124 o 0,0133
f. 0,6300 o 0,6264
g. A medida que *n* aumenta, las probabilidades se acercan.

125. a. X = número de personas auditadas en un año
b. 0, 1, 2, ..., 100
c. $X \sim P(2)$
d. 2
e. 0,1353
f. 0,3233

127. a. X = el número de trozos de cáscara en un pastel
b. 0, 1, 2, 3,...
c. $X \sim P(1,5)$
d. 1,5
e. 0,2231
f. 0,0001
g. Sí

129. d

5 VARIABLES ALEATORIAS CONTINUAS

Figura 5.1 Las alturas de estas plantas de rábano son variables aleatorias continuas. (créditos: Rev Stan).

Objetivos del Capítulo

Al final de este capítulo el estudiante podrá:

- Reconocer y comprender las funciones de densidad de probabilidad continuas en general.
- Reconocer la distribución de probabilidad uniforme y aplicarla adecuadamente.
- Reconocer la distribución de probabilidad exponencial y aplicarla adecuadamente.

Introducción

Las variables aleatorias continuas tienen muchas aplicaciones. Los promedios de bateo en béisbol, las puntuaciones de CI (coeficiente intelectual), el tiempo que dura una llamada telefónica de larga distancia, la cantidad de dinero que lleva una persona, el tiempo que dura un chip de computadora y las puntuaciones de la prueba de aptitud académica (Scholastic Aptitude Test, SAT) son solo algunos de ellos. El campo de la fiabilidad depende de una serie de variables aleatorias continuas.

Nota

Los valores de las variables aleatorias discretas y continuas pueden ser ambiguos. Por ejemplo, si *X* es igual al número de millas (a la milla más cercana) que conduce al trabajo, entonces *X* es una variable aleatoria discreta. Puede contar las millas. Si *X* es la distancia que se recorre en automóvil hasta el trabajo, entonces se miden valores de *X* y *X* es una variable aleatoria continua. Para un segundo ejemplo, si *X* es igual al número de libros que hay en una mochila, entonces X es una variable aleatoria discreta. Si X es el peso de un libro, entonces X es una variable aleatoria continua porque el peso se mide. La forma de definir la variable aleatoria es muy importante.

Propiedades de las distribuciones de probabilidad continuas

El gráfico de una distribución de probabilidad continua es una curva. La probabilidad se representa mediante el área que está debajo de la curva.

La curva se denomina **función de densidad de probabilidad** (abreviada como **pdf**). Utilizamos el símbolo $f(x)$ para representar la curva. $f(x)$ es la función que corresponde al gráfico; utilizamos la función de densidad $f(x)$ para dibujar el gráfico de la distribución de probabilidad.

El **área debajo de la curva** viene dada por una función diferente llamada **función de distribución acumulativa** (**cdf**). La función de distribución acumulativa se utiliza para evaluar la probabilidad como área.

- Los resultados se miden, no se cuentan.
- Toda el área debajo de la curva y sobre el eje x es igual a uno.
- La probabilidad se calcula para intervalos de valores de x en vez de para valores individuales de x.
- $P(c < x < d)$ es la probabilidad de que la variable aleatoria X se calcule en el intervalo entre los valores c y d. $P(c < x < d)$ es el área debajo de la curva, por encima del *eje x*, a la derecha de c y a la izquierda de d.
- $P(x = c) = 0$ significa que es la probabilidad de que x tome cualquier valor individual es cero. El área por debajo de la curva, por encima del eje x y entre $x = c$ y $x = c$ no tiene ancho, y por tanto no tiene área (área = 0). Como la probabilidad es igual al área, la probabilidad también es cero.
- $P(c < x < d)$ es lo mismo que $P(c \leq x \leq d)$ porque la probabilidad es igual al área.

Hallaremos el área que representa la probabilidad mediante geometría, fórmulas, tecnología o tablas de probabilidad. En general, es necesario el cálculo para hallar el área bajo la curva de muchas funciones de densidad de probabilidad. Cuando usamos fórmulas para hallar el área en este libro de texto, las fórmulas fueron halladas mediante técnicas del cálculo integral. Sin embargo, debido a que la mayoría de los estudiantes que toman este curso no han estudiado cálculo, no utilizaremos el cálculo en este libro de texto.

Hay muchas distribuciones de probabilidad continuas. Cuando se utiliza una distribución de probabilidad continua para modelar la probabilidad, la distribución utilizada se selecciona para modelar y ajustarse a la situación particular de la mejor manera.

En este capítulo y en el siguiente estudiaremos la distribución uniforme, la exponencial y la normal. Los siguientes gráficos ilustran estas distribuciones.

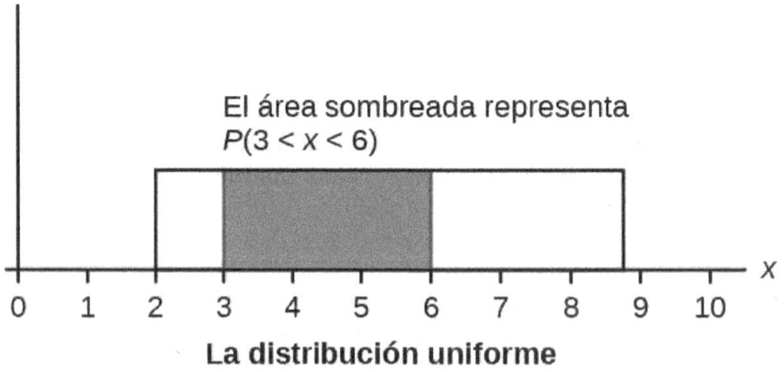

Figura 5.2 El gráfico muestra una distribución uniforme con el área entre $x = 3$ y $x = 6$ sombreada para representar la probabilidad de que el valor de la variable aleatoria X esté en el intervalo entre tres y seis.

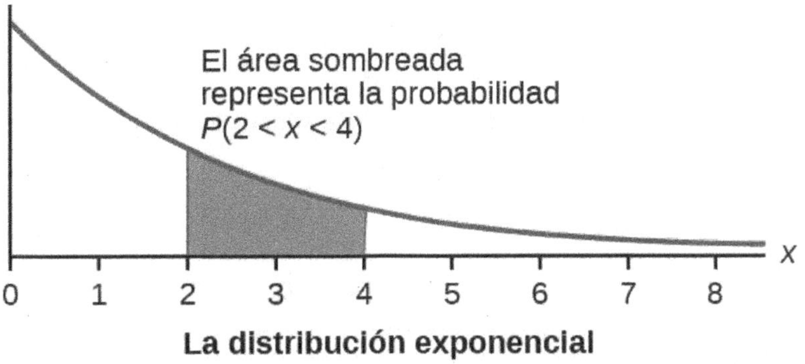

Figura 5.3 El gráfico muestra una Distribución Exponencial con el área entre $x = 2$ y $x = 4$ sombreada para representar la probabilidad de que el valor de la variable aleatoria *X* esté en el intervalo entre dos y cuatro.

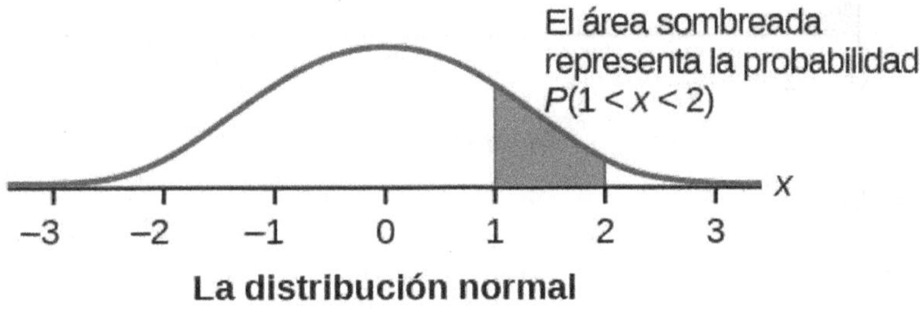

Figura 5.4 El gráfico muestra la distribución normal estándar con el área entre $x = 1$ y $x = 2$ sombreada para representar la probabilidad de que el valor de la variable aleatoria *X* esté en el intervalo entre uno y dos.

5.1 Funciones de probabilidad continuas

Comenzamos definiendo una función de densidad de probabilidad continua. Utilizamos la notación de función $f(x)$. El álgebra intermedia puede haber sido su primera introducción formal a las funciones. En el estudio de la probabilidad, las funciones que estudiamos son especiales. Definimos la función $f(x)$ de forma que el área entre ella y el eje x sea igual a una probabilidad. Como la probabilidad máxima es uno, el área máxima también es uno. **Para distribuciones de probabilidad continuas, PROBABILIDAD = ÁREA.**

EJEMPLO 5.1

Consideremos la función $f(x) = \frac{1}{20}$ para $0 \leq x \leq 20$. x = un número real. El gráfico de $f(x) = \frac{1}{20}$ es una línea horizontal. Sin embargo, como $0 \leq x \leq 20$, $f(x)$ se restringe a la porción entre $x = 0$ y $x = 20$, inclusive.

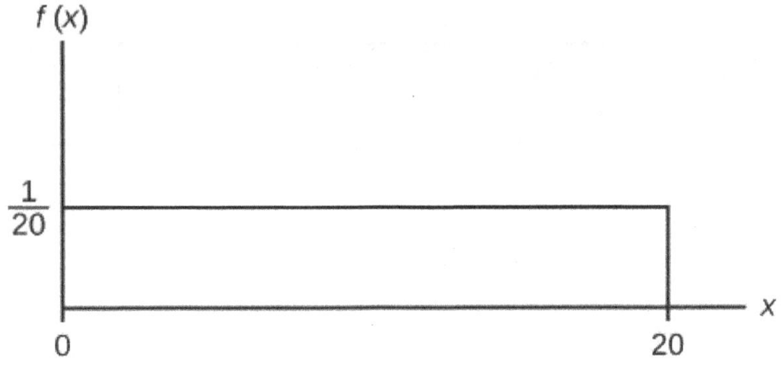

Figura 5.5

$f(x) = \frac{1}{20}$ **para** $0 \leq x \leq 20$.

El gráfico de $f(x) = \frac{1}{20}$ es un segmento de línea horizontal cuando $0 \leq x \leq 20$.

El área entre $f(x) = \frac{1}{20}$ donde $0 \leq x \leq 20$ y el eje x es el área de un rectángulo con base = 20 y altura = $\frac{1}{20}$.

$$\text{ÁREA} = 20\left(\frac{1}{20}\right) = 1$$

Supongamos que queremos hallar el área entre $f(x) = \frac{1}{20}$ y el eje xdonde 0 < x < 2.

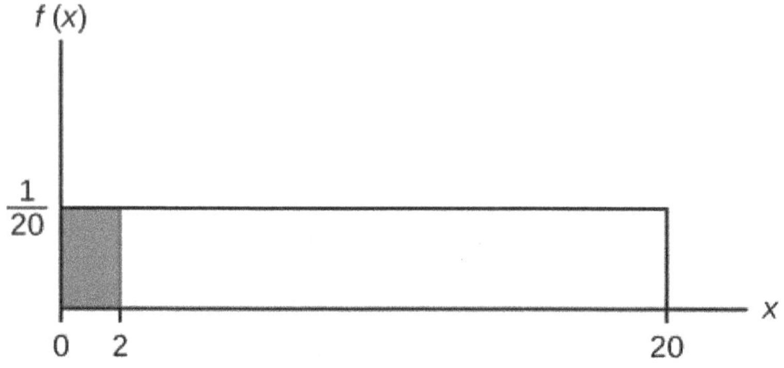

Figura 5.6

$\text{ÁREA} = (2 - 0)\left(\frac{1}{20}\right) = 0{,}1$

$(2 - 0) = 2 =$ base de un rectángulo

Recordatorio

área de un rectángulo = (base)(altura).

El área corresponde a una probabilidad. La probabilidad de que x esté entre cero y dos es 0,1, lo que se puede escribir matemáticamente como $P(0 < x < 2) = P(x < 2) = 0{,}1$.

Supongamos que queremos hallar el área entre $f(x) = \frac{1}{20}$ y el eje x donde 4 < x < 15.

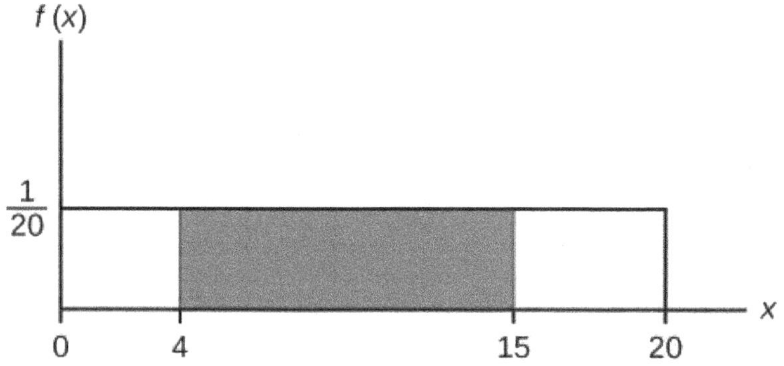

Figura 5.7

$\text{ÁREA} = (15 - 4)\left(\frac{1}{20}\right) = 0{,}55$

$(15 - 4) = 11 =$ la base de un rectángulo

El área corresponde a la probabilidad $P(4 < x < 15) = 0{,}55$.

Supongamos que queremos hallar $P(x = 15)$. En un gráfico x-y, $x = 15$ es una línea vertical. Una línea vertical no tiene ancho (o tiene ancho cero). Por lo tanto, $P(x = 15) = \text{(base)(altura)} = (0)\left(\frac{1}{20}\right) = 0$

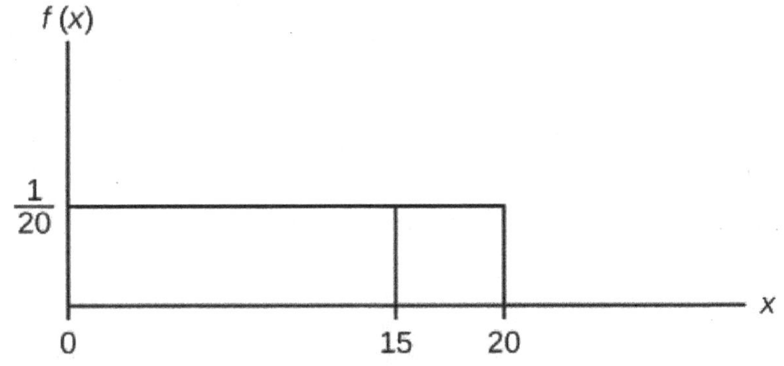

Figura 5.8

$P(X \leq x)$, que también se puede escribir como $P(X < x)$ para distribuciones continuas, se denomina función de distribución acumulativa o cdf. Fíjese en el símbolo "menor que o igual a". También podemos utilizar la cdf para calcular $P(X > x)$. La cdf da el "área a la izquierda" y $P(X > x)$ da el "área a la derecha". Calculamos $P(X > x)$ para distribuciones continuas de la siguiente manera: $P(X > x) = 1 - P(X < x)$.

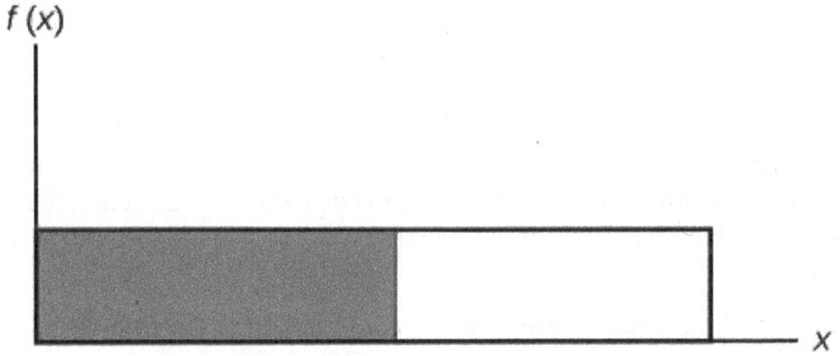

Figura 5.9

Identifique el gráfico con $f(x)$ y x. Escale los ejes x y y con los valores máximos de x y y. $f(x) = \frac{1}{20}$, $0 \leq x \leq 20$.

Para calcular la probabilidad de que x esté entre dos valores, observe el siguiente gráfico. Sombree la región entre x = 2,3 y x = 12,7. Luego, calcule el área sombreada de un rectángulo.

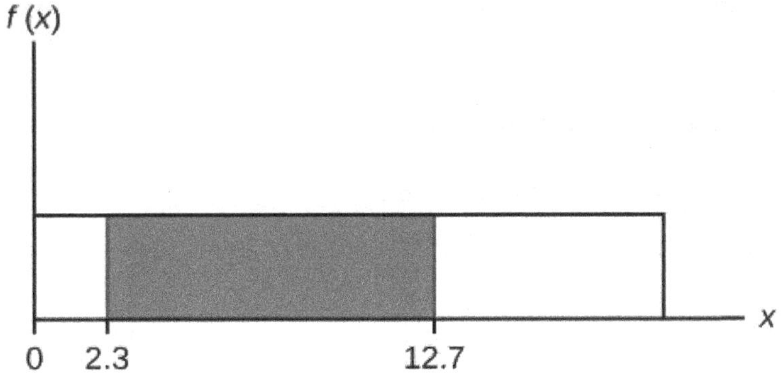

Figura 5.10

$P(2{,}3 < x < 12{,}7) = (\text{base})(\text{altura}) = (12{,}7 - 2{,}3)\left(\frac{1}{20}\right) = 0{,}52$

INTÉNTELO 5.1

Consideremos la función $f(x) = \frac{1}{8}$ para $0 \leq x \leq 8$. Dibuje el gráfico de $f(x)$ y calcule $P(2{,}5 < x < 7{,}5)$.

5.2 La distribución uniforme

La distribución uniforme es una distribución de probabilidad continua y se refiere a eventos que tienen la misma probabilidad de ocurrir. Cuando se resuelven problemas que tienen una distribución uniforme, hay que tener en cuenta si los datos son inclusivos o exclusivos de los extremos.

EJEMPLO 5.2

Los datos en la Tabla 5.1 son 55 tiempos de sonrisa, en segundos, de un bebé de ocho semanas.

10,4	19,6	18,8	13,9	17,8	16,8	21,6	17,9	12,5	11,1	4,9
12,8	14,8	22,8	20,0	15,9	16,3	13,4	17,1	14,5	19,0	22,8
1.3	0,7	8,9	11,9	10,9	7,3	5,9	3,7	17,9	19,2	9,8
5,8	6,9	2,6	5,8	21,7	11,8	3,4	2,1	4,5	6,3	10,7
8,9	9,4	9,4	7,6	10,0	3,3	6,7	7,8	11,6	13,8	18,6

Tabla 5.1

La media muestral = 11,49 y la desviación típica de la muestra = 6,23.

Supondremos que los tiempos de sonrisa, en segundos, siguen una distribución uniforme entre cero y 23 segundos, ambos inclusive. Esto significa que cualquier tiempo de sonrisa desde cero hasta 23 segundos inclusive es **igualmente probable**. El histograma que se construyó a partir de la muestra es una distribución empírica que se acerca mucho a la distribución uniforme teórica.

Supongamos que X = la duración, en segundos, de la sonrisa de un bebé de ocho semanas.

La notación para la distribución uniforme es

$X \sim U(a, b)$ donde a = el menor valor de x y b = el mayor valor de x.

La función de densidad de probabilidad es $f(x) = \frac{1}{b-a}$ para $a \leq x \leq b$.

En este ejemplo, $X \sim U(0, 23)$ y $f(x) = \frac{1}{23-0}$ para $0 \leq X \leq 23$.

Las fórmulas para la media teórica y la desviación típica son

$$\mu = \frac{a+b}{2} \text{ y } \sigma = \sqrt{\frac{(b-a)^2}{12}}$$

En este problema, la media teórica y la desviación típica son

$$\mu = \frac{0+23}{2} = 11{,}50 \text{ segundos y } \sigma = \sqrt{\frac{(23-0)^2}{12}} = 6{,}64 \text{ segundos.}$$

Observe que en este ejemplo la media teórica y la desviación típica se aproximan a la media muestral y a la desviación típica.

> **INTÉNTELO 5.2**

Los datos que siguen son el número de pasajeros de 35 barcos de pesca contratados. La media muestral = 7,9 y la desviación típica de la muestra = 4,33. Los datos siguen una distribución uniforme en la que todos los valores entre el cero y el 14, ambos incluidos, son igualmente probables. Indique los valores de a y b. Escriba la distribución en la notación adecuada y calcule la media teórica y la desviación típica.

1	12	4	10	4	14	11
7	11	4	13	2	4	6
3	10	0	12	6	9	10
5	13	4	10	14	12	11
6	10	11	0	11	13	2

Tabla 5.2

EJEMPLO 5.3

a. Consulte el Ejemplo 5.2. ¿Cuál es la probabilidad de que un bebé de ocho semanas elegido al azar sonría entre dos y 18 segundos?

Solución 1

$P(2 < x < 18) = (\text{base})(\text{altura}) = (18 - 2)\left(\frac{1}{23}\right) = \frac{16}{23}$.

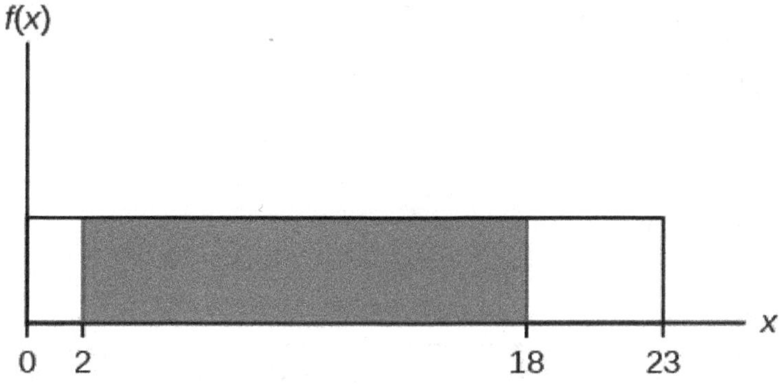

Figura 5.11

b. Halle el percentil 90 para el tiempo de sonrisa de un bebé de ocho semanas.

Solución 2

b. El noventa por ciento de los tiempos de sonrisa están por debajo del percentil 90, k, por lo que $P(x < k) = 0{,}90$.

$P(x < k) = 0{,}90$

$(\text{base})(\text{altura}) = 0{,}90$

$(k-0)\left(\frac{1}{23}\right) = 0{,}90$

$k = (23)(0{,}90) = 20{,}7$

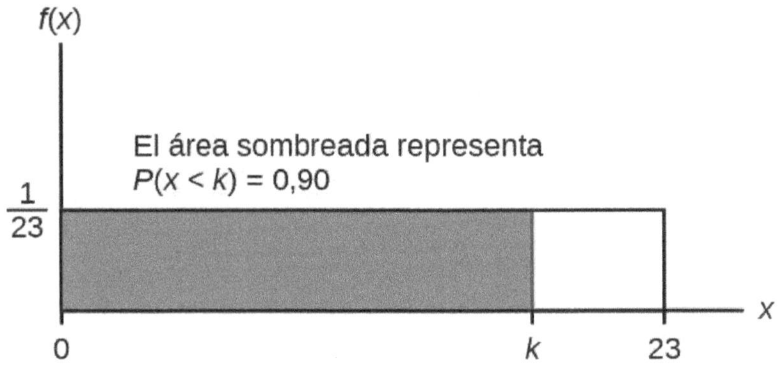

Figura 5.12

c. Halle la probabilidad de que un bebé de ocho semanas elegido al azar sonría más de 12 segundos **SABIENDO** que el bebé sonríe **MÁS DE OCHO SEGUNDOS**.

Solución 3

c. Esta pregunta de probabilidad es un **condicional**. Se le pide que halle la probabilidad de que un bebé de ocho semanas sonría más de 12 segundos cuando **ya sabe** que el bebé ha sonreído durante más de ocho segundos.

Halle $P(x > 12 | x > 8)$ Hay dos maneras de efectuar el problema. **En la primera forma**, utilice el hecho de que se trata de un **condicional** y esto cambia el espacio muestral. El gráfico ilustra el nuevo espacio muestral. Ya sabe que el bebé sonrió más de ocho segundos.

Escriba una nueva $f(x)$: $f(x) = \frac{1}{23-8} = \frac{1}{15}$ para $8 < x < 23$

$P(x > 12 | X > 8) = (23 - 12)\left(\frac{1}{15}\right) = \frac{11}{15}$

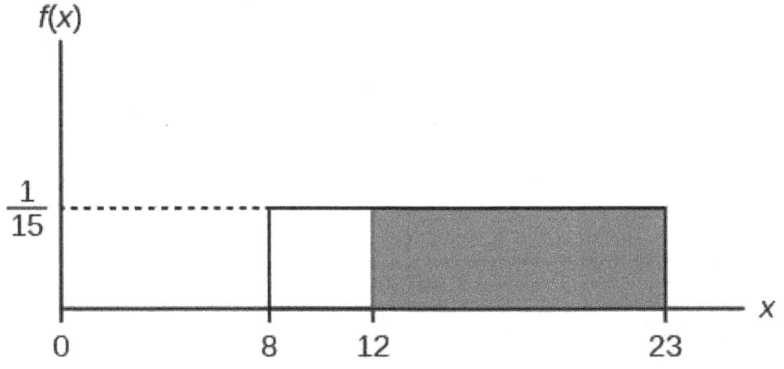

Figura 5.13

En la segunda forma, utilice la fórmula condicional de Temas de probabilidad con la distribución original $X \sim U(0, 23)$:

$P(A | B) = \frac{P(A \text{ Y } B)}{P(B)}$

En este problema, A es $(x > 12)$ y B es $(x > 8)$.

Así, $P(x > 12 | x > 8) = \frac{(x>12 \text{ Y } x>8)}{P(x>8)} = \frac{P(x>12)}{P(x>8)} = \frac{\frac{11}{23}}{\frac{15}{23}} = \frac{11}{15}$

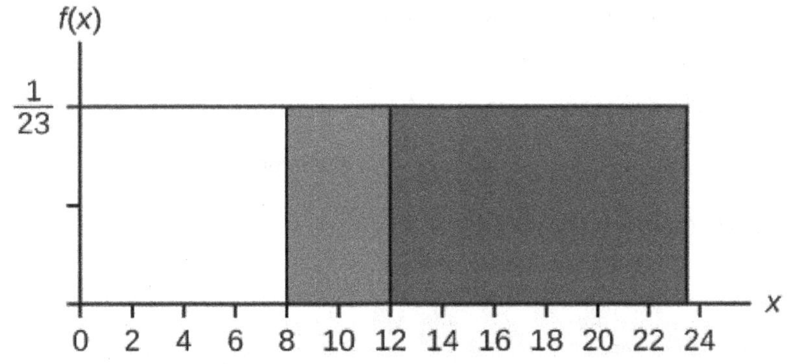

Figura 5.14 El área sombreada más oscura representa P(x > 12). Toda el área sombreada muestra P(x > 8).

INTÉNTELO 5.3

Una distribución está dada como $X \sim U(0, 20)$. ¿Cuál es la $P(2 < X < 18)$? Calcule el percentil 90.

EJEMPLO 5.4

La cantidad de tiempo, en minutos, que una persona debe esperar un autobús se distribuye uniformemente entre cero y 15 minutos, ambos inclusive.

a. ¿Cuál es la probabilidad de que una persona espere menos de 12,5 minutos?

b. En promedio, ¿cuánto tiempo debe esperar una persona? Calcule la media, μ, y la desviación típica, σ.

c. ¿A qué valor es inferior el tiempo que debe esperar una persona el noventa por ciento de las veces?

Esto pide calcular el percentil 90.

Solución 1

a. Supongamos que X = el número de minutos que una persona debe esperar el autobús. $a = 0$ y $b = 15$. $X \sim U(0, 15)$. Escriba la función de densidad de probabilidad. $f(x) = \frac{1}{15-0} = \frac{1}{15}$ para $0 \leq x \leq 15$.

Calcule $P(x < 12{,}5)$. Dibuje un gráfico.

$$P(x < k) = \text{(base)(altura)} = (12{,}5\text{–}0)\left(\frac{1}{15}\right) = 0{,}8333$$

La probabilidad de que una persona espere menos de 12,5 minutos es de 0,8333.

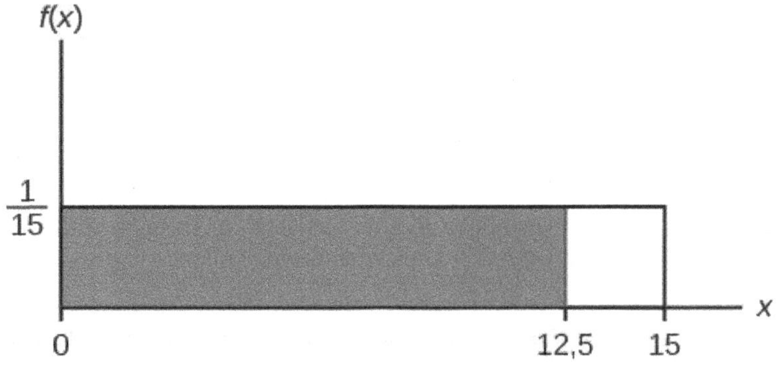

Figura 5.15

b. $\mu = \frac{a+b}{2} = \frac{15+0}{2} = 7{,}5$. En promedio, una persona debe esperar 7,5 minutos.

$\sigma = \sqrt{\frac{(b-a)^2}{12}} = \sqrt{\frac{(15-0)^2}{12}} = 4{,}3$. La desviación típica es de 4,3 minutos.

c. Calcule el percentil 90. Dibuje un gráfico. Supongamos que k = el percentil 90.

$P(x < k) = (\text{base})(\text{altura}) = (k-0)(\frac{1}{15})$

$0{,}90 = (k)\left(\frac{1}{15}\right)$

$k = (0{,}90)(15) = 13{,}5$

k se denomina a veces valor crítico.

El percentil 90 es de 13,5 minutos. El noventa por ciento de las veces una persona debe esperar como máximo 13,5 minutos.

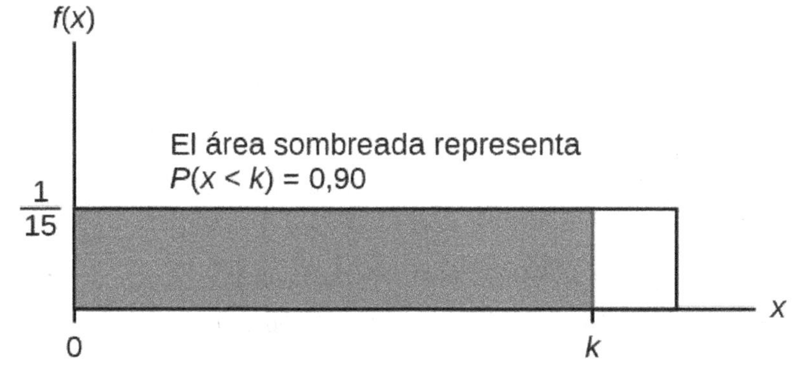

Figura 5.16

INTÉNTELO 5.4

La duración total de los partidos de béisbol en las grandes ligas en la temporada 2011 se distribuye uniformemente entre 447 horas y 521 horas, ambas inclusive.

a. Calcule a y b y describa lo que representan.
b. Escriba la distribución.
c. Calcule la media y la desviación típica.
d. ¿Cuál es la probabilidad de que la duración de los partidos de un equipo en la temporada 2011 esté entre 480 y 500 horas?
e. ¿Cuál es el percentil 65 de la duración de los partidos de un equipo en la temporada 2011?

EJEMPLO 5.5

Supongamos que el tiempo que tarda un niño de nueve años en comerse una rosquilla está entre 0,5 y 4 minutos, ambos inclusive. Supongamos que X = el tiempo, en minutos, que tarda un niño de nueve años en comerse una rosquilla. Entonces $X \sim U(0{,}5, 4)$.

a. La probabilidad de que un niño de nueve años seleccionado al azar se coma una rosquilla en al menos dos minutos es ______.

Solución 1

a. 0,5714

b. Halle la probabilidad de que otro niño de nueve años se coma una rosquilla en más de dos minutos, dado que el niño ya ha estado comiéndose la rosquilla durante más de 1,5 minutos.

La segunda pregunta tiene una **probabilidad condicional**. Se le pide que halle la probabilidad de que un niño de nueve años se coma una rosquilla en más de dos minutos, dado que el niño ya lleva comiendo la rosquilla más de 1,5 minutos. Resuelva el problema de dos formas diferentes (vea el Ejemplo 5.3). Debe reducir el espacio de la muestra. **Primera forma**: Como sabe que el niño ya ha estado comiéndose la rosquilla durante más de 1,5 minutos, ya no empieza en a = 0,5 minutos. Su punto de partida es 1,5 minutos.

Escriba una nueva $f(x)$:

$f(x) = \frac{1}{4-1{,}5} = \frac{2}{5}$ para $1{,}5 \leq x \leq 4$.

Halle $P(X > 2 \mid x > 1{,}5)$. Dibuje un gráfico.

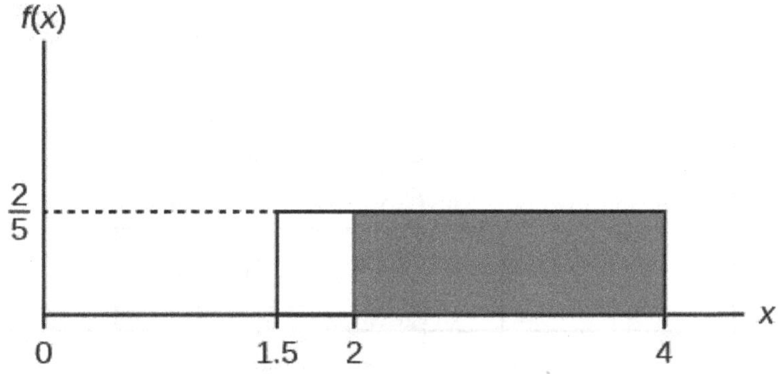

Figura 5.17

$P(X > 2 \mid x > 1{,}5)$ = (base)(nueva altura) = $(4 - 2)\left(\frac{2}{5}\right) = \frac{4}{5}$

Solución 2

b. $\frac{4}{5}$

La probabilidad de que un niño de nueve años se coma una rosquilla en más de dos minutos, dado que el niño ya ha estado comiendo la rosquilla durante más de 1,5 minutos, es $\frac{4}{5}$.

Segunda forma: Dibuje el gráfico original para $X \sim U(0{,}5, 4)$. Utilice la fórmula condicional

$$P(x > 2 \mid x > 1{,}5) = \frac{P(x>2 \text{ Y } x>1{,}5)}{P(x>10{,}5)} = \frac{P(x>2)}{P(x>1{,}5)} = \frac{\frac{2}{3{,}5}}{\frac{2{,}5}{3{,}5}} = 00{,}8 = \frac{4}{5}$$

INTÉNTELO 5.5

Supongamos que el tiempo que tarda un estudiante en terminar un examen se distribuye uniformemente entre 6 y 15 minutos, ambos inclusive. Supongamos que X = el tiempo, en minutos, que tarda un estudiante en terminar un examen. Entonces $X \sim U(6, 15)$.

Halle la probabilidad de que un estudiante seleccionado al azar necesite al menos ocho minutos para completar la prueba. A continuación, halle la probabilidad de que otro estudiante necesite al menos ocho minutos para terminar el cuestionario, dado que ya se ha tomado más de siete minutos.

EJEMPLO 5.6

La compañía Ace Heating and Air Conditioning Service considera que el tiempo que necesita un técnico para arreglar un horno se distribuye uniformemente entre 1,5 y 4 horas. Supongamos que x = el tiempo necesario para arreglar un horno. Entonces $X \sim U(1{,}5, 4)$.

a. Halle la probabilidad de que una reparación de horno seleccionada al azar requiera más de dos horas.
b. Halle la probabilidad de que una reparación de horno seleccionada al azar requiera menos de tres horas.
c. Halle el percentil 30 de los tiempos de reparación de hornos.
d. El 25 % de los tiempos más largos de reparación de hornos ¿cuánto tiempo toma al menos? (En otras palabras: halle el tiempo mínimo para el 25 % más largo de los tiempos de reparación). ¿Qué percentil representa esto?
e. Halle la desviación media y la típica

Solución 1

a. Para hallar $f(x)$: $f(x) = \frac{1}{4-1{,}5} = \frac{1}{2{,}5}$ por lo que $f(x) = 0{,}4$

$P(x > 2)$ = (base)(altura) = (4 - 2)(0,4) = 0,8

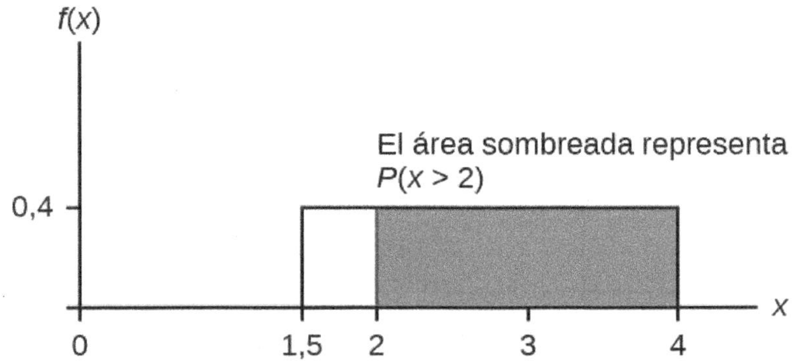

Figura 5.18 Distribución uniforme entre 1,5 y 4 con un área sombreada entre dos y cuatro que representa la probabilidad de que el tiempo de reparación x sea superior a dos

b. $P(x < 3)$ = (base)(altura) = (3 - 1,5)(0,4) = 0,6

El gráfico del rectángulo que muestra toda la distribución seguiría siendo el mismo. Sin embargo, el gráfico debe estar sombreado entre $x = 1{,}5$ y $x = 3$. Observe que la zona sombreada comienza en $x = 1{,}5$ y no en $x = 0$; como $X \sim U(1{,}5, 4)$, x no puede ser menor que 1,5.

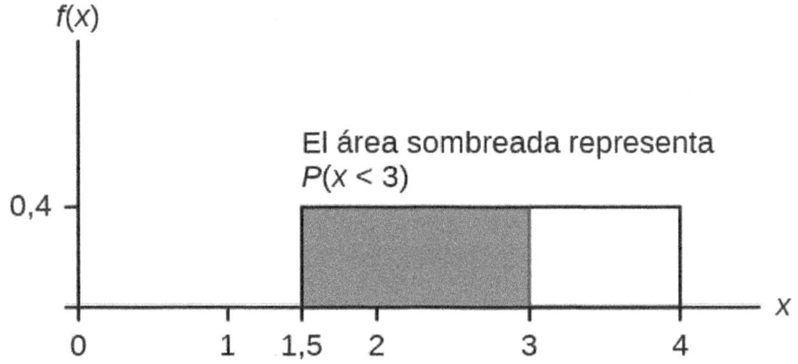

Figura 5.19 Distribución uniforme entre 1,5 y 4 con un área sombreada entre 1,5 y 3 que representa la probabilidad de que el tiempo de reparación x sea inferior a tres.

c.

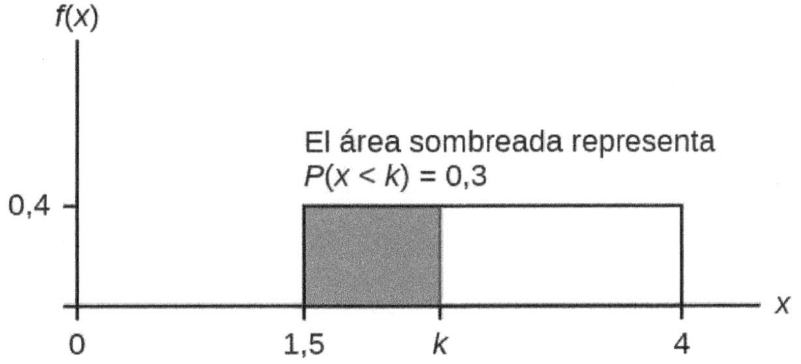

Figura 5.20 Distribución uniforme entre 1,5 y 4 con un área de 0,30 sombreada a la izquierda, que representa el 30 % más corto de los tiempos de reparación.

$P(x < k) = 0{,}30$
$P(x < k)$ = (base)(altura) = $(k - 1{,}5)(0{,}4)$
0,3 = (*k* - 1,5) (0,4); resuelva para hallar *k*:
$0{,}75 = k - 1{,}5$, que se obtuvo dividiendo ambos lados entre 0,4
***k* = 2,25** , que se obtuvo sumando 1,5 a ambos lados
El percentil 30 de los tiempos de reparación es de 2,25 horas. El 30 % de los tiempos de reparación es de 2,25 horas o menos.

d.

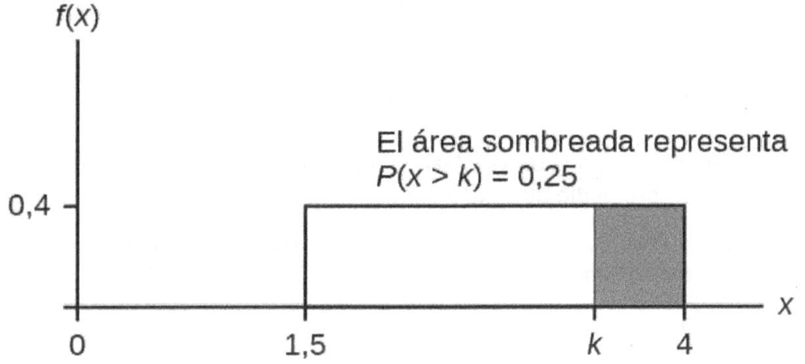

Figura 5.21 Distribución uniforme entre 1,5 y 4 con un área de 0,25 sombreada a la derecha que representa el 25 % más largo de los tiempos de reparación.

$P(x > k) = 0{,}25$
$P(x > k)$ = (base)(altura) = $(4 - k)(0{,}4)$
0,25 = (4 - *k*)(0,4); resuelva para *k*:
$0{,}625 = 4 - k$,
que se obtuvo dividiendo ambos lados entre 0,4
$-3{,}375 = -k$,
que se obtuvo restando cuatro a ambos lados: ***k* = 3,375**
El 25 % de las reparaciones de hornos más largas tardan al menos 3,375 horas (3,375 horas o más).
Nota: Dado que el 25 % de los tiempos de reparación es de 3,375 horas o más, eso significa que el 75 % de los tiempos de reparación son de 3,375 horas o menos. 3,375 horas es el **percentil 75** de los tiempos de reparación de hornos.

e $\mu = \frac{a+b}{2}$ y $\sigma = \sqrt{\frac{(b-a)^2}{12}}$

$\mu = \frac{1{,}5+4}{2} = 2{,}75$ horas y $\sigma = \sqrt{\frac{(4-1{,}5)^2}{12}} = 0{,}7217$ horas

> **INTÉNTELO 5.6**

El tiempo que necesita un técnico de servicio para cambiar el aceite de un auto se distribuye uniformemente entre 11 y 21 minutos. Supongamos que X = el tiempo necesario para cambiar el aceite de un auto.

a. Escriba en palabras la variable aleatoria X. X = _____________.
b. Escriba la distribución.
c. Grafique la distribución.
d. Halle $P(x > 19)$.
e. Calcule el percentil 50.

5.3 La distribución exponencial

La **distribución exponencial** suele referirse a la cantidad de tiempo que transcurre hasta que se produce algún evento específico. Por ejemplo, la cantidad de tiempo (que comienza ahora) hasta que se produzca un terremoto tiene una distribución exponencial. Otros ejemplos son la duración, en minutos, de las llamadas telefónicas comerciales de larga distancia, y la cantidad de tiempo, en meses, que dura la batería de un auto. También se puede demostrar que el valor del cambio que se tiene en el bolsillo o en el monedero sigue una distribución exponencial aproximadamente.

Los valores de una variable aleatoria exponencial se producen de la siguiente manera. Hay menos valores grandes y más valores pequeños. Por ejemplo, la cantidad de dinero que los clientes gastan en un viaje al supermercado sigue una distribución exponencial. Hay más gente que gasta pequeñas cantidades de dinero y menos gente que gasta grandes cantidades de dinero.

Las distribuciones exponenciales se utilizan habitualmente en cálculos de fiabilidad de productos, es decir, el tiempo que dura un producto.

EJEMPLO 5.7

Sea X = la cantidad de tiempo (en minutos) que un empleado de correos pasa con su cliente. Se sabe que el tiempo tiene una distribución exponencial con un promedio de cuatro minutos.

X es una **variable aleatoria continua** ya que el tiempo se mide. Se da que $\mu = 4$ minutos. Para hacer cualquier cálculo, hay que conocer m, el parámetro de decaimiento.

$m = \frac{1}{\mu}$. Por lo tanto, $m = \frac{1}{4} = 0{,}25$.

La desviación típica, σ, es la misma que la media. $\mu = \sigma$

La notación de la distribución es $X \sim Exp(m)$. Por lo tanto, $X \sim Exp(0{,}25)$.

La función de densidad de probabilidad es $f(x) = me^{-mx}$. El número $e = 2{,}71828182846...$ Es un número que se utiliza a menudo en matemáticas. Las calculadoras científicas tienen la clave "e^x". Si introduce uno para x, la calculadora mostrará el valor e.

La curva es:

$f(x) = 0{,}25e^{-0{,}25x}$ donde x es al menos cero y $m = 0{,}25$.

Por ejemplo, $f(5) = 0{,}25e^{(-0{,}25)(5)} = 0{,}072$. El valor 0,072 es la altura de la curva cuando $x = 5$. En el Ejemplo 5.8 a continuación, aprenderá a calcular las probabilidades utilizando el parámetro de decaimiento.

El gráfico es el siguiente:

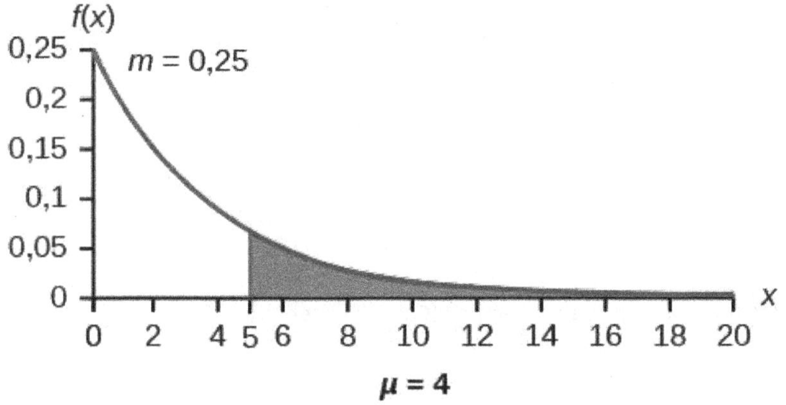

Figura 5.22

Observe que el gráfico es una curva descendente. Cuando $x = 0$,

$f(x) = 0{,}25e^{(-0{,}25)(0)} = (0{,}25)(1) = 0{,}25 = m$. El valor máximo en el eje y es m.

INTÉNTELO 5.7

El tiempo que los cónyuges dedican a la compra de tarjetas de aniversario se puede modelar mediante una distribución exponencial con un promedio de tiempo igual a ocho minutos. Escriba la distribución, indique la función de densidad de probabilidad y haga un gráfico de la distribución.

EJEMPLO 5.8

a. Utilizando la información del Ejemplo 5.7, halle la probabilidad de que un empleado pase de cuatro a cinco minutos con un cliente seleccionado al azar.

Solución 1

a. Calcule $P(4 < x < 5)$.

La **función de distribución acumulativa (cumulative distribution function, cdf)** da el área a la izquierda.

$P(x < x) = 1 - e^{-mx}$

$P(x < 5) = 1 - e^{(-0{,}25)(5)} = 0{,}7135$ and $P(x < 4) = 1 - e^{(-0{,}25)(4)} = 0{,}6321$

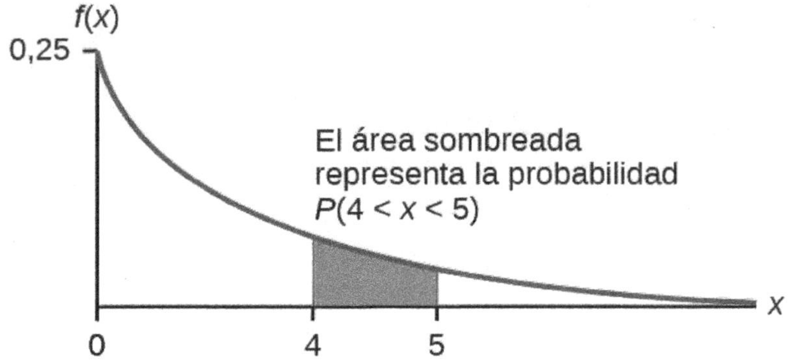

Figura 5.23

NOTA

Puede hacer estos cálculos fácilmente en una calculadora.

La probabilidad de que un empleado de correos pase de cuatro a cinco minutos con un cliente seleccionado al azar es $P(4 < x < 5) = P(x < 5) - P(x < 4) = 0{,}7135 - 0{,}6321 = 0{,}0814$.

USO DE LAS CALCULADORAS TI-83, 83+, 84, 84+

En la pantalla de inicio, ingrese (1 - e^(-0,25*5))-(1-e^(-0,25*4)) o ingrese e^(-0,25*4) - e^(-0,25*5).

b. ¿La mitad de los clientes terminan en cuánto tiempo? (Calcule el percentil 50)

Solución 2

b. Calcule el percentil 50.

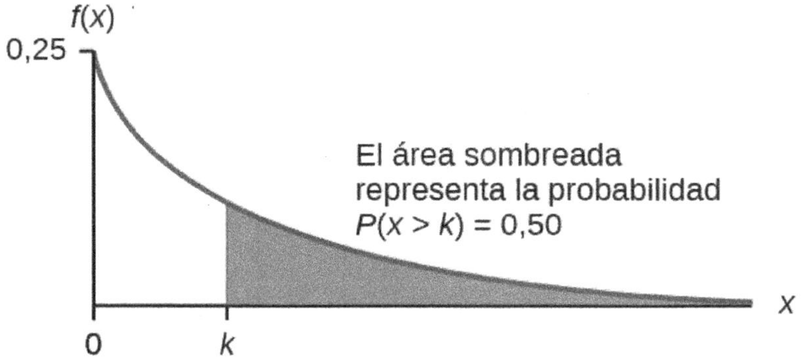

Figura 5.24

$P(x < k) = 0{,}50$, $k = 2{,}8$ minutos (calculadora o computadora)

La mitad de los clientes terminan en 2,8 minutos.

También puede hacer el cálculo de la siguiente manera:

$P(x < k) = 0{,}50$ y $P(x < k) = 1 - e^{-0{,}25k}$

Por lo tanto, $0{,}50 = 1 - e^{-0{,}25k}$ y $e^{-0{,}25k} = 1 - 0{,}50 = 0{,}5$

Tome los logaritmos naturales: $ln(e^{-0{,}25k}) = ln(0{,}50)$. Entonces, $-0{,}25k = ln(0{,}50)$

Al resolver k:$k = \frac{ln(0{,}50)}{-0{,}25} = 2{,}8$ minutos. La calculadora simplifica el cálculo del percentil k. Vea las dos notas siguientes.

Nota

Una fórmula para el percentil k es $k = \frac{ln(1-AreaToTheLeet)}{-m}$ donde ln es el logaritmo natural.

USO DE LAS CALCULADORAS TI-83, 83+, 84, 84+

En la pantalla de inicio, introduzca ln(1 - 0,50)/-0,25. Pulse el (-) para el negativo.

c. ¿Qué es más grande, la media o la mediana?

Solución 3

c. De la parte b, la mediana o percentil 50 es de 2,8 minutos. La media teórica es de cuatro minutos. La media es mayor.

INTÉNTELO 5.8

El número de días de antelación con el que los viajeros compran sus billetes de avión se puede modelar mediante una distribución exponencial con un tiempo promedio igual a 15 días. Calcule la probabilidad de que un viajero compre un billete con menos de diez días de antelación. ¿Cuántos días esperan la mitad de los viajeros?

EJERCICIO COLABORATIVO

Haga que cada miembro de la clase cuente el cambio que tiene en su bolsillo o monedero. Su instructor registrará las cantidades en dólares y centavos. Construya un histograma de los datos tomados por la clase. Utilice cinco intervalos. Dibuje una curva suave a través de las barras. El gráfico debe tener un aspecto aproximadamente exponencial. A continuación, calcule la media.

Sea X = la cantidad de dinero que un estudiante de su clase tiene en su bolsillo o monedero.

La distribución de X es aproximadamente exponencial con media, μ = ______ y m = ______. La desviación típica, σ = ______.

Dibuje el gráfico exponencial adecuado. Deberá etiquetar los ejes X e Y, la tasa de decaimiento y la media. Sombrea el área que representa la probabilidad de que un estudiante tenga menos de 0,40 dólares en su bolsillo o bolso. (Sombree $P(x < 0,40)$).

EJEMPLO 5.9

En promedio, una determinada pieza de computadora dura diez años. El tiempo que dura la parte de la computadora se distribuye exponencialmente.

a. ¿Cuál es la probabilidad de que una pieza de computadora dure más de 7 años?

Solución 1

a. Supongamos que x = la cantidad de tiempo (en años) que dura una pieza de computadora.
$\mu = 10$ por lo que $m = \frac{1}{\mu} = \frac{1}{10} = 0{,}1$
Calcule $P(x > 7)$. Dibuje el gráfico.
$P(x > 7) = 1 - P(x < 7)$.
Como $P(X < x) = 1 - e^{-mx}$ entonces $P(X > x) = 1 - (1 - e^{-mx}) = e^{-mx}$
$P(x > 7) = e^{(-0{,}1)(7)} = 0{,}4966$. La probabilidad de que una pieza de computadora dure más de siete años es de 0,4966.

USO DE LAS CALCULADORAS TI-83, 83+, 84, 84+

En la pantalla de inicio, ingrese e^(-.1*7).

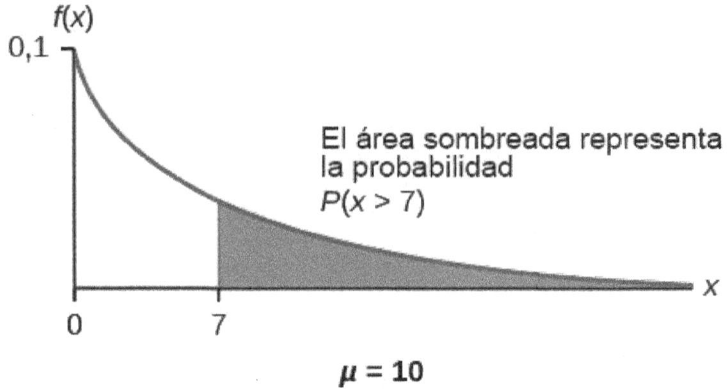

Figura 5.25

b. En promedio, ¿cuánto tiempo durarían cinco piezas de computadora si se utilizan una tras otra?

Solución 2

b. En promedio, una pieza de computadora dura diez años. Por lo tanto, cinco piezas de computadora, si se utilizan una tras otra, durarían, en promedio, (5)(10) = 50 años.

c. El ochenta por ciento de las piezas de las computadoras duran como máximo ¿cuánto tiempo?

Solución 3

c. Calcule el percentil 80. Dibuje el gráfico. Supongamos que k = el percentil 80.

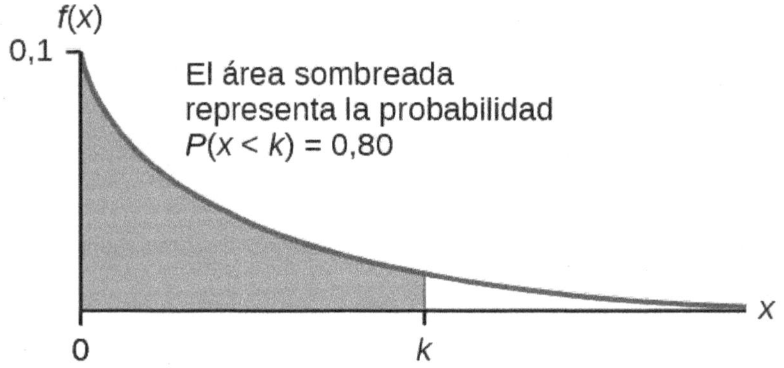

Figura 5.26

Al resolver k $k = \frac{ln(1-0{,}80)}{-0{,}1} = 16{,}1$ años

El ochenta de las piezas de las computadoras duran como máximo 16,1 años.

USO DE LAS CALCULADORAS TI-83, 83+, 84, 84+

En la pantalla de inicio, ingrese $\frac{\ln(1-0{,}80)}{-0{,}1}$

d. ¿Cuál es la probabilidad de que una pieza de computadora dure entre nueve y 11 años?

Solución 4

d. Calcule $P(9 < x < 11)$. Dibuje el gráfico.

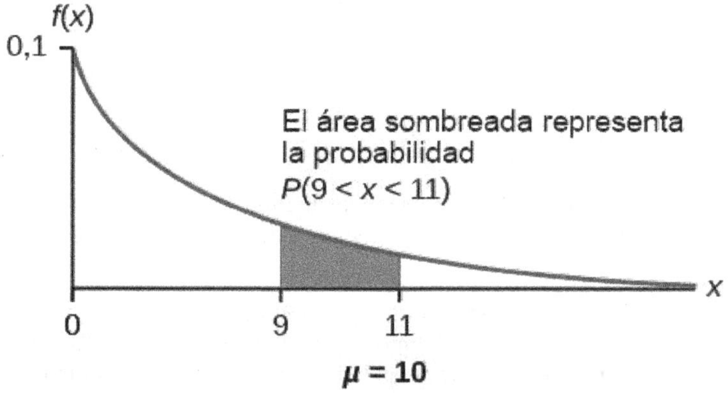

Figura 5.27

$P(9 < x < 11) = P(x < 11) - P(x < 9) = (1 - e^{(-0,1)(11)}) - (1 - e^{(-0,1)(9)}) = 0{,}6671 - 0{,}5934 = 0{,}0737$. La probabilidad de que una pieza de computadora dure entre nueve y 11 años es de 0,0737.

USO DE LAS CALCULADORAS TI-83, 83+, 84, 84+

En la pantalla de inicio, ingrese *e*^(-0,1*9) - *e*^(-0,1*11).

INTÉNTELO 5.9

En promedio, un par de zapatillas para correr puede durar 18 meses si se usan a diario. La duración de las zapatillas de correr se distribuye exponencialmente. ¿Cuál es la probabilidad de que un par de zapatillas para correr dure más de 15 meses? En promedio, ¿cuánto durarían seis pares de zapatillas para correr si se usan una tras otra? ¿Cuánto tiempo duran como máximo el ochenta por ciento de las zapatillas de correr si se usan todos los días?

EJEMPLO 5.10

Supongamos que la duración de una llamada telefónica, en minutos, es una variable aleatoria exponencial con parámetro de decaimiento $\frac{1}{12}$. Si otra persona llega a un teléfono público justo antes que usted, calcule la probabilidad de que tenga que esperar más de cinco minutos. Supongamos que X = la duración de una llamada telefónica en minutos.

¿Qué son m, μ y σ? La probabilidad de que deba esperar más de cinco minutos es ______.

Solución 1

- $m = \frac{1}{12}$
- $\mu = 12$
- $\sigma = 12$

$P(x > 5) = 0{,}6592$

INTÉNTELO 5.10

Supongamos que la distancia, en millas, que la gente está dispuesta a recorrer para ir al trabajo es una variable aleatoria exponencial con un parámetro de decaimiento $\frac{1}{20}$. Supongamos que X = la distancia que la gente está dispuesta a recorrer en millas. ¿Qué son m, μ y σ? ¿Cuál es la probabilidad de que una persona esté dispuesta a recorrer más de 25 millas?

EJEMPLO 5.11

El tiempo de espera entre eventos se suele modelar mediante la distribución exponencial. Por ejemplo, supongamos que a una tienda llegan un promedio de 30 clientes por hora y que el tiempo entre las llegadas se distribuye exponencialmente.

a. ¿Cuántos minutos transcurren en promedio entre dos llegadas sucesivas?
b. Cuando la tienda abre por primera vez, ¿cuánto tiempo en promedio tardan en llegar tres clientes?
c. Después de la llegada de un cliente, calcule la probabilidad de que el siguiente cliente tarde menos de un minuto en llegar.
d. Después de la llegada de un cliente, calcule la probabilidad de que el siguiente cliente tarde más de cinco minutos en llegar.
e. ¿El setenta por ciento de los clientes llegan antes de cuántos minutos después del cliente anterior?
f. ¿Es razonable una distribución exponencial para esta situación?

Solución 1

a. Dado que esperamos que lleguen 30 clientes por hora (60 minutos), esperamos que llegue un cliente cada dos minutos en promedio.
b. Dado que un cliente llega cada dos minutos, en promedio, tardarán seis minutos en promedio en llegar tres clientes.
c. Supongamos que X = el tiempo entre llegadas en minutos. Por la parte a, $\mu = 2$, por lo que $m = \frac{1}{2} = 0{,}5$.
   Por lo tanto, $X \sim Exp(0{,}5)$.
   La función de distribución acumulativa es $P(X < x) = 1 - e^{(-0{,}5)(x)}$.
   Por lo tanto, $P(X < 1) = 1 - e^{(-0{,}5)(1)} \approx 0{,}3935$.

USO DE LAS CALCULADORAS TI-83, 83+, 84, 84+

1 - e^(−0,5) ≈ 0,3935

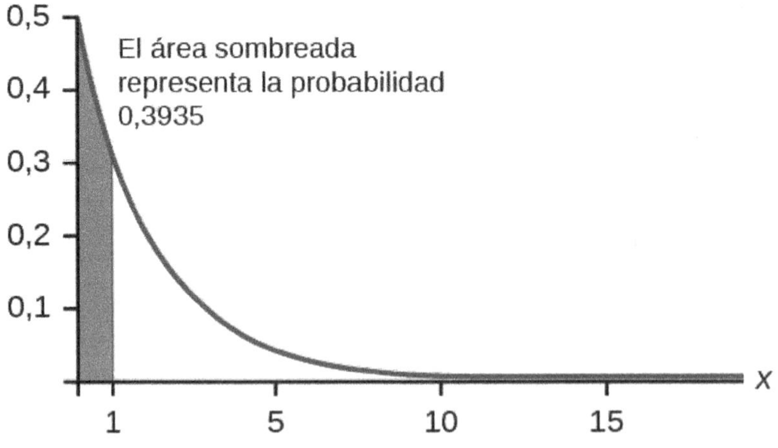

Figura 5.28

d. $P(X > 5) = 1 - P(X < 5) = 1 - (1 - e^{(-0{,}50)(5)}) = e^{-2{,}5} \approx 0{,}0821$.

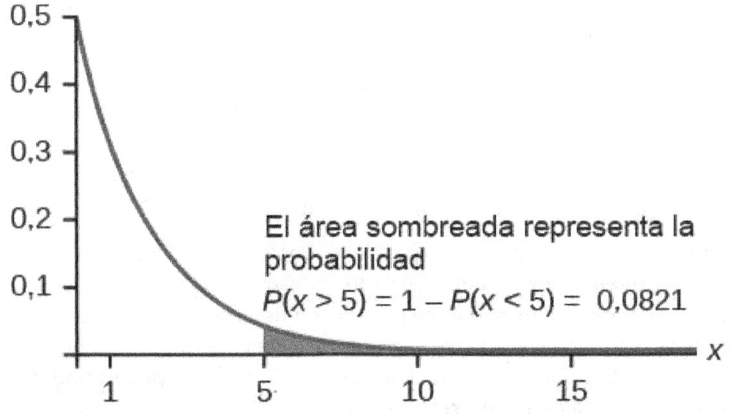

Figura 5.29

USO DE LAS CALCULADORAS TI-83, 83+, 84, 84+

1 - (1 - e^((-0,50)(5))) o e^(- 5*0,5)

e. Queremos resolver 0,70 = $P(X < x)$ para x.
Sustituyendo la función de distribución acumulativa se obtiene $0{,}70 = 1 - e^{-0{,}5x}$, por lo que $e^{-0{,}5x} = 0{,}30$. Convirtiendo esto en forma logarítmica se obtiene $-0{,}5x = ln(0{,}30)$, o $x = \frac{ln(0{,}30)}{-0{,}5} \approx 2{,}41$ minutos.
Así, el setenta por ciento de los clientes llega antes de los 2,41 minutos del cliente anterior.
Usted calcula el percentil 70 k por lo que puede utilizar la fórmula $k = \frac{ln(1-Area\_To\_The\_Leet\_Oe\_k)}{(-m)}$
$k = \frac{ln(1-0{,}70)}{(-0{,}5)} \approx 2{,}41$ minutos

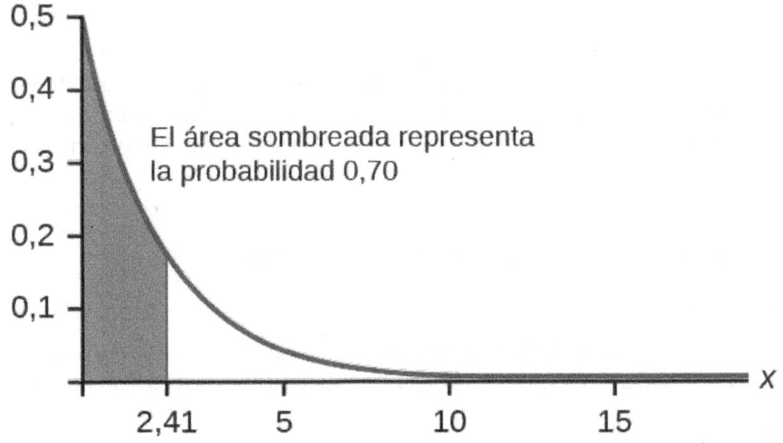

Figura 5.30

f. Este modelo asume que un solo cliente llega a la vez, lo que puede ser irrazonable, ya que la gente puede comprar en grupos, lo que hace que varios clientes lleguen al mismo tiempo. También supone que el flujo de clientes no cambia a lo largo del día, lo que no es válido si algunas horas del día están más ocupadas que otras.

INTÉNTELO 5.11

Supongamos que en un determinado tramo de autopista los autos pasan a una tasa promedio de cinco autos por minuto. Supongamos que la duración del tiempo entre autos sucesivos sigue la distribución exponencial.

a. En promedio, ¿cuántos segundos transcurren entre dos autos sucesivos?

b. Después de que pase un auto, ¿cuánto tiempo, en promedio, tardarán en pasar otros siete autos?
c. Calcule la probabilidad de que después de que pase un auto, el siguiente pase en los siguientes 20 segundos.
d. Calcule la probabilidad de que después de que pase un auto, el siguiente no pase durante al menos otros 15 segundos.

La falta de memoria de la distribución exponencial

En el Ejemplo 5.7 recordemos que la cantidad de tiempo entre clientes se distribuye exponencialmente con una media de dos minutos ($X \sim Exp\,(0{,}5)$). Supongamos que han pasado cinco minutos desde que llegó el último cliente. Dado que ha transcurrido un tiempo inusualmente largo, parece más probable que un cliente llegue durante el próximo minuto. Con la distribución exponencial, esto no es así: el tiempo adicional de espera del siguiente cliente no depende del tiempo que haya transcurrido desde el último cliente. Esto se conoce como la **propiedad de falta de memoria**. Específicamente, la **propiedad de falta de memoria** dice que

$P\,(X > r + t \mid X > r) = P\,(X > t)$ para todo $r \geq 0$ y $t \geq 0$

Por ejemplo, si han transcurrido cinco minutos desde la llegada del último cliente, la probabilidad de que transcurra más de un minuto antes de que llegue el siguiente cliente se calcula utilizando $r = 5$ y $t = 1$ en la ecuación anterior.

$P(X > 5 + 1 \mid X > 5) = P(X > 1) = e^{(-0{,}5)(1)} \approx 0{,}6065.$

Es la misma probabilidad que la de esperar más de un minuto a que llegue un cliente después de la llegada anterior.

La distribución exponencial se utiliza a menudo para modelar la longevidad de un dispositivo eléctrico o mecánico. En el Ejemplo 5.9, la vida útil de una determinada pieza de una computadora tiene la distribución exponencial con una media de diez años ($X \sim Exp(0{,}1)$). La **propiedad de falta de memoria** dice que el conocimiento de lo que ha ocurrido en el pasado no tiene ningún efecto sobre probabilidades futuras. En este caso, significa que una pieza usada no tiene más probabilidades de estropearse en un momento determinado que una pieza nueva. En otras palabras, la pieza se mantiene como nueva hasta que se rompe de repente. Por ejemplo, si la pieza ya ha durado diez años, la probabilidad de que dure otros siete es $P(X > 17 \mid X > 10) = P(X > 7) = 0{,}4966$.

EJEMPLO 5.12

Consulte el Ejemplo 5.7 donde el tiempo que un empleado de correos pasa con su cliente tiene una distribución exponencial con una media de cuatro minutos. Supongamos que un cliente ha pasado cuatro minutos con un empleado de la oficina postal. ¿Cuál es la probabilidad de que pase, al menos, tres minutos más con el empleado de la oficina postal?

El parámetro de decaimiento de X es $m = \frac{1}{4} = 0{,}25$, por lo que $X \sim Exp(0{,}25)$.

La función de distribución acumulativa es $P(X < x) = 1 - e^{-0{,}25x}$.

Queremos despejar $P(X > 7 \mid X > 4)$. La **propiedad de falta de memoria** dice que $P(X > 7 \mid X > 4) = P\,(X > 3)$, así que solo tenemos que hallar la probabilidad de que un cliente pase más de tres minutos con un empleado de la oficina postal.

Esto es $P(X > 3) = 1 - P\,(X < 3) = 1 - (1 - e^{-0{,}25 \cdot 3}) = e^{-0{,}75} \approx 0{,}4724$.

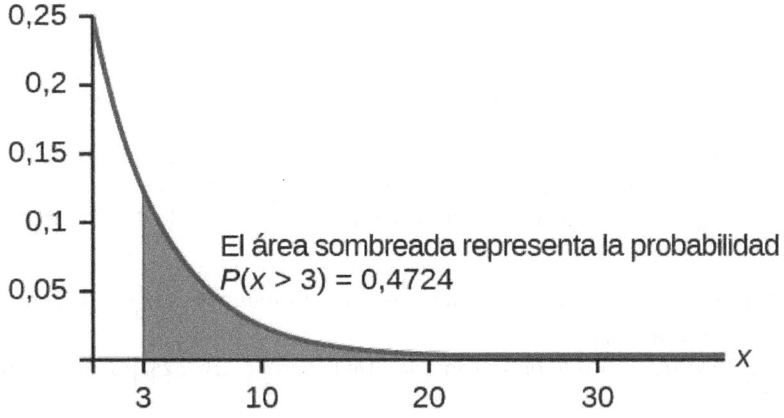

Figura 5.31

USO DE LAS CALCULADORAS TI-83, 83+, 84, 84+

1-(1-e^(-0,25*3)) = e^(-0,25*3).

INTÉNTELO 5.12

Supongamos que la longevidad de una bombilla es exponencial con una vida media de ocho años. Si una bombilla ya ha durado 12 años, calcule la probabilidad de que dure un total de más de 19 años.

Relación entre la distribución de Poisson y la distribución exponencial

Existe una relación interesante entre la distribución exponencial y la distribución de Poisson. Supongamos que el tiempo que transcurre entre dos eventos sucesivos sigue la distribución exponencial con una media de μ unidades de tiempo. También se supone que estos tiempos son independientes, lo que significa que el tiempo entre eventos no se ve afectado por los tiempos entre eventos anteriores. Si se cumplen estos supuestos, el número de eventos por unidad de tiempo sigue una distribución de Poisson con media $\lambda = 1/\mu$. Recordemos del capítulo de Variables aleatorias discretas que si X tiene la distribución de Poisson con media λ, entonces $P(X = k) = \frac{\lambda^k e^{-\lambda}}{k!}$. Por el contrario, si el número de eventos por unidad de tiempo sigue una distribución de Poisson, entonces la cantidad de tiempo entre eventos sigue la distribución exponencial.($k! = k*(k-1*)(k-2)*(k-3)*...3*2*1$)

USO DE LAS CALCULADORAS TI-83, 83+, 84, 84+

Supongamos que X tiene la distribución de Poisson con media λ. Calcule $P(X = k)$ introduciendo 2nd, VARS(DISTR), C: poissonpdf(λ, k). Para calcular $P(X \leq k)$, ingrese 2nd, VARS (DISTR), D:poissoncdf(λ, k).

EJEMPLO 5.13

En una comisaría de Policía de una gran ciudad las llamadas llegan a una tasa promedio de cuatro llamadas por minuto. Supongamos que el tiempo que transcurre entre una llamada y la siguiente tiene la distribución exponencial. Hay que tener en cuenta que solo nos preocupa el ritmo de entrada de las llamadas, y que ignoramos el tiempo que se pasa al teléfono. También debemos suponer que los tiempos transcurridos entre las llamadas son independientes. Esto significa que un retraso particularmente largo entre dos llamadas no significa que habrá un periodo de espera más corto para la siguiente llamada. Podemos deducir entonces que el número total de llamadas recibidas durante un periodo tiene la distribución de Poisson.

a. Calcule el tiempo promedio entre dos llamadas sucesivas.
b. Calcule la probabilidad de que después de recibir una llamada, la siguiente se produzca en menos de diez segundos.
c. Calcule la probabilidad de que se produzcan exactamente cinco llamadas en un minuto.
d. Calcule la probabilidad de que se produzcan menos de cinco llamadas en un minuto.
e. Calcule la probabilidad de que se produzcan más de 40 llamadas en un periodo de ocho minutos.

Solución 1

a. En promedio se producen cuatro llamadas por minuto, es decir, 15 segundos, o $\frac{15}{60}$ = 0,25 minutos transcurren en promedio entre las sucesivas llamadas.
b. Supongamos que T = tiempo transcurrido entre llamadas. De la parte a, μ = 0,25, por lo que $m = \frac{1}{0{,}25}$ = 4. Por lo tanto, $T \sim Exp(4)$.
La función de distribución acumulativa es $P(T < t) = 1 - e^{-4t}$.
La probabilidad de que la siguiente llamada se produzca en menos de diez segundos (diez segundos = 1/6 de minuto) es $P\left(T < \frac{1}{6}\right) = 1 - e^{(-4)\left(\frac{1}{6}\right)} \approx 0{,}4866$.

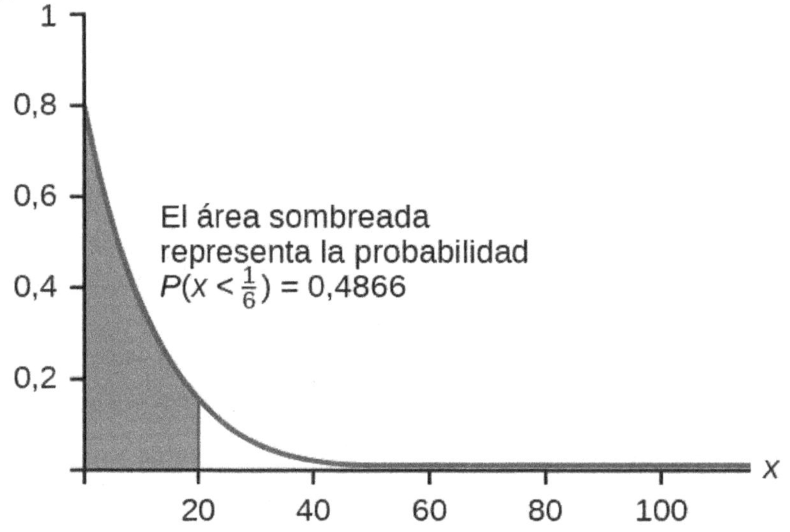

Figura 5.32

c. Supongamos que X = el número de llamadas por minuto. Como ya se ha dicho, el número de llamadas por minuto tiene una distribución de Poisson, con una media de cuatro llamadas por minuto.
Por lo tanto, $X \sim Poisson(4)$, y así $P(X = 5) = \frac{4^5 e^{-4}}{5!} \approx 0{,}1563$. (5! = (5)(4)(3)(2)(1))

USO DE LAS CALCULADORAS TI-83, 83+, 84, 84+

poissonpdf(4, 5) = 0,1563.

d. Tenga en cuenta que X debe ser un número entero, por lo que $P(X < 5) = P(X \le 4)$.
Para calcular esto, podríamos tomar $P(X = 0) + P(X = 1) + P(X = 2) + P(X = 3) + P(X = 4)$.
Utilizando la tecnología, vemos que $P(X \le 4) = 0{,}6288$.

USO DE LAS CALCULADORAS TI-83, 83+, 84, 84+

poisssoncdf(4, 4) = 0,6288

e. Sea Y = el número de llamadas que se producen durante un periodo de ocho minutos.

Como hay un promedio de cuatro llamadas por minuto, hay un promedio de (8)(4) = 32 llamadas durante cada periodo de ocho minutos.
Por lo tanto, $Y \sim Poisson(32)$. Por tanto, $P(Y > 40) = 1 - P(Y \leq 40) = 1 - 0{,}9294 = 0{,}0707$.

USO DE LAS CALCULADORAS TI-83, 83+, 84, 84+

1 - poissoncdf(32, 40). = 0,0707

INTÉNTELO 5.13

En una ciudad pequeña, el número de accidentes de tráfico se produce con una distribución de Poisson a un promedio de tres por semana.

a. Calcule la probabilidad de que se produzcan como máximo 2 accidentes en una semana determinada.
b. ¿Cuál es la probabilidad de que haya al menos dos semanas entre dos accidentes?

5.4 Distribución continua

Laboratorio de estadística

Distribución continua

Hora de la clase:

Nombres:

Resultados del aprendizaje de los estudiantes

- El estudiante comparará y contrastará los datos empíricos de un generador de números aleatorios con la distribución uniforme.

Recopilación de datos

Utilice un generador de números aleatorios para generar 50 valores entre cero y uno (incluidos). Indíquelos en la Tabla 5.3. Redondee los números a cuatro decimales o ajuste el MODO de la calculadora a cuatro posiciones.

1. Rellene la tabla.

________	________	________	________	________
________	________	________	________	________
________	________	________	________	________
________	________	________	________	________
________	________	________	________	________
________	________	________	________	________
________	________	________	________	________

Tabla 5.3

______	______	______	______	______
______	______	______	______	______
______	______	______	______	______

Tabla 5.3

2. Calcule lo siguiente:
   a. $\overline{x}$ = ______
   b. s = ______
   c. primer cuartil = ______
   d. tercer cuartil = ______
   e. mediana = ______

Organice los datos

1. Construya un histograma de los datos empíricos. Realice ocho barras.

Figura 5.33

2. Construya un histograma de los datos empíricos. Realice cinco barras.

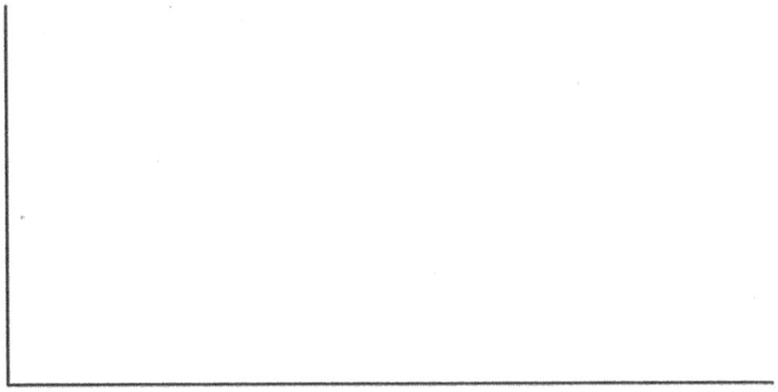

Figura 5.34

Describa los datos

1. En dos o tres frases completas, describa la forma de cada gráfico. (No se complique. ¿El gráfico es recto, tiene forma de V, tiene una joroba en el centro o en los extremos, etc.? Una forma de ayudarle a determinar la forma es dibujar una curva suave que pase aproximadamente por la parte superior de las barras).
2. Describa cómo el cambio del número de barras puede modificar la forma.

Distribución teórica

1. En palabras, X = ______________________________.
2. La distribución teórica de X es $X \sim U(0,1)$.
3. En teoría, basándose en la distribución $X \sim U(0,1)$, complete lo siguiente.

a. μ = _____
b. σ = _____
c. primer cuartil = _____
d. tercer cuartil = _____
e. mediana = ________

4. ¿Se acercan los valores empíricos (los datos) de la sección titulada Recopilación de datos a los valores teóricos correspondientes? ¿Por qué sí o por qué no?

Trace los datos

1. Construya un diagrama de caja de los datos. Asegúrese de utilizar una regla para escalar con precisión y dibujar bordes rectos.
2. ¿Nota algún valor atípico potencial? Si es así, ¿qué valores son? En cualquier caso, justifique su respuesta numéricamente (recordemos que cualquier DATO que sea inferior a Q_1 – 1,5 (*IQR*) o superior a Q_3 + 1.5 (*IQR*) son posibles valores atípicos. *IQR* significa rango intercuartil).

Compare los datos

1. Para cada una de las siguientes partes, comente con una frase completa cómo se compara el valor obtenido de los datos con el valor teórico que esperaba de la distribución en el apartado titulado Distribución teórica.
   a. valor mínimo: ______
   b. primer cuartil: ______
   c. mediana: ______
   d. tercer cuartil: ______
   e. valor máximo: ______
   f. anchura del *IQR*: ______
   g. forma general: ______

2. Basándose en sus comentarios en la sección titulada Recopilación de datos, ¿cómo se ajusta o no el diagrama de caja a lo que esperaría de la distribución en la sección titulada Distribución teórica?

Pregunta de debate

1. Supongamos que el número de valores generados es de 500 y no de 50. ¿Cómo afectaría eso a los datos empíricos y a la forma de su gráfico?

Términos Clave

Distribución de Poisson Si se conoce un promedio de eventos λ que ocurren por unidad de tiempo, y estos eventos son independientes entre sí, entonces el número de eventos *X* que ocurren en una unidad de tiempo tiene la distribución de Poisson. La probabilidad de que se produzcan *k* eventos en una unidad de tiempo es igual a $P(X = k) = \frac{\lambda^k e^{-\lambda}}{k!}$.

Distribución exponencial variable aleatoria continua (RV) que aparece cuando nos interesamos por los intervalos de tiempo entre algunos eventos aleatorios, por ejemplo, la duración del tiempo entre las llegadas de emergencia a un hospital; la notación es $X \sim Exp(m)$. La media es $\mu = \frac{1}{m}$ y la desviación típica es $\sigma = \frac{1}{m}$. La función de densidad de probabilidad es $f(x) = me^{-mx}$, $x \geq 0$ y la función de distribución acumulativa es $P(X \leq x) = 1 - e^{-mx}$

Distribución uniforme una variable aleatoria continua (RV) que tiene resultados igualmente probables sobre el dominio, $a < x < b$. Notación: $X \sim U(a,b)$. La media es $\mu = \frac{a+b}{2}$ y la desviación típica es $\sigma = \sqrt{\frac{(b-a)^2}{12}}$. La función de densidad de probabilidad es $f(x) = \frac{1}{b-a}$ para $a < x < b$ o $a \leq x \leq b$. La distribución acumulativa es $P(X \leq x) = \frac{x-a}{b-a}$.

parámetro de decaimiento el parámetro de decaimiento describe la velocidad a la que las probabilidades decaen a cero para valores crecientes de *x*. Es el valor *m* en la función de densidad de probabilidad $f(x) = me^{(-mx)}$ de una variable aleatoria exponencial. También es igual a $m = \frac{1}{\mu}$, donde μ es la media de la variable aleatoria.

Probabilidad condicional la probabilidad de que se produzca un evento, dado que ya se ha producido otro.

propiedad de falta de memoria para una variable aleatoria exponencial *X*, la propiedad de falta de memoria es la afirmación de que el conocimiento de lo que ha ocurrido en el pasado no tiene ningún efecto sobre las probabilidades futuras. Esto significa que la probabilidad de que *X* supere a $x + k$, dado que ha superado a *x*, es la misma que la probabilidad de que *X* supere a *k* si no tuviéramos conocimiento de ello. En símbolos decimos que $P(X > x + k | X > x) = P(X > k)$.

Repaso del capítulo

5.1 Funciones de probabilidad continuas

La función de densidad de probabilidad (pdf) se utiliza para describir probabilidades de variables aleatorias continuas. El área debajo de la curva de densidad entre dos puntos corresponde a la probabilidad de que la variable se sitúe entre esos dos valores. En otras palabras, el área debajo de la curva de densidad entre los puntos *a* y *b* es igual a $P(a < x < b)$. La función de distribución acumulativa (cdf) da la probabilidad como un área. Si *X* es una variable aleatoria continua, la función de densidad de probabilidad (pdf), $f(x)$ se utiliza para dibujar el gráfico de la distribución de probabilidad. El área total debajo del gráfico de $f(x)$ es uno. El área debajo del gráfico de $f(x)$ y entre los valores *a* y *b* da la probabilidad $P(a < x < b)$.

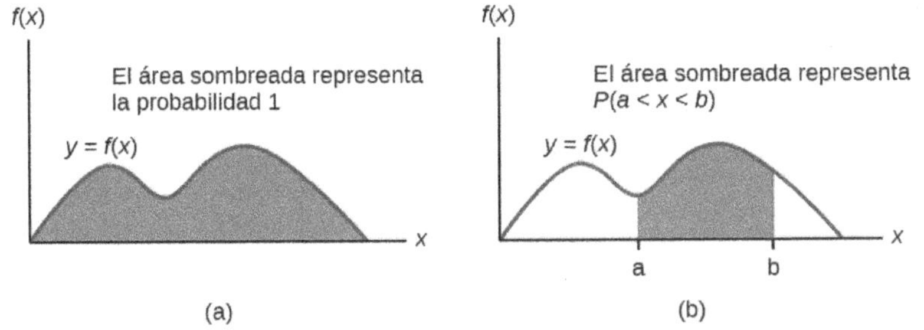

Figura 5.35

La función de distribución acumulativa (cdf) de *X* se define por $P(X \leq x)$. Es una función de *x* que da la probabilidad de que la variable aleatoria sea menor o igual que *x*.

5.2 La distribución uniforme

Si *X* tiene una distribución uniforme donde $a < x < b$ o $a \leq x \leq b$, entonces *X* toma valores entre *a* y *b* (puede incluir *a* y *b*). Todos los valores *x* son igualmente probables. Escribimos $X \sim U(a, b)$. La media de *X* es $\mu = \frac{a+b}{2}$. La desviación típica de *X* es $\sigma = \sqrt{\frac{(b-a)^2}{12}}$. La función de densidad de probabilidad de *X* es $e(x) = \frac{1}{b-a}$ para $a \leq x \leq b$. La función de distribución acumulativa de *X* es $P(X \leq x) = \frac{x-a}{b-a}$. *X* es continua.

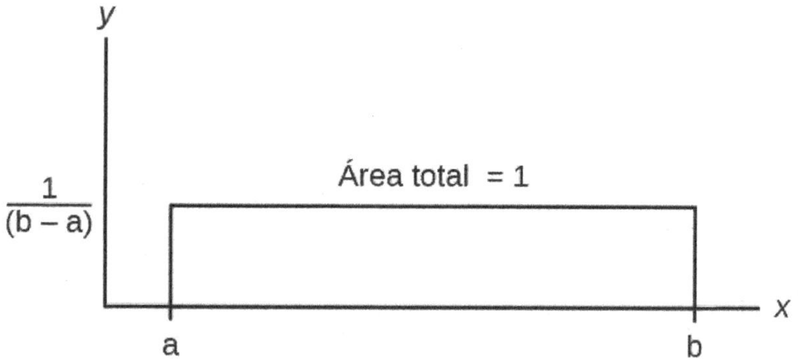

Figura 5.36

La probabilidad de $P(c < X < d)$ se puede hallar calculando el área bajo $f(x)$, entre c y d. Dado que el área correspondiente es un rectángulo, el área se puede hallar simplemente multiplicando el ancho y la altura.

5.3 La distribución exponencial

Si X tiene una **distribución exponencial** con media μ, entonces el **parámetro de decaimiento** es $m = \frac{1}{\mu}$, y escribimos $X \sim Exp(m)$ donde $x \geq 0$ y $m > 0$. La función de densidad de probabilidad de X es $f(x) = me^{-mx}$ (o equivalentemente $e(x) = \frac{1}{\mu}e^{-x/\mu}$. La función de distribución acumulativa de X es $P(X \leq x) = 1 - e^{-mx}$.

La distribución exponencial tiene la **propiedad de falta de memoria**, que indica que las probabilidades futuras no dependen de ninguna información pasada. Matemáticamente, dice que $P(X > x + k | X > x) = P(X > k)$.

Si T representa el tiempo de espera entre eventos, y si $T \sim Exp(\lambda)$, entonces el número de eventos X por unidad de tiempo sigue la distribución de Poisson con media λ. La función de densidad de probabilidad de X es $P(X = k) = \frac{\lambda^k e^{-k}}{k!}$. Se puede calcular con las calculadoras TI-83, 83+, 84 u 84+ con el comando poissonpdf(λ, k). La función de distribución acumulativa $P(X \leq k)$ puede calcularse con las calculadoras TI-83, 83+,84 u 84+ con el comando poissoncdf(λ, k).

Repaso de fórmulas

5.1 Funciones de probabilidad continuas

Función de densidad de probabilidad (pdf) $f(x)$:

- $f(x) \geq 0$
- El área total debajo de la curva $f(x)$ es uno.

Función de distribución acumulativa (cdf): $P(X \leq x)$

5.2 La distribución uniforme

X = un número real entre a y b (en algunos casos, X puede tomar los valores a y b). a = X más pequeño; b = X más grande

$X \sim U$ (a, b)

La media es $\mu = \frac{a+b}{2}$

La desviación típica es $\sigma = \sqrt{\frac{(b-a)^2}{12}}$

Función de densidad de probabilidad: $e(x) = \frac{1}{b-a}$ para $a \leq X \leq b$

Área a la izquierda de *x*: $P(X < x) = (x - a)\left(\frac{1}{b-a}\right)$

Área a la derecha de *x*: $P(X > x) = (b - x)\left(\frac{1}{b-a}\right)$

Área entre *c* y *d*: $P(c < x < d)$ = (base)(altura) = $(d - c)\left(\frac{1}{b-a}\right)$

Uniforme: $X \sim U(a, b)$ donde $a < x < b$

- pdf: $e(x) = \frac{1}{b-a}$ para $a \leq x \leq b$
- cdf: $P(X \leq x) = \frac{x-a}{b-a}$
- media $\mu = \frac{a+b}{2}$
- desviación típica $\sigma = \sqrt{\frac{(b-a)^2}{12}}$
- $P(c < X < d) = (d - c)(\frac{1}{b-a})$

5.3 La distribución exponencial

Exponencial: $X \sim Exp(m)$ donde m = el parámetro de decaimiento

- pdf: $f(x) = me^{(-mx)}$ donde $x \geq 0$ y $m > 0$
- cdf: $P(X \leq x) = 1 - e^{(-mx)}$
- media $\mu = \frac{1}{m}$
- desviación típica $\sigma = \mu$
- percentil k: $k = \frac{ln(1-AreaToTheLeetOek)}{(-m)}$
- Además
  - $P(X > x) = e^{(-mx)}$
  - $P(a < X < b) = e^{(-ma)} - e^{(-mb)}$
- Propiedad de falta de memoria: $P(X > x + k | X > x) = P(X > k)$
- Probabilidad de Poisson: $P(X = k) = \frac{\lambda^k e^{-k}}{k!}$ con media λ
- $k! = k*(k-1)*(k-2)*(k-3)*...3*2*1$

Práctica

5.1 Funciones de probabilidad continuas

1. ¿Qué tipo de distribución ilustra el gráfico?

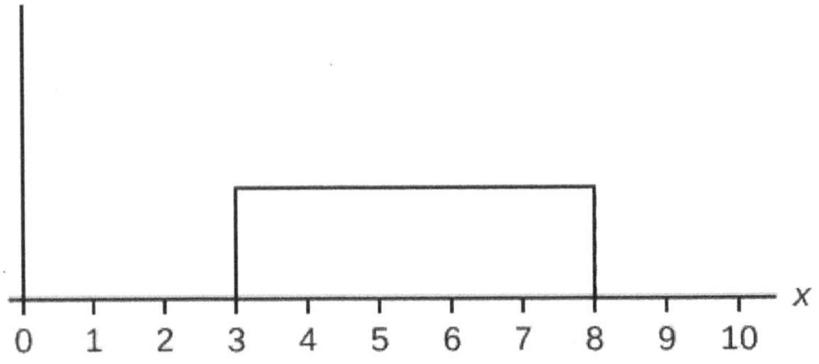

Figura 5.37

2. ¿Qué tipo de distribución ilustra el gráfico?

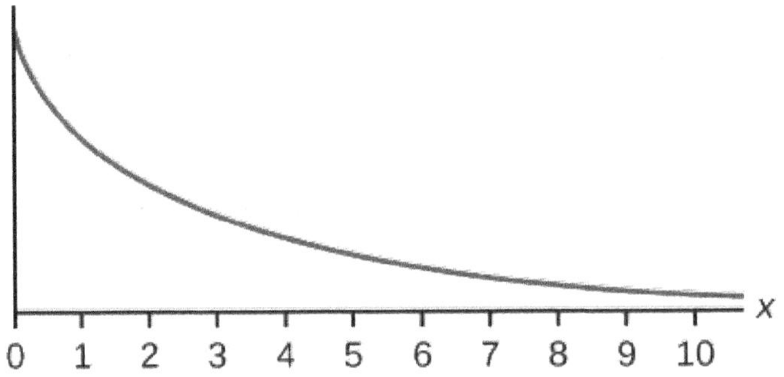

Figura 5.38

3. ¿Qué tipo de distribución ilustra el gráfico?

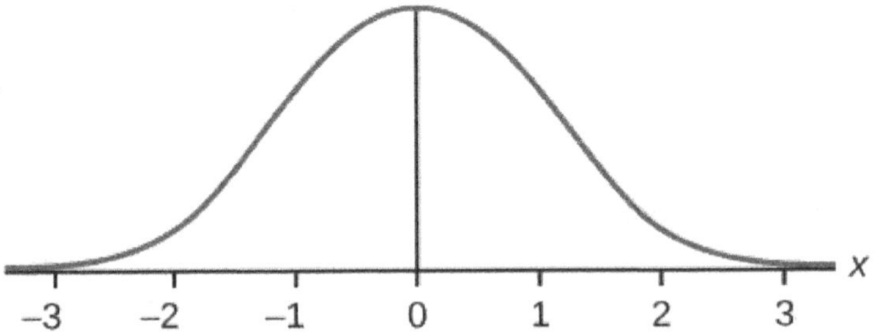

Figura 5.39

4. ¿Qué representa el área sombreada? $P(\_\_ < x < \_\_)$

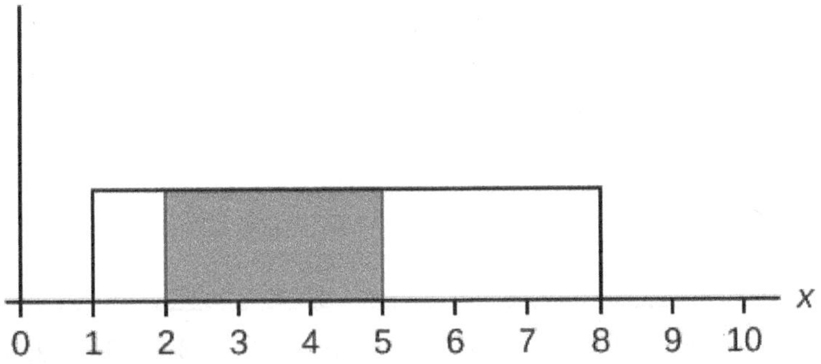

Figura 5.40

5. ¿Qué representa el área sombreada? $P(\_\_ < x < \_\_)$

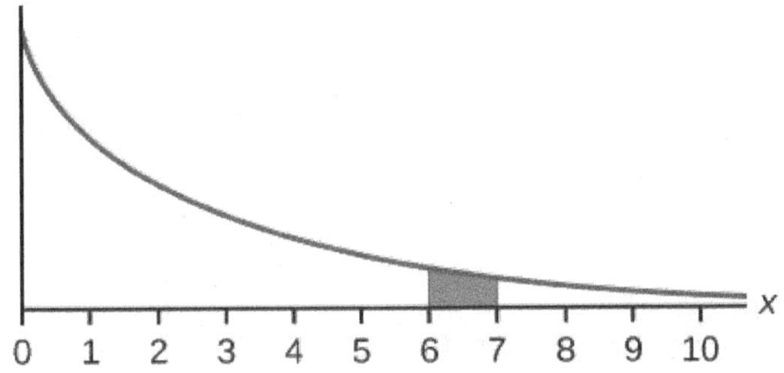

Figura 5.41

6. Para una distribución de probabilidad continua, $0 \le x \le 15$. ¿Qué es $P(x > 15)$?

7. ¿Cuál es el área debajo de $f(x)$ si la función es una función de densidad de probabilidad continua?

8. Para una distribución de probabilidad continua, $0 \le x \le 10$. ¿Qué es $P(x = 7)$?

9. Una función de probabilidad **continua** se restringe a la parte comprendida entre $x = 0$ y 7. ¿Qué es $P(x = 10)$?

10. $f(x)$ para una función de probabilidad continua es $\frac{1}{5}$, y la función se restringe a $0 \le x \le 5$. ¿Qué es $P(x < 0)$?

11. $f(x)$, una función de probabilidad continua, es igual a $\frac{1}{12}$, y la función se restringe a $0 \le x \le 12$. ¿Qué es $P(0 < x < 12)$?

12. Calcule la probabilidad de que x caiga en la zona sombreada.

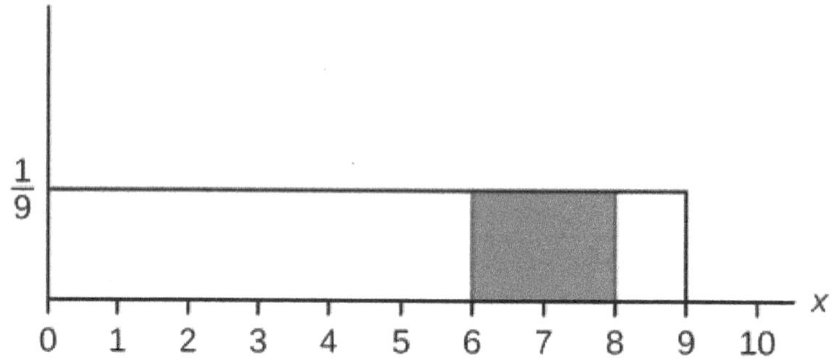

Figura 5.42

13. Calcule la probabilidad de que x caiga en la zona sombreada.

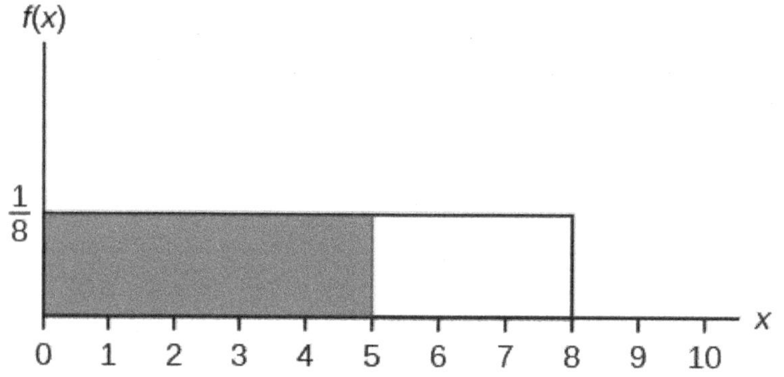

Figura 5.43

14. Calcule la probabilidad de que x caiga en la zona sombreada.

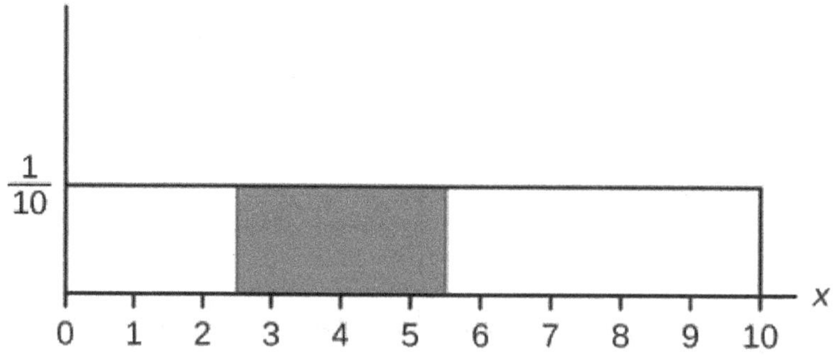

Figura 5.44

15. $f(x)$, una función de probabilidad continua, es igual a $\frac{1}{3}$ y la función se restringe a $1 \le x \le 4$. Describa $P\left(x > \frac{3}{2}\right)$.

5.2 La distribución uniforme

Use la siguiente información para responder las próximas diez preguntas. Los datos que siguen son los pies cuadrados (en 1.000 pies cuadrados) de 28 viviendas.

1,5	2,4	3,6	2,6	1,6	2,4	2,0

Tabla 5.4

3,5	2,5	1,8	2,4	2,5	3,5	4,0
2,6	1,6	2,2	1,8	3,8	2,5	1,5
2,8	1,8	4,5	1,9	1,9	3,1	1,6

Tabla 5.4

La media muestral = 2,50 y la desviación típica de la muestra = 0,8302.

La distribución se puede escribir como $X \sim U(1{,}5, 4{,}5)$.

16. ¿Qué tipo de distribución es esta?

17. En esta distribución, los resultados son igualmente probables. ¿Qué significa esto?

18. ¿Cuál es la altura de $f(x)$ para la distribución de probabilidad continua?

19. ¿Cuáles son las limitaciones para los valores de x?

20. Gráfico de $P(2 < x < 3)$.

21. ¿Qué es $P(2 < x < 3)$?

22. ¿Qué es $P(x < 3{,}5 \mid x < 4)$?

23. ¿Qué es $P(x = 1{,}5)$?

24. ¿Cuál es el percentil 90 de los pies cuadrados de las viviendas?

25. Calcule la probabilidad de que una casa seleccionada al azar tenga más de 3.000 pies cuadrados dado que ya se sabe que la casa tiene más de 2.000 pies cuadrados.

Use la siguiente información para responder los próximos ocho ejercicios. Una distribución está dada como $X \sim U(0, 12)$.

26. ¿Qué es a? ¿Qué representa?

27. ¿Qué es b? ¿Qué representa?

28. ¿Qué es la función de densidad de probabilidad?

29. ¿Cuál es la media teórica?

30. ¿Cuál es la desviación típica teórica?

31. Dibuje el gráfico de la distribución para $P(x > 9)$.

32. Calcule $P(x > 9)$.

33. Calcule el percentil 40.

Use la siguiente información para responder los próximos once ejercicios. La edad de los automóviles en el estacionamiento del personal de un instituto universitario suburbano se distribuye uniformemente desde los seis meses (0,5 años) hasta los 9,5 años.

34. ¿Qué se mide aquí?

35. Defina la variable aleatoria *X* en palabras.

36. ¿Los datos son discretos o continuos?

37. El intervalo de valores de *x* es _____.

38. La distribución de *X* es _____.

39. Escriba la función de densidad de probabilidad.

40. Grafique la distribución de probabilidad.

a. Dibuje el gráfico de la distribución de probabilidad.

Figura 5.45

b. Identifique los siguientes valores:
   i. El valor más bajo para $\overline{x}$: ______
   ii. El valor más alto para $\overline{x}$: ______
   iii. Altura del rectángulo: ______
   iv. Identifique para el eje *x* (en palabras): ______
   v. Identifique para el eje *y* (en palabras): ______

41. Calcule la edad promedio de los automóviles en el estacionamiento.

42. Calcule la probabilidad de que un automóvil elegido al azar en el estacionamiento tenga menos de cuatro años.

a. Dibuje el gráfico y sombree el área de interés.

Figura 5.46

b. Calcule la probabilidad. $P(x < 4) =$ ______

43. Considerando solo los automóviles de menos de 7,5 años, calcule la probabilidad de que un automóvil elegido al azar en el estacionamiento tenga menos de cuatro años.

a. Dibuje el gráfico, sombree el área de interés.

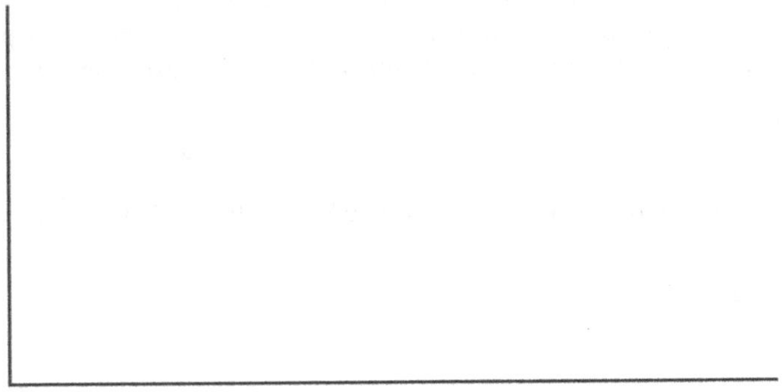

Figura 5.47

b. Calcule la probabilidad. $P(x < 4 | x < 7{,}5) =$ ______

44. ¿Qué ha cambiado en los dos problemas anteriores para que las soluciones sean diferentes?

45. Calcule el tercer cuartil de edades de los automóviles en el estacionamiento. Esto significa que tendrá que hallar el valor tal que $\frac{3}{4}$, o el 75 %, de los automóviles tienen como máximo (menos o igual) esa edad.

a. Dibuje el gráfico y sombree el área de interés.

Figura 5.48

b. Calcule el valor k tal que $P(x < k) = 0{,}75$.
c. El tercer cuartil es ______

5.3 La distribución exponencial

Use la siguiente información para responder los próximos diez ejercicios. Un representante del servicio de atención al cliente debe dedicar diferentes cantidades de tiempo a cada cliente para resolver varias preocupaciones. La cantidad de tiempo dedicado a cada cliente se puede modelar mediante la siguiente distribución: $X \sim Exp(0{,}2)$

46. ¿Qué tipo de distribución es esta?

47. ¿Los resultados son igualmente probables en esta distribución? ¿Por qué sí o por qué no?

48. ¿Qué es m? ¿Qué representa?

49. ¿Cuál es la media?

50. ¿Cuál es la desviación típica?

51. Indique la función de densidad de probabilidad.

52. Grafique la distribución.

53. Calcule $P(2 < x < 10)$.

54. Calcule $P(x > 6)$.

55. Calcule el percentil 70.

Use la siguiente información para responder los próximos siete ejercicios. Una distribución está dada como $X \sim Exp(0{,}75)$.

56. ¿Qué es m?

57. ¿Qué es la función de densidad de probabilidad?

58. ¿Qué es la función de distribución acumulativa?

59. Dibuje la distribución.

60. Calcule $P(x < 4)$.

61. Calcule el percentil 30.

62. Calcule la mediana.

63. ¿Qué es más grande, la media o la mediana?

Use la siguiente información para responder los próximos 16 ejercicios. El carbono-14 es un elemento radiactivo con una semivida de unos 5.730 años. Se dice que el carbono-14 se descompone exponencialmente. La tasa de descomposición es de 0,000121. Empezamos con un gramo de carbono-14. Nos interesa el tiempo (años) que tarda en descomponerse el carbono-14.

64. ¿Qué se mide aquí?

65. ¿Los datos son discretos o continuos?

66. Defina la variable aleatoria X en palabras.

67. ¿Cuál es la tasa de descomposición (m)?

68. La distribución de X es _____.

69. Calcule la cantidad (porcentaje de un gramo) de carbono-14 que dura menos de 5.730 años. Es decir, calcule $P(x < 5.730)$.

a. Dibuje el gráfico y sombree el área de interés.

Figura 5.49

b. Calcule la probabilidad. $P(x < 5.730)$ = ________

70. Calcule el porcentaje de carbono-14 que dura más de 10.000 años.

a. Dibuje el gráfico y sombree el área de interés.

Figura 5.50

b. Calcule la probabilidad. $P(x > 10.000)$ = ______

71. ¿En cuántos años se descompone el treinta por ciento (30 %) del carbono-14?

a. Dibuje el gráfico y sombree el área de interés.

Figura 5.51

b. Calcule el valor k tal que $P(x < k) = 0{,}30$.

Tarea para la casa

5.1 Funciones de probabilidad continuas

Para cada problema de probabilidad y percentil, haga el dibujo.

72. Considere el siguiente experimento. Usted es una de las 100 personas reclutadas para participar en un estudio para determinar el porcentaje de enfermeros en Estados Unidos con un título de enfermero registrado (registered nurse, RN). Les pregunta a los enfermeros si tienen un título de RN. Los enfermeros responden "sí" o "no". Luego, calcula el porcentaje de enfermeros con un título de RN. Le da ese porcentaje a su supervisor.

a. ¿Qué parte del experimento producirá datos discretos?
b. ¿Qué parte del experimento producirá datos continuos?

73. Cuando se redondea la edad al año más cercano, ¿los datos siguen siendo continuos o se convierten en discretos? ¿Por qué?

5.2 La distribución uniforme

Para cada problema de probabilidad y percentil, haga el dibujo.

74. Los nacimientos se distribuyen de forma aproximadamente uniforme a lo largo del año. Se puede decir que siguen una distribución uniforme de 0 a 2 (extensión de 52 semanas).

a. $X \sim$ ________
b. Grafique la distribución de probabilidad.
c. $f(x) =$ ________
d. $\mu =$ ________
e. $\sigma =$ ________
f. Calcule la probabilidad de que una persona nazca en el momento exacto en que termina la semana 19. Es decir, calcule $P(x = 19) =$ ________
g. $P(2 < x < 31) =$ ________
h. Calcule la probabilidad de que una persona nazca después de la semana 40.
i. $P(12 < x | x < 28) =$ ________
j. Calcule el percentil 70.
k. Halle el mínimo para el cuarto superior.

75. Un generador de números aleatorios elige un número del uno al nueve de manera uniforme.

a. $X \sim$ ________
b. Grafique la distribución de probabilidad.
c. $f(x) =$ ________
d. $\mu =$ ________
e. $\sigma =$ ________
f. $P(3{,}5 < x < 7{,}25) =$ ________
g. $P(x > 5{,}67)$
h. $P(x > 5 | x > 3) =$ ________
i. Calcule el percentil 90.

76. Según un estudio realizado por el Dr. John McDougall sobre su programa en vivo de pérdida de peso, las personas que siguen su programa pierden entre seis y 15 libras al mes hasta acercarse al peso corporal ideal. Supongamos que la pérdida de peso se distribuye uniformemente. Nos interesa la pérdida de peso de una persona seleccionada al azar que sigue el programa durante un mes.

a. Defina la variable aleatoria. $X =$ ________
b. $X \sim$ ________
c. Grafique la distribución de probabilidad.
d. $f(x) =$ ________
e. $\mu =$ ________
f. $\sigma =$ ________
g. Calcule la probabilidad de que la persona haya perdido más de diez libras en un mes.
h. Supongamos que se sabe que la persona ha perdido más de diez libras en un mes. Calcule la probabilidad de que haya perdido menos de 12 libras en el mes.
i. $P(7 < x < 13 | x > 9) =$ ________. Plantee esto en una pregunta de probabilidad, de forma similar a las partes g y h, haga el dibujo y calcule la probabilidad.

77. Un tren del metro llega cada ocho minutos en la hora pico. Nos interesa el tiempo que debe esperar un viajero para que llegue el tren. El tiempo sigue una distribución uniforme.

a. Defina la variable aleatoria. X = ______
b. $X \sim$ ______
c. Grafique la distribución de probabilidad.
d. $f(x)$ = ______
e. μ = ______
f. σ = ______
g. Calcule la probabilidad de que el viajero espere menos de un minuto.
h. Calcule la probabilidad de que el viajero espere entre tres y cuatro minutos.
i. ¿Cuál es el tiempo máximo que el sesenta por ciento de los viajeros espera a que llegue el tren? Plantee esto en una pregunta de probabilidad, de forma similar a las partes g y h, haga el dibujo y calcule la probabilidad.

78. La edad de los estudiantes de primer grado el 1.º de septiembre en la escuela primaria Garden se distribuye uniformemente de 5,8 a 6,8 años. Seleccionamos al azar un estudiante de primer grado de la clase.

a. Defina la variable aleatoria. X = _______
b. $X \sim$ _______
c. Grafique la distribución de probabilidad.
d. $f(x)$ = _______
e. μ = _______
f. σ = _______
g. Calcule la probabilidad de que tenga más de 6,5 años.
h. Calcule la probabilidad de que tenga entre cuatro y seis años.
i. Halle el percentil 70 para la edad de los estudiantes de primer grado el 1 de septiembre en la escuela primaria Garden.

Use la siguiente información para responder los próximos tres ejercicios. Se supone que el Sky Train llega cada ocho minutos desde la terminal hasta el centro de alquiler de automóviles y el estacionamiento de larga duración. Se sabe que los tiempos de espera del tren siguen una distribución uniforme.

79. ¿Cuál es el tiempo promedio de espera (en minutos)?

a. cero
b. dos
c. tres
d. cuatro

80. Halle el percentil 30 de los tiempos de espera (en minutos).

a. dos
b. 2,4
c. 2,75
d. tres

81. ¿Cuál es la probabilidad de esperar más de siete minutos dado que una persona ha esperado más de cuatro minutos?

a. 0,125
b. 0,25
c. 0,5
d. 0,75

82. El tiempo (en minutos) que transcurre hasta que el siguiente autobús sale de una estación de autobuses importante sigue una distribución con $f(x) = \frac{1}{20}$ donde x va de 25 a 45 minutos.

a. Defina la variable aleatoria. X = _______
b. $X \sim$ _______
c. Grafique la distribución de probabilidad.
d. La distribución es ___________ (nombre de la distribución). Es __________ (discreta o continua).
e. μ = _______
f. σ = _______
g. Calcule la probabilidad de que el tiempo sea como máximo de 30 minutos. Dibuje e identifique un gráfico de la distribución. Sombree la zona de interés. Escriba la respuesta en un enunciado de probabilidad.
h. Calcule la probabilidad de que el tiempo esté entre 30 y 40 minutos. Dibuje e identifique un gráfico de la distribución. Sombree la zona de interés. Escriba la respuesta en un enunciado de probabilidad.
i. $P(25 < x < 55)$ = _______. Exponga esto en un enunciado de probabilidad, de forma similar a las partes g y h, haga el dibujo y calcule la probabilidad.
j. Calcule el percentil 90. Esto significa que el 90 % de las veces, el tiempo es inferior a ____ minutos.
k. Halle el percentil 75. Exponga en una frase completa lo que esto significa. (Consulte la parte j.)
l. Calcule la probabilidad de que el tiempo sea superior a 40 minutos dado (o sabiendo que) es de al menos 30 minutos.

83. Suponga que el valor de una acción varía cada día de 16 a 25 dólares con una distribución uniforme.

a. Calcule la probabilidad de que el valor de la acción sea superior a 19 dólares.
b. Calcule la probabilidad de que el valor de la acción esté entre 19 y 22 dólares.
c. Halle el cuartil superior (el 25 % de todos los días que la acción está por encima de ¿qué valor?). Dibuje el gráfico.
d. Dado que el valor de la acción es mayor de 18 dólares, calcule la probabilidad de que el valor de la acción sea mayor de 21 dólares.

84. Un espectáculo de fuegos artificiales está diseñado para que el tiempo entre los fuegos artificiales esté entre uno y cinco segundos, y sigue una distribución uniforme.

a. Calcule el tiempo promedio entre los fuegos artificiales.
b. Calcule la probabilidad de que el tiempo entre los fuegos artificiales sea mayor de cuatro segundos.

85. El número de millas recorridas por un camionero oscila entre 300 y 700, y sigue una distribución uniforme.

a. Calcule la probabilidad de que el camionero recorra más de 650 millas en un día.
b. Calcule la probabilidad de que los camioneros recorran entre 400 y 650 millas en un día.
c. Al menos, ¿cuántas millas recorre el camionero en el 10 % de los días con recorridos más lejanos?

5.3 La distribución exponencial

86. Supongamos que se sabe que la duración de las llamadas telefónicas de larga distancia, medida en minutos, tienen una distribución exponencial con la duración promedio de una llamada igual a ocho minutos.

a. Defina la variable aleatoria. X = _____________.
b. ¿X es continuo o discreto?
c. $X \sim$ _______
d. μ = _______
e. σ = _______
f. Dibuje un gráfico de la distribución de probabilidad. Identifique los ejes.
g. Calcule la probabilidad de que una llamada telefónica dure menos de nueve minutos.
h. Calcule la probabilidad de que una llamada telefónica dure más de nueve minutos.
i. Calcule la probabilidad de que una llamada telefónica dure entre siete y nueve minutos.
j. Si se hacen 25 llamadas telefónicas una tras otra, en promedio, ¿cuál sería el total esperado? ¿Por qué?

87. Supongamos que la vida útil de una determinada batería de automóvil, medida en meses, decae con el parámetro 0,025. Nos interesa la duración de la batería.

a. Defina la variable aleatoria. X = _______________.
b. ¿X es continuo o discreto?
c. $X \sim$ _______
d. En promedio, ¿cuánto tiempo espera que dure la batería de un automóvil?
e. ¿Cuánto tiempo en promedio se puede esperar que duren nueve baterías de automóvil si se usan una tras otra?
f. Calcule la probabilidad de que la batería de un automóvil dure más de 36 meses.
g. ¿Cuánto tiempo duran, al menos, el setenta por ciento de las baterías?

88. El porcentaje de personas (de cinco años en adelante) en cada estado que hablan un idioma en casa distinto del inglés se distribuye de forma aproximadamente exponencial con una media de 9,848. Supongamos que elegimos un estado al azar.

a. Defina la variable aleatoria. X = _______________.
b. ¿X es continuo o discreto?
c. $X \sim$ _______
d. μ = _______
e. σ = _______
f. Dibuje un gráfico de la distribución de probabilidad. Identifique los ejes.
g. Calcule la probabilidad de que el porcentaje sea menor que 12.
h. Calcule la probabilidad de que el porcentaje esté entre ocho y 14.
i. El porcentaje de todas las personas que viven en Estados Unidos que hablan un idioma distinto del inglés en casa es del 13,8.
   i. ¿Por qué este número es diferente del 9,848 %?
   ii. ¿Qué haría que este número fuera superior al 9,848 %?

89. El tiempo (en años) que tarda una persona en jubilarse **después** de cumplir los 60 años se distribuye aproximadamente de forma exponencial con una media de unos cinco años. Supongamos que elegimos al azar una persona jubilada. Nos interesa el tiempo que transcurre desde los 60 años hasta la jubilación.

a. Defina la variable aleatoria. X = _______________.
b. ¿X es continuo o discreto?
c. $X \sim =$ _______
d. μ = _______
e. σ = _______
f. Dibuje un gráfico de la distribución de probabilidad. Identifique los ejes.
g. Calcule la probabilidad de que la persona se jubile después de los 70 años.
h. ¿Se jubilan más personas antes de los 65 años o después de los 65?
i. En una sala con 1.000 personas mayores de 80 años, ¿cuántas cree que NO se habrán jubilado aún?

90. El costo de todo el mantenimiento de un automóvil durante su primer año se distribuye aproximadamente de forma exponencial con una media de 150 dólares.

a. Defina la variable aleatoria. X = _______________.
b. $X \sim =$ _______
c. μ = _______
d. σ = _______
e. Dibuje un gráfico de la distribución de probabilidad. Identifique los ejes.
f. Calcule la probabilidad de que un automóvil requiera más de 300 dólares para su mantenimiento durante su primer año.

Use la siguiente información para responder los próximos tres ejercicios. La vida promedio de un determinado teléfono móvil nuevo es de tres años. El fabricante sustituirá cualquier teléfono móvil que falle durante los dos años siguientes a la fecha de compra. Se sabe que la vida útil de estos teléfonos móviles sigue una distribución exponencial.

91. La tasa de decaimiento es:

a. 0,3333
b. 0,5000
c. 2
d. 3

92. ¿Cuál es la probabilidad de que un teléfono falle durante los dos años siguientes a la fecha de compra?

a. 0,8647
b. 0,4866
c. 0,2212
d. 0,9997

93. ¿Cuál es la mediana de la vida de estos teléfonos (en años)?

a. 0,1941
b. 1,3863
c. 2,0794
d. 5,5452

94. Supongamos que $X \sim Exp(0{,}1)$.

a. tasa de decaimiento = _______
b. μ = _______
c. Representar gráficamente la función de distribución de la probabilidad.
d. En el gráfico, sombree el área correspondiente a $P(x < 6)$ y calcule la probabilidad.
e. Dibuje un nuevo gráfico, sombree el área correspondiente a $P(3 < x < 6)$ y calcule la probabilidad.
f. Dibuje un nuevo gráfico, sombree el área correspondiente a $P(x < 7)$ y calcule la probabilidad.
g. Dibuje un nuevo gráfico, sombree el área correspondiente al percentil 40 y calcule el valor.
h. Calcule el valor promedio de x.

95. Supongamos que la longevidad de una bombilla es exponencial con una vida media de ocho años.

a. Calcule la probabilidad de que una bombilla dure menos de un año.
b. Calcule la probabilidad de que una bombilla dure entre seis y diez años.
c. El setenta por ciento de las bombillas duran al menos ¿cuánto tiempo?
d. Una compañía decide ofrecer una garantía para devolver el dinero a las bombillas cuya vida útil está entre el dos por ciento más bajo de todas las bombillas. ¿Cuál es la fecha límite para que se aplique la garantía?
e. Si una bombilla ha durado siete años, ¿cuál es la probabilidad de que falle en el octavo año?

96. Las llamadas al 911 entran a una tasa promedio de una llamada cada dos minutos. Supongamos que el tiempo que transcurre entre una llamada y la siguiente tiene la distribución exponencial.

a. En promedio, ¿cuánto tiempo pasa entre cinco llamadas consecutivas?
b. Calcule la probabilidad de que, tras recibir una llamada, la siguiente tarde más de tres minutos en producirse.
c. ¿El noventa por ciento de las llamadas se producen en los minutos siguientes a la llamada anterior?
d. Supongamos que han transcurrido dos minutos desde la última llamada. Calcule la probabilidad de que la siguiente llamada se produzca en el próximo minuto.
e. Calcule la probabilidad de que se produzcan menos de 20 llamadas en una hora.

97. En el béisbol de las grandes ligas, un partido sin batazos imparables es aquel en el que un lanzador, o varios lanzadores, no reciben ningún batazo imparable en todo el partido. Los "sin batazos imparables" se producen a un ritmo de unos tres por temporada. Supongamos que la duración del tiempo entre los sin batazos imparables es exponencial.

a. ¿Cuál es la probabilidad de que toda una temporada transcurra con un solo sin batazos imparables?
b. Si transcurre una temporada entera sin batazos imparables, ¿cuál es la probabilidad de que no haya ningún sin batazos imparables en la temporada siguiente?
c. ¿Cuál es la probabilidad de que haya más de 3 sin batazos imparables en una misma temporada?

98. Entre 1998 y 2012 se han producido un total de 29 terremotos de magnitud superior a 6,5 en Papúa Nueva Guinea. Supongamos que el tiempo que transcurre entre terremotos es exponencial.

a. ¿Cuál es la probabilidad de que el próximo terremoto se produzca en los tres meses siguientes?
b. Dado que han pasado seis meses sin que se produzca un terremoto en Papúa Nueva Guinea, ¿cuál es la probabilidad de que durante los próximos tres meses no se produzcan terremotos?
c. ¿Cuál es la probabilidad de que se produzcan cero terremotos en 2014?
d. ¿Cuál es la probabilidad de que se produzcan, al menos, dos terremotos en 2014?

99. Según la Cruz Roja Americana, una de cada nueve personas en EE. UU., aproximadamente, tiene sangre de tipo B. Supongamos que los tipos de sangre de las personas que llegan a una campaña de donación son independientes. En este caso, el número de tipos de sangre de tipo B que llegan sigue más o menos la distribución de Poisson.

a. Si llegan 100 personas, ¿cuántas en promedio se espera que tengan sangre de tipo B?
b. ¿Cuál es la probabilidad de que más de 10 personas de estas 100 tengan sangre de tipo B?
c. ¿Cuál es la probabilidad de que lleguen más de 20 personas antes de encontrar una persona con sangre de tipo B?

100. Un sitio web experimenta un tráfico durante las horas normales de trabajo a un ritmo de 12 visitas por hora. Supongamos que la duración entre visitas tiene la distribución exponencial.

a. Calcule la probabilidad de que la duración entre dos visitas sucesivas al sitio web sea superior a diez minutos.
b. ¿De cuánto tiempo como mínimo son el 25 % de las duraciones más altas entre visitas?
c. Supongamos que han pasado 20 minutos desde la última visita al sitio web. ¿Cuál es la probabilidad de que la próxima visita se produzca durante los 5 minutos siguientes?
d. Calcule la probabilidad de que se produzcan menos de 7 visitas en un periodo de una hora.

101. En un centro de atención de urgencias los pacientes llegan a una tasa promedio de un paciente cada siete minutos. Supongamos que la duración entre llegadas se distribuye exponencialmente.

a. Calcule la probabilidad de que el tiempo entre dos visitas sucesivas al centro de atención de urgencias sea inferior a 2 minutos.
b. Calcule la probabilidad de que el tiempo entre dos visitas sucesivas al centro de atención de urgencias sea superior a 15 minutos.
c. Si han pasado 10 minutos desde la última llegada, ¿cuál es la probabilidad de que la siguiente persona llegue durante los próximos cinco minutos?
d. Calcule la probabilidad de que lleguen más de ocho pacientes durante un periodo de media hora.

Referencias

5.2 La distribución uniforme

McDougall, John A. The McDougall Program for Maximum Weight Loss. Plume, 1995.

5.3 La distribución exponencial

Datos de la Oficina del Censo de Estados Unidos.

Datos de World Earthquakes, 2013. Disponible en línea en http://www.world-earthquakes.com/ (consultado el 11 de junio de 2013).

"No-hitter". Baseball-Reference.com, 2013. Disponible en línea en http://www.baseball-reference.com/bullpen/No-hitter (consultado el 11 de junio de 2013).

Zhou, Rick. "Exponential Distribution lecture slides". Disponible en línea en www.public.iastate.edu/~riczw/stat330s11/lecture/lec13.pdf (consultado el 11 de junio de 2013).

Soluciones

1. Distribución uniforme

3. Distribución normal

5. $P(6 < x < 7)$

7. uno

9. cero

11. uno

13. 0,625

15. La probabilidad es igual al área desde $x = \frac{3}{2}$ hasta $x = 4$ por encima del eje x y hasta $f(x) = \frac{1}{3}$.

17. Significa que el valor de *x* tiene la misma probabilidad de ser cualquier número entre 1,5 y 4,5.

19. $1{,}5 \le x \le 4{,}5$

21. 0,3333

23. cero

25. 0,6

27. *b* es 12, y representa el valor más alto de *x*.

29. seis

31.

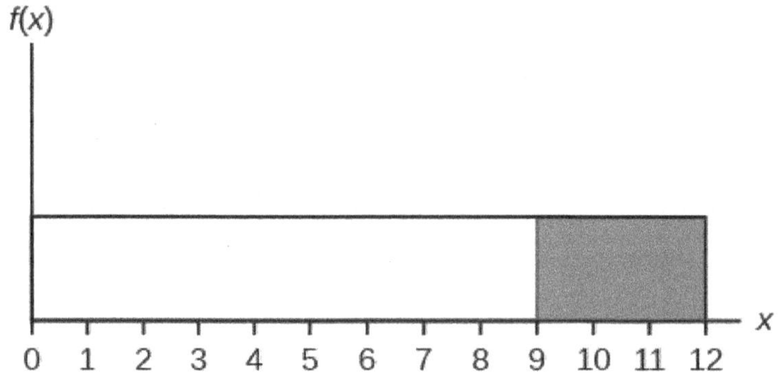

Figura 5.52

33. 4,8

35. X = La edad (en años) de los automóviles en el estacionamiento del personal

37. de 0,5 a 9,5

39. $f(x) = \frac{1}{9}$ donde x está entre 0,5 y 9,5, ambos inclusive.

41. $\mu = 5$

43.
a. Compruebe la solución del estudiante.
b. $\frac{3,5}{7}$

45.
a. Compruebe la solución del estudiante.
b. $k = 7{,}25$
c. 7,25

47. No, los resultados no son igualmente probables. En esta distribución más personas requieren poco tiempo y menos personas requieren mucho tiempo, por lo que es más probable que alguien requiera menos tiempo.

49. cinco

51. $f(x) = 0{,}2e^{-0{,}2x}$

53. 0,5350

55. 6,02

57. $f(x) = 0{,}75e^{-0{,}75x}$

59.

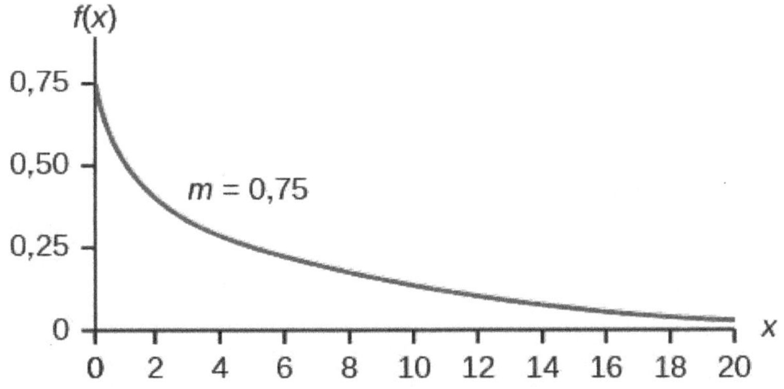

Figura 5.53

61. 0,4756

63. La media es mayor. La media es $\frac{1}{m} = \frac{1}{0{,}75} \approx 1{,}33$, que es superior a 0,9242.

65. continuos

67. *m* = 0,000121

69.
a. Compruebe la solución del estudiante.
b. *P*(*x* < 5.730) = 0,5001

71.
a. Compruebe la solución del estudiante.
b. *k* = 2.947,73

73. La edad es una medida, independientemente de la exactitud utilizada.

75.
a. *X* ~ *U*(1, 9)
b. Compruebe la solución del estudiante.
c. $e(x) = \frac{1}{8}$ donde $1 \leq x \leq 9$
d. cinco
e. 2,3
f. $\frac{15}{32}$
g. $\frac{333}{800}$
h. $\frac{2}{3}$
i. 8,2

77.
a. La *X* representa el tiempo que un viajero debe esperar a que llegue un tren en la línea roja.
b. *X* ~ *U*(0, 8)
c. Grafique la distribución de probabilidad.
d. $e(x) = \frac{1}{8}$ donde $0 \leq x \leq 8$
e. cuatro
f. 2,31
g. $\frac{1}{8}$
h. $\frac{1}{8}$
i. 3,2

79. d

81. b

83. a. La función de densidad de probabilidad de X es $\frac{1}{25-16} = \frac{1}{9}$.
$P(X > 19) = (25 - 19)\left(\frac{1}{9}\right) = \frac{6}{9} = \frac{2}{3}$.

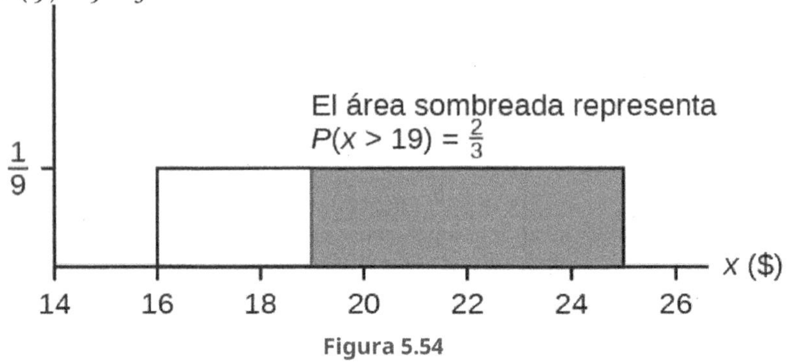

Figura 5.54

b. $P(19 < X < 22) = (22 - 19)\left(\frac{1}{9}\right) = \frac{3}{9} = \frac{1}{3}$.

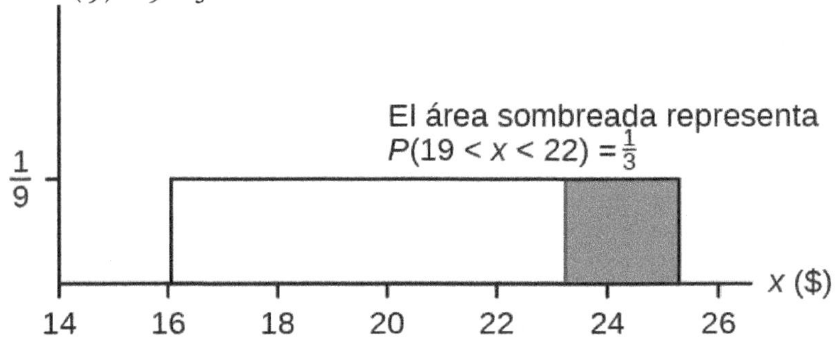

Figura 5.55

c. Esta debe ser 0,25, y 0,25 = (ancho)$\left(\frac{1}{9}\right)$, por lo que la anchura = (0,25)(9) = 2,25. Así, el valor es 25 - 2,25 = 22,75.

d. Esta es una pregunta de probabilidad condicional. $P(x > 21 | X > 18)$. Puede responderla de dos maneras:
   - Dibuje el gráfico donde a es ahora 18 y b sigue siendo 25. La altura es $\frac{1}{(25-18)} = \frac{1}{7}$
   Entonces, $P(x > 21 | x > 18) = (25 - 21)\left(\frac{1}{7}\right) = 4/7$.
   - Utilice la fórmula: $P(x > 21 | x > 18) = \frac{P(x>21 \text{ Y } x>18)}{P(x>18)}$
   $= \frac{P(x>21)}{P(x>18)} = \frac{(25-21)}{(25-18)} = \frac{4}{7}$.

85. a. $P(X > 650) = \frac{700-650}{700-300} = \frac{50}{400} = \frac{1}{8} = 0{,}125$.
b. $P(400 < X < 650) = \frac{650-400}{700-300} = \frac{250}{400} = 0{,}625$
c. $0{,}10 = \frac{\text{ancho}}{700-300}$, por lo que la anchura = 400(0,10) = 40. Como 700 - 40 = 660, los conductores recorren al menos 660 millas en el 10 % de los días de recorridos más lejanos.

87. a. X = la vida útil de una determinada batería de automóvil medida en meses.
b. X es continua.
c. $X \sim Exp(0{,}025)$
d. 40 meses
e. 360 meses
f. 0,4066
g. 14,27

89. a. X = el tiempo (en años) que tarda una persona en jubilarse después de cumplir 60 años

b. *X* es continua.
c. $X \sim Exp\left(\frac{1}{5}\right)$
d. cinco
e. cinco
f. Compruebe la solución del estudiante.
g. 0,1353
h. antes
i. 18,3

91. a

93. c

95. Supongamos que *T* = el tiempo de vida de una bombilla.

El parámetro de decaimiento es *m* = 1/8, y *T* ~ Exp(1/8). La función de distribución acumulativa es $P(T < t) = 1 - e^{-\frac{t}{8}}$

a. Por lo tanto, $P(T < 1) = 1 - e^{-\frac{1}{8}} \approx 0{,}1175$.
b. Queremos calcular $P(6 < t < 10)$.
Para ello, $P(6 < t < 10) - P(t < 6)$
$= = \left(1 - e^{-\frac{1}{8} * 10}\right) - \left(1 - e^{-\frac{1}{8} * 6}\right) \approx 0{,}7135 - 0{,}5276 = 0{,}1859$

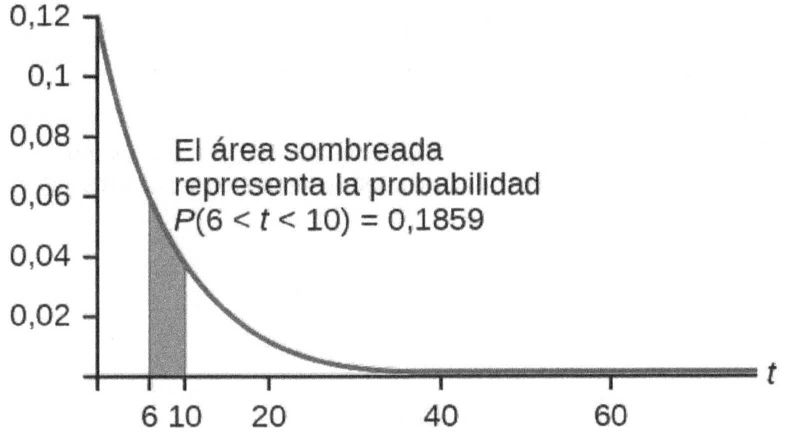

Figura 5.56

c. Queremos calcular $0{,}70 = P(T > t) = 1 - \left(1 - e^{-\frac{t}{8}}\right) = e^{-\frac{t}{8}}$.

Al resolver *t*, $e^{-\frac{t}{8}} = 0{,}70$, por lo que $-\frac{t}{8} = ln(0{,}70)$, y $t = -8ln(0{,}70) \approx 2{,}85$ años.

O utilice $t = \frac{ln(\text{área\_a\_la\_derecha})}{(-m)} = \frac{ln(00{,}70)}{-\frac{1}{8}} \approx 2.85$ años.

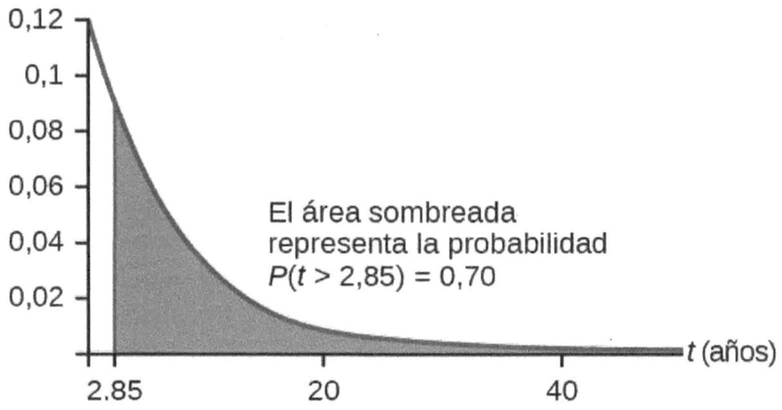

Figura 5.57

d. Queremos calcular 0,02 = $P(T < t) = 1 - e^{-\frac{t}{8}}$.
Al resolver t, $e^{-\frac{t}{8}} = 0{,}98$, por lo que $-\frac{t}{8} = ln(0{,}98)$, y t = -8$ln$(0,98) ≈ 0,1616 años, es decir, aproximadamente dos meses.
La garantía debería cubrir las bombillas que duran menos de 2 meses.
O utilice $\frac{\ln(\text{área\_a\_la\_derecha})}{(-m)} = \frac{\ln(1-0{,}2)}{-\frac{1}{8}}$ = 0,1616.

e. Debemos hallar $P(T < 8 \mid T > 7)$.
Observe que por la regla de los eventos complementarios, $P(T < 8 \mid T > 7) = 1 - P(T > 8 \mid T > 7)$.
Por la propiedad de falta de memoria ($P(X > r + t \mid X > r) = P(X > t)$).
Así que $P(T > 8 \mid T > 7) = P(T > 1) = 1-\left(1-e^{-\frac{1}{8}}\right) = e^{-\frac{1}{8}} \approx 0{,}8825$
Por lo tanto, $P(T < 8 \mid T > 7) = 1 - 0{,}8825 = 0{,}1175$.

97. Supongamos que X = el número de sin batazos imparables a lo largo de una temporada. Como la duración del tiempo entre los sin batazos imparables es exponencial, el número de sin batazos imparables por temporada es Poisson con media de $\lambda = 3$.
Por lo tanto, $(X = 0) = \frac{3^0 e^{-3}}{0!} = e^{-3} \approx 0{,}0498$

NOTA

Podría dejar que T = duración del tiempo entre los sin batazos imparables. Como el tiempo es exponencial y hay 3 sin batazos imparables por temporada, entonces el tiempo entre sin batazos imparables es $\frac{1}{3}$ por temporada.
Para la exponencial, $\mu = \frac{1}{3}$.
Por lo tanto, $m = \frac{1}{\mu} = 3$ y $T \sim Exp(3)$.

a. La probabilidad deseada es $P(T > 1) = 1 - P(T < 1) = 1 - (1 - e^{-3}) = e^{-3} \approx 0{,}0498$.
b. Supongamos que T = duración del tiempo entre los sin batazos imparables. Hallamos $P(T > 2 \mid T > 1)$, y por la **propiedad de falta de memoria** esto es simplemente $P(T > 1)$, que hallamos que es 0,0498 en la parte a.
c. Supongamos que X = el número de sin batazos imparables es una temporada. Supongamos que X es Poisson con media de $\lambda = 3$. Entonces $P(X > 3) = 1 - P(X \leq 3) = 0{,}3528$.

99. a. $\frac{100}{9} = 11{,}11$
b. $P(X > 10) = 1 - P(X \leq 10)$ = 1 - Poissoncdf(11,11; 10) ≈ 0,5532.
c. El número de personas con sangre de tipo B encontradas sigue más o menos la distribución de Poisson, por lo que el número de personas X que llegan entre las sucesivas llegadas de tipo B es aproximadamente exponencial con media $\mu = 9$ y $m = \frac{1}{9}$. La función de distribución acumulativa de X es $P(X < x) = 1-e^{-\frac{x}{9}}$. Así que, $P(X > 20) = 1 - P(X \leq 20) = 1-\left(1-e^{-\frac{20}{9}}\right) \approx 0{,}1084$.

Nota

También podríamos deducir que cada persona que llega tiene una probabilidad de 8/9 de no tener sangre de tipo B. Así que la probabilidad de que ninguna de las primeras 20 personas que lleguen tenga sangre tipo B es $\left(\frac{8}{9}\right)^{20} \approx 0{,}0948$. (la distribución geométrica es más apropiada que la exponencial porque el número de personas entre el tipo B es discreto en vez de continuo).

101. Supongamos que T = la duración (en minutos) entre visitas sucesivas. Dado que los pacientes llegan a un ritmo de un paciente cada siete minutos, $\mu = 7$ y la constante de decaimiento es $m = \frac{1}{7}$. La cdf es $P(T < t) = 1-e^{\frac{t}{7}}$

a. $P(T < 2) = 1 - 1-e^{-\frac{2}{7}} \approx 0{,}2485$.

b. $P(T > 15) = 1- P(T < 15) = 1-\left(1-e^{-\frac{15}{7}}\right) \approx e^{-\frac{15}{7}} \approx 0{,}1173.$

c. $P(T > 15 \mid T > 10) = P(T > 5) = 1-\left(1-e^{-\frac{5}{7}}\right) = e^{-\frac{5}{7}} \approx 0{,}4895.$

d. Supongamos que X = número de pacientes que llegan durante un periodo de media hora. Entonces X tiene la distribución de Poisson con una media de $\frac{30}{7}$, $X \sim \text{Poisson}\left(\frac{30}{7}\right)$. Calcule $P(X > 8) = 1 - P(X \leq 8) \approx 0{,}0311$.

6 LA DISTRIBUCIÓN NORMAL

Figura 6.1 Si le pregunta a un número suficiente de personas por su talla de calzado, comprobará que los datos representados en el gráfico tienen la forma de una curva de campana y se pueden describir como normalmente distribuidos (créditos: Ömer Ünlü).

Objetivos del Capítulo

Al final de este capítulo el estudiante podrá:

- Reconocer la distribución de probabilidad normal y aplicarla adecuadamente.
- Reconocer la distribución de probabilidad normal estándar y aplicarla adecuadamente.
- Comparar las probabilidades normales convirtiendo a la distribución normal estándar.

Introducción

La normal, una distribución continua, es la más importante de todas las distribuciones. Su uso está muy extendido y su abuso aun más. Su gráfico tiene forma de campana. La curva de campana se ve en casi todas las disciplinas. Algunas de ellas son Psicología, Negocios, Economía, Ciencias, Enfermería y, por supuesto, Matemáticas. Algunos de sus instructores pueden utilizar la distribución normal para ayudar a determinar su calificación. La mayoría de las calificaciones de coeficiente intelectual (Intelligence Quotient, IQ) se distribuyen normalmente. A menudo, los precios de los inmuebles se ajustan a una distribución normal. La distribución normal es muy importante, pero no se puede aplicar a todo en el mundo real.

En este capítulo, estudiará la distribución normal, la distribución normal estándar y las aplicaciones asociadas a ellas.

La distribución normal tiene dos parámetros (dos medidas numéricas descriptivas): la media (μ) y la desviación típica (σ). Si X es una cantidad a medir que tiene una distribución normal con media (μ) y desviación típica (σ), la designamos escribiendo

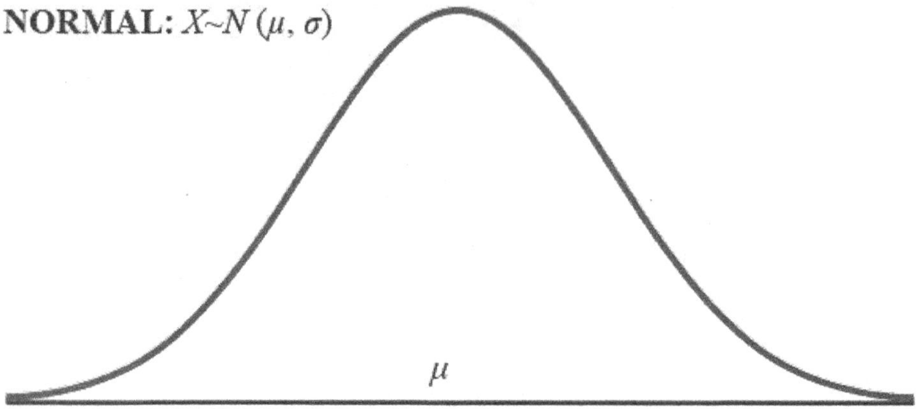

Figura 6.2

La función de densidad de probabilidad es una función bastante complicada. **No la memorice**. No es necesario.

$$f(x) = \frac{1}{\sigma \cdot \sqrt{2 \cdot \pi}} \cdot e^{-\frac{1}{2} \cdot \left(\frac{x-\mu}{\sigma}\right)^2}$$

La función de distribución acumulativa es $P(X < x)$. Se calcula con una calculadora o una computadora, o se busca en una tabla. La tecnología ha hecho que las tablas queden prácticamente obsoletas. Por ese motivo, así como por el hecho de que existen varios formatos de tabla, no incluimos las instrucciones de la tabla.

La curva es simétrica respecto a una línea vertical que pasa por la media, μ. En teoría, la media es la misma que la mediana, porque el gráfico es simétrico con respecto a μ. Como indica la notación, la distribución normal solo depende de la media y de la desviación típica. Dado que el área debajo de la curva debe ser igual a uno, un cambio en la desviación típica, σ, provoca un cambio en la forma de la curva; la curva se vuelve más gorda o delgada dependiendo de σ. Un cambio en μ hace que el gráfico se desplace a la izquierda o a la derecha. Esto significa que hay un número infinito de distribuciones de probabilidad normales. Una de las más interesantes es la llamada **distribución normal estándar**.

EJERCICIO COLABORATIVO

Su instructor registrará las estaturas de los hombres y las mujeres de su clase, por separado. Dibuje histogramas de sus datos. A continuación, dibuje una curva suave a través de cada histograma. ¿Cada curva tiene una forma de campana? ¿Cree que si hubiera registrado 200 valores de datos para hombres y 200 para mujeres, las curvas tendrían forma de campana? Calcule la media de cada conjunto de datos. Escriba las medias en el eje de *x* del gráfico correspondiente debajo del pico. Sombree el área aproximada que representa la probabilidad de que un hombre elegido aleatoriamente sea más alto que 72 pulgadas. Sombree el área aproximada que representa la probabilidad de que una mujer elegida aleatoriamente tenga menos de 60 pulgadas. Si el área total bajo cada curva es uno, ¿parece que alguna de las probabilidades es superior a 0,5?

6.1 La distribución normal estándar

La **distribución normal estándar** es una distribución normal de **valores estandarizados** llamados **puntuaciones *z*. Una puntuación *z* se mide en unidades de la desviación típica.** Por ejemplo, si la media de una distribución normal es cinco y la desviación típica es dos, el valor 11 está tres desviaciones típicas por encima (o a la derecha) de la media. El cálculo es el siguiente:

$x = \mu + (z)(\sigma) = 5 + (3)(2) = 11$

La puntuación *z* es tres.

La media de la distribución normal estándar es cero y la desviación típica es uno. La transformación $z = \frac{x-\mu}{\sigma}$ produce la distribución $Z \sim N(0, 1)$. El valor *x* en la ecuación dada proviene de una distribución normal con una media μ y una desviación típica σ.

Puntuaciones z

Si X es una variable aleatoria normalmente distribuida y $X \sim N(\mu, \sigma)$, entonces la puntuación *z* es:

$$z = \frac{x - \mu}{\sigma}$$

La puntuación *z* indica cuántas desviaciones típicas tiene el valor *x* por encima (a la derecha) o por debajo (a la izquierda) de la media, μ. Los valores de *x* que son mayores que la media tienen puntuaciones *z* positivas, y los valores de *x* que son menores que la media tienen puntuaciones *z* negativas. Si *x* es igual a la media, entonces *x* tiene una puntuación *z* de cero.

EJEMPLO 6.1

Supongamos que $X \sim N(5, 6)$. Esto dice que *X* es una variable aleatoria normalmente distribuida, con media $\mu = 5$ y desviación típica $\sigma = 6$. Supongamos que $x = 17$. Entonces:

$$z = \frac{x-\mu}{\sigma} = \frac{17-5}{6} = 2$$

Esto significa que $x = 17$ está **dos desviaciones típicas** (2σ) por encima o a la derecha de la media $\mu = 5$.

Observe que: 5 + (2)(6) = 17 (el patrón es $\mu + z\sigma = X$)

Supongamos ahora que $x = 1$. Entonces: $z = \frac{x-\mu}{\sigma} = \frac{1-5}{6} = -0{,}67$ (redondeado a dos decimales)

Esto significa que $x = 1$ está 0,67 desviaciones típicas ($-0{,}67\sigma$) por debajo o a la izquierda de la media $\mu = 5$.
Observe que: 5 + (-0,67)(6) es aproximadamente igual a uno (esto presenta el patrón $\mu + (-0{,}67)\sigma = 1$)

Resumiendo, cuando *z* es positiva, *x* está por encima o a la derecha de μ y cuando *z* es negativa, *x* está a la izquierda o por debajo de μ. O bien, cuando *z* es positiva, *x* es mayor que μ, y cuando *z* es negativa *x* es menor que μ.

INTÉNTELO 6.1

¿Cuál es la puntuación *z* de *x*, cuando $x = 1$ y $X \sim N(12{,}3)$?

EJEMPLO 6.2

Algunos médicos creen que una persona puede perder cinco libras, en promedio, en un mes si reduce su consumo de grasas y hace ejercicio de manera constante. Supongamos que la pérdida de peso tiene una distribución normal. Supongamos que *X* = la cantidad de peso perdida (en libras) por una persona en un mes. Utilice una desviación típica de dos libras. $X \sim N(5, 2)$. Complete los espacios en blanco.

a. Supongamos que una persona **pierde** diez libras en un mes. La puntuación *z* cuando $x = 10$ libras es $z = 2{,}5$ (verifique). Esta puntuación *z* le indica que $x = 10$ está a _______ desviaciones típicas a la _______ (derecha o izquierda) de la media _____ (¿Cuál es la media?).

Solución 1

a. Esta puntuación *z* le indica que $x = 10$ está a **2,5** desviaciones típicas a la **derecha** de la media **cinco**.

b. Supongamos que una persona ha **ganado** tres libras (una pérdida de peso negativa). Entonces *z* = _________. Esta puntuación *z* le indica que $x = -3$ está a _______ desviaciones típicas a la _________ (derecha o izquierda) de la media.

Solución 2

b. $z = \mathbf{-4}$. Esta puntuación *z* le indica que $x = -3$ está a **cuatro** desviaciones típicas a la **izquierda** de la media.

c. Supongamos que las variables aleatorias *X* y *Y* tienen las siguientes distribuciones normales: $X \sim N(5, 6)$ y $Y \sim N(2, 1)$. Si $X = 17$, entonces $z = 2$. (Se mostró anteriormente.) Si $y = 4$, ¿cuál es *z*?

Solución 3

c. $z = \frac{y-\mu}{\sigma} = \frac{4-2}{1} = 2$ donde $\mu = 2$ y $\sigma = 1$.

La puntuación z para $y = 4$ es $z = 2$. Esto significa que cuatro está $z = 2$ desviaciones típicas a la derecha de la media. Por lo tanto, $x = 17$ y $y = 4$ son dos desviaciones típicas (por **sí mismas**) a la derecha de **sus** respectivas medias.

La puntuación *z* nos permite comparar datos con escalas diferentes. Para entender el concepto, supongamos que $X \sim N(5, 6)$ representa el aumento de peso de un grupo de personas que intentan subir de peso en un periodo de seis semanas y $Y \sim N(2, 1)$ mide el mismo aumento de peso de un segundo grupo de personas. Un aumento de peso negativo sería una pérdida de peso. Como $x = 17$ y $y = 4$ están cada una a dos desviaciones típicas a la derecha de sus medias, representan el mismo aumento de peso estandarizado **relativo a sus medias.**

> **INTÉNTELO 6.2**

Complete los espacios en blanco.

Jerome tiene un promedio de 16 puntos por partido con una desviación típica de cuatro puntos. $X \sim N(16,4)$. Supongamos que Jerome anota diez puntos en un partido. La puntuación z cuando $X = 10$ es -1,5. Esta puntuación nos indica que $x = 10$ está a ____ desviaciones típicas a la _____(derecha o izquierda) de la media_____ (¿Cuál es la media?).

La regla empírica

Si X es una variable aleatoria y tiene una distribución normal con media μ y desviación típica σ, la **regla empírica** dice lo siguiente:

- Aproximadamente el 68 % de los valores de x se sitúan entre -1σ y $+1\sigma$ de la media μ (dentro de una desviación típica de la media).
- Aproximadamente el 95 % de los valores de x se sitúan entre -2σ y $+2\sigma$ de la media μ (dentro de dos desviaciones típicas de la media).
- Aproximadamente el 99,7 % de los valores de x se sitúan entre -3σ y $+3\sigma$ de la media μ (dentro de las tres desviaciones típicas de la media). Observe que casi todos los valores de x están dentro de las tres desviaciones típicas de la media.
- Las puntuaciones z para $+1\sigma$ y -1σ son +1 y −1, respectivamente.
- Las puntuaciones z para $+2\sigma$ y -2σ son +2 y −2, respectivamente.
- Las puntuaciones z para $+3\sigma$ y -3σ son +3 y −3, respectivamente.

La regla empírica también se conoce como la regla del 68-95-99,7.

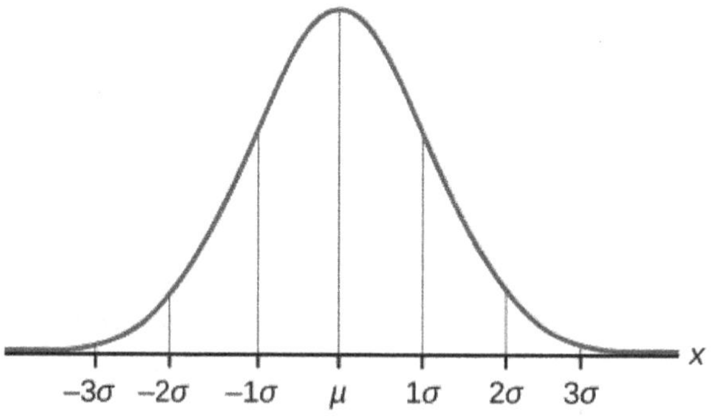

Figura 6.3

EJEMPLO 6.3

La estatura media de los hombres de 15 a 18 años de Chile de 2009 a 2010 fue de 170 cm con una desviación típica de 6,28 cm. Se sabe que la altura de los hombres sigue una distribución normal. Supongamos que X = la altura de un hombre de 15 a 18 años de Chile de 2009 a 2010. Entonces $X \sim N(170, 6,28)$.

a. Supongamos que un hombre de 15 a 18 años de Chile mide 168 cm entre 2009 y 2010. La puntuación z cuando $X = 168$ cm es z = ______. Esta puntuación z le indica que $x = 168$ está a _______ desviaciones típicas a la _______ (derecha o izquierda) de la media ____ (¿Cuál es la media?).

b. Supongamos que la estatura de un hombre de 15 a 18 años de Chile de 2009 a 2010 tiene una puntuación z de z = 1,27. ¿Cuál es la altura de los hombres? La puntuación z (z = 1,27) indica que la estatura de ese hombre se sitúa en ______ desviaciones típicas a la ________ (derecha o izquierda) de la media.

Solución 1

a. -0,32, 0,32, izquierda, 170

b. 177,98 cm, 1,27, derecha

INTÉNTELO 6.3

Utilice la información del Ejemplo 6.3 para responder a las siguientes preguntas.

a. Supongamos que un hombre de 15 a 18 años de Chile mide 176 cm entre 2009 y 2010. La puntuación z cuando x = 176 cm es z = ______. Esta puntuación z le indica que x = 176 cm está a ______ desviaciones típicas a la ______ (derecha o izquierda) de la media ____ (¿Cuál es la media?).
b. Supongamos que la estatura de un hombre de 15 a 18 años de Chile de 2009 a 2010 tiene una puntuación z de z = –2. ¿Cuál es la altura del hombre? La puntuación z (z = –2) indica que la estatura del hombre está a ______ desviaciones típicas a la ________ (derecha o izquierda) de la media.

EJEMPLO 6.4

Entre 1984 y 1985, la estatura media de los hombres de 15 a 18 años de Chile era de 172,36 cm, y la desviación típica era de 6,34 cm. Supongamos que Y = la altura de los hombres de 15 a 18 años de 1984 a 1985. Entonces $Y \sim N(172{,}36; 6{,}34)$.

La estatura media de los hombres de 15 a 18 años de Chile de 2009 a 2010 fue de 170 cm con una desviación típica de 6,28 cm. Se sabe que la altura de los hombres sigue una distribución normal. Supongamos que X = la altura de un hombre de 15 a 18 años de Chile de 2009 a 2010. Entonces $X \sim N(170, 6{,}28)$.

Halle las puntuaciones z para x = 160,58 cm y y = 162,85 cm. Interprete cada puntuación z. ¿Qué puede decir sobre x = 160,58 cm e y = 162,85 cm en comparación con sus respectivas medias y desviaciones típicas?

Solución 1

La puntuación z para x = -160,58 es z = –1,5.
La puntuación z para y = 162,85 es z = –1,5.
Tanto x = 160,58 como y = 162,85 desvían el mismo número de desviaciones típicas de sus respectivas medias y en la misma dirección.

INTÉNTELO 6.4

En 2012, 1.664.479 estudiantes realizaron la Prueba de Aptitud Académica (Scholastic Aptitude Test, SAT). La distribución de las puntuaciones en la sección verbal del SAT tenía una media μ = 496 y una desviación típica σ = 114. Supongamos que X = la puntuación de la sección verbal de la prueba SAT en 2012. Entonces $X \sim N(496, 114)$.

Halle las puntuaciones z para x_1 = 325 y x_2 = 366,21. Interprete cada puntuación z. ¿Qué puede decir sobre x_1 = 325 y x_2 = 366,21 en comparación con sus respectivas medias y desviaciones típicas?

EJEMPLO 6.5

Supongamos que x tiene una distribución normal con media 50 y desviación típica 6.

- Aproximadamente el 68 % de los valores de *x* están dentro de una desviación típica de la media. Por lo tanto, aproximadamente el 68 % de los valores de *x* se encuentran entre $-1\sigma = (-1)(6) = -6$ y $1\sigma = (1)(6) = 6$ de la media de 50. Los valores 50 – 6 = 44 y 50 + 6 = 56 están dentro de una desviación típica de la media 50. Las puntuaciones *z* son –1 y +1 para 44 y 56, respectivamente.
- Aproximadamente el 95 % de los valores de *x* están dentro de las dos desviaciones típicas de la media. Por lo tanto, aproximadamente el 95 % de los valores de *x* se encuentran entre $-2\sigma = (-2)(6) = -12$ y $2\sigma = (2)(6) = 12$. Los valores 50 – 12 = 38 y 50 + 12 = 62 están dentro de dos desviaciones típicas de la media 50. Las puntuaciones *z* son –2 y +2 para 38 y 62, respectivamente.
- Aproximadamente el 99,7 % de los valores de *x* están dentro de las tres desviaciones típicas de la media. Por lo tanto, aproximadamente el 99,7 % de los valores de *X* se encuentran entre $-3\sigma = (-3)(6) = -18$ y $3\sigma = (3)(6) = 18$ de la media de 50. Los valores 50 - 18 = 32 y 50 + 18 = 68 están dentro de las tres desviaciones típicas de la media de 50. Las puntuaciones *z* son –3 y +3 para 32 y 68, respectivamente.

INTÉNTELO 6.5

Supongamos que *X* tiene una distribución normal con una media de 25 y una desviación típica de 5. ¿Entre qué valores de *x* se encuentra el 68 % de los valores?

EJEMPLO 6.6

Entre 1984 y 1985, la estatura media de los hombres de 15 a 18 años de Chile era de 172,36 cm, y la desviación típica era de 6,34 cm. Supongamos que *Y* = la altura de los hombres de 15 a 18 años en 1984 a 1985. Entonces $Y \sim N(172{,}36; 6{,}34)$.

a. ¿Qué dos valores se encuentran entre el 68 % de los valores de *y*? Estos valores son ____________. Las puntuaciones *z* son ____________, respectivamente.
b. ¿Qué dos valores se encuentran entre el 95 % de los valores de *y*? Estos valores son ____________. Las puntuaciones *z* son ____________ respectivamente.
c. ¿Qué dos valores se encuentran entre el 99,7 % de los valores de *y*? Estos valores son ____________. Las puntuaciones *z* son ____________, respectivamente.

Solución 1

a. Aproximadamente el 68 % de los valores se sitúan entre 166,02 cm y 178,7 cm. Las puntuaciones *z* son –1 y 1.
b. Aproximadamente el 95 % de los valores se sitúan entre 159,68 cm y 185,04 cm. Las puntuaciones *z* son –2 y 2.
c. Aproximadamente el 99,7 % de los valores se sitúan entre 153,34 cm y 191,38 cm. Las puntuaciones *z* son –3 y 3.

INTÉNTELO 6.6

Las puntuaciones de una prueba de acceso a la universidad tienen una distribución normal aproximada con una media, $\mu = 52$ puntos y una desviación típica, $\sigma = 11$ puntos.

a. ¿Qué dos valores se encuentran entre el 68 % de los valores de *y*? Estos valores son ____________. Las puntuaciones *z* son ____________, respectivamente.
b. ¿Qué dos valores se encuentran entre el 95 % de los valores de *y*? Estos valores son ____________. Las puntuaciones *z* son ____________, respectivamente.
c. ¿Qué dos valores se encuentran entre el 99,7 % de los valores de *y*? Estos valores son ____________. Las puntuaciones *z* son ____________, respectivamente.

6.2 Uso de la distribución normal

El área sombreada en el siguiente gráfico indica el área a la izquierda de *x*. Esta área está representada por la probabilidad $P(X < x)$. Las tablas normales, las computadoras y las calculadoras proporcionan o calculan la probabilidad $P(X < x)$.

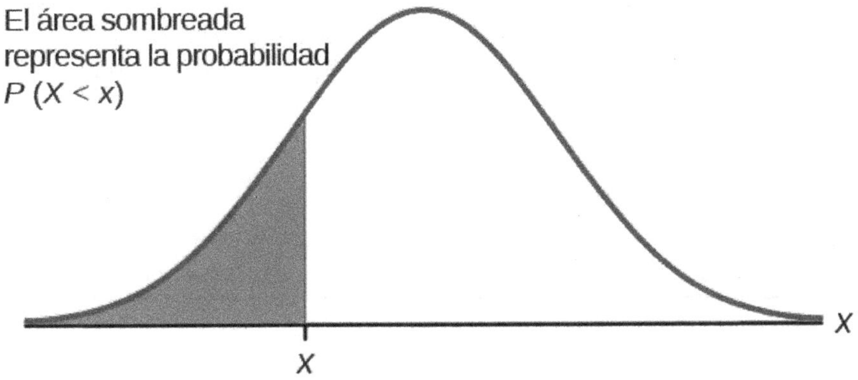

Figura 6.4

El área a la derecha es entonces $P(X > x) = 1 - P(X < x)$. Recuerde que $P(X < x)$ = **Área a la izquierda** de la línea vertical que pasa por x. $P(X > x) = 1 - P(X < x)$ = **Área a la derecha** de la línea vertical que pasa por x. $P(X < x)$ es lo mismo que $P(X \leq x)$ y $P(X > x)$ es lo mismo que $P(X \geq x)$ para distribuciones continuas.

Cálculo de probabilidades

Las probabilidades se calculan mediante la tecnología. Se dan las instrucciones necesarias para las calculadoras TI-83+ y TI-84.

NOTA

Para calcular la probabilidad, utilice las tablas de probabilidad proporcionadas en H - TABLASsin utilizar la tecnología. Las tablas incluyen instrucciones para su uso.

EJEMPLO 6.7

Si el área de la izquierda es 0,0228, el área de la derecha es 1 - 0,0228 = 0,9772.

INTÉNTELO 6.7

Si el área a la izquierda de x es 0,012, ¿cuál es el área a la derecha?

EJEMPLO 6.8

Las calificaciones del examen final de una clase de estadística se distribuyeron normalmente, con una media de 63 y una desviación típica de cinco.

a. Halle la probabilidad de que un estudiante seleccionado al azar obtenga más de 65 puntos en el examen.

Solución 1

a. Supongamos que X = una calificación en el examen final. $X \sim N(63, 5)$, donde $\mu = 63$ y $\sigma = 5$.

Dibuje un gráfico.

Entonces, calcule $P(x > 65)$.

$P(x > 65) = 0,3446$

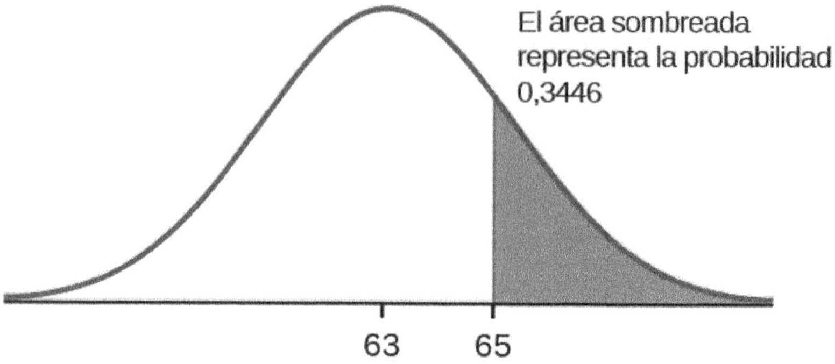

Figura 6.5

La probabilidad de que cualquier estudiante seleccionado al azar obtenga una calificación superior a 65 es de 0,3446.

USO DE LAS CALCULADORAS TI-83, 83+, 84, 84+

Entra en 2nd `DISTR`.
Después de pulsar 2nd `DISTR`, pulse `2:normalcdf`.

La sintaxis de las instrucciones es la siguiente:

normalcdf(valor inferior, valor superior, media, desviación típica). Para este problema: normalcdf(65,1E99,63,5) = 0,3446. Se obtiene 1E99 (= 10^{99}) al pulsar 1, la EE tecla (una segunda tecla) y luego 99. O bien, puede ingresar `10^99` en su lugar. El número 10^{99} está en la cola derecha de la curva normal. Estamos calculando el área entre 65 y 10^{99}. En algunos casos, el número inferior del área puede ser -1E99 (= -10^{99}). El número -10^{99} está en la cola izquierda de la curva normal.

Nota histórica

El programa de probabilidad de TI calcula una puntuación *z* y luego la probabilidad a partir de la puntuación *z*. Antes de la tecnología, la puntuación *z* se buscaba en una tabla de probabilidad normal (porque la matemática implicada es demasiado engorrosa) para calcular la probabilidad. En este ejemplo, se utilizó una tabla normal estándar con el área a la izquierda de la puntuación *z*. Se calcula la puntuación *z* y se busca el área a la izquierda. La probabilidad es el área de la derecha.

$z = \frac{65 - 63}{5} = 0,4$

El área de la izquierda es 0,6554.

$P(x > 65) = P(z > 0,4) = 1 - 0,6554 = 0,3446$

USO DE LAS CALCULADORAS TI-83, 83+, 84, 84+

Calcule el percentil de un estudiante con una puntuación de 65:

* Pulse 2nd `Distr`
* Pulse `2:normalcdf(`
* Ingrese el límite inferior, límite superior, media, desviación típica seguido de)
* Pulse ENTER.

Para este ejemplo, los pasos son
2nd `Distr`

`2:normalcdf`(65,1,2nd EE,99,63,5) ENTER

La probabilidad de que un estudiante seleccionado haya obtenido una puntuación superior a 65 es de 0,3446.
Para hallar la probabilidad de que un estudiante seleccionado haya obtenido una puntuación *superior a* 65, reste el percentil a 1.

b. Calcule la probabilidad de que un estudiante seleccionado al azar obtenga una calificación inferior a 85.

Solución 2

b. Dibuje un gráfico.

Luego calcule $P(x < 85)$, y sombree el gráfico.

Con una computadora o una calculadora, calcule $P(x < 85) = 1$.

normalcdf(0,85,63,5) = 1 (redondee a uno)

La probabilidad de que un estudiante obtenga una puntuación inferior a 85 es aproximadamente uno (o el 100 %).

c. Calcule el percentil 90 (es decir, halle la puntuación k que tiene el 90 % de las puntuaciones por debajo de k y el 10 % de las puntuaciones por encima de k).

Solución 3

c. Calcule el percentil 90. Para cada problema o parte de un problema, dibuje un nuevo gráfico. Dibuje el eje x. Sombree el área que corresponde al percentil 90.

Supongamos que k = el percentil 90. La variable k se sitúa en el eje x. $P(x < k)$ es el área a la izquierda de k. El percentil 90 k separa las puntuaciones del examen en las que son iguales o inferiores a k y las que son iguales o superiores. El noventa por ciento de los resultados de las pruebas son iguales o inferiores a k, y el diez por ciento son iguales o superiores. La variable k suele llamarse **valor crítico**.

$k = 69{,}4$

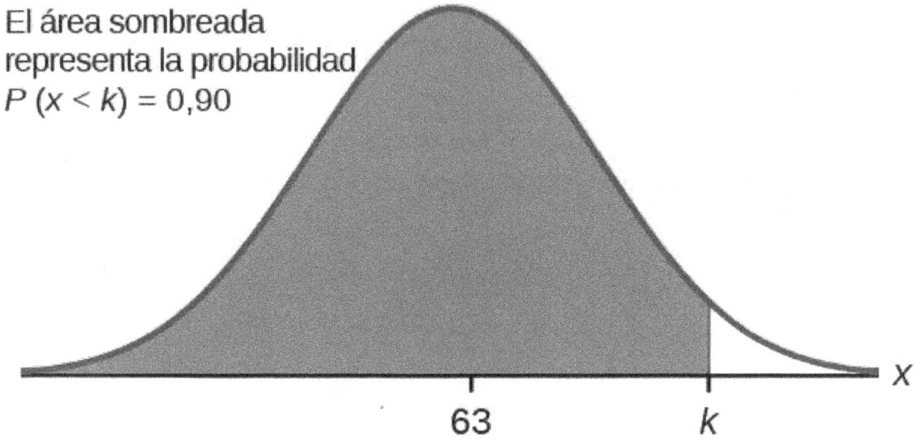

Figura 6.6

El percentil 90 es de 69,4. Esto significa que el 90 % de las puntuaciones de las pruebas se sitúan en un nivel igual o inferior a 69,4 y el 10 % en un nivel igual o superior. Para obtener esta respuesta en la calculadora, siga este paso:

USO DE LAS CALCULADORAS TI-83, 83+, 84, 84+

`invNorm` pulgada 2nd `DISTR`. invNorm(área a la izquierda, media, desviación típica)
Para este problema, invNorm(0,90;63;5) = 69,4

d. Calcule el percentil 70 (es decir, halle la puntuación k tal que el 70 % de las puntuaciones esté por debajo de k y el 30 % de las puntuaciones esté por encima de k).

Solución 4

d. Calcule el percentil 70.

Dibuje un nuevo gráfico y márquelo adecuadamente. $k = 65,6$

El percentil 70 es de 65,6. Esto significa que el 70 % de las puntuaciones de las pruebas se sitúan en un nivel igual o inferior a 65,5 y el 30 % en un nivel igual o superior.

invNorm(0,70;63;5) = 65,6

INTÉNTELO 6.8

Las puntuaciones de golf de un equipo escolar se distribuyen normalmente, con una media de 68 y una desviación típica de tres.

Calcule la probabilidad de que un golfista seleccionado al azar obtenga una puntuación inferior a 65.

EJEMPLO 6.9

Una computadora personal se utiliza para trabajo de oficina en casa, investigación, comunicación, finanzas personales, educación, entretenimiento, redes sociales y un sinfín de cosas más. Supongamos que el número promedio de horas que se utiliza una computadora personal en un hogar para el entretenimiento es de dos horas al día. Supongamos que los tiempos de entretenimiento se distribuyen normalmente y la desviación típica de los tiempos es de media hora.

a. Calcule la probabilidad de que una computadora personal en un hogar se utilice para el entretenimiento entre 1,8 y 2,75 horas al día.

Solución 1

a. Supongamos que X = la cantidad de tiempo (en horas) que se utiliza una computadora personal en un hogar para el entretenimiento. $X \sim N(2, 0,5)$ donde $\mu = 2$ y $\sigma = 0,5$.

Calcule $P(1,8 < x < 2,75)$.

La probabilidad que se busca es el área **entre** $x = 1,8$ y $x = 2,75$. $P(1,8 < x < 2,75) = 0,5886$

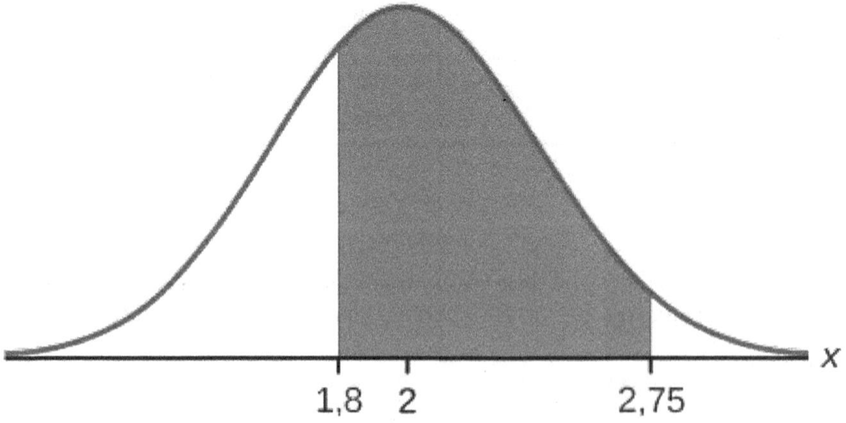

Figura 6.7

normalcdf(1,8;2,75;2;0,5) = 0,5886

La probabilidad de que una computadora personal en un hogar se utilice entre 1,8 y 2,75 horas al día para el entretenimiento es de 0,5886

b. Calcule el número máximo de horas al día que el cuartil inferior de los hogares utiliza una computadora personal para entretenerse.

Solución 2

b. Para hallar el número máximo de horas al día que el cuartil inferior de los hogares utiliza una computadora personal para entretenerse, **calcule el percentil 25,** k, donde $P(x < k) = 0,25$.

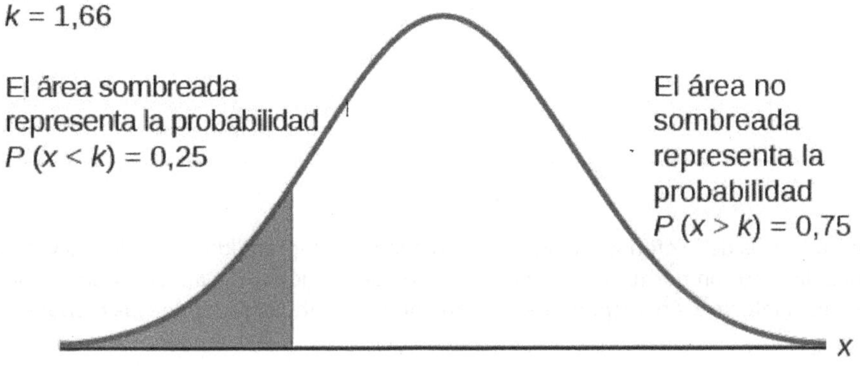

Figura 6.8

invNorm(0,25;2;0,5) = 1,66

El número máximo de horas al día que el cuartil inferior de los hogares utiliza una computadora personal para entretenerse es de 1,66 horas.

INTÉNTELO 6.9

Las puntuaciones de golf de un equipo escolar se distribuyen normalmente, con una media de 68 y una desviación típica de tres. Calcule la probabilidad de que un golfista obtenga una puntuación entre 66 y 70.

EJEMPLO 6.10

En Estados Unidos los usuarios de teléfonos inteligentes con edades comprendidas entre los 13 y los 55 años siguen aproximadamente una distribución normal con una media y una desviación típica aproximadas de 36,9 años y 13,9 años, respectivamente.

a. Determine la probabilidad de que un usuario aleatorio de teléfono inteligente en el rango de edad de 13 a 55 o más tenga entre 23 y 64,7 años.

b. Determine la probabilidad de que un usuario de teléfono inteligente seleccionado al azar en el rango de edad de 13 a 55 o más tenga como máximo 50,8 años.

c. Calcule el percentil 80 de esta distribución e interprételo en una frase completa.

Solución 1

a. normalcdf(23;64,7;36,9;13,9) = 0,8186

b. normalcdf(-10^{99};50,8;36,9;13,9) = 0,8413

c.

invNorm(0,80;36,9;13,9) = 48,6

El percentil 80 es de 48,6 años.
El 80 % de los usuarios de teléfonos inteligentes en el rango de edad de 13 a 55+ años tienen 48,6 años o menos.

INTÉNTELO 6.10

Utilice la información del Ejemplo 6.10 para responder las siguientes preguntas.

a. Calcule el percentil 30, e interprételo en una frase completa.
b. ¿Cuál es la probabilidad de que la edad de un usuario de un teléfono inteligente seleccionado aleatoriamente en el rango de 13 a 55+ sea inferior a 27 años?

EJEMPLO 6.11

En Estados Unidos los usuarios de teléfonos inteligentes con edades comprendidas entre los 13 y los 55 años siguen aproximadamente una distribución normal con una media y una desviación típica aproximadas de 36,9 años y 13,9 años, respectivamente. Con esta información, responda a las siguientes preguntas (redondee las respuestas a un decimal)

a. Calcule el rango intercuartil (IQR).

b. ¿Qué edad tiene el 40 % de los usuarios de teléfonos inteligentes de 13 a 55 años?

Solución 1

a.

$IQR = Q_3 - Q_1$
Calcule el Q_3 = percentil 75 y Q_1 = percentil 25.
invNorm(0,75;36,9;13,9) = Q_3 = 46,2754
invNorm(0,25;36,9;13,9) = Q_1 = 27,5246
$IQR = Q_3 - Q_1 = 18,8$

b.

Calcule k donde $P(x \geq k) = 0,40$ ("al menos" se traduce en "mayor o igual que")
0,40 = la zona de la derecha.
Área a la izquierda = 1 - 0,40 = 0,60.
El área a la izquierda de k = 0,60.
invNorm(0,60;36,9;13,9) = 40,4215.
k = 40,4.
El 40 % de los usuarios de teléfonos inteligentes de 13 a 55 años tienen al menos 40,4 años.

INTÉNTELO 6.11

Dos mil estudiantes hicieron un examen. Las puntuaciones del examen tienen una distribución normal aproximada con una media $\mu = 81$ puntos y una desviación típica $\sigma = 15$ puntos.

a. Calcule las puntuaciones del primer y tercer cuartil de este examen.
b. ¿El 50 % de las puntuaciones del examen se encuentran entre qué dos valores?

EJEMPLO 6.12

Un agricultor de cítricos que cultiva mandarinas comprueba que los diámetros de las mandarinas cosechadas en su finca siguen una distribución normal con un diámetro medio de 5,85 cm y una desviación típica de 0,24 cm.

a. Calcule la probabilidad de que una mandarina seleccionada al azar de esta finca tenga un diámetro superior a 6,0 cm. Dibuje el gráfico.

b. El 20 % de las mandarinas de esta finca tienen diámetros entre _____ y _____.

c. Calcule el percentil 90 de los diámetros de las mandarinas e interprételo en una frase completa.

Solución 1

a. normalcdf(6;10^99;5,85;0,24) = 0,2660

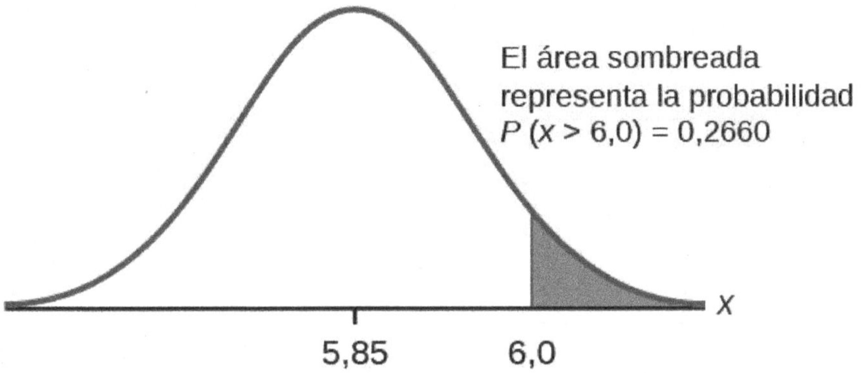

Figura 6.9

b.

1 - 0,20 = 0,80
Las colas del gráfico de la distribución normal tienen un área de 0,40 cada una.
Calcule *k1*, el percentil 40, y *k2*, el percentil 60 (0,40 + 0,20 = 0,60).
k1 = invNorm(0,40;5,85;0,24) = 5,79 cm
k2 = invNorm(0,60;5,85;0,24) = 5,91 cm

c. 6,16: El 90 % del diámetro de las mandarinas es como máximo de 6,16 cm.

INTÉNTELO 6.12

Utilizando la información del Ejemplo 6.12, responda a lo siguiente:

a. El 40 % medio de las mandarinas de esta finca está entre _____ y _____.
b. Calcule el percentil 16 e interprételo en una frase completa.

6.3 Distribución normal (tiempos de vuelta)

Laboratorio de estadística

Distribución normal (tiempos de vuelta)

Hora de la clase:

Nombres:

Resultado de aprendizaje del estudiante

- El estudiante comparará y contrastará datos empíricos y una distribución teórica para determinar si los tiempos de vuelta de Terry Vogel se ajustan a una distribución continua.

Instrucciones

Redondee las frecuencias relativas y las probabilidades a cuatro decimales. Lleve todas las demás respuestas decimales a dos cifras.

Recopilación de datos

1. Utilice los datos del Apéndice C. Use un método de muestreo estratificado por vueltas (carreras 1 a 20) y un generador de números aleatorios para elegir seis tiempos de vuelta de cada estrato. Registre los tiempos de las vueltas dos a siete.

______	______	______	______	______	______
______	______	______	______	______	______
______	______	______	______	______	______
______	______	______	______	______	______
______	______	______	______	______	______
______	______	______	______	______	______

Tabla 6.1

2. Construya un histograma. Haga de cinco a seis intervalos. Dibuje el gráfico con una regla y un lápiz. Escale los ejes.

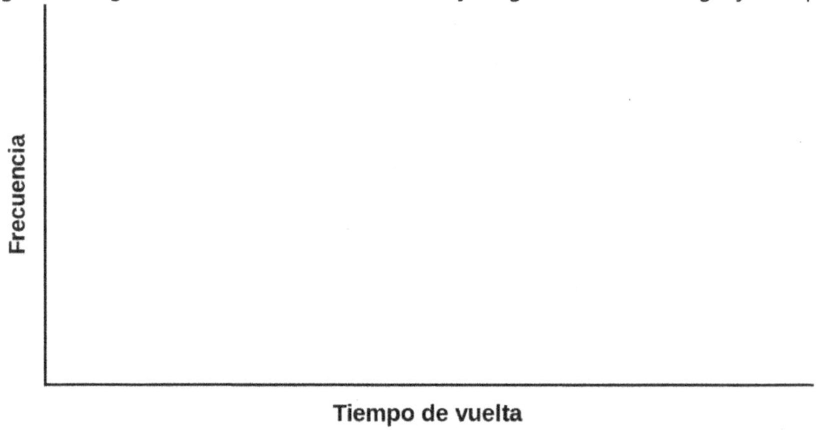

Figura 6.10

3. Calcule lo siguiente:
   a. $\overline{x}$ = ______
   b. s = ______

4. Dibuje una curva suave a través de la parte superior de las barras del histograma. Escriba una o dos oraciones completas para describir la forma general de la curva. (No se complique. ¿El gráfico va en línea recta, tiene forma de V, tiene una joroba en el centro o en los extremos, etc.?)

Analice la distribución

Utilizando la media muestral, la desviación típica muestral y el histograma como apoyo, ¿cuál es la distribución teórica aproximada de los datos?

- X ~ ____(____,____)
- ¿Cómo el histograma lo ayuda a llegar a la distribución aproximada?

Describa los datos
Utilice los datos que ha recopilado para completar los siguientes enunciados.

- El *IQR* va de ________ a ________.
- *IQR* = ________. ($IQR = Q_3 - Q_1$)
- El percentil 15 es ______.
- El percentil 85 es ______.
- La mediana es ______.
- La probabilidad empírica de que un tiempo de vuelta elegido al azar sea superior a 130 segundos es de ______.
- Explique el significado del percentil 85 de estos datos.

Distribución teórica
Complete las siguientes afirmaciones con la distribución teórica. Debe utilizar una aproximación normal con base en los datos de la muestra.

- El *IQR* va de ________ a ________.
- *IQR* = ______.
- El percentil 15 es ______.
- El percentil 85 es ______.
- La mediana es ______.
- La probabilidad de que un tiempo de vuelta elegido al azar sea superior a 130 segundos es de ______.
- Explique el significado del percentil 85 de esta distribución.

Preguntas para el debate
¿Los datos de la sección titulada Recopilación de datos se aproximan a la distribución teórica en la sección titulada Análisis de la distribución? En oraciones completas y comparando el resultado en las secciones tituladas Describir los datos y Distribución teórica, explique por qué sí o por qué no.

6.4 Distribución normal (longitud del meñique)

Laboratorio de estadística

Distribución normal (longitud del meñique)
Hora de la clase:

Nombres:

Resultados del aprendizaje de los estudiantes
- El estudiante comparará los datos empíricos y una distribución teórica para determinar si los datos del experimento siguen una distribución continua.

Recopilación de datos
Mida la longitud de su dedo meñique (en centímetros).

1. Encueste aleatoriamente a 30 adultos para conocer la longitud de sus dedos meñiques. Redondee las longitudes a los 0,5 cm más cercanos.

______	______	______	______	______
______	______	______	______	______
______	______	______	______	______
______	______	______	______	______

Tabla 6.2

______	______	______	______	______
______	______	______	______	______

Tabla 6.2

2. Construya un histograma. Haga de cinco a seis intervalos. Dibuje el gráfico con una regla y un lápiz. Escale los ejes.

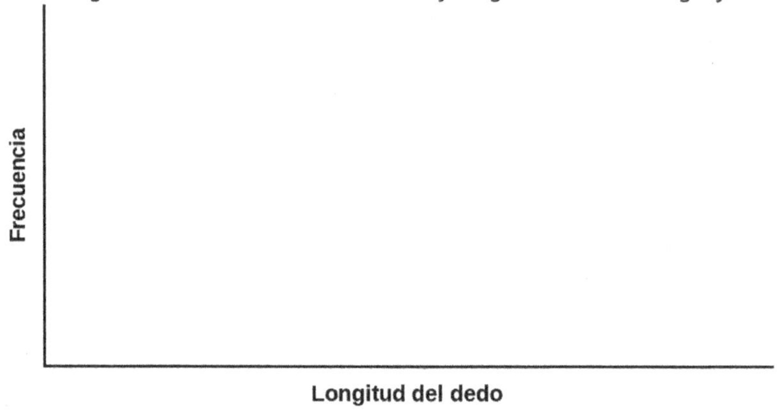

Figura 6.11

3. Calcule lo siguiente.
   a. $\overline{x}$ = ______
   b. s = ______
4. Dibuje una curva suave a través de la parte superior de las barras superiores del histograma. Escriba una o dos oraciones completas para describir la forma general de la curva. (No se complique. ¿El gráfico va en línea recta, tiene forma de V, tiene una joroba en el centro o en los extremos, etc.?)

Analice la distribución

Utilizando la media de la muestra, la desviación típica de la muestra y el histograma, ¿cuál fue la distribución teórica aproximada de los datos que recogió?

- X ~ _____(_____,_____)
- ¿Cómo el histograma lo ayuda a llegar a la distribución aproximada?

Describa los datos

Con los datos que ha recogido, complete las siguientes afirmaciones. (Sugerencia: ordene los datos)

Recuerde

($IQR = Q_3 - Q_1$)

- IQR = ______
- El percentil 15 es ______.
- El percentil 85 es ______.
- La mediana es ______.
- ¿Cuál es la probabilidad teórica de que la longitud de un meñique elegido al azar sea superior a 6,5 cm?
- Explique el significado del percentil 85 de estos datos.

Distribución teórica

Complete las siguientes afirmaciones con la distribución teórica. Utilice una aproximación normal basada en la media y la desviación típica de la muestra.

- IQR = ______
- El percentil 15 es ______.

- El percentil 85 es ______.
- La mediana es ______.
- ¿Cuál es la probabilidad teórica de que la longitud de un meñique elegido al azar sea superior a 6,5 cm?
- Explique el significado del percentil 85 de estos datos.

Preguntas para el debate

¿Los datos que ha recogido ofrecen una aproximación a la distribución teórica? En oraciones completas y comparando los resultados en las secciones tituladas Describa los datos y Distribución teórica, explique por qué sí o por qué no.

Términos Clave

Distribución normal una variable aleatoria continua (RV) con pdf $f(x) = \frac{1}{\sigma\sqrt{2\pi}} e^{\frac{-(x-\mu)^2}{2\sigma^2}}$, donde μ es la media de la distribución y σ es la desviación típica; notación: $X \sim N(\mu, \sigma)$. Si $\mu = 0$ y $\sigma = 1$, la variable aleatoria (random variable, RV) se denomina **distribución normal estándar**.

Distribución normal estándar una variable aleatoria continua (RV) $X \sim N(0, 1)$; cuando X sigue la distribución normal estándar, suele anotarse como $Z \sim N(0, 1)$.

puntuación z la transformación lineal de la forma $z = \frac{x-\mu}{\sigma}$; si esta transformación se aplica a cualquier distribución normal $X \sim N(\mu, \sigma)$ el resultado es la distribución normal estándar $Z \sim N(0,1)$. Si esta transformación se aplica a cualquier valor específico x de la RV con media μ y desviación típica σ, el resultado se denomina puntuación $z$de x. La puntuación z nos permite comparar datos que se distribuyen normalmente, pero que se escalan de forma diferente.

Repaso del capítulo

6.1 La distribución normal estándar

Una puntuación z es un valor estandarizado. Su distribución es la normal estándar, $Z \sim N(0, 1)$. La media de las puntuaciones z es cero y la desviación típica es uno. Si z es la puntuación z para un valor x de la distribución normal $N(\mu, \sigma)$, entonces z indica cuántas desviaciones típicas está x por encima (mayor que) o por debajo (menor que) de μ.

6.2 Uso de la distribución normal

La distribución normal, que es continua, es la más importante de todas las distribuciones de probabilidad. Su gráfico tiene forma de campana. Esta curva en forma de campana se utiliza en casi todas las disciplinas. Al tratarse de una distribución continua, el área total debajo de la curva es uno. Los parámetros de la normal son la media μ y la desviación típica σ. Una distribución normal especial, llamada distribución normal estándar, es la distribución de las puntuaciones z. Su media es cero y su desviación típica es uno.

Repaso de fórmulas

Introducción

$X \sim N(\mu, \sigma)$

μ = la media; σ = la desviación típica

6.1 La distribución normal estándar

z = un valor estandarizado (puntuación z)

media = 0; desviación típica = 1

Para hallar el valor observado, x, cuando se conocen las puntuaciones z:
$x = \mu + (z)\sigma$

puntuación z: $z = \frac{x-\mu}{\sigma}$

Z = la variable aleatoria de las puntuaciones z

6.2 Uso de la distribución normal

Distribución normal: $X \sim N(\mu, \sigma)$ donde μ es la media y σ es la desviación típica.

Distribución normal estándar: $Z \sim N(0, 1)$.

Función de cálculo de la probabilidad: normalcdf (valor x inferior del área, valor x superior del área, media, desviación típica)

Función de cálculo del percentil k: k = invNorm (área a la izquierda de k, media, desviación típica)

Práctica

6.1 La distribución normal estándar

1. Una botella de agua contiene 12,05 onzas líquidas con una desviación típica de 0,01 onzas. Defina la variable aleatoria X con palabras. X = __________.

2. Una distribución normal tiene una media de 61 y una desviación típica de 15. ¿Cuál es la mediana?

3. $X \sim N(1, 2)$

σ = ______

4. Una compañía fabrica pelotas de goma. El diámetro medio de una pelota es de 12 cm con una desviación típica de 0,2 cm. Defina la variable aleatoria X con palabras. X = ____________.

5. $X \sim N(-4, 1)$

¿Cuál es la mediana?

6. $X \sim N(3, 5)$

σ = ______

7. $X \sim N(-2, 1)$

μ = ______

8. ¿Qué mide una puntuación z?

9. ¿Qué hace la estandarización de una distribución normal con la media?

10. ¿$X \sim N(0, 1)$ es una distribución normal estandarizada? ¿Por qué sí o por qué no?

11. ¿Cuál es la puntuación z de $x = 12$, si está dos desviaciones típicas a la derecha de la media?

12. ¿Cuál es la puntuación z de $x = 9$, si está 1,5 desviaciones típicas a la izquierda de la media?

13. ¿Cuál es la puntuación z de $x = -2$, si está a 2,78 desviaciones típicas a la derecha de la media?

14. ¿Cuál es la puntuación z de $x = 7$, si está a 0,133 desviaciones típicas a la izquierda de la media?

15. Supongamos que $X \sim N(2, 6)$. ¿Qué valor de x tiene una puntuación z de tres?

16. Supongamos que $X \sim N(8, 1)$. ¿Qué valor de x tiene una puntuación z de −2,25?

17. Supongamos que $X \sim N(9, 5)$. ¿Qué valor de x tiene una puntuación z de −0,5?

18. Supongamos que $X \sim N(2, 3)$. ¿Qué valor de x tiene una puntuación z de −0,67?

19. Supongamos que $X \sim N(4, 2)$. ¿Qué valor de x está a 1,5 desviaciones típicas a la izquierda de la media?

20. Supongamos que $X \sim N(4, 2)$. ¿Qué valor de x está a dos desviaciones típicas a la derecha de la media?

21. Supongamos que $X \sim N(8, 9)$. ¿Qué valor de x está a 0,67 desviaciones típicas a la izquierda de la media?

22. Supongamos que $X \sim N(-1, 2)$. ¿Cuál es la puntuación z de $x = 2$?

23. Supongamos que $X \sim N(12, 6)$. ¿Cuál es la puntuación z de $x = 2$?

24. Supongamos que $X \sim N(9, 3)$. ¿Cuál es la puntuación z de $x = 9$?

25. Supongamos que una distribución normal tiene una media de seis y una desviación típica de 1,5. ¿Cuál es la puntuación z de $x = 5{,}5$?

26. En una distribución normal, $x = 5$ y $z = -1{,}25$. Esto le dice que $x = 5$ está a ___ desviaciones típicas a la ___ (derecha o izquierda) de la media.

27. En una distribución normal, $x = 3$ y $z = 0{,}67$. Esto le dice que $x = 3$ está a ___ desviaciones típicas a la ___ (derecha o izquierda) de la media.

28. En una distribución normal, $x = -2$ y $z = 6$. Esto le dice que $x = -2$ está a ___ desviaciones típicas a la ___ (derecha o izquierda) de la media.

29. En una distribución normal, $x = -5$ y $z = -3{,}14$. Esto le dice que $x = -5$ está a ___ desviaciones típicas a la ___ (derecha o izquierda) de la media.

30. En una distribución normal, $x = 6$ y $z = -1{,}7$. Esto le dice que $x = 6$ está a ___ desviaciones típicas a la ___ (derecha o izquierda) de la media.

31. Aproximadamente, ¿qué porcentaje de los valores de x de una distribución normal están dentro de una desviación típica (a la izquierda y a la derecha) de la media de dicha distribución?

32. Aproximadamente, ¿qué porcentaje de los valores de x de una distribución normal están dentro de dos desviaciones típicas (a la izquierda y a la derecha) de la media de dicha distribución?

33. ¿Qué porcentaje de los valores de x están entre la segunda y la tercera desviación típica (en ambos lados)?

34. Supongamos que $X \sim N(15, 3)$. ¿Entre qué valores de x está el 68,27 % de los datos? El rango de valores de x está centrado en la media de la distribución (es decir, 15).

35. Supongamos que $X \sim N(-3, 1)$. ¿Entre qué valores de x está el 95,45 % de los datos? El rango de valores de x está centrado en la media de la distribución (es decir, −3).

36. Supongamos que $X \sim N(-3, 1)$. ¿Entre qué valores de x está el 34,14 % de los datos?

37. ¿Aproximadamente qué porcentaje de los valores de x están entre la media y tres desviaciones típicas?

38. ¿Qué porcentaje de los valores de x están entre la media y una desviación típica?

39. Aproximadamente, ¿qué porcentaje de los valores de x están entre la primera y la segunda desviación típica de la media (en ambos lados)?

40. ¿Qué porcentaje de los valores de x están entre la primera y la tercera desviación típica (en ambos lados)?

Use la siguiente información para responder los dos próximos ejercicios: la vida de los reproductores de CD de Sunshine se distribuye normalmente, con una media de 4,1 años y una desviación típica de 1,3 años. El reproductor de CD tiene una garantía de tres años. Nos interesa la duración de un reproductor de CD.

41. Defina la variable aleatoria X con palabras. X = _____________.

42. $X \sim$ ____(____,____)

6.2 Uso de la distribución normal

43. ¿Cómo representaría el área a la izquierda de uno en un enunciado de probabilidad?

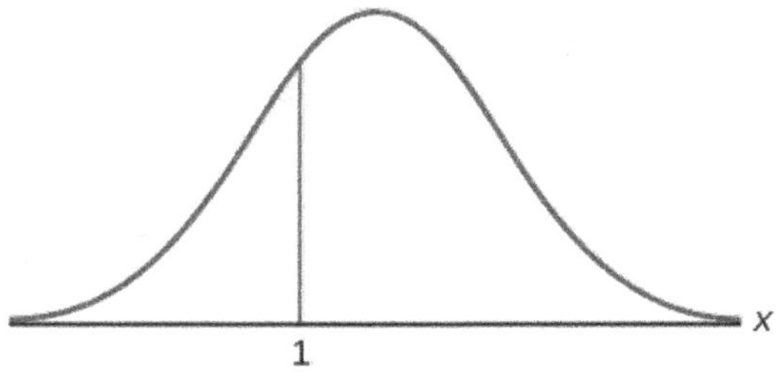

Figura 6.12

44. ¿Cuál es el área a la derecha de uno?

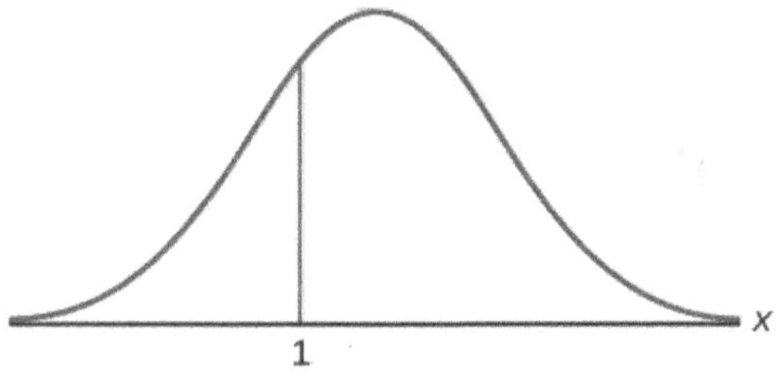

Figura 6.13

45. ¿$P(x < 1)$ es igual a $P(x \leq 1)$? ¿Por qué?

46. ¿Cómo representaría el área a la izquierda de tres en un enunciado de probabilidad?

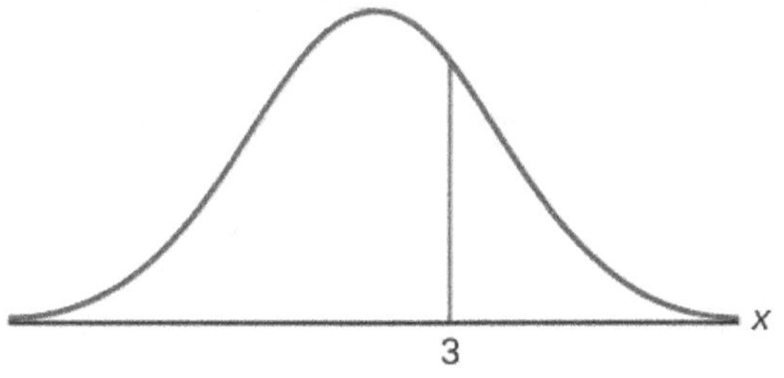

Figura 6.14

47. ¿Cuál es el área a la derecha de tres?

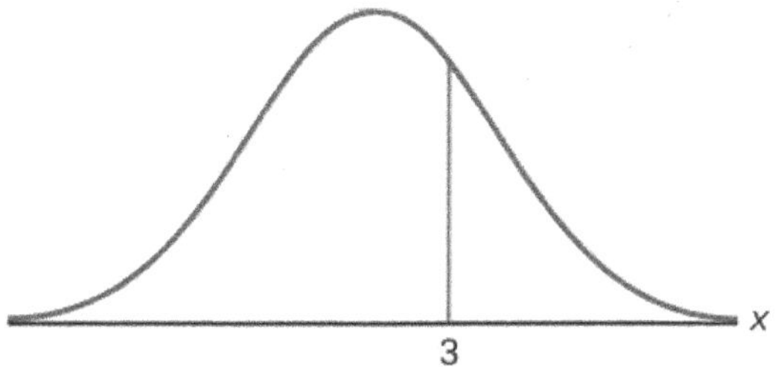

Figura 6.15

48. Si el área a la izquierda de x en una distribución normal es 0,123, ¿cuál es el área a la derecha de x?

49. Si el área a la derecha de x en una distribución normal es 0,543, ¿cuál es el área a la izquierda de x?

Use la siguiente información para responder los próximos cuatro ejercicios:

$X \sim N(54, 8)$

50. Calcule la probabilidad de que $x > 56$.

51. Calcule la probabilidad de que $x < 30$.

52. Calcule el percentil 80.

53. Calcule el percentil 60.

54. $X \sim N(6, 2)$

Calcule la probabilidad de que x esté entre tres y nueve.

55. $X \sim N(-3, 4)$

Calcule la probabilidad de que x esté entre uno y cuatro.

56. $X \sim N(4, 5)$

Calcule el máximo de x en el cuartil inferior.

57. *Use la siguiente información para responder el próximo ejercicio:* La vida de los reproductores de CD de Sunshine se distribuye normalmente, con una media de 4,1 años y una desviación típica de 1,3 años. El reproductor de CD tiene una garantía de tres años. Nos interesa la duración de un reproductor de CD. Calcule la probabilidad de que un reproductor de CD se averíe durante el periodo de garantía.

a. Haga un esquema de la situación. Identifique y escale los ejes. Sombree la región correspondiente a la probabilidad.

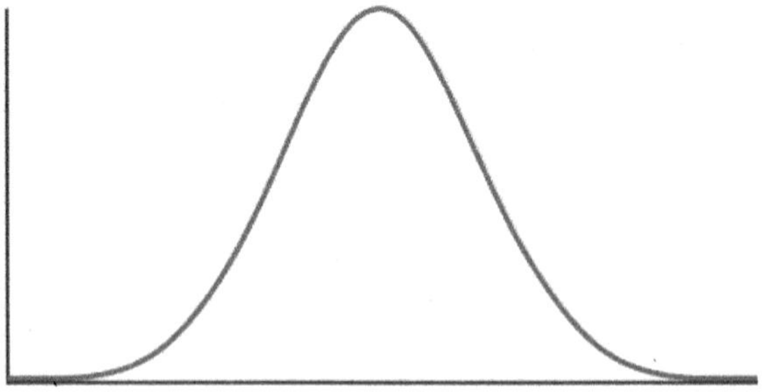

Figura 6.16

b. $P(0 < x <$ __________$) =$ _________ (use el cero para el valor mínimo de x.)

58. Calcule la probabilidad de que un reproductor de CD dure entre 2,8 y seis años.

a. Haga un esquema de la situación. Identifique y escale los ejes. Sombree la región correspondiente a la probabilidad.

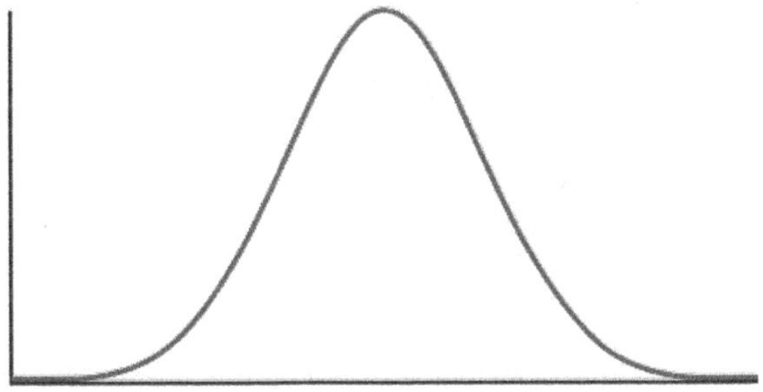

Figura 6.17

b. *P*(________ < *x* < ________) = ________

59. Calcule el percentil 70 de la distribución para el tiempo que dura un reproductor de CD.

a. Haga un esquema de la situación. Identifique y escale los ejes. Sombree la región correspondiente al 70 % inferior.

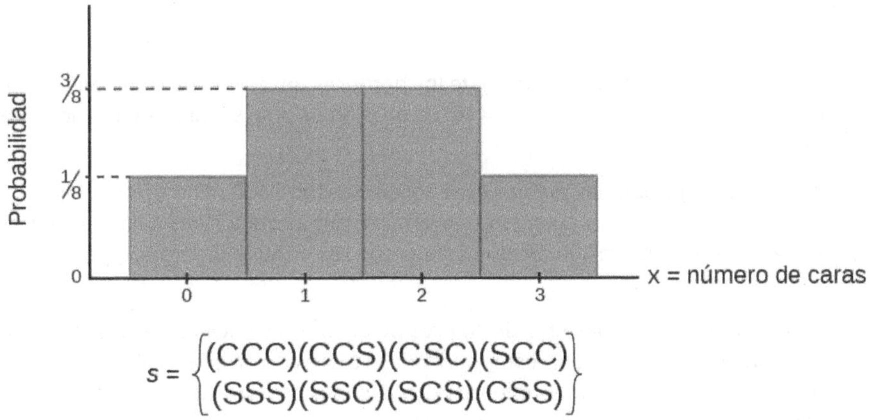

Figura 6.18

b. *P*(*x* < *k*) = ________ Por lo tanto, *k* = ________

Tarea para la casa

6.1 La distribución normal estándar

Use la siguiente información para responder los dos próximos ejercicios: el tiempo de recuperación del paciente de un procedimiento quirúrgico en particular se distribuye normalmente, con una media de 5,3 días y una desviación típica de 2,1 días.

60. ¿Cuál es la mediana del tiempo de recuperación?

a. 2,7
b. 5,3
c. 7,4
d. 2,1

61. ¿Cuál es la puntuación *z* de un paciente que tarda diez días en recuperarse?

a. 1,5
b. 0,2
c. 2,2
d. 7,3

62. El tiempo que se tarda en hallar un puesto para estacionar a las 9 a. m. sigue una distribución normal con una media de cinco minutos y una desviación típica de dos minutos. Si la media es significativamente mayor que la desviación típica, ¿cuál de las siguientes afirmaciones es cierta?

I. Los datos no pueden seguir la distribución uniforme.
II. Los datos no pueden seguir la distribución exponencial.
III. Los datos no pueden seguir la distribución normal.

a. I solo
b. II solo
c. III solo
d. I, II y III

63. Las alturas de los 430 jugadores de la Asociación Nacional de Baloncesto (National Basketball Association, NBA) figuraban en las listas de los equipos al comienzo de la temporada 2005-2006. Las alturas de los jugadores de baloncesto tienen una distribución normal aproximada con una media, $\mu = 79$ pulgadas y una desviación típica, $\sigma = 3{,}89$ pulgadas. Para cada una de las siguientes alturas, calcule la puntuación *z* e interprétala utilizando oraciones completas.

a. 77 pulgadas
b. 85 pulgadas
c. Si un jugador de la NBA informara que su altura tiene una puntuación *z* de 3,5, ¿le creería? Explique su respuesta.

64. La presión arterial sistólica (dada en milímetros) de los hombres tiene una distribución aproximadamente normal con media $\mu = 125$ y desviación típica $\sigma = 14$. La presión arterial sistólica de los hombres sigue una distribución normal.

a. Calcule las puntuaciones *z* para las presiones sistólicas de 100 y 150 milímetros en hombres.
b. Si un amigo le dijera que cree que su presión arterial sistólica está 2,5 desviaciones típicas por debajo de la media, pero que cree que su presión arterial está entre 100 y 150 milímetros, ¿qué le diría?

65. El médico de Kyle le dijo que la puntuación *z* de su presión arterial sistólica es de 1,75. ¿Cuál de las siguientes es la mejor interpretación de esta calificación estandarizada? La presión arterial sistólica (dada en milímetros) de los hombres tiene una distribución aproximadamente normal con media $\mu = 125$ y desviación típica $\sigma = 14$. Si X = una calificación de presión arterial sistólica, entonces $X \sim N(125, 14)$.

a. ¿Qué respuesta(s) **es(son)** correcta(s)?
   i. La presión arterial sistólica de Kyle es de 175.
   ii. La presión arterial sistólica de Kyle es 1,75 veces la presión arterial promedio de los hombres de su edad.
   iii. La presión arterial sistólica de Kyle es 1,75 por encima de la presión arterial sistólica promedio de los hombres de su edad.
   iv. La presión arterial sistólica de Kyles está 1,75 desviaciones típicas por encima de la presión arterial sistólica promedio de los hombres.
b. Calcule la presión arterial de Kyle.

66. La altura y el peso son dos medidas que se utilizan para seguir el desarrollo del niño. La Organización Mundial de la Salud mide el desarrollo infantil comparando el peso de niños de la misma altura y del mismo sexo. En 2009, los pesos de todas las niñas de 80 cm de la población de referencia tenían una media $\mu = 10{,}2$ kg y una desviación típica $\sigma = 0{,}8$ kg. Los pesos se distribuyen normalmente. $X \sim N(10{,}2, 0{,}8)$. Calcule las puntuaciones *z* que corresponden a las siguientes ponderaciones e interprételas.

a. 11 kg
b. 7,9 kg
c. 12,2 kg

67. En 2005, 1.475.623 estudiantes que iban a continuar estudios superiores tomaron la SAT. La distribución de las calificaciones en la sección de Matemáticas de la SAT sigue una distribución normal con media $\mu = 520$ y desviación típica $\sigma = 115$.

a. Calcule la puntuación *z* para una calificación de la SAT de 720. Interprételo con una oración completa.
b. ¿Qué calificación de la SAT de Matemáticas está 1,5 desviaciones típicas por encima de la media? ¿Qué puede decir de esta calificación en la SAT?
c. En 2012, la prueba de Matemáticas de la SAT tuvo una media de 514 y una desviación típica de 117. El examen de Matemáticas de la Prueba de Admisión en la Educación Superior de Estados Unidos (American College Testing, ACT) es una alternativa a la SAT y se distribuye aproximadamente normal, con una media de 21 y una desviación típica de 5,3. Si una persona toma el examen de Matemáticas de la SAT y obtiene 700 puntos y una segunda persona toma el examen de Matemáticas de la ACT y obtiene 30 puntos, ¿quién lo hizo mejor con respecto al examen que tomó?

6.2 Uso de la distribución normal

Use la siguiente información para responder los dos próximos ejercicios: el tiempo de recuperación del paciente de un procedimiento quirúrgico en particular se distribuye normalmente, con una media de 5,3 días y una desviación típica de 2,1 días.

68. ¿Cuál es la probabilidad de pasar más de dos días en recuperación?

a. 0,0580
b. 0,8447
c. 0,0553
d. 0,9420

69. ¿El percentil 90 de los tiempos de recuperación es?

a. 8,89
b. 7,07
c. 7,99
d. 4,32

Use la siguiente información para responder los próximos tres ejercicios: El tiempo que se tarda en encontrar un puesto de estacionamiento a las 9 a. m. sigue una distribución normal con una media de cinco minutos y una desviación típica de dos minutos.

70. Con base en la información dada y justificada numéricamente, ¿le sorprendería que tardara menos de un minuto en encontrar un puesto de estacionamiento?

a. Sí
b. No
c. No se puede determinar

71. Calcule la probabilidad de que se tarde al menos ocho minutos en encontrar un puesto de estacionamiento.

a. 0,0001
b. 0,9270
c. 0,1862
d. 0,0668

72. El setenta por ciento de las veces, ¿cuántos minutos se tarda en encontrar un puesto de estacionamiento?

a. 1,24
b. 2,41
c. 3,95
d. 6,05

73. Según un estudio realizado por estudiantes de De Anza, la altura de los hombres adultos asiáticos se distribuye normalmente, con un promedio de 66 pulgadas y una desviación típica de 2,5 pulgadas. Supongamos que se elige al azar un hombre adulto asiático. Supongamos que X = la altura de la persona.

a. X ~ ____(____,____)
b. Calcule la probabilidad de que la persona tenga entre 65 y 69 pulgadas de alto. Incluya un esquema del gráfico y escriba una declaración de probabilidad.
c. ¿Espera hallar muchos hombres adultos asiáticos de más de 72 pulgadas de alto? Explique por qué sí o por qué no, y justifique su respuesta numéricamente.

74. El IQ se distribuye normalmente, con una media de 100 y una desviación típica de 15. Supongamos que se elige una persona al azar. Supongamos que X = IQ de una persona.

a. X ~ ____(____,____)
b. Calcule la probabilidad de que la persona tenga un IQ superior a 120. Incluya un esquema del gráfico y escriba una declaración de probabilidad.
c. MENSA es una organización cuyos miembros tienen el 2 % más alto de todos los IQ. Calcule el IQ mínimo necesario para poder acceder a la organización MENSA. Dibuje el gráfico y escriba el enunciado de la probabilidad.
d. ¿El 50 % de los coeficientes intelectuales se sitúan entre qué dos valores? Dibuje el gráfico y escriba el enunciado de la probabilidad.

75. El porcentaje de calorías de grasa que consume una persona en Estados Unidos cada día se distribuye normalmente, con una media de 36 aproximadamente y una desviación típica de 10. Supongamos que se elige una persona al azar. Supongamos que X = porcentaje de calorías de grasa.

a. X ~ ____(____,____)
b. Calcule la probabilidad de que el porcentaje de calorías de grasa que consume una persona sea superior a 40. Grafique la situación. Sombree en la zona por determinar.
c. Calcule el número máximo para el cuarto inferior del porcentaje de calorías de grasa. Dibuje el gráfico y escriba el enunciado de la probabilidad.

76. Supongamos que la distancia de los batazos de aire lanzados al campo (en béisbol) se distribuye normalmente, con una media de 250 pies y una desviación típica de 50 pies.

a. Si X = distancia en pies para un batazo de aire, entonces X ~ ____(____,____)
b. Si se elige al azar un batazo de aire de esta distribución, ¿cuál es la probabilidad de que la pelota haya volado menos de 220 pies? Dibuje el gráfico. Escale el eje horizontal X. Sombree la región correspondiente a la probabilidad. Calcule la probabilidad.
c. Calcule el percentil 80 de la distribución de los batazos de aire. Dibuje el gráfico y escriba el enunciado de la probabilidad.

77. En China, los niños de cuatro años pasan un promedio de tres horas al día sin supervisión. La mayoría de los niños sin supervisión viven en zonas rurales, consideradas seguras. Supongamos que la desviación típica es de 1,5 horas y que la cantidad de tiempo que se pasa solo se distribuye normalmente. Seleccionamos al azar un niño chino de cuatro años que vive en una zona rural. Nos interesa la cantidad de tiempo que el niño pasa solo al día.

a. Defina la variable aleatoria X en palabras.
b. X ~ ____(____,____)
c. Calcule la probabilidad de que el niño pase menos de una hora al día sin supervisión. Dibuje el gráfico y escriba el enunciado de la probabilidad.
d. ¿Qué porcentaje de niños pasa más de diez horas al día sin supervisión?
e. ¿Cuánto tiempo como mínimo pasan al día sin supervisión el setenta por ciento de los niños?

78. En las elecciones presidenciales de 1992, los 40 distritos electorales de Alaska obtuvieron un promedio de 1.956,8 votos por distrito para el presidente Clinton. La desviación típica fue de 572,3 (solo hay 40 distritos electorales en Alaska). La distribución de los votos por distrito para el presidente Clinton tuvo forma de campana. Supongamos que X = número de votos para el presidente Clinton para un distrito electoral.

a. Indique la distribución aproximada de X.
b. ¿1.956,8 es una media poblacional o una media muestral? ¿Cómo lo sabe?
c. Calcule la probabilidad de que un distrito seleccionado al azar tenga menos de 1.600 votos para el presidente Clinton. Dibuje el gráfico y escriba el enunciado de la probabilidad.
d. Calcule la probabilidad de que un distrito seleccionado al azar tenga entre 1.800 y 2.000 votos para el presidente Clinton.
e. Calcule el tercer cuartil de votos para el presidente Clinton.

79. Supongamos que se sabe que la duración de un determinado tipo de juicio penal se distribuye normalmente, con una media de 21 días y una desviación típica de siete días.

a. Defina la variable aleatoria X en palabras.
b. X ~ ____(____,____)
c. Si uno de los juicios se elige al azar, calcule la probabilidad de que haya durado, al menos, 24 días. Dibuje el gráfico y escriba el enunciado de la probabilidad.
d. ¿En cuántos días se completan el sesenta por ciento de los juicios de este tipo?

80. Terri Vogel, una corredora de motos aficionada, tiene un promedio de 129,71 segundos por vuelta de 2,5 millas (en una carrera de siete vueltas) con una desviación típica de 2,28 segundos. La distribución de sus tiempos de carrera se distribuye normalmente. Estamos interesados en una de sus vueltas seleccionadas al azar.

a. Defina la variable aleatoria X en palabras.
b. X ~ ____(____,____)
c. Calcule el porcentaje de sus vueltas que se completan en menos de 130 segundos.
d. El 3 % de sus vueltas más rápidas están por debajo de ____.
e. El 80 % de sus vueltas son de ______ segundos a ______ segundos.

81. Thuy Dau, Ngoc Bui, Sam Su y Lan Voung realizaron una encuesta sobre el tiempo que los clientes de Lucky afirmaron que esperaban en la fila de la caja hasta que les llegaba su turno. Supongamos que X = tiempo en fila. La Tabla 6.3 muestra los datos reales ordenados (en minutos):

0,50	4,25	5	6	7,25
1,75	4,25	5,25	6	7,25
2	4,25	5,25	6,25	7,25
2,25	4,25	5,5	6,25	7,75
2,25	4,5	5,5	6,5	8
2,5	4,75	5,5	6,5	8,25
2,75	4,75	5,75	6,5	9,5
3,25	4,75	5,75	6,75	9,5
3,75	5	6	6,75	9,75
3,75	5	6	6,75	10,75

Tabla 6.3

a. Calcule la media y la desviación típica de la muestra.
b. Construya un histograma.
c. Dibuje una curva suave a través de los puntos medios de la parte superior de las barras.
d. Describa la forma de su histograma y la curva suave en palabras.
e. Supongamos que la media muestral se aproxime a μ y la desviación típica de la muestra se aproxime a σ. La distribución de X puede entonces ser aproximada por $X \sim$ ____(____,____)
f. Utilice la distribución de la parte e para calcular la probabilidad de que una persona espere menos de 6,1 minutos.
g. Determine la frecuencia relativa acumulada para esperar menos de 6,1 minutos.
h. ¿Por qué las respuestas de las partes f y g no son exactamente iguales?
i. ¿Por qué las respuestas de las partes f y g son tan cercanas?
j. Si solo se hubiera encuestado a diez clientes en vez de 50, ¿cree que las respuestas de las partes f y g habrían estado más cerca o más lejos? Explique su conclusión.

82. Supongamos que Ricardo y Anita asisten a institutos universitarios diferentes. El GPA de Ricardo es igual al GPA de su escuela. El GPA de Anita está 0,70 desviaciones típicas por encima del GPA de su escuela. En oraciones completas, explique por qué cada una de las siguientes afirmaciones puede ser falsa.

a. El GPA real de Ricardo es menor que el de Anita.
b. Ricardo no aprueba porque su puntuación z es cero.
c. Anita está en el percentil 70 de los estudiantes de su instituto universitario.

83. La Tabla 6.4 muestra la capacidad máxima (número máximo de espectadores) de los estadios deportivos. La tabla no incluye los hipódromos de carreras de caballos o estadios de carrera de automóviles.

40.000	40.000	45.050	45.500	46.249	48.134
49.133	50.071	50.096	50.466	50.832	51.100
51.500	51.900	52.000	52.132	52.200	52.530
52.692	53.864	54.000	55.000	55.000	55.000
55.000	55.000	55.000	55.082	57.000	58.008
59.680	60.000	60.000	60.492	60.580	62.380
62.872	64.035	65.000	65.050	65.647	66.000
66.161	67.428	68.349	68.976	69.372	70.107
70.585	71.594	72.000	72.922	73.379	74.500
75.025	76.212	78.000	80.000	80.000	82.300

Tabla 6.4

a. Calcule la media muestral y la desviación típica muestral de la capacidad máxima de los estadios deportivos (los datos).
b. Construya un histograma.
c. Dibuje una curva suave a través de los puntos medios de la parte superior de las barras del histograma.
d. Describa la forma de su histograma y la curva suave en palabras.
e. Supongamos que la media muestral se aproxime a μ y la desviación típica de la muestra se aproxime a σ. La distribución de X puede entonces ser aproximada por X ~ ____(____,____).
f. Utilice la distribución de la parte e para calcular la probabilidad de que la capacidad máxima de los estadios deportivos sea inferior a 67.000 espectadores.
g. Determine la frecuencia relativa acumulada de que la capacidad máxima de los estadios deportivos sea inferior a 67.000 espectadores. Pista: Ordene los datos y cuente los estadios deportivos que tienen una capacidad máxima inferior a 67.000. Divida por el número total de estadios deportivos de la muestra.
h. ¿Por qué las respuestas de las partes f y g no son exactamente iguales?

84. Un perito de una demanda de paternidad declara que la duración de un embarazo se distribuye normalmente, con una media de 280 días y una desviación típica de 13 días. El presunto padre estuvo fuera del país entre 240 y 306 días antes del nacimiento del niño, por lo que el embarazo habría durado menos de 240 días o más de 306 días si era el padre. El parto no tuvo complicaciones y el niño no necesitó ninguna intervención médica. ¿Cuál es la probabilidad de que NO sea el padre? ¿Cuál es la probabilidad de que pueda ser el padre? Calcule primero las puntuaciones z y luego utilícelas para calcular la probabilidad.

85. La línea de montaje de NUMMI, que lleva funcionando desde 1984, ha construido un promedio de 6.000 automóviles y camiones a la semana. Por lo general, el 10 % de los automóviles salían defectuosos de la cadena de montaje. Supongamos que tomamos una muestra aleatoria de $n = 100$ automóviles. Supongamos que X el número de automóviles defectuosos de la muestra. ¿Qué podemos decir de X con respecto a la regla empírica 68-95-99,7 (se habla de una desviación típica, dos desviaciones típicas y tres desviaciones típicas de la media)? Supongamos una distribución normal para los automóviles defectuosos de la muestra.

86. Lanzamos una moneda 100 veces ($n = 100$) y observamos que solo sale cara el 20 % ($p = 0,20$) de las veces. La media y la desviación típica del número de veces que la moneda cae cara es $\mu = 20$ y $\sigma = 4$ (verifica la media y la desviación típica). Resuelva lo siguiente:

a. Hay un 68 % de posibilidades de que el número de caras esté entre ___ y ___.
b. Hay una probabilidad de ___ de que el número de caras esté entre 12 y 28.
c. Hay una probabilidad de ___ de que el número de caras esté entre ocho y 32.

87. Un billete de lotería de 1 dólar resultará ganador una de cada cinco veces. De un cargamento de $n = 190$ billetes de lotería, calcule la probabilidad de que haya

a. entre 34 y 54 premios.
b. entre 54 y 64 premios.
c. más de 64 premios.

88. Facebook ofrece una serie de estadísticas en su sitio web que detallan el crecimiento y la popularidad del sitio.

En promedio, el 28 % de los jóvenes de 18 a 34 años consultan sus perfiles de Facebook antes de levantarse de la cama por la mañana. Supongamos que este porcentaje sigue una distribución normal con una desviación típica del cinco por ciento.

a. Calcule la probabilidad de que el porcentaje de personas de 18 a 34 años que revisan Facebook antes de levantarse de la cama por la mañana sea al menos del 30.
b. Calcule el percentil 95 y expréselo en una frase.

Referencias

6.1 La distribución normal estándar

"Blood Pressure of Males and Females". StatCruch, 2013. Disponible en línea en http://www.statcrunch.com/5.0/viewreport.php?reportid=11960 (consultado el 14 de mayo de 2013).

"The Use of Epidemiological Tools in Conflict-affected populations: Open-access educational resources for policy-makers: Calculation of z-scores". London School of Hygiene and Tropical Medicine, 2009. Disponible en línea en http://conflict.lshtm.ac.uk/page_125.htm (consultado el 14 de mayo de 2013).

"2012 College-Bound Seniors Total Group Profile Report". CollegeBoard, 2012. Disponible en línea en http://media.collegeboard.com/digitalServices/pdf/research/TotalGroup-2012.pdf (consultado el 14 de mayo de 2013).

"Digest of Education Statistics: ACT score average and standard deviations by sex and race/ethnicity and percentage of ACT test takers, by selected composite score ranges and planned fields of study: Selected years, 1995 through 2009". National Center for Education Statistics. Disponible en línea en http://nces.ed.gov/programs/digest/d09/tables/dt09_147.asp (consultado el 14 de mayo de 2013).

Datos de *The Mercury News* de San José.

Datos de *The World Almanac and Book of Facts.*

"List of stadiums by capacity". Wikipedia. Disponible en línea en https://en.wikipedia.org/wiki/List_of_stadiums_by_capacity (consultado el 14 de mayo de 2013).

Datos de la Asociación Nacional de Baloncesto. Disponible en línea en www.nba.com (consultado el 14 de mayo de 2013).

6.2 Uso de la distribución normal

"Naegele's rule". Wikipedia. Disponible en línea en http://en.wikipedia.org/wiki/Naegele's_rule (consultado el 14 de mayo de 2013).

"403: NUMMI". Chicago Public Media & Ira Glass, 2013. Disponible en línea en http://www.thisamericanlife.org/radio-archives/episode/403/nummi (consultado el 14 de mayo de 2013).

"Scratch-Off Lottery Ticket Playing Tips". WinAtTheLottery.com, 2013. Disponible en línea en http://www.winatthelottery.com/public/department40.cfm (consultado el 14 de mayo de 2013).

"Smart Phone Users, By The Numbers". Visual.ly, 2013. Disponible en línea en http://visual.ly/smart-phone-users-numbers (consultado el 14 de mayo de 2013).

"Facebook Statistics". Statistics Brain. Disponible en línea en http://www.statisticbrain.com/facebook-statistics/ (consultado el 14 de mayo de 2013).

Soluciones

1. onzas de agua en una botella

3. 2

5. -4

7. -2

9. La media se convierte en cero.

11. $z = 2$

13. $z = 2{,}78$

15. $x = 20$

17. $x = 6{,}5$

19. $x = 1$

21. $x = 1{,}97$

23. $z = -1.67$

25. $z \approx -0{,}33$

27. 0,67, derecha

29. 3,14, izquierda

31. alrededor del 68 %

33. alrededor del 4 %

35. entre –5 y –1

37. alrededor del 50 %

39. alrededor del 27 %

41. La vida útil de un reproductor de CD de Sunshine se mide en años.

43. $P(x < 1)$

45. Sí, porque son iguales en una distribución continua: $P(x = 1) = 0$

47. $1 - P(x < 3)$ o $P(x > 3)$

49. $1 - 0{,}543 = 0{,}457$

51. 0,0013

53. 56,03

55. 0,1186

57.
a. Compruebe la solución del estudiante.
b. 3; 0,1979

59.
a. Compruebe la solución del estudiante.
b. 0,70, 4,78 años

61. c

63.
a. Utilice la fórmula de la puntuación *z*. $z = -0{,}5141$. La altura de 77 pulgadas es 0,5141 desviaciones típicas por debajo de la media. Un jugador de la NBA cuya altura es de 77 pulgadas es más bajo que el promedio.
b. Utilice la fórmula de la puntuación *z*. $z = 1{,}5424$. La altura 85 pulgadas es 1,5424 desviaciones típicas por encima de la media. Un jugador de la NBA cuya altura es de 85 pulgadas es más alto que el promedio.
c. Altura = 79 + 3,5(3,89) = 92,615 pulgadas, los cual es más alto que 7 pies y 8 pulgadas. Hay muy pocos jugadores de la NBA tan altos, así que la respuesta es no, no es probable.

65.
a. iv
b. La presión arterial de Kyle es igual a 125 + (1,75)(14) = 149,5.

67. Supongamos que X = una calificación de Matemáticas de la SAT y Y = una calificación de Matemáticas del ACT.

a. $X = 720$ $\frac{720 - 520}{15} = 1{,}74$. La calificación del examen de 720 está 1,74 desviaciones típicas por encima de la media de 520.
b. $z = 1{,}5$.
La calificación de la SAT de Matemáticas es $520 + 1{,}5(115) \approx 692{,}5$. La calificación del examen de 692,5 está 1,5 desviaciones típicas por encima de la media de 520.
c. $\frac{X - \mu}{\sigma} = \frac{700 - 514}{117} \approx 1{,}59$, la puntuación *z* de la SAT. $\frac{Y - \mu}{\sigma} = \frac{30 - 21}{5{,}3} \approx 1{,}70$, las puntuaciones *z* del ACT. Con respecto a la prueba que tomaron, la persona que presentó el ACT obtuvo mejores resultados (tiene la puntuación *z* más alta).

69. c

71. d

73.
a. $X \sim N(66; 2,5)$
b. 0,5404
c. No, la probabilidad de que un hombre asiático mida más de 72 pulgadas es de 0,0082

75.
a. $X \sim N(36, 10)$
b. La probabilidad de que una persona consuma más del 40 % de sus calorías en forma de grasa es de 0,3446.
c. Aproximadamente el 25 % de las personas consumen menos del 29,26 % de sus calorías en forma de grasa.

77.
a. X = número de horas que un niño chino de cuatro años en una zona rural está sin supervisión durante el día.
b. $X \sim N(3, 1,5)$
c. La probabilidad de que el niño pase menos de una hora al día sin supervisión es de 0,0918.
d. La probabilidad de que un niño pase más de diez horas al día sin supervisión es inferior a 0,0001.
e. 2,21 horas

79.
a. X = la distribución del número de días que durará un determinado tipo de juicio penal
b. $X \sim N(21, 7)$
c. La probabilidad de que un juicio seleccionado al azar dure más de 24 días es de 0,3336.
d. 22,77

81.
a. media = 5,51, s = 2,15
b. Compruebe la solución del estudiante.
c. Compruebe la solución del estudiante.
d. Compruebe la solución del estudiante.
e. $X \sim N(5,51; 2,15)$
f. 0,6029
g. La frecuencia acumulada para menos de 6,1 minutos es de 0,64.
h. Las respuestas de las partes f y g no son exactamente iguales, ya que la distribución normal es solo una aproximación a la real.
i. Las respuestas de las partes f y g son cercanas, ya que una distribución normal es una excelente aproximación cuando el tamaño de la muestra es superior a 30.
j. La aproximación habría sido menos precisa porque el menor tamaño de la muestra hace que los datos no se ajusten tan bien a la curva normal.

83.
1. media = 60.136
   s = 10.468
2. Las respuestas variarán.
3. Las respuestas variarán.
4. Las respuestas variarán.
5. $X \sim N(60136, 10468)$
6. 0,7440
7. La frecuencia relativa acumulada es 43/60 = 0,717.
8. Las respuestas para la parte f y la parte g no son las mismas, porque la distribución normal es solo una aproximación.

85. $n = 100$; $p = 0,1$; $q = 0,9$
$\mu = np = (100)(0,10) = 10$
$\sigma = \sqrt{npq} = \sqrt{(100)(00,1)(00,9)} = 3$

i. $z = \pm 1$: $x_1 = \mu + z\sigma = 10 + 1(3) = 13$ y $x2 = \mu - z\sigma = 10 - 1(3) = 7$. El 68 % de los autos defectuosos estarán entre siete y 13.

ii. $z = \pm 2$: $x_1 = \mu + z\sigma = 10 + 2(3) = 16$ and $x2 = \mu - z\sigma = 10 - 2(3) = 4$. El 95 % de los autos defectuosos estarán entre 4 y 16
iii. $z = \pm 3$: $x_1 = \mu + z\sigma = 10 + 3(3) = 19$ and $x2 = \mu - z\sigma = 10 - 3(3) = 1$. El 99,7 % de los coches defectuosos estarán entre uno y 19.

87. $n = 190$; $p = \frac{1}{5} = 0{,}2$; $q = 0{,}8$
$\mu = np = (190)(0{,}2) = 38$
$\sigma = \sqrt{npq} = \sqrt{(190)(00{,}2)(00{,}8)} = 5{,}5136$

a. Para este problema: $P(34 < x < 54)$ = normalcdf(34;54;48;5,5136) = 0,7641
b. Para este problema: $P(54 < x < 64)$ = normalcdf(54;64;48;5,5136) = 0,0018
c. Para este problema: $P(x > 64)$ = normalcdf(64,10^{99},48,5.5136) = 0,0000012 (aproximadamente 0)

7 EL TEOREMA DEL LÍMITE CENTRAL

Figura 7.1 Si quiere determinar la distribución del cambio que la gente lleva en sus bolsillos, utilizando el teorema del límite central y suponiendo que su muestra es lo suficientemente grande, encontrará que la distribución es normal y tiene forma de campana (créditos: John Lodder).

Objetivos del Capítulo

Al final de este capítulo el estudiante podrá:

- Reconocer los problemas del teorema central del límite.
- Clasificar los problemas de palabras continuas por sus distribuciones.
- Aplicar e interpretar el teorema del límite central para las medias.
- Aplicar e interpretar el teorema del límite central para las sumas.

Introducción

¿Por qué nos preocupan tanto las medias? Hay dos razones: nos dan un punto medio de comparación y son fáciles de calcular. En este capítulo estudiará las medias y el **teorema del límite central**.

El **teorema del límite central** (central limit theorem, TLC) es una de las ideas más poderosas y útiles de toda la estadística. Hay dos formas alternativas del teorema, y ambas alternativas se refieren a la extracción de muestras finitas de tamaño n de una población con una media conocida, μ, y una desviación típica conocida, σ. La primera alternativa indica que si recogemos muestras de tamaño n con una "n suficientemente grande", calculamos la media de cada muestra y creamos un histograma de esas medias, entonces el histograma resultante tenderá a tener una forma de campana normal aproximada. La segunda alternativa indica que si volvemos a recoger muestras de tamaño n que sean "suficientemente grandes", calculamos la suma de cada muestra y creamos un histograma, entonces el histograma resultante volverá a tener una forma de campana normal.

El tamaño de la muestra, n, que se requiere para ser "suficientemente grande" depende de la población original de la que se extraen las muestras (el tamaño de la muestra debe ser, al menos, 30 o los datos deben proceder de una distribución normal). Si la población original está lejos de ser normal, se necesitan más observaciones para que las medias o sumas de la muestra sean normales. **El muestreo se realiza con sustitución.**

Sería difícil exagerar la importancia del teorema del límite central en la teoría estadística. Saber que los datos, aunque su distribución no sea normal, se comportan de forma predecible es una herramienta poderosa.

EJERCICIO COLABORATIVO

Supongamos que ocho de ustedes tiran un dado justo diez veces, siete de ustedes tiran dos dados justos diez veces, nueve de ustedes tiran cinco dados justos diez veces y 11 de ustedes tiran diez dados justos diez veces.

Cada vez que una persona tira más de un dado, calcule la **media** muestral de las caras que aparecen. Por ejemplo, una persona puede tirar cinco dados justos y obtener 2, 2, 3, 4, 6 en una tirada.

La media es $\frac{2+2+3+4+6}{5}$ = 3,4. El 3,4 es una media cuando se tiran cinco dados justos. Esta misma persona lanzaría los cinco dados nueve veces más y calcularía otras nueve medias para un total de diez medias.

Su instructor repartirá los dados entre varias personas. Tire los dados diez veces. Para cada tiro, anote las caras y halle la media. Redondee al 0,5 más cercano.

Su instructor (y posiblemente usted) dibujará un gráfico (puede ser un histograma) para un dado, un gráfico para dos dados, un gráfico para cinco dados y un gráfico para diez dados. Dado que la "media" al lanzar un dado es solo la cara de este, ¿qué distribución parecen representar estas **medias**?

Dibuje el gráfico de las medias utilizando dos dados. ¿Las medias de las muestras muestran algún tipo de patrón?

Dibuje el gráfico de las medias utilizando cinco dados. ¿Ve algún patrón emergente?

Por último, dibuje el gráfico de las medias utilizando diez dados. ¿Ve algún patrón en el gráfico? ¿Qué puede concluir al aumentar el número de dados?

A medida que el número de dados lanzados aumenta de uno a dos y de cinco a diez, ocurre lo siguiente:

1. La media de las medias de las muestras sigue siendo aproximadamente la misma.
2. La dispersión de las medias muestrales (la desviación típica de las medias muestrales) se reduce.
3. El gráfico parece más inclinado y delgado.

Acaba de demostrar el teorema del límite central (TLC).

El teorema del límite central indica que, a medida que aumenta el número de dados, **las medias de las muestras tienden a una distribución normal (la distribución de muestreo).**

7.1 Teorema del límite central de medias muestrales (promedios)

Supongamos que *X* es una variable aleatoria con una distribución que puede ser conocida o desconocida (puede ser cualquier distribución). Utilizando un subíndice que coincida con la variable aleatoria, supongamos:

a. μ_X = la media de *X*
b. σ_X = la desviación típica de *X*

Si se extraen muestras aleatorias de tamaño *n*, a medida que *n* aumenta, la variable aleatoria $\overline{x}$ que consiste en las medias muestrales, tiende a **distribuirse normalmente** y

$$\overline{x} \sim N\left(\mu_X, \frac{\sigma X}{\sqrt{n}}\right).$$

El **teorema del límite central** para las medias muestrales indica que si se extraen repetidamente muestras de un tamaño determinado (como lanzar repetidamente diez dados) y se calculan sus medias, estas tienden a seguir una distribución normal (la distribución muestral). A medida que aumenta el tamaño de la muestra, la distribución de las medias se ajusta más a la distribución normal. La distribución normal tiene la misma media que la distribución original y una varianza que es igual a la varianza original dividida por el tamaño de la muestra. La desviación típica es la raíz cuadrada de la varianza, por lo que la desviación típica de la distribución muestral es la desviación típica de la distribución original dividida por la raíz cuadrada de *n*. La variable *n* es el número de valores que se promedian juntos, no el número de veces que se realiza el experimento.

Para decirlo de manera más formal, si se extraen muestras aleatorias de tamaño n, la distribución de la variable aleatoria $\overline{x}$, que consiste en las medias muestrales, se denomina **distribución muestral de la media**. La distribución muestral de la media se aproxima a una distribución normal a medida que aumenta n, el **tamaño de la muestra**.

La variable aleatoria $\overline{x}$ tiene asociada una puntuación z diferente a la de la variable aleatoria X. La media $\overline{x}$ es el valor de $\overline{x}$ en una muestra.

$$z = \frac{\overline{x} - \mu_X}{\left(\frac{\sigma_X}{\sqrt{n}}\right)}$$

μ_X es el promedio de X y $\overline{x}$.

$\sigma_{\overline{x}} = \frac{\sigma_X}{\sqrt{n}}$ = desviación típica de $\overline{x}$ y se denomina **error estándar de la media.**

USO DE LAS CALCULADORAS TI-83, 83+, 84, 84+

Para calcular las probabilidades de las medias en la calculadora, siga estos pasos.

2.° DISTR
2:normalcdf

$$normalcde\left(\text{valor más bajo del área, valor más alto del área, media, } \frac{\text{desviación típica}}{\sqrt{\text{tamaño de la muestra}}}\right)$$

donde:

- la *media* es la media de la distribución original
- la *desviación típica* es la desviación típica de la distribución original
- el *tamaño de la muestra* = n

EJEMPLO 7.1

Una distribución desconocida tiene una media de 90 y una desviación típica de 15. Las muestras de tamaño n = 25 se extraen aleatoriamente de la población.

a. Calcule la probabilidad de que la **media de la muestra** esté entre 85 y 92.

Solución 1

a. Supongamos que X = un valor de la población original desconocida. La pregunta de probabilidad le pide que calcule una probabilidad para la **media de la muestra**.

Supongamos que $\overline{x}$ = la media de una muestra de tamaño 25. Dado que μ_X = 90, σ_X = 15 y n = 25,

$\overline{x} \sim N\left(90, \frac{15}{\sqrt{25}}\right)$.

Calcule $P(85 < \overline{x} < 92)$. Dibuje un gráfico.

$P(85 < \overline{x} < 92) = 0{,}6997$

La probabilidad de que la media de la muestra esté entre 85 y 92 es de 0,6997.

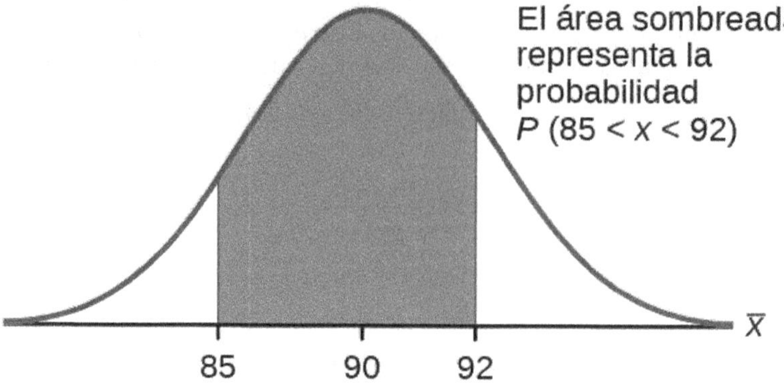

Figura 7.2

USO DE LAS CALCULADORAS TI-83, 83+, 84, 84+

`normalcdf`(valor inferior, valor superior, media, error estándar de la media)

La lista de parámetros se abrevia (valor inferior, valor superior, μ, $\frac{\sigma}{\sqrt{n}}$)

`normalcdf`(85,92,90,$\frac{15}{\sqrt{25}}$) = 0,6997

b. Calcule el valor que está dos desviaciones típicas por encima del valor esperado, 90, de la media de la muestra.

Solución 2

b. Para calcular el valor que está dos desviaciones típicas por encima del valor esperado 90, utilice la fórmula:

valor = μ_x + (#deTSDEVs)$\left(\frac{\sigma x}{\sqrt{n}}\right)$

valor = 90 + 2 $\left(\frac{15}{\sqrt{25}}\right)$ = 96

El valor que está dos desviaciones típicas por encima del valor esperado es 96.

El error estándar de la media es $\frac{\sigma x}{\sqrt{n}} = \frac{15}{\sqrt{25}} = 3$. Recordemos que el error estándar de la media es una descripción de la distancia (en promedio) que la media de la muestra estará de la media de la población en muestras aleatorias simples repetidas de tamaño *n*.

INTÉNTELO 7.1

Una distribución desconocida tiene una media de 45 y una desviación típica de ocho. Las muestras de tamaño *n* = 30 se extraen aleatoriamente de la población. Calcule la probabilidad de que la media de la muestra esté entre 42 y 50.

EJEMPLO 7.2

El tiempo, en horas, que tarda un grupo de personas "mayores de 40 años" en jugar un partido de fútbol se distribuye normalmente con una **media de dos horas** y una **desviación típica de 0,5 horas.** Una **muestra de tamaño *n* = 50** se extrae aleatoriamente de la población. Calcule la probabilidad de que la **media de la muestra** esté entre 1,8 horas y 2,3 horas.

Solución 1

Supongamos que *X* = el tiempo, en horas, que se necesita para jugar un partido de fútbol.

La pregunta de probabilidad le pide que calcule una probabilidad para la **media de tiempo de la muestra, en horas**, que se necesita para jugar un partido de fútbol.

Supongamos que $\overline{x}$ = la **media** de tiempo, en horas, que se necesita para jugar un partido de fútbol.

Si μ_X = ________, σ_X = ________, y n = $\overline{X} \sim N$(_____, _____) por el teorema del límite central para las medias muestrales

$\mu_X = 2$, $\sigma_X = 0{,}5$, $n = 50$, y $X \sim N\left(2, \frac{0{,}5}{\sqrt{50}}\right)$

Calcule $P(1{,}8 < \overline{x} < 2{,}3)$. Dibuje un gráfico.

$P(1{,}8 < \overline{x} < 2{,}3) = 0{,}9977$

`normalcdf`$\left(1.8,2.3,2,\frac{0{,}5}{\sqrt{50}}\right) = 0{,}9977$

La probabilidad de que la media de tiempo esté entre 1,8 horas y 2,3 horas es de 0,9977.

INTÉNTELO 7.2

La duración de la prueba SAT para un grupo de estudiantes se distribuye normalmente con una media de 2,5 horas y una desviación típica de 0,25 horas. Una muestra de tamaño $n = 60$ se extrae aleatoriamente de la población. Calcule la probabilidad de que la media muestral esté entre dos horas y tres horas.

USO DE LAS CALCULADORAS TI-83, 83+, 84, 84+

Para calcular los percentiles de las medias en la calculadora, siga estos pasos.

2nd DIStR
3:invNorm

$k = \text{invNorm}\left(\text{área a la izquierda de } k\text{, media, } \frac{\textit{standatd deviation}}{\sqrt{\textit{sample sice}}}\right)$

donde:

- k = el percentil k
- la *media* es la media de la distribución original
- la *desviación típica* es la desviación típica de la distribución original
- el *tamaño de la muestra* = n

EJEMPLO 7.3

En un estudio reciente publicado el 29 de octubre de 2012 en el blog de Flurry, la edad media de los usuarios de tabletas es de 34 años. Supongamos que la desviación típica es de 15 años. Tome una muestra de tamaño $n = 100$.

a. ¿Cuál es la media y la desviación típica de la muestra de edades medias de los usuarios de tabletas?
b. ¿Cómo es la distribución?
c. Calcule la probabilidad de que la media de edad de la muestra sea superior a 30 años (la media de edad declarada de los usuarios de tabletas en este estudio en particular).
d. Calcule el percentil 95 de la edad media de la muestra (con un decimal).

Solución 1

a. Como la media muestral tiende a apuntar a la media poblacional, tenemos $\mu_X = \mu = 34$. La desviación típica de la muestra viene dada por $\sigma_X = \frac{\sigma}{\sqrt{n}} = \frac{15}{\sqrt{100}} = \frac{15}{10} = 1{,}5$

b. El teorema del límite central establece que para tamaños de muestra grandes (n), la distribución de la muestra será aproximadamente normal.
c. La probabilidad de que la edad media de la muestra sea superior a 30 años viene dada por $P(\overline{X} > 30)$ = normalcdf(30,E99,34;1,5) = 0,9962
d. Supongamos que k = el percentil 95.
$k = \text{invNorm}\left(0{,}95{,}34,\frac{15}{\sqrt{100}}\right) = 36{,}5$

INTÉNTELO 7.3

En un artículo del blog de Flurry, se identifica una brecha en el mercadeo del juego para los hombres de entre 30 y 40 años. Investiga un juego de una empresa emergente dirigido al público de 35 años. Su idea es desarrollar un juego de estrategia que puedan jugar hombres de entre 20 y 30 años. Según los datos del artículo, la investigación del sector muestra que el jugador promedio de estrategia tiene 28 años, con una desviación típica de 4,8 años. Se toma una muestra de 100 jugadores seleccionados aleatoriamente. Si su mercado objetivo es de 29 a 35 años, ¿debe seguir con su estrategia de desarrollo?

EJEMPLO 7.4

El número medio de minutos de participación en la aplicación por parte de un usuario de tableta es de 8,2 minutos. Supongamos que la desviación típica es de un minuto. Tome una muestra de 60.

a. ¿Cuál es la media y la desviación típica de la muestra del número de la media de participación en aplicaciones por parte de un usuario de tableta?
b. ¿Cuál es el error estándar de la media?
c. Calcule el percentil 90 para la media de tiempo de la muestra para la participación en la aplicación para un usuario de la tableta. Interprete este valor en una oración completa.
d. Calcule la probabilidad de que la media de la muestra esté entre 8 minutos y 8,5 minutos.

Solución 1

a. $\mu_{\overline{x}} = \mu = 8{,}2 \ \sigma_{\overline{x}} = \frac{\sigma}{\sqrt{n}} = \frac{1}{\sqrt{60}} = 0{,}13$
b. Esto nos permite calcular la probabilidad de que las medias muestrales estén a una determinada distancia de la media, en muestras repetidas de tamaño 60.
c. Supongamos que k = el percentil 90
$k = \texttt{invNorm}\left(0{,}90.80{,}2,\frac{1}{\sqrt{60}}\right) = 8.37$. Estos valores indican que el 90 por ciento del tiempo promedio de interacción en la aplicación para los usuarios de la mesa es inferior a 8,37 minutos.
d. $P(X < 5)\ \overline{x} < 8{,}5) = \texttt{normalcdf}\left(8.8.5{,}80{,}2,\frac{1}{\sqrt{60}}\right) = 0{,}9293$

INTÉNTELO 7.4

Las latas de una bebida de cola dicen contener 16 onzas. Se miden las cantidades de una muestra y la estadística es $n = 34$, $\overline{x} = 16{,}01$ onzas. Si las latas se llenan de forma que $\mu = 16{,}00$ onzas (como se indica en la etiqueta) y $\sigma = 0{,}143$ onzas, halle la probabilidad de que una muestra de 34 latas tenga una cantidad promedio superior a 16,01 onzas. ¿Los resultados sugieren que las latas se llenan con una cantidad superior a las 16 onzas?

7.2 El teorema del límite central para las sumas

Supongamos que X es una variable aleatoria con una distribución que puede ser **conocida o desconocida** (puede ser cualquier distribución) y supongamos que:

a. μ_X = la media de X
b. σ_X = la desviación típica de X

Si se extraen muestras aleatorias de tamaño n, a medida que aumenta n, la variable aleatoria ΣX formada por sumas tiende a **distribuirse normalmente** y $\Sigma X \sim N((n)(\mu_X), (\sqrt{n})(\sigma_X))$.

El teorema del límite central para las sumas indica que si se extraen repetidamente muestras de un tamaño determinado (como lanzar repetidamente diez dados) y se calcula la suma de cada muestra, estas sumas tienden a seguir una distribución normal. A medida que aumenta el tamaño de la muestra, la distribución de las medias se ajusta más a la distribución normal. **La distribución normal tiene una media igual a la media original multiplicada por el tamaño de la muestra y una desviación típica igual a la desviación típica original multiplicada por la raíz cuadrada del tamaño de la muestra.**

La variable aleatoria ΣX tiene asociada la siguiente puntuación z:

a. Σx es una suma.
b. $z = \frac{\Sigma x - (n)(\mu_X)}{(\sqrt{n})(\sigma_X)}$
i. $(n)(\mu_X)$ = la media de ΣX
ii. $(\sqrt{n})(\sigma_X)$ = desviación típica de ΣX

USO DE LAS CALCULADORAS TI-83, 83+, 84, 84+

Para calcular las probabilidades de las sumas en la calculadora, siga estos pasos.

2.° `DISTR`
2:`normalcdf`
`normalcdf`(valor inferior del área, valor superior del área, (n)(media), $(\sqrt{n})$(desviación típica))

donde:

- la *media* es la media de la distribución original
- la *desviación típica* es la desviación típica de la distribución original
- ***tamaño de la muestra*** = n

EJEMPLO 7.5

Una distribución desconocida tiene una media de 90 y una desviación típica de 15. Se extrae aleatoriamente una muestra de tamaño 80 de la población.

a. Calcule la probabilidad de que la suma de los 80 valores (o el total de los 80 valores) sea superior a 7.500.
b. Calcule la suma que está 1,5 desviaciones típicas por encima de la media de las sumas.

Solución 1
Supongamos que X = un valor de la población original desconocida. La pregunta de probabilidad le pide que calcule una probabilidad para **la suma (o el total de) 80 valores.**

ΣX = la suma o el total de 80 valores. Como $\mu_X = 90$, $\sigma_X = 15$, y $n = 80$, $\Sigma X \sim N((80)(90), (\sqrt{80})(15))$

- media de las sumas $= (n)(\mu_X) = (80)(90) = 7.200$
- desviación típica de las sumas $= (\sqrt{n})(\sigma_X) = (\sqrt{80})(15)$
- suma de 80 valores $= \Sigma x = 7.500$

a. Calcule $P(\Sigma x > 7.500)$

$P(\Sigma x > 7.500) = 0{,}0127$

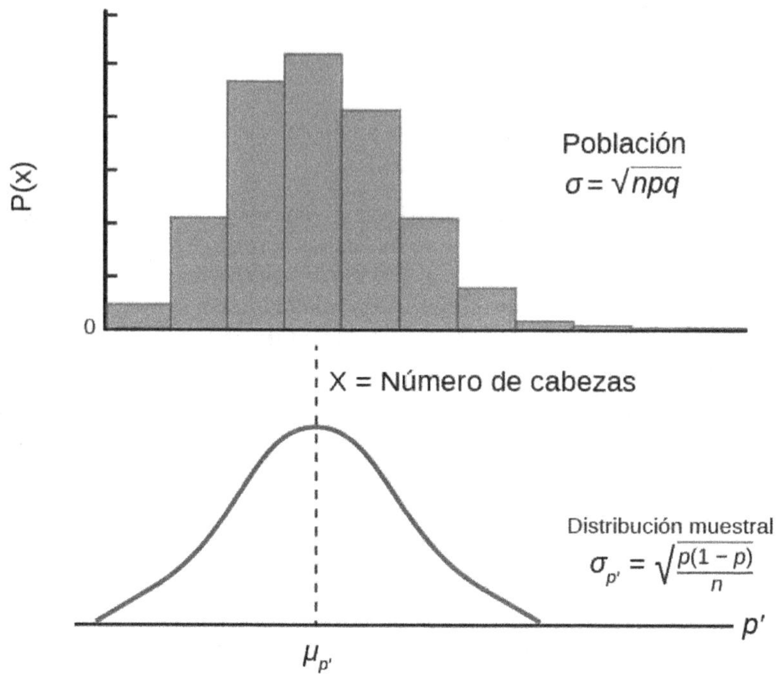

Figura 7.3

USO DE LAS CALCULADORAS TI-83, 83+, 84, 84+

`normalcdf`(valor inferior, valor superior, media de las sumas, `stdev` de sumas)

La lista de parámetros se abrevia (inferior, superior, $(n)(\mu_X, \left(\sqrt{n}\right)(\sigma_X))$

`normalcdf` $(7500,1E99,(80)(90),\left(\sqrt{80}\right)(15)) = 0{,}0127$

Recordatorio

1E99 = 10^{99}.

Pulse EE para E.

b. Calcule Σx donde $z = 1{,}5$.

$\Sigma x = (n)(\mu_X) + (z)\left(\sqrt{n}\right)(\sigma_X) = (80)(90) + (1{,}5)(\sqrt{80})(15) = 7.401{,}2$

INTÉNTELO 7.5

Una distribución desconocida tiene una media de 45 y una desviación típica de ocho. Se extrae aleatoriamente una muestra de tamaño 50 de la población. Calcule la probabilidad de que la suma de los 50 valores sea superior a 2.400.

USO DE LAS CALCULADORAS TI-83, 83+, 84, 84+

Para calcular los percentiles de las sumas en la calculadora, siga estos pasos.

2nd DIStR
3:invNorm
k = invNorm (área a la izquierda de k, (n)(media), ($\sqrt{n}$)(desviación típica))

donde:

- k es el **percentil** k
- la *media* es la media de la distribución original
- la *desviación típica* es la desviación típica de la distribución original
- el *tamaño de la muestra* = n

EJEMPLO 7.6

En un estudio reciente publicado el 29 de octubre de 2012 en el blog de Flurry, la edad media de los usuarios de tabletas es de 34 años. Supongamos que la desviación típica es de 15 años. La muestra es de tamaño 50.

a. ¿Cuál es la media y la desviación típica de la suma de las edades de usuarios de tabletas? ¿Cuál es la distribución?
b. Calcule la probabilidad de que la suma de las edades esté entre 1.500 y 1.800 años.
c. Calcule el percentil 80 para la suma de las edades de 50.

Solución 1

a. $\mu_{\Sigma x} = n\mu_x = 50(34) = 1.700$ y $\sigma_{\Sigma x} = \sqrt{n}\sigma_x = (\sqrt{50})(15) = 106{,}07$
La distribución es normal para las sumas por el teorema del límite central.
b. $P(1500 < \Sigma x < 1800)$ = `normalcdf` (1.500, 1.800, (50)(34), ($\sqrt{50}$)(15)) = 0,7974
c. Supongamos que k = el percentil 80.
k = `invNorm`(0,80,(50)(34),($\sqrt{50}$)(15)) = 1.789,3

INTÉNTELO 7.6

En un estudio reciente publicado el 29 de octubre de 2012 en el blog de Flurry, la edad media de los usuarios de tabletas era de 35 años. Supongamos que la desviación típica es de diez años. El tamaño de la muestra es de 39.

a. ¿Cuál es la media y la desviación típica de la suma de las edades de usuarios de tabletas? ¿Cuál es la distribución?
b. Calcule la probabilidad de que la suma de las edades esté entre 1.400 y 1.500 años.
c. Calcule el percentil 90 para la suma de las edades de 39.

EJEMPLO 7.7

El número medio de minutos de participación en la aplicación por parte de un usuario de tableta es de 8,2 minutos. Supongamos que la desviación típica es de un minuto. Tome una muestra de tamaño 70.

a. ¿Cuáles son la media y la desviación típica de las sumas?
b. Calcule el percentil 95 para la suma de la muestra. Interprete este valor en una oración completa.
c. Calcule la probabilidad de que la suma de la muestra sea de al menos diez horas.

Solución 1

a. $\mu_{\Sigma x} = n\mu_x = 70(8{,}2) = 574$ minutos y $\sigma_{\Sigma x} = (\sqrt{n})(\sigma_x) = (\sqrt{70})(1) = 8{,}37$ minutos
b. Supongamos que k = el percentil 95.
k = invNorm (0,95,(70)(8,2),($\sqrt{70}$)(1)) = 587,76 minutos
El noventa y cinco por ciento de las sumas de los tiempos de participación en la aplicación son como máximo 587,76 minutos.
c. diez horas = 600 minutos

$P(\Sigma x \geq 600)$ = `normalcdf(600,E99,(70)(8,2),(`$\sqrt{70}$`)(1))` = 0,0009

> INTÉNTELO 7.7

El número de la media de minutos de participación en la aplicación por el uso de una mesa es de 8,2 minutos. Supongamos que la desviación típica es de un minuto. Tome una muestra de tamaño 70.

a. ¿Cuál es la probabilidad de que la suma de la muestra esté entre siete y diez horas? ¿Qué significa esto en el contexto del problema?
b. Calcule los percentiles 84 y 16 para la suma de la muestra. Interprete estos valores en su contexto.

7.3 Uso del teorema del límite central

Es importante que entienda cuándo utilizar el **teorema del límite central**. Si se le pide que halle la probabilidad de la media, utilice el TLC para la media. Si se le pide que halle la probabilidad de una suma o un total, utilice el TLC para sumas. Esto también se aplica a los percentiles para las medias y las sumas.

NOTA

Si se le pide que halle la probabilidad de un valor **individual, no** utilice el TLC. **Utilice la distribución de su variable aleatoria.**

Ejemplos del teorema del límite central

Ley de los grandes números

La **ley de los grandes números** indica que si se toman muestras cada vez más grandes de cualquier población, entonces la media $\overline{x}$ de la muestra tiende a acercarse cada vez más a μ. Por el teorema del límite central, sabemos que a medida que n se hace más grande, las medias muestrales siguen una distribución normal. Cuanto mayor sea n, menor será la desviación típica (recuerde que la desviación típica para $\overline{X}$ es $\frac{\sigma}{\sqrt{n}}$). Esto significa que la media muestral $\overline{x}$ debe estar cerca de la media poblacional μ. Podemos decir que μ es el valor al que se acercan las medias muestrales a medida que n es mayor. El teorema del límite central ilustra la ley de los grandes números.

Teorema del límite central para los ejemplos de media y suma

EJEMPLO 7.8

Se realiza un estudio sobre el estrés entre los estudiantes de un campus universitario. **Las puntuaciones de estrés siguen una distribución uniforme** con la puntuación de estrés más baja igual a uno y la más alta igual a cinco. Utilizando una muestra de 75 estudiantes, calcule:

a. La probabilidad de que la **puntuación media de estrés** de los 75 estudiantes sea inferior a dos.
b. El percentil 90 de la **puntuación media de estrés** de los 75 estudiantes.
c. La probabilidad de que **el total de las 75 puntuaciones de estrés** sea inferior a 200.
d. El percentil 90 de la **puntuación total de estrés** de los 75 estudiantes.

Supongamos que X = una puntuación de estrés.

En los problemas a y b se pide calcular una probabilidad o un percentil para una **media**. En los problemas c y d se pide calcular una probabilidad o un percentil para un **total o una suma**. El tamaño de la muestra, n, es igual a 75.

Dado que las puntuaciones individuales de estrés siguen una distribución uniforme, $X \sim U(1, 5)$ donde $a = 1$ y $b = 5$ (vea Variables aleatorias continuas para una explicación de la distribución uniforme).

$\mu_X = \frac{a+b}{2} = \frac{1+5}{2} = 3$

$\sigma_X = \sqrt{\frac{(b-a)^2}{12}} = \sqrt{\frac{(5-1)^2}{12}} = 1{,}15$

Para los problemas a. y b., sea $\overline{X}$ = la puntuación media de estrés de los 75 estudiantes. Entonces,

$\overline{X} \sim N\left(3, \frac{10{,}15}{\sqrt{75}}\right)$

a. Halle $P(\overline{x} < 2)$. Dibuje el gráfico.

Solución 1

a. $P(\overline{x} < 2) = 0$

La probabilidad de que la puntuación media de estrés sea inferior a dos es aproximadamente cero.

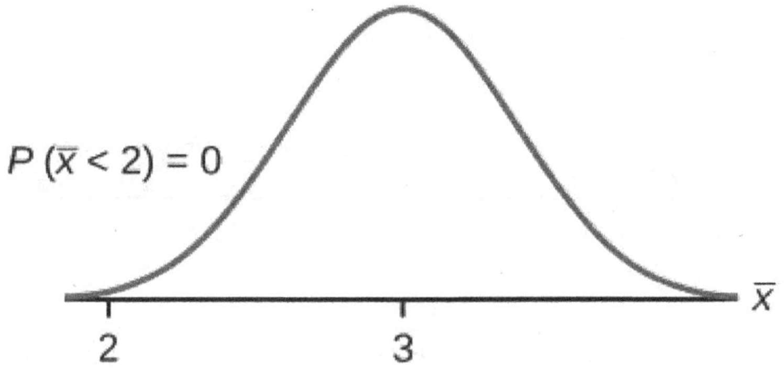

Figura 7.4

`normalcdf` $\left(1{,}2{,}3{,}\frac{10{,}15}{\sqrt{75}}\right) = 0$

Recordatorio

La menor puntuación de estrés es uno.

b. Calcule el percentil 90 para la media de 75 puntuaciones de estrés. Dibuje un gráfico.

Solución 2

b. Supongamos que k = el percentil 90.

Calcule k, donde $P(\overline{x} < k) = 0{,}90$.

$k = 3{,}2$

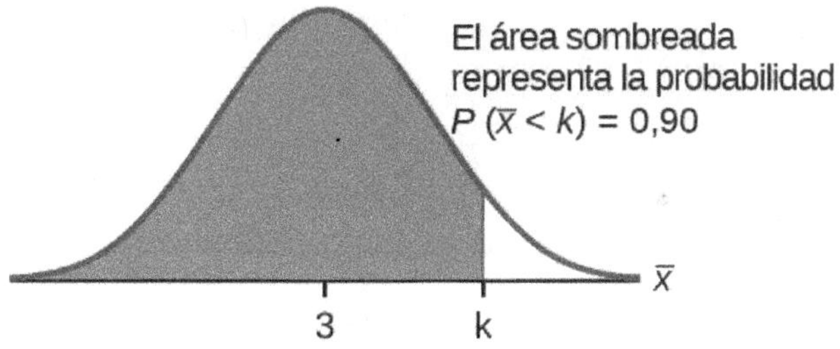

Figura 7.5

El percentil 90 de la media de las 75 puntuaciones es de aproximadamente 3,2. Esto nos indica que el 90 % de todas las medias de 75 puntuaciones de estrés son como máximo 3,2, y que el 10 % son como mínimo 3,2.

`invNorm` $\left(0.90{,}3{,}\frac{1{,}15}{\sqrt{75}}\right) = 3{,}2$

Para los problemas c y d, sea ΣX = la suma de las 75 puntuaciones de tensión. Entonces, $\Sigma X \sim N[(75)(3),(\sqrt{75})(1{,}15)]$

c. Calcule $P(\Sigma x < 200)$. Dibuje el gráfico.

Solución 3

c. La media de la suma de las 75 puntuaciones de estrés es (75)(3) = 225

La desviación típica de la suma de 75 puntuaciones de estrés es $(\sqrt{75})(1{,}15) = 9{,}96$

$P(\Sigma x < 200) = 0$

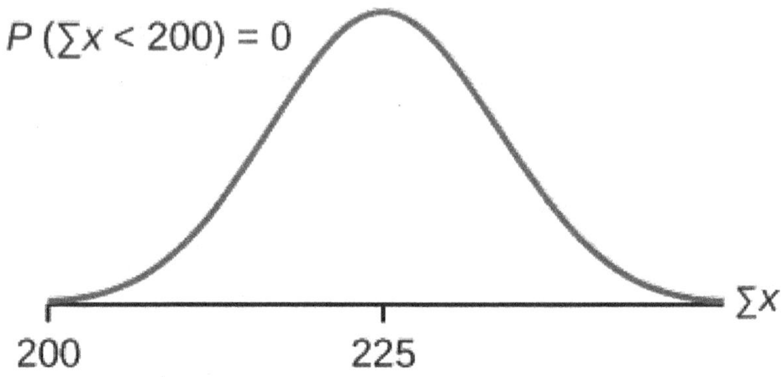

Figura 7.6

La probabilidad de que el total de 75 puntuaciones sea inferior a 200 es aproximadamente cero.

`normalcdf` (75.200,(75)(3),$(\sqrt{75})$(1,15)).

Recordatorio

El total más pequeño de 75 puntuaciones de estrés es 75, porque la puntuación individual más pequeña es uno.

d. Calcule el percentil 90 para el total de las 75 puntuaciones de estrés. Dibuje un gráfico.

Solución 4

d. Supongamos que k = el percentil 90.

Calcule k donde $P(\Sigma x < k) = 0{,}90$.

$k = 237{,}8$

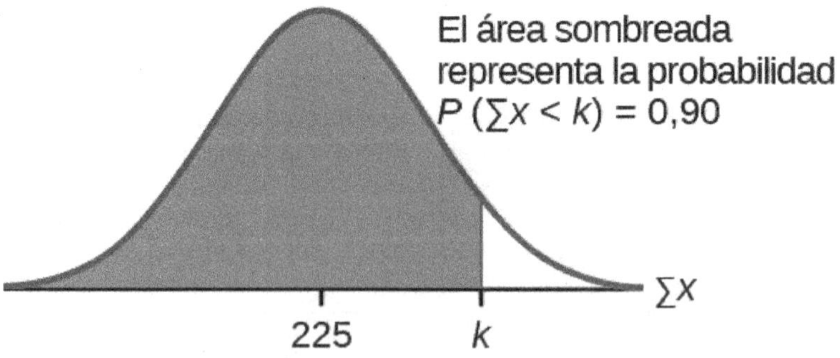

Figura 7.7

El percentil 90 de la suma de las 75 puntuaciones es de aproximadamente 237,8. Esto nos indica que el 90 % de todas las sumas de 75 puntuaciones no son superiores a 237,8 y el 10 % no son inferiores a 237,8.

`invNorm`(0,90,(75)(3),$(\sqrt{75})$(1,15)) = 237,8

INTÉNTELO 7.8

Utilice la información del Ejemplo 7.8, pero utilice un tamaño de muestra de 55 para responder las siguientes preguntas.

a. Halle $P(\bar{x} < 7)$.
b. Calcule $P(\Sigma x > 170)$.
c. Calcule el percentil 80 para la media de 55 puntuaciones.
d. Calcule el percentil 85 para la suma de 55 puntuaciones.

EJEMPLO 7.9

Supongamos que un analista de investigación de mercado de una compañía de telefonía móvil realiza un estudio sobre sus clientes que superan el tiempo incluido en su contrato básico de telefonía móvil; el analista descubre que, para las personas que superan el tiempo incluido en su contrato básico, el **exceso de tiempo utilizado** sigue una **distribución exponencial** con una media de 22 minutos.

Consideremos una muestra aleatoria de 80 clientes que superan el límite de tiempo incluido en su contrato básico de telefonía móvil.

Supongamos que X = el exceso de tiempo utilizado por un cliente de telefonía móvil INDIVIDUAL que supera su asignación de tiempo contratada.

$X \sim Exp\left(\frac{1}{22}\right)$. Por los capítulos anteriores, sabemos que $\mu = 22$ y $\sigma = 22$.

Supongamos que $\overline{X}$ = el exceso de la media de tiempo utilizado por una muestra de $n = 80$ clientes que superan el tiempo contratado.

$\overline{X} \sim N\left(22, \frac{22}{\sqrt{80}}\right)$ por el teorema del límite central para las medias muestrales

Utilice el TLC para calcular la probabilidad

a. Calcule la probabilidad de que el exceso de la media de tiempo utilizado por los 80 clientes de la muestra sea superior a 20 minutos. Esto nos pide calcular $P(\bar{x} > 20)$. Dibuje el gráfico.
b. Supongamos que se selecciona aleatoriamente un cliente que supera el límite de tiempo de su contrato de telefonía móvil. Calcule la probabilidad de que el exceso de tiempo de este cliente individual sea superior a 20 minutos. Esto nos pide calcular $P(x > 20)$.
c. Explique por qué las probabilidades de las partes a y b son diferentes.

Solución 1

a. Calcule: $P(\bar{x} > 20)$

$P(\bar{x} > 20) = 0{,}79199$ utilizando `normalcdf` $\left(20{,}1E99{,}22{,}\frac{22}{\sqrt{80}}\right)$

La probabilidad de que el exceso de tiempo medio utilizado sea superior a 20 minutos es de 0,7919, para una muestra de 80 clientes que superan el tiempo contratado.

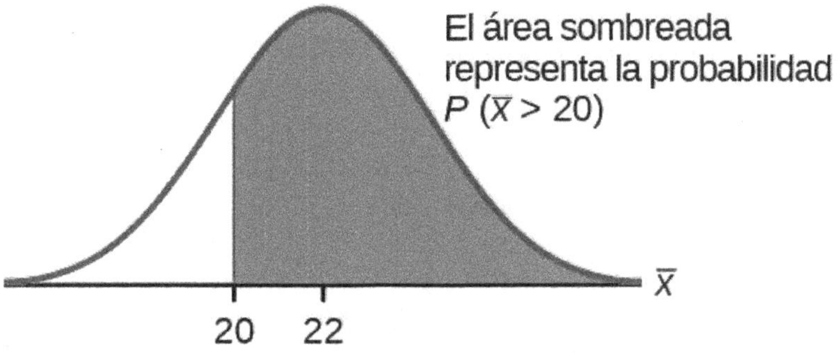

Figura 7.8

Recordatorio

1E99 = 10^{99} y –1E99 = -10^{99}. Pulse EE la tecla para la E. O simplemente utilice 10^{99} en lugar de 1E99.

b. Calcule $P(x > 20)$. Recuerde utilizar la distribución exponencial para un **individuo:** $X \sim Exp\left(\frac{1}{22}\right)$.

$P(x > 20) = e^{\left(-\left(\frac{1}{22}\right)(20)\right)}$ o $e^{(-0{,}04545(20))} = 0{,}4029$

c. 1. $P(x > 20) = 0{,}4029$ pero $P(\overline{x} > 20) = 0{,}7919$
   2. Las probabilidades no son iguales porque utilizamos diferentes distribuciones para calcular la probabilidad de los individuos y de las medias.
   3. Cuando se le pida que calcule la probabilidad de un valor individual, utilice la distribución indicada de su variable aleatoria; no utilice el TLC. Utilice el TLC con la distribución normal cuando le pidan calcular la probabilidad de una media.

Uso del TLC para calcular percentiles

Calcule el percentil 95 de la **media muestral del exceso de tiempo** para las muestras de 80 clientes que exceden sus asignaciones de tiempo de contrato básico. Dibuje un gráfico.

Solución 2

Supongamos que k = el percentil 95. Calcule k donde $P(\overline{x} < k) = 0{,}95$

$k = 26{,}0$ utilizando invNorm$\left(0{,}95{,}22{,}\frac{22}{\sqrt{80}}\right) = 26{,}0$

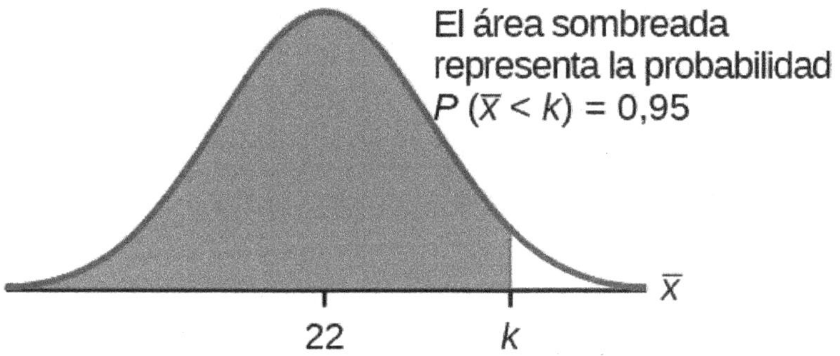

Figura 7.9

El percentil 95 de la **media muestral del exceso de tiempo utilizado** es de unos 26,0 minutos para muestras aleatorias de 80 clientes que superan su tiempo permitido por contrato.

El noventa y cinco por ciento de esas muestras tendrían medias inferiores a 26 minutos; solo el cinco por ciento de esas muestras tendrían medias superiores a 26 minutos.

INTÉNTELO 7.9

Utilice la información del Ejemplo 7.9, pero cambie el tamaño de la muestra a 144.

a. Calcule $P(20 < \overline{x} < 30)$.
b. Calcule $P(\Sigma x$ es al menos 3.000).
c. Calcule el percentil 75 para la media muestral del exceso de tiempo de 144 clientes.
d. Calcule el percentil 85 para la suma de los 144 excesos de tiempo utilizados por los clientes.

EJEMPLO 7.10

En Estados Unidos, alguien sufre una agresión sexual cada dos minutos, en promedio, según varios estudios. Supongamos que la desviación típica es de 0,5 minutos y el tamaño de la muestra es de 100.

a. Calcule la mediana, el primer cuartil y el tercer cuartil para la media de tiempo de la muestra de las agresiones sexuales en Estados Unidos.
b. Calcule la mediana, el primer cuartil y el tercer cuartil para la suma de los tiempos de muestra de las agresiones sexuales en Estados Unidos.
c. Calcule la probabilidad de que una agresión sexual se produzca en un promedio de entre 1,75 y 1,85 minutos.
d. Calcule el valor que está dos desviaciones típicas por encima de la media de la muestra.
e. Calcule el *IQR* para la suma de los tiempos de la muestra.

Solución 1

a. Tenemos, $\mu_x = \mu = 2$ y $\sigma_x = \frac{\sigma}{\sqrt{n}} = \frac{0{,}5}{10} = 0{,}05$. Por lo tanto:
   1. Percentil 50 = $\mu_x = \mu = 2$
   2. Percentil 25 = *invNorm*(0,25;2;0,05) = 1,97
   3. Percentil 75 = *invNorm*(0,75;2;0,05) = 2,03
b. Tenemos $\mu_{\Sigma x} = n(\mu_x) = 100(2) = 200$ y $\sigma_{\mu x} = \sqrt{n}(\sigma_x) = 10(0{,}5) = 5$. Por lo tanto,
   1. Percentil 50 = $\mu_{\Sigma x} = n(\mu_x) = 100(2) = 200$
   2. Percentil 25 = invNorm(0,25;200;5) = 196,63
   3. Percentil 75 = invNorm(0,75;200;5) = 203,37
c. $P(1{,}75 < \overline{x} < 1{,}85)$ = `normalcdf(1.75,1.85,2,0.05)` = 0,0013
d. Usando la ecuación de la puntuación *z*, $z = \frac{\overline{x}-\mu_{\overline{x}}}{\sigma_{\overline{x}}}$, y resolver *x*, tenemos $x = 2(0{,}05) + 2 = 2{,}1$
e. El *IQR* es percentil 75 - percentil 25 = 203,37 - 196,63 = 6,74

INTÉNTELO 7.10

Según los datos de la Encuesta Nacional de Salud, las mujeres de entre 18 y 24 años tienen una presión arterial sistólica promedio (en mm Hg) de 114,8 con una desviación típica de 13,1. La presión arterial sistólica de las mujeres de entre 18 y 24 años sigue una distribución normal.

a. Si se selecciona aleatoriamente una mujer de esta población, calcule la probabilidad de que su presión arterial sistólica sea superior a 120.
b. Si se seleccionan aleatoriamente 40 mujeres de esta población, calcule la probabilidad de que su presión arterial sistólica media sea superior a 120.
c. Si la muestra fuera de cuatro mujeres de entre 18 y 24 años y no conociéramos la distribución original, ¿se podría utilizar el teorema del límite central?

EJEMPLO 7.11

Se realizó un estudio sobre la violencia contra las prostitutas y los síntomas del estrés postraumático que desarrollaron. El rango de edad de las prostitutas era de 14 a 61 años. La edad media era de 30,9 años, con una desviación típica de nueve años.

a. En una muestra de 25 prostitutas, ¿cuál es la probabilidad de que la media de edad de las prostitutas sea inferior a 35 años?
b. ¿Es probable que la media de edad del grupo de la muestra sea superior a 50 años? Interprete los resultados.
c. En una muestra de 49 prostitutas, ¿cuál es la probabilidad de que la suma de las edades no sea inferior a 1.600?
d. ¿Es probable que la suma de las edades de las 49 prostitutas sea como máximo 1.595? Interprete los resultados.
e. Calcule el percentil 95 de la media de edad de la muestra de 65 prostitutas. Interprete los resultados.
f. Calcule el percentil 90 de la suma de las edades de 65 prostitutas. Interprete los resultados.

Solución 1

a. $P(\overline{x} < 35)$ = `normalcdf(-E99,35,30.9,1.8)` = 0,9886
b. $P(\overline{x} > 50)$ = `normalcdf(50, E99,30.9,1.8)` ≈ 0. Para este grupo de muestra es casi imposible que el promedio de edad del grupo sea superior a 50 años. Sin embargo, todavía es posible que un individuo de este grupo tenga una edad superior a los 50 años.
c. $P(\Sigma x \geq 1.600)$ = `normalcdf(1600,E99,1514.10,63)` = 0,0864
d. $P(\Sigma x \leq 1.595)$ = `normalcdf(-E99,1595,1514.10,63)` = 0,9005. Esto significa que hay un 90 % de posibilidades de que la suma de las edades para el grupo de muestra $n = 49$ sea como máximo 1595.
e. El percentil 95 = `invNorm(0.95,30.9,1.1)` = 32,7. Esto indica que el 95 % de las prostitutas de la muestra de 65 son menores de 32,7 años, en promedio.
f. El percentil 90 = `invNorm(0.90,2008.5,72.56)` = 2101,5. Esto indica que el 90 % de las prostitutas de la muestra de 65 tienen una suma de edades inferior a 2.101,5 años.

INTÉNTELO 7.11

Según los datos de Boeing, el avión 757 transporta 200 pasajeros y tiene puertas con una altura de 72 pulgadas. Supongamos que para una determinada población de hombres tenemos una altura media de 69,0 pulgadas y una desviación típica de 2,8 pulgadas.

a. ¿Qué altura de la puerta permitiría al 95 % de los hombres entrar en el avión sin agacharse?
b. Supongamos que la mitad de los 200 pasajeros son hombres. ¿Qué altura media de la puerta satisface la condición de que existe una probabilidad de 0,95 de que esta altura sea mayor que la altura media de 100 hombres?
c. Para los ingenieros que diseñan el 757, ¿qué resultado es más relevante: la altura de la parte a o la de la parte b? ¿Por qué?

NOTA HISTÓRICA

Aproximación normal a la binomial

Históricamente, poder calcular las probabilidades binomiales era una de las aplicaciones más importantes del teorema del límite central. Las probabilidades binomiales con un valor pequeño para n(digamos, 20) se mostraban en una tabla en un libro. Para calcular las probabilidades con valores grandes de n, había que utilizar la fórmula binomial, que podía ser muy complicada. El uso de la **aproximación normal a la distribución binomial** simplificó el proceso. Para calcular la aproximación normal a la distribución binomial, tome una muestra aleatoria simple de una población. Debe cumplir las condiciones de una **distribución binomial**:

- hay un cierto número n de ensayos independientes
- los resultados de cualquier ensayo son aciertos o fallos
- cada ensayo tiene la misma probabilidad de un acierto p

Recordemos que si X es la variable aleatoria binomial, entonces $X \sim B(n, p)$. La forma de la distribución binomial debe ser similar a la de la distribución normal. Para ello, las cantidades np y nq deben ser mayores que cinco ($np > 5$ y $nq > 5$; la aproximación es mejor si ambas son mayores o iguales a 10). Entonces la binomial puede ser aproximada por la distribución normal con media $\mu = np$ y desviación típica $\sigma = \sqrt{npq}$. Recuerde que $q = 1 - p$. Para obtener la mejor aproximación, sume 0,5 a x o reste 0,5 a x (utilice $x + 0{,}5$ o $x - 0{,}5$). El número 0,5 se denomina **factor de corrección de continuidad** y se utiliza en el siguiente ejemplo.

EJEMPLO 7.12

Supongamos que en un distrito escolar local desde kínder hasta 12.° grado (K-12), el 53 % de la población está a favor de una escuela chárter de kínder a 5.° grado (K-5). Se realiza una encuesta con una muestra aleatoria simple de 300 personas.

a. Calcule la probabilidad de que **al menos 150** estén a favor de una escuela chárter.
b. Calcule la probabilidad de que **como máximo 160** estén a favor de una escuela chárter.
c. Calcule la probabilidad de que **más de 155** estén a favor de una escuela chárter.
d. Calcule la probabilidad de que **menos de 147** estén a favor de una escuela chárter.
e. Calcule la probabilidad de que **exactamente 175** estén a favor de una escuela chárter.

Supongamos que X = el número de los que están a favor de una escuela chárter de K-5. $X \sim B(n, p)$ donde $n = 300$ y $p = 0{,}53$. Como $np > 5$ y $nq > 5$, utilice la aproximación normal a la binomial. Las fórmulas para la media y la desviación típica son $\mu = np$ y $\sigma = \sqrt{npq}$. La media es de 159 desviación típica es de 8,6447. La variable aleatoria de la distribución normal es Y. $Y \sim N(159;\ 8{,}6447)$. Consulte La distribución normal para obtener ayuda con las instrucciones de la calculadora.

Para la parte a, **se incluye 150** por lo que $P(X \geq 150)$ tiene aproximación normal $P(Y \geq 149{,}5) = 0{,}8641$.

`normalcdf(149,5,10^99,159,8.6447)` = 0,8641.

Para la parte b, **se incluye 160** por lo que $P(X \leq 160)$ tiene una aproximación normal $P(Y \leq 160{,}5) = 0{,}5689$.

`normalcdf(0,160.5,159,8.6447)` = 0,5689

Para la parte c, se **excluye 155** por lo que $P(X > 155)$ tiene una aproximación normal $P(y > 155{,}5) = 0{,}6572$.

`normalcdf(155,5,10^99,159,8.6447)` = 0,6572.

Para la parte d, se **excluye 147** por lo que $P(X < 147)$ tiene una aproximación normal $P(Y < 146{,}5) = 0{,}0741$.

`normalcdf(0,146.5,159,8.6447)` = 0,0741

Para la parte e, $P(X = 175)$ tiene una aproximación normal $P(174{,}5 < Y < 175{,}5) = 0{,}0083$.

`normalcdf(174.5,175.5,159,8.6447)` = 0,0083

Gracias a las calculadoras y a los softwares que permiten calcular fácilmente las probabilidades binomiales para grandes valores de n, no es necesario utilizar la aproximación normal a la distribución binomial, siempre que se tenga acceso a estas herramientas tecnológicas. La mayoría de los laboratorios escolares disponen de Microsoft Excel, un ejemplo de software que calcula probabilidades binomiales. Muchos estudiantes tienen acceso a las calculadoras de la serie TI-83 u 84, y calculan fácilmente las probabilidades de la distribución binomial. Si escribe "cálculo de la distribución de probabilidad binomial" en un navegador de internet, podrá encontrar al menos una calculadora en línea para la binomial.

Para el Ejemplo 7.10, las probabilidades se calculan utilizando la siguiente distribución binomial: ($n = 300$ y $p = 0{,}53$). Compare las respuestas de la distribución binomial y la normal. Vea Variables aleatorias discretas para ayudar con las instrucciones de la calculadora para la binomial.

$P(X \geq 150)$:`1 – binomialcdf(300,0.53,149)` = 0,8641

$P(X \leq 160)$:`binomialcdf(300,0.53,160)` = 0,5684

$P(X > 155)$:`1 – binomialcdf(300,0.53,155)` = 0,6576

$P(X < 147)$:`binomialcdf(300,0.53,146)` = 0,0742

$P(X = 175)$: (Se utiliza la función de densidad de probabilidad [probability density function, pdf] binomial).`binomialpdf(300,0.53,175)` = 0,0083

INTÉNTELO 7.12

En una ciudad, el 46 % de la población está a favor del titular, Dawn Morgan, para la alcaldía. Se toma una muestra aleatoria simple de 500 personas. Utilizando el factor de corrección de la continuidad, halle la probabilidad de que al menos 250 favorezcan a Dawn Morgan como alcaldesa.

7.4 Teorema del límite central (monedas en el bolsillo)

Laboratorio de estadística

Teorema del límite central (monedas en el bolsillo)

Hora de la clase:

Nombres:

Resultados del aprendizaje de los estudiantes

- El estudiante demostrará y comparará las propiedades del teorema del límite central.

Nota

Este laboratorio funciona mejor cuando se toman muestras de varias clases y se combinan los datos.

Recopilación de datos

1. Cuente las monedas en su bolsillo (no incluya los billetes).
2. Encuesta al azar a 30 compañeros de clase. Registre los valores de las monedas en la Tabla 7.1.

______	______	______	______	______
______	______	______	______	______
______	______	______	______	______
______	______	______	______	______
______	______	______	______	______
______	______	______	______	______

Tabla 7.1

3. Construya un histograma. Haga de cinco a seis intervalos. Dibuje el gráfico con una regla y un lápiz. Escale los ejes.

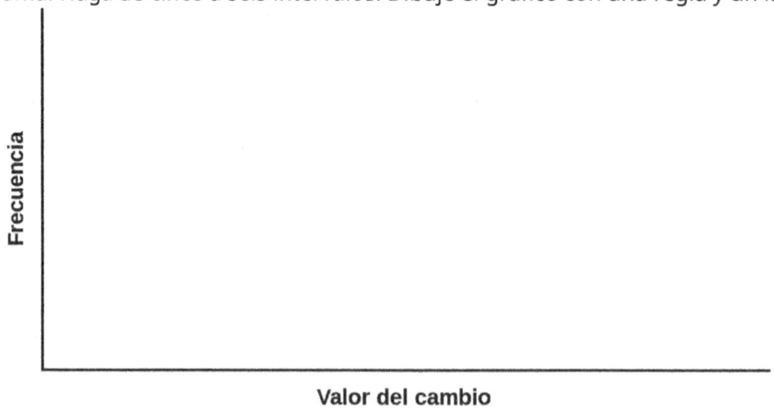

Figura 7.10

4. Calcule lo siguiente (n = 1; encuestando a una persona cada vez):
   a. $\overline{x}$ = ______
   b. s = ______
5. Dibuje una curva suave a través de la parte superior de las barras del histograma. Use una o dos oraciones

completas para describir la forma general de la curva.

Recopilación de promedios de pares

Repita los pasos del uno al cinco de la sección Recopilación de datos con una excepción. En vez de registrar las monedas de 30 compañeros, registre el promedio de las monedas de 30 parejas.

1. Encuesta aleatoria a 30 **parejas** de compañeros de clase.
2. Registre los valores del promedio de sus monedas en la Tabla 7.2.

______	______	______	______	______
______	______	______	______	______
______	______	______	______	______
______	______	______	______	______
______	______	______	______	______
______	______	______	______	______

Tabla 7.2

3. Construya un histograma. Escale los ejes usando la misma escala que usó para la sección titulada Recopilación de datos. Dibuje el gráfico con una regla y un lápiz.

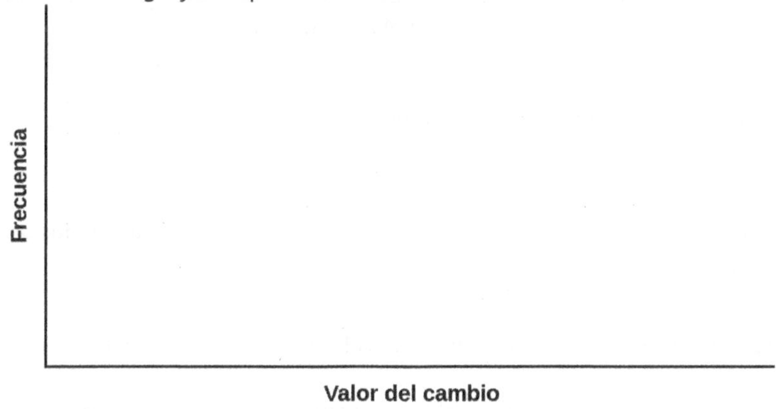

Figura 7.11

4. Calcule lo siguiente (n = 2; encuestando a dos personas a la vez):
   a. $\overline{x}$ = ______
   b. s = ______
5. Dibuje una curva suave a través de las barras superiores del histograma. Use una o dos oraciones completas para describir la forma general de la curva.

Recopilación de promedios de grupos de cinco

Repita los pasos del uno al cinco (de la sección titulada Recopilación de datos) con una excepción. En vez de registrar las monedas de 30 compañeros, registre el promedio de las monedas de 30 grupos de cinco.

1. Encueste aleatoriamente a 30 **grupos de cinco** compañeros.
2. Registre los valores del promedio de sus monedas

______	______	______	______	______
______	______	______	______	______

Tabla 7.3

________	________	________	________	________
________	________	________	________	________
________	________	________	________	________
________	________	________	________	________

Tabla 7.3

3. Construya un histograma. Escale los ejes usando la misma escala que usó para la sección titulada Recopilación de datos. Dibuje el gráfico con una regla y un lápiz.

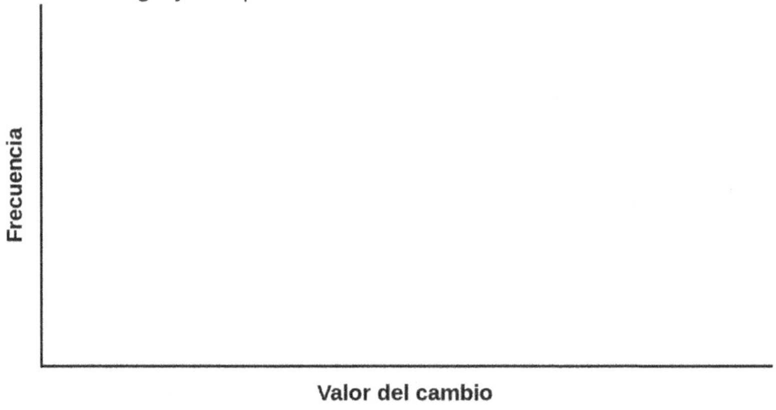

Figura 7.12

4. Calcule lo siguiente ($n = 5$; encuestando a cinco personas a la vez)
   a. $\overline{x}$ = ______
   b. s = ______

5. Dibuje una curva suave a través de las barras superiores del histograma. Use una o dos oraciones completas para describir la forma general de la curva.

Preguntas para el debate

1. ¿Por qué cambió la forma de la distribución de los datos al cambiar n? Utilice una o dos oraciones completas para explicar lo sucedido.
2. En la sección titulada Recopilación de datos, ¿cuál fue la distribución aproximada de los datos? X ~ ____(____,____)
3. En la sección titulada Recopilación de promedios de grupos de cinco, ¿cuál era la distribución aproximada de los promedios? $\overline{X}$ ~ ____(____,____)
4. En una o dos frases completas, explique las diferencias en sus respuestas a las dos preguntas anteriores.

7.5 Teorema del límite central (recetas de galletas)

Laboratorio de estadística

Teorema del límite central (recetas de galletas)

Hora de la clase:

Nombres:

Resultados del aprendizaje de los estudiantes

- El estudiante demostrará y comparará las propiedades del teorema del límite central.

Dado

X = tiempo (en días) que duró una receta de galletas en el Olmstead Homestead. (Supongamos que cada una de las diferentes recetas resulta en la misma cantidad de galletas).

N.° de receta	X	N.° de receta	X	N.° de receta	X	N.° de receta	X
1	1	16	2	31	3	46	2
2	5	17	2	32	4	47	2
3	2	18	4	33	5	48	11
4	5	19	6	34	6	49	5
5	6	20	1	35	6	50	5
6	1	21	6	36	1	51	4
7	2	22	5	37	1	52	6
8	6	23	2	38	2	53	5
9	5	24	5	39	1	54	1
10	2	25	1	40	6	55	1
11	5	26	6	41	1	56	2
12	1	27	4	42	6	57	4
13	1	28	1	43	2	58	3
14	3	29	6	44	6	59	6
15	2	30	2	45	2	60	5

Tabla 7.4

Calcule lo siguiente:

a. μ_x = ______
b. σ_x = ______

Recopilación de datos

Utilice un generador de números aleatorios para seleccionar al azar cuatro muestras de tamaño n = 5 de la población dada. Registre sus muestras en la Tabla 7.5. A continuación, para cada muestra, calcule la media a la décima más cercana. Anótelos en los espacios previstos. Anote las medias muestrales para el resto de la clase.

1. Rellene la tabla:

	Muestra 1	Muestra 2	Muestra 3	Muestra 4	Medias muestrales de otros grupos:

Tabla 7.5

	Muestra 1	Muestra 2	Muestra 3	Muestra 4	Medias muestrales de otros grupos:
Medias:	$\overline{x}$ = ___	$\overline{x}$ = ___	$\overline{x}$ = ___	$\overline{x}$ = ___	

Tabla 7.5

2. Calcule lo siguiente:
   a. $\overline{x}$ = ______
   b. $s_{\overline{x}}$ = ______

3. De nuevo, utilice un generador de números aleatorios para seleccionar al azar cuatro muestras de la población. Esta vez, haga las muestras de tamaño $n = 10$. Registre las muestras en la Tabla 7.6. Como ya lo hizo, calcule la media a la décima más cercana en cada ejemplo. Anótelos en los espacios previstos. Anote las medias muestrales para el resto de la clase.

	Muestra 1	Muestra 2	Muestra 3	Muestra 4	Medias muestrales de otros grupos
Medias:	$\overline{x}$ = ___	$\overline{x}$ = ___	$\overline{x}$ = ___	$\overline{x}$ = ___	

Tabla 7.6

4. Calcule lo siguiente:
   a. $\overline{x}$ = _____
   b. $s_{\overline{x}}$ = _____

5. Para la población original, construya un histograma. Haga intervalos con un ancho de barra que represente un día. Dibuje el gráfico con una regla y un lápiz. Escale los ejes.

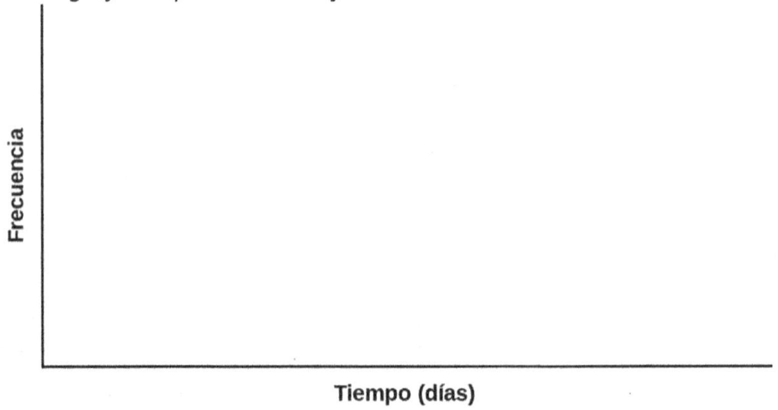

Figura 7.13

6. Dibuje una curva suave a través de la parte superior de las barras del histograma. Use una o dos oraciones completas para describir la forma general de la curva.

Repita el procedimiento para n = 5

1. Para la muestra de $n = 5$ días promediados juntos, construya un histograma de los promedios (sus medias junto con las de los otros grupos). Haga intervalos con anchos de barra de $\frac{1}{2}$ al día. Dibuje el gráfico con una regla y un lápiz. Escale los ejes.

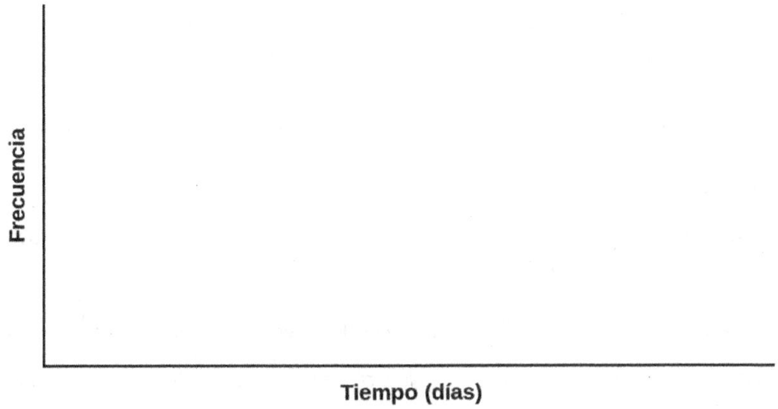

Figura 7.14

2. Dibuje una curva suave a través de la parte superior de las barras del histograma. Use una o dos oraciones completas para describir la forma general de la curva.

Repita el procedimiento para n = 10

1. Para la muestra de $n = 10$ días promediados juntos, construya un histograma de los promedios (sus medias junto con las de los otros grupos). Haga intervalos con anchos de barra de $\frac{1}{2}$ al día. Dibuje el gráfico con una regla y un lápiz. Escale los ejes.

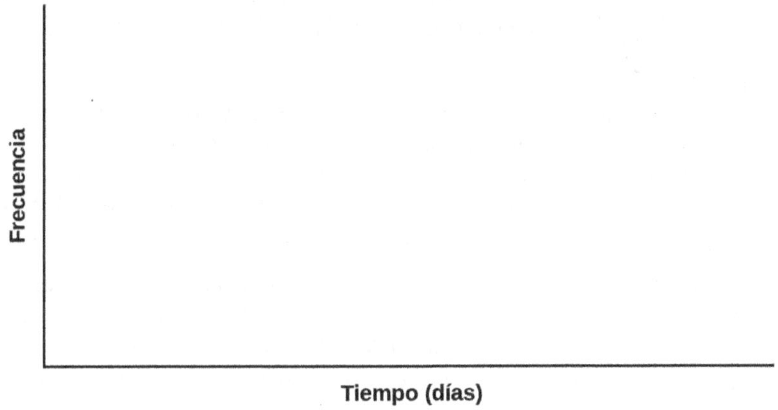

Figura 7.15

2. Dibuje una curva suave a través de la parte superior de las barras del histograma. Use una o dos oraciones completas para describir la forma general de la curva.

Preguntas para el debate

1. Compare los tres histogramas que ha hecho, el de la población y los dos de las medias muestrales. En tres o cinco oraciones, describa las similitudes y diferencias.
2. Indique las distribuciones teóricas según el teorema del límite central (Central Limit Theorem, CLT) para las medias muestrales
   a. $n = 5$: $\overline{x}$ ~ ____(____,____)
   b. $n = 10$: $\overline{x}$ ~ ____(____,____)
3. Las medias muestrales de $n = 5$ y $n = 10$, ¿están "próximas" a la media teórica, μ_x? Explique por qué sí o por qué no.
4. ¿Cuál de las dos distribuciones de las medias muestrales tiene la menor desviación típica? ¿Por qué?
5. Al cambiar n, ¿por qué cambió la forma de la distribución de los datos? Utilice una o dos oraciones completas para explicar lo sucedido.

Términos Clave

Distribución de muestreo dadas muestras aleatorias simples de tamaño n de una población determinada con una característica medida como la media, la proporción o la desviación típica para cada muestra, la distribución de probabilidad de todas las características medidas se llama distribución de muestreo.

Distribución exponencial una variable aleatoria (Random Variable, RV) continua que aparece cuando nos interesamos por los intervalos de tiempo entre algunos eventos aleatorios, por ejemplo, el tiempo entre las llegadas de emergencia a un hospital, notación: $X \sim Exp(m)$. La media es $\mu = \frac{1}{m}$ y la desviación típica es $\sigma = \frac{1}{m}$. La función de densidad de probabilidad es $f(x) = me^{-mx}$, $x \geq 0$ y la función de distribución acumulativa es $P(X \leq x) = 1 - e^{-mx}$.

Distribución normal una variable aleatoria (RV) continua con pdf $e(x) = \frac{1}{\sigma\sqrt{2\pi}} e^{\frac{-(x-\mu)^2}{2\sigma^2}}$, donde μ es la media de la distribución y σ es la desviación típica; notación: $X \sim N(\mu, \sigma)$. Si $\mu = 0$ y $\sigma = 1$, la variable aleatoria (random variable, RV) se denomina **distribución normal estándar**.

Distribución normal una variable aleatoria (RV) continua con pdf $e(x) = \frac{1}{\sigma\sqrt{2\pi}} e^{\frac{-(x-\mu)^2}{2\sigma^2}}$, donde μ es la media de la distribución y σ es la desviación típica; notación: $X \sim N(\mu, \sigma)$. Si $\mu = 0$ y $\sigma = 1$, la RV se denomina **distribución normal estándar**.

Distribución uniforme una variable aleatoria (RV) continua que tiene resultados igualmente probables sobre el dominio, $a < x < b$; a menudo se denomina **Distribución rectangular** porque el gráfico de la pdf tiene la forma de un rectángulo. Notación: $X \sim U(a, b)$. La media es $\mu = \frac{a+b}{2}$ y la desviación típica es $\sigma = \sqrt{\frac{(b-a)^2}{12}}$. La función de densidad de probabilidad es $e(x) = \frac{1}{b-a}$ para $a < x < b$ o $a \leq x \leq b$. La distribución acumulativa es $P(X \leq x) = \frac{x-a}{b-a}$.

Error estándar de la media la desviación típica de la distribución de las medias muestrales, o $\frac{\sigma}{\sqrt{n}}$.

Media un número que mide la tendencia central; un nombre común para la media es "promedio". El término "media" es una forma abreviada de "media aritmética". Por definición, la media de una muestra (denotada por $\overline{x}$) es $\overline{x} = \frac{\text{Suma de todos los valores de la muestra}}{\text{Número de valores de la muestra}}$, y la media de una población (denotada por μ) es $\mu = \frac{\text{Suma de todos los valores de la población}}{\text{Número de valores en la población}}$.

Promedio un número que describe la tendencia central de los datos; existen varios promedios especializados, como la media aritmética, la media ponderada, la mediana, la moda y la media geométrica.

Teorema del límite central dada una variable aleatoria (RV) con media conocida μ y desviación típica conocida, σ, estamos muestreando con tamaño n, y nos interesan dos nuevas RV: la media muestral, $\overline{X}$, y la suma de la muestra, ΣX. Si el tamaño (n) de la muestra es suficientemente grande, entonces $\overline{X} \sim N(\mu, \frac{\sigma}{\sqrt{n}})$ y $\Sigma X \sim N(n\mu, (\sqrt{n})(\sigma))$. Si el tamaño ($n$) de la muestra es suficientemente grande, la distribución de las medias muestrales y la distribución de las sumas muestrales se aproximarán a una distribución normal, independientemente de la forma de la población. La media de las medias muestrales será igual a la media de la población, y la media de las sumas muestrales será igual a n veces la media de la población. La desviación típica de la distribución de las medias muestrales, $\frac{\sigma}{\sqrt{n}}$, se denomina error estándar de la media.

Repaso del capítulo

7.1 Teorema del límite central de medias muestrales (promedios)

En una población cuya distribución puede ser conocida o desconocida, si el tamaño (n) de las muestras es suficientemente grande, la distribución de las medias muestrales será aproximadamente normal. La media de las medias muestrales será igual a la media poblacional. La desviación típica de la distribución de las medias muestrales, denominada error estándar de la media, es igual a la desviación típica de la población dividida entre la raíz cuadrada del tamaño de la muestra (n).

7.2 El teorema del límite central para las sumas

El teorema del límite central nos indica que para una población con cualquier distribución, la distribución de las sumas de las medias muestrales se aproxima a una distribución normal a medida que aumenta el tamaño de la muestra. En otras palabras, si el tamaño de la muestra es lo suficientemente grande, la distribución de las sumas puede aproximarse a una distribución normal aunque la población original no esté distribuida normalmente. Además, si la población original tiene una media de μ_X y una desviación típica de σ_X, la media de las sumas es $n\mu_X$ y la desviación típica es $(\sqrt{n})(\sigma_X)$ donde n es el tamaño de la muestra.

7.3 Uso del teorema del límite central

El teorema del límite central puede utilizarse para ilustrar la ley de los grandes números. La ley de los grandes números establece que cuanto mayor sea el tamaño de la muestra que se tome de una población, más se acercará la media muestral $\overline{x}$ llega a μ.

Repaso de fórmulas

7.1 Teorema del límite central de medias muestrales (promedios)

El teorema del límite central para las medias muestrales:

$$\overline{x} \sim N\left(\mu_x, \frac{\sigma_x}{\sqrt{n}}\right)$$

La media $\overline{X}$: μ_x

Teorema del límite central para las medias muestrales con puntuación z y error estándar de la media:

$$z = \frac{\overline{x}-\mu_x}{\left(\frac{\sigma_x}{\sqrt{n}}\right)}$$

Error estándar de la media (desviación típica ($\overline{X}$)): $\frac{\sigma_x}{\sqrt{n}}$

7.2 El teorema del límite central para las sumas

El teorema del límite central para las sumas: $\sum X \sim N[(n)(\mu_x),(\sqrt{n})(\sigma_x)]$

Media de las sumas ($\sum X$): $(n)(\mu_x)$

Teorema del límite central para las sumas de puntuación z y desviación típica para las sumas:

$$z\text{para la media de la muestra} = \frac{\Sigma x-(n)(\mu_X)}{(\sqrt{n})(\sigma_X)}$$

Desviación típica para las sumas ($\sum X$): $(\sqrt{n})(\sigma_x)$

Práctica

7.1 Teorema del límite central de medias muestrales (promedios)

Use la siguiente información para responder los próximos seis ejercicios: Yoonie es administrador de personal en una gran empresa. Cada mes debe revisar a 16 de los empleados. Por experiencia, ha comprobado que las revisiones le llevan aproximadamente cuatro horas cada una, con una desviación típica de la población de 1,2 horas. Supongamos que X sea la variable aleatoria que representa el tiempo que tarda en completar una revisión. Supongamos que X se distribuye normalmente. Supongamos que $\overline{x}$ es la variable aleatoria que representa la media de tiempo para completar las 16 revisiones. Supongamos que las 16 opiniones representan un conjunto aleatorio de opiniones.

1. ¿Cuál es la media, la desviación típica y el tamaño de la muestra?

2. Complete las distribuciones.

a. $X \sim$ ____(____,____)
b. $\overline{X} \sim$ ____(____,____)

3. Calcule la probabilidad de que **una** revisión le lleve a Yoonie de 3,5 a 4,25 horas. Dibuje el gráfico, identifique y escale el eje horizontal. Sombree la región correspondiente a la probabilidad.

a.

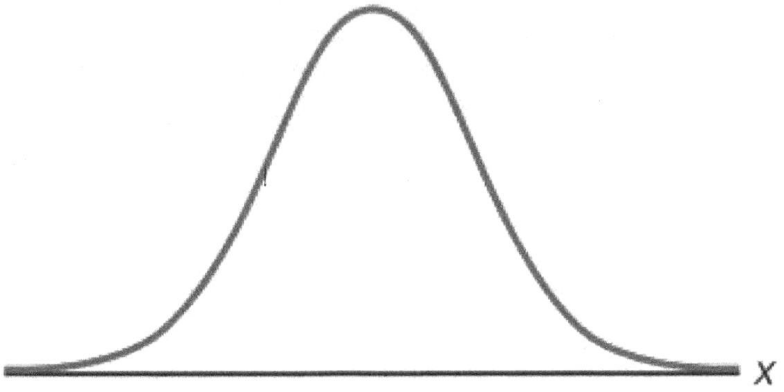

Figura 7.16

b. $P($______$< x <$______$) =$______

4. Calcule la probabilidad de que la **media** de las revisiones de un mes lleve a Yoonie de 3,5 a 4,25 horas. Dibuje el gráfico, identifique y escale el eje horizontal. Sombree la región correspondiente a la probabilidad.

a.

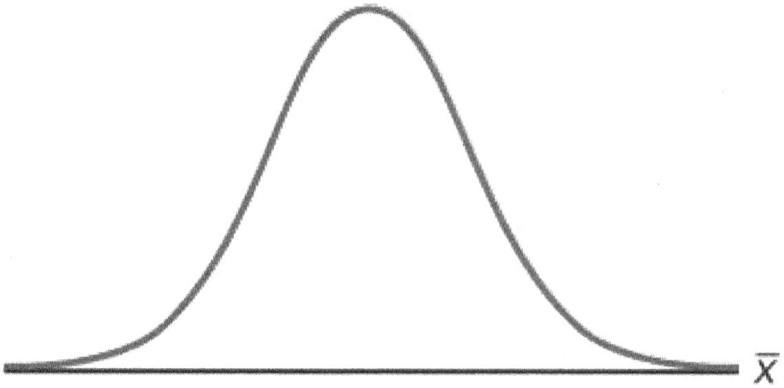

Figura 7.17

b. *P*(____________) = _____

5. ¿Qué hace que las probabilidades en el Ejercicio 7.3 y el Ejercicio 7.4 sean diferentes?

6. Calcule el percentil 95 para la media de tiempo para completar las revisiones de un mes. Dibuje el gráfico.

a.

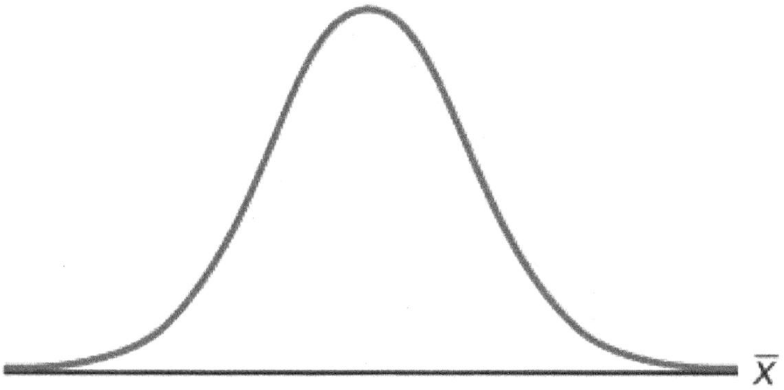

Figura 7.18

b. El percentil 95 =_________

7.2 El teorema del límite central para las sumas

Use la siguiente información para responder los próximos cuatro ejercicios: Una distribución desconocida tiene una media de 80 y una desviación típica de 12. Se extrae aleatoriamente una muestra de tamaño 95 de la población.

7. Calcule la probabilidad de que la suma de los 95 valores sea superior a 7.650.

8. Calcule la probabilidad de que la suma de los 95 valores sea menor a 7.400.

9. Calcule la suma que está dos desviaciones típicas por encima de la media de las sumas.

10. Calcule la suma que está a 1,5 desviaciones típicas por debajo de la media de las sumas.

Use la siguiente información para responder los próximos cinco ejercicios: La distribución de los resultados de una prueba de colesterol tiene una media de 180 y una desviación típica de 20. Se extrae aleatoriamente una muestra de tamaño 40.

11. Calcule la probabilidad de que la suma de los 40 valores sea superior a 7.500.

12. Calcule la probabilidad de que la suma de los 40 valores sea menor a 7.000.

13. Calcule la suma que está una desviación típica por encima de la media de las sumas.

14. Calcule la suma que está a 1,5 desviaciones típicas por debajo de la media de las sumas.

15. Calcule el porcentaje de sumas entre 1,5 desviaciones típicas por debajo de la media de las sumas y una desviación típica por encima de la media de las sumas.

Use la siguiente información para responder los próximos seis ejercicios: Un investigador mide la cantidad de azúcar en varias latas del mismo refresco. La media es de 39,01 con una desviación típica de 0,5. El investigador selecciona aleatoriamente una muestra de 100.

16. Calcule la probabilidad de que la suma de los 100 valores sea superior a 3.910.

17. Calcule la probabilidad de que la suma de los 100 valores sea menor a 3.900.

18. Calcule la probabilidad de que la suma de los 100 valores esté entre los números que ha encontrado en el [link] y el [link].

19. Calcule la suma con una puntuación *z* de -2,5.

20. Calcule la suma con una puntuación *z* de 0,5.

21. Calcule la probabilidad de que las sumas estén entre las puntuaciones *z* -2 y 1.

Use la siguiente información para responder los próximos cuatro ejercicios: Una distribución desconocida tiene una media de 12 y una desviación típica de uno. Se toma una muestra de tamaño 25. Supongamos que X = el objeto de interés.

22. ¿Cuál es la media de ΣX?

23. ¿Cuál es la desviación típica de ΣX?

24. ¿Qué es $P(\Sigma x = 290)$?

25. ¿Qué es $P(\Sigma x > 290)$?

26. Verdadero o falso: solo las sumas de las distribuciones normales son también distribuciones normales.

27. Para que las sumas de una distribución se aproximen a una distribución normal, ¿qué debe ser cierto?

28. ¿Qué tres cosas debe saber sobre una distribución para calcular la probabilidad de las sumas?

29. Una distribución desconocida tiene una media de 25 y una desviación típica de seis. Supongamos que X = un objeto de esta distribución. ¿Cuál es el tamaño de la muestra si la desviación típica de ΣX es de 42?

30. Una distribución desconocida tiene una media de 19 y una desviación típica de 20. Supongamos que X = el objeto de interés. ¿Cuál es el tamaño de la muestra si la media de ΣX es de 15.200?

Use la siguiente información para responder los próximos tres ejercicios. Un investigador de mercado analiza cuántos aparatos electrónicos compran los clientes en una sola compra. La distribución tiene una media de tres con una desviación típica de 0,7. Tome muestras de 400 clientes.

31. ¿Cuál es la puntuación $z$para $\Sigma x = 840$?

32. ¿Cuál es la puntuación $z$para $\Sigma x = 1.186$?

33. ¿Qué es $P(\Sigma x < 1.186)$?

Use la siguiente información para responder los próximos tres ejercicios: Una distribución desconocida tiene una media de 100, una desviación típica de 100 y un tamaño de muestra de 100. Supongamos que X = un objeto de interés.

34. ¿Cuál es la media de ΣX?

35. ¿Cuál es la desviación típica de ΣX?

36. ¿Qué es $P(\Sigma x > 9.000)$?

7.3 Uso del teorema del límite central

Use la siguiente información para responder los próximos diez ejercicios: un fabricante produce pesas de 25 libras. El peso real más bajo es de 24 libras, y el más alto de 26 libras. Cada pesa tiene la misma probabilidad, por lo que la distribución de los pesos es uniforme. Se toma una muestra de 100 pesas.

37. a. ¿Cuál es la distribución de los pesos de una pesa de 25 libras? ¿Cuál es la media y la desviación estándar?
b. ¿Cuál es la distribución del peso medio de 100 pesas de 25 libras?
c. Calcule la probabilidad de que la media del peso real de las 100 pesas sea inferior a 24,9.

Ejercicio 7.37

38. Calcule la probabilidad de que la media del peso real de las 100 pesas sea mayor que 25,2.

Ejercicio 7.38

39. Calcule el percentil 90 para el peso medio de las 100 pesas.

Ejercicio 7.39

40. a. ¿Cuál es la distribución de la suma de los pesos de 100 pesas de 25 libras?
b. Calcule $P(\Sigma x < 2.450)$.

Ejercicio 7.40

41. Calcule el percentil 90 para el peso total de las 100 pesas.

Ejercicio 7.41

Use la siguiente información para responder los próximos cinco ejercicios: La duración de la batería de un determinado teléfono inteligente sigue una distribución exponencial con una media de diez meses. Se toma una muestra de 64 de estos teléfonos inteligentes.

42. a. ¿Cuál es la desviación típica?
b. ¿Cuál es el parámetro m?

43. ¿Cuál es la distribución de la duración de una batería?

44. ¿Cuál es la distribución de la duración media de 64 baterías?

45. ¿Cuál es la distribución de la duración total de 64 baterías?

46. Calcule la probabilidad de que la media muestral esté entre siete y 11.

47. Calcule el percentil 80 para la duración total de 64 baterías.

48. Calcule el IQR para la media de tiempo que duran 64 baterías.

49. Calcule el 80 % del centro para el tiempo total de duración de 64 baterías.

Use la siguiente información para responder los próximos ocho ejercicios: una distribución uniforme tiene un mínimo de seis y un máximo de diez. Se toma una muestra de 50 personas.

50. Calcule $P(\Sigma x > 420)$.

51. Calcule el percentil 90 de las sumas.

52. Calcule el percentil 15 de las sumas.

53. Calcule el primer cuartil de las sumas.

54. Calcule el tercer cuartil para las sumas.

55. Calcule el percentil 80 de las sumas.

Tarea para la casa

7.1 Teorema del límite central de medias muestrales (promedios)

56. Anteriormente, los estudiantes de Estadística de De Anza estimaron que la cantidad de cambio que llevan los estudiantes de Estadística durante el día se distribuye exponencialmente con una media de 0,88 dólares. Supongamos que elegimos al azar a 25 estudiantes diurnos de Estadística.

a. En palabras, X = __________
b. X ~ ____(____,____)
c. En palabras, $\overline{X}$ = __________
d. $\overline{x}$ ~ _____ (_____, _____)
e. Calcule la probabilidad de que una persona tenga entre 0,80 y 1,00 dólares. Grafique la situación, y sombree en la zona que se determine.
f. Calcule la probabilidad de que el promedio de los 25 estudiantes esté entre 0,80 y 1,00 dólares. Grafique la situación, y sombree en la zona que se determine.
g. Explique por qué hay una diferencia en la parte e y en la parte f.

57. Supongamos que la distancia de los batazos de aire lanzados al campo (en béisbol) se distribuye normalmente, con una media de 250 pies y una desviación típica de 50 pies. Tomamos una muestra aleatoria de 49 batazos de aire.

a. Si los valores de $\overline{x}$ = distancia promedio en pies para 49 batazos de aire, entonces $\overline{x}$ ~ ______(______,______)
b. ¿Cuál es la probabilidad de que las 49 pelotas hayan volado un promedio de menos de 240 pies? Dibuje el gráfico. Escala el eje horizontal para $\overline{x}$. Sombree la región correspondiente a la probabilidad. Calcule la probabilidad.
c. Calcule el percentil 80 de la distribución del promedio de 49 batazos de aire.

58. Según el Servicio de Impuestos Internos, el tiempo promedio que tarda una persona en terminar (llevar un registro, aprender, preparar, copiar, recopilar y enviar) el formulario 1040 del IRS es de 10,53 horas (sin los anexos). La distribución es desconocida. Supongamos que la desviación típica es de dos horas. Supongamos que tomamos una muestra aleatoria de 36 contribuyentes.

a. En palabras, X = __________
b. En palabras, $\overline{X}$ = __________
c. $\overline{X}$ ~ ____(____,____)
d. ¿Le sorprendería que los 36 contribuyentes terminaran su formulario 1040 en un promedio de más de 12 horas? Explique por qué sí o por qué no en oraciones completas.
e. ¿Le sorprendería que un contribuyente terminara su formulario 1040 en más de 12 horas? Explique por qué en una oración completa.

59. Supongamos que se sabe que una categoría de corredores de clase mundial corre un maratón (26 millas) en un promedio de 145 minutos con una desviación típica de 14 minutos. Considere 49 de las carreras. Supongamos que $\overline{x}$ el promedio de las 49 carreras.

a. $\overline{X}$ ~ ____(____,____)
b. Calcule la probabilidad de que el corredor tenga un promedio entre 142 y 146 minutos en estos 49 maratones.
c. Calcule el percentil 80 del promedio de estos 49 maratones.
d. Calcule la mediana de los tiempos promedio de ejecución.

60. La duración de las canciones en la colección de álbumes de iTunes de un coleccionista se distribuye uniformemente de dos a 3,5 minutos. Supongamos que elegimos al azar cinco álbumes de la colección. Hay un total de 43 canciones en los cinco álbumes.

a. En palabras, X = _______
b. X ~ __________
c. En palabras, $\overline{X}$ = __________
d. $\overline{X}$ ~ ____(____,____)
e. Calcule el primer cuartil para la duración promedio de la canción, $\overline{X}$.
f. El IQR (rango intercuartil) para la longitud promedio de la canción, $\overline{X}$, es de ___ - ___.

61. En 1940, el tamaño promedio de una granja en EE. UU. era de 174 acres. Digamos que la desviación típica era de 55 acres. Supongamos que encuestamos al azar a 38 agricultores de 1940.

a. En palabras, X = __________
b. En palabras, $\overline{X}$ = __________
c. $\overline{X}$ ~ ____(____,____)
d. El IQR para $\overline{x}$ es de ______ acres a ______ acres.

62. Determine cuáles de las siguientes afirmaciones son verdaderas y cuáles son falsas. Luego, justifique sus respuestas con oraciones completas.

a. Cuando el tamaño de la muestra es grande, la media de $\overline{X}$ es aproximadamente igual a la media de X.
b. Cuando el tamaño de la muestra es grande, $\overline{x}$ se distribuye aproximadamente normal.
c. Cuando el tamaño de la muestra es grande, la desviación típica de $\overline{x}$ es aproximadamente igual a la desviación típica de X.

63. El porcentaje de calorías de grasa que una persona en Estados Unidos consume cada día se distribuye normalmente, con una media de 36 aproximadamente y una desviación típica de diez aproximadamente. Supongamos que se eligen 16 personas al azar. Supongamos que $\overline{x}$ = porcentaje promedio de calorías de grasa.

a. $\overline{x}$ ~ _____(_____, _____)
b. Para el grupo de 16, calcule la probabilidad de que el porcentaje promedio de calorías de grasa consumidas sea superior a cinco. Grafique la situación y sombree la zona a determinar.
c. Calcule el primer cuartil para el porcentaje promedio de calorías de grasa.

64. La distribución de los ingresos en algunos países del tercer mundo se considera en forma de cuña (mucha gente muy pobre, muy poca gente con ingresos medios y aún menos gente rica). Supongamos que elegimos un país con una distribución en forma de cuña. Supongamos que el salario promedio es de 2.000 dólares al año con una desviación típica de 8.000 dólares. Encuestamos al azar a 1.000 residentes de ese país.

a. En palabras, X = __________
b. En palabras, $\overline{X}$ = __________
c. $\overline{X}$ ~ ____(____,____)
d. ¿Cómo es posible que la desviación típica sea mayor que el promedio?
e. ¿Por qué es más probable que el promedio de los 1.000 residentes sea de 2.000 a 2.100 dólares que de 2.100 a 2.200 dólares?

65. ¿Cuál de las siguientes opciones NO ES CIERTA sobre la distribución de los promedios?

a. La media, la mediana y la moda son iguales.
b. El área debajo de la curva es uno.
c. La curva nunca toca el eje x.
d. La curva está distorsionada hacia la derecha.

66. El costo de la gasolina sin plomo en el Área de la Bahía seguía antes una distribución desconocida con una media de 4,59 dólares y una desviación típica de 0,10 dólares. Se eligen al azar dieciséis gasolineras del Área de la Bahía. Nos interesa el costo promedio de la gasolina en las 16 gasolineras. La distribución que se va a usar para el costo promedio de la gasolina para las 16 gasolineras es

a. $\overline{X} \sim N(4{,}59; 0{,}10)$
b. $\overline{X} \sim N\left(40{,}59, \frac{0{,}10}{\sqrt{16}}\right)$
c. $\overline{X} \sim N\left(40{,}59, \frac{16}{0{,}10}\right)$
d. $\overline{X} \sim N\left(40{,}59, \frac{\sqrt{16}}{0{,}10}\right)$

7.2 El teorema del límite central para las sumas

67. ¿Cuál de las siguientes afirmaciones NO ES VERDADERA sobre la distribución teórica de las sumas?

a. La media, la mediana y la moda son iguales.
b. El área debajo de la curva es uno.
c. La curva nunca toca el eje *x*.
d. La curva está distorsionada hacia la derecha.

68. Supongamos que se sabe que la duración de un determinado tipo de juicio penal tiene una media de 21 días y una desviación típica de siete días. Tomamos una muestra aleatoria de nueve juicios.

a. En palabras, ΣX = ____________
b. $\Sigma X \sim$ _____(_____,_____)
c. Calcule la probabilidad de que la duración total de los nueve juicios sea de al menos 225 días.
d. El noventa por ciento del total de nueve de estos tipos de juicios durará al menos ¿cuánto tiempo?

69. Supongamos que el peso de las cajas de cereales abiertas en un hogar con niños se distribuye uniformemente de dos a seis libras con una media de cuatro libras y una desviación típica de 1,1547. Encuestamos al azar a 64 hogares con niños.

a. En palabras, X = ____________
b. La distribución es _______.
c. En palabras, ΣX = ____________
d. $\Sigma X \sim$ _____(_____,_____)
e. Calcule la probabilidad de que el peso total de las cajas abiertas sea inferior a 250 libras.
f. Calcule el percentil 35 del peso total de las cajas de cereales abiertas.

70. Los salarios de los maestros de un determinado distrito escolar de primaria se distribuyen normalmente, con una media de 44.000 dólares y una desviación típica de 6.500 dólares. Encuestamos al azar a diez maestros de ese distrito.

a. En palabras, X = ____________
b. $X \sim$ _____(_____,_____)
c. En palabras, ΣX = ____________
d. $\Sigma X \sim$ _____(_____,_____)
e. Calcule la probabilidad de que los maestros ganen en total más de 400.000 dólares.
f. Calcule el percentil 90 del salario de un solo maestro
g. Calcule el percentil 90 de la suma de los salarios de diez maestros.
h. Si encuestáramos a 70 maestros en lugar de diez, gráficamente, ¿cómo cambiaría la distribución de la parte d?
i. Si cada uno de los 70 maestros recibiera un aumento de 3.000 dólares, gráficamente, ¿cómo cambiaría la distribución de la parte b?

7.3 Uso del teorema del límite central

71. La capacidad de atención de un niño de dos años se distribuye exponencialmente con una media de unos ocho minutos. Supongamos que encuestamos aleatoriamente a 60 niños de dos años.

a. En palabras, X = ______
b. $X \sim$ ____(____,____)
c. En palabras, $\overline{X}$ = __________
d. $\overline{X} \sim$ ____(____,____)
e. Antes de hacer cálculos, ¿cuál cree que será más alta? Explique por qué.
   i. La probabilidad de que la capacidad de atención de un individuo sea inferior a diez minutos.
   ii. ¿La probabilidad de que el promedio de atención de los 60 niños sea inferior a diez minutos?
f. Calcule las probabilidades en la parte e.
g. Explique por qué la distribución de $\overline{X}$ no es exponencial.

72. Los precios de cierre de las acciones de 35 fabricantes de semiconductores de Estados Unidos son los siguientes.

8,625; 30,25; 27,625; 46,75; 32,875; 18,25; 5; 0,125; 2,9375; 6,875; 28,25; 24,25; 21; 1,5; 30,25; 71; 43,5; 49,25; 2,5625; 31; 16,5; 9,5; 18,5; 18; 9; 10,5; 16,625; 1,25; 18; 12,87; 7; 12,875; 2,875; 60,25; 29,25

a. En palabras, X = ___________
b. i. $\overline{x}$ = ____
   ii. s_x = ____
   iii. n = ____
c. Construya un histograma de la distribución de los promedios. Comience en $x = 0{,}0005$. Utilice anchos de barra de diez.
d. En palabras, describa la distribución de los precios de las acciones.
e. Promedio aleatorio de los precios de cinco acciones (utilice un generador de números aleatorios). Continúe promediando cinco piezas juntas hasta que tenga diez promedios. Enumere esos diez promedios.
f. Utilice los diez promedios de la parte e para calcular lo siguiente.
   i. $\overline{x}$ = ____
   ii. s_x = ____
g. Construya un histograma de la distribución de los promedios. Comience en $x = -0{,}0005$. Utilice anchos de barra de diez.
h. ¿Este histograma se parece al gráfico de la parte c?
i. En una o dos frases completas, explique por qué los gráficos son iguales o diferentes
j. Basado en la teoría del **teorema central del límite**, $\overline{X} \sim$ ____(____,____)

Use la siguiente información para responder los próximos tres ejercicios: Richard's Furniture Company entrega los muebles desde las 10 a. m. hasta las 2 p. m. de forma continua y uniforme. Nos interesa saber cuánto tiempo (en horas) después de la hora de inicio de las 10 a. m. las personas esperan su entrega.

73. $X \sim$ ____(____,____)

a. $U(0,4)$
b. $U(10,2)$
c. $E\chi p(2)$
d. $N(2,1)$

74. El tiempo promedio de espera es:

a. una hora.
b. dos horas.
c. dos horas y media.
d. cuatro horas.

75. Supongamos que es pasado el mediodía de un día de entrega. La probabilidad de que una persona deba esperar al menos una hora y media **más** es:

a. $\frac{1}{4}$
b. $\frac{1}{2}$
c. $\frac{3}{4}$
d. $\frac{3}{8}$

Use la siguiente información para responder los próximos dos ejercicios: El tiempo de espera de un determinado autobús rural se distribuye uniformemente de cero a 75 minutos. Se toma una muestra aleatoria de cien ciclistas para saber cuánto tiempo han esperado.

76. El tiempo promedio de espera de la muestra del percentil 90 (en minutos) para una muestra de 100 usuarios es:

a. 315,0
b. 40,3
c. 38,5
d. 65,2

77. ¿Le sorprendería, basándose en cálculos numéricos, que el tiempo promedio de espera de la muestra (en minutos) para 100 pasajeros fuera inferior a 30 minutos?

a. sí
b. no
c. No hay suficiente información.

Utilice lo siguiente para responder los dos ejercicios siguientes: El costo de la gasolina sin plomo en el Área de la Bahía seguía antes una distribución desconocida con una media de 4,59 dólares y una desviación típica de 0,10 dólares. Se eligen al azar dieciséis gasolineras del Área de la Bahía. Nos interesa el costo promedio de la gasolina en las 16 gasolineras.

78. ¿Cuál es la probabilidad aproximada de que el precio promedio de 16 gasolineras sea superior a 4,69 dólares?

a. casi cero
b. 0,1587
c. 0,0943
d. desconocido

79. Calcule la probabilidad de que el precio promedio de 30 gasolineras sea inferior a 4,55 dólares.

a. 0,6554
b. 0,3446
c. 0,0142
d. 0,9858
e. 0

80. Supongamos que en un distrito escolar local desde kínder hasta 12.° grado (K-12), el 53 % de la población está a favor de una escuela chárter de kínder a 5.º grado (K-5). Se realiza una encuesta con una muestra aleatoria simple de 300 personas. Calcule lo siguiente utilizando la aproximación normal a la distribución binomial.

a. Calcule la probabilidad de que menos de 100 estén a favor de una escuela chárter de K-5.
b. Calcule la probabilidad de que 170 o más estén a favor de una escuela chárter de K-5.
c. Calcule la probabilidad de que no más de 140 estén a favor de una escuela chárter de K-5.
d. Calcule la probabilidad de que haya menos de 130 que estén a favor de una escuela chárter de K-5.
e. Calcule la probabilidad de que exactamente 150 estén a favor de una escuela chárter de K-5.

Si tiene acceso a una calculadora o a un software adecuado, intente calcular estas probabilidades con esta tecnología.

81. Cuatro amigas, Janice, Barbara, Kathy y Roberta, decidieron compartir el auto para ir a la escuela. Cada día se elegiría al conductor seleccionando al azar uno de los cuatro nombres. Comparten el auto para ir a la escuela durante 96 días. Utilice la aproximación normal a la binomial para calcular las siguientes probabilidades. Redondee la desviación típica a cuatro decimales.

a. Calcule la probabilidad de que Janice sea la conductora como máximo 20 días.
b. Calcule la probabilidad de que Roberta sea la conductora más de 16 días.
c. Calcule la probabilidad de que Bárbara conduzca exactamente 24 de esos 96 días.

82. $X \sim N(60, 9)$. Supongamos que se forman muestras aleatorias de 25 de esta distribución. Supongamos que $\overline{X}$ sea la variable aleatoria de los promedios. Supongamos que ΣX sea la variable aleatoria de las sumas. Para las partes c a f, dibuje el gráfico, sombree la región, identifique y escale el eje horizontal para $\overline{X}$, y calcule la probabilidad.

a. Dibuje las distribuciones de X y $\overline{X}$ en el mismo gráfico.
b. $\overline{X} \sim$ ____(____,____)
c. $P(\overline{x} < 60) =$ ____
d. Calcule el percentil[30] para la media.
e. $P(56 < \overline{x} < 62) =$ ____
f. $P(18 < \overline{x} < 58) =$ ____
g. $\Sigma x \sim$ ____(____,____)
h. Calcule el valor mínimo del cuartil superior de la suma.
i. $P(1.400 < \Sigma x < 1.550) =$ ____

83. Supongamos que la longitud de los trabajos de investigación se distribuye uniformemente de diez a 25 páginas. Estudiamos una clase en la que se entregaron 55 trabajos de investigación a un profesor. Los 55 trabajos de investigación se consideran una colección aleatoria de todos los trabajos. Nos interesa la longitud promedio de los trabajos de investigación.

a. En palabras, $X =$ __________
b. $X \sim$ ____(____,____)
c. $\mu_X =$ ____
d. $\sigma_X =$ ____
e. En palabras, $\overline{X} =$ __________
f. $\overline{X} \sim$ ____(____,____)
g. En palabras, $\Sigma X =$ __________
h. $\Sigma X \sim$ ____(____,____)
i. Sin hacer ningún cálculo, ¿cree que es probable que el profesor tenga que leer un total de más de 1.050 páginas? ¿Por qué?
j. Calcule la probabilidad de que el profesor tenga que leer un total de más de 1.050 páginas.
k. ¿Por qué es tan improbable que la longitud promedio de los trabajos sea inferior a 12 páginas?

84. Los salarios de los maestros de un determinado distrito escolar de primaria se distribuyen normalmente, con una media de 44.000 dólares y una desviación típica de 6.500 dólares. Encuestamos al azar a diez maestros de ese distrito.

a. Calcule el percentil 90 del salario de un solo maestro.
b. Calcule el percentil 90 del salario promedio de los maestros.

85. Se dice que la duración promedio de la estancia por maternidad en un hospital estadounidense es de 2,4 días, con una desviación típica de 0,9 días. Encuestamos de forma aleatoria a 80 mujeres que habían dado a luz recientemente en un hospital de Estados Unidos.

a. En palabras, X = ___________
b. En palabras, $\overline{X}$ = _______________
c. $\overline{X}$ ~ ____(____,____)
d. En palabras, ΣX = ____________
e. ΣX ~ ____(____,____)
f. ¿Es probable que un individuo haya permanecido más de cinco días en el hospital? ¿Por qué sí o por qué no?
g. ¿Es probable que la estancia promedio de las 80 mujeres fuera de más de cinco días? ¿Por qué sí o por qué no?
h. Lo que es más probable:
    i. Un individuo permaneció más de cinco días.
    ii. la estancia promedio de 80 mujeres fue de más de cinco días.

i. Si tuviéramos que resumir las estancias de las mujeres, ¿es probable que, en conjunto, hayan pasado más de un año en el hospital? ¿Por qué sí o por qué no?

Para cada problema, siempre que sea posible, proporcione gráficos y utilice la calculadora.

86. Las baterías NeverReady han diseñado una nueva batería AAA de mayor duración. La compañía afirma que esta batería tiene una duración promedio de 17 horas con una desviación típica de 0,8 horas. Su clase de estadística cuestiona esta afirmación. Como clase, selecciona aleatoriamente 30 baterías y descubre que la media de vida de la muestra es de 16,7 horas. Si el proceso funciona correctamente, ¿cuál es la probabilidad de obtener una muestra aleatoria de 30 baterías en la que la vida media de la muestra sea de 16,7 horas o menos? ¿Es razonable la reclamación de la compañía?

87. Los hombres tienen un peso promedio de 172 libras con una desviación típica de 29 libras.

a. Calcule la probabilidad de que 20 hombres seleccionados aleatoriamente tengan una suma de peso superior a 3.600 lb.
b. Si la suma de 20 hombres es superior a 3500 libras, su peso total supera los límites de seguridad para los taxis acuáticos. Basándose en (a), ¿es esto un problema de seguridad? Explique.

88. Las bolsas grandes de caramelos M&M tienen un peso neto declarado de 396,9 g. La desviación típica del peso de cada caramelo es de 0,017 g. La siguiente tabla procede de un experimento estadístico realizado por una clase de estadística.

Rojo	Naranja	Amarilla	Marrón	Azul	Verde
0,751	0,735	0,883	0,696	0,881	0,925
0,841	0,895	0,769	0,876	0,863	0,914
0,856	0,865	0,859	0,855	0,775	0,881
0,799	0,864	0,784	0,806	0,854	0,865
0,966	0,852	0,824	0,840	0,810	0,865
0,859	0,866	0,858	0,868	0,858	1,015
0,857	0,859	0,848	0,859	0,818	0,876
0,942	0,838	0,851	0,982	0,868	0,809
0,873	0,863			0,803	0,865
0,809	0,888			0,932	0,848
0,890	0,925			0,842	0,940
0,878	0,793			0,832	0,833
0,905	0,977			0,807	0,845
	0,850			0,841	0,852
	0,830			0,932	0,778
	0,856			0,833	0,814
	0,842			0,881	0,791
	0,778			0,818	0,810
	0,786			0,864	0,881
	0,853			0,825	
	0,864			0,855	
	0,873			0,942	
	0,880			0,825	

Tabla 7.7

Rojo	Naranja	Amarilla	Marrón	Azul	Verde
	0,882			0,869	
	0,931			0,912	
				0,887	

Tabla 7.7

La bolsa contenía 465 caramelos y los pesos de la tabla procedían de caramelos seleccionados aleatoriamente. Cuente los pesos.

a. Calcule el peso de la media de la muestra y la desviación típica de los pesos de las muestras de caramelos en la tabla.
b. Calcule la suma de los pesos de la muestra en la tabla y la desviación típica de la suma de los pesos.
c. Si se seleccionan 465 M&M aleatoriamente, calcule la probabilidad de que sus pesos sumen al menos 396,9.
d. ¿Es correcto el etiquetado de los M&M de la compañía Mars?

89. La compañía Screw Right afirma que sus tornillos de $\frac{3}{4}$ pulgadas están dentro de ±0,23 del diámetro medio declarado de 0,750 pulgadas con una desviación típica de 0,115 pulgadas. Se registraron los siguientes datos.

0,757	0,723	0,754	0,737	0,757	0,741	0,722	0,741	0,743	0,742
0,740	0,758	0,724	0,739	0,736	0,735	0,760	0,750	0,759	0,754
0,744	0,758	0,765	0,756	0,738	0,742	0,758	0,757	0,724	0,757
0,744	0,738	0,763	0,756	0,760	0,768	0,761	0,742	0,734	0,754
0,758	0,735	0,740	0,743	0,737	0,737	0,725	0,761	0,758	0,756

Tabla 7.8

Los tornillos se seleccionaron aleatoriamente en la tienda local de reparaciones domésticas.

a. Calcule el diámetro de la media y la desviación típica de la muestra
b. Calcule la probabilidad de que 50 tornillos seleccionados al azar estén dentro de los niveles de tolerancia establecidos. ¿Es creíble la afirmación del diámetro de la compañía?

90. Su compañía tiene un contrato para realizar el mantenimiento preventivo de miles de aparatos de aire acondicionado en una gran ciudad. Según los registros de servicio de años anteriores, el tiempo que un técnico dedica a la revisión de una unidad en promedio es de una hora, con una desviación típica de una hora. En la próxima semana, su compañía prestará servicio a una muestra aleatoria simple de 70 unidades en la ciudad. Tiene previsto presupuestar un promedio de 1,1 horas por técnico para completar el trabajo. ¿Será suficiente tiempo?

91. Un adulto típico tiene una puntuación promedio de IQ de 105 con una desviación típica de 20. Si se somete a 20 adultos seleccionados aleatoriamente a una prueba de IQ, ¿cuál es la probabilidad de que las puntuaciones medias de la muestra estén entre 85 y 125 puntos?

92. Algunas monedas tienen un peso promedio de 5,201 gramos con una desviación típica de 0,065 g. Si una máquina expendedora está diseñada para aceptar monedas cuyo peso oscila entre 5,111 g y 5,291 g, ¿cuál es el número esperado de monedas rechazadas cuando se introducen en la máquina 280 monedas seleccionadas al azar?

Referencias

7.1 Teorema del límite central de medias muestrales (promedios)

Baran, Daya. "20 Percent of Americans Have Never Used Email."WebGuild, 2010. Disponible en línea en http://www.webguild.org/20080519/20-percent-of-americans-have-never-used-email (consultado el 17 de mayo de 2013).

Datos de The Flurry Blog, 2013. Disponible en línea en http://blog.flurry.com (consultado el 17 de mayo de 2013).

Datos del Departamento de Agricultura de Estados Unidos.

7.2 El teorema del límite central para las sumas

Farago, Peter. The Truth About Cats and Dogs: Smartphone vs Tablet Usage Differences [La verdad sobre los gatos y los perros: Diferencias entre el uso de smartphones vs tabletas]. The Flurry Blog, 2013. Publicado el 29 de octubre de 2012. Disponible en línea en http://blog.flurry.com (consultado el 17 de mayo de 2013).

7.3 Uso del teorema del límite central

Datos del Wall Street Journal.

"National Health and Nutrition Examination Survey". Center for Disease Control and Prevention. Disponible en línea en http://www.cdc.gov/nchs/nhanes.htm (consultado el 17 de mayo de 2013).

Soluciones

1. media = 4 horas; desviación típica = 1,2 horas; tamaño de la muestra = 16

3. a. Compruebe la solución del estudiante.
b. 3,5; 4,25; 0,2441

5. El hecho de que las dos distribuciones sean diferentes explica las distintas probabilidades.

7. 0,3345

9. 7833.92

11. 0,0089

13. 7326.49

15. 77,45%

17. 0,4207

19. 3888.5

21. 0,8186

23. 5

25. 0,9772

27. El tamaño de la muestra, *n*, aumenta.

29. 49

31. 26,00

33. 0,1587

35. 1.000

37. a. *U*(24, 26), 25, 0,5774
b. *N*(25, 0,0577)
c. 0,0416

38. 0,0003

39. 25,07

40. a. *N*(2.500; 5,7735)
b. 0

41. 2.507,40

42. a. 10
b. $\frac{1}{10}$

44. $N\left(10, \frac{10}{8}\right)$

46. 0,7799

48. 1,69

50. 0,0072

52. 391,54

54. 405,51

56. a. *X* = cantidad de cambio que llevan los estudiantes
b. *X* ~ *E*(0,88; 0,88)
c. $\overline{x}$ = cantidad promedio de cambio que lleva a cabo una muestra de 25 estudiantes.
d. $\overline{x}$ ~ *N*(0,88; 0,176)
e. 0,0819
f. 0,1882
g. Las distribuciones son diferentes. La parte a es exponencial y la parte b es normal.

58. a. tiempo que tarda una persona en terminar el formulario 1040 del IRS, en horas.
b. duración media de una muestra de 36 contribuyentes en terminar el formulario 1040 del IRS, en horas.
c. $N\left(100{,}53,\ \frac{1}{3}\right)$
d. Sí. Me sorprendería, porque la probabilidad es casi 0.
e. No. No me sorprendería del todo porque la probabilidad es de 0,2312

60. a. la duración de una canción, en minutos, en la colección
b. $U(2,\ 3{,}5)$
c. la duración promedio, en minutos, de las canciones de una muestra de cinco álbumes de la colección
d. $N(2{,}75;\ 0{,}0660)$
e. 2,71 minutos
f. 0,09 minutos

62. a. Verdadero. La media de una distribución del muestreo de las medias es aproximadamente la media de la distribución de los datos.
b. Verdadero. Según el teorema del límite central, cuanto mayor sea la muestra, más se aproxima a la normalidad la distribución del muestreo de las medias.
c. La desviación típica de la distribución del muestreo de las medias disminuirá haciéndola aproximadamente igual a la desviación típica de X a medida que aumenta el tamaño de la muestra.

64. a. X = los ingresos anuales de alguien en un país del tercer mundo
b. el salario promedio de las muestras de 1.000 residentes de un país del tercer mundo
c. $\overline{X} \sim N\left(2000,\ \frac{8000}{\sqrt{1.000}}\right)$
d. Las diferencias muy amplias en los valores de los datos pueden tener promedios más pequeños que las desviaciones típicas.
e. La distribución de la media muestral tendrá mayores probabilidades de acercarse a la media de la población.
$P(2.000 < \overline{x} < 2.100) = 0{,}1537$
$P(2.100 < \overline{x} < 2200) = 0{,}1317$

66. b

68. a. la duración total de nueve juicios penales
b. $N(189,\ 21)$
c. 0,0432
d. 162,09; el noventa por ciento del total de nueve juicios de este tipo durará 162 días o más.

70. a. X = el salario de un maestro de primaria en el distrito
b. $X \sim N(44.000,\ 6.500)$
c. $\Sigma X \sim$ suma de los salarios de diez maestros de primaria de la muestra
d. $\Sigma X \sim N(44000,\ 20554{,}80)$
e. 0,9742
f. $52.330,09
g. 466342.04
h. El muestreo de 70 maestros en lugar de diez haría que la distribución estuviera más repartida. Sería una curva normal más simétrica.
i. Si cada maestro recibiera un aumento de 3.000 dólares, la distribución de X se desplazaría hacia la derecha en 3.000 dólares. En otras palabras, tendría una media de 47.000 dólares.

72. a. X = los precios de cierre de las acciones de los fabricantes de semiconductores de Estados Unidos
b. i. 20,71 dólares; ii. 17,31 dólares; iii. 35
c.
d. Distribución exponencial, $X \sim Exp\left(\frac{1}{20{,}71}\right)$

e. Las respuestas variarán.
f. i. 20,71 dólares; ii. 11,14 dólares
g. Las respuestas variarán.
h. Las respuestas variarán.
i. Las respuestas variarán.
j. $N\left(200{,}71,\ \frac{17{,}31}{\sqrt{5}}\right)$

74. b

76. b

78. a

80. a. 0
b. 0,1123
c. 0,0162
d. 0,0003
e. 0,0268

82. a. Compruebe la solución del estudiante.
b. $\overline{X} \sim N\left(60,\ \frac{9}{\sqrt{25}}\right)$
c. 0,5000
d. 59,06
e. 0,8536
f. 0,1333
g. $N(1500, 45)$
h. 1530,35
i. 0,6877

84. a. $52.330
b. $46.634

86.
- Tenemos $\mu = 17$, $\sigma = 0{,}8$, $\overline{x} = 16{,}7$, y $n = 30$. Para calcular la probabilidad, utilizamos `normalcdf`(inferior, superior, μ, $\frac{\sigma}{\sqrt{n}}$) = `normalcdf`$\left(E{-}99{,}16.7{,}17{,}\frac{0{,}8}{\sqrt{30}}\right)$ = 0,0200.
- Si el proceso funciona correctamente, la probabilidad de que una muestra de 30 baterías tenga como máximo 16,7 horas de vida útil es solo del 2 %. Por lo tanto, estaba justificado que la clase cuestionara la reclamación.

88. a. Para la muestra, tenemos $n = 100$, $\overline{x} = 0{,}862$, $s = 0{,}05$
b. $\Sigma\overline{x} = 85{,}65$, $\Sigma s = 5{,}18$
c. `normalcdf`(396,9,*E*99,(465)(0,8565),(0,05)($\sqrt{465}$)) ≈ 1
d. Como la probabilidad de que una muestra de tamaño 465 tenga al menos una suma media de 396,9 es aproximadamente 1, podemos concluir que Mars está etiquetando correctamente sus paquetes de M&M.

90. Utilice `normalcdf`$\left(E{-}99{,}1.1{,}1{,}\frac{1}{\sqrt{70}}\right)$ = 0,7986. Esto significa que hay un 80 % de posibilidades de que el tiempo de servicio sea inferior a 1,1 horas. Podría ser prudente programar más tiempo, ya que hay un 20 % de posibilidades asociadas de que el tiempo de mantenimiento sea superior a 1,1 horas.

92. Suponemos que los pesos de las monedas se distribuyen normalmente en la población. Ya que tenemos `normalcdf`$\left(5.111{,}5.291{,}50{,}201{,}\frac{0{,}065}{\sqrt{280}}\right)$ ≈ 0,8338, esperamos que se rechacen (1 - 0,8338)280 ≈ 47 monedas.

8 INTERVALOS DE CONFIANZA

Figura 8.1 ¿Se ha preguntado alguna vez cuál es el promedio de M&M que hay en una bolsa en el supermercado? Puede usar los intervalos de confianza para responder esta pregunta (créditos: comedy_nose/flickr).

Objetivos del Capítulo

Al final de este capítulo el estudiante podrá:

- Calcular e interpretar los intervalos de confianza para estimar una media poblacional y una proporción poblacionales.
- Interpretar la distribución de probabilidad t de Student a medida que cambia el tamaño de la muestra.
- Discriminar los problemas aplicando la distribución normal y la *t* de Student.
- Calcular el tamaño de la muestra necesario para estimar una media poblacional y una proporción poblacional dado un nivel de confianza y un margen de error deseados.

Introducción

Supongamos que intenta determinar el alquiler medio de un apartamento de dos habitaciones en su ciudad. Puede buscar en la sección de anuncios del periódico, anotar varios alquileres que aparezcan y hacer un promedio entre ellos. Habría obtenido una estimación puntual de la media real. Si intenta determinar el porcentaje de veces que encesta cuando lanza una pelota de baloncesto, puede contar el número de tiros que lo logra y dividirlo entre el número de tiros que intenta. En este caso, se habría obtenido una estimación puntual de la proporción real.

Utilizamos los datos de la muestra para hacer generalizaciones sobre una población desconocida. Esta parte de la Estadística se llama **Estadística Inferencial**. **Los datos de la muestra nos ayudan a hacer una estimación de un parámetro** de la población. Nos damos cuenta de que lo más probable es que la estimación puntual no sea el valor exacto del parámetro poblacional, sino que se acerque a él. Después de calcular las estimaciones puntuales, construimos las estimaciones de intervalo, llamadas intervalos de confianza.

En este capítulo aprenderá a construir e interpretar intervalos de confianza. También aprenderá una nueva distribución, la t de Student, y cómo se utiliza con estos intervalos. A lo largo del capítulo es importante tener en cuenta que el intervalo de confianza es una variable aleatoria. Es el parámetro poblacional que se fija.

Si usted trabajara en el departamento de mercadeo de una compañía de entretenimiento, podría interesarse por el número medio de canciones que un consumidor descarga al mes de iTunes. Si es así, puede hacer una encuesta y calcular la media muestral, $\overline{x}$, y la desviación típica de la muestra, *s*. Usaría $\overline{x}$ para estimar la media de la población y *s* para estimar la desviación típica de la población. La media muestral, $\overline{x}$, es la **estimación** puntual de la media de la población, μ. La desviación típica de la muestra, *s*, es la estimación puntual de la desviación típica de la población, σ.

Cada uno de $\overline{x}$ Cada y *s* se llama estadística.

Un **intervalo de confianza** es otro tipo de estimación pero, en vez de ser un solo número, es un intervalo de números. Proporciona un rango de valores razonables en el que esperamos que se ubique el parámetro de la población. No hay garantía de que un determinado intervalo de confianza capte el parámetro, pero hay una probabilidad de éxito predecible.

Supongamos, para el ejemplo de iTunes, que no conocemos la media poblacional μ, pero sí sabemos que la desviación típica de la población es $\sigma = 1$ y que nuestro tamaño de muestra es 100. Entonces, por el teorema del límite central, la desviación típica para la media de la muestra es

$$\frac{\sigma}{\sqrt{n}} = \frac{1}{\sqrt{100}} = 0{,}1.$$

La **regla empírica**, que se aplica a las distribuciones en forma de campana, dice que en aproximadamente el 95 % de las muestras, la media muestral, $\overline{x}$, estará dentro de las dos desviaciones típicas de la media poblacional μ. Para nuestro ejemplo de iTunes, dos desviaciones típicas son (2)(0,1) = 0,2. La media muestral $\overline{x}$ es probable que esté dentro de 0,2 unidades de μ.

Dado que $\overline{x}$ está dentro de 0,2 unidades de μ, que es desconocido, entonces es probable que μ esté dentro de 0,2 unidades de $\overline{x}$ en el 95 % de las muestras. La media poblacional μ está contenida en un intervalo cuyo número inferior se calcula tomando la media muestral y restando dos desviaciones típicas (2)(0,1) y cuyo número superior se calcula tomando la media muestral y sumando dos desviaciones típicas. En otras palabras, μ está entre $\overline{x} - 00{,}2$ y $\overline{x} + 00{,}2$ en el 95 % de las muestras.

Para el ejemplo de iTunes, supongamos que una muestra produce una media muestral $\overline{x} = 2$. Entonces la media poblacional desconocida μ está entre

$$\overline{x} - 0{,}2 = 2 - 0{,}2 = 1{,}8 \text{ y } \overline{x} + 0{,}2 = 2 + 0{,}2 = 2{,}2$$

Decimos que tenemos **un 95 % de confianza** en que la media de la población desconocida de canciones descargadas de iTunes al mes está entre 1,8 y 2,2. **El intervalo de confianza del 95 % es (1,8; 2,2).**

El intervalo de confianza del 95 % implica dos posibilidades. O bien el intervalo (1,8, 2,2) contiene la verdadera media μ o nuestra muestra produjo un $\overline{x}$ que no esté a menos de 0,2 unidades de la media verdadera μ. La segunda posibilidad solo se da en el 5 % de las muestras (95 a 100 %).

Recuerde que un intervalo de confianza se crea para un parámetro poblacional desconocido como la media poblacional, μ. Los intervalos de confianza para algunos parámetros tienen la forma:

(estimación puntual - margen de error, estimación puntual + margen de error)

El margen de error depende del nivel o porcentaje de confianza y del error estándar de la media.

Cuando lea los periódicos y revistas, algunos informes utilizarán la frase "margen de error". Otros informes no utilizan esa frase, sino que incluyen un intervalo de confianza como la estimación puntual más o menos el margen de error. Son dos formas de expresar el mismo concepto.

Nota

Aunque el texto solo contempla los intervalos de confianza simétricos, existen intervalos de confianza no simétricos (por ejemplo, un intervalo de confianza para la desviación típica).

EJERCICIO COLABORATIVO

Haga que su instructor registre el número de comidas que cada estudiante de su clase come fuera en una semana. Supongamos que se sabe que la desviación típica es de tres comidas. Construya un intervalo de confianza aproximado del 95 % para el número de la media real de comidas que los estudiantes comen fuera de casa cada semana.

1. Calcule la media muestral.
2. Sea $\sigma = 3$ y n = el número de estudiantes encuestados.
3. Construya el intervalo $\left(\overline{x} - 2 \cdot \frac{\sigma}{\sqrt{n}}, \overline{x} + 2 \cdot \frac{\sigma}{\sqrt{n}}\right)$.

Decimos que tenemos aproximadamente un 95 % de confianza en que la media real del número de comidas que los estudiantes comen fuera de casa a la semana está entre ________ y ________.

8.1 La media de una población utilizando la distribución normal

Un intervalo de confianza para una media poblacional con una desviación típica poblacional conocida se basa en la conclusión del teorema del límite central de que la distribución muestral de las medias muestrales sigue una distribución aproximadamente normal. Supongamos que nuestra muestra tiene una media de $\overline{x} = 10$ y hemos construido el intervalo de confianza del 90 % (5, 15) donde $EBM = 5$.

Cálculo del intervalo de confianza

Para construir un intervalo de confianza para una única media poblacional desconocida μ, **cuando se conoce la desviación típica de la población**, necesitamos $\overline{x}$ como una estimación de μ y necesitamos el margen de error. Aquí, el margen de error (*EBM*) se denomina **límite de error para una media poblacional** (abreviado ***EBM***). La media muestral $\overline{x}$ es la **estimación puntual** de la media poblacional desconocida μ.

La estimación del intervalo de confianza tendrá la forma:

(estimación puntual - límite de error, estimación puntual + límite de error) o, en símbolos, $(\overline{x} - EBM, \overline{x} + EBM)$

El margen de error (*EBM*) depende del **nivel de confianza** (***Confidence Level, CL***). El nivel de confianza suele considerarse la probabilidad de que la estimación del intervalo de confianza calculado contenga el verdadero parámetro poblacional. Sin embargo, es más preciso afirmar que el nivel de confianza es el porcentaje de intervalos de confianza que contienen el verdadero parámetro de la población cuando se toman muestras repetidas. La mayoría de las veces, la persona que construye el intervalo de confianza elige un nivel de confianza del 90 % o superior porque quiere estar razonablemente segura de sus conclusiones.

Existe otra probabilidad llamada alfa (α). α está relacionada con el nivel de confianza, *CL*. α es la probabilidad de que el intervalo no contenga el parámetro poblacional desconocido.
Matemáticamente, $\alpha + CL = 1$.

EJEMPLO 8.1

Supongamos que hemos recogido datos de una muestra. Conocemos la media de la muestra, pero no conocemos la media de toda la población.
La media de la muestra es 7 y el límite de error de la media es 2,5.

$\overline{x} = 7$ y $EBM = 2{,}5$

El intervalo de confianza es (7 - 2,5; 7 + 2,5), y el cálculo de los valores da (4,5; 9,5).

Si el nivel de confianza (*CL*) es del 95 %, entonces decimos que "estimamos con un 95 % de confianza que el verdadero valor de la media poblacional está entre 4,5 y 9,5".

INTÉNTELO 8.1

Supongamos que tenemos datos de una muestra. La media de la muestra es 15, y el límite de error para la media es 3,2.

¿Cuál es la estimación del intervalo de confianza para la media de la población?

Un intervalo de confianza para una media poblacional con una desviación típica conocida se basa en el hecho de que las medias muestrales siguen una distribución aproximadamente normal. Supongamos que nuestra muestra tiene una media de $\bar{x} = 10$, y hemos construido el intervalo de confianza del 90 % (5, 15) donde *EBM* = 5.

Para obtener un intervalo de confianza del 90 %, debemos incluir el 90 % central de la probabilidad de la distribución normal. Si incluimos el 90 % central, dejamos fuera un total de $\alpha = 10$ % en ambas colas, o 5 % en cada cola, de la distribución normal.

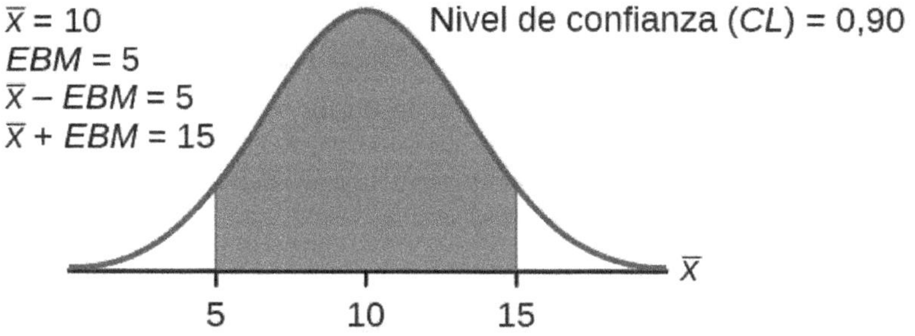

Figura 8.2

Para captar el 90 % central, debemos salir 1,645 "desviaciones típicas" a cada lado de la media muestral calculada. El valor 1,645 es la puntuación *z* de una distribución de probabilidad normal estándar que sitúa un área de 0,90 en el centro, un área de 0,05 en la cola extrema izquierda y un área de 0,05 en la cola extrema derecha.

Es importante que la "desviación típica" utilizada sea la adecuada para el parámetro que estamos estimando, por lo que en este apartado debemos utilizar la desviación típica que se aplica a las medias muestrales, que es $\frac{\sigma}{\sqrt{n}}$. La fracción $\frac{\sigma}{\sqrt{n}}$, se denomina comúnmente "error estándar de la media" para distinguir claramente desviación típica de una media de la desviación típica de la población σ.

En resumen, como resultado del teorema del límite central:

- $\bar{X}$ se distribuye normalmente, es decir, $\bar{X} \sim N\left(\mu_X, \frac{\sigma}{\sqrt{n}}\right)$.
- **Cuando se conoce la desviación típica de la población σ, utilizamos una distribución normal para calcular el límite de error.**

Cálculo del intervalo de confianza

Para construir una estimación de intervalo de confianza para una media poblacional desconocida necesitamos datos de una muestra aleatoria. Los pasos para construir e interpretar el intervalo de confianza son:

- Calcular la media muestral $\bar{x}$ de los datos de la muestra. Recuerde que en esta sección ya conocemos la desviación típica de la población σ.
- Calcule la puntuación *z* que corresponde al nivel de confianza.
- Calcular el límite de error *EBM*.
- Construir el intervalo de confianza.
- Escriba una oración que interprete la estimación en el contexto de la situación del problema. (Explique lo que significa el intervalo de confianza, en las palabras del problema).

Primero examinaremos cada paso con más detalle y luego ilustraremos el proceso con algunos ejemplos.

Calcular la puntuación *z* para el nivel de confianza declarado

Cuando conocemos la desviación típica de la población σ, utilizamos una distribución normal estándar para calcular el EBM y construir el intervalo de confianza. Necesitamos hallar el valor de *z* que pone un área igual al nivel de confianza (en forma decimal) en el centro de la distribución normal estándar $Z \sim N(0, 1)$.

El nivel de confianza, *CL*, es el área en el medio de la distribución normal estándar. $CL = 1 - \alpha$, por lo que α es el área que se divide por igual entre las dos colas. Cada una de las colas contiene un área igual a $\frac{\alpha}{2}$.

La puntuación z que tiene un área a la derecha de $\frac{\alpha}{2}$ se denota por $z_{\frac{\alpha}{2}}$.

Por ejemplo, cuando $CL = 0{,}95$, $\alpha = 0{,}05$ y $\frac{\alpha}{2} = 0{,}025$; escribimos $z_{\frac{\alpha}{2}} = z_{0{,}025}$.

El área a la derecha de $z_{0{,}025}$ es 0,025 y el área a la izquierda de $z_{0{,}025}$ es $1 - 0{,}025 = 0{,}975$.

$z_{\frac{\alpha}{2}} = z_{0{,}025} = 10{,}96$, utilizando una calculadora, una computadora o una tabla de probabilidad normal estándar.

USO DE LAS CALCULADORAS TI-83, 83+, 84, 84+

`invNorm(0,975, 0, 1) = 1,96`

Nota

Recuerde utilizar el área a la IZQUIERDA de $z_{\frac{\alpha}{2}}$; en este capítulo las dos últimas entradas en el comando invNorm son 0, 1, porque se está utilizando una distribución normal estándar $Z \sim N(0, 1)$.

Cálculo del límite de error (*EBM*)

La fórmula del límite de error para una media poblacional desconocida μ cuando se conoce la desviación típica poblacional σ es

- $EBM = \left(z_{\frac{\alpha}{2}}\right)\left(\frac{\sigma}{\sqrt{n}}\right)$

Construcción del intervalo de confianza

- La estimación del intervalo de confianza tiene el formato $(\overline{x} - EBM, \overline{x} + EBM)$.

El gráfico da una idea de toda la situación.

$CL + \frac{\alpha}{2} + \frac{\alpha}{2} = CL + \alpha = 1$.

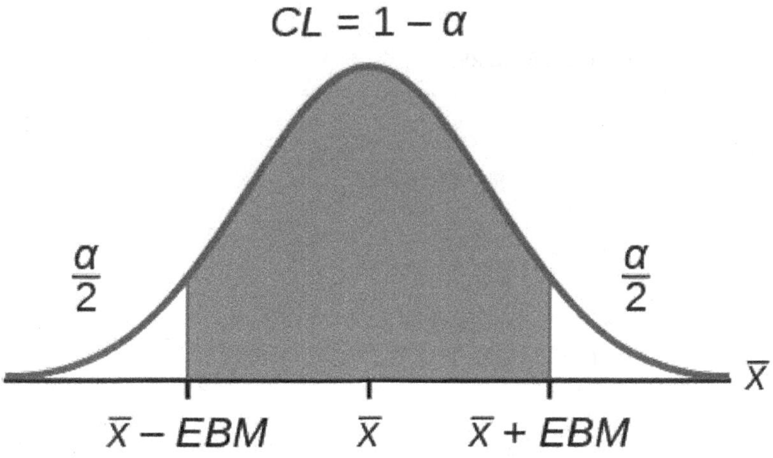

Figura 8.3

Redacción de la interpretación

La interpretación debe indicar claramente el nivel de confianza (*CL*), explicar qué parámetro de la población se está estimando (en este caso, una **media de la población**), e indicar el intervalo de confianza (ambos puntos finales). "Estimamos con un __% de confianza que la verdadera media de la población (incluya el contexto del problema) está entre __ y __ (incluya las unidades adecuadas)".

EJEMPLO 8.2

Supongamos que las puntuaciones de los exámenes de estadística se distribuyen normalmente con una media poblacional desconocida y una desviación típica de la población de tres puntos. Se toma una muestra aleatoria de 36 puntuaciones y se obtiene una media muestral (puntuación media de la muestra) de 68. Calcule una estimación del intervalo de confianza para la calificación media del examen de la población (la calificación media de todos los exámenes).

Calcule un intervalo de confianza del 90 % para la media real (poblacional) de las calificaciones de los exámenes de Estadística.

Solución 1

- Puede utilizar la tecnología para calcular directamente el intervalo de confianza.
- La primera solución se muestra paso a paso.
- La segunda solución utiliza las calculadoras TI-83, 83+ y 84+

Para hallar el intervalo de confianza se necesita la media muestral, $\overline{x}$, y el *EBM*.

$\overline{x} = 68$

$EBM = \left(z_{\frac{\alpha}{2}}\right)\left(\frac{\sigma}{\sqrt{n}}\right)$

$\sigma = 3$; $n = 36$; el nivel de confianza es del 90 % ($CL = 0{,}90$)

$CL = 0{,}90$ por lo que $\alpha = 1 - CL = 1 - 0{,}90 = 0{,}10$

$\frac{\alpha}{2} = 0{,}05$ $z_{\frac{\alpha}{2}} = z_{0{,}05}$

El área a la derecha de $z_{0{,}05}$ es 0,05 y el área a la izquierda de $z_{0{,}05}$ es 1 - 0,05 = 0,95.

$z_{\frac{\alpha}{2}} = z_{0{,}05} = 10{,}645$

utilizando invNorm(0,95; 0, 1) en las calculadoras TI-83,83+ y 84+. Esto también se puede calcular utilizando los comandos apropiados en otras calculadoras, una computadora o una tabla de probabilidad para la distribución normal estándar.

$EBM = (1{,}645)\left(\frac{3}{\sqrt{36}}\right) = 0{,}8225$

$\overline{x} - EBM = 68 - 0{,}8225 = 67{,}1775$

$\overline{x} + EBM = 68 + 0{,}8225 = 68{,}8225$

El intervalo de confianza del 90 % es **(67,1775; 68,8225)**

Solución 2

USO DE LAS CALCULADORAS TI-83, 83+, 84, 84+

Pulse STAT y flecha hacia TESTS.
Desplace la flecha hacia abajo `7:ZInterval`.
Pulse ENTER.
Desplace la flecha hacia STATS y pulse ENTER.
Desplace la flecha hacia abajo e introduzca tres para σ, 68 para $\overline{x}$, 36 para n, y 0,90 para `C-level`.
Desplace la flecha hacia abajo `Calculate` y pulse ENTER.
El intervalo de confianza es (con tres decimales) (67,178; 68,822).

Interpretación Estimamos con un 90 % de confianza que la verdadera calificación media del examen de la población para todos los estudiantes de Estadística está entre 67,18 y 68,82.

Explicación del nivel de confianza del 90 % El noventa por ciento de los intervalos de confianza construidos de este modo contienen la verdadera puntuación media del examen estadístico. Por ejemplo, si construyéramos 100 de estos intervalos de confianza, esperaríamos que 90 de ellos contuvieran la verdadera puntuación media del examen de la población.

INTÉNTELO 8.2

Supongamos que los tiempos promedio de entrega de las pizzas se distribuyen normalmente con una media poblacional desconocida y una desviación típica desviación típica de la población de seis minutos. Se toma una muestra aleatoria de 28 pizzerías y se obtiene una media de tiempo de entrega de 36 minutos.

Calcule una estimación del intervalo de confianza del 90 % para el tiempo medio de entrega de la población.

EJEMPLO 8.3

La tasa de absorción específica (Specific Absorption Rate, SAR) de un teléfono móvil mide la cantidad de energía de radiofrecuencia (Radio Frequency, RF) que absorbe el cuerpo del usuario cuando utiliza el teléfono. Todos los teléfonos móviles emiten energía de radiofrecuencia. Los diferentes modelos de teléfono tienen diferentes medidas de SAR. Para recibir la certificación de la Comisión Federal de Comunicaciones (Federal Communications Commission, FCC) para su venta en los Estados Unidos, el nivel de SAR de un teléfono móvil no debe ser superior a 1,6 vatios por kilogramo. La Tabla 8.1 muestra el nivel SAR más alto de una selección aleatoria de modelos de teléfonos móviles según las mediciones de la FCC.

Modelo de teléfono	SAR	Modelo de teléfono	SAR	Modelo de teléfono	SAR
iPhone 4S de Apple	1,11	LG Ally	1,36	Pantech Laser	0,74
BlackBerry Pearl 8120	1,48	LG AX275	1,34	Samsung Character	0,5
BlackBerry Tour 9630	1,43	LG Cosmos	1,18	Samsung Epic 4G Touch	0,4
Cricket TXTM8	1.3	LG CU515	1.3	Samsung M240	0,867
HP/Palm Centro	1,09	LG Trax CU575	1,26	Samsung Messager III SCH-R750	0,68
HTC One V	0,455	Motorola Q9h	1,29	Samsung Nexus S	0,51
HTC Touch Pro 2	1,41	Motorola Razr2 V8	0,36	Samsung SGH-A227	1,13
Huawei M835 Ideos	0,82	Motorola Razr2 V9	0,52	SGH-a107 GoPhone	0,3
Kyocera DuraPlus	0,78	Motorola V195s	1,6	Sony W350a	1,48
Kyocera K127 Marbl	1,25	Nokia 1680	1,39	T-Mobile Concord	1,38

Tabla 8.1

Calcule un intervalo de confianza del 98 % para la media verdadera (de la población) de las tasas de absorción específica (SAR) de los teléfonos celulares. Supongamos que la desviación típica de la población es $\sigma = 0{,}337$.

Solución 1

Para hallar el intervalo de confianza, hay que empezar por calcular la estimación puntual: la media de la muestra.

$$\bar{x} = 1{,}024$$

A continuación, calcule el *EBM*. Como está creando un intervalo de confianza del 98 %, *CL* = 0,98.

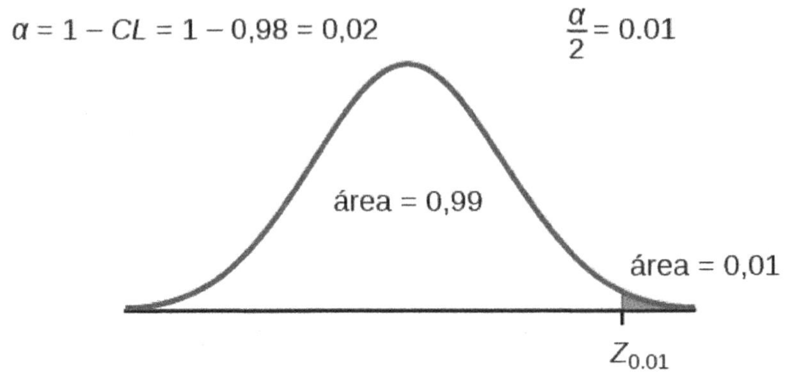

Figura 8.4

Se necesita calcular $z_{0,01}$ que tenga la propiedad de que el área bajo la curva de densidad normal a la derecha de $z_{0,01}$ es 0,01 y el área a la izquierda es 0,99. Utilice su calculadora, una computadora o una tabla de probabilidad para la distribución normal estándar para calcular $z_{0,01}$ = 2,326.

$$EBM = (z_{0,01})\frac{\sigma}{\sqrt{n}} = (2{,}326)\frac{0{,}337}{\sqrt{30}} = 0{,}1431$$

Para calcular el intervalo de confianza del 98 %, calcule $\overline{x} \pm EBM$.

$\overline{x}$ - *EBM* = 1,024 - 0,1431 = 0,8809

$\overline{x}$ - *EBM* = 1,024 - 0,1431 = 1,1671

Estimamos con un 98 % de confianza que la verdadera media de SAR para la población de teléfonos móviles en Estados Unidos está entre 0,8809 y 1,1671 vatios por kilogramo.

Solución 2

USO DE LAS CALCULADORAS TI-83, 83+, 84, 84+

Pulse STAT y desplace la flecha hasta TESTS.
Desplace la flecha hacia abajo hasta 7:ZInterval.
Pulse ENTER.
Desplace la flecha hacia STATS y pulse ENTER.
Desplace la flecha hacia abajo e introduzca los siguientes valores:
σ: 0,337
$\overline{x}$: 1,024
n: 30
Nivel *C*: 0,98

Desplace la flecha hacia abajo hasta Calculate (Calcular) y pulse ENTER.
El intervalo de confianza es (con tres decimales) (0,881; 1,167).

INTÉNTELO 8.3

La Tabla 8.2 muestra un muestreo aleatorio de 20 modelos de teléfonos móviles. Utilice estos datos para calcular un intervalo de confianza del 93 % para la verdadera media de SAR de los teléfonos móviles certificados para su uso en Estados Unidos. Como en el caso anterior, supongamos que la desviación típica de la población es σ = 0,337.

Modelo de teléfono	SAR	Modelo de teléfono	SAR
Blackberry Pearl 8120	1,48	Nokia E71x	1,53
HTC Evo Design 4G	0,8	Nokia N75	0,68
HTC Freestyle	1,15	Nokia N79	1,4
LG Ally	1,36	Sagem Puma	1,24
LG Fathom	0,77	Samsung Fascinate	0,57
LG Optimus Vu	0,462	Samsung Infuse 4G	0,2
Motorola Cliq XT	1,36	Samsung Nexus S	0,51
Motorola Droid Pro	1,39	Samsung Replenish	0,3
Motorola Droid Razr M	1.3	Sony W518a Walkman	0,73
Nokia 7705 Twist	0,7	ZTE C79	0,869

Tabla 8.2

Observe la diferencia en los intervalos de confianza calculados en el Ejemplo 8.3 y en el siguiente Ejercicio. Estos intervalos son diferentes por varias razones: se calcularon a partir de muestras diferentes, las muestras eran de distinto tamaño y los intervalos se calcularon para distintos niveles de confianza. Aunque los intervalos son diferentes, no aportan información contradictoria. Los efectos de este tipo de cambios son el tema de la siguiente sección de este capítulo.

Modificación del nivel de confianza o del tamaño de la muestra

EJEMPLO 8.4

Supongamos que cambiamos el problema original en el Ejemplo 8.2 utilizando un nivel de confianza del 95 %. Calcule un intervalo de confianza del 95 % para la calificación media real (poblacional) del examen estadístico.

Solución 1

Para hallar el intervalo de confianza se necesita la media muestral, $\overline{x}$, y el *EBM*.

$\overline{x} = 68$

$$EBM = \left(z_{\frac{\alpha}{2}}\right)\left(\frac{\sigma}{\sqrt{n}}\right)$$

$\sigma = 3$; $n = 36$; el nivel de confianza es del 95 % ($CL = 0,95$).

$CL = 0,95$ por lo que $\alpha = 1 - CL = 1 - 0,95 = 0,05$

$$\frac{\alpha}{2} = 0,025 \qquad z_{\frac{\alpha}{2}} = z_{0,025}$$

El área a la derecha de $z_{0,025}$ es 0,025 y el área a la izquierda de $z_{0,025}$ es 1 – 0,025 = 0,975.

$$z_{\frac{\alpha}{2}} = z_{0,025} = 1,96$$

cuando se utiliza invnorm(0,975,0,1) en las calculadoras TI-83, 83+ u 84+ (esto también se puede encontrar utilizando los comandos apropiados en otras calculadoras, utilizando una computadora o utilizando una tabla de probabilidad para la distribución normal estándar).

$EBM = (1{,}96)\left(\frac{3}{\sqrt{36}}\right) = 0{,}98$

$\overline{x}$ - EBM = 68 - 0,98 = 67,02

$\overline{x}$ + EBM = 68 + 0,98 = 68,98

Observe que el *EBM* es mayor para un nivel de confianza del 95 % en el problema original.

Estimamos con un 95 % de confianza que la verdadera media poblacional de todas las puntuaciones de los exámenes de estadística está entre 67,02 y 68,98.

Explicación del nivel de confianza del 95 %: El 95 % de todos los intervalos de confianza construidos de este modo contienen el verdadero valor de la puntuación media del examen estadístico de la población.

Comparar los resultados: El intervalo de confianza del 90 % es (67,18; 68,82). El intervalo de confianza del 95 % es (67,02; 68,98). El intervalo de confianza del 95 % es más amplio. Si observa los gráficos, como el área 0,95 es mayor que el área 0,90, tiene sentido que el intervalo de confianza del 95 % sea más amplio. Para estar más seguro de que el intervalo de confianza contiene realmente el verdadero valor de la media de la población para todas las calificaciones de los exámenes de estadística, el intervalo de confianza tiene que ser necesariamente más amplio.

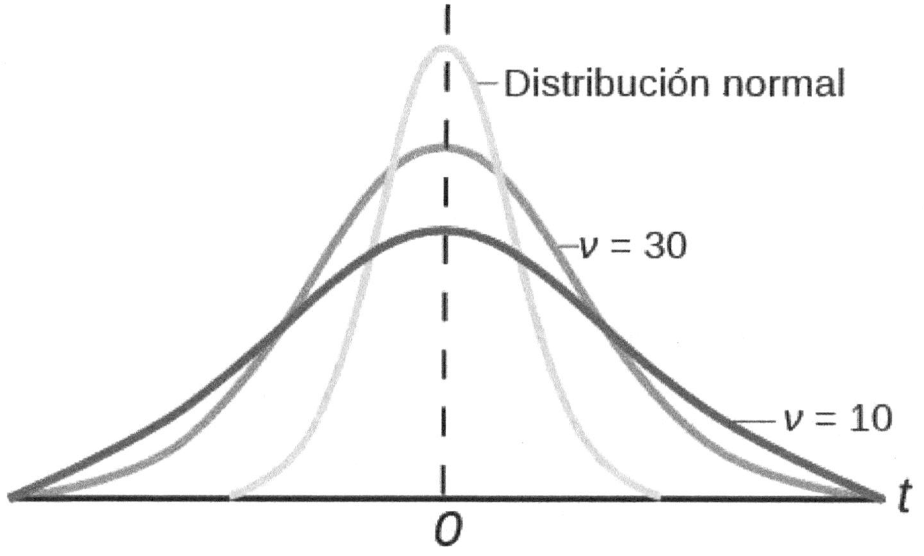

Figura 8.5

Resumen: efecto de la modificación del nivel de confianza

- Al aumentar el nivel de confianza se incrementa el límite de error, lo que hace que el intervalo de confianza sea más amplio.
- La disminución del nivel de confianza reduce el límite de error, lo que hace que el intervalo de confianza sea más estrecho.

INTÉNTELO 8.4

Vuelva a consultar el Ejercicio de entrega de pizzas. La desviación típica de la población es de seis minutos y la media de la muestra del tiempo de entrega es de 36 minutos. Utilice un tamaño de muestra de 20. Calcule una estimación del intervalo de confianza del 95 % para la media real del tiempo de entrega de la pizza.

EJEMPLO 8.5

Supongamos que cambiamos el problema original en el Ejemplo 8.2 para ver qué ocurre con el límite de error si se cambia el tamaño de la muestra.

Deje todo igual excepto el tamaño de la muestra. Utilice el nivel de confianza original del 90 %. ¿Qué ocurre con el límite de error y el intervalo de confianza si aumentamos el tamaño de la muestra y utilizamos $n = 100$ en lugar de $n = 36$? ¿Qué ocurre si disminuimos el tamaño de la muestra a $n = 25$ en vez de $n = 36$?

- $\overline{x} = 68$
- $EBM = \left(z_{\frac{\alpha}{2}}\right)\left(\frac{\sigma}{\sqrt{n}}\right)$
- $\sigma = 3$; el nivel de confianza es del 90 % (CL=0,90); $z_{\frac{\alpha}{2}} = z_{0,05} = 1{,}645$.

Solución 1

Si **aumentamos** el tamaño de la muestra n a 100, **disminuimos** el límite de error.

Cuando $n = 100$: $EBM = \left(z_{\frac{\alpha}{2}}\right)\left(\frac{\sigma}{\sqrt{n}}\right) = (1{,}645)\left(\frac{3}{\sqrt{100}}\right) = 0{,}4935$.

Solución 2

Si **disminuimos** el tamaño de la muestra n a 25, **aumentamos** el límite de error.

Cuando $n = 25$: $EBM = \left(z_{\frac{\alpha}{2}}\right)\left(\frac{\sigma}{\sqrt{n}}\right) = (1{,}645)\left(\frac{3}{\sqrt{25}}\right) = 0{,}987$.

Resumen: efecto de la modificación del tamaño de la muestra

- El aumento del tamaño de la muestra hace que el límite de error disminuya, haciendo que el intervalo de confianza sea más estrecho.
- La disminución del tamaño de la muestra hace que el límite de error aumente, haciendo que el intervalo de confianza sea más amplio.

INTÉNTELO 8.5

Vuelva a consultar el Ejercicio de entrega de pizzas. La media de tiempo de entrega es de 36 minutos y la desviación típica de la población es de seis minutos. Supongamos que el tamaño de la muestra se cambia a 50 restaurantes con la misma media muestral. Calcule una estimación del intervalo de confianza del 90 % para el tiempo medio de entrega de la población.

Hacer el cálculo a la inversa para calcular el límite de error o la media de la muestra

Cuando calculamos un intervalo de confianza, encontramos la media de la muestra, calculamos el límite de error y lo utilizamos para calcular el intervalo de confianza. Sin embargo, a veces, cuando leemos estudios estadísticos, el estudio puede indicar solo el intervalo de confianza. Si conocemos el intervalo de confianza, podemos hacer el cálculo a la inversa para hallar tanto el límite de error como la media de la muestra.

Calcular el límite de error

- Del valor superior del intervalo, reste la media de la muestra.
- O, del valor superior del intervalo, reste el valor inferior. A continuación, divida la diferencia entre dos.

Calcular la media de la muestra

- Reste el límite de error del valor superior del intervalo de confianza.
- O, promedie los puntos finales superior e inferior del intervalo de confianza.

Observe que hay dos métodos para realizar cada cálculo. Puede elegir el método que sea más fácil de utilizar con la información que conoce.

EJEMPLO 8.6

Supongamos que sabemos que un intervalo de confianza es **(67,18; 68,82)** y queremos calcular el límite de error. Puede que sepamos que la media de la muestra es 68, o puede que nuestra fuente solo haya dado el intervalo de confianza y no nos haya dicho el valor de la media de la muestra.

Calcule el límite de error:

- Si sabemos que la media de la muestra es de 68 $EBM = 68{,}82 - 68 = 0{,}82$.
- Si no conocemos la media de la muestra: $EBM = \frac{(68{,}82 - 67{,}18)}{2} = 0{,}82$.

Calcule la media de la muestra:

- Si conocemos el límite de error: $\overline{x} = 68{,}82 - 0{,}82 = 68$
- Si no conocemos el límite de error: $\overline{x} = \frac{(67{,}18 + 68{,}82)}{2} = 68$.

INTÉNTELO 8.6

Supongamos que sabemos que un intervalo de confianza es (42,12; 47,88). Encuentra el límite de error y la media muestral.

Cálculo del tamaño de la muestra *n*

Si los investigadores desean un margen de error específico, pueden utilizar la fórmula del límite de error para calcular el tamaño necesario de la muestra.

La fórmula del límite de error para una media poblacional cuando se conoce la desviación típica de la población es $EBM = \left(z_{\frac{\alpha}{2}}\right)\left(\frac{\sigma}{\sqrt{n}}\right)$.

La fórmula del tamaño de la muestra es $n = \frac{z^2\sigma^2}{EBM^2}$, que se encuentra resolviendo la fórmula del límite de error para *n*.

En esta fórmula, *z* es $z_{\frac{\alpha}{2}}$, correspondiente al nivel de confianza deseado. Un investigador que planifique un estudio y desee un nivel de confianza y un límite de error específicos puede utilizar esta fórmula para calcular el tamaño de la muestra necesaria para el estudio.

EJEMPLO 8.7

La desviación típica de la población para la edad de los estudiantes de Foothill College es de 15 años. Si queremos tener un 95 % de confianza en que la media de edad de la muestra está dentro de los dos años de la verdadera media de edad de la población de estudiantes de Foothill College, ¿cuántos estudiantes de Foothill College seleccionados al azar deben encuestarse?

Por el problema, sabemos que $\sigma = 15$ y $EBM = 2$.
$z = z_{0{,}025} = 1{,}96$, porque el nivel de confianza es del 95 %.

$n = \frac{z^2\sigma^2}{EBM^2} = \frac{(1{,}96)^2(15)^2}{2^2} = 216{,}09$ utilizando la ecuación del tamaño de la muestra.
Utilice $n = 217$: Redondee siempre la respuesta al número entero superior para asegurarse de que el tamaño de la muestra es lo suficientemente grande.

Por lo tanto, habría que encuestar a 217 estudiantes de Foothill College para estar seguros en un 95 % de que estamos dentro de los dos años de la verdadera edad media de la población de estudiantes del Foothill College.

INTÉNTELO 8.7

La desviación típica de la población para la altura de los jugadores de baloncesto de la escuela secundaria es de tres pulgadas. Si queremos tener un 95 % de confianza en que la estatura media de la muestra está dentro de una pulgada de la estatura media real de la población, ¿cuántos estudiantes seleccionados al azar deben ser encuestados?

8.2 La media de una población utilizando la distribución t de Student

En la práctica, pocas veces conocemos la **desviación típica** de la población. En el pasado, cuando el tamaño de la muestra era grande, esto no suponía un problema para los estadísticos. Utilizaron la desviación típica de la muestra s como una estimación de σ y procedieron como antes para calcular un **intervalo de confianza** con resultados suficientemente cercanos. Sin embargo, los estadísticos se encontraron con problemas cuando el tamaño de la muestra era pequeño. El pequeño tamaño de la muestra provocó imprecisiones en el intervalo de confianza.

William S. Goset (1876-1937), de la fábrica de cerveza Guinness de Dublín (Irlanda), se encontró con este problema. Sus experimentos con lúpulo y cebada produjeron muy pocas muestras. La simple sustitución de σ por s no produjo resultados precisos cuando intentó calcular un intervalo de confianza. Se dio cuenta de que no podía utilizar una distribución normal para el cálculo; descubrió que la distribución real depende del tamaño de la muestra. Este problema lo llevó a “descubrir” lo que se llama la **distribución t de Student**. El nombre proviene del hecho de que Gosset escribió bajo el seudónimo de "Student".

Hasta mediados de los años 70, algunos estadísticos utilizaban la aproximación de la **distribución normal** para tamaños de muestra grandes y utilizaban la distribución t de Student solo para tamaños de muestra de como máximo 30. Con las calculadoras gráficas y las computadoras, la práctica actual es utilizar la distribución t de Student siempre que se utilice s como estimación de σ.

Si se extrae una muestra aleatoria simple de tamaño n de una población que tiene una distribución aproximadamente normal con media μ y desviación típica poblacional desconocida σ y se calcula la puntuación t $t = \frac{\bar{x}-\mu}{\left(\frac{s}{\sqrt{n}}\right)}$, entonces las puntuaciones t siguen una **distribución t de Student con n - 1 grados de libertad**. La puntuación tt iene la misma interpretación que la puntuación z. Mide cuán lejos está $\bar{x}$ es de su media μ. Para cada tamaño de muestra n existe una distribución t de Student diferente.

Los **grados de libertad**, $n - 1$, proceden del cálculo de la desviación típica de la muestra s. En el H - TABLAS, utilizamos n desviaciones ($x-\bar{x}$valores) para calcular s. Como la suma de las desviaciones es cero, podemos hallar la última desviación una vez que conocemos las otras $n - 1$ desviaciones. Las otras $n - 1$ desviaciones pueden cambiar o variar libremente. **Llamamos al número n - 1 los grados de libertad (df).**

Propiedades de la distribución t de Student

- El gráfico de la distribución t de Student es similar a la curva normal estándar.
- La media de la distribución t de Student es cero y la distribución es simétrica con respecto a cero.
- La distribución t de Student tiene más probabilidad en sus colas que la distribución normal estándar porque la dispersión de la distribución t es mayor que la dispersión de la normal estándar. Así, el gráfico de la distribución t de Student será más gruesa en las colas y más corta en el centro que el gráfico de la distribución normal estándar.
- La forma exacta de la distribución t de Student depende de los grados de libertad. A medida que aumentan los grados de libertad, el gráfico de la distribución t de Student se parece más al gráfico de la distribución normal estándar.
- Se supone que la población subyacente de observaciones individuales se distribuye normalmente, con una media poblacional desconocida μ y una desviación típica poblacional desconocida σ. El tamaño de la población subyacente no suele ser relevante, a menos que sea muy pequeña. Si tiene forma de campana (normal), la hipótesis se cumple y no es necesario discutirla. Se supone que el muestreo es aleatorio, pero ese es un supuesto completamente distinto de la normalidad.

Las calculadoras y las computadoras pueden calcular fácilmente cualquier probabilidad t de Student. Las TI-83,83+ y 84+ tienen una función tcdf para calcular la probabilidad para valores dados de t. La gramática del comando tcdf es tcdf (límite inferior, límite superior, grados de libertad). Sin embargo, para los intervalos de confianza, necesitamos utilizar la probabilidad **inversa** para calcular el valor de t cuando conocemos la probabilidad.

Para la TI-84+ puede utilizar el comando invT del menú DISTRibution. El comando invT funciona de forma similar al invnorm. El comando invT requiere dos entradas: **invT (área a la izquierda, grados de libertad).** La salida es la puntuación t que corresponde al área que especificamos.

Las TI-83 y 83+ no tienen el comando invT (la TI-89 tiene un comando T inverso).

También se puede utilizar una tabla de probabilidad para la distribución t de Student La tabla muestra las puntuaciones t que corresponden al nivel de confianza (columna) y los grados de libertad (fila). (la TI-86 no tiene un programa o comando invT, por lo que si está utilizando esa calculadora, deberá utilizar una tabla de probabilidad para la distribución t de Student) Al utilizar una tabla *t*, tenga en cuenta que algunas tablas están formateadas para mostrar el nivel de confianza en los títulos de las columnas, mientras que los títulos de las columnas de algunas tablas pueden mostrar solo el área correspondiente en una o ambas colas.

Una tabla t de Student (vea el H - TABLAS) da las puntuaciones *t* dados los grados de libertad y la probabilidad de cola derecha. La mesa es muy limitada. **Las calculadoras y las computadoras pueden calcular fácilmente cualquier probabilidad t de Student.**

La notación para la distribución t de Student (utilizando *T* como variable aleatoria) es:

- $T \sim t_{df}$ donde $df = n - 1$.
- Por ejemplo, si tenemos una muestra de tamaño $n = 20$ elementos, entonces calculamos los grados de libertad como $df = n - 1 = 20 - 1 = 19$ y escribimos la distribución como $T \sim t_{19}$.

Si no se conoce la desviación típica de la población, el **límite de error para una media poblacional** es:

- $EBM = \left(t_{\frac{\alpha}{2}}\right)\left(\frac{s}{\sqrt{n}}\right)$,
- $t_{\frac{\alpha}{2}}$ es la puntuación *t* con un área a la derecha igual a $\frac{\alpha}{2}$,
- utilizar $df = n - 1$ grados de libertad, y
- s = desviación típica de la muestra.

El formato del intervalo de confianza es:
$(\overline{x} - EBM, \overline{x} + EBM)$.

USO DE LAS CALCULADORAS TI-83, 83+, 84, 84+

Para calcular directamente el intervalo de confianza:
Pulse STAT.
Flecha hacia TESTS.
Flecha hacia abajo a 8:TInterval y pulse ENTER (o simplemente pulse 8).

EJEMPLO 8.8

Supongamos que se hace un estudio sobre la acupuntura para determinar su eficacia para aliviar el dolor. Se miden los índices sensoriales de 15 sujetos con los resultados dados. Utilice los datos de la muestra para construir un intervalo de confianza del 95 % para la tasa sensorial media de la población (que se supone normal) de la que ha tomado los datos. La solución se muestra paso a paso y se usan las calculadoras TI-83, 83+ u 84+.

8,6; 9,4; 7,9; 6,8; 8,3; 7,3; 9,2; 9,6; 8,7; 11,4; 10,3; 5,4; 8,1; 5,5; 6,9

Solución 1

- La primera solución es paso a paso.
- La segunda solución utiliza las calculadoras TI-83+ y TI-84.

Para hallar el intervalo de confianza se necesita la media muestral, $\overline{x}$, y el *EBM*.

$\overline{x} = 8{,}2267$ $s = 1{,}6722$ $n = 15$

$df = 15 - 1 = 14$ *CL* por lo que $\alpha = 1 - CL = 1 - 0{,}95 = 0{,}05$

$\frac{\alpha}{2} = 0{,}025$ $t_{\frac{\alpha}{2}} = t_{0{,}025}$

El área a la derecha de $t_{0,025}$ es 0,025, y el área a la izquierda de $t_{0,025}$ es 1 - 0,025 = 0,975

$t_{\frac{\alpha}{2}} = t_{0,025} = 2{,}14$ utilizando invT(.975,14) en la calculadora TI-84+.

$$EBM = \left(t_{\frac{\alpha}{2}}\right)\left(\frac{s}{\sqrt{n}}\right)$$

$$EBM = (2{,}14)\left(\frac{1{,}6722}{\sqrt{15}}\right) = 0{,}924$$

$\bar{x}$ - EBM = 8,2267 - 0,9240 = 7,3

$\bar{x}$ + EBM = 8,2267 + 0,9240 = 9,15

El intervalo de confianza del 95 % es (7,30, 9,15).

Estimamos, con un 95 % de confianza, que la verdadera tasa sensorial media de la población está entre 7,30 y 9,15.

Solución 2

USO DE LAS CALCULADORAS TI-83, 83+, 84, 84+

Pulse STAT y flecha hacia TESTS.
Desplace la flecha hacia abajo `8:TIntervalo` y pulse ENTER (o simplemente puede pulsar 8).
Desplace la flecha hacia `Datos` y pulse ENTER.
Desplace la flecha hacia abajo hasta `Lista` e introduzca el nombre de la lista en la que puso los datos.
Debería haber un 1 después de `Frecuencia`.
Desplace la flecha hacia abajo `C-level` e introduzca 0,95
Presione la flecha abajo hacia `Calculate` y pulse ENTER.
El intervalo de confianza del 95 % es (7,3006, 9,1527)

Nota

Al calcular el límite de error, también se puede utilizar una tabla de probabilidad para la distribución t de Student para calcular el valor de *t*. La tabla ofrece puntuaciones *t* que corresponden al nivel de confianza (columna) y a los grados de libertad (fila); la puntuación *t* se encuentra donde la fila y la columna se cruzan en la tabla.

INTÉNTELO 8.8

Usted hace un estudio sobre la hipnoterapia para determinar su eficacia a la hora de aumentar el número de horas de sueño de los sujetos cada noche. Se miden las horas de sueño de 12 sujetos con los siguientes resultados. Construya un intervalo de confianza del 95 % para la media de horas dormidas para la población (que se supone normal) de la que ha tomado los datos.

8,2; 9,1; 7,7; 8,6; 6,9; 11,2; 10,1; 9,9; 8,9; 9,2; 7,5; 10,5

EJEMPLO 8.9

El proyecto Human Toxome Project (HTP) trabaja para comprender el alcance de la contaminación industrial en el cuerpo humano. Las sustancias químicas industriales pueden entrar en el cuerpo a través de la contaminación o como ingredientes de productos de consumo. En octubre de 2008, los científicos de HTP analizaron muestras de sangre del cordón umbilical de 20 recién nacidos en Estados Unidos. La sangre del cordón umbilical del grupo "en útero/recién nacido" se analizó en busca de 430 compuestos industriales, contaminantes y otras sustancias químicas, entre ellas las relacionadas con la toxicidad del cerebro y el sistema nervioso, la toxicidad del sistema inmunitario y la toxicidad reproductiva y los problemas de fertilidad. Los efectos de algunas sustancias químicas sobre el cerebro y el sistema nervioso son motivo de preocupación para la salud. La Tabla 8.3 muestra cuántas de las sustancias químicas seleccionadas se encontraron en la sangre del cordón umbilical de cada bebé.

79	145	147	160	116	100	159	151	156	126
137	83	156	94	121	144	123	114	139	99

Tabla 8.3

Utilice estos datos de la muestra para construir un intervalo de confianza del 90 % para el número de la media de sustancias químicas industriales específicas que se encuentran en la sangre de un bebé.

Solución 1

A partir de la muestra, se puede calcular $\overline{x}$ = 127,45 y s = 25,965. Hay 20 bebés en la muestra, por lo que n = 20, y df = 20 – 1 = 19.

Se le pide que calcule un intervalo de confianza del 90 %: CL = 0,90, por lo que α = 1 - CL = 1 - 0,90 = 0,10

$\frac{\alpha}{2} = 0{,}05, t_{\frac{\alpha}{2}} = t_{0{,}05}$

Por definición, el área a la derecha de $t_{0,05}$ es 0,05 y, por tanto, el área a la izquierda de $t_{0,05}$ es 1 - 0,05 = 0,95.

Utilice una tabla, una calculadora o una computadora para calcular que $t_{0,05}$ = 1,729.

$$EBM = t_{\frac{\alpha}{2}}\left(\frac{s}{\sqrt{n}}\right) = 1{,}729\left(\frac{25{,}965}{\sqrt{20}}\right) \approx 10{,}038$$

$\overline{x}$ - EBM = 127,45 - 10,038 = 117,412

$\overline{x}$ + EBM = 127,45 + 10,038 = 137,488

Estimamos, con un 90 % de confianza, que el número de la media de todas las sustancias químicas industriales específicas encontradas en la sangre del cordón umbilical en los Estados Unidos está entre 117,412 y 137,488.

Solución 2

USO DE LAS CALCULADORAS TI-83, 83+, 84, 84+

Introduzca los datos en forma de lista.
Pulse STAT y flecha hacia TESTS.
Desplace la flecha hacia abajo `8:TIntervalo` y pulse ENTER (o simplemente puede pulsar 8). Vaya a Data y pulse ENTER.
Desplace la flecha hacia abajo hasta `Lista` e introduzca el nombre de la lista en la que puso los datos.
Desplace la flecha hacia abajo hasta `Frecuencia` e introduzca 1.
Desplace la flecha hacia abajo hasta `C-level` e ingrese 0,90
Flecha abajo hacia `Calculate` y pulse ENTER.
El intervalo de confianza del 90 % es (117,41, 137,49).

INTÉNTELO 8.9

Se pidió a una muestra aleatoria de estudiantes de estadística que estimaran el número total de horas que pasan viendo televisión en una semana promedio. Las respuestas se registran en la Tabla 8.4. Utilice estos datos de la muestra para construir un intervalo de confianza del 98 % para el número medio de horas que los estudiantes de estadística pasarán viendo televisión en una semana.

0	3	1	20	9
5	10	1	10	4
14	2	4	4	5

Tabla 8.4

8.3 Una proporción de la población

Durante un año electoral vemos artículos en el periódico que indican **intervalos de confianza** en términos de proporciones o porcentajes. Por ejemplo, un sondeo para un candidato determinado que se presenta a las elecciones presidenciales puede mostrar que el candidato tiene el 40 % de los votos con una diferencia de tres puntos porcentuales (si la muestra es lo suficientemente grande). A menudo, las encuestas electorales se calculan con un 95 % de confianza, por lo que los encuestadores tendrían un 95 % de confianza en que la verdadera proporción de votantes que favorecen al candidato estaría entre el 0,37 y el 0,43: (0,40 – 0,03, 0,40 + 0,03).

Los inversores en bolsa se interesan por la proporción real de acciones que suben y bajan cada semana. Las compañías que venden computadoras personales están interesadas en la proporción de hogares de Estados Unidos que tienen computadoras personales. Se pueden calcular intervalos de confianza para la proporción real de acciones que suben o bajan cada semana y para la proporción real de hogares en Estados Unidos que poseen computadoras personales.

El procedimiento para calcular el intervalo de confianza, el tamaño de la muestra, el **límite de error** y el **nivel de confianza** para una proporción es similar al de la media de la población, pero las fórmulas son diferentes.

¿Cómo sabe que está ante un problema de proporción? En primer lugar, la **distribución subyacente es una distribución binomial**. (No se menciona la media o el promedio). Si *X* es una variable aleatoria binomial, entonces $X \sim B(n, p)$ donde *n* es el número de ensayos y *p* es la probabilidad de acierto Para formar una proporción, tome *X*, la variable aleatoria para el número de aciertos y divídala por *n*, el número de ensayos (o el tamaño de la muestra). La variable aleatoria *P′* (lea "P primo") es esa proporción,

$$P' = \frac{X}{n}$$

(a veces, la variable aleatoria se denota como $\widehat{P}$, que se lee "estimador de P").

Cuando *n* es grande y *p* no se acerca a cero o a uno, podemos utilizar la **distribución normal** para aproximar la binomial.

$$X \sim N(np, \sqrt{npq})$$

Si dividimos la variable aleatoria, la media y la desviación típica por *n*, obtenemos una distribución normal de proporciones con *P′*, llamada proporción estimada, como variable aleatoria (recordemos que una proporción es el número de aciertos dividido por *n*).

$$\frac{X}{n} = P' \sim N\left(\frac{np}{n}, \frac{\sqrt{npq}}{n}\right)$$

Uso del álgebra para simplificar: $\frac{\sqrt{npq}}{n} = \sqrt{\frac{pq}{n}}$

***P′* sigue una distribución normal para las proporciones**: $\frac{X}{n} = P' \sim N\left(\frac{np}{n}, \frac{\sqrt{npq}}{n}\right)$

El intervalo de confianza tiene la forma (p' - EBP, p' + EBP). *EBP* es el límite de error para la proporción.

$$p' = \frac{x}{n}$$

p' = la **proporción estimada** de aciertos (p' es una **estimación puntual** de *p*, la proporción verdadera).

x = el **número** de aciertos

n = el tamaño de la muestra

El límite de error para una proporción es

$$EBP = \left(z_{\frac{\alpha}{2}}\right)\left(\sqrt{\frac{p'q'}{n}}\right) \text{ donde } q' = 1 - p'$$

Esta fórmula es similar a la fórmula del límite de error para una media, excepto que la "desviación típica apropiada" es diferente. Para una media, cuando se conoce la desviación típica de la población, la desviación típica adecuada que utilizamos es $\frac{\sigma}{\sqrt{n}}$. Para una proporción, la desviación típica adecuada es $\sqrt{\frac{pq}{n}}$.

Sin embargo, en la fórmula del límite de error, utilizamos $\sqrt{\frac{p'q'}{n}}$ como la desviación típica, en lugar de $\sqrt{\frac{pq}{n}}$.

En la fórmula del límite de error, las **proporciones muestrales *p'* y *q'* son estimaciones de las proporciones poblacionales desconocidas *p* y *q*.** Se utilizan las proporciones estimadas p' y q' porque p y q no se conocen. Las proporciones muestrales p' y q' se calculan a partir de los datos: p' es la proporción estimada de aciertos, y q' es la proporción estimada de fallos.

El intervalo de confianza solo puede utilizarse si el número de aciertos np' y el número de fallos nq' son ambos superiores a cinco.

Nota

Para la distribución normal de proporciones, la fórmula de la puntuación z es la siguiente

Si $P' \sim N\left(\text{valor}, \sqrt{\frac{pq}{n}}\right)$ entonces la fórmula de la puntuación z es $z = \frac{p'-p}{\sqrt{\frac{pq}{n}}}$

EJEMPLO 8.10

Supongamos que se contrata a una compañía de estudios de mercado para que estime el porcentaje de adultos que viven en una gran ciudad y que tienen teléfonos móviles. Se encuestan quinientos residentes adultos seleccionados al azar en esta ciudad para determinar si tienen teléfonos móviles. De las 500 personas encuestadas, 421 respondieron que sí: tienen teléfonos móviles. Utilizando un nivel de confianza del 95 %, calcule una estimación del intervalo de confianza para la verdadera proporción de residentes adultos de esta ciudad que tienen teléfonos móviles.

Solución 1

- La primera solución es paso a paso.
- La segunda solución utiliza una función de las calculadoras TI-83, 83+ u 84.

Supongamos que X = el número de personas de la muestra que tienen teléfonos móviles. X es binomial.
$X \sim B\left(500, \frac{421}{500}\right)$.

Para calcular el intervalo de confianza, debe calcular p', q' y EBP.

$n = 500$

x = número de aciertos = 421

$p' = \frac{x}{n} = \frac{421}{500} = 0{,}842$

$p' = 0{,}842$ es la proporción de la muestra; es la estimación puntual de la proporción de la población.

$q' = 1 - p' = 1 - 0{,}842 = 0{,}158$

Como $CL = 0{,}95$, entonces $\alpha = 1 - CL = 1 - 0{,}95 = 0{,}05$ $\left(\frac{\alpha}{2}\right) = 0{,}025$.

Entonces $z_{\frac{\alpha}{2}} = z_{0{,}025} = 1{,}96$

Utilice el comando invNorm(0,975, 0,1) de las calculadoras TI-83, 83+ u 84+ para calcular $z_{0{,}025}$. Recuerde que el área a la derecha de $z_{0{,}025}$ es 0,025 y el área a la izquierda de $z_{0{,}025}$ es 0,975. Esto también se puede calcular utilizando los comandos apropiados en otras calculadoras, una computadora o una tabla de probabilidad normal estándar.

$$EBP = \left(z_{\frac{\alpha}{2}}\right)\sqrt{\frac{p'q'}{n}} = (1{,}96)\sqrt{\frac{(0{,}842)(0{,}158)}{500}} = 0{,}032$$

$$p' - EBP = 0{,}842 - 0{,}032 = 0{,}81$$

$$p' + EBP = 0{,}842 + 0{,}032 = 0{,}874$$

El intervalo de confianza para la proporción poblacional binomial verdadera es (p' - *EBP*, p' + *EBP*) = (0,810, 0,874).

Interpretación Estimamos con el 95 % de confianza que entre el 81 % y el 87,4 % de todos los residentes adultos de esta ciudad tienen teléfonos móviles.

Explicación del nivel de confianza del 95 %: El noventa y cinco por ciento de los intervalos de confianza construidos de este modo contendrían el valor real de la proporción de población de todos los residentes adultos de esta ciudad que tienen teléfonos móviles.

Solución 2

USO DE LAS CALCULADORAS TI-83, 83+, 84, 84+

Pulse STAT y flecha hacia TESTS.
Desplace la flecha hacia abajo hasta `A:1-PropZint`. Pulse ENTER.
Desplace la flecha hacia abajo hasta x e introduzca 421.
Desplace la flecha hacia abajo hasta n e introduzca 500.
Desplace la flecha hacia abajo hasta `C-Level` e introduzca 0,95.
Desplace la flecha hacia abajo hasta `Calculate` y pulse ENTER.
El intervalo de confianza es (0,81003, 0,87397).

INTÉNTELO 8.10

Supongamos que se encuestan 250 personas seleccionadas al azar para determinar si tienen una tableta. De los 250 encuestados, 98 declararon que tienen una tableta. Utilizando un nivel de confianza del 95 %, calcule una estimación del intervalo de confianza para la verdadera proporción de personas que tienen tabletas.

EJEMPLO 8.11

Para un proyecto de clase, un estudiante de Ciencias Políticas de una gran universidad quiere calcular el porcentaje de estudiantes que están registrados como votantes. Hace una encuesta entre 500 estudiantes y descubre que 300 están registrados como votantes. Calcule un intervalo de confianza del 90 % para el verdadero porcentaje de estudiantes que están registrados como votantes, e interprete el intervalo de confianza.

Solución 1

- La primera solución es paso a paso.
- La segunda solución utiliza una función de las calculadoras TI-83, 83+ u 84.

$x = 300$ y $n = 500$

$$p' = \frac{x}{n} = \frac{300}{500} = 0{,}600$$

$$q' = 1 - p' = 1 - 0{,}600 = 0{,}400$$

Como $CL = 0{,}90$, entonces $\alpha = 1 - CL = 1 - 0{,}90 = 0{,}10\left(\frac{\alpha}{2}\right) = 0{,}05$

$z_{\frac{\alpha}{2}} = z_{0{,}05} = 1{,}645$

Utilice el comando invNorm(0,95,0,1) de las calculadoras TI-83, 83+ u 84+ para hallar $z_{0,05}$. Recuerde que el área a la derecha de $z_{0,05}$ es 0,05 y el área a la izquierda de $z_{0,05}$ es 0,95. Esto también se puede calcular utilizando los comandos apropiados en otras calculadoras, una computadora, o una tabla de probabilidad normal estándar.

$$EBP = \left(z_{\frac{\alpha}{2}}\right)\sqrt{\frac{p'q'}{n}} = (1{,}645)\sqrt{\frac{(0{,}60)(0{,}40)}{500}} = 0{,}036$$

$$p' - EBP = 0{,}60 – 0{,}036 = 0{,}564$$

$$p' + EBP = 0{,}60 + 0{,}036 = 0{,}636$$

El intervalo de confianza para la proporción poblacional binomial verdadera es (*p'* - *EBP*, *p'* + *EBP*) = (0,564, 0,636).

- Interpretación Estimamos con un 90 % de confianza que el verdadero porcentaje de todos los estudiantes que están registrados como votantes está entre el 56,4 % y el 63,6 %.
- Redacción alternativa: Estimamos con un 90 % de confianza que entre el 56,4 % y el 63,6 % de TODOS los estudiantes están registrados como votantes.

Explicación del nivel de confianza del 90 % El noventa por ciento de los intervalos de confianza construidos de esta manera contienen el valor verdadero del porcentaje de población de estudiantes que están registrados como votantes.

Solución 2

USO DE LAS CALCULADORAS TI-83, 83+, 84, 84+

Pulse STAT y flecha hacia TESTS.
Desplace la flecha hacia abajo hasta `A:1-PropZint`. Pulse ENTER.
Desplace la flecha hacia abajo hasta x e introduzca 300.
Desplace la flecha hacia abajo hasta n e introduzca 500.
Desplace la flecha hacia abajo hasta `C-Level` e introduzca 0,90.
Desplace la flecha hacia abajo hasta `Calculate` y pulse ENTER.
El intervalo de confianza es (0,564; 0,636).

INTÉNTELO 8.11

Un estudiante hace un sondeo en su escuela para ver si los estudiantes del distrito escolar están a favor o en contra de la nueva legislación relativa a los uniformes escolares. Hace una encuesta entre 600 estudiantes y halla que 480 están en contra de la nueva legislación.

a. Calcule un intervalo de confianza del 90 % para el verdadero porcentaje de estudiantes que están en contra de la nueva legislación e interprete el intervalo de confianza.
b. En una muestra de 300 estudiantes, el 68 % dijo que tenían un iPod y un teléfono inteligente. Calcule un intervalo de confianza del 97 % para el verdadero porcentaje de estudiantes que tienen un iPod y un teléfono inteligente.

Intervalo de confianza "más cuatro" para *p*

En el proceso de cálculo de un intervalo de confianza para una proporción se introduce una cierta cantidad de error. Dado que no conocemos la verdadera proporción de la población, nos vemos obligados a utilizar estimaciones puntuales para calcular la desviación típica adecuada de la distribución muestral. Los estudios han demostrado que la estimación resultante de la desviación típica puede ser errónea.

Afortunadamente, existe un sencillo ajuste que nos permite producir intervalos de confianza más precisos. Simplemente pretendemos que tenemos cuatro observaciones adicionales. Dos de estas observaciones son aciertos y dos son fallos. El nuevo tamaño de la muestra, entonces, es $n + 4$, y el nuevo recuento de aciertos es $x + 2$.

Los estudios informáticos han demostrado la eficacia de este método. Debe utilizarse cuando el nivel de confianza deseado es de al menos el 90 % y el tamaño de la muestra es de al menos diez.

EJEMPLO 8.12

Se preguntó a una muestra aleatoria de 25 estudiantes de estadística: "¿Ha fumado un cigarrillo en la última semana?" Seis estudiantes declararon haber fumado en la última semana. Utilice el método "más cuatro" para calcular un intervalo de confianza del 95 % para la verdadera proporción de estudiantes de estadística que fuman.

Solución 1

Seis de los 25 estudiantes declararon haber fumado en la última semana, por lo que $x = 6$ y $n = 25$. Como estamos utilizando el método "más cuatro", utilizaremos $x = 6 + 2 = 8$ y $n = 25 + 4 = 29$.

$$p' = \frac{x}{n} = \frac{8}{29} \approx 0{,}276$$

$$q' = 1 - p' = 1 - 0{,}276 = 0{,}724$$

Como $CL = 0{,}95$, sabemos que $\alpha = 1 - 0{,}95 = 0{,}05$ y $\frac{\alpha}{2} = 0{,}025$.

$$z_{0{,}025} = 1{,}96$$

$$EPB = \left(z_{\frac{\alpha}{2}}\right)\sqrt{\frac{p'q'}{n}} = (1{,}96)\sqrt{\frac{0{,}276(0{,}724)}{29}} \approx 0{,}163$$

$p' - EPB = 0{,}276 - 0{,}163 = 0{,}113$

$p' + EPB = 0{,}276 + 0{,}163 = 0{,}439$

Tenemos un 95 % de confianza en que la verdadera proporción de estudiantes de estadística que fuman cigarrillos está entre 0,113 y 0,439.

Solución 2

USO DE LAS CALCULADORAS TI-83, 83+, 84, 84+

Pulse STAT y desplace la flecha hacia TESTS.
Desplace la flecha hacia abajo a A:1-PropZint. Pulse ENTER

Recordatorio

Recuerde que el método más cuatro supone cuatro ensayos adicionales: dos aciertos y dos fallos. No es necesario cambiar el proceso de cálculo del intervalo de confianza; basta con actualizar los valores de x y n para reflejar estos ensayos adicionales.

Desplace la flecha hacia abajo a la x e introduce el ocho.
Desplace la flecha hacia abajo hasta n e ingrese 29.
Desplace la flecha hacia abajo al nivel C e introduzca 0,95.
Desplace la flecha hacia abajo hasta Calculate (Calcular) y pulse ENTER.
El intervalo de confianza es (0,113; 0,439)

INTÉNTELO 8.12

De una muestra aleatoria de 65 estudiantes de primer año de la Universidad Estatal, 31 estudiantes han declarado una especialidad. Utilice el método "más cuatro" para calcular un intervalo de confianza del 96 % para la verdadera proporción de estudiantes de primer año de la Universidad Estatal que han declarado una especialidad.

EJEMPLO 8.13

El Berkman Center for Internet & Society de Harvard ha realizado recientemente un estudio en el que se analizan los hábitos de gestión de la privacidad de los usuarios adolescentes de internet. En un grupo de 50 adolescentes, 13 declararon tener más de 500 amigos en Facebook. Utilice el método del "más cuatro" para calcular un intervalo de confianza del 90 % para la verdadera proporción de adolescentes que declararían tener más de 500 amigos en Facebook.

Solución 1

Utilizando "más cuatro", tenemos $x = 13 + 2 = 15$ y $n = 50 + 4 = 54$.

$$p' = \frac{15}{54} \approx 0{,}278$$

$$q' = 1 - p' = 1 - 0{,}241 = 0{,}722$$

Como $CL = 0{,}90$, sabemos que $\alpha = 1 - 0{,}90 = 0{,}10$ y $\frac{\alpha}{2} = 0{,}05$.

$$z_{0{,}05} = 1{,}645$$

$$EPB = (z_{\frac{\alpha}{2}})\left(\sqrt{\frac{p'q'}{n}}\right) = (1{,}645)\left(\sqrt{\frac{(0{,}278)(0{,}722)}{54}}\right) \approx 0{,}100$$

$p' - EPB = 0{,}278 - 0{,}100 = 0{,}178$

$p' + EPB = 0{,}278 + 0{,}100 = 0{,}378$

Estamos seguros en un 90 % de que entre el 17,8 % y el 37,8 % de todos los adolescentes declaran tener más de 500 amigos en Facebook.

Solución 2

USO DE LAS CALCULADORAS TI-83, 83+, 84, 84+

Pulse STAT y desplace la flecha hacia TESTS.
Desplace la flecha hacia abajo hasta A:1-PropZint. Pulse ENTER.
Desplace la flecha hacia abajo hasta x e ingrese 15.
Desplace la flecha hacia abajo hasta n e ingrese 54.
Desplace la flecha hacia abajo al nivel C e introduzca 0,90.
Desplace la flecha hacia abajo hasta Calculate (Calcular) y pulse ENTER.
El intervalo de confianza es (0,178; 0,378).

INTÉNTELO 8.13

El estudio del Centro Berkman al que se hace referencia en el Ejemplo 8.13 habló con adolescentes en grupos de discusión más pequeños, pero también entrevistó a otros adolescentes por teléfono. Al finalizar el estudio, 588 adolescentes habían respondido a la pregunta sobre sus amigos de Facebook, y 159 dijeron que tenían más de 500 amigos. Utilice el método de "más cuatro" para hallar un intervalo de confianza del 90 % para la verdadera proporción de adolescentes que declararían tener más de 500 amigos en Facebook basándose en esta muestra más amplia. Compare los resultados con los del Ejemplo 8.13.

Cálculo del tamaño de la muestra *n*

Si los investigadores desean un margen de error específico, pueden utilizar la fórmula del límite de error para calcular el tamaño necesario de la muestra.

La fórmula del límite de error para una proporción de población es

- $EBP = \left(z_{\frac{\alpha}{2}}\right)\left(\sqrt{\frac{p'q'}{n}}\right)$
- Al resolver n se obtiene una ecuación para el tamaño de la muestra.
- $n = \frac{\left(z_{\frac{\alpha}{2}}\right)^2 (p'q')}{EBP^2}$

EJEMPLO 8.14

Supongamos que una compañía de telefonía móvil quiere determinar el porcentaje actual de clientes de más de 50 años que utilizan mensajería de texto en sus teléfonos móviles. ¿Cuántos clientes de más de 50 años debería encuestar la compañía para tener el 90 % de confianza en que la proporción estimada (de la muestra) se encuentra dentro de los tres puntos porcentuales de la verdadera proporción de la población de clientes de más de 50 años que utilizan la mensajería de texto en sus teléfonos móviles?

Solución 1

A partir del problema, sabemos que ***EBP* = 0,03** (3 %=0,03) y $z_{\frac{\alpha}{2}}$ $z_{0,05}$ = 1,645 porque el nivel de confianza es del 90 %.

Sin embargo, para hallar *n*, necesitamos conocer la proporción (muestra) estimada *p*'. Recuerde que *q*' = 1 – *p*'. Pero, aun no conocemos *p*'. Como multiplicamos *p*' y *q*' juntos, hacemos que ambos sean iguales a 0,5 porque *p*'*q*' = (0,5)(0,5) = 0,25 da como resultado el mayor producto posible. (Pruebe otros productos: (0,6)(0,4) = 0,24; (0,3)(0,7) = 0,21; (0,2)(0,8) = 0,16 y así sucesivamente). El mayor producto posible nos da el mayor *n*. Esto nos da una muestra lo suficientemente grande como para que podamos tener el 90 % de confianza de que estamos dentro de los tres puntos porcentuales de la verdadera proporción de la población. Para calcular el tamaño de la muestra *n*, utilice la fórmula y haga las sustituciones.

$n = \frac{z^2 p' q'}{EBP^2}$ da como resultado $n = \frac{1{,}645^2 (0{,}5)(0{,}5)}{0{,}03^2} = 751{,}7$

Redondee la respuesta al valor inmediatamente superior. El tamaño de la muestra debe ser de 752 clientes de teléfonos móviles de más de 50 años para tener el 90 % de confianza en que la proporción estimada (de la muestra) se encuentra dentro de los tres puntos porcentuales de la verdadera proporción de la población de todos los clientes de más de 50 años que utilizan mensajes de texto en sus teléfonos móviles.

INTÉNTELO 8.14

Supongamos que una compañía de mercadeo en internet quiere determinar el porcentaje actual de clientes que hacen clic en los anuncios de sus teléfonos inteligentes. ¿A cuántos clientes debería encuestar la compañía para tener el 90 % de confianza en que la proporción estimada está dentro de los cinco puntos porcentuales de la verdadera proporción de clientes que hacen clic en los anuncios de sus teléfonos inteligentes?

8.4 Intervalo de confianza (costos de hogares)

Laboratorio de estadística

Intervalo de confianza (costos de hogares)

Hora de la clase:

Nombres:

Resultados del aprendizaje de los estudiantes

- El estudiante calculará el intervalo de confianza del 90 % para el costo medio de una vivienda en la zona en la que se encuentra esta escuela.
- El estudiante interpretará los intervalos de confianza.
- El estudiante determinará los efectos de las condiciones cambiantes en el intervalo de confianza.

Recopilación de datos

Consulte la sección inmobiliaria de su periódico local. Registre los precios de venta de 35 viviendas seleccionadas al azar que han sido puestas en venta recientemente en el condado.

> **Nota**
>
> Muchos periódicos los publican solo un día a la semana. Además, supondremos que las viviendas se ponen a la venta de forma aleatoria.

1. Rellene la tabla:

____	____	____	____	____
____	____	____	____	____
____	____	____	____	____
____	____	____	____	____
____	____	____	____	____
____	____	____	____	____
____	____	____	____	____

Tabla 8.5

Describa los datos

1. Calcule lo siguiente:
   a. $\overline{x}$ = ____
   b. s_x = ____
   c. n = ____
2. En palabras, defina la variable aleatoria $\overline{X}$.
3. Indique la distribución estimada a utilizar. Utilice tanto palabras como símbolos.

Calcule el intervalo de confianza

1. Calcule el intervalo de confianza y el límite de error.
   a. Intervalo de confianza: ____
   b. Límite de error: ____
2. ¿Cuánta superficie hay en ambas colas (combinadas)? α = ____
3. ¿Cuánta superficie hay en cada cola? $\frac{\alpha}{2}$ = ____
4. Rellene los espacios en blanco del gráfico con el área de cada sección. A continuación, rellene la línea numérica con los límites superior e inferior del intervalo de confianza y la media de la muestra.

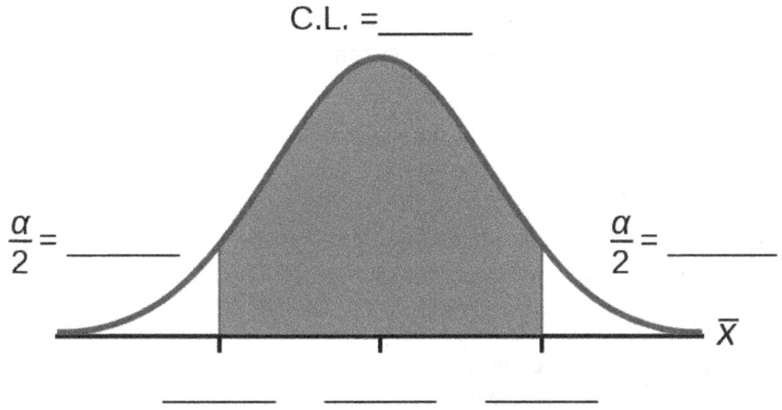

Figura 8.6

5. Algunos estudiantes piensan que un intervalo de confianza del 90 % contiene el 90 % de los datos. Utilice la lista de datos de la primera página y cuente cuántos de los valores de los datos se encuentran dentro del intervalo de confianza. ¿Qué porcentaje es este? ¿Este porcentaje se acerca al 90 %? Explique por qué este porcentaje debe o no acercarse al 90 %.

Describa el intervalo de confianza

1. En dos o tres frases completas, explique qué significa un intervalo de confianza (en general), como si estuviera hablando con alguien que no ha cursado estadística.
2. En una o dos oraciones completas, explique qué significa este intervalo de confianza para este estudio en particular.

Utilice los datos para construir intervalos de confianza

1. Utilizando la información dada, construya un intervalo de confianza para cada nivel de confianza dado.

Nivel de confianza	EBM/límite de error	Intervalo de confianza
50 %		
80 %		
95 %		
99 %		

Tabla 8.6

2. ¿Qué ocurre con el EBM a medida que aumenta el nivel de confianza? ¿El ancho del intervalo de confianza aumenta o disminuye? Explique por qué ocurre esto.

8.5 Intervalo de confianza (lugar de nacimiento)

Laboratorio de estadística

Intervalo de confianza (lugar de nacimiento)

Hora de la clase:

Nombres:

Resultados del aprendizaje de los estudiantes

- El estudiante calculará el intervalo de confianza del 90 % de la proporción de estudiantes de esta escuela que han nacido en este estado.

- El estudiante interpretará los intervalos de confianza.
- El estudiante determinará los efectos de las condiciones cambiantes en el intervalo de confianza.

Recopilación de datos

1. Haga una encuesta a los estudiantes de su clase, preguntándoles si han nacido en este estado. Supongamos que X = el número de personas que han nacido en este estado
   a. n = __________
   b. x = __________
2. En palabras, defina la variable aleatoria P'.
3. Indique la distribución estimada a utilizar.

Hallar el intervalo de confianza y el límite de error

1. Calcule el intervalo de confianza y el límite de error.
   a. Intervalo de confianza: ____
   b. Límite de error: ____
2. ¿Cuánta superficie hay en ambas colas (combinadas)? α = ____
3. ¿Cuánta superficie hay en cada cola? $\frac{\alpha}{2}$ = ____
4. Rellene los espacios en blanco del gráfico con el área de cada sección. A continuación, rellene la recta numérica con los límites superior e inferior del intervalo de confianza y la proporción de la muestra.

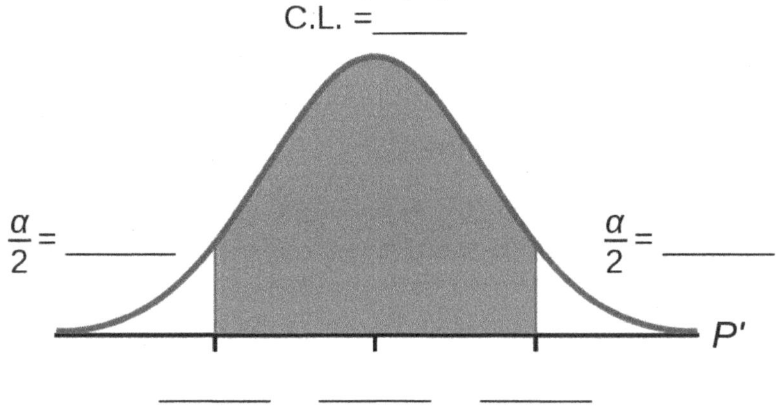

Figura 8.7

Describa el intervalo de confianza

1. En dos o tres frases completas, explique qué significa un intervalo de confianza (en general), como si estuviera hablando con alguien que no ha cursado estadística.
2. En una o dos oraciones completas, explique qué significa este intervalo de confianza para este estudio en particular.
3. Construya un intervalo de confianza para cada nivel de confianza dado.

Nivel de confianza	EBP/límite de error	Intervalo de confianza
50 %		
80 %		
95 %		
99 %		

Tabla 8.7

4. ¿Qué ocurre con el EBP a medida que aumenta el nivel de confianza? ¿El ancho del intervalo de confianza aumenta o disminuye? Explique por qué ocurre esto.

8.6 Intervalo de confianza (altura de las mujeres)

Laboratorio de estadística

Intervalo de confianza (altura de las mujeres)

Hora de la clase:

Nombres:

Resultados del aprendizaje de los estudiantes

- El estudiante calculará un intervalo de confianza del 90 % utilizando los datos dados.
- El estudiante determinará la relación entre el nivel de confianza y el porcentaje de intervalos construidos que contienen la media poblacional.

Dada:

59,4	71,6	69,3	65,0	62,9	66,5	61,7	55,2
67,5	67,2	63,8	62,9	63,0	63,9	68,7	65,5
61,9	69,6	58,7	63,4	61,8	60,6	69,8	60,0
64,9	66,1	66,8	60,6	65,6	63,8	61,3	59,2
64,1	59,3	64,9	62,4	63,5	60,9	63,3	66,3
61,5	64,3	62,9	60,6	63,8	58,8	64,9	65,7
62,5	70,9	62,9	63,1	62,2	58,7	64,7	66,0
60,5	64,7	65,4	60,2	65,0	64,1	61,1	65,3
64,6	59,2	61,4	62,0	63,5	61,4	65,5	62,3
65,5	64,7	58,8	66,1	64,9	66,9	57,9	69,8
58,5	63,4	69,2	65,9	62,2	60,0	58,1	62,5
62,4	59,1	66,4	61,2	60,4	58,7	66,7	67,5
63,2	56,6	67,7	62,5				

Tabla 8.8 Estatura de 100 mujeres (en pulgadas)

1. La Tabla 8.8 enumera las estaturas de 100 mujeres. Utilice un generador de números aleatorios para seleccionar diez valores de datos aleatorios.
2. Calcule la media y la desviación típica de la muestra. Supongamos que se sabe que la desviación típica de la población es de 3,3 pulgadas. Con estos valores, construya un intervalo de confianza del 90 % para su muestra de diez valores. Escriba el intervalo de confianza que obtuvo en el primer espacio de la Tabla 8.9.
3. Ahora escriba su intervalo de confianza en la pizarra. Mientras los demás miembros de la clase escriben sus intervalos de confianza en la pizarra, cópielos en la Tabla 8.9.

Tabla 8.9 Intervalos de confianza del 90 %

Preguntas para el debate

1. La media real de la población para las 100 estaturas dadas en la Tabla 8.8 es μ = 63,4. Utilizando el listado de clase de los intervalos de confianza, cuente cuántos de ellos contienen la media poblacional μ; es decir, para cuántos intervalos el valor de μ se encuentra entre los puntos extremos del intervalo de confianza
2. Divida este número por el número total de intervalos de confianza generados por la clase para determinar el porcentaje de intervalos de confianza que contiene la media μ. Escriba este porcentaje aquí: ________.
3. El porcentaje de intervalos de confianza que contienen la media poblacional μ, ¿se acerca al 90 %?
4. Supongamos que hemos generado 100 intervalos de confianza. ¿Qué cree que pasaría con el porcentaje de intervalos de confianza que contienen la media de la población?
5. Cuando construimos un intervalo de confianza del 90 %, decimos que tenemos un **90 % de confianza en que la verdadera media de la población se encuentra dentro del intervalo de confianza.** Utilizando oraciones completas, explique lo que queremos decir con esta frase.
6. Algunos estudiantes piensan que un intervalo de confianza del 90 % contiene el 90 % de los datos. Use la lista de datos dada (las estaturas de las mujeres) y cuente cuántos de los valores de los datos se encuentran dentro del intervalo de confianza que ha generado a partir de dichos datos. ¿Cuántos de los 100 valores de los datos se encuentran dentro de su intervalo de confianza? ¿Qué porcentaje es este? ¿Este porcentaje se acerca al 90 %?
7. Explique por qué no tiene sentido contar los valores de los datos que se encuentran en un intervalo de confianza. Piense en la variable aleatoria que se utiliza en el problema.
8. Supongamos que obtiene las estaturas de diez mujeres y calcula un intervalo de confianza a partir de esta información. Sin conocer la media de la población μ, ¿tendría alguna forma de saber **con certeza** si su intervalo contiene realmente el valor de μ? Explique.

Términos Clave

Desviación típica un número que es igual a la raíz cuadrada de la varianza y que mide lo lejos que están los valores de los datos de su media; notación: *s* para la desviación típica de la muestra y σ para la desviación típica de la población

Distribución binomial una variable aleatoria (RV) discreta que surge de ensayos de Bernoulli; hay un número fijo, *n*, de ensayos independientes. "Independiente" significa que el resultado de cualquier ensayo (por ejemplo, el ensayo 1) no afecta los resultados de los ensayos siguientes, y que todos los ensayos se llevan a cabo en las mismas condiciones. En estas circunstancias, la RV binomial *X* se define como el número de aciertos en *n* ensayos. La notación es: $X \sim B(\mathbf{n},\mathbf{p})$. La media es $\mu = np$ y la desviación típica es $\sigma = \sqrt{npq}$. La probabilidad de obtener exactamente *x* aciertos en *n* ensayos es $P(X = x) = \binom{n}{x} p^x q^{n-x}$.

Distribución normal una variable aleatoria (RV) continua con pdf $e(x) = \frac{1}{\sigma\sqrt{2\pi}} e^{-(x-\mu)^2/2\sigma^2}$, donde μ es la media de la distribución y σ es la desviación típica, notación: $X \sim N(\mu,\sigma)$. Si $\mu = 0$ y $\sigma = 1$, la RV se denomina **distribución normal estándar**.

Distribución t de Student investigado y presentado por William S. Gossett en 1908 y publicado bajo el seudónimo de Student; las principales características de la variable aleatoria (RV) son:

- Es continuo y asume cualquier valor real.
- La pdf es simétrica respecto a su media de cero. Sin embargo, tiene más dispersión y es más plana en el vértice que la distribución normal.
- Se acerca a la distribución normal estándar a medida que *n* es mayor.
- Existe una "familia" de distribuciones t: cada representante de la familia está completamente definido por el número de grados de libertad que es uno menos que el número de elementos de datos.

Estadística Inferencial también llamada inferencia estadística o estadística inductiva; esta faceta de la estadística se ocupa de estimar un parámetro poblacional a partir de un estadístico muestral. Por ejemplo, si cuatro de las 100 calculadoras muestreadas son defectuosas, podríamos deducir que el cuatro por ciento de la producción es defectuosa.

Estimación puntual un número único calculado a partir de una muestra y utilizado para estimar un parámetro de la población

Grados de libertad (*df*) el número de objetos de una muestra que pueden variar libremente

Intervalo de confianza (IC) una estimación de intervalo para un parámetro poblacional desconocido. Esto depende de

- el nivel de confianza deseado,
- información que se conoce sobre la distribución (por ejemplo, la desviación típica conocida),
- la muestra y su tamaño.

Límite de error para una media poblacional (*EBM*) el margen de error; depende del nivel de confianza, del tamaño de la muestra y de la desviación típica de la población conocida o estimada.

Nivel de confianza (CL) la expresión porcentual de la probabilidad de que el intervalo de confianza contenga el verdadero parámetro poblacional; por ejemplo, si el CL = 90 %, entonces en 90 de cada 100 muestras la estimación del intervalo encerrará el verdadero parámetro poblacional.

Parámetro una característica numérica de una población

Proporción del límite de error de la población (EBP) el margen de error; depende del nivel de confianza, del tamaño de la muestra y de la proporción estimada (a partir de la muestra) de aciertos.

Repaso del capítulo

8.1 La media de una población utilizando la distribución normal

En este módulo hemos aprendido a calcular el intervalo de confianza para una media poblacional única cuando se conoce la desviación típica de la población. Al estimar una media poblacional, el margen de error se denomina límite de error para una media poblacional (*EBM*). Un intervalo de confianza tiene la forma general:

(límite inferior, límite superior) = (estimación puntual - *EBM*, estimación puntual + *EBM*)

El cálculo de *EBM* depende del tamaño de la muestra y del nivel de confianza deseado. El nivel de confianza es el porcentaje de todas las muestras posibles que se puede esperar que incluyan el verdadero parámetro de la población. A medida que aumenta el nivel de confianza, aumenta también el *EBM* correspondiente. A medida que aumenta el tamaño de la muestra, el *EBM* disminuye. Por el teorema del límite central,

$$EBM = z\frac{\sigma}{\sqrt{n}}$$

Dado un intervalo de confianza, se puede hacer el cálculo a la inversa para hallar el límite de error *(EBM)* o la media de la muestra. Para calcular el límite de error, halle la diferencia del límite superior del intervalo y la media. Si no conoce la media de la muestra, puede hallar el límite de error calculando la mitad de la diferencia de los límites superior e inferior. Para hallar la media muestral dado un intervalo de confianza, calcule la diferencia del límite superior y el límite de error. Si se desconoce el límite de error, se promedian los límites superior e inferior del intervalo de confianza para hallar la media muestral.

A veces, los investigadores saben de antemano que quieren estimar una media poblacional dentro de un margen de error específico para un nivel de confianza dado. En ese caso, resuelva la fórmula *EBM* para *n* para descubrir el tamaño de la muestra que se necesita para lograr este objetivo:

$$n = \frac{z^2\sigma^2}{EBM^2}$$

8.2 La media de una población utilizando la distribución t de Student

En muchos casos, el investigador no conoce la desviación típica de la población, σ, de la medida estudiada. En estos casos, es habitual utilizar la desviación típica de la muestra, *s*, como estimación de σ. La distribución normal crea intervalos de confianza precisos cuando se conoce σ, pero no es tan precisa cuando se utiliza *s* como estimación. En este caso, la distribución t de Student es mucho mejor. Defina una puntuación t mediante la siguiente fórmula:

$$t = \frac{\overline{x} - \mu}{s/\sqrt{n}}$$

La puntuación *t* sigue la distribución t de Student con $n - 1$ grados de libertad. El intervalo de confianza bajo esta distribución se calcula con $EBM = \left(t_{\frac{\alpha}{2}}\right)\frac{s}{\sqrt{n}}$ donde $t_{\frac{\alpha}{2}}$ es la puntuación *t* con un área a la derecha igual a $\frac{\alpha}{2}$, *s* es la desviación típica de la muestra y *n* es el tamaño de la muestra. Utilice una tabla, una calculadora o una computadora para hallar $t_{\frac{\alpha}{2}}$ para una α determinada.

8.3 Una proporción de la población

Algunas medidas estadísticas, como muchas preguntas de las encuestas, miden datos cualitativos en vez de cuantitativos. En este caso, el parámetro poblacional que se estima es una proporción. Es posible crear un intervalo de confianza para la verdadera proporción de la población siguiendo procedimientos similares a los utilizados para crear intervalos de confianza para las medias de la población. Las fórmulas son ligeramente diferentes, pero siguen el mismo razonamiento.

Supongamos que p' representa la proporción de la muestra, x/n, donde *x* representa el número de aciertos y *n* el tamaño de la muestra. Supongamos que $q' = 1 - p'$. Entonces el intervalo de confianza para una proporción poblacional viene dado por la siguiente fórmula:

$$\text{(límite inferior, límite superior)} = (p' - EBP, p' + EBP) = \left(p' - z\sqrt{\frac{p'q'}{n}}, p' + z\sqrt{\frac{p'q'}{n}}\right)$$

El método "más cuatro" para calcular los intervalos de confianza es un intento de equilibrar el error introducido al utilizar las estimaciones de la proporción de la población cuando se calcula la desviación típica de la distribución de muestreo. Imaginemos simplemente cuatro ensayos adicionales en el estudio; dos son aciertos y dos son fallos. Calcule $p' = \frac{x+2}{n+4}$, y proceder a calcular el intervalo de confianza. Cuando el tamaño de las muestras es pequeño, se ha demostrado que este método proporciona intervalos de confianza más precisos que la fórmula estándar utilizada para muestras más grandes.

Repaso de fórmulas

8.1 La media de una población utilizando la distribución normal

$\overline{X} \sim N\left(\mu_X, \frac{\sigma}{\sqrt{n}}\right)$ La distribución de las medias muestrales se distribuye normalmente con una media igual a la media de la población y una desviación típica dada por la desviación típica de la población dividida por la raíz cuadrada del tamaño de la muestra.

La forma general de un intervalo de confianza para una media poblacional única, desviación típica conocida, distribución normal viene dada por
(límite inferior, límite superior) = (estimación puntual - *EBM*, estimación puntual + *EBM*)
$= (\overline{x} - EBM, \overline{x} + EBM)$
$= \left(\overline{x} - z\frac{\sigma}{\sqrt{n}}, \overline{x} + z\frac{\sigma}{\sqrt{n}}\right)$

$EBM = z\frac{\sigma}{\sqrt{n}}$ = el límite de error para la media, o el margen de error para una única media poblacional; esta fórmula se utiliza cuando se conoce la desviación típica de la población.

CL = nivel de confianza, o la proporción de intervalos de confianza creados que se espera que contengan el verdadero parámetro poblacional

$\alpha = 1 - CL$ = la proporción de intervalos de confianza que no contendrán el parámetro poblacional

$z_{\frac{\alpha}{2}}$ = la puntuación *z* con la propiedad de que el área a la derecha de la puntuación z es $\frac{\alpha}{2}$ esta puntuación *z* utilizada en el cálculo de *"EBM* donde $\alpha = 1 - CL$.

$n = \frac{z^2\sigma^2}{EBM^2}$ = fórmula utilizada para determinar el tamaño de la muestra (*n*) necesario para alcanzar un margen de error deseado con un nivel de confianza determinado

Forma general de un intervalo de confianza

(valor inferior, valor superior) = (estimación puntual-límite de error, estimación puntual + límite de error)

Para calcular el límite de error cuando se conoce el intervalo de confianza

límite de error = estimación del punto de valor superior O límite de error = $\frac{\text{valor superior–valor inferior}}{2}$

Media de una población, desviación típica conocida, distribución normal

Utilice la distribución normal para las medias, la desviación típica de la población es conocida $EBM = z_{\frac{\alpha}{2}} \cdot \frac{\sigma}{\sqrt{n}}$

El intervalo de confianza tiene el formato ($\overline{x}$ - *EBM*, $\overline{x}$ + *EBM*).

8.2 La media de una población utilizando la distribución t de Student

s = la desviación típica de los valores de la muestra.

$t = \frac{\overline{x}-\mu}{\frac{s}{\sqrt{n}}}$ es la fórmula de la puntuación *t* que mide la distancia de una medida con respecto a la media de la población en la distribución t de Student

$df = n - 1$; los grados de libertad para una distribución t de Student donde n representa el tamaño de la muestra

$T \sim t_{df}$ es la variable aleatoria, *T*, tiene una distribución t de Student con *df* grados de libertad

$EBM = t_{\frac{\alpha}{2}} \frac{s}{\sqrt{n}}$ = el límite de error para la media de la población cuando la desviación típica de la población es desconocida

$t_{\frac{\alpha}{2}}$ es la puntuación *t* en la distribución t de Student con un área a la derecha igual a $\frac{\alpha}{2}$

La forma general de un intervalo de confianza para una media única, desviación típica de la población desconocida, t de Student viene dada por (límite inferior, límite superior)
= (estimación puntual - *EBM*, estimación puntual + *EBM*)
$= \left(\overline{x} - \frac{ts}{\sqrt{n}}, \overline{x} + \frac{ts}{\sqrt{n}}\right)$

8.3 Una proporción de la población

$p' = x / n$ donde *x* representa el número de aciertos y *n* representa el tamaño de la muestra. La variable *p*' es la proporción de la muestra y sirve como estimación puntual de la verdadera proporción de la población.

$q' = 1 - p'$

$p' \sim N\left(\text{valor}, \sqrt{\frac{pq}{n}}\right)$ La variable *p'* tiene una distribución binomial que se puede aproximar con la distribución normal que se muestra aquí.

EBP = el límite de error para una proporción = $z_{\frac{\alpha}{2}} \sqrt{\frac{p'q'}{n}}$

Intervalo de confianza para una proporción:

(límite inferior, límite superior)
$= (p' - EBP, p' + EBP) = \left(p' - z\sqrt{\frac{p'q'}{n}},\ p' + z\sqrt{\frac{p'q'}{n}}\right)$

$n = \frac{z_{\frac{\alpha}{2}}{}^2 p'q'}{EBP^2}$ proporciona el número de participantes necesarios para estimar la proporción de la población con confianza $1 - \alpha$ y margen de error *EBP*.

Utilice la distribución normal para una proporción de población única $p' = \frac{x}{n}$

$EBP = \left(z_{\frac{\alpha}{2}}\right)\sqrt{\frac{p'q'}{n}}\ p' + q' = 1$

El intervalo de confianza tiene el formato (*p'* - *EBP*, *p'* + *EBP*).

$\overline{x}$ es una estimación puntual de μ

p' es una estimación puntual de ρ

s es una estimación puntual de σ

Práctica

8.1 La media de una población utilizando la distribución normal

Use la siguiente información para responder los próximos cinco ejercicios: se sabe que la desviación típica del peso de los elefantes es de 15 libras aproximadamente. Queremos construir un intervalo de confianza del 95 % para el peso medio de las crías de elefante recién nacidas. Se pesan cincuenta elefantes recién nacidos. La media muestral es de 244 libras. La desviación típica de la muestra es de 11 libras.

1. Identifique lo siguiente:

a. $\overline{x}$ = ____
b. σ = ____
c. n = ____

2. En palabras, defina las variables aleatorias X y $\overline{X}$.

3. ¿Qué distribución debería utilizar para este problema?

4. Construya un intervalo de confianza del 95 % para el peso medio de la población de elefantes recién nacidos. Indique el intervalo de confianza, dibuje el gráfico y calcule el límite de error.

5. ¿Qué ocurrirá con el intervalo de confianza obtenido si se pesan 500 elefantes recién nacidos en vez de 50? ¿Por qué?

Use la siguiente información para responder los próximos siete ejercicios: la Oficina del Censo de EE. UU. realiza un estudio para determinar el tiempo necesario para rellenar el formulario corto. La oficina encuesta a 200 personas. La media muestral es de 8,2 minutos. Se conoce una desviación típica de 2,2 minutos. Se supone que la distribución de la población es normal.

6. Identifique lo siguiente:

a. $\overline{x}$ = ____
b. σ = ____
c. n = ____

7. En palabras, defina las variables aleatorias X y $\overline{X}$.

8. ¿Qué distribución debería utilizar para este problema?

9. Construya un intervalo de confianza del 90 % para el tiempo medio de la población para rellenar los formularios. Indique el intervalo de confianza, dibuje el gráfico y calcule el límite de error.

10. Si el censo quiere aumentar su nivel de confianza y mantener el límite de error igual realizando otra encuesta, ¿qué cambios debería hacer?

11. Si el censo realizara otra encuesta, mantuviera el límite de error igual y encuestara solo a 50 personas en vez de 200, ¿qué pasaría con el nivel de confianza? ¿Por qué?

12. Supongamos que el censo necesita tener un 98 % de confianza en la duración media de la población. ¿El censo tendría que encuestar a más personas? ¿Por qué sí o por qué no?

Use la siguiente información para responder los próximos diez ejercicios: se seleccionó una muestra de 20 cabezas de lechuga. Supongamos que la distribución poblacional del peso de la cabeza es normal. Luego se registró el peso de cada cabeza de lechuga. El peso medio era de 2,2 libras con una desviación típica de 0,1 libras. Se sabe que la desviación típica de la población es de 0,2 libras.

13. Identifique lo siguiente:

a. $\overline{x}$ = _____
b. σ = _____
c. n = _____

14. Defina la variable aleatoria X en palabras.

15. En palabras, defina la variable aleatoria $\overline{X}$.

16. ¿Qué distribución debería utilizar para este problema?

17. Construya un intervalo de confianza del 90 % para el peso medio poblacional de las cabezas de lechuga. Indique el intervalo de confianza, dibuje el gráfico y calcule el límite de error.

18. Construya un intervalo de confianza del 95 % para el peso medio poblacional de las cabezas de lechuga. Indique el intervalo de confianza, dibuje el gráfico y calcule el límite de error.

19. Explique en oraciones completas por qué el intervalo de confianza en el Ejercicio 8.17 es mayor que en el Ejercicio 8.18.

20. Interprete en oraciones completas lo que significa el intervalo en el Ejercicio 8.18.

21. ¿Qué pasaría si se tomaran muestras de 40 cabezas de lechuga en vez de 20, y el límite de error siguiera siendo el mismo?

22. ¿Qué pasaría si se tomaran muestras de 40 cabezas de lechuga en vez de 20, y el nivel de confianza siguiera siendo el mismo?

Utilice la siguiente información para responder a los siguientes 14 ejercicios: la edad media de todos los estudiantes del Foothill College en el trimestre de otoño pasado fue de 33,2 años. La desviación típica de la población ha sido bastante constante en 15. Supongamos que se seleccionan al azar veinticinco estudiantes del semestre de invierno. La edad media de la muestra era de 30,4 años. Estamos interesados en la verdadera edad media de los estudiantes del semestre de invierno del Foothill College. Supongamos que X = la edad de un estudiante del semestre de invierno del Foothill College.

23. $\overline{x}$ = ____

24. n = ____

25. _______ = 15

26. En palabras, defina la variable aleatoria $\overline{X}$.

27. ¿Cuál es el $\overline{x}$ estimado?

28. ¿Es σ_x conocido?

29. Como resultado de su respuesta en el Ejercicio 8.26, indique la distribución exacta que se debe usar para calcular el intervalo de confianza.

Construya un Intervalo de Confianza del 95 % para la edad media real de los estudiantes del semestre de invierno del Foothill College, elabore y responda los siguientes siete ejercicios.

30. ¿Cuánta superficie hay en ambas cruces (combinadas)? α =_______

31. ¿Cuánta superficie hay en cada cola? $\frac{\alpha}{2}$ =_______

32. Identifique las siguientes especificaciones

a. límite inferior
b. límite superior
c. límite de error

33. El intervalo de confianza del 95 % es: _______________.

34. Rellene los espacios en blanco del gráfico con las áreas, los límites superior e inferior del intervalo de confianza y la media muestral.

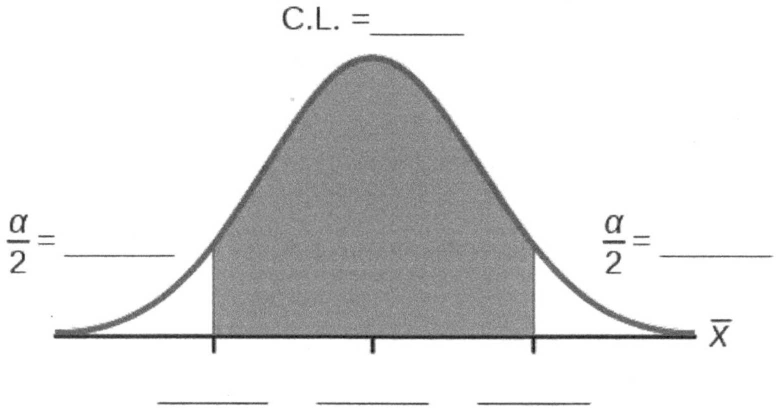

Figura 8.8

35. Explique el significado del intervalo en una oración completa.

36. Utilizando las mismas media, desviación típica y nivel de confianza, supongamos que *n* fuera 69 en vez de 25. ¿El límite de error sería mayor o menor? ¿Cómo lo sabe?

37. Utilizando las mismas media, desviación típica y tamaño de la muestra, ¿cómo cambiaría el límite de error si el nivel de confianza se redujera al 90 %? ¿Por qué?

8.2 La media de una población utilizando la distribución t de Student

Use la siguiente información para responder los próximos cinco ejercicios. Un hospital intenta reducir los tiempos de espera en la sala de emergencias. Se interesa por el tiempo que los pacientes deben esperar antes de que los llamen para examinarlos. Un comité de investigación encuestó al azar a 70 pacientes. La media muestral fue de 1,5 horas con una desviación típica de la muestra de 0,5 horas.

38. Identifique lo siguiente:

a. $\overline{x}$ =______
b. s_x =______
c. n =______
d. $n - 1$ =______

39. Defina las variables aleatorias X y $\overline{X}$ en palabras.

40. ¿Qué distribución debería utilizar para este problema?

41. Construya un intervalo de confianza del 95 % para el tiempo medio de espera de la población. Indique el intervalo de confianza, dibuje el gráfico y calcule el límite de error.

42. Explique con oraciones completas qué significa el intervalo de confianza (confidence interval, CI).

Use la siguiente información para responder los próximos seis ejercicios: se encuestaron ciento ocho estadounidenses para determinar el número de horas que pasan viendo televisión cada mes. Se reveló que veían un promedio de 151 horas al mes con una desviación típica de 32 horas. Supongamos que la distribución de la población subyacente es normal.

43. Identifique lo siguiente:

a. $\overline{x}$ =______
b. s_x =______
c. n =______
d. $n - 1$ =______

44. Defina la variable aleatoria X con palabras.

45. Defina la variable aleatoria $\overline{X}$ en palabras.

46. ¿Qué distribución debería utilizar para este problema?

47. Construya un intervalo de confianza del 99 % para la media poblacional de horas dedicadas a ver televisión al mes. (a) Indique el intervalo de confianza, (b) dibuje el gráfico y (c) calcule el límite de error.

48. ¿Por qué cambiaría el límite de error si el nivel de confianza se redujera al 95 %?

Use la siguiente información para responder los próximos 13 ejercicios: los datos que figuran en la Tabla 8.10 son el resultado de una encuesta aleatoria de 39 banderas nacionales (con reemplazo entre selecciones) de varios países. Estamos interesados en hallar un intervalo de confianza para el verdadero número medio de colores en una bandera nacional. Supongamos que X = el número de colores de una bandera nacional.

X	Frec.
1	1
2	7
3	18
4	7
5	6

Tabla 8.10

49. Calcule lo siguiente:

a. $\overline{x}$ =_____
b. s_x =_____
c. n =_____

50. Defina la variable aleatoria $\overline{X}$ en palabras.

51. ¿Cuál es el $\overline{x}$ estimado?

52. ¿Es σ_x conocido?

53. Como resultado de su respuesta en el Ejercicio 8.52, indique la distribución exacta que se debe usar para calcular el intervalo de confianza.

Construya un intervalo de confianza del 95 % para el número medio real de colores en las banderas nacionales.

54. ¿Cuánta superficie hay en ambas colas (combinadas)?

55. ¿Cuánta superficie hay en cada cola?

56. Calcule lo siguiente:

a. límite inferior
b. límite superior
c. límite de error

57. El intervalo de confianza del 95 % es ____.

58. Rellene los espacios en blanco del gráfico con las áreas, los límites superior e inferior del intervalo de confianza y la media muestral.

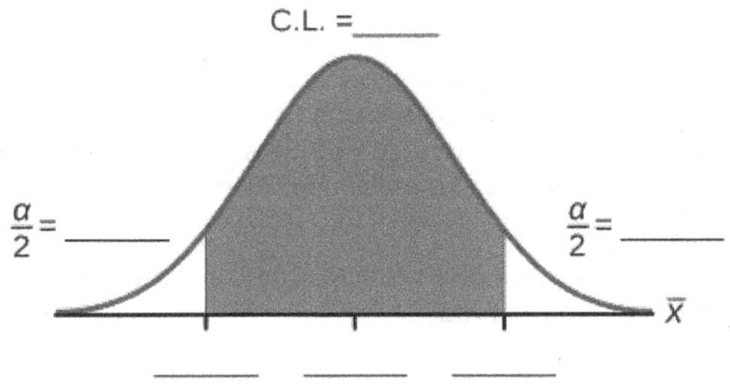

Figura 8.9

59. Explique el significado del intervalo en una oración completa.

60. Utilizando el mismo $\overline{x}$, s_x, y el nivel de confianza, supongamos que *n* fuera 69 en vez de 39. ¿El límite de error sería mayor o menor? ¿Cómo lo sabe?

61. Utilizando el mismo $\overline{x}$, s_x, y *n* = 39, ¿cómo cambiaría el límite de error si el nivel de confianza se redujera al 90 %? ¿Por qué?

8.3 Una proporción de la población

Use la siguiente información para responder los dos próximos ejercicios: Compañías de mercadeo están interesadas en conocer el porcentaje de población femenina que toma la mayoría de las decisiones de compra en el hogar.

62. Al diseñar un estudio para determinar esta proporción de población, ¿cuál es el número mínimo que necesitaría encuestar para tener el 90 % de confianza en que la proporción de población se estima con un margen del 0,05?

63. Si más adelante se determinara que es importante tener más de un 90 % de confianza y se encargara una nueva encuesta, ¿cómo afectaría al número mínimo que hay que encuestar? ¿Por qué?

Use la siguiente información para responder los próximos cinco ejercicios: Supongamos que la compañía de mercadeo hace una encuesta. Encuestaron al azar 200 hogares y hallaron que en 120 de ellos la mujer tomaba la mayoría de las decisiones de compra. Nos interesa la proporción de hogares en los que las mujeres toman la mayoría de las decisiones de compra.

64. Identifique lo siguiente:

a. x = _____
b. n = _____
c. p' = _____

65. Defina las variables aleatorias X y P' con palabras.

66. ¿Qué distribución debería utilizar para este problema?

67. Construya un intervalo de confianza del 95 % para la proporción de hogares en los que las mujeres toman la mayoría de las decisiones de compra. Indique el intervalo de confianza, dibuje el gráfico y calcule el límite de error.

68. Enumere dos dificultades que podría tener la compañía para obtener resultados aleatorios, si esta encuesta se realizara por correo electrónico.

Use la siguiente información para responder los próximos cinco ejercicios: de 1.050 adultos seleccionados al azar, 360 se identificaron como trabajadores manuales, 280 se identificaron como asalariados no manuales, 250 se identificaron como gerentes de nivel medio y 160 se identificaron como ejecutivos. En la encuesta, el 82 % de los trabajadores manuales prefieren camiones, así como el 62 % de los asalariados no manuales, el 54 % de los gerentes de nivel medio y el 26 % de los ejecutivos.

69. Nos interesa hallar el intervalo de confianza del 95 % para el porcentaje de ejecutivos que prefieren camiones. Defina las variables aleatorias X y P' en palabras.

70. ¿Qué distribución debería utilizar para este problema?

71. Construya un intervalo de confianza del 95 %. Indique el intervalo de confianza, dibuje el gráfico y calcule el límite de error.

72. Supongamos que queremos reducir el error de muestreo. ¿Cuál es una forma de lograrlo?

73. El error de muestreo indicado en la encuesta es de ±2 %. Explique qué significa el ±2 %.

Use la siguiente información para responder los próximos cinco ejercicios: un sondeo realizado a 1.200 votantes preguntaba cuál era el asunto más importante en las próximas elecciones. El sesenta y cinco por ciento respondió que la economía. Nos interesa la proporción de población de los votantes que consideran que la economía es lo más importante.

74. Defina la variable aleatoria X con palabras.

75. Defina la variable aleatoria P' en palabras.

76. ¿Qué distribución debería utilizar para este problema?

77. Construya un intervalo de confianza del 90 %, e indique el intervalo de confianza y el límite de error.

78. ¿Qué ocurriría con el intervalo de confianza si el nivel de confianza fuera del 95 %?

Use la siguiente información para responder los próximos 16 ejercicios: el Ice Chalet ofrece docenas de clases de patinaje sobre hielo para principiantes. Todos los nombres de las clases se ponen en una cubeta. Se eligió la clase de patinaje sobre hielo para principiantes de 8 a 12 años a las 5 p. m. del lunes. En esa clase había 64 niñas y 16 niños. Supongamos que estamos interesados en la proporción real de niñas, de 8 a 12 años, en todas las clases de patinaje sobre hielo para principiantes en el Ice Chalet. Supongamos que los niños de la clase seleccionada son una muestra aleatoria de la población.

79. ¿Qué se cuenta?

80. Defina la variable aleatoria X en palabras.

81. Calcule lo siguiente:

a. x = ______
b. n = ______
c. p' = ______

82. Indique la distribución estimada de X. X~_______

83. Defina una nueva variable aleatoria P'. ¿Qué estima p'?

84. Defina la variable aleatoria P' en palabras.

85. Indique la distribución estimada de P'. Construya un intervalo de confianza del 92 % para la verdadera proporción de niñas de 8 a 12 años que comienzan las clases de patinaje sobre hielo en el Ice Chalet.

86. ¿Cuánta superficie hay en ambas colas (combinadas)?

87. ¿Cuánta superficie hay en cada cola?

88. Calcule lo siguiente:

a. límite inferior
b. límite superior
c. límite de error

89. El intervalo de confianza del 92 % es ______.

90. Rellene los espacios en blanco del gráfico con las áreas, los límites superior e inferior del intervalo de confianza y la proporción de la muestra.

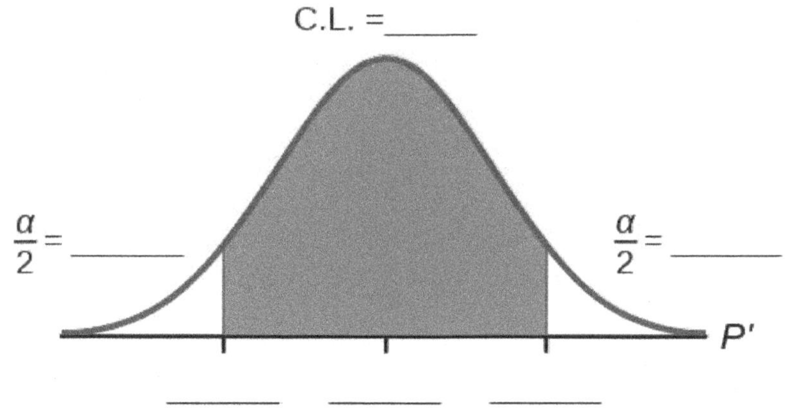

Figura 8.10

91. Explique el significado del intervalo en una oración completa.

92. Utilizando la misma p' y el mismo nivel de confianza, supongamos que n se aumenta a 100. ¿El límite de error sería mayor o menor? ¿Cómo lo sabe?

93. Utilizando la misma p' y n = 80, ¿cómo cambiaría el límite de error si el nivel de confianza se incrementara al 98 %? ¿Por qué?

94. Si se disminuye el límite de error permitido, ¿por qué aumentaría el tamaño mínimo de la muestra (manteniendo el mismo nivel de confianza)?

Tarea para la casa

8.1 La media de una población utilizando la distribución normal

95. Se sabe que la desviación típica de las alturas entre los distintos grupos étnicos es de tres pulgadas aproximadamente. Queremos construir un intervalo de confianza del 95 % para la altura media de los hombres suecos. Se encuestaron cuarenta y ocho hombres suecos. La media muestral es de 71 pulgadas. La desviación típica de la muestra es de 2,8 pulgadas.

a. i. $\overline{x}$ =_______
   ii. σ =_______
   iii. n =_______

b. En palabras, defina las variables aleatorias X y $\overline{X}$.
c. ¿Qué distribución debería utilizar para este problema? Explique su elección.
d. Construya un intervalo de confianza del 95 % para la altura media de la población de hombres suecos
   i. Indique el intervalo de confianza.
   ii. Dibuje el gráfico.
   iii. Calcule el límite de error.

e. ¿Qué pasará con el nivel de confianza obtenido si se encuestan 1.000 hombres suecos en vez de 48? ¿Por qué?

96. Los anuncios de las 84 próximas conferencias de ingeniería se eligieron al azar de una pila de revistas IEEE Spectrum. La duración media de las conferencias fue de 3,94 días, con una desviación típica de 1,28 días. Supongamos que la población subyacente es normal.

a. En palabras, defina las variables aleatorias X y $\overline{X}$.
b. ¿Qué distribución debería utilizar para este problema? Explique su elección.
c. Construya un intervalo de confianza del 95 % para la media poblacional de la duración de las conferencias de ingeniería
   i. Indique el intervalo de confianza.
   ii. Dibuje el gráfico.
   iii. Calcule el límite de error.

97. Supongamos que una compañía de contabilidad hace un estudio para determinar el tiempo necesario para rellenar los formularios de impuestos de una persona. Encuesta al azar a 100 personas. La media muestral es de 23,6 horas. Existe una desviación típica conocida de 7,0 horas. Se supone que la distribución de la población es normal.

a. i. $\overline{x}$ =_______
   ii. σ =_______
   iii. n =_______

b. En palabras, defina las variables aleatorias X y $\overline{X}$.
c. ¿Qué distribución debería utilizar para este problema? Explique su elección.
d. Construya un intervalo de confianza del 90 % para el tiempo medio de la población para completar los formularios de impuestos.
   i. Indique el intervalo de confianza.
   ii. Dibuje el gráfico.
   iii. Calcule el límite de error.

e. Si la compañía quisiera aumentar su nivel de confianza y mantener el límite de error igual realizando otra encuesta, ¿qué cambios debería hacer?
f. Si la compañía realizara otra encuesta, mantuviera el límite de error igual y encuestara 49 personas solamente, ¿qué pasaría con el nivel de confianza? ¿Por qué?
g. Supongamos que la compañía decide que necesita tener, al menos, el 96 % de confianza de la media de la población que se tarda una hora. ¿Cómo cambiaría el número de personas que la compañía encuesta? ¿Por qué?

98. Se seleccionó una muestra de 16 bolsas pequeñas de caramelos de la misma marca. Supongamos que la distribución poblacional de los pesos de las bolsas es normal. Luego se registró el peso de cada bolsa. El peso medio fue de dos onzas, con una desviación típica de 0,12 onzas. Se sabe que la desviación típica de la población es de 0,1 onzas.

a. i. $\overline{x}$ =_______
   ii. σ =_______
   iii. s_x =_______

b. Defina la variable aleatoria X en palabras.
c. En palabras, defina la variable aleatoria $\overline{X}$.
d. ¿Qué distribución debería utilizar para este problema? Explique su elección.
e. Construya un intervalo de confianza del 90 % para el peso medio poblacional de los caramelos
   i. Indique el intervalo de confianza.
   ii. Dibuje el gráfico.
   iii. Calcule el límite de error.

f. Construya un intervalo de confianza del 98 % para el peso medio poblacional de los caramelos.
   i. Indique el intervalo de confianza.
   ii. Dibuje el gráfico.
   iii. Calcule el límite de error.

g. Explique en oraciones completas por qué el intervalo de confianza de la parte f es mayor que el de la parte e.
h. Interprete en oraciones completas lo que significa el intervalo de la parte f.

99. El director de un campamento está interesado en el número medio de cartas que envía cada niño durante su sesión de campamento. Se conoce que la desviación típica de la población es de 2,5. Se realiza una encuesta entre 20 campistas. La media muestral es de 7,9, con una desviación típica de la muestra de 2,8.

a. i. $\overline{x}$ =_______
   ii. σ =_______
   iii. n =_______

b. Defina las variables aleatorias X y $\overline{X}$ en palabras.

c. ¿Qué distribución debería utilizar para este problema? Explique su elección.

d. Construya un intervalo de confianza del 90 % para la media poblacional del número de cartas que los campistas envían a casa
   i. Indique el intervalo de confianza.
   ii. Dibuje el gráfico.
   iii. Calcule el límite de error.

e. ¿Qué ocurrirá con el límite de error y el intervalo de confianza si se encuestan 500 campistas? ¿Por qué?

100. ¿Qué significa el término "90 % de confianza" cuando se construye un intervalo de confianza para una media?

a. Si tomáramos muestras repetidas, aproximadamente el 90 % de las muestras producirían el mismo intervalo de confianza.
b. Si tomáramos muestras repetidas, aproximadamente el 90 % de los intervalos de confianza calculados a partir de esas muestras contendrían la media muestral.
c. Si tomáramos muestras repetidas, aproximadamente el 90 % de los intervalos de confianza calculados a partir de esas muestras contendrían el verdadero valor de la media poblacional.
d. Si tomáramos muestras repetidas, la media muestral sería igual a la media de la población en el 90 % de las muestras aproximadamente.

101. La Comisión Federal de Elecciones recopila información sobre los aportes y los desembolsos para la campaña de los candidatos y los comités políticos en cada ciclo electoral. Durante la temporada de campaña de 2012, hubo 1.619 candidatos a la Cámara de Representantes en Estados Unidos que recibieron aportes de particulares. La Tabla 8.11 muestra el total de ingresos procedentes de particulares para una selección aleatoria de 40 candidatos a la Cámara de Representantes, redondeado a los 100 dólares más cercanos. La desviación típica de estos datos a la centena más cercana es σ = 909.200 dólares.

$3.600	$1.243.900	$10.900	$385.200	$581.500
$7.400	$2.900	$400	$3.714.500	$632.500
$391.000	$467.400	$56.800	$5.800	$405.200
$733.200	$8.000	$468.700	$75.200	$41.000
$13.300	$9.500	$953.800	$1.113.500	$1.109.300
$353.900	$986.100	$88.600	$378.200	$13.200
$3.800	$745.100	$5.800	$3.072.100	$1.626.700
$512.900	$2.309.200	$6.600	$202.400	$15.800

Tabla 8.11

a. Calcule la estimación puntual de la media de la población.
b. Use el 95 % de confianza y calcule el límite de error.
c. Cree un intervalo de confianza del 95 % para la media de los aportes individuales totales.
d. Interprete el intervalo de confianza en el contexto del problema.

102. La Encuesta sobre la Comunidad Estadounidense (American Community Survey, ACS), que forma parte de la Oficina del Censo de Estados Unidos, realiza un censo anual similar al que se hace cada diez años, pero con un porcentaje de participantes menor. La encuesta más reciente estima, con el 90 % de confianza, que los ingresos medios de los hogares en EE. UU. se sitúa entre 69.720 y 69.922 dólares. Calcule la estimación puntual de los ingresos medios de los hogares de EE. UU. y su límite de error.

103. La estatura promedio de los hombres adultos jóvenes tiene una distribución normal, con una desviación típica de 2,5 pulgadas. Quiere estimar la altura media de los estudiantes de su instituto universitario o universidad con un margen de una pulgada, con el 93 % de confianza. ¿Cuántos estudiantes hombres hay que medir?

8.2 La media de una población utilizando la distribución t de Student

104. En seis bolsas de "The Flintstones® Real Fruit Snacks" había cinco bocadillos Bam-Bam. El número total de bocadillos en las seis bolsas era de 68. Queremos calcular un intervalo de confianza del 96 % para la proporción poblacional de piezas de bocadillo Bam-Bam.

a. Defina las variables aleatorias X y P' con palabras.
b. ¿Qué distribución debería utilizar para este problema? Explique su elección
c. Calcule p'.
d. Construya un intervalo de confianza del 96 % para la proporción poblacional de piezas de bocadillo Bam-Bam por bolsa.
   i. Indique el intervalo de confianza.
   ii. Dibuje el gráfico.
   iii. Calcule el límite de error.
e. ¿Cree que seis paquetes de bocadillos de fruta aportan suficientes datos para obtener resultados precisos? ¿Por qué sí o por qué no?

105. Una encuesta aleatoria sobre las inscripciones en 35 colegios comunitarios de Estados Unidos arrojó las siguientes cifras: 6.414; 1.550; 2.109; 9.350; 21.828; 4.300; 5.944; 5.722; 2.825; 2.044; 5.481; 5.200; 5.853; 2.750; 10.012; 6.357; 27.000; 9.414; 7.681; 3.200; 17.500; 9.200; 7.380; 18.314; 6.557; 13.713; 17.768; 7.493; 2.771; 2.861; 1.263; 7.285; 28.165; 5.080; 11.622. Supongamos que la población subyacente es normal.

a. i. $\overline{x}$ = ________
   ii. s_x = ________
   iii. n = ________
   iv. $n - 1$ = ________
b. Defina las variables aleatorias X y $\overline{X}$ en palabras.
c. ¿Qué distribución debería utilizar para este problema? Explique su elección.
d. Construya un intervalo de confianza del 95 % para la media poblacional de inscripción en los colegios comunitarios de Estados Unidos
   i. Indique el intervalo de confianza.
   ii. Dibuje el gráfico.
   iii. Calcule el límite de error.
e. ¿Qué ocurriría con el límite de error y el intervalo de confianza si se encuestaran 500 colegios comunitarios? ¿Por qué?

106. Supongamos que una comisión estudia si hay o no pérdida de tiempo en nuestro sistema judicial. Se interesa por la cantidad media de tiempo que las personas pierden en el juzgado a la espera de que los llamen para ser jurado. El comité encuestó de forma aleatoria a 81 personas que habían prestado servicio como jurado recientemente. El tiempo de espera de las medias muestrales fue de ocho horas, con una desviación típica de la muestra de cuatro horas.

a. i. $\overline{x}$ = ________
   ii. s_x = ________
   iii. n = ________
   iv. $n - 1$ = ________

b. Defina las variables aleatorias X y $\overline{X}$ en palabras.
c. ¿Qué distribución debería utilizar para este problema? Explique su elección.
d. Construya un intervalo de confianza del 95 % para la media poblacional de tiempo perdido.
   i. Indique el intervalo de confianza.
   ii. Dibuje el gráfico.
   iii. Calcule el límite de error.

e. Explique en una oración completa qué significa el intervalo de confianza.

107. Una compañía farmacéutica fabrica tranquilizantes. Se supone que la distribución del tiempo que duran es aproximadamente normal. Los investigadores de un hospital utilizaron el fármaco en una muestra aleatoria de nueve pacientes. El periodo efectivo del tranquilizante para cada paciente (en horas) fue el siguiente: 2,7; 2,8; 3,0; 2,3; 2,3; 2,2; 2,8; 2,1; y 2,4.

a. i. $\overline{x}$ = ________
   ii. s_x = ________
   iii. n = ________
   iv. $n - 1$ = ________

b. Defina la variable aleatoria X en palabras.
c. Defina la variable aleatoria $\overline{X}$ en palabras.
d. ¿Qué distribución debería utilizar para este problema? Explique su elección.
e. Construya un intervalo de confianza del 95 % para la media poblacional de la duración de tiempo.
   i. Indique el intervalo de confianza.
   ii. Dibuje el gráfico.
   iii. Calcule el límite de error.

f. ¿Qué significa tener el “95 % de confianza” en este problema?

108. Supongamos que se hace una encuesta a 14 niños que están aprendiendo a montar en bicicleta para determinar cuánto tiempo han tenido que utilizar las ruedas de entrenamiento. Se reveló que las utilizaron un promedio de seis meses con una desviación típica de la muestra de tres meses. Supongamos que la distribución de la población subyacente es normal.

a. i. $\overline{x}$ = ________
   ii. s_x = ________
   iii. n = ________
   iv. $n - 1$ = ________

b. Defina la variable aleatoria X en palabras.
c. Defina la variable aleatoria$\overline{X}$ en palabras.
d. ¿Qué distribución debería utilizar para este problema? Explique su elección.
e. Construya un intervalo de confianza del 99 % para la media poblacional de la duración del tiempo de uso de las ruedas de entrenamiento.
   i. Indique el intervalo de confianza.
   ii. Dibuje el gráfico.
   iii. Calcule el límite de error.

f. ¿Por qué cambiaría el límite de error si el nivel de confianza se redujera al 90 %?

109. La Comisión Federal de Elecciones (Federal Election Commission, FEC) recopila información sobre los aportes y los desembolsos de los candidatos y los comités políticos en cada ciclo electoral. Un Comité de Acción Política (Political Action Committee, PAC) es un comité formado para recaudar dinero para candidatos y campañas. Un PAC de Liderazgo es un PAC formado por un político federal (senador o representante) para recaudar dinero para ayudar a las campañas de otros candidatos.

La FEC presentó información financiera de 556 PAC de Liderazgo que operaron durante el ciclo electoral 2011-2012. La siguiente tabla muestra los ingresos totales durante este ciclo para una selección aleatoria de 30 PAC de Liderazgo.

\$46.500,00	\$0	\$40.966,50	\$105.887,20	\$5.175,00
\$29.050,00	\$19.500,00	\$181.557,20	\$31.500,00	\$149.970,80
\$2.555.363,20	\$12.025,00	\$409.000,00	\$60.521,70	\$18.000,00
\$61.810,20	\$76.530,80	\$119.459,20	\$0	\$63.520,00
\$6.500,00	\$502.578,00	\$705.061,10	\$708.258,90	\$135.810,00
\$2.000,00	\$2.000,00	\$0	\$1.287.933,80	\$219.148,30

Tabla 8.12

$\overline{x} = \$251,854{,}23$

$s = \$521,130{,}41$

Utilice estos datos de la muestra para construir un intervalo de confianza del 96 % para la cantidad media de dinero recaudado por todos los PAC de liderazgo durante el ciclo electoral 2011-2012. Use la distribución t de Student.

110. La revista *Forbes* publicó datos sobre las mejores pequeñas compañías en 2012. Se trata de compañías que cotizan en la bolsa desde hace al menos un año, con un precio de las acciones de, al menos, 5 dólares por acción y con unos ingresos anuales entre 5 millones de dólares y 1 mil millones de dólares. En la Tabla 8.13 se muestran las edades de directores generales corporativos de una muestra aleatoria de estas compañías.

48	58	51	61	56
59	74	63	53	50
59	60	60	57	46
55	63	57	47	55
57	43	61	62	49
67	67	55	55	49

Tabla 8.13

Utilice estos datos de la muestra para construir un intervalo de confianza del 90 % para la edad media de los directores generales de estas pequeñas compañías principales. Use la distribución t de Student.

111. Los asientos desocupados en los vuelos hacen que las aerolíneas pierdan ingresos. Supongamos que una gran compañía aérea quiere estimar su número medio de asientos desocupados por vuelo durante el año pasado. Para ello, se seleccionan al azar los registros de 225 vuelos y se anota el número de asientos no ocupados de cada uno de los vuelos de la muestra. La media muestral es de 11,6 asientos y la desviación típica de la muestra es de 4,1 asientos.

a. i. $\overline{x}$ = ________
   ii. s_x = ________
   iii. n = ________
   iv. n– 1 = ________

b. Defina las variables aleatorias X y $\overline{X}$ en palabras.
c. ¿Qué distribución debería utilizar para este problema? Explique su elección.
d. Construya un intervalo de confianza del 92 % para la media poblacional del número de asientos desocupados por vuelo.
   i. Indique el intervalo de confianza.
   ii. Dibuje el gráfico.
   iii. Calcule el límite de error.

112. En una muestra reciente de 84 costos de venta de automóviles usados, la media muestral fue de 6.425 dólares con una desviación típica de 3.156 dólares. Supongamos que la distribución subyacente es aproximadamente normal.

a. ¿Qué distribución debería utilizar para este problema? Explique su elección.
b. Defina la variable aleatoria $\overline{X}$ en palabras.
c. Construya un intervalo de confianza del 95 % para el costo de la media poblacional de un auto usado.
   i. Indique el intervalo de confianza.
   ii. Dibuje el gráfico.
   iii. Calcule el límite de error.

d. Explique qué significa un "intervalo de confianza del 95 %" para este estudio.

113. Se seleccionaron al azar seis marcas nacionales diferentes de galletas de chocolate en el supermercado. Los gramos de grasa por porción son los siguientes: 8; 8; 10; 7; 9; 9. Supongamos que la distribución subyacente es aproximadamente normal.

a. Construya un intervalo de confianza del 90 % para la media de la población de gramos de grasa por porción de galletas de chocolate que se venden en los supermercados.
   i. Indique el intervalo de confianza.
   ii. Dibuje el gráfico.
   iii. Calcule el límite de error.

b. Si se quería un límite de error menor manteniendo el mismo nivel de confianza, ¿qué se debería haber cambiado en el estudio antes de realizarlo?
c. Va a la tienda y registra los gramos de grasa por porción de seis marcas de galletas de chocolate.
d. Calcule la media.
e. ¿La media está dentro del intervalo que ha calculado en la parte a? ¿Esperaba que estuviese? ¿Por qué sí o por qué no?

114. Se realizó un estudio sobre el número medio de céntimos de descuento que ofrecen los cupones, se revisó al azar un cupón por página de las secciones de cupones del número más reciente de The Mercury News de San José. Se recopilaron los siguientes datos: 20¢; 75¢; 50¢; 65¢; 30¢; 55¢; 40¢; 40¢; 30¢; 55¢; $1,50; 40¢; 65¢; 40¢. Supongamos que la distribución subyacente es aproximadamente normal.

a. i. $\overline{x}$ = ________
   ii. s_x = ________
   iii. n = ________
   iv. n– 1 = ________

b. Defina las variables aleatorias X y $\overline{X}$ en palabras.

c. ¿Qué distribución debería utilizar para este problema? Explique su elección.

d. Construya un intervalo de confianza del 95 % para la media poblacional del valor de los cupones.
   i. Indique el intervalo de confianza.
   ii. Dibuje el gráfico.
   iii. Calcule el límite de error.

e. Si se toman muchas muestras aleatorias con un tamaño de 14, ¿qué porcentaje de los intervalos de confianza construidos debe contener la media poblacional de los cupones? Explique por qué.

Use la siguiente información para responder los próximos dos ejercicios: un especialista en control de calidad de una cadena de restaurantes toma una muestra aleatoria de tamaño de 12 para comprobar la cantidad de gaseosa que se sirve en la porción de 16 oz. La media muestral es de 13,30 con una desviación típica de la muestra de 1,55. Supongamos que la población subyacente se distribuye normalmente.

115. Calcule el intervalo de confianza del 95 % para la verdadera media poblacional de la cantidad de gaseosa servida.

a. (12,42, 14,18)
b. (12,32, 14,29)
c. (12,50, 14,10)
d. Imposible de determinar

116. ¿Cuál es el límite de error?

a. 0,87
b. 1,98
c. 0,99
d. 1,74

8.3 Una proporción de la población

117. Las compañías de seguros están interesadas en conocer el porcentaje de conductores que siempre se abrochan el cinturón antes de manejar.

a. Al diseñar un estudio para determinar esta proporción de la población, ¿cuál es el número mínimo que necesitaría encuestar para tener el 95 % de confianza en que la proporción de la población se estima con un margen del 0,03?

b. Si más adelante se determinara que es importante tener más del 95 % de confianza y se encargara una nueva encuesta, ¿cómo afectaría eso el número mínimo que habría que encuestar? ¿Por qué?

118. Supongamos que las compañías de seguros hicieran una encuesta. Encuestaron al azar 400 conductores y descubrieron que 320 afirmaban que siempre se abrochaban el cinturón. Nos interesa la proporción de conductores que afirman abrocharse siempre el cinturón.

a. i. x = ________
   ii. n = ________
   iii. p' = ________

b. Defina las variables aleatorias X y P' en palabras.
c. ¿Qué distribución debería utilizar para este problema? Explique su elección.
d. Construya un intervalo de confianza del 95 % para la proporción de población que afirma que siempre se abrocha el cinturón
   i. Indique el intervalo de confianza.
   ii. Dibuje el gráfico.
   iii. Calcule el límite de error.

e. Si esta encuesta se realizara por teléfono, enumere tres dificultades que podrían tener las compañías para obtener resultados aleatorios.

119. Según una reciente encuesta realizada a 1.200 personas, el 61 % consideran que el presidente está haciendo un trabajo aceptable. Nos interesa la proporción de población que considera que el presidente está haciendo un trabajo aceptable.

a. Defina las variables aleatorias X y P' con palabras.
b. ¿Qué distribución debería utilizar para este problema? Explique su elección.
c. Construya un intervalo de confianza del 90 % para la proporción de la población que considera que el presidente está haciendo un trabajo aceptable.
   i. Indique el intervalo de confianza.
   ii. Dibuje el gráfico.
   iii. Calcule el límite de error.

120. Recientemente apareció un artículo sobre citas y matrimonios interraciales en el Washington Post.. De los 1.709 adultos seleccionados al azar, 315 se identificaron como latinos, 323 como negros, 254 como asiáticos y 779 como blancos. En esta encuesta, el 86 % de las personas negras afirmaron que acogerían a una persona blanca en su familia. Entre los asiáticos, el 77 % acogería a una persona blanca en su familia, el 71 % a un latino y el 66 % a una persona negra.

a. Nos interesa hallar el intervalo de confianza del 95 % para el porcentaje de adultos negros que acogerían a una persona blanca en su familia. Defina las variables aleatorias X y P' en palabras.
b. ¿Qué distribución debería utilizar para este problema? Explique su elección.
c. Construya un intervalo de confianza del 95 %
   i. Indique el intervalo de confianza.
   ii. Dibuje el gráfico.
   iii. Calcule el límite de error.

121. Consulte la información en el Ejercicio 8.120.

a. Construya tres intervalos de confianza del 95 %.
   i. porcentaje de todos los asiáticos que acogerían a una persona blanca en su familia.
   ii. porcentaje de los asiáticos que acogerían a un latino en su familia.
   iii. porcentaje de los asiáticos que acogerían a una persona negra en su familia.

b. Aunque las tres estimaciones puntuales son diferentes, ¿hay superposición en alguno de los intervalos de confianza? ¿Cuál?
c. Para los intervalos donde hay superposición, en palabras, ¿qué implica esto sobre la importancia de las diferencias en las proporciones reales?
d. Para los intervalos donde no hay superposición, en palabras, ¿qué implica esto sobre la importancia de las diferencias en las proporciones reales?

122. La Universidad de Stanford realizó un estudio sobre si correr es saludable para hombres y mujeres mayores de 50 años. Durante los primeros ocho años del estudio, el 1,5 % de los 451 miembros de la 50-Plus Fitness Association murieron. Nos interesa la proporción de personas mayores de 50 años que corrieron y murieron en el mismo periodo de ocho años.

a. Defina las variables aleatorias X y P' con palabras.
b. ¿Qué distribución debería utilizar para este problema? Explique su elección.
c. Construya un intervalo de confianza del 97 % para la proporción poblacional de personas mayores de 50 años que corrieron y murieron en el mismo periodo de ocho años.
   i. Indique el intervalo de confianza.
   ii. Dibuje el gráfico.
   iii. Calcule el límite de error.
d. Explique qué significa un "intervalo de confianza del 97 %" para este estudio.

123. Un sondeo telefónico realizado a 1.000 estadounidenses adultos se publicó en un número de la Revista Time.. Una de las preguntas que se hicieron fue: "¿Cuál es el principal problema del país?". El veinte por ciento respondió que era la "delincuencia". Nos interesa la proporción de población de los estadounidenses adultos que consideran que la delincuencia es el principal problema.

a. Defina las variables aleatorias X y P' con palabras.
b. ¿Qué distribución debería utilizar para este problema? Explique su elección.
c. Construya un intervalo de confianza del 95 % para la proporción poblacional de estadounidenses adultos que consideran que la delincuencia es el principal problema.
   i. Indique el intervalo de confianza.
   ii. Dibuje el gráfico.
   iii. Calcule el límite de error.
d. Supongamos que queremos reducir el error de muestreo. ¿Cuál es una forma de lograrlo?
e. El error de muestreo dado por Yankelovich Partners, Inc. (que realizó el sondeo) es de ±3 %. Explique lo que representa el ±3 % en una, dos o tres oraciones completas.

Ejercicio 8.123

Use la siguiente información para responder los próximos tres ejercicios: según Field Poll, el 79 % de los adultos de California (los resultados reales son 400 de 506 encuestados) consideran que "la educación y nuestras escuelas" es uno de los principales problemas a los que se enfrenta California. Queremos construir un intervalo de confianza del 90 % para la verdadera proporción de adultos de California que piensan que la educación y las escuelas son uno de los principales problemas a los que se enfrenta el estado.

124. Una estimación puntual de la verdadera proporción de la población es:

a. 0,90
b. 1,27
c. 0,79
d. 400

125. Un intervalo de confianza del 90 % para la proporción de la población es ______.

a. (0,761, 0,820)
b. (0,125, 0,188)
c. (0,755, 0,826)
d. (0,130, 0,183)

126. El límite de error es aproximadamente _____.

a. 1,581
b. 0,791
c. 0,059
d. 0,030

Use la siguiente información para responder los próximos dos ejercicios: se encuestaron aleatoriamente quinientos once (511) hogares de una determinada comunidad del sur de California para averiguar si cumplen las recomendaciones mínimas de preparación ante un terremoto. Ciento setenta y tres (173) de las viviendas encuestadas cumplían las recomendaciones mínimas de preparación para terremotos y 338 no.

127. Calcule el intervalo de confianza con un nivel de confianza del 90 % para la verdadera proporción de población de los hogares de la comunidad del sur de California que cumplen, al menos, las recomendaciones mínimas de preparación para terremotos.

a. (0,2975, 0,3796)
b. (0,6270, 0,6959)
c. (0,3041, 0,3730)
d. (0,6204, 0,7025)

128. La estimación puntual de la proporción de viviendas que no cumplen las recomendaciones mínimas de preparación para terremotos es _____.

a. 0,6614
b. 0,3386
c. 173
d. 338

129. El 23 de mayo de 2013, Gallup informó de que, de las 1.005 personas encuestadas, el 76 % de los trabajadores estadounidenses cree que seguirá trabajando más allá de la edad de jubilación. El nivel de confianza de este estudio fue del 95 % con un margen de error del ±3 %.

a. Determine la proporción estimada de la muestra.
b. Determine el tamaño de la muestra.
c. Identifique *CL* y α.
d. Calcule el límite de error basándose en la información proporcionada.
e. Compare el límite de error de la parte d con el margen de error informado por Gallup. Explique las diferencias entre los valores.
f. Cree un intervalo de confianza para los resultados de este estudio.
g. Un periodista está cubriendo la publicación de este estudio para una emisora de noticias local. ¿Cómo debe explicar el intervalo de confianza a su público?

130. El 13 de mayo de 2013, Rasmussen Reports realizó una encuesta nacional a 1.000 adultos. Concluyó con el 95 % de confianza que entre el 49 % y el 55 % de los estadounidenses creen que los programas deportivos de los grandes institutos universitarios corrompen el proceso de la educación superior.

a. Calcule la estimación puntual y el límite de error para este intervalo de confianza.
b. ¿Podemos concluir (con el 95 % de confianza) que más de la mitad de los adultos estadounidenses lo creen?
c. Utilice la estimación puntual de la parte a y n = 1.000 para calcular un intervalo de confianza del 75 % para la proporción de adultos estadounidenses que creen que los programas deportivos de los grandes institutos universitarios corrompen la educación superior.
d. ¿Podemos concluir (con el 75 % de confianza) que, al menos, la mitad de los adultos estadounidenses lo creen?

131. Public Policy Polling realizó recientemente una encuesta en la que se le preguntó a adultos de EE. UU. sobre sus preferencias musicales. Cuando se les preguntó, 80 de los 571 participantes admitieron que habían descargado música ilegalmente.

a. Cree un intervalo de confianza del 99 % para la verdadera proporción de adultos estadounidenses que han descargado música ilegalmente.
b. Esta encuesta se realizó mediante entrevistas telefónicas automatizadas los días 6 y 7 de mayo de 2013. El límite de error de la encuesta compensa el error de muestreo, o la variabilidad natural entre muestras. Enumere algunos factores que podrían afectar al resultado de la encuesta y que no están cubiertos por el margen de error.
c. Sin realizar ningún cálculo, describa cómo cambiaría el intervalo de confianza si el nivel de confianza cambiara del 99 % al 90 %.

132. Tiene previsto realizar una encuesta en el campus de su instituto universitario para conocer la conciencia política de los estudiantes. Quiere estimar la verdadera proporción de estudiantes de su campus que votaron en las elecciones presidenciales de 2012, con el 95 % de confianza y un margen de error no superior al cinco por ciento. ¿A cuántos estudiantes debe entrevistar?

133. En una reciente encuesta de Zogby International, nueve de los 48 encuestados calificaron de "probable" o "muy probable" la posibilidad de un atentado terrorista en su comunidad. Utilice el método "más cuatro" para crear un intervalo de confianza del 97 % para la proporción de adultos estadounidenses que creen que un ataque terrorista en su comunidad es probable o muy probable. Explica qué significa este intervalo de confianza en el contexto del problema.

Referencias

8.1 La media de una población utilizando la distribución normal

"American Fact Finder". U.S. Census Bureau. Disponible en línea en http://factfinder2.census.gov/faces/nav/jsf/pages/searchresults.xhtml?refresh=t (consultado el 2 de julio de 2013).

"Disclosure Data Catalog: Candidate Summary Report 2012". U.S. Federal Election Commission. Disponible en línea en http://www.fec.gov/data/index.jsp (consultado el 2 de julio de 2013).

"Headcount Enrollment Trends by Student Demographics Ten-Year Fall Trends to Most Recently Completed Fall". Foothill De Anza Community College District. Disponible en línea en http://research.fhda.edu/factbook/FH_Demo_Trends/FoothillDemographicTrends.htm (consultado el 30 de septiembre de 2013).

Kuczmarski, Robert J., Cynthia L. Ogden, Shumei S. Guo, Laurence M. Grummer-Strawn, Katherine M. Flegal, Zuguo Mei, Rong Wei, Lester R. Curtin, Alex F. Roche, Clifford L. Johnson. "2000 CDC Growth Charts for the United States: Methods and Development". Centers for Disease Control and Prevention. Disponible en línea en http://www.cdc.gov/growthcharts/2000growthchart-us.pdf (consultado el 2 de julio de 2013).

La, Lynn, Kent German. "Cell Phone Radiation Levels". c|net parte de CBX Interactive Inc. Disponible en línea en http://reviews.cnet.com/cell-phone-radiation-levels/ (consultado el 2 de julio de 2013).

"Mean Income in the Past 12 Months (in 2011 Inflaction-Adjusted Dollars): 2011 American Community Survey 1-Year Estimates". American Fact Finder, U.S. Census Bureau. Disponible en línea en http://factfinder2.census.gov/faces/tableservices/jsf/pages/productview.xhtml?pid=ACS_11_1YR_S1902&prodType=table (consultado el 2 de julio de 2013).

"Metadata Description of Candidate Summary File". U.S. Federal Election Commission. Disponible en línea en http://www.fec.gov/finance/disclosure/metadata/metadataforcandidatesummary.shtml (consultado el 2 de julio de 2013).

"National Health and Nutrition Examination Survey". Centers for Disease Control and Prevention. Disponible en línea en http://www.cdc.gov/nchs/nhanes.htm (consultado el 2 de julio de 2013).

8.2 La media de una población utilizando la distribución t de Student

"America's Best Small Companies". Forbes, 2013. Disponible en línea en http://www.forbes.com/best-small-companies/list/ (consultado el 2 de julio de 2013).

Datos de *Microsoft Bookshelf.*

Datos de http://www.businessweek.com/.

Datos de http://www.forbes.com/.

"Disclosure Data Catalog: Leadership PAC and Sponsors Report, 2012". Federal Election Commission. Disponible en línea en http://www.fec.gov/data/index.jsp (consultado el 2 de julio de 2013).

"Human Toxome Project: Mapping the Pollution in People". Environmental Working Group. Disponible en línea en http://www.ewg.org/sites/humantoxome/participants/participant-group.php?group=in+utero%2Fnewborn (consultado el 2 de julio de 2013).

"Metadata Description of Leadership PAC List". Federal Election Commission. Disponible en línea en http://www.fec.gov/finance/disclosure/metadata/metadataLeadershipPacList.shtml (consultado el 2 de julio de 2013).

8.3 Una proporción de la población

Jensen, Tom. "Democrats, Republicans Divided on Opinion of Music Icons". Public Policy Polling. Disponible en línea en http://www.publicpolicypolling.com/Day2MusicPoll.pdf (consultado el 2 de julio de 2013).

Madden, Mary, Amanda Lenhart, Sandra Coresi, Urs Gasser, Maeve Duggan, Aaron Smith y Meredith Beaton. "Teens, Social Media, and Privacy". PewInternet, 2013. Disponible en línea en http://www.pewinternet.org/Reports/2013/Teens-Social-Media-And-Privacy.aspx (consultado el 2 de julio de 2013).

Prince Survey Research Associates International. "2013 Teen and Privacy Management Survey". Pew Research Center: Internet and American Life Project. Disponible en línea en http://www.pewinternet.org/~/media//Files/Questionnaire/2013/Methods%20and%20Questions_Teens%20and%20Social%20Media.pdf (consultado el 2 de julio de 2013).

Saad, Lydia. "Three in Four U.S. Workers Plan to Work Pas Retirement Age: Slightly more say they will do this by choice rather than necessity". Gallup® Economy, 2013. Disponible en línea en http://www.gallup.com/poll/162758/three-four-workers-plan-work-past-retirement-age.aspx (consultado el 2 de julio de 2013).

The Field Poll. Disponible en línea en http://field.com/fieldpollonline/subscribers/ (consultado el 2 de julio de 2013).

Zogby. "New SUNYIT/Zogby Analytics Poll: Few Americans Worry about Emergency Situations Occurring in Their Community; Only one in three have an Emergency Plan; 70% Support Infrastructure 'Investment' for National Security". Zogby Analytics, 2013. Disponible en línea en http://www.zogbyanalytics.com/news/299-americans-neither-worried-nor-prepared-in-case-of-a-disaster-sunyit-zogby-analytics-poll (consultado el 2 de julio de 2013).

"52% Say Big-Time College Athletics Corrupt Education Process". Rasmussen Reports, 2013. Disponible en línea en http://www.rasmussenreports.com/public_content/lifestyle/sports/may_2013/52_say_big_time_college_athletics_corrupt_education_process (consultado el 2 de julio de 2013).

Soluciones

1. a. 244
b. 15
c. 50

3. $N\left(244, \frac{15}{\sqrt{50}}\right)$

5. A medida que aumenta el tamaño de la muestra, habrá menos variabilidad en la media, por lo que el tamaño del intervalo disminuye.

7. *X* es el tiempo en minutos que se tarda en rellenar el formulario corto del Censo de EE. UU. $\overline{X}$ es el tiempo medio que tardó una muestra de 200 personas en rellenar el formulario corto del Censo de EE. UU.

9. CI: (7,9441; 8,4559)

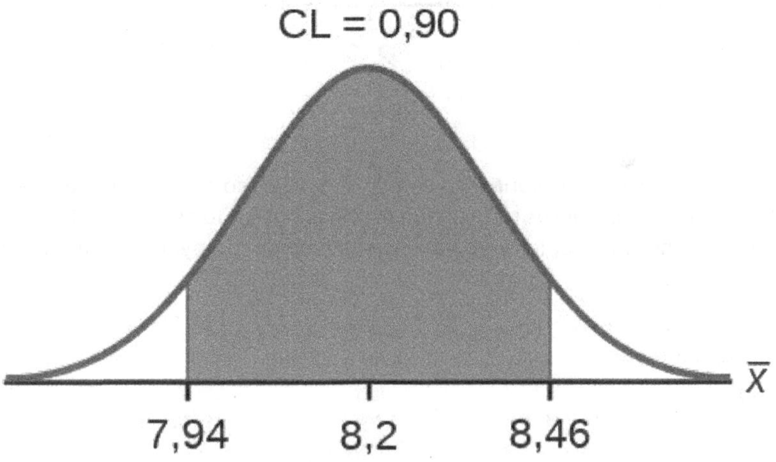

Figura 8.11

EBM = 0,26

11. El nivel de confianza disminuiría porque la disminución de *n* hace que el intervalo de confianza sea más amplio, por lo que a igual límite de error, el nivel de confianza disminuye.

13.
a. $\overline{x} = 2{,}2$
b. $\sigma = 0{,}2$
c. $n = 20$

15. $\overline{X}$ es el peso medio de una muestra de 20 cabezas de lechuga.

17. *EBM* = 0,07
CI: (2,1264; 2,2736)

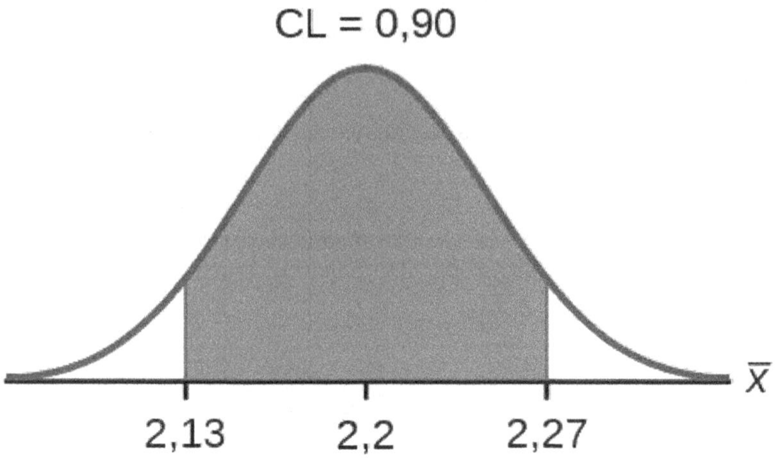

Figura 8.12

19. El intervalo es mayor porque el nivel de confianza aumentó. Si el único cambio realizado en el análisis es un cambio en el nivel de confianza, entonces todo lo que estamos haciendo es cambiar la cantidad de área que se calcula para la distribución normal. Por lo tanto, un nivel de confianza mayor genera áreas e intervalos más amplios.

21. El nivel de confianza aumentaría.

23. 30,4

25. σ

27. μ

29. normal

31. 0,025

33. (24,52;36,28)

35. Tenemos el 95 % de confianza en que la verdadera edad media de los estudiantes del semestre de invierno del Foothill College está entre 24,52 y 36,28.

37. El límite de error para la media disminuiría porque a medida que el nivel de confianza (Confidence Level, CL) disminuye, se necesita menos área debajo de la curva normal (lo que se traduce en un intervalo más pequeño) para capturar la verdadera media de la población.

39. X es el número de horas que un paciente espera en la sala de emergencias antes de que lo llamen para examinarlo. $\overline{X}$ es el tiempo medio de espera de 70 pacientes en la sala de emergencias.

41. CI: (1,3808, 1,6192)

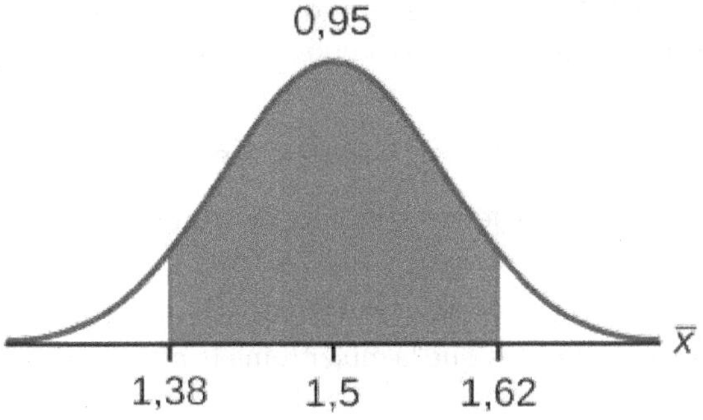

Figura 8.13

EBM = 0,12

43. a. $\overline{x}$ = 151
b. s_x = 32
c. n = 108
d. n - 1 = 107

45. $\overline{X}$ es el número medio de horas que se dedican a ver la televisión al mes en una muestra de 108 estadounidenses.

47. CI: (142,92, 159,08)

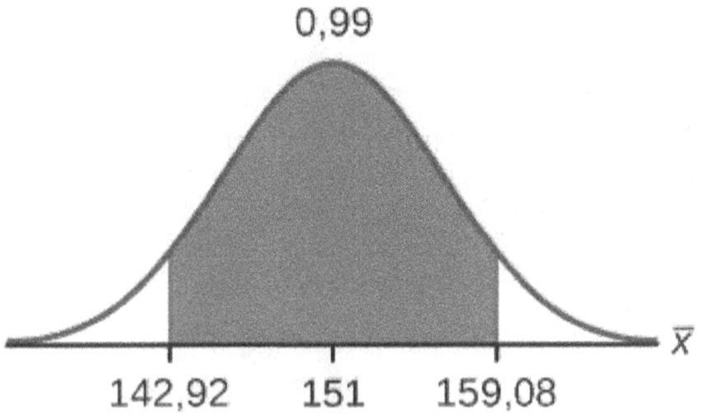

Figura 8.14

EBM = 8,08

49. a. 3,26
b. 1,02
c. 39

51. μ

53. t_{38}

55. 0,025

57. (2,93, 3,59)

59. Tenemos el 95 % de confianza en que el número medio real de colores de las banderas nacionales está entre 2,93 y 3,59 colores.

60. El límite de error sería EBM = 0,245. Este límite de error disminuye porque a medida que aumenta el tamaño de las muestras, la variabilidad disminuye y necesitamos menos longitud de intervalo para capturar la media real.

63. El tamaño de la muestra necesaria aumentaría. A medida que aumenta el nivel de confianza, α disminuye y $z_{\left(\frac{a}{2}\right)}$ aumenta. Para mantener el mismo límite de error, es necesario aumentar el tamaño de la muestra.

65. *X* es el número de "aciertos" en los que la mujer toma la mayoría de las decisiones de compra del hogar. *P*′ es el porcentaje de hogares de la muestra en los que la mujer toma la mayoría de las decisiones de compra del hogar.

67. CI: (0,5321, 0,6679)

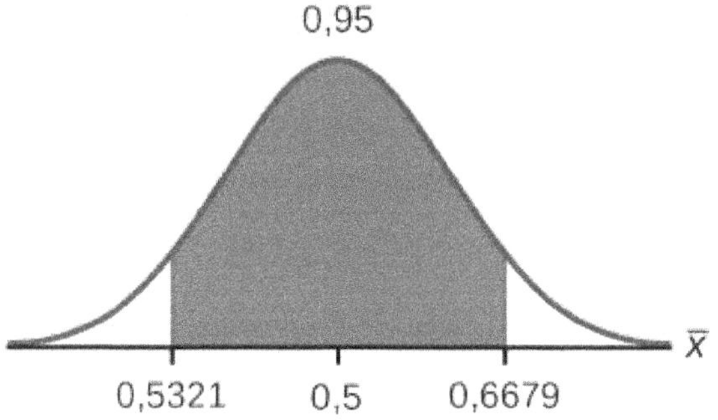

Figura 8.15

EBM: 0,0679

69. *X* es el número de "aciertos" en los que un ejecutivo prefiere una camioneta. *P*′ es el porcentaje de ejecutivos de la muestra que prefieren una camioneta.

71. CI: (0,19432, 0,33068)

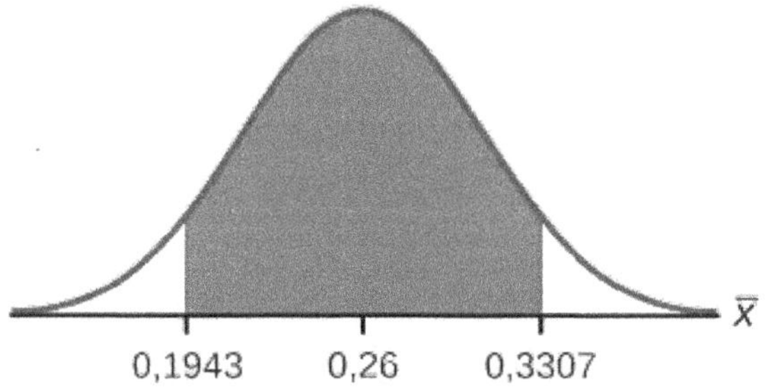

Figura 8.16

EBM: 0,0707

73. El error de muestreo significa que la media real puede estar un 2 % por encima o por debajo de la media muestral.

75. *P*′ es la proporción de votantes de la muestra que dijeron que la economía es el asunto más importante en las próximas elecciones.

77. CI: (0,62735, 0,67265)

EBM: 0,02265

79. El número de niñas entre 8 y 12 años en la clase de iniciación al patinaje sobre hielo de los lunes a las 5 p. m.

81. a. $x = 64$
b. $n = 80$
c. $p' = 0{,}8$

83. p

85. $P' \sim N\left(0{,}8,\ \sqrt{\frac{(0{,}8)(0{,}2)}{80}}\right)$. (0,72171, 0,87829).

87. 0,04

89. (0,72; 0,88)

91. Con el 92 % de confianza estimamos que la proporción de niñas de 8 a 12 años que asisten a una clase de patinaje sobre hielo para principiantes en el Ice Chalet se sitúa entre el 72 % y el 88 %.

93. El límite de error aumentaría. Suponiendo que todas las demás variables se mantienen constantes, a medida que el nivel de confianza aumenta, el área debajo de la curva correspondiente al nivel de confianza se hace más grande, lo que crea un intervalo más amplio y, por tanto, un error mayor.

95. a. i. 71
ii. 3
iii. 48

b. X es la altura de un hombre suizo, y es la altura media de una muestra de 48 hombres suizos.
c. Normal. Conocemos la desviación típica de la población y el tamaño de la muestra es superior a 30.
d. i. CI: (70,151; 71,49)

ii.

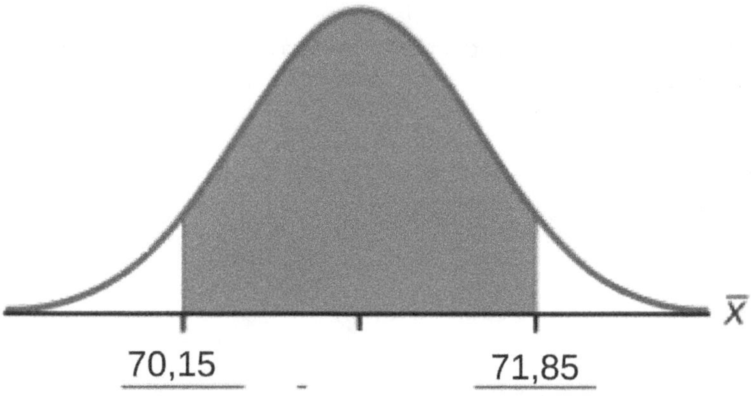

Figura 8.17

iii. $EBM = 0{,}849$

e. El intervalo de confianza disminuirá en tamaño porque el tamaño de la muestra aumentó. Recordemos que cuando todos los factores permanecen inalterados, un aumento del tamaño de la muestra disminuye la variabilidad. Por lo tanto, no necesitamos un intervalo tan grande para capturar la verdadera media de la población.

97. a. i. $\overline{x} = 23{,}6$
ii. $\sigma = 7$
iii. n = 100

b. X es el tiempo necesario para rellenar un formulario de impuestos individual. $\overline{X}$ es el tiempo medio para rellenar los formularios de impuestos de una muestra de 100 clientes.

c. $N\left(23{,}6, \frac{7}{\sqrt{100}}\right)$ porque conocemos sigma.

d. i. (22,228; 24,972)

ii.

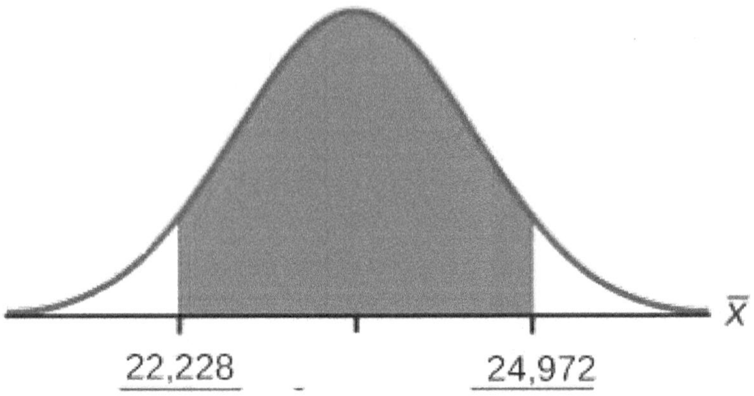

Figura 8.18

iii. *EBM* = 1,372

e. Tendrá que cambiar el tamaño de la muestra. La compañía debe determinar cuál debe ser el nivel de confianza y, a continuación, aplicar la fórmula del límite de error para determinar el tamaño de la muestra necesario.

f. El nivel de confianza aumentaría como consecuencia de un intervalo mayor. Muestras de menor tamaño generan mayor variabilidad. Para capturar la verdadera media de la población necesitamos un intervalo mayor.

g. Según la fórmula del límite de error, la compañía necesita encuestar 206 personas. Dado que aumentamos el nivel de confianza, tenemos que aumentar nuestro límite de error o el tamaño de la muestra.

99. a. i. 7,9
ii. 2,5
iii. 20

b. X es el número de cartas que un solo campista enviará a casa. $\overline{X}$ es el número medio de cartas enviadas a casa de una muestra de 20 campistas.

c. $N\,7{,}9\left(\frac{2{,}5}{\sqrt{20}}\right)$

d. i. CI: (6,98; 8,82)

ii.

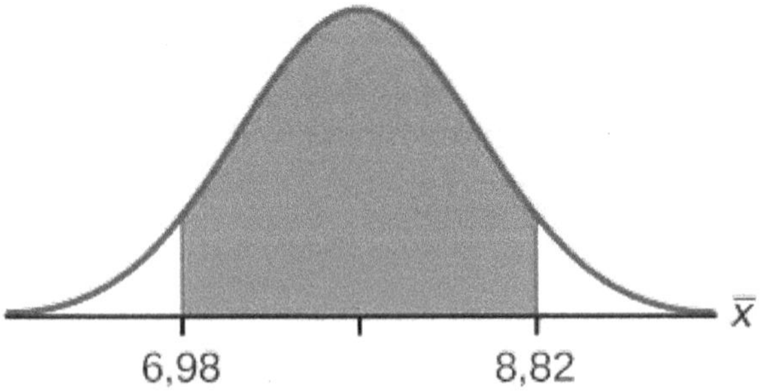

Figura 8.19

iii. *EBM*: 0,92

e. El límite de error y el intervalo de confianza disminuirán.

101. a. $\overline{x}$ = \$568.873

b. $CL = 0{,}95$ $\alpha = 1 - 0{,}95 = 0{,}05$ $z_{\frac{\alpha}{2}} = 1{,}96$

$EBM = z_{0{,}025}\frac{\sigma}{\sqrt{n}} = 1{,}96\ \frac{909200}{\sqrt{40}}$ = \$281.764

c. $\overline{x}$ - *EBM* = 568.873 - 281.764 = 287.109
$\overline{x}$ + *EBM* = 568.873 + 281.764 = 850.637
Solución alternativa:

USO DE LAS CALCULADORAS TI-83, 83+, 84, 84+

1. Pulse STAT y flecha hacia TESTS.
2. Desplace la flecha hacia abajo `7:ZInterval`.
3. Pulse ENTER.
4. Desplace la flecha hacia STATS y pulse ENTER.
5. Desplace la flecha hacia abajo e introduzca los siguientes valores:
   σ : 909.200
   $\overline{x}$: 568.873
   n: 40
   CL: 0,95
6. Desplace la flecha hacia abajo hasta Calculate (Calcular) y pulse ENTER.
7. El intervalo de confianza es (287.114 dólares, 850.632 dólares).
8. Observe la pequeña diferencia entre las dos soluciones: estas diferencias se deben simplemente al error de redondeo en los cálculos manuales.

d. Estimamos con el 95 % de confianza que la media de los aportes que recibieron los candidatos a la Cámara de Representantes de parte de todas las personas está entre 287.109 dólares y 850.637 dólares.

103. Utilice la fórmula del *EBM*, resuelta para *n*:

$$n = \frac{z^2\sigma^2}{EBM^2}$$

Por el enunciado del problema, se sabe que σ = 2,5, y se necesita *EBM* = 1.

$z = z_{0,035} = 1{,}812$

(Este es el valor de *z* para el que el área bajo la curva de densidad a la ***derecha*** de *z* es 0,035)

$$n = \frac{z^2\sigma^2}{EBM^2} = \frac{1{,}812^2 2{,}5^2}{1^2} \approx 20{,}52$$

Es necesario medir al menos 21 estudiantes hombres para lograr su objetivo.

105. a. i. 8629
ii. 6944
iii. 35
iv. 34

b. t_{34}
c. i. CI: (6244, 11.014)

ii.

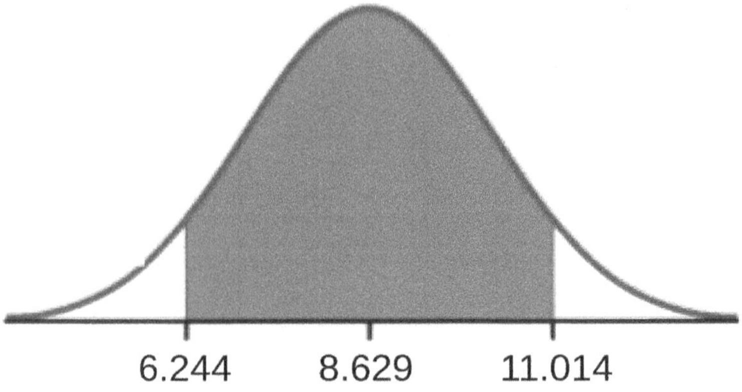

Figura 8.20

iii. EB = 2385

d. Se hará más pequeño

107. a. i. $\overline{x}$ = 2,51
ii. s_x = 0,318
iii. n = 9
iv. n - 1 = 8

b. la duración efectiva de un tranquilizante
c. la duración media efectiva de los tranquilizantes de una muestra de nueve pacientes
d. Tenemos que utilizar una distribución t de Student, porque no conocemos la desviación típica de la población.
e. i. CI: (2,27, 2,76)
ii. Compruebe la solución del estudiante.
iii. *EBM*: 0,25

f. Si tomáramos una muestra de muchos grupos de nueve pacientes, el 95 % de las muestras contendrían la verdadera duración media de la población.

109. $\overline{x} = \$251,854{,}23$

$s = \$521,130{,}41$

Observe que no se nos da la desviación típica de la población, solo la desviación típica de la muestra.

Hay 30 medidas en la muestra, por lo que n = 30, y df = 30 - 1 = 29

CL = 0,96, por lo que α = 1 - CL = 1 - 0,96 = 0,04

$\frac{\alpha}{2} = 0{,}02 t_{\frac{\alpha}{2}} = t_{0{,}02}$ = 2,150

$$EBM = t_{\frac{\alpha}{2}}\left(\frac{s}{\sqrt{n}}\right) = 2{,}150\left(\frac{521{,}130{,}41}{\sqrt{30}}\right) \sim \$204,561{,}66$$

$\overline{x}$ - EBM = \$251.854,23 - \$204.561,66 = \$47.292,57

$\overline{x}$ + EBM = \$251.854,23 + \$204.561,66 = \$456.415,89

Estimamos con un 96 % de confianza que la cantidad media de dinero recaudada por todos los PAC de Liderazgo durante el ciclo electoral 2011-2012 está entre 47.292,57 y 456.415,89 dólares.

Solución alternativa

USO DE LAS CALCULADORAS TI-83, 83+, 84, 84+

Introduzca los datos en forma de lista.

Pulse STAT y flecha hacia TESTS.

Desplace la flecha hacia abajo `8:TIntervalo`.

Pulse ENTER.

Vaya a Data y pulse ENTER.

Flecha hacia abajo e introduzca el nombre de la lista donde se almacenan los datos.

Enter `Frecuencia`: 1

Enter `C-Level`: 0,96

Desplace la flecha hacia abajo hasta `Calculate` y pulse `Enter`.

El intervalo de confianza del 96 % es (47.262 dólares, 456.447 dólares).

La diferencia entre las soluciones se debe a las diferencias de redondeo.

111. a. i. $\overline{x}$ = 11,6
ii. s_x = 4,1
iii. n = 225
iv. n - 1 = 224

b. X es el número de asientos no ocupados en un solo vuelo. $\overline{X}$ es el número medio de asientos no ocupados de una muestra de 225 vuelos.
c. Usaremos una distribución t de Student porque no conocemos la desviación típica de la población.
d. i. CI: (11,12 , 12,08)
ii. Compruebe la solución del estudiante.
iii. *EBM*: 0,48

113. a. i. CI: (7,64 , 9,36)

ii.

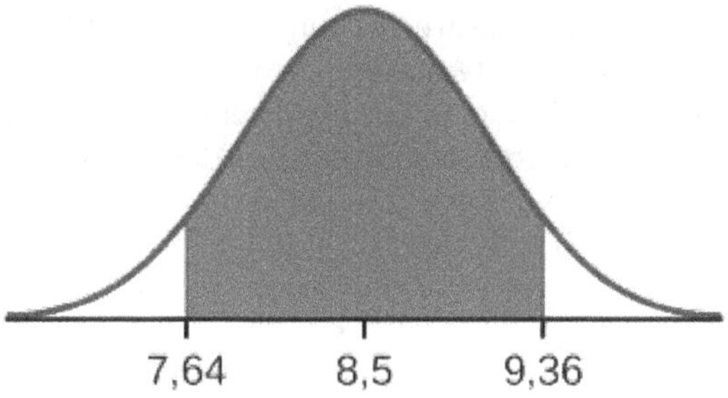

Figura 8.21

iii. *EBM*: 0,86

b. La muestra debería haber aumentado.
c. Las respuestas variarán.
d. Las respuestas variarán.
e. Las respuestas variarán.

115. b

117. a. 1.068
b. Sería necesario aumentar el tamaño de la muestra, ya que el valor crítico aumenta a medida que lo hace el nivel de confianza.

119. a. X = el número de personas que consideran que el presidente está haciendo un trabajo aceptable;

P' = la proporción de personas de una muestra que consideran que el presidente está haciendo un trabajo aceptable.

b. $N\left(0{,}61,\ \sqrt{\frac{(0{,}61)(0{,}39)}{1.200}}\right)$

c. i. CI: (0,59, 0,63)
ii. Compruebe la solución del estudiante
iii. *EBM*: 0,02

121. a. i. (0,72, 0,82)
ii. (0,65, 0,76)
iii. (0,60, 0,72)

b. Sí, en los intervalos (0,72, 0,82) y (0,65, 0,76) hay superposición, y en los intervalos (0,65, 0,76) y (0,60, 0,72) hay superposición.
c. Podemos decir que no parece haber una diferencia significativa entre la proporción de adultos asiáticos que dicen que sus familias acogerían a una persona blanca en sus familias y la proporción de adultos asiáticos que dicen que sus familias acogerían a una persona latina en sus familias.
d. Podemos decir que hay una diferencia significativa entre la proporción de adultos asiáticos que dicen que sus familias acogerían a una persona blanca y la proporción de adultos asiáticos que dicen que sus familias acogerían a una persona negra.

123. a. X = el número de estadounidenses adultos que consideran que la delincuencia es el principal problema; P' = la proporción de estadounidenses adultos que consideran que la delincuencia es el principal problema.
b. Como estamos estimando una proporción, dado que P' = 0,2 y n = 1.000, la distribución que debemos utilizar es $N\left(0{,}2,\ \sqrt{\frac{(0{,}2)(0{,}8)}{1.000}}\right)$.
c. i. CI: (0,18, 0,22)
ii. Compruebe la solución del estudiante.
iii. *EBM*: 0,02

d. Una forma de reducir el error de muestreo es aumentar el tamaño de la muestra.
e. El "± 3 %" indicado representa el límite máximo de error. Esto significa que los que hacen el estudio informan de un error máximo del 3 %. Así, estiman que el porcentaje de estadounidenses adultos que consideran que la delincuencia es el principal problema se sitúa entre el 18 % y el 22 %.

124. c

126. d

128. a

130. a. $p' = \frac{(00{,}55 + 00{,}49)}{2}$ = 0,52; EBP = 0,55 – 0,52 = 0,03
b. No, el intervalo de confianza incluye valores menores de 0,50 o iguales. Es posible que menos de la mitad de la población lo crea.
c. CL = 0,75, por lo que α = 1 – 0,75 = 0,25 y $\frac{\alpha}{2} = 0{,}125$ $z_{\frac{\alpha}{2}} = 1{,}150$. (el área a la derecha de esta z es 0,125, por lo que el área a la izquierda es 1 – 0,125 = 0,875)

$$EBP = (1{,}150)\sqrt{\frac{0{,}52(0{,}48)}{1{,}000}} \approx 0{,}018$$

$(p' - EBP, p' + EBP)$ = (0,52 – 0,018, 0,52 + 0,018) = (0,502, 0,538)
Solución alternativa

USO DE LAS CALCULADORAS TI-83, 83+, 84, 84+

STAT TESTS A: 1-PropZinterval con x = (0,52)(1.000), n = 1.000, CL = 0,75.

La respuesta es (0,502, 0,538)

d. Sí; este intervalo no cae por debajo de 0,50, por lo que podemos concluir que, al menos, la mitad de los adultos estadounidenses creen que los programas deportivos de los grandes colegios universitarios corrompen la educación, pero lo hacemos con el 75 % de confianza solamente.

132. $CL = 0{,}95$ $\alpha = 1 - 0{,}95 = 0{,}05$ $\frac{\alpha}{2} = 0{,}025$ $z_{\frac{\alpha}{2}} = 1{,}96$. Utilice $p' = q' = 0{,}5$.

$$n = \frac{{z_{\frac{\alpha}{2}}}^2 p' q'}{EBP^2} = \frac{1{,}96^2(0{,}5)(0{,}5)}{0{,}05^2} = 384{,}16$$

Necesita entrevistar al menos a 385 estudiantes para estimar la proporción con un 5 % de confianza del 95 %.

9 PRUEBAS DE HIPÓTESIS CON UNA MUESTRA

Figura 9.1 Puede utilizar una prueba de hipótesis para decidir si la afirmación de un criador de perros de que todos los dálmatas tienen 35 manchas es estadísticamente correcta. (créditos: Robert Neff).

Objetivos del Capítulo

Al final de este capítulo el estudiante podrá:

- Diferenciar los errores tipo I y de tipo II.
- Describir las pruebas de hipótesis en general y en la práctica.
- Realizar e interpretar pruebas de hipótesis para una media poblacional única, conocida la desviación típica de la población.
- Realizar e interpretar pruebas de hipótesis para una media poblacional única, desconocida la desviación típica de la población.
- Realizar e interpretar pruebas de hipótesis para una proporción de población única.

Introducción

Uno de los trabajos de un estadístico es hacer inferencias estadísticas sobre las poblaciones a partir de muestras tomadas de la población. **Los intervalos de confianza** son una forma de estimar un parámetro poblacional. Otra forma de hacer una inferencia estadística es tomar una decisión sobre un parámetro. Por ejemplo, un concesionario de automóviles anuncia que su nueva camioneta pequeña recorre un promedio de 35 millas por galón. Un servicio de tutoría afirma que su método de enseñanza ayuda al 90 % de sus estudiantes a obtener una calificación A o B. Una compañía dice que las mujeres administradoras de su compañía ganan un promedio de 60.000 dólares al año.

Un estadístico tomará una decisión sobre estas declaraciones. Este proceso se llama **"prueba de hipótesis"**. Una prueba de hipótesis consiste en recopilar datos de una muestra y evaluarlos. Luego, el estadístico decide si existen o no pruebas suficientes basándose en el análisis de los datos para rechazar la hipótesis nula.

En este capítulo hará pruebas de hipótesis sobre medias simples y proporciones simples. También conocerá los errores asociados a estas pruebas.

La prueba de hipótesis consiste en dos hipótesis o afirmaciones contradictorias, una decisión basada en los datos y una conclusión. Para realizar una prueba de hipótesis, un estadístico:

1. Establecerá dos hipótesis contradictorias.
2. Recogerá los datos de la muestra (en los problemas de tareas para la casa, se le darán los datos o las estadísticas resumidas).
3. Determinará la distribución correcta para realizar la prueba de hipótesis.
4. Analizará los datos de la muestra realizando los cálculos que, en última instancia, le permitirán rechazar o no la hipótesis nula.
5. Tomará una decisión y escribirá una conclusión significativa.

Nota

Haga copias de las hojas de solución especiales correspondientes para realizar los problemas de tarea para la casa de prueba de hipótesis de este capítulo y de capítulos posteriores. Consulte el Apéndice E.

9.1 Hipótesis nula y alternativa

La prueba real comienza considerando dos **hipótesis**. Se denominan **hipótesis nula** e **hipótesis alternativa**. Estas hipótesis contienen puntos de vista opuestos.

H_0: **La hipótesis nula:** Es una afirmación de que no hay diferencia entre las variables: no están relacionadas. A menudo, esto puede considerarse el *statu quo* y, como resultado, si no se puede aceptar lo nulo, se requiere alguna acción.

H_a: **La hipótesis alternativa:** Es una afirmación sobre la población que es contradictoria con H_0 y lo que concluimos cuando rechazamos H_0. Esto es normalmente lo que el investigador está tratando de probar.

Dado que las hipótesis nula y alternativa son contradictorias, debe examinar las pruebas para decidir si tiene suficiente evidencia para rechazar la hipótesis nula o no. Las pruebas se presentan en forma de datos de muestra.

Una vez que haya determinado qué hipótesis apoya la muestra, tome una **decisión.** Hay dos opciones para tomar una decisión. Son "rechazar H_0" si la información de la muestra favorece la hipótesis alternativa o "no rechazar H_0" o "negarse a rechazar H_0" si la información de la muestra es insuficiente para rechazar la hipótesis nula.

Símbolos matemáticos utilizados en H_0 y H_a:

H_0	H_a
igual (=)	no igual (≠) **o** mayor que (>) **o** menor que (<)
mayor o igual que (≥)	menor que (<)
menor o igual que (≤)	mayor que (>)

Tabla 9.1

Nota

H_0 siempre tiene un símbolo con un igual. H_a nunca tiene un símbolo con un igual en él. La elección del símbolo depende del enunciado de la prueba de hipótesis. Sin embargo, tenga en cuenta que muchos investigadores (incluyendo uno de los coautores del trabajo de investigación) utilizan = en la hipótesis nula, incluso con > o < como símbolo en la hipótesis alternativa. Esta práctica es aceptable porque solo tomamos la decisión de rechazar o no rechazar la hipótesis nula.

EJEMPLO 9.1

H_0: No más del 30 % de los votantes registrados en el condado de Santa Clara votaron en las elecciones primarias. $p \leq 30$
H_a: Más del 30 % de los votantes registrados en el condado de Santa Clara votaron en las elecciones primarias. $p > 30$

INTÉNTELO 9.1

Se realiza un ensayo médico para comprobar si un nuevo medicamento reduce el colesterol en un 25 %. Indique las hipótesis nula y alternativa.

EJEMPLO 9.2

Queremos comprobar si la media del GPA de los estudiantes de los institutos universitarios estadounidenses es diferente de 2,0 (sobre 4,0). Las hipótesis nula y alternativa son:
H_0: $\mu = 2{,}0$
H_a: $\mu \neq 2{,}0$

INTÉNTELO 9.2

Queremos comprobar si la altura media de los estudiantes de octavo grado es de 66 pulgadas. Indique las hipótesis nula y alternativa. Escriba el símbolo correcto (=, ≠, ≥, <, ≤, >) para las hipótesis nula y alternativa

a. H_0: μ __ 66
b. H_a: μ __ 66

EJEMPLO 9.3

Queremos comprobar si los estudiantes de institutos universitarios tardan menos de cinco años en graduarse, en promedio. Las hipótesis nula y alternativa son:
H_0: $\mu \geq 5$
H_a: $\mu < 5$

INTÉNTELO 9.3

Queremos comprobar si se tarda menos de 45 minutos en impartir una clase. Indique las hipótesis nula y alternativa. Escriba el símbolo correcto (=, ≠, ≥, <, ≤, >) para las hipótesis nula y alternativa

a. H_0: μ __ 45
b. H_a: μ __ 45

EJEMPLO 9.4

En un número de *U. S. News and World Report*, un artículo sobre los estándares escolares afirmaba que aproximadamente la mitad de los estudiantes de Francia, Alemania e Israel se presentan a exámenes de nivel avanzado y un tercio los aprueba. El mismo artículo afirma que el 6,6 % de los estudiantes estadounidenses se presentan a los exámenes de nivel avanzado y el 4,4 % los aprueba. Pruebe si el porcentaje de estudiantes estadounidenses que realizan exámenes de nivel avanzado es superior al 6,6 %. Indique las hipótesis nula y alternativa.

H_0: $p \leq 0{,}066$
H_a: $p > 0{,}066$

INTÉNTELO 9.4

En el examen estatal de conducir, alrededor del 40 % aprueba el examen en el primer intento. Queremos comprobar si más del 40 % aprueba en el primer intento. Escriba el símbolo correcto (=, ≠, ≥, <, ≤, >) para las hipótesis nula y alternativa

a. H_0: p __ 0,40
b. H_a: p __ 0,40

EJERCICIO COLABORATIVO

Traiga a clase un periódico, algunas revistas de noticias y algunos artículos de internet. En grupos, busquen artículos a partir de los cuales su grupo pueda escribir las hipótesis nula y alternativa. Discuta sus hipótesis con el resto de la clase.

9.2 Resultados y errores de tipo I y II

Cuando se realiza una prueba de hipótesis hay cuatro resultados posibles en según la verdad (o falsedad) de la hipótesis nula H_0 y de la decisión de rechazarla o no. Los resultados se resumen en el siguiente cuadro:

ACCIÓN	H_0 EN REALIDAD ES	...
	Verdadero	Falso
No rechazar H_0	Resultado correcto	Error tipo II
Rechazar H_0	Error de tipo I	Resultado correcto

Tabla 9.2

Los cuatro resultados posibles en la tabla son:

1. La decisión es **no rechazar H_0** cuando **H_0 es verdadera (decisión correcta).**
2. La decisión es **rechazar H_0** cuando **H_0 es verdadera** (decisión incorrecta conocida como **error de tipo I**).
3. La decisión es **no rechazar H_0** cuando, de hecho, **H_0 es falsa** (decisión incorrecta conocida como **error de tipo II**).
4. La decisión es **rechazar H_0** cuando **H_0 es falsa** (**decisión correcta** cuya probabilidad se denomina **potencia de la prueba**).

Cada uno de los errores se produce con una probabilidad determinada. Las letras griegas α y β representan las probabilidades.

α = probabilidad de un error de tipo I = ***P*(error de tipo I)** = probabilidad de rechazar la hipótesis nula cuando la hipótesis nula es verdadera.

β = probabilidad de un error tipo II = ***P*(error tipo II)** = probabilidad de no rechazar la hipótesis nula cuando la hipótesis nula es falsa.

α y β deben ser lo más pequeños posible porque son probabilidades de error. Pocas veces son cero.

La potencia de la prueba es 1 - β. Lo ideal es que queramos una potencia alta que se acerque lo más posible a uno. Aumentar el tamaño de la muestra puede aumentar la potencia de la prueba.

Los siguientes son ejemplos de errores tipo I y tipo II.

EJEMPLO 9.5

Supongamos que la hipótesis nula, H_0, es: El equipo de escalada de Frank es seguro.

Error tipo I: Frank piensa que su equipo de escalada puede no ser seguro cuando, en realidad, sí lo es. **Error tipo II**: Frank cree que su equipo de escalada puede ser seguro cuando, en realidad, no lo es.

***α* = probabilidad** de que Frank piense que su equipo de escalada puede no ser seguro cuando, en realidad, sí lo es. ***β* = probabilidad** de que Frank piense que su equipo de escalada puede ser seguro cuando, en realidad, no lo es.

Observe que, en este caso, el error con mayores consecuencias es el tipo II (si Frank cree que su equipo de escalada es seguro, lo utilizará).

INTÉNTELO 9.5

Supongamos que la hipótesis nula, H_0, es: los hemocultivos no contienen rastros del patógeno *X*. Indique los errores de tipo I y de tipo II.

EJEMPLO 9.6

Supongamos que la hipótesis nula, H_0, es: La víctima de un accidente de tráfico está viva cuando llega a la sala de urgencias de un hospital.

Error tipo I: El equipo de emergencia cree que la víctima está muerta cuando, en realidad, está viva. **Error tipo II**: El equipo de emergencia no sabe si la víctima está viva cuando, en realidad, está muerta.

***α* = probabilidad** de que el equipo de emergencias piense que la víctima está muerta cuando, en realidad, está viva = *P*(error tipo I). ***β* = probabilidad** de que el equipo de emergencias no sepa si la víctima está viva cuando, en realidad, está muerta = *P*(error tipo II).

El error con mayores consecuencias es el error tipo I (si el equipo de emergencia cree que la víctima está muerta, no la atenderán).

INTÉNTELO 9.6

Supongamos que la hipótesis nula, H_0, es un paciente no está enfermo. ¿Qué tipo de error tiene mayores consecuencias, el tipo I o el tipo II?

EJEMPLO 9.7

Los laboratorios genéticos It's a Boy afirman poder aumentar la probabilidad de elegir el sexo del bebé, en ese caso, masculino. Los estadísticos quieren poner a prueba esta afirmación. Supongamos que la hipótesis nula, H_0, es: Los laboratorios genéticos It's a Boy no tienen efecto en el resultado del sexo.

Error tipo I: Esto resulta cuando se rechaza una hipótesis nula verdadera. En el contexto de este escenario, afirmaríamos que creemos que los laboratorios genéticos It's a Boy influyen en el resultado del sexo, cuando en realidad no tienen ningún efecto. La probabilidad de que se produzca este error se denota con la letra griega alfa, α.

Error tipo II: Esto se produce cuando no se rechaza una hipótesis nula falsa. En el contexto, afirmaríamos que los laboratorios genéticos It's a Boy no influyen en el resultado del sexo de un bebé cuando, de hecho, sí lo hacen. La probabilidad de que se produzca este error se denota con la letra griega beta, β.

El error de mayor consecuencia sería el tipo I, ya que las parejas utilizarían el producto de los laboratorios genéticos It's a Boy con la esperanza de aumentar las posibilidades de concebir un bebé de sexo masculino.

> **INTÉNTELO 9.7**

La "marea roja" es una floración de algas productoras de veneno, algunas especies diferentes de un tipo de plancton llamado dinoflagelado. Cuando las condiciones meteorológicas y del agua provocan estas floraciones, los mariscos, como las almejas que viven en la zona, desarrollan niveles peligrosos de una toxina que induce parálisis. En Massachusetts, la División de Pesquerías Marinas (Division of Marine Fisheries, DMF) controla los niveles de la toxina en los mariscos mediante muestreos regulares de mariscos a lo largo de la costa. Si el nivel medio de toxina en las almejas supera los 800 μg (microgramos) de toxina por kg de carne de almeja en cualquier zona, se prohíbe la recolección de almejas de allí hasta que la floración haya terminado y los niveles de toxina en las almejas disminuyan. Describa un error tipo I y uno tipo II en este contexto e indique qué error tiene mayores consecuencias.

EJEMPLO 9.8

Un determinado fármaco experimental afirma tener una tasa de curación de, al menos, el 75 % para los hombres con cáncer de próstata. Describa los errores tipo I y tipo II en su contexto. ¿Cuál error es más grave?

Tipo I: Un paciente con cáncer cree que la tasa de curación del fármaco es inferior al 75 %, cuando en realidad es de, al menos, el 75 %.

Tipo II: Un paciente con cáncer cree que el fármaco experimental tiene un índice de curación de, al menos, el 75 % cuando su índice de curación es inferior al 75 %.

En este escenario, el error tipo II contiene la consecuencia más grave. Si un paciente cree que el fármaco funciona, al menos, el 75 % de las veces, lo más probable es que esto influya en la elección del paciente (y del médico) sobre la conveniencia de utilizar el fármaco como opción de tratamiento.

> **INTÉNTELO 9.8**

Determine los errores de tipo I y de tipo II para el siguiente escenario:

Supongamos una hipótesis nula, H_0, que afirma que el porcentaje de adultos con empleo es al menos del 88 %.

Identifique los errores de tipo I y de tipo II de estas cuatro afirmaciones.

a. No rechazar la hipótesis nula de que el porcentaje de adultos que tienen trabajo es al menos del 88 % cuando ese porcentaje es realmente inferior al 88 %
b. No rechazar la hipótesis nula de que el porcentaje de adultos que tienen trabajo es de al menos el 88 % cuando el porcentaje es realmente de al menos el 88 %.
c. Rechazar la hipótesis nula de que el porcentaje de adultos que tienen trabajo es de al menos el 88 % cuando el porcentaje es realmente de al menos el 88 %.
d. Rechazar la hipótesis nula de que el porcentaje de adultos que tienen trabajo es al menos del 88 % cuando ese porcentaje es realmente inferior al 88 %.

9.3 Distribución necesaria para la comprobación de la hipótesis

A principios del curso, hemos hablado de las distribuciones de muestreo. **Las distribuciones particulares están asociadas a la comprobación de hipótesis.** Realice pruebas de una media poblacional utilizando una **distribución normal** o una **distribución *t* de Student** (recuerde, utilice una distribución *t* de Student cuando la **desviación típica** de la población sea desconocida y la distribución de la media de la muestra sea aproximadamente normal). Realizamos pruebas de una proporción poblacional utilizando una distribución normal (normalmente *n* es grande).

Si se está probando la **media de una sola población**, la distribución para la prueba es para las **medias**:

$$\overline{X} \sim N\left(\mu_X, \frac{\sigma_X}{\sqrt{n}}\right) \text{ o } t_{de}$$

El parámetro de la población es μ. El valor estimado (estimación puntual) para μ es $\overline{x}$, la media de la muestra.

Si está probando una **sola proporción de la población**, la distribución para la prueba es para proporciones o porcentajes:

$$P' \sim N\left(\text{valor}, \sqrt{\frac{\text{valor} \cdot q}{n}}\right)$$

El parámetro poblacional es p. El valor estimado (estimación puntual) de p es p'. $p' = \frac{x}{n}$ donde x es el número de aciertos y n es el tamaño de la muestra.

Supuestos

Cuando se realiza una **prueba de hipótesis de una única media poblacional μ** utilizando una **distribución *t* de estudiantes** (a menudo llamada prueba t), hay supuestos fundamentales que deben cumplirse para que la prueba funcione correctamente. Sus datos deben ser una **muestra aleatoria simple** que provenga de una población que se **distribuya de forma normal** aproximadamente. Se utiliza la **desviación típica** de la muestra para aproximar la desviación típica de la población (tenga en cuenta que si el tamaño de la muestra es lo suficientemente grande, una prueba t funcionará incluso si la población no está distribuida de forma aproximadamente normal).

Cuando se realiza una prueba de **hipótesis de una única media poblacional μ** utilizando una distribución normal (a menudo denominada prueba z) , se toma una muestra aleatoria simple de la población. La población que está probando se distribuye normalmente o el tamaño de la muestra es lo suficientemente grande. Se conoce el valor de la desviación típica de la población que, en realidad, pocas veces se conoce.

Cuando se realiza una **prueba de hipótesis de una única proporción poblacional p**, se toma una muestra aleatoria simple de la población. Debe cumplir las condiciones de una **distribución binomial** que son: hay un cierto número n de ensayos independientes, los resultados de cualquier ensayo son aciertos o fallos, y cada ensayo tiene la misma probabilidad de un acierto p. La forma de la distribución binomial tiene que ser similar a la forma de la distribución normal. Para ello, las cantidades np y nq deben ser ambas mayores que cinco ($np > 5$ y $nq > 5$). Entonces la distribución binomial de una proporción muestral (estimada) puede aproximarse por la distribución normal con $\mu = p$ y $\sigma = \sqrt{\frac{pq}{n}}$.

Recuerde que $q = 1 - p$.

9.4 Eventos poco comunes, la muestra, decisión y conclusión

Establecer el tipo de distribución, el tamaño de la muestra y la desviación típica conocida o desconocida puede ayudarle a averiguar cómo realizar una prueba de hipótesis. Sin embargo, hay otros factores que debe tener en cuenta a la hora de elaborar una prueba de hipótesis.

Eventos poco comunes

Suponga que hace una suposición sobre una propiedad de la población (esta suposición es la **hipótesis nula**). A continuación, recoja los datos de la muestra de forma aleatoria. Si la muestra tiene propiedades que sería muy **improbable** que ocurrieran si la suposición es cierta, entonces concluiría que su suposición sobre la población es probablemente incorrecta. (Recuerde que es solo una **suposición**, no es un hecho y puede o no ser cierta. Pero los datos de su muestra son reales y los datos le muestran un hecho que parece contradecir su suposición).

Por ejemplo, Didi y Ali están en la fiesta de cumpleaños de un amigo muy rico. Se apresuran a ser los primeros de la fila para ganar un premio de una cesta alta que no pueden ver en su interior porque tendrán los ojos vendados. Hay 200 burbujas de plástico en la cesta y a Didi y Ali les han dicho que solo hay una con un billete de 100 dólares. Didi es la primera persona que mete la mano en la cesta y saca una burbuja. Su burbuja contiene un billete de 100 dólares. La probabilidad de que esto ocurra es $\frac{1}{200} = 0{,}005$. Como esto es tan improbable, Ali espera que lo que les dijeron a los dos esté equivocado y haya más billetes de 100 dólares en la cesta. Se ha producido un "evento poco común" (que Didi consiga el billete de 100 dólares), por lo que Ali duda de la suposición de que solo haya un billete de 100 dólares en la cesta.

Uso de la muestra para probar la hipótesis nula

Utilice los datos de la muestra para calcular la probabilidad real de obtener el resultado de la prueba, denominada valor ***p***. El valor p es la **probabilidad de que, si la hipótesis nula es cierta, los resultados de otra muestra seleccionada al azar sean tan extremos o más extremos que los resultados obtenidos en la muestra dada.**

Un valor p grande calculado a partir de los datos indica que no debemos rechazar la **hipótesis nula**. Cuanto más pequeño sea el valor p, más improbable es el resultado y más fuerte es la evidencia contra la hipótesis nula.

Rechazaremos la hipótesis nula si las pruebas son contundentes en su contra.

Dibuje un gráfico que muestre el valor *p*. La prueba de hipótesis es más fácil de realizar si se utiliza un gráfico porque se ve el problema con más claridad.

EJEMPLO 9.9

Supongamos que un panadero afirma que la altura de su pan es superior a 15 cm, en promedio. Varios de sus clientes no le creen. Para convencer a sus clientes de que tiene razón, el panadero decide hacer una prueba de hipótesis. Hornea 10 panes. La altura media de los panes de la muestra es de 17 cm. El panadero sabe, por haber horneado cientos de panes, que la **desviación típica** de la altura es de 0,5 cm. y que la distribución de las alturas es normal.

La hipótesis nula podría ser H_0: $\mu \leq 15$. La hipótesis alternativa es H_a: $\mu > 15$

Las palabras **"es mayor que"** se traduce como un ">" por lo que "$\mu > 15$" va en la hipótesis alternativa. La hipótesis nula debe contradecir la hipótesis alternativa.

Como ***σ* se conoce** ($\sigma = 0{,}5$ cm.), se sabe que la distribución para la población es normal con media $\mu = 15$ y desviación típica $\frac{\sigma}{\sqrt{n}} = \frac{0{,}5}{\sqrt{10}} = 0{,}16$.

Supongamos que la hipótesis nula es verdadera (la altura media de los panes no es superior a 15 cm). Entonces, ¿la altura media (17 cm) calculada a partir de la muestra es inesperadamente grande? La prueba de hipótesis funciona planteando la pregunta de cuán **improbable** sería la media de la muestra si la hipótesis nula fuera cierta. El gráfico muestra lo alejada que está la media de la muestra en la curva normal. El valor *p* es la probabilidad de que, si tomáramos otras muestras, cualquier otra media muestral caería al menos tan lejos como 17 cm.

El valor *p*, por tanto, es la probabilidad de que una media muestral sea igual o superior a 17 cm. cuando la media de la población es, en realidad, de 15 cm. Podemos calcular esta probabilidad utilizando la distribución normal para las medias.

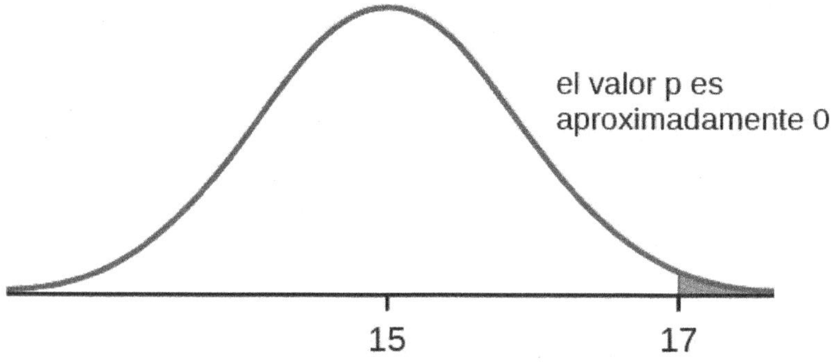

Figura 9.2

valor $p = P(\overline{x} > 17)$ que es aproximadamente cero.

Un valor *p* de aproximadamente cero nos dice que es muy poco probable que una barra de pan no suba más de 15 cm, en promedio. Es decir, casi el 0 % de todas las barras de pan tendrían una altura mínima de 17 cm. **por pura CASUALIDAD** si la altura media de la población hubiera sido realmente de 15 cm. Dado que el resultado de 17 cm. es tan **improbable (lo que significa que no se produce solo por azar)**, concluimos que las pruebas están fuertemente en contra de la hipótesis nula (la altura media es como máximo de 15 cm). Hay pruebas suficientes de que la verdadera altura media de la población de panes de la panadería es superior a 15 cm.

INTÉNTELO 9.9

Una distribución normal tiene una desviación típica de 1. Queremos verificar una afirmación de que la media es mayor que 12. Se toma una muestra de 36 con una media muestral de 12,5.

H_0: $\mu \leq 12$
H_a: $\mu > 12$

El valor p es 0,0013
Dibuje un gráfico que muestre el valor p.

Decisión y conclusión

Una forma sistemática de tomar la decisión de rechazar o no la **hipótesis nula** es comparar el valor p y un **α preestablecido o preconcebido (también llamado "nivel de significación").** Un α preestablecido es la probabilidad de un **error tipo I** (rechazar la hipótesis nula cuando la hipótesis nula es verdadera). Puede que se le entregue o no al principio del problema.

Cuando tome una **decisión** de rechazar o no rechazar H_0, haga lo siguiente:

- Si $\alpha >$ valor p, rechaza H_0. Los resultados de los datos de la muestra son significativos. Hay pruebas suficientes para concluir que H_0 es una creencia incorrecta y que la **hipótesis alternativa**, H_a, puede ser correcta.
- Si $\alpha \leq$ valor p, no rechace H_0. Los resultados de los datos de la muestra no son significativos. No hay pruebas suficientes para concluir que la hipótesis alternativa, H_a, pueda ser correcta.
- Cuando "no se rechaza H_0", no significa que se deba creer que H_0 es verdadera. Significa simplemente que los datos de la muestra **no** han aportado pruebas suficientes para arrojar serias dudas sobre la veracidad de H_0.

Conclusión: Una vez tomada la decisión, escriba una **conclusión** reflexiva sobre las hipótesis en función del problema planteado.

EJEMPLO 9.10

Cuando se utiliza el valor p para evaluar una prueba de hipótesis, a veces es útil utilizar el siguiente mecanismo de memoria.

Si el valor p es bajo, la hipótesis nula debe rechazarse.

Si el valor p es alto, la hipótesis nula no debe rechazarse.

Esta ayuda de memoria relaciona un valor p menor que el alfa establecido (la p es baja) como rechazo de la hipótesis nula y, del mismo modo, relaciona un valor p mayor que el alfa establecido (la p es alta) como no rechazo de la hipótesis nula.

Complete los espacios en blanco.

Rechace la hipótesis nula cuando ______________________________.

Los resultados de los datos de la muestra ______________________________.

No rechace la hipótesis nula cuando ______________________________.

Los resultados de los datos de la muestra ______________________________.

Solución 1

Rechace la hipótesis nula cuando **el valor p sea inferior al valor alfa establecido**. Los resultados de los datos de la muestra **apoyan la hipótesis alternativa**.

No rechace la hipótesis nula cuando **el valor p sea superior al valor alfa establecido**. Los resultados de los datos de la muestra **no apoyan la hipótesis alternativa**.

INTÉNTELO 9.10

It's a Boy Genetics Labs afirman que sus procedimientos mejoran las posibilidades de que nazca un niño. Los resultados para una prueba de una sola proporción de población son los siguientes:

H_0: p = 0,50, H_a: p > 0,50

α = 0,01

valor p = 0,025

Interprete los resultados y exponga una conclusión en términos sencillos y no técnicos.

9.5 Información adicional y ejemplos de pruebas de hipótesis completas

- En un problema de **prueba de hipótesis**, puede ver palabras como "el nivel de significación es del 1 %". El "1 %" es el α preconcebido o preestablecido.
- El estadístico que establece la prueba de hipótesis selecciona el valor de α que va a utilizar **antes de** recoger los datos de la muestra.
- **Si no se indica ningún nivel de significación, una norma común que se utiliza es α = 0,05.**
- Cuando se calcula el valor *p* y se dibuja el cuadro, el valor *p* es el área de la cola izquierda, de la cola derecha o dividida por igual entre las dos colas. Por esta razón, llamamos a la prueba de hipótesis de la izquierda, de la derecha o de dos colas.
- La **hipótesis alternativa**, H_a, le indica si la prueba es de cola izquierda, derecha o doble. Es la **clave** para realizar la prueba adecuada.
- H_a **nunca** tiene un símbolo que contenga un signo igual.
- **Pensar en el significado del valor *p***: Un analista de datos (y cualquier otra persona) debería confiar más en que ha tomado la decisión correcta de rechazar la hipótesis nula con un valor *p* menor (por ejemplo, 0,001 frente a 0,04), incluso si se utiliza el nivel 0,05 para el alfa. Del mismo modo, para un valor *p* mayor, como 0,4, frente a un valor *p* de 0,056 (alfa = 0,05 es menor que cualquiera de los dos números), el analista de datos debería confiar más en que tomó la decisión correcta al no rechazar la hipótesis nula. Esto hace que el analista de datos haga uso de su discernimiento en lugar de aplicar reglas sin sentido.

Los siguientes ejemplos ilustran una prueba de cola izquierda, derecha y de dos colas.

EJEMPLO 9.11

H_0: $\mu = 5$, H_a: $\mu < 5$

Prueba de una media poblacional única. H_a le indica que la prueba es de cola izquierda. La imagen del valor *p* es la siguiente:

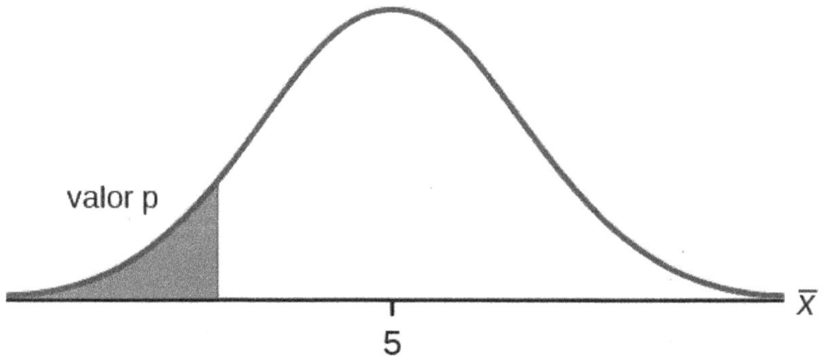

Figura 9.3

INTÉNTELO 9.11

H_0: $\mu = 10$, H_a: $\mu < 10$

Supongamos que el valor *p* es 0,0935. ¿De qué tipo de prueba se trata? Haga el dibujo del valor *p*.

EJEMPLO 9.12

H_0: $p \leq 0,2$ H_a: $p > 0,2$

Se trata de una prueba de una sola proporción de población. H_a le indica que la prueba es de **cola derecha**. La imagen del valor *p* es la siguiente:

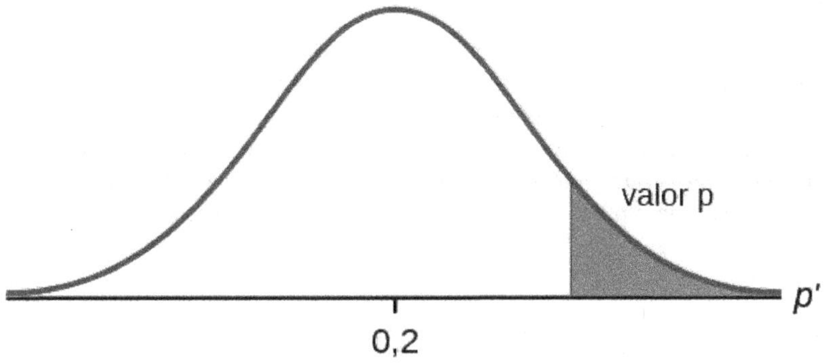

Figura 9.4

INTÉNTELO 9.12

H_0: $\mu \leq 1$, H_a: $\mu > 1$

Supongamos que el valor *p* es 0,1243. ¿De qué tipo de prueba se trata? Haga el dibujo del valor *p*.

EJEMPLO 9.13

H_0: $p = 50$ H_a: $p \neq 50$

Se trata de una prueba de la media de una sola población. H_a le indica que la prueba es de **dos colas**. La imagen del valor *p* es la siguiente.

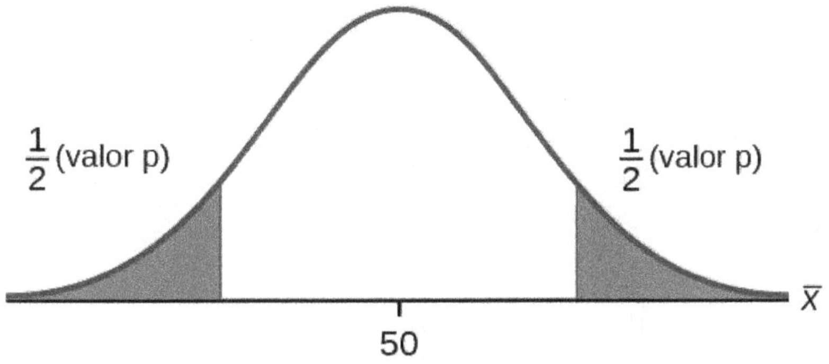

Figura 9.5

INTÉNTELO 9.13

H_0: $p = 0{,}5$, H_a: $p \neq 0{,}5$

Supongamos que el valor *p* es 0,2564. ¿De qué tipo de prueba se trata? Haga el dibujo del valor *p*.

Ejemplos de pruebas de hipótesis completas

EJEMPLO 9.14

Cuando Jeffrey tenía ocho años **estableció un tiempo medio de 16,43 segundos** al nadar las 25 yardas en estilo libre, con una **desviación típica de 0,8 segundos**. Su padre, Frank, pensó que Jeffrey podría nadar más rápido las 25 yardas en estilo libre si utilizaba gafas para nadar. Frank le compró a Jeffrey un nuevo par de gafas para nadar costosas y cronometró **15 veces que nadó las 25 yardas en estilo libre**. En las 15 veces, el **tiempo medio de Jeffrey fue de 16 segundos. Frank pensó que las gafas para nadar ayudaron a Jeffrey a nadar más rápido que los 16,43 segundos.** Realice una prueba de hipótesis con un α preestablecido = 0,05. Supongamos que los tiempos de natación de las 25 yardas en estilo libre son normales.

Solución 1

Establezca la prueba de la hipótesis:

Dado que el problema se refiere a una media, se trata de una **prueba de una única media poblacional**.

H_0: $\mu = 16{,}43$ H_a: $\mu < 16{,}43$

Para que Jeffrey nade más rápido, su tiempo debiera ser inferior a 16,43 segundos. El "<" indica que es de cola izquierda.

Determine la distribución necesaria:

Variable aleatoria: $\overline{X}$ = el tiempo medio para nadar las 25 yardas de estilo libre.

Distribución para la prueba: $\overline{X}$ es normal (se conoce la **desviación típica de** la población: $\sigma = 0{,}8$)

$\overline{X} \sim N\left(\mu, \frac{\sigma_X}{\sqrt{n}}\right)$ Por lo tanto, $\overline{X} \sim N\left(16{,}43, \frac{0{,}8}{\sqrt{15}}\right)$

$\mu = 16{,}43$ procede de H_0 y no de los datos. $\sigma = 0{,}8$, y $n = 15$.

Calcule el valor p con la distribución normal para una media:

valor $p = P(\overline{x} < 16) = 0{,}0187$ donde la media de la muestra en el problema se da como 16.

valor $p = 0{,}0187$ (se denomina **nivel de significación real**). El valor p es el área a la izquierda de la media de la muestra se da como 16.

Gráfico:

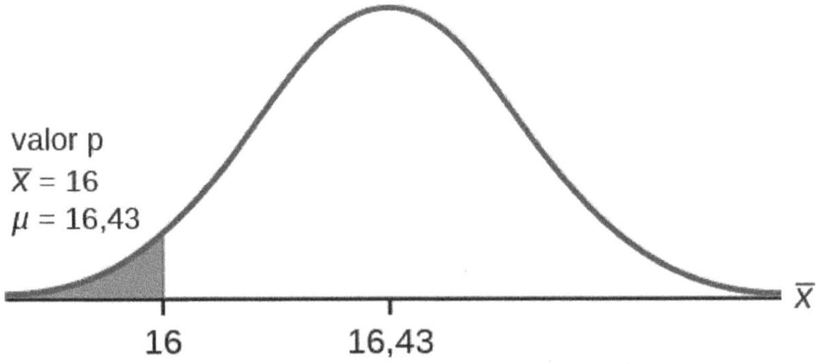

Figura 9.6

$\mu = 16{,}43$ proviene de H_0. Nuestra hipótesis es $\mu = 16{,}43$.

Interpretación del valor p: Si H_0 es cierta, hay una probabilidad de 0,0187 (1,87 %) de que la media de tiempo de Jeffrey para nadar las 25 yardas estilo libre sea de 16 segundos o menos. Dado que una probabilidad del 1,87 % es pequeña, es poco probable que el tiempo medio de 16 segundos o menos haya ocurrido aleatoriamente. Es un evento poco común.

Compare α y el valor p:

$\alpha = 0{,}05$ valor $p = 0{,}0187$ $\alpha >$ valor p

Tome una decisión: Dado que $\alpha >$ valor p, se rechaza H_0.

Esto significa que se rechaza $\mu = 16{,}43$. En otras palabras, no cree que Jeffrey nade las 25 yardas estilo libre en 16,43 segundos, sino más rápido con las nuevas gafas.

Conclusión: Al nivel de significación del 5 %, concluimos que Jeffrey nada más rápido con las nuevas gafas. Los datos de la muestra indican que hay pruebas suficientes de que la media de tiempo de Jeffrey para nadar las 25 yardas en estilo libre es inferior a 16,43 segundos.

El valor *p* se calcula fácilmente.

USO DE LAS CALCULADORAS TI-83, 83+, 84, 84+

Pulse STAT y flecha hacia TESTS. Pulse `1:Z-Test`. Desplace la flecha hacia STATS y pulse ENTER. Flecha abajo e introduzca 16,43 para μ_0 (hipótesis nula), 0,8 para σ, 16 para la media muestral y 15 para n. Flecha abajo a μ: (hipótesis alternativa) y flecha arriba a $< \mu_0$. Pulse ENTER. Desplace la flecha hacia abajo hasta `Calculate` y pulse ENTER. La calculadora no solo calcula el valor *p* ($p = 0{,}0187$), sino que también calcula el estadístico de prueba (puntuación *z*) para la media de la muestra. $\mu < 16{,}43$ es la hipótesis alternativa. Vuelva a realizar este conjunto de instrucciones, excepto la flecha hacia `Dibujar`(en vez de `Calculate (Calcular)`). Pulse ENTER. Aparece un gráfico sombreado con $z = -2{,}08$ (estadístico de prueba) y $p = 0{,}0187$ (valor *p*). Asegúrese de que cuando use `Dibujar` que no haya otras ecuaciones resaltadas en $Y =$ y los diagramas estén apagados.

Cuando la calculadora hace una prueba *Z*, el `Prueba z` halle el valor *p* con un cálculo de probabilidad normal mediante el **teorema del límite central**:

$$P(\bar{x} < 16) = \texttt{2.° DISTR normcdf}\left(-10\,\hat{}\,99, 16, 16{,}43, 0{,}8/\sqrt{15}\right).$$

Los errores tipo I y tipo II para este problema son los siguientes:

El error tipo I consiste en concluir que Jeffrey nada las 25 yardas en estilo libre, en promedio, en menos de 16,43 segundos cuando, en realidad, nada las 25 yardas en estilo libre, en promedio, en 16,43 segundos (rechaza la hipótesis nula cuando la hipótesis nula es verdadera).

El error de tipo II consiste en que no hay pruebas para concluir que Jeffrey nada las 25 yardas en estilo libre, en promedio, en menos de 16,43 segundos cuando, en realidad, sí nada las 25 yardas en estilo libre, en promedio, en menos de 16,43 segundos. (No rechace la hipótesis nula cuando la hipótesis nula es falsa).

INTÉNTELO 9.14

La distancia media de lanzamiento de un balón de fútbol para Marco, un mariscal de campo de primer año de escuela secundaria, es de 40 yardas, con una desviación típica de dos yardas. El entrenador del equipo le dice a Marco que ajuste su agarre para conseguir más distancia. El entrenador registra las distancias de 20 lanzamientos. En los 20 lanzamientos, la distancia media de Marco fue de 45 yardas. El entrenador pensó que el agarre diferente ayudó a Marco a lanzar más allá de las 40 yardas. Realice una prueba de hipótesis con un α preestablecido = 0,05. Supongamos que las distancias de lanzamiento de los balones son normales.

En primer lugar, determine de qué tipo de prueba se trata, establezca la prueba de hipótesis, calcule el valor *p*, dibuje el gráfico y plantee su conclusión.

USO DE LAS CALCULADORAS TI-83, 83+, 84, 84+

Pulse STAT y desplace la flecha hacia TESTS. Pulse 1: prueba Z. Flecha hacia STATS y pulse ENTER. Flecha abajo e introduzca 40 para $\mu 0$ (hipótesis nula), 2 para σ, 45 para la media muestral y 20 para n. Flecha hacia abajo hasta μ: (hipótesis alternativa) y establézcala como <, ≠, o >. Pulse ENTER. Desplace la flecha hacia abajo hasta Calculate

(Calcular) y pulse ENTER. La calculadora no solamente calcula el valor *p*, sino que también calcula el estadístico de prueba (puntuación *z*) para la media de la muestra. Seleccione <, ≠, o > para la hipótesis alternativa. Vuelva a realizar este conjunto de instrucciones, excepto la flecha a Draw (Dibujar) (en vez de Calculate [calcular]). Pulse ENTER. Aparece un gráfico sombreado con el estadístico de prueba y el valor *p*. Cuando utilice Draw (Dibujar) verifique que no haya otras ecuaciones resaltadas en *Y* = y que los gráficos estén apagados.

Nota histórica (Ejemplo 9.11)

La forma tradicional de comparar las dos probabilidades, *α* y el valor *p*, consiste en comparar el valor crítico (puntuación *z* de *α*) con el estadístico de prueba (puntuación *z* de los datos). El estadístico de prueba calculado para el valor *p* es de –2,08. (A partir del teorema del límite central, la fórmula del estadístico de prueba es $z = \frac{\overline{x}-\mu_X}{\left(\frac{\sigma_X}{\sqrt{n}}\right)}$. Para este problema, $\overline{x}$ = 16, μ_X = 16,43 a partir de la hipótesis nula es, σ_X = 0,8 y *n* = 15.) Puede calcular el valor crítico para *α* = 0,05 en la tabla normal (vea **15. Tablas** en el Índice). La puntuación *z* para un área a la izquierda igual a 0,05 está a medio camino entre –1,65 y –1,64 (0,05 está a medio camino entre 0,0505 y 0,0495). La puntuación *z* es de –1,645. Dado que –1,645 > –2,08 (lo que demuestra que α > valor *p*), rechaza H_0. Tradicionalmente, la decisión de rechazar o no rechazar se hacía de esta manera. Hoy en día, la comparación de las dos probabilidades *α* y el valor *p* es muy común. En este problema, el valor *p*, 0,0187 es considerablemente menor que *α*, 0,05. Puede estar seguro de su decisión de rechazo. El gráfico muestra *α*, el valor *p*, así como el estadístico de prueba y el valor crítico.

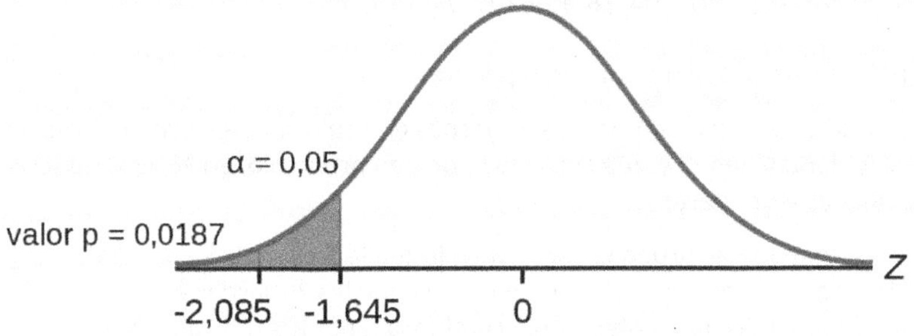

Figura 9.7

EJEMPLO 9.15

Un entrenador de fútbol universitario registra que el peso medio que sus jugadores pueden levantar pesas es de **275 libras**, con una **desviación típica de 55 libras**. Tres de sus jugadores pensaron que el peso medio era **superior a** esa cantidad. Preguntaron a **30** de sus compañeros de equipo por su elevación máxima estimada en el ejercicio de levantamiento de pesas. Los datos oscilaban entre las 205 libras y las 385 libras. Los pesos reales diferentes fueron (las frecuencias están entre paréntesis) 205(3); 215(3); 225(1); 241(2); 252(2); 265(2); 275(2); 313(2); 316(5); 338(2); 341(1); 345(2); 368(2); 385(1).

Realice una prueba de hipótesis a un nivel de significación del 2,5 % para determinar si la media del levantamiento de pesas es **superior a 275 libras**.

Solución 1

Establezca la prueba de la hipótesis:

Ya que el problema es sobre un peso medio, se trata de una **prueba de una sola media poblacional**.

H_0: μ = 275
H_a: μ > 275
Esta es una prueba de cola derecha.

Calcule la distribución necesaria:

Variable aleatoria: $\overline{X}$ = el peso medio, en libras, levantado por los futbolistas.

Distribución para la prueba: Es normal porque σ es conocido.

$$\overline{X} \sim N\left(275, \frac{55}{\sqrt{30}}\right)$$

$\overline{x} = 286{,}2$ libras (a partir de los datos).

σ = 55 libras **(Utilice siempre σ si lo conoce).** Asumimos que μ = 275 libras, a no ser que nuestros datos nos muestren lo contrario.

Calcule el valor p con la distribución normal para una media y con la media de la muestra como entrada (vea el G - NOTAS PARA LAS CALCULADORAS TI-83, 83+, 84, 84+ para utilizar los datos como entrada):

valor p $= P(\overline{x} > 286{,}2) = 0{,}1323$.

Interpretación del valor *p*: Si H_0 es verdadera, entonces hay una probabilidad de 0,1331 (13,23 %) de que los futbolistas levanten un peso medio de 286,2 libras o más. Dado que una probabilidad del 13,23 % es lo suficientemente grande, un levantamiento de peso medio de 286,2 libras o más no es un evento poco común.

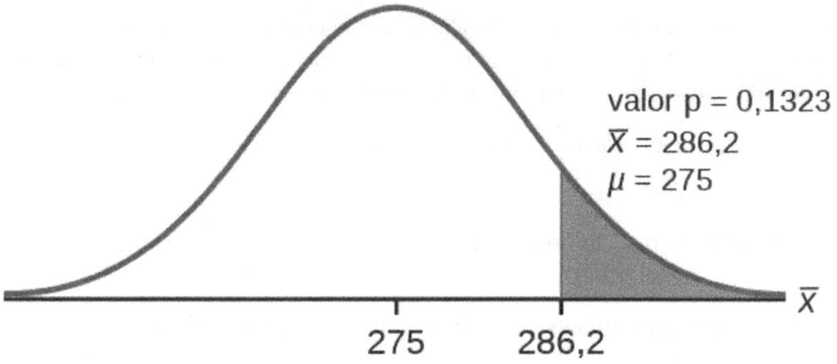

Figura 9.8

Compare α y el valor p:

α = 0,025 valor p = 0,1323

Tome una decisión: Dado que α < valor p, no se rechaza H_0.

Conclusión: Al nivel de significación del 2,5 %, a partir de los datos de la muestra, no hay pruebas suficientes para concluir que el verdadero peso medio levantado sea superior a 275 libras.

El valor p se calcula fácilmente.

USO DE LAS CALCULADORAS TI-83, 83+, 84, 84+

Ponga los datos y las frecuencias en listas. Pulse STAT y flecha hacia TESTS. Pulse `1:Z-Test`. Desplace la flecha hacia `Datos` y pulse ENTER. Flecha hacia abajo e introduzca 275 para μ_0, 55 para σ, el nombre de la lista donde pone los datos y el nombre de la lista donde pone las frecuencias. Flecha abajo hasta μ: y flecha arriba hasta > μ_0. Pulse ENTER. Desplace la flecha hacia abajo hasta `Calculate` y pulse ENTER. La calculadora no solo calcula el valor p (p = 0,1331, un poco diferente del cálculo anterior. En este utilizamos la media de la muestra redondeada a un decimal en lugar de los datos), sino que también calcula el estadístico de prueba (puntuación z) para la media de la muestra, la media de la muestra y la desviación típica de la muestra. μ > 275 es la hipótesis alternativa. Vuelva a realizar este conjunto de instrucciones, excepto la flecha hacia `Dibujar` (en vez de `Calculate (Calcular)`). Pulse ENTER. Aparece un gráfico sombreado con z = 1,112 (estadístico de prueba) y p = 0,1331 (valor p). Asegúrese de que cuando use `Dibujar` que no haya otras ecuaciones resaltadas en Y= y los diagramas estén apagados.

EJEMPLO 9.16

Los estudiantes de estadística creen que la puntuación media en el primer examen de estadística es de 65. Un instructor de Estadística cree que la puntuación media es superior a 65. Tome una muestra de diez estudiantes de Estadística y obtiene las puntuaciones 65; 65; 70; 67; 66; 63; 63; 68; 72; 71. Realice una prueba de hipótesis con un nivel de significación del 5 %. Se supone que los datos proceden de una distribución normal.

Solución 1

Establezca la prueba de la hipótesis:

El nivel de significación del 5 % significa que $a = 0,05$. Se trata de una prueba de la **media de una sola población.**

H_0: $\mu = 65$ H_a: $\mu > 65$

Ya que el instructor cree que la puntuación promedio es más alta, utiliza un ">". El ">" significa que la prueba es de cola derecha.

Determine la distribución necesaria:

Variable aleatoria: $\overline{X}$ = puntuación promedio en la primera prueba de Estadística.

Distribución para la prueba: Si lee el problema con atención, se dará cuenta de que **no se da la desviación típica de la población**. Solamente se dan $n = 10$ valores de datos de muestra. Observe también que los datos proceden de una distribución normal. Esto significa que la distribución para la prueba es una *t* de Student.

Utilice t_{df}. En consecuencia, la distribución para la prueba es t_9 donde $n = 10$ and $df = 10 - 1 = 9$.

Calcule el valor *p* con la distribución t de Student:

valor $p = P(\overline{x} > 67) = 0,0396$ donde la media y la desviación típica de la muestra se calculan como 67 y 3,1972 a partir de los datos.

Interpretación del valor *p*: Si la hipótesis nula es verdadera, existe una probabilidad de 0,0396 (3,96 %) de que la media de la muestra sea igual o superior a 65.

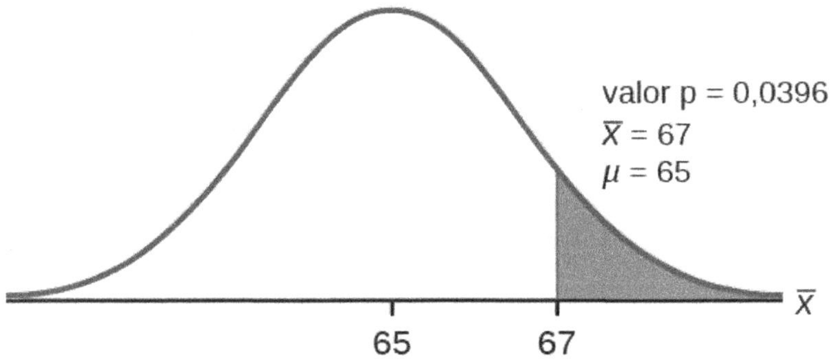

Figura 9.9

Compare a y el valor *p*:

Dado que $a = 0,05$ y el valor $p = 0,0396$. $a >$ valor *p*.

Tome una decisión: Dado que $a >$ valor *p*, se rechaza H_0.

Esto significa que se rechaza $\mu = 65$. En otras palabras, cree que la puntuación promedio de los exámenes es superior a 65.

Conclusión: Al nivel de significación del 5 %, los datos de la muestra aportan suficientes pruebas de que la puntuación media (promedio) de la prueba es superior a 65, tal y como piensa el instructor de Matemáticas.

El valor *p* se calcula fácilmente.

USO DE LAS CALCULADORAS TI-83, 83+, 84, 84+

Ponga los datos en una lista. Pulse STAT y flecha hacia TESTS. Pulse `2:T-Test`. Desplace la flecha hacia `Datos` y pulse ENTER. Flecha hacia abajo e introduzca 65 para μ_0, el nombre de la lista donde se ponen los datos, y 1 para `Frec:`. Flecha hacia abajo, hasta μ: y flecha hacia arriba, hasta > μ_0. Pulse ENTER. Desplace la flecha hacia abajo hasta `Calculate` y pulse ENTER. La calculadora no solo calcula el valor p (p = 0,0396), sino que también calcula el estadístico de prueba (puntuación t) para la media de la muestra, la media de la muestra y la desviación típica de la muestra. μ > 65 es la hipótesis alternativa. Vuelva a realizar este conjunto de instrucciones, excepto la flecha hacia `Dibujar` (en vez de `Calculate (Calcular)`). Pulse ENTER. Aparece un gráfico sombreado con t = 1,9781 (estadístico de prueba) y p = 0,0396 (valor$p$). Asegúrese de que cuando use `Dibujar` que no haya otras ecuaciones resaltadas en Y= y los diagramas estén apagados.

INTÉNTELO 9.16

Se cree que el precio de las acciones de una determinada compañía crecerá a un ritmo de 5 dólares por semana con una desviación típica de 1 dólar. Un inversor cree que las acciones no crecerán tan rápido. Las variaciones en el precio de las acciones se registran durante diez semanas y son las siguientes: 4, 3, 2, 3, 1, 7, 2, 1, 1 y 2 dólares. Realice una prueba de hipótesis con un nivel de significación del 5 %. Plantee las hipótesis nula y alternativa, halle el valor p, exponga su conclusión e identifique los errores de tipo I y tipo II.

EJEMPLO 9.17

Joon cree que el 50 % de las novias primerizas en Estados Unidos son más jóvenes que sus novios. Realice una prueba de hipótesis para determinar si el porcentaje es **igual o diferente del 50 %**. Joon toma muestras de **100 novias primerizas** y **53** responden que son más jóvenes que sus novios. Para la prueba de la hipótesis, utilice un nivel de significación del 1 %.

Solución 1

Establezca la prueba de la hipótesis:

El nivel de significación del 1 % indica que α = 0,01. Se trata de una **prueba de una sola proporción de población**.

H_0: p = 0,50 H_a: $p \neq 0{,}50$

Las palabras **"es igual o diferente de"** indican que se trata de una prueba de dos colas.

Calcule la distribución necesaria:

Variable aleatoria: P' = el porcentaje de novias primerizas que son más jóvenes que sus novios.

Distribución para la prueba: el problema no contiene ninguna mención a la media. La información se da en términos de porcentajes. Utilice la distribución para P', la proporción estimada.

$P' \sim N\left(\text{valor}, \sqrt{\frac{\text{valor}\cdot q}{n}}\right)$ Por lo tanto, $P' \sim N\left(0{,}5, \sqrt{\frac{0{,}5\cdot 0{,}5}{100}}\right)$

donde p = 0,50, q = 1−p = 0,50 y n = 100

Calcule el valor p con la distribución normal para las proporciones:

valor p= P (p' < 0,47 o p' > 0,53) = 0,5485

donde x = 53, $p' = \frac{x}{n} = \frac{53}{100}$ = 0,53.

Interpretación del valor p: Si la hipótesis nula es verdadera, existe una probabilidad de 0,5485 (54,85 %) de que la proporción muestral (estimada) **valor**' sea igual o superior a 0,53 O igual o inferior a 0,47 (vea el gráfico en la Figura 9.10).

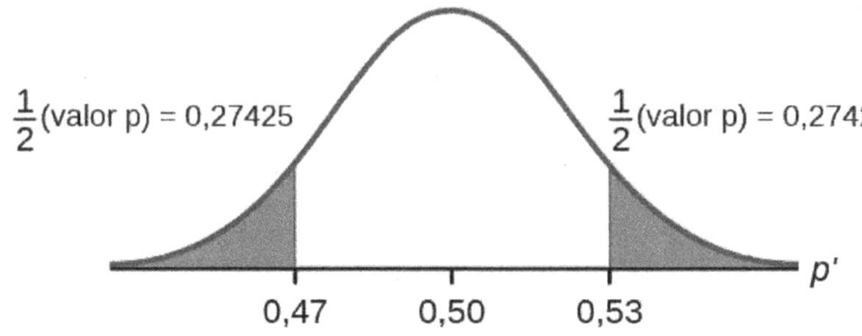

Figura 9.10

$\mu = p = 0{,}50$ proviene de H_0, la hipótesis nula.

$p' = 0{,}53$. Dado que la curva es simétrica y la prueba es de dos colas, la p' de la cola izquierda es igual a 0,50 - 0,03 = 0,47, donde $\mu = p = 0{,}50$. (0,03 es la diferencia entre 0,53 y 0,50).

Compare α y el valor p:

Dado que $\alpha = 0{,}01$ y el valor $p = 0{,}5485$. $\alpha <$ valor p.

Tome una decisión: Como $\alpha <$ valor p, no se puede rechazar H_0.

Conclusión: Al nivel de significación del 1 %, los datos de la muestra no muestran pruebas suficientes de que el porcentaje de novias primerizas que son más jóvenes que sus novios sea diferente del 50 %.

El valor p se calcula fácilmente.

USO DE LAS CALCULADORAS TI-83, 83+, 84, 84+

Pulse STAT y flecha hacia TESTS. Pulse `5:1-PropZTest`. Introduzca 0,5 para p_0, 53 para x y 100 para n. Desplace la flecha hacia abajo hasta `Prop` y la flecha hacia `no es igual a` p_0. Pulse ENTER. Desplace la flecha hacia abajo hasta `Calculate` y pulse ENTER. La calculadora calcula el valor p ($p = 0{,}5485$) y el estadístico de prueba (puntuación z). `Prop diferente` a 0,5 es la hipótesis alternativa. Vuelva a realizar este conjunto de instrucciones, excepto la flecha hacia `Dibujar` (en vez de `Calculate (Calcular)`). Pulse ENTER. Aparece un gráfico sombreado con $z = 0{,}6$ (estadístico de prueba) y $p = 0{,}5485$ (valor p). Cuando utilice `Dibujar` que no haya otras ecuaciones resaltadas en $Y=$ y los diagramas estén apagados.

Los errores tipo I y II son los siguientes:

El error tipo I consiste en concluir que la proporción de novias primerizas que son más jóvenes que sus novios es diferente del 50 % cuando, en realidad, la proporción es del 50 %. (Rechaza la hipótesis nula cuando la hipótesis nula es verdadera).

El error tipo II es que no hay pruebas suficientes para concluir que la proporción de novias primerizas que son más jóvenes que sus novios difiere del 50 % cuando, de hecho, la proporción sí difiere del 50 %. (No rechace la hipótesis nula cuando la hipótesis nula es falsa).

INTÉNTELO 9.17

Un maestro cree que el 85 % de los estudiantes de la clase querrán ir de excursión al zoológico local. Realiza una prueba de hipótesis para determinar si el porcentaje es igual o diferente del 85 %. El maestro hace un muestreo de 50 estudiantes y 39 responden que querrían ir al zoológico. Para la prueba de hipótesis utilice un nivel de significación del 1 %.

En primer lugar, determine de qué tipo de prueba se trata, establezca la prueba de hipótesis, calcule el valor *p*, dibuje el gráfico y plantee su conclusión.

EJEMPLO 9.18

Supongamos que un grupo de consumidores presume que la proporción de hogares que tienen tres teléfonos móviles es del 30 %. Una compañía de telefonía móvil tiene razones para creer que la proporción no es del 30 %. Antes de iniciar una gran campaña publicitaria realizan una prueba de hipótesis. Su personal de mercadeo realiza una encuesta en 150 hogares con el resultado de que 43 de ellos tienen tres teléfonos móviles.

a. El valor que determina el valor *p* es *p'*. Calcule *p'*.

b. ¿Cuál es el **acierto** de este problema?

c. ¿Cuál es el nivel de significación?

d. Dibuje el gráfico de este problema. Dibuje el eje horizontal. Marque y sombree adecuadamente.
Calcule el valor *p*.

e. Tome una decisión. ___________(rechazar o no rechazar) H_0 porque__________.

Solución 1
Establezca la prueba de la hipótesis:

H_0: $p = 0{,}30$ H_a: $p \neq 0{,}30$

Determine la distribución necesaria:

La **variable aleatoria** es P' = proporción de hogares que tienen tres teléfonos móviles.

La **distribución** para la prueba de hipótesis es $P' \sim N\left(0{,}30, \sqrt{\frac{(0{,}30)\cdot(0{,}70)}{150}}\right)$

a. $p' = \frac{x}{n}$ donde *x* es el número de aciertos y *n* es el número total de la muestra.

$x = 43$, $n = 150$

$p' = \frac{43}{150}$

b. Un acierto es tener tres teléfonos móviles en un hogar.

c. El nivel de significación es el α preestablecido. Ya que no se da α, se supone que $\alpha = 0{,}05$.

d. valor $p = 0{,}7216$

e. Suponiendo que $\alpha = 0{,}05$, $\alpha <$ valor *p*. La decisión es no rechazar H_0 porque no hay pruebas suficientes para concluir que la proporción de hogares que tienen tres teléfonos móviles no sea del 30 %.

INTÉNTELO 9.18

Los expertos en mercadeo creen que el 92 % de los adultos de Estados Unidos tienen un teléfono móvil. Un fabricante de teléfonos móviles cree que esa cifra es en realidad inferior. Se encuestó a 200 adultos estadounidenses, de los cuales 174 declararon tener teléfonos móviles. Utilice un nivel de significación del 5 %. Plantee la hipótesis nula y la alternativa, calcule el valor *p*, plantee su conclusión e identifique los errores tipo I y tipo II.

El siguiente ejemplo es un poema escrito por una estudiante de Estadística llamada Nicole Hart. La solución del problema sigue al poema. Observe que la prueba de hipótesis es para una única proporción poblacional. Esto significa que las hipótesis nula y alternativa utilizan el parámetro *p*. La distribución para la prueba es normal. La proporción estimada *p'* es la proporción de pulgas matadas respecto al total de pulgas encontradas en Fido. Esta es una información de muestra. El problema da una α prestablecida = 0,01, para comparar, y un cálculo del intervalo de confianza del 95 %. El poema es ingenioso y humorístico, así que disfrútelo

EJEMPLO 9.19

Mi perro tiene muchas pulgas,
No salen con facilidad.
En cuanto al champú, he probado muchos tipos
Incluso uno llamado Bubble Hype,
que solo mataba el 25 % de las pulgas,
Desgraciadamente, no me gustó.

He usado todo tipo de jabón,
Ya había perdido la esperanza
Hasta que un día vi
Un anuncio que me dejó asombrada.

Un champú utilizado para perros
Llamado GOOD ENOUGH to Clean a Hog
(Lo bastante bueno para matar a un cerdo). Garantizado para matar más pulgas.

Le di a Fido un baño
Después de hacer las cuentas
La cantidad de pulgas
¡Comenzó a bajar por 3!

Antes de su champú
conté 42.
Al final de su baño,
volví a contar
El champú había matado 17 pulgas.
Así que ahora estaba complacida.

Ahora es el momento de divertirse
Dado el nivel de significación 0,01,
Debe ayudarme a averiguar
¿Usar el nuevo champú o prescindir de este?

Solución 1

Establezca la prueba de la hipótesis:

H_0: $p \leq 0{,}25$ H_a: $p > 0{,}25$

Determine la distribución necesaria:

En palabras, indique CLARAMENTE qué representa su variable aleatoria $\overline{X}$ o P' representa.

P' = La proporción de pulgas que elimina el nuevo champú

Indique la distribución que se utilizará para la prueba.

Normal: $N\left(0{,}25, \sqrt{\frac{(0{,}25)(1-0{,}25)}{42}}\right)$

Estadístico de prueba: $z = 2{,}3163$

Calcule el valor p con la distribución normal para las proporciones:

valor $p = 0{,}0103$

En una o dos frases completas, explique qué significa el valor p para este problema.

Si la hipótesis nula es verdadera (la proporción es 0,25), entonces hay una probabilidad de 0,0103 de que la proporción muestral (estimada) sea 0,4048 $\left(\frac{17}{42}\right)$ o más.

Use la información anterior para dibujar una imagen de esta situación. DE FORMA CLARA, identifique y escale el eje horizontal y sombree la(s) región(es) correspondiente(s) al valor *p*.

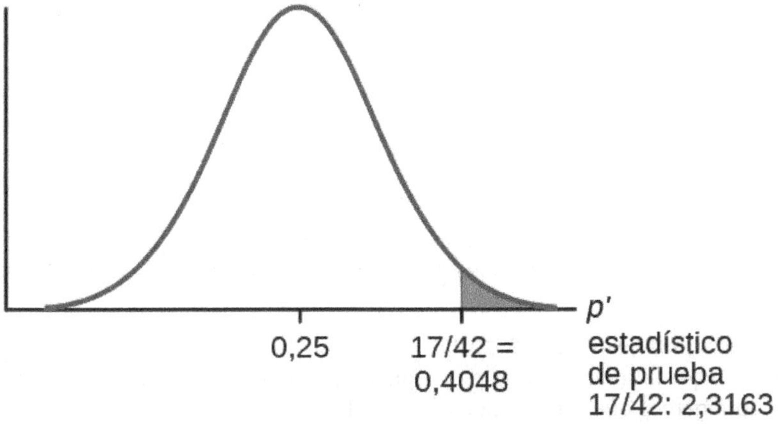

Figura 9.11

Compare α y el valor *p*:

Indique la decisión correcta ("rechazar" o "no rechazar" la hipótesis nula), la razón para ello y escriba una conclusión adecuada, en frases completas.

alfa	decisión	motivo de la decisión
0,01	No rechazar H_0	α < valor *p*.

Tabla 9.3

Conclusión: Al nivel de significación del 1 %, los datos de la muestra no indican pruebas suficientes de que el porcentaje de pulgas que elimina el nuevo champú sea superior al 25 %.

Construya un intervalo de confianza del 95 % para la media o la proporción verdaderas. Incluya un esquema del gráfico de la situación. Etiquete la estimación puntual y los límites inferior y superior del intervalo de confianza.

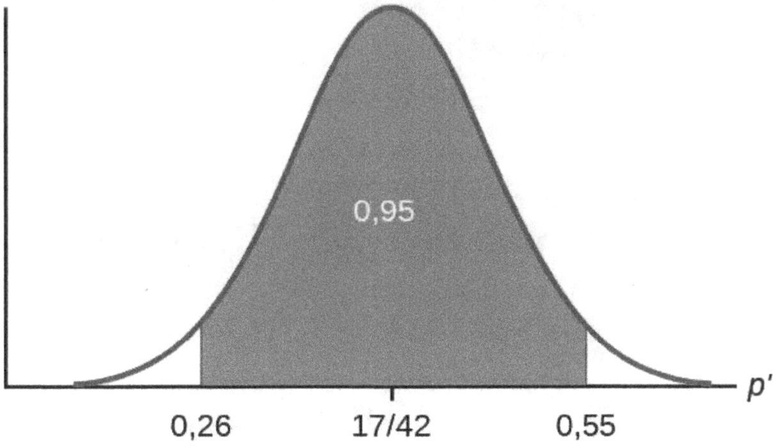

Figura 9.12

Intervalo de confianza: (0,26,0,55) Tenemos un 95 % de confianza en que la verdadera proporción poblacional *p* de pulgas que son eliminadas por el nuevo champú está entre el 26 % y el 55 %.

Nota:

El resultado de esta prueba no es muy definitivo, ya que el valor *p* está muy cerca de alfa. En realidad, probablemente se harían más pruebas y se bañaría otra vez al perro después de que las pulgas hayan tenido la oportunidad de volver.

EJEMPLO 9.20

El Instituto Nacional de Normas y Tecnología proporciona datos exactos sobre las propiedades de conductividad de los materiales. A continuación se muestran las mediciones de conductividad de 11 piezas seleccionadas al azar de un tipo de vidrio en particular.

1,11; 1,07; 1,11; 1,07; 1,12; 1,08; 0,98; 0,98; 1,02; 0,95; 0,95.

¿Hay pruebas convincentes de que la conductividad promedio de este tipo de vidrio sea superior a uno? Utilice un nivel de significación de 0,05. Supongamos que la población es normal.

Solución 1

Sigamos un proceso de cuatro pasos para responder esta pregunta estadística.

1. **Plantee la pregunta**: Tenemos que determinar si, a un nivel de significación de 0,05, la conductividad promedio del vidrio seleccionado es mayor que uno. Nuestras hipótesis serán
   a. H_0: $\mu \leq 1$
   b. H_a: $\mu > 1$
2. **Plan**: estamos probando una media muestral sin una desviación típica poblacional conocida. Por lo tanto, tenemos que utilizar una distribución t de Student. Supongamos que la población subyacente es normal.
3. **Haga los cálculos**: Introduciremos los datos de la muestra en la TI-83 de la siguiente manera.

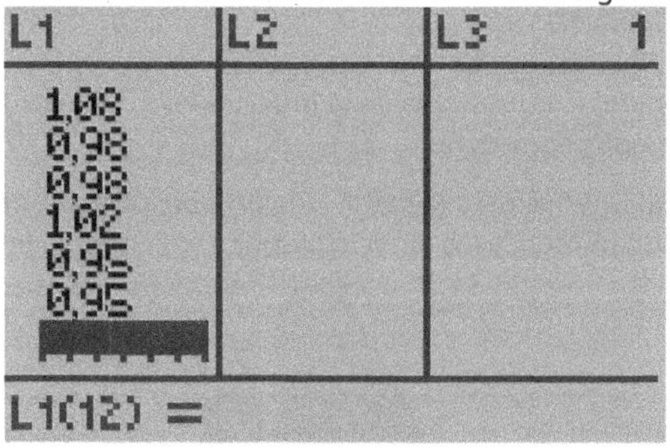

Figura 9.13

Figura 9.14

Figura 9.15

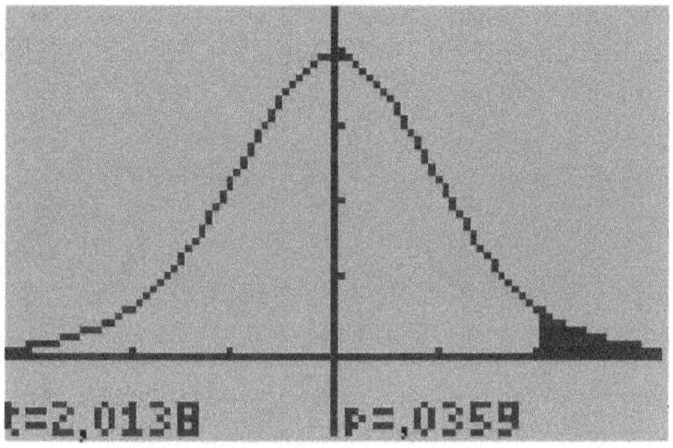

Figura 9.16

4. **Plantee las conclusiones**: Dado que el valor *p* (p = 0,036) es inferior a nuestro valor alfa, rechazaremos la hipótesis nula. Es razonable afirmar que los datos apoyan la afirmación de que el nivel promedio de conductividad es superior a uno.

EJEMPLO 9.21

En un estudio de 420.019 usuarios de teléfonos móviles, 172 de los sujetos desarrollaron cáncer cerebral. Pruebe la afirmación de que los usuarios de teléfonos móviles desarrollaron cáncer cerebral a una tasa mayor que la de los no usuarios de teléfonos móviles (la tasa de cáncer cerebral para los no usuarios de teléfonos móviles es del 0,0340 %). Dado que se trata de un asunto crítico utilice un nivel de significación de 0,005. Explique por qué el nivel de significación debe ser tan bajo en términos de un error tipo I.

Solución 1

Seguiremos el proceso de cuatro pasos.

1. Tenemos que realizar una prueba de hipótesis sobre la tasa de cáncer declarada. Nuestras hipótesis serán
   a. H_0: $p \leq 0{,}00034$
   b. H_a: $p > 0{,}00034$

   Si cometemos un error tipo I, estamos aceptando esencialmente una afirmación falsa. Dado que la afirmación describe entornos cancerígenos, queremos minimizar las posibilidades de identificar incorrectamente las causas del cáncer.

2. Probemos una proporción de muestra con x = 172 y n = 420.019. La muestra es suficientemente grande porque tenemos np = 420.019(0,00034) = 142,8, nq = 420.019(0,99966) = 419.876,2, dos resultados independientes y una probabilidad fija de acierto p = 0,00034. Así podremos generalizar nuestros resultados a la población.
3. Los resultados de TI asociados son

Figura 9.17

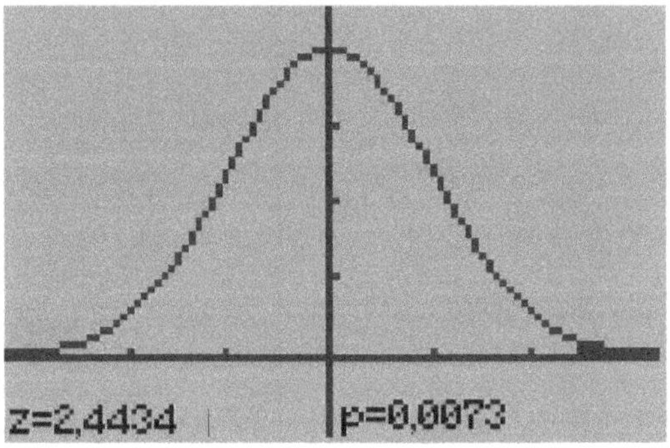

Figura 9.18

4. Dado que el valor p = 0,0073 es mayor que nuestro valor alfa = 0,005, no podemos rechazar la nulidad. Por lo tanto, llegamos a la conclusión de que no hay pruebas suficientes para respaldar la afirmación de que los usuarios de teléfonos móviles tienen mayores tasas de cáncer cerebral.

EJEMPLO 9.22

Según el censo de EE. UU. hay aproximadamente 268.608.618 residentes de 12 años o más. Las estadísticas de la Red Nacional de Violación, Maltrato e Incesto indican que cada año se producen un promedio de 207.754 violaciones (de hombres y mujeres) a personas de 12 años o más. Esto se traduce en un porcentaje de agresiones sexuales del 0,078 %. En el condado de Daviess, KY, se denunciaron 11 violaciones para una población de 37.937 habitantes. Realice una prueba de hipótesis adecuada para determinar si existe una diferencia estadísticamente significativa entre el porcentaje local de agresiones sexuales y el porcentaje nacional de agresiones sexuales. Utilice un nivel de significación de 0,01.

Solución 1

Seguiremos el plan de cuatro pasos.

1. Tenemos que comprobar si la proporción de agresiones sexuales en el condado de Daviess, KY es significativamente diferente del promedio nacional.
2. Ya que se trata de proporciones, utilizaremos la prueba z de una proporción. Las hipótesis de la prueba serán:
   a. H_0: p = 0,00078
   b. H_a: $p \neq$ 0,00078
3. Las siguientes capturas de pantalla muestran el resumen estadístico de la prueba de hipótesis.

Figura 9.19

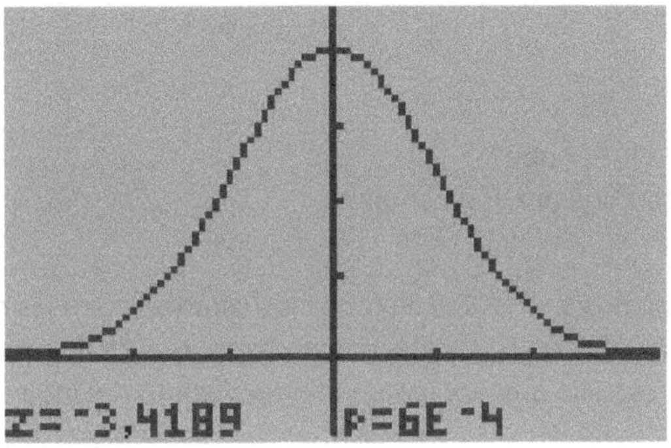

Figura 9.20

4. Dado que el valor p, $p = 0{,}00063$, es inferior al nivel alfa de 0,01, los datos de la muestra indican que debemos rechazar la hipótesis nula. En conclusión, los datos de la muestra apoyan la afirmación de que la proporción de agresiones sexuales en el condado de Daviess, Kentucky, es diferente de la proporción nacional promedio.

9.6 Pruebas de hipótesis de una sola media y una sola proporción

Laboratorio de estadística

Pruebas de hipótesis de una sola media y una sola proporción

Hora de la clase:

Nombres:

Resultados del aprendizaje de los estudiantes

- El estudiante seleccionará las distribuciones adecuadas para utilizar en cada caso.
- El estudiante realizará pruebas de hipótesis e interpretará los resultados.

Encuesta de televisión

En una encuesta reciente, se afirma que los estadounidenses ven televisión un promedio de cuatro horas al día. Supongamos que $\sigma = 2$. Utilizando su clase como muestra, realice una prueba de hipótesis para determinar si el promedio de los estudiantes de su escuela es inferior.

1. H_0: __________
2. H_a: __________
3. En palabras, defina la variable aleatoria. ________ = ________________
4. La distribución que se va a usar para la prueba es ________________.
5. Determine el estadístico de prueba con sus datos.
6. Dibuje un gráfico y márquelo adecuadamente. Sombree el nivel de significación real.
   a. Gráfico:

Figura 9.21

b. Determine el valor *p*.

7. ¿Rechaza o no la hipótesis nula? ¿Por qué?
8. Escriba una conclusión clara con una oración completa.

Encuesta lingüística

Alrededor del 42,3 % de los californianos y el 19,6 % de todos los estadounidenses mayores de cinco años hablan un idioma distinto del inglés en casa. Utilizando su clase como muestra, realice una prueba de hipótesis para determinar si el porcentaje de estudiantes de su escuela que hablan un idioma distinto del inglés en casa es diferente del 42,3 %.

1. H_0: ________
2. H_a: ________
3. En palabras, defina la variable aleatoria. ________ = ____________
4. La distribución a utilizar para la prueba es ____________
5. Determine el estadístico de prueba con sus datos.
6. Dibuje un gráfico y etiquételo adecuadamente. Sombree el nivel de significación real.
   a. Gráfico:

Figura 9.22

   b. Determine el valor *p*.

7. ¿Rechaza o no la hipótesis nula? ¿Por qué?
8. Escriba una conclusión clara con una oración completa.

Encuesta sobre pantalones vaqueros

Supongamos que los adultos jóvenes tienen un promedio de tres pares de vaqueros. Encueste a ocho personas de su clase para determinar si el promedio es superior a tres. Supongamos que la población es normal.

1. H_0: __________
2. H_a: __________
3. En palabras, defina la variable aleatoria. ________ = ________________
4. La distribución que se va a usar para la prueba es ________________.

5. Determine el estadístico de prueba con sus datos.
6. Dibuje un gráfico y etiquételo adecuadamente. Sombree el nivel de significación real.
   a. Gráfico:

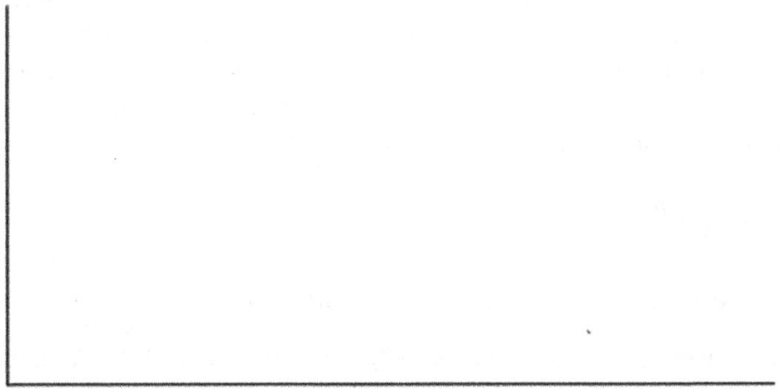

Figura 9.23

   b. Determine el valor *p*.
7. ¿Rechaza o no la hipótesis nula? ¿Por qué?
8. Escriba una conclusión clara con una oración completa.

Términos Clave

Desviación típica un número que es igual a la raíz cuadrada de la varianza y que mide lo lejos que están los valores de los datos de su media; notación: *s* para la desviación típica de la muestra y σ para la desviación típica de la población.

Distribución binomial una variable aleatoria (RV) discreta que surge de ensayos de Bernoulli. Hay un número fijo, *n*, de ensayos independientes. "Independiente" significa que el resultado de cualquier ensayo (por ejemplo, el ensayo 1) no afecta los resultados de los ensayos siguientes, y que todos los ensayos se llevan a cabo en las mismas condiciones. En estas circunstancias, la RV binomial X se define como el número de aciertos en *n* ensayos. La notación es: $X \sim B(n, p)$ $\mu = np$ y la desviación típica es $\sigma = \sqrt{npq}$. La probabilidad de obtener exactamente *x* aciertos en *n* ensayos es $P(X = x) = \binom{n}{x} p^x q^{n-x}$.

Distribución normal una variable aleatoria (RV) continua con pdf $e(x) = \frac{1}{\sigma\sqrt{2\pi}} e^{\frac{-(x-\mu)^2}{2\sigma^2}}$, donde μ es la media de la distribución y σ es la desviación típica, notación: $X \sim N(\mu, \sigma)$. Si $\mu = 0$ y $\sigma = 1$, la RV se denomina **distribución normal estándar**.

Distribución *t* de Student investigado y presentado por William S. Gossett en 1908 y publicado bajo el seudónimo de Student. Las principales características de la variable aleatoria (RV) son

- Es continuo y asume cualquier valor real.
- La pdf es simétrica respecto a su media de cero. Sin embargo, tiene más dispersión y es más plana en el vértice que la distribución normal.
- Se aproxima a la distribución normal estándar a medida que *n* es mayor.
- Existe una "familia" de distribuciones t: cada representante de la familia está completamente definido por el número de grados de libertad que es uno menos que el número de elementos de datos.

Error de tipo 1 la decisión es rechazar la hipótesis nula cuando, de hecho, es verdadera.

Error de tipo 2 la decisión es no rechazar la hipótesis nula cuando, de hecho, es falsa.

Hipótesis una afirmación sobre el valor de un parámetro de la población, en caso de dos hipótesis, la afirmación que se supone verdadera se llama hipótesis nula (notación H_0) y la afirmación contradictoria se llama hipótesis alternativa (notación H_a).

Intervalo de confianza (IC) una estimación de intervalo para un parámetro poblacional desconocido. Esto depende de

- El nivel de confianza deseado.
- Información que se conoce sobre la distribución (por ejemplo, desviación típica conocida).
- La muestra y su tamaño.

Nivel de significación de la prueba probabilidad de un error tipo I (rechazar la hipótesis nula cuando es verdadera). Notación: α. En las pruebas de hipótesis, el nivel de significación se denomina α preconcebido o α preestablecido.

Prueba de hipótesis a partir de las pruebas de la muestra, un procedimiento para determinar si la hipótesis planteada es una afirmación razonable y no se debe rechazar, o es irrazonable y se debe rechazar.

Teorema del límite central Dada una variable aleatoria (RV) con media conocida μ y la desviación típica conocida σ. Estamos muestreando con un tamaño *n* y nos interesan dos nuevas RV: la media muestral, $\overline{X}$, y la suma de la muestra, ΣX. Si el tamaño *n* de la muestra es suficientemente grande, entonces $\overline{X} \sim N\left(\mu, \frac{\sigma}{\sqrt{n}}\right)$ y $\Sigma X \sim N(n\mu, \sqrt{n}\sigma)$.

Si el tamaño *n* de la muestra es suficientemente grande, la distribución de las medias muestrales y la distribución de las sumas muestrales se aproximarán a una distribución normal, independientemente de la forma de la población. La media de las medias muestrales será igual a la media de la población, y la media de las sumas muestrales será igual a *n* veces la media de la población. La desviación típica de la distribución de las medias muestrales, $\frac{\sigma}{\sqrt{n}}$, se denomina error estándar de la media.

***valor* p** la probabilidad de que un evento ocurra por pura casualidad, suponiendo que la hipótesis nula sea cierta. Cuanto menor sea el valor *p*, más fuerte es la evidencia contra la hipótesis nula.

Repaso del capítulo

9.1 Hipótesis nula y alternativa

En una **prueba de hipótesis** se evalúan los datos de la muestra para llegar a una decisión sobre algún tipo de afirmación. Si se cumplen determinadas condiciones sobre la muestra, la afirmación se puede evaluar para una población. En una prueba de hipótesis, nosotros:

1. Evalúe la **hipótesis nula**, normalmente denotada con H_0. La nulidad no se rechaza, a menos que la prueba de

hipótesis demuestre lo contrario. La declaración nula debe contener siempre alguna forma de igualdad (=, ≤ o ≥)

2. Escriba siempre la **hipótesis alternativa**, generalmente denotada con H_a o H_1, utilizando los símbolos de diferente, mayor que, o menor que (es decir, ≠, >, o <).
3. Si rechazamos la hipótesis nula, podemos suponer que hay suficientes pruebas para apoyar la hipótesis alternativa.
4. No diga nunca que una afirmación está probada como verdadera o falsa. Tenga en cuenta el hecho subyacente de que las pruebas de hipótesis se basan en leyes de probabilidad; por lo tanto, solo podemos hablar en términos de certezas no absolutas.

9.2 Resultados y errores de tipo I y II

En toda prueba de hipótesis, los resultados dependen de una interpretación correcta de los datos. Los cálculos incorrectos o el resumen de estadísticas mal entendidos pueden producir errores que afecten los resultados. Un error **tipo I** se produce cuando se rechaza una hipótesis nula verdadera. Un **error tipo II** se produce cuando no se rechaza una hipótesis nula falsa.

Las probabilidades de estos errores se indican con las letras griegas α y β, para un error tipo I y el tipo II, respectivamente. La potencia de la prueba, $1 - \beta$, cuantifica la probabilidad de que una prueba arroje el resultado correcto de que se acepte una hipótesis alternativa verdadera. Es deseable una alta potencia.

9.3 Distribución necesaria para la comprobación de la hipótesis

Para que los resultados de una prueba de hipótesis se puedan generalizar a una población se deben cumplir ciertos requisitos.

Cuando se hacen pruebas para una única media poblacional:

1. Se debe utilizar una prueba t de Student si los datos proceden de una muestra aleatoria simple y la población se distribuye aproximadamente normal, o el tamaño de la muestra es grande, con una desviación típica desconocida.
2. La prueba normal funcionará si los datos proceden de una muestra simple y aleatoria y la población se distribuye aproximadamente de forma normal, o el tamaño de la muestra es grande, con una desviación típica conocida.

Al comprobar una proporción poblacional única, utilice una prueba normal para una proporción poblacional única si los datos proceden de una muestra aleatoria simple, cumplen los requisitos de una distribución binomial y el número de la media de aciertos y el número de la media de fallos satisfacen las condiciones: $np > 5$ y $nq > 5$, donde n es el tamaño de la muestra, p es la probabilidad de un acierto y q es la probabilidad de un fallo.

9.4 Eventos poco comunes, la muestra, decisión y conclusión

Cuando la probabilidad de que ocurra un evento es baja, y ocurre, se denomina evento poco común. Es importante tener en cuenta los eventos pocos comunes en las pruebas de hipótesis porque pueden informar de su voluntad de no rechazar o rechazar una hipótesis nula. Para probar una hipótesis nula, calcule el valor p para los datos de la muestra y grafique los resultados. A la hora de decidir si se rechaza o no la hipótesis nula, hay que tener en cuenta estos dos parámetros:

1. $\alpha >$ valor p, rechaza la hipótesis nula
2. $\alpha \leq$ valor p, no rechaza la hipótesis nula

9.5 Información adicional y ejemplos de pruebas de hipótesis completas

La **prueba de hipótesis** en sí tiene un proceso establecido. Esto se sintetiza de la siguiente manera

1. Determine H_0 y H_a. Recuerde que son contradictorios.
2. Determine la variable aleatoria.
3. Determine la distribución para la prueba.
4. Dibuje un gráfico, calcule el estadístico de la prueba y utilícelo para calcular el valor p. (La puntuación z y la puntuación t son ejemplos de estadísticos de prueba).
5. Compare el α prestablecido con el valor p, tome una decisión (rechazar o no rechazar H_0) y escriba una conclusión clara con frases en inglés.

Observe que al realizar la prueba de hipótesis, se utiliza α y no β. β es necesaria para determinar el tamaño de la muestra de los datos que se utiliza en el cálculo del valor p. Recuerde que la cantidad $1 - \beta$ recibe el nombre de **potencia de la prueba**. Es deseable una alta potencia. Si la potencia es demasiado baja, los estadísticos suelen aumentar el tamaño de la muestra al mantener igual el α. Si la potencia es baja, es posible que no se rechace la hipótesis nula cuando debería hacerlo.

Repaso de fórmulas

9.1 Hipótesis nula y alternativa

H_0 y H_a son contradictorias.

Si H_o tiene:	igual (=)	mayor o igual que (≥)	menor o igual que (≤)
entonces H_a tiene:	no igual (≠) **o** mayor que (>) **o** menor que (<)	menor que (<)	mayor que (>)

Tabla 9.4

Si $\alpha \leq$ valor p, entonces no rechace H_0.

Si $\alpha >$ valor p, entonces rechace H_0.

α es preconcebido. Su valor se establece antes de que comience la prueba de hipótesis. El valor p se calcula a partir de los datos.

9.2 Resultados y errores de tipo I y II

α = probabilidad de un error de tipo I = P(error de tipo I) = probabilidad de rechazar la hipótesis nula cuando la hipótesis nula es verdadera.

β = probabilidad de un error tipo II = P(error tipo II) = probabilidad de no rechazar la hipótesis nula cuando la hipótesis nula es falsa.

9.3 Distribución necesaria para la comprobación de la hipótesis

Si no hay un α preconcebido, entonces utilice α = 0,05.

Tipos de pruebas de hipótesis

- Media poblacional única, varianza poblacional **conocida** (o desviación típica): **Prueba normal**.
- Media poblacional única, varianza poblacional **desconocida** (o desviación típica): **Prueba *t* de Student**.
- Proporción de población única: **Prueba normal**.
- Para una **media poblacional única**, podemos utilizar una distribución normal con la siguiente media y desviación típica. Medios: $\mu = \mu_{\overline{x}}$ y $\sigma_{\overline{x}} = \frac{\sigma_x}{\sqrt{n}}$
- Una **proporción poblacional única**, podemos utilizar una distribución normal con la siguiente media y desviación típica. Proporciones: $\mu = \boldsymbol{p}$ y $\sigma = \sqrt{\frac{pq}{n}}$.

Práctica

9.1 Hipótesis nula y alternativa

1. Está comprobando que la velocidad media de su conexión a internet por cable es superior a tres megabits por segundo. ¿Cuál es la variable aleatoria? Descríbalo con palabras.

2. Está comprobando que la velocidad media de su conexión a internet por cable es superior a tres megabits por segundo. Indique las hipótesis nula y alternativa.

3. La familia estadounidense tiene un promedio de dos hijos. ¿Cuál es la variable aleatoria? Descríbalo con palabras.

4. El salario medio de un empleado en una compañía es de 58.000 dólares. Usted cree que es mayor para los profesionales de tecnología de la información (TI) en la compañía. Indique las hipótesis nula y alternativa.

5. Un sociólogo afirma que la probabilidad de que una persona elegida al azar en Times Square, en Nueva York, esté visitando la zona es de 0,83. Hay que probar para ver si la proporción es realmente menor. ¿Cuál es la variable aleatoria? Descríbalo con palabras.

6. Un sociólogo afirma que la probabilidad de que una persona elegida al azar en Times Square, en Nueva York, esté visitando la zona es de 0,83. Quiere comprobar si la afirmación es correcta. Indique las hipótesis nula y alternativa.

7. En una población de peces, aproximadamente el 42 % son hembras. Se realiza una prueba para ver si, efectivamente, la proporción es menor. Indique las hipótesis nula y alternativa.

8. Supongamos que un artículo reciente afirma que la media de tiempo que pasa en la cárcel un ladrón condenado por primera vez es de 2,5 años. A continuación se realizó un estudio para comprobar si el tiempo medio ha aumentado en el nuevo siglo. Se eligió una muestra aleatoria de 26 ladrones condenados por primera vez en un año reciente. La media de tiempo en prisión de la encuesta fue de 3 años con una desviación típica de 1,8 años. Supongamos que se sabe de algún modo que la desviación típica de la población es 1,5. Si realiza una prueba de hipótesis para determinar si la duración media del tiempo en prisión ha aumentado, ¿cuáles serían las hipótesis nula y alternativa? La distribución de la población es normal.

   a. H_0: _______
   b. H_a: _______

9. Una encuesta aleatoria realizada a 75 condenados a muerte reveló que la duración media en el pabellón de los condenados a muerte es de 17,4 años, con una desviación típica de 6,3 años. Si estuviera realizando una prueba de hipótesis para determinar si el tiempo medio de la población en el pabellón de los condenados a muerte podría ser de 15 años, ¿cuáles serían las hipótesis nula y alternativa?

   a. H_0: _______
   b. H_a: _______

10. El Instituto Nacional de Salud Mental publicó un artículo en el que se afirma que, en cualquier periodo de un año, aproximadamente el 9,5 % de los adultos estadounidenses sufren depresión o una enfermedad depresiva. Supongamos que en una encuesta realizada a 100 personas de una determinada ciudad, siete de ellas sufren depresión o una enfermedad depresiva. Si realizara una prueba de hipótesis para determinar si la verdadera proporción de personas de esa ciudad que sufren depresión o una enfermedad depresiva es inferior al porcentaje de la población general adulta estadounidense, ¿cuáles serían las hipótesis nula y alternativa?

   a. H_0: _______
   b. H_a: _______

9.2 Resultados y errores de tipo I y II

11. El precio medio de los automóviles de tamaño medio en una región es de 32.000 dólares. Se realiza una prueba para ver si la afirmación es cierta. Indique los errores tipo I y tipo II en oraciones completas.

12. Un saco de dormir está probado para soportar temperaturas de –15 °F. Usted cree que el saco no puede soportar temperaturas tan bajas. Indique los errores tipo I y tipo II en oraciones completas.

13. Para el ejercicio 9.12, ¿qué son α y β en palabras?

14. En palabras, describa $1 - \beta$ para el ejercicio 9.12.

15. Un grupo de médicos está decidiendo si realizan o no una operación. Supongamos que la hipótesis nula, H_0, es: la intervención quirúrgica saldrá bien. Indique los errores tipo I y tipo II en oraciones completas.

16. Un grupo de médicos está decidiendo si realizan o no una operación. Supongamos que la hipótesis nula, H_0, es: la intervención quirúrgica saldrá bien. ¿Cuál es el error con mayores consecuencias?

17. La potencia de una prueba es de 0,981. ¿Cuál es la probabilidad de un error tipo II?

18. Un grupo de buzos está explorando un viejo barco hundido. Supongamos que la hipótesis nula, H_0, es: el barco hundido no contiene un tesoro enterrado. Indique los errores tipo I y tipo II en oraciones completas.

19. Un microbiólogo está analizando una muestra de agua para identificar la presencia de *E-coli*. Supongamos que la hipótesis nula, H_0, es: la muestra no contiene *E-coli*. La probabilidad de que la muestra no contenga *E-coli*, pero el microbiólogo cree que sí la contiene, es de 0,012. La probabilidad de que la muestra contenga *E-coli*, pero el microbiólogo piense que no es así, es de 0,002. ¿Cuál es la potencia de esta prueba?

20. Un microbiólogo está analizando una muestra de agua para identificar la presencia de *E-coli*. Supongamos que la hipótesis nula, H_0, es: la muestra contiene *E-coli*. ¿Cuál es el error con mayores consecuencias?

9.3 Distribución necesaria para la comprobación de la hipótesis

21. ¿Qué dos distribuciones puede usar para las pruebas de hipótesis de este capítulo?

22. ¿Qué distribución se utiliza cuando se comprueba la media de una población y se conoce la desviación típica de la población? Supongamos una distribución normal, con $n \geq 30$.

23. ¿Qué distribución se utiliza cuando no se conoce la desviación típica y se está comprobando la media de una población? Supongamos que el tamaño de la muestra es grande.

24. La media de la población es 13. La media muestral es de 12,8 y la desviación típica de la muestra es de dos. El tamaño de la muestra es de 20. ¿Qué distribución debe usar para hacer una prueba de hipótesis? Supongamos que la población subyacente es normal.

25. Una población tiene una media de 25 y una desviación típica de 5. La media muestral es 24 y el tamaño de la muestra es 108. ¿Qué distribución debe usar para hacer una prueba de hipótesis?

26. Se cree que el 42 % de los encuestados en una prueba de sabor preferirían la marca *A*. En una prueba particular de 100 personas, el 39 % prefirió la marca *A*. ¿Qué distribución debería usar para hacer una prueba de hipótesis?

27. Está haciendo una prueba de hipótesis de una media poblacional única mediante una distribución *t*de Student. ¿Qué debe suponer sobre la distribución de los datos?

28. Está haciendo una prueba de hipótesis de una media poblacional única mediante una distribución *t*de Student. Los datos no proceden de una simple muestra aleatoria. ¿Puede hacer la prueba de la hipótesis con precisión?

29. Usted está haciendo una prueba de hipótesis de una sola proporción de la población. ¿Qué debe ser cierto sobre las cantidades de *np* y *nq*?

30. Usted está haciendo una prueba de hipótesis de una sola proporción de la población. Se descubre que *np* es menor que cinco. ¿Qué hay que hacer para poder realizar una prueba de hipótesis válida?

31. Usted está haciendo una prueba de hipótesis de una sola proporción de la población. ¿De qué distribución proceden los datos?

9.4 Eventos poco comunes, la muestra, decisión y conclusión

32. ¿Cuándo se rechaza la hipótesis nula?

33. La probabilidad de ganar el gran premio en un juego de feria en particular es de 0,005. ¿El resultado de ganar es muy probable o improbable?

34. La probabilidad de ganar el gran premio en un juego de feria en particular es de 0,005. Michele gana el gran premio. ¿Se considera un evento poco común o común? ¿Por qué?

35. Se cree que la altura media de los estudiantes de secundaria que juegan baloncesto en el equipo escolar es de 73 pulgadas con una desviación típica de 1,8 pulgadas. Se elige una muestra aleatoria de 40 jugadores. La media de la muestra fue de 71 pulgadas, y la desviación típica de la muestra fue de 1,5 años. ¿Apoyan los datos la afirmación de que la altura media es inferior a 73 pulgadas? El valor *p* es casi cero. Indique las hipótesis nula y alternativa e interprete el valor *p*.

36. La edad media de los estudiantes de posgrado de una universidad es como máximo de 31 años, con una desviación típica de dos años. Se toma una muestra aleatoria de 15 estudiantes de posgrado. La media de la muestra es de 32 años y la desviación típica de la muestra es de tres años. ¿Los datos son significativos al nivel del 1 %? El valor *p* es de 0,0264. Indique las hipótesis nula y alternativa e interprete el valor *p*.

37. ¿La región sombreada representa un valor *p* bajo o alto en comparación con un nivel de significación del 1 %?

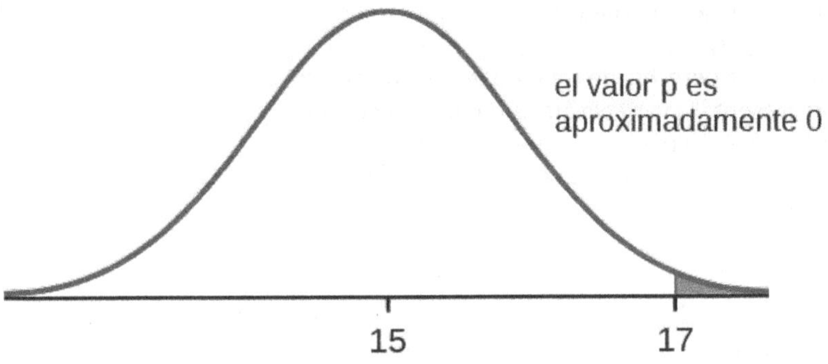

Figura 9.24

38. ¿Qué debe hacer cuando $\alpha >$ valor *p*?

39. ¿Qué debe hacer si $\alpha =$ valor *p*?

40. Si no se rechaza la hipótesis nula, entonces debe ser cierta. ¿Esta afirmación es correcta? Indique por qué sí o por qué no en oraciones completas.

Use la siguiente información para responder los próximos siete ejercicios: supongamos que un artículo reciente afirma que la media de tiempo que pasa en prisión un ladrón condenado por primera vez es de 2,5 años. A continuación se realizó un estudio para comprobar si el tiempo medio ha aumentado en el nuevo siglo. Se eligió una muestra aleatoria de 26 ladrones condenados por primera vez en un año reciente. La media de tiempo en prisión de la encuesta fue de tres años con una desviación típica de 1,8 años. Supongamos que se sabe de algún modo que la desviación típica de la población es 1,5. Realice una prueba de hipótesis para determinar si la duración media del tiempo de encarcelamiento ha aumentado. Supongamos que la distribución de los tiempos en prisión es aproximadamente normal.

41. ¿Se trata de una prueba de medias o de proporciones?

42. ¿Qué símbolo representa la variable aleatoria de esta prueba?

43. Defina la variable aleatoria para esta prueba en palabras.

44. ¿Se conoce σ y, si es así, cuál es?

45. Calcule lo siguiente:

a. $\overline{x}$ ______
b. σ ______
c. s_x ______
d. n ______

46. Dado que tanto σ como s_x se dan, ¿cuál debe utilizarse? En una o dos frases completas, explique por qué.

47. Indique la distribución que se debe usar para la prueba de hipótesis.

48. Una encuesta aleatoria realizada a 75 condenados a muerte reveló que la duración media en el pabellón de los condenados a muerte es de 17,4 años, con una desviación típica de 6,3 años. Realice una prueba de hipótesis para determinar si la media poblacional de tiempo en el corredor de la muerte podría ser de 15 años.

a. ¿Se trata de una prueba de una media o de una proporción?
b. Indique las hipótesis nula y alternativa.
H_0: ________________ H_a: ________________
c. ¿Es una prueba de cola derecha, de cola izquierda o de dos colas?
d. ¿Qué símbolo representa la variable aleatoria de esta prueba?
e. Defina la variable aleatoria para esta prueba en palabras.
f. ¿Se conoce la desviación típica de la población y, en caso afirmativo, cuál es?
g. Calcule lo siguiente:
    i. $\overline{x}$ = __________
    ii. s = __________
    iii. n = __________
h. ¿Qué prueba debe utilizarse?
i. Indique la distribución que se debe usar para la prueba de hipótesis.
j. Calcule el valor *p*.
k. Con un α preconcebido = 0,05, cuál es su
    i. Decisión:
    ii. Motivo de la decisión:
    iii. Conclusión (escriba en una oración completa):

9.5 Información adicional y ejemplos de pruebas de hipótesis completas

49. Supongamos que H_0: $\mu = 9$ y H_a: $\mu < 9$. ¿Es una prueba de cola izquierda, de cola derecha o de dos colas?

50. Supongamos que H_0: $\mu \leq 6$ y H_a: $\mu > 6$. ¿Es una prueba de cola izquierda, de cola derecha o de dos colas?

51. Supongamos que H_0: $p = 0,25$ y H_a: $p \neq 0,25$. ¿Es una prueba de cola izquierda, de cola derecha o de dos colas?

52. Dibuje el gráfico general de una prueba de cola izquierda.

53. Dibuje el gráfico de una prueba de dos colas.

54. La etiqueta de una botella de agua indica que contiene 16 onzas líquidas de agua. Usted cree que es menos que eso. ¿Qué tipo de prueba utilizaría?

55. Su amigo afirma que su puntuación media en el golf es de 63. Quiere demostrar que es más que eso. ¿Qué tipo de prueba utilizaría?

56. En una báscula de baño se señala que puede identificar correctamente cualquier peso dentro de una libra. Usted cree que no puede ser tan precisa. ¿Qué tipo de prueba utilizaría?

57. Lanza una moneda y anota si sale cara o cruz. Sabe que la probabilidad de salir cara es del 50 %, pero cree que es menor para esta moneda en particular. ¿Qué tipo de prueba utilizaría?

58. ¿Sabe qué tipo de prueba debe utilizar si la hipótesis alternativa tiene un símbolo de diferente (≠)?

59. Supongamos que la hipótesis nula afirma que la media es, al menos, 18. ¿Es una prueba de cola izquierda, de cola derecha o de dos colas?

60. Supongamos que la hipótesis nula afirma que la media es como máximo 12. ¿Es una prueba de cola izquierda, de cola derecha o de dos colas?

61. Supongamos que la hipótesis nula afirma que la media es igual a 88. La hipótesis alternativa afirma que la media es diferente a 88. ¿Es una prueba de cola izquierda, de cola derecha o de dos colas?

Tarea para la casa

9.1 Hipótesis nula y alternativa

62. Algunas de las siguientes afirmaciones se refieren a la hipótesis nula, otras a la hipótesis alternativa.

Enuncie la hipótesis nula, H_0 y la hipótesis alternativa. H_a, en términos del parámetro apropiado (μ o p).

a. La media de años que los estadounidenses trabajan antes de jubilarse es de 34.
b. Como máximo, el 60 % de los estadounidenses vota en las elecciones presidenciales.
c. El salario medio inicial de los graduados de la Universidad Estatal de San José es de, al menos, 100.000 dólares al año.
d. El veintinueve por ciento de los estudiantes de último año de escuela secundaria se emborrachan cada mes.
e. Menos del 5 % de los adultos van en autobús al trabajo en Los Ángeles.
f. El número medio de automóviles que posee una persona a lo largo de su vida no es superior a diez.
g. Aproximadamente la mitad de los estadounidenses prefieren vivir lejos de las ciudades, si pueden elegir.
h. Los europeos tienen una media de seis semanas de vacaciones pagadas al año.
i. La probabilidad de desarrollar cáncer de mama es inferior al 11 % para las mujeres.
j. El costo medio de la matrícula de las universidades privadas supera los 20.000 dólares anuales.

63. En las décadas recientes los responsables de salud pública han examinado la relación entre la preocupación por el peso y el hábito de fumar de las adolescentes. Los investigadores encuestaron a un grupo de 273 niñas adolescentes seleccionadas al azar que vivían en Massachusetts (entre 12 y 15 años). Al cabo de cuatro años se volvió a encuestar a las niñas. Sesenta y tres dijeron que fumaban para mantenerse delgadas. ¿Existen pruebas fehacientes de que más del treinta por ciento de las adolescentes fuman para mantenerse delgadas? La hipótesis alternativa es:

a. $p < 0{,}30$
b. $p \leq 0{,}30$
c. $p \geq 0{,}30$
d. $p > 0{,}30$

64. Un instructor de Estadística cree que menos del 20 % de los estudiantes del Evergreen Valley College (EVC) asistieron a la proyección de medianoche de la última película de Harry Potter. Hace una encuesta entre 84 de sus estudiantes y descubre que 11 asistieron a la proyección de medianoche. Una hipótesis alternativa adecuada es:

a. $p = 0{,}20$
b. $p > 0{,}20$
c. $p < 0{,}20$
d. $p \le 0{,}20$

65. Anteriormente, una organización informó que los adolescentes pasaban 4,5 horas a la semana, en promedio, al teléfono. La organización cree que, actualmente, la media es más alta. Se preguntó a quince adolescentes elegidos al azar cuántas horas a la semana pasaban al teléfono. La media muestral fue de 4,75 horas con una desviación típica de la muestra de 2,0. Realice una prueba de hipótesis. Las hipótesis nula y alternativa son:

a. H_o: $\overline{x} = 4{,}5$, H_a: $\overline{x} > 4{,}5$
b. H_o: $\mu \ge 4{,}5$, H_a: $\mu < 4{,}5$
c. H_o: $\mu = 4{,}75$, H_a: $\mu > 4{,}75$
d. H_o: $\mu = 4{,}5$, H_a: $\mu > 4{,}5$

9.2 Resultados y errores de tipo I y II

66. Indique los errores tipo I y tipo II en oraciones completas dadas las siguientes afirmaciones.

a. La media de años que los estadounidenses trabajan antes de jubilarse es de 34.
b. Como máximo, el 60 % de los estadounidenses vota en las elecciones presidenciales.
c. El salario medio inicial de los graduados de la Universidad Estatal de San José es de, al menos, 100.000 dólares al año.
d. El veintinueve por ciento de los estudiantes de último año de escuela secundaria se emborrachan cada mes.
e. Menos del 5 % de los adultos van en autobús al trabajo en Los Ángeles.
f. El número medio de automóviles que posee una persona a lo largo de su vida no es superior a diez.
g. Aproximadamente la mitad de los estadounidenses prefieren vivir lejos de las ciudades, si pueden elegir.
h. Los europeos tienen una media de seis semanas de vacaciones pagadas al año.
i. La probabilidad de desarrollar cáncer de mama es inferior al 11 % para las mujeres.
j. Las universidades privadas suponen un costo de matrícula de más de 20.000 dólares al año.

67. Para los enunciados de la a a la j del ejercicio 9.109, responda a lo siguiente con oraciones completas.

a. Indique una consecuencia de cometer un error tipo I.
b. Indique una consecuencia de cometer un error tipo II.

68. Cuando se crea un nuevo medicamento la compañía farmacéutica debe someterlo a pruebas antes de recibir el permiso necesario de la Administración de Alimentos y Medicamentos (Food and Drug Administration, FDA) para comercializarlo. Supongamos que la hipótesis nula es "el medicamento no es seguro". ¿Cuál es el error tipo II?

a. Concluir que el fármaco es seguro cuando, en realidad, es inseguro.
b. No concluir que el medicamento es seguro cuando, de hecho, lo es.
c. Concluir que el medicamento es seguro cuando, de hecho, lo es.
d. No concluir que el medicamento es inseguro cuando, de hecho, lo es.

69. Un instructor de Estadística cree que menos del 20 % de los estudiantes del Evergreen Valley College (EVC) asistieron al estreno de la última película de Harry Potter a medianoche. Hace una encuesta entre 84 de sus estudiantes y halla que 11 de ellos asistieron a la proyección de medianoche. El error tipo I consiste en concluir que el porcentaje de estudiantes de EVC que asistieron es _______.

a. al menos el 20 %, cuando en realidad es menos del 20 %.
b. 20 %, cuando en realidad es el 20 %.
c. menos del 20 %, cuando en realidad es, al menos, el 20 %.
d. menos del 20 %, cuando en realidad es menos del 20 %.

70. Se cree que los estudiantes de Álgebra Intermedia del Lake Tahoe Community College (LTCC) duermen menos de siete horas por noche, en promedio. Una encuesta realizada a 22 estudiantes de Álgebra Intermedia del LTCC generó una media de 7,24 horas con una desviación típica de 1,93 horas. A un nivel de significación del 5 %, ¿los estudiantes de Álgebra Intermedia del LTCC duermen menos de siete horas por noche, en promedio?

El error tipo II consiste en no rechazar que el número medio de horas de sueño de los estudiantes del LTCC por noche es de, al menos, siete cuando, en realidad, el número medio de horas

a. es más de siete horas.
b. es, como máximo, siete horas.
c. es de, al menos, siete horas.
d. es inferior a siete horas.

71. Anteriormente, una organización informó que los adolescentes pasaban 4,5 horas a la semana, en promedio, al teléfono. La organización cree que, actualmente, la media es más alta. Se preguntó a quince adolescentes elegidos al azar cuántas horas a la semana pasaban al teléfono. La media muestral fue de 4,75 horas con una desviación típica de la muestra de 2,0. Al realizar una prueba de hipótesis, el error tipo I es:

a. concluir que la media actual de horas semanales es superior a 4,5, cuando en realidad es superior
b. concluir que la media actual de horas semanales es superior a 4,5, cuando en realidad es igual.
c. concluir que la media de horas semanales es actualmente de 4,5, cuando en realidad es mayor
d. concluir que la media de horas semanales actualmente no es superior a 4,5, cuando en realidad no es superior

9.3 Distribución necesaria para la comprobación de la hipótesis

72. Se cree que los estudiantes de Álgebra Intermedia del Lake Tahoe Community College (LTCC) duermen menos de siete horas por noche, en promedio. Una encuesta realizada a 22 estudiantes de Álgebra Intermedia del LTCC generó una media de 7,24 horas con una desviación típica de 1,93 horas. A un nivel de significación del 5 %, ¿los estudiantes de Álgebra Intermedia del LTCC duermen menos de siete horas por noche, en promedio? La distribución que se utilizará para esta prueba es $\overline{X} \sim$ ____________

a. $N(7{,}24, \frac{1{,}93}{\sqrt{22}})$
b. $N(7{,}24, 1{,}93)$
c. t_{22}
d. t_{21}

9.4 Eventos poco comunes, la muestra, decisión y conclusión

73. El Instituto Nacional de Salud Mental publicó un artículo en el que se afirma que, en cualquier periodo de un año, aproximadamente el 9,5 % de los adultos estadounidenses sufren depresión o una enfermedad depresiva. Supongamos que en una encuesta realizada a 100 personas de una determinada ciudad, siete de ellas sufren depresión o una enfermedad depresiva. Realice una prueba de hipótesis para determinar si la verdadera proporción de personas de esa ciudad que sufren depresión o una enfermedad depresiva es inferior al porcentaje de la población general adulta estadounidense.

a. ¿Se trata de una prueba de una media o de una proporción?
b. Indique las hipótesis nula y alternativa.
H_0: ________________ H_a: ________________
c. ¿Es una prueba de cola derecha, de cola izquierda o de dos colas?
d. ¿Qué símbolo representa la variable aleatoria de esta prueba?
e. Defina la variable aleatoria para esta prueba en palabras.
f. Calcule lo siguiente:
   i. x = ______________
   ii. n = ______________
   iii. p' = ____________
g. Calcule σ_x = ________. Muestre la configuración de la fórmula.
h. Indique la distribución que se debe usar para la prueba de hipótesis.
i. Calcule el valor p.
j. Con un α preconcebido = 0,05, cuál es su
   i. Decisión:
   ii. Motivo de la decisión:
   iii. Conclusión (escriba en una oración completa):

9.5 Información adicional y ejemplos de pruebas de hipótesis completas

En cada uno de los problemas, utilice una hoja de soluciones para comprobar la hipótesis. La hoja de soluciones se encuentra en el E - HOJAS DE SOLUCIONES. No dude en hacer copias de las hojas de soluciones. Para la versión en línea del libro se sugiere copiar los archivos .doc o .pdf.

Nota:

Si usa una distribución t de Student para uno de los siguientes problemas de tarea para la casa, puede suponer que la población subyacente está distribuida normalmente. (Sin embargo, en general, primero hay que demostrar ese supuesto).

74. Una marca particular de neumáticos afirma que su neumático de lujo recorre un promedio de 50.000 millas antes de necesitar reemplazo. Por estudios anteriores de este neumático, se sabe que la desviación típica es de 8.000. Se realiza una encuesta entre los propietarios de ese diseño de neumático. De los 28 neumáticos revisados la vida media fue de 46.500 millas con una desviación típica de 9.800 millas. Utilizando alfa = 0,05, ¿los datos son altamente incoherentes con la afirmación?

75. De una generación a otra, la edad media en que los fumadores empiezan a fumar varía. Sin embargo, la desviación típica de esa edad se mantiene constante en torno a los 2,1 años. Se hizo una encuesta a 40 fumadores de esta generación para comprobar si la edad media de inicio es de, al menos, 19 años. La media muestral fue de 18,1 con una desviación típica de la muestra de 1,3. ¿Los datos apoyan la afirmación al nivel del 5 %?

76. El costo de un diario varía de una ciudad a otra. Sin embargo, la variación entre los precios se mantiene estable con una desviación típica de 20 centavos. Se realizó un estudio para comprobar la afirmación de que el costo medio de un diario es de 1,00 dólar. Doce costos dan un costo medio de 95 centavos con una desviación típica de 18 centavos. ¿Los datos apoyan la afirmación al nivel del 1 %?

77. Un artículo de *The Mercury News* de San José afirmaba que los estudiantes del sistema universitario estatal de California tardan un promedio de 4,5 años en graduarse. Supongamos que cree que el tiempo medio es mayor. Usted realiza una encuesta a 49 estudiantes y obtiene una media muestral de 5,1 con una desviación típica de la muestra de 1,2. ¿Los datos apoyan su afirmación al nivel del 1 %?

78. Se cree que el número medio de días por permiso de enfermedad que toma un empleado al año es de unos diez. Los miembros de un departamento de personal no creen en esta cifra. Encuestan al azar a ocho empleados. El número de días por permiso de enfermedad que tomaron el año pasado es el siguiente: 12; 4; 15; 3; 11; 8; 6; 8. Supongamos que x = el número de días por permiso de enfermedad que tomaron durante el año pasado. ¿El equipo de personal debería creer que la media es diez?

79. En 1955, la revista *Life* informó que la joven de 25 años, madre de tres hijos, trabajaba un promedio de 80 horas semanales. Recientemente, muchos grupos han estudiado si el movimiento feminista ha provocado o no un aumento de la semana laboral promedio de las mujeres (combinación de empleo y trabajo en casa). Supongamos que se realiza un estudio para determinar si la semana laboral media ha aumentado. Se encuestaron 81 mujeres con los siguientes resultados. La media muestral fue de 83; la desviación típica de la muestra fue de diez. ¿Parece que la semana laboral media ha aumentado para las mujeres al nivel del 5 %?

80. Su instructora de estadística afirma que el 60 % de los estudiantes que asisten a su clase de Estadística Elemental pasan por la vida sintiéndose más enriquecidos. Por algún motivo que ella no puede entender la mayoría de las personas no le cree. Usted decide comprobarlo por su cuenta. Hace una encuesta al azar a 64 de sus antiguos estudiantes de Estadística Elemental y descubre que 34 se sienten más enriquecidos como consecuencia de su clase. Ahora, ¿qué cree?

81. Un anuncio de Nissan Motor Corporation decía: "El coeficiente intelectual del hombre promedio es 107. El coeficiente intelectual de la trucha marrón promedio es 4. Entonces, ¿por qué el hombre no puede pescar truchas marrones?". Supongamos que cree que el coeficiente intelectual de la trucha marrón promedio es superior a cuatro. Ha capturado 12 truchas marrones. Un psicólogo especializado en peces determina el coeficiente intelectual de la siguiente manera: 5; 4; 7; 3; 6; 4; 5; 3; 6; 3; 8; 5. Realice una prueba de hipótesis de su creencia.

82. Consulte el ejercicio 9.119. Realice una prueba de hipótesis para ver si su decisión y conclusión cambiarían si su creencia fuera que el coeficiente intelectual de la trucha marrón promedio **no** es cuatro.

83. Según un artículo de *Newsweek*, el cociente natural de niñas y niños es de 100:105. En China, el cociente de natalidad es 100: 114 (46,7 % niñas). Supongamos que no cree en las cifras que se dan a conocer sobre el porcentaje de niñas nacidas en China. Realiza un estudio. En este estudio, cuenta el número de niñas y niños nacidos en 150 nacimientos recientes elegidos al azar. De los 150 han nacido 60 niñas y 90 niños. Basándose en su estudio, ¿cree que el porcentaje de niñas nacidas en China es del 46,7?

84. Un sondeo realizado para *Newsweek* reveló que el 13 % de los estadounidenses ha visto o percibido la presencia de un ángel. Un contingente tiene dudas sobre que el porcentaje sea realmente tan alto. Realiza su propia encuesta. De los 76 estadounidenses encuestados, solo dos habían visto o sentido la presencia de un ángel. Como resultado de la encuesta del contingente, ¿está usted de acuerdo con el sondeo de *Newsweek*? En oraciones completas, indique también tres justificaciones por las que los dos sondeos podrían dar resultados diferentes.

85. Se cree que la semana laboral media de los ingenieros de una compañía emergente es de unas 60 horas. Un ingeniero recién contratado espera que sea más corto. Pregunta a diez amigos ingenieros de compañías emergentes por la duración de sus semanas de trabajo medias. Con base en los resultados siguientes, ¿debe contar con que la semana laboral media sea inferior a 60 horas?

Datos (duración de la semana laboral media): 70; 45; 55; 60; 65; 55; 55; 60; 50; 55.

86. Utilice los datos de "tiempo de vuelta" con la vuelta 4 (ver C - CONJUNTOS DE DATOS) para probar la afirmación de que Terri termina la vuelta 4, en promedio, en menos de 129 segundos. Utilice las veinte carreras dadas.

87. Utilice los datos de la "Oferta Pública Inicial" (vea C - CONJUNTOS DE DATOS) para comprobar la afirmación de que el precio medio de la oferta fue de 18 dólares por acción. No utilice todos los datos. Utilice su generador de números aleatorios para encuestar al azar 15 precios.

Nota:

Las siguientes preguntas las escribieron antiguos estudiantes. ¡Son problemas excelentes!

88. "Reunión familiar asiática", de Chau Nguyen

Cada dos años se celebra.
Nos reunimos todos los de diferentes ciudades.
En mi honesta opinión
No es la típica reunión familiar.
Ni cuarenta, ni cincuenta, ni sesenta
¡Sino setenta compañeros!
Los niños jugaban, gritaban y vociferaban
En un momento están contentos y en otro hacen pucheros.
Los adolescentes miraban, miraban fijamente y comparaban
Desde su aspecto hasta su vestimenta.
Los hombres hablaban de sus negocios
Que ganan más, pero nunca menos.
El dinero es siempre su tema
Y siempre se habla de más proyectos nuevos.
Las mujeres se cansan de todas las charlas
Se dirigen a la cocina para poner los manteles individuales.
Algunos se sentaban y otros se ponían de pie
Comían y hablaban con los platos en las manos.
Luego vienen los juegos y las canciones
Y de repente, ¡todo el mundo se lleva bien!
Con todas esas risas, es triste decir que
Que siempre termina de la misma manera.
Se abrazan, se besan y se despiden
¡Y entonces todos se ponen a llorar!
Yo digo que el 60 por ciento lloró
Pero mi madre contó 35 personas este año.
Dijo que los niños y los hombres siempre tendrán su orgullo
Así que nunca los veremos llorar.
No creo que tenga razón
Así que, ¿podría probar este problema para saber si lo objeta?

89. "El problema con los ángeles", de Cyndy Dowling

Aunque este problema es totalmente mío
El catalizador vino de la revista Time.
En la portada de la revista encontré
El reino de los ángeles hace cosquillas en mi mente.
En el interior, el 69 % me pareció que
En los ángeles, los estadounidenses sí creen.
Entonces, llegó el momento de estar a la altura.
A noventa y cinco estudiantes de escuela secundaria y universitarios sí les pregunté.
Veo a todos como un solo grupo
Muestreo aleatorio para obtener la primicia.
Así que le pedí a cada uno que fuera honesto.
"¿Cree en los ángeles?" ¡Dígame, hágalo!
Hipótesis de partida
Creo totalmente en mi corazón
Que la proporción que dijo que sí
Sería igual en esta prueba.
¡Sorpresa! Llegaron setenta y tres
De la muestra de noventa y cinco.
Ahora su trabajo acaba de empezar
Resuelva este problema y diviértase.

90. "Hacer burbujas", de Sondra Prull

Estudiar las estadísticas me puso tensa
Tenía que encontrar alguna defensa sana.
Algún juego ligero y sencillo para animarme
Para desvanecer mi ansiedad por las matemáticas.
Hacer burbujas me eleva
Lleva mis problemas al cielo.
¡POP! Se van, con todo mi estrés
La terapia de burbujas es lo mejor.
La etiqueta decía que cada vez que soplaba
El número promedio de burbujas sería de al menos 22.
Soplé y soplé y me di cuenta que
A partir de 64 soplos, ¡todos son redondos!
Pero el número de burbujas en 64 soplos
Esto lo sé, es muy variado.
20 por soplo se convirtió en la media
Se desviaron por 6 y no por 16.
Al contar burbujas, seguro que me relajé
Pero ahora le doy su tarea.
¿22 era una suposición razonable?
¡Busque la respuesta y pase esta prueba!

91. "La pena de los dálmatas", de Kathy Sparling

Un codicioso criador de perros llamado Spreckles
Crio cachorros con numerosas pecas
Los dálmatas que buscaba
Tenían manchas sobre manchas
Cuantas más manchas, pensó, más dinero.
Sus competidores no estaban de acuerdo
En que las pecas aumenten la tarifa.
Dijeron: "Las manchas son bastante agradables
Pero no afectan al precio
Hay que criar para mejorar el pedigrí".
Los criadores decidieron probar
Esta estrategia fue un movimiento equivocado.
Criar solo para las manchas
Causaría estragos, pensaron.
Su teoría quieren refutarla.
Le propusieron un concurso a Spreckles
Compararon los precios de los perros con pecas.
En los registros buscaron
Ciento un cachorros:
Los dálmatas que más dinero han obtenido.
Le pidieron al Sr. Spreckles que nombrara
Un recuento promedio de manchas que reclamaría
Para traer grandes cantidades de dinero.
Dijo Spreckles, "Bueno,
Es por el ciento uno que apunto".
Dijo un estadístico aficionado
Que quería ayudar en esta misión.
"Veintiuno para la muestra
La desviación típica es amplia:
Examinaron ciento un
Dálmatas que alcanzaron una buena suma.
Contaron cada mancha,
Marca, peca y punto
Y se ha contabilizado cada una de ellas.
En lugar de ciento un manchas
Tienen un promedio de noventa y seis puntos
¿Pueden contener la obsesión
de Spreckles por las pecas

basado en todos los datos de los perros que tienen?

92. "¡Macarrones con queso, por favor!" de Nedda Misherghi y Rachelle Hall

Como estudiante pobre y hambriento no tengo mucho dinero para gastar ni siquiera para las necesidades más básicas. Así que mi alimento básico favorito y principal son los macarrones con queso. Tiene un gran sabor y un bajo costo y valor nutricional.

Un día, mientras me sentaba a determinar el sentido de la vida, tuve un gran antojo de este, oh, tan importante, alimento de mi vida. Así que bajé a Greatway para comprar una caja de macarrones con queso, ¡pero era TAN caro! ¡¡¡2,02 dólares!!! ¿Pueden creerlo? Me hizo detenerme y pensar. El mundo está cambiando rápidamente. Había pensado que el costo de la media de una caja (del tamaño normal, no de un paquete supergigante de valor familiar) era como mucho de 1 dólar, pero ahora no estaba tan seguro. Sin embargo, estaba decidido a averiguarlo. Fui a 53 de las tiendas de comestibles más cercanas y comprobé los precios de los macarrones con queso. Aquí están los datos que escribí en mi cuaderno:

Precio por caja de Mac and Cheese:

- 5 tiendas a 2,02 dólares
- 15 tiendas a 0,25 dólares
- 3 tiendas a 1,29 dólares
- 6 tiendas a 0,35 dólares
- 4 tiendas a 2,27 dólares
- 7 tiendas a 1,50 dólares
- 5 tiendas a 1,89 dólares
- 8 tiendas a 0,75.

Pude ver que el costo variaba, pero tuve que sentarme para averiguar si tenía razón o no. Si resulta que este apetitoso plato cuesta como mucho un dólar, entonces haré una gran fiesta con queso en nuestro próximo laboratorio de estadística, con suficientes macarrones con queso para mí solo (después de todo, como pobre estudiante hambriento no se puede esperar que alimente a nuestra clase de animales)

93. "William Shakespeare: La tragedia de Hamlet, príncipe de Dinamarca", de Jacqueline Ghodsi

LOS PERSONAJES (por orden de aparición):

- HAMLET, príncipe de Dinamarca y estudiante de Estadística
- POLONIO, tutor de Hamlet
- HORACIO, amigo de Hamlet y compañero de estudios

Escena: la gran biblioteca del castillo, en la que Hamlet toma sus lecciones

Acto I

(El día es hermoso, pero el rostro de Hamlet está nublado. Se pasea por la gran sala. Su tutor, Polonio, reprende a Hamlet en relación con la experiencia reciente de este. Horacio está sentado en la mesa grande a la derecha del escenario)

POLONIO: Mi señor, ¡cómo no puedes admitir que has visto un fantasma! No es más que un producto de su imaginación

HAMLET: Siento discrepar; sé con certeza que cinco y setenta en cien de nosotros, condenados a los azotes y desprecios del tiempo como estamos, hemos contemplado un espíritu de salud, o un duende maldito, sean sus intenciones perversas o caritativas.

POLONIO: Si insistes en tu miserable visión, déjame invertir tu tiempo; sé fiel a tu trabajo y háblame a través de la razón de las hipótesis nulas y alternativas (se dirige a Horacio). ¿Acaso no dijo el propio Hamlet: "Qué obra es el hombre, qué noble de razón, qué infinito de facultades? Entonces, que no persista esta tontería. Ve, Horacio, haz una encuesta de tres y sesenta y descubre cuál es la verdadera proporción. Por mi parte, nunca sucumbiré a esta fantasía, sino que considero al hombre desprovisto de toda razón en caso de que se cumpla tu propuesta de al menos cinco y setenta entre cien.

HORACIO (a Hamlet): ¿Qué debemos hacer, mi Señor?

HAMLET: Ve a tu propósito, Horacio.

HORACIO: ¿Con qué fin, mi Señor?

HAMLET: Que debes enseñarme. Pero permíteme que te conjure por los derechos de nuestra confraternidad, por la consonancia de nuestra juventud, pero por la obligación de nuestro amor siempre conservado, que seas ecuánime y directo conmigo, tenga o no tenga razón.

(Horacio sale, seguido de Polonio, y dejan a Hamlet reflexionando solo).

Acto II

(Al día siguiente, Hamlet espera ansiosamente la presencia de su amigo, Horacio. Polonio entra y coloca algunos libros sobre la mesa justo un momento antes de que entre Horacio)

POLONIO: Entonces, Horacio, ¿qué es lo que revelaste en tus deliberaciones?

HORACIO: En una encuesta aleatoria, para la que tú mismo me enviaste, descubrí que uno y cuarenta creen fervientemente que los espíritus de los muertos caminan con nosotros. Ante mi Dios, no podría creer esto, sin el testimonio sensible y verdadero de mis propios ojos.

POLONIO: No des ninguna voz a tus propios pensamientos, Horacio (Polonio se vuelve hacia Hamlet). Pero mire lo que le encargo, mi Señor. Vamos Horacio, vayamos juntos, pues esta no es nuestra prueba (Horacio y Polonio se van juntos).

HAMLET: Rechazar o no rechazar, esa es la cuestión: si es más noble para la mente sufrir las adversidades de las estadísticas escandalosas, o tomar las armas contra un mar de datos y, oponiéndose, acabar con ellos (Hamlet atiende con resignación su tarea).

(Cae el telón)

94. "Sin título", de Stephen Chen

A menudo me he preguntado cómo se lanza y se vende el software al público. Irónicamente, trabajo para una compañía que vende productos con problemas conocidos. Por desgracia, la mayoría de los problemas son difíciles de crear, lo que hace que sean difíciles de solucionar. Suelo utilizar el programa de pruebas X, que prueba el producto, para intentar crear un problema específico. Cuando se ejecuta el programa de prueba para que se produzca un error, la probabilidad de generar un error es del 1 %.

Así que, armado con este conocimiento, escribí un nuevo programa de prueba Y que generará el mismo error que crea el programa de prueba X, pero con más frecuencia. Para saber si mi programa de prueba es mejor que el original, y así poder convencer a la dirección de que tengo razón, he ejecutado mi programa de prueba para saber con qué frecuencia puedo generar el mismo error. Cuando ejecuté mi programa de prueba 50 veces, generé el error dos veces. Aunque esto no parezca mucho mejor, creo que puedo convencer a la dirección de que utilice mi programa de pruebas en lugar del programa de pruebas original. ¿Estoy en lo cierto?

95. "Nombres de niñas japonesas"

de Kumi Furuichi

Antes era muy típico que los nombres de las niñas japonesas terminaran con "ko" (la tendencia podría haber comenzado alrededor de la generación de mis abuelas y su punto álgido podría haber sido alrededor de la generación de mi madre). "Ko" significa "niña" en caracteres chinos. Los padres nombran a sus hijas con "ko" unido a otros caracteres chinos que tienen el significado que quieren que tengan sus hijas, como Sachiko, niña feliz, Yoshiko, niña buena, Yasuko, niña sana, etc.

Sin embargo, recientemente me he dado cuenta de que solo dos de mis nueve amigas japonesas de esta escuela tienen nombres que terminan en "ko" Cada vez más, los padres parecen haberse vuelto creativos, modernizados y, a veces, occidentalizados a la hora de poner nombres a sus hijos.

Tengo la sensación de que, mientras que el 70 % o más de la generación de mi madre tendría nombres con "ko" al final, la proporción ha disminuido entre mis compañeras. Anoté todos los nombres de mis amigas, excompañeras de clase, compañeras de trabajo y conocidas japonesas que podía recordar. Los siguientes son los nombres. (Algunos son repetidos.) Compruebe si la proporción ha disminuido para esta generación.

Ai, Akemi, Akiko, Ayumi, Chiaki, Chie, Eiko, Eri, Eriko, Fumiko, Harumi, Hitomi, Hiroko, Hiroko, Hidemi, Hisako, Hinako, Izumi, Izumi, Junko, Junko, Kana, Kanako, Kanayo, Kayo, Kayoko, Kazumi, Keiko, Keiko, Kei, Kumi, Kumiko, Kyoko, Kyoko, Madoka, Maho, Mai, Maiko, Maki, Miki, Miki, Mikiko, Mina, Minako, Miyako, Momoko, Nana, Naoko, Naoko, Naoko, Noriko, Rieko, Rika, Rika, Rumiko, Rei, Reiko, Reiko, Sachiko, Sachiko, Sachiyo, Saki, Sayaka, Sayoko, Sayuri, Seiko, Shiho, Shizuka, Sumiko, Takako, Takako, Tomoe, Tomoe, Tomoko, Touko, Yasuko, Yasuko, Yasuyo, Yoko, Yoko, Yoko, Yoshiko, Yoshiko, Yoshiko, Yuka, Yuki, Yuki, Yukiko, Yuko, Yuko.

96. "El deseo de Phillip", de Suzanne Osorio

A mi sobrino le gusta jugar
Perseguir a las chicas le alegra el día.
Le preguntó a su madre
Si le parece bien
Hacerse un piercing en la oreja.
Ella exclamó: "¡De ninguna manera!"
Que te hagas un agujero en la oreja
No es lo que quiero para ti, querido.
Argumentó muy bien su punto de vista
Lo dice incluso mi amigo macho, Mel
Se lo hizo.
Todo es solo por diversión.
Vamos, por favor, mamá, por favor, qué demonios.
De nuevo Phillip se quejó con su madre
Dice que la mitad de sus amigos (incluidos sus hermanos)
Se perforan las orejas
Y no tienen miedo
Quiere ser como los demás.
Ella dijo: "Creo que es mucho menos.
Debemos hacer una prueba de hipótesis.
Y si tienes razón
No me voy a resistir.
Pero, si no, entonces mantengo mi postura".
Procedimos a llamar a cincuenta chicos
Para determinar de quién era la predicción correcta.
Diecinueve de los cincuenta
Dijeron que hacerse un piercing era estupendo
Y que compraban aros de vez en cuando.
Luego están los otros treinta y uno
Quienes dijeron que nunca se lo harían.
Así que ahora este poema está terminado.
¿Sus esperanzas se disminuirán?
¿O mi sobrino se divertirá?

97. "El derrotado", de Mark Salangsang

Érase una vez, en una mañana triste
En la clase de Estadística estaba débil y cansado.
Reflexionaba sobre las tareas de anoche
Cuyas respuestas estaban ahora en la pizarra
Esto lo hice y nada más.
Mientras yo asentía casi durmiendo la siesta
De repente, se oyó un golpeteo.
Como alguien que rapea suavemente,
Golpeaba mi cabeza mientras ronco.
Dijo el maestro: "No duermas más".
"En cada clase te quedas dormido".
El maestro dijo, su voz era profunda.
"Así que un recuento que he empezado a llevar
De todas las clases en las que duermes la siesta y roncas.
El porcentaje es de cuarenta y cuatro".
"Mi estimado maestro debo confesar,
Si bien dormir es lo que mejor hago.
El porcentaje, creo, debe ser menor
Un porcentaje inferior a cuarenta y cuatro"
Esto lo he dicho y nada más.
"Ya veremos", dijo y se alejó.
Y cincuenta clases desde ese día
Contó hasta el mes de mayo
Las clases en las que dormía la siesta y roncaba.
El número que calculó fue veinticuatro.
Con un nivel de significación de 0,05
Por favor, dígame si todavía estoy vivo.
¿Acaso mis calificaciones cayeron en picada?
¿Bajaron mucho?
A usted le imploro.

98. Toastmasters International cita un informe de Gallop Poll que indica que el 40 % de los estadounidenses temen hablar en público. Una estudiante cree que menos del 40 % de los estudiantes de su escuela temen hablar en público. Encuesta aleatoriamente a 361 compañeros de clase y descubre que 135 dicen que temen hablar en público. Realice una prueba de hipótesis para determinar si el porcentaje en su escuela es inferior al 40 %.

99. El sesenta y ocho por ciento de los cursos en línea de colegios comunitarios de todo el país fueron impartidos por profesores a tiempo completo. Para comprobar si el 68 % también representa el porcentaje de California de profesores a tiempo completo que imparten clases en línea se seleccionó al azar el Long Beach City College (LBCC) de California para realizar una comparación. Ese mismo año, 34 de los 44 cursos en línea que ofrecía el LBCC los impartieron profesores a tiempo completo. Realice una prueba de hipótesis para determinar si el 68 % es representativo de California. NOTA: Para obtener resultados más precisos, utilice más colegios comunitarios de California y los datos del año pasado.

100. Según un artículo de *Bloomberg Businessweek*, la tasa de fumadores adultos más reciente de la ciudad de Nueva York es del 14 %. Supongamos que se hace una encuesta para determinar la tasa de este año. Nueve de los 70 residentes de la ciudad de Nueva York elegidos al azar responden que fuman. Realice una prueba de hipótesis para determinar si la tasa sigue siendo del 14 % o si ha disminuido.

101. La edad media de los estudiantes del De Anza College en un trimestre anterior era de 26,6 años. Un instructor cree que la edad media de los estudiantes en línea es mayor de 26,6 años. Encuesta al azar a 56 estudiantes en línea y halla que la media muestral es de 29,4 con una desviación típica de 2,1. Realice una prueba de hipótesis.

102. Los enfermeros registrados ganan un salario promedio anual de 69.110 dólares. Para ese mismo año, se realizó una encuesta a 41 enfermeros registrados de California para determinar si el salario anual es superior a 69.110 dólares para los enfermeros de California. El promedio muestral fue de 71.121 dólares, con una desviación típica de la muestra de 7.489 dólares. Realice una prueba de hipótesis.

103. La Leche League International informa que la edad media de destete de un niño de la lactancia materna es de cuatro a cinco años en todo el mundo. En Estados Unidos, la mayoría de las madres lactantes destetan a sus hijos mucho antes. Supongamos que se realiza una encuesta aleatoria a 21 madres de EE. UU. que han destetado recientemente a sus hijos. La edad media de destete fue de nueve meses (3/4 de año) con una desviación típica de 4 meses. Realice una prueba de hipótesis para determinar si la edad media de destete en EE. UU. es inferior a los cuatro años.

104. En las décadas recientes los responsables de salud pública han examinado la relación entre la preocupación por el peso y el hábito de fumar de las adolescentes. Los investigadores encuestaron a un grupo de 273 niñas adolescentes seleccionadas al azar que vivían en Massachusetts (entre 12 y 15 años). Al cabo de cuatro años se volvió a encuestar a las niñas. Sesenta y tres dijeron que fumaban para mantenerse delgadas. ¿Existen pruebas fehacientes de que más del 30 % de las adolescentes fuman para mantenerse delgadas?
Después de realizar la prueba, su decisión y conclusión son:

a. Rechazar H_0: hay pruebas suficientes para concluir que más del 30 % de las adolescentes fuman para mantenerse delgadas.
b. No rechazar H_0: No hay pruebas suficientes para concluir que menos del 30 % de las adolescentes fuman para mantenerse delgadas.
c. No rechazar H_0: No hay pruebas suficientes para concluir que más del 30 % de las adolescentes fuman para mantenerse delgadas.
d. Rechazar H_0: Hay pruebas suficientes para concluir que menos del 30 % de las adolescentes fuman para mantenerse delgadas.

105. Un instructor de Estadística cree que menos del 20 % de los estudiantes del Evergreen Valley College (EVC) asistieron a la proyección de medianoche de la última película de Harry Potter. Hace una encuesta entre 84 de sus estudiantes y halla que 11 de ellos asistieron a la proyección de medianoche.
A un nivel de significación del 1 %, la conclusión adecuada es:

a. No hay pruebas suficientes para concluir que el porcentaje de estudiantes de Evergreen Valley College (EVC) que asistieron a la proyección de Harry Potter a medianoche es inferior al 20 %.
b. Hay pruebas suficientes para concluir que el porcentaje de estudiantes de EVC que asistieron a la proyección de Harry Potter a medianoche es superior al 20 %.
c. Hay pruebas suficientes para concluir que el porcentaje de estudiantes de EVC que asistieron a la proyección de Harry Potter a medianoche es inferior al 20 %.
d. No hay pruebas suficientes para concluir que el porcentaje de estudiantes de EVC que asistieron a la proyección de Harry Potter a medianoche es de, al menos, el 20 %.

106. Anteriormente, una organización informó que los adolescentes pasaban 4,5 horas a la semana, en promedio, al teléfono. La organización cree que, actualmente, la media es más alta. Se preguntó a quince adolescentes elegidos al azar cuántas horas a la semana pasaban al teléfono. La media muestral fue de 4,75 horas con una desviación típica de la muestra de 2,0. Realice una prueba de hipótesis.

A un nivel de significación de $a = 0,05$, ¿cuál es la conclusión correcta?

a. Hay suficientes pruebas para concluir que el número medio de horas es superior a 4,75
b. Hay suficientes pruebas para concluir que el número medio de horas es superior a 4,5
c. No hay pruebas suficientes para concluir que la media de horas sea superior a 4,5
d. No hay pruebas suficientes para concluir que la media de horas sea superior a 4,75

Instrucciones: En los diez ejercicios siguientes,
Comprobación de hipótesis: Responda cada una de las preguntas de los diez ejercicios siguientes.

a. Indique la hipótesis nula y la alternativa.
b. Indique el valor *p*.
c. Indique alfa.
d. ¿Cuál es su decisión?
e. Escriba una conclusión.
f. Responde cualquier otra pregunta que se le plantee en el problema.

107. Según el sitio web del Centro para el Control y la Prevención de Enfermedades, en 2011, al menos, el 18 % de los estudiantes de secundaria han fumado un cigarrillo. Una clase de Introducción a la estadística en el condado de Davies, Kentucky llevó a cabo una prueba de hipótesis en la escuela secundaria local (una ciudad de tamaño demográfico medio, de aproximadamente 1.200 estudiantes) para determinar si el porcentaje de la escuela secundaria local era menor. Se eligieron al azar ciento cincuenta estudiantes y se les encuestó. De los 150 estudiantes encuestados, 82 han fumado. Utilice un nivel de significación de 0,05 y, mediante las pruebas estadísticas adecuadas, realice una prueba de hipótesis y exponga las conclusiones.

108. Una encuesta reciente del *New York Times Almanac* indica que el 48,8 % de las familias poseen acciones. Un corredor de acciones quería determinar si esta encuesta podía ser válida. Consultó a una muestra aleatoria de 250 familias y descubrió que 142 poseían algún tipo de acciones. A un nivel de significación del 0,05, ¿puede considerarse que la encuesta es precisa?

109. El error del conductor puede figurar como la causa de aproximadamente el 54 % de todos los accidentes automovilísticos mortales, según la Asociación Americana del Automóvil (AAA). Se examinan treinta accidentes mortales seleccionados al azar y se determina que 14 fueron causados por un error del conductor. Utilizando $\alpha = 0,05$, ¿la proporción de la AAA es exacta?

110. El Departamento de Energía de Estados Unidos informó que el 51,7 % de los hogares se calentaban con gas natural. En una muestra aleatoria de 221 hogares de Kentucky se comprobó que 115 se calentaban con gas natural. ¿La evidencia apoya la afirmación de Kentucky en el nivel $\alpha = 0{,}05$ en Kentucky? ¿Los resultados son aplicables en todo el país? ¿Por qué?

111. En cuanto a los estadounidenses que utilizan servicios de las bibliotecas, la Asociación Americana de Bibliotecas afirma que, como máximo, el 67 % de los usuarios piden libros en préstamo. La directora de la biblioteca de Owensboro, Kentucky cree que esto no es cierto, así que pidió a una clase de Estadística de un instituto universitario local que realizara una encuesta. La clase seleccionó al azar 100 usuarios y descubrió que 82 pidieron libros prestados. ¿La clase demostró que el porcentaje era mayor en Owensboro, Kentucky? Utilice el nivel de significación $\alpha = 0{,}01$. ¿Cuál es la posible proporción de usuarios que piden prestados libros de la Biblioteca de Owensboro?

112. Weather Underground informó de que la cantidad media de lluvias en verano para el noreste de EE. UU. es de, al menos, 11,52 pulgadas. Se seleccionan aleatoriamente diez ciudades del noreste y se calcula que la cantidad media de lluvia es de 7,42 pulgadas con una desviación típica de 1,3 pulgadas. Al nivel $\alpha = 0{,}05$, ¿se puede concluir que el promedio de las lluvias fue inferior al promedio comunicado? ¿Y si $\alpha = 0{,}01$? Supongamos que la cantidad de lluvia de verano sigue una distribución normal.

113. Una encuesta publicada en el *New York Times Almanac* revela que el tiempo medio de desplazamiento (en un sentido) es de 25,4 minutos en las 15 principales ciudades de EE. UU. La cámara de comercio de Austin, TX considera que el tiempo de desplazamiento de Austin es menor y quiere dar a conocer este hecho. La media de 25 viajeros seleccionados al azar es de 22,1 minutos, con una desviación típica de 5,3 minutos. Al nivel $\alpha = 0{,}10$, ¿el viaje al trabajo de Austin, TX es significativamente menor que la media del tiempo de viaje de las 15 ciudades más grandes de EE. UU.?

114. Un informe de Gallup Poll reveló que una mujer visita a su médico, en promedio, como máximo 5,8 veces al año. Una muestra aleatoria de 20 mujeres da como resultado estos totales de visitas anuales

3; 2; 1; 3; 7; 2; 9; 4; 6; 6; 8; 0; 5; 6; 4; 2; 1; 3; 4; 1
Al nivel $\alpha = 0{,}05$, ¿se puede concluir que la media muestral es superior a 5,8 visitas al año?

115. Según el *New York Times Almanac*, el tamaño medio de las familias en EE. UU. es de 3,18. Una muestra de una clase de Matemáticas de un instituto universitario dio como resultado los siguientes tamaños de familia:
5; 4; 5; 4; 4; 3; 6; 4; 3; 3; 5; 5; 6; 3; 3; 2; 7; 4; 5; 2; 2; 2; 3; 2
Al nivel $\alpha = 0{,}05$, ¿el tamaño medio de las familias de la clase es mayor que el promedio nacional? ¿Sigue siendo válido el resultado del New York Times Almanac? ¿Por qué?

116. El grupo académico de estudiantes de un campus de un instituto universitario afirma que los estudiantes de primer año estudian, al menos, 2,5 horas al día en promedio. Una clase de Introducción a la estadística era escéptica. La clase tomó una muestra aleatoria de 30 estudiantes de primer año y halló una media de tiempo de estudio de 137 minutos con una desviación típica de 45 minutos. Al nivel $\alpha = 0{,}01$, ¿la afirmación del grupo académico de estudiantes es correcta?

Referencias

9.1 Hipótesis nula y alternativa

Datos del Instituto Nacional de Salud Mental. Disponible en línea en http://www.nimh.nih.gov/publicat/depression.cfm.

9.5 Información adicional y ejemplos de pruebas de hipótesis completas

Datos de Amit Schitai. Director de tecnología educativa y aprendizaje a distancia. LBCC.

Datos de *Bloomberg Businessweek*. Disponible en línea en http://www.businessweek.com/news/2011- 09-15/nyc-smoking-rate-falls-to-record-low-of-14-bloomberg-says.html.

Datos de energy.gov. Disponible en línea en http://energy.gov (consultado el 27 de junio de 2013).

Datos de Gallup®. Disponible en línea en www.gallup.com (consultado el 27 de junio de 2013).

Datos de *Growing by Degrees* de Allen y Seaman.

Datos de La Leche League International. Disponible en línea en http://www.lalecheleague.org/Law/BAFeb01.html.

Datos de la Asociación Americana del Automóvil. Disponible en línea en www.aaa.com (consultado el 27 de junio de 2013).

Datos de la Asociación Americana de Bibliotecas. Disponible en línea en www.ala.org (consultado el 27 de junio de 2013).

Datos de la Oficina de Estadísticas Laborales. Disponible en línea en http://www.bls.gov/oes/current/oes291111.htm.

Datos de los Centros para el Control y la Prevención de Enfermedades. Disponible en línea en www.cdc.gov (consultado el 27 de junio de 2013)

Datos de la Oficina del Censo de EE. UU., disponibles en línea en http://quickfacts.census.gov/qfd/states/00000.html (consultado el 27 de junio de 2013).

Datos de la Oficina del Censo de Estados Unidos. Disponible en línea en http://www.census.gov/hhes/socdemo/language/.

Datos de Toastmasters International. Disponible en línea en http://toastmasters.org/artisan/detail.asp?CategoryID=1&SubCategoryID=10&ArticleID=429&Page=1.

Datos de Weather Underground. Disponible en línea en www.wunderground.com (consultado el 27 de junio de 2013).

Oficina Federal de Investigaciones. "Uniform Crime Reports and Index of Crime in Daviess in the State of Kentucky enforced by Daviess County from 1985 to 2005". Disponible en línea en http://www.disastercenter.com/kentucky/crime/3868.htm (consultado el 27 de junio de 2013).

"Foothill-De Anza Community College District". De Anza College, invierno de 2006. Disponible en línea en http://research.fhda.edu/factbook/DAdemofs/Fact_sheet_da_2006w.pdf.

Johansen, C., J. Boice, Jr., J. McLaughlin, J. Olsen. "Cellular Telephones and Cancer—a Nationwide Cohort Study in Denmark". Institute of Cancer Epidemiology and the Danish Cancer Society, 93(3):203-7. Disponible en línea en http://www.ncbi.nlm.nih.gov/pubmed/11158188 (consultado el 27 de junio de 2013).

Rape, Abuse & Incest National Network. "How often does sexual assault occur?". RAINN, 2009. Disponible en línea en http://www.rainn.org/get-information/statistics/frequency-of-sexual-assault (consultado el 27 de junio de 2013).

Soluciones

1. La variable aleatoria es la velocidad media de internet en megabits por segundo.

3. La variable aleatoria es el número medio de hijos que tiene una familia estadounidense.

5. La variable aleatoria es la proporción de personas elegidas al azar en Times Square que visitan la ciudad.

7. a. H_0: $p = 0{,}42$
b. H_a: $p < 0{,}42$

9. a. H_0: $\mu = 15$

b. H_a: $\mu \neq 15$

11. Tipo I: El precio medio de los automóviles de tamaño medio es de 32.000 dólares, pero concluimos que no es de 32.000 dólares.

Tipo II: El precio medio de los automóviles de tamaño medio no es de 32.000 dólares, pero concluimos que es de 32.000 dólares.

13. α = la probabilidad de que piense que la bolsa no puede soportar –15 grados F, cuando en realidad sí puede

β = la probabilidad de que crea que la bolsa puede soportar –15 grados F, cuando en realidad no puede

15. Tipo I: El procedimiento saldrá bien, pero los médicos creen que no.

Tipo II: El procedimiento no saldrá bien, pero los médicos creen que sí.

17. 0,019

19. 0,998

21. Una distribución normal o una distribución *t* de Student

23. Utilice una distribución *t* de Student

25. una distribución normal para una única media poblacional

27. Se debe distribuir aproximadamente normal.

29. Ambos deben ser mayores que cinco.

31. distribución binomial

33. El resultado de ganar es muy improbable.

35. H_0: $\mu >= 73$
H_a: $\mu < 73$
El valor *p* es casi cero, lo que significa que hay datos suficientes para concluir que la altura media de los estudiantes de secundaria que juegan baloncesto en el equipo escolar es inferior a 73 pulgadas al nivel del 5 %. Los datos apoyan la afirmación.

37. La región sombreada muestra un valor *p* bajo.

39. No rechaza H_0.

41. medias

43. el tiempo medio de permanencia en prisión de 26 ladrones condenados por primera vez

45.
a. 3
b. 1,5

c. 1,8
d. 26

47. $\overline{X} \sim N\left(2{,}5, \frac{1{,}5}{\sqrt{26}}\right)$

49. Esta es una prueba de cola izquierda.

51. Esta es una prueba de dos colas.

53.

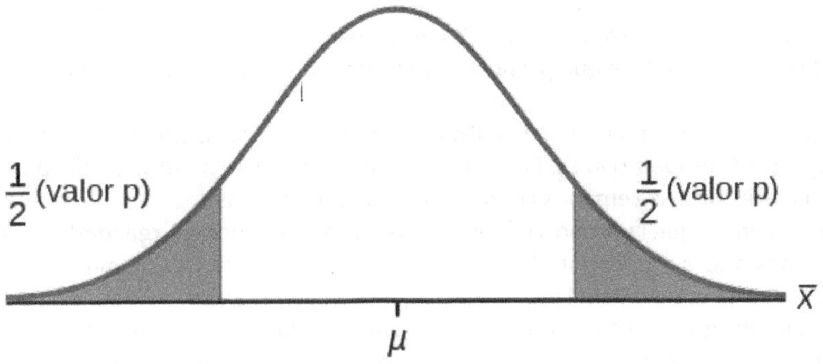

Figura 9.25

55. una prueba de cola derecha

57. una prueba de cola izquierda

59. Esta es una prueba de cola izquierda.

61. Esta es una prueba de dos colas.

62.
a. H_0: $\mu = 34$; H_a: $\mu \neq 34$
b. H_0: $p \leq 0{,}60$; H_a: $p > 0{,}60$
c. H_0: $\mu \geq 100.000$; H_a: $\mu < 100.000$
d. H_0: $p = 0{,}29$; H_a: $p \neq 0{,}29$
e. H_0: $p = 0{,}05$; H_a: $p < 0{,}05$
f. H_0: $\mu \leq 10$; H_a: $\mu > 10$
g. H_0: $p = 0{,}50$; H_a: $p \neq 0{,}50$
h. H_0: $\mu = 6$; H_a: $\mu \neq 6$
i. H_0: $p \geq 0{,}11$; H_a: $p < 0{,}11$
j. H_0: $\mu \leq 20.000$; H_a: $\mu > 20.000$

64. c

66.
a. Error tipo I: concluimos que la media no es de 34 años, cuando realmente es de 34 años. Error tipo II: concluimos que la media es de 34 años, cuando en realidad no son 34 años.
b. Error tipo I: concluimos que más del 60 % de los estadounidenses votan en las elecciones presidenciales, cuando el porcentaje real es como máximo del 60 %. Error tipo II: concluimos que, como máximo, el 60 % de los estadounidenses vota en las elecciones presidenciales cuando, en realidad, lo hace más del 60 %.
c. Error tipo I: concluimos que el salario medio inicial es inferior a 100.000 dólares, cuando en realidad es de, al menos, 100.000 dólares. Error tipo II: concluimos que el salario medio inicial es de, al menos, 100.000 dólares,

cuando, en realidad, es inferior a 100.000 dólares.

d. Error tipo I: concluimos que la proporción de estudiantes de último año de escuela secundaria que se emborrachan cada mes no es del 29 %, cuando realmente es del 29 %. Error tipo II: concluimos que la proporción de estudiantes de último año de escuela secundaria que se emborrachan cada mes es del 29 % cuando, en realidad, no es del 29 %.
e. Error tipo I: concluimos que menos del 5 % de los adultos van en autobús al trabajo en Los Ángeles, cuando el porcentaje que lo hace es realmente del 5 % o más. Error tipo II: concluimos que el 5 % o más de los adultos van en autobús al trabajo en Los Ángeles cuando, en realidad, lo hace menos del 5 %.
f. Error tipo I: concluimos que el número medio de automóviles que posee una persona a lo largo de su vida es superior a 10, cuando en realidad no es más de 10. Error tipo II: concluimos que el número medio de automóviles que posee una persona a lo largo de su vida no es superior a 10 cuando, en realidad, sí es más de 10.
g. Error tipo I: concluimos que la proporción de estadounidenses que prefieren vivir lejos de las ciudades no es cerca de la mitad, aunque la proporción real es de aproximadamente la mitad. Error tipo II: concluimos que la proporción de estadounidenses que prefieren vivir lejos de las ciudades es la mitad cuando, en realidad, no es la mitad.
h. Error tipo I: concluimos que la duración de las vacaciones pagadas al año para los europeos no es de seis semanas, cuando en realidad sí lo es. Error tipo II: concluimos que la duración de las vacaciones pagadas al año para los europeos es de seis semanas cuando, en realidad, no es así.
i. Error tipo I: concluimos que la proporción es inferior al 11 %, cuando en realidad es como mínimo el 11 %. Error tipo II: concluimos que la proporción de mujeres que desarrollan cáncer de mama es de, al menos, el 11 %, cuando en realidad es menos del 11 %.
j. Error tipo I: concluimos que el costo promedio de la matrícula en las universidades privadas es superior a 20.000 dólares, aunque en realidad es como máximo de 20.000 dólares. Error tipo II: concluimos que el costo promedio de la matrícula en universidades privadas es como máximo de 20.000 dólares, cuando en realidad es de más de 20.000 dólares.

68. b

70. d

72. d

74.
a. H_0: $\mu \geq 50.000$
b. H_a: $\mu < 50.000$
c. Supongamos que $\overline{X}$ = la vida promedio de unos neumáticos de marca.
d. distribución normal
e. $z = -2{,}315$
f. valor $p = 0{,}0103$
g. Compruebe la solución del estudiante.
h.
   i. alfa: 0,05
   ii. Decisión: rechazar la hipótesis nula.
   iii. Motivo de la decisión: el valor p es inferior a 0,05.
   iv. Conclusión: hay pruebas suficientes para concluir que la vida media de los neumáticos sea inferior a 50.000 millas.
i. (43.537, 49.463)

76.
a. H_0: $\mu = \$1{,}00$
b. H_a: $\mu \neq \$1{,}00$
c. Supongamos que $\overline{X}$ = el costo promedio de un diario.
d. distribución normal
e. $z = -0{,}866$
f. valor $p = 0{,}3865$
g. Compruebe la solución del estudiante.
h.
   i. Alfa: 0,01

ii. Decisión: no rechazar la hipótesis nula.
iii. Motivo de la decisión: el valor *p* es superior a 0,01.
iv. Conclusión: hay pruebas suficientes para apoyar la afirmación de que el costo medio de los diarios es de 1 dólar. El costo medio podría ser de 1 dólar.

i. ($0,84, $1,06)

78. a. H_0: $\mu = 10$
b. H_a: $\mu \neq 10$
c. Supongamos que $\overline{X}$ la media de días por permiso de enfermedad que un empleado toma al año.
d. Distribución *t* de Student
e. $t = -1{,}12$
f. valor $p = 0{,}300$
g. Compruebe la solución del estudiante.
h. i. Alfa: 0,05
ii. Decisión: no rechazar la hipótesis nula.
iii. Motivo de la decisión: el valor *p* es superior a 0,05.
iv. Conclusión: a un nivel de significación del 5 % no hay pruebas suficientes para concluir que la media de días por permiso de enfermedad no es diez.

i. (4,9443, 11,806)

80. a. H_0: $p \geq 0{,}6$
b. H_a: $p < 0{,}6$
c. Supongamos que P' = la proporción de estudiantes que se sienten más enriquecidos como consecuencia de cursar Estadística Elemental.
d. normal para una sola proporción
e. 1,12
f. valor $p = 0{,}1308$
g. Compruebe la solución del estudiante.
h. i. Alfa: 0,05
ii. Decisión: no rechazar la hipótesis nula.
iii. Motivo de la decisión: el valor *p* es superior a 0,05.
iv. Conclusión: No hay pruebas suficientes para concluir que menos del 60 % de sus estudiantes se sienten más enriquecidos.

i. Intervalo de confianza: (0,409, 0,654)
El intervalo de confianza "más 4" es (0,411, 0,648)

82. a. H_0: $\mu = 4$
b. H_a: $\mu \neq 4$
c. Supongamos que $\overline{X}$ el coeficiente intelectual en promedio de un conjunto de truchas marrones.
d. distribución t de Student de dos colas
e. $t = 1{,}95$
f. valor p= 0,076
g. Compruebe la solución del estudiante.
h. i. Alfa: 0,05
ii. Decisión: rechazar la hipótesis nula.
iii. Motivo de la decisión: el valor *p* es superior a 0,05.
iv. Conclusión: no hay pruebas suficientes para concluir que el coeficiente intelectual de la trucha marrón promedio no sea de cuatro.

i. (3.8865,5.9468)

84. a. H_0: $p \geq 0{,}13$
b. H_a: $p < 0{,}13$
c. Supongamos que P' = la proporción de estadounidenses que han visto o percibido ángeles.
d. normal para una sola proporción

e. -2,688
f. valor $p = 0,0036$
g. Compruebe la solución del estudiante.
h. i. alfa: 0,05
   ii. Decisión: rechazar la hipótesis nula.
   iii. Motivo de la decisión: el valor p es inferior a 0,05.
   iv. Conclusión: Hay pruebas suficientes para concluir que el porcentaje de estadounidenses que han visto o sentido un ángel es inferior al 13 %.
i. (0, 0,0623).
   El intervalo de confianza “más 4” es (0,0022, 0,0978)

86. a. H_0: $\mu \geq 129$
b. H_a: $\mu < 129$
c. Supongamos que $\overline{X}$ = el tiempo promedio en segundos en que Terri termina la vuelta 4.
d. Distribución t de Student
e. $t = 1,209$
f. 0,8792
g. Compruebe la solución del estudiante.
h. i. Alfa: 0,05
   ii. Decisión: no rechazar la hipótesis nula.
   iii. Motivo de la decisión: el valor p es superior a 0,05.
   iv. Conclusión: no hay pruebas suficientes para concluir que el tiempo medio de Terri es inferior a 129 segundos.
i. (128,63, 130,37)

88. a. H_0: $p = 0,60$
b. H_a: $p < 0,60$
c. Sea P' = la proporción de familiares que derraman lágrimas en un reencuentro.
d. normal para una sola proporción
e. -1,71
f. 0,0438
g. Compruebe la solución del estudiante.
h. i. alfa: 0,05
   ii. Decisión: rechaza la hipótesis nula.
   iii. Motivo de la decisión: valor p < alfa
   iv. Conclusión: a un nivel de significación del 5 %, hay pruebas suficientes para concluir que la proporción de familiares que lloran en una reunión es inferior a 0,60. Sin embargo, la prueba es débil porque el valor p y el alfa están bastante cerca, por lo que habría que hacer otras pruebas.
i. Estamos seguros en un 95 % de que entre el 38,29 % y el 61,71 % de los familiares llorarán en una reunión familiar. (0,3829, 0,6171). El intervalo de confianza "más 4" (vea el capítulo 8) es (0,3861, 0,6139).

Observe que aquí la prueba 1 – PropZTest de "muestra grande" proporciona el valor p aproximado de 0,0438. Siempre que un valor p basado en una aproximación normal se acerque al nivel de significación, deberá calcularse el valor p exacto con base en probabilidades binomiales, siempre que sea posible. Esto va más allá del ámbito de aplicación de este curso.

90. a. H_0: $\mu \geq 22$
b. H_a: $\mu < 22$
c. Supongamos que $\overline{X}$ = la media de burbujas por soplo.
d. Distribución t de Student
e. -2,667
f. valor $p = 0,00486$
g. Compruebe la solución del estudiante.
h. i. Alfa: 0,05
   ii. Decisión: rechazar la hipótesis nula.

   iii. Motivo de la decisión: el valor p es inferior a 0,05.
   iv. Conclusión: hay pruebas suficientes para concluir que el número de la media de burbujas por soplo es inferior a 22.

i. (18,501, 21,499)

92. a. H_0: $\mu \leq 1$
b. H_a: $\mu > 1$
c. Supongamos que $\overline{X}$ = el coste medio en dólares de los macarrones con queso en una determinada ciudad.
d. Distribución t de Student
e. $t = 0{,}340$
f. valor $p = 0{,}36756$
g. Compruebe la solución del estudiante.
h. i. Alfa: 0,05
   ii. Decisión: no rechazar la hipótesis nula.
   iii. Motivo de la decisión: el valor p es superior a 0,05.
   iv. Conclusión: el costo de la media podría ser de un dólar, o menos. Al nivel de significación del 5 %, no hay pruebas suficientes para concluir que el precio de la media de una caja de macarrones con queso es superior a 1 dólar.

i. (0,8291, 1,241)

94. a. H_0: $p = 0{,}01$
b. H_a: $p > 0{,}01$
c. Sea P' = la proporción de errores generados
d. Normal para una sola proporción
e. 2,13
f. 0,0165
g. Compruebe la solución del estudiante.
h. i. Alfa: 0,05
   ii. Decisión: Rechace la hipótesis nula
   iii. Motivo de la decisión: el valor p es inferior a 0,05.
   iv. Conclusión: al nivel de significación del 5 %, hay pruebas suficientes para concluir que la proporción de errores generados es superior al 0,01.

i. Intervalo de confianza: (0, 0,094).
El intervalo de confianza "más 4" es (0,004, 0,144).

96. a. H_0: $p = 0{,}50$
b. H_a: $p < 0{,}50$
c. Sea P' = la proporción de amigos que tiene una oreja perforada.
d. normal para una sola proporción
e. -1,70
f. valor $p = 0{,}0448$
g. Compruebe la solución del estudiante.
h. i. Alfa: 0,05
   ii. Decisión: Rechace la hipótesis nula
   iii. Motivo de la decisión: el valor p es inferior a 0,05. (Sin embargo, están muy cerca).
   iv. Conclusión: hay pruebas suficientes para respaldar la afirmación de que menos del 50 % de sus amigos tienen orejas perforadas.

i. Intervalo de confianza: (0,245, 0,515): el intervalo de confianza "más 4" es (0,259, 0,519).

98. a. H_0: $p = 0{,}40$
b. H_a: $p < 0{,}40$
c. Sea P' = la proporción de compañeros que temen hablar en público.
d. normal para una sola proporción
e. -1,01

f. valor $p = 0,1563$
g. Compruebe la solución del estudiante.
h. i. Alfa: 0,05
   ii. Decisión: no rechazar la hipótesis nula.
   iii. Motivo de la decisión: el valor *p* es superior a 0,05.
   iv. Conclusión: no hay pruebas suficientes que respalden la afirmación de que menos del 40 % de los estudiantes de la escuela temen hablar en público.
i. Intervalo de confianza: (0,3241, 0,4240): el intervalo de confianza "más 4" es (0,3257, 0,4250).

100. a. H_0: $p = 0,14$
b. H_a: $p < 0,14$
c. Supongamos que P' = la proporción de residentes de la ciudad de Nueva York que fuman.
d. normal para una sola proporción
e. -0,2756
f. valor $p = 0,3914$
g. Compruebe la solución del estudiante.
h. i. alfa: 0,05
   ii. Decisión: no rechazar la hipótesis nula.
   iii. Motivo de la decisión: el valor *p* es superior a 0,05.
   iv. Con un nivel de significación del 5 % no hay pruebas suficientes para concluir que la proporción de residentes de la ciudad de Nueva York que fuman es inferior al 0,14.
i. Intervalo de confianza: (0,0502, 0,2070): El intervalo de confianza "más 4" (consulte el capítulo 8) es (0,0676, 0,2297).

102. a. H_0: $\mu = 69.110$
b. H_a: $\mu > 69.110$
c. Supongamos que $\overline{X}$ = el salario medio en dólares de los enfermeros registrados de California.
d. Distribución *t* de Student
e. $t = 1,719$
f. valor *p*: 0,0466
g. Compruebe la solución del estudiante.
h. i. Alfa: 0,05
   ii. Decisión: rechazar la hipótesis nula.
   iii. Motivo de la decisión: el valor *p* es inferior a 0,05.
   iv. Conclusión: Con un nivel de significación del 5 % hay pruebas suficientes para concluir que el salario medio de los enfermeros registrados de California supera los 69.110 dólares.
i. ($68.757, $73.485)

104. c

106. c

108. a. H_0: $p = 0,488$ H_a: $p \neq 0,488$
b. valor $p = 0,0114$
c. alfa = 0,05
d. rechazar la hipótesis nula.
e. Al nivel de significación del 5 % hay suficientes pruebas para concluir que el 48,8 % de las familias poseen acciones.
f. La encuesta no parece ser precisa.

110. a. H_0: $p = 0,517$ H_a: $p \neq 0,517$
b. valor $p = 0,9203$.
c. alfa = 0,05.

d. no rechazar la hipótesis nula.
e. Al nivel de significación del 5 % no hay pruebas suficientes para concluir que la proporción de hogares de Kentucky que se calientan con gas natural es de 0,517.
f. Sin embargo, no podemos generalizar este resultado para toda la nación. Primero, la población de la muestra es solo el estado de Kentucky. Segundo, es razonable suponer que los hogares de los extremos norte y sur tendrán un uso extremadamente alto y bajo, respectivamente. Tendríamos que ampliar nuestra base muestral para incluir estas posibilidades si quisiéramos generalizar esta afirmación para toda la nación.

112. a. H_0: $\mu \geq 11{,}52$ H_a: $\mu < 11{,}52$
b. valor p = 0,000002 que es casi 0.
c. alfa = 0,05.
d. rechazar la hipótesis nula.
e. Con un nivel de significación del 5 % hay suficientes pruebas para concluir que la cantidad promedio de lluvia en verano en el noreste de EE. UU. es inferior a 11,52 pulgadas, en promedio.
f. Llegaríamos a la misma conclusión si alfa fuera del 1 % porque el valor p es casi 0.

114. a. H_0: $\mu \leq 5{,}8$ H_a: $\mu > 5{,}8$
b. valor p = 0,9987
c. alfa = 0,05
d. no rechazar la hipótesis nula.
e. Con un nivel de significación del 5 % no hay pruebas suficientes para concluir que una mujer visita a su médico, en promedio, más de 5,8 veces al año.

116. a. H_0: $\mu \geq 150$ H_a: $\mu < 150$
b. valor p = 0,0622
c. alfa = 0,01
d. no rechazar la hipótesis nula.
e. Con un nivel de significación del 1 % no hay pruebas suficientes para concluir que los estudiantes de primer año estudian menos de 2,5 horas al día en promedio.
f. La afirmación del grupo académico de estudiantes parece ser correcta.

10 PRUEBAS DE HIPÓTESIS CON DOS MUESTRAS

Figura 10.1 Si quiere probar una afirmación que involucra dos grupos (los tipos de desayunos que se consumen al este y al oeste del río Misisipi) puede utilizar una técnica ligeramente diferente al realizar una prueba de hipótesis (créditos: Chloe Lim).

Objetivos del Capítulo

Al final de este capítulo el estudiante podrá:

- Clasificar las pruebas de hipótesis por tipo.
- Realizar e interpretar pruebas de hipótesis para dos medias poblacionales, conocidas las desviaciones típicas de la población.
- Realizar e interpretar pruebas de hipótesis para dos medias poblacionales, desconocidas las desviaciones típicas de la población.
- Realizar e interpretar pruebas de hipótesis para dos proporciones de población.
- Realizar e interpretar pruebas de hipótesis para muestras coincidentes o emparejadas.

Introducción

Los estudios suelen comparar dos grupos. Por ejemplo, los investigadores están interesados en el efecto que tiene la aspirina en la prevención de ataques al corazón. Durante los años recientes, los periódicos y las revistas han informado de varios estudios sobre la aspirina en los que participan dos grupos. Normalmente, un grupo recibe aspirina y el otro un placebo. Luego, se estudia la tasa de infarto durante varios años.

Hay otras situaciones que tratan de la comparación de dos grupos. Por ejemplo, los estudios comparan varios programas de dieta y ejercicio. Los políticos comparan la proporción de personas de diferentes niveles de ingresos que podrían votar por ellos. Los estudiantes se interesan por saber si los cursos de preparación para la SAT o el Examen de Registro de Graduados (Graduate Record Exam, GRE) ayudan realmente a mejorar sus calificaciones.

Ha aprendido a realizar pruebas de hipótesis sobre medias y proporciones únicas. En este capítulo se ampliará la información. Comparará dos medias o dos proporciones entre sí. El procedimiento general sigue siendo el mismo, pero ampliado.

Para comparar dos medias o dos proporciones, se trabaja con dos grupos. Los grupos se clasifican como **independientes** o **pares coincidentes**. Los **grupos independientes** consisten en dos muestras que son independientes, es decir, los valores de la muestra seleccionados de una población no están relacionados de ninguna manera con los valores de la muestra seleccionados de la otra población. Los **pares coincidentes** consisten en dos muestras que son dependientes. El parámetro que se comprueba utilizando pares coincidentes es la media de la población. Los parámetros que se prueban utilizando grupos independientes son las medias de la población o las proporciones de la población.

NOTA

Este capítulo se basa en una calculadora o una computadora para calcular los grados de libertad, los estadísticos de prueba y los valores *p*. Se incluyen las instrucciones para la TI-83+ y la TI-84, así como las fórmulas de los estadísticos de prueba. Cuando se utiliza una calculadora TI-83+ o TI-84, no es necesario separar dos medias poblacionales, grupos independientes o varianzas poblacionales desconocidas en tamaños de muestra grandes y pequeños. Sin embargo, la mayoría de los softwares de estadística tienen la capacidad de diferenciar estas pruebas.

Este capítulo trata de las siguientes pruebas de hipótesis:

Grupos independientes (las muestras son independientes)

- Prueba de dos medias poblacionales.
- Prueba de dos proporciones poblacionales.

Muestras coincidentes o emparejadas (las muestras son dependientes)

- Prueba de las dos proporciones de la población mediante la prueba de una media poblacional de diferencias.

10.1 Medias de dos poblaciones con desviaciones típicas desconocidas

1. Las dos muestras independientes son simples muestras aleatorias de dos poblaciones distintas.
2. Para las dos poblaciones distintas
   - si los tamaños de las muestras son pequeños, las distribuciones son importantes (deben ser normales)
   - si los tamaños de las muestras son grandes, las distribuciones no son importantes (no tienen por qué ser normales)

NOTA

La prueba que compara dos medias poblacionales independientes con desviaciones típicas poblacionales desconocidas y posiblemente desiguales se denomina prueba t de Aspin-Welch. Aspin Welch desarrolló la fórmula de los grados de libertad.

La comparación de dos medias poblacionales es muy común. La diferencia entre las dos muestras depende tanto de las medias como de las desviaciones típicas. Pueden producirse medias muy diferentes por azar si hay una gran variación entre cada una de las muestras. Para tener en cuenta la variación, tomamos la diferencia de las medias de la muestra, $\overline{X}_1 - \overline{X}_2$, y dividimos entre el error estándar para normalizar la diferencia. El resultado es un estadístico de prueba de puntuación t.

Ya que desconocemos las desviaciones típicas de la población, las calculamos con las dos desviaciones típicas de nuestras muestras independientes. En la prueba de hipótesis, calculamos la desviación típica o el **error estándar**, de la **diferencia de las medias muestrales**, $\overline{X}_1 - \overline{X}_2$.

$$\text{El error estándar es:} \sqrt{\frac{(s_1)^2}{n_1} + \frac{(s_2)^2}{n_2}}$$

El estadístico de prueba*(puntuación t)* se calcula como sigue:

$$\frac{(\overline{x}_1-\overline{x}_2)-(\mu_1-\mu_2)}{\sqrt{\frac{(s_1)^2}{n_1}+\frac{(s_2)^2}{n_2}}}$$

donde:

- s_1 y s_2, las desviaciones típicas de la muestra, son estimaciones de σ_1 y σ_2, respectivamente.
- σ_1 y σ_2 son las desviaciones típicas desconocidas de la población.
- $\overline{x}_1$ y $\overline{x}_2$ son las medias muestrales. μ_1 y μ_2 son las medias poblacionales.

El número de **grados de libertad (*df*)** requiere un cálculo algo complicado. Sin embargo, la computadora o la calculadora lo calculan fácilmente. Los *df* no son siempre un número entero. El estadístico de prueba calculado anteriormente se determina aproximadamente mediante la distribución *t* de Student con *df* de la siguiente manera:

$$\text{Grados de libertad}de=\frac{\left(\frac{(s_1)^2}{n_1}+\frac{(s_2)^2}{n_2}\right)^2}{\left(\frac{1}{n_1-1}\right)\left(\frac{(s_1)^2}{n_1}\right)^2+\left(\frac{1}{n_2-1}\right)\left(\frac{(s_2)^2}{n_2}\right)^2}$$

Cuando los tamaños de las muestras n_1 y n_2 son cinco o más, la aproximación *t* de Student es bastante apropiada. Observe que las varianzas muestrales $(s_1)^2$ y $(s_2)^2$ no están agrupadas. (Si se plantea la cuestión, no agrupe las varianzas).

NOTA

No es necesario calcularlo a mano. La calculadora o la computadoras lo harán fácilmente.

EJEMPLO 10.1

Grupos independientes

Se cree que el promedio de tiempo que los niños y niñas de entre siete y once años practican deportes cada día es la misma. Se hace un estudio y se recopilan datos, lo que da como resultado los datos en la Tabla 10.1. Cada población tiene una distribución normal.

	Tamaño de la muestra	Promedio de horas de práctica deportiva al día	Desviación típica de la muestra
Niñas	9	2	0,866
Niños	16	3,2	1,00

Tabla 10.1

¿Hay diferencia en la media de tiempo que los niños y las niñas de 7 a 11 años practican deportes cada día? Prueba al nivel de significación del 5%.

Solución 1

No se conocen las desviaciones típicas de la población. Sea *g* el subíndice de las niñas y *b* el de los niños. Entonces, μ_g es la media poblacional de las chicas y μ_b es la de los niños. Se trata de una prueba de dos **grupos independientes** y dos **medias poblacionales**.

Variable aleatoria: $\overline{X}_g-\overline{X}_b$ = diferencia en la media muestral de tiempo que las niñas y los niños practican deportes cada día.

H_0: $\mu_g = \mu_b$ H_0: $\mu_g - \mu_b = 0$

H_a: $\mu_g \neq \mu_b$ H_a: $\mu_g - \mu_b \neq 0$

Las palabras **"igual que"** le dicen que H_0 tiene un "=". Ya que no hay otras palabras que indiquen H_a, asumamos que dice: **"es diferente".** Esta es una prueba de dos colas.

Distribución para la prueba: Utilice t_{df} donde *df* se calcula con la fórmula *df* para grupos independientes, dos medias poblacionales. Con el empleo de la calculadora, los *df* son aproximadamente 18,8462. **No agrupe las varianzas.**

Calcule el valor *p* con la distribución *t* de Student: valor p = 0,0054

Gráfico:

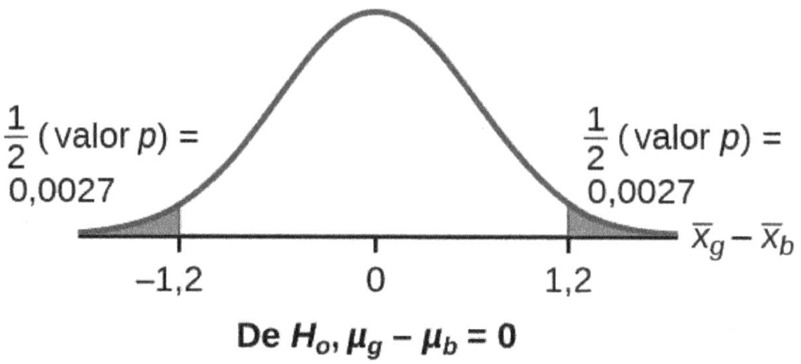

Figura 10.2

$s_g = 0{,}866$
$s_b = 1$
Así que, $\overline{x}_g - \overline{x}_b$ = 2 - 3.2 = -1.2
La mitad del valor *p* es inferior a -1,2 y la otra mitad es superior a 1,2.

Tome una decisión: Dado que α > valor *p*, rechaza H_0. Esto significa que se rechaza $\mu_g = \mu_b$. Las medias son diferentes.

USO DE LAS CALCULADORAS TI-83, 83+, 84, 84+

Pulse STAT. Desplace la flecha hacia TESTS y pulse `4:2-SampTTest`. Flecha hacia STATS y pulse ENTER. Flecha hacia abajo e ingrese 2 para la primera media muestral, 0,866 para Sx1, 9 para n1, 3,2 para la segunda media muestral, 1 para Sx2, y 16 para n2. Flecha hacia abajo a µ1: y flecha a `no es igual` a µ2. Pulse ENTER. Flecha hacia abajo a Pooled: y No. Pulse ENTER. Desplace la flecha hacia abajo hasta `Calculate` y pulse ENTER. El valor *p* es *p* = 0,0054, los dfs son aproximadamente 18,8462 y el estadístico de prueba es -3,14. Vuelva a realizar el procedimiento, pero en vez de Calculate (Calcular) ejecute Draw (Dibujar).

Conclusión: Con un nivel de significación del 5 %, los datos de la muestra indican que hay pruebas suficientes para concluir que la media de horas que las niñas y los niños de siete a once años practican deportes al día es diferente (la media de horas que los niños de siete a once años practican deportes al día es mayor que el de las niñas practican O la media de horas que las niñas de siete a once años practican deportes al día es mayor que el de los niños).

INTÉNTELO 10.1

En la Tabla 10.2 se indican dos muestras. Ambas tienen distribuciones normales. Se cree que las medias de las dos poblaciones son las mismas. ¿Hay alguna diferencia en las medias? Prueba al nivel de significación del 5 %.

	Tamaño de la muestra	Media muestral	Desviación típica de la muestra
Población A	25	5	1

Tabla 10.2

	Tamaño de la muestra	Media muestral	Desviación típica de la muestra
Población B	16	4,7	1,2

Tabla 10.2

NOTA

Cuando la suma de los tamaños de las muestras es mayor que 30 ($n_1 + n_2 > 30$), se puede utilizar la distribución normal para calcular aproximadamente la *t* de Student.

EJEMPLO 10.2

Un grupo comunitario realiza un estudio en dos institutos universitarios vecinos para determinar cuál de ellos gradúa a los estudiantes con más clases de Matemáticas. La universidad A toma una muestra de 11 graduados. Su promedio es de cuatro clases de Matemáticas con desviación típica de 1,5. La universidad B toma una muestra de nueve graduados. Su promedio es de 3,5 clases de Matemáticas con desviación típica de una clase de Matemáticas. El grupo comunitario cree que un estudiante que se gradúa en el instituto universitario A **ha tomado más clases de Matemáticas,** en promedio. Ambas poblaciones tienen una distribución normal. Pruebe con un nivel de significación del 1 %. Responda las siguientes preguntas:

a. ¿Se trata de una prueba de dos medias o de dos proporciones?

Solución 1

a. dos medias

b. ¿Las desviaciones típicas de las poblaciones son conocidas o desconocidas?

Solución 2

b. desconocidas

c. ¿Qué distribución utiliza para realizar la prueba?

Solución 3

c. *t*

de Student.

d. ¿Cuál es la variable aleatoria?

Solución 4

d. $\overline{X}_A - \overline{X}_B$

e. ¿Cuáles son las hipótesis nula y alternativa? Escriba las hipótesis nula y alternativa con palabras y con símbolos.

Solución 5

e

- $H_o : \mu_A \leq \mu_B$
- $H_a : \mu_A > \mu_B$

f. ¿Esta prueba es de cola derecha, izquierda o doble?

Solución 6

f.

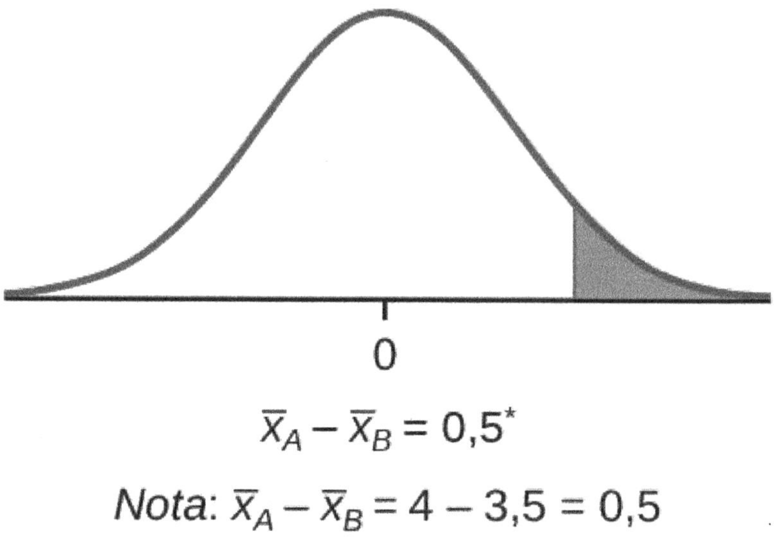

Figura 10.3

derecha

g. ¿Cuál es el valor *p*?

Solución 7

g. 0,1928

h. ¿Rechaza o no rechaza la hipótesis nula?

Solución 8

h. No rechazar.

i. **Conclusión:**

Solución 9

i. Al nivel de significación del 1 %, a partir de los datos de la muestra, no hay pruebas suficientes para concluir que un estudiante que se gradúa en el instituto universitario A haya tomado más clases de Matemáticas, en promedio, que un estudiante que se gradúa en el instituto universitario B.

INTÉNTELO 10.2

Se realiza un estudio para determinar si la compañía A retiene a sus trabajadores más tiempo que la compañía B. La compañía A toma una muestra de 15 trabajadores, y su tiempo promedio en la compañía es de cinco años con desviación típica de 1,2. La compañía B cuenta con una muestra de 20 trabajadores, cuyo promedio de antigüedad en la compañía es de 4,5 años con desviación típica de 0,8. Las poblaciones se distribuyen normalmente.

a. ¿Se conocen las desviaciones típicas de la población?
b. Realice una prueba de hipótesis apropiada. A un nivel de significación del 5 %, ¿cuál es su conclusión?

EJEMPLO 10.3

Un profesor de una gran universidad comunitaria quería determinar si existe una diferencia en las medias de las puntuaciones de los exámenes finales entre los estudiantes que tomaron su curso de estadística en línea y los que tomaron la clase presencial. Creía que la media de las puntuaciones del examen final de la clase en línea sería inferior a la de la clase presencial. ¿Estaba en lo correcto el profesor? Las 30 puntuaciones de los exámenes finales de cada grupo, seleccionadas al azar, figuran en la Tabla 10.3 y la Tabla 10.4.

67,6	41,2	85,3	55,9	82,4	91,2	73,5	94,1	64,7	64,7
70,6	38,2	61,8	88,2	70,6	58,8	91,2	73,5	82,4	35,5
94,1	88,2	64,7	55,9	88,2	97,1	85,3	61,8	79,4	79,4

Tabla 10.3 Clase en línea

77,9	95,3	81,2	74,1	98,8	88,2	85,9	92,9	87,1	88,2
69,4	57,6	69,4	67,1	97,6	85,9	88,2	91,8	78,8	71,8
98,8	61,2	92,9	90,6	97,6	100	95,3	83,5	92,9	89,4

Tabla 10.4 Clase presencial

¿Es la media de las puntuaciones del examen final de la clase en línea inferior a la media de clase presencial? Pruebe con un nivel de significación del 5 %. Responda a las siguientes preguntas:

a. ¿Se trata de una prueba de dos medias o de dos proporciones?
b. ¿Las desviaciones típicas de la población son conocidas o desconocidas?
c. ¿Qué distribución utiliza para realizar la prueba?
d. ¿Cuál es la variable aleatoria?
e. ¿Cuáles son las hipótesis nula y alternativa? Escriba las hipótesis nula y alternativa con palabras y con símbolos.
f. ¿Esta prueba es a la derecha, a la izquierda o de dos colas?
g. ¿Cuál es el valor *p*?
h. ¿Rechaza o no rechaza la hipótesis nula?
i. En el nivel de significación ___, a partir de los datos de la muestra, _____ (es/no es) evidencia suficiente para concluir que _____.

(Vea la conclusión en el Ejemplo 10.2, y escriba la suya de forma similar).

USO DE LAS CALCULADORAS TI-83, 83+, 84, 84+

Primero ponga los datos de cada grupo en dos listas (como L1 y L2). Pulse STAT. Flecha hacia TESTS y pulse 4:2SampTTest. Asegúrese de que Data (Datos) esté resaltado y pulse ENTER. Flecha hacia abajo; introduzca L1 para la primera lista y L2 para la segunda. Desplace la flecha hacia abajo hasta μ_1: y la flecha hacia < μ_2 (menos que). Pulse ENTER. Flecha hacia abajo a Pooled: No. Pulse ENTER. Flecha hacia abajo hasta Calculate (Calcular); pulse ENTER.

Nota:

¡No mezcle la información del Grupo 1 y del Grupo 2!

Solución 1

a. dos medias

b. desconocido
c. *t* de Student.
d. $\overline{X}_1 - \overline{X}_2$
e. 1. H_0: $\mu_1 = \mu_2$ Hipótesis nula: las medias de las puntuaciones de los exámenes finales son iguales para las clases de estadística en línea y presenciales.
   2. H_a: $\mu_1 < \mu_2$ Hipótesis alternativa: la media de las puntuaciones del examen final de la clase en línea es menor que la de la clase presencial.
f. cola izquierda
g. valor p = 0,0011

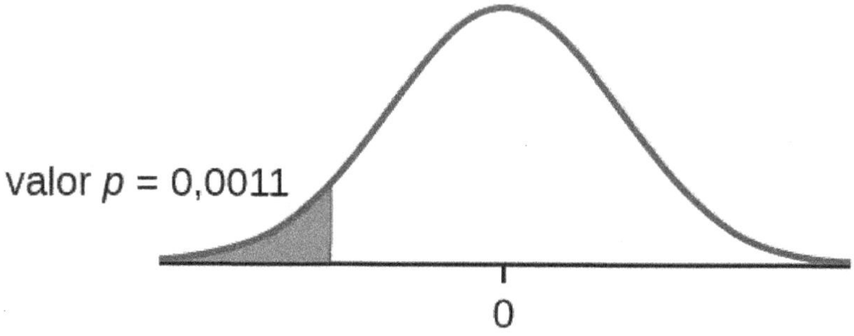

Figura 10.4

h. Rechace la hipótesis nula.
i. El profesor estaba en lo correcto. Las pruebas revelan que la media de las puntuaciones de los exámenes finales de la clase en línea es inferior a la de la clase presencial.
   Al nivel de significación del 5 %, a partir de los datos de la muestra, hay (hay/no hay) pruebas suficientes para concluir que la media de las puntuaciones de los exámenes finales de la clase en línea es menor que la de la clase presencial.

Criterios de Cohen para efectos de tamaño pequeño, mediano y grande

La **d *de Cohen*** es la medida del tamaño del efecto con base en las diferencias entre dos medias. La *d* de Cohen, llamada así por el estadístico estadounidense Jacob Cohen, mide la fuerza relativa de las diferencias entre las medias de dos poblaciones a partir de los datos de la muestra. El valor calculado del tamaño del efecto se compara entonces con los criterios de Cohen de efecto de tamaño pequeño, mediano y grande.

Tamaño del efecto	*d*
Pequeño	0,2
Mediano	0,5
Grande	0,8

Tabla 10.5 Tamaños de los efectos de los criterios de Cohen

La *d* de Cohen es la medida de la diferencia entre dos medias dividida entre la desviación típica combinada: $d = \frac{\bar{x}_1 - \bar{x}_2}{s_{pooled}}$

donde $s_{pooled} = \sqrt{\frac{(n_1-1)s_1^2+(n_2-1)s_2^2}{n_1+n_2-2}}$

EJEMPLO 10.4

Calcule la *d* de Cohen para el Ejemplo 10.2. ¿El tamaño del efecto es pequeño, mediano o grande? Explique qué significa el tamaño del efecto para este problema.

Solución 1

$\mu_1 = 4$ $s_1 = 1.5$ $n_1 = 11$

$\mu_2 = 3.5$ $s_2 = 1$ $n_2 = 9$

$d = 0.384$

El efecto es pequeño porque 0,384 está entre el valor de Cohen de 0,2 para un tamaño de efecto pequeño y 0,5 para un tamaño de efecto mediano. El tamaño de las diferencias de las medias de las dos universidades es pequeño, lo que indica que no hay ninguna diferencia significativa entre estas.

EJEMPLO 10.5

Calcule la *d* de Cohen para el Ejemplo 10.3. ¿El tamaño del efecto es pequeño, mediano o grande? Explique qué significa el tamaño del efecto para este problema.

Solución 1

d = 0,834; grande, porque 0,834 es mayor que el 0,8 de Cohen para un tamaño de efecto grande. El tamaño de las diferencias entre las medias de las puntuaciones de los exámenes finales de los estudiantes en línea y los estudiantes en la clase presencial es grande, lo que indica una diferencia significativa.

INTÉNTELO 10.5

El alfa ponderado es una medida del rendimiento ajustado al riesgo de las acciones durante un periodo de un año. Un alfa ponderado positivo alto significa una acción cuyo precio ha subido, mientras que un alfa ponderado positivo pequeño indica un precio de la acción sin cambios durante el periodo. El alfa ponderado se utiliza para identificar compañías con fuertes tendencias al alza o a la baja. El alfa ponderado de los 30 principales títulos valores de los bancos del noreste y del oeste identificados por el Nasdaq el 24 de mayo de 2013 figura en la Tabla 10.6 y la Tabla 10.7, respectivamente.

94,2	75,2	69,6	52,0	48,0	41,9	36,4	33,4	31,5	27,6
77,3	71,9	67,5	50,6	46,2	38,4	35,2	33,0	28,7	26,5
76,3	71,7	56,3	48,7	43,2	37,6	33,7	31,8	28,5	26,0

Tabla 10.6 Noreste

126,0	70,6	65,2	51,4	45,5	37,0	33,0	29,6	23,7	22,6
116,1	70,6	58,2	51,2	43,2	36,0	31,4	28,7	23,5	21,6
78,2	68,2	55,6	50,3	39,0	34,1	31,0	25,3	23,4	21,5

Tabla 10.7 Oeste

¿Existe alguna diferencia en el alfa ponderado de los 30 principales títulos valores de los bancos del noreste y del oeste? Pruebe a un nivel de significación del 5 %. Responda las siguientes preguntas:

a. ¿Se trata de una prueba de dos medias o de dos proporciones?
b. ¿Las desviaciones típicas de la población son conocidas o desconocidas?
c. ¿Qué distribución utiliza para realizar la prueba?
d. ¿Cuál es la variable aleatoria?
e. ¿Cuáles son las hipótesis nula y alternativa? Escriba las hipótesis nula y alternativa con palabras y con símbolos.

f. ¿Esta prueba es a la derecha, a la izquierda o de dos colas?
g. ¿Cuál es el valor *p*?
h. ¿Rechaza o no rechaza la hipótesis nula?
i. En el nivel de significación ___, a partir de los datos de la muestra, _____ (es/no es) evidencia suficiente para concluir que _____.
j. Calcule la *d* de Cohen e interprétela.

10.2 Dos medias poblacionales con desviaciones típicas conocidas

Aunque esta situación no es probable (conocer las desviaciones típicas de la población no es probable), el siguiente ejemplo ilustra la prueba de hipótesis para medias independientes, conociendo las desviaciones típicas de la población. La distribución muestral para la diferencia entre las medias es normal y ambas poblaciones deben ser normales. La variable aleatoria es $\overline{X_1}-\overline{X_2}$. La distribución normal tiene el siguiente formato:

La **distribución normal** es: $\overline{X}_1-\overline{X}_2 \sim N\left[\mu_1-\mu_2, \sqrt{\frac{(\sigma_1)^2}{n_1}+\frac{(\sigma_2)^2}{n_2}}\right]$

La desviación típica es: $\sqrt{\frac{(\sigma_1)^2}{n_1}+\frac{(\sigma_2)^2}{n_2}}$

El **estadístico de prueba** (puntuación *z*) es: $z = \frac{(\overline{x}_1-\overline{x}_2)-(\mu_1-\mu_2)}{\sqrt{\frac{(\sigma_1)^2}{n_1}+\frac{(\sigma_2)^2}{n_2}}}$

EJEMPLO 10.6

Grupos independientes, desviaciones típicas de la población conocidas: Se va a comparar el tiempo medio de duración de dos ceras para suelos de la competencia. Se asignan al azar **veinte pisos para probar cada cera**. Ambas poblaciones tienen una distribución normal. Los datos se registran en la Tabla 10.8.

Cera	Muestra del número medio de meses que dura la cera del suelo	Desviación típica de la población
1	3	0,33
2	2,9	0,36

Tabla 10.8

¿Los datos indican que la **cera 1 es más eficaz que la cera 2**? Pruebe con un nivel de significación del 5 %.

Solución 1

Se trata de una prueba de dos grupos independientes, dos medias poblacionales, desviaciones típicas poblacionales conocidas.

Variable aleatoria: $\overline{X}_1-\overline{X}_2$ = diferencia en el número medio de meses que duran las ceras para suelos de la competencia.

H_0: $\mu_1 \leq \mu_2$

H_a: $\mu_1 > \mu_2$

La expresión **"es más eficaz"** dice que la cera 1 **dura más que la cera 2**, en promedio. "Más que" es el símbolo ">" y entra en H_a. Por lo tanto, se trata de una prueba de cola derecha.

Distribución para la prueba: Las desviaciones típicas de la población son conocidas, por lo que la distribución es normal. Utilizando la fórmula, la distribución es:

$$\overline{X}_1-\overline{X}_2 \sim N\left(0, \sqrt{\frac{0{,}33^2}{20}+\frac{0{,}36^2}{20}}\right)$$

Como $\mu_1 \leq \mu_2$ entonces $\mu_1 - \mu_2 \leq 0$ y la media de la distribución normal es cero.

Calcule el valor *p* utilizando la distribución normal: valor $p = 0{,}1799$

Gráfico:

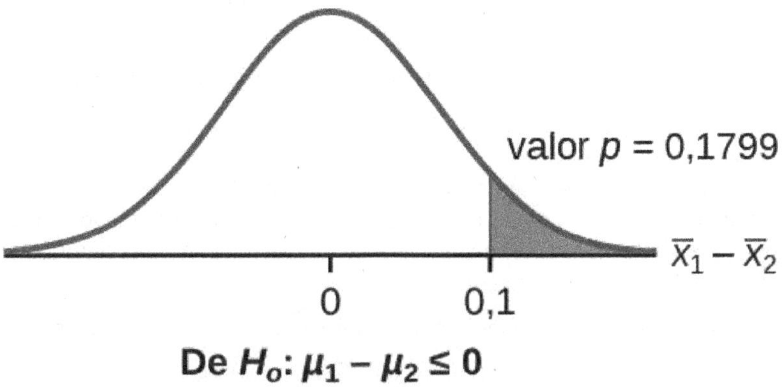

Figura 10.5

$\overline{X}_1 - \overline{X}_2 = 3 - 2{,}9 = 0{,}1$

Compare *α* y el valor *p*: $\alpha = 0{,}05$ y valor $p = 0{,}1799$. Por lo tanto, $\alpha <$ valor p.

Tome una decisión: Dado que $\alpha <$ valor p, no se rechaza H_0.

Conclusión: Al nivel de significación del 5 %, a partir de los datos de la muestra, no hay pruebas suficientes para concluir que el tiempo medio de duración de la cera 1 sea mayor (la cera 1 es más eficaz) que el tiempo medio de duración de la cera 2.

USO DE LAS CALCULADORAS TI-83, 83+, 84, 84+

Pulse STAT. Desplace la flecha hacia TESTS y pulse `3:2-SampZTest`. Desplace la flecha hacia STATS y pulse ENTER. Desplace la flecha hacia abajo y presione ENTER `0,33` para sigma1, `0,36` para sigma2, 3 para la primera media muestral, `20` para n1, `2,9` para la segunda media muestral, y `20` para n2. Desplace la flecha hacia abajo hasta μ1: y la flecha hacia > μ_2. Pulse ENTER. Desplace la flecha hacia abajo hasta `Calculate` y pulse ENTER. El valor p es $p = 0{,}1799$ y el estadístico de prueba es 0,9157. Vuelva a realizar el procedimiento, pero en vez de `Calculate` presione `Dibujar`.

INTÉNTELO 10.6

Hay que comparar las medias del número de revoluciones por minuto de dos motores en competencia. Treinta motores son asignados al azar para ser probados. Ambas poblaciones tienen distribuciones normales. La Tabla 10.9 muestra el resultado. ¿Los datos indican que el motor 2 tiene más RPM que el motor 1? Pruebe con un nivel de significación del 5 %.

Motor	Número de media de RPM de la muestra	Desviación típica de la población
1	1.500	50
2	1.600	60

Tabla 10.9

EJEMPLO 10.7

Un ciudadano interesado quería saber si los senadores estadounidenses demócratas son más viejos que los republicanos, en promedio. El 26 de mayo de 2013, la edad media de 30 senadores republicanos seleccionados al azar era de 61 años y 247 días (61,675 años) con una desviación típica de 10,17 años. La edad media de los 30 senadores demócratas seleccionados al azar era de 61 años y 257 días (61,704 años), con una desviación típica de 9,55 años.

¿Los datos indican que los senadores demócratas son más viejos que los republicanos, en promedio? Pruebe con un nivel de significación del 5 %.

Solución 1

Se trata de una prueba de dos grupos independientes, dos medias poblacionales. Se desconocen las desviaciones típicas de la población, pero la suma de los tamaños de las muestras es 30 + 30 = 60, que es mayor que 30, por lo que podemos utilizar la aproximación normal a la distribución t de Student. Subíndices: 1: Senadores demócratas 2: Senadores republicanos

Variable aleatoria: $\overline{X}_1 - \overline{X}_2$ = diferencia en la edad media de los senadores estadounidenses demócratas y republicanos.

H_0: $\mu_1 \leq \mu_2$ H_0: $\mu_1 - \mu_2 \leq 0$

H_a: $\mu_1 > \mu_2$ H_a: $\mu_1 - \mu_2 > 0$

Las palabras "mayor que" se traducen en un símbolo ">" y entran en H_a. Por lo tanto, se trata de una prueba de cola derecha.

Distribución para la prueba: la distribución es la aproximación normal a la *t* de Student para medias, grupos independientes. Utilizando la fórmula, la distribución es: $\overline{X}_1 - \overline{X}_2 \sim N[0, \sqrt{\frac{(9{,}55)^2}{30} + \frac{(10{,}17)^2}{30}}]$

Como $\mu_1 \leq \mu_2$, $\mu_1 - \mu_2 \leq 0$ y la media de la distribución normal es cero.

(Calcular el valor *p* utilizando la distribución normal da un valor $p = 0{,}4955$)

Gráfico:

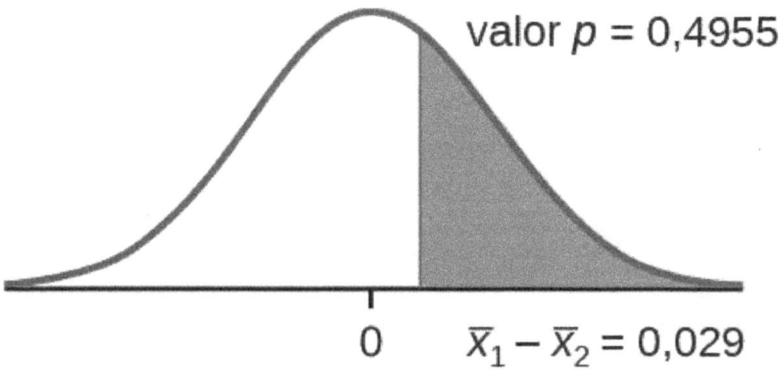

Figura 10.6

Compare α y el valor *p*: $\alpha = 0{,}05$ y valor $p = 0{,}4955$. Por lo tanto, $\alpha <$ valor p.

Tome una decisión: Dado que $\alpha <$ valor p, no se rechaza H_0.

Conclusión: Al nivel de significación del 5 %, a partir de los datos de la muestra, no hay pruebas suficientes para concluir que la edad media de los senadores demócratas sea mayor que la de los republicanos.

10.3 Comparación de dos proporciones de población independientes

Cuando se realiza una prueba de hipótesis que compara dos proporciones de población independientes se deben dar las siguientes características:

1. Las dos muestras independientes son muestras aleatorias simples que son independientes.
2. El número de aciertos es, al menos, cinco y el número de fallos es, al menos, cinco para cada una de las muestras.

3. La literatura creciente establece que la población debe ser al menos diez o veinte veces el tamaño de la muestra. Así se evita que cada población sea objeto de un muestreo excesivo y se obtengan resultados incorrectos.

La comparación de dos proporciones, al igual que la comparación de dos medias, es de uso común. Si dos proporciones estimadas son diferentes, puede deberse a una diferencia en las poblaciones o al azar. Una prueba de hipótesis puede ayudar a determinar si una diferencia en las proporciones estimadas refleja una diferencia en las proporciones de la población.

La diferencia de dos proporciones sigue una distribución normal aproximada. En general, la hipótesis nula afirma que las dos proporciones son iguales. Es decir, H_0: $p_A = p_B$. Para llevar a cabo la prueba utilizamos una proporción combinada, p_c.

La proporción combinada se calcula de la siguiente manera: $p_c = \dfrac{x_A + x_B}{n_A + n_B}$

La distribución de las diferencias es: $P'_A - P'_B \sim N[0, \sqrt{p_c(1-p_c)(\frac{1}{n_A} + \frac{1}{n_B})}]$

El estadístico de prueba (puntuación z) es: $z = \dfrac{(p'_A - p'_B) - (p_A - p_B)}{\sqrt{p_c(1-p_c)(\frac{1}{n_A} + \frac{1}{n_B})}}$

EJEMPLO 10.8

Se prueban dos tipos de medicamentos para la urticaria con el fin de determinar si existe una **diferencia en las proporciones de las reacciones de los pacientes adultos. Veinte** de una **muestra aleatoria de 200** adultos a los que se les administró el medicamento A seguían teniendo urticaria 30 minutos después de tomarla. **Doce** de otra **muestra aleatoria de 200 adultos** a los que se les administró el medicamento B seguían teniendo urticaria 30 minutos después de tomar la medicación. Pruebe con un nivel de significación del 1 %.

Solución 1

El problema pide una diferencia de proporciones, por lo que es una prueba de dos proporciones.

Supongamos que *A* y *B* sean los subíndices del medicamento A y el medicamento B, respectivamente. Entonces p_A y p_B son las proporciones poblacionales deseadas.

Variable aleatoria: P'_A - P'_B = diferencia en las proporciones de pacientes adultos que no reaccionaron después de 30 minutos a los medicamentos A y B.

H_0: $p_A = p_B$

$p_A - p_B = 0$

H_a: $p_A \neq p_B$

$p_A - p_B \neq 0$

Las palabras **"es una diferencia"** le indican que la prueba es de dos colas.

Distribución para la prueba: como se trata de una prueba de dos proporciones poblacionales binomiales, la distribución es normal:

$$p_c = \frac{x_A + x_B}{n_A + n_B} = \frac{20+12}{200+200} = 0{,}08 \quad 1 - p_c = 0{,}92$$

$$P'_A - P'_B \sim N\left[0, \sqrt{(0{,}08)(0{,}92)(\tfrac{1}{200} + \tfrac{1}{200})}\right]$$

P'_A - P'_B sigue una distribución normal aproximada.

Calcule el valor *p* utilizando la distribución normal: valor p = 0,1404.

Proporción estimada para el grupo A: $p'_A = \frac{x_A}{n_A} = \frac{20}{200} = 0{,}1$

Proporción estimada para el grupo B: $p'_B = \frac{x_B}{n_B} = \frac{12}{200} = 0{,}06$

Gráfico:

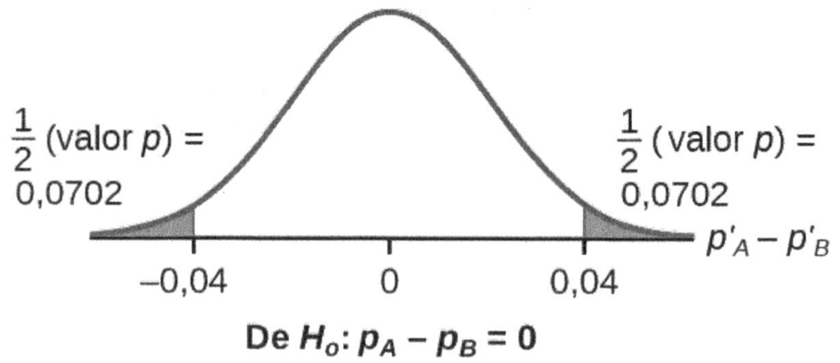

Figura 10.7

$P'_A - P'_B = 0{,}1 - 0{,}06 = 0{,}04$.

La mitad del valor p es inferior a –0,04, y la otra mitad es superior a 0,04.

Compare α y el valor p: $\alpha = 0{,}01$ y el valor $p = 0{,}1404$. $\alpha <$ valor p.

Tome una decisión: Dado que $\alpha <$ valor p, no rechaza H_0.

Conclusión: A un nivel de significación del 1 %, a partir de los datos de la muestra, no hay pruebas suficientes para concluir que existe una diferencia en las proporciones de pacientes adultos que no reaccionaron después de 30 minutos al medicamento *A* y al medicamento *B*.

USO DE LAS CALCULADORAS TI-83, 83+, 84, 84+

Pulse STAT. Desplace la flecha hacia TESTS y pulse `6:2-PropZTest`. Desplace la flecha hacia abajo y pulse ENTER `20` para x1, `200` para n1, 12 para x2, y `200` para n2. Desplace la flecha hacia abajo `p1:` y la flecha hacia `diferente a p2`. Pulse ENTER. Desplace la flecha hacia abajo hasta `Calculate` y pulse ENTER. El valor *p* es *p* = 0,1404 y el estadístico de prueba es 1,47. Vuelva a realizar el procedimiento, pero en vez de `Calculate` presione `Dibujar`.

INTÉNTELO 10.8

Se están probando dos tipos de válvulas para determinar si hay una diferencia en las tolerancias de presión. Quince de una muestra aleatoria de 100 de la válvula *A* se agrietaron por debajo de 4.500 psi. Seis de una muestra aleatoria de 100 de la válvula *B* se agrietaron por debajo de 4.500 psi. Pruebe con un nivel de significación del 5 %.

EJEMPLO 10.9

Se realizó un estudio de investigación sobre las diferencias de género en el "sexteo" El investigador cree que la proporción de chicas implicadas en el "sexteo" es menor que la de chicos. Los datos recogidos en la primavera de 2010 entre una muestra aleatoria de estudiantes de secundaria y preparatoria en un gran distrito escolar del sur de Estados Unidos se resumen en la Tabla 10.10. ¿La proporción de chicas que envían mensajes con contenido sexual (sexts) es menor que la de chicos que "sextean"? Pruebe con un nivel de significación del 1 %.

	Hombres	Mujeres
Envío de "mensajes con contenido sexual"	183	156

Tabla 10.10

	Hombres	Mujeres
Número total de encuestados	2.231	2.169

Tabla 10.10

Solución 1

Se trata de una prueba de dos proporciones de población. Supongamos que M y F sean los subíndices para los hombres y las mujeres. Entonces p_M y p_F son las proporciones poblacionales deseadas.

Variable aleatoria: p'_F - p'_M = diferencia en las proporciones de hombres y mujeres que enviaron "mensajes con contenido sexual"

H_0: $p_F = p_M$ H_0: $p_F - p_M = 0$

H_a: $p_F < p_M$ H_a: $p_F - p_M < 0$

Las palabras **"menos que"** indican que la prueba es de cola izquierda.

Distribución para la prueba: como se trata de una prueba de dos proporciones de población, la distribución es normal:

$p_c = \frac{x_F + x_M}{n_F + n_M} = \frac{156+183}{2.169+2.231} = 00{,}077$

$1 - p_c = 0{,}923$

Por lo tanto,

$p'_F - p'_M \sim N\left(0, \sqrt{(0{,}077)(0{,}923)\left(\frac{1}{2.169} + \frac{1}{2.231}\right)}\right)$

p'_F - p'_M sigue una distribución normal aproximada.

Calcule el valor *p* utilizando la distribución normal: Valor
p = 0,1045
Proporción estimada para las mujeres: 0,0719
Proporción estimada para los hombres: 0,082

Gráfico:

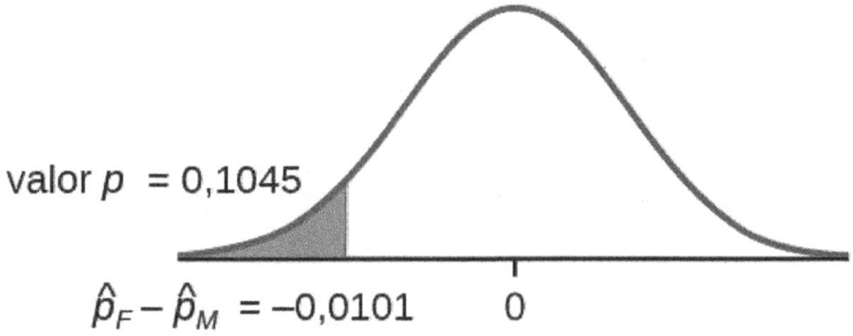

Figura 10.8

Decisión: Dado que α < valor *p*, no rechaza H_0.

Conclusión: Al nivel de significación del 1 %, a partir de los datos de la muestra, no hay pruebas suficientes para concluir que la proporción de chicas que envían "mensajes con contenido sexual" sea menor que la proporción de chicos que envían estos mensajes.

USO DE LAS CALCULADORAS TI-83, 83+, 84, 84+

Pulse STAT. Desplace la flecha hacia TESTS y pulse 6:2-PropZTest. Desplace la flecha hacia abajo e ingrese 156 para x1, 2169 para n1, 183 para x2 y 2231 para n2. Desplace la flecha hacia abajo a p1: y flecha a menos de p2. Pulse ENTER. Desplace la flecha hacia abajo hasta Calculate (Calcular) y pulse ENTER. El valor *p* es *P* = 0,1045 y el estadístico de prueba es *z* = -1,256.

EJEMPLO 10.10

Los investigadores realizaron un estudio sobre el uso de los teléfonos inteligentes entre los adultos. Una compañía de telefonía móvil afirma que los teléfonos inteligentes iPhone son más populares entre los blancos (no hispanos) que entre los afroamericanos. Los resultados de la encuesta indican que de los 232 propietarios de teléfonos móviles afroamericanos incluidos en la muestra aleatoria, el 5 % tiene un iPhone. De los 1.343 propietarios de teléfonos móviles blancos incluidos en la muestra aleatoria, el 10 % tiene un iPhone. Prueba al nivel de significación del 5 %. ¿Es mayor la proporción de propietarios de iPhone blancos que la de afroamericanos?

Solución 1

Se trata de una prueba de dos proporciones de población. Supongamos que W y A sean los subíndices de los blancos y los afroamericanos. Entonces p_W y p_A son las proporciones poblacionales deseadas.

Variable aleatoria: p'_W - p'_A = diferencia en las proporciones de usuarios blancos y afroamericanos de telefonos celulares que tienen iPhones.

H_0: $p_W = p_A$ H_0: $p_W - p_A = 0$

H_a: $p_W > p_A$ H_a: $p_W - p_A > 0$

Las palabras "más popular" indican que la prueba es de cola derecha.

Distribución para la prueba: la distribución es aproximadamente normal:

$$p_c = \frac{x_W + x_A}{n_W + n_A} = \frac{134+12}{1343+232} = 0{,}0927$$

$$1 - p_c = 0{,}9073$$

Por lo tanto,

$$p'_W - p'_A \backsim N\left(0, \sqrt{(0{,}0927)(0{,}9073)\left(\frac{1}{1343} + \frac{1}{232}\right)}\right)$$

$p'_W - p'_A$ sigue una distribución normal aproximada.

Calcule el valor p utilizando la distribución normal: valor
p= 0,0077
Proporción estimada para el grupo A: 0,10
Proporción estimada para el grupo B: 0,05

Gráfico:

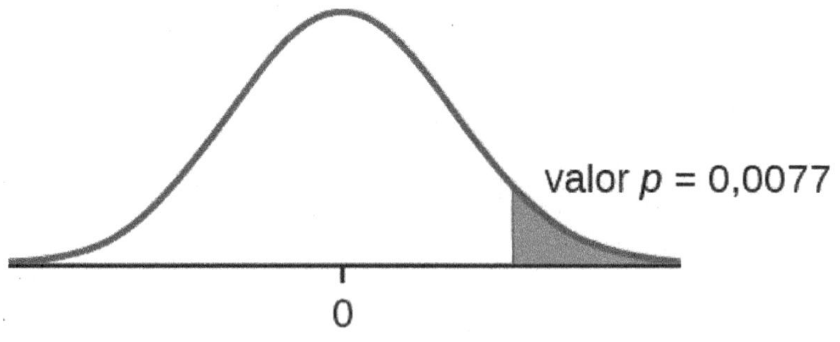

Figura 10.9

Decisión: Dado que $\alpha >$ valor p, rechace el H_0.

Conclusión: Al nivel de significación del 5 %, a partir de los datos de la muestra, hay pruebas suficientes para concluir que una mayor proporción de propietarios de teléfonos móviles blancos utilizan iPhones que los afroamericanos.

USO DE LAS CALCULADORAS TI-83, 83+, 84, 84+

TI-83+ y TI-84: Pulse STAT. Desplace la flecha hacia TESTS y pulse 6:2-PropZTest. Desplace la flecha hacia abajo e ingrese 135 para x1, 1343 para n1, 12 para x2 y 232 para n2. Desplace la flecha hacia abajo a p1: y flecha a mayor de p2. Pulse ENTER. Desplace la flecha hacia abajo hasta Calculate (Calcular) y pulse ENTER. El valor P es P = 0,0092 y el estadístico de prueba es Z = 2,33.

INTÉNTELO 10.10

Un grupo de ciudadanos preocupados quería saber si la proporción de violaciones en Texas era diferente en 2011 que en 2010. Su investigación mostró que de los 113.231 delitos violentos en Texas en 2010, 7.622 de ellos fueron violaciones. En 2011, 7.439 de los 104.873 delitos violentos pertenecían a la categoría de violación. Pruebe con un nivel de significación del 5 %. Responda las siguientes preguntas:

a. ¿Se trata de una prueba de dos medias o de dos proporciones?

b. ¿Qué distribución usa para realizar la prueba?

c. ¿Cuál es la variable aleatoria?

d. ¿Cuáles son las hipótesis nula y alternativa? Escriba la hipótesis nula y alternativa en símbolos.

e. ¿Esta prueba es de cola derecha, izquierda o doble?

f. ¿Cuál es el valor *p*?

g. ¿Rechaza o no rechaza la hipótesis nula?

h. En el nivel de significación ___, a partir de los datos de la muestra, (hay/no hay) _____ pruebas suficientes para concluir que __________.

10.4 Muestras coincidentes o emparejadas

Cuando se utiliza una prueba de hipótesis para muestras coincidentes o emparejadas, deben darse las siguientes características:

1. Se utiliza un muestreo aleatorio simple.
2. El tamaño de las muestras suele ser pequeño.
3. Se toman dos medidas (muestras) del mismo par de personas u objetos.
4. Las diferencias se calculan a partir de las muestras coincidentes o emparejadas.
5. Las diferencias forman la muestra que se utiliza para la prueba de hipótesis.
6. O bien los pares coincidentes tienen diferencias que provienen de una población que es normal o el número de diferencias es lo suficientemente grande como para que la distribución de la media muestral de las diferencias sea aproximadamente normal.

En una prueba de hipótesis para muestras coincidentes o emparejadas los sujetos son coincidentes en pares y se calculan las diferencias. Las diferencias son los datos. A continuación, se comprueba la media poblacional de las diferencias, μ_d, mediante una prueba t de Student para una única media poblacional con $n - 1$ grados de libertad, donde n es el número de diferencias.

El estadístico de prueba (puntuación *t*) es: $$t = \frac{\overline{x}_d - \mu_d}{\left(\frac{s_d}{\sqrt{n}}\right)}$$

EJEMPLO 10.11

Se realizó un estudio para investigar la eficacia del hipnotismo en la reducción del dolor. Los resultados de los sujetos seleccionados al azar se muestran en la Tabla 10.11. Una calificación más baja indica menos dolor. El valor "antes" es coincidente con un valor "después" y se calculan las diferencias. Las diferencias tienen una distribución normal. ¿Las medidas sensoriales son, en promedio, más bajas después del hipnotismo? Pruebe con un nivel de significación del 5 %.

Sujeto:	A	B	C	D	E	F	G	H
Antes	6,6	6,5	9,0	10,3	11,3	8,1	6,3	11,6
Después	6,8	2,4	7,4	8,5	8,1	6,1	3,4	2,0

Tabla 10.11

Solución 1

Los valores correspondientes de "antes" y "después" forman pares coincidentes (calcule "después" - "antes").

Después de los datos	Antes de los datos	Diferencia
6,8	6,6	0,2
2,4	6,5	-4,1
7,4	9	-1,6
8,5	10,3	-1,8
8,1	11,3	-3,2
6,1	8,1	-2
3,4	6,3	-2,9
2	11,6	-9,6

Tabla 10.12

Los datos **para la prueba** son las diferencias: {0,2; –4,1; –1,6; –1,8; –3,2; –2; –2,9; –9,6}

La media muestral y la desviación típica de la muestra de las diferencias son: $\overline{x_d} = -3{,}13$ y $s_d = 2{,}91$ Verifique estos valores.

Supongamos que μ_d es la media poblacional de las diferencias. Utilizamos el subíndice d para denotar "diferencias".

Variable aleatoria: $\overline{X}_d$ = la diferencia media de las mediciones sensoriales

H_0: $\mu_d \geq 0$

La hipótesis nula es cero o positiva, lo que significa que se siente el mismo o más dolor después del hipnotismo. Eso significa que el sujeto no muestra ninguna mejora (μ_d es la media poblacional de las diferencias).

H_a: $\mu_d < 0$

La hipótesis alternativa es negativa, lo que significa que se siente menos dolor después del hipnotismo. Eso significa que el sujeto muestra una mejora. La calificación debería ser menor después del hipnotismo, por lo que la diferencia debería ser negativa para indicar una mejora.

Distribución para la prueba: La distribución es una t de Student con $df = n - 1 = 8 - 1 = 7$. Use t_7 **(observe que la prueba es para una única media poblacional)**

Calcule el valor p utilizando la distribución t de Student: valor p = 0,0095

Gráfico:

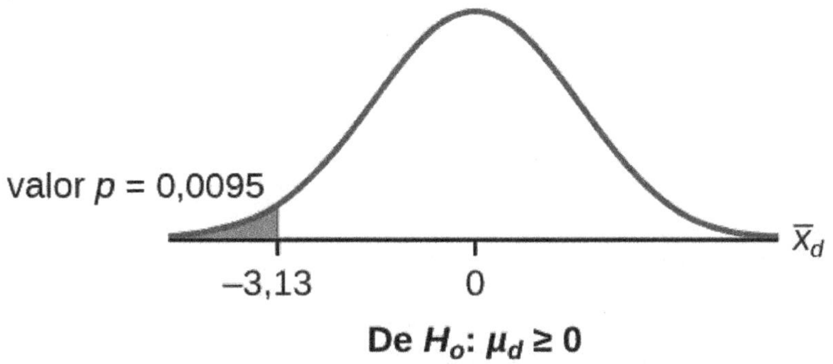

Figura 10.10

$\overline{X}_d$ es la variable aleatoria de las diferencias.

La media muestral y la desviación típica de la muestra de las diferencias son:

$\overline{x}_d = -3{,}13$

$\overline{s}_d = 2{,}91$

Compare *α* y el valor *p*: $\alpha = 0{,}05$ y valor $p = 0{,}0095$. $\alpha >$ valor p.

Tome una decisión: Dado que $\alpha >$ valor p, rechaza H_0. Esto significa que $\mu_d < 0$ y que hay una mejora.

Conclusión: A un nivel de significación del 5 %, a partir de los datos de la muestra, hay pruebas suficientes para concluir que las mediciones sensoriales, en promedio, son más bajas después del hipnotismo. El hipnotismo parece ser eficaz para reducir el dolor.

Nota:

Para las calculadoras TI-83+ y TI-84, puede calcular las diferencias por adelantado (**después - antes**) y poner las diferencias en una lista o puede poner los datos **después** en una primera lista y los datos **antes** en una segunda lista. A continuación, vaya a una tercera lista y desplace la flecha hacia arriba hasta el nombre. Ingrese el 1.° nombre de la lista - 2.° nombre de la lista. La calculadora hará la resta, y tendrá las diferencias en la tercera lista.

USO DE LAS CALCULADORAS TI-83, 83+, 84, 84+

Utilice su lista de diferencias como datos. Pulse STAT y flecha hacia TESTS. Pulse `2:T-Test`. Desplace la flecha hacia `Datos` y pulse ENTER. Desplace la flecha hacia abajo y presione ENTER `0` para μ_0, el nombre de la lista donde se ponen los datos, y 1 para Frec:. Desplace la flecha hacia abajo µ: y flecha hacia < μ_0. Pulse ENTER. Desplace la flecha hacia abajo hasta `Calculate` y pulse ENTER. El valor *p* es 0,0094, y el estadístico de prueba es −3,04. Vuelva a realizar estas instrucciones, excepto desplazar la flecha hacia `Dibujar` (en vez de `Calculate (Calcular)`). Pulse ENTER.

INTÉNTELO 10.11

Se realizó un estudio para investigar la eficacia de una nueva dieta para reducir el colesterol. Los resultados de los sujetos seleccionados aleatoriamente se muestran en la tabla. Las diferencias tienen una distribución normal. ¿Los niveles de colesterol de los sujetos son más bajos en promedio después de la dieta? Prueba al nivel del 5 %.

Sujeto	A	B	C	D	E	F	G	H	I
Antes	209	210	205	198	216	217	238	240	222
Después	199	207	189	209	217	202	211	223	201

Tabla 10.13

EJEMPLO 10.12

Un entrenador de fútbol universitario estaba interesado en saber si la clase de desarrollo de fuerza del instituto universitario aumentaba el levantamiento máximo (en libras) de sus jugadores en el ejercicio de empuje en banca. Les pidió a cuatro de sus jugadores que participaran en un estudio. La cantidad de peso que podía levantar cada uno se registró antes de que tomaran la clase de desarrollo de fuerza. Tras completar la clase, se midió de nuevo la cantidad de peso que podía levantar cada uno. Los datos son los siguientes:

Peso (en libras)	Jugador 1	Jugador 2	Jugador 3	Jugador 4
Cantidad de peso levantado antes de la clase	205	241	338	368
Cantidad de peso levantado después de la clase	295	252	330	360

Tabla 10.14

El entrenador quiere saber si la clase de desarrollo de fuerza hace que sus jugadores sean más fuertes, en promedio.

Registre los datos de las **diferencias**. Para calcular las diferencias reste la cantidad de peso levantado antes de la clase del peso levantado después de terminar la clase. Los datos de las diferencias son: {90, 11, –8, –8}. Supongamos que las diferencias tienen una distribución normal.

Utilizando los datos de las diferencias, calcule la media y la desviación típica de la muestra.

$\overline{x}_d = 21{,}3$, $s_d = 46{,}7$

Nota:

Los datos presentados aquí indicarían que la distribución es realmente asimétrica. ¿La diferencia de 90 puede ser un valor extremo? La media de la muestra es de 21,3 (positivo). Las medias de los otros tres datos son realmente negativas.

Utilizando los datos de la diferencia, esto se convierte en una prueba de un solo ________ (rellene el espacio en blanco).

Defina la variable aleatoria: $\overline{X}_d$ diferencia media en la elevación máxima por jugador.

La distribución para la prueba de hipótesis es t_3.

H_0: $\mu_d \leq 0$, H_a: $\mu_d > 0$

Gráfico:

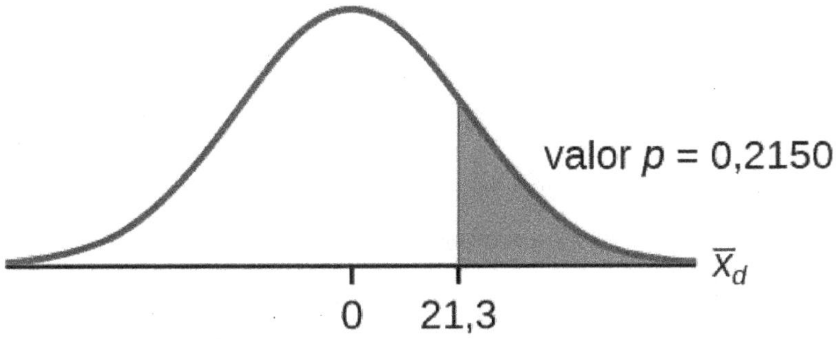

Figura 10.11

Calcule el valor *p*: El valor *p* es de 0,2150

Decisión: si el nivel de significación es del 5 %, la decisión es no rechazar la hipótesis nula, porque $\alpha <$ valor *p*.

¿Cuál es la conclusión?

A un nivel de significación del 5 %, a partir de los datos de la muestra, no hay pruebas suficientes para concluir que la clase de desarrollo de fuerza ayudó a hacer más fuertes a los jugadores, en promedio.

INTÉNTELO 10.12

Se ha diseñado una nueva clase de preparación para mejorar los resultados de la Prueba de Aptitud Académica (Scholastic Aptitude Test, SAT). Se seleccionaron cinco estudiantes aleatoriamente. Se registraron sus puntuaciones en dos exámenes de práctica, uno antes de la clase y otro después. Los datos registrados en la Tabla 10.15. ¿Los resultados, en promedio, son más altos después de la clase? Prueba a un nivel del 5 %.

Resultados de prueba SAT	Estudiante 1	Estudiante 2	Estudiante 3	Estudiante 4
Puntuación antes de la clase	1840	1960	1920	2150
Puntuación después de la clase	1920	2160	2200	2100

Tabla 10.15

EJEMPLO 10.13

Siete estudiantes de octavo grado de la escuela Media Kennedy midieron hasta dónde podían empujar el lanzamiento de peso con su mano dominante (la que escribe) y su mano más débil (la que no escribe). Pensaban que podían empujar distancias iguales con cualquier mano. Los datos se recogieron y registraron en la Tabla 10.16.

Distancia (en pies) con	Estudiante 1	Estudiante 2	Estudiante 3	Estudiante 4	Estudiante 5	Estudiante 6	Estudiante 7
Mano dominante	30	26	34	17	19	26	20
Mano más débil	28	14	27	18	17	26	16

Tabla 10.16

Realice una prueba de hipótesis para determinar si la diferencia media de las distancias entre las manos dominantes y las débiles de los niños es significativa.

Registre los datos de las **diferencias**. Calcule las diferencias restando las distancias con la mano más débil de las distancias con la mano dominante. Los datos de las diferencias son: {2, 12, 7, -1, 2, 0, 4}. Las diferencias tienen una distribución normal.

Utilizando los datos de las diferencias, calcule la media y la desviación típica de la muestra. $\overline{x}_d$ = 3,71, s_d = 4,5.

Variable aleatoria: $\overline{X}_d$ = diferencia media de las distancias entre las manos.

Distribución para la prueba de hipótesis: t_6

H_0: $\mu_d = 0$ H_a: $\mu_d \neq 0$

Gráfico:

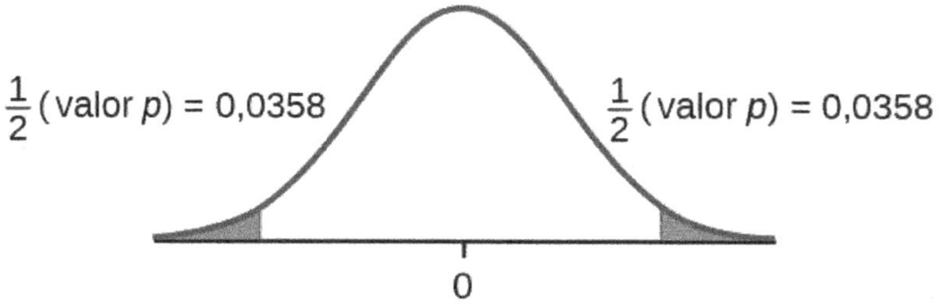

Figura 10.12

Calcule el valor *p*: El valor *p* es de 0,0716 (utilizando los datos directamente).

(estadístico de prueba = 2,18. valor p = 0,0719 utilizando ($\overline{x}_d = 3{,}71,\ s_d = 4{,}5$.)

Decisión: supongamos que α = 0,05. Dado que α < valor *p*, no rechaza H_0.

Conclusión: al nivel de significación del 5 %, a partir de los datos de la muestra, no hay pruebas suficientes para concluir que existe una diferencia en las manos más débiles y dominantes de los niños para empujar el lanzamiento de peso.

INTÉNTELO 10.13

Cinco jugadores de béisbol creen que pueden lanzar la misma distancia con su mano dominante (lanzando) y con la mano contraria (atrapando). Los datos se recogieron y registraron en la Tabla 10.17. Realice una prueba de hipótesis para determinar si la diferencia media de las distancias entre la mano dominante y la mano no dominante es significativa. Prueba al nivel del 5 %.

	Jugador 1	Jugador 2	Jugador 3	Jugador 4	Jugador 5
Mano dominante	120	111	135	140	125
Mano no dominante	105	109	98	111	99

Tabla 10.17

10.5 Prueba de hipótesis para dos medias y dos proporciones

Laboratorio de estadística

Prueba de hipótesis para dos medias y dos proporciones

Hora de la clase:

Nombres:

Resultados del aprendizaje de los estudiantes

- El estudiante seleccionará las distribuciones adecuadas para utilizar en cada caso.
- El estudiante realizará pruebas de hipótesis e interpretará los resultados.

Suministros:

- la sección de negocios de los periódicos de dos días consecutivos
- tres paquetes pequeños de M&M®.
- cinco paquetes pequeños de Reese's Pieces®.

Encuesta sobre el aumento de las acciones

Observe la sección de negocios del periódico de ayer. Realice una prueba de hipótesis para determinar si la proporción de acciones de la Bolsa de Nueva York (New York Stock Exchange, NYSE) que aumentó es mayor que la proporción de acciones de Cotizaciones Automatizadas de la Asociación Nacional de Agentes de Valores (National Association of Securities Dealers Automated Quotations, NASDAQ) que aumentó. De la forma más aleatoria posible, elija 40 acciones de la NYSE y 32 de NASDAQ y complete las siguientes afirmaciones.

1. H_0: _______
2. H_a: _______
3. En palabras, defina la variable aleatoria.
4. La distribución que se va a usar para la prueba es __________.
5. Calcule el estadístico de prueba con sus datos.
6. Dibuje un gráfico y etiquételo adecuadamente. Sombree el nivel de significación real.
   a. Gráfico:

Figura 10.13

   b. Calcule el valor *p*.

7. ¿Rechaza o no rechaza la hipótesis nula? ¿Por qué?
8. Escriba una conclusión clara con una oración completa.

Encuesta sobre la disminución de las acciones

Elija al azar ocho acciones del periódico. Utilizando las secciones comerciales de dos días consecutivos, compruebe si las acciones bajaron, en promedio, el segundo día.

1. H_0: ______
2. H_a: ______
3. En palabras, defina la variable aleatoria.
4. La distribución que se va a usar para la prueba es __________.
5. Calcule el estadístico de prueba con sus datos.
6. Dibuje un gráfico y etiquételo adecuadamente. Sombree el nivel de significación real.
   a. Gráfico:

Figura 10.14

b. Calcule el valor *p*:

7. ¿Rechaza o no rechaza la hipótesis nula? ¿Por qué?
8. Escriba una conclusión clara con una oración completa.

Encuesta sobre caramelos

Compre tres paquetes pequeños de M&M y cinco paquetes pequeños de Reese's Pieces (el mismo peso neto que los M&M). Compruebe si el número medio de caramelos por paquete es el mismo para las dos marcas.

1. H_0: ______
2. H_a: ______
3. En palabras, defina la variable aleatoria.
4. ¿Qué distribución debería utilizarse para esta prueba?
5. Calcule el estadístico de prueba con sus datos.
6. Dibuje un gráfico y etiquételo adecuadamente. Sombree el nivel de significación real.
   a. Gráfico:

Figura 10.15

b. Calcule el valor *p*.

7. ¿Rechaza o no rechaza la hipótesis nula? ¿Por qué?
8. Escriba una conclusión clara con una oración completa.

Encuesta sobre zapatos

Compruebe si las mujeres tienen, en promedio, más pares de zapatos que los hombres. Incluya todas las formas de zapatillas deportivas, zapatos, sandalias y botas. Utilice su clase como muestra.

1. H_0: ______
2. H_a: ______
3. En palabras, defina la variable aleatoria.
4. La distribución que debería utilizar para la prueba es ____________.
5. Calcule el estadístico de prueba con sus datos.

6. Dibuje un gráfico y etiquételo adecuadamente. Sombree el nivel de significación real.
   a. Gráfico:

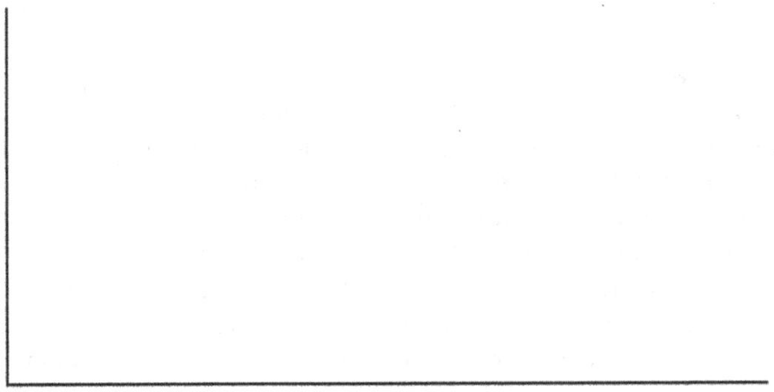

Figura 10.16

   b. Calcule el valor *p*.

7. ¿Rechaza o no rechaza la hipótesis nula? ¿Por qué?
8. Escriba una conclusión clara con una oración completa.

Términos Clave

Desviación típica un número que es igual a la raíz cuadrada de la varianza y que mide lo lejos que están los valores de los datos de su media; notación: *s* para la desviación típica de la muestra y σ para la desviación típica de la población.

Grados de libertad (*df*) el número de objetos de una muestra que varían libremente.

Proporción combinada estimación del valor común de p_1 y p_2.

Variable (variable aleatoria) característica de interés en una población estudiada. La notación común para las variables son las letras latinas mayúsculas *X*, *Y*, *Z*,... La notación común para un valor específico del dominio (conjunto de todos los valores posibles de una variable) son las letras latinas minúsculas *x*, *y*, *z*,... Por ejemplo, si *X* es el número de hijos de una familia, entonces *x* representa un número entero específico 0, 1, 2, 3, ... Las variables en estadística se diferencian de las variables en álgebra intermedia en los dos aspectos siguientes.

- El dominio de la variable aleatoria (RV) no es necesariamente un conjunto numérico; el dominio puede expresarse en palabras; por ejemplo, si *X* = color de cabello, entonces el dominio es {negro, rubio, gris, verde, naranja}.
- Solo podemos saber qué valor concreto toma *x* de la variable aleatoria *X* después de realizar el experimento.

Repaso del capítulo

10.1 Medias de dos poblaciones con desviaciones típicas desconocidas

Dos medias poblacionales de muestras independientes en las que se desconocen las desviaciones típicas de la población.

- Variable aleatoria: $\overline{X}_1 - \overline{X}_2$ = la diferencia de las medias muestrales
- Distribución: Distribución *t* de Student con grados de libertad (varianzas sin agrupar).

10.2 Dos medias poblacionales con desviaciones típicas conocidas

Una prueba de hipótesis de dos medias poblacionales de muestras independientes en las que se conocen las desviaciones típicas de la población tendrá estas características:

- Variable aleatoria: $\overline{X}_1 - \overline{X}_2$ = la diferencia de las medias
- Distribución: distribución normal

10.3 Comparación de dos proporciones de población independientes

Prueba de dos proporciones poblacionales a partir de muestras independientes

- Variable aleatoria: $\hat{p}_A - \hat{p}_B$ = diferencia entre las dos proporciones estimadas
- Distribución: distribución normal

10.4 Muestras coincidentes o emparejadas

Una prueba de hipótesis para muestras coincidentes o emparejadas (prueba t) tiene estas características:

- Compruebe las diferencias restando una medida de la otra
- Variable aleatoria: $\overline{x}_d$ = media de las diferencias
- Distribución: Distribución t de Student con *n* - 1 grados de libertad
- Si el número de diferencias es pequeño (menos de 30), las diferencias deben seguir una distribución normal.
- Se extraen dos muestras del mismo conjunto de objetos.
- Las muestras son dependientes.

Repaso de fórmulas

10.1 Medias de dos poblaciones con desviaciones típicas desconocidas

Error estándar: $SE = \sqrt{\frac{(s_1)^2}{n_1} + \frac{(s_2)^2}{n_2}}$

Estadístico de prueba (puntuación *t*): $t = \frac{(\overline{x}_1 - \overline{x}_2) - (\mu_1 - \mu_2)}{\sqrt{\frac{(s_1)^2}{n_1} + \frac{(s_2)^2}{n_2}}}$

Grados de libertad:

$$de = \frac{\left(\frac{(s_1)^2}{n_1} + \frac{(s_2)^2}{n_2}\right)^2}{\left(\frac{1}{n_1 - 1}\right)\left(\frac{(s_1)^2}{n_1}\right)^2 + \left(\frac{1}{n_2 - 1}\right)\left(\frac{(s_2)^2}{n_2}\right)^2}$$

donde:

s_1 y s_2 son las desviaciones típicas de la muestra, n_1 y n_2 son los tamaños de la muestra.

$\overline{x}_1$ y $\overline{x}_2$ son las medias muestrales.

La *d* de Cohen es la medida del tamaño del efecto:

$d = \frac{\overline{x}_1 - \overline{x}_2}{s_{pooled}}$

donde $s_{pooled} = \sqrt{\frac{(n_1-1)s_1^2 + (n_2-1)s_2^2}{n_1+n_2-2}}$

10.2 Dos medias poblacionales con desviaciones típicas conocidas

Distribución normal:

$$\overline{X}_1 - \overline{X}_2 \sim N\left[\mu_1 - \mu_2, \sqrt{\frac{(\sigma_1)^2}{n_1} + \frac{(\sigma_2)^2}{n_2}}\right].$$

Generalmente $\mu_1 - \mu_2 = 0$.

Estadístico de prueba (puntuaciónz):

$$z = \frac{(\overline{x}_1 - \overline{x}_2) - (\mu_1 - \mu_2)}{\sqrt{\frac{(\sigma_1)^2}{n_1} + \frac{(\sigma_2)^2}{n_2}}}$$

Generalmente $\mu_1 - \mu_2 = 0$.

donde:
σ_1 y σ_2 son las desviaciones típicas poblacionales conocidas. n_1 y n_2 son los tamaños de las muestras. $\overline{x}_1$ y $\overline{x}_2$ son las medias muestrales. μ_1 y μ_2 son las medias poblacionales.

10.3 Comparación de dos proporciones de población independientes

Proporción combinada: $pc = \frac{x_F + x_M}{n_F + n_M}$

Distribución de las diferencias:

$$p'_A - p'_B \sim N\left[0, \sqrt{p_c(1-p_c)\left(\frac{1}{n_A} + \frac{1}{n_B}\right)}\right]$$

donde la hipótesis nula es H_0: $p_A = p_B$ o H_0: $p_A - p_B = 0$.

Estadístico de prueba (puntuación z):

$$z = \frac{(p'_A - p'_B)}{\sqrt{p_c(1-p_c)\left(\frac{1}{n_A} + \frac{1}{n_B}\right)}}$$

donde la hipótesis nula es H_0: $p_A = p_B$ o H_0: $p_A - p_B = 0$.

donde

p'_A y p'_B son las proporciones de la muestra, p_A y p_B son las proporciones de la población,

P_c es la proporción combinada, y n_A y n_B son los tamaños de las muestras.

10.4 Muestras coincidentes o emparejadas

Estadístico de prueba (puntuación t): $t = \frac{\overline{x}_d - \mu_d}{\left(\frac{s_d}{\sqrt{n}}\right)}$

donde:

$\overline{x}_d$ es la media de las diferencias de la muestra. μ_d es la media de las diferencias de la población. s_d es la desviación típica de la muestra de las diferencias. n es el tamaño de la muestra.

Práctica

10.1 Medias de dos poblaciones con desviaciones típicas desconocidas

Use la siguiente información para responder los próximos 15 ejercicios: Indique si la prueba de hipótesis es para:

a. medias de grupos independientes, desviaciones típicas de la población o varianzas conocidas
b. medias de grupos independientes, desviaciones típicas de la población o varianzas desconocidas
c. muestras coincidentes o emparejadas
d. media simple
e. dos proporciones
f. proporción única

1. Se cree que el 70 % de los hombres aprueban el examen de conducir en el primer intento, comparado con el 65 % de las mujeres. Nos interesa saber si las proporciones son realmente iguales.

2. Se prueba un nuevo detergente para la ropa en consumidores. Nos interesa la proporción de consumidores que prefieren la nueva marca sobre el competidor principal. Se realiza un experimento para comprobarlo.

3. Un nuevo tratamiento para parabrisas pretende repeler el agua con mayor eficacia. Se prueban diez parabrisas simulando lluvia sin el nuevo tratamiento. A continuación, se tratan los mismos parabrisas y se repite el experimento. Se realiza una prueba de hipótesis.

4. La desviación típica conocida del salario de todos los profesionales de nivel intermedio en el sector financiero es de 11.000 dólares. La compañía A y la compañía B pertenecen al sector financiero. Supongamos que se toman muestras de profesionales de nivel intermedio en las compañías A y B. El salario en la media muestral de los profesionales de nivel intermedio en la compañía A es de 80.000 dólares. El salario medio de la muestra para los profesionales de nivel intermedio en la compañía B es de 96.000 dólares. Las gerencias de las compañías A y B quieren saber si la remuneración de sus profesionales de nivel intermedio es diferente, en promedio.

5. El trabajador promedio en Alemania cuenta con ocho semanas de vacaciones remuneradas.

6. Según un anuncio de televisión, el 80 % de los dentistas coinciden en que la pasta de dientes Ultrafresh es la mejor en el mercado.

7. Se cree que el promedio de calificación en un ensayo en inglés en un sistema escolar concreto es más alto en las mujeres que en los hombres. La muestra aleatoria de 31 mujeres obtuvo una puntuación media de 82 con desviación típica de tres, mientras que la muestra aleatoria de 25 hombres obtuvo una puntuación media de 76 con desviación típica de cuatro.

8. El promedio de bateo de la liga es de 0,280 con desviación típica conocida de 0,06. Los Rattlers y los Vikingos pertenecen a la liga. El promedio de bateo de una muestra de ocho jugadores de los Rattlers es de 0,210, mientras que el de los Vikingos es de 0,260. Hay 24 jugadores en el equipo de los Rattlers y 19 en el de los Vikingos. ¿Es el promedio de bateo de los Rattlers y de los Vikingos estadísticamente diferente?

9. En una muestra aleatoria de 100 bosques en Estados Unidos, 56 eran de coníferas o contenían coníferas. En una muestra aleatoria de 80 bosques en México, 40 eran de coníferas o contenían coníferas. ¿La proporción de coníferas en Estados Unidos es estadísticamente mayor que en México?

10. Se dice que un nuevo medicamento mejora el sueño. Se elige a ocho personas al azar y se les suministra el medicamento. Se registraron las horas medias de sueño de cada persona antes y después de comenzar la medicación.

11. Se cree que los adolescentes duermen más que los adultos en promedio. Se realiza un experimento para comprobarlo. Una muestra de 16 adolescentes tiene una media de 8,9 horas de sueño con desviación típica de 1,2. Una muestra de 12 adultos tiene una media de 6,9 horas de sueño con una desviación típica de 0,6.

12. Los atletas universitarios practican un promedio de cinco veces a la semana.

13. Una muestra de 12 programas de posgrado en el estado de la escuela A tiene una matrícula media de 64.000 dólares con desviación típica de 8.000 dólares. En la escuela B, una muestra de 16 programas de posgrado en el estado tiene una media de 80.000 dólares con desviación típica de 6.000 dólares. En promedio, ¿son diferentes las matrículas medias?

14. Se ofrece a los consumidores un nuevo amplificador de alcance de wifi. Un investigador prueba el alcance nativo de 12 enrutadores diferentes en las mismas condiciones. Los rangos se registran. A continuación, el investigador utiliza el nuevo amplificador de alcance de wifi y registra los nuevos alcances. ¿El nuevo amplificador de alcance de wifi funciona mejor?

15. El director de un escuela secundaria afirma que el 30 % de los estudiantes atletas van en automóvil a la escuela, comparado con el 4% de los que no son atletas. En una muestra de 20 estudiantes atletas, el 45 % va en automóvil a la escuela. En una muestra de 35 estudiantes que no son atletas, el 6 % va en automóvil a la escuela. ¿Es mayor el porcentaje de estudiantes atletas que se desplazan en automóvil a la escuela que el de los estudiantes que no son atletas?

Use la siguiente información para responder los próximos tres ejercicios: se realiza un experimento para determinar cuál de dos bebidas gaseosas tiene más azúcar. Hay 13 latas de la bebida A en una muestra y seis latas de la bebida B. La cantidad media de azúcar en la bebida A es de 36 gramos con desviación típica de 0,6 gramos. La cantidad media de azúcar en la bebida B es de 38 gramos con desviación típica de 0,8 gramos. Los investigadores creen que la bebida B tiene más azúcar que la bebida A, en promedio. Ambas poblaciones tienen distribuciones normales.

16. ¿Las desviaciones típicas son conocidas o desconocidas?

17. ¿Cuál es la variable aleatoria?

18. ¿Es una prueba de una o dos colas?

Utilice la siguiente información para responder los siguientes 12 ejercicios: El Centro para el Control y la Prevención de Enfermedades de EE. UU. informa que la esperanza de vida media era de 47,6 años para personas blancas nacidas en 1900 y de 33,0 años para las personas que no son blancas. Supongamos que usted realiza un estudio aleatorio de los registros de defunción de las personas nacidas en 1900 en un determinado condado. De las 124 personas blancas, la media de vida era de 45,3 años, con una desviación típica de 12,7 años. De las 82 personas que no son blancas, la media de vida era de 34,1 años, con una desviación típica de 15,6 años. Realice una prueba de hipótesis para ver si la media de vida en el condado es la misma para las personas blancas y las que no son blancas.

19. ¿Se trata de una prueba de medias o de proporciones?

20. Indique las hipótesis nula y alternativa.

a. H_0: ________
b. H_a: ________

21. ¿Es una prueba de cola derecha, de cola izquierda o de dos colas?

22. En símbolos, ¿cuál es la variable aleatoria de interés para esta prueba?

23. En palabras, defina la variable aleatoria de interés para esta prueba.

24. ¿Qué distribución (normal o *t* de Student) utilizaría para esta prueba de hipótesis?

25. Explique por qué eligió la distribución que hizo para el Ejercicio 10.24.

26. Calcule el estadístico de la prueba y el valor *p*.

27. Dibuje un gráfico de la situación. Etiquete el eje horizontal. Marque la diferencia hipotética y la diferencia muestral. Sombree el área correspondiente al valor *p*.

28. Calcule el valor *p*.

29. Con un α preconcebido = 0,05, cuál es su

a. Decisión:
b. Motivo de la decisión:
c. Conclusión (escriba en una oración completa):

30. ¿Parece que las medias son iguales? ¿Por qué sí o por qué no?

10.2 Dos medias poblacionales con desviaciones típicas conocidas

Use la siguiente información para responder los próximos cinco ejercicios. Se van a comparar las velocidades medias de los lanzamientos de pelotas rápidas de dos lanzadores de béisbol diferentes. Se mide una muestra de 14 lanzamientos de pelotas rápidas de cada lanzador. Las poblaciones tienen distribuciones normales. La Tabla 10.18 muestra el resultado. Los cazatalentos creen que Rodríguez lanza una pelota rápida más rápida.

Lanzador	Muestra de la velocidad media de los lanzamientos (mph)	Desviación típica de la población
Wesley	86	3
Rodríguez	91	7

Tabla 10.18

31. ¿Cuál es la variable aleatoria?

32. Indique las hipótesis nula y alternativa.

33. ¿Cuál es el estadístico de prueba?

34. ¿Cuál es el valor *p*?

35. Al nivel de significación del 1 %, ¿cuál es su conclusión?

Use la siguiente información para responder los próximos cinco ejercicios. Un investigador está probando los efectos de los alimentos para plantas en su crecimiento. Nueve plantas han recibido el alimento para plantas. Otras nueve plantas no han recibido el alimento para plantas. Las alturas de las plantas se registran después de ocho semanas. Las poblaciones tienen distribuciones normales. El resultado está en la siguiente tabla. El investigador cree que la comida hace que las plantas crezcan más altas.

Grupo de plantas	Muestra de la altura media de las plantas (pulgadas)	Desviación típica de la población
Con alimento	16	2,5
Sin alimento	14	1,5

Tabla 10.19

36. ¿La desviación típica de la población es conocida o desconocida?

37. Indique las hipótesis nula y alternativa.

38. ¿Cuál es el valor *p*?

39. Dibuje el gráfico del valor *p*.

40. Al nivel de significación del 1 %, ¿cuál es su conclusión?

Use la siguiente información para responder los siguientes cinco ejercicios. Se están considerando dos aleaciones metálicas como material para los rodamientos de pelotas. Hay que comparar el punto de fusión medio de las dos aleaciones. Se están probando 15 piezas de cada metal. Ambas poblaciones tienen distribuciones normales. El resultado está en la siguiente tabla. Se cree que la aleación zeta tiene un punto de fusión diferente.

	Muestra de las temperaturas medias de fusión (°F)	Desviación típica de la población
Aleación gamma	800	95
Aleación zeta	900	105

Tabla 10.20

41. Indique las hipótesis nula y alternativa.

42. ¿Se trata de una prueba a la derecha, a la izquierda o de dos colas?

43. ¿Cuál es el valor *p*?

44. Dibuje el gráfico del valor *p*.

45. Al nivel de significación del 1 %, ¿cuál es su conclusión?

10.3 Comparación de dos proporciones de población independientes

Use la siguiente información para los próximos cinco ejercicios. Se están probando dos tipos de sistemas operativos (operating system, OS) de teléfonos para determinar si hay una diferencia en las proporciones de fallos del sistema (caídas). Quince de una muestra aleatoria de 150 teléfonos con OS_1 tuvieron fallos del sistema en las primeras ocho horas de funcionamiento. Nueve de otra muestra aleatoria de 150 teléfonos con OS_2 tuvieron fallos del sistema en las primeras ocho horas de funcionamiento. Se cree que el OS_2 es más estable (tiene menos fallos) que el OS_1.

46. ¿Se trata de una prueba de medias o de proporciones?

47. ¿Cuál es la variable aleatoria?

48. Indique las hipótesis nula y alternativa.

49. ¿Cuál es el valor *p*?

50. ¿Qué puede concluir sobre los dos sistemas operativos?

Use la siguiente información para responder los próximos doce ejercicios. En el reciente censo el tres por ciento de la población de EE. UU. declaró que era de dos o más razas. Sin embargo, el porcentaje varía enormemente de un estado a otro. Supongamos que se realizan dos encuestas aleatorias. En la primera encuesta aleatoria, de 1.000 habitantes de Dakota del Norte, solo nueve personas declararon que son de dos o más razas. En la segunda encuesta aleatoria, de 500 nevadenses, 17 personas declararon que son de dos o más razas. Realice una prueba de hipótesis para determinar si los porcentajes de población son iguales para los dos estados o si el porcentaje de Nevada es estadísticamente mayor que el de Dakota del Norte.

51. ¿Se trata de una prueba de medias o de proporciones?

52. Indique las hipótesis nula y alternativa.

a. H_0: _______
b. H_a: _______

53. ¿Es una prueba de cola derecha, de cola izquierda o de dos colas? ¿Cómo lo sabe?

54. ¿Cuál es la variable aleatoria de interés para esta prueba?

55. Defina la variable aleatoria para esta prueba en palabras.

56. ¿Qué distribución (normal o *t* de Student) utilizaría para esta prueba de hipótesis?

57. Explique por qué eligió la distribución que hizo para el Ejercicio 10.56.

58. Calcule el estadístico de prueba.

59. Dibuje un gráfico de la situación. Marque la diferencia hipotética y la diferencia muestral. Sombree el área correspondiente al valor *p*.

Figura 10.17

60. Calcule el valor *p*.

61. Con un α preconcebido = 0,05, cuál es su

a. Decisión:
b. Motivo de la decisión:
c. Conclusión (escriba en una oración completa):

62. ¿Parece que la proporción de nevadenses de dos o más razas es mayor que la de los habitantes de Dakota del Norte? ¿Por qué sí o por qué no?

10.4 Muestras coincidentes o emparejadas

Use la siguiente información para responder los próximos cinco ejercicios. Se realizó un estudio para comprobar la eficacia de un parche de software en la reducción de fallos del sistema durante un periodo de seis meses. Los resultados de instalaciones seleccionadas al azar se muestran en la Tabla 10.21. El valor "antes" se compara con un valor "después" y se calculan las diferencias. Las diferencias tienen una distribución normal. Prueba al nivel de significación del 1 %.

Instalación	A	B	C	D	E	F	G	H
Antes	3	6	4	2	5	8	2	6
Después	1	5	2	0	1	0	2	2

Tabla 10.21

63. ¿Cuál es la variable aleatoria?

64. Indique las hipótesis nula y alternativa.

65. ¿Cuál es el valor *p*?

66. Dibuje el gráfico del valor *p*.

67. ¿Qué conclusión puede sacar sobre el parche de software?

Use la siguiente información para responder los próximos cinco ejercicios. Se realizó un estudio para comprobar la eficacia de una clase de malabares. Antes de que empezara la clase seis sujetos hicieron malabares con todas las pelotas que pudieron a la vez. Después de la clase, los mismos seis sujetos hicieron todos los malabares que pudieron con las pelotas. Se calculan las diferencias en el número de pelotas. Las diferencias tienen una distribución normal. Prueba al nivel de significación del 1 %.

Sujeto	A	B	C	D	E	F
Antes	3	4	3	2	4	5
Después	4	5	6	4	5	7

Tabla 10.22

68. Indique las hipótesis nula y alternativa.

69. ¿Cuál es el valor *p*?

70. ¿Cuál es la diferencia de la media muestral?

71. Dibuje el gráfico del valor *p*.

72. ¿Qué conclusión puedes sacar sobre la clase de malabares?

Use la siguiente información para responder los siguientes cinco ejercicios. Un médico quiere saber si un medicamento para la presión arterial es eficaz. A seis sujetos se les toma la presión arterial y se registra. Después de doce semanas de uso del medicamento, se vuelve a tomar la presión arterial de los mismos seis sujetos. Para esta prueba, solo se considera la presión sistólica. Prueba al nivel de significación del 1 %.

Paciente	A	B	C	D	E	F
Antes	161	162	165	162	166	171
Después	158	159	166	160	167	169

Tabla 10.23

73. Indique las hipótesis nula y alternativa.

74. ¿Cuál es el estadístico de prueba?

75. ¿Cuál es el valor *p*?

76. ¿Cuál es la diferencia de la media muestral?

77. ¿Cuál es la conclusión?

Tarea para la casa

10.1 Medias de dos poblaciones con desviaciones típicas desconocidas

INSTRUCCIONES: Para cada uno de los problemas de palabras use una hoja de soluciones para hacer la prueba de hipótesis. La hoja de soluciones se encuentra en el apéndice E. No dude en hacer copias de las hojas de soluciones. Para la versión en línea del libro, se sugiere copiar los archivos .doc o .pdf.

NOTA

Si utiliza la distribución *t* de Student para un problema de tarea en lo que sigue, incluso para datos emparejados, puede suponer que la población subyacente está distribuida normalmente. (Sin embargo, cuando se utilicen estas pruebas en una situación real, primero hay que demostrar esa suposición).

78. Se cree que el número medio de cursos de inglés que toman en un periodo de dos años los estudiantes universitarios hombres y mujeres es aproximadamente el mismo. Se realiza un experimento y se recopilan datos de 29 hombres y 16 mujeres. Los hombres tomaron tres cursos de inglés en promedio, con desviación típica de 0,8. Las mujeres tomaron cuatro cursos de inglés en promedio, con desviación típica de 1,0. ¿Son las medias estadísticamente iguales?

79. Un estudiante de una universidad de cuatro años afirma que la media de matriculación en las universidades de cuatro años es mayor que en los colegios universitarios de dos años en Estados Unidos. Se realizan dos encuestas. De los 35 institutos universitarios de dos años encuestados la media de matriculación era de 5.068, con desviación típica de 4.777. De los 35 institutos universitarios de cuatro años encuestados, la media de matriculación era de 5.466, con desviación típica de 8.191.

80. En la fiesta del 11.° cumpleaños de Rachel se cronometró el tiempo (en segundos) que ocho niñas podían aguantar la respiración en posición relajada. Tras un descanso de dos minutos, se cronometraron mientras saltaban. Las niñas pensaron que la diferencia media entre sus tiempos de salto y de relajación sería cero. Compruebe su hipótesis.

Tiempo de relajación (segundos)	Tiempo de salto (segundos)
26	21
47	40
30	28
22	21
23	25
45	43
37	35
29	32

Tabla 10.24

81. Se cree que la media de los salarios iniciales de los graduados universitarios con títulos de Ingeniería Mecánica y de Ingeniería Eléctrica es aproximadamente igual. Una oficina de contratación cree que el salario medio de los ingenieros mecánicos es en realidad más bajo que el de los ingenieros eléctricos. La oficina de contratación encuesta aleatoriamente a 50 ingenieros mecánicos de y a 60 ingenieros eléctricos de nivel inicial. Sus salarios medios fueron de 46.100 dólares y 46.700 dólares, respectivamente. Sus desviaciones típicas fueron de 3.450 dólares y 4.210 dólares, respectivamente. Realice una prueba de hipótesis para determinar si está de acuerdo en que el salario medio inicial de los ingenieros mecánicos es inferior al de los ingenieros eléctricos.

82. Compañías de mercadeo han recopilado datos que implican que las adolescentes utilizan más tonos de llamada en sus teléfonos móviles que sus pares masculinos. En un estudio particular de 40 adolescentes elegidos al azar (20 de cada sexo) con teléfonos móviles, el número medio de tonos de llamada para las chicas era de 3,2 con desviación típica de 1,5. La media de los chicos fue de 1,7 con desviación típica de 0,8. Realice una prueba de hipótesis para determinar si las medias son aproximadamente iguales o si la media de las chicas es mayor que la de los chicos.

Utilice la información de C - CONJUNTOS DE DATOS para responder los cuatro ejercicios siguientes.

83. Con solo los datos de la vuelta 1, realice una prueba de hipótesis para determinar si el tiempo medio para completar una vuelta en las carreras es el mismo que en los entrenamientos.

84. Repita la prueba del Ejercicio 10.83, pero esta vez utilice los datos de la vuelta 5.

85. Repita la prueba del Ejercicio 10.83, pero esta vez combine los datos de las vueltas 1 y 5.

86. En dos o tres oraciones completas, explique detalladamente cómo podría utilizar los datos sobre Terri Vogel para responder la siguiente pregunta. "¿Terri Vogel conduce más rápido en las carreras que en los entrenamientos?"

Utilice la siguiente información para responder los dos ejercicios siguientes. Las conferencias Este y Oeste de la Liga Mayor de Fútbol cuentan con una nueva división de reserva que permite a los nuevos jugadores desarrollar sus habilidades. Los datos de una fecha elegida al azar mostraron los siguientes objetivos anuales.

Oeste	Este
Los Ángeles 9	DC United 9
FC Dallas 3	Chicago 8
Chivas USA 4	Columbus 7
Real Salt Lake 3	Nueva Inglaterra 6
Colorado 4	MetroStars 5
San José 4	Kansas City 3

Tabla 10.25

Realice una prueba de hipótesis para responder los dos ejercicios siguientes.

87. La distribución **exacta** para la prueba de hipótesis es:

a. la distribución normal
b. la distribución *t* de Student
c. la distribución uniforme
d. la distribución exponencial

88. Si el nivel de significación es 0,05, la conclusión es:

a. Hay pruebas suficientes para concluir que los equipos de la División **Oeste** marquen menos goles en promedio que los equipos de la División **Este**.
b. No hay pruebas suficientes para concluir que los equipos de la División **Oeste** marquen más goles en promedio que los equipos de la División **Este**.
c. No hay pruebas suficientes para concluir que los equipos de la División **Oeste** marquen menos goles en promedio que los equipos de la División **Este**.
d. No se puede determinar.

89. Supongamos que un instructor de estadística cree que no hay ninguna diferencia significativa entre las puntuaciones medias de clase de los estudiantes de diurnos en el examen 2 y los estudiantes nocturnos en el examen 2. Toma muestras aleatorias de cada una de las poblaciones. La media y la desviación típica de los 35 estudiantes diurnos de Estadística fueron de 75,86 y 16,91. La media y la desviación típica de 37 estudiantes nocturnos de Estadística fueron de 75,41 y 19,73. El subíndice "día" se refiere a los estudiantes diurnos. El subíndice "noche" se refiere a los estudiantes nocturnos. La conclusión es:

a. Hay pruebas suficientes para concluir que la media de los estudiantes nocturnos de Estadística en el examen 2 sea mejor que la de los estudiantes diurnos.
b. No hay pruebas suficientes para concluir que la media de los estudiantes diurnos de Estadística en el examen 2 sea mejor que la de los estudiantes nocturnos.
c. No hay pruebas suficientes para concluir que exista una diferencia significativa entre las medias de los estudiantes diurnos de Estadística y los nocturnos en el examen 2.
d. Hay pruebas suficientes para concluir que existe una diferencia significativa entre las medias de los estudiantes diurnos de Estadística y los estudiantes nocturnos en el examen 2.

90. Elijah quiere saber si los costos de los libros de texto son diferentes para las distintas carreras. Selecciona una muestra aleatoria de 33 libros de texto de Sociología ofrecidos en un popular sitio web. El precio medio de su muestra es de 74,64 dólares, con una desviación típica de 49,36 dólares. A continuación, selecciona una muestra aleatoria de 33 libros de texto de Matemáticas y Ciencias del mismo sitio. El precio medio de esta muestra es de 111,56 dólares, con una desviación típica de 66,90 dólares. ¿El precio medio de un libro de texto de Sociología es inferior al de un libro de Matemáticas o Ciencias? Pruebe con un nivel de significación del 1 %.

91. Se prueba una dieta en polvo en 49 personas, y una dieta líquida en 36 personas diferentes. Es interesante saber si la dieta líquida produce una mayor pérdida de peso media que la dieta en polvo. El grupo de la dieta en polvo tuvo una media de pérdida de peso de 42 libras con desviación típica de 12 libras. El grupo de la dieta líquida tuvo una media de pérdida de peso de 45 libras con desviación típica de 14 libras.

92. Supongamos que una instructora de Estadística cree que no hay ninguna diferencia significativa entre las puntuaciones medias de clase de los estudiantes de diurnos en el examen 2 y los estudiantes nocturnos. Toma muestras aleatorias de cada una de las poblaciones. La media y la desviación típica de los 35 estudiantes diurnos de Estadística fueron 75,86 y 16,91, respectivamente. La media y la desviación típica de 37 estudiantes nocturnos de Estadística fueron de 75,41 y 19,73. El subíndice "día" se refiere a los estudiantes diurnos. El subíndice "noche" se refiere a los estudiantes nocturnos. Otra hipótesis adecuada para la prueba de hipótesis es:

a. $\mu_{\text{día}} > \mu_{\text{noche}}$
b. $\mu_{\text{día}} < \mu_{\text{noche}}$
c. $\mu_{\text{día}} = \mu_{\text{noche}}$
d. $\mu_{\text{día}} \neq \mu_{\text{noche}}$

10.2 Dos medias poblacionales con desviaciones típicas conocidas

INSTRUCCIONES: Para cada uno de los problemas de palabras use una hoja de soluciones para hacer la prueba de hipótesis. La hoja de soluciones se encuentra en el E - HOJAS DE SOLUCIONES. No dude en hacer copias de las hojas de soluciones. Para la versión en línea del libro se sugiere copiar los archivos .doc o .pdf.

Nota

Si usa una distribución *t* de Student para uno de los siguientes problemas de tarea para la casa, incluso para datos emparejados, puede suponer que la población subyacente está distribuida normalmente (sin embargo, cuando se utilicen estas pruebas en una situación real, primero hay que demostrar ese supuesto).

93. Se hace un estudio para determinar si los estudiantes del sistema universitario estatal de California tardan más en graduarse, en promedio, que los estudiantes inscritos en universidades privadas. Se encuestaron cien estudiantes del sistema universitario estatal de California y de universidades privadas. Supongamos que, a partir de años de investigación, se sabe que las desviaciones típicas de la población son 1,5811 años y 1 año, respectivamente. Se recopilan los siguientes datos. Los estudiantes del sistema universitario estatal de California tardaron un promedio de 4,5 años, con una desviación típica de 0,8. Los estudiantes de universidades privadas tardaron un promedio de 4,1 años, con una desviación típica de 0,3.

94. Los padres de los adolescentes se quejan a menudo de que el seguro de automóvil cuesta más, en promedio, para los hombres que para las mujeres. Un grupo de padres preocupados examina una muestra aleatoria de facturas de seguros. El costo medio anual para 36 adolescentes hombres fue de 679 dólares. Para 23 adolescentes mujeres fueron 559 dólares. De los años anteriores, se sabe que la desviación típica de la población para cada grupo es de 180 dólares. Determine si cree que el costo medio del seguro de automóvil para los adolescentes hombres es mayor que el de las adolescentes mujeres.

95. Un grupo de estudiantes que van a transferirse se preguntaba si gastarían la misma cantidad media en textos y materiales cada año en su universidad de cuatro años que en su colegio comunitario. Realizaron una encuesta aleatoria a 54 estudiantes de su colegio comunitario y a 66 estudiantes de su universidad de cuatro años local. Las medias muestrales fueron 947 y 1.011 dólares, respectivamente. Se sabe que las desviaciones típicas de la población son de 254 y 87 dólares, respectivamente. Realice una prueba de hipótesis para determinar si las medias son estadísticamente iguales.

96. Algunos fabricantes afirman que los vehículos tipo sedán no híbridos tienen una media de millas por galón (mpg) inferior a los híbridos. Supongamos que los consumidores prueban 21 sedanes híbridos y obtienen una media de 31 mpg con una desviación típica de siete mpg. Treinta y un sedanes no híbridos obtienen una media de 22 mpg con una desviación típica de cuatro mpg. Supongamos que se sabe que las desviaciones típicas de la población son seis y tres, respectivamente. Haga una prueba de hipótesis para evaluar la afirmación del fabricante.

97. Un aficionado al béisbol quería saber si existe una diferencia entre el número de partidos jugados en una Serie Mundial cuando la Liga Americana gana la serie versus cuando la Liga Nacional gana la serie. Desde 1922 hasta 2012, la desviación típica de la población de los partidos ganados por la Liga Americana fue de 1,14, y la de los partidos ganados por la Liga Nacional fue de 1,11. De los 19 partidos de las Series Mundiales seleccionados al azar que ganó la Liga Americana, la media de partidos ganados fue de 5,76. La media de los 17 partidos seleccionados al azar que ganó la Liga Nacional fue de 5,42. Realice una prueba de hipótesis.

98. Una de las preguntas de un estudio sobre la satisfacción conyugal de las parejas con dos carreras era valorar la afirmación: "Estoy satisfecho con la forma en que dividimos las responsabilidades del cuidado de los hijos". Las valoraciones iban del uno (muy de acuerdo) al cinco (muy en desacuerdo). La Tabla 10.26 contiene diez de las respuestas emparejadas de esposos y esposas. Realice una prueba de hipótesis para ver si la diferencia media en el nivel de satisfacción de los esposos versus el de las esposas es negativo (lo que significa que, dentro de la pareja, el esposo es más feliz que la esposa).

Puntuación de la esposa	2	2	3	3	4	2	1	1	2	4
Puntuación del esposo	2	2	1	3	2	1	1	1	2	4

Tabla 10.26

10.3 Comparación de dos proporciones de población independientes

INSTRUCCIONES: Para cada uno de los problemas de palabras use una hoja de soluciones para hacer la prueba de hipótesis. La hoja de soluciones se encuentra en el E - HOJAS DE SOLUCIONES. No dude en hacer copias de las hojas de soluciones. Para la versión en línea del libro se sugiere copiar los archivos .doc o .pdf.

Nota

Si usa una distribución *t* de Student para uno de los siguientes problemas de tarea para la casa, incluso para datos emparejados, puede suponer que la población subyacente está distribuida normalmente (Sin embargo, en general, primero hay que demostrar ese supuesto).

99. Una reciente encuesta sobre drogas mostró un aumento del consumo de drogas y alcohol entre estudiantes locales de último año de escuela secundaria en comparación con el porcentaje nacional. Supongamos que se realiza una encuesta entre 100 estudiantes de último año de escuela secundaria locales y 100 nacionales para ver si la proporción de consumo de drogas y alcohol es mayor localmente que en todo el país. Localmente, 65 estudiantes de último año de escuela secundaria declararon haber consumido drogas o alcohol durante el mes anterior, mientras que el número nacional fue de 60.

100. Nos interesa saber si las proporciones de mujeres víctimas de suicidio entre 15 y 24 años son iguales para las razas blanca y negra en Estados Unidos. Elegimos al azar un año, 1992, para comparar las razas. El número de suicidios estimado en Estados Unidos en 1992 para mujeres blancas es de 4.930. Quinientos ochenta tenían entre 15 y 24 años. La estimación para las mujeres negras es de 330. Cuarenta tenían entre 15 y 24 años. Supondremos que las mujeres víctimas de suicidio sean nuestra población.

101. Elizabeth Mjelde, profesora de Historia del Arte, estaba interesada en saber si el valor de la fórmula del número áureo, $\left(\frac{\text{dimensión mayor + menor}}{\text{mayor dimensión}}\right)$ era el mismo en la exposición del Whitney para las obras de 1900 a 1919 que para las de 1920 a 1942. Se muestrearon treinta y siete obras tempranas, con una media de 1,74 con una desviación típica de 0,11. Se muestrearon sesenta y cinco obras finales, con una media de 1,746 con una desviación típica de 0,1064. ¿Cree que hay una diferencia significativa en el cálculo del número áureo?

102. Se eligió al azar un año reciente desde 1985 hasta el presente. En ese año, había 2.051 estudiantes hispanos en el Cabrillo College de un total de 12.328 estudiantes. En el Lake Tahoe College, había 321 estudiantes hispanos de un total de 2.441 estudiantes. En general, ¿cree que el porcentaje de estudiantes hispanos en los dos institutos universitarios es básicamente igual o diferente?

Use la siguiente información para responder los próximos tres ejercicios. El virus neuroinvasivo del Nilo Occidental es una enfermedad grave que afecta el sistema nervioso de las personas. Lo transmite la especie de mosquito Culex. En Estados Unidos en 2010 se registraron 629 casos del virus neuroinvasivo del Nilo Occidental de un total de 1.021 casos notificados, y en 2011 se registraron 486 casos neuroinvasivos de un total de 712 casos. ¿La proporción de casos del virus neuroinvasivo del Nilo Occidental en 2011 es mayor que la proporción de casos de 2010? Use un nivel de significación del 1 % y haga una prueba de hipótesis adecuada.

- "2011" subíndice: grupo 2011.
- "2010" subíndice: grupo 2010

103. Esto es:

a. una prueba de dos proporciones
b. una prueba de dos medias independientes
c. una prueba de una sola media
d. una prueba de pares coincidentes.

104. Una hipótesis nula adecuada es:

a. $p_{2011} \leq p_{2010}$
b. $p_{2011} \geq p_{2010}$
c. $\mu_{2011} \leq \mu_{2010}$
d. $p_{2011} > p_{2010}$

105. El valor *p* es de 0,0022. Con un nivel de significación del 1 %, la conclusión adecuada es

a. Hay pruebas suficientes para concluir que la proporción de personas en Estados Unidos en 2011 que contrajeron la enfermedad neuroinvasiva del Nilo Occidental es menor que la proporción de personas en los Estados Unidos en 2010 que contrajeron la enfermedad neuroinvasiva del Nilo Occidental.
b. No hay pruebas suficientes para concluir que la proporción de personas en los Estados Unidos en 2011 que contrajeron la enfermedad neuroinvasiva del Nilo Occidental es más que la proporción de personas en los Estados Unidos en 2010 que contrajeron la enfermedad neuroinvasiva del Nilo Occidental.
c. No hay pruebas suficientes para concluir que la proporción de personas en los Estados Unidos en 2011 que contrajeron la enfermedad neuroinvasiva del Nilo Occidental es menor que la proporción de personas en los Estados Unidos en 2010 que contrajeron la enfermedad neuroinvasiva del Nilo Occidental.
d. Hay pruebas suficientes para concluir que la proporción de personas en los Estados Unidos en 2011 que contrajeron la enfermedad neuroinvasiva del Nilo Occidental es más que la proporción de personas en los Estados Unidos en 2010 que contrajeron la enfermedad neuroinvasiva del Nilo Occidental.

106. Unos investigadores hicieron un estudio para averiguar si existe una diferencia en el uso de lectores de libros electrónicos por parte de distintos grupos de edad. Los participantes seleccionados al azar se dividieron en dos grupos de edad. En el grupo de 16 a 29 años, el 7 % de los 628 encuestados utilizan lectores de libros electrónicos, así como el 11 % de los 2.309 participantes de 30 años o más

107. Se seleccionaron aleatoriamente adultos de 18 años o más para una encuesta sobre obesidad. Se considera que los adultos son obesos si su índice de masa corporal (IMC) es de al menos 30. Los investigadores querían determinar si la proporción de mujeres obesas en el sur es menor que la proporción de hombres del sur que son obesos. Los resultados se muestran en la Tabla 10.27. Pruebe al nivel de significación del 1 %.

	Número de personas obesas	Tamaño de la muestra
Hombres	42.769	155.525
Mujeres	67.169	248.775

Tabla 10.27

108. Dos usuarios de computadoras estaban hablando sobre tabletas. La proporción de personas de 16 a 29 años que utilizan tabletas es mayor que la de las personas de 30 años o más. La Tabla 10.28 detalla el número de propietarios de tabletas para cada grupo de edad. Pruebe al nivel de significación del 1 %.

	de 16 a 29 años	30 años o más
Tienen una tableta	69	231
Tamaño de la muestra	628	2.309

Tabla 10.28

109. Un grupo de amigos debatía sobre si hay más hombres que usan teléfonos inteligentes que mujeres. Consultaron un estudio de investigación sobre el uso de teléfonos inteligentes entre adultos. Los resultados de la encuesta indican que de los 973 hombres incluidos en la muestra aleatoria, 379 utilizan teléfonos inteligentes. En el caso de las mujeres, 404 de las 1.304 incluidas en la muestra aleatoria utilizan teléfonos inteligentes. Prueba al nivel de significación del 5 %.

110. Mientras su esposo se pasaba 2½ horas eligiendo nuevos altavoces, una estadística decidió determinar si el porcentaje de hombres que disfrutan comprando equipos electrónicos es mayor que el porcentaje de mujeres que disfrutan comprando equipos electrónicos. La población eran los compradores del sábado por la tarde. De los 67 hombres, 24 dijeron que disfrutaban de la actividad. Ocho de las 24 mujeres encuestadas afirmaron que disfrutaban de la actividad. Interprete los resultados de la encuesta.

111. Nos interesa saber si los softwares educativos para niños cuestan menos, en promedio, que los de entretenimiento para niños. Se eligieron al azar treinta y seis títulos de software educativo de un catálogo. El costo medio fue de 31,14 dólares, con una desviación típica de 4,69 dólares. Se eligieron al azar treinta y cinco títulos de software de entretenimiento del mismo catálogo. El costo medio fue de 33,86 dólares, con una desviación típica de 10,87 dólares. Decida si el software educativo para niños cuesta menos, en promedio, que el software de entretenimiento para niños.

112. Joan Nguyen afirmó recientemente que la proporción de hombres en edad universitaria con al menos una oreja perforada es tan alta como la proporción de mujeres universitarias. Hizo una encuesta en sus clases. De los 107 hombres, 20 tenían, al menos, una oreja perforada. De las 92 mujeres, 47 tenían, al menos, una oreja perforada. ¿Cree que la proporción de hombres ha alcanzado a la de mujeres?

113. Utilice los conjuntos de datos que se encuentran en el C - CONJUNTOS DE DATOS para responder este ejercicio. ¿La proporción de vueltas en la carrera que Terri completa más lento que 130 segundos es menor que la proporción de vueltas de práctica que completa más lento que 135 segundos?

114. "¿Desayunar o no desayunar?", por Richard Ayore

En la sociedad estadounidense, los cumpleaños son uno de esos días que todo el mundo espera con ilusión. Personas de diferentes edades y grupos de compañeros se reúnen para celebrar los cumpleaños: 18, 20, etc. Durante este tiempo, uno mira hacia atrás para ver lo que ha conseguido durante el año pasado y también se centra en el futuro para ver lo que está por venir.

Si, por casualidad, me invitan a una de estas fiestas, mi experiencia es siempre diferente. En vez de bailar con mis amigos mientras la música retumba, me dejo llevar por los recuerdos de mi familia en Kenia. Recuerdo los buenos momentos que pasé con mis hermanos y mi hermana mientras llevábamos a cabo nuestra rutina diaria.

Recuerdo que todas las mañanas íbamos a la shamba (huerto) a desherbar nuestros cultivos. Recuerdo que un día discutí con mi hermano por qué siempre se quedaba atrás para reunirse con nosotros una hora más tarde. En su defensa, dijo que prefería esperar a desayunar antes de venir a desherbar. Dijo: "¡Por eso siempre trabajo más horas que ustedes!".

Así que, para demostrar que estaba equivocado o que tenía razón, decidimos probarlo. Un día fuimos a trabajar como de costumbre sin desayunar, y registramos el tiempo que podíamos trabajar antes de cansarnos y parar. Al día siguiente, todos desayunamos antes de ir a trabajar. Registramos el tiempo que trabajamos de nuevo antes de cansarnos y parar. Nos interesa saber el aumento medio del tiempo de trabajo. Aunque no estoy seguro, mi hermano insistió en que fueron más de dos horas. Use los datos de la Tabla 10.29 y resuelva nuestro problema.

Horas de trabajo con desayuno	Horas de trabajo sin desayuno
8	6
7	5
9	5
5	4
9	7
8	7
10	7
7	5
6	6
9	5

Tabla 10.29

10.4 Muestras coincidentes o emparejadas

INSTRUCCIONES: Para cada uno de los problemas de palabras use una hoja de soluciones para hacer la prueba de hipótesis. La hoja de soluciones se encuentra en el apéndice E. No dude en hacer copias de las hojas de soluciones. Para la versión en línea del libro se sugiere copiar los archivos .doc o .pdf.

Nota:

Si usa una distribución t de Student para los problemas de tarea para la casa, incluso para datos emparejados, puede suponer que la población subyacente está distribuida normalmente. (sin embargo, cuando se utilicen estas pruebas en una situación real, primero hay que demostrar ese supuesto).

115. Diez personas siguieron una dieta baja en grasas durante 12 semanas para reducir el colesterol. Los datos se registran en la Tabla 10.30. ¿Cree que sus niveles de colesterol se redujeron significativamente?

Nivel de colesterol inicial	Nivel de colesterol final
140	140
220	230
110	120
240	220
200	190
180	150
190	200
360	300
280	300
260	240

Tabla 10.30

Use la siguiente información para responder los próximos dos ejercicios. Se probó un nuevo medicamento para la prevención del sida en un grupo de 224 pacientes con VIH positivo. Cuarenta y cinco pacientes desarrollaron sida después de cuatro años. En un grupo de control de 224 pacientes con VIH positivo, 68 desarrollaron sida al cabo de cuatro años. Queremos comprobar si el método de tratamiento reduce la proporción de pacientes que desarrollan sida al cabo de cuatro años o si las proporciones del grupo tratado y del grupo no tratado se mantienen igual.

Supongamos que el subíndice t = paciente tratado y nt = paciente no tratado.

116. Las hipótesis adecuadas son:

a. H_0: $p_t < p_{nt}$ y H_a: $p_t \geq p_{nt}$
b. H_0: $p_t \leq p_{nt}$ y H_a: $p_t > p_{nt}$
c. H_0: $p_t = p_{nt}$ y H_a: $p_t \neq p_{nt}$
d. H_0: $p_t = p_{nt}$ y H_a: $p_t < p_{nt}$

117. Si el valor p es 0,0062, ¿cuál es la conclusión (utilice α = 0,05)?

a. El método no tiene ningún efecto.
b. Hay pruebas suficientes para concluir que el método reduce la proporción de pacientes seropositivos que desarrollan el sida al cabo de cuatro años.
c. Existen pruebas suficientes para concluir que el método aumenta la proporción de pacientes seropositivos que desarrollan el sida al cabo de cuatro años.
d. No hay pruebas suficientes para concluir que el método reduce la proporción de pacientes seropositivos que desarrollan el sida al cabo de cuatro años.

Use la siguiente información para responder los próximos dos ejercicios. Se realiza un experimento para demostrar que la presión arterial se puede reducir conscientemente en personas entrenadas en un "programa de ejercicios de biorrealimentación". Se seleccionaron seis sujetos al azar y se registraron las mediciones de la presión arterial antes y después del entrenamiento. Se calculó la diferencia entre las presiones sanguíneas (después - antes) lo que arrojó los siguientes resultados $\overline{x}_d = -10{,}2$ $s_d = 8{,}4$. Use los datos y compruebe la hipótesis de que la presión arterial ha disminuido después del entrenamiento.

118. La distribución para la prueba es:

a. t_5
b. t_6
c. $N(-10{,}2; 8{,}4)$
d. $N(-10{,}2, \frac{8{,}4}{\sqrt{6}})$

119. Si $\alpha = 0{,}05$, el valor p y la conclusión son

a. 0,0014; hay pruebas suficientes para concluir que la presión arterial disminuyó después del entrenamiento.
b. 0,0014; hay pruebas suficientes para concluir que la presión arterial aumentó después del entrenamiento.
c. 0,0155; hay pruebas suficientes para concluir que la presión arterial disminuyó después del entrenamiento.
d. 0,0155; hay pruebas suficientes para concluir que la presión arterial aumentó después del entrenamiento.

120. Una instructora de golf está interesada en determinar si su nueva técnica para mejorar los resultados de los jugadores de golf es eficaz. Toma cuatro nuevos estudiantes. Registra sus calificaciones de 18 hoyos antes de aprender la técnica y después de haber tomado su clase. Realiza una prueba de hipótesis. Los datos son los siguientes.

	Jugador 1	Jugador 2	Jugador 3	Jugador 4
Puntuación media antes de la clase	83	78	93	87
Puntuación media después de la clase	80	80	86	86

Tabla 10.31

La decisión correcta es:

a. Rechaza H_0.
b. No rechace la H_0.

121. Un grupo local de apoyo al cáncer cree que la estimación de nuevos casos de cáncer de mama en mujeres en el sur es mayor en 2013 que en 2012. El grupo comparó las estimaciones de nuevos casos de cáncer de mama en mujeres por estados del sur en 2012 y en 2013. Los resultados están en la Tabla 10.32.

Estados del sur	2012	2013
Alabama	3.450	3.720
Arkansas	2.150	2.280
Florida	15.540	15.710
Georgia	6.970	7.310
Kentucky	3.160	3.300
Luisiana	3.320	3.630
Misisipi	1.990	2.080
Carolina del Norte	7.090	7.430
Oklahoma	2.630	2.690
Carolina del Sur	3.570	3.580
Tennessee	4.680	5.070
Texas	15.050	14.980
Virginia	6.190	6.280

Tabla 10.32

122. Un viajero quería saber si los precios de los hoteles son diferentes en las diez ciudades que visita con más frecuencia. La lista de las ciudades con los precios correspondientes de sus dos cadenas hóteleras favoritas está en la Tabla 10.33. Pruebe al nivel de significación del 1 %.

Ciudades	Precios del Hyatt Regency en dólares	Precios del Hilton en dólares
Atlanta	107	169
Boston	358	289
Chicago	209	299
Dallas	209	198
Denver	167	169
Indianápolis	179	214
Los Ángeles	179	169
Ciudad de Nueva York	625	459
Filadelfia	179	159
Washington, DC	245	239

Tabla 10.33

123. Un político les pidió a sus colaboradores que determinaran si la tasa de subempleo en el noreste disminuyó de 2011 a 2012. Los resultados están en la Tabla 10.34.

Estados del noreste	2011	2012
Connecticut	17,3	16,4
Delaware	17,4	13,7
Maine	19,3	16,1
Maryland	16,0	15,5
Massachusetts	17,6	18,2
Nuevo Hampshire	15,4	13,5
Nueva Jersey	19,2	18,7
Nueva York	18,5	18,7
Ohio	18,2	18,8
Pensilvania	16,5	16,9
Rhode Island	20,7	22,4
Vermont	14,7	12,3
Virginia Occidental	15,5	17,3

Tabla 10.34

Resúmalo todo: tarea para la casa

Use la siguiente información para responder los próximos diez ejercicios. Indique cuál de las siguientes opciones identifica mejor la prueba de hipótesis.

a. medias de grupos independientes, desviaciones típicas de la población o varianzas conocidas
b. medias de grupos independientes, desviaciones típicas de la población o varianzas desconocidas
c. muestras coincidentes o emparejadas
d. media simple
e. dos proporciones
f. proporción única

124. Se prueba una dieta en polvo en 49 personas, y una dieta líquida en 36 personas diferentes. Las desviaciones típicas de la población son de dos y tres libras, respectivamente. Nos interesa saber si la dieta líquida produce una mayor pérdida de peso media que la dieta en polvo.

125. Se hace una prueba de sabor de una nueva barra de chocolate entre consumidores. Nos interesa saber si la proporción de niños a quienes les gusta la nueva barra de chocolate es mayor que la de adultos.

126. Se cree que el número medio de cursos de inglés realizados en un periodo de dos años por los estudiantes de educación superior hombres y mujeres es aproximadamente igual. Se realiza un experimento y se recopilan datos de nueve hombres y 16 mujeres.

127. Una liga de fútbol informó que la media de anotaciones por partido era de cinco. Se hace un estudio para determinar si el número medio de anotaciones ha disminuido.

128. Se realiza un estudio para determinar si los estudiantes del sistema universitario estatal de California tardan más en graduarse que los inscritos en universidades privadas. Se encuestaron cien estudiantes del sistema universitario estatal de California y de universidades privadas. A partir de años de investigación se sabe que las desviaciones típicas de la población son de 1,5811 años y de un año, respectivamente.

129. Según un boletín del Centro de Crisis por Violación de la Asociación Cristiana de Mujeres Jóvenes (Young Women's Christian Association, YWCA), el 75 % de las víctimas de violación conocen a sus agresores. Se realiza un estudio para comprobarlo.

130. Según un estudio reciente, las compañías estadounidenses tienen una ausencia media por maternidad de seis semanas.

131. Una encuesta reciente sobre drogas mostró un aumento del consumo de drogas y alcohol entre los estudiantes de secundaria locales en comparación con el porcentaje nacional. Supongamos que se realiza una encuesta entre 100 jóvenes locales y 100 nacionales para ver si la proporción de consumo de drogas y alcohol es mayor localmente que en todo el país.

132. Un nuevo curso de estudio de la SAT se pone a prueba en 12 personas. Se registran las calificaciones antes y después del curso. Nos interesa el aumento medio de las calificaciones de la SAT. Se recopilan los siguientes datos:

Calificación antes del curso	Calificación después del curso
1	300
960	920
1010	1.100
840	880
1.100	1070
1250	1320
860	860
1330	1370
790	770
990	1040
1110	1.200
740	850

Tabla 10.35

133. Investigadores de la Universidad de Michigan informaron en la *Revista del Instituto Nacional del Cáncer* que dejar de fumar es especialmente beneficioso para los menores de 49 años. En este estudio de la Sociedad Americana del Cáncer, el riesgo (probabilidad) de morir de cáncer de pulmón era prácticamente igual que el de quienes nunca habían fumado.

134. Lesley E. Tan investigó la relación entre ser zurdo o diestro y la competencia motriz en niños de preescolar. Se realizaron varias pruebas de habilidades motrices a muestras aleatorias de 41 niños de preescolar zurdos y 41 diestros para determinar si hay pruebas de una diferencia entre los niños basada en este experimento. El experimento produjo las medias y las desviaciones típicas que se muestran en la Tabla 10.36. Determine la prueba adecuada y la mejor distribución que debe utilizar para esa prueba.

	Zurdo	Diestro
Tamaño de la muestra	41	41
Media muestral	97,5	98,1
Desviación típica de la muestra	17,5	19,2

Tabla 10.36

a. Dos medias independientes, distribución normal
b. Dos medias independientes, distribución t de Student
c. Muestras coincidentes o emparejadas, distribución t de Student
d. Dos proporciones de población, distribución normal

135. Una instructora de golf está interesada en determinar si su nueva técnica para mejorar los resultados de los jugadores de golf es eficaz. Lleva a cuatro (4) nuevos estudiantes. Registra sus calificaciones de 18 hoyos antes de aprender la técnica y después de haber tomado su clase. Realiza una prueba de hipótesis. Los datos son los siguientes: Tabla 10.37.

	Jugador 1	Jugador 2	Jugador 3	Jugador 4
Puntuación media antes de la clase	83	78	93	87
Puntuación media después de la clase	80	80	86	86

Tabla 10.37

Esto es:

a. una prueba de dos medias independientes.
b. una prueba de dos proporciones.
c. una prueba de una sola media.
d. una prueba de una sola proporción.

Referencias

10.1 Medias de dos poblaciones con desviaciones típicas desconocidas

Datos de las carreras de Ingeniería e Informática. Disponible en línea en http://www.graduatingengineer.com

Datos de *Microsoft Bookshelf*.

Datos del sitio web del Senado de Estados Unidos, disponibles en línea en www.Senate.gov (consultado el 17 de junio de 2013).

"Lista de los actuales senadores de Estados Unidos por edad". Wikipedia. Disponible en línea en http://en.wikipedia.org/wiki/List_of_current_United_States_Senators_by_age (consultado el 17 de junio de 2013).

"Sectorización por grupos industriales". Nasdaq. Disponible en línea en http://www.nasdaq.com/markets/barchart-sectors.aspx?page=sectors&base=industry (consultado el 17 de junio de 2013).

"Clubes de desnudistas: donde se da la prostitución y la trata". Investigación y educación sobre la prostitución, 2013. Disponible en línea en www.prostitutionresearch.com/ProsViolPosttrauStress.html (consultado el 17 de junio de 2013).

"Historia de las Series Mundiales". Almanaque de béisbol, 2013. Disponible en línea en http://www.baseball-almanac.com/ws/wsmenu.shtml (consultado el 17 de junio de 2013).

10.2 Dos medias poblacionales con desviaciones típicas conocidas

Datos de la Oficina del Censo de Estados Unidos. Disponible en línea en http://www.census.gov/prod/cen2010/briefs/c2010br-02.pdf

Hinduja, Sameer. "Sexting Research and Gender Differences". Cyberbulling Research Center, 2013. Disponible en línea en http://cyberbullying.us/blog/sexting-research-and-gender-differences/ (consultado el 17 de junio de 2013).

"Smart Phone Users, By the Numbers". Visually, 2013. Disponible en línea en http://visual.ly/smart-phone-users-numbers (consultado el 17 de junio de 2013).

Smith, Aaron. "35% of American adults own a Smartphone". Pew Internet, 2013. Disponible en línea en http://www.pewinternet.org/~/media/Files/Reports/2011/PIP_Smartphones.pdf (consultado el 17 de junio de 2013).

"State-Specific Prevalence of Obesity AmongAduls—Unites States, 2007". MMWR, CDC. Disponible en línea en http://www.cdc.gov/mmwr/preview/mmwrhtml/mm5728a1.htm (consultado el 17 de junio de 2013).

"Texas Crime Rates 1960–1012". FBI, Uniform Crime Reports, 2013. Disponible en línea en: http://www.disastercenter.com/crime/txcrime.htm (consultado el 17 de junio de 2013).

10.3 Comparación de dos proporciones de población independientes

Datos de *Educational Resources*, catálogo de diciembre.

Datos de los Hoteles Hilton. Disponible en línea en http://www.hilton.com (consultado el 17 de junio de 2013).

Datos de los Hoteles Hyatt. Disponible en línea en http://hyatt.com (consultado el 17 de junio de 2013).

Datos de Estadísticas del Departamento de Salud y Servicios Humanos de Estados Unidos.

Datos de la Exposición del Whitney en préstamo al Museo de Arte de San José.

Datos de la Sociedad Americana del Cáncer. Disponible en línea en http://www.cancer.org/index (consultado el 17 de junio de 2013).

Datos de la Chancellor's Office, California Community Colleges, noviembre de 1994.

"State of the States". Gallup, 2013. Disponible en línea en http://www.gallup.com/poll/125066/State-States.aspx?ref=interactive (consultado el 17 de junio de 2013).

"West Nile Virus". Centers for Disease Control and Prevention. Disponible en línea en http://www.cdc.gov/ncidod/dvbid/westnile/index.htm (consultado el 17 de junio de 2013).

Soluciones

1. dos proporciones

3. muestras coincidentes o emparejadas

5. media sencilla

7. medias de grupos independientes, desviaciones típicas de la población o varianzas desconocidas

9. dos proporciones

11. medias de grupos independientes, desviaciones típicas de la población o varianzas desconocidas

13. medias de grupos independientes, desviaciones típicas de la población o varianzas desconocidas

15. dos proporciones

17. La variable aleatoria es la diferencia entre las cantidades medias de azúcar de las dos bebidas gaseosas.

19. medias

21. dos colas

23. la diferencia entre la duración media de la vida de personas blancas y personas que no son blancas

25. Se trata de una comparación de dos medias poblacionales con desviaciones típicas poblacionales desconocidas.

27. Compruebe la solución del estudiante.

29.
a. Rechace la hipótesis nula.
b. valor $p < 0,05$
c. No hay pruebas suficientes al nivel de significación del 5 % para respaldar la afirmación de que la esperanza de vida en la década de 1900 es diferente entre los blancos y los no blancos.

31. La diferencia en las velocidades medias de los lanzamientos de pelotas rápidas de los dos lanzadores

33. -2,46

35. Al nivel de significación del 1 %, podemos rechazar la hipótesis nula. Hay datos suficientes para concluir que la velocidad media de la pelota rápida de Rodríguez es más rápida que la de Wesley.

37. Subíndices: 1 = comida, 2 = sin comida
H_0: $\mu_1 \leq \mu_2$
H_a: $\mu_1 > \mu_2$

39.

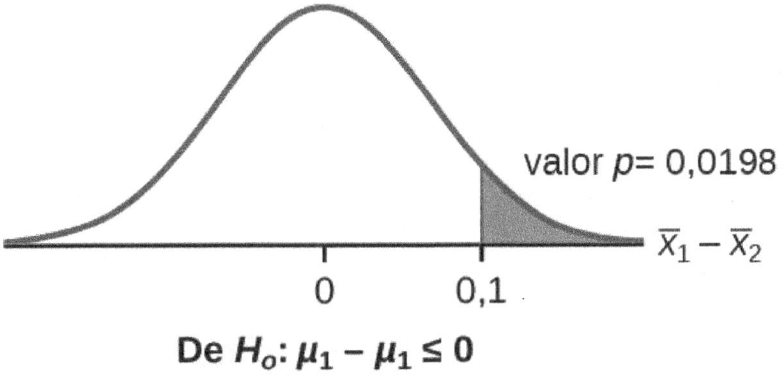

Figura 10.18

41. Subíndices: 1 = gamma, 2 = zeta
H_0: $\mu_1 = \mu_2$
H_a: $\mu_1 \neq \mu_2$

43. 0,0062

45. Hay pruebas suficientes para rechazar la hipótesis nula. Los datos apoyan que el punto de fusión de la aleación zeta es diferente del punto de fusión de la aleación gamma.

47. $P'_{OS1} - P'_{OS2}$ = diferencia en las proporciones de teléfonos que tuvieron fallos del sistema durante las primeras ocho horas de funcionamiento con OS_1 y OS_2.

49. 0,1018

51. proporciones

53. cola derecha

55. La variable aleatoria es la diferencia de proporciones (porcentajes) de las poblaciones que son de dos o más razas en Nevada y Dakota del Norte.

57. El tamaño de nuestras muestras es muy superior a cinco, por lo que utilizamos la distribución normal para dos proporciones para esta prueba de hipótesis.

59. Compruebe la solución del estudiante.

61.
a. rechaza la hipótesis nula.
b. valor p < alfa
c. Con un nivel de significación del 5 % hay pruebas suficientes para concluir que la proporción (porcentaje) de la población que es de dos o más razas en Nevada es estadísticamente mayor que la de Dakota del Norte.

63. la diferencia media de los fallos del sistema

65. 0,0067

67. Con un valor p de 0,0067, podemos rechazar la hipótesis nula. Hay suficientes pruebas que demuestran que el parche de software es eficaz para reducir el número de fallos del sistema.

69. 0,0021

71.

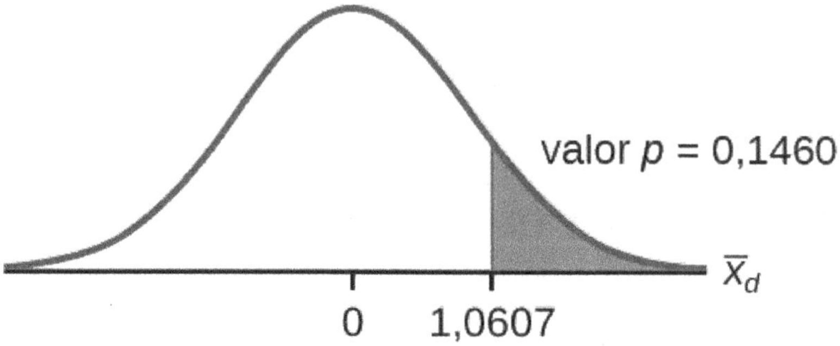

Figura 10.19

73. H_0: $\mu_d \geq 0$

H_a: $\mu_d < 0$

75. 0,0699

77. No rechazamos la hipótesis nula. No hay pruebas suficientes que respalden la eficacia del medicamento.

79. Subíndices: 1: colegios universitarios de dos años; 2: universidades de cuatro años

a. H_0: $\mu_1 \geq \mu_2$
b. H_a: $\mu_1 < \mu_2$
c. $\overline{X}_1 - \overline{X}_2$ es la diferencia entre la media de matriculación en los institutos universitarios de dos años y en las universidades de cuatro años.
d. t de Student
e. estadístico de prueba: −0,2480
f. valor p: 0,4019
g. Compruebe la solución del estudiante.
h.
   i. Alfa: 0,05
   ii. Decisión: No rechazar.
   iii. Motivo de la decisión: valor p > alfa
   iv. Conclusión: A un nivel de significación del 5 %, hay pruebas suficientes para concluir que la media de matriculación en las universidades de cuatro años es mayor que en los colegios universitarios de dos años.

81. Subíndices: 1: ingeniería mecánica; 2: ingeniería eléctrica

a. H_0: $\mu_1 \geq \mu_2$
b. H_a: $\mu_1 < \mu_2$
c. $\overline{X}_1 - \overline{X}_2$ es la diferencia entre la media de los salarios iniciales de los ingenieros mecánicos y los ingenieros eléctricos.
d. t_{108}
e. estadístico de prueba: t = −0,82
f. valor p: 0,2061
g. Compruebe la solución del estudiante.
h.
   i. Alfa: 0,05
   ii. Decisión: No rechaza la hipótesis nula.
   iii. Motivo de la decisión: valor p > alfa
   iv. Conclusión: A un nivel de significación del 5 % no hay pruebas suficientes para concluir que la media de los salarios iniciales de los ingenieros mecánicos es inferior a la de los ingenieros eléctricos.

83. a. H_0: $\mu_1 = \mu_2$
b. H_a: $\mu_1 \neq \mu_2$
c. $\overline{X}_1 - \overline{X}_2$ es la diferencia entre los tiempos medios para completar una vuelta en las carreras y en los entrenamientos.
d. $t_{20,32}$
e. estadístico de prueba: –4,70
f. valor *p*: 0,0001
g. Compruebe la solución del estudiante.
h. i. Alfa: 0,05
ii. Decisión: rechaza la hipótesis nula.
iii. Motivo de la decisión: valor $p <$ alfa
iv. Conclusión: A un nivel de significación del 5 % hay pruebas suficientes para concluir que el tiempo medio para completar una vuelta en las carreras es diferente al de los entrenamientos.

85. a. H_0: $\mu_1 = \mu_2$
b. H_a: $\mu_1 \neq \mu_2$
c. es la diferencia entre los tiempos medios para completar una vuelta en las carreras y en los entrenamientos.
d. $t_{40,94}$
e. estadístico de prueba: –5,08
f. valor *p*: cero
g. Compruebe la solución del estudiante.
h. i. Alfa: 0,05
ii. Decisión: rechaza la hipótesis nula.
iii. Motivo de la decisión: valor $p <$ alfa
iv. Conclusión: A un nivel de significación del 5 % hay pruebas suficientes para concluir que el tiempo medio para completar una vuelta en las carreras es diferente al de los entrenamientos.

88. c

90. Ejercicio: dos medias muestrales independientes, desviaciones típicas poblacionales desconocidas.

μ_1 = el precio medio de un libro de texto de Sociología en el sitio seleccionado.

μ_2 = el precio medio de un libro de texto de Matemáticas/Ciencias en el sitio seleccionado.

Variable aleatoria: $\overline{X_1} - \overline{X_1}$ = la diferencia en el precio medio de los libros de texto de la muestra entre los libros de texto de Sociología y los de Matemáticas y Ciencias.

Hipótesis: $H_0 : \mu_1 - \mu_2 = 0$, $H_a : \mu_1 - \mu_2 < \mu_2$ que puede expresarse como $\text{H0s} : \mu 1 - \mu 2$, $\text{Ha } \mu 1 < \mu 2$.

Distribución para la prueba: Utilice la sustitución en t_{de}; porque cada muestra tiene más de 30 observaciones, $de = n_1 + n_2 - 2 = 33 + 33 - 2 = 64$.

Estime el valor crítico en la tabla *t*utilizando los grados de libertad disponibles más próximos, 60. El valor crítico, 2,660, se halla en la columna de 0,0005.

Calcule el estadístico de prueba:$t_c = \frac{(\overline{X}_1 - \overline{X}_2) - 0}{\sqrt{\frac{s_1{}^2}{n_2} + \frac{s_2{}^2}{n_2}}} = \frac{(74.64 - 111.56) - 0}{\sqrt{\frac{49.36^2}{33} + \frac{66.90^2}{33}}} = -2.55.$

Utilizando una calculadora con $t_c = -2.55$ y $de = 64$, el valor p de cola izquierda: Decisión: Rechazar H_0. Conclusión: Al nivel de significación del 1 %, a partir de los datos de la muestra, hay suficientes pruebas para concluir que el precio medio de los libros de texto de Sociología es inferior al precio medio de los libros de texto de Matemáticas/Ciencias.

92. d

94. Subíndices: 1 = hombres, 2 = mujeres

a. H_0: $\mu_1 \leq \mu_2$
b. H_a: $\mu_1 > \mu_2$
c. La variable aleatoria es la diferencia en la media de los costos de los seguros de automóviles de hombres y mujeres.
d. normal
e. estadístico de prueba: $z = 2{,}50$
f. valor p: 0,0062
g. Compruebe la solución del estudiante.
h. i. Alfa: 0,05
   ii. Decisión: rechaza la hipótesis nula.
   iii. Motivo de la decisión: valor $p <$ alfa
   iv. Conclusión: Con un nivel de significación del 5 % hay pruebas suficientes para concluir que el costo medio del seguro de automóvil de los adolescentes hombres es mayor que el de las adolescentes.

96. Subíndices: 1 = sedanes no híbridos, 2 = sedanes híbridos

a. H_0: $\mu_1 \geq \mu_2$
b. H_a: $\mu_1 < \mu_2$
c. La variable aleatoria es la diferencia en la media de millas por galón de los sedanes no híbridos y los sedanes híbridos.
d. normal
e. estadístico de prueba: 6,36
f. valor p: 0
g. Compruebe la solución del estudiante.
h. i. Alfa: 0,05
   ii. Decisión: rechaza la hipótesis nula.
   iii. Motivo de la decisión: valor $p <$ alfa
   iv. Conclusión: Con un nivel de significación del 5 % hay pruebas suficientes para concluir que la media de millas por galón de los sedanes no híbridos es inferior a la de los híbridos.

98. a. H_0: $\mu_d = 0$
b. H_a: $\mu_d < 0$
c. La variable aleatoria X_d es la diferencia promedio entre el nivel de satisfacción del esposo y de la esposa.
d. t_9
e. estadístico de prueba: $t = -1{,}86$
f. valor p: 0,0479
g. Compruebe la solución del estudiante
h. i. Alfa: 0,05
   ii. Decisión: rechaza la hipótesis nula, pero realiza otra prueba.
   iii. Motivo de la decisión: valor $p <$ alfa
   iv. Conclusión: Se trata de una prueba débil porque alfa y el valor p están cerca. Sin embargo, no hay pruebas suficientes para concluir que la diferencia media es negativa.

100. a. H_0: $P_W = P_B$
b. H_a: $P_W \neq P_B$
c. La variable aleatoria es la diferencia en las proporciones de víctimas de suicidio blancas y negras, de 15 a 24 años.
d. normal para dos proporciones
e. estadístico de prueba: –0,1944
f. valor p: 0,8458
g. Compruebe la solución del estudiante.
h. i. Alfa: 0,05
   ii. Decisión: rechaza la hipótesis nula.
   iii. Motivo de la decisión: valor $p >$ alfa
   iv. Conclusión: Al nivel de significación del 5 %, no hay pruebas suficientes para concluir que las proporciones de mujeres blancas y negras víctimas de suicidio, de entre 15 y 24 años, sean diferentes.

102. Subíndices: 1 = Cabrillo College, 2 = Lake Tahoe College

a. H_0: $p_1 = p_2$
b. H_a: $p_1 \neq p_2$
c. La variable aleatoria es la diferencia entre las proporciones de estudiantes hispanos en el Cabrillo College y el Lake Tahoe College.
d. normal para dos proporciones
e. estadístico de prueba: 4,29
f. valor *p*: 0,00002
g. Compruebe la solución del estudiante.
h. i. Alfa: 0,05
   ii. Decisión: rechaza la hipótesis nula.
   iii. Motivo de la decisión: valor $p <$ alfa
   iv. Conclusión: Hay pruebas suficientes para concluir que las proporciones de estudiantes hispanos en el Cabrillo College y en el Lake Tahoe College son diferentes.

104. a

106. Prueba: dos proporciones de muestras independientes.

Variable aleatoria: $p'_1 - p'_2$

Distribución:
H_0: $p_1 = p_2$
H_a: $p_1 \neq p_2$

La proporción de usuarios de lectores de libros electrónicos es diferente para los usuarios de 16 a 29 años que para los de 30 o más.

Gráfico: de dos colas

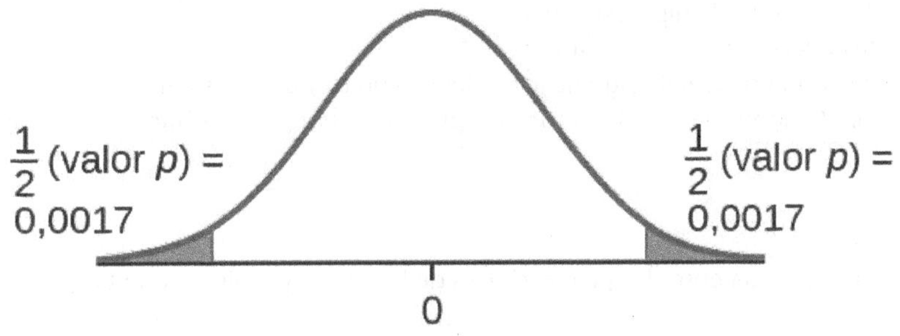

Figura 10.20

valor *p*: 0,0033

Decisión: rechazar la hipótesis nula.

Conclusión: con un nivel de significación del 5 %, a partir de los datos de la muestra, hay pruebas suficientes para concluir que la proporción de usuarios de lectores de libros electrónicos de 16 a 29 años es diferente de la proporción de usuarios de lectores de libros electrónicos de 30 años o más.

108. Prueba: dos proporciones de muestras independientes

Variable aleatoria: $p'_1 - p'_2$

Distribución:

H_0: $p_1 = p_2$
H_a: $p_1 > p_2$

La proporción de propietarios de tabletas es mayor entre 16 y 29 años que entre 30 y más.

Gráfico: cola derecha

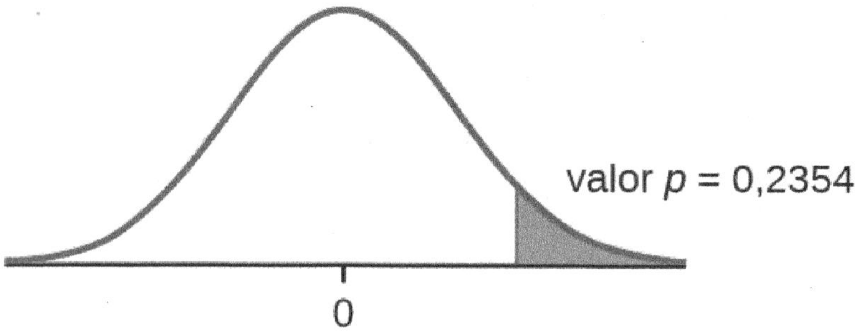

Figura 10.21

valor p: 0,2354

Decisión: No rechace la H_0.

Conclusión: Con un nivel de significación del 1 % a partir de los datos de la muestra, no hay pruebas suficientes para concluir que una mayor proporción de propietarios de tabletas tenga entre 16 y 29 años que 30 años o más.

110. Subíndices: 1: hombres; 2: mujeres

a. H_0: $p_1 \leq p_2$
b. H_a: $p_1 > p_2$
c. $P'_1 - P'_2$ es la diferencia entre las proporciones de hombres y mujeres que disfrutan comprando equipos electrónicos.
d. normal para dos proporciones
e. estadístico de prueba: 0,22
f. valor p: 0,4133
g. Compruebe la solución del estudiante.
h. i. Alfa: 0,05
   ii. Decisión: No rechaza la hipótesis nula.
   iii. Motivo de la decisión: valor p > alfa
   iv. Conclusión: Con un nivel de significación del 5 % no hay pruebas suficientes para concluir que la proporción de hombres que disfrutan comprando equipos electrónicos es mayor que la de mujeres.

112. a. H_0: $p_1 = p_2$
b. H_a: $p_1 \neq p_2$
c. $P'_1 - P'_2$ es la diferencia entre las proporciones de hombres y mujeres que tienen, al menos, una oreja perforada.
d. normal para dos proporciones
e. estadístico de prueba: –4,82
f. valor p: cero
g. Compruebe la solución del estudiante.
h. i. Alfa: 0,05
   ii. Decisión: rechaza la hipótesis nula.
   iii. Motivo de la decisión: valor p < alfa
   iv. Conclusión: Con un nivel de significación del 5 % hay pruebas suficientes para concluir que las proporciones de hombres y mujeres con, al menos, una oreja perforada son diferentes.

114. a. H_0: $\mu_d = 0$
b. H_a: $\mu_d > 0$
c. La variable aleatoria X_d es la diferencia media de los tiempos de trabajo en los días en que se desayuna y en los días en que no se desayuna.
d. t_9
e. estadístico de prueba: 4,8963
f. valor p: 0,0004
g. Compruebe la solución del estudiante.
h. i. Alfa: 0,05

ii. Decisión: rechaza la hipótesis nula.
iii. Motivo de la decisión: valor p < alfa
iv. Conclusión: Con un nivel de significación del 5 % hay pruebas suficientes para concluir que la diferencia media de los tiempos de trabajo en los días en que se desayuna y en los días en que no se desayuna ha aumentado.

115. valor $p = 0{,}1494$

Con un nivel de significación del 5 %, no hay pruebas suficientes para concluir que el medicamento reduzca los niveles de colesterol después de 12 semanas.

117. b

119. c

121. Prueba: dos pares coincidentes o muestras emparejadas (*prueba t*)

Variable aleatoria: $\overline{X}_d$

Distribución: t_{12}

H_0: $\mu_d = 0$ H_a: $\mu_d > 0$

La media de las diferencias de nuevos casos de cáncer de mama en mujeres en el sur entre 2013 y 2012 es mayor de cero. La estimación de nuevos casos de cáncer de mama en mujeres en el sur es mayor en 2013 que en 2012.

Gráfico: cola derecha

valor p: 0,0004

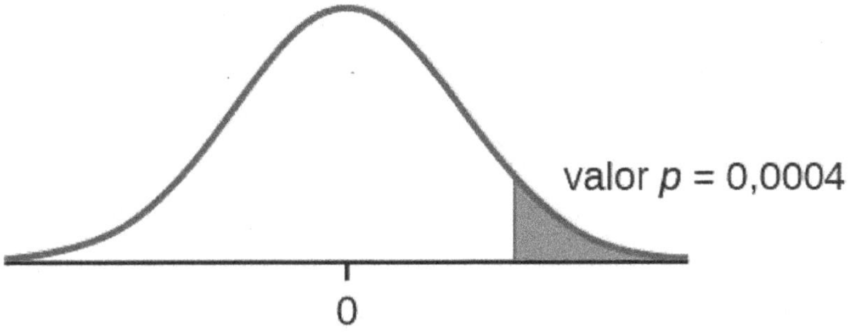

Figura 10.22

Decisión: rechaza H_0

Conclusión: Con un nivel de significación del 5 %, a partir de los datos de la muestra, hay pruebas suficientes para concluir que hubo una mayor estimación de nuevos casos de cáncer de mama en mujeres en 2013 que en 2012.

123. Prueba: muestras coincidentes o emparejadas (prueba*t*)

Datos de diferencia: {–0,9; –3,7; –3,2; –0,5; 0,6; –1,9; –0,5; 0,2; 0,6; 0,4; 1,7; –2,4; 1,8}

Variable aleatoria: $\overline{X}_d$

Distribución: H_0: $\mu_d = 0$ H_a: $\mu_d < 0$

La media de las diferencias de la tasa de subempleo en los estados del noreste entre 2012 y 2011 es inferior a cero. La tasa de subempleo bajó de 2011 a 2012.

Gráfico: cola izquierda.

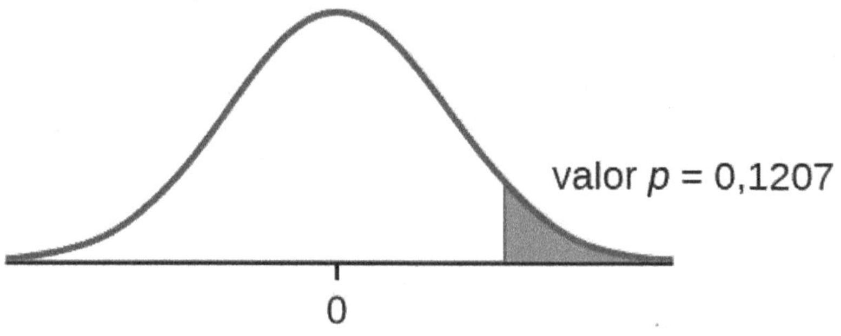

Figura 10.23

valor *p*: 0,1207

Decisión: No rechaza H_0.

Conclusión: Al nivel de significación del 5 %, a partir de los datos de la muestra, no hay pruebas suficientes para concluir que hubo una disminución en las tasas de subempleo de los estados del noreste de 2011 a 2012.

125. e

127. d

129. e

131. e

133. e

135. a

11 LA DISTRIBUCIÓN CHI-CUADRADO

Figura 11.1 La distribución chi-cuadrado se puede usar para hallar relaciones entre dos cosas, como los precios de los comestibles en diferentes tiendas (créditos: Pete/flickr).

Objetivos del Capítulo

Al final de este capítulo el estudiante podrá:

- Interpretar la distribución de probabilidad chi-cuadrado a medida que cambia el tamaño de la muestra.
- Realizar e interpretar las pruebas de hipótesis de bondad de ajuste de chi-cuadrado.
- Realizar e interpretar las pruebas de hipótesis de independencia de la prueba chi-cuadrado.
- Realizar e interpretar las pruebas de hipótesis de homogeneidad de chi-cuadrado.
- Realizar e interpretar las pruebas de hipótesis de varianza única de chi-cuadrado.

Introducción

¿Alguna vez se ha preguntado si los números de la lotería se distribuyen uniformemente o si algunos números se producen con mayor frecuencia? ¿Qué tal si los tipos de películas que prefiere las personas son diferentes en los distintos grupos de edad? ¿Y si una máquina de café dispensara aproximadamente la misma cantidad de café cada vez? Podría responder estas preguntas mediante una prueba de hipótesis.

Ahora estudiará una nueva distribución, la cual se utiliza para determinar las respuestas de estas preguntas. Esta distribución se denomina distribución chi-cuadrado.

En este capítulo aprenderá las tres principales aplicaciones de la distribución chi-cuadrado

1. la prueba de bondad de ajuste, que determina si los datos se ajustan a una determinada distribución, como en el ejemplo de la lotería
2. la prueba de independencia, que determina si los eventos son independientes, como en el ejemplo de la película
3. la prueba de una sola varianza, que comprueba la variabilidad, como en el ejemplo del café

NOTA

Aunque la distribución chi-cuadrado depende de calculadoras o computadoras para la mayoría de los cálculos existe una tabla disponible (vea el G - NOTAS PARA LAS CALCULADORAS TI-83, 83+, 84, 84+). Las instrucciones de las calculadoras TI-83+ y TI-84 se incluyen en el texto.

EJERCICIO COLABORATIVO

Busca en la sección de deportes de un periódico o en Internet algunos datos deportivos (promedios de béisbol, resultados de baloncesto, resultados de torneos de golf, probabilidades de fútbol, tiempos de natación y similares). Trace un histograma y un diagrama de caja y bigotes con tus datos. Compruebe si puede determinar una distribución de probabilidad a la que se ajusten sus datos. Debata con la clase sobre su elección.

11.1 Datos sobre la distribución chi-cuadrado

La notación para la **distribución chi-cuadrado** es:

$$\chi \sim \chi^2_{de}$$

donde *df* = grados de libertad, lo cual depende de cómo se utilice el chi-cuadrado (si quiere practicar el cálculo de probabilidades chi-cuadrado, utilice *df* = *n* – 1. Los grados de libertad para los tres usos principales se calculan cada uno de forma diferente).

Para la distribución χ^2, la media poblacional es $\mu = df$ y la desviación típica poblacional es $\sigma = \sqrt{2(de)}$.

La variable aleatoria se muestra como χ^2, aunque puede ser cualquier letra mayúscula.

La variable aleatoria para una distribución chi-cuadrado con *k* grados de libertad es la suma de variables *k* normales cuadradas independientes.

$\chi^2 = (Z_1)^2 + (Z_2)^2 + \ldots + (Z_k)^2$

1. La curva no es simétrica y es asimétrica hacia la derecha.
2. Hay una curva de chi-cuadrado diferente para cada *df*.

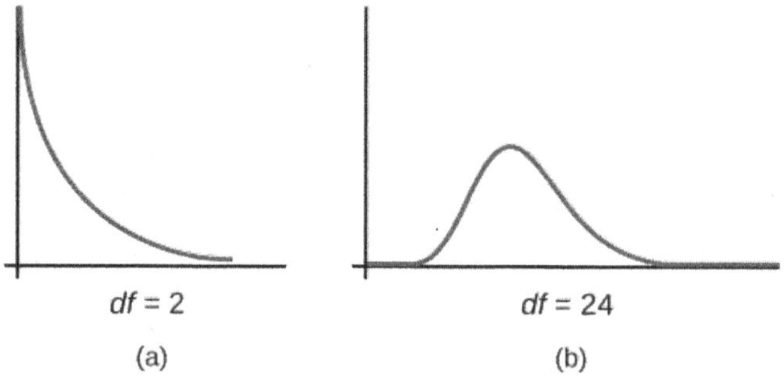

Figura 11.2

3. El estadístico de prueba para cualquier prueba es siempre mayor o igual a cero.
4. Cuando $df > 90$, la curva chi-cuadrado se aproxima a la distribución normal. Para $X \sim \chi^2_{1.000}$ la media, $\mu = df = 1.000$ y la desviación típica, $\sigma = \sqrt{2(1.000)} = 44{,}7$. Por tanto, $X \sim N(1.000, 44{,}7)$, aproximadamente.
5. La media, μ, se encuentra justo a la derecha del pico.

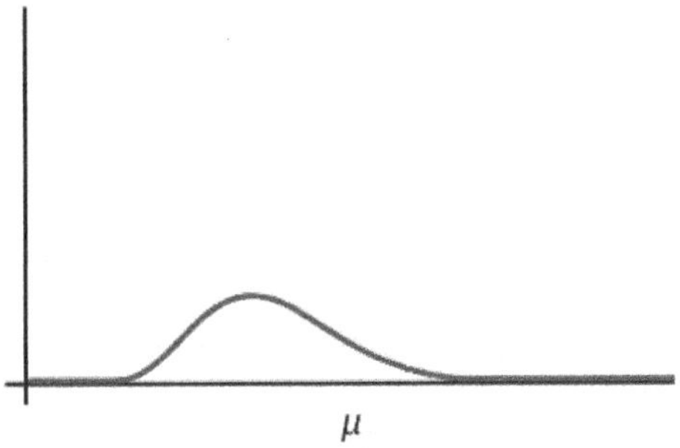

Figura 11.3

11.2 Prueba de bondad de ajuste

En este tipo de prueba de hipótesis se determina si los datos **"se ajustan"** a una determinada distribución o no. Por ejemplo, puede sospechar que sus datos desconocidos se ajustan a una distribución binomial. Se utiliza una prueba de chi-cuadrado (lo que significa que la distribución para la prueba de hipótesis es chi-cuadrado) para determinar si hay un ajuste o no. **Las hipótesis nula y alternativa de esta prueba se pueden escribir en oraciones o plantear como ecuaciones o desigualdades.**

El estadístico de prueba para una prueba de bondad de ajuste es:

$$\sum_k \frac{(O-E)^2}{E}$$

donde:

- O = **valores observados** (datos)
- E = **valores esperados** (de la teoría)
- k = el número de celdas o categorías de datos diferentes

Los valores observados son los valores de los datos y los valores esperados son los valores que se esperarían obtener si la hipótesis nula fuera cierta. Hay n términos de la forma $\frac{(O-E)^2}{E}$.

El número de grados de libertad es df = (número de categorías - 1).

La prueba de bondad de ajuste es casi siempre de cola derecha. Si los valores observados y los correspondientes valores esperados no se aproximan entre sí, el estadístico de prueba puede ser muy grande y se situará en la cola derecha de la curva de chi-cuadrado.

Nota

El valor esperado de cada celda debe ser, al menos, cinco para poder utilizar esta prueba.

EJEMPLO 11.1

El ausentismo de los estudiantes universitarios a las clases de Matemáticas es una de las principales preocupaciones de los instructores de Matemáticas, ya que ausentarse de clase parece aumentar la tasa de abandono. Supongamos que se realiza un estudio para determinar si la tasa real de ausentismo de los estudiantes sigue la percepción del profesorado. El profesorado esperaba que un grupo de 100 estudiantes se ausentara de clase según se indica en la Tabla 11.1.

Número de ausencias por trimestre	Número previsto de estudiantes
0–2	50
3–5	30

Tabla 11.1

Número de ausencias por trimestre	Número previsto de estudiantes
6–8	12
9–11	6
12+	2

Tabla 11.1

Luego, se realizó una encuesta aleatoria en todos los cursos de Matemáticas para determinar el número real **(observado)** de ausencias en un curso. El gráfico de la Tabla 11.2 muestra los resultados de esa encuesta.

Número de ausencias por trimestre	Número real de estudiantes
0–2	35
3–5	40
6–8	20
9–11	1
12+	4

Tabla 11.2

Determine las hipótesis nula y alternativa necesarias para realizar una prueba de bondad de ajuste.

H_0: El ausentismo de los estudiantes **se ajusta** a la percepción del profesorado.

La hipótesis alternativa es la opuesta a la hipótesis nula.

H_a: El ausentismo de los estudiantes **no se ajusta** a la percepción del profesorado.

a. ¿Puede utilizar la información tal y como aparece en los gráficos para realizar la prueba de bondad de ajuste?

Solución 1

a. **No.** Tome nota que el número de ausencias previsto para la entrada "más de 12" es inferior a cinco (es dos). Combine ese grupo con el de "9-11" para crear nuevas tablas en las que el número de estudiantes de cada entrada sea de cinco como mínimo. Los nuevos resultados están en la Tabla 11.3 y la Tabla 11.4.

Número de ausencias por trimestre	Número previsto de estudiantes
0–2	50
3–5	30
6–8	12
9+	8

Tabla 11.3

Número de ausencias por trimestre	Número real de estudiantes
0–2	35
3–5	40
6–8	20
9+	5

Tabla 11.4

b. ¿Cuál es el número de grados de libertad (*df*)?

Solución 2

b. Hay cuatro "celdas" o categorías en cada una de las nuevas tablas.

df = número de celdas – 1 = 4 – 1 = 3

INTÉNTELO 11.1

El gerente de una fábrica necesita saber cuántos productos son defectuosos frente a cuántos se producen. El número de defectos previstos figura en la Tabla 11.5.

Número producido	Número defectuoso
0–100	5
101–200	6
201–300	7
301–400	8
401–500	10

Tabla 11.5

Se tomó una muestra aleatoria para determinar el número real de defectos. La Tabla 11.6 muestra los resultados de la encuesta.

Número producido	Número defectuoso
0–100	5
101–200	7
201–300	8
301–400	9

Tabla 11.6

Número producido	Número defectuoso
401–500	11

Tabla 11.6

Indique las hipótesis nula y alternativa necesarias para llevar a cabo una prueba de bondad de ajuste, e indique los grados de libertad.

EJEMPLO 11.2

Los empleadores quieren saber qué días de la semana se ausentan los empleados en una semana laboral de cinco días. La mayoría de los empleadores quiere creer que los empleados se ausentan por igual durante la semana. Supongamos que se pregunta a una muestra aleatoria de 60 gerentes qué día de la semana tienen el mayor número de ausencias de empleados. Los resultados se distribuyeron como en la Tabla 11.7. Para la población de empleados, ¿los días de mayor número de ausencias se producen con igual frecuencia durante una semana laboral de cinco días? Pruebe con un nivel de significación del 5 %.

	Lunes	Martes	Miércoles	Jueves	Viernes
Número de ausencias	15	12	9	9	15

Tabla 11.7 Día de la semana en que los empleados estuvieron más ausentes

Solución 1

Las hipótesis nula y alternativa son:

- H_0: Los días ausentes se producen con igual frecuencia, es decir, se ajustan a una distribución uniforme.
- H_a: Los días ausentes se producen con frecuencias desiguales, es decir, no se ajustan a una distribución uniforme.

Si los días de ausencia se producen con igual frecuencia, entonces, de los 60 días de ausencia (el total de la muestra: 15 + 12 + 9 + 9 + 15 = 60), habría 12 ausencias el lunes, 12 el martes, 12 el miércoles, 12 el jueves y 12 el viernes. Estos números son los valores **esperados** (*E*). Los valores de la tabla son los valores o datos **observados** (*O*).

Esta vez, calcule el estadístico de prueba χ^2 a mano. Haga un cuadro con los siguientes títulos y rellene las columnas:

- Valores esperados (*E*) (12, 12, 12, 12, 12)
- Valores observados (*O*) (15, 12, 9, 9, 15)
- $(O - E)$
- $(O - E)^2$
- $\frac{(O-E)^2}{E}$

Ahora, añada (sume) la última columna. La suma es de tres. Se trata del estadístico de prueba χ^2.

Para hallar el valor *p*, calcule $P(\chi^2 > 3)$. Esta prueba es de cola derecha. (Utilice una computadora o una calculadora para hallar el valor *p*. Debería obtener un valor $p = 0{,}5578$)

Los *dfs* son el número de celdas - 1 = 5 - 1 = 4

USO DE LAS CALCULADORAS TI-83, 83+, 84, 84+

Pulse 2nd `DISTR`. Flecha hacia abajo χ^2`cdf`. Pulse ENTER. Enter `(3,10^99,4)`. Redondeado a cuatro decimales, debería ver 0,5578, que es el valor p.

Luego, complete un gráfico como el siguiente con el identificado y el sombreado adecuados (debería sombrear la cola derecha).

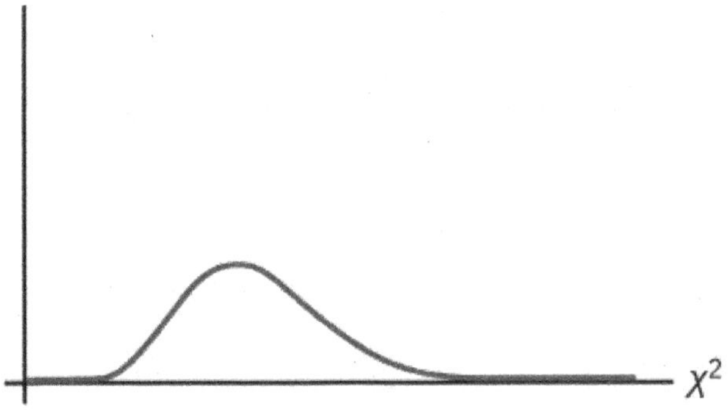

Figura 11.4

La decisión es no rechazar la hipótesis nula.

Conclusión: A un nivel de significación del 5 %, a partir de los datos de la muestra, no hay pruebas suficientes para concluir que los días de ausencia no se producen con igual frecuencia.

USO DE LAS CALCULADORAS TI-83, 83+, 84, 84+

Las calculadoras TI-83+ y algunas TI-84 no tienen un programa especial para el estadístico de prueba para la prueba de bondad de ajuste. El Ejemplo 11.3 tiene las instrucciones de la calculadora. Las nuevas calculadoras TI-84 tienen en `STAT TESTS` la prueba `Chi2 GOF`. Para ejecutar la prueba, ponga los valores observados (los datos) en una primera lista y los valores esperados (los valores que espera si la hipótesis nula es verdadera) en una segunda lista. Pulse `STAT TESTS` y `Chi2 GOF`. Introduzca los nombres de la lista observada y de la lista esperada. Introduzca los grados de libertad y pulse `calculate (calcular)` o `draw (dibujar)`. Asegúrese de borrar cualquier lista antes de empezar. **Para borrar las listas en las calculadoras:** Entre en `STAT EDIT` y pulse la flecha hacia arriba hasta el área del nombre de la lista en particular. Pulse `CLEAR` y luego la flecha hacia abajo. La lista se borrará. Como alternativa, puede pulsar `STAT` y pulsar 4 (para `ClrList`). Introduzca el nombre de la lista y pulse `ENTER`.

INTÉNTELO 11.2

Los maestros quieren saber qué noche de la semana sus estudiantes hacen la mayor parte de las tareas para la casa. La mayoría de los maestros piensan que los estudiantes hacen las tareas para la casa por igual a lo largo de la semana. Supongamos que se pregunta a una muestra aleatoria de 56 estudiantes en qué noche de la semana hacen más tareas para la casa. Los resultados se distribuyeron como en la Tabla 11.8.

	Domingo	Lunes	Martes	Miércoles	Jueves	Viernes	Sábado
Número de estudiantes	11	8	10	7	10	5	5

Tabla 11.8

De la población de estudiantes, ¿las noches en las que el mayor número de estudiantes hace la mayoría de sus tareas para la casa ocurren con igual frecuencia durante una semana? ¿Qué tipo de prueba de hipótesis debe utilizar?

EJEMPLO 11.3

Un estudio indica que el número de televisores que tienen las familias estadounidenses se distribuye (esta es la distribución **dada** para la población estadounidense) como en la Tabla 11.9.

Número de televisores	Porcentaje
0	10
1	16
2	55
3	11
4+	8

Tabla 11.9

La tabla contiene los porcentajes esperados (E).

Una muestra aleatoria de 600 familias del extremo oeste de Estados Unidos dio como resultado los datos que figuran en la Tabla 11.10.

Número de televisores	Frecuencia
0	66
1	119
2	340
3	60
4+	15
	Total = 600

Tabla 11.10

La tabla contiene los valores de frecuencia observados (O).

Al nivel de significación del 1 %, ¿parece que la distribución del "número de televisores" de las familias del extremo oeste de Estados Unidos es diferente de la distribución de la población estadounidense en su conjunto?

Solución 1

Este problema le pide que compruebe si la distribución de las familias del extremo oeste de Estados Unidos se ajusta a la distribución de las familias del resto del país. Esta prueba es siempre de cola derecha.

La primera tabla contiene los porcentajes previstos. Para obtener las frecuencias esperadas (E), multiplique el porcentaje por 600. Las frecuencias esperadas se muestran en la Tabla 11.11.

Número de televisores	Porcentaje	Frecuencia esperada
0	10	(0,10)(600) = 60

Tabla 11.11

Número de televisores	Porcentaje	Frecuencia esperada
1	16	(0,16)(600) = 96
2	55	(0,55)(600) = 330
3	11	(0,11)(600) = 66
más de 3	8	(0,08)(600) = 48

Tabla 11.11

Por lo tanto, las frecuencias esperadas son 60, 96, 330, 66 y 48. En las calculadoras TI, puede dejar que estas hagan los cálculos. Por ejemplo, en lugar de 60, introduzca 0,10*600.

H_0: La distribución del "número de televisores" de las familias del extremo oeste de Estados Unidos es igual a la distribución del "número de televisores" de la población estadounidense.

H_a: La distribución del "número de televisores" de las familias del extremo oeste de Estados Unidos es diferente de la distribución del "número de televisores" de la población estadounidense.

Distribución para la prueba: χ^2_4 donde df = (el número de celdas) – 1 = 5 – 1 = 4.

Nota

$df \neq 600 - 1$

Calcule el estadístico de prueba: $\chi 2 = 29{,}65$

Gráfico:

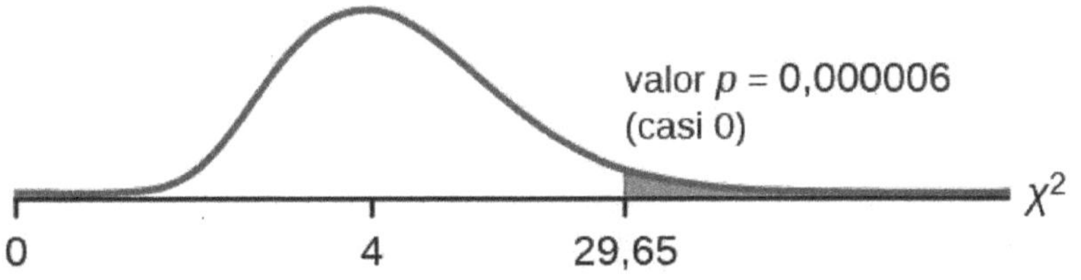

Figura 11.5

Declaración de probabilidad: valor $p = P(\chi^2 > 29{,}65) = 0{,}000006$

Compare α y el valor p:

- $\alpha = 0{,}01$
- valor $p = 0{,}000006$

Así que, $\alpha >$ valor p.

Tome una decisión: Dado que $\alpha >$ valor p, rechace H_o.

Esto significa que usted rechaza la creencia de que la distribución para los estados del extremo oeste es igual a la de la población estadounidense en su conjunto.

Conclusión: Al nivel de significación del 1 %, a partir de los datos, hay pruebas suficientes para concluir que la distribución del "número de televisores" para el extremo oeste de Estados Unidos es diferente de la distribución del "número de televisores" para el conjunto de la población estadounidense.

USO DE LAS CALCULADORAS TI-83, 83+, 84, 84+

Pulse STAT y ENTER. Borre las listas L1, L2, y L3 si tienen datos en ellas (vea la nota al final del Ejemplo 11.2). En L1, ponga las frecuencias observadas 66, 119, 340, 60, 15. En L2, ponga las frecuencias esperadas .10*600, .16*600, .55*600, .11*600, .08*600. Flecha hacia la lista L3 y hasta el área de nombres "L3". Enter (L1-L2)^2/L2 y ENTER. Pulse 2nd QUIT. Pulse 2nd LIST y flecha hacia MATH. Pulse 5. Debería ver "sum" (Introduzca L3). Redondeando a 2 decimales, debería ver 29,65. Pulse 2nd DISTR. Pulse 7 o flecha hacia abajo a 7:χ2cdf y pulse ENTER. Enter (29.65,1E99,4). Redondeado a cuatro cifras, debería ver 5.77E-6 = 0,000006 (redondeado a seis decimales), que es el valor p.

Las nuevas calculadoras TI-84 tienen en STAT TESTS la prueba Chi2 GOF. Para ejecutar la prueba, ponga los valores observados (los datos) en una primera lista y los valores esperados (los valores que espera si la hipótesis nula es verdadera) en una segunda lista. Pulse STAT TESTS y Chi2 GOF. Introduzca los nombres de la lista observada y de la lista esperada. Introduzca los grados de libertad y pulse calculate (calcular) o draw (dibujar). Asegúrese de borrar cualquier lista antes de empezar.

INTÉNTELO 11.3

El porcentaje esperado del número de mascotas que tienen los estudiantes en sus hogares se distribuye (es la distribución dada para la población estudiantil de Estados Unidos) como en la Tabla 11.12.

Número de mascotas	Porcentaje
0	18
1	25
2	30
3	18
4+	9

Tabla 11.12

Una muestra aleatoria de 1.000 estudiantes del este de Estados Unidos dio como resultado los datos que figuran en la Tabla 11.13.

Número de mascotas	Frecuencia
0	210
1	240
2	320

Tabla 11.13

Número de mascotas	Frecuencia
3	140
4+	90

Tabla 11.13

Al nivel de significación del 1 %, ¿parece que la distribución "número de mascotas" de los estudiantes del este de Estados Unidos es diferente de la distribución para el conjunto de la población estudiantil de Estados Unidos? ¿Cuál es el valor *p*?

EJEMPLO 11.4

Supongamos que lanza dos monedas 100 veces. Los resultados son 20 *HH*, 27 *HT*, 30 *TH* y 23 *TT*. ¿Las monedas son imparciales? Pruebe con un nivel de significación del 5 %.

Solución 1

Este problema se puede plantear como un problema de bondad de ajuste. El espacio muestral para lanzar dos monedas imparciales es {*HH*, *HT*, *TH*, *TT*}. De cada 100 lanzamientos, se esperan 25 *HH*, 25 *HT*, 25 *TH* y 25 *TT*. Esta es la distribución esperada. La pregunta "¿las monedas son imparciales?" es lo mismo que decir "¿la distribución de las monedas (20 *HH*, 27 *HT*, 30 *TH*, 23 *TT*) se ajusta a la distribución esperada?".

Variable aleatoria: Supongamos que X = el número de caras en un lanzamiento de las dos monedas. X toma los valores 0, 1, 2 (hay 0, 1 o 2 caras en el lanzamiento de dos monedas). Por lo tanto, el **número de celdas es tres**. Como X = el número de caras, las frecuencias observadas son 20 (para dos caras), 57 (para una cara) y 23 (para cero caras o dos cruces). Las frecuencias esperadas son 25 (para dos caras), 50 (para una cara) y 25 (para cero caras o dos cruces). Esta prueba es de cola derecha.

H_0: Las monedas son imparciales.

H_a: Las monedas no son imparciales.

Distribución para la prueba: χ^2_2 donde $df = 3 - 1 = 2$.

Calcule el estadístico de prueba: $\chi^2 = 2{,}14$

Gráfico:

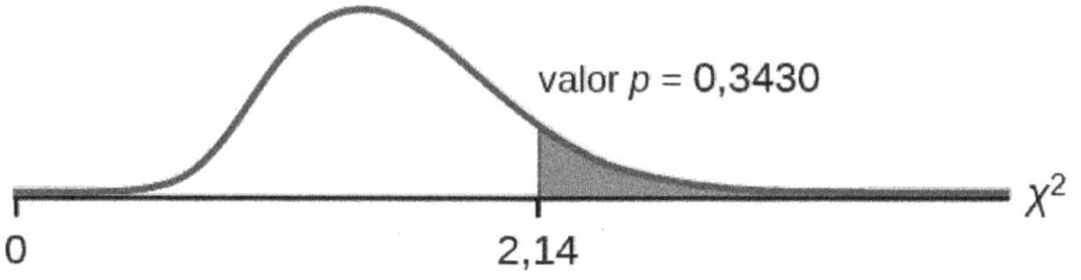

Figura 11.6

Declaración de probabilidad: valor $p = P(\chi^2 > 2{,}14) = 0{,}3430$

Compare α y el valor p:

- $\alpha = 0{,}05$
- valor $p = 0{,}3430$

$\alpha <$ valor p.

Tome una decisión: Dado que $\alpha <$ valor p, no se rechaza H_0.

Conclusión: No hay pruebas suficientes para concluir que las monedas no son imparciales.

USO DE LAS CALCULADORAS TI-83, 83+, 84, 84+

Pulse STAT y ENTER. Borre las listas L1, L2, y L3 si tienen datos en ellas. En L1, ponga las frecuencias observadas 20, 57, 23. En L2, ponga las frecuencias esperadas 25, 50, 25. Flecha hacia la lista L3 y hasta el área de nombres "L3". Enter (L1-L2)^2/L2 y ENTER. Pulse 2nd QUIT. Pulse 2nd LIST y flecha hacia MATH. Pulse 5. Debería ver "sum".Introduzca L3. Redondeado a dos decimales, debería ver 2,14. Pulse 2nd DISTR. Flecha hacia abajo 7:χ2cdf (o pulse 7). Pulse ENTER. Enter 2,14, 1E99,2). Redondeado a cuatro cifras, debería ver 0,3430, que es el valor p.

Las nuevas calculadoras TI-84 tienen en STAT TESTS la prueba Chi2 GOF. Para ejécutar la prueba, ponga los valores observados (los datos) en una primera lista y los valores esperados (los valores que espera si la hipótesis nula es verdadera) en una segunda lista. Pulse STAT TESTS y Chi2 GOF. Introduzca los nombres de la lista observada y de la lista esperada. Introduzca los grados de libertad y pulse calculate (calcular) o draw (dibujar). Asegúrese de borrar cualquier lista antes de empezar.

INTÉNTELO 11.4

Los estudiantes de una clase de estudios sociales plantean la hipótesis de que las tasas de alfabetización en todo el mundo para cada región son del 82 %. La Tabla 11.14 muestra las tasas reales de alfabetización en todo el mundo desglosadas por regiones. ¿Cuáles son el estadístico de prueba y los grados de libertad?

Región de los Objetivos de Desarrollo del Milenio (ODM)	Tasa de alfabetización de adultos (%)
Regiones desarrolladas	99,0
Comunidad de Estados Independientes	99,5
Norte de África	67,3
África subsahariana	62,5
América Latina y el Caribe	91,0
Asia oriental	93,8
Asia meridional	61,9
Sudeste de Asia	91,9
Asia occidental	84,5
Oceanía	66,4

Tabla 11.14

11.3 Prueba de independencia

Las pruebas de independencia implican el uso de una **tabla de contingencia** de valores observados (datos).

El estadístico de **prueba de independencia** es similar al de la prueba de bondad de ajuste:

$$\sum_{(i \cdot j)} \frac{(O-E)^2}{E}$$

donde:

- O = valores observados
- E = valores esperados
- i = el número de filas de la tabla
- j = el número de columnas de la tabla

Hay $i \cdot j$ términos de la forma $\frac{(O-E)^2}{E}$.

Una prueba de independencia determina si dos factores son independientes o no. La primera vez que se topó con el término independencia fue en Temas de probabilidad. A modo de repaso, considere el siguiente ejemplo.

Nota

El valor esperado de cada celda debe ser, al menos, cinco para poder utilizar esta prueba.

EJEMPLO 11.5

Supongamos que A = una infracción por exceso de velocidad en el último año y B = un usuario de teléfono móvil mientras conduce. Si A y B son independientes, entonces $P(A \text{ Y } B) = P(A)P(B)$. A Y B es el evento en que un conductor recibió una infracción por exceso de velocidad el año pasado y también utilizaba el teléfono móvil mientras conducía. Supongamos que se encuestaron 755 personas en un estudio sobre conductores que recibieron infracciones por exceso de velocidad durante el año pasado que usaron el teléfono móvil mientras conducían. De los 755, 70 tenían una infracción por exceso de velocidad y 685 no; 305 usaba el teléfono móvil mientras conducían y 450 no.

Supongamos que y = número esperado de conductores que usaron un teléfono móvil mientras conducían y recibieron infracciones por exceso de velocidad.

Si A y B son independientes, entonces $P(A \text{ Y } B) = P(A)P(B)$. Por sustitución,

$$\frac{y}{755} = \left(\frac{70}{755}\right)\left(\frac{305}{755}\right)$$

Resuelva para y: $y = \frac{(70)(305)}{755} = 28{,}3$

Se espera que unas 28 personas de la muestra usen teléfonos móviles mientras conducen y reciban infracciones por exceso de velocidad.

En una prueba de independencia planteamos las hipótesis nula y alternativa con palabras. Dado que la tabla de contingencia consta de **dos factores**, la hipótesis nula afirma que los factores son **independientes** y la hipótesis alternativa afirma que **no son independientes (dependientes)**. Si hacemos una prueba de independencia usando el ejemplo, entonces la hipótesis nula es:

H_0: Hablar por el teléfono móvil mientras se conduce y recibir una infracción por exceso de velocidad son eventos independientes.

Si la hipótesis nula fuera cierta, esperaríamos que unas 28 personas usaran el móvil mientras conducen y recibieran una infracción por exceso de velocidad.

La prueba de independencia es siempre de cola derecha debido al cálculo del estadístico de prueba. Si los valores esperados y observados no están cerca, entonces el estadístico de prueba es muy grande y se encuentra en la cola derecha de la curva de chi-cuadrado, al igual que en una bondad de ajuste.

El número de grados de libertad para la prueba de independencia es:

df = (número de columnas – 1)(número de filas – 1)

La siguiente fórmula calcula el **número esperado** (E):

$$E = \frac{\text{(total de filas)(total de columnas)}}{\text{número total de encuestados}}$$

INTÉNTELO 11.5

Se toma una muestra de 300 estudiantes. De los estudiantes encuestados, 50 estudiaban música, mientras que 250 no. Un total de 97 estaban en el cuadro de honor, mientras que 203 no. Si suponemos que ser estudiante de música y estar en el cuadro de honor son hechos independientes, ¿cuál es el número esperado de estudiantes de música que también están en el cuadro de honor?

EJEMPLO 11.6

En un grupo de voluntariado, los adultos de 21 años o más se ofrecen como voluntarios de una a nueve horas cada semana para pasar el tiempo con una persona mayor discapacitada. El programa recluta entre estudiantes de colegios comunitarios, estudiantes de institutos universitarios de cuatro años y no estudiantes. En la Tabla 11.15 se encuentra una **muestra** de los voluntarios adultos y el número de horas que ofrecen a la semana.

Tipo de voluntario	de 1 a 3 horas	de 4 a 6 horas	de 7 a 9 horas	Total de la fila
Estudiantes de colegios comunitarios	111	96	48	255
Estudiantes de institutos universitarios de cuatro años	96	133	61	290
No estudiantes	91	150	53	294
Total de la columna	298	379	162	839

Tabla 11.15 Número de horas trabajadas por semana por tipo de voluntario (observado). La tabla contiene valores (datos) observados (O).

¿El número de horas de voluntariado es **independiente** del tipo de voluntario?

Solución 1

La **tabla observada** y la pregunta al final del problema: "¿El número de horas de voluntariado es independiente del tipo de voluntario?", le indican que se trata de una prueba de independencia. Los dos factores son el **número de horas de voluntariado** y el **tipo de voluntario**. Esta prueba es siempre de cola derecha.

H_0: El número de horas de voluntariado es **independiente** del tipo de voluntario.

H_a: El número de horas de voluntariado **depende** del tipo de voluntario.

Los resultados esperados están en la Tabla 11.16.

Tipo de voluntario	de 1 a 3 horas	de 4 a 6 horas	de 7 a 9 horas
Estudiantes de colegios comunitarios	90,57	115,19	49,24
Estudiantes de institutos universitarios de cuatro años	103,00	131,00	56,00

Tabla 11.16 Número de horas trabajadas por semana por tipo de voluntario (previsto) La tabla contiene los valores (datos) **esperados** (*E*).

Tipo de voluntario	de 1 a 3 horas	de 4 a 6 horas	de 7 a 9 horas
No estudiantes	104,42	132,81	56,77

Tabla 11.16 Número de horas trabajadas por semana por tipo de voluntario (previsto) La tabla contiene los valores (datos) **esperados** (*E*).

Por ejemplo, el cálculo de la frecuencia esperada para la celda superior izquierda es

$$E = \frac{\text{(total de la fila)(total de la columna)}}{\text{número total de encuestados}} = \frac{(255)(298)}{839} = 90{,}57$$

Calcule el estadístico de prueba: χ^2 = 12,99 (calculadora o computadora)

Distribución para la prueba: χ^2_4

df = (3 columnas - 1)(3 filas - 1) = (2)(2) = 4

Gráfico:

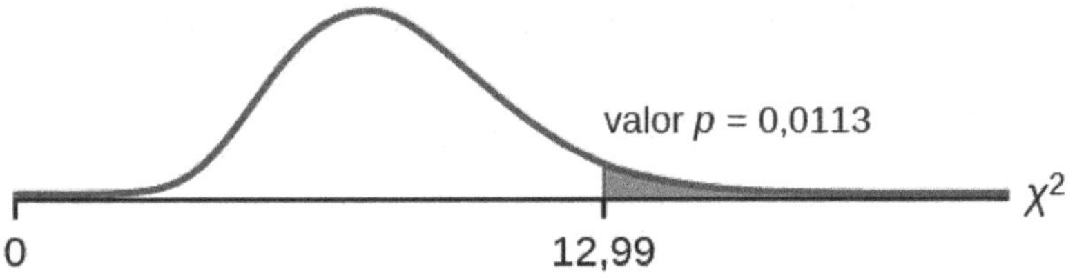

Figura 11.7

Declaración de probabilidad: valor $p = P(\chi^2 > 12{,}99) = 0{,}0113$

Compare α y el valor p: Ya que no se da α, suponga que α = 0,05. valor p = 0,0113. α > valor p.

Tome una decisión: Dado el valor de $\alpha > p$, se rechaza H_0. Esto significa que los factores no son independientes.

Conclusión: A un nivel de significación del 5 %, a partir de los datos, hay pruebas suficientes para concluir que el número de horas de voluntariado y el tipo de voluntariado dependen el uno del otro.

Para el ejemplo de la Tabla 11.15, de haber otro tipo de voluntarios, adolescentes, ¿cuáles serían los grados de libertad?

USO DE LAS CALCULADORAS TI-83, 83+, 84, 84+

Pulse MATRX y flecha hacia `EDIT`. Pulse `1:[A]`. Pulse 3 `ENTER 3 ENTER`. Introduzca los valores de la tabla por fila, desde la Tabla 11.15. Pulse ENTER después de cada uno. Pulse 2nd `QUIT`. Pulse STAT y flecha hacia TESTS. Flecha hacia abajo `C:χ2-TEST`. Pulse ENTER. Debería ver `Observed:[A] y Expected:[B]`. Si es necesario, utilice las teclas de flecha para mover el cursor después de `Observed: (Observado:)` y pulse 2nd `MATRX`. Pulse `1:[A]` para seleccionar la matriz A. No es necesario introducir los valores esperados. La matriz que aparece después de `Expected: (Previsto:)` puede estar en blanco. Flecha hacia abajo `Calculate`. Pulse ENTER. El estadístico de prueba es 12,9909 y el valor p = 0,0113. Repita el procedimiento, pero con la flecha hacia abajo a `Dibujar` en vez de `calcular`.

INTÉNTELO 11.6

La Oficina de Estadísticas Laborales recopila datos sobre empleo en Estados Unidos. Se toma una muestra para calcular el número de ciudadanos de EE. UU. que trabajan en uno de varios sectores industriales a lo largo del tiempo. La Tabla 11.17 muestra los resultados:

Sector industrial	2000	2010	2020	Total
Sueldos y salarios no agrícolas	13.243	13.044	15.018	41.305
Producción de bienes, excluida la agricultura	2.457	1.771	1.950	6.178
Prestación de servicios	10.786	11.273	13.068	35.127
Agricultura, silvicultura, pesca y caza	240	214	201	655
Autónomos no agrícolas y trabajadores familiares no remunerados	931	894	972	2.797
Empleos secundarios asalariados en agricultura e industrias domésticas privadas	14	11	11	36
Trabajos secundarios como autónomo o trabajador familiar no remunerado	196	144	152	492
Total	27.867	27.351	31.372	86.590

Tabla 11.17

Queremos saber si el cambio en el número de empleos es independiente del cambio en los años. Indique las hipótesis nula y alternativa y los grados de libertad.

EJEMPLO 11.7

El De Anza College está interesado en la relación entre el nivel de ansiedad y la necesidad de tener éxito en la escuela. Una muestra aleatoria de 400 estudiantes realizó una prueba que medía el nivel de ansiedad y la necesidad de tener éxito en la escuela. La Tabla 11.18 muestra los resultados. El De Anza College quiere saber si el nivel de ansiedad y la necesidad de tener éxito en la escuela son eventos independientes.

Necesidad de tener éxito en la escuela	Ansiedad alta	Ansiedad media-alta	Ansiedad media	Ansiedad media-baja	Ansiedad baja	Total de la fila
Necesidad alta	35	42	53	15	10	155
Necesidad media	18	48	63	33	31	193
Necesidad baja	4	5	11	15	17	52
Total de la columna	57	95	127	63	58	400

Tabla 11.18 Necesidad de tener éxito en la escuela versus nivel de ansiedad

a. ¿Cuántos estudiantes con alto nivel de ansiedad se espera que tengan una alta necesidad de tener éxito en la escuela?

Solución 1

a. El total de la columna para un alto nivel de ansiedad es de 57. El total de filas para la alta necesidad de tener éxito en la escuela es de 155. El tamaño de la muestra o el total de encuestados es de 400.

$$E = \frac{\text{(total de filas)(total de columnas)}}{\text{total de encuestados}} = \frac{155 \cdot 57}{400} = 22{,}09$$

El número esperado de estudiantes que tienen un alto nivel de ansiedad y una alta necesidad de tener éxito en la escuela es de unos 22.

b. Si las dos variables son independientes, ¿cuántos estudiantes espera que tengan una baja necesidad de tener éxito en la escuela y un nivel medio-bajo de ansiedad?

Solución 2

b. El total de la columna para un nivel de ansiedad medio-bajo es de 63. El total de filas para una baja necesidad de éxito en la escuela es de 52. El tamaño de la muestra o el total de encuestados es de 400.

c. $E = \frac{\text{(total de filas)(total de columnas)}}{\text{total de encuestados}} =$ ______

Solución 3

c. $E = \frac{\text{(total de filas)(total de columnas)}}{\text{total de encuestados}} = 8{,}19$

d. El número esperado de estudiantes que tienen un nivel de ansiedad medio-bajo y una baja necesidad de tener éxito en la escuela es aproximadamente ______.

Solución 4

d. 8

INTÉNTELO 11.7

Consulte la información en el INTÉNTELO 11.6. ¿Cuántos puestos de trabajo en el sector de los servicios se espera que haya en 2020? ¿Cuántos empleos asalariados no relacionados con la agricultura se espera que haya en 2020?

11.4 Prueba de homogeneidad

La prueba de bondad de ajuste se puede usar para decidir si una población se ajusta a una distribución determinada, pero no bastará para decidir si dos poblaciones siguen la misma distribución desconocida. Una prueba diferente, llamada **prueba de homogeneidad**, se puede usar para sacar una conclusión sobre si dos poblaciones tienen la misma distribución. Para calcular el estadístico de prueba de homogeneidad siga el mismo procedimiento que con la prueba de independencia.

Nota

El valor esperado de cada celda debe ser, al menos, cinco para poder utilizar esta prueba.

Hipótesis

H_0: Las distribuciones de las dos poblaciones son iguales.

H_a: Las distribuciones de las dos poblaciones no son iguales.

Estadístico de prueba

Utilice un χ^2 estadístico de prueba. Se calcula de la misma manera que la prueba de independencia.

Grados de libertad (*df*)

df = número de columnas – 1

Requisitos

Todos los valores de la tabla deben ser mayores o iguales a cinco.

Usos comunes

Comparación de dos poblaciones. Por ejemplo: hombres versus mujeres, antes versus después, este versus oeste. La variable es categórica con más de dos valores de respuesta posibles.

EJEMPLO 11.8

¿Los estudiantes de institutos universitarios hombres y mujeres tienen la misma distribución en cuanto a viviendas? Utilice un nivel de significación de 0,05. Supongamos que se les pregunta a 250 estudiantes universitarios y a 300 estudiantes universitarias seleccionados al azar por su tipo de vivienda: residencia universitaria, apartamento, con los padres, otra. Los resultados se muestran en la Tabla 11.19. ¿Los estudiantes de institutos universitarios hombres y mujeres tienen la misma distribución en cuanto a viviendas?

	Dormitorio	Apartamento	Con los padres	Otra
Hombres	72	84	49	45
Mujeres	91	86	88	35

Tabla 11.19 Distribución de la situación de vivienda de hombres y mujeres universitarios

Solución 1

H_0: La distribución de la vivienda de los estudiantes universitarios es igual que la de las estudiantes universitarias.

H_a: La distribución de la vivienda de los estudiantes universitarios no es igual que la de las estudiantes universitarias.

Grados de libertad (*df*):
df = número de columnas - 1 = 4 - 1 = 3

Distribución de la prueba: χ^2_3

Calcule el estadístico de prueba: χ^2 = 10,1287 (calculadora o computadora)

Enunciado de probabilidad: valor $p = P(\chi^2 > 10{,}1287) = 0{,}0175$

USO DE LAS CALCULADORAS TI-83, 83+, 84, 84+

Pulse MATRX y flecha hacia EDIT. Pulse 1: [A]. Pulse 2 ENTER 4 ENTER. Introduzca los valores de la tabla por fila. Pulse ENTER después de cada uno. Pulse 2nd QUIT. Pulse STAT y flecha hacia TESTS. Flecha hacia abajo C:χ2-TEST. Pulse ENTER. Debería ver Observed: [A] y Expected: [B]. Desplace la flecha hacia abajo hasta Calculate. Pulse ENTER. El estadístico de prueba es 10,1287 y el valor p = 0,0175. Realice el procedimiento por segunda vez pero desplace la flecha hacia abajo hasta Dibujar en vez de calcular.

Compare α y el valor p: Como no se da α, suponga que α = 0,05. Valor p = 0,0175. α > valor p.

Tome una decisión: Dado que α > valor p, rechaza H_0. Esto significa que las distribuciones no son iguales.

Conclusión: a un nivel de significación del 5 %, a partir de los datos, hay pruebas suficientes para concluir que las distribuciones de los tipos de vivienda de los estudiantes universitarios hombres y mujeres no son iguales.

Observe que la conclusión es solo que las distribuciones no son iguales. No podemos utilizar la prueba de homogeneidad para obtener conclusiones sobre sus diferencias.

INTÉNTELO 11.8

¿Las familias y los solteros tienen la misma distribución de automóviles? Utilice un nivel de significación de 0,05. Supongamos que se les pregunta a 100 familias y a 200 solteros seleccionados al azar qué tipo de automóvil conducen: deportivo, sedán, utilitario, camioneta, van/suv. Los resultados se muestran en la Tabla 11.20. ¿Las familias y los solteros tienen la misma distribución de automóviles? Pruebe con un nivel de significación de 0,05.

	Deporte	Sedán	Utilitario	Camioneta	Van/suv
Familia	5	15	35	17	28
Sencillo	45	65	37	46	7

Tabla 11.20

EJEMPLO 11.9

Tanto antes como después de un reciente terremoto, se realizaron encuestas en las que se preguntaba a los votantes por cuál de los tres candidatos pensaban votar en las próximas elecciones al ayuntamiento. ¿Hubo algún cambio después del terremoto? Utilice un nivel de significación de 0,05. La Tabla 11.21 muestra los resultados de la encuesta. ¿Ha habido un cambio en la distribución de las preferencias de los votantes desde el terremoto?

	Pérez	Chung	Stevens
Antes	167	128	135
Después	214	197	225

Tabla 11.21

Solución 1

H_0: La distribución de las preferencias de los votantes fue la misma antes y después del terremoto.

H_a: La distribución de las preferencias de los votantes no fue la misma antes y después del terremoto.

Grados de libertad (*df*):
df = número de columnas - 1 = 3 - 1 = 2

Distribución para la prueba: χ^2_2

Calcule el estadístico de prueba: $\chi^2 = 3{,}2603$ (calculadora o computadora)

Enunciado de probabilidad: valor*p*= $P(\chi^2 > 3{,}2603) = 0{,}1959$

USO DE LAS CALCULADORAS TI-83, 83+, 84, 84+

Pulse MATRX y flecha hacia EDIT. Pulse `1:[A]`. Pulse 2 `ENTER` 3 `ENTER`. Introduzca los valores de la tabla por fila. Pulse ENTER después de cada uno. Pulse 2nd `QUIT`. Pulse STAT y flecha hacia TESTS. Flecha hacia abajo `C:χ2-TEST`. Pulse ENTER. Debería ver `Observed:[A] y Expected:[B]`. Desplace la flecha hacia abajo hasta `Calculate`. Pulse ENTER. El estadístico de prueba es 3,2603 y el valor *p* = 0,1959. Realice el procedimiento por segunda vez pero desplace la flecha hacia abajo hasta `Dibujar` en vez de `calcular`.

Compare α y el valor p: $\alpha = 0{,}05$ y el valor $p = 0{,}1959$. $\alpha <$ valor p.

Tome una decisión: Como $\alpha <$ valor p, no se rechaza H_0.

Conclusión: A un nivel de significación del 5 %, a partir de los datos no hay pruebas suficientes para concluir que la distribución de las preferencias de los votantes no era la misma antes y después del terremoto.

INTÉNTELO 11.9

Las escuelas Ivy League reciben muchas solicitudes, pero solo algunas pueden ser aceptadas. En las escuelas que aparecen en la Tabla 11.22 se aceptan dos tipos de solicitudes: regulares y de decisión anticipada.

Tipo de solicitud aceptada	Brown	Columbia	Cornell	Dartmouth	Penn	Yale
Regular	2.115	1.792	5.306	1.734	2.685	1.245
Decisión anticipada	577	627	1.228	444	1.195	761

Tabla 11.22

Queremos saber si el número de solicitudes regulares aceptadas sigue la misma distribución que el número de solicitudes anticipadas aceptadas. Indique las hipótesis nula y alternativa, los grados de libertad y el estadístico de la prueba, dibuje el gráfico del valor p y saque una conclusión sobre la prueba de homogeneidad.

11.5 Comparación de las pruebas chi-cuadrado

Ha visto el estadístico de prueba χ^2 utilizado en tres circunstancias diferentes. La siguiente lista con viñetas es un resumen que le ayudará a decidir qué prueba χ^2 es la adecuada.

- **Bondad de ajuste:** use la prueba de bondad de ajuste para decidir si una población con una distribución desconocida se "ajusta" a una distribución conocida. En este caso habrá una única pregunta de encuesta cualitativa o un único resultado de un experimento de una única población. La bondad de ajuste se utiliza normalmente para ver si la población es uniforme (todos los resultados se producen con la misma frecuencia), si la población es normal o si la población es la misma que otra población con una distribución conocida. Las hipótesis nula y alternativa son:
  H_0: La población se ajusta a la distribución dada.
  H_a: La población no se ajusta a la distribución dada.
- **Independencia:** use la prueba de independencia para decidir si dos variables (factores) son independientes o dependientes. En este caso habrá dos preguntas o experimentos de encuesta cualitativa y se construirá una tabla de contingencia. La meta es ver si las dos variables no están relacionadas (independientes) o están relacionadas (dependientes). Las hipótesis nula y alternativa son:
  H_0: Las dos variables (factores) son independientes.
  H_a: Las dos variables (factores) son dependientes.
- **Homogeneidad:** use la prueba de homogeneidad para decidir si dos poblaciones con distribuciones desconocidas tienen la misma distribución entre sí. En este caso, habrá una única pregunta o experimento de encuesta cualitativa que se aplicará a dos poblaciones diferentes. Las hipótesis nula y alternativa son:
  H_0: Las dos poblaciones siguen la misma distribución.
  H_a: Las dos poblaciones tienen distribuciones diferentes.

11.6 Prueba de una sola varianza

Una **prueba de una sola varianza** supone que la distribución subyacente es **normal**. Las hipótesis nula y alternativa se plantean en términos de la **varianza de la población** (o desviación típica de la población). El estadístico de prueba es:

$$\frac{(n-1)s^2}{\sigma^2}$$

donde:

- n = el número total de datos
- s^2 = varianza de la muestra
- σ^2 = varianza de la población

Puede pensar en s como la variable aleatoria en esta prueba. El número de grados de libertad es $df = n - 1$. **Una prueba de una sola varianza puede ser de cola derecha, de cola izquierda o de dos colas.** El Ejemplo 11.10 le mostrará cómo establecer las hipótesis nula y alternativa. Las hipótesis nula y alternativa contienen afirmaciones sobre la varianza de la población.

EJEMPLO 11.10

A los instructores de Matemáticas no solo les interesa saber cómo les va a sus estudiantes en los exámenes, en promedio, sino cómo varían las calificaciones. Para muchos instructores, la varianza (o desviación típica) puede ser más importante que el promedio.

Supongamos que un instructor de Matemáticas cree que la desviación típica de su examen final es de cinco puntos. Uno de sus mejores estudiantes piensa otra cosa. El estudiante afirma que la desviación típica es superior a cinco puntos. Si el estudiante tuviera que realizar una prueba de hipótesis, ¿cuáles serían las hipótesis nula y alternativa?

Solución 1

Aunque se nos da la desviación típica de la población podemos establecer la prueba utilizando la varianza de la población de la siguiente manera.

- H_0: $\sigma^2 = 5^2$
- H_a: $\sigma^2 > 5^2$

INTÉNTELO 11.10

Un instructor de buceo quiere registrar las profundidades colectivas a las que se sumerge cada uno de sus estudiantes durante su entrenamiento. Se interesa por cómo varían las profundidades, aunque todos deberían estar a la misma profundidad. Cree que la desviación típica es de tres pies. Su asistente cree que la desviación típica es de menos de tres pies. Si el instructor tuviera que realizar una prueba, ¿cuáles serían las hipótesis nula y alternativa?

EJEMPLO 11.11

Con filas individuales en sus distintas ventanillas, una oficina de correos descubre que la desviación típica de los tiempos de espera de los clientes distribuidos normalmente el viernes por la tarde es de 7,2 minutos. La oficina de correos experimenta con una única fila principal de espera y descubre que, para una muestra aleatoria de 25 clientes, los tiempos de espera de los clientes tienen una desviación típica de 3,5 minutos.

Con un nivel de significación del 5 %, pruebe la afirmación de que **una fila única provoca una menor variación entre los tiempos de espera (tiempos de espera más cortos) para los clientes**.

Solución 1

Dado que la afirmación es que una sola fila causa menos variación, esta es una prueba de una sola varianza. El parámetro es la varianza de la población, σ^2, o la desviación típica de la población, σ.

Variable aleatoria: La desviación típica de la muestra, s, es la variable aleatoria. Supongamos que s = desviación típica de los tiempos de espera.

- H_0: $\sigma^2 = 7{,}2^2$
- H_a: $\sigma^2 < 7{,}2^2$

La palabra **"menos"** indica que se trata de una prueba de cola izquierda.

Distribución para la prueba: χ^2_{24}, donde:

- n = el número de clientes muestreados
- $df = n - 1 = 25 - 1 = 24$

Calcule el estadístico de prueba:

$$\chi^2 = \frac{(n-1)s^2}{\sigma^2} = \frac{(25-1)(3,5)^2}{7,2^2} = 5,67$$

donde $n = 25$, $s = 3,5$ y $\sigma = 7,2$.

Gráfico:

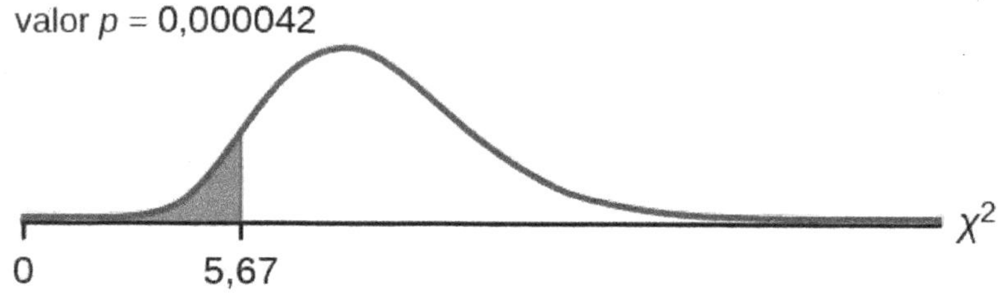

Figura 11.8

Declaración de probabilidad: valor $p = P(\chi^2 < 5,67) = 0,000042$

Compare α y el valor p:
$\alpha = 0,05$; valor $p = 0,000042$; $\alpha >$ valor p

Tome una decisión: Dado el valor de $\alpha > p$, se rechaza H_0. Esto significa que rechaza $\sigma^2 = 7,2^2$. En otras palabras, no cree que la variación de los tiempos de espera sea de 7,2 minutos; cree que la variación de los tiempos de espera es menor.

Conclusión: A un nivel de significación del 5 %, a partir de los datos, hay pruebas suficientes para concluir que una sola fila provoca una menor variación entre los tiempos de espera **o** que con una sola fila, los tiempos de espera de los clientes varían menos de 7,2 minutos.

USO DE LAS CALCULADORAS TI-83, 83+, 84, 84+

En 2nd `DISTR`Utilice `7:χ2cdf`. La sintaxis es `(inferior, superior, df)` para la lista de parámetros. Para el Ejemplo 11.11, `χ2cdf(-1E99,5,67,24)`. El valor $p = 0,000042$.

INTÉNTELO 11.11

La Comisión Federal de Comunicaciones (Federal Communications Commission, FCC) hace pruebas de velocidad de banda ancha para medir cuántos datos por segundo pasan entre la computadora de un consumidor e internet. En agosto de 2012, la desviación típica de las velocidades de internet entre los proveedores de servicios de internet (PSI) era del 12,2 %. Supongamos que se toma una muestra de 15 PSI y que la desviación típica es de 13,2. Un analista afirma que la desviación típica de las velocidades es mayor que la comunicada. Plantee las hipótesis nula y alternativa, calcule los grados de libertad, el estadístico de prueba, dibuje el gráfico del valor p y saque una conclusión. Prueba al nivel de significación del 1 %.

11.7 Laboratorio 1: Bondad de ajuste de chi-cuadrado

Laboratorio de estadística

Laboratorio 1: Bondad de ajuste de chi-cuadrado

Hora de la clase:

Nombres:

Resultado de aprendizaje del estudiante

- El estudiante evaluará los datos recogidos para determinar si se ajustan a las distribuciones uniforme o exponencial.

Recopilación de datos

Vaya a su supermercado local. Pregunte a 30 personas al salir por el monto total de sus recibos de compra. (O bien, pregunte a tres cajeros por los últimos diez montos. Incluya la caja rápida, si está abierta).

Nota

Es posible que tenga que combinar dos categorías para que cada celda tenga un valor esperado de al menos cinco.

1. Anote los valores.

________	________	________	________	________
________	________	________	________	________
________	________	________	________	________
________	________	________	________	________
________	________	________	________	________
________	________	________	________	________

Tabla 11.23

2. Construya un histograma de los datos. Haga de cinco a seis intervalos. Dibuje el gráfico con una regla y un lápiz. Escale los ejes.

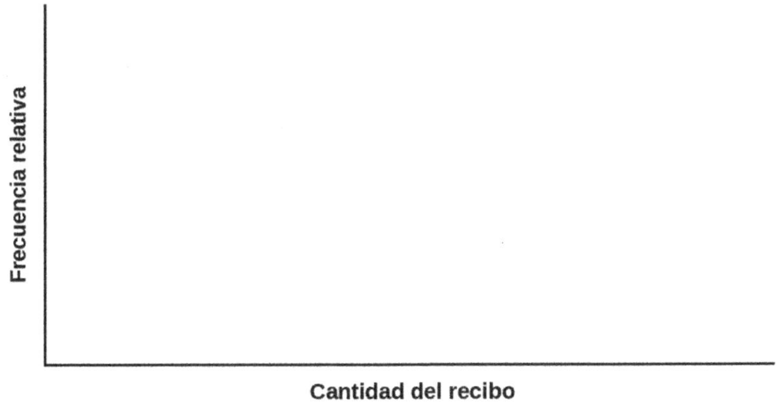

Figura 11.9

3. Calcule lo siguiente:
   a. $\overline{x}$ =______

b. s = _______
c. s^2 = _______

Distribución uniforme

Compruebe si los recibos de la compra siguen la distribución uniforme.

1. Con sus valores más bajos y más altos, $X \sim U$ (_______, _______)
2. Divida la distribución en quintos.
3. Calcule lo siguiente:
   a. valor más bajo = ________
   b. percentil 20 = ________
   c. percentil 40 = ________
   d. percentil 60 = ________
   e. percentil 80 = ________
   f. valor más alto = ________
4. Para cada quinto, cuente el número observado de recibos y anótelo. Luego, determine el número previsto de recibos y anótelo.

Quinto	Observado	Esperado
1.º		
2.º		
3.º		
4.º		
5.º		

Tabla 11.24

5. H_0: _______
6. H_a: _______
7. ¿Qué distribución debe utilizar para una prueba de hipótesis?
8. ¿Por qué ha elegido esta distribución?
9. Calcule el estadístico de prueba.
10. Calcule el valor *p*.
11. Dibuje un gráfico de la situación. Identifique y escale el eje *x*. Sombree el área correspondiente al valor *p*.

Figura 11.10

12. Exponga su decisión.
13. Exponga su conclusión en una oración completa.

Distribución exponencial

Comprobación para determinar si los recibos de caja siguen la distribución exponencial con parámetro de decaimiento $\frac{1}{\bar{x}}$.

1. Utilizando $\frac{1}{\bar{x}}$ como parámetro de decaimiento, $X \sim Exp($_______$)$.
2. Calcule lo siguiente:
   a. valor más bajo = ______
   b. primer cuartil = ______
   c. percentil 37 = ______
   d. mediana = ______
   e. percentil 63 = ______
   f. cuartil 3 = ______
   g. valor más alto = ______
3. Para cada celda, cuente el número observado de recibos y anótelo. Luego, determine el número previsto de recibos y anótelo.

Celda	Observado	Esperado
1.º		
2.º		
3.º		
4.º		
5.º		
6.º		

Tabla 11.25

4. H_0: ______
5. H_a: ______
6. ¿Qué distribución debe utilizar para una prueba de hipótesis?
7. ¿Por qué ha elegido esta distribución?
8. Calcule el estadístico de prueba.
9. Calcule el valor *p*.
10. Dibuje un gráfico de la situación. Identifique y escale el eje *x*. Sombree el área correspondiente al valor *p*.

Figura 11.11

11. Exponga su decisión.
12. Exponga su conclusión en una oración completa.

Preguntas para el debate

1. ¿Se ajustan sus datos a alguna de las dos distribuciones? Si es así, ¿a cuál?
2. En general, ¿cree que sea probable que los datos se ajusten a más de una distribución? Explique por qué sí o por qué no en oraciones completas.

11.8 Laboratorio 2: prueba de independencia de chi-cuadrado

Laboratorio de estadística

Laboratorio 2: prueba de independencia de chi-cuadrado

Hora de la clase:

Nombres:

Resultado de aprendizaje del estudiante

- El estudiante evaluará si existe una relación significativa entre el tipo de merienda favorita y el género.

Recopilación de datos

1. Utilizando su clase como muestra, complete el siguiente cuadro. Pregúntense mutuamente cuál es su merienda favorita y sume los resultados.
   Nota Es posible que tenga que combinar dos categorías de alimentos para que cada celda tenga un valor esperado de al menos cinco.

	dulces (caramelos y productos de pastelería)	helado	papas fritas y pretzels	frutas y vegetales	Total
hombre					
mujer					
Total					

Tabla 11.26 Tipo de merienda favorita

2. Al observar la Tabla 11.26, ¿le parece que hay una dependencia entre el género y el tipo de merienda favorita? ¿Por qué sí o por qué no?

Prueba de hipótesis

Realice una prueba de hipótesis para determinar si los factores son independientes:

1. H_0: _______
2. H_a: _______
3. ¿Qué distribución debe utilizar para una prueba de hipótesis?
4. ¿Por qué ha elegido esta distribución?
5. Calcule el estadístico de prueba.
6. Calcule el valor *p*.
7. Dibuje un gráfico de la situación. Identifique y escale el eje *x*. Sombree el área correspondiente al valor *p*.

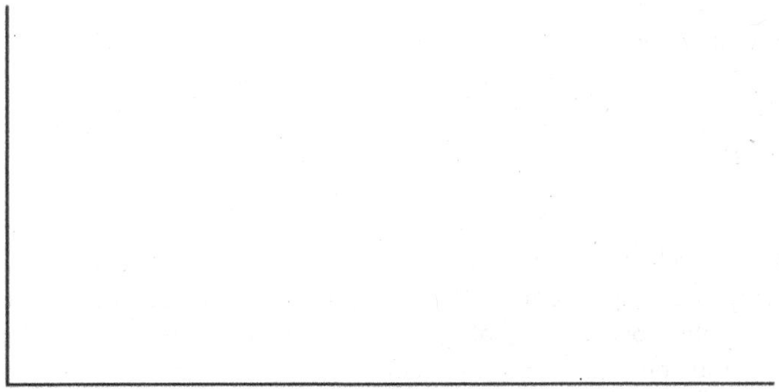

Figura 11.12

8. Exponga su decisión.
9. Exponga su conclusión en una oración completa.

Preguntas para el debate

1. ¿La conclusión de su estudio es igual o diferente a su respuesta a la segunda pregunta de la sección Recopilación de datos?
2. ¿Por qué cree que es así?

Términos Clave

Tabla de contingencia una tabla que muestra los valores de dos factores diferentes que pueden ser dependientes o contingentes entre sí; facilita la determinación de probabilidades condicionales.

Repaso del capítulo

11.1 Datos sobre la distribución chi-cuadrado

La distribución chi-cuadrado es una herramienta útil para la evaluación en una serie de categorías de problemas. Estas categorías de problemas incluyen principalmente (i) si un conjunto de datos se ajusta a una determinada distribución; (ii) si las distribuciones de dos poblaciones son iguales; (iii) si dos eventos pueden ser independientes; y (iv) si hay una variabilidad diferente a la esperada dentro de una población.

Un parámetro importante en una distribución chi-cuadrado son los grados de libertad *df* en un problema dado. La variable aleatoria en la distribución chi-cuadrado es la suma de cuadrados de *df* variables normales estándar, los cuales deben ser independientes. Las características clave de la distribución chi-cuadrado también dependen directamente de los grados de libertad.

La curva de la distribución chi-cuadrado es asimétrica hacia la derecha, y su forma depende de los grados de libertad *df*. Para $df > 90$, la curva se aproxima a la distribución normal. Los estadísticos de prueba basados en la distribución chi-cuadrado son siempre mayores o iguales a cero. Estas pruebas de aplicación son casi siempre pruebas de cola derecha.

11.2 Prueba de bondad de ajuste

Para evaluar si un conjunto de datos se ajusta a una distribución específica, puede aplicar la prueba de hipótesis de bondad de ajuste que utiliza la distribución chi-cuadrado. La hipótesis nula de esta prueba establece que los datos proceden de la distribución supuesta. La prueba compara los valores observados con los valores que se esperarían tener si los datos siguieran la distribución supuesta. La prueba es casi siempre de cola derecha. Cada observación o categoría de celda debe tener un valor esperado de, al menos, cinco.

11.3 Prueba de independencia

Para evaluar si dos factores son independientes o no, puede aplicar la prueba de independencia que utiliza la distribución chi-cuadrado. La hipótesis nula de esta prueba afirma que los dos factores son independientes. La prueba compara valores observados con valores esperados. La prueba es de cola derecha. Cada observación o categoría de celda debe tener un valor esperado de, al menos, 5.

11.4 Prueba de homogeneidad

Para evaluar si dos conjuntos de datos proceden de la misma distribución, que no es necesario conocer, puede aplicar la prueba de homogeneidad que utiliza la distribución chi-cuadrado. La hipótesis nula de esta prueba establece que las poblaciones de los dos conjuntos de datos proceden de la misma distribución. La prueba compara los valores observados con los valores esperados si las dos poblaciones siguieran la misma distribución. La prueba es de cola derecha. Cada observación o categoría de celda debe tener un valor esperado de, al menos, cinco.

11.5 Comparación de las pruebas chi-cuadrado

La prueba de bondad de ajuste se suele usar para determinar si los datos se ajustan a una determinada distribución. La prueba de independencia usa una tabla de contingencia para determinar la independencia de dos factores. La prueba de homogeneidad determina si dos poblaciones proceden de la misma distribución, aunque esta sea desconocida.

11.6 Prueba de una sola varianza

Para comprobar la variabilidad, utilice la prueba de chi-cuadrado de una sola varianza. La prueba puede ser de cola izquierda, derecha o doble, y sus hipótesis se expresan siempre en términos de varianza (o desviación típica).

Repaso de fórmulas

11.1 Datos sobre la distribución chi-cuadrado

$\chi^2 = (Z_1)^2 + (Z_2)^2 + \ldots (Z_{df})^2$ variable aleatoria de distribución chi-cuadrado

$\mu_{\chi^2} = df$ distribución chi-cuadrado media de la población

$\sigma_{\chi^2} = \sqrt{2(de)}$ Distribución chi-cuadrado de la desviación típica de la población

11.2 Prueba de bondad de ajuste

$\sum_k \frac{(O-E)^2}{E}$ estadístico de prueba de bondad de ajuste

donde:

O: valores observados
E: valores esperados

k: número de celdas o categorías de datos diferentes

$df = k - 1$ grados de libertad

11.3 Prueba de independencia

Prueba de independencia

- El número de grados de libertad es igual a (número de columnas - 1)(número de filas - 1).
- El estadístico de prueba es $\underset{(i \cdot j)}{\Sigma} \frac{(O-E)^2}{E}$ donde O = valores observados, E = valores esperados, i = el número de filas de la tabla y j = el número de columnas de la tabla.
- Si la hipótesis nula es verdadera, el número esperado $E = \frac{\text{(total de filas)(total de columnas)}}{\text{total de encuestados}}$.

11.4 Prueba de homogeneidad

$\sum_{i \cdot j} \frac{(O-E)^2}{E}$ Estadístico de prueba de homogeneidad
donde: O = valores observados
E = valores esperados

i = número de filas en la tabla de contingencia de datos
j = número de columnas en la tabla de contingencia de datos

$df = (i-1)(j-1)$ Grados de libertad

11.6 Prueba de una sola varianza

$\chi^2 = \frac{(n-1) \cdot s^2}{\sigma^2}$ Prueba de una estadística de varianza única, donde:
n: tamaño de la muestra
s: desviación típica de la muestra
σ: desviación típica de la población

$df = n - 1$ grado de libertad

Prueba de una sola varianza

- Utilice la prueba para determinar la variación.
- Los grados de libertad son el número de muestras - 1.
- El estadístico de prueba es $\frac{(n-1) \cdot s^2}{\sigma^2}$, donde n = el número total de datos, s^2 = la varianza de la muestra y σ^2 = la varianza de la población.
- La prueba puede ser de cola izquierda, derecha o doble.

Práctica

11.1 Datos sobre la distribución chi-cuadrado

1. Si el número de grados de libertad de una distribución chi-cuadrado es 25, ¿cuál es la media y la desviación típica de la población?

2. Si $df > 90$, la distribución es ___________. Si $df = 15$, la distribución es ______________.

3. ¿Cuándo se aproxima la curva chi-cuadrado a una distribución normal?

4. ¿Dónde se ubica μ en una curva de chi-cuadrado?

5. ¿Es más probable que el *df* sea 90, 20 o dos en el gráfico?

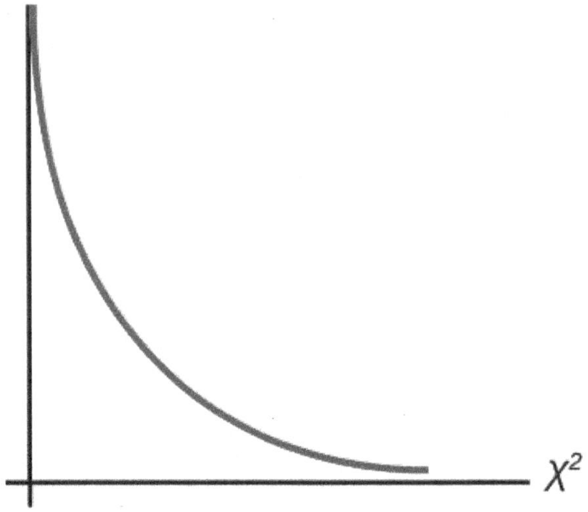

Figura 11.13

11.2 Prueba de bondad de ajuste

Determine la prueba adecuada que se utilizará en los tres ejercicios siguientes.

6. Una arqueóloga está calculando la distribución de la frecuencia del número de objetos que encuentra en una excavación. Basándose en excavaciones anteriores, la arqueóloga crea una distribución prevista desglosada por secciones de la cuadrícula en el lugar de la excavación. Una vez que el yacimiento se ha excavado por completo, compara el número real de objetos encontrados en cada sección de la cuadrícula para determinar si sus expectativas eran correctas.

7. Un economista está elaborando un modelo para predecir los resultados del mercado de valores. Crea una lista de puntos esperados en el índice bursátil para las próximas dos semanas. Al cierre de cada jornada registra los puntos reales del índice. Quiere ver hasta qué punto su modelo coincide con lo que realmente ocurrió.

8. Una entrenadora personal está preparando un programa de levantamiento de pesas para sus clientes. Para un programa de 90 días espera que cada cliente levante un peso máximo específico cada semana. A medida que avanza registra los pesos máximos reales que levantan sus clientes. Quiere saber si sus expectativas se ajustan a lo observado.

Use la siguiente información para responder los próximos cinco ejercicios: Un maestro predice cuál será la distribución de las notas del examen final y las registra en la Tabla 11.27.

Grado	Proporción
A	0,25
B	0,30
C	0,35
D	0,10

Tabla 11.27

La distribución real para una clase de 20 está en la Tabla 11.28.

Grado	Frecuencia
A	7
B	7
C	5
D	1

Tabla 11.28

9. $de =$ _____

10. Indique las hipótesis nula y alternativa.

11. estadístico de prueba $\chi^2 =$ _____

12. valor $p =$ _____

13. Al nivel de significación del 5 %, ¿qué puede concluir?

Use la siguiente información para responder los próximos nueve ejercicios: los siguientes datos son reales. El número acumulado de casos de SIDA notificados en el condado de Santa Clara se desglosa por grupos étnicos como en la Tabla 11.29.

Etnia	Número de casos
Blancos	2.229
Hispanos	1.157
Negros/Afroamericanos	457
Asiáticos, isleños del Pacífico	232
	Total = 4.075

Tabla 11.29

El porcentaje de cada grupo étnico en el condado de Santa Clara es el que figura en la Tabla 11.30.

Etnia	Porcentaje de la población total del condado	Número esperado (redondeado a dos decimales)
Blancos	42,9%	1.748,18
Hispanos	26,7%	

Tabla 11.30

Etnia	Porcentaje de la población total del condado	Número esperado (redondeado a dos decimales)
Negros/Afroamericanos	2,6%	
Asiáticos, isleños del Pacífico	27,8 %	
	Total = 100 %	

Tabla 11.30

14. Si las etnias de las víctimas de sida aparecen según las etnias de la población total del condado, rellene el número esperado de casos por grupo étnico.
Haga una prueba de bondad de ajuste para determinar si la aparición de casos de sida es según las etnias de la población general del condado de Santa Clara.

15. H_0: ______

16. H_a: ______

17. ¿Es una prueba de cola derecha, de cola izquierda o de dos colas?

18. grados de libertad = ______

19. estadístico de prueba χ^2 = ______

20. valor p = ______

21. Grafique la situación. Identifique y escale el eje horizontal. Marque la media y el estadístico de prueba. Sombree en la región correspondiente al valor p.

Figura 11.14

Supongamos que $\alpha = 0,05$

Decisión: ____________

Motivo de la decisión: ____________

Conclusión (escriba en oraciones completas): ____________

22. ¿Parece que el patrón de casos de sida en el condado de Santa Clara se corresponde con la distribución de los grupos étnicos en este condado? ¿Por qué sí o por qué no?

11.3 Prueba de independencia

Determine la prueba adecuada que se utilizará en los tres ejercicios siguientes.

23. Una compañía farmacéutica está interesada en la relación entre edad y presentación de síntomas de una infección viral común. Se toma una muestra aleatoria de 500 personas con la infección en diferentes grupos de edad.

24. El propietario de un equipo de béisbol está interesado en la relación entre salarios de los jugadores y porcentaje de victorias del equipo. Toma una muestra aleatoria de 100 jugadores de diferentes organizaciones.

25. Un corredor de maratón se interesa por la relación entre la marca de zapatillas que usan los corredores y sus tiempos de carrera. Toma una muestra aleatoria de 50 corredores y registra sus tiempos de carrera, así como la marca de zapatillas que llevaban.

Use la siguiente información para responder los próximos siete ejercicios: Transit Railroads se interesa por la relación entre distancia de viaje y clase de billete adquirido. Se toma una muestra aleatoria de 200 pasajeros. La Tabla 11.31 muestra los resultados. La compañía quiere saber si la elección de la clase de billete de un pasajero es independiente de la distancia que debe viajar.

Distancia de recorrido	Tercera clase	Segunda clase	Primera clase	Total
de 1 a 100 millas	21	14	6	41
de 101 a 200 millas	18	16	8	42
de 201 a 300 millas	16	17	15	48
de 301 a 400 millas	12	14	21	47
de 401 a 500 millas	6	6	10	22
Total	73	67	60	200

Tabla 11.31

26. Plantee las hipótesis.
H_0: ______
H_a: ______

27. df = ______

28. ¿Cuántos pasajeros se espera que viajen entre 201 y 300 millas y compren billetes de segunda clase?

29. ¿Cuántos pasajeros se espera que viajen entre 401 y 500 millas y compren billetes de primera clase?

30. ¿Cuál es el estadístico de prueba?

31. ¿Cuál es el valor p?

32. ¿Qué puede concluir con un nivel de significación del 5 %?

Use la siguiente información para responder los próximos ocho ejercicios: en un artículo publicado en el New England Journal of Medicine, se habla de un estudio sobre los fumadores de California y Hawái. En una parte del informe se indicaba el origen étnico autodeclarado y la cantidad de cigarrillos por día. De las personas que fumaban como máximo diez cigarrillos al día, había 9.886 afroamericanos, 2.745 nativos de Hawái, 12.831 latinos, 8.378 japoneses americanos y 7.650 blancos. De las personas que fumaban como máximo diez cigarrillos al día, había 6.514 afroamericanos, 3.062 nativos de Hawái, 4.932 latinos, 10.680 japoneses americanos y 9.877 blancos. De las personas que fumaban como máximo diez cigarrillos al día, había 1.671 afroamericanos, 1.419 nativos de Hawái, 1.406 latinos, 4.715 japoneses americanos y 6.062 blancos. De las personas que fumaban al menos 31 cigarrillos al día, había 759 afroamericanos, 788 nativos de Hawái, 800 latinos, 2.305 japoneses americanos y 3.970 blancos.

33. Rellene la tabla.

Cantidad de cigarrillos por día	Afroamericanos	Nativos de Hawái	Latinos	Japoneses americanos	Blancos	TOTALES
1-10						
11-20						
21-30						
31 o más						
TOTALES						

Tabla 11.32 Hábito de fumar por grupo étnico (observado)

34. Plantee las hipótesis.
H_0: ______
H_a: ______

35. Introduzca los valores esperados en la Tabla 11.32. Redondee a dos decimales.

Calcule los siguientes valores:

36. df = ______

37. χ^2 estadístico de prueba = _____

38. valor p= _____

39. ¿Es una prueba de cola derecha, de cola izquierda o de dos colas? Explique por qué.

40. Grafique la situación. Identifique y escale el eje horizontal. Marque la media y el estadístico de prueba. Sombree en la región correspondiente al valor *p*.

Figura 11.15

Indique la decisión y la conclusión (en una oración completa) para los siguientes niveles preconcebidos de α.

41. $\alpha = 0,05$

a. Decisión: ____________
b. Motivo de la decisión: ____________
c. Conclusión (escriba en una oración completa): ____________

42. $\alpha = 0,01$

a. Decisión: ____________
b. Motivo de la decisión: ____________
c. Conclusión (escriba en una oración completa): ____________

11.4 Prueba de homogeneidad

43. Una maestra de Matemáticas quiere ver si dos de sus clases tienen la misma distribución de resultados en los exámenes. ¿Qué prueba debe utilizar?

44. ¿Cuáles son las hipótesis nula y alternativa para el Ejercicio 11.43?

45. Un investigador de mercado quiere ver si dos tiendas diferentes tienen la misma distribución de ventas a lo largo del año. ¿Qué tipo de prueba debe utilizar?

46. Una meteoróloga quiere saber si el este y el oeste de Australia tienen la misma distribución de tormentas. ¿Qué tipo de prueba debe utilizar?

47. ¿Qué condición debe cumplirse para utilizar la prueba de homogeneidad?

Use la siguiente información para responder los próximos cinco ejercicios: ¿Los médicos de consulta privada y los de hospital tienen la misma distribución de horas de trabajo? Supongamos que se selecciona al azar una muestra de 100 médicos de consultas privadas y 150 de hospitales y se les pregunta por el número de horas semanales que trabajan. Los resultados se muestran en la Tabla 11.33.

	20–30	30–40	40–50	50–60
Práctica privada	16	40	38	6
Hospital	8	44	59	39

Tabla 11.33

48. Indique las hipótesis nula y alternativa.

49. $df =$ ______

50. ¿Cuál es el estadístico de prueba?

51. ¿Cuál es el valor p?

52. ¿Qué puede concluir con un nivel de significación del 5 %?

11.5 Comparación de las pruebas chi-cuadrado

53. ¿Qué prueba se usa para decidir si una distribución observada es la misma que una distribución esperada?

54. ¿Cuál es la hipótesis nula para el tipo de prueba de Ejercicio 11.53?

55. ¿Qué prueba utilizaría para decidir si dos factores tienen una relación?

56. ¿Qué prueba utilizaría para decidir si dos poblaciones tienen la misma distribución?

57. ¿En qué se parecen las pruebas de independencia a las pruebas de homogeneidad?

58. ¿En qué se diferencian las pruebas de independencia de las pruebas de homogeneidad?

11.6 Prueba de una sola varianza

Use la siguiente información para responder los próximos tres ejercicios: La desviación típica de un arquero para los disparos a meta es de seis (los datos se miden en distancia desde el centro del blanco). Un observador afirma que la desviación típica es menor.

59. ¿Qué tipo de prueba se debe utilizar?

60. Indique las hipótesis nula y alternativa.

61. ¿Es una prueba de cola derecha, de cola izquierda o de dos colas?

Use la siguiente información para responder los próximos tres ejercicios: La desviación típica de las alturas de los estudiantes de una escuela es de 0,81. Se toma una muestra aleatoria de 50 estudiantes y la desviación típica de las alturas de la muestra es de 0,96. Un investigador encargado del estudio cree que la desviación típica de las alturas de la escuela es superior a 0,81.

62. ¿Qué tipo de prueba se debe utilizar?

63. Indique las hipótesis nula y alternativa.

64. df = _______

Use la siguiente información para responder los próximos cuatro ejercicios: El tiempo promedio de espera en la consulta del médico varía. La desviación típica de los tiempos de espera en una consulta médica es de 3,4 minutos. Una muestra aleatoria de 30 pacientes en la consulta del médico tiene una desviación típica de los tiempos de espera de 4,1 minutos. Un médico cree que la varianza de los tiempos de espera es mayor de lo que se pensaba en un principio.

65. ¿Qué tipo de prueba se debe utilizar?

66. ¿Cuál es el estadístico de prueba?

67. ¿Cuál es el valor p?

68. ¿Qué puede concluir con un nivel de significación del 5 %?

Tarea para la casa

11.1 Datos sobre la distribución chi-cuadrado

Decida si las siguientes afirmaciones son verdaderas o falsas.

69. A medida que aumenta el número de grados de libertad, el gráfico de la distribución chi-cuadrado parece cada vez más simétrico.

70. La desviación típica de la distribución chi-cuadrado es el doble de la media.

71. La media y la mediana de la distribución chi-cuadrado son iguales si $df = 24$.

11.2 Prueba de bondad de ajuste

Para cada problema use una hoja de soluciones para resolver el problema de la prueba de hipótesis. Vaya al E - HOJAS DE SOLUCIONES para ver la hoja de soluciones de chi-cuadrado. Redondee la frecuencia esperada a dos decimales.

72. Se lanza un dado de seis caras 120 veces. Rellene la columna de frecuencia prevista. Luego, realice una prueba de hipótesis para determinar si el dado es imparcial. Los datos de la Tabla 11.34 son el resultado de las 120 lanzamientos.

Valor nominal	Frecuencia	Frecuencia esperada
1	15	
2	29	
3	16	
4	15	
5	30	
6	15	

Tabla 11.34

73. La distribución del estado civil de la población de hombres de EE. UU. de 15 años o más es la que se muestra en la Tabla 11.35.

Estado civil	Porcentaje	Frecuencia esperada
soltero	31,3	
casado	56,1	
viudo	2,5	
divorciado/separado	10,1	

Tabla 11.35

Supongamos que una muestra aleatoria de 400 hombres adultos jóvenes de EE. UU. de 18 a 24 años arroja la siguiente distribución de frecuencias. Nos interesa saber si este grupo de edad de hombres se ajusta a la distribución de la población adulta de EE. UU. Calcule la frecuencia que cabría esperar al encuestar a 400 personas. Rellene la Tabla 11.35, redondeando a dos decimales.

Estado civil	Frecuencia
soltero	140
casado	238
viudo	2
divorciado/separado	20

Tabla 11.36

Use la siguiente información para responder los dos próximos ejercicios: las columnas de la Tabla 11.37 contienen la raza/etnia de escuelas públicas de EE. UU. para un año reciente, los porcentajes de la población de examinados de Colocación Avanzada para esa clase y la población estudiantil general. Supongamos que la columna de la derecha contiene el resultado de una encuesta realizada a 1.000 estudiantes locales de ese año que presentaron un examen de AP.

Raza/etnia	Población examinada de AP	Población estudiantil total	Frecuencia de la encuesta
Asiático, asiático americano o isleño del Pacífico	10,2%	5,4%	113
Negro o afroamericano	8,2%	14,5%	94
Hispano o latino	15,5 %	15,9%	136
Amerindio o nativo de Alaska	0,6 %	1,2%	10
Blancos	59,4%	61,6%	604
No informado/otro	6,1%	1,4%	43

Tabla 11.37

74. Haga una prueba de bondad de ajuste para determinar si los resultados locales siguen la distribución de la población estudiantil general de EE. UU. con base en el origen étnico.

75. Haga una prueba de bondad de ajuste para determinar si los resultados locales siguen la distribución de la población de examinados de AP de EE. UU. con base en su origen étnico.

76. La ciudad de South Lake Tahoe, California tiene una población asiática de 1.419 personas, de una población total de 23.609. Supongamos que una encuesta realizada a 1.419 asiáticos autodeclarados en el área de Manhattan (Nueva York) arroja los datos de la Tabla 11.38. Haga una prueba de bondad de ajuste para determinar si los subgrupos de asiáticos autodeclarados en el área de Manhattan se ajustan a los de la zona del Lake Tahoe.

Raza	Frecuencia de Lake Tahoe	Frecuencia de Manhattan
Indio asiático	131	174
Chino	118	557
Filipinos	1.045	518
Japonés	80	54
Coreano	12	29
Vietnamita	9	21
Otro	24	66

Tabla 11.38

Use la siguiente información para responder los dos próximos ejercicios: la UCLA realizó una encuesta a más de 263.000 estudiantes de primer año de 385 institutos universitarios en otoño de 2005. Los resultados de las especialidades esperadas de los estudiantes, por sexo, fueron presentado en *The Chronicle of Higher Education (2 feb 2006)*.. Supongamos que el año pasado se realizó una encuesta de seguimiento a 5.000 mujeres y 5.000 hombres que se graduaron para determinar cuáles eran sus especialidades reales. Los resultados se muestran en las tablas del Ejercicio 11.77 y del Ejercicio 11.78. La segunda columna de cada tabla no suma el 100 % debido al redondeo.

77. Haga una prueba de bondad de ajuste para determinar si las especialidades universitarias reales de las mujeres que se gradúan se ajustan a la distribución de sus especialidades esperadas.

Especialidad	Mujeres - especialidad esperada	Mujeres - especialidad real
Arte y Humanidades	14,0%	670
Ciencias Biológicas	8,4%	410
Negocios	13,1%	685
Educación	13,0%	650
Ingeniería	2,6%	145
Ciencias Físicas	2,6%	125
Profesional	18,9%	975
Ciencias Sociales	13,0%	605
Técnica	0,4%	15
Otro	5,8%	300
Indecisos	8,0%	420

Tabla 11.39

78. Haga una prueba de bondad de ajuste para determinar si las especialidades universitarias reales de los hombres que se gradúan se ajustan a la distribución de sus especialidades esperadas.

Especialidad	Hombres - especialidad esperada	Hombres - especialidad real
Arte y Humanidades	11,0%	600
Ciencias Biológicas	6,7%	330
Negocios	22,7%	1130
Educación	5,8%	305
Ingeniería	15,6 %	800
Ciencias Físicas	3,6%	175
Profesional	9,3%	460
Ciencias Sociales	7,6 %	370
Técnica	1,8%	90
Otro	8,2%	400
Indecisos	6,6%	340

Tabla 11.40

Lea la afirmación y decida si es verdadera o falsa.

79. En una prueba de bondad de ajuste, los valores esperados son los valores que esperaríamos si la hipótesis nula fuera cierta.

80. En general, si los valores observados y los valores esperados de una prueba de bondad de ajuste no están cerca, el estadístico de prueba puede ser muy grande y en un gráfico estará muy lejos en la cola derecha.

81. Utilice una prueba de bondad de ajuste para determinar si los directores de las escuelas secundarias creen que los estudiantes se ausentan por igual durante la semana o no.

82. La prueba que se va a usar para determinar si un dado de seis caras es imparcial es una prueba de bondad de ajuste.

83. En una prueba de bondad de ajuste, si el valor *p* es 0,0113, en general, no rechaza la hipótesis nula.

84. Se encuestó una muestra de 212 compañías comerciales para el reciclaje de una materia prima; una materia prima significa aquí cualquier tipo de material reciclable como plástico o aluminio. La Tabla 11.41 muestra las categorías de compañías en la encuesta, el tamaño de la muestra de cada categoría y el número de compañías en cada categoría que reciclan una materia prima. Según el estudio, se espera que un promedio de la mitad de las compañías reciclen una materia prima. Como resultado, la última columna muestra el número esperado de compañías de cada categoría que reciclan una materia prima. Al nivel de significación del 5 % realice una prueba de hipótesis para determinar si el número observado de compañías que reciclan una materia prima sigue la distribución uniforme de los valores esperados.

Tipo de negocio	Número en la clase	Número observado que recicla una materia prima	Número esperado que reciclan una materia prima
Oficina	35	19	17,5
Comercio minorista/ mayorista	48	27	24
Alimentación/ restauración	53	35	26,5
Fabricación/ médico	52	21	26
Hotel/mixto	24	9	12

Tabla 11.41

85. La Tabla 11.42 contiene información procedente de una encuesta realizada a 499 participantes clasificados según sus grupos de edad. La segunda columna muestra el porcentaje de personas obesas por clase de edad entre los participantes en el estudio. La última columna procede de un estudio nacional diferente que muestra los porcentajes correspondientes de personas obesas en las mismas clases de edad en EE. UU. Realice una prueba de hipótesis al nivel de significación del 5 % para determinar si los participantes en la encuesta son una muestra representativa de la población obesa de Estados Unidos.

Grupo etario (años)	Obesos (porcentaje)	Promedio previsto en EE. UU. (porcentaje)
20–30	15,0	32,6
31–40	26,5	32,6
41–50	13,6	36,6
51–60	21,9	36,6
61–70	21,0	39,7

Tabla 11.42

11.3 Prueba de independencia

Para cada problema use una hoja de soluciones para resolver el problema de la prueba de hipótesis. Vaya al Apéndice E para ver la hoja de soluciones de chi-cuadrado. Redondee la frecuencia esperada a dos decimales.

86. Un reciente debate sobre dónde los esquiadores creen que se esquía mejor en Estados Unidos generó la siguiente encuesta. Pruebe para ver si la mejor área de esquí es independiente del nivel del esquiador.

Área de esquí de EE. UU.	Principiante	Intermedio	Avanzado
Tahoe	20	30	40
Utah	10	30	60
Colorado	10	40	50

Tabla 11.43

87. Hay fabricantes de automóviles que están interesados en saber si hay una relación entre el tamaño del automóvil que conduce una persona y el número de personas que componen su familia (es decir, si el tamaño del automóvil y el de la familia son independientes). Para comprobarlo, supongamos que se encuestó aleatoriamente a 800 propietarios de automóviles, lo cual arrojó los resultados que están en la Tabla 11.44. Haga una prueba de independencia.

Tamaño de la familia	Sub y compacto	Tamaño medio	Tamaño completo	Van y camioneta
1	20	35	40	35
2	20	50	70	80
3–4	20	50	100	90
Más de 5	20	30	70	70

Tabla 11.44

88. Los estudiantes universitarios pueden estar interesados en saber si sus especialidades tienen algún efecto sobre los salarios iniciales después de graduarse. Supongamos que se ha encuestado a 300 recién graduados sobre sus especialidades universitarias y sus salarios iniciales tras la graduación. La Tabla 11.45 muestra los datos. Haga una prueba de independencia.

Especialidad	< $50.000	$50.000 – $68.999	$69.000 +
Inglés	5	20	5
Ingeniería	10	30	60
Enfermería	10	15	15
Negocios	10	20	30
Psicología	20	30	20

Tabla 11.45

89. Algunas agencias de viajes afirman que los lugares más visitados para la luna de miel varían según la edad de la novia. Supongamos que se entrevista a 280 novias recientes para saber dónde han pasado su luna de miel. La información se ofrece en la Tabla 11.46. Haga una prueba de independencia.

Lugar	20–29	30–39	40–49	50 años o más
Cataratas del Niágara	15	25	25	20
Poconos	15	25	25	10
Europa	10	25	15	5
Islas Vírgenes	20	25	15	5

Tabla 11.46

90. El gerente de un club deportivo guarda información sobre el deporte principal en el que participan los socios y sus edades. Para comprobar si existe una relación entre la edad de un socio y su elección de deporte se seleccionan aleatoriamente 643 socios del club deportivo. Haga una prueba de independencia.

Deporte	18 - 25	26 - 30	31 - 40	41 años o más
racquetball	42	58	30	46
tenis	58	76	38	65
nadando	72	60	65	33

Tabla 11.47

91. Un importante fabricante de alimentos está preocupado porque las ventas de sus papas fritas delgadas han disminuido. Como parte de un estudio de viabilidad, la compañía realiza una investigación sobre los tipos de papas fritas que se venden en todo el país para determinar si el tipo de papas fritas que se venden es independiente de la zona del país. Los resultados del estudio se muestran en la Tabla 11.48. Haga una prueba de independencia.

Tipo de papas fritas	Noreste	Sur	Centro	Oeste
papas fritas delgadas	70	50	20	25
papas fritas rizadas	100	60	15	30
papas horneadas	20	40	10	10

Tabla 11.48

92. De acuerdo con los datos suministrados por Dan Lenard, agente de seguros independiente de la zona de Buffalo (Nueva York), a continuación se desglosa el monto de los seguros de vida adquiridos por hombres de los siguientes grupos de edad. Le interesa saber si la edad del hombre y el monto del seguro de vida adquirido son hechos independientes. Haga una prueba de independencia.

Edad de los hombres	Ninguno	< $200.000	$200.000–$400,000	$401.001–$1,000,000	$1,000,001+
20–29	40	15	40	0	5
30–39	35	5	20	20	10
40–49	20	0	30	0	30
50 o más	40	30	15	15	10

Tabla 11.49

93. Supongamos que se encuestaron 600 personas de treinta años para determinar si existe o no una relación entre el nivel de estudios de una persona y su salario. Haga una prueba de independencia.

Salario anual	No se graduó de escuela secundaria	Graduado de escuela secundaria	Graduado universitario	Maestría o doctorado
< $30.000	15	25	10	5
$30.000–$40,000	20	40	70	30
$40.000–$50,000	10	20	40	55
$50.000–$60,000	5	10	20	60
más de $60.000	0	5	10	150

Tabla 11.50

Lea la afirmación y decida si es verdadera o falsa.

94. El número de grados de libertad para una prueba de independencia es igual al tamaño de la muestra menos uno.

95. La prueba de independencia utiliza tablas de valores de datos observados y esperados.

96. La prueba que hay que usar para determinar si el instituto universitario o la universidad que elige un estudiante está relacionado con su estatus socioeconómico es una prueba de independencia.

97. En una prueba de independencia, el número esperado es igual al total de filas multiplicado por el total de columnas dividido entre el total encuestado.

98. Un fabricante de helados hace una encuesta nacional sobre los sabores de helado favoritos en distintas zonas geográficas de EE. UU. Según la Tabla 11.51, ¿los números sugieren que la ubicación geográfica es independiente de los sabores de helado favoritos? Prueba al nivel de significación del 5 %.

Región de EE. UU./Sabor	Fresa	Chocolate	Vainilla	Chocolate con nueces	Chispitas de menta y chocolate	Pistacho	Total de la fila
Oeste	12	21	22	19	15	8	97
Medio Oeste	10	32	22	11	15	6	96
Este	8	31	27	8	15	7	96
Sur	15	28	30	8	15	6	102
Total de la columna	45	112	101	46	60	27	391

Tabla 11.51

99. La Tabla 11.52 ofrece una encuesta reciente sobre emprendedores en línea más jóvenes cuyo patrimonio neto se estima en un millón de dólares o más. Sus edades oscilan entre los 17 y los 30 años. Cada celda del cuadro ilustra el número de emprendedores que corresponden al grupo de edad específico y su patrimonio neto. ¿La edad y el patrimonio neto son independientes? Haga una prueba de independencia al nivel de significación del 5 %.

Grupo etario / Valor del patrimonio neto (en millones de dólares)	1-5	6-24	≥25	Total de la fila
17-25	8	7	5	20
26-30	6	5	9	20
Total de la columna	14	12	14	40

Tabla 11.52

100. Un sondeo realizado en 2013 en California consulto a personas sobre los impuestos a las bebidas azucaradas. Los resultados se presentan en la Tabla 11.53, y están clasificados por grupo étnico y tipo de respuesta. ¿Las respuestas del sondeo son independientes del grupo étnico de los participantes? Haga una prueba de independencia al nivel de significación del 5 %.

Opinión/Etnia	Asiático americano	Blanco/No Hispano	Afroamericano	Latinos	Total de la fila
Contra el impuesto	48	433	41	160	682
A favor del impuesto	54	234	24	147	459
Sin opinión	16	43	16	19	94
Total de la columna	118	710	81	326	1235

Tabla 11.53

11.4 Prueba de homogeneidad

Para cada problema de palabras use una hoja de soluciones para resolver el problema de la prueba de hipótesis. Vaya al E - HOJAS DE SOLUCIONES para ver la hoja de soluciones de chi-cuadrado. Redondee la frecuencia esperada a dos decimales.

101. Un psicólogo está interesado en comprobar si existe una diferencia en la distribución de los tipos de personalidad de los estudiantes de Negocios y de Ciencias Sociales. Los resultados del estudio se muestran en la Tabla 11.54. Realice una prueba de homogeneidad. Pruebe con un nivel de significación del 5 %.

	Abierto	Meticuloso	Extrovertido	Agradable	Neurótico
Negocios	41	52	46	61	58
Ciencias Sociales	72	75	63	80	65

Tabla 11.54

102. ¿Los hombres y las mujeres seleccionan desayunos diferentes? Los desayunos pedidos por hombres y mujeres seleccionados al azar en un lugar popular de desayunos se muestran en la Tabla 11.55. Realice una prueba de homogeneidad con un nivel de significación del 5 %.

	Tostadas francesas	Panqueques	Waffles	Tortillas
Hombres	47	35	28	53
Mujeres	65	59	55	60

Tabla 11.55

103. Un pescador está interesado en saber si la distribución de los peces capturados en el lago Green Valley es la misma que la de los peces capturados en el lago Echo. De los 191 peces capturados al azar en el lago Green Valley, 105 eran truchas arco iris, 27 otras truchas, 35 lubinas y 24 bagres. De los 293 peces capturados al azar en el lago Echo, 115 eran truchas arco iris, 58 otras truchas, 67 lubinas y 53 bagres. Realice una prueba de homogeneidad con un nivel de significación del 5 %.

104. En 2007, EE. UU. contaba con 1,5 millones de estudiantes educados en casa, según el Centro Nacional de Estadísticas Educativas de EE. UU. En la Tabla 11.56 se puede ver que los padres deciden educar a sus hijos en casa por diferentes razones, y algunas razones son clasificadas por los padres como más importantes que otras. Según los resultados de la encuesta que se muestran en la tabla, ¿la distribución de las razones aplicables es la misma que la distribución de la razón más importante? Proporcione su evaluación con un nivel de significación del 5 %. ¿Esperaba el resultado que ha obtenido?

Razones para educar en casa	Razón aplicable (en miles de encuestados)	Razón más importante (en miles de encuestados)	Total de la fila
Preocupación por el ambiente de otras escuelas	1.321	309	1.630
Insatisfacción con la enseñanza académica en otras escuelas	1.096	258	1.354
Proporcionar instrucción religiosa o moral	1.257	540	1.797
El niño tiene necesidades especiales, aparte de las físicas o mentales	315	55	370
Enfoque no tradicional de la educación de los niños	984	99	1.083
Otras razones (p. ej., finanzas, viajes, tiempo en familia, etc.)	485	216	701
Total de la columna	5.458	1.477	6.935

Tabla 11.56

105. Al examinar el consumo de energía, a menudo nos interesa detectar las tendencias a lo largo del tiempo y su correlación entre los distintos países. La información de la Tabla 11.57 muestra el uso promedio de energía (en unidades de kg de equivalente de petróleo per cápita) en EE. UU. y los países conjuntos de la Unión Europea (UE) para el periodo de seis años de 2005 a 2010. ¿Los valores de uso de energía en estas dos áreas provienen de la misma distribución? Haga el análisis al nivel de significación del 5 %.

Año	Unión Europea	Estados Unidos	Total de la fila
2010	3.413	7.164	10.557
2009	3.302	7.057	10.359
2008	3.505	7.488	10.993
2007	3.537	7.758	11.295
2006	3.595	7.697	11.292
2005	3.613	7.847	11.460
Total de la columna	20.965	45.011	65.976

Tabla 11.57

106. El Instituto de Seguros para la Seguridad en las Carreteras recopila cada año información sobre la seguridad de todo tipo de automóviles y publica un informe de los Mejores Selecciones de Seguridad entre todos los automóviles, marcas y modelos. La Tabla 11.58 presenta el número de Mejores Selecciones de Seguridad en seis categorías de automóviles para los años 2009 y 2013. Analice los datos de la tabla para concluir si la distribución de los automóviles que obtuvieron el premio de seguridad de Mejores Selecciones de Seguridad se ha mantenido igual entre 2009 y 2013. Derive sus resultados al nivel de significación del 5 %.

Año \ Tipo de auto	Pequeño	Mediano	Grande	SUV pequeña	SUV mediana	SUV grande	Total de la fila
2009	12	22	10	10	27	6	87
2013	31	30	19	11	29	4	124
Total de la columna	43	52	29	21	56	10	211

Tabla 11.58

11.5 Comparación de las pruebas chi-cuadrado

Para cada problema de palabras use una hoja de soluciones para resolver el problema de la prueba de hipótesis. Vaya al E - HOJAS DE SOLUCIONES para ver la hoja de soluciones de chi-cuadrado. Redondee la frecuencia esperada a dos decimales.

107. ¿Existe una diferencia entre la distribución de los estudiantes de Estadística de colegios comunitarios y la distribución de los estudiantes de Estadística de universidades en cuanto a la tecnología que utilizan en sus tareas para la casa? De algunos estudiantes de colegios universitarios comunitarios seleccionados al azar, 43 utilizaron una computadora, 102 una calculadora con funciones estadísticas incorporadas y 65 una tabla de libro de texto. De algunos estudiantes de universidades seleccionados al azar, 28 utilizaron una computadora, 33 una calculadora con funciones estadísticas incorporadas y 40 una tabla de libro de texto. Haga una prueba de hipótesis adecuada utilizando un nivel de significación de 0,05.

Lea la afirmación y decida si es verdadera o falsa.

108. Si $df = 2$, la distribución chi-cuadrado tiene una forma que recuerda a la exponencial.

11.6 Prueba de una sola varianza

Use la siguiente información para responder los próximos doce ejercicios: Supongamos que una compañía aérea afirma que sus vuelos son siempre puntuales, con un retraso promedio de 15 minutos como máximo. Afirma que el retraso promedio es tan constante que la varianza no supera los 150 minutos. Dudando de la coherencia de la afirmación, un viajero descontento calcula los retrasos de sus próximos 25 vuelos. El retraso promedio de esos 25 vuelos es de 22 minutos, con una desviación típica de 15 minutos.

109. ¿El viajero está discutiendo el reclamo sobre el promedio o sobre la varianza?

110. Una desviación típica de la muestra de 15 minutos es lo mismo que una varianza de la muestra de ________ minutos.

111. ¿Es una prueba de cola derecha, de cola izquierda o de dos colas?

112. H_0: ________

113. $df =$ ______

114. estadístico de prueba chi-cuadrado = ______

115. valor $p =$ ______

116. Grafique la situación. Identifique y escale el eje horizontal. Marque la media y el estadístico de prueba. Sombree el valor p.

117. Supongamos que $\alpha = 0{,}05$
Decisión: ______
Conclusión (escribir en una oración completa.): ______

118. ¿Cómo supo que debía analizar la varianza en vez de la media?

119. Si se realizara una prueba adicional sobre la reclamación del retraso promedio, ¿qué distribución utilizaría?

120. Si se hiciera una prueba adicional sobre la afirmación del retraso promedio, pero se encuestaran 45 vuelos, ¿qué distribución utilizaría?

Para cada problema de palabras use una hoja de soluciones para resolver el problema de la prueba de hipótesis. Vaya al E - HOJAS DE SOLUCIONES *para ver la hoja de soluciones de chi-cuadrado. Redondee la frecuencia esperada a dos decimales.*

121. A la gerente de una planta le preocupa que su equipo necesite recalibración. Parece que el peso real de las cajas de cereales de 15 oz que llena ha estado fluctuando. La desviación típica debe ser como máximo de 0,5 oz. Para determinar si es necesario recalibrar la máquina, se pesaron 84 cajas de cereales seleccionadas al azar de la producción del día siguiente. La desviación típica de las 84 cajas fue de 0,54. ¿Es necesario recalibrar la máquina?

122. Los consumidores pueden estar interesados en saber si el costo de una calculadora particular varía de una tienda a otra. Sobre la base de una encuesta realizada en 43 tiendas, que arrojó una media muestral de 84 dólares y una desviación típica de la muestra de 12 dólares, pruebe la afirmación de que la desviación típica es mayor de 15 dólares.

123. Isabella, una consumada corredora de **Bay to Breakers**, afirma que la desviación típica de su tiempo para correr las 7,5 millas es de tres minutos como máximo. Para probar su afirmación, Rupinder ve cinco de sus tiempos de carrera. Son 55 minutos, 61 minutos, 58 minutos, 63 minutos y 57 minutos.

124. Las compañías aéreas están interesadas en la coherencia del número de bebés en cada vuelo para tener un equipo de seguridad adecuado. También se interesan por la variación del número de bebés. Supongamos que un ejecutivo de una compañía aérea cree que el número promedio de bebés en los vuelos es de seis, con una varianza de nueve como máximo. La compañía aérea recopila los datos. Los resultados de los 18 vuelos investigados dan un promedio muestral de 6,4 con una desviación típica de la muestra de 3,9. Realice una prueba de hipótesis sobre la creencia del ejecutivo de la aerolínea.

125. El número de nacimientos por mujer en China es de 1,6, versus los 5,91 de 1966. Esta tasa de fecundidad se ha atribuido a la ley aprobada en 1979 que restringe los nacimientos a uno por mujer. Supongamos que un grupo de estudiantes estudia si la desviación típica de los nacimientos por mujer es o no superior a 0,75. Les preguntaron a 50 mujeres de toda China el número de partos que habían tenido. Los resultados se muestran en la Tabla 11.59. ¿La encuesta de los estudiantes indica que la desviación típica es superior a 0,75?

N.º de nacimientos	Frecuencia
0	5
1	30
2	10
3	5

Tabla 11.59

126. Según un ávido piscicultor, el número promedio de peces en un tanque de 20 galones es de 10, con una desviación típica de dos. Su amigo, también piscicultor, no cree que la desviación típica sea de dos. Cuenta el número de peces en otras 15 peceras de 20 galones. Basándose en los siguientes resultados, ¿cree que la desviación típica es diferente de dos? Datos: 11; 10; 9; 10; 10; 11; 11; 10; 12; 9; 7; 9; 11; 10; 11

127. Al gerente de Frenchies le preocupa que los clientes no reciban siempre la misma cantidad de papas fritas con cada orden. El chef afirma que la desviación típica de una orden de diez onzas de papas fritas es como máximo de 1,5 oz, pero el gerente cree que puede ser mayor. Pesa aleatoriamente 49 órdenes de papas fritas, lo que arroja una media de 11 onzas y una desviación típica de dos onzas.

128. Quiere comprar una computadora específica. Un representante de ventas del fabricante afirma que las tiendas minoristas venden esta computadora a un precio promedio de 1.249 dólares con una desviación típica muy estrecha de 25 dólares. Encuentra un sitio web que tiene una comparación de precios para la misma computadora en una serie de tiendas de la siguiente manera: 1.299; 1.229,99; 1.193,08; 1.279; 1.224,95; 1.229,99; 1.269,95; y 1.249 dólares. ¿Puede argumentar que los precios tienen una desviación típica mayor que la que afirma el fabricante? Utilice el nivel de significación del 5 %. Como comprador potencial, ¿cuál sería la conclusión práctica de su análisis?

129. Una compañía empaqueta manzanas por peso. Uno de los grados de peso es el de las manzanas de clase A. Las manzanas de clase A tienen un peso medio de 150 g, y existe una tolerancia de peso máxima permitida del 5 % por encima o por debajo de la media para las manzanas del mismo paquete de consumo. Se selecciona un lote de manzanas para incluirlo en un paquete de manzanas de clase A. Teniendo en cuenta los siguientes pesos de las manzanas del lote, ¿la fruta cumple con los requisitos de tolerancia de peso de la clase A? Realice una prueba de hipótesis adecuada.

(a) al nivel de significación del 5 %

(b) al nivel de significación del 1 %

Pesos en el lote de manzanas seleccionado (en gramos): 158; 167; 149; 169; 164; 139; 154; 150; 157; 171; 152; 161; 141; 166; 172;

Resúmalo todo: tarea para la casa

130. a. Explique por qué una prueba de bondad de ajuste y una prueba de independencia suelen ser pruebas de cola derecha.
b. Si hiciera una prueba de cola izquierda, ¿qué estaría probando?

Referencias

11.1 Datos sobre la distribución chi-cuadrado

Datos de la *Revista Parade*.

"HIV/AIDS Epidemiology Santa Clara County", Departamento de Salud Pública del condado de Santa Clara, mayo de 2011.

11.2 Prueba de bondad de ajuste

Datos de la Oficina del Censo de EE. UU.

Datos del College Board. Disponible en línea en http://www.collegeboard.com.

Datos de la Oficina del Censo de EE. UU., Current Population Reports.

Ma, Y., E. R. Bertone, E. J. Stanek III, G. W. Reed, J. R. Hebert, N. L. Cohen, P. A. Merriam, I. S. Ockene, "Association between Eating Patterns and Obesity in a Free-living US Adult Population". *American Journal of Epidemiology* volume 158, n.° 1, pages 85-92.

Ogden, Cynthia L., Margaret D. Carroll, Brian K. Kit, Katherine M. Flegal, "Prevalence of Obesity in the United States, 2009–2010". NCHS Data Brief n.° 82, enero de 2012. Disponible en línea en http://www.cdc.gov/nchs/data/databriefs/db82.pdf (consultado el 24 de mayo de 2013).

Stevens, Barbara J., "Multi-family and Commercial Solid Waste and Recycling Survey". Condado de Arlington, VA. Disponible en línea en http://www.arlingtonva.us/departments/EnvironmentalServices/SW/file84429.pdf (consultado el 24 de mayo de 2013).

11.3 Prueba de independencia

DiCamilo, Mark, Mervin Field, "Most Californians See a Direct Linkage between Obesity and Sugary Sodas. Two in Three Voters Support Taxing Sugar-Sweetened Beverages If Proceeds are Tied to Improving School Nutrition and Physical Activity Programs". The Field Poll, publicado el 14 de febrero de 2013. Disponible en línea en http://field.com/fieldpollonline/subscribers/Rls2436.pdf (consultado el 24 de mayo de 2013).

Harris Interactive, "Favorite Flavor of Ice Cream". Disponible en línea en http://www.statisticbrain.com/favorite-flavor-of-ice-cream (consultado el 24 de mayo de 2013)

"Youngest Online Entrepreneurs List". Disponible en línea en http://www.statisticbrain.com/youngest-online-entrepreneur-list (consultado el 24 de mayo de 2013).

11.4 Prueba de homogeneidad

Datos del Insurance Institute for Highway Safety, 2013. Disponible en línea en www.iihs.org/iihs/ratings (consultado el 24 de mayo de 2013).

"Energy use (kg of oil equivalent per capita)". The World Bank, 2013. Disponible en línea en http://data.worldbank.org/indicator/EG.USE.PCAP.KG.OE/countries (consultado el 24 de mayo de 2013).

"Parent and Family Involvement Survey of 2007 National Household Education Survey Program (NHES)", U.S. Department of Education, National Center for Education Statistics. Disponible en línea en http://nces.ed.gov/pubsearch/pubsinfo.asp?pubid=2009030 (consultado el 24 de mayo de 2013).

"Parent and Family Involvement Survey of 2007 National Household Education Survey Program (NHES)", U.S. Department of Education, National Center for Education Statistics. Disponible en línea en http://nces.ed.gov/pubs2009/2009030_sup.pdf (consultado el 24 de mayo de 2013).

11.6 Prueba de una sola varianza

"AppleInsider Price Guides". Apple Insider, 2013. Disponible en línea en http://appleinsider.com/mac_price_guide (consultado el 14 de mayo de 2013).

Datos del Banco Mundial, 5 de junio de 2012.

Soluciones

1. media = 25 y desviación típica = 7,0711

3. cuando el número de grados de libertad es superior a 90

5. $df = 2$

7. una prueba de bondad de ajuste

9. 3

11. 2,04

13. No rechazamos la hipótesis nula. No hay pruebas suficientes que sugieran que las calificaciones observadas en las pruebas sean significativamente diferentes de las esperadas.

15. H_0: la distribución de los casos de sida es según las etnias de la población general del condado de Santa Clara.

17. cola derecha

19. 2016,136

21. Gráfico: Compruebe la solución del estudiante.

Decisión: rechazar la hipótesis nula.

Motivo de la decisión: valor $p <$ alfa

Conclusión (escriba en oraciones completas): La composición de los casos de SIDA no se ajusta a las etnias de la población general del condado de Santa Clara.

23. una prueba de independencia

25. una prueba de independencia

27. 8

29. 6,6

31. 0,0435

33.

Cantidad de cigarrillos por día	Afroamericanos	Nativos de Hawái	Latinos	Japoneses	Blancos	Totales
1-10	9.886	2.745	12.831	8.378	7.650	41.490
11-20	6.514	3.062	4.932	10.680	9.877	35.065
21-30	1.671	1.419	1.406	4.715	6.062	15.273
31 o más	759	788	800	2.305	3.970	8.622
Totales	18.830	8.014	19.969	26.078	27.559	10.0450

Tabla 11.60

35.

Cantidad de cigarrillos por día	Afroamericanos	Nativos de Hawái	Latinos	Japoneses	Blancos
1-10	7.777,57	3.310,11	8.248,02	10.771,29	11.383,01
11-20	6.573,16	2.797,52	6.970,76	9.103,29	9.620,27
21-30	2.863,02	1.218,49	3.036,20	3.965,05	4.190,23
31 o más	1.616,25	687,87	1.714,01	2.238,37	2.365,49

Tabla 11.61

37. 10.301,8

39. derecha

41.
a. rechazar la hipótesis nula.
b. valor p < alfa
c. Hay pruebas suficientes para concluir que el hábito de fumar depende del grupo étnico.

43. prueba de homogeneidad

45. prueba de homogeneidad

47. Todos los valores de la tabla deben ser mayores o iguales a cinco.

49. 3

51. 0,00005

53. una prueba de bondad de ajuste

55. una prueba de independencia

57. Las respuestas variarán. Ejemplo de respuesta: tanto las pruebas de independencia como las de homogeneidad calculan el estadístico de prueba de la misma manera $\sum_{(ij)} \frac{(O-E)^2}{E}$. Además, todos los valores deben ser mayores o iguales a cinco.

59. una prueba de una sola varianza

61. una prueba de cola izquierda

63. H_0: $\sigma^2 = 0{,}81^2$;
H_a: $\sigma^2 > 0{,}81^2$

65. una prueba de una sola varianza

67. 0,0542

69. verdadero

71. falso

73.

Estado civil	Porcentaje	Frecuencia esperada
soltero	31,3	125,2

Tabla 11.62

Estado civil	Porcentaje	Frecuencia esperada
casado	56,1	224,4
viudo	2,5	10
divorciado/separado	10,1	40,4

Tabla 11.62

a. Los datos se ajustan a la distribución.
b. Los datos no se ajustan a la distribución.
c. 3
d. distribución chi-cuadrado con $df = 3$
e. 19,27
f. 0,0002
g. Compruebe la solución del estudiante.
h. i. Alfa = 0,05
   ii. Decisión: Rechazar la hipótesis nula
   iii. Motivo de la decisión: valor $p <$ alfa
   iv. Conclusión: Los datos no se ajustan a la distribución.

75. a. H_0: Los resultados locales siguen la distribución de la población de examinados de AP de EE. UU.
b. H_a: Los resultados locales no siguen la distribución de la población de examinados de AP de EE. UU.
c. $df = 5$
d. distribución chi-cuadrado con $df = 5$
e. estadístico de prueba chi-cuadrado = 13,4
f. valor $p = 0{,}0199$
g. Compruebe la solución del estudiante.
h. i. Alfa = 0,05
   ii. Decisión: Rechazar la hipótesis nula cuando $a = 0{,}05$
   iii. Motivo de la decisión: valor $p <$ alfa
   iv. Conclusión: Los datos locales no se ajustan a la distribución de los examinados de AP.
   v. Decisión: No rechaza la nulidad cuando $a = 0{,}01$
   vi. Conclusión: No hay pruebas suficientes para concluir que los datos locales no siguen la distribución de los examinados de AP de EE. UU.

77. a. H_0: Las especialidades universitarias reales de las mujeres que se gradúan se ajustan a la distribución de sus especialidades esperadas
b. H_a: Las especialidades universitarias reales de las mujeres que se gradúan no se ajustan a la distribución de sus especialidades esperadas
c. $df = 10$
d. distribución chi-cuadrado con $df = 10$
e. estadístico de prueba = 11,48
f. valor $p = 0{,}3211$
g. Compruebe la solución del estudiante.
h. i. Alfa = 0,05
   ii. Decisión: No rechazar la hipótesis nula cuando $a = 0{,}05$ y $a = 0{,}01$
   iii. Motivo de la decisión: valor $p >$ alfa
   iv. Conclusión: No hay pruebas suficientes para concluir que la distribución de las especialidades universitarias reales de las mujeres que se gradúan no se ajusta a la distribución de sus especialidades esperadas.

79. verdadero

81. verdadero

83. falso

85. Las hipótesis para la prueba de bondad de ajuste son:

a. H_0: Los obesos encuestados se ajustan a la distribución de los obesos esperados
b. H_a: Los obesos encuestados no se ajustan a la distribución de los obesos esperados

Utilice una distribución chi-cuadrado con $df = 4$ para evaluar los datos.

El estadístico de prueba es $X^2 = 9{,}85$

El valor $p = 0{,}0431$.

Al nivel de significación del 5 %, = 0,05. Para estos datos, $P < \alpha$. rechaza la hipótesis nula.

Al nivel de significación del 5 %, a partir de los datos, hay pruebas suficientes para concluir que los obesos encuestados no se ajustan a la distribución de obesos esperada.

87.
a. H_0: El tamaño del automóvil es independiente del tamaño de la familia.
b. H_a: El tamaño del automóvil depende del tamaño de la familia.
c. $df = 9$
d. distribución chi-cuadrado con $df = 9$
e. estadístico de prueba = 15,8284
f. valor $p = 0{,}0706$
g. Compruebe la solución del estudiante.
h.
   i. Alfa: 0,05
   ii. Decisión: No rechaza la hipótesis nula.
   iii. Motivo de la decisión: valor $p >$ alfa
   iv. Conclusión: Al nivel de significación del 5 % no hay pruebas suficientes para concluir que el tamaño del automóvil y el tamaño de la familia son dependientes.

89.
a. H_0: Los lugares de la luna de miel son independientes de la edad de la novia.
b. H_a: Los lugares de la luna de miel dependen de la edad de la novia.
c. $df = 9$
d. distribución chi-cuadrado con $df = 9$
e. estadístico de prueba = 15,7027
f. valor $p = 0{,}0734$
g. Compruebe la solución del estudiante.
h.
   i. Alfa: 0,05
   ii. Decisión: No rechaza la hipótesis nula.
   iii. Motivo de la decisión: valor $p >$ alfa
   iv. Conclusión: Con un nivel de significación del 5 % no hay pruebas suficientes para concluir que el lugar de la luna de miel y la edad de la novia son dependientes.

91.
a. H_0: Los tipos de papas fritas que se venden son independientes del lugar.
b. H_a: Los tipos de papas fritas que se venden dependen del lugar.
c. $df = 6$
d. distribución chi-cuadrado con $df = 6$
e. estadístico de prueba =18,8369
f. valor $p = 0{,}0044$
g. Compruebe la solución del estudiante.
h.
   i. Alfa: 0,05
   ii. Decisión: rechaza la hipótesis nula.
   iii. Motivo de la decisión: valor $p <$ alfa
   iv. Conclusión: Al nivel de significación del 5 % hay pruebas suficientes de que los tipos de papas fritas y los lugares son dependientes.

93. a. H_0: El salario es independiente del nivel de estudios.
b. H_a: El salario depende del nivel de estudios.
c. $df = 12$
d. distribución chi-cuadrado con $df = 12$
e. estadístico de prueba = 255,7704
f. valor $p = 0$
g. Compruebe la solución del estudiante.
h. Alfa: 0,05

Decisión: rechaza la hipótesis nula.

Motivo de la decisión: valor $p <$ alfa

Conclusión: Con un nivel de significación del 5 % hay pruebas suficientes para concluir que el salario y el nivel de estudios son dependientes.

95. verdadero

97. verdadero

99. a. H_0: La edad es independiente del patrimonio neto de los emprendedores en línea más jóvenes.
b. H_a: La edad depende del patrimonio neto de los emprendedores en línea más jóvenes.
c. $df = 2$
d. distribución chi-cuadrado con $df = 2$
e. estadístico de prueba = 1,76
f. valor p0,4144
g. Compruebe la solución del estudiante.
h. i. Alfa: 0,05
ii. Decisión: No rechaza la hipótesis nula.
iii. Motivo de la decisión: valor $p >$ alfa
iv. Conclusión: Al nivel de significación del 5 % no hay pruebas suficientes para concluir que la edad y el patrimonio neto de los emprendedores en línea más jóvenes sean dependientes.

101. a. H_0: La distribución de los tipos de personalidad es la misma para ambas especialidades.
b. H_a: La distribución de los tipos de personalidad no es la misma para ambas especialidades.
c. $df = 4$
d. chi-cuadrado con $df = 4$
e. estadístico de prueba = 3,01
f. valor $p = 0{,}5568$
g. Compruebe la solución del estudiante.
h. i. Alfa: 0,05
ii. Decisión: No rechaza la hipótesis nula.
iii. Motivo de la decisión: valor $p >$ alfa
iv. Conclusión: No hay pruebas suficientes para concluir que la distribución de los tipos de personalidad es diferente para las especialidades de Negocios y Ciencias Sociales.

103. a. H_0: La distribución de los peces capturados es igual en el lago Green Valley y en el lago Echo.
b. H_a: La distribución de los peces capturados no igual en el lago Green Valley y en el lago Echo.
c. 3
d. chi-cuadrado con $df = 3$
e. 11,75
f. valor $p = 0{,}0083$
g. Compruebe la solución del estudiante.
h. i. Alfa: 0,05
ii. Decisión: rechaza la hipótesis nula.
iii. Motivo de la decisión: valor $p <$ alfa
iv. Conclusión: Hay pruebas para concluir que la distribución de los peces capturados es diferente en el lago

Green Valley y en el lago Echo

105. a. H_0: La distribución del uso promedio de la energía en Estados Unidos es igual que en Europa entre 2005 y 2010.
b. H_a: La distribución del uso promedio de la energía en Estados Unidos no es igual que en Europa entre 2005 y 2010.
c. $df = 4$
d. chi-cuadrado con $df = 4$
e. estadístico de prueba = 2,7434
f. valor $p = 0{,}7395$
g. Compruebe la solución del estudiante.
h. i. Alfa: 0,05
ii. Decisión: No rechaza la hipótesis nula.
iii. Motivo de la decisión: valor $p >$ alfa
iv. Conclusión: Al nivel de significación del 5 % no hay pruebas suficientes para concluir que los valores medios de uso de energía en EE. UU. y la UE no proceden de distribuciones diferentes para el periodo de 2005 a 2010.

107. a. H_0: La distribución del uso de la tecnología es igual para los estudiantes de colegios universitarios comunitarios y para los estudiantes universitarios.
b. H_a: La distribución del uso de la tecnología no es igual para los estudiantes de colegios universitarios comunitarios que para los estudiantes universitarios.
c. 2
d. chi-cuadrado con $df = 2$
e. 7,05
f. valor $p = 0{,}0294$
g. Compruebe la solución del estudiante.
h. i. Alfa: 0,05
ii. Decisión: rechaza la hipótesis nula.
iii. Motivo de la decisión: valor $p <$ alfa
iv. Conclusión: Hay pruebas suficientes para concluir que la distribución del uso de la tecnología para las tareas en casa de Estadística no es la misma para los estudiantes de Estadística en colegios universitarios comunitarios y en universidades.

110. 225

112. H_0: $\sigma^2 \leq 150$

114. 36

116. Compruebe la solución del estudiante.

118. La afirmación es que la varianza no es superior a 150 minutos.

120. una distribución t de Student *o* normal

122. a. H_0: $\sigma = 15$
b. H_a: $\sigma > 15$
c. $df = 42$
d. chi-cuadrado con $df = 42$
e. estadístico de prueba = 26,88
f. valor $p = 0{,}9663$
g. Compruebe la solución del estudiante.

h.
   i. Alfa = 0,05
   ii. Decisión: no rechazar la hipótesis nula.
   iii. Motivo de la decisión: valor $p >$ alfa
   iv. Conclusión: no hay pruebas suficientes para concluir que la desviación típica es superior a 15.

124.
a. H_0: $\sigma \leq 3$
b. H_a: $\sigma > 3$
c. $df = 17$
d. distribución chi-cuadrado con $df = 17$
e. estadístico de prueba = 28,73
f. valor p= 0,0371
g. Compruebe la solución del estudiante.
h.
   i. Alfa: 0,05
   ii. Decisión: rechaza la hipótesis nula.
   iii. Motivo de la decisión: valor $p <$ alfa
   iv. Conclusión: Hay pruebas suficientes para concluir que la desviación típica es superior a tres.

126.
a. H_0: $\sigma = 2$
b. H_a: $\sigma \neq 2$
c. $df = 14$
d. distribución chi-cuadrado con $df = 14$
e. estadístico de prueba chi-cuadrado = 5,2094
f. valor p= 0,0346
g. Compruebe la solución del estudiante.
h.
   i. Alfa = 0,05
   ii. Decisión: Rechace la hipótesis nula
   iii. Motivo de la decisión: valor $p <$ alfa
   iv. Conclusión: Hay pruebas suficientes para concluir que la desviación típica es diferente de 2.

128. La desviación típica de la muestra es de 34,29 dólares.

$H_0 : \sigma^2 = 25^2$
$H_a : \sigma^2 > 25^2$

$df = n - 1 = 7$.

estadístico de prueba: $x^2 = x_7^2 = \frac{(n-1)s^2}{25^2} = \frac{(8-1)(34{,}29)^2}{25^2} = 13{,}169$;

valor p: $P\left(x_7^2 > 13{,}169\right) = 1 - P\left(x_7^2 \leq 13{,}169\right) = 0{,}0681$

Alfa: 0,05

Decisión: No rechazar la hipótesis nula.

Motivo de la decisión: valor $p >$ alfa

Conclusión: al nivel del 5 % no hay pruebas suficientes para concluir que la varianza es superior a 625.

130.
a. El estadístico de prueba siempre es positivo y si los valores esperados y observados no están próximos, el estadístico de prueba es grande y se rechazará la hipótesis nula.
b. Comprobación para verificar si los datos se ajustan a la distribución “demasiado bien” o son demasiado perfectos.

12 REGRESIÓN LINEAL Y CORRELACIÓN

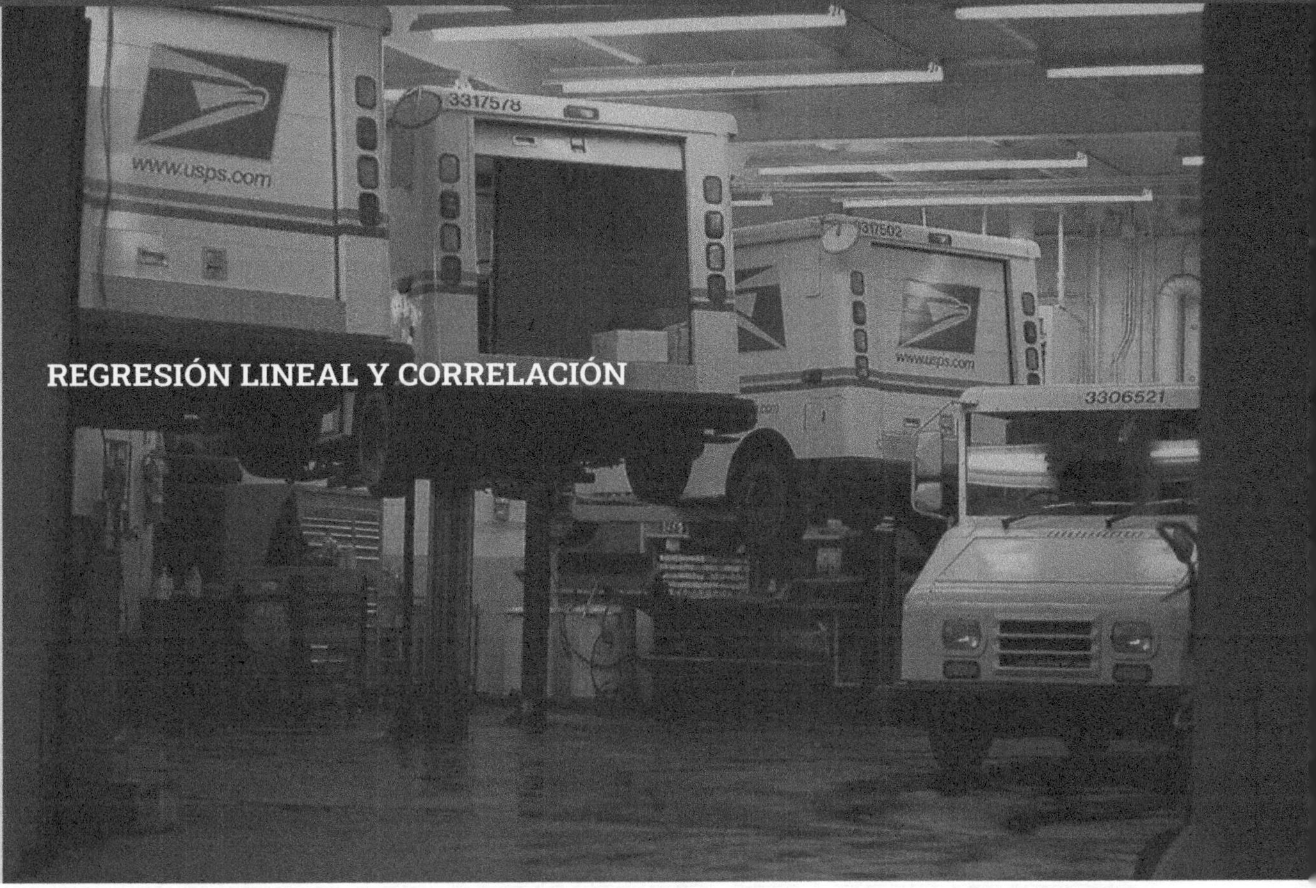

Figura 12.1 La regresión lineal y la correlación pueden ayudarlo a determinar si el salario de un mecánico de automóviles está relacionado con su experiencia laboral (créditos: Joshua Rothhaas).

Objetivos del Capítulo

Al final de este capítulo el estudiante podrá:

- Debatir sobre las ideas básicas de la regresión lineal y la correlación.
- Crear e interpretar la línea de mejor ajuste.
- Calcular e interpretar el coeficiente de correlación.
- Calcular e interpretar los valores atípicos.

Introducción

Los profesionales a menudo quieren saber cómo se relacionan dos o más variables numéricas. Por ejemplo, ¿existe una relación entre la calificación del segundo examen de Matemáticas que toma un estudiante y la calificación del examen final? Si hay una relación, ¿cuál es la relación y cuán fuerte es?

En otro ejemplo, puede que sus ingresos los determinen su educación, su profesión, sus años de experiencia y su capacidad. La cantidad que se paga a un reparador por la mano de obra suele estar determinada por una cantidad inicial más una tarifa por hora.

Los datos que se describen en los ejemplos son **bivariados**: "bi" de dos variables. En realidad, los estadísticos utilizan datos **multivariantes**, es decir, muchas variables.

En este capítulo, se estudiará la forma más sencilla de regresión: la "regresión lineal" con una variable independiente (x). Se trata de datos que se ajustan a una línea en dos dimensiones. También estudiará la correlación, que mide la fuerza de la relación.

12.1 Ecuaciones lineales

La regresión lineal para dos variables se basa en una ecuación lineal con una variable independiente. La ecuación tiene la forma

$$y = a + \mathrm{bx}$$

donde *a* y *b* son números constantes.

La variable ***x* es la variable independiente, y *y* es la variable dependiente.** Normalmente, se elige un valor para sustituir la variable independiente y luego se resuelve la variable dependiente.

EJEMPLO 12.1

Los siguientes ejemplos son ecuaciones lineales.

$$y = 3 + 2\mathrm{x}$$
$$y = -0{,}01 + 1{,}2\mathrm{x}$$

INTÉNTELO 12.1

¿El siguiente es un ejemplo de ecuación lineal?

$y = -0{,}125 - 3{,}5x$

El gráfico de una ecuación lineal de la forma $y = a + bx$ es una **línea recta**. Cualquier línea que no sea vertical puede ser descrita por esta ecuación.

EJEMPLO 12.2

Grafique la ecuación $y = -1 + 2x$.

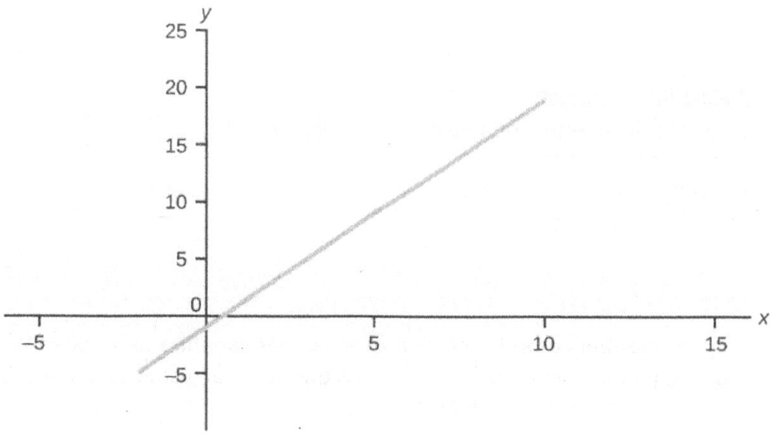

Figura 12.2

INTÉNTELO 12.2

¿El siguiente es un ejemplo de ecuación lineal? ¿Por qué sí o por qué no?

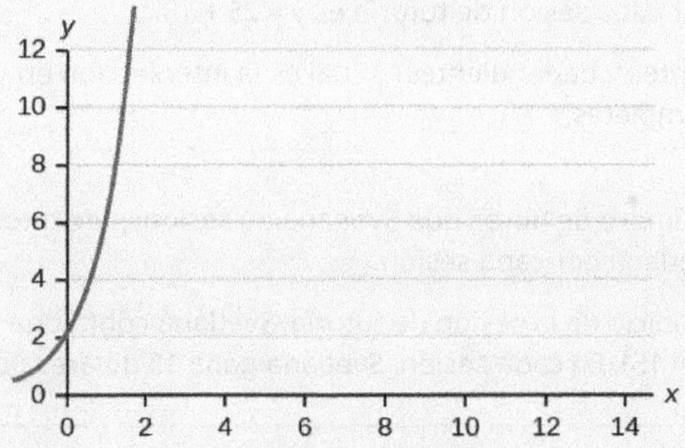

Figura 12.3

EJEMPLO 12.3

Aaron's Word Processing Service (AWPS) se encarga del procesamiento de textos. La tarifa de los servicios es de 32 dólares por hora, más un cargo único de 31,50 dólares. El costo total para un cliente depende del número de horas que se tarda en realizar el trabajo.

Calcule la ecuación que expresa el **costo total** en términos del **número de horas** necesarias para completar el trabajo.

Solución 1

Supongamos que x = el número de horas que se necesita para realizar el trabajo.
Supongamos que y = el costo total para el cliente.

Los 31,50 dólares son un costo fijo. Si se tarda x horas en completar el trabajo, entonces $(32)(x)$ es el costo del procesamiento de textos solamente. El costo total es: $y = 31{,}50 + 32x$

INTÉNTELO 12.3

Emma's Extreme Sports contrata a los instructores de ala delta y les paga una cuota de 50 dólares por clase, así como 20 dólares por estudiante en la clase. El costo total que paga Emma depende del número de estudiantes de una clase. Halle la ecuación que exprese el costo total en función del número de estudiantes de una clase.

Pendiente e intersección en *Y* de una ecuación lineal

Para la ecuación lineal $y = a + bx$, b = pendiente y a = intersección en y. De Álgebra recuerde que la pendiente es un número que describe la inclinación de una línea, y la intersección en y es la coordenada y del punto $(0, a)$ donde la línea cruza el eje y.

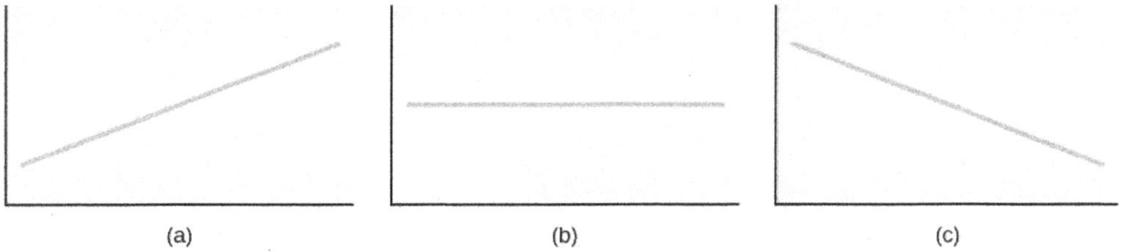

Figura 12.4 Tres posibles gráficos de $y = a + bx$. (a) Si $b > 0$, la línea tiene pendiente ascendente hacia la derecha. (b) Si $b = 0$, la línea es horizontal. (c) Si $b < 0$, la línea tiene pendiente descendente hacia la derecha.

EJEMPLO 12.4

Svetlana da clases particulares para ganar dinero adicional para sus estudios superiores. Por cada sesión de tutoría cobra una cuota única de 25 dólares más 15 dólares por hora de tutoría. Una ecuación lineal que expresa la cantidad total de dinero que gana Svetlana por cada sesión de tutoría es $y = 25 + 15x$.

¿Cuáles son las variables independientes y dependientes? ¿Cuál es la intersección en y y cuál es la pendiente? Interprételos utilizando oraciones completas.

Solución 1

La variable independiente (x) es el número de horas que Svetlana da sesiones de tutoría. La variable dependiente (y) es la cantidad, en dólares, que gana Svetlana por cada sesión.

La intersección en y es 25 ($a = 25$). Al inicio de la sesión de tutoría, Svetlana cobra una cuota única de 25 dólares (esto es cuando $x = 0$). La pendiente es 15 ($b = 15$). En cada sesión, Svetlana gana 15 dólares por cada hora de tutoría.

INTÉNTELO 12.4

Ethan repara electrodomésticos como lavavajillas y frigoríficos. Por cada visita, cobra 25 dólares más 20 dólares por hora de trabajo. Una ecuación lineal que expresa la cantidad total de dinero que gana Ethan por visita es $y = 25 + 20x$.

¿Cuáles son las variables independientes y dependientes? ¿Cuál es la intersección en y y cuál es la pendiente? Interprételos utilizando oraciones completas.

12.2 Diagramas de dispersión

Antes de retomar el análisis de la regresión lineal y la correlación, necesitamos examinar una forma de mostrar la relación entre dos variables de la x y de la y. La forma más común y sencilla es el **diagrama de dispersión**. El siguiente ejemplo ilustra un diagrama de dispersión.

EJEMPLO 12.5

En Europa y Asia, el comercio móvil es muy popular. Los usuarios del comercio móvil disponen de teléfonos móviles especiales que funcionan como monederos electrónicos y ofrecen servicios de telefonía e internet. Los usuarios pueden hacer de todo: desde pagar el estacionamiento hasta comprar un televisor o una gaseosa en una máquina, pasando por realizar operaciones bancarias o consultar los resultados deportivos en internet. En el periodo que va desde 2000 hasta 2004, ¿existe alguna relación entre el año y el número de usuarios de comercio móvil? Construya un diagrama de dispersión. Supongamos que la x = el año y la y = el número de usuarios de comercio móvil, en millones.

x (año)	y (número de usuarios)
2000	0,5
2002	20,0
2003	33,0
2004	47,0

Tabla 12.1 Tabla que muestra el número de usuarios de comercio móvil (en millones) por año.

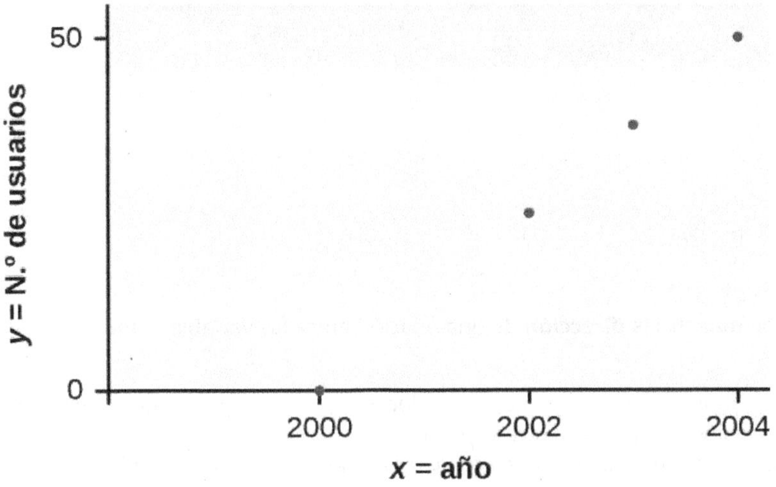

Figura 12.5 Diagrama de dispersión que muestra el número de usuarios de comercio móvil (en millones) por año.

USO DE LAS CALCULADORAS TI-83, 83+, 84, 84+

Para crear un diagrama de dispersión:

1. Introduzca sus datos X en la lista L1 y sus datos Y en la lista L2.
2. Pulse 2nd STATPLOT ENTER para utilizar Plot 1. En la pantalla de entrada de PLOT 1, resalte On y pulse ENTER. (Asegúrese de que los otros gráficos estén deshabilitados).
3. Para TYPE: resalte el primer ícono, que es el diagrama de dispersión, y pulse ENTER.
4. Para Xlist:, introduzca L1 ENTER y para Ylist: L2 ENTER.
5. Para Mark: no importa qué símbolo resalte, aunque el cuadrado es el más visible. Pulse ENTER.
6. Verifique que no haya otras ecuaciones que puedan trazarse. Pulse Y = y borre las ecuaciones.
7. Pulse la tecla ZOOM y luego el número 9 (para la opción de menú "ZoomStat"); la calculadora ajustará la ventana a los datos. Puede pulsar WINDOW para ver la escala de los ejes.

INTÉNTELO 12.5

Amelia juega baloncesto en su escuela secundaria. Quiere mejorar para jugar a nivel universitario. Se da cuenta de que el número de puntos que anota en un partido aumenta en respuesta al número de horas que practica su lanzamiento en suspensión cada semana. Ella anota los siguientes datos:

X (horas practicando el lanzamiento en suspensión)	*Y* (puntos anotados en un partido)
5	15
7	22
9	28
10	31
11	33

Tabla 12.2

X (horas practicando el lanzamiento en suspensión)	*Y* (puntos anotados en un partido)
12	36

Tabla 12.2

Construya un diagrama de dispersión e indique si lo que piensa Amelia sería cierto.

El diagrama de dispersión muestra la **dirección** de una relación entre las variables. Una dirección clara ocurre cuando hay:

- Valores altos de una variable que se producen con valores altos de la otra variable o valores bajos de una variable que se producen con valores bajos de la otra variable.
- Valores altos de una variable que se producen con valores bajos de la otra variable.

Puede determinar la **fuerza** de la relación al observar en diagrama de dispersión lo cerca que están los puntos de una línea, una función de potencia, una función exponencial o algún otro tipo de función. Para la relación lineal hay una excepción. Considere un diagrama de dispersión en el que todos los puntos caen sobre una línea horizontal que proporciona un "ajuste perfecto". De hecho, la línea horizontal no mostraría ninguna relación.

Cuando se observa un diagrama de dispersión, hay que fijarse en el **patrón general** y en las **desviaciones** del patrón. Los siguientes ejemplos de diagramas de dispersión ilustran estos conceptos.

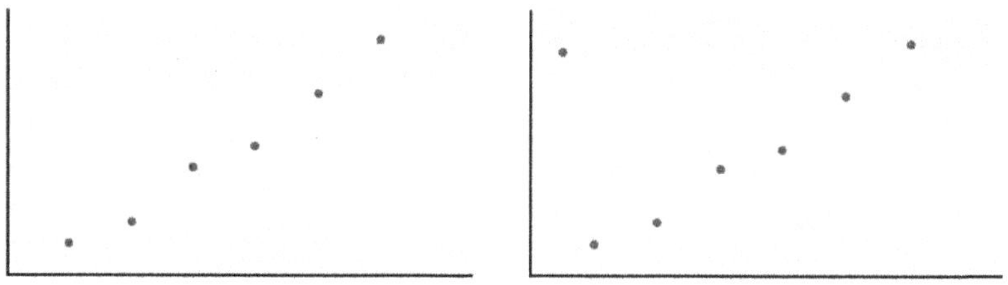

(a) Patrón lineal positivo (fuerte) (b) Patrón lineal con una desviación

Figura 12.6

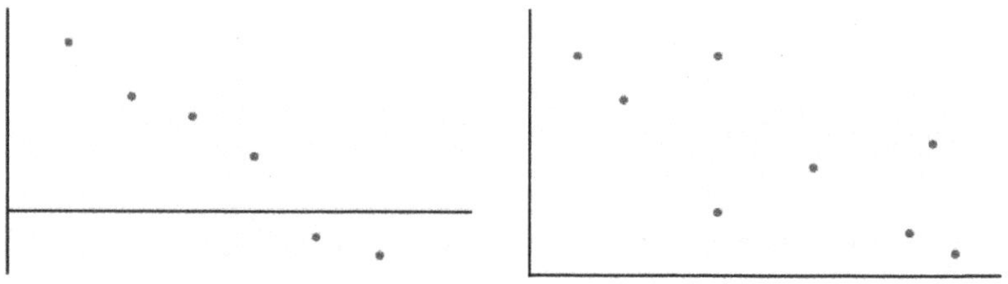

(a) Patrón lineal negativo (fuerte) (b) Patrón lineal negativo (débil)

Figura 12.7

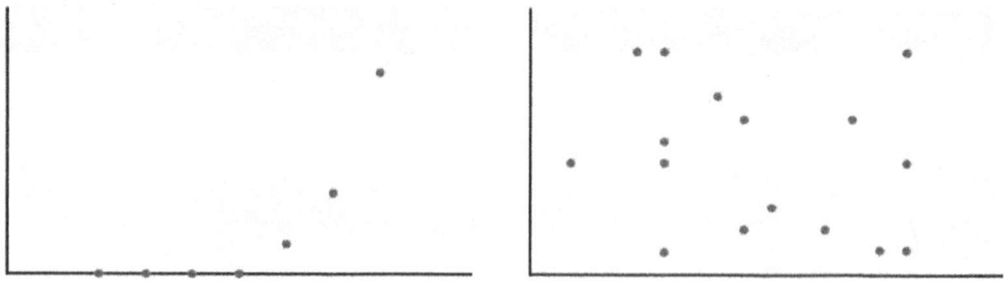

(a) Patrón de crecimiento exponencial (b) Sin patrón

Figura 12.8

En este capítulo, nos interesan los diagramas de dispersión que muestran un patrón lineal. Los patrones lineales son bastante comunes. La relación lineal es fuerte si los puntos se acercan a una línea recta, excepto en el caso de una línea horizontal donde no hay relación. Si pensamos que los puntos muestran una relación lineal, nos gustaría dibujar una línea en el diagrama de dispersión. Esta línea se calcula mediante un proceso denominado **regresión lineal**. Sin embargo, solo calculamos una línea de regresión si una de las variables explica o predice la otra variable. Si la *x* es la variable independiente, mientras que la *y* es la variable dependiente, podemos utilizar una línea de regresión para predecir la *y* para un valor dado de la *x*

12.3 La ecuación de regresión

Los datos rara vez se ajustan exactamente a una línea recta. Por lo general, hay que conformarse con predicciones aproximadas. Normalmente, se tiene un conjunto de datos cuyo diagrama de dispersión parece **"ajustarse"** a una línea recta. Esto se llama **línea de mejor ajuste o línea de mínimos cuadrados**.

EJERCICIO COLABORATIVO

Si conoce la longitud del dedo meñique (el más pequeño) de una persona, ¿cree que podría predecir su altura? Recopile los datos de su clase (longitud del dedo meñique, en pulgadas). La variable independiente, *x*, es la longitud del dedo meñique y la variable dependiente, *y*, es la altura. Para cada conjunto de datos, trace los puntos en papel cuadriculado. Haga su gráfico lo suficientemente grande y **utilice una regla**. Luego, "a ojo", dibuja una línea que parezca "ajustarse" a los datos. Para su línea, elija dos puntos convenientes y utilícelos para calcular la pendiente de la línea. Halle la intersección *y* de la línea extendiendo su línea para que cruce el eje *y*. Con las pendientes y las intersecciones en *y*, escriba su ecuación de "mejor ajuste". ¿Cree que todos tendrán la misma ecuación? ¿Por qué sí o por qué no? Según su ecuación, ¿cuál es la altura prevista para una longitud del meñique de 2,5 pulgadas?

EJEMPLO 12.6

Una muestra aleatoria de 11 estudiantes de Estadística produjo los siguientes datos, donde *x* es la calificación del tercer examen sobre 80, y *y* es la calificación del examen final sobre 200. ¿Puede predecir la nota del examen final de un estudiante al azar si conoce la nota del tercer examen?

x (calificación del tercer examen)	y (calificación del examen final)
65	175
67	133
71	185
71	163
66	126
75	198
67	153
70	163
71	159
69	151
69	159

Tabla 12.3 Tabla que muestra las calificaciones del examen final basadas en las calificaciones del tercer examen.

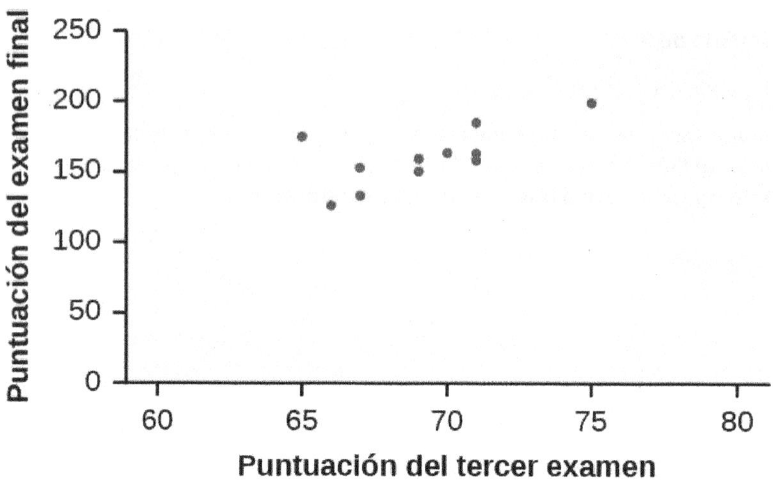

Figura 12.9 Diagrama de dispersión que muestra las calificaciones del examen final con base en las del tercer examen.

INTÉNTELO 12.6

Los buceadores tienen tiempos máximos de inmersión que no pueden superar cuando van a diferentes profundidades. Los datos en la Tabla 12.4 muestran diferentes profundidades con los tiempos máximos de inmersión en minutos. Use su calculadora para hallar la línea de regresión de mínimos cuadrados y predecir el tiempo máximo de inmersión para 110 pies.

X (profundidad en pies)	*Y* (tiempo máximo de inmersión)
50	80
60	55
70	45
80	35
90	25
100	22

Tabla 12.4

La puntuación del tercer examen, *x*, es la variable independiente y la puntuación del examen final, *y*, es la variable dependiente. Trazaremos la línea de regresión que mejor se "ajuste" a los datos. Si cada uno de ustedes ajustara una línea "a ojo", trazarían líneas diferentes. Podemos utilizar lo que se llama una **línea de regresión por mínimos cuadrados** para obtener la línea de mejor ajuste.

Considere el siguiente diagrama. Cada punto de los datos tiene la forma (x, y) y cada punto de la línea de mejor ajuste utilizando la regresión lineal por mínimos cuadrados tiene la forma $(x, \hat{y})$.

La $\hat{y}$ se lee **"estimador de *y*"**, a la vez que es el **valor estimado de *y***. Es el valor de *y* obtenido mediante la línea de regresión. Generalmente no es igual a la *y* de los datos.

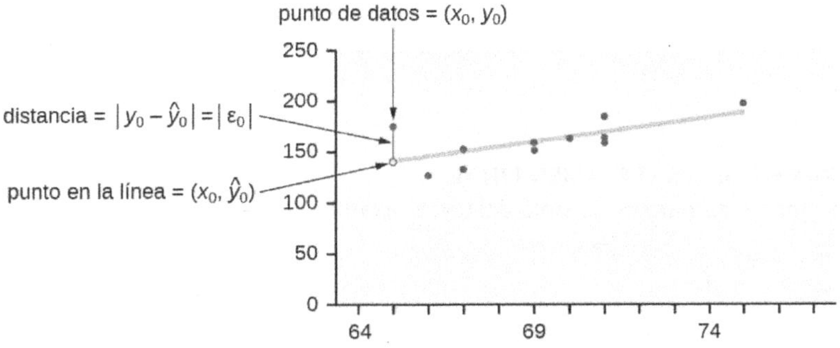

Figura 12.10

El término $y_0 - \hat{y}_0 = \varepsilon_0$ se denomina **"error" o residual**. No es un error en el sentido de una equivocación. El **valor absoluto del residual** mide la distancia vertical entre el valor real de *y*, además del valor estimado de *y*. En otras palabras, mide la distancia vertical entre el punto de datos real y el punto previsto en la línea.

Si el punto de datos observado se encuentra por encima de la línea, el residuo es positivo y la línea subestima el valor real de los datos para *y*. Si el punto de datos observado se encuentra por debajo de la línea, el residuo es negativo y la línea sobreestima ese valor de datos real para *y*.

En el diagrama de la Figura 12.10, $y_0 - \hat{y}_0 = \varepsilon_0$ es el residual del punto mostrado. Aquí el punto está por encima de la línea y el residuo es positivo.

ε = la letra griega **épsilon**

Para cada punto de datos, puede calcular los residuales o errores, $y_i - \hat{y}_i = \varepsilon_i$ para $i = 1, 2, 3, ..., 11$.

Cada $|\varepsilon|$ es una distancia vertical.

Para el ejemplo de las puntuaciones del tercer examen y del examen final de los 11 estudiantes de Estadística, hay 11 puntos de datos. Por lo tanto, hay 11 valores ε. Si se eleva al cuadrado cada ε y se suma, se obtiene

$$(\varepsilon_1)^2 + (\varepsilon_2)^2 + ... + (\varepsilon_{11})^2 = \sum_{i=1}^{11} \varepsilon^2$$

Esto se denomina **suma de errores al cuadrado (Sum of Squared Errors, SSE)**.

Utilizando el cálculo, puede determinar los valores de *a* y *b* que hacen que la **SSE** sea un mínimo. Cuando hace la **SSE** un mínimo, ha determinado los puntos que están en la línea de mejor ajuste. Resulta que la línea de mejor ajuste tiene la ecuación:

$$\hat{y} = a + bx$$

donde $a = \bar{y} - b\bar{x}$ y $b = \frac{\Sigma(x-\bar{x})(y-\bar{y})}{\Sigma(x-\bar{x})^2}$.

Las medias muestrales de los valores *x* y los valores *y* son $\bar{x}$ y $\bar{y}$, respectivamente. La línea de mejor ajuste siempre pasa por el punto $(\bar{x}, \bar{y})$.

La pendiente *b* puede escribirse como $b = r\left(\frac{s_y}{s_x}\right)$ donde s_y = la desviación típica de los valores de *y* y s_x = la desviación típica de los valores *x*. *r* es el coeficiente de correlación, que se analiza en la siguiente sección.

Criterio de mínimos cuadrados para el mejor ajuste

El proceso de ajuste de la línea de mejor ajuste se denomina **regresión lineal**. La idea de hallar la línea de mejor ajuste se basa en la suposición de que los datos están dispersos alrededor de una línea recta. El criterio para la línea de mejor ajuste es que la suma de errores al cuadrado (SSE) se minimice, es decir, que sea lo más pequeña posible. Cualquier otra línea que se elija tendrá una SSE mayor que la línea de mejor ajuste. Esta línea de mejor ajuste se denomina **línea de regresión por mínimos cuadrados** .

Nota

Las hojas de cálculo, los softwares estadísticos y muchas calculadoras pueden calcular rápidamente la línea de mejor ajuste y crear los gráficos. Los cálculos suelen ser tediosos si se hacen a mano. Al final de esta sección se muestran las instrucciones para utilizar las calculadoras TI-83, TI-83+ y TI-84+ para hallar la línea de mejor ajuste y crear un diagrama de dispersión.

EJEMPLO DEL TERCER EXAMEN versus el EXAMEN FINAL:
El gráfico de la línea de mejor ajuste para el ejemplo del tercer examen o examen final es el siguiente:

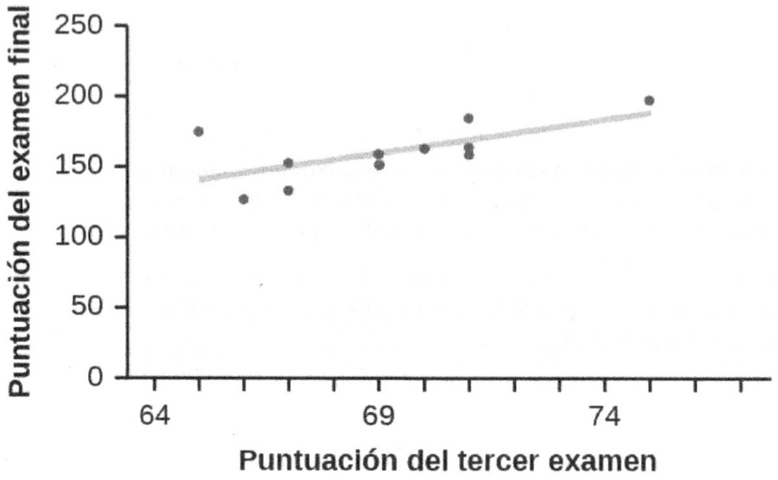

Figura 12.11

La línea de regresión de mínimos cuadrados (línea de mejor ajuste) para el ejemplo del tercer examen o examen final viene dada por la ecuación:

$$\hat{y} = -173{,}51 + 4{,}83x$$

Recordatorio

Recuerde que siempre es importante trazar primero un diagrama de dispersión. Si el diagrama de dispersión indica que existe una relación lineal entre las variables, entonces es razonable utilizar una línea de mejor ajuste para hacer predicciones para *y* dada *x* dentro del dominio de los valores de *x* en los datos de la muestra, **pero no necesariamente para los valores de *x* fuera de ese dominio**. Podría utilizar la línea para predecir la puntuación del examen final de un estudiante que obtuvo una puntuación de 73 en el tercer examen. NO debería utilizar la línea para predecir la puntuación del examen final de un estudiante que obtuvo una puntuación de 50 en el tercer examen, porque 50 no está dentro del dominio de los valores de *x* de los datos de la muestra, que están entre 65 y 75.

ENTENDER LA PENDIENTE

La pendiente de la línea, *b*, describe cómo se relacionan los cambios en las variables. Es importante interpretar la pendiente de la línea en el contexto de la situación representada por los datos. Debería ser capaz de escribir una frase interpretando la pendiente en inglés sencillo.

INTERPRETACIÓN DE LA PENDIENTE: La pendiente de la línea de mejor ajuste nos indica cómo cambia la variable dependiente (*y*) por cada incremento unitario de la variable independiente (*x*), en promedio.

EJEMPLO DEL TERCER EXAMEN versus el EXAMEN FINAL
Pendiente: La pendiente de la línea es $b = 4{,}83$.
Interpretación: Por un aumento de un punto en la puntuación del tercer examen, la puntuación del examen final aumenta en 4,83 puntos, en promedio.

USO DE LAS CALCULADORAS TI-83, 83+, 84, 84+

Uso de la prueba T de regresión lineal: LinRegTTest

1. En el editor de listas STAT introduzca los datos X en la lista L1 y los datos Y en la lista L2 emparejados de forma que los valores (*x*,*y*) correspondientes estén uno al lado del otro en las listas (si un par de valores concreto se repite, introdúzcalo tantas veces como aparezca en los datos).
2. En el menú STAT TESTS, desplácese hacia abajo con el cursor para seleccionar LinRegTTest (tenga cuidado al seleccionar LinRegTTest, ya que algunas calculadoras pueden tener también un elemento diferente llamado LinRegTInt).
3. En la pantalla de entrada de LinRegTTest introduzca: Xlist: L1 ; Ylist: L2 ; Freq: 1
4. En la línea siguiente, en la indicación β o ρ, resalte "≠ 0" y pulse ENTER.
5. Deje en blanco la línea "RegEq:"
6. Resalte Calculate (Calcular) y pulse ENTER.

Pantalla de entrada y de salida de LinRegTTest

LinRegTTest
Xlist: L1
Ylist: L2
Frec: 1
β o ρ: [≠0] <0 >0
RegEQ:
Calcular

Calculadoras TI-83+ y TI-84+

LinRegTTest
y = a + bx
$\beta \neq 0$ y $\rho \neq 0$
t = 2,657560155
p = 0,0261501512
df = 9
↓a = –173,513363
b = 4,827394209
s = 16,41237711
r^2 = 0,4396931104
r = ,663093591

Figura 12.12

La pantalla de salida contiene mucha información. Por ahora nos centraremos en algunos elementos de la salida, y volveremos más tarde a los demás elementos.

La segunda línea señala $y = a + bx$. Desplácese hacia abajo para hallar los valores $a = -173{,}513$, y $b = 4{,}8273$; la ecuación de la línea de mejor ajuste es $\hat{y} = -173{,}51 + 4{,}83x$

Los dos elementos de la parte inferior son $r_2 = 0{,}43969$ y $r = 0{,}663$. Por ahora, basta con observar dónde hallar estos valores; los analizaremos en las dos próximas secciones.

Graficar el diagrama de dispersión y la línea de regresión

1. Suponemos que sus datos X ya están introducidos en la lista L1 y sus datos Y están en la lista L2
2. Pulse 2nd STATPLOT ENTER para utilizar Plot 1
3. En la pantalla de entrada de PLOT 1, resalte **On**, y pulse ENTER
4. Para TYPE: resalte el primer ícono que es el diagrama de dispersión y pulse ENTER.
5. Indique Xlist: L1 y Ylist: L2
6. Para Mark: no importa el símbolo que resalte.
7. Pulse la tecla ZOOM y luego el número 9 (para la opción de menú "ZoomStat"); la calculadora ajustará la ventana a los datos
8. Para graficar la línea de mejor ajuste, presione la tecla "Y=" y escriba la ecuación –173,5 + 4,83X en la ecuación Y1 (la tecla X está inmediatamente a la izquierda de la tecla STAT). Vuelva a pulsar ZOOM 9 para graficarla.
9. Opcional: Si desea cambiar la ventana de visualización, pulse la tecla WINDOW. Introduzca la ventana deseada mediante Xmin, Xmax, Ymin, Ymax

NOTA

Otra forma de graficar la línea después de crear un diagrama de dispersión es utilizar LinRegTTest

1. Asegúrese de haber hecho el diagrama de dispersión. Compruébelo en su pantalla.
2. Vaya a LinRegTTest e introduzca las listas.
3. En RegEq: pulse VARS y la flecha hacia Y-VARS. Pulse 1 para 1:Function. Pulse 1 para 1:Y1. A continuación, use la fecha hacia abajo a Calculate y haga el cálculo de la línea de mejor ajuste.
4. Pulse Y = (verá la ecuación de regresión).
5. Pulse GRAPH. Se trazará la línea".

El coeficiente de correlación *r*

Además de mirar el diagrama de dispersión y ver que una línea parece razonable, ¿cómo se puede saber si la línea es un buen predictor? Utilice el coeficiente de correlación como otro indicador (además del diagrama de dispersión) de la fuerza de la relación entre *x* y *y*.

El **coeficiente de correlación, *r***, desarrollado por Karl Pearson a principios del siglo XX, es numérico y proporciona una medida de la fuerza y la dirección de la asociación lineal entre la variable independiente *x* y la variable dependiente *y*.

El coeficiente de correlación se calcula como

$$r = \frac{n\Sigma(xy) - (\Sigma x)(\Sigma y)}{\sqrt{\left[n\Sigma x^2 - (\Sigma x)^2\right]\left[n\Sigma y^2 - (\Sigma y)^2\right]}}$$

donde n = el número de puntos de datos.

Si se sospecha que existe una relación lineal entre *x* y *y*, entonces *r* puede medir la fuerza de la relación lineal.

Lo que nos dice el VALOR de *r*:

- El valor de *r* está siempre entre -1 y +1: $-1 \le r \le 1$.
- El tamaño de la correlación *r* indica la fuerza de la relación lineal entre *x* y *y*. Los valores de *r* cercanos a -1 o a +1 indican una relación lineal más fuerte entre *x* y *y*.
- Si $r = 0$ es probable que no haya correlación lineal. Sin embargo, es importante ver el diagrama de dispersión, porque los datos que muestran un patrón curvo u horizontal pueden tener una correlación de 0.
- Si $r = 1$, hay una correlación positiva perfecta. Si $r = -1$, hay una correlación negativa perfecta. En ambos casos, todos los puntos de datos originales se encuentran en una línea recta. Por supuesto, en el mundo real, esto no suele ocurrir.

Lo que nos dice el SIGNO de *r*

- Un valor positivo de *r* significa que cuando *x* aumenta, *y* tiende a aumentar y cuando *x* disminuye, *y* tiende a disminuir **(correlación positiva)**.
- Un valor negativo de *r* significa que cuando *x* aumenta, *y* tiende a disminuir y cuando *x* disminuye, *y* tiende a aumentar **(correlación negativa)**.
- El signo de *r* es el mismo que el de la pendiente, *b*, de la línea de mejor ajuste.

Nota

Una fuerte correlación no sugiere que *x* sea la causa de *y* o que *y* sea la causa de *x*. Decimos que **"la correlación no implica causalidad"**.

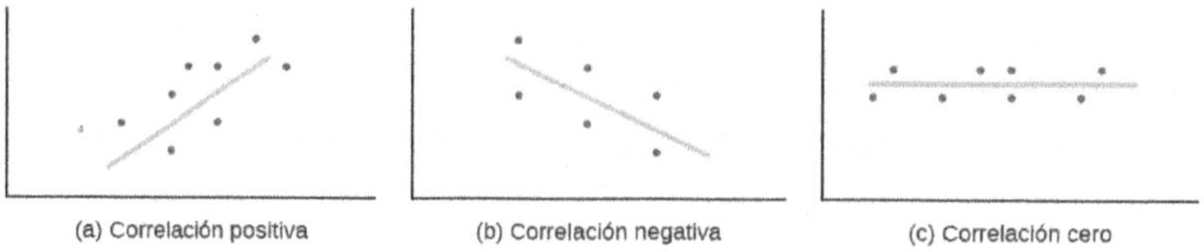

Figura 12.13 (a) Un diagrama de dispersión que muestra datos con una correlación positiva. $0 < r < 1$ (b) Un diagrama de dispersión que muestra datos con una correlación negativa. $-1 < r < 0$ (c) Un diagrama de dispersión que muestra

datos con una correlación cero. $r = 0$

La fórmula de r parece formidable. Sin embargo, las hojas de cálculo, los softwares estadísticos y muchas calculadoras pueden calcular rápidamente r. El coeficiente de correlación r es el elemento inferior de las pantallas de salida de LinRegTTest en las calculadoras TI-83, TI-83+ o TI-84+ (vea la sección anterior para las instrucciones).

El coeficiente de determinación

La variable r^2 se denomina el coeficiente de determinación y es el cuadrado del coeficiente de correlación, pero suele indicarse en porcentaje, en lugar de en forma decimal. Tiene una interpretación en el contexto de los datos:

- r^2, cuando se expresa en porcentaje, representa el porcentaje de variación de la variable dependiente (predicha) y que puede explicarse por la variación de la variable independiente (explicativa) x utilizando la línea de regresión (de mejor ajuste).
- $1 - r^2$, cuando se expresa como porcentaje, representa el porcentaje de variación en y que NO se explica por la variación en x utilizando la línea de regresión. Esto puede verse como la dispersión de los puntos de datos observados en torno a la línea de regresión.

Considere el ejemplo del tercer examen o examen final introducido en la sección anterior

- La línea de mejor ajuste es: $\hat{y} = -173,51 + 4,83x$
- El coeficiente de correlación es $r = 0,6631$
- El coeficiente de determinación es $r^2 = 0,6631^2 = 0,4397$
- **Interpretación de r^2 en el contexto de este ejemplo:**
- Aproximadamente el 44 % de la variación (0,4397 es aproximadamente 0,44) en las notas del examen final puede explicarse por la variación en las notas del tercer examen, utilizando la línea de regresión de mejor ajuste.
- Por lo tanto, aproximadamente el 56 % de la variación (1 – 0,44 = 0,56) en las notas del examen final NO puede explicarse por la variación en las notas del tercer examen, utilizando la línea de regresión de mejor ajuste. (Esto se ve como la dispersión de los puntos alrededor de la línea).

12.4 Comprobación de la importancia del coeficiente de correlación

El coeficiente de correlación, r, nos indica la fuerza y la dirección de la relación lineal entre la x y la y. Sin embargo, la fiabilidad del modelo lineal también depende del número de puntos de datos observados en la muestra. Tenemos que observar tanto el valor del coeficiente de correlación r como el tamaño de la muestra n, conjuntamente.

Realizamos una prueba de hipótesis de la **"significación del coeficiente de correlación"** para decidir si la relación lineal en los datos de la muestra es lo suficientemente fuerte como para utilizarla para modelar la relación en la población.

Los datos de la muestra se utilizan para calcular r, el coeficiente de correlación de la muestra. Si tuviéramos los datos de toda la población, podríamos hallar el coeficiente de correlación de la población. Pero como solo tenemos datos de la muestra, no podemos calcular el coeficiente de correlación de la población. El coeficiente de correlación de la muestra, r, es nuestra estimación del coeficiente de correlación de la población desconocido.

El símbolo del coeficiente de correlación de la población es ρ, la letra griega "rho".
ρ = coeficiente de correlación de la población (desconocido)
r = coeficiente de correlación de la muestra (conocido; calculado a partir de los datos de la muestra)

La prueba de hipótesis nos permite decidir si el valor del coeficiente de correlación de la población ρ es "cercano a cero" o "significativamente diferente de cero". Lo decidimos en función del coeficiente de correlación de la muestra r y del tamaño de la muestra n.

Si la prueba concluye que el coeficiente de correlación es significativamente diferente de cero, decimos que el coeficiente de correlación es "significativo".

- Conclusión: Hay pruebas suficientes para concluir que existe una relación lineal significativa entre la x y la y porque el coeficiente de correlación es significativamente diferente de cero.
- Lo que significa la conclusión: Existe una relación lineal significativa entre la x y la y. Podemos utilizar la línea de regresión para modelar la relación lineal entre la x y la y en la población.

Si la prueba concluye que el coeficiente de correlación no es significativamente diferente de cero (está cerca de cero), decimos que el coeficiente de correlación es "no significativo".

- Conclusión: "No hay pruebas suficientes para concluir que existe una relación lineal significativa entre la x y la y porque el coeficiente de correlación no es significativamente diferente de cero".

- Lo que significa la conclusión: No existe una relación lineal significativa entre la *x* y la *y*. Por lo tanto, NO podemos utilizar la línea de regresión para modelar una relación lineal entre la *x* y la *y* en la población.

Nota

- Si *r* es significativo y el diagrama de dispersión muestra una tendencia lineal, la línea puede utilizarse para predecir el valor de la *y* para los valores de la *x* que están dentro del dominio de los valores observados de la *x*.
- Si *r* es despreciable O si el diagrama de dispersión no muestra ninguna tendencia lineal, la línea no debería utilizarse para la predicción.
- Si *r* es significativo y si el diagrama de dispersión muestra una tendencia lineal, puede que la línea NO sea apropiada o fiable para la predicción FUERA del dominio de los valores de la *x* observados en los datos.

COMPROBACIÓN DE LA HIPÓTESIS

- **Hipótesis nula:** H_0: $\rho = 0$
- **Hipótesis alternativa:** H_a: $\rho \neq 0$

SIGNIFICADO DE LAS HIPÓTESIS EN PALABRAS:

- **Hipótesis nula** H_0**:** El coeficiente de correlación de la población NO ES significativamente diferente de cero. NO HAY ninguna relación lineal significativa (correlación) entre la *x* y la *y* en la población.
- **Hipótesis alternativa** H_a**:** El coeficiente de correlación de la población ES significativamente DIFERENTE de cero. EXISTE UNA RELACIÓN LINEAL SIGNIFICATIVA (correlación) entre la *x* y la *y* en la población.

SACAR UNA CONCLUSIÓN:
Hay dos métodos para tomar la decisión. Los dos métodos son equivalentes y dan el mismo resultado.

- **Método 1: Utilizar el valor *p***
- **Método 2: Utilizar una tabla de valores críticos**

En este capítulo de este libro de texto, utilizaremos siempre un nivel de significación del 5 %, $\alpha = 0{,}05$

Nota

Con el método del valor *p*, puede elegir cualquier nivel de significación apropiado que desee; no está limitado a utilizar $\alpha = 0{,}05$. Sin embargo, la tabla de valores críticos proporcionada en este libro de texto supone que estamos utilizando un nivel de significación del 5 %, $\alpha = 0{,}05$. (Si quisiéramos utilizar un nivel de significación diferente al 5 % con el método del valor crítico, necesitaríamos diferentes tablas de valores críticos que no se proporcionan en este libro de texto).

MÉTODO 1: Utilizar un valor *p* para tomar una decisión

USO DE LAS CALCULADORAS TI-83, 83+, 84, 84+

Para calcular el valor *p* con la función LinRegTTEST:
En la pantalla de entrada de LinRegTTEST, en la línea que pide β o ρ, resalte "**≠ 0**"
La pantalla de salida muestra el valor p en la línea que dice "p =".
(La mayoría de los softwares de estadística pueden calcular el valor *p*).

Si el valor *p* es inferior al nivel de significación($\alpha = 0{,}05$):

- Decisión: rechazar la hipótesis nula.
- Conclusión: "Hay pruebas suficientes para concluir que existe una relación lineal significativa entre la *x* y la *y* porque el coeficiente de correlación es significativamente diferente de cero".

Si el valor *p* NO es inferior al nivel de significación ($\alpha = 0{,}05$)

- Decisión: NO RECHAZAR la hipótesis nula.
- Conclusión: "No hay pruebas suficientes para concluir que existe una relación lineal significativa entre la *x* y la *y*

porque el coeficiente de correlación NO es significativamente diferente de cero".

Notas de cálculo:
Utilizará la tecnología para calcular el valor *p*. A continuación se describen los cálculos para estimar los estadísticos de prueba y el valor *p*:
El valor *p* se calcula mediante una distribución *t* con *n* - 2 grados de libertad.

La fórmula para el estadístico de prueba es $t = \frac{r\sqrt{n-2}}{\sqrt{1-r^2}}$. El valor del estadístico de prueba, *t*, se muestra en la salida de la computadora o de la calculadora junto con el valor *p*. El estadístico de prueba *t* tiene el mismo signo que el coeficiente de correlación *r*.
El valor *p* es el área combinada en ambas colas.

Otra manera de calcular el valor *p* **(p)** dado por LinRegTTest es el comando 2*tcdf(abs(t),10^99, n-2) en 2nd DISTR.

EJEMPLO DE TERCER EXAMEN vs. EXAMEN FINAL: método del valor *p*

- Considere el ejemplo del tercer examen/examen final.
- La línea de mejor ajuste es: ŷ = -173,51 + 4,83*x* con *r* = 0,6631 y hay *n* = 11 puntos de datos.
- ¿Se puede utilizar la línea de regresión para la predicción? **Dada la puntuación del tercer examen (valor *x*), ¿podemos utilizar la línea para predecir la puntuación del examen final (valor *y* predicho)?**

H_0: $\rho = 0$

H_a: $\rho \neq 0$

$\alpha = 0{,}05$

- El valor *p* es de 0,026 (a partir de la prueba LinRegTT en su calculadora o del software).
- El valor *p*, 0,026, es inferior al nivel de significación de $\alpha = 0{,}05$.
- Decisión: Rechazar la hipótesis nula H_0
- Conclusión: Hay pruebas suficientes para concluir que existe una relación lineal significativa entre la nota del tercer examen (*x*) y la nota del examen final (*y*) porque el coeficiente de correlación es significativamente diferente de cero.

Como *r* es significativa y el diagrama de dispersión muestra una tendencia lineal, la línea de regresión se puede usar para predecir calificaciones del examen final.

MÉTODO 2: Utilizar una tabla de valores críticos para tomar una decisión.

Los valores críticos al 95 % de la tabla de coeficientes de correlación de la muestra pueden utilizarse para dar una buena idea de si el valor calculado de ***r* es significativo o no lo es**. Compare *r* con el valor crítico apropiado de la tabla. Si *r* no está entre los valores críticos positivos y negativos, el coeficiente de correlación es significativo. Si *r* es significativo, entonces puede utilizar la línea para la predicción.

EJEMPLO 12.7

Suponga que ha calculado *r* = 0,801 utilizando *n* = 10 puntos de datos. *df* = *n* - 2 = 10 - 2 = 8. Los valores críticos asociados a *df* = 8 son -0,632 y + 0,632. Si *r* < valor crítico negativo o *r* > valor crítico positivo, entonces *r* es significativo. Como *r* = 0,801 y 0,801 > 0,632, *r* es significativo y la línea puede utilizarse para la predicción. Si ve este ejemplo en una línea numérica, le ayudará.

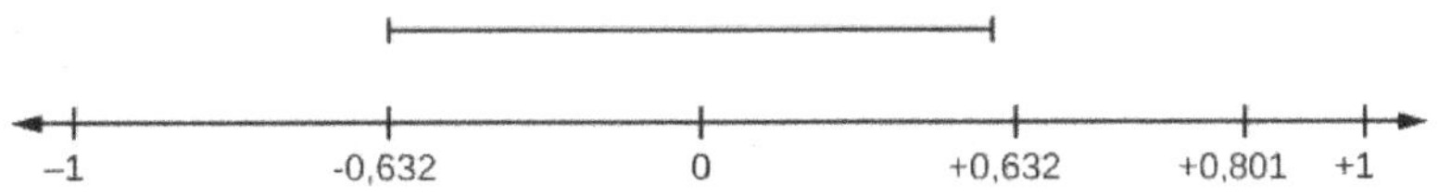

Figura 12.14 *r* es despreciable entre -0,632 y +0,632. *r* = 0,801 > +0,632. Por lo tanto, *r* es significativo.

INTÉNTELO 12.7

Para una línea de mejor ajuste dada, ha calculado que *r* = 0,6501 utilizando *n* = 12 puntos de datos y el valor crítico es 0,576. ¿Se puede utilizar la línea para la predicción? ¿Por qué sí o por qué no?

EJEMPLO 12.8

Suponga que ha calculado $r = -0{,}624$ con 14 puntos de datos. $df = 14 - 2 = 12$. Los valores críticos son -0,532 y 0,532. Dado que $-0{,}624 < -0{,}532$, *r* es significativo y la línea puede utilizarse para la predicción.

Figura 12.15 $r = -0{,}624 < -0{,}532$. Por lo tanto, *r* es significativo.

INTÉNTELO 12.8

Para una línea de mejor ajuste dada, se calcula que $r = 0{,}5204$ utilizando $n = 9$ puntos de datos, y el valor crítico es 0,666. ¿Se puede utilizar la línea para la predicción? ¿Por qué sí o por qué no?

EJEMPLO 12.9

Suponga que ha calculado $r = 0{,}776$ y $n = 6$. $df = 6 - 2 = 4$. Los valores críticos son −0,811 y 0,811. Dado que $-0{,}811 < 0{,}776 < 0{,}811$, *r* es despreciable, por lo que la línea no debería utilizarse para la predicción.

Figura 12.16 $-0{,}811 < r = 0{,}776 < 0{,}811$. Por lo tanto, *r* es despreciable.

INTÉNTELO 12.9

Para una línea de mejor ajuste dada, se calcula que $r = -0{,}7204$ utilizando $n = 8$ puntos de datos, y el valor crítico es = 0,707. ¿Se puede utilizar la línea para la predicción? ¿Por qué sí o por qué no?

EJEMPLO DE TERCER EXAMEN vs. EXAMEN FINAL: método del valor crítico

Considere el ejemplo del tercer examen/examen final. La línea de mejor ajuste es: $\hat{y} = -173{,}51 + 4{,}83x$ con $r = 0{,}6631$ y hay $n = 11$ puntos de datos. ¿Se puede utilizar la línea de regresión para la predicción? **Dada la puntuación del tercer examen (*valor x*), ¿podemos utilizar la línea para predecir la puntuación del examen final (valor *y* predicho)?**

H_0: $\rho = 0$
H_a: $\rho \neq 0$
$\alpha = 0{,}05$

- Utilice la tabla del "valor crítico al 95 %" para *r* con $df = n - 2 = 11 - 2 = 9$.
- Los valores críticos son -0,602 y +0,602
- Dado que $0{,}6631 > 0{,}602$, *r* es significativo.
- Decisión: rechazar la hipótesis nula.
- Conclusión: Hay pruebas suficientes para concluir que existe una relación lineal significativa entre la calificación del tercer examen (*x*) y la calificación del examen final (*y*) porque el coeficiente de correlación es significativamente distinto de cero.

Como *r* es significativo y el diagrama de dispersión muestra una tendencia lineal, la línea de regresión se puede usar para predecir calificaciones del examen final.

EJEMPLO 12.10

Supongamos que ha calculado los siguientes coeficientes de correlación. Con la tabla del final del capítulo, determine si *r* es significativo y la línea de mejor ajuste asociada a cada *r* puede utilizarse para predecir un valor de *y*. Si le sirve, dibuje una línea numérica.

a. r = -0,567 y el tamaño de la muestra, n, es 19. Los $df = n - 2 = 17$. El valor crítico es -0,456. -0,567 < -0,456 por lo que r es significativo.
b. r = 0,708 y el tamaño de la muestra, n, es nueve. Los $df = n - 2 = 7$. El valor crítico es 0,666. 0,708 > 0,666 por lo que r es significativo.
c. r = 0,134 y el tamaño de la muestra, n, es 14. Los df = 14 - 2 = 12. El valor crítico es 0,532. 0,134 está entre -0,532 y 0,532 por lo que r es despreciable.
d. r = 0 y el tamaño de la muestra, n, es cinco. No importa cuáles sean los dfs, r = 0 está entre los dos valores críticos, por lo que r es despreciable.

INTÉNTELO 12.10

Para una línea de mejor ajuste dada, se calcula que r = 0 utilizando n = 100 puntos de datos. ¿Se puede utilizar la línea para la predicción? ¿Por qué sí o por qué no?

Supuestos para comprobar la significación del coeficiente de correlación

La comprobación de la significación del coeficiente de correlación requiere que se cumplan ciertos supuestos sobre los datos. La premisa de esta prueba es que los datos son una muestra de puntos observados tomados de una población mayor. No hemos examinado a toda la población porque no es posible ni factible hacerlo. Estamos examinando la muestra para sacar una conclusión sobre si la relación lineal que vemos entre x y y en los datos de la muestra proporciona una evidencia lo suficientemente contundente como para que podamos concluir que existe una relación lineal entre x y y en la población.

La ecuación de la línea de regresión que calculamos a partir de los datos de la muestra da la línea de mejor ajuste para nuestra muestra particular. Queremos utilizar esta línea de mejor ajuste para la muestra como una estimación de la línea de mejor ajuste para la población. Examinar el diagrama de dispersión y comprobar la importancia del coeficiente de correlación nos permite

Los supuestos en los que se basa la prueba de significación son:

- Existe una relación lineal en la población que modela el valor promedio de la y para valores variables de la x. En otras palabras, el valor esperado de la y para cada valor en particular se encuentra en una línea recta en la población. (No conocemos la ecuación para la línea en la población. Nuestra línea de regresión de la muestra es nuestra mejor estimación de esta línea en la población).
- Los valores de la y para cualquier valor en particular de la x se distribuyen normalmente alrededor de la línea. Esto implica que hay más valores de la y dispersos cerca de la línea que los que están más lejos. El supuesto (1) implica que estas distribuciones normales están centradas en la línea: las medias de estas distribuciones normales de los valores de la y se encuentran en la línea.
- Las desviaciones típicas de los valores de la y de la población en torno a la línea son iguales para cada valor de la x. En otras palabras, cada una de estas distribuciones normales de los valores de la y tiene la misma forma y dispersión sobre la línea.
- Los errores residuales son mutuamente independientes (sin patrón).
- Los datos proceden de una muestra aleatoria bien diseñada o de un experimento aleatorio.

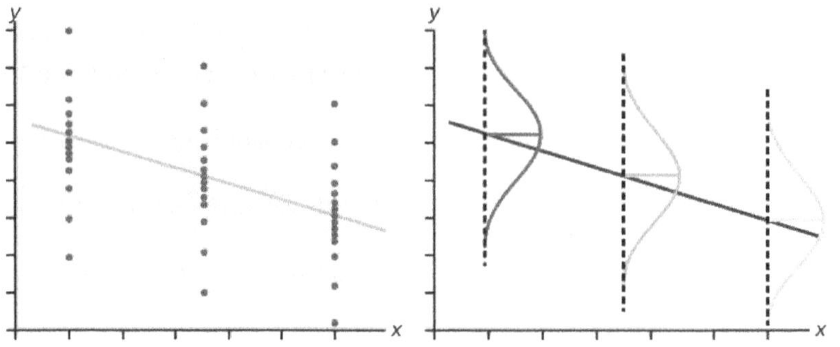

Figura 12.17 Los valores de la *y* para cada valor de la *x* se distribuyen normalmente alrededor de la línea con la misma desviación típica. Para cada valor de la *x*, la media de los valores de la *y* se encuentra en la línea de regresión. Hay más valores de la *y* cerca de la línea que los que están dispersos más lejos.

12.5 Predicción

Recuerde el ejemplo del tercer examen o examen final.

Examinamos el diagrama de dispersión y mostramos que el coeficiente de correlación es significativo. Hallamos la ecuación de la línea de mejor ajuste para la calificación del examen final como una función de la calificación del tercer examen. Ahora podemos utilizar la línea de regresión por mínimos cuadrados para la predicción.

Suponga que quiere estimar, o predecir, la calificación media del examen final de los estudiantes de Estadística que obtuvieron 73 en el tercer examen. Las calificaciones del examen **(valores *x*)** oscilan entre 65 y 75. **Dado que 73 está entre los valores de *x* 65 y 75**, sustituya $x = 73$ en la ecuación. Entonces:

$$\hat{y} =-173{,}51 + 4{,}83(73) = 179{,}08$$

Predecimos que los estudiantes de Estadística que obtienen una calificación de 73 en el tercer examen obtendrán una calificación de 179,08 en el examen final, en promedio.

EJEMPLO 12.11

Recuerde el ejemplo del tercer examen o examen final.

a. ¿Cuál sería la calificación del examen final de un estudiante que ha obtenido 66 en el tercer examen?

b. ¿Cuál sería la calificación del examen final de un estudiante que ha obtenido 90 en el tercer examen?

Solución 1

a. 145,27

b. Los valores de *x* en los datos están entre 65 y 75. Noventa está fuera del dominio de los valores de *x* observados en los datos (variable independiente), por lo que no se puede predecir de forma fiable la calificación del examen final de este estudiante. (Aunque es posible introducir 90 en la ecuación para la *x* y calcular el valor correspondiente de la *y*, el valor de la *y* que se obtiene no será fiable).
Para entender realmente lo poco fiable que puede ser la predicción fuera de los valores de la *x* que se observan en los datos, haga la sustitución $x = 90$ en la ecuación.

$$\hat{y} = -173{,}51 + 4{,}83(90) = 261{,}19$$

Se prevé que la calificación del examen final sea de 261,19. La mayor calificación del examen final puede ser 200.

Nota

El proceso de predicción dentro de los valores de la *x* que se observan en los datos se denomina **interpolación**. El proceso de predicción fuera de los valores de la *x* que se observan en los datos se denomina **extrapolación**.

INTÉNTELO 12.11

Se recopilan datos sobre la relación entre el número de horas semanales de práctica de un instrumento musical y las puntuaciones en un examen de Matemáticas. La línea de mejor ajuste es la siguiente:

$\hat{y} = 72{,}5 + 2{,}8x$

¿Cuál predeciría que sería la puntuación en un examen de Matemáticas de un estudiante que practica un instrumento musical durante cinco horas a la semana?

12.6 Valores atípicos

En algunos conjuntos de datos, hay valores **(puntos de datos observados)**, llamados **valores atípicos**. **Los valores atípicos son puntos de datos observados que se alejan de la línea de mínimos cuadrados.** Tienen grandes "errores", donde el "error" o residual es la distancia vertical de la línea al punto.

Los valores atípicos deben examinarse de cerca. A veces, por una u otra razón, no deben incluirse en el análisis de los datos. Es posible que un valor atípico sea el resultado de datos erróneos. Otras veces, un valor atípico puede contener información valiosa sobre la población estudiada y debe seguir incluyéndose en los datos. La clave está en examinar cuidadosamente las causas de que un punto de datos sea un valor atípico.

Además de los valores atípicos, una muestra puede contener uno o varios puntos que se denominan **puntos influyentes**. Se trata de puntos de datos observados que están alejados de los demás en la dirección horizontal. Estos puntos pueden tener un gran efecto en la pendiente de la línea de regresión. Para empezar a identificar un punto influyente, puede eliminarlo del conjunto de datos y ver si la pendiente de la línea de regresión cambia significativamente.

Se pueden utilizar computadoras y muchas calculadoras para identificar los valores atípicos de los datos. Los resultados de computadoras del análisis de regresión identifican tanto los valores atípicos como los puntos influyentes para que pueda examinarlos.

Identificar los valores atípicos

Podríamos adivinar los valores atípicos al observar un gráfico del diagrama de dispersión y la línea de mejor ajuste. Sin embargo, nos gustaría contar con alguna directriz sobre la distancia que debe tener un punto para considerarse un valor atípico. **Como regla general, podemos señalar como valor atípico cualquier punto que esté situado más de dos desviaciones típicas por encima o por debajo de la línea de mejor ajuste.** La desviación típica utilizada es la de los residuales o errores.

Podemos hacerlo visualmente en el diagrama de dispersión al dibujar un par de líneas adicionales que estén dos desviaciones típicas por encima y por debajo de la línea de mejor ajuste. Todos los puntos de datos que se encuentren fuera de este par de líneas adicionales se marcan como posibles valores atípicos. Alternativamente, podemos hacerlo numéricamente, al calcular cada residual y compararlo con el doble de la desviación típica. En la TI-83, 83+ u 84+, el enfoque gráfico es más fácil. En primer lugar se muestra el procedimiento gráfico, seguido de los cálculos numéricos. Por lo general, solo tendrá que utilizar uno de estos métodos.

EJEMPLO 12.12

En el ejemplo del tercer examen o examen final, se puede determinar si hay un valor atípico o no. Si hay un valor atípico, como ejercicio, elimínelo y ajuste los datos restantes a una nueva línea. En este ejemplo, la nueva línea debería ajustarse mejor a los datos restantes. Esto significa que el **SSE** debería ser menor y el coeficiente de correlación debería estar más cerca de 1 o –1.

Solución 1

Identificación gráfica de los valores atípicos

Con las calculadoras gráficas TI-83, 83+ u 84+ es fácil identificar los valores atípicos de forma gráfica y visual. Si midiéramos la distancia vertical de cualquier punto de datos al punto correspondiente de la línea de mejor ajuste y esa distancia fuera igual a 2s o más, entonces consideraríamos que el punto de datos está "demasiado lejos" de la línea de mejor ajuste. Tenemos que calcular y graficar las líneas que están dos desviaciones típicas por debajo y por encima de la línea de regresión. Los puntos que estén fuera de estas dos líneas son valores atípicos. Llamaremos a estas líneas Y2 y

Y3:

Al igual que hicimos con la ecuación de la línea de regresión y el coeficiente de correlación, utilizaremos la tecnología para calcular esta desviación típica. Utilizando la función **LinRegTTest** con estos datos, desplácese por las pantallas de salida hasta hallar ***s* = 16,412**.

Línea Y2 = -173,5 + 4,83*x* -2(16,4) y línea Y3 = -173,5 + 4,83*x* + 2(16,4)

donde $\hat{y}$ = -173,5 + 4,83*x* es la línea de mejor ajuste. Y2 y Y3 tienen la misma pendiente que la línea de mejor ajuste.

Grafique el diagrama de dispersión con la línea de mejor ajuste en la ecuación Y1, luego introduzca las dos líneas adicionales como Y2 y Y3 en el editor de ecuaciones "Y=" y pulse ZOOM 9. Encontrará que el único punto de datos que no está entre las líneas Y2 y Y3 es el punto *x* = 65, *y* = 175. En la pantalla de la calculadora está apenas fuera de estas líneas. El valor atípico es el estudiante que obtuvo una calificación de 65 en el tercer examen y 175 en el examen final; este punto está a más de dos desviaciones típicas lejos de la línea de mejor ajuste.

A veces, un punto está tan cerca de las líneas utilizadas para marcar los valores atípicos en el gráfico que es difícil saber si el punto está entre las líneas o fuera de ellas. En una computadora, ampliar el gráfico puede ayudar; en la pantalla de una calculadora pequeña, el zoom puede hacer que el gráfico sea más claro. Tenga en cuenta que, cuando el gráfico no ofrece una imagen suficientemente clara, puede utilizar las comparaciones numéricas para identificar los valores atípicos.

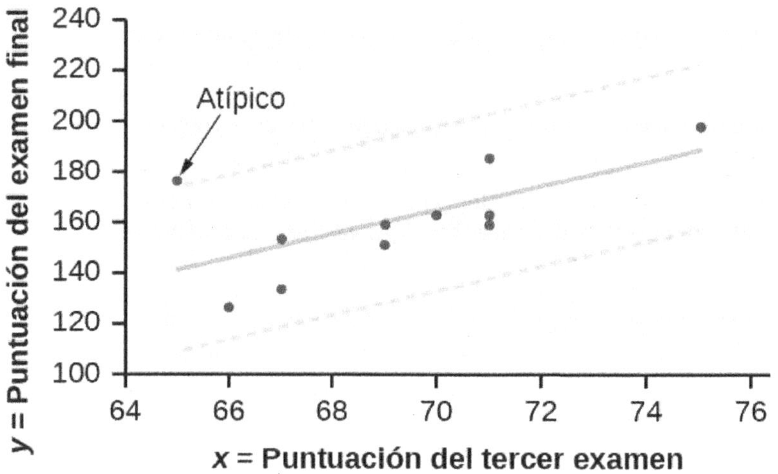

Figura 12.18

INTÉNTELO 12.12

Identifique el posible valor atípico en el diagrama de dispersión. La desviación típica de los residuales o errores es de aproximadamente 8,6.

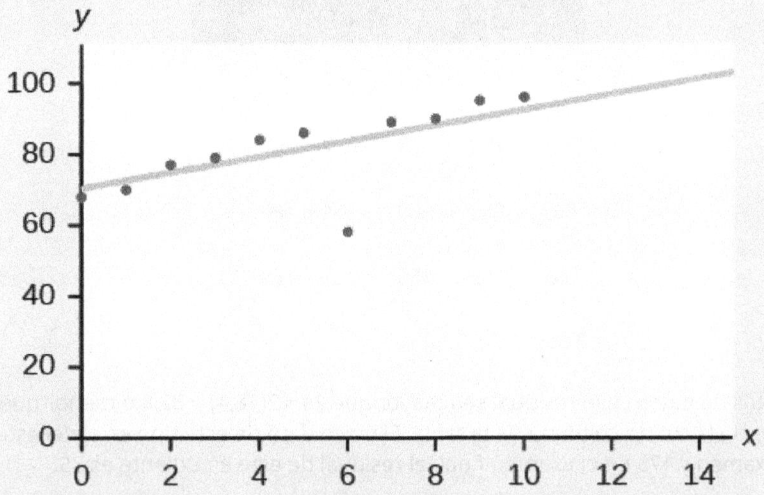

Figura 12.19

Identificación numérica de los valores atípicos

En la Tabla 12.5, las dos primeras columnas son los datos del tercer examen y del examen final. La tercera columna muestra los valores $\hat{y}$ predichos, calculados a partir de la línea de mejor ajuste: $\hat{y}$ = -173,5 + 4,83*x*. Los residuales, o errores, se han calculado en la cuarta columna de la tabla: valor *y* observado - valor y predicho = $y - \hat{y}$.

s es la desviación típica de todos los valores $y - \hat{y} = \varepsilon$ donde *n* = el número total de puntos de datos. Si se calcula cada residual, se eleva al cuadrado y se suman los resultados, se obtiene la suma de errores al cuadrado (Sum of Squared Errors, SSE). La desviación típica de los residuales se calcula a partir de la SSE como:

$$s = \sqrt{\frac{SSE}{n-2}}$$

Nota

Dividimos entre (*n* - 2) porque el modelo de regresión implica dos estimaciones.

En vez de calcular el valor de *s* nosotros mismos, podemos calcular *s* con la computadora o la calculadora. Para este ejemplo, la función de la calculadora LinRegTTest calculó *s* = 16,4 como la desviación típica de los residuales 35; -17; 16; -6; -19; 9; 3; -1; -10; -9; -1 .

x	*y*	$\hat{y}$	$y - \hat{y}$
65	175	140	175 - 140 = 35
67	133	150	133 - 150= -17
71	185	169	185 - 169 = 16
71	163	169	163 - 169 = -6
66	126	145	126 - 145 = -19
75	198	189	198 - 189 = 9
67	153	150	153 - 150 = 3

Tabla 12.5

x	y	$\hat{y}$	$y - \hat{y}$
70	163	164	163 - 164 = -1
71	159	169	159 - 169 = -10
69	151	160	151 - 160 = -9
69	159	160	159 - 160 = -1

Tabla 12.5

Buscamos todos los puntos de datos cuyo residual sea mayor que $2s = 2(16,4) = 32,8$ o menor que –32.8. Compare estos valores con los residuales de la cuarta columna de la tabla. El único dato de este tipo es el del estudiante que tuvo una nota de 65 en el tercer examen y 175 en el examen final; el residual de este estudiante es 35.

¿Cómo afecta el valor atípico la línea de mejor ajuste?

Numérica y gráficamente, hemos identificado el punto (65, 175) como un valor atípico. Deberíamos repasar los datos de este punto para ver si hay algún problema con estos. Si hay un error, debemos corregirlo si es posible o eliminar los datos. Si son correctos, los dejaríamos en el conjunto de datos. Para este problema, supondremos que examinamos y descubrimos que estos datos atípicos son un error. Por lo tanto, seguiremos adelante y eliminaremos el valor atípico, para poder explorar cómo afecta los resultados, como experiencia de aprendizaje.

Calcule una nueva línea de mejor ajuste y el coeficiente de correlación con los diez puntos restantes:
En las calculadoras TI-83, TI-83+ y TI-84+, elimine el valor atípico de L1 y L2. Con la función LinRegTTest, la nueva línea de mejor ajuste y el coeficiente de correlación son:

$\hat{y} = -355,19 + 7,39x$ y $r = 0,9121$

La nueva línea con $r = 0,9121$ es una correlación más fuerte que la original ($r = 0,6631$) porque $r = 0,9121$ está más cerca de uno. Esto significa que la nueva línea se ajusta mejor a los diez valores de datos restantes. La línea puede predecir mejor la puntuación del examen final, dada la puntuación del tercer examen.

Identificación numérica de valores atípicos: Calcular *s* y buscar valores atípicos manualmente

Si no tiene la función LinRegTTest, puede calcular el valor atípico del primer ejemplo; haga lo siguiente.

Primero, **eleve al cuadrado cada** $|y - \hat{y}|$

Las potencias al cuadrado son: 35^2; 17^2; 16^2; 6^2; 19^2; 9^2; 3^2; 1^2; 10^2; 9^2; 1^2

A continuación, añada (sume) todos los términos $|y - \hat{y}|$ **al cuadrado** mediante la fórmula:

$\sum_{i=1}^{11}\left(|y_i - \hat{y}_i|\right)^2 = \sum_{i=1}^{11}\varepsilon_i^{\,2}$ (Recordemos que $y_i - \hat{y}_i = \varepsilon_i$).

$= 35^2 + 17^2 + 16^2 + 6^2 + 19^2 + 9^2 + 3^2 + 1^2 + 10^2 + 9^2 + 1^2$

= 2440 = **SSE**. El resultado, **SSE**, es la suma de errores al cuadrado.

A continuación, calcule *s*, la desviación típica de todos los valores $y - \hat{y} = \varepsilon$, donde n = el número total de puntos de datos.

El cálculo es $s = \sqrt{\frac{SSE}{n-2}}$.

Para el problema del tercer examen o examen final: $s = \sqrt{\frac{2440}{11-2}} = 16,47$.

A continuación, multiplique s por 2:
(2)(16,47) = 32,94
32,94 está 2 desviaciones típicas lejos de la media de los valores $y - \hat{y}$.

Si midiéramos la distancia vertical desde cualquier punto de datos hasta el punto correspondiente de la línea de mejor ajuste y esa distancia fuera de al menos 2*s*, entonces consideraríamos que el punto de datos está "demasiado lejos" de la línea de mejor ajuste. A ese punto lo llamamos un **potencial valor atípico**.

Para el ejemplo, si alguno de los valores de $y - \hat{y}|$ es **al menos** 32,94, el punto de datos correspondiente (x, y) es un posible valor atípico.

Para el problema del tercer examen o examen final, todos los $|y - \hat{y}|$ son menores que 31,29, excepto el primero que es 35.

35 > 31,29 Es decir, $|y - \hat{y}| \geq (2)(s)$

El punto que corresponde a $|y - \hat{y}| = 35$ es (65, 175). **Por lo tanto, el punto de datos (65, 175) es un potencial valor atípico.** Para este ejemplo, lo borraremos. (Recuerde que no siempre eliminamos un valor atípico).

Nota

Cuando se eliminan los valores atípicos, el investigador debería dejar constancia de que se han eliminado los datos y por qué, o bien debería proporcionar los resultados con y sin los datos eliminados. Si los datos son erróneos y se conocen los valores correctos (por ejemplo, el estudiante uno obtuvo realmente una puntuación de 70 en lugar de 65), se puede realizar esta corrección en los datos.

El siguiente paso es calcular una nueva línea de mejor ajuste con los diez puntos restantes. La nueva línea de mejor ajuste y el coeficiente de correlación son:

$\hat{y} = -355{,}19 + 7{,}39x$ y $r = 0{,}9121$

EJEMPLO 12.13

Con esta nueva línea de mejor ajuste (basada en los diez puntos de datos restantes en el ejemplo del tercer examen o examen final), ¿qué esperaría recibir en el examen final un estudiante que obtiene 73 en el tercer examen? ¿Es lo mismo que la predicción realizada con la línea original?

Solución 1

Con la nueva línea de mejor ajuste, $\hat{y} = -355{,}19 + 7{,}39(73) = 184{,}28$. Un estudiante que haya obtenido 73 puntos en el tercer examen esperaría obtener 184 puntos en el examen final.

La línea original predecía $\hat{y} = -173{,}51 + 4{,}83(73) = 179{,}08$ por lo que la predicción utilizando la nueva línea con el valor atípico eliminado difiere de la predicción original.

INTÉNTELO 12.13

Los puntos de datos para el gráfico del ejemplo del tercer examen o examen final son los siguientes: (1, 5), (2, 7), (2, 6), (3, 9), (4, 12), (4, 13), (5, 18), (6, 19), (7, 12) y (7, 21). Elimine el valor atípico y vuelva a calcular la línea de mejor ajuste. Calcule el valor de $\hat{y}$ cuando $x = 10$.

EJEMPLO 12.14

El índice de precios al consumidor (IPC) mide la variación promedio en el tiempo de los precios que pagan los consumidores urbanos por los bienes y servicios de consumo. El IPC afecta a casi todos los estadounidenses debido a las múltiples formas en que se utiliza. Uno de sus mayores usos es como medida de la inflación. Al suministrar información sobre la evolución de los precios en la economía nacional al gobierno, las empresas y los trabajadores, el IPC permite tomar decisiones económicas. El Presidente, el Congreso y la Junta de la Reserva Federal utilizan las tendencias del IPC para formular políticas monetarias y fiscales. En la siguiente tabla, *x* es el año y *y* es el IPC.

x	y	x	y
1915	10,1	1969	36,7
1926	17,7	1975	49,3
1935	13,7	1979	72,6
1940	14,7	1980	82,4
1947	24,1	1986	109,6
1952	26,5	1991	130,7
1964	31,0	1999	166,6

Tabla 12.6 Datos

a. Dibuje un diagrama de dispersión de los datos.
b. Calcule la línea de mínimos cuadrados. Escriba la ecuación en la forma $\hat{y} = a + bx$.
c. Dibuje la línea en el diagrama de dispersión.
d. Halle el coeficiente de correlación. ¿Es significativo?
e. ¿Cuál es el IPC promedio del año 1990?

Solución 1

a. Vea la Figura 12.20.
b. $\hat{y} = -3204 + 1,662x$ es la ecuación de la línea de mejor ajuste.
c. $r = 0,8694$
d. El número de puntos de datos es $n = 14$. Utilice los valores críticos al 95 % de la tabla de coeficientes de correlación de la muestra que aparecen al final del Capítulo 12. $n - 2 = 12$. El valor crítico correspondiente es 0,532. Dado que $0,8694 > 0,532$, r es significativo.
$\hat{y} = -3204 + 1,662(1990) = 103,4$ IPC
e. Con la función LinRegTTest de la calculadora hallamos que $s = 25,4$; al graficar las líneas Y2 = –3.204 + 1,662X – 2(25,4) y Y3 = –204 + 1,662X + 2(25,4) se observa que ningún valor de los datos está fuera de esas líneas, por lo cual se identifica que no hay valores atípicos. (Observe que el año 1999 estaba muy cerca de la línea superior, pero todavía dentro de ella).

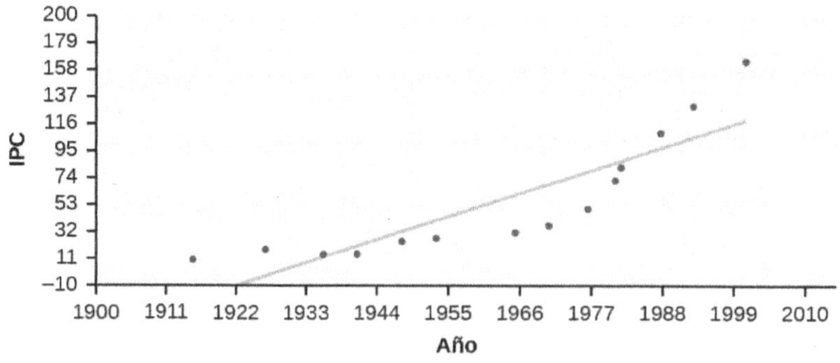

Figura 12.20

Nota

En el ejemplo, observe el patrón de los puntos en comparación con la línea. Aunque el coeficiente de correlación es significativo, el patrón del diagrama de dispersión indica que una curva sería el modelo más apropiado que una línea.

En este ejemplo, un estadístico preferiría utilizar otros métodos para ajustar una curva a estos datos, en lugar de modelar los datos con la línea que hemos hallado. Además de realizar los cálculos, siempre es importante observar el diagrama de dispersión para decidir si un modelo lineal es adecuado.

Si le interesa ver más años de datos, visite la página web del IPC de la Oficina de Estadísticas Laborales ftp://ftp.bls.gov/pub/special.requests/cpi/cpiai.txt; nuestros datos están tomados de la columna titulada "Annual Avg." (tercera columna de la derecha). Por ejemplo, podría añadir más años de datos actuales. Sume los años más recientes: 2004: IPC = 188,9; 2008: IPC = 215,3; 2011: IPC = 224,9. Vea cómo incide en el modelo. (Compruebe: $\hat{y} = -4436 + 2{,}295x$; $r = 0{,}9018$. ¿Es r significativo? ¿Se ha mejorado el ajuste con la adición de los nuevos puntos)?

INTÉNTELO 12.14

El siguiente cuadro muestra el desarrollo económico medido en renta per cápita RPC.

Año	Producto Interno Bruto (PIB)	Año	Producto Interno Bruto (PIB)
1870	340	1920	1050
1880	499	1930	1170
1890	592	1940	1364
1900	757	1950	1836
1910	927	1960	2132

Tabla 12.7

a. ¿Cuáles son las variables independientes y dependientes?
b. Dibuje un diagrama de dispersión.
c. Utilice la regresión para hallar la línea de mejor ajuste y el coeficiente de correlación.
d. Interprete la importancia del coeficiente de correlación.
e. ¿Existe una relación lineal entre las variables?
f. Calcule el coeficiente de determinación e interprételo.
g. ¿Cuál es la pendiente de la ecuación de regresión? ¿Qué significa?
h. Utilice la línea de mejor ajuste para estimar la RPC para el año 1900, para el año 2000.
i. Determine si hay valores atípicos.

Valores críticos al 95 % de la tabla de coeficientes de correlación de la muestra

Grados de libertad: n - 2	Valores críticos: (+ y -)
1	0,997
2	0,950
3	0,878

Tabla 12.8

Grados de libertad: *n* - 2	Valores críticos: (+ y -)
4	0,811
5	0,754
6	0,707
7	0,666
8	0,632
9	0,602
10	0,576
11	0,555
12	0,532
13	0,514
14	0,497
15	0,482
16	0,468
17	0,456
18	0,444
19	0,433
20	0,423
21	0,413
22	0,404
23	0,396
24	0,388
25	0,381
26	0,374
27	0,367
28	0,361

Tabla 12.8

Grados de libertad: *n* - 2	Valores críticos: (+ y -)
29	0,355
30	0,349
40	0,304
50	0,273
60	0,250
70	0,232
80	0,217
90	0,205
100	0,195

Tabla 12.8

12.7 Regresión (distancia desde la escuela)

Laboratorio de estadística

Regresión (distancia desde la escuela)

Hora de la clase:

Nombres:

Resultados del aprendizaje de los estudiantes

- El estudiante calculará y proyectará la línea que mejor se ajuste entre las dos variables.
- El estudiante evaluará la relación entre las dos variables para determinar si dicha relación es significativa.

Recopilación de datos

Utilice ocho integrantes de su clase para la muestra. Recopile datos bivariados (la distancia a la que vive alguien desde la escuela, el costo de los suministros para el trimestre en curso).

1. Rellene la tabla.

Distancia desde la escuela	Costo de los suministros este trimestre

Tabla 12.9

2. ¿Cuál variable debe ser la dependiente y cuál la independiente? ¿Por qué?
3. Gráfico de "distancia" vs. "costo". Trace los puntos en el gráfico. Identifique ambos ejes con palabras. Escale ambos

ejes.

Figura 12.21

Analice los datos

Introduzca los datos en su calculadora o en su computadora. Escriba la ecuación lineal y redondee a cuatro decimales.

1. Calcule lo siguiente:
   a. a = _____
   b. b = _____
   c. correlación = _____
   d. n = _____
   e. ecuación: $\hat{y}$ = _____
   f. ¿La correlación es significativa? ¿Por qué sí o por qué no? (Responda con una a tres frases completas).
2. Responda en relación con las siguientes situaciones:
   a. Para alguien que vive a ocho millas del campus, prediga el costo total de los suministros este trimestre:
   b. Para alguien que vive a ochenta millas del campus, prediga el costo total de los suministros este trimestre:
3. Obtenga el gráfico en su calculadora o en su computadora. Dibuje la línea de regresión.

Figura 12.22

Preguntas para el debate

1. Responda a cada pregunta con frases completas.
   a. ¿Parece que la línea se ajusta a los datos? ¿Por qué?
   b. ¿Qué implica la correlación en torno a la relación entre la distancia y el costo?
2. ¿Hay valores atípicos? Si es así, ¿cuál punto es un valor atípico?
3. ¿El valor atípico se debe eliminar si es que existe? ¿Por qué sí o por qué no?

12.8 Regresión (costo de los libros de texto)

Laboratorio de estadística

Regresión (costo de los libros de texto)

Hora de la clase:

Nombres:

Resultados del aprendizaje de los estudiantes

- El estudiante calculará y proyectará la línea que mejor se ajuste entre las dos variables.
- El estudiante evaluará la relación entre las dos variables para determinar si dicha relación es significativa.

Recopilación de datos

Haga una encuesta sobre diez libros de texto. Recopile datos bivariados (número de páginas del libro de texto, costo).

1. Rellene la tabla.

Número de páginas	Costo del libro de texto

Tabla 12.10

2. ¿Cuál variable debe ser la dependiente y cuál la independiente? ¿Por qué?
3. Gráfico "páginas" en función del "costo". Trace los puntos en el gráfico en Analice los datos. Identifique ambos ejes con palabras. Escale ambos ejes.

Analice los datos

Introduzca los datos en su calculadora o en su computadora. Escriba la ecuación lineal y redondee a cuatro decimales.

1. Calcule lo siguiente:
   a. $a =$ _____
   b. $b =$ _____
   c. correlación = _____
   d. $n =$ _____
   e. ecuación: $y =$ _____
   f. ¿La correlación es significativa? ¿Por qué sí o por qué no? (Responda con frases completas).
2. Responda las siguientes situaciones:
   a. De un libro de texto de 400 páginas, prediga el costo.
   b. De un libro de texto de 600 páginas, prediga el costo.
3. Obtenga el gráfico en su calculadora o en su computadora. Dibuje la línea de regresión.

Figura 12.23

Preguntas para el debate

1. Responda a cada pregunta con frases completas.
    a. ¿Parece que la línea se ajusta a los datos? ¿Por qué?
    b. ¿Qué implica esta correlación sobre la relación entre el número de páginas y el costo?
2. ¿Hay valores atípicos? En caso afirmativo, ¿qué punto o puntos son atípicos?
3. ¿El valor atípico se debe eliminar si es que existe? ¿Por qué sí o por qué no?

12.9 Regresión (eficiencia del combustible)

Laboratorio de estadística

Regresión (eficiencia del combustible)

Hora de la clase:

Nombres:

Resultados del aprendizaje de los estudiantes

- El estudiante calculará y proyectará la línea que mejor se ajuste entre las dos variables.
- El estudiante evaluará la relación entre las dos variables para determinar si dicha relación es significativa.

Recopilación de datos

Busque una fuente de confianza que proporcione información sobre la eficiencia total del combustible (en millas por galón) y el peso (en libras) de los nuevos modelos de automóviles con transmisión automática. Utilizaremos estos datos para determinar la relación, si es que la hay, entre la eficiencia del combustible de un automóvil y su peso.

1. Con su generador de números aleatorios, seleccione al azar 20 automóviles de la lista y anote su peso y eficiencia de combustible en la Tabla 12.11.

Peso	Eficiencia de combustible

Tabla 12.11

Peso	Eficiencia de combustible

Tabla 12.11

2. ¿Cuál variable debe ser la dependiente y cuál la independiente? ¿Por qué?
3. Haga a mano un diagrama de dispersión del "peso" frente a la "eficiencia de combustible". Trace los puntos en papel cuadriculado. Identifique ambos ejes con palabras. Lleve a escala ambos ejes con precisión.

Figura 12.24

Analice los datos

Introduzca los datos en su calculadora o en su computadora. Escriba la ecuación lineal, redondeando a 4 decimales.

1. Calcule lo siguiente:
   a. a = _____
   b. b = _____
   c. correlación = _____
   d. n = _____
   e. ecuación: $\hat{y}$ = _____
2. Obtenga el gráfico de la línea de regresión en su calculadora. Dibuje la línea de regresión en los mismos ejes que el diagrama de dispersión.

Preguntas para el debate

1. ¿La correlación es significativa? Explique en frases completas cómo lo ha determinado.
2. ¿La relación es positiva o negativa? Explique cómo puede saberlo y qué significa esto en términos de peso y eficiencia de combustible.
3. En una o dos frases completas, ¿cuál es la interpretación práctica de la pendiente de la línea de mínimos cuadrados en términos de eficiencia de combustible y peso?
4. Para un automóvil que pesa 4.000 libras, prediga su eficiencia de combustible. Incluya las unidades.
5. ¿Podemos predecir la eficiencia de combustible de un automóvil que pesa 10.000 libras utilizando la línea de mínimos cuadrados? Explique por qué sí o por qué no.
6. Responda cada pregunta con frases completas.

a. ¿Parece que la línea se ajusta a los datos? ¿Por qué sí o por qué no?
b. ¿Qué implica esta correlación sobre la relación entre la eficiencia de combustible y el peso de un automóvil? ¿Es esto lo que esperaba?

7. ¿Hay valores atípicos? Si es así, ¿cuál punto es un valor atípico?

Términos Clave

Atípico una observación que no se ajusta al resto de los datos

Coeficiente de correlación medida desarrollada por Karl Pearson (a principios del siglo XX), que da la fuerza de asociación entre la variable independiente y la variable dependiente; la fórmula es:

$$r = \frac{n\Sigma(xy) - (\Sigma x)(\Sigma y)}{\sqrt{\left[n\Sigma x^2 - (\Sigma x)^2\right]\left[n\Sigma y^2 - (\Sigma y)^2\right]}}$$

donde *n* es el número de puntos de datos. El coeficiente no puede ser mayor que 1 ni menor que -1. Cuanto más se acerque el coeficiente a ±1, mayor será la evidencia de una relación lineal significativa entre *x* y *y*.

Repaso del capítulo

12.1 Ecuaciones lineales

El tipo más básico de asociación es la asociación lineal. Este tipo de relación se puede definir algebraicamente mediante las ecuaciones usadas, numéricamente con los valores de los datos reales o previstos o gráficamente a partir de una curva trazada (las líneas se clasifican como curvas rectas). Algebraicamente, una ecuación lineal suele tener la forma ***y = mx + b***, donde ***m*** y ***b*** son constantes, ***x*** es la variable independiente ***y*** es la variable dependiente. En un contexto estadístico, una ecuación lineal se escribe de la forma ***y = a + bx***, donde ***a*** y ***b*** son las constantes. Esta forma se utiliza para ayudar a los lectores a distinguir el contexto estadístico del contexto algebraico. En la ecuación $y = a + bx$, la constante *b*, llamada coeficiente, representa la **pendiente**. La constante a recibe el nombre de intersección en *y*.

La **pendiente de una línea** es un valor que describe la tasa de cambio entre las variables independiente y dependiente. La **pendiente** nos indica cómo cambia la variable dependiente (*y*) por cada incremento unitario de la variable independiente (*x*) , en promedio. La **intersección en *y*** se utiliza para describir la variable dependiente cuando la variable independiente es igual a cero.

12.2 Diagramas de dispersión

Los diagramas de dispersión son especialmente útiles cuando queremos ver si existe una relación lineal entre los puntos de datos. Indican tanto la dirección de la relación entre las variables *x* y las variables *y*, como la fuerza de la relación. Calculamos la fuerza de la relación entre una variable independiente y una variable dependiente mediante una regresión lineal.

12.3 La ecuación de regresión

Una línea de regresión, o una línea de mejor ajuste, puede trazarse en un diagrama de dispersión y utilizarse para predecir los resultados de las variables *x* y *y* en un conjunto de datos dado o datos de muestra. Hay varias formas de hallar una línea de regresión, pero normalmente se utiliza la línea de regresión por mínimos cuadrados porque crea una línea uniforme. Los residuos, también llamados "errores", miden la distancia entre el valor real de *y* y el valor estimado de *y*. La suma de errores al cuadrado, cuando se ajusta a su mínimo, calcula los puntos de la línea de mejor ajuste. Las líneas de regresión pueden utilizarse para predecir valores dentro del conjunto de datos dado, pero no deben utilizarse para hacer predicciones de valores fuera del conjunto de datos.

El coeficiente de correlación *r* mide la fuerza de la asociación lineal entre *x* y *y*. La variable *r* tiene que estar entre -1 y +1. Cuando *r* es positivo, la *x* y la *y* tenderán a aumentar y disminuir juntas. Cuando *r* es negativo, *x* aumentará y *y* disminuirá, o lo contrario, *x* disminuirá y *y* aumentará. El coeficiente de determinación r^2, es igual al cuadrado del coeficiente de correlación. Cuando se expresa en porcentaje, r^2 representa el porcentaje de variación de la variable dependiente *y* que puede explicarse por la variación de la variable independiente *x* mediante la línea de regresión.

12.4 Comprobación de la importancia del coeficiente de correlación

La regresión lineal es un procedimiento para ajustar una línea recta de la forma $\hat{y} = a + bx$ a los datos. Las condiciones para la regresión son:

- **Lineal** En la población, existe una relación lineal que modela el valor promedio de la *y* para distintos valores de la *x*.
- **Independiente** Se supone que los residuales son independientes.
- **Normal** Los valores de la *y* se distribuyen normalmente para cualquier valor de la *x*.
- **Varianza igual** La desviación típica de los valores de la *y* es igual para cada valor de la *x*.
- **Aleatoria** Los datos proceden de una muestra aleatoria bien diseñada o de un experimento aleatorio.

La pendiente ***b*** y la intersección ***a*** de la línea de mínimos cuadrados estiman la pendiente β y la intersección α de la línea de regresión de la población (verdadera). Para estimar la desviación típica de la población de *y*, σ, utilice la desviación típica de los residuales, *s*. $s = \sqrt{\frac{SEE}{n-2}}$. La variable ρ (rho) es el coeficiente de correlación de la población. Para comprobar la hipótesis nula H_0: ρ = *valor hipotetizado*, utilice una prueba t de regresión lineal. La hipótesis nula más común es H_0: $\rho = 0$, que indica que no existe una relación lineal entre la *x* y la *y* en la población. La función LinRegTTest de las calculadoras TI-83, 83+, 84 u 84+ puede realizar esta prueba (STATS TESTS LinRegTTest).

12.5 Predicción

Después de determinar la presencia de un fuerte coeficiente de correlación y calcular la línea de mejor ajuste, puede utilizar la línea de regresión de mínimos cuadrados para hacer predicciones sobre sus datos.

12.6 Valores atípicos

Para determinar si un punto es un valor atípico, realice una de las siguientes acciones:

1. Introduzca las siguientes ecuaciones en la TI 83, 83+, 84, 84+:
   $y_1 = a + bx$
   $y_2 = a + bx + 2s$ donde s es la desviación típica de los residuales
   $y_3 = a + bx - 2s$

   Si algún punto está por encima de y_2 o por debajo de y_3, se considera un valor atípico.
2. Utilice los residuales y compare sus valores absolutos con 2*s*, donde *s* es la desviación típica. Si el valor absoluto de cualquier residual es mayor o igual a 2*s*, el punto correspondiente es un valor atípico.
3. Nota: La función de la calculadora LinRegTTest (STATS TESTS LinRegTTest) calcula *s*.

Repaso de fórmulas

12.1 Ecuaciones lineales

y = *a* + *bx* donde *a* es la intersección en *y* y *b* es la pendiente. La variable *x* es la variable independiente, a la vez que la *y* es la variable dependiente.

12.4 Comprobación de la importancia del coeficiente de correlación

Línea de mínimos cuadrados o línea de mejor ajuste:

$\hat{y} = a + bx$

donde

a = intersección en *y*

b = pendiente

Desviación típica de los residuales:

$s = \sqrt{\frac{SEE}{n-2}}$.

donde

SSE = suma de errores al cuadrado

n = el número de puntos de datos

Práctica

12.1 Ecuaciones lineales

Utilice la siguiente información para responder los próximos tres ejercicios. Un centro vacacional alquila equipos de buceo a buceadores certificados. El complejo cobra una tarifa inicial de 25 dólares y otra de 12,50 dólares por hora.

1. ¿Cuáles son las variables dependientes e independientes?

2. Halle la ecuación que expresa la tarifa total en función del número de horas de alquiler del equipo.

3. Grafique la ecuación del Ejercicio 12.2.

Use la siguiente información para responder los próximos dos ejercicios. Una compañía de tarjetas de crédito cobra 10 dólares por cada pago retrasado y 5 dólares por cada día de mora.

4. Halle la ecuación que expresa la tarifa total en función del número de días de retraso en el pago.

5. Grafique la ecuación del Ejercicio 12.4.

6. ¿Es lineal la ecuación $y = 10 + 5x - 3x^2$? ¿Por qué sí o por qué no?

7. ¿Cuáles de las siguientes ecuaciones son lineales?

a. $y = 6x + 8$

b. $y + 7 = 3x$

c. $y - x = 8x^2$

d. $4y = 8$

8. ¿Muestra el gráfico una ecuación lineal? ¿Por qué sí o por qué no?

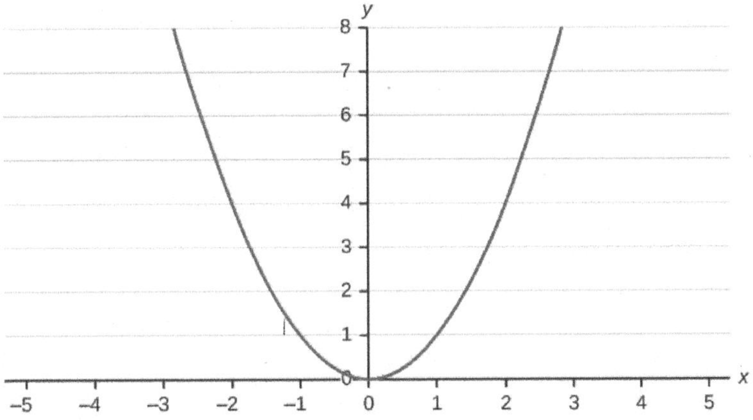

Figura 12.25

La Tabla 12.12 contiene datos reales de las dos primeras décadas de presentación de informes sobre la gripe.

Año	N.° casos de gripe diagnosticados	N.° muertes por gripe
Antes de 1981	91	29
1981	319	121
1982	1.170	453
1983	3.076	1.482
1984	6.240	3.466
1985	11.776	6.878
1986	19.032	11.987
1987	28.564	16.162
1988	35.447	20.868
1989	42.674	27.591
1990	48.634	31.335

Tabla 12.12 Solo adultos y adolescentes, Estados Unidos

1991	59.660	36.560
1992	78.530	41.055
1993	78.834	44.730
1994	71.874	49.095
1995	68.505	49.456
1996	59.347	38.510
1997	47.149	20.736
1998	38.393	19.005
1999	25.174	18.454
2000	25.522	17.347
2001	25.643	17.402
2002	26.464	16.371
Total	**802.118**	**489.093**

Tabla 12.12 Solo adultos y adolescentes, Estados Unidos

9. Utilice las columnas "año" y "N.º casos diagnosticados de gripe". ¿Por qué el "año" es la variable independiente y el "N.º de casos diagnosticados de gripe" la variable dependiente (en lugar de la inversa)?

Use la siguiente información para responder los próximos dos ejercicios. Una compañía de limpieza especializada cobra una tarifa por el equipo y una tarifa por hora de trabajo. Una ecuación lineal que expresa el monto total de la tarifa que la compañía cobra por cada sesión es $y = 50 + 100x$.

10. ¿Cuáles son las variables independientes y dependientes?

11. ¿Cuál es la intersección en y y cuál es la pendiente? Interprételos utilizando oraciones completas.

Use la siguiente información para responder las próximas tres preguntas. Debido a la erosión, la orilla de un río pierde varios miles de libras de suelo cada año. Una ecuación lineal que expresa la cantidad total de suelo perdido por año es $y = 12.000x$.

12. ¿Cuáles son las variables independientes y dependientes?

13. ¿Cuántas libras de suelo pierde la costa en un año?

14. ¿Cuál es la intersección en y? Interprete su significado.

Use la siguiente información para responder los próximos dos ejercicios. El precio de una sola emisión de acciones puede fluctuar a lo largo del día. Una ecuación lineal que representa el precio de las acciones de Shipment Express es $y = 15 - 1{,}5x$ donde x es el número de horas transcurridas en un día de ocho horas de negociación.

15. ¿Cuáles son la pendiente y la intersección en *y*? Interprete su significado.

16. Si tuviera esta acción, ¿querría una pendiente positiva o negativa? ¿Por qué?

12.2 Diagramas de dispersión

17. ¿El diagrama de dispersión parece lineal? ¿Fuerte o débil? ¿Positiva o negativa?

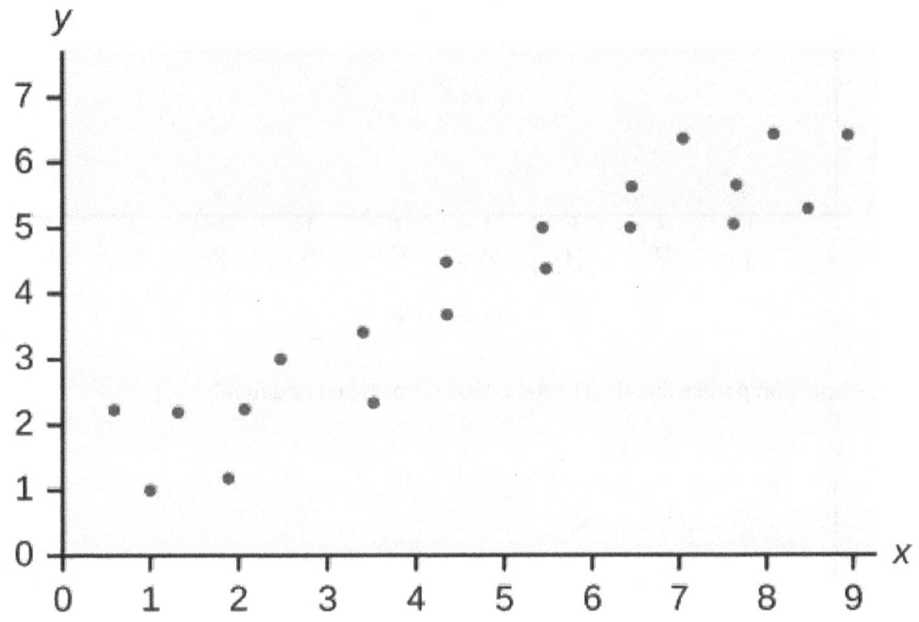

Figura 12.26

18. ¿El diagrama de dispersión parece lineal? ¿Fuerte o débil? ¿Positiva o negativa?

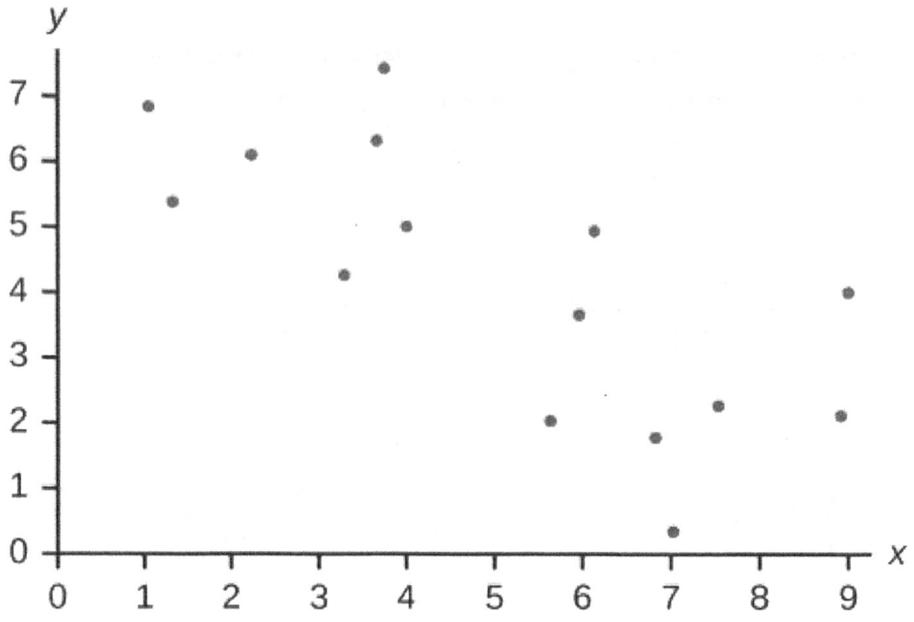

Figura 12.27

19. ¿El diagrama de dispersión parece lineal? ¿Fuerte o débil? ¿Positiva o negativa?

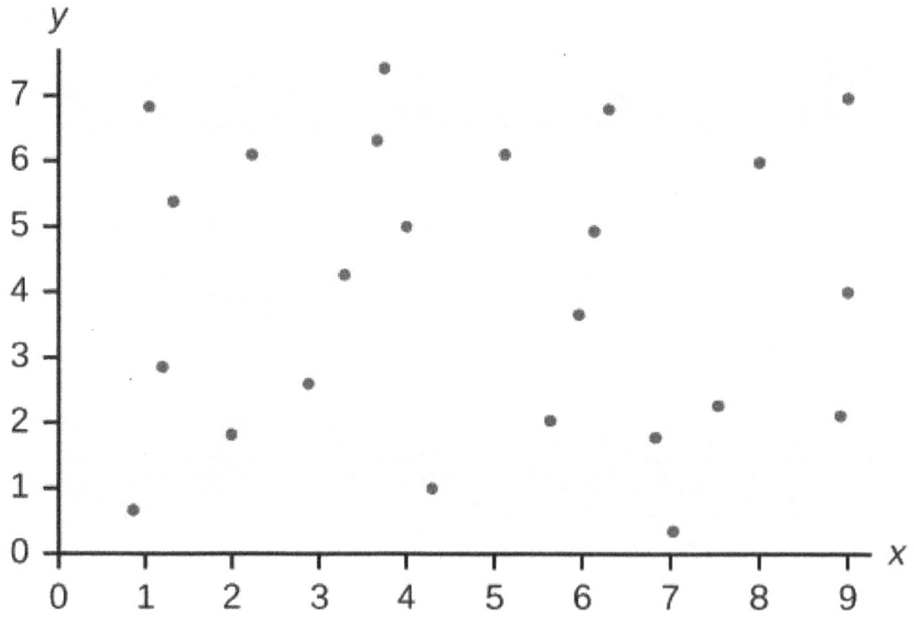

Figura 12.28

12.3 La ecuación de regresión

Use la siguiente información para responder los siguientes cinco ejercicios. Una muestra aleatoria de 10 deportistas profesionales arrojó los siguientes datos, donde la x es el número de patrocinadores que tiene el jugador, mientras que la y es la cantidad de dinero que gana (en millones de dólares).

x	y	x	y
0	2	5	12
3	8	4	9
2	7	3	9
1	3	0	3
5	13	4	10

Tabla 12.13

20. Dibuje un diagrama de dispersión de los datos.

21. Utilice la regresión para hallar la ecuación de la línea de mejor ajuste.

22. Dibuje la línea de mejor ajuste en el diagrama de dispersión.

23. ¿Cuál es la pendiente de la línea de mejor ajuste? ¿Qué representa?

24. ¿Cuál es la intersección en y de la línea de mejor ajuste? ¿Qué representa?

25. ¿Qué significa un valor r de cero?

26. Cuando $n = 2$ y $r = 1$, ¿son los datos significativos? Explique.

27. Cuando $n = 100$ y $r = -0{,}89$, ¿existe una correlación significativa? Explique.

12.4 Comprobación de la importancia del coeficiente de correlación

28. Al comprobar la significación del coeficiente de correlación, ¿cuál es la hipótesis nula?

29. Al comprobar la significación del coeficiente de correlación, ¿cuál es la hipótesis alternativa?

30. Si el nivel de significación es 0,05 y el valor p es 0,04, ¿qué conclusión puede sacar?

12.5 Predicción

Utilice la siguiente información para responder los próximos dos ejercicios. Un minorista de productos electrónicos utilizó la regresión para hallar un modelo sencillo que prediga el crecimiento de las ventas en el primer trimestre del nuevo año (de enero a marzo). El modelo es válido para 90 días, donde x es el día. El modelo puede escribirse como sigue:

$\hat{y} = 101{,}32 + 2{,}48x$ donde $\hat{y}$ está en miles de dólares.

31. ¿Cuál es la previsión de ventas para el día 60?

32. ¿Cuál es la previsión de ventas para el día 90?

Utilice la siguiente información para responder los próximos tres ejercicios. Una compañía de jardinería es contratada para cortar el césped de varios inmuebles grandes. El área total combinado de los inmuebles es de 1.345 acres. El ritmo al que una persona puede cortar el césped es el siguiente:

$\hat{y}$ = 1350 - 1,2x donde x es el número de horas y $\hat{y}$ representa el número de acres que quedan por cortarles el césped.

33. ¿Cuántos acres quedarán por cortarles el césped después de 20 horas de trabajo?

34. ¿Cuántos acres quedarán por cortarles el césped después de 100 horas de trabajo?

35. ¿Cuántas horas se necesitan para cortar todo el césped? (¿Cuándo es $\hat{y}$ = 0?)

La Tabla 12.14 contiene datos reales de las dos primeras décadas de notificación de casos de gripe.

Año	N.° casos de gripe diagnosticados	N.° muertes por gripe
Antes de 1981	91	29
1981	319	121
1982	1.170	453
1983	3.076	1.482
1984	6.240	3.466
1985	11.776	6.878
1986	19.032	11.987
1987	28.564	16.162
1988	35.447	20.868
1989	42.674	27.591
1990	48.634	31.335
1991	59.660	36.560
1992	78.530	41.055
1993	78.834	44.730
1994	71.874	49.095
1995	68.505	49.456
1996	59.347	38.510

Tabla 12.14 **Solo adultos y adolescentes, Estados Unidos**

1997	47.149	20.736
1998	38.393	19.005
1999	25.174	18.454
2000	25.522	17.347
2001	25.643	17.402
2002	26.464	16.371
Total	**802.118**	**489.093**

Tabla 12.14 Solo adultos y adolescentes, Estados Unidos

36. Grafique el "año" frente al "N.º de casos diagnosticados de gripe" (trace el diagrama de dispersión). No incluya datos anteriores a 1981.

37. Realice una regresión lineal. ¿Cuál es la ecuación lineal? Redondee al número natural más cercano.

38. Halle el coeficiente de correlación.

a. r = _______

39. Resuelva.

a. Cuando x = 1985, $\hat{y}$ = ____
b. Cuando x = 1990, $\hat{y}$ =____
c. Cuando x = 1970, $\hat{y}$ =_____ ¿Por qué no tiene sentido esta respuesta?

40. ¿Parece que la línea se ajusta a los datos? ¿Por qué sí o por qué no?

41. ¿Qué implica la correlación sobre la relación entre el tiempo (años) y el número de casos de gripe diagnosticados en EE. UU.?

42. Trace los dos puntos dados en el siguiente gráfico. Luego, conecte los dos puntos para formar la línea de regresión.

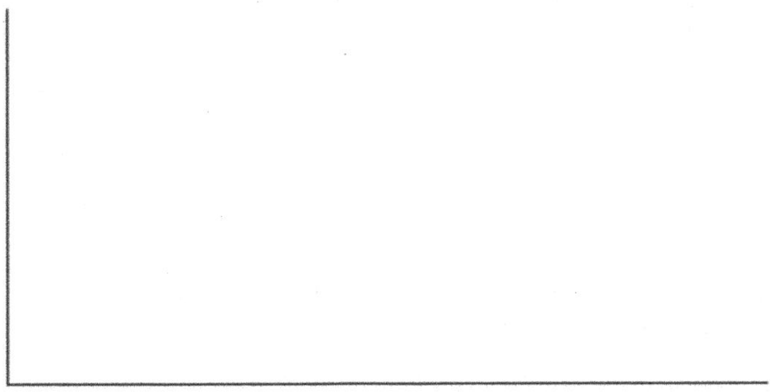

Figura 12.29

Obtenga el gráfico en su calculadora o en su computadora.

43. Escriba la ecuación: $\hat{y}$=__________

44. Dibuje a mano una curva suave en el gráfico que muestre el flujo de los datos.

45. ¿Parece que la línea se ajusta a los datos? ¿Por qué sí o por qué no?

46. ¿Cree que lo mejor es un ajuste lineal? ¿Por qué sí o por qué no?

47. ¿Qué implica la correlación sobre la relación entre el tiempo (años) y el número de casos de gripe diagnosticados en EE. UU.?

48. Gráfico "año" frente a "N.° casos diagnosticados de gripe" No incluya los anteriores a 1981. Identifique ambos ejes con palabras. Escale ambos ejes.

49. Introduzca los datos en su calculadora o en su computadora. Los datos anteriores a 1981 no deberían incluirse. ¿Por qué?

Escriba la ecuación lineal, redondeando a cuatro decimales:

50. Halle el coeficiente de correlación.

a. correlación = ____

12.6 Valores atípicos

Use la siguiente información para responder los próximos cuatro ejercicios. El diagrama de dispersión muestra la relación entre las horas dedicadas al estudio y los resultados de los exámenes. La línea que se muestra es la línea calculada de mejor ajuste. El coeficiente de correlación es de 0,69.

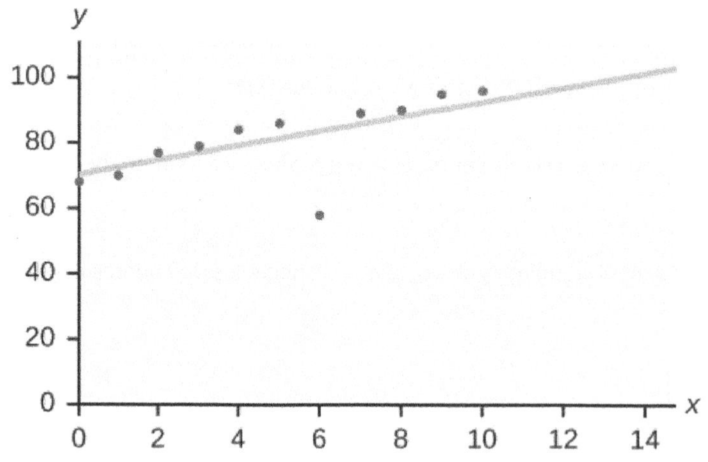

Figura 12.30

51. ¿Parece haber algún valor atípico?

52. Se elimina un punto y se vuelve a calcular la línea de mejor ajuste. El nuevo coeficiente de correlación es de 0,98. ¿El punto luce como un valor atípico? ¿Por qué?

53. ¿Qué efecto tuvo el posible valor atípico en la línea de mejor ajuste?

54. ¿Confía más o menos en la capacidad de predicción de la nueva línea de mejor ajuste?

55. La suma de errores al cuadrado para un conjunto de datos de 18 números es 49. ¿Cuál es la desviación típica?

56. La desviación típica de la suma de errores al cuadrado de un conjunto de datos es de 9,8. ¿Cuál es el límite de la distancia vertical a la que puede estar un punto de la línea de mejor ajuste para considerarlo un valor atípico?

Tarea para la casa

12.1 Ecuaciones lineales

57. Para cada una de las siguientes situaciones, indique la variable independiente y la variable dependiente.

a. Se realiza un estudio para determinar si los conductores de edad avanzada están implicados en más accidentes de tráfico que otros conductores. El número de víctimas mortales por cada 100.000 conductores se compara con la edad de los conductores.
b. Se realiza un estudio para determinar si la factura semanal de la compra de comestibles cambia en función del número de integrantes de la familia.
c. Las compañías de seguros basan las primas de los seguros de vida parcialmente en la edad del solicitante.
d. Las facturas de los servicios públicos varían según el consumo de energía.
e. Se realiza un estudio para determinar si la educación superior reduce el índice de delincuencia en una población.

58. Los sistemas de pago a destajo son planes de pago de incentivos ampliamente debatidos. En un estudio reciente sobre la eficacia de los agentes de crédito, se examinó el siguiente sistema de pago a destajo:

% alcanzado de la meta	< 80	80	100	120
Incentivo	n/a	4.000 dólares, con 125 dólares adicionales por cada punto porcentual entre el 81 y el 99 %	6.500 dólares, con 125 dólares adicionales por cada punto porcentual entre el 101 y el 119 %	9.500 dólares con 125 dólares adicionales por cada punto porcentual a partir del 121 %

Tabla 12.15

Si un agente de crédito alcanza el 95 % de su meta, escriba la función lineal que se aplica en función de la tabla del plan de incentivos. En el contexto, explique la intersección en *y*, así como la pendiente.

12.2 Diagramas de dispersión

59. La Paridad de Poder Adquisitivo (PPA) del Producto Interno Bruto (PIB) es una indicación del valor de la moneda de un país en comparación con otro. La Tabla 12.16 muestra la PPA del PIB de Cuba en comparación con los dólares estadounidenses. Construya un diagrama de dispersión de los datos.

Año	PPA de Cuba	Año	PPA de Cuba
1999	1.700	2006	4.000
2000	1.700	2007	11.000
2002	2.300	2008	9.500
2003	2.900	2009	9.700
2004	3.000	2010	9.900
2005	3.500		

Tabla 12.16

60. La siguiente tabla muestra los índices de pobreza y el uso del teléfono móvil en Estados Unidos. Construya un diagrama de dispersión de los datos

Año	Índice de pobreza	Uso del teléfono móvil per cápita
2003	12,7	54,67
2005	12,6	74,19
2007	12	84,86
2009	12	90,82

Tabla 12.17

61. ¿El mayor costo de la matrícula se traduce en empleos mejor pagados? La tabla muestra las diez mejores universidades en función del salario de mitad de carrera y los costos asociados de matrícula anual. Construya un diagrama de dispersión de los datos.

Escuela	Salario a mitad de carrera (en miles)	Matrícula anual
Princeton	137	28.540
Harvey Mudd	135	40.133
CalTech	127	39.900
Academia Naval de EE. UU.	122	0
West Point	120	0
MIT	118	42.050
Universidad de Lehigh	118	43.220
NYU-Poly	117	39.565
Babson College	117	40.400
Stanford	114	54.506

Tabla 12.18

62. Si el nivel de significación es 0,05 y el valor p es 0,06, ¿a qué conclusión llega?

63. Si hay 15 puntos de datos en un conjunto de datos, ¿cuál es el número de grados de libertad?

12.3 La ecuación de regresión

64. ¿Cuál es el proceso mediante el cual podemos calcular una línea que atraviesa un diagrama de dispersión con un patrón lineal?

65. Explique qué significa que una correlación tenga un r^2 de 0,72.

66. ¿Puede un coeficiente de determinación ser negativo? ¿Por qué sí o por qué no?

12.5 Predicción

67. Recientemente, el número anual de muertes de conductores por cada 100.000 para los grupos etarios seleccionados fue el siguiente:

Edad	Número de muertes de conductores por cada 100.000
16–19	38
20–24	36
25–34	24
35–54	20
55–74	18
75+	28

Tabla 12.19

a. Por cada grupo etario, elija el punto medio del intervalo para el valor de la *x*. (En el grupo de más de 75 años, utilice 80).
b. Utilizando "edades" como variable independiente y "Número de muertes de conductores por cada 100.000" como variable dependiente, haga un diagrama de dispersión de los datos.
c. Calcule la línea de mínimos cuadrados (de mejor ajuste). Ponga la ecuación en la forma de: $\hat{y} = a + bx$
d. Halle el coeficiente de correlación. ¿Es significativo?
e. Prediga el número de muertes para las edades de 40 y 60 años.
f. Con base en los datos suministrados, ¿existe una relación lineal entre la edad de un conductor y la tasa de mortalidad de los conductores?
g. ¿Cuál es la pendiente de la línea de mínimos cuadrados (de mejor ajuste)? Interprete la pendiente.

68. La Tabla 12.20 señala la expectativa de vida de alguien nacido en Estados Unidos en determinados años.

Año de nacimiento	Expectativa de vida
1930	59,7
1940	62,9
1950	70,2
1965	69,7
1973	71,4
1982	74,5
1987	75
1992	75,7
2010	78,7

Tabla 12.20

a. Decida cuál variable debe ser la independiente y cuál la dependiente.
b. Dibuje un diagrama de dispersión de los pares ordenados.
c. Calcule la línea de mínimos cuadrados. Ponga la ecuación en la forma de: $\hat{y} = a + bx$
d. Halle el coeficiente de correlación. ¿Es significativo?
e. Calcule la expectativa de vida para alguien nacido en 1950 y para otro nacido en 1982.
f. ¿Por qué las respuestas a la parte e no coinciden con los valores de la Tabla 12.20 que corresponden a esos años?
g. Utilice los dos puntos de la parte e para trazar la línea de mínimos cuadrados en su gráfico de la parte b.
h. Según los datos, ¿existe una relación lineal entre el año de nacimiento y la expectativa de vida?
i. ¿Existen valores atípicos en los datos?
j. Utilizando la línea de mínimos cuadrados, calcule la expectativa de vida estimada para alguien nacido en 1850. ¿La línea de mínimos cuadrados da una estimación precisa para ese año? Explique por qué sí o por qué no.
k. ¿Cuál es la pendiente de la línea de mínimos cuadrados (de mejor ajuste)? Interprete la pendiente.

69. El valor máximo de descuento de la tarjeta Entertainment® para la sección "Alta Cocina", décima edición, para varias páginas se da en la Tabla 12.21

Número de página	Valor máximo ($)
4	16
14	19
25	15
32	17
43	19
57	15
72	16
85	15
90	17

Tabla 12.21

a. Decida cuál variable debe ser la independiente y cuál la dependiente.
b. Dibuje un diagrama de dispersión de los pares ordenados.
c. Calcule la línea de mínimos cuadrados. Ponga la ecuación en la forma de: $\hat{y} = a + bx$
d. Halle el coeficiente de correlación. ¿Es significativo?
e. Calcule los valores máximos para los restaurantes de las páginas 10 y 70.
f. ¿Parece que los restaurantes que dan el máximo valor se colocan al principio de la sección "Alta Cocina"? ¿Cómo ha llegado a su respuesta?
g. Supongamos que hay 200 páginas de restaurantes. ¿Cuál estima que es el valor máximo de un restaurante de la página 200?
h. ¿Es válida la línea de mínimos cuadrados para la página 200? ¿Por qué sí o por qué no?
i. ¿Cuál es la pendiente de la línea de mínimos cuadrados (de mejor ajuste)? Interprete la pendiente.

70. La Tabla 12.22 da los tiempos de las medallas de oro de todos los demás Juegos Olímpicos de Verano para los 100 metros libres femeninos (natación).

Año	Tiempo (segundos)
1912	82,2
1924	72,4
1932	66,8
1952	66,8
1960	61,2
1968	60,0
1976	55,65
1984	55,92
1992	54,64
2000	53,8
2008	53,1

Tabla 12.22

a. Decida cuál variable debe ser la independiente y cuál la dependiente.
b. Dibuje un diagrama de dispersión de los datos.
c. ¿Se desprende de la inspección que existe una relación entre las variables? ¿Por qué sí o por qué no?
d. Calcule la línea de mínimos cuadrados. Ponga la ecuación en la forma de: $\hat{y} = a + bx$.
e. Halle el coeficiente de correlación. ¿Es significativa la disminución de los tiempos?
f. Calcule el tiempo estimado de la medalla de oro de 1932. Calcule el tiempo estimado para 1984.
g. ¿Por qué las respuestas de la parte f son diferentes de los valores de la tabla?
h. ¿Parece que una línea es la mejor forma de ajustar los datos? ¿Por qué sí o por qué no?
i. Utilice la línea de mínimos cuadrados para estimar el tiempo de la medalla de oro de los próximos Juegos Olímpicos de Verano. ¿Cree que su respuesta es razonable? ¿Por qué sí o por qué no?

71.

Estado	N.º de letras en el nombre	Año de entrada en la Unión	Rango para entrar en la Unión	Superficie (millas cuadradas)
Alabama	7	1819	22	52.423
Colorado	8	1876	38	104.100
Hawái	6	1959	50	10.932
Iowa	4	1846	29	56.276
Maryland	8	1788	7	12.407
Misuri	8	1821	24	69.709
Nueva Jersey	9	1787	3	8.722
Ohio	4	1803	17	44.828
Carolina del Sur	13	1788	8	32.008
Utah	4	1896	45	84.904
Wisconsin	9	1848	30	65.499

Tabla 12.23

Nos interesa saber si el número de letras del nombre de un estado depende o no del año en que ingresó en la Unión.

a. Decida cuál variable debe ser la independiente y cuál la dependiente.
b. Dibuje un diagrama de dispersión de los datos.
c. ¿Se desprende de la inspección que existe una relación entre las variables? ¿Por qué sí o por qué no?
d. Calcule la línea de mínimos cuadrados. Ponga la ecuación en la forma de: $\hat{y} = a + bx$.
e. Halle el coeficiente de correlación. ¿Qué implica esto sobre la importancia de la relación?
f. Calcule el número aproximado de letras (al número entero más cercano) que tendría un estado si entrara en la Unión en 1900. Calcule el número aproximado de letras que tendría un estado si entrara en la Unión en 1940.
g. ¿Parece que una línea es la mejor forma de ajustar los datos? ¿Por qué sí o por qué no?
h. Utilice la línea de mínimos cuadrados para estimar el número de letras que tendría un nuevo estado que entrara en la Unión este año. ¿Se puede utilizar la línea de mínimos cuadrados para predecirlo? ¿Por qué sí o por qué no?

12.6 Valores atípicos

72. La altura (de la acera al tejado) de los edificios altos más notables de Estados Unidos se compara con el número de pisos del edificio (empezando por el nivel de la calle).

Altura (en pies)	Pisos
1.050	57
428	28
362	26
529	40
790	60
401	22
380	38
1.454	110
1.127	100
700	46

Tabla 12.24

a. Utilizando "pisos" como variable independiente y "altura" como variable dependiente, haga un diagrama de dispersión de los datos.
b. ¿Se desprende de la inspección que existe una relación entre las variables?
c. Calcule la línea de mínimos cuadrados. Ponga la ecuación en la forma de: $\hat{y} = a + bx$
d. Halle el coeficiente de correlación. ¿Es significativo?
e. Halle las alturas estimadas para 32 pisos y para 94 pisos.
f. Según los datos de la Tabla 12.24, ¿existe una relación lineal entre el número de pisos de los edificios altos y su altura?
g. ¿Existen valores atípicos en los datos? En caso afirmativo, ¿qué puntos?
h. ¿Cuál es la altura estimada de un edificio de seis pisos? ¿La línea de mínimos cuadrados da una estimación precisa de la altura? Explique por qué sí o por qué no.
i. Con base en la línea de mínimos cuadrados, se predice que añadir un piso más añadirá aproximadamente cuántos pies a un edificio?
j. ¿Cuál es la pendiente de la línea de mínimos cuadrados (de mejor ajuste)? Interprete la pendiente.

73. Los ornitólogos, científicos que estudian las aves, marcan a los gavilanes en 13 colonias diferentes para estudiar su población. Recogen datos sobre el porcentaje de nuevos gavilanes en cada colonia y el porcentaje de los que han regresado de la migración.

Porcentaje de retorno:74; 66; 81; 52; 73; 62; 52; 45; 62; 46; 60; 46; 38
Porcentaje nuevo:5; 6; 8; 11; 12; 15; 16; 17; 18; 18; 19; 20; 20

a. Introduzca los datos en su calculadora y haga un diagrama de dispersión.
b. Utilice la función de regresión de su calculadora para hallar la ecuación de la línea de regresión por mínimos cuadrados. Añada esto a su diagrama de dispersión de la parte a.
c. Explique con palabras lo que nos dicen la pendiente y la intersección en y de la línea de regresión.
d. ¿Qué tan bien se ajusta la línea de regresión a los datos? Explique su respuesta.
e. ¿Cuál punto tiene el mayor residuo? Explique el significado del residuo en su contexto. ¿Este punto es un valor atípico? ¿Un punto de influencia? Explique.
f. Un ecologista quiere predecir cuántos pájaros se unirán a otra colonia de gavilanes a la que han regresado el 70 % de los adultos del año anterior. ¿Cuál es la predicción?

74. La siguiente tabla muestra datos sobre el consumo promedio de café per cápita y la tasa de cardiopatías en una muestra aleatoria de 10 países.

Consumo anual de café en litros	2,5	3,9	2,9	2,4	2,9	0,8	9,1	2,7	0,8	0,7
Muerte por cardiopatías	221	167	131	191	220	297	71	172	211	300

Tabla 12.25

a. Introduzca los datos en su calculadora y haga un diagrama de dispersión.
b. Utilice la función de regresión de su calculadora para hallar la ecuación de la línea de regresión por mínimos cuadrados. Añada esto a su diagrama de dispersión de la parte a.
c. Explique con palabras lo que nos dicen la pendiente y la intersección en y de la línea de regresión.
d. ¿Qué tan bien se ajusta la línea de regresión a los datos? Explique su respuesta.
e. ¿Cuál punto tiene el mayor residuo? Explique el significado del residuo en su contexto. ¿Este punto es un valor atípico? ¿Un punto de influencia? Explique.
f. ¿Proporcionan los datos pruebas convincentes de que existe una relación lineal entre la cantidad de café consumido y la tasa de mortalidad por cardiopatías? Lleve a cabo una prueba adecuada con un nivel de significación de 0,05 como ayuda para responder esta pregunta.

75. La siguiente tabla consiste en el tiempo de un estudiante atleta (en minutos) para nadar 2000 yardas y la frecuencia cardíaca (latidos por minuto) después de nadar en una muestra aleatoria de 10 días:

Tiempo de natación	Ritmo cardíaco
34,12	144
35,72	152
34,72	124
34,05	140
34,13	152
35,73	146
36,17	128
35,57	136
35,37	144
35,57	148

Tabla 12.26

a. Introduzca los datos en su calculadora y haga un diagrama de dispersión.
b. Utilice la función de regresión de su calculadora para hallar la ecuación de la línea de regresión por mínimos cuadrados. Añada esto a su diagrama de dispersión de la parte a.
c. Explique con palabras lo que nos dicen la pendiente y la intersección en y de la línea de regresión.
d. ¿Qué tan bien se ajusta la línea de regresión a los datos? Explique su respuesta.
e. ¿Cuál punto tiene el mayor residuo? Explique el significado del residuo en su contexto. ¿Este punto es un valor atípico? ¿Un punto de influencia? Explique.

76. Un investigador estudia si la población influye en la tasa de homicidios. Utiliza datos demográficos de Detroit, MI, para comparar las tasas de homicidio y el número de habitantes que son hombres blancos.

Tamaño de la población	Tasa de homicidios por cada 100.000 habitantes
558.724	8,6
538.584	8,9
519.171	8,52
500.457	8,89
482.418	13,07
465.029	14,57
448.267	21,36
432.109	28,03
416.533	31,49
401.518	37,39
387.046	46,26
373.095	47,24
359.647	52,33

Tabla 12.27

a. Utilice su calculadora para construir un diagrama de dispersión de los datos. ¿Cuál debería ser la variable independiente? ¿Por qué?
b. Utilice la función de regresión de su calculadora para hallar la ecuación de la línea de regresión por mínimos cuadrados. Añada esto a su diagrama de dispersión.
c. Comente el significado de lo siguiente en su contexto.
   i. La pendiente de la ecuación de regresión
   ii. La intersección en y de la ecuación de regresión
   iii. La correlación r
   iv. El coeficiente de determinación r2.

d. ¿Aportan los datos pruebas convincentes de que exista una relación lineal entre el tamaño de la población y la tasa de homicidios? Lleve a cabo una prueba adecuada con un nivel de significación de 0,05 como ayuda para responder esta pregunta.

77.

Escuela	Salario a mitad de carrera (en miles)	Matrícula anual
Princeton	137	28.540
Harvey Mudd	135	40.133
CalTech	127	39.900
Academia Naval de EE. UU.	122	0
West Point	120	0
MIT	118	42.050
Universidad de Lehigh	118	43.220
NYU-Poly	117	39.565
Babson College	117	40.400
Stanford	114	54.506

Tabla 12.28

Utilice los datos para determinar la ecuación de la línea de regresión lineal con los valores atípicos eliminados. ¿Existe una correlación lineal para el conjunto de datos con los valores atípicos eliminados? Justifique su respuesta.

Resúmalo todo: tarea para la casa

78. El promedio de los integrantes de una familia que asistió a la universidad durante varios años se indica en la Tabla 12.29.

Año	Número de integrantes de la familia que asisten a la universidad
1969	4,0
1973	3,6
1975	3,2
1979	3,0
1983	3,0
1988	3,0
1991	2,9

Tabla 12.29

a. Utilizando "año" como variable independiente y "número de integrantes de la familia que asisten a la universidad" como variable dependiente, dibuje un diagrama de dispersión de los datos.
b. Calcule la línea de mínimos cuadrados. Ponga la ecuación en la forma de: $\hat{y} = a + bx$
c. Halle el coeficiente de correlación. ¿Es significativo?
d. Elija dos años entre 1969 y 1991 y calcule aproximadamente el número de integrantes de la familia que asisten a la universidad.
e. Según los datos de la Tabla 12.29, ¿existe una relación lineal entre el año y el número promedio de integrantes de la familia que toman educación universitaria?
f. Utilizando la línea de mínimos cuadrados, estime el número de integrantes de la familia que asisten a la universidad para 1960 y 1995. ¿Da la línea de mínimos cuadrados una estimación precisa para esos años? Explique por qué sí o por qué no.
g. ¿Existen valores atípicos en los datos?
h. ¿Cuál es el número promedio estimado de integrantes de la familia que toman educación universitaria para 1986? ¿La línea de mínimos cuadrados da una estimación precisa para ese año? Explique por qué sí o por qué no.
i. ¿Cuál es la pendiente de la línea de mínimos cuadrados (de mejor ajuste)? Interprete la pendiente.

79. El porcentaje de trabajadoras asalariadas que cobran tarifas por hora se indica en la Tabla 12.30 para los años 1979 a 1992.

Año	Porcentaje de trabajadoras que cobran tarifas por hora
1979	61,2
1980	60,7
1981	61,3
1982	61,3
1983	61,8
1984	61,7
1985	61,8
1986	62,0
1987	62,7
1990	62,8
1992	62,9

Tabla 12.30

a. Utilizando el "año" como variable independiente y "porcentaje" como variable dependiente, dibuje un diagrama de dispersión de los datos.
b. ¿Se desprende de la inspección que existe una relación entre las variables? ¿Por qué sí o por qué no?
c. Calcule la línea de mínimos cuadrados. Ponga la ecuación en la forma de: $\hat{y} = a + bx$
d. Halle el coeficiente de correlación. ¿Es significativo?
e. Calcule los porcentajes estimados para 1991 y 1988.
f. Según los datos, ¿existe una relación lineal entre el año y el porcentaje de mujeres asalariadas que cobran tarifas por hora?
g. ¿Existen valores atípicos en los datos?
h. ¿Cuál es el porcentaje estimado para el año 2050? ¿Da la línea de mínimos cuadrados una estimación precisa para ese año? Explique por qué sí o por qué no.
i. ¿Cuál es la pendiente de la línea de mínimos cuadrados (de mejor ajuste)? Interprete la pendiente.

Use la siguiente información para responder los próximos dos ejercicios. El costo de un detergente líquido líder en el mercado en diferentes tamaños se indica en la Tabla 12.31.

Tamaño (onzas)	Costo (dólares)	Costo por onza
16	3,99	
32	4,99	
64	5,99	

Tabla 12.31

Tamaño (onzas)	Costo (dólares)	Costo por onza
200	10,99	

Tabla 12.31

80. a. Utilizando "tamaño" como variable independiente y "costo" como variable dependiente, dibuje un diagrama de dispersión.
b. ¿Se desprende de la inspección que existe una relación entre las variables? ¿Por qué sí o por qué no?
c. Calcule la línea de mínimos cuadrados. Ponga la ecuación en la forma de: $\hat{y} = a + bx$
d. Halle el coeficiente de correlación. ¿Es significativo?
e. Si el detergente para la ropa se vendiera en un tamaño de 40 onzas, calcule el costo estimado.
f. Si el detergente para la ropa se vendiera en un tamaño de 90 onzas, calcule el costo estimado.
g. ¿Parece que una línea es la mejor forma de ajustar los datos? ¿Por qué sí o por qué no?
h. ¿Existen valores atípicos en los datos dados?
i. ¿Es válida la línea de mínimos cuadrados para predecir lo que costaría un tamaño de 300 onzas de detergente para la ropa? ¿Por qué sí o por qué no?
j. ¿Cuál es la pendiente de la línea de mínimos cuadrados (de mejor ajuste)? Interprete la pendiente.

81. a. Complete la Tabla 12.31 para el costo por onza de los diferentes tamaños.
b. Utilizando el "tamaño" como variable independiente y el "costo por onza" como variable dependiente, dibuje un diagrama de dispersión.
c. ¿Se desprende de la inspección que existe una relación entre las variables? ¿Por qué sí o por qué no?
d. Calcule la línea de mínimos cuadrados. Ponga la ecuación en la forma de: $\hat{y} = a + bx$
e. Halle el coeficiente de correlación. ¿Es significativo?
f. Si el detergente se vendiera en un tamaño de 40 onzas, calcule el costo estimado por onza.
g. Si el detergente se vendiera en un tamaño de 90 onzas, calcule el costo estimado por onza.
h. ¿Parece que una línea es la mejor forma de ajustar los datos? ¿Por qué sí o por qué no?
i. ¿Existen valores atípicos en los datos?
j. ¿Es válida la línea de mínimos cuadrados para predecir lo que costaría por onza un tamaño de 300 onzas de detergente? ¿Por qué sí o por qué no?
k. ¿Cuál es la pendiente de la línea de mínimos cuadrados (de mejor ajuste)? Interprete la pendiente.

82. Según un folleto de un representante de la compañía de seguros Prudential, los costos aproximados de los honorarios e impuestos sucesorios para determinados patrimonios netos gravables son los siguientes:

Patrimonio neto gravable (dólares)	Tasas e impuestos sucesorios aproximados (dólares)
600.000	30.000
750.000	92.500
1.000.000	203.000
1.500.000	438.000
2.000.000	688.000
2.500.000	1.037.000
3.000.000	1.350.000

Tabla 12.32

a. Decida cuál variable debe ser la independiente y cuál la dependiente.
b. Dibuje un diagrama de dispersión de los datos.
c. ¿Se desprende de la inspección que existe una relación entre las variables? ¿Por qué sí o por qué no?
d. Calcule la línea de mínimos cuadrados. Ponga la ecuación en la forma de: $\hat{y} = a + bx$.
e. Halle el coeficiente de correlación. ¿Es significativo?
f. Calcule el costo total estimado para un próximo patrimonio gravable de 1.000.000 de dólares. Calcule el costo para 2.500.000 dólares.
g. ¿Parece que una línea es la mejor forma de ajustar los datos? ¿Por qué sí o por qué no?
h. ¿Existen valores atípicos en los datos?
i. Con base en estos resultados, ¿cuáles serían los honorarios e impuestos sucesorios para un patrimonio sin ningún activo?
j. ¿Cuál es la pendiente de la línea de mínimos cuadrados (de mejor ajuste)? Interprete la pendiente.

83. Los siguientes son los precios de venta anunciados de televisores a color en Anderson's.

Tamaño (pulgadas)	Precio de venta (dólares)
9	147
20	197
27	297
31	447
35	1177
40	2177
60	2497

Tabla 12.33

a. Decida cuál variable debe ser la independiente y cuál la dependiente.
b. Dibuje un diagrama de dispersión de los datos.
c. ¿Se desprende de la inspección que existe una relación entre las variables? ¿Por qué sí o por qué no?
d. Calcule la línea de mínimos cuadrados. Ponga la ecuación en la forma de: $\hat{y} = a + bx$
e. Halle el coeficiente de correlación. ¿Es significativo?
f. Calcule el precio estimado de venta de un televisor de 32 pulgadas. Calcule el costo de un televisor de 50 pulgadas.
g. ¿Parece que una línea es la mejor forma de ajustar los datos? ¿Por qué sí o por qué no?
h. ¿Existen valores atípicos en los datos?
i. ¿Cuál es la pendiente de la línea de mínimos cuadrados (de mejor ajuste)? Interprete la pendiente.

84. La Tabla 12.34 muestra la estatura promedio de los niños estadounidenses en 1990.

Edad (años)	Altura (cm)
nacimiento	50,8
2	83,8
3	91,4
5	106,6
7	119,3
10	137,1
14	157,5

Tabla 12.34

a. Decida cuál variable debe ser la independiente y cuál la dependiente.
b. Dibuje un diagrama de dispersión de los datos.
c. ¿Se desprende de la inspección que existe una relación entre las variables? ¿Por qué sí o por qué no?
d. Calcule la línea de mínimos cuadrados. Ponga la ecuación en la forma de: $\hat{y} = a + bx$
e. Halle el coeficiente de correlación. ¿Es significativo?
f. Calcule la altura promedio estimada para un niño de un año. Calcule la altura promedio estimada para un niño de once años.
g. ¿Parece que una línea es la mejor forma de ajustar los datos? ¿Por qué sí o por qué no?
h. ¿Existen valores atípicos en los datos?
i. Utilice la línea de mínimos cuadrados para estimar la altura promedio de un hombre de sesenta y dos años. ¿Cree que su respuesta es razonable? ¿Por qué sí o por qué no?
j. ¿Cuál es la pendiente de la línea de mínimos cuadrados (de mejor ajuste)? Interprete la pendiente.

85.

Estado	N.º de letras en el nombre	Año de entrada en la Unión	Clasificación de entrada a la Unión	Superficie (millas cuadradas)
Alabama	7	1819	22	52.423
Colorado	8	1876	38	104.100
Hawái	6	1959	50	10.932
Iowa	4	1846	29	56.276
Maryland	8	1788	7	12.407
Misuri	8	1821	24	69.709
Nueva Jersey	9	1787	3	8.722
Ohio	4	1803	17	44.828
Carolina del Sur	13	1788	8	32.008
Utah	4	1896	45	84.904
Wisconsin	9	1848	30	65.499

Tabla 12.35

Nos interesa saber si existe una relación entre la clasificación de un estado y su área.

a. ¿Cuáles son las variables independientes y dependientes?
b. ¿Cómo cree que será el diagrama de dispersión? Haga un diagrama de dispersión de los datos.
c. ¿Se desprende de la inspección que existe una relación entre las variables? ¿Por qué sí o por qué no?
d. Calcule la línea de mínimos cuadrados. Ponga la ecuación en la forma de: $\hat{y} = a + bx$
e. Halle el coeficiente de correlación. ¿Qué implica esto sobre la importancia de la relación?
f. Calcule las áreas estimadas para Alabama y Colorado. ¿Están cerca de las áreas reales?
g. Utilice los dos puntos de la parte f para trazar la línea de mínimos cuadrados en su gráfico de la parte b.
h. ¿Parece que una línea es la mejor forma de ajustar los datos? ¿Por qué sí o por qué no?
i. ¿Hay valores atípicos?
j. Utilice la línea de mínimos cuadrados para estimar el área de un nuevo estado que entra en la Unión. ¿Se puede utilizar la línea de mínimos cuadrados para predecirla? ¿Por qué sí o por qué no?
k. Elimine "Hawái" y sustituya por "Alaska". Alaska es el cuadragésimo noveno estado, con un área de 656.424 millas cuadradas.
l. Calcule la nueva línea de mínimos cuadrados.
m. Calcule el área estimada para Alabama. ¿Está más cerca del área real con esta nueva línea de mínimos cuadrados o con la anterior que incluía a Hawái? ¿Por qué cree que es así?
n. ¿Cree que, en general, los estados más nuevos son más grandes que los originales?

Referencias

12.1 Ecuaciones lineales

Datos de los Centros para el Control y la Prevención de Enfermedades.

Datos del Centro Nacional de notificación de casos de gripe y prevención de TB de la agencia.

12.5 Predicción

Datos de los Centros para el Control y la Prevención de Enfermedades.

Datos del Centro Nacional de notificación de casos de gripe y prevención de TB de la agencia.

Datos de la Oficina del Censo de Estados Unidos. Disponible en línea en http://www.census.gov/compendia/statab/cats/transportation/motor_vehicle_accidents_and_fatalities.html

Datos del Centro Nacional de Estadísticas de Salud.

12.6 Valores atípicos

Datos de la Comisión de Medios y Arbitrios de la Cámara de Representantes, el Departamento de Salud y Servicios Humanos.

Datos de Microsoft Bookshelf.

Datos del Departamento del Trabajo de Estados Unidos, Oficina de Estadísticas Laborales.

Datos del Manual de Médico, 1990.

Datos del Departamento del Trabajo de Estados Unidos, Oficina de Estadísticas Laborales.

Soluciones

1. variable dependiente: monto de la tarifa; variable independiente: tiempo

3.

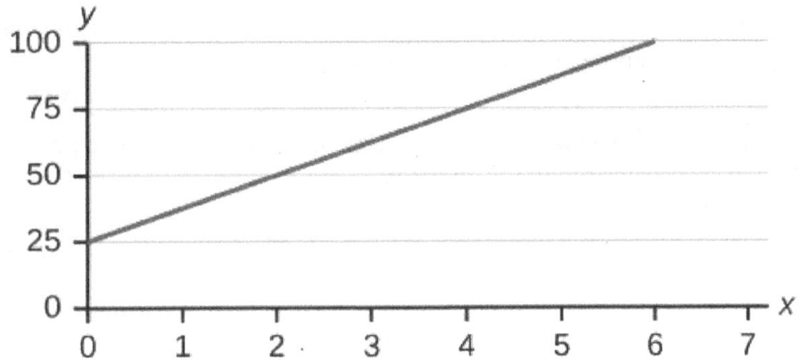

Figura 12.31

5.

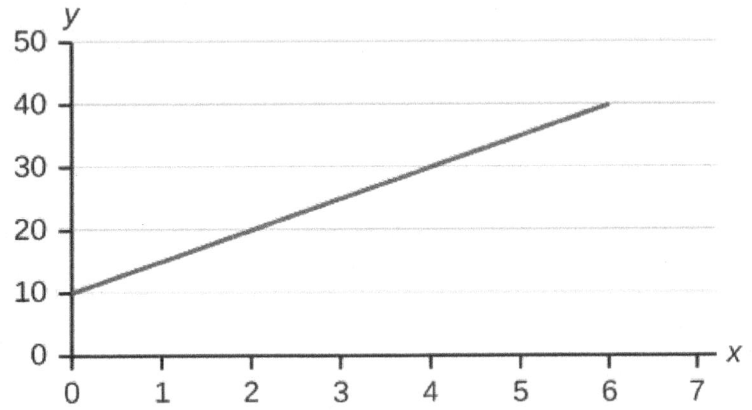

Figura 12.32

7. $y = 6x + 8$, $4y = 8$, and $y + 7 = 3x$ son todas ecuaciones lineales.

9. El número de casos de gripe depende del año. Por lo tanto, el año se convierte en la variable independiente y el número de casos de gripe es la variable dependiente.

11. La intersección em *y* es 50 ($a = 50$). Al comienzo de la limpieza, la compañía cobra una tarifa única de 50 dólares (esto es cuando $x = 0$). La pendiente es 100 ($b = 100$). Por cada sesión, la compañía cobra 100 dólares por cada hora de limpieza.

13. 12.000 libras de suelo

15. La pendiente es –1,5 ($b = -1{,}5$). Esto significa que las acciones se desvalorizan a un ritmo de 1,50 dólares por hora. La intersección en *y* es de 15 dólares ($a = 15$). Esto significa que el precio de las acciones antes del día de negociación era de 15 dólares.

17. Los datos parecen ser lineales con una fuerte correlación positiva.

19. Los datos parecen no tener correlación.

21. $\hat{y} = 2{,}23 + 1{,}99x$

23. La pendiente es de 1,99 ($b = 1{,}99$). Significa que por cada contrato de patrocinio que consigue un jugador profesional, obtiene un promedio de otros 1,99 millones de dólares de sueldo cada año.

25. Significa que no hay correlación entre los conjuntos de datos.

27. Sí, hay suficientes puntos de datos y el valor de r es lo suficientemente fuerte como para mostrar que hay una fuerte correlación negativa entre los conjuntos de datos.

29. H_a: $\rho \neq 0$

31. $250.120

33. 1.326 acres

35. 1.125 horas, o cuando $x = 1.125$

37. Compruebe la solución del estudiante.

39.
   a. Cuando $x = 1985$, $\hat{y} = 25{,}52$
   b. Cuando $x = 1990$, $\hat{y} = 34.275$
   c. Cuando $x = 1970$, $\hat{y} = -725$ ¿Por qué no tiene sentido esta respuesta? El rango de valores de *x* fue de 1981 a 2002; el año 1970 no está en este rango. La ecuación de regresión no se aplica, porque la predicción para el año 1970 es una extrapolación, que requiere otro proceso. Además, una cifra negativa no tiene sentido en este contexto, en el que estamos prediciendo los casos diagnosticados de gripe.

41. Además, la correlación $r = 0{,}4526$. Si se compara *r* con el valor de los valores críticos al 95 % de la tabla de coeficientes de correlación de la muestra, porque $r > 0{,}423$, *r* es significativa, y se podría pensar que la línea podría utilizarse para la predicción. Pero el diagrama de dispersión indica lo contrario.

43. $\hat{y} = -3.448.225 + 1750x$

45. Hasta 1993 se produjo un aumento de los casos diagnosticados de gripe. Desde 1993 hasta 2002, el número de casos diagnosticados de gripe disminuyó cada año. No es apropiado utilizar una línea de regresión lineal para ajustar los datos.

47. Dado que no existe ninguna asociación lineal entre el año y el número de casos diagnosticados de gripe, no es apropiado calcular un coeficiente de correlación lineal. Cuando existe una asociación lineal y conviene calcular una correlación, no podemos decir que una variable "causa" la otra.

49. No sabemos si los datos anteriores a 1981 se recogieron en un solo año. Así que no tenemos un valor de la *x* exacto para esta cifra.

Ecuación de regresión: $\hat{y}$ (N.° casos de gripe) = -3.448.225 + 1749,777 (año)

	Coeficientes
Intersección	-3.448.225
X Variable 1	1.749,777

Tabla 12.36

51. Sí, parece que hay un valor atípico en (6, 58).

53. El posible valor atípico aplanó la pendiente de la línea de mejor ajuste porque estaba por debajo del conjunto de datos. Hizo que la línea de mejor ajuste fuera menos precisa como predictor de los datos.

55. $s = 1,75$

57.
a. variable independiente: edad; variable dependiente: víctimas mortales
b. variable independiente: número de integrantes de la familia; variable dependiente: factura de compra de comestibles
c. variable independiente: edad del solicitante; variable dependiente: prima de seguro
d. variable independiente: consumo de energía; variable dependiente: factura de servicio
e. variable independiente: educación superior (años); variable dependiente: índices de delincuencia

59. Compruebe la solución del estudiante.

61. Para el gráfico: compruebe la solución del estudiante. Tenga en cuenta que la matrícula es la variable independiente y el salario es la variable dependiente.

63. 13

65. Significa que el 72 % de la variación de la variable dependiente (*y*) puede explicarse por la variación de la variable independiente (*x*).

67. a.

Edad	Número de muertes de conductores por cada 100.000
16–19	38
20–24	36
25–34	24
35–54	20
55–74	18
75+	28

Tabla 12.37

b. Compruebe la solución del estudiante.
c. $\hat{y}$ = 35,5818045 - 0,19182491*x*
d. *r* = –0,57874
Para cuatro *df* y alfa = 0,05, el LinRegTTest da un valor *p* = 0,2288, por lo que no rechazamos la hipótesis nula; no hay ninguna relación lineal significativa entre las muertes y la edad.
Utilizando la tabla de valores críticos para el coeficiente de correlación, con cuatro *df*, el valor crítico es 0,811. El coeficiente de correlación *r* = -0,57874 no es inferior a -0,811, por lo que no rechazamos la hipótesis nula.
e. No existe ninguna relación lineal entre las dos variables, como lo demuestra un valor p superior a 0,05.

69. a. Nos preguntamos si los mejores descuentos aparecen antes en el libro, así que seleccionamos la página como *X* y el descuento como *Y*.
b. Compruebe la solución del estudiante.
c. $\hat{y}$ = 17,21757 - 0,01412*x*
d. *r* = –0,2752
Para siete *df* y alfa = 0,05, utilizando la función LinRegTTest, el valor *p* = 0,4736 por lo que no lo rechazamos; no hay ninguna relación lineal significativa entre la página y el descuento.
Utilizando la tabla de valores críticos para el coeficiente de correlación, con siete *df*, el valor crítico es 0,666. El coeficiente de correlación *xi* = -0,2752 no es inferior a 0,666 por lo que no lo rechazamos.
e. No hay ninguna correlación lineal significativa, por lo que parece que no hay relación entre la página y el monto del descuento.

A medida que se aumenta una página, el descuento disminuye en 0,01412

71. a. El año es la variable independiente o *x*; el número de letras es la variable dependiente o *y*.
b. Compruebe la solución del estudiante.
c. no
d. $\hat{y}$ = 47,03 - 0,0216*x*
e. –0,4280 El valor r indica que no existe ninguna correlación significativa entre el año en que el estado entró en la unión y el número de letras del nombre.
f. No, la relación no parece ser lineal; la correlación es despreciable.

73. a. y b. Compruebe la solución del estudiante.

c. La pendiente de la línea de regresión es –0,3031 con una intersección en y de 31,93. En el contexto, la intersección en y indica que, cuando no haya gavilanes que regresen, habrá casi un 32 % de gavilanes nuevos. Esto no tiene sentido, ya que si no hay aves que regresen, entonces el nuevo porcentaje tendría que ser del 100 % (este es un ejemplo de por qué no extrapolamos). La pendiente nos indica que, por cada incremento porcentual de aves que regresan, el porcentaje de aves nuevas en la colonia disminuye en un 30,3 %.

d. Si examinamos r2, vemos que solo el 57,52 % de la variación en el porcentaje de aves nuevas se explica por el modelo y el coeficiente de correlación, r = -,7584 solo indica una correlación algo fuerte entre los porcentajes de retorno y los nuevos.

e. El par ordenado (66, 6) genera el mayor residuo de 6,0. Esto significa que cuando el porcentaje de retorno observado es del 66 %, nuestro nuevo porcentaje observado, el 6 %, es casi un 6 % menos que el nuevo valor predicho del 11,98 %. Si eliminamos este par de datos, solo vemos una pendiente ajustada de -0,2789 y un intersección ajustada de 30,9816. En otras palabras, aunque este dato genera el mayor residual, no es un valor atípico, ni el par de datos es un punto influyente.

f. Si hay un 70 % de aves que regresan, esperaríamos ver y = -,2789(70) + 30,9816 = 0,114 o 11,4 % de aves nuevas en la colonia.

75. a. Compruebe la solución del estudiante.
b. Compruebe la solución del estudiante.
c. Tenemos una pendiente de −1,4946 con una intersección en *y* de 193,88. La pendiente, en contexto, indica que, por cada minuto adicional que se añada al tiempo de natación, la frecuencia cardíaca disminuirá en 1,5 latidos por minuto. Si el estudiante no está nadando en absoluto, la *intersección en y* indica que su frecuencia cardíaca será de 193,88 latidos por minuto. Mientras que la pendiente tiene sentido (cuanto más tiempo se tarda en nadar 2.000 metros, menos esfuerzo hace el corazón), la *intersección en y* no tiene sentido. Si el atleta no está nadando (descansando), su frecuencia cardíaca debe ser muy baja.
d. Dado que solo el 1,5 % de la variación de la frecuencia cardíaca se explica mediante esta ecuación de regresión, debemos concluir que esta asociación no se explica con una relación lineal.
e. El punto (34,72, 124) genera el mayor residuo de -11,82. Esto significa que nuestra frecuencia cardíaca observada es casi 12 latidos menos que nuestra frecuencia prevista de 136 latidos por minuto. Cuando se elimina este punto, la pendiente se convierte en −2,953 y la intersección en y cambia a 247,1616. Aunque la asociación lineal sigue siendo muy débil, vemos que el par de datos eliminado puede considerarse un punto influyente en el sentido de que la intersección en *y* adquiere mayor significado.

77. Si eliminamos las dos academias de servicio (la matrícula es de 0,00 dólares), construimos una nueva ecuación de regresión de *y* = -0,0009x + 160 con un coeficiente de correlación de 0,71397 y un coeficiente de determinación de 0,50976. Esto nos permite afirmar que existe una asociación lineal bastante fuerte entre los costos de matrícula y los salarios si se eliminan las academias de servicio del conjunto de datos.

79. a. Compruebe la solución del estudiante.
b. sí
c. $\hat{y}$ = -266,8863+0,1656x
d. 0,9448; Sí
e. 62,8233; 62,3265
f. sí
g. no; (1987, 62,7)
h. 72,5937; no
i. pendiente = 0,1656.
A medida que el año se incrementa en uno, el porcentaje de trabajadoras que cobran una tarifa por hora tiende a aumentar en 0,1656.

81. a.

Tamaño (onzas)	Costo (dólares)	centavos / onza
16	3,99	24,94
32	4,99	15,59
64	5,99	9,36
200	10,99	5,50

Tabla 12.38

b. Compruebe la solución del estudiante.
c. Existe una relación lineal para los tamaños 16 a 64, pero esa tendencia lineal no continúa hasta el tamaño de 200 onzas.
d. $\hat{y}$ = 20,2368 - 0,0819x
e. r = -0,8086
f. 40-oz: 16,96 centavos / onza
g. 90-oz: 12,87 centavos / onza
h. La relación no es lineal; la línea de mínimos cuadrados no es apropiada.
i. no hay valores atípicos
j. No, estaría extrapolando. El tamaño de 300 onzas está fuera del rango de x.
k. pendiente = -0,08194; por cada onza adicional de tamaño, el costo por onza disminuye en 0,082 centavos.

83. a. El tamaño es x, la variable independiente, el precio es y, la variable dependiente.
b. Compruebe la solución del estudiante.
c. La relación no parece ser lineal.
d. $\hat{y}$ = -745,252 + 54,75569x
e. r = 0,8944, sí es significativo
f. 32 pulgadas: 1006,93 dólares, 50 pulgadas: 1992,53 dólares
g. No, la relación no parece ser lineal. Sin embargo, r es significativo.
h. no, el televisor de 60 pulgadas
i. Por cada pulgada adicional, el precio aumenta en 54,76 dólares

85. a. Supongamos que la clasificación es la variable independiente y el área la variable dependiente.
b. Compruebe la solución del estudiante.
c. Parece haber una relación lineal, con un valor atípico.
d. $\hat{y}$ (área) = 24177,06 + 1010,478x
e. r = 0,50047, r no es significativa por lo que no hay relación entre las variables.
f. Alabama: 46407,576 Colorado: 62575,224
g. La estimación de Alabama está más cerca que la de Colorado.
h. Si se elimina el valor atípico, existe una relación lineal.
i. Hay un caso atípico (Hawái).
j. clasificación 51: 75711,4; no

k.

Alabama	7	1819	22	52.423
Colorado	8	1876	38	104.100
Hawái	6	1959	50	10.932
Iowa	4	1846	29	56.276
Maryland	8	1788	7	12.407
Misuri	8	1821	24	69.709
Nueva Jersey	9	1787	3	8.722
Ohio	4	1803	17	44.828
Carolina del Sur	13	1788	8	32.008
Utah	4	1896	45	84.904
Wisconsin	9	1848	30	65.499

Tabla 12.39

l. $\hat{y}$ = -87065,3 + 7828,532x
m. Alabama: 85.162,404; la estimación anterior estaba más cerca. Alaska es un caso atípico.
n. sí, con la excepción de Hawái.

13 DISTRIBUCIÓN F Y ANÁLISIS DE VARIANZA ANOVA DE UNA VÍA

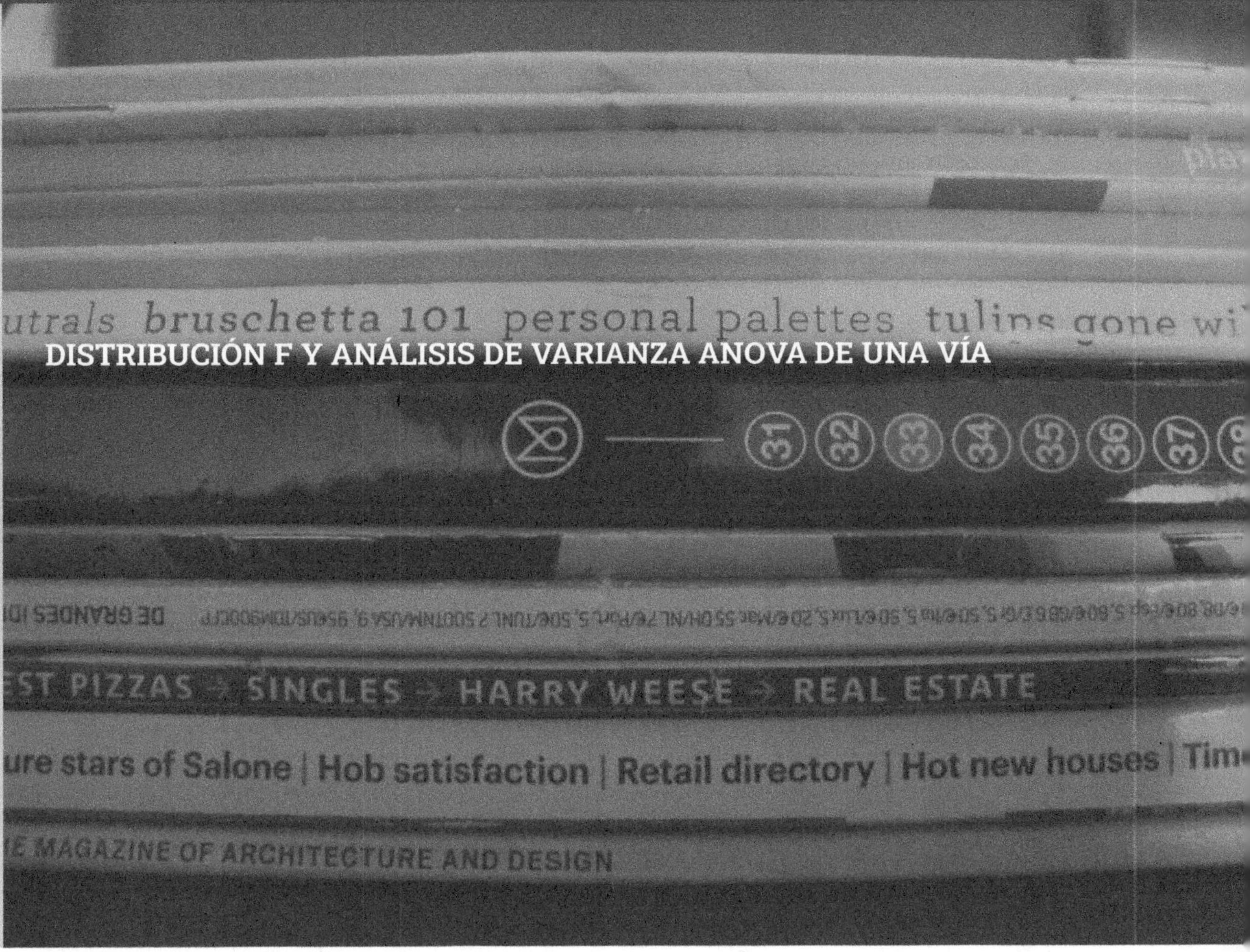

Figura 13.1 El ANOVA de una vía se utiliza para medir la información de varios grupos.

Objetivos del Capítulo

Al final de este capítulo el estudiante podrá:

- Interpretar la distribución de probabilidad *F* a medida que cambia el número de grupos y el tamaño de la muestra.
- Debatir sobre dos usos de la distribución *F*: ANOVA de una vía y la prueba de dos varianzas.
- Realizar e interpretar el ANOVA de una vía.
- Realizar e interpretar pruebas de hipótesis de dos varianzas.

Introducción

Muchas aplicaciones estadísticas en Psicología, Ciencias Sociales, Administración y Negocios y Ciencias Naturales involucran varios grupos. Por ejemplo, un ecologista está interesado en saber si la cantidad promedio de contaminación varía en varias masas de agua. A un sociólogo le interesa saber si la cantidad de ingresos que obtiene una persona varía según su educación. Un consumidor que busca un automóvil nuevo puede comparar el rendimiento por milla promedio de gasolina de varios modelos.

Para las pruebas de hipótesis que comparan promedios entre más de dos grupos, los estadísticos han desarrollado un método denominado "análisis de la varianza" (Analysis of Variance, ANOVA). En este capítulo estudiará la forma más simple de ANOVA llamada ANOVA de un factor o de una vía. También estudiará la distribución *F*, utilizada para el ANOVA de una vía, y la prueba de dos varianzas. Esto es solo un breve resumen del ANOVA de una vía. Estudiará este tema con mucho más detalle en futuros cursos de Estadística. El ANOVA de una vía, tal y como se presenta aquí, depende en gran medida de una calculadora o una computadora.

13.1 ANOVA de una vía

El propósito de una prueba de ANOVA de una vía es determinar la existencia de una diferencia estadísticamente significativa entre las medias de varios grupos. De hecho, la prueba usa **varianzas** para ayudar a determinar si las medias son iguales o no. Para realizar una prueba de ANOVA de una vía hay que cumplir cinco **supuestos** básicos:

1. Se supone que cada población de la que se toma una muestra es normal.
2. Todas las muestras se seleccionan al azar y son independientes.
3. Se supone que las poblaciones tienen **desviaciones típicas iguales (o varianzas)**.
4. El factor es una variable categórica.
5. La respuesta es una variable numérica.

Hipótesis nula y alternativa

La hipótesis nula es simplemente que todas las medias poblacionales del grupo son iguales. La hipótesis alternativa es que, al menos, un par de medias es diferente. Por ejemplo, si hay grupos *k*:

H_0: $\mu_1 = \mu_2 = \mu_3 = ... = \mu_k$

H_a: Al menos dos de las medias del grupo $\mu_1, \mu_2, \mu_3, ..., \mu_k$ no son iguales. Es decir, $\mu_i \neq \mu_j$ para algún $i \neq j$.

Los gráficos, un conjunto de diagramas de caja y bigotes que representan la distribución de los valores con las medias de los grupos indicadas por una línea horizontal que atraviesa la caja, ayudan a comprender la prueba de hipótesis. En el primer gráfico (diagrama de caja y bigotes rojo), H_0: $\mu_1 = \mu_2 = \mu_3$ y las tres poblaciones tienen la misma distribución si la hipótesis nula es verdadera. La varianza de los datos combinados es, aproximadamente, igual a la varianza de cada una de las poblaciones.

Si la hipótesis nula es falsa, la varianza de los datos combinados es mayor, lo que se debe a las diferentes medias, como se muestra en el segundo gráfico (diagrama de caja verde).

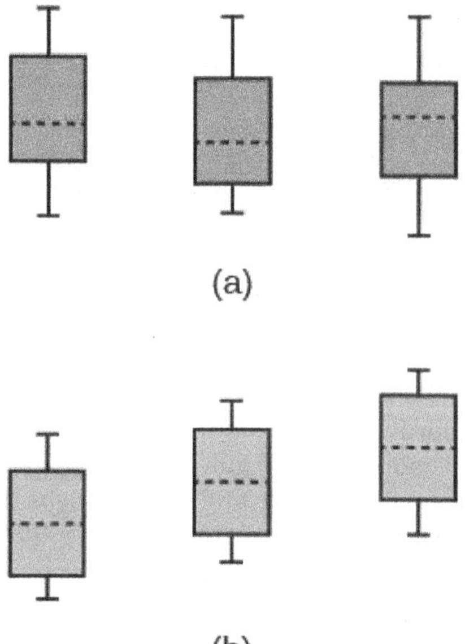

Figura 13.2 (a) H_0 es verdadero. Todas las medias son iguales; las diferencias se deben a la variación aleatoria. (b) H_0 no es verdadero. Todas las medias no son iguales; las diferencias son demasiado grandes para deberse a una variación aleatoria.

13.2 La distribución F y el cociente F

La distribución utilizada para la prueba de hipótesis es nueva. Se llama **distribución *F***, en honor al estadístico inglés Sir Ronald Fisher. El estadístico *F* es un cociente (una fracción). Hay dos conjuntos de grados de libertad; uno para el numerador y otro para el denominador.

Por ejemplo, si *F* sigue una distribución *F* y el número de grados de libertad para el numerador es cuatro y el número de grados de libertad para el denominador es diez, entonces $F \sim F_{4, 10}$.

Nota

La distribución F se deriva de la distribución t de Student. Los valores de la distribución F son los cuadrados de los valores correspondientes de la distribución t. El ANOVA de una vía amplía la prueba t para comparar más de dos grupos. El alcance de esa derivación está más allá del nivel de este curso. Es preferible utilizar el ANOVA cuando hay más de dos grupos en lugar de realizar pruebas t por pares porque la realización de pruebas múltiples introduce la probabilidad de cometer un error de tipo 1.

Para calcular el **cociente *F*** se hacen dos estimaciones de la varianza.

1. **Varianza entre muestras:** Una estimación de σ^2 que es la varianza de las medias muestrales multiplicada por n (cuando los tamaños de las muestras son iguales). Si las muestras son de diferentes tamaños, la varianza entre las muestras se pondera para tener en cuenta los diferentes tamaños de las muestras. La varianza también se denomina **variación debido al tratamiento o variación explicada.**
2. **Varianza dentro de las muestras:** Una estimación de σ^2 que es el promedio de las varianzas de la muestra (también conocida como varianza combinada). Cuando los tamaños de las muestras son diferentes, se pondera la varianza dentro de las muestras. La varianza también se denomina **variación debido al error o variación no explicada.**

- SS_{entre} = la **suma de los cuadrados** que representa la variación entre las diferentes muestras
- SS_{dentro} = la suma de los cuadrados que representa la variación dentro de las muestras debido al azar.

Hallar una "suma de cuadrados" significa sumar cantidades al cuadrado que, en algunos casos, pueden estar ponderadas. Utilizamos la suma de cuadrados para calcular la varianza de la muestra y la desviación típica de la muestra en Estadística Descriptiva.

MS significa "**media cuadrática**" (mean square, MS). MS_{entre} es la varianza entre grupos y MS_{dentro} es la varianza dentro de los grupos.

Cálculo de la suma de cuadrados y de la media cuadrática

- k = el número de grupos diferentes
- n_j = el tamaño del grupo j
- s_j = la suma de los valores del grupo j
- n = número total de todos los valores combinados (tamaño total de la muestra: $\sum n_j$)
- x = un valor: $\sum x = \sum s_j$
- Suma de los cuadrados de todos los valores de cada grupo combinados: $\sum x^2$
- Variabilidad entre grupos: $SS_{\text{total}} = \sum x^2 - \frac{\left(\sum x^2\right)}{n}$
- Suma total de cuadrados: $\sum x^2 - \frac{(\sum x)^2}{n}$
- Variación explicada: suma de los cuadrados que representan la variación entre las diferentes muestras: $SS_{\text{entre}} = \sum\left[\frac{(s_j)^2}{n_j}\right] - \frac{(\sum s_j)^2}{n}$
- Variación no explicada: suma de cuadrados que representa la variación dentro de las muestras debida al azar: $SS_{\text{dentro}} = SS_{\text{total}} - SS_{\text{entre}}$
- dfde diferentes grupos (df para el numerador): $df = k - 1$
- Ecuación para los errores dentro de las muestras (dfpara el denominador): $df_{\text{dentro}} = n - k$
- Media cuadrática (estimación de la varianza) explicado por los diferentes grupos: $MS_{\text{entre}} = \frac{SS_{\text{entre}}}{de_{\text{entre}}}$
- Media cuadrática (estimación de la varianza) que se debe al azar (no explicado): $MS_{\text{dentro}} = \frac{SS_{\text{dentro}}}{de_{\text{dentro}}}$

MS_{entre} y MS_{dentro} se pueden escribir como sigue:

- $MS_{\text{entre}} = \frac{SS_{\text{entre}}}{de_{\text{entre}}} = \frac{SS_{\text{entre}}}{k-1}$
- $MS_{within} = \frac{SS_{within}}{de_{within}} = \frac{SS_{within}}{n-k}$

La prueba de ANOVA de una vía depende del hecho de que el MS_{entre} puede estar influenciado por las diferencias poblacionales entre las medias de los distintos grupos. Dado que el MS_{dentro} compara los valores de cada grupo con su propia media de grupo, el hecho de que las medias de los grupos puedan ser diferentes no afecta al MS_{dentro}.

La hipótesis nula dice que todos los grupos son muestras de poblaciones que tienen la misma distribución normal. La hipótesis alternativa dice que, al menos, dos de los grupos de la muestra proceden de poblaciones con distribuciones normales diferentes. Si la hipótesis nula es verdadera, tanto MS_{entre} como MS_{dentro} deberían estimar el mismo valor.

Nota

La hipótesis nula dice que todas las medias poblacionales del grupo son iguales. La hipótesis de igualdad de medias implica que las poblaciones tienen la misma distribución normal, ya que se supone que las poblaciones son normales y que tienen varianzas iguales.

El cociente *F* o estadístico *F*

$$F = \frac{MS_{\text{entre}}}{MS_{\text{dentro}}}$$

Si MS_{entre} y MS_{dentro} estiman el mismo valor (siguiendo la creencia de que H_0 es verdadera), entonces el cociente *F* debería ser aproximadamente igual a uno. En su mayoría, solo los errores de muestreo contribuirían a variaciones alejadas de uno. Resulta que MS_{entre} consiste en la varianza de la población más una varianza producida por las diferencias entre las muestras. MS_{dentro} es una estimación de la varianza de la población. Dado que las varianzas son siempre positivas, si la hipótesis nula es falsa, MS_{entre} será generalmente mayor que MS_{dentro}. Entonces el cociente *F* será mayor que uno. Sin embargo, si el efecto de la población es pequeño, no es improbable que MS_{dentro} sea mayor en una muestra determinada.

Los cálculos anteriores se hicieron con grupos de diferentes tamaños. Si los grupos son del mismo tamaño, los cálculos se simplifican un poco y el cociente *F* se puede escribir como:

Fórmula del cociente *F* cuando los grupos son del mismo tamaño

$$F = \frac{n \cdot s_{\overline{x}}{}^2}{s^2{}_{\text{combinada}}}$$

donde...

- n = el tamaño de la muestra
- $df_{numerador} = k - 1$
- $df_{denominador} = n - k$
- s^2 combinada = la media de las varianzas de la muestra (varianza combinada)
- $s_{\overline{x}}{}^2$ = la varianza de las medias muestrales

Los datos se suelen poner en una tabla para facilitar su visualización. Los resultados del ANOVA de una vía suelen mostrarse de esta manera en softwares.

Fuente de variación	Suma de los cuadrados (*SS*)	Grados de libertad (*df*)	Media cuadrática (Mean Square, *MS*)	*F*
Factor (entre)	*SS*(factor)	$k - 1$	*MS*(factor) = *SS*(factor)/(k - 1)	*F* = *MS*(Factor)/*MS*(Error)
Error	*SS*(error)	$n - k$	*MS*(error) = *SS*(error)/($n - k$)	
Total	*SS*(total)	$n - 1$		

Tabla 13.1

EJEMPLO 13.1

Se van a probar tres planes de dieta diferentes para la pérdida media de peso. Las entradas de la tabla son las pérdidas de peso de los diferentes planes. Los resultados del ANOVA de una vía se muestran en la Tabla 13.2.

Plan 1: $n_1 = 4$	Plan 2: $n_2 = 3$	Plan 3: $n_3 = 3$
5	3,5	8
4,5	7	4
4		3,5
3	4,5	

Tabla 13.2

$s_1 = 16{,}5$, $s_2 = 15$, $s_3 = 15{,}5$

A continuación se presentan los cálculos necesarios para completar la tabla de ANOVA de una vía. La tabla se utiliza para realizar una prueba de hipótesis.

$$SS(between) = \sum \left[\frac{(s_j)^2}{n_j} \right] - \frac{\left(\sum s_j\right)^2}{n}$$

$$= \frac{s_1^2}{4} + \frac{s_2^2}{3} + \frac{s_3^2}{3} - \frac{(s_1 + s_2 + s_3)^2}{10}$$

donde $n_1 = 4$, $n_2 = 3$, $n_3 = 3$ y $n = n_1 + n_2 + n_3 = 10$

$$= \frac{(16{,}5)^2}{4} + \frac{(15)^2}{3} + \frac{(15{,}5)^2}{3} - \frac{(16{,}5 + 15 + 15{,}5)^2}{10}$$

$$SS(between) = 2{,}2458$$

$$S(total) = \sum x^2 - \frac{\left(\sum x\right)^2}{n}$$

$$= \left(5^2 + 4{,}5^2 + 4^2 + 3^2 + 3{,}5^2 + 7^2 + 4{,}5^2 + 8^2 + 4^2 + 3{,}5^2\right)$$

$$- \frac{(5 + 4{,}5 + 4 + 3 + 3{,}5 + 7 + 4{,}5 + 8 + 4 + 3{,}5)^2}{10}$$

$$= 244 - \frac{47^2}{10} = 244 - 220{,}9$$

$$SS(total) = 23{,}1$$

$$SS(within) = SS(total) - SS(between)$$

$$= 23{,}1 - 2{,}2458$$

$$SS(within) = 20{,}8542$$

USO DE LAS CALCULADORAS TI-83, 83+, 84, 84+

Tabla de ANOVA de una vía: Las fórmulas para *SS*(total), *SS*(factor) = *SS*(entre) y *SS*(error) = *SS*(dentro) como se ha mostrado anteriormente. La misma información es proporcionada por la función de prueba de hipótesis de la calculadora TI ANOVA en STAT TESTS (la sintaxis es ANOVA(L1, L2, L3) donde L1, L2, L3 tienen los datos del Plan 1, Plan 2, Plan 3 respectivamente).

Fuente de variación	Suma de los cuadrados (*SS*)	Grados de libertad (*df*)	Media cuadrática (Mean Square, *MS*)	*F*
Factor (entre)	*SS*(factor) = *SS*(entre) = 2,2458	*k* - 1 = 3 grupos - 1 = 2	*MS*(factor) = *SS*(factor)/(*k* - 1) = 2,2458/2 = 1,1229	*F* = *MS*(Factor)/*MS*(Error) = 1,1229/2,9792 = 0,3769
Error	*SS*(error) = *SS* = 20,8542	*n* - *k* = 10 datos totales - 3 grupos = 7	*MS*(error) = *SS*(error)/(*n* - *k*) = 20,8542/7 = 2,9792	
Total	*SS*(total) = 2,2458 + 20,8542 = 23,1	*n* - 1 = 10 datos totales - 1 = 9		

Tabla 13.3

INTÉNTELO 13.1

Como parte de un experimento para ver cómo los diferentes tipos de lechos de suelo afectarían la producción de tomates de corte, los estudiantes del Marist College cultivaron plantas de tomate en diferentes condiciones de lecho de suelo. Los grupos de tres plantas tenían, cada uno, uno de los siguientes tratamientos

- suelo desnudo
- cubierta de suelo comercial
- plástico negro
- paja
- compost

Todas las plantas crecieron en las mismas condiciones y eran de la misma variedad. Los estudiantes registraron el peso (en gramos) de los tomates producidos por cada una de las $n = 15$ plantas:

Desnudo: $n_1 = 3$	Cubierta del suelo: $n_2 = 3$	Plástico: $n_3 = 3$	Paja: $n_4 = 3$	Compost: $n_5 = 3$
2.625	5.348	6.583	7.285	6.277
2.997	5.682	8.560	6.897	7.818
4.915	5.482	3.830	9.230	8.677

Tabla 13.4

Cree la tabla ANOVA de una vía.

La prueba de hipótesis del ANOVA de una vía es siempre de cola derecha porque los valores *F* más grandes están en la cola derecha de la curva de distribución *F* y tienden a hacernos rechazar H_0.

Notación

La notación para la distribución *F* es $F \sim F_{df(num),df(denom)}$

donde $df(num) = df_{entre}$ y $df(denom) = df_{dentro}$

La media de la distribución *F* es $\mu = \frac{de(denom)}{de(denom)-2}$

13.3 Datos sobre la distribución F

Estos son algunos datos sobre la distribución *F*.

1. La curva no es simétrica, sino que está distorsionada hacia la derecha.
2. Hay una curva diferente para cada conjunto de *df*.
3. El estadístico *F* es mayor o igual a cero.
4. A medida que aumentan los grados de libertad del numerador y del denominador, la curva se normaliza.
5. Otros usos de la distribución *F* incluyen la comparación de dos varianzas y el análisis de varianza bidireccional. El análisis bidireccional queda fuera del alcance de este capítulo.

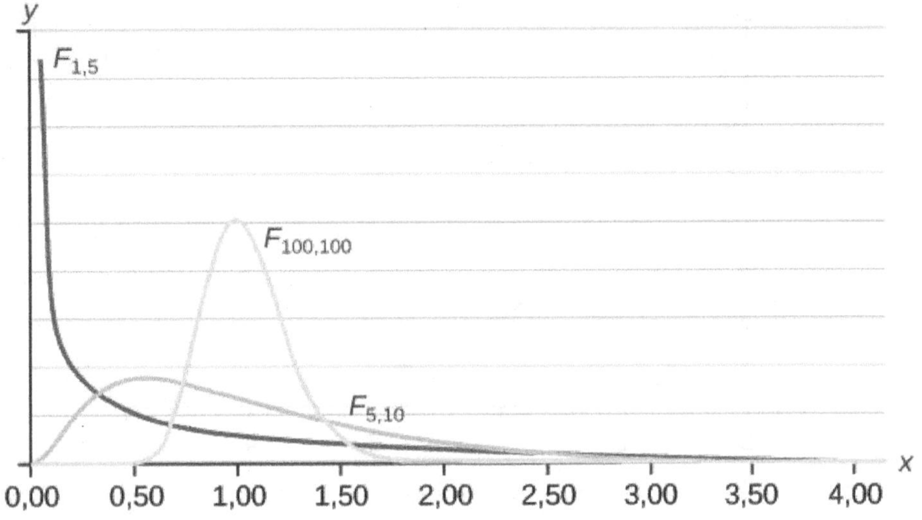

Figura 13.3

EJEMPLO 13.2

Volvamos al ejercicio de los tomates bola en la sección INTÉNTELO 13.1. Las medias de los rendimientos de los tomates en las cinco condiciones de cubierta están representadas por μ_1, μ_2, μ_3, μ_4, μ_5. Realizaremos una prueba de hipótesis para determinar si todas las medias son iguales o al menos una es diferente. Use un nivel de significación del 5 % y pruebe la hipótesis nula de que no hay diferencia en los rendimientos medios entre los cinco grupos contra la hipótesis alternativa de que, al menos, una media es diferente del resto.

Solución 1

Las hipótesis nula y alternativa son:

H_0: $\mu_1 = \mu_2 = \mu_3 = \mu_4 = \mu_5$

H_a: $\mu_i \neq \mu_j$ alguna $i \neq j$

Los resultados del ANOVA de una vía se muestran en la Figura 13.5

Fuente de variación	Suma de los cuadrados (*SS*)	Grados de libertad (*df*)	Media cuadrática (Mean Square, *MS*)	*F*
Factor (entre)	36.648.561	5 - 1 = 4	$\frac{36.648.561}{4} = 9.162.140$	$\frac{9.162.140}{2.044.6720,6} = 40,4810$

Tabla 13.5

Fuente de variación	Suma de los cuadrados (*SS*)	Grados de libertad (*df*)	Media cuadrática (Mean Square, *MS*)	*F*
Error (dentro)	20.446.726	15 - 5 = 10	$\frac{20.446.726}{10} = 2.044.6720,6$	
Total	57.095.287	15 - 1 = 14		

Tabla 13.5

Distribución para la prueba: $F_{4,\,10}$

$df(num) = 5 - 1 = 4$

$df(denom) = 15 - 5 = 10$

Estadístico de prueba: $F = 4{,}4810$

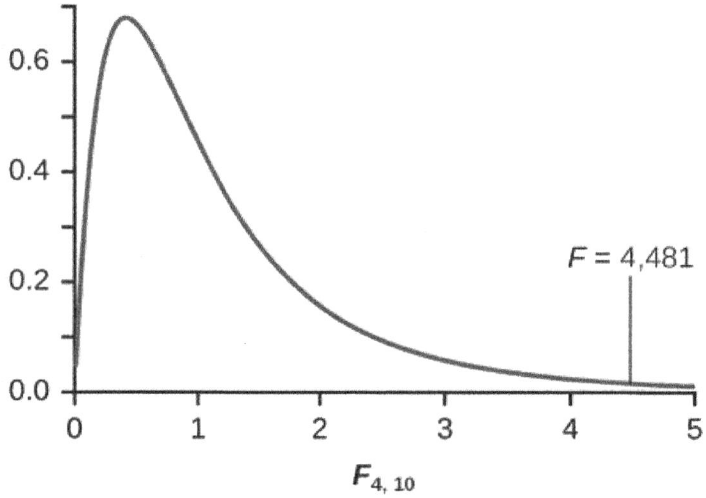

Figura 13.4

Declaración de probabilidad: valor $p = P(F > 4{,}481) = 0{,}0248$.

Compare α y el valor p: $\alpha = 0{,}05$, valor $p = 0{,}0248$

Tome una decisión: Dado que $\alpha >$ valor p, rechazamos H_0.

Conclusión: Al nivel de significación del 5 % tenemos pruebas razonablemente sólidas de que las diferencias en los rendimientos medios de las plantas de tomate de corte cultivadas en diferentes condiciones de cubierta de suelo es poco probable que se deban únicamente al azar. Podemos concluir que, al menos, algunas de las cubiertas produjeron diferentes rendimientos medios.

USO DE LAS CALCULADORAS TI-83, 83+, 84, 84+

Para calcular estos resultados en la calculadora:

Pulse STAT. Pulse 1:EDIT. Introduzca los datos en las listas L_1, L_2, L_3, L_4, L_5.

Pulse STAT, y la flecha hacia TESTS, y la flecha abajo hacia ANOVA. Pulse ENTER, y a continuación introduzca L_1, L_2, L_3, L_4, L_5). Pulse ENTER. Verá que la calculadora arroja fácilmente los valores de la tabla ANOVA anterior, incluso el estadístico de prueba y el valor *p*.

La calculadora muestra:
$F = 4{,}4810$

p = 0,0248 (valor p)
Factor
df = 4
SS = 36648560,9
MS = 9162140,23
Error
df = 10
SS = 20446726
MS = 2044672,6

INTÉNTELO 13.2

El SARM, o *Staphylococcus aureus resistente a la meticilina*, puede causar una grave infección bacteriana en pacientes del hospital. La Tabla 13.6 muestra varios recuentos de colonias de diferentes pacientes que pueden o no tener SARM. Los datos de la tabla se representan en la Figura 13.5.

Conc. = 0,6	Conc. = 0,8	Conc. = 1,0	Conc. = 1,2	Conc. = 1,4
9	16	22	30	27
66	93	147	199	168
98	82	120	148	132

Tabla 13.6

Gráfico de los datos para las diferentes concentraciones:

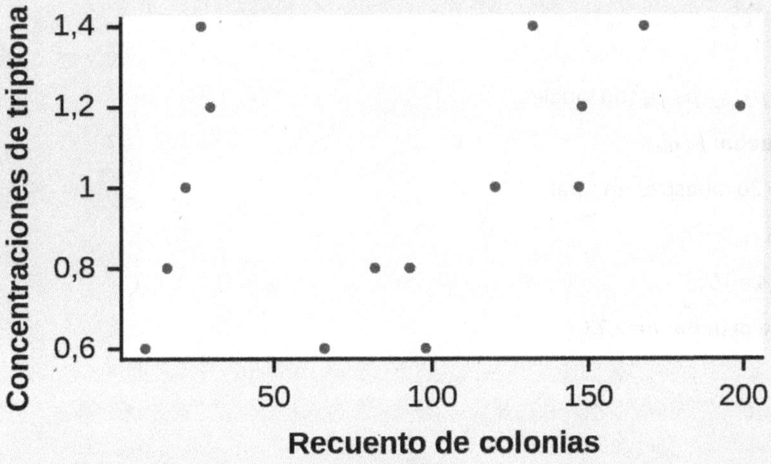

Figura 13.5

Compruebe si el número medio de colonias es igual o es diferente. Construya la tabla de ANOVA (a mano o con las calculadoras TI-83, 83+ u 84+), calcule el valor p y exponga su conclusión. Utilice un nivel de significación del 5 %.

EJEMPLO 13.3

Cuatro hermandades de mujeres tomaron una muestra aleatoria de hermanas en relación con su media de calificaciones para el último trimestre. Los resultados se indican en la Tabla 13.7.

Hermandad 1	Hermandad 2	Hermandad 3	Hermandad 4
2,17	2,63	2,63	3,79
1,85	1,77	3,78	3,45
2,83	3,25	4,00	3,08
1,69	1,86	2,55	2,26
3,33	2,21	2,45	3,18

Tabla 13.7 NOTAS MEDIAS DE CUATRO HERMANDADES DE MUJERES

Utilizando un nivel de significación del 1 %, ¿existe una diferencia en las notas medias entre las hermandades?

Solución 1

Supongamos que μ_1, μ_2, μ_3, μ_4 son las medias poblacionales de las hermandades de mujeres. Recuerde que la hipótesis nula afirma que los grupos de hermandades de mujeres proceden de la misma distribución normal. La hipótesis alternativa dice que, al menos, dos de los grupos de hermandades de mujeres proceden de poblaciones con distribuciones normales diferentes. Observe que los cuatro tamaños de muestra son cinco cada uno.

Nota

Este es un ejemplo de **diseño equilibrado**, ya que cada factor (es decir, la hermandad) tiene el mismo número de observaciones.

H_0: $\mu_1 = \mu_2 = \mu_3 = \mu_4$

H_a: No todas las medias μ_1, μ_2, μ_3, μ_4 son iguales.

Distribución para la prueba: $F_{3,16}$

donde $k = 4$ grupos y $n = 20$ muestras en total

$df(num) = k - 1 = 4 - 1 = 3$

$df(denom) = n - k = 20 - 4 = 16$

Calcule el estadístico de prueba: $F = 2{,}23$

Gráfico:

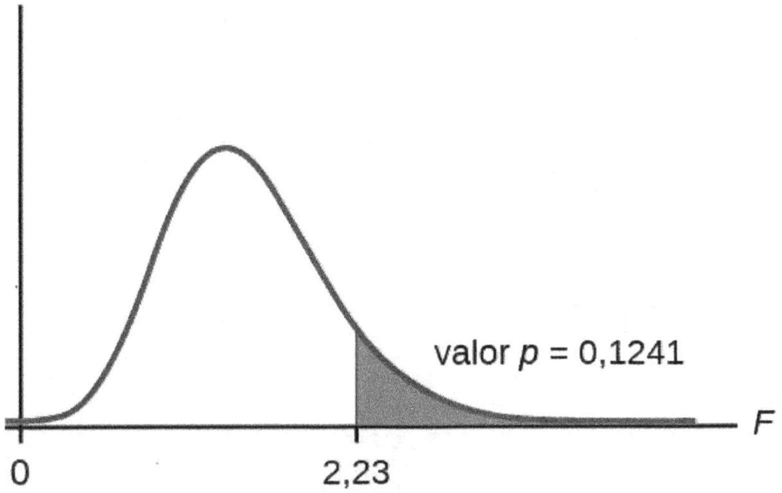

Figura 13.6

Declaración de probabilidad: valor $p = P(F > 2{,}23) = 0{,}1241$

Compare α y el valor p: $\alpha = 0{,}01$
valor $p = 0{,}1241$
$\alpha <$ valor p

Tome una decisión: Como $\alpha <$ valor p, no se puede rechazar H_0.

Conclusión: No hay pruebas suficientes para concluir que existe una diferencia entre las notas medias de las hermandades de mujeres.

USO DE LAS CALCULADORAS TI-83, 83+, 84, 84+

Introduzca los datos en las listas L_1, L_2, L_3, and L_4. Pulse STAT y flecha hacia TESTS. Flecha hacia abajo F : ANOVA. Pulse ENTER e introduzca (L1 , L2 , L3 , L4).

La calculadora muestra la estadística F, el valor p y los valores de la tabla ANOVA de una vía:
$F = 2{,}2303$
$p = 0{,}1241$ (valor p)
Factor
$df = 3$
$SS = 2{,}88732$
$MS = 0{,}96244$
Error
$df = 16$
$SS = 6{,}9044$
$MS = 0{,}431525$

INTÉNTELO 13.3

Cuatro equipos deportivos tomaron una muestra aleatoria de jugadores en relación con su GPA del año pasado. Los resultados se indican en la Tabla 13.8.

Baloncesto	Béisbol	Hockey	Lacrosse
3,6	2,1	4,0	2,0
2,9	2,6	2,0	3,6
2,5	3,9	2,6	3,9
3,3	3,1	3,2	2,7
3,8	3,4	3,2	2,5

Tabla 13.8 GPA PARA CUATRO EQUIPOS DEPORTIVOS

Use un nivel de significación del 5 % y determine si existe una diferencia en el GPA entre los equipos.

EJEMPLO 13.4

Una clase de cuarto grado está estudiando el ambiente. Una de las tareas consiste en cultivar plantas de judías en diferentes suelos. Tommy eligió cultivar sus plantas de judías en la tierra que encontró fuera de su aula mezclada con pelusa de secadora. Tara decidió cultivar sus plantas de judías en tierra para macetas comprada en el vivero local. Nick decidió cultivar sus plantas de judías en la tierra del jardín de su madre. No se utilizó ningún producto químico en las plantas, solo agua. Se cultivaron en el interior del aula junto a un gran ventanal. Cada niño cultivó cinco plantas. Al final del periodo de crecimiento se midió cada planta y se obtuvieron los datos (en pulgadas) que están en la Tabla 13.9.

Plantas de Tommy	Plantas de Tara	Plantas de Nick
24	25	23
21	31	27
23	23	22
30	20	30
23	28	20

Tabla 13.9

¿Parece que los tres medios en los que se cultivaron las plantas de judías producen la misma altura media? Pruebe con un nivel de significación del 3 %.

Solución 1

Esta vez, realizaremos los cálculos que conducen al estadístico F'. Observe que cada grupo tiene el mismo número de plantas, por lo que utilizaremos la fórmula $F' = \frac{n \cdot s_{\bar{x}}{}^2}{s^2{}_{\text{combinada}}}$.

Primero, calcule la media muestral y la varianza de cada grupo.

	Plantas de Tommy	Plantas de Tara	Plantas de Nick
Media muestral	24,2	25,4	24,4
Varianza de la muestra	11,7	18,3	16,3

Tabla 13.10

Luego, calcule la varianza de las medias de los tres grupos (calcule la varianza de 24,2, 25,4 y 24,4). **Varianza de las medias de los grupos = 0,413** = $s_{\overline{x}}^2$

Entonces $MS_{entre} = ns_{\overline{x}}^2$ = (5)(0,413) donde $n = 5$ es el tamaño de la muestra (número de plantas que cultivó cada niño).

Calcule la media de las tres varianzas de la muestra (calcule la media de 11,7, 18,3 y 16,3). **Media de las varianzas de la muestra = 15,433** = s^2 ***combinada***

Entonces $MS_{dentro} = s^2_{combinado}$ = 15,433.

El estadístico *F* (o cociente *F*) es $F = \frac{MS_{\text{entre}}}{MS_{\text{dentro}}} = \frac{ns_{\overline{x}}^2}{s^2{}_{pooled}} = \frac{(5)(0{,}413)}{15{,}433} = 0{,}134$

Los *dfs* para el numerador = el número de grupos – 1 = 3 – 1 = 2.

El *dfs* para el denominador = el número total de muestras – el número de grupos = 15 – 3 = 12

La distribución de la prueba es $F_{2,\,12}$ y el estadístico *F* es $F = 0{,}134$

El valor *p* es $P(F > 0{,}134) = 0{,}8759$.

Decisión: Dado que $\alpha = 0{,}03$ y el valor $p = 0{,}8759$, no se rechaza H_0. (¿Por qué?)

Conclusión: Con un nivel de significación del 3 %, a partir de los datos de la muestra, las pruebas no son suficientes para concluir que las alturas medias de las plantas de judías son diferentes.

USO DE LAS CALCULADORAS TI-83, 83+, 84, 84+

Para calcular el valor *p*:

* Pulse 2nd `DISTR`

*Flecha hacia abajo a `Fcdf(`y pulse ENTER.

*Introduzca 0,134, E99, 2, 12)

* Pulse ENTER

El valor *p* es de 0,8759.

INTÉNTELO 13.4

Otro estudiante de cuarto grado también cultivó plantas de judías, pero esta vez en una masa gelatinosa. Las alturas fueron (en pulgadas) 24, 28, 25, 30 y 32. Haga una prueba de ANOVA de una vía en los cuatro grupos. ¿Son diferentes las alturas de las plantas de judías? Utilice el mismo método que se muestra en el Ejemplo 13.4.

EJERCICIO COLABORATIVO

A partir de la clase, cree cuatro grupos del mismo tamaño como sigue: hombres menores de 22 años, hombres de al menos 22 años, mujeres menores de 22 años, mujeres de al menos 22 años. Haga que cada miembro de cada grupo registre el número de estados de Estados Unidos que ha visitado. Realice un ANOVA para determinar si el promedio de estados visitados en los cuatro grupos es el mismo. Pruebe con un nivel de significación del 1 %. Utilice una de las hojas de solución en el E - HOJAS DE SOLUCIONES.

13.4 Prueba de dos varianzas

Otro uso de la distribución *F* es la prueba de dos varianzas. A menudo es conveniente comparar dos varianzas en vez de dos promedios. Por ejemplo, a los administradores del instituto universitario les gustaría que dos profesores que califiquen exámenes tengan la misma variación en su calificación. Para que una tapa se adapte a un recipiente, la variación de la tapa y del recipiente debe ser la misma. Un supermercado podría estar interesado en la variabilidad de los tiempos para procesar una compra en dos de sus cajas.

Para realizar una prueba *F* de dos varianzas, es importante que se cumplan estas condiciones:

1. Las poblaciones de las que se extraen las dos muestras se distribuyen normalmente.
2. Las dos poblaciones son independientes entre sí.

A diferencia de la mayoría de otras pruebas de este libro, la prueba *F* para la igualdad de dos varianzas es muy sensible a las desviaciones de la normalidad. Si las dos distribuciones no son normales, la prueba puede dar valores *p* más altos o más bajos de lo debido de forma imprevisible. Muchos textos sugieren a los estudiantes que no utilicen esta prueba en absoluto, pero en aras de la exhaustividad la incluimos aquí.

Supongamos que tomamos una muestra aleatoria de dos poblaciones normales independientes. Supongamos que σ_1^2 y σ_2^2 son las varianzas de la población y s_1^2 y s_2^2 sean las varianzas de la muestra. Supongamos que los tamaños de las muestras son n_1 y n_2. Como nos interesa comparar las dos varianzas de la muestra, utilizamos el cociente *F*:

$$F = \frac{\left[\frac{(s_1)^2}{(\sigma_1)^2}\right]}{\left[\frac{(s_2)^2}{(\sigma_2)^2}\right]}$$

F tiene la distribución $F \sim F(n_1 - 1, n_2 - 1)$

donde $n_1 - 1$ son los grados de libertad del numerador y $n_2 - 1$ son los grados de libertad del denominador.

Si la hipótesis nula es $\sigma_1^2 = \sigma_2^2$, entonces el cociente *F* se convierte en $F = \frac{\left[\frac{(s_1)^2}{(\sigma_1)^2}\right]}{\left[\frac{(s_2)^2}{(\sigma_2)^2}\right]} = \frac{(s_1)^2}{(s_2)^2}$.

Nota

El cociente *F* también podría ser $\frac{(s_2)^2}{(s_1)^2}$. Depende de H_a y de qué varianza de la muestra es mayor.

Si las dos poblaciones tienen varianzas iguales, entonces s_1^2 y s_2^2 tienen valores cercanos y $F = \frac{(s_1)^2}{(s_2)^2}$ está cerca de uno. Pero si las dos variantes de la población son muy diferentes, s_1^2 y s_2^2 también suelen ser muy diferentes. Al elegir s_1^2 ya que la mayor varianza de la muestra hace que el cociente $\frac{(s_1)^2}{(s_2)^2}$ sea mayor que uno. Si s_1^2 y s_2^2 están muy separados, entonces $F = \frac{(s_1)^2}{(s_2)^2}$ es un número grande.

Por lo tanto, si *F* es cercano a uno, la evidencia favorece la hipótesis nula (las dos varianzas de la población son iguales).

Pero si F es mucho mayor que uno, entonces la evidencia es contraria a la hipótesis nula. **Una prueba de dos varianzas puede ser de cola izquierda, derecha o de dos colas.**

EJEMPLO 13.5

Dos instructores de institutos universitarios están interesados en saber si existe alguna variación en la forma de calificar los exámenes de Matemáticas. Cada uno de ellos califica el mismo conjunto de 30 exámenes. Las notas del primer instructor tienen una varianza de 52,3. Las notas del segundo instructor tienen una varianza de 89,9. Pruebe la afirmación de que la varianza del primer instructor es menor (en la mayoría de los institutos universitarios es deseable que las varianzas de las notas de los exámenes sean casi iguales entre los instructores). El nivel de significación es del 10 %.

Solución 1

Supongamos que 1 y 2 son los subíndices que indican el primer y el segundo instructor, respectivamente.

$n_1 = n_2 = 30$.

H_0: $\sigma_1^2 = \sigma_2^2$ y H_a: $\sigma_1^2 < \sigma_2^2$

Calcule el estadístico de prueba: Según la hipótesis nula ($\sigma_1^2 = \sigma_2^2$), el estadístico F es:

$$F = \frac{\left[\frac{(s_1)^2}{(\sigma_1)^2}\right]}{\left[\frac{(s_2)^2}{(\sigma_2)^2}\right]} = \frac{(s_1)^2}{(s_2)^2} = \frac{52{,}3}{89{,}9} = 0{,}5818$$

Distribución para la prueba: $F_{29,29}$ donde $n_1 - 1 = 29$ y $n_2 - 1 = 29$.

Gráfico: Esta prueba es de cola izquierda.

Dibuje el gráfico marcando y sombreando adecuadamente.

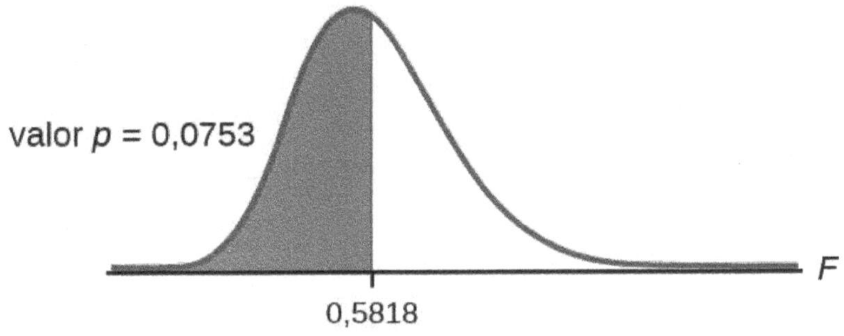

Figura 13.7

Enunciado de probabilidad: valor $p = P(F < 0{,}5818) = 0{,}0753$

Compare α y el valor p: $\alpha = 0{,}10$ $\alpha >$ valor p.

Tome una decisión: Dado que $\alpha >$ valor p, rechaza H_0.

Conclusión: Con un nivel de significación del 10 %, a partir de los datos hay pruebas suficientes para concluir que la varianza de las notas del primer instructor es menor.

USO DE LAS CALCULADORAS TI-83, 83+, 84, 84+

Pulse STAT y flecha hacia TESTS. Flecha hacia abajo `D:2-SampFTest`. Pulse ENTER. Mueva la flecha hasta STATS y pulse ENTER. Para Sx1, n1, Sx2, y n2, introduzca $\sqrt{(52{,}3)}$, `30`, $\sqrt{(89{,}9)}$, y `30`. Pulse ENTER después de cada uno. Mueva la flecha hasta `σ1:` y <σ2. Pulse ENTER. Desplace la flecha hacia abajo hasta `Calculate` y pulse ENTER. $F = 0{,}5818$ y valor $p = 0{,}0753$. Vuelva a realizar el procedimiento y pruebe con `Dibujar` en vez de `Calculate`.

> INTÉNTELO 13.5

La Sociedad Coral de Nueva York divide a los cantantes hombres en cuatro categorías, desde las voces más altas hasta las más bajas: tenor 1, tenor 2, bajo 1, bajo 2. En la tabla están las estaturas de los hombres de los grupos tenor 1 y bajo 2. Uno sospecha que los hombres más altos tendrán voces más graves, y que la varianza de la altura puede subir también con las voces más graves. ¿Tenemos pruebas fehacientes de que la varianza de las alturas de los cantantes en cada uno de estos dos grupos (tenor 1 y bajo 2) es diferente?

Tenor 1	Bajo 2	Tenor 1	Bajo 2	Tenor 1	Bajo 2
69	72	67	72	68	67
72	75	70	74	67	70
71	67	65	70	64	70
66	75	72	66		69
76	74	70	68		72
74	72	68	75		71
71	72	64	68		74
66	74	73	70		75
68	72	66	72		

Tabla 13.11

13.5 Laboratorio: ANOVA de una vía

Laboratorio de estadística

ANOVA de una vía

Hora de la clase:

Nombres:

Resultado de aprendizaje del estudiante

- El estudiante llevará a cabo una prueba simple de ANOVA de una vía que incluya tres variables.

Recopilación de datos

1. Anote el precio por libra de ocho frutas, ocho vegetales y ocho panes en su supermercado local.

Frutas	Vegetales	Panes

Tabla 13.12

Frutas	Vegetales	Panes

Tabla 13.12

2. Explique de qué manera podría recopilar los datos de forma aleatoria.

Analice los datos y compruebe la hipótesis

1. Indique la hipótesis nula y la hipótesis alternativa.
2. Calcule lo siguiente:
    a. Frutas:
        i. $\overline{x}$ = _____
        ii. s_x = _____
        iii. n = _____
    b. Vegetales:
        i. $\overline{x}$ = _____
        ii. s_x = _____
        iii. n = _____
    c. Panes:
        i. $\overline{x}$ = _____
        ii. s_x = _____
        iii. n = _____
3. Calcule lo siguiente:
    a. $df(num)$ = _____
    b. $df(denom)$ = _____
4. Indique la distribución aproximada de la prueba.
5. Estadístico de prueba: F = _____
6. Dibuje un gráfico de esta situación. DE FORMA CLARA, identifique y escale el eje horizontal y sombree la(s) región(es) correspondiente(s) al valor p.
7. valor p = _____
8. Pruebe para α = 0,05. Exponga su decisión y su conclusión.
9. a. Decisión: ¿Por qué ha tomado esta decisión?
    b. Conclusión (escriba una frase completa).
    c. Según los resultados de su estudio, ¿es necesario investigar los precios de alguno de los grupos alimenticios? ¿Por qué sí o por qué no?

Términos Clave

Análisis de varianza también denominado ANOVA, es un método para comprobar si las medias de tres o más poblaciones son iguales o no. El método es aplicable si:

- todas las poblaciones de interés se distribuyen normalmente.
- las poblaciones tienen desviaciones típicas iguales.
- las muestras (no necesariamente del mismo tamaño) se seleccionan de forma aleatoria e independiente de cada población.

El estadístico de prueba para el análisis de varianza es el cociente *F*.

ANOVA de una vía un método para comprobar si las medias de tres o más poblaciones son iguales o no; el método es aplicable si:

- todas las poblaciones de interés se distribuyen normalmente.
- las poblaciones tienen desviaciones típicas iguales.
- las muestras (no necesariamente del mismo tamaño) se seleccionan de forma aleatoria e independiente de cada población.
- hay una variable independiente y una variable dependiente.

El estadístico de prueba para el análisis de varianza es el cociente *F*.

Varianza media de las desviaciones al cuadrado de la media; el cuadrado de la desviación típica. Para un conjunto de datos, una desviación se puede representar como $x - \bar{x}$ donde x es un valor de los datos y $\bar{x}$ es la media muestral. La varianza de la muestra es igual a la suma de los cuadrados de las desviaciones dividida entre la diferencia del tamaño de la muestra y uno.

Repaso del capítulo

13.1 ANOVA de una vía

El análisis de varianza amplía la comparación de dos grupos a varios, cada uno de ellos un nivel de una variable categórica (factor). Las muestras de cada grupo son independientes y se deben seleccionar al azar a partir de poblaciones normales con varianzas iguales. Probamos la hipótesis nula de que las medias de la respuesta son iguales en todos los grupos versus la hipótesis alternativa de que las medias de uno o más grupos son diferentes a las de los demás. Una prueba de hipótesis de ANOVA de una vía determina si varias medias poblacionales son iguales. La distribución para la prueba es la distribución *F* con dos grados de libertad diferentes.

Supuestos:

1. Se supone que cada población de la que se toma una muestra es normal.
2. Todas las muestras se seleccionan al azar y son independientes.
3. Se supone que las poblaciones tienen desviaciones típicas iguales (o varianzas).

13.2 La distribución F y el cociente F

El análisis de la varianza compara las medias de una variable de respuesta para varios grupos. El ANOVA compara la variación dentro de cada grupo con la variación de la media de cada grupo. El cociente de estos dos es el estadístico *F* de una distribución *F* con (número de grupos – 1) como grados de libertad del numerador y (número de observaciones – número de grupos) como grados de libertad del denominador. Estas estadísticas se resumen en la tabla de ANOVA.

13.3 Datos sobre la distribución F

El gráfico de la distribución *F* es siempre positivo y es asimétrico hacia la derecha, aunque la forma puede ser redondeada o exponencial dependiendo de la combinación de grados de libertad del numerador y del denominador. El estadístico *F* es el cociente entre una medida de la variación de las medias de los grupos y una medida similar de la variación dentro de los grupos. Si la hipótesis nula es correcta, el numerador debe ser pequeño en comparación con el denominador. El resultado será un estadístico *F* pequeño y el área debajo de la curva *F* a la derecha será grande, lo que representa un valor *p* grande. Cuando la hipótesis nula de la igualdad de las medias de los grupos es incorrecta, el numerador debe ser grande comparado con el denominador, lo que da un estadístico *F* grande y un área pequeña (valor *p* pequeño) a la derecha del estadístico debajo de la curva *F*.

Cuando los datos tienen tamaños de grupo desiguales (datos no equilibrados), hay que utilizar las técnicas de la 13.2 La distribución F y el cociente de F para los cálculos manuales. Sin embargo, en el caso de datos equilibrados (los grupos tienen el mismo tamaño), se pueden utilizar cálculos simplificados basados en las medias y varianzas de los grupos. En la práctica, por supuesto, se suelen emplear softwares en el análisis. Como en cualquier análisis, se deben usar gráficos de diversa índole junto con técnicas numéricas. ¡Mire siempre con cuidado sus datos!

13.4 Prueba de dos varianzas

La prueba *F* para la igualdad de dos varianzas se basa en gran medida en el supuesto de distribuciones normales. La prueba no es fiable si no se cumple este supuesto. Si ambas distribuciones son normales, el cociente de las dos varianzas muestrales se distribuye como un estadístico *F*, con grados de libertad en el numerador y el denominador que son uno menos que los tamaños de las muestras de los dos grupos correspondientes. Una prueba de hipótesis de **prueba de dos varianzas** determina si dos varianzas son iguales. La distribución para la prueba de hipótesis es la distribución *F* con dos grados de libertad diferentes.

Supuestos:

1. Las poblaciones de las que se extraen las dos muestras se distribuyen normalmente.
2. Las dos poblaciones son independientes entre sí.

Repaso de fórmulas

13.2 La distribución F y el cociente F

$$SS_{\text{entre}} = \sum \left[\frac{(s_j)^2}{n_j}\right] - \frac{\left(\sum s_j\right)^2}{n}$$

$$SS_{\text{total}} = \sum x^2 - \frac{\left(\sum x\right)^2}{n}$$

$$SS_{\text{dentro}} = SS_{\text{total}} - SS_{\text{entre}}$$

$df_{\text{entre}} = df(num) = k - 1$

$df_{\text{dentro}} = df(denom) = n - k$

$$MS_{\text{entre}} = \frac{SS_{\text{entre}}}{de_{\text{entre}}}$$

$$MS_{\text{dentro}} = \frac{SS_{\text{dentro}}}{de_{\text{dentro}}}$$

$$F = \frac{MS_{\text{entre}}}{MS_{\text{dentro}}}$$

Cociente *F* cuando los grupos son del mismo tamaño: $F = \frac{n s_{\overline{x}}{}^2}{s^2{}_{pooled}}$

Media de la distribución *F*: $\mu = \frac{de(num)}{de(denom)-2}$

donde:

- k = el número de grupos
- n_j = el tamaño del grupo j
- s_j = la suma de los valores del grupo j
- n = el número total de todos los valores (observaciones) combinados
- x = un valor (una observación) de los datos
- $s_{\overline{x}}{}^2$ = la varianza de las medias muestrales
- $s^2{}_{pooled}$ = la media de las varianzas de la muestra (varianza combinada)

13.4 Prueba de dos varianzas

F tiene la distribución $F \sim F(n_1 - 1, n_2 - 1)$

$$F = \frac{\frac{s_1^2}{\sigma_1^2}}{\frac{s_2^2}{\sigma_2^2}}$$

Si $\sigma_1 = \sigma_2$, entonces $F = \frac{s_1{}^2}{s_2{}^2}$

Práctica

13.1 ANOVA de una vía

Use la siguiente información para responder los próximos cinco ejercicios. Hay cinco supuestos básicos que se deben cumplir para realizar una prueba de ANOVA de una vía. ¿Qué son?

1. Escriba un supuesto.

2. Escriba otro supuesto.

3. Escriba un tercer supuesto.

4. Escriba un cuarto supuesto.

5. Escriba el supuesto final.

6. Indique la hipótesis nula para el ANOVA de una vía si hay cuatro grupos.

7. Indique la hipótesis alternativa para el ANOVA de una vía si hay tres grupos.

8. ¿Cuándo se utiliza el ANOVA?

13.2 La distribución F y el cociente F

Use la siguiente información para responder los próximos ocho ejercicios. Se van a analizar grupos de hombres de tres zonas diferentes del país para determinar su peso medio. Las entradas en la Tabla 13.13 son las ponderaciones de los diferentes grupos.

Grupo 1	Grupo 2	Grupo 3
216	202	170
198	213	165
240	284	182
187	228	197
176	210	201

Tabla 13.13

9. ¿Cuál es el factor de la suma de cuadrados?

10. ¿Cuál es el error de la suma de los cuadrados?

11. ¿Cuál es la *df* del numerador?

12. ¿Cuál es la *df* del denominador?

13. ¿Cuál es el factor de la media cuadrática?

14. ¿Cuál es el error cuadrático medio?

15. ¿Cuál es el estadístico *F*?

Use la siguiente información para responder los próximos ocho ejercicios. Las niñas de cuatro equipos de fútbol diferentes se someterán a pruebas para conocer la media de goles marcados por partido. Las entradas de la tabla son los goles por partido de los diferentes equipos. Los resultados del ANOVA de una vía se muestran en la Tabla 13.14.

Equipo 1	Equipo 2	Equipo 3	Equipo 4
1	2	0	3
2	3	1	4

Tabla 13.14

Equipo 1	Equipo 2	Equipo 3	Equipo 4
0	2	1	4
3	4	0	3
2	4	0	2

Tabla 13.14

16. ¿Cuál es SS_{entre}?

17. ¿Cuál es la *df* del numerador?

18. ¿Cuál es MS_{entre}?

19. ¿Cuál es SS_{dentro}?

20. ¿Cuál es la *df* del denominador?

21. ¿Cuál es MS_{dentro}?

22. ¿Cuál es el estadístico *F*?

23. A juzgar por el estadístico *F*, ¿cree que es probable o improbable que se rechace la hipótesis nula?

13.3 Datos sobre la distribución F

24. ¿Qué valores puede tener un estadístico *F*?

25. ¿Qué ocurre con las curvas a medida que aumentan los grados de libertad del numerador y del denominador?

Use la siguiente información para responder los próximos siete ejercicios. Cuatro equipos de baloncesto tomaron una muestra aleatoria de jugadores con respecto a la altura que cada uno de ellos puede saltar (en pulgadas). Los resultados se muestran en la Tabla 13.15.

Equipo 1	Equipo 2	Equipo 3	Equipo 4	Equipo 5
36	32	48	38	41
42	35	50	44	39
51	38	39	46	40

Tabla 13.15

26. ¿Cuál es el *df(num)*?

27. ¿Cuál es el *df(denom)*?

28. ¿Cuáles son los factores de la suma de los cuadrados y de las medias cuadráticas?

29. ¿Cuáles son la suma de los cuadrados y los errores de la media cuadrática?

30. ¿Cuál es el estadístico *F*?

31. ¿Cuál es el valor *p*?

32. Al nivel de significación del 5 %, ¿hay una diferencia en la altura media de los saltos entre los equipos?

Use la siguiente información para responder los próximos siete ejercicios. Un desarrollador de videojuegos está probando un nuevo juego en tres grupos diferentes. Cada grupo representa un mercado objetivo diferente para el juego. El desarrollador recopila las calificaciones de una muestra aleatoria de cada grupo. Los resultados se muestran en la Tabla 13.16

Grupo A	Grupo B	Grupo C
101	151	101
108	149	109
98	160	198
107	112	186
111	126	160

Tabla 13.16

33. ¿Cuál es el *df(num)*?

34. ¿Cuál es el *df(denom)*?

35. ¿Cuáles son la SS_{entre} y la MS_{entre}?

36. ¿Cuáles son la SS_{dentro} y la MS_{dentro}?

37. ¿Cuál es el estadístico *F*?

38. ¿Cuál es el valor *p*?

39. Al nivel de significación del 10 %, ¿las puntuaciones entre los distintos grupos son diferentes?

Use la siguiente información para responder los próximos tres ejercicios. Supongamos que un grupo está interesado en determinar si los adolescentes obtienen su licencia de conducir alrededor de la misma edad promedio en todo el país. Supongamos que se recopilan al azar los siguientes datos de cinco adolescentes de cada región del país. Los números representan la edad a la que los adolescentes obtuvieron la licencia de conducir.

	Noreste	Sur	Oeste	Centro	Este
	16,3	16,9	16,4	16,2	17,1
	16,1	16,5	16,5	16,6	17,2
	16,4	16,4	16,6	16,5	16,6
	16,5	16,2	16,1	16,4	16,8
$\overline{x} =$	______	______	______	______	______
$s^2 =$	______	______	______	______	______

Tabla 13.17

Introduzca los datos en su calculadora o computadora.

40. valor p = _____

Indique las decisiones y conclusiones (en oraciones completas) para los siguientes niveles preconcebidos de α.

41. $\alpha = 0{,}05$

a. Decisión: ____________________

b. Conclusión: ____________________

42. $\alpha = 0{,}01$

a. Decisión: ____________________

b. Conclusión: ____________________

13.4 Prueba de dos varianzas

Use la siguiente información para responder los próximos dos ejercicios. Hay dos supuestos que deben ser ciertos para hacer una prueba F de dos varianzas.

43. Nombre un supuesto que deba ser cierto.

44. ¿Cuál es el otro supuesto que debe ser verdadero?

Use la siguiente información para responder los siguientes cinco ejercicios. Dos compañeros de trabajo se desplazan desde el mismo edificio. Les interesa saber si hay alguna variación en el tiempo que tardan en ir al trabajo conduciendo un vehículo. Cada uno de ellos registra sus tiempos durante 20 trayectos. Los tiempos del primer trabajador tienen una varianza de 12,1. Los tiempos del segundo trabajador tienen una varianza de 16,9. El primer trabajador cree que es más coherente con sus tiempos de desplazamiento. Pruebe la afirmación al nivel del 10 %. Supongamos que los tiempos de desplazamiento se distribuyen normalmente.

45. Indique las hipótesis nula y alternativa.

46. ¿Cuál es s_1 en este problema?

47. ¿Cuál es s_2 en este problema?

48. ¿Cuál es *n*?

49. ¿Cuál es el estadístico *F*?

50. ¿Cuál es el valor *p*?

51. ¿La afirmación es correcta?

Use la siguiente información para responder los próximos cuatro ejercicios. Dos estudiantes están interesados en saber si hay o no variación en los resultados de sus exámenes en la clase de Matemáticas. En total son 15 los exámenes de Matemáticas que han presentado hasta ahora. Las notas del primer estudiante tienen una desviación típica de 38,1. Las notas del segundo estudiante tienen una desviación típica de 22,5. El segundo estudiante cree que sus resultados son más coherentes.

52. Indique las hipótesis nula y alternativa.

53. ¿Cuál es el estadístico *F*?

54. ¿Cuál es el valor *p*?

55. Al nivel de significación del 5 %, ¿rechazamos la hipótesis nula?

Use la siguiente información para responder los próximos tres ejercicios. Dos ciclistas comparan las varianzas de sus ritmos globales en subidas. Cada ciclista registra su velocidad al subir 35 colinas. El primer ciclista tiene una varianza de 23,8 y el segundo de 32,1. Los ciclistas quieren ver si sus varianzas son iguales o diferentes. Supongamos que los tiempos de desplazamiento se distribuyen normalmente.

56. Indique las hipótesis nula y alternativa.

57. ¿Cuál es el estadístico *F*?

58. Al nivel de significación del 5 %, ¿qué podemos decir sobre las varianzas de los ciclistas?

Tarea para la casa

13.1 ANOVA de una vía

59. Se han probado tres rutas de tráfico diferentes para el tiempo medio de conducción. Las entradas de la Tabla 13.18 son los tiempos de conducción en minutos en las tres rutas diferentes.

Ruta 1	Ruta 2	Ruta 3
30	27	16
32	29	41
27	28	22
35	36	31

Tabla 13.18

Indique la SS_{entre}, la SS_{dentro} y el estadístico F.

60. Supongamos que un grupo está interesado en determinar si los adolescentes obtienen su licencia de conducir alrededor de la misma edad promedio en todo el país. Supongamos que se recopilan al azar los siguientes datos de cinco adolescentes de cada región del país. Los números representan la edad a la que los adolescentes obtuvieron la licencia de conducir.

	Noreste	Sur	Oeste	Centro	Este
	16,3	16,9	16,4	16,2	17,1
	16,1	16,5	16,5	16,6	17,2
	16,4	16,4	16,6	16,5	16,6
	16,5	16,2	16,1	16,4	16,8
$\overline{x} =$	______	______	______	______	______
$s^2 =$	______	______	______	______	______

Tabla 13.19

Plantee las hipótesis.

H_0: __________

H_a: __________

13.2 La distribución F y el cociente F

Use la siguiente información para responder los próximos tres ejercicios. Supongamos que un grupo está interesado en determinar si los adolescentes obtienen su licencia de conducir alrededor de la misma edad promedio en todo el país. Supongamos que se recopilan al azar los siguientes datos de cinco adolescentes de cada región del país. Los números representan la edad a la que los adolescentes obtuvieron la licencia de conducir.

	Noreste	Sur	Oeste	Centro	Este
	16,3	16,9	16,4	16,2	17,1
	16,1	16,5	16,5	16,6	17,2
	16,4	16,4	16,6	16,5	16,6
	16,5	16,2	16,1	16,4	16,8
$\overline{x}$ =	______	______	______	______	______
s^2 =	______	______	______	______	______

Tabla 13.20

H_0: $\mu_1 = \mu_2 = \mu_3 = \mu_4 = \mu_5$

H_a: Al menos dos de las medias de grupo $\mu_1, \mu_2, \ldots, \mu_5$ no son iguales.

61. grados de libertad – numerador: $df(num)$ = _______

62. grados de libertad – denominador: $df(denom)$ = _______

63. estadístico F = _______

13.3 Datos sobre la distribución F

INSTRUCCIONES

Utilice una hoja de soluciones para realizar las siguientes pruebas de hipótesis. La hoja de soluciones se encuentra en el E - HOJAS DE SOLUCIONES.

64. Tres estudiantes, Linda, Tuan y Javier, reciben cinco ratas de laboratorio cada uno para un experimento nutricional. El peso de cada rata se registra en gramos. Linda alimenta sus ratas con la fórmula A, Tuan alimenta las suyas con la fórmula B y Javier con la fórmula C. Al final de un periodo determinado se pesa de nuevo cada rata y se registra el aumento neto en gramos. Use un nivel de significación del 10 % y pruebe la hipótesis de que las tres fórmulas producen el mismo aumento de peso medio.

Ratas de Linda	Ratas de Tuan	Ratas de Javier
43,5	47,0	51,2
39,4	40,5	40,9
41,3	38,9	37,9
46,0	46,3	45,0
38,2	44,2	48,6

Tabla 13.21 Peso de las ratas de laboratorio de los estudiantes

65. Un grupo de base que se opone a la propuesta de aumentar el impuesto sobre la gasolina afirma que el aumento perjudicaría sobre todo a la clase trabajadora, ya que es la que se desplaza más lejos para ir a trabajar. Supongamos que el grupo encuestó aleatoriamente a 24 personas y les preguntó cuál es su millaje diario en un solo sentido. Los resultados están en la Tabla 13.22. Use un nivel de significación del 5 % y pruebe la hipótesis de que las tres medias de las millas de desplazamiento son iguales.

clase trabajadora	profesionales (ingresos medios)	profesionales (ricos)
17,8	16,5	8,5
26,7	17,4	6,3
49,4	22,0	4,6
9,4	7,4	12,6
65,4	9,4	11,0
47,1	2,1	28,6
19,5	6,4	15,4
51,2	13,9	9,3

Tabla 13.22

Use la siguiente información para responder los próximos dos ejercicios. La Tabla 13.23 recopila el número de páginas de cuatro tipos diferentes de revistas.

decoración del hogar	noticias	salud	computadoras
172	87	82	104
286	94	153	136
163	123	87	98
205	106	103	207
197	101	96	146

Tabla 13.23

66. Use un nivel de significación del 5 % y pruebe la hipótesis de que los cuatro tipos de revistas tienen la misma extensión media.

67. Elimine un tipo de revista que ahora considere que tiene una extensión media diferente a las demás. Vuelva a realizar la prueba de hipótesis para probar que las tres medias restantes son estadísticamente iguales. Use una nueva hoja de soluciones. Según esta prueba, ¿las extensiones medias de las tres revistas restantes son estadísticamente iguales?

68. Un investigador quiere saber si los tiempos medios (en minutos) que las personas ven su canal de noticias favorito son iguales. Supongamos que la Tabla 13.24 muestra los resultados de un estudio.

CNN	FOX	Local
45	15	72
12	43	37
18	68	56
38	50	60
23	31	51
35	22	

Tabla 13.24

Supongamos que todas las distribuciones son normales, que las cuatro desviaciones típicas de la población son aproximadamente iguales y que los datos se recogieron de forma independiente y aleatoria. Utilice un nivel de significación de 0,05.

69. ¿Las medias de los exámenes finales son iguales para todos los tipos de clases de Estadística? La Tabla 13.25 muestra las calificaciones de los exámenes finales de varias clases seleccionadas al azar que utilizaron los diferentes tipos de entrega.

En línea	Híbrido	En persona
72	83	80
84	73	78
77	84	84
80	81	81
81		86
		79
		82

Tabla 13.25

Supongamos que todas las distribuciones son normales, que las cuatro desviaciones típicas de la población son aproximadamente iguales y que los datos se recogieron de forma independiente y aleatoria. Utilice un nivel de significación de 0,05.

70. ¿El número medio de veces al mes que una persona come fuera es el mismo para personas blancas, negras, hispanas y asiáticas? Supongamos que la Tabla 13.26 muestra los resultados de un estudio.

Blancos	Negros	Hispanos	Asiáticos
6	4	7	8
8	1	3	3
2	5	5	5
4	2	4	1
6		6	7

Tabla 13.26

Supongamos que todas las distribuciones son normales, que las cuatro desviaciones típicas de la población son aproximadamente iguales y que los datos se recogieron de forma independiente y aleatoria. Utilice un nivel de significación de 0,05.

71. ¿Los números medios de visitantes diarios a una estación de esquí son iguales para los tres tipos de condiciones de nieve? Supongamos que la Tabla 13.27 muestra los resultados de un estudio.

En polvo	De máquina	Comprimida
1.210	2.107	2.846
1.080	1.149	1.638
1.537	862	2.019
941	1.870	1.178
	1.528	2.233
	1.382	

Tabla 13.27

Supongamos que todas las distribuciones son normales, que las cuatro desviaciones típicas de la población son aproximadamente iguales y que los datos se recogieron de forma independiente y aleatoria. Utilice un nivel de significación de 0,05.

72. Sanjay hizo aviones de papel idénticos con tres pesos diferentes de papel: ligero, medio y pesado. Hizo cuatro aviones con cada uno de los pesos y los lanzó él mismo por la habitación. Aquí están las distancias (en metros) que volaron sus aviones.

Tipo de papel / ensayo	Ensayo 1	Ensayo 2	Ensayo 3	Ensayo 4
Pesado	5,1 metros	3,1 metros	4,7 metros	5,3 metros
Medio	4 metros	3,5 metros	4,5 metros	6,1 metros
Ligero	3,1 metros	3,3 metros	2,1 metros	1,9 metros

Tabla 13.28

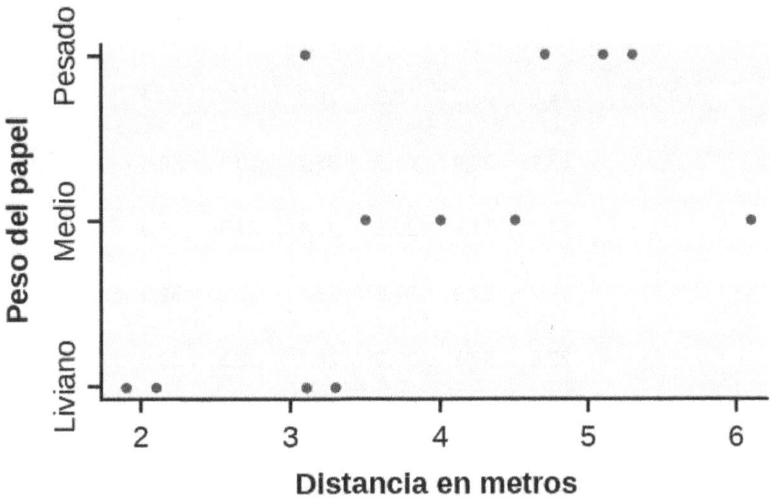

Figura 13.8

a. Observe los datos del gráfico. Observe la dispersión de los datos para cada grupo (ligero, medio y pesado). ¿Parece razonable suponer una distribución normal con la misma varianza para cada grupo? Sí o no.
b. ¿Por qué es un diseño equilibrado?
c. Calcule la media muestral y la desviación típica de la muestra para cada grupo.
d. ¿El peso del papel influye en la distancia que recorrerá el avión? Use un nivel de significación del 1 %. Complete la prueba utilizando el método mostrado en el ejemplo de la planta de judías en el Ejemplo 13.4.
   - varianza de las medias de los grupos ________
   - MS_{entre}= ________
   - media de las tres varianzas de la muestra ________
   - MS_{dentro} = ________
   - estadístico F = ________
   - $df(num)$ = ________, $df(denom)$ = ________
   - número de grupos ______
   - número de observaciones ______
   - valor p = ________ ($P(F >$ ______$)$ = ________)
   - Grafique el valor p.
   - decisión: ________________
   - conclusión: ____

73. El dicloro difenil tricloroetano (DDT) es un pesticida cuyo uso se ha prohibido en Estados Unidos y en la mayoría de las zonas del mundo. Es bastante eficaz, pero persiste en el medio ambiente y, con el tiempo, se considera perjudicial para los organismos superiores. Se cree que las cáscaras de los huevos de las águilas y otras aves rapaces son más finas y propensas a romperse en el nido debido a la ingestión de DDT en la cadena alimentaria de las aves.

Se realizó un experimento sobre el número de huevos (fecundidad) puestos por las hembras de la mosca de la fruta. Hay tres grupos de moscas. Un grupo fue criado para ser resistente al DDT (el grupo RS). Otro fue criado para ser especialmente susceptible al DDT (SS). Por último, había una línea de control de moscas de la fruta no seleccionadas o típicas (NS). Aquí están los datos:

RS	SS	NS	RS	SS	NS
12,8	38,4	35,4	22,4	23,1	22,6
21,6	32,9	27,4	27,5	29,4	40,4
14,8	48,5	19,3	20,3	16	34,4
23,1	20,9	41,8	38,7	20,1	30,4
34,6	11,6	20,3	26,4	23,3	14,9
19,7	22,3	37,6	23,7	22,9	51,8
22,6	30,2	36,9	26,1	22,5	33,8
29,6	33,4	37,3	29,5	15,1	37,9
16,4	26,7	28,2	38,6	31	29,5
20,3	39	23,4	44,4	16,9	42,4
29,3	12,8	33,7	23,2	16,1	36,6
14,9	14,6	29,2	23,6	10,8	47,4
27,3	12,2	41,7			

Tabla 13.29

Los valores son el número promedio de huevos puestos diariamente por cada una de las 75 moscas (25 en cada grupo) durante los primeros 14 días de su vida. Utilizando un nivel de significación del 1 %, ¿son diferentes las tasas medias de selección de huevos para las tres cepas de mosca de la fruta? Si es así, ¿de qué manera? Específicamente, los investigadores estaban interesados en saber si las cepas criadas selectivamente eran diferentes de la línea no seleccionada, y si las dos líneas seleccionadas eran diferentes entre sí.

A continuación se muestra un gráfico de los tres grupos:

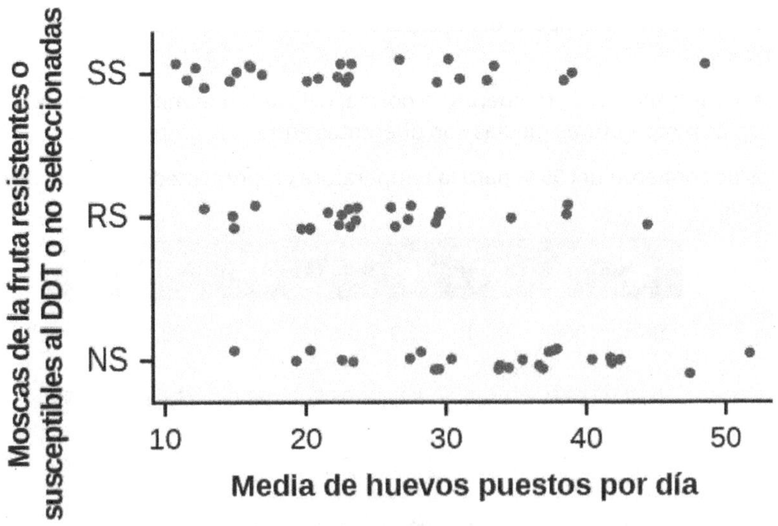
Moscas de la fruta resistentes o susceptibles al DDT o no seleccionadas
SS
RS
NS
10
20
30
40
50
Media de huevos puestos por día

Figura 13.9

74. Los datos que se muestran son las temperaturas corporales registradas de 130 sujetos estimadas a partir de histogramas disponibles.

Tradicionalmente se nos enseña que la temperatura normal del cuerpo humano es de 98,6 °F. Esto no es del todo correcto para todos. ¿Las temperaturas medias son diferentes entre los cuatro grupos?

Calcule los intervalos de confianza del 95 % para la temperatura corporal media en cada grupo y comente los intervalos de confianza.

FL	FH	ML	MH	FL	FH	ML	MH
96,4	96,8	96,3	96,9	98,4	98,6	98,1	98,6
96,7	97,7	96,7	97	98,7	98,6	98,1	98,6
97,2	97,8	97,1	97,1	98,7	98,6	98,2	98,7
97,2	97,9	97,2	97,1	98,7	98,7	98,2	98,8
97,4	98	97,3	97,4	98,7	98,7	98,2	98,8
97,6	98	97,4	97,5	98,8	98,8	98,2	98,8
97,7	98	97,4	97,6	98,8	98,8	98,3	98,9
97,8	98	97,4	97,7	98,8	98,8	98,4	99
97,8	98,1	97,5	97,8	98,8	98,9	98,4	99
97,9	98,3	97,6	97,9	99,2	99	98,5	99
97,9	98,3	97,6	98	99,3	99	98,5	99,2
98	98,3	97,8	98		99,1	98,6	99,5
98,2	98,4	97,8	98		99,1	98,6	
98,2	98,4	97,8	98,3		99,2	98,7	
98,2	98,4	97,9	98,4		99,4	99,1	
98,2	98,4	98	98,4		99,9	99,3	
98,2	98,5	98	98,6		100	99,4	
98,2	98,6	98	98,6		100,8		

Tabla 13.30

13.4 Prueba de dos varianzas

75. Tres estudiantes, Linda, Tuan y Javier, reciben cinco ratas de laboratorio cada uno para un experimento nutricional. El peso de cada rata se registra en gramos. Linda alimenta a sus ratas con la fórmula A, Tuan alimenta a las suyas con la fórmula B y Javier lo hace con la fórmula C. Al final de un periodo determinado se pesa de nuevo a cada rata y se registra el aumento neto en gramos.

Ratas de Linda	Ratas de Tuan	Ratas de Javier
43,5	47,0	51,2
39,4	40,5	40,9
41,3	38,9	37,9
46,0	46,3	45,0
38,2	44,2	48,6

Tabla 13.31

Determine si la varianza en el aumento de peso es estadísticamente igual entre las ratas de Javier y las de Linda. Pruebe con un nivel de significación del 10 %.

76. Un grupo de base que se opone a la propuesta de aumentar el impuesto sobre la gasolina afirma que el aumento perjudicaría sobre todo a la clase trabajadora, ya que es la que se desplaza más lejos para ir a trabajar. Supongamos que el grupo encuestó aleatoriamente a 24 personas y les preguntó cuál es su millaje diario en un solo sentido. Los resultados son los siguientes.

clase trabajadora	profesionales (ingresos medios)	profesionales (ricos)
17,8	16,5	8,5
26,7	17,4	6,3
49,4	22,0	4,6
9,4	7,4	12,6
65,4	9,4	11,0
47,1	2,1	28,6
19,5	6,4	15,4
51,2	13,9	9,3

Tabla 13.32

Determine si la varianza del millaje conducido es estadísticamente igual entre los grupos de clase trabajadora y los de profesionales (ingresos medios). Utilice un nivel de significación del 5 %.

77. ¿Cuáles dos tipos de revistas cree que tienen la misma varianza de longitud?

78. ¿Cuáles dos tipos de revistas cree que tienen diferentes varianzas de longitud?

79. ¿La varianza de la cantidad de dinero, en dólares, que los compradores gastan los sábados en el centro comercial es igual a la que gastan los domingos en el centro comercial? Supongamos que la Tabla 13.33 muestra los resultados de un estudio.

Sábado	Domingo	Sábado	Domingo
75	44	62	137
18	58	0	82
150	61	124	39
94	19	50	127
62	99	31	141
73	60	118	73
	89		

Tabla 13.33

80. ¿Las varianzas de los ingresos en la costa este y en la costa oeste son iguales? Supongamos que la Tabla 13.34 muestra los resultados de un estudio. Los ingresos se indican en miles de dólares. Supongamos que ambas distribuciones son normales. Utilice un nivel de significación de 0,05.

Este	Oeste
38	71
47	126
30	42
82	51
75	44
52	90
115	88
67	

Tabla 13.34

81. A treinta hombres universitarios se les enseñó un método de golpeteo con los dedos. Se les asignó aleatoriamente a tres grupos de diez, y cada uno recibió una de las tres dosis de cafeína: 0 mg, 100 mg, 200 mg. Una taza de café puede contener 100 mg y dos tazas de café, 200 mg. Dos horas después de ingerir la cafeína, se registró el ritmo de golpeteo de los dedos por minuto de los hombres. El experimento era de doble ciego, por lo que ni los que anotaban ni los estudiantes sabían en qué grupo estaban. ¿La cafeína afecta a la velocidad de golpeteo? y, si es así, ¿cómo?

Aquí están los datos:

0 mg	100 mg	200 mg	0 mg	100 mg	200 mg
242	248	246	245	246	248
244	245	250	248	247	252
247	248	248	248	250	250
242	247	246	244	246	248
246	243	245	242	244	250

Tabla 13.35

82. El rey Manuel I Komnenus gobernó el Imperio Bizantino desde Constantinopla (Estambul) desde el año 1145 hasta el año 1180 d.C. El imperio fue muy poderoso durante su reinado, pero decayó considerablemente después. Las monedas acuñadas durante su época se encontraron en Chipre, una isla del mar Mediterráneo oriental. Nueve monedas eran de su primera acuñación, siete de la segunda, cuatro de la tercera y siete de una cuarta. Abarcaban la mayor parte de su reinado. Tenemos datos sobre el contenido de plata de las monedas:

Primera acuñación	Segunda acuñación	Tercera acuñación	Cuarta acuñación
5,9	6,9	4,9	5,3
6,8	9,0	5,5	5,6
6,4	6,6	4,6	5,5
7,0	8,1	4,5	5,1
6,6	9,3		6,2
7,7	9,2		5,8
7,2	8,6		5,8
6,9			
6,2			

Tabla 13.36

¿El contenido de plata de las monedas cambió a lo largo del reinado de Manuel?

Aquí están las medias y las varianzas de cada acuñación. Los datos están desequilibrados.

	Nombre	Segunda	Tercera	Cuarta
Media	6,7444	8,2429	4,875	5,6143
Varianza	0,2953	1,2095	0,2025	0,1314

Tabla 13.37

83. La Liga Americana y la Liga Nacional del Béisbol de Grandes Ligas (Major League Baseball, MLB) están segmentadas en tres divisiones cada una: Este, Centro y Oeste. En muchos años los aficionados hablan de que algunas divisiones son más fuertes (tienen mejores equipos) que otras. Esto puede tener consecuencias para la postemporada. Por ejemplo, en 2012 Tampa Bay ganó 90 partidos y no jugó la postemporada, mientras que Detroit solo ganó 88 y sí jugó la postemporada. Puede que haya sido una rareza, pero ¿hay pruebas fehacientes de que en la temporada 2012 las divisiones de la Liga Americana fueran significativamente diferentes en cuanto a registros generales? Use los siguientes datos para comprobar si el número medio de victorias por equipo en las tres divisiones de la Liga Americana es igual o no. Tenga en cuenta que los datos no están equilibrados, ya que dos divisiones tenían cinco equipos, mientras que una tenía cuatro solamente.

División	Equipo	Victorias
Este	NY Yankees	95
Este	Baltimore	93
Este	Tampa Bay	90
Este	Toronto	73
Este	Boston	69

Tabla 13.38

División	Equipo	Victorias
Centro	Detroit	88
Centro	Chicago Sox	85
Centro	Kansas City	72
Centro	Cleveland	68
Centro	Minnesota	66

Tabla 13.39

División	Equipo	Victorias
Oeste	Oakland	94
Oeste	Texas	93
Oeste	LA Angels	89
Oeste	Seattle	75

Tabla 13.40

Referencias

13.2 La distribución F y el cociente F

Datos sobre el tomate, Escuela de Ciencias del Marist College (investigación inédita de un estudiante)

13.3 Datos sobre la distribución F

Datos de un aula de cuarto grado en 1994 en una escuela privada de kínder a 12.° grado en San José, CA.

Hand, D. J., F. Daly, A. D. Lunn, K. J. McConway y E. Ostrowski. *A Handbook of Small Datasets: Data for Fruitfly Fecundity.* Londres: Chapman & Hall, 1994.

Hand, D. J., F. Daly, A. D. Lunn, K. J. McConway y E. Ostrowski. *A Handbook of Small Datasets.* Londres: Chapman & Hall, 1994, pág. 50.

Hand, D. J., F. Daly, A. D. Lunn, K. J. McConway y E. Ostrowski. A Handbook of Small Datasets. Londres: Chapman & Hall, 1994, pág. 118.

"MLB Standings - 2012". Disponible en línea en http://espn.go.com/mlb/standings/_/year/2012.

Mackowiak, P. A., Wasserman, S. S. y Levine, M. M. (1992), "A Critical Appraisal of 98,6 Degrees F, the Upper Limit of the Normal Body Temperature, and Other Legacies of Carl Reinhold August Wunderlich", *Journal of the American Medical Association*, 268, 1578-1580.

13.4 Prueba de dos varianzas

"MLB Vs. Division Standings - 2012" (MLB versus Clasificación de la División-2012) Disponible en línea en http://espn.go.com/mlb/standings/_/year/2012/type/vs-division/order/true.

Soluciones

1. Se supone que cada población de la que se toma una muestra es normal.

3. Se supone que las poblaciones tienen desviaciones típicas iguales (o varianzas).

5. La respuesta es un valor numérico.

7. H_a: Al menos dos de las medias del grupo μ_1, μ_2, μ_3 no son iguales.

9. 4.939,2

11. 2

13. 2.469,6

15. 3,7416

17. 3

19. 13,2

21. 0,825

23. Dado que el ANOVA de una vía siempre tiene cola derecha, un estadístico *F* alto corresponde a un valor *p* bajo, por lo que es probable que rechacemos la hipótesis nula.

25. Las curvas se aproximan a la distribución normal.

27. diez

29. $SS = 237{,}33$; $MS = 23{,}73$

31. 0,1614

33. dos

35. $SS = 5.700{,}4$;

$MS = 2.850{,}2$

37. 3,6101

39. Sí, hay pruebas suficientes para demostrar que las calificaciones entre los grupos son estadísticamente significativas al nivel del 10 %.

43. Las poblaciones de las que se extraen las dos muestras se distribuyen normalmente.

45. H_0: $\sigma_1 = \sigma_2$

H_a: $\sigma_1 < \sigma_2$

o

H_0: $\sigma_1^2 = \sigma_2^2$

H_a: $\sigma_1^2 < \sigma_2^2$

47. 4,11

49. 0,7159

51. No, al nivel de significación del 10 %, no rechazamos la hipótesis nula y afirmamos que los datos no muestran que la variación de los tiempos de conducción del primer trabajador sea menor que la variación de los tiempos de conducción del segundo.

53. 2,8674

55. rechaza la hipótesis nula. Hay pruebas suficientes para decir que la varianza de las notas del primer estudiante es mayor que la del segundo.

57. 0,7414

59. $SS_{\text{entre}} = 26$
$SS_{\text{dentro}} = 441$
$F = 0{,}2653$

62. $df(denom) = 15$

64. a. H_0: $\mu_L = \mu_T = \mu_J$

b. H_a: al menos dos de las medias son diferentes
c. $df(num) = 2$; $df(denom) = 12$
d. Distribución F
e. 0,67
f. 0,5305
g. Compruebe la solución del estudiante.
h. Decisión: No rechazar la hipótesis nula; conclusión: No hay pruebas suficientes para concluir que las medias son diferentes.

67. a. H_a: $\mu_c = \mu_n = \mu_h$
b. Al menos dos de las revistas tienen extensiones medias diferentes.
c. $df(num) = 2$, $df(denom) = 12$
d. Distribución F
e. $F = 15,28$
f. valor $p = 0,0005$
g. Compruebe la solución del estudiante.
h. i. Alfa: 0,05
ii. Decisión: Rechazar la hipótesis nula.
iii. Motivo de la decisión: valor $p <$ alfa
iv. Conclusión: Hay pruebas suficientes para concluir que las longitudes medias de las revistas son diferentes.

69. a. H_0: $\mu_o = \mu_h = \mu_f$
b. Al menos dos de las medias son diferentes.
c. $df(n) = 2$, $df(d) = 13$
d. $F_{2,13}$
e. 0,64
f. 0,5437
g. Compruebe la solución del estudiante.
h. i. Alfa: 0,05
ii. Decisión: No rechaza la hipótesis nula.
iii. Motivo de la decisión: valor $p >$ alfa
iv. Conclusión: Las calificaciones medias de la entrega de las distintas clases no son diferentes.

71. a. H_0: $\mu_p = \mu_m = \mu_h$
b. Al menos dos de las medias son diferentes.
c. $df(n) = 2$, $df(d) = 12$
d. $F_{2,12}$
e. 3,13
f. 0,0807
g. Compruebe la solución del estudiante.
h. i. Alfa: 0,05
ii. Decisión: No rechaza la hipótesis nula.
iii. Motivo de la decisión: valor $p >$ alfa
iv. Conclusión: No hay pruebas suficientes para concluir que el número medio de visitantes diarios sea diferente.

73. Los datos parecen normalmente distribuidos en el gráfico y una dispersión similar. No parece haber ningún valor atípico grave, por lo que podemos seguir con nuestros cálculos de ANOVA, para ver si tenemos buenas pruebas de una diferencia entre los tres grupos.

H_0: $\mu_1 = \mu_2 = \mu_3$;

H_a: $\mu_i \neq \mu_j$ alguna $i \neq j$.

Defina μ_1, μ_2, μ_3, como la media poblacional del número de huevos puestos por los tres grupos de moscas de la fruta.

estadístico $F = 8,6657$;

valor $p = 0{,}0004$

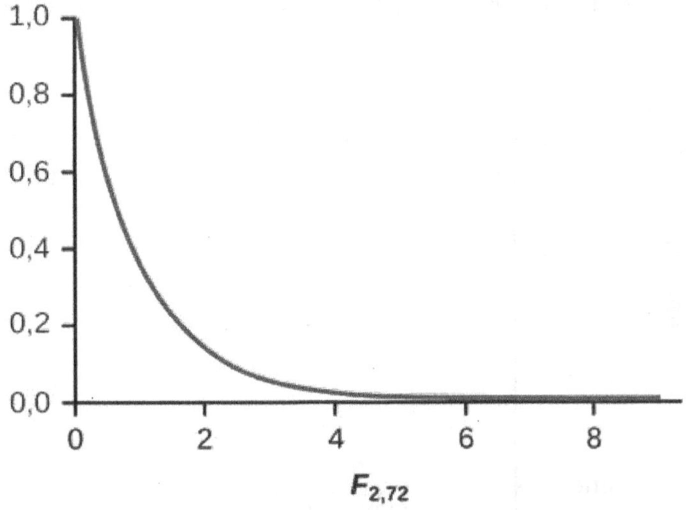

Figura 13.10

Decisión: como el valor p es inferior al nivel de significación de 0,01, rechazamos la hipótesis nula.

Conclusión: tenemos buenas pruebas de que el número promedio de huevos puestos durante los primeros 14 días de vida de estas tres cepas de moscas de la fruta son diferentes.

Curiosamente, si se realiza una prueba t de dos muestras para comparar los grupos RS y NS, son significativamente diferentes ($p = 0{,}0013$). Asimismo, SS y NS son significativamente diferentes ($p = 0{,}0006$). Sin embargo, los dos grupos seleccionados, RS y SS, *no* son significativamente diferentes ($p = 0{,}5176$). Por lo tanto, parece que tenemos buenas pruebas de que la selección para la resistencia o para la susceptibilidad implica una tasa reducida de producción de huevos (para estas cepas específicas) en comparación con las moscas que no fueron seleccionadas para la resistencia o la susceptibilidad al DDT. Aquí, la selección genética ha implicado aparentemente una pérdida de fecundidad.

75.
a. $H_0\colon \sigma_1^2 = \sigma_2^2$
b. $H_a\colon \sigma_1^2 \neq \sigma_1^2$
c. *df*(*num*) = 4; *df*(*denom*) = 4
d. $F_{4,\,4}$
e. 3,00
f. 2(0,1563) = 0,3126. Utilizando la función 2-SampFtest en la TI-83+/84+ se obtiene el estadístico de prueba como 2,9986 y el valor p directamente como 0,3127. Si se introducen las listas en un orden diferente, se obtiene un estadístico de prueba de 0,3335, pero el valor$p$ permanece igual porque se trata de una prueba de dos colas.
g. Compruebe la solución del estudiante.
h. Decisión: No se rechaza la hipótesis nula; conclusión: no hay pruebas suficientes para concluir que las varianzas son diferentes.

78. Las respuestas pueden variar. Ejemplo de respuesta: Las revistas de decoración del hogar y las de noticias tienen diferentes varianzas.

80.
a. $H_0\colon = \sigma_1^2 = \sigma_2^2$
b. $H_a\colon \sigma_1^2 \neq \sigma_1^2$
c. *df*(*n*) = 7, *df*(*d*) = 6
d. $F_{7,6}$
e. 0,8117
f. 0,7825
g. Compruebe la solución del estudiante.
h.
   i. Alfa: 0,05
   ii. Decisión: No rechaza la hipótesis nula.

iii. Motivo de la decisión: valor $p >$ alfa
iv. Conclusión: No hay pruebas suficientes para concluir que las varianzas son diferentes.

82. Se muestra un gráfico de bandas del contenido de plata de las monedas:

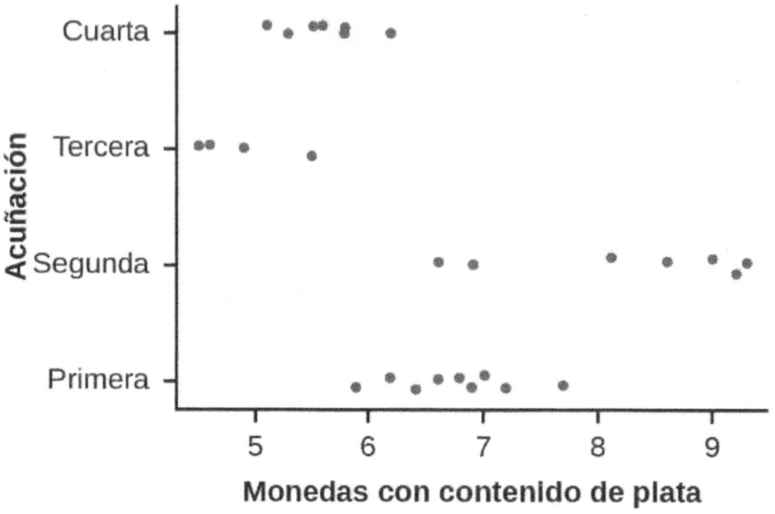

Figura 13.11

Aunque hay diferencias en la dispersión, no es descabellado utilizar técnicas del ANOVA. Aquí está la tabla de ANOVA completa:

Fuente de variación	Suma de los cuadrados (*SS*)	Grados de libertad (*df*)	Media cuadrática (Mean Square, *MS*)	*F*
Factor (entre)	37,748	4 - 1 = 3	12,5825	26,272
Error (dentro)	11,015	27 - 4 = 23	0,4789	
Total	48,763	27 - 1 = 26		

Tabla 13.41

$P(F > 26,272) = 0$;

Rechazar la hipótesis nula para toda alfa. Hay pruebas suficientes para concluir que el contenido medio de plata entre las cuatro acuñaciones es diferente. Del gráfico de bandas se desprende que las primeras y segundas acuñaciones tenían mayor contenido de plata que las terceras y cuartas.

83. Se muestra un gráfico de bandas con el número de victorias de los 14 equipos de la Liga Americana para la temporada 2012.

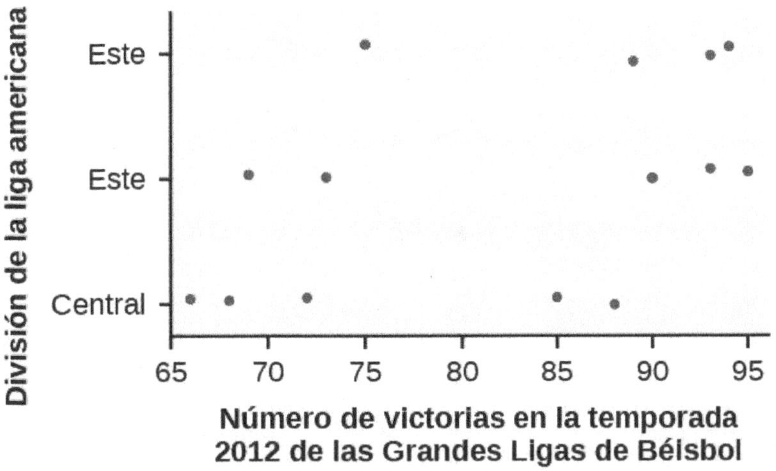

Figura 13.12

Aunque la dispersión parece similar, puede haber alguna duda sobre la normalidad de los datos, dadas las grandes diferencias en el medio cerca de la marca de 0,500 de 82 partidos (los equipos juegan 162 partidos cada temporada en el MLB). Sin embargo, el ANOVA de una vía es robusto.

Aquí está la tabla de ANOVA para los datos:

Fuente de variación	Suma de los cuadrados (*SS*)	Grados de libertad (*df*)	Media cuadrática (Mean Square, *MS*)	*F*
Factor (entre)	344,16	3 - 1 = 2	172,08	
Error (dentro)	1.219,55	14 - 3 = 11	110,87	1,5521
Total	1.563,71	14 - 1 = 13		

Tabla 13.42

$P(F > 1,5521) = 0,2548$.
Ya que el valor *p* es tan grande, no hay una buena evidencia contra la hipótesis nula de igualdad de medias. No rechazamos la hipótesis nula. Por lo tanto, para 2012, no hay ninguna buena evidencia de una diferencia significativa en el número medio de victorias entre las divisiones de la Liga Americana.

A EJERCICIOS DE REPASO (CAPS. 3-13)

Estos ejercicios de repaso están diseñados para proporcionar una práctica adicional sobre los conceptos aprendidos antes de un capítulo en particular. Por ejemplo, los ejercicios de repaso del Capítulo 3, cubren el material aprendido en los capítulos 1 y 2.

Capítulo 3

Use la siguiente información para responder los próximos seis ejercicios: En un estudio de 100 acciones del NASDAQ, el porcentaje promedio de aumento del año pasado fue del 9 % para las acciones del NASDAQ.

1. El "incremento promedio" de todas las acciones del NASDAQ es la:

a. población
b. estadística
c. parámetro
d. muestra
e. variable

2. Todas las acciones del NASDAQ son la:

a. población
b. estadística
c. parámetro
d. muestra
e. variable

3. El 9 % es la:

a. población
b. estadística
c. parámetro
d. muestra
e. variable

4. Las 100 acciones del NASDAQ incluidas en la encuesta son la:

a. población
b. estadística
c. parámetro
d. muestra
e. variable

5. El porcentaje de aumento de una acción en la encuesta es la:

a. población
b. estadística
c. parámetro
d. muestra
e. variable

6. ¿Los datos recogidos serán cualitativos, cuantitativos discretos o cuantitativos continuos?

Use la siguiente información para responder los dos próximos ejercicios: Treinta personas pasaron dos semanas en el Mardi Gras en Nueva Orleans. Su aumento de peso en dos semanas es el siguiente. (Nota: la pérdida de peso se muestra con un aumento de peso negativo).

Aumento de peso	Frecuencia
-2	3
-1	5
0	2
1	4
4	13
6	2
11	1

Tabla A1

7. Calcule los siguientes valores:

a. el promedio de aumento de peso durante las dos semanas
b. la desviación típica
c. los cuartiles primero, segundo y tercero

8. Construya un histograma y un diagrama de caja y bigotes de los datos.

Capítulo 4

Use la siguiente información para responder los dos próximos ejercicios: Una encuesta reciente sobre tarjetas de crédito reveló que el 35 % de los encuestados utiliza una tarjeta de crédito que les da una milla de viaje en avión por cada dólar que cargan. El 30 % de los encuestados cobra más de 2.000 dólares al mes. De los encuestados que cargan más de 2.000 dólares, el 80 % utiliza una tarjeta de crédito que les da una milla de viaje en avión por cada dólar que cargan.

9. ¿Cuál es la probabilidad de que un encuestado seleccionado al azar gaste más de 2.000 dólares Y utilice una tarjeta de crédito que le dé una milla de viaje en avión por cada dólar que cargue?

a. (0,30)(0,35)
b. (0,80)(0,35)
c. (0,80)(0,30)
d. (0,80)

10. ¿Utiliza una tarjeta de crédito que da una milla de viaje en avión por cada dólar gastado Y carga más de 2.000 dólares al mes en eventos independientes?

a. Sí
b. No, y tampoco son mutuamente excluyentes.
c. No, pero son mutuamente excluyentes.
d. No se da suficiente información para determinar la respuesta.

11. Una socióloga quiere conocer la opinión de las mujeres adultas empleadas sobre la financiación gubernamental de las guarderías. Obtiene una lista de 520 miembros de un club local de mujeres empresarias y profesionales y envía un cuestionario a 100 de estas mujeres seleccionadas al azar. Se han devuelto 68 cuestionarios. ¿Cuál es la población de este estudio?

a. todas las mujeres adultas empleadas
b. todas las integrantes de un club local de mujeres de negocios y profesionales
c. las 100 mujeres que recibieron el cuestionario

d. todas las mujeres empleadas con hijos

Use la siguiente información para responder los dos próximos ejercicios: Las dos siguientes preguntas se refieren a lo siguiente: Un artículo de The Mercury News de San José se preocupaba por el mestizaje racial de los 1.500 estudiantes de la escuela secundaria Prospect en Saratoga (California). El cuadro resume los resultados. (Los valores de hombres y mujeres son aproximados). Supongamos que se selecciona al azar un estudiante de la escuela secundaria Prospect.

Sexo / grupo étnico	Blancos	Asiáticos	Hispanos	Negros	Nativos estadounidenses
Hombres	400	468	115	35	16
Mujeres	440	132	140	40	14

Tabla A2

12. Halle la probabilidad de que un estudiante sea asiático u hombre.

13. Halle la probabilidad de que una estudiante sea negra, dado que es mujer.

14. Una muestra de los libras perdidas, en un mes determinado, por cada uno de los integrantes de una clínica de reducción de peso arrojó las siguientes estadísticas:

- Media = 5 lb.
- Mediana = 4,5 lb.
- Moda = 4 lb.
- Desviación típica = 3,8 lb.
- Primer cuartil = 2 lb.
- Tercer cuartil = 8,5 lb.

La afirmación correcta es:

a. Una cuarta parte de los integrantes rebajó exactamente dos libras.
b. El 50 % de los integrantes rebajó de 2 a 8,5 lb.
c. La mayoría rebajó entre 3,5 y 4,5 lb.
d. Todas las opciones anteriores son correctas.

15. ¿Qué significa que un conjunto de datos tenga una desviación típica igual a cero?

a. Todos los valores de los datos aparecen con la misma frecuencia.
b. La media de los datos también es cero.
c. Todos los datos tienen el mismo valor.
d. Para empezar, no hay datos.

16. El enunciado que describe la ilustración es:

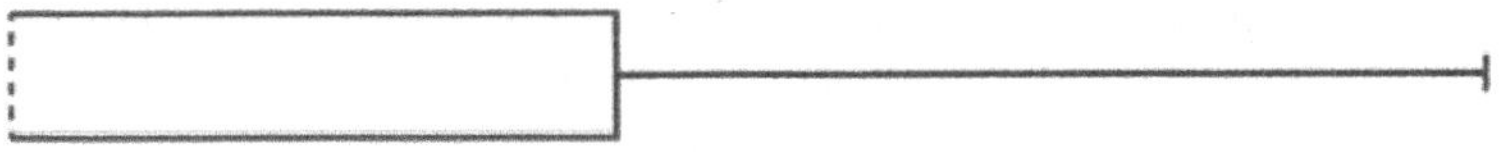

Figura A1

a. la media es igual a la mediana.
b. No hay un primer cuartil.
c. El valor más bajo de los datos es la mediana.
d. La mediana es igual a $\frac{Q_1+Q_3}{2}$.

17. Según un artículo reciente en *The Mercury News* de San José, el promedio de recién nacidos con una pérdida de audición significativa (sordera) es de aproximadamente 2 por cada 1.000 en la sala de bebés sanos. El número asciende a un promedio de 30 por cada 1.000 bebés en la sala de cuidados intensivos. Supongamos que se estudian al azar 1.000 bebés de salas de cuidados sanas. Calcule la probabilidad de que exactamente dos bebés hayan nacido sordos.

18. Un "amigo" le ofrece el siguiente "trato". Por una tarifa de 10 dólares, puede elegir un sobre de una caja que contiene 100 sobres aparentemente idénticos. Sin embargo, cada sobre contiene un cupón para un regalo.

- Diez de los cupones son para un regalo que tiene un valor de 6 dólares.
- Ochenta de los cupones son para un regalo que tiene un valor de 8 dólares.
- Seis de los cupones son para un regalo que tiene un valor de 12 dólares.
- Cuatro de los cupones son para un regalo que tiene un valor de 40 dólares.

Según la ganancia o la pérdida financiera a largo plazo, ¿debería jugar el juego?

a. Sí, espero ganar dinero.
b. No, espero perder dinero.
c. No importa. Espero llegar a un punto de equilibrio.

Use la siguiente información para responder los próximos cuatro ejercicios: Recientemente, un enfermero comentó que, cuando un paciente llama a la línea de asesoramiento médico para decir que tiene gripe, la probabilidad de que realmente la tenga (y no solo un molesto resfriado) es solo del 4 %. De los siguientes 25 pacientes que llaman para decir que tienen gripe, nos interesa saber cuántos realmente la tienen.

19. Defina la variable aleatoria y enumere sus posibles valores.

20. Indique la distribución de X.

21. Calcule la probabilidad de que, al menos, cuatro de los 25 pacientes tengan realmente gripe.

22. En promedio, por cada 25 pacientes que llaman, ¿cuántos espera que tengan gripe?

Use la siguiente información para responder los dos próximos ejercicios: Los distintos tipos de escritura se distinguen a veces por el número de letras de las palabras utilizadas. Un estudiante interesado en este hecho quiere estudiar el número de letras de las palabras que utiliza Tom Clancy en sus novelas. Abre una novela de Clancy al azar y anota el número de letras de las primeras 250 palabras de la página.

23. ¿Qué tipo de datos se recopilaron?

a. cualitativo
b. continuo cuantitativo
c. cuantitativo discreto

24. ¿Cuál es la población objeto de estudio?

Capítulo 5

Use la siguiente información para responder los próximos siete ejercicios: Un estudio reciente sobre las madres de estudiantes de secundaria júnior en el condado de Santa Clara informó de que el 76 % de ellas están empleadas en puestos remunerados. De las madres que trabajan, el 64 % lo hace a tiempo completo (más de 35 horas semanales) y el 36 % a tiempo parcial. Sin embargo, de todas las madres de la población, el 49 % trabaja a tiempo completo. La población objeto de estudio está formada por las madres de estudiantes de escuela secundaria júnior en el condado de Santa Clara. Sea que E = empleado y F = empleo a tiempo completo.

25.

a. Calcule el porcentaje de todas las madres de la población que NO están empleadas.
b. Calcule el porcentaje de madres de la población que están empleadas a tiempo parcial.

26. ¿Qué clase de datos se considera "tipo de empleo"?

27. Calcule la probabilidad de que una madre seleccionada al azar trabaje a tiempo parcial, dado que está empleada.

28. Calcule la probabilidad de que una persona seleccionada al azar de la población esté empleada o trabaje a tiempo completo.

29. Estar empleado y trabajar a tiempo parcial:

a. ¿eventos mutuamente excluyentes? ¿Por qué sí o por qué no?
b. ¿eventos independientes? ¿Por qué sí o por qué no?

Use la siguiente información adicional para responder los próximos dos ejercicios. Elegimos al azar diez madres de la población anterior. Nos interesa conocer el número de madres que están empleadas. Suponga que X = número de madres empleadas.

30. Indique la distribución de X.

31. Calcule la probabilidad de que al menos seis estén empleadas.

32. Esperamos que el tablero de discusión de estadísticas tenga, en promedio, 14 preguntas publicadas por semana. Nos interesa el número de preguntas publicadas al día.

a. Defina X.
b. ¿Cuáles son los valores que puede tomar la variable aleatoria?
c. Indique la distribución de X.
d. Calcule la probabilidad de que de 10 a 14 (inclusive) preguntas se envíen al listserv en un día elegido al azar.

33. Una persona invierte 1.000 dólares en acciones de una compañía que espera incursionar en el mercado bursátil en un año. La probabilidad de que la persona pierda todo su dinero al cabo de un año (es decir, que sus acciones no valgan nada) es del 35 %. La probabilidad de que las acciones de esta persona sigan teniendo un valor de 1.000 dólares al cabo de un año (es decir, sin ganancias ni pérdidas) es del 60 %. La probabilidad de que las acciones de la persona aumenten su valor en 10.000 dólares al cabo de un año (es decir, que valgan 11.000 dólares) es del 5 %. Halle la ganancia esperado al cabo de un año.

34. El piano de Rachel costó 3.000 dólares. El costo promedio de un piano es de 4.000 dólares, con una desviación típica de 2.500 dólares. La guitarra de Becca costó 550 dólares. El costo promedio de una guitarra es de 500 dólares, con una desviación típica de 200 dólares. La batería de Matt costó 600 dólares. El costo promedio de una batería es de 700 dólares, con una desviación típica de 100 dólares. ¿Cuál es el costo más bajo en comparación con su propio instrumento?

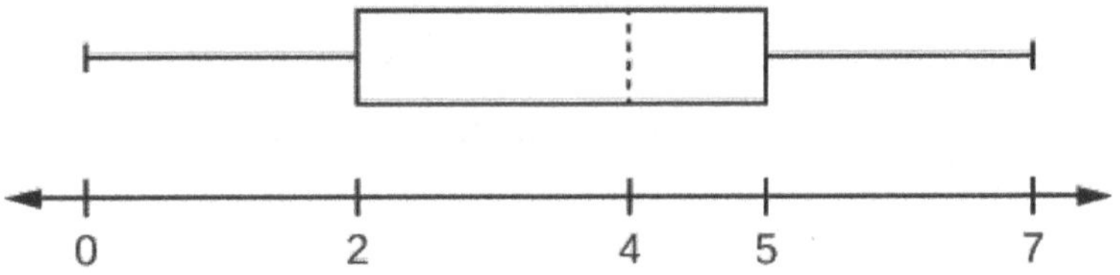

Figura A2

35. Explique por qué cada afirmación es verdadera o falsa, teniendo en cuenta el diagrama de caja y bigotes de la Figura A2.

a. El 25 % de los datos es como máximo cinco.
b. Hay la misma cantidad de datos de 4 a 5 que de 5 a 7.
c. No hay valores de datos de tres.
d. El cincuenta por ciento de los datos son cuatro.

Use la siguiente información para responder los próximos dos ejercicios: Se preguntó a 64 miembros de la facultad el número de automóviles que poseían (incluidos los del cónyuge y los de los hijos). Los resultados se recopilan en el siguiente gráfico:

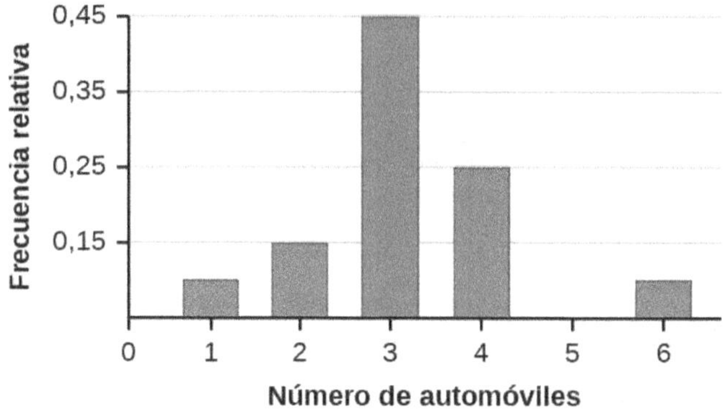

Figura A3

36. Calcule el número aproximado de respuestas que fueron tres.

37. Halle los cuartiles primero, segundo y tercero. Utilícelos para construir un diagrama de caja y bigotes de los datos.

Use la siguiente información para responder los próximos tres ejercicios: la Tabla A3 muestra los datos recogidos de 15 chicas del equipo de fútbol Snow Leopard cuando se les preguntó cómo les gustaba llevar el cabello. Suponga que una chica del equipo es seleccionada al azar.

Estilo de cabello / color de cabello	Rubio	Marrón	Negros
Cola de caballo	3	2	5
Liso	2	2	1

Tabla A3

38. Calcule la probabilidad de que la chica tenga el cabello negro, dado que lleva una cola de caballo.

39. Calcule la probabilidad de que la chica lleve el cabelo liso O tenga el cabello castaño.

40. Calcule la probabilidad de que la chica tenga el cabello rubio Y que lleve el cabello liso.

Capítulo 6

Use la siguiente información para responder los dos próximos ejercicios: $X \sim U(3, 13)$

41. Explique cuáles de los siguientes enunciados son falsos y cuáles son verdaderos.

a. $f(x) = \frac{1}{10}, 3 \leq x \leq 13$
b. No tiene moda.
c. La mediana es menor que la media.
d. $P(x > 10) = P(x \leq 6)$

42. Calcule:

a. la media.
b. la mediana.
c. el percentil 65.

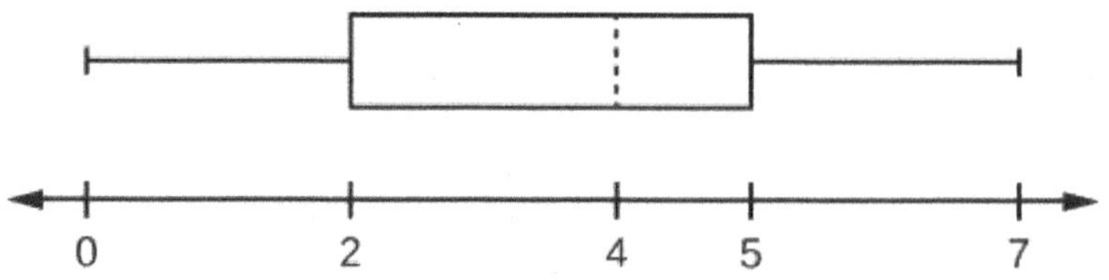

Figura A4

43. ¿Cuál de las siguientes afirmaciones es cierta para el gráfico de caja y bigotes en la Figura A4?

a. El 25 % de los datos son como máximo cinco.
b. Hay más o menos la misma cantidad de datos de 4 a 5 que de 5 a 7.
c. No hay valores de datos de tres.
d. El cincuenta por ciento de los datos son cuatro.

44. Si $P(G|H) = P(G)$, ¿cuál de las siguientes opciones es correcta?

a. *G* y *H* son eventos mutuamente excluyentes.
b. $P(G) = P(H)$
c. Saber que *H* ha ocurrido afectará la posibilidad de que *G* ocurra.
d. *G* y *H* son eventos independientes.

45. Si $P(J) = 0{,}3$, $P(K) = 0{,}63$, y *J* y *K* son eventos independientes, explique cuáles son correctos y cuáles incorrectos.

a. $P(J \text{ Y } K) = 0$
b. $P(J \text{ O } K) = 0{,}9$
c. $P(J \text{ O } K) = 0{,}72$
d. $P(J) \neq P(J|K)$

46. En promedio, cinco estudiantes de cada clase de la escuela secundaria obtienen becas completas para institutos universitarios de cuatro años. Supongamos que la mayoría de las clases de la escuela secundaria tienen unos 500 estudiantes. *X* = el número de estudiantes de una clase de bachillerato que obtienen becas completas en escuelas de cuatro años. ¿Cuál de las siguientes es la distribución de *X*?

a. $P(5)$
b. $B(500, 5)$
c. $Exp\left(\frac{1}{5}\right)$
d. $N\left(5, \frac{(0{,}01)(0{,}99)}{500}\right)$

Capítulo 7

Use la siguiente información para responder los próximos tres ejercicios: Richard's Furniture Company entrega los muebles desde las 10 a. m. hasta las 2 p. m. de forma continua y uniforme. Nos interesa saber cuánto tiempo (en horas) después de la hora de inicio de las 10 a. m. las personas esperan su entrega.

47. $X \sim$ ________

a. $U(0, 4)$
b. $U(10, 20)$
c. $Exp(2)$
d. $N(2, 1)$

48. El tiempo promedio de espera es:

a. 1 hora.
b. 2 horas.
c. 2,5 horas.
d. 4 horas.

49. Supongamos que es pasado el mediodía de un día de entrega. La probabilidad de que una persona deba esperar al menos 1,5 horas más es:

a. $\frac{1}{4}$

b. $\frac{1}{2}$
c. $\frac{3}{4}$
d. $\frac{3}{8}$

50. Dada: $X \sim Exp\left(\frac{1}{3}\right)$

a. Calcule $P(x > 1)$.
b. Calcule el valor mínimo del cuartil superior.
c. Calcule $P\left(x = \frac{1}{3}\right)$

51.

- El 40 % de los estudiantes a tiempo completo tardaron 4 años en graduarse.
- El 30 % de los estudiantes a tiempo completo tardaron 5 años en graduarse.
- El 20 % de los estudiantes a tiempo completo tardaron 6 años en graduarse.
- El 10 % de los estudiantes a tiempo completo tardaron 7 años en graduarse.

El tiempo previsto para que los estudiantes a tiempo completo se gradúen es:

a. 4 años
b. 4,5 años
c. 5 años
d. 5,5 años

52. ¿Cuál de las siguientes distribuciones se describe con el siguiente ejemplo?
Muchas personas pueden correr una distancia corta de menos de dos millas. Sin embargo, a medida que la distancia aumenta, menos personas pueden correr esa distancia.

a. binomial
b. uniforme
c. exponencial
d. normal

53. En general, se considera que el tiempo que se tarda en cepillarse los dientes tiene una distribución exponencial con una media de $\frac{3}{4}$ minutos. Halle la probabilidad de que una persona seleccionada al azar se cepille los dientes menos de $\frac{3}{4}$ minutos.

a. 0,5
b. $\frac{3}{4}$
c. 0,43
d. 0,63

54. ¿Qué distribución describe con exactitud la siguiente situación?
La probabilidad de que un adolescente dé regularmente un beso de buenas noches a su madre es de un 20 %. Se encuesta a 14 adolescentes al azar. Sea que X = el número de adolescentes que dan regularmente un beso de buenas noches a su madre

a. $B(14; 0{,}20)$
b. $P(2{,}8)$
c. $N(2{,}8; 2{,}24)$
d. $Exp\left(\frac{1}{0{,}20}\right)$

55. Un informe de 2008 sobre el uso de la tecnología afirma que aproximadamente el 20 % de los hogares estadounidenses no han enviado nunca un correo electrónico. Supongamos que seleccionamos una muestra aleatoria de catorce hogares estadounidenses. Sea que X = el número de hogares de una muestra de 2008 de 14 hogares que nunca han enviado un correo electrónico

a. $B(14; 0{,}20)$
b. $P(2{,}8)$
c. $N(2{,}8; 2{,}24)$
d. $Exp\left(\frac{1}{0{,}20}\right)$

Capítulo 8

Use la siguiente información para responder los próximos tres ejercicios: Supongamos que una muestra de 15 personas elegidas al azar se somete a una dieta especial para bajar de peso. La cantidad de peso rebajado, en libras, sigue una distribución desconocida con media igual a 12 libras y desviación típica igual a tres libras. Supongamos que la distribución de la pérdida de peso es normal.

56. Para calcular la probabilidad de que la cantidad media de peso que rebajen 15 personas no sea superior a 14 libras, la variable aleatoria debe ser:

a. número de personas que han rebajado con la dieta especial para bajar de peso.
b. el número de personas que seguían la dieta.
c. la cantidad media del peso que rebajan 15 personas con la dieta especial para bajar de peso.
d. la cantidad total del peso que rebajan 15 personas con la dieta especial para bajar de peso.

57. Calcule la probabilidad que se pide en la pregunta 56.

58. Calcule el 90.° de la media de pérdida de peso de 15 personas.

Use la siguiente información para responder los próximos tres ejercicios: El momento en que se produce el primer accidente durante la hora pico de tráfico en una intersección importante se distribuye uniformemente entre el intervalo de tres horas que va de las 4:00 p. m. a las 7:00 p. m. Sea que X = la cantidad de tiempo (horas) que tarda en producirse el primer accidente.

59. ¿Cuál es la probabilidad de que la hora de ocurrencia se encuentre dentro de la primera media hora o de la última hora del periodo comprendido entre las 4:00 p. m. y las 7:00 p. m.?

a. no se puede determinar a partir de la información dada
b. $\frac{1}{6}$
c. $\frac{1}{2}$
d. $\frac{1}{3}$

60. ¿El 20.° percentil se produce después de cuántas horas?

a. 0,20
b. 0,60
c. 0,50
d. 1

61. Supongamos que Ramón ha llevado la cuenta de las horas en que se producen los primeros accidentes durante 40 días diferentes. Sea que C = el tiempo total acumulado. Entonces, ¿a qué distribución se ajusta C?

a. $U(0{,}3)$
b. $Exp(13)$
c. $N(60; 5{,}477)$
d. $N(1{,}5, 0{,}01875)$

62. Utilizando la información de la pregunta 61, calcule la probabilidad de que el tiempo total para que se produzcan todos los primeros accidentes sea superior a 43 horas.

Use la siguiente información para responder los dos próximos ejercicios: El tiempo que los padres deben esperar a que sus hijos limpien su habitación se distribuye uniformemente en el intervalo de tiempo de uno a 15 días.

63. ¿Cuánto tiempo deben esperar los padres para que sus hijos limpien su habitación?

a. ocho días
b. tres días
c. 14 días
d. seis días

64. ¿Cuál es la probabilidad de que los padres esperen más de seis días, dado que ya han pasado más de tres días?

a. 0,5174
b. 0,0174
c. 0,7500
d. 0,2143

Use la siguiente información para responder los próximos cinco ejercicios: El 20 % de los estudiantes de un colegio comunitario local viven en un radio de cinco millas del campus. El 30 % de los estudiantes del mismo colegio comunitario reciben algún tipo de ayuda financiera. De los que viven a menos de cinco millas del campus, el 75 % recibe algún tipo de ayuda financiera.

65. Calcule la probabilidad de que un estudiante elegido al azar en el colegio comunitario local no viva a menos de cinco millas del campus.

a. 80%
b. 20%
c. 30%
d. no se puede determinar

66. Calcule la probabilidad de que un estudiante elegido al azar en el colegio comunitario local viva a menos de cinco millas del campus o reciba algún tipo de ayuda económica.

a. 50%
b. 35%
c. 27,5%
d. 75%

67. ¿Vivir en una vivienda estudiantil a menos de cinco millas del campus y recibir algún tipo de ayuda financiera son dos elementos que se excluyen mutuamente?

a. sí
b. no
c. no se puede determinar

68. El tipo de interés que se aplica a la ayuda financiera es un dato ______.

a. cuantitativo discreto
b. continuo cuantitativo
c. cualitativo discreto
d. cualitativo

69. La siguiente información se refiere a los estudiantes que reciben ayuda financiera en el colegio comunitario local.

- 1.° cuartil = 250 dólares
- 2.° cuartil = 700 dólares
- 3.° cuartil = 1.200 dólares

Estas cantidades son para el año escolar. Si se toma una muestra de 200 estudiantes, ¿cuántos se espera que reciban 250 dólares o más?

a. 50
b. 250
c. 150
d. no se puede determinar

Use la siguiente información para responder los dos próximos ejercicios: $P(A) = 0{,}2$, $P(B) = 0{,}3$; A y B son acontecimientos independientes.

70. $P(A \text{ Y } B)$ = _____

a. 0,5
b. 0,6
c. 0
d. 0,06

71. $P(A \text{ O } B)$ = _____

a. 0,56
b. 0,5
c. 0,44
d. 1

72. Si H y D son eventos mutuamente excluyentes, $P(H) = 0{,}25$, $P(D) = 0{,}15$, entonces $P(H|D)$.

a. 1
b. 0
c. 0,40
d. 0,0375

Capítulo 9

73. Rebecca y Matt son gemelos de 14 años. La altura de Matt está dos desviaciones típicas por debajo de la media de la altura de los chicos de 14 años. La estatura de Rebeca está 0,10 desviaciones típicas por encima de la media de la estatura de las chicas de 14 años. Interprete esto.

a. Matt es 2,1 pulgadas más bajo que Rebecca.
b. Rebecca es muy alta en comparación con otras chicas de 14 años.
c. Rebecca es más alta que Matt.
d. Matt es más bajo que el promedio de los niños de 14 años.

74. Construya un histograma de los datos de la OPI (vea el C - CONJUNTOS DE DATOS).

Use la siguiente información para responder los próximos tres ejercicios: Se preguntó a 90 propietarios de viviendas el número de presupuestos que obtuvieron antes de fumigar sus casas. Suponga que X = el número de presupuestos.

x	Frecuencia relativa	Frecuencia relativa acumulada
1	0,3	
2	0,2	
4	0,4	
5	0,1	

Tabla A4

75. Complete la columna de frecuencia acumulada.

76. Calcule la media de la muestra (a), la desviación típica de la muestra (b) y el porcentaje de los presupuestos que están por debajo de cuatro (c).

77. Calcule la mediana, *M*, el primer cuartil, Q_1, el tercer cuartil, Q_3. A continuación, construya un gráfico de caja y bigotes de los datos.

78. El 50 % de los datos están entre ____ y ____.

Use la siguiente información para responder los próximos tres ejercicios: Se preguntó a 70 estudiantes de 5.º y 6.º grado cuál era su cena favorita.

	Pizza	Hamburguesas	Espaguetis	Camarones fritos
Estudiantes de 5.º grado	15	6	9	0
Estudiantes de 6.º grado	15	7	10	8

Tabla A5

79. Calcule la probabilidad de que un niño elegido al azar curse el sexto grado y prefiera los camarones fritos.

a. $\frac{32}{70}$
b. $\frac{8}{32}$
c. $\frac{8}{8}$
d. $\frac{8}{70}$

80. Calcule la probabilidad de que un niño no prefiera la pizza.

a. $\frac{30}{70}$
b. $\frac{30}{40}$
c. $\frac{40}{70}$
d. 1

81. Calcule la probabilidad de que un niño esté en el 5.º grado, dado que prefiere los espaguetis.

a. $\frac{9}{19}$
b. $\frac{9}{70}$
c. $\frac{9}{30}$
d. $\frac{19}{70}$

82. Una muestra de conveniencia es una muestra aleatoria.

a. verdadero
b. falso

83. Una estadística es un número que es una propiedad de la población.

a. verdadero
b. falso

84. Siempre hay que descartar los datos que son atípicos.

a. verdadero
b. falso

85. Lee hace tartas para un pequeño restaurante en Felton, California. Hornea un promedio de 20 tartas al día. Nos interesa el número de tartas que hornea cada día.

a. Defina la variable aleatoria X.
b. Indique la distribución de X.
c. Calcule la probabilidad de que Lee hornee más de 25 tartas en un día determinado.

86. Se seleccionaron al azar seis marcas diferentes de aderezo italiano para ensaladas en un supermercado. Los gramos de grasa por porción son 7, 7, 9, 6, 8, 5. Supongamos que la distribución subyacente es normal. Calcule un intervalo de confianza del 95 % para la media poblacional de gramos de grasa por porción de aderezo para ensalada italiana que se vende en los supermercados.

87. Dadas: distribuciones uniforme, exponencial y normal. Relacione cada una de ellas con una de las siguientes afirmaciones.

a. media = mediana ≠ moda
b. media > mediana > moda
c. media = mediana = moda

Capítulo 10

Use la siguiente información para responder los próximos tres ejercicios: En una encuesta realizada en la estación de esquí de Kirkwood se registró la siguiente información:

	0-10	11-20	21-40	más de 40 años
Esquí	10	12	30	8
Tabla sobre nieve	6	17	12	5

Tabla A6

Supongamos que se selecciona al azar una persona de la Tabla A6.

88. Calcule la probabilidad de que la persona sea esquiadora o tenga entre 11 y 20 años.

89. Calcule la probabilidad de que la persona sea tablista sobre nieve, dado que tiene entre 21 y 40 años.

90. Explique cuáles de las siguientes afirmaciones son verdaderas y cuáles son falsas.

a. El deporte y la edad son eventos independientes.
b. El esquí y la edad de 11 a 20 años son eventos mutuamente excluyentes.
c. P(Esquí Y edad 21-40) < P(Esquí | edad 21-40)
d. P(Snowboard O edad 0-10) < P(Snowboard | edad 0-10)

91. El tiempo promedio que una persona con una pierna fracturada lleva un yeso es de aproximadamente seis semanas. La desviación típica es de unas tres semanas. Se entrevistó a 30 personas que se habían curado recientemente de una fractura de pierna. Indique la distribución que refleje con mayor exactitud el tiempo total de curación de las 30 personas.

92. La distribución de *X* es uniforme. ¿Qué podemos decir con certeza sobre la distribución para $\overline{X}$ cuando $n = 1$?

a. La distribución para $\overline{X}$ sigue siendo uniforme con las mismas media y desviación típica que la distribución de *X*.
b. La distribución para $\overline{X}$ es normal con una media y una desviación típica diferentes a las de la distribución de *X*.
c. La distribución para $\overline{X}$ es normal con la misma media pero con una desviación típica mayor que la distribución de *X*.
d. La distribución para $\overline{X}$ es normal con la misma media pero con una desviación típica menor que la distribución de *X*.

93. La distribución de *X* es uniforme. ¿Qué podemos decir con certeza sobre la distribución para $\sum X$ cuando $n = 50$?

a. La distribución para $\sum X$ sigue siendo uniforme con las mismas media y desviación típica que la distribución de *X*.
b. La distribución para $\sum X$ es normal con la misma media, pero una desviación típica mayor que la distribución de *X*.
c. La distribución para $\sum X$ es normal con una media y una desviación típica mayores que la distribución de *X*.
d. La distribución para $\sum X$ es normal con la misma media pero con una desviación típica menor que la distribución de *X*.

Use la siguiente información para responder los próximos tres ejercicios: Un grupo de estudiantes midió la longitud de todas las zanahorias de una bolsa de 5 libras de zanahorias bebé. Calcularon que la longitud promedio de las zanahorias bebé era de 2,0 pulgadas, con una desviación típica de 0,25 pulgadas. Supongamos que encuestamos al azar 16 bolsas de zanahorias bebé de 5 libras.

94. Indique la distribución aproximada para $\overline{X}$, la distribución de las longitudes promedio de las zanahorias bebé en 16 bolsas de 5 libras. $\overline{X}$ ~ _____

95. Explique por qué no podemos hallar la probabilidad de que una zanahoria individual elegida al azar sea mayor que 2,25 pulgadas.

96. Calcule la probabilidad de que $\bar{x}$ esté entre dos y 2,25 pulgadas.

Use la siguiente información para responder los próximos tres ejercicios: Al principio del curso, el tiempo que un estudiante espera en la fila de la tienda del campus se distribuye normalmente con una media de 5 minutos y una desviación típica de 2 minutos.

97. Calcule el percentil 90 del tiempo de espera en minutos.

98. Calcule la mediana del tiempo de espera para un estudiante.

99. Calcule la probabilidad de que el tiempo promedio de espera de 40 estudiantes sea de al menos 4,5 minutos.

Capítulo 11

Use la siguiente información para responder los próximos cuatro ejercicios: Supongamos que el tiempo que los propietarios conservan sus automóviles (comprados nuevos) se distribuye normalmente con una media de 7 años y una desviación típica de 2 años. Nos interesa saber cuánto tiempo conserva una persona su automóvil (comprado nuevo). Nuestra población está conformada por personas que compran sus automóviles nuevos.

100. ¿El 60 % de las personas conserva su automóvil cuántos años **como máximo**?

101. Supongamos que encuestamos al azar a una persona. Calcule la probabilidad de que una persona conserve su automóvil **menos de** 2,5 años.

102. Si elegimos a las personas de diez en diez, calcule la distribución para la **media** del tiempo de propiedad del automóvil.

103. Si elegimos a 10 personas, calcule la probabilidad de que la **suma** de su tiempo de propiedad sea superior a 55 años.

104. ¿En qué distribución la mediana no es igual a la media?

a. Uniforme
b. Exponencial
c. Normal
d. *t* de Student

105. Compare la distribución normal estándar con la distribución *t* de Student, centrada en cero. Explique cuáles de las siguientes afirmaciones son verdaderas y cuáles son falsas.

a. A medida que aumenta el número de encuestados, el área a la izquierda de -1 de la distribución *t* de Student se aproxima al área de la distribución normal estándar.
b. A medida que disminuyen los grados de libertad, el gráfico de la distribución *t* de Student se parece más al gráfico de la distribución normal estándar.
c. Si el número de encuestados es 15, no se debe utilizar nunca la distribución normal.

Use la siguiente información para responder los próximos cinco ejercicios: Nos interesa el saldo en cuenta corriente de los estudiantes universitarios de veinte años. Encuestamos al azar a 16 estudiantes universitarios de 20 años. Obtenemos una media muestral de 640 dólares y una desviación típica muestral de 150 dólares. Sea que X = el saldo de la cuenta corriente de un estudiante universitario de 20 años.

106. Explique por qué no podemos determinar la distribución de X.

107. Si tuviera que crear un intervalo de confianza o comprobar una hipótesis para el saldo medio en cuenta corriente de la población de estudiantes universitarios de veinte años, ¿qué distribución utilizaría?

108. Calcule el intervalo de confianza del 95 % para la media real del saldo en cuenta corriente de un estudiante universitario de 20 años.

109. ¿Qué tipo de datos se considera el saldo en cuenta corriente?

110. ¿Qué tipo de datos se considera el número de estudiantes de 20 años?

111. En promedio, un servicio de urgencias muy concurrido atiende a un paciente con una herida de escopeta aproximadamente una vez a la semana. Nos interesa el número de pacientes con una herida de escopeta que atiende el servicio de urgencias cada 28 días.

a. Defina la variable aleatoria X.
b. Indique la distribución de X.
c. Calcule la probabilidad de que la sala de emergencias no atienda a ningún paciente con heridas de escopeta en los próximos 28 días.

Use la siguiente información para responder los dos próximos ejercicios: La probabilidad de que una determinada máquina tragaperras devuelva el dinero cuando se introduce una moneda de 25 centavos es de 0,30. Supongamos que cada jugada de la máquina tragaperras es independiente de las demás. Una persona pone 15 cuartos de dólar para 15 jugadas.

112. ¿El número esperado de jugadas de la máquina tragaperras que devolverá el dinero es mayor, menor o igual que la mediana? Explique su respuesta.

113. ¿Es probable que exactamente ocho de las 15 jugadas devuelvan el dinero? Justifique su respuesta numéricamente.

114. Se juega una partida con las siguientes reglas:

- cuesta 10 dólares participar.
- una moneda imparcial se lanza cuatro veces.
- si no obtiene cuatro caras o cuatro cruces, pierde sus 10 dólares.
- si saca cuatro caras o cuatro cruces, recupera sus 10 dólares, más 30 dólares más.

A largo plazo de jugar a este juego, ¿cuáles son sus ganancias esperadas?

115.

- La nota media de un examen de Matemáticas en la clase de Raquel fue de 74, con una desviación típica de cinco. Rachel obtuvo un 80.
- La nota media de un examen de Matemáticas en la clase de Becca fue de 47, con una desviación típica de dos. Becca obtuvo un 51.
- La nota media de un examen de Matemáticas en la clase de Matt fue de 70, con una desviación típica de ocho. Matt obtuvo un 83.

Calcule la mejor puntuación en comparación con su propia clase. Justifique su respuesta numéricamente.

Use la siguiente información para responder los dos próximos ejercicios: Se preguntó a una muestra aleatoria de 70 jugadores compulsivos el número de días que van a los casinos a la semana. Los resultados se recopilan en el siguiente gráfico:

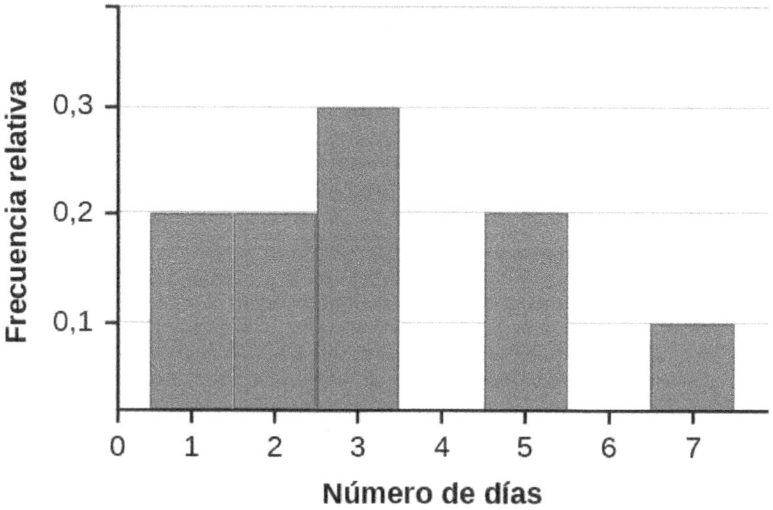

Figura A5

116. Calcule el número de respuestas que fueron 5.

117. Calcule la media, la desviación típica, la mediana, el primer cuartil, el tercer cuartil y el *rango intercuartil (Interquartile Range, IQR).*

118. Según las investigaciones realizadas en el De Anza College, se cree que alrededor del 19 % de la población estudiantil habla un idioma distinto del inglés en casa. Supongamos que este año se realiza un estudio para ver si ese porcentaje ha disminuido. Se encuestó aleatoriamente a 98 estudiantes con los siguientes resultados. Catorce respondieron que hablan un idioma distinto del inglés en casa.

a. Plantee una hipótesis nula adecuada.
b. Plantee una hipótesis alternativa adecuada.
c. Defina la variable aleatoria P'.
d. Calcule el estadístico de prueba.
e. Calcule el valor *p*.
f. Con un nivel de decisión del 5 %, ¿cuál es su decisión sobre la hipótesis nula?
g. ¿Qué es el error tipo I?
h. ¿Qué es el error tipo II?

119. Suponga que es usted un paramédico de emergencias llamado a rescatar a las víctimas de un accidente. Tiene que ayudar a un paciente que sangra profusamente. También se considera que el paciente tiene un alto riesgo de contraer SIDA. Supongamos que la hipótesis nula es que el paciente **no** tiene el virus del VIH. ¿Cuál es un error de tipo I?

120. Se dice que los californianos son más despreocupados que el resto de los estadounidenses. Supongamos que se realiza una encuesta para ver si la proporción de profesionales californianos que llevan jeans al trabajo es mayor que la proporción de profesionales no californianos. Se encuestaron 50 de cada uno con los siguientes resultados. Quince californianos van en jeans al trabajo y seis no californianos lo hacen.
Supongamos que C = profesional californiano; NC = profesional no californiano

a. Plantee las hipótesis nula y alternativa adecuadas.
b. Defina la variable aleatoria.
c. Calcule el estadístico de prueba y el valor *p*.
d. Con un nivel de significación del 5 %, ¿cuál es su decisión?
e. ¿Qué es el error tipo I?
f. ¿Qué es el error tipo II?

Use la siguiente información para responder los dos próximos ejercicios: Un grupo de estudiantes de Estadística ha desarrollado una técnica que, según ellos, reduce su nivel de ansiedad en los exámenes. Midieron su nivel de ansiedad al principio del trimestre y de nuevo al final. Se registran los datos emparejados en ese orden: (1.000, 900); (1.200, 1.050); (600, 700); (1.300, 1.100); (1.000, 900); (900, 900).

121. Esta es una prueba de (elija la mejor respuesta):

a. muestras grandes, medias independientes
b. muestras pequeñas, medias independientes
c. medias dependientes

122. Indique la distribución que se utilizará para la prueba.

Capítulo 12

Use la siguiente información para responder los dos próximos ejercicios: Una encuesta reciente sobre el embarazo precoz en Estados Unidos fue contestada por 720 chicas de entre 12 y 19 años. El 6 % de las chicas encuestadas dijeron que habían estado embarazadas. Nos interesa conocer la verdadera proporción de chicas estadounidenses, de 12 a 19 años, que han estado embarazadas.

123. Calcule el intervalo de confianza del 95 % para la verdadera proporción de niñas estadounidenses, de 12 a 19 años, que han estado embarazadas.

124. El informe también indica que los resultados de la encuesta tienen una precisión de ±3,7 % con un nivel de confianza del 95 %. Supongamos que se va a realizar otro estudio. Se desea una precisión del 2 % del nivel de confianza del 95 %. ¿Cuál es el número mínimo de personas que deberían encuestarse?

125. Dada: $X \sim Exp\left(\frac{1}{3}\right)$. Dibuje el gráfico que representa: $P(x > 1)$.

Use la siguiente información para responder los próximos tres ejercicios: Se sabe que la cantidad de dinero que un cliente gasta cuando va al supermercado tiene una distribución exponencial. Supongamos que la cantidad media de dinero que gasta un cliente en un viaje al supermercado es de 72 dólares.

126. Calcule la probabilidad de que un cliente gaste menos de 72 dólares en un viaje al supermercado.

127. Supongamos que cinco clientes ponen en común su dinero. ¿Cuánto dinero en total espera que gasten los cinco clientes en un solo viaje al supermercado (en dólares)?

128. Indique la distribución que debe utilizar si quiere calcular la probabilidad de que la cantidad **media** que gastan cinco clientes en un viaje al supermercado sea inferior a 60 dólares.

Capítulo 13

Use la siguiente información para responder los dos próximos ejercicios: Supongamos que la probabilidad de que se produzca una sequía en cualquier año independiente es del 20 %. De los años en los que se produce una sequía, la probabilidad de racionamiento de agua es del 10 %. Sin embargo, en cualquier año, la probabilidad de racionamiento de agua es del 5 %.

129. ¿Cuál es la probabilidad de que se produzca tanto una sequía **como** racionamiento de agua?

130. De los años con racionamiento de agua, calcule la probabilidad de que haya una sequía.

Use la siguiente información para responder los próximos tres ejercicios:

	Manzana	Calabaza	Pecanas
Mujeres	40	10	30
Hombres	20	30	10

Tabla A7

131. Supongamos que se elige una persona al azar. Calcule la probabilidad de que la tarta favorita de la persona sea de manzana **o** de que la persona sea hombre.

132. Supongamos que se elige a un hombre al azar. Calcule la probabilidad de que su tarta favorita sea la de pecanas.

133. Realice una comprobación de hipótesis para determinar si el tipo de tarta favorita y el sexo son independientes.

Use la siguiente información para responder los dos próximos ejercicios: Supongamos que la probabilidad de que un adulto vea las noticias, al menos, una vez a la semana sea de 0,60.

134. Encuestamos 14 personas al azar. En promedio, ¿cuántas personas esperamos que vean las noticias al menos una vez a la semana?

135. Encuestamos 14 personas al azar. Nos interesa el número de personas que ven las noticias al menos una vez a la semana. Indique la distribución de X. X ~ ____

136. ¿Qué distribución de muestreo es probable que haya generado el siguiente histograma?

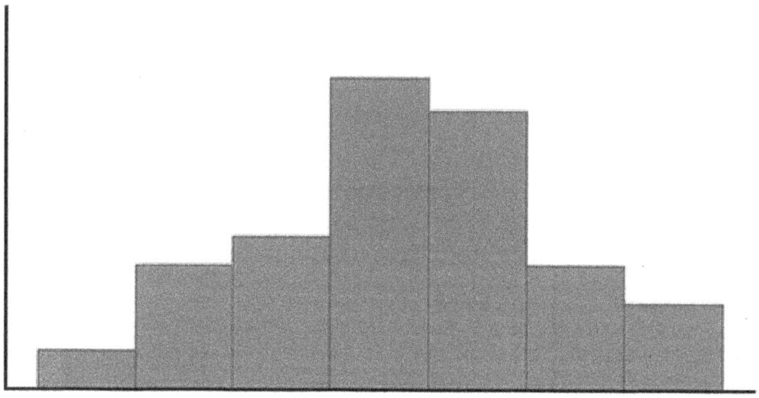

Figura A6

a. Chi-cuadrado
b. Geométrica
c. Uniforme
d. Binomial

137. Se sabe que la edad de los estudiantes nocturnos de De Anza se distribuye normalmente con una media poblacional de 40 y una desviación típica poblacional de seis. Una muestra de seis estudiantes nocturnos de De Anza declararon sus edades (en años) como: 28; 35; 47; 45; 30; 50. Calcule la probabilidad de que la media de seis edades de estudiantes elegidos al azar sea inferior a 35 años. Sugerencia: Calcule la media de la muestra.

138. Se realizó un examen de Matemáticas a todos los niños de quinto grado que asisten a Country School. Se tomaron dos muestras aleatorias de calificaciones. La hipótesis nula es que las puntuaciones medias en Matemáticas de niños y niñas en quinto grado son iguales. Realice una prueba de hipótesis.

	n	$\overline{x}$	s^2
Niños	55	82	29

Tabla A8

	n	$\overline{x}$	s^2
Niñas	60	86	46

Tabla A8

139. En una encuesta realizada a 80 hombres, 55 habían practicado un deporte organizado durante su infancia. De las 70 mujeres encuestadas, 25 habían practicado un deporte organizado durante su infancia. Nos interesa saber si la proporción de hombres es mayor que la de mujeres. Realice una prueba de hipótesis.

140. ¿Cuál de las siguientes opciones es preferible a la hora de diseñar una prueba de hipótesis?

a. Maximizar α y minimizar β
b. Minimizar α y maximizar β
c. Maximizar α y β
d. Minimizar α y β

Use la siguiente información para responder los próximos tres ejercicios: Se encuestó a 120 personas sobre su bebida favorita (sin alcohol). Los resultados son los siguientes.

Bebida / edad	0–9	10–19	20–29	más de 30 años	Totales
Leche	14	10	6	0	30
Gaseosa	3	8	26	15	52
Jugo	7	12	12	7	38
Totales	24	330	44	22	120

Tabla A9

141. Son los elementos leche y más de 30 años:

a. ¿eventos independientes? Justifique su respuesta.
b. ¿eventos mutuamente excluyentes? Justifique su respuesta.

142. Supongamos que se elige a una persona al azar. Calcule la probabilidad de que la persona tenga de 10 a 19 años, dado que prefiere el jugo.

143. ¿Son eventos independientes la "bebida preferida" y la "edad"? Realice una prueba de hipótesis.

144. Dado el siguiente histograma, ¿de qué distribución es más probable que procedan los datos?

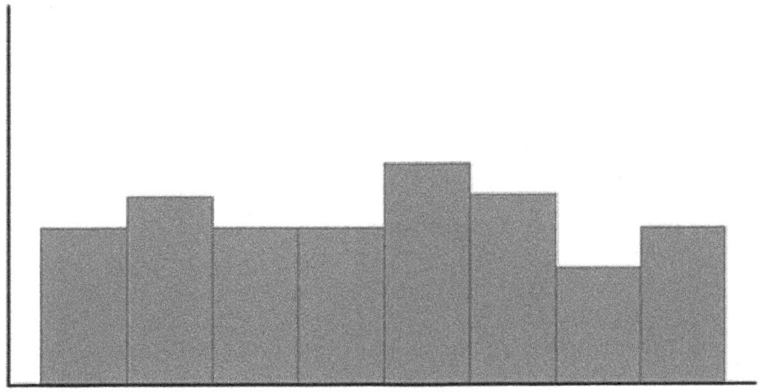

Figura A7

a. uniforme
b. exponencial
c. normal
d. chi-cuadrado

Soluciones

Capítulo 3

1. c. parámetro

2. a. población

3. b. estadística

4. d. muestra

5. e. variable

6. cuantitativo continuo

7.

a. 2,27
b. 3,04
c. -1, 4, 4

8. Las respuestas variarán.

Capítulo 4

9. c. (0,80)(0,30)

10. b. No, y tampoco son mutuamente excluyentes.

11. a. todas las mujeres adultas empleadas

12. 0,5773

13. 0,0522

14. b. El 50 % de los integrantes rebajó de 2 a 8,5 lb.

15. c. Todos los datos tienen el mismo valor.

16. c. El valor más bajo de los datos es la mediana.

17. 0,279

18. b. No, espero perder dinero.

19. X = el número de pacientes que llaman para decir que tienen gripe y que realmente la tienen.
X = 0, 1, 2, ...25

20. B(25, 0,04)

21. 0,0165

22. 1

23. c. cuantitativo discreto

24. todas las palabras utilizadas por Tom Clancy en sus novelas

Capítulo 5

25.

a. 24 %
b. 27%

26. cualitativo

27. 0,36

28. 0,7636

29.

a. No
b. No

30. $B(10, 0{,}76)$

31. 0,9330

32.

a. X = el número de preguntas enviadas al día a listserv de estadísticas.
b. $X = 0, 1, 2,...$
c. $X \sim P(2)$
d. 0

33. $150

34. Matt

35.

a. falso
b. verdadero
c. falso
d. falso

36. 16

37. primer cuartil: 2
segundo cuartil: 2
tercer cuartil: 3

38. 0,5

39. $\frac{7}{15}$

40. $\frac{2}{15}$

Capítulo 6

41.

a. verdadero
b. verdadero
c. Falso; la mediana y la media son iguales para esta distribución simétrica.
d. verdadero

42.

a. 8
b. 8
c. $P(x < k) = 0{,}65 = (k - 3)\left(\frac{1}{10}\right)$. $k = 9{,}5$

43.

a. Falso; $\frac{3}{4}$ de los datos son como máximo cinco.
b. Verdadero; cada cuartil tiene el 25 % de los datos.
c. Falso; eso es desconocido.
d. Falso; el 50 % de los datos son cuatro o menos.

44. d. *G* y *H* son eventos independientes.

45.

a. Falso; *J* y *K* son independientes, por lo que no son mutuamente excluyentes, lo que implicaría dependencia (lo que significa que *P*(*J* Y *K*) no es 0).
b. Falso; ver respuesta c.
c. Verdadero; *P*(*J* O *K*) = *P*(*J*) + *P*(*K*) - *P*(*J* Y *K*) = *P*(*J*) + *P*(*K*) - *P*(*J*)*P*(*K*) = 0,3 + 0,6 - (0,3)(0,6) = 0,72. Observe que *P*(*J* Y *K*) = *P*(*J*)*P*(*K*) porque *J* y *K* son independientes.
d. Falso; *J* y *K* son independientes por lo que *P*(*J*) = *P*(*J*| *K*)

46. a. *P*(5)

Capítulo 7

47. a. *U*(0, 4)

48. b. 2 horas

49. a. $\frac{1}{4}$

50.

a. 0,7165
b. 4,16
c. 0

51. c. 5 años

52. c. exponencial

53. 0,63

54. *B*(14; 0,20)

55. *B*(14; 0,20)

Capítulo 8

56. c. la cantidad media del peso que rebajan 15 personas con la dieta especial para bajar de peso.

57. 0,9951

58. 12,99

59. c. $\frac{1}{2}$

60. b. 0,60

61. c. *N*(60; 5,477)

62. 0,9990

63. a. ocho días

64. c. 0,7500

65. a. 80%

66. b. 35%

67. b. no

68. b. cuantitativo continuo

69. c. 150

70. d. 0,06

71. c. 0,44

72. b. 0

Capítulo 9

73. d. Matt es más bajo que el promedio de los niños de 14 años.

74. Las respuestas variarán.

75.

x	Frecuencia relativa	Frecuencia relativa acumulada
1	0,3	0,3
2	0,2	0,2
4	0,4	0,4
5	0,1	0,1

Tabla A10

76.

a. 2,8
b. 1,48
c. 90%

77. $M = 3$; $Q_1 = 1$; $Q_3 = 4$

78. 1 y 4

79. d. $\frac{8}{70}$

80. c. $\frac{40}{70}$

81. a. $\frac{9}{19}$

82. b. falso

83. b. falso

84. b. falso

85.

a. X = el número de tartas que Lee hornea cada día.
b. $P(20)$
c. 0,1122

86. CI: (5,25, 8,48)

87.

a. uniforme

b. exponencial
c. normal

Capítulo 10

88. $\frac{77}{100}$

89. $\frac{12}{42}$

90.

a. falso
b. falso
c. verdadero
d. falso

91. $N(180, 16{,}43)$

92. a. La distribución para $\overline{X}$ sigue siendo uniforme con las mismas media y desviación típica que la distribución de X.

93. c. La distribución para $\sum X$ es normal con una media y una desviación típica mayores que la distribución de X.

94. $N\left(2, \frac{0{,}25}{\sqrt{16}}\right)$

95. Las respuestas variarán.

96. 0,5000

97. 7,6

98. 5

99. 0,9431

Capítulo 11

100. 7,5

101. 0,0122

102. $N(7, 0{,}63)$

103. 0,9911

104. b. Exponencial

105.

a. verdadero
b. falso
c. falso

106. Las respuestas variarán.

107. t de Student con $df = 15$

108. (560,07, 719,93)

109. datos cuantitativos continuos

110. datos cuantitativos discretos

111.

a. X = número de pacientes con heridas de escopeta que atiende el servicio de urgencias cada 28 días
b. $P(4)$

c. 0,0183

112. mayor que

113. No; $P(x = 8) = 0,0348$

114. Perderá 5 dólares.

115. Becca

116. 14

117. Media de la muestra = 3,2
Desviación típica de la muestra = 1,85
Mediana = 3
$Q_1 = 2$
$Q_3 = 5$
$IQR = 3$

118. d. $z = -1,19$
e. 0,1171
f. no rechazar la hipótesis nula.

119. Llegamos a la conclusión de que el paciente tiene el virus del VIH cuando, en realidad, no lo tiene.

120. c. $z = 2,21$; $p = 0,0136$
d. Rechazar la hipótesis nula.
e. Llegamos a la conclusión de que la proporción de profesionales californianos que llevan jeans al trabajo es mayor que la proporción de profesionales no californianos cuando, en realidad, no es mayor.
f. No podemos concluir que la proporción de profesionales californianos que llevan jeans al trabajo sea mayor que la proporción de profesionales no californianos cuando, de hecho, es mayor.

121. c. medias dependientes

122. t_5

Capítulo 12

123. (0,0424, 0,0770)

124. 2.401

125. Compruebe la solución del estudiante.

126. 0,6321

127. $360

128. $N\left(72, \frac{72}{\sqrt{5}}\right)$

Capítulo 13

129. 0,02

130. 0,40

131. $\frac{100}{140}$

132. $\frac{10}{60}$

133. valor $p = 0$; rechazar la hipótesis nula; concluir que son eventos dependientes

134. 8,4

135. $B(14, 0,60)$

136. d. Binomial

137. 0,3669

138. valor $p = 0{,}0006$; rechazar la hipótesis nula; concluir que los promedios no son iguales

139. valor $p = 0$; rechazar la hipótesis nula; concluir que la proporción de hombres es mayor

140. Minimizar α y β

141.

a. No
b. Sí, $P(M$ Y más de 30 años$) = 0$

142. $\frac{12}{38}$

143. No; valor $p = 0$

144. a. uniforme

Referencias

Datos de *The Mercury News* de San José.

Baran, Daya. "20 Percent of Americans Have Never Used Email" (El 20 % de los estadounidenses nunca ha utilizado el correo electrónico). Webguild.org, 2010. Disponible en línea en: http://www.webguild.org/20080519/20-percent-of-americans-have-never-used-email (consultado el 17 de octubre de 2013).

Datos de la *Revista Parade.*

B PRUEBAS PRÁCTICAS (DE LA 1 A LA 4) Y EXÁMENES FINALES

Prueba práctica 1

1.1: Definiciones de estadística, probabilidad y términos clave

Use la siguiente información para responder los próximos tres ejercicios. Un supermercado está interesado en saber cuánto dinero, en promedio, gastan sus clientes en cada visita al departamento de productos agrícolas. Obtienen una muestra de 1.000 visitas de sus registros de la tienda y calculan el gasto promedio de cada cliente en productos agrícolas.

1. Identifique la población, la muestra, el parámetro, la estadística, la variable y los datos de este ejemplo.

a. población
b. muestra
c. parámetro
d. estadística
e. variable
f. datos

2. ¿Qué tipo de datos son la "cantidad de dinero que se gasta en productos por visita"?

a. cualitativo
b. cuantitativo-continuo
c. cuantitativo-discreto

3. El estudio concluye que la media de gasto en productos agrícolas por visita de los clientes de la muestra es de 12,84 dólares. Este es un ejemplo de una:

a. población
b. muestra
c. parámetro
d. estadística
e. variable

1.2: Datos, muestreo y variación de datos y muestreo

Use la siguiente información para responder los próximos dos ejercicios. Un club de salud está interesado en saber cuántas veces utiliza el club un socio típico en una semana. Deciden pedirle a uno de cada diez clientes en un día determinado que rellene una breve encuesta que incluya información sobre la cantidad de veces que ha visitado el club durante la semana anterior.

4. ¿Qué tipo de diseño de muestreo es este?

a. conglomerado
b. estratificado
c. simple aleatorio
d. sistemático

5. "Número de visitas por semana", ¿qué tipo de datos son?

a. cualitativo
b. cuantitativo-continuo
c. cuantitativo-discreto

6. Describa una situación en la que calcularía un parámetro, en lugar de una estadística.

7. El gobierno federal de EE. UU. lleva a cabo una encuesta con estudiantes de último año de secundaria sobre sus planes de educación y empleo en el futuro. Una de las preguntas se refiere a si tienen previsto asistir a un instituto universitario de cuatro años o a una universidad el año siguiente. El 50 % responde afirmativamente a esta pregunta; ese 50 % es un:

a. parámetro
b. estadística
c. variable
d. datos

8. Imagine que el gobierno federal de EE. UU. tuviera los medios para encuestar a todos los estudiantes sénior de secundaria del país sobre sus planes de educación y empleo futuros y descubriera que el 50 % tenía previsto asistir a un instituto universitario o a una universidad de 4 años el año siguiente. Este 50 % es un ejemplo de un:

a. parámetro
b. estadística
c. variable
d. datos

Use la siguiente información para responder los próximos tres ejercicios. En una encuesta realizada a una muestra aleatoria de 100 enfermeros que trabajaban en un gran hospital se les preguntó cuántos años llevaban trabajando en la profesión. Sus respuestas se resumen en la siguiente tabla (incompleta).

9. Rellene los espacios en blanco de la tabla y redondee sus respuestas a dos decimales para las celdas de frecuencia relativa y frecuencia relativa acumulada.

N.º de años	Frecuencia	Frecuencia relativa	Frecuencia relativa acumulada
< 5	25		
5–10	30		
> 10	vacío		

Tabla B1

10. ¿Qué proporción de enfermeros tiene cinco o más años de experiencia?

11. ¿Qué proporción de enfermeros tiene diez o menos años de experiencia?

12. Describa cómo podría obtener una muestra aleatoria de 30 estudiantes de una clase de 200 estudiantes.

13. Describa cómo podría obtener una muestra estratificada de estudiantes de institutos universitarios en la que los estratos sean sus años de estudio (primero y segundo años, júnior o sénior).

14. Un administrador quiere obtener una muestra, sin reemplazo, de 30 empleados de una plantilla de 150. Describa cómo cambia la probabilidad de que lo seleccionen a lo largo de la extracción de la muestra.

15. El gerente de unos grandes almacenes decide medir la satisfacción de los empleados para lo cual selecciona cuatro departamentos al azar y hace entrevistas a todos los empleados de esos cuatro departamentos. ¿De qué tipo de diseño de encuesta se trata?

a. conglomerado
b. estratificado
c. simple aleatorio
d. sistemático

16. Un popular programa deportivo de televisión estadounidense hace un sondeo entre los espectadores para saber qué equipo creen que ganará el campeonato de la Liga Nacional de Fútbol Americano (National Football League, NFL) este año. Los espectadores votan a través de un número de teléfono que aparece en la pantalla de su televisor y le dicen al operador qué equipo creen que va a ganar. ¿Cree que los que participan en este sondeo son representativos de todos los aficionados al fútbol en Estados Unidos?

17. Dos investigadores que estudian tasas de vacunación obtienen muestras de forma independiente de 50 niños entre 3 y 18 meses de una gran zona urbana y determinan si están al día en sus vacunas. Una investigadora halla que el 84 % de los niños de su muestra están al día, y el otro halla que el 86 % de los de su muestra están al día. Suponiendo que ambos hayan seguido los procedimientos de muestreo adecuados y hayan hecho sus cálculos correctamente, ¿cuál es la explicación probable de esta discrepancia?

18. Una escuela secundaria aumentó la duración de la jornada escolar de 6,5 a 7,5 horas. Los estudiantes que deseaban asistir a esta escuela secundaria debían firmar contratos en los que se comprometían a esforzarse al máximo en su trabajo escolar y a obedecer las reglas de la escuela; si no deseaban hacerlo, podían asistir a otra escuela secundaria del distrito. Al cabo de un año, el desempeño de los estudiantes en las pruebas estatales había aumentado en diez puntos porcentuales con respecto al año anterior. ¿Esta mejora prueba que una jornada escolar más larga mejora el rendimiento de los estudiantes?

19. Usted lee un artículo de prensa en el que se informa que comer almendras aumenta la satisfacción en la vida. El estudio lo hizo la Asociación de Cultivadores de Almendras y se basó en una encuesta aleatoria en la que se le preguntaba a la gente sobre su consumo de diversos alimentos, entre ellos las almendras, y también sobre su satisfacción con diferentes aspectos de su vida. ¿Hay algo en este sondeo que lo lleve a cuestionar su conclusión?

20. ¿Por qué la falta de respuesta es un problema en las encuestas?

1.3: Frecuencia, tablas de frecuencia y niveles de medición

21. Calcule la media de los siguientes números y presente su respuesta con un decimal más de los que están en los datos originales:
14, 5, 18, 23, 6

1.4: Diseño experimental y ética

22. Un psicólogo está interesado en saber si el tamaño de la vajilla (boles, platos, etc.) influye en cuánto comen los estudiantes universitarios. Asigna aleatoriamente a 100 estudiantes de universitarios a uno de los dos grupos: al primero se le sirve una comida con una vajilla de tamaño normal, mientras que al segundo se le sirve la misma comida, pero con una vajilla un 20 % más pequeña de lo normal. Registra la cantidad de comida que consume cada grupo. Identifique los siguientes componentes de este estudio.

a. población
b. muestra
c. unidades experimentales
d. variable explicativa
e. tratamiento
f. variable de respuesta

23. Un investigador analiza los resultados de la Prueba de Aptitud Académica (Scholastic Aptitude Test, SAT) durante un periodo de cinco años y descubre que los estudiantes hombres obtienen una calificación promedio más alta en la sección de Matemáticas, y las mujeres una calificación promedio más alta en la sección verbal. Concluye que estas diferencias observadas en el desempeño de las pruebas se deben a factores genéticos. Explique cómo las variables ocultas podrían ofrecer una explicación alternativa a las diferencias observadas en las calificaciones de los exámenes.

24. Explique por qué no sería posible utilizar la asignación aleatoria para estudiar los efectos del hábito de fumar sobre la salud.

25. Una profesora hace una encuesta telefónica entre la población de una ciudad mediante una muestra de números del directorio telefónico y les pide a sus estudiantes ayudantes que llamen una vez a cada uno de los números seleccionados para administrar la encuesta. ¿Cuáles son las fuentes de sesgo de esta encuesta?

26. Una profesora ofrece créditos adicionales a estudiantes que participan en sus estudios de investigación. ¿Qué problema ético plantea este método de reclutamiento de sujetos?

2.1: Gráficos de tallo y hoja (diagramas de tallo), de líneas y de barras

Use la siguiente información para responder los próximos cuatro ejercicios. Las notas del examen de Química de mitad de semestre, en una escala del 0 al 100, fueron las siguientes:
62, 64, 65, 65, 68, 70, 72, 72, 74, 75, 75, 75, 76,78, 78, 81, 83, 83, 84, 85, 87, 88, 92, 95, 98, 98, 100, 100, 740

27. ¿Ve algún valor atípico en estos datos? Si es así, ¿cómo abordaría la situación?

28. Construya un diagrama de tallo para estos datos y use solo los valores del rango entre 0 y 100.

29. Describa la distribución de las calificaciones de los exámenes.

2.2: Histogramas, polígonos de frecuencia y gráficos de series temporales

30. En un aula de 35 estudiantes siete de ellos obtuvieron calificaciones en el rango entre 70 y 79. ¿Cuál es la frecuencia relativa de las calificaciones en este rango?

Use la siguiente información para responder los próximos tres ejercicios. Usted lleva a cabo un sondeo entre 30 estudiantes para saber cuántas clases van a tomar este trimestre. Sus resultados son:
1; 1; 1; 1
2; 2; 2; 2; 2
3; 3; 3; 3; 3; 3; 3; 3
4; 4; 4; 4; 4; 4; 4; 4; 4
5; 5; 5; 5

31. Usted decide construir un histograma de estos datos. ¿Cuál será el rango de su primera barra y cuál será el punto central?

32. ¿Cuáles serán los anchos y los puntos centrales de las otras barras?

33. ¿Cuál barra de este histograma será la más alta y cuál será su altura?

34. Usted obtiene los datos de la Oficina del Censo de EE. UU. sobre la mediana de la renta de los hogares de su ciudad y decide mostrarlos gráficamente. ¿Cuál es la mejor opción para estos datos, un gráfico de barras o un histograma?

35. Usted recopila datos sobre el color de los automóviles que conducen los estudiantes de su clase de estadística y quiere mostrar esta información de forma gráfica. ¿Cuál es la mejor opción para estos datos, un gráfico de barras o un histograma?

2.3: Medidas de la ubicación de los datos

36. Su hija lleva a casa los resultados de los exámenes que muestran que ha obtenido una calificación para su curso en el percentil 80 en Matemáticas y en el percentil 76 en lectura. Interprete estas calificaciones.

37. Hay que esperar 90 minutos en la sala de urgencias de un hospital antes de que un médico lo atienda. Se entera de que su tiempo de espera estaba en el percentil 82 de todos los tiempos de espera. Explique qué significa esto y si cree que es bueno o no.

2.4: Diagramas de caja

Use la siguiente información para responder los próximos tres ejercicios. 1; 1; 2; 3; 4; 4; 5; 5; 6; 7; 7; 8; 9

38. ¿Cuál es la mediana de estos datos?

39. ¿Cuál es el primer cuartil de estos datos?

40. ¿Cuál es el tercer cuartil de estos datos?

Use la siguiente información para responder los próximos cuatro ejercicios. Este diagrama de caja representa las calificaciones del examen final de una clase de Física.

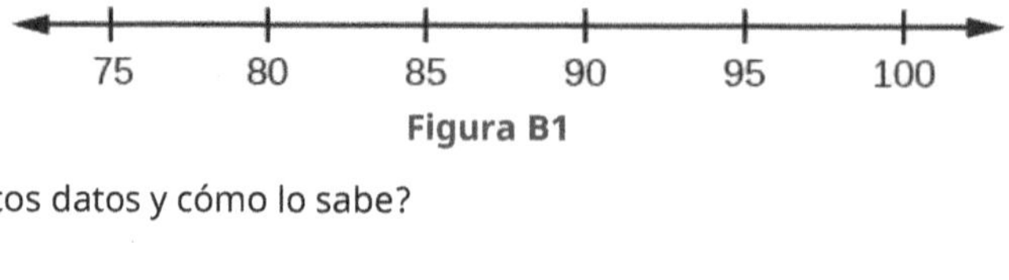

Figura B1

41. ¿Cuál es la mediana de estos datos y cómo lo sabe?

42. ¿Cuáles son el primer y el tercer cuartil de estos datos y cómo lo sabe?

43. ¿Cuál es el rango intercuartil de estos datos?

44. ¿Cuál es el rango de estos datos?

2.5: Medidas del centro de los datos

45. En un maratón, la mediana del tiempo de llegada fue de 3:35:04 (tres horas, 35 minutos y cuatro segundos). Usted llegó en el tiempo 3:34:10. Interprete el significado de la mediana del tiempo y analice su tiempo en relación con ella.

Use la siguiente información para responder los próximos tres ejercicios. El valor, en miles de dólares, de las casas de una manzana, son: 45; 47; 47,5; 51; 53,5; 125.

46. Calcule la media de estos datos.

47. Calcule la mediana de estos datos.

48. ¿Cuál cree que refleja mejor el valor promedio de las viviendas de esta manzana?

2.6: Distorsión y media, mediana y moda

49. En una distribución con asimetría a la izquierda, ¿cuál es mayor?

a. la media
b. la mediana
c. la moda

50. En una distribución con asimetría a la derecha, ¿cuál es mayor?

a. la media
b. la mediana
c. la moda

51. En una distribución simétrica, ¿cuál será la relación entre la media, la mediana y la moda?

2.7: Medidas de la dispersión de los datos

Use la siguiente información para responder los próximos cuatro ejercicios. 10; 11; 15; 15; 17; 22

52. Calcule la media y la desviación típica de estos datos mediante la fórmula de la muestra para la desviación típica.

53. ¿Qué número está dos desviaciones típicas por encima de la media de estos datos?

54. Exprese el número 13,7 en términos de la media y la desviación típica de estos datos.

55. En una clase de Biología, las calificaciones del examen final se distribuyen normalmente, con una media de 85 y una desviación típica de cinco. Susan obtuvo una calificación de 95 en el examen final. Exprese el resultado de su examen como una puntuación z, e interprete su significado.

3.1: Terminología

Use la siguiente información para responder los próximos dos ejercicios. Tiene un frasco lleno de canicas: 50 son rojas, 25 azules y 15 amarillas. Supongamos que saca una canica al azar en cada ensayo y la sustituye antes del siguiente.
Supongamos que $P(R)$ = la probabilidad de sacar una canica roja.
Supongamos que $P(B)$ = la probabilidad de sacar una canica azul.
Supongamos que $P(Y)$ = la probabilidad de sacar una canica amarilla.

56. Calcule $P(B)$.

57. ¿Qué es más probable, sacar una canica roja o una canica amarilla? Justifique su respuesta numéricamente.

Use la siguiente información para responder los próximos dos ejercicios. Las siguientes son probabilidades que describen un grupo de estudiantes de educación superior.
Supongamos que $P(M)$ = la probabilidad de que el estudiante sea hombre.
Supongamos que $P(F)$ = la probabilidad de que el estudiante sea mujer.
Supongamos que $P(E)$ = la probabilidad de que el estudiante se especialice en Educación.
Supongamos que $P(S)$ = la probabilidad de que el estudiante se especialice en Ciencias.

58. Escriba los símbolos de la probabilidad de que un estudiante, seleccionado al azar, sea a la vez mujer y con especialidad en Ciencias.

59. Escriba los símbolos de la probabilidad de que el estudiante se especialice en Educación, y el valor dado es que es hombre.

3.2: Eventos mutuamente excluyentes e independientes

60. Los eventos *A* y *B* son independientes.
Si $P(A) = 0,3$ y $P(B) = 0,5$, halle $P(A \text{ Y } B)$.

61. *C* y *D* son eventos mutuamente excluyentes.
Si $P(C) = 0,18$ y $P(D) = 0,03$; halle $P(C \text{ O } D)$.

3.3: Dos reglas básicas de la probabilidad

62. En una promoción de 300 estudiantes de escuela secundaria, 200 van a ir a un instituto universitario, 40 piensan trabajar a tiempo completo y 80 se toman un año sabático. ¿Son estos eventos mutuamente excluyentes?

Use la siguiente información para responder los próximos dos ejercicios. Una arquera acierta en el centro del blanco (la diana) el 70 % de las veces. Sin embargo, es una tiradora de rachas, y si acierta el centro en un tiro, su probabilidad de acertar en el tiro inmediatamente posterior es de 0,85. Escrito en notación probabilística:
$P(A) = P(B) = P$(acertar el centro en un tiro) = 0,70
$P(B|A)$ = P(acertar el centro en un segundo tiro, dado que ella lo hizo en el primero) = 0,85

63. Calcule la probabilidad de que acierte en el centro del blanco en dos lanzamientos consecutivos.

64. ¿$P(A)$ y $P(B)$ son independientes en este ejemplo?

3.4: Tablas de contingencia

Use la siguiente información para responder los próximos tres ejercicios. La siguiente tabla de contingencia muestra el número de estudiantes que declaran haber estudiado, al menos, 15 horas a la semana y cuántos estuvieron en el cuadro de honor el semestre pasado.

	Cuadro de honor	No están en el cuadro de honor	Total
Estudian, al menos, 15 horas a la semana		200	
Estudian menos de 15 horas a la semana	125	193	
Total			1.000

Tabla B2

65. Rellene la tabla.

66. Calcule P(cuadro de honor|estudian, al menos, 15 horas a la semana).

67. ¿Cuál es la probabilidad de que un estudiante estudie menos de 15 horas a la semana?

68. ¿Los eventos “estudian, al menos, 15 horas a la semana” y “estar en el cuadro de honor” son independientes? Justifique su respuesta numéricamente.

3.5: Diagramas de árbol y de Venn

69. En una escuela secundaria algunos estudiantes juegan en el equipo de tenis y otros en el de fútbol, pero ninguno juega tanto tenis como fútbol. Dibuje un diagrama de Venn que lo ilustre.

70. En una escuela secundaria algunos estudiantes juegan tenis, otros fútbol y otros ambas cosas. Dibuje un diagrama de Venn que lo ilustre.

Soluciones de la prueba de práctica 1

1.1: Definiciones de estadística, probabilidad y términos clave

1.

a. población: todas las visitas de compra de todos los clientes de la tienda
b. muestra: las 1.000 visitas extraídas para el estudio

c. parámetro: el gasto promedio en productos agrícolas por visita de todos los clientes de la tienda
d. estadística: el gasto promedio en productos agrícolas por visita de la muestra de 1.000
e. variable: el gasto en productos agrícolas para cada visita
f. datos: los montos en dólares gastados en productos agrícolas; por ejemplo, 15,40 dólares, 11,53 dólares, etc.

2. c

3. d

1.2: Datos, muestreo y variación de datos y muestreo

4. d

5. c

6. Las respuestas variarán.
Ejemplo de respuesta: Cualquier solución en la que se utilicen datos de toda la población es aceptable. Por ejemplo, una profesora puede calcular la calificación promedio de los exámenes de su clase: como en el cálculo se usaron las calificaciones de todos los miembros de la clase, el promedio es un parámetro.

7. b

8. a

9.

N.º de años	Frecuencia	Frecuencia relativa	Frecuencia relativa acumulada
< 5	25	0,25	0,25
5–10	30	0,30	0,55
> 10	45	0,45	1,00

Tabla B3

10. 0,75

11. 0,55

12. Las respuestas variarán.
Ejemplo de respuesta: Una posibilidad es obtener la lista de la clase y asignar a cada estudiante un número del 1 al 200. Luego, usar un generador de números aleatorios o una tabla de números aleatorios para generar 30 números entre 1 y 200 y seleccionar a los estudiantes que coinciden con los números aleatorios. También sería aceptable escribir el nombre de cada estudiante en una tarjeta, mezclarlas en una caja y sacar 30 nombres al azar.

13. Una posibilidad sería obtener una lista de estudiantes inscritos en el instituto universitario e incluir la categoría de cada estudiante. Luego, extraería una muestra aleatoria proporcional de cada clase (por ejemplo, si el 30 % de los estudiantes del instituto universitario son de primer año, el 30 % de la muestra se extraería de la clase de primer año).

14. Para la primera persona elegida, la probabilidad de que cada una sea seleccionada es de una en 150. Para la segunda persona, es una de cada 149, para la tercera es una en 148 y así sucesivamente. Para la 30.ª persona seleccionada, la probabilidad de selección es de una en 121.

15. a

16. No. Hay, al menos, dos posibilidades de sesgo. Primero, los espectadores de este programa en particular pueden no ser representativos de los aficionados al fútbol americano en su conjunto. Segundo, la muestra será autoseleccionada, ya que las personas tienen que hacer una llamada telefónica para participar, y esas personas probablemente no sean representativas de la población de aficionados al fútbol americano en su conjunto.

17. Estos resultados (84 % en una muestra, 86 % en la otra) se deben probablemente a la variabilidad del muestreo. Cada investigador extrajo una muestra diferente de niños, y no cabe esperar que obtengan exactamente el mismo resultado, aunque sí que los resultados sean similares, como ocurre en este caso.

18. No. La mejora también se podría deber a la autoselección: solo estudiantes motivados estaban dispuestos a firmar el contrato, y lo habrían hecho bien incluso en una escuela con jornadas de 6,5 horas. Como ambos cambios se implementaron al mismo tiempo, no es posible separar su influencia.

19. Al menos dos aspectos de este sondeo son problemáticos. El primero es que fue realizada por un grupo que se beneficiaría del resultado: es probable que las ventas de almendras aumenten si las personas creen que comerlas las hará más felices. El segundo es que este sondeo halló que el consumo de almendras y la satisfacción vital están correlacionados, pero no establece que comer almendras cause satisfacción. Es igualmente posible, por ejemplo, que personas con mayores ingresos sean más propensas a comer almendras y también estén más satisfechas con su vida.

20. Se desea que la muestra de personas que participan en una encuesta sea representativa de la población de la que se extrae. Las personas que se niegan a participar en una encuesta suelen tener opiniones diferentes a las de las que sí participan, por lo que incluso una muestra aleatoria puede producir resultados sesgados si un gran porcentaje de los seleccionados se niega a participar en una encuesta.

1.3: Frecuencia, tablas de frecuencia y niveles de medición

21. 13,2

1.4: Diseño experimental y ética

22.

a. población: todos los estudiantes de institutos universitarios
b. muestra: los 100 estudiantes del instituto universitario del estudio
c. unidades experimentales: cada estudiante del instituto universitario que participó
d. variable explicativa: el tamaño de la vajilla
e. tratamiento: vajilla un 20 % más pequeña de lo normal
f. variable de respuesta: la cantidad de alimentos ingeridos

23. Hay muchas variables ocultas que podrían influir en las diferencias observadas en las calificaciones de los exámenes. Tal vez los niños, en promedio, hayan tomado más cursos de Matemáticas que las niñas, y las niñas hayan tomado más clases de Inglés que los niños. Quizás sus familias y sus maestros hayan animado a los niños a prepararse para una carrera en Matemáticas y Ciencias, y por eso se han esforzado más en estudiar Matemáticas, mientras que a las niñas se las ha animado a prepararse para campos como la Comunicación y la Psicología, más centrados en el uso del lenguaje. El diseño de un estudio tendría que controlar estas y otras posibles variables ocultas (cualquier cosa que pudiera explicar la diferencia observada en las calificaciones de las pruebas, aparte de la explicación genética) para poder sacar una conclusión científicamente sólida sobre diferencias genéticas.

24. Para poner en práctica la asignación aleatoria, habría que poder asignar a las personas a fumar o no fumar. Dado que el hábito de fumar tiene muchos efectos nocivos, no sería un experimento ético. En cambio, estudiamos a personas que han elegido fumar y las comparamos con otras que han elegido no fumar, e intentamos controlar las otras formas en que esos dos grupos pueden diferir (variables ocultas).

25. Las fuentes de sesgo incluyen el hecho de que no todas las personas tienen un teléfono, que los números de teléfono móvil, a menudo, no figuran en los directorios publicados y que una persona puede no estar en casa en el momento de la llamada telefónica; todos estos factores hacen que sea probable que los encuestados no sean representativos del conjunto de la población.

26. No se debe coaccionar a los sujetos de la investigación a que participen, y ofrecer créditos adicionales a cambio de la participación podría interpretarse como coacción. Además, este método ocasionará una muestra voluntaria que no puede suponerse representativa del conjunto de la población.

2.1: Gráficos de tallo y hoja (diagramas de tallo), de líneas y de barras

27. El valor 740 es un valor atípico porque los exámenes se calificaron en una escala de 0 a 100, y 740 está muy lejos de ese rango. Puede tratarse de un error de introducción de datos siendo la calificación real de 74, por lo que el profesor debería volver a revisar ese examen para ver cuál fue la calificación real.

28.

Tallo	Hoja
6	2 4 5 5 8

Tabla B4

Tallo	Hoja
7	0 2 2 4 5 5 5 6 8 8
8	1 3 3 4 5 7 8
9	2 5 8 8
10	0 0

Tabla B4

29. La mayoría de las calificaciones de este examen se situaron en el rango de 70 a 89, con unas pocas calificaciones en el rango de 60 a 69 y unas pocas en el rango de 90 a 100.

2.2: Histogramas, polígonos de frecuencia y gráficos de series temporales

30. $RF = \frac{7}{35} = 0{,}2$

31. El rango será de 0,5 a 1,5, y el punto central será 1.

32. Rango de 1,5 a 2,5, punto central 2; rango de 2,5 a 3,5, punto central 3; rango de 3,5 a 4,5, punto central 4; rango de 4,5 a 5,5, punto central 5.

33. La barra de 3,5 a 4,5, con un punto central de 4, será la más alta; su altura será de nueve, ya que hay nueve estudiantes que toman cuatro cursos.

34. El histograma es una mejor opción porque los ingresos son una variable continua.

35. Un gráfico de barras es la mejor opción porque estos datos son categóricos y no continuos.

2.3: Medidas de la ubicación de los datos

36. Su hija obtuvo una calificación mejor que el 80 % de los estudiantes de su grado en Matemáticas y mejor que el 76 % de los estudiantes en Lectura. Ambas calificaciones son muy buenas y la sitúan en el cuartil superior, pero su calificación en Matemáticas es ligeramente mejor en relación con sus compañeros que su calificación en Lectura.

37. Tuvo un tiempo de espera inusualmente largo, lo cual es deficiente: El 82 % de los pacientes tuvo un tiempo de espera más corto que el suyo, y solo el 18 % tuvo un tiempo de espera más largo.

2.4: Diagramas de caja

38. 5

39. 3

40. 7

41. La mediana es de 86, representada por la línea vertical del recuadro.

42. El primer cuartil es 80 y el tercer cuartil es 92, tal y como se representa en los límites izquierdo y derecho del recuadro.

43. $IQR = 92 - 80 = 12$

44. Rango = 100 - 75 = 25

2.5: Medidas del centro de los datos

45. La mitad de los corredores que terminaron el maratón corrieron un tiempo más rápido que 3:35:04, y la mitad corrieron un tiempo más lento que 3:35:04. Su tiempo es más rápido que la mediana del tiempo, por lo que lo ha hecho mejor que más de la mitad de los corredores de esta carrera.

46. 61,5, o 61.500 dólares

47. 49,25 o 49.250 dólares

48. La mediana, porque la media está distorsionada por el alto valor de una casa.

2.6: Distorsión y media, mediana y moda

49. c

50. a

51. Todos ellos estarán bastante cerca unos de otros.

2.7: Medidas de la dispersión de los datos

52. Media: 15
Desviación típica: 4,3

$$\mu = \frac{10+11+15+15+17+22}{6} = 15$$

$$s = \sqrt{\frac{\sum (x-\bar{x})^2}{n-1}} = \sqrt{\frac{94}{5}} = 4{,}3$$

53. 15 + (2)(4,3) = 23,6

54. 13,7 es una desviación típica por debajo de la media de estos datos, porque 15 - 4,3 = 10,7

55. $z = \frac{95-85}{5} = 2{,}0$
La puntuación *z* de Susan fue de 2,0, lo que significa que obtuvo dos desviaciones típicas por encima de la media de la clase en el examen final.

3.1: Terminología

56. $P(B) = \frac{25}{90} = 0{,}28$

57. Es más probable sacar una canica roja.
$P(R) = \frac{50}{80} = 0{,}62$
$P(Y) = \frac{15}{80} = 0{,}19$

58. $P(F \text{ Y } S)$

59. $P(E|M)$

3.2: Eventos mutuamente excluyentes e independientes

60. $P(A \text{ Y } B)$ = (0,3)(0,5) = 0,15

61. $P(C \text{ O } D)$ = 0,18 + 0,03 = 0,21

3.3: Dos reglas básicas de la probabilidad

62. No, no pueden ser mutuamente excluyentes, porque suman más de 300. Por lo tanto, algunos estudiantes deben encajar en dos o más categorías (p. ej., ir a un instituto universitario y trabajar a tiempo completo).

63. $P(A \text{ y } B) = (P(B|A))(P(A))$ = (0,85)(0,70) = 0,595

64. No. Si fueran independientes, $P(B)$ sería igual que $P(B|A)$. Sabemos que no es así, porque $P(B)$ = 0,70 y $P(B|A)$ = 0,85.

3.4: Tablas de contingencia

65.

	Cuadro de honor	No están en el cuadro de honor	Total
Estudian, al menos, 15 horas a la semana	482	200	682
Estudian menos de 15 horas a la semana	125	193	318
Total	607	393	1.000

Tabla B5

66. P(cuadro de honor | estudiar al menos 15 horas palabra por semana) $= \frac{482}{1.000} = 0{,}482$

67. P(estudiar menos de 15 horas palabra por semana) $= \frac{125+193}{1.000} = 0{,}318$

68. Supongamos que $P(S)$ = estudia, al menos, 15 horas a la semana.
Supongamos que $P(H)$ = está en el cuadro de honor.
De la tabla, $P(S) = 0{,}682$, $P(H) = 0{,}607$ y $P(S \text{ Y } H) = 0{,}482$.
Si $P(S)$ y $P(H)$ fueran independientes, entonces $P(S \text{ Y } H)$ sería igual a $(P(S))(P(H))$.
Sin embargo, $(P(S))(P(H)) = (0{,}682)(0{,}607) = 0{,}414$, mientras que $P(S \text{ Y } H) = 0{,}482$.
Por lo tanto, $P(S)$ y $P(H)$ no son independientes.

3.5: Diagramas de árbol y de Venn

69.

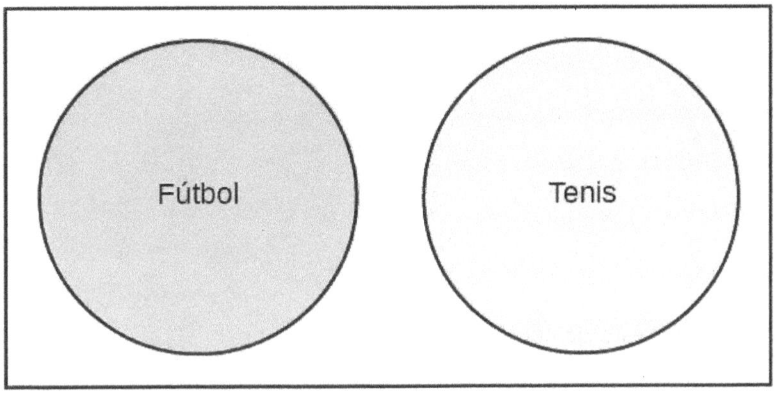

Figura B2

70.

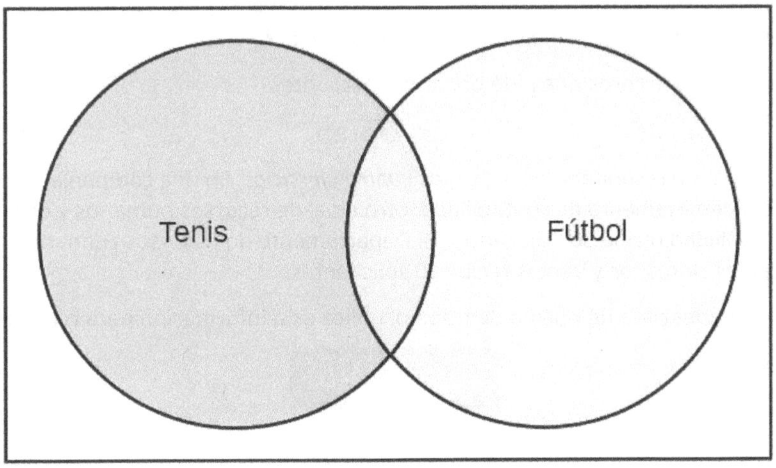

Figura B3

Prueba de práctica 2

4.1: Función de Distribución de Probabilidad (PDF) para una variable aleatoria discreta

Use la siguiente información para responder los próximos cinco ejercicios. Usted realiza una encuesta entre una muestra aleatoria de estudiantes de una determinada universidad. Los datos recopilados incluyen su especialidad, el número de clases que tomaron el semestre anterior y la cantidad de dinero que gastaron en libros comprados para las clases en el semestre anterior.

1. Si X = la especialidad del estudiante, ¿cuál es el dominio de X?

2. Si Y = el número de clases tomadas en el semestre anterior, ¿cuál es el dominio de Y?

3. Si Z = la cantidad de dinero gastada en libros en el semestre anterior, ¿cuál es el dominio de Z?

4. ¿Por qué X, Y y Z son variables aleatorias en el ejemplo anterior?

5. Después de recopilar los datos, halla que para un caso $Z = -7$. ¿Este es un valor posible para Z?

6. ¿Cuáles son las dos características esenciales de una distribución de probabilidad discreta?

Use esta distribución de probabilidad discreta representada en esta tabla para responder las próximas seis preguntas. La biblioteca de la universidad registra el número de libros prestados por cada usuario a lo largo de un día, con el siguiente resultado:

x	$P(x)$
0	0,20
1	0,45
2	0,20
3	0,10
4	0,05

Tabla B6

7. Defina la variable aleatoria X para este ejemplo.

8. ¿Qué es $P(x > 2)$?

9. ¿Cuál es la probabilidad de que un cliente pida prestado al menos un libro?

10. ¿Cuál es la probabilidad de que un cliente no pida prestado más de tres libros?

11. Si en la tabla aparece $P(x)$ como 0,15, ¿cómo sabría que hay un error?

12. ¿Cuál es el número promedio de libros que pide prestado un cliente?

4.2: Media o valor esperado y desviación típica

Use la siguiente información para responder los próximos cuatro ejercicios. En una compañía hay tres puestos de trabajo vacantes: uno en el departamento de contabilidad, otro en el de recursos humanos y otro en el de ventas. El puesto de trabajo de Contabilidad recibe 30 solicitantes, el Departamento de Recursos Humanos recibe 40 solicitantes y el Departamento de Recursos Humanos y Ventas recibe 60 solicitantes.

13. Si X = el número de solicitudes para un puesto de trabajo, utilice esta información para rellenar la Tabla B7.

x	$P(x)$	$xP(x)$

Tabla B7

14. ¿Cuál es el número medio de solicitantes por cada departamento?

15. ¿Cuál es la Función de Distribución de Probabilidad (Probability Distribution Function, PDF) de X?

16. Añada una cuarta columna a la tabla, para $(x - \mu)^2P(x)$.

17. ¿Cuál es la desviación típica de X?

4.3: Distribución binomial

18. En un experimento binomial, si $p = 0{,}65$, ¿a qué equivale q?

19. ¿Cuáles son las características necesarias de un experimento binomial?

20. Joe realiza un experimento para ver cuántas veces tiene que lanzar una moneda antes de obtener cuatro caras seguidas. ¿Califica esto como un experimento binomial?

Use la siguiente información para responder los próximos tres ejercicios. En una comunidad en particular, el 65 % de los hogares tienen, al menos, una persona que se ha graduado de un instituto universitario. Usted toma una muestra aleatoria de 100 hogares de esta comunidad. Supongamos que X = el número de hogares donde al menos uno de sus integrantes tiene un título universitario.

21. Describa la distribución de probabilidad de X.

22. ¿Cuál es la media de X?

23. ¿Cuál es la desviación típica de X?

Use la siguiente información para responder los próximos cuatro ejercicios. Joe es la estrella del equipo de béisbol de su escuela. Su promedio de bateo es de 0,400, lo que significa que por cada diez veces que le toca batear (turno al bate), cuatro de esas veces ejecuta un batazo imparable. Usted decide seguir su desempeño de bateo en sus próximos 20 turnos al bate.

24. Defina la variable aleatoria X en este experimento.

25. Suponiendo que la probabilidad de Joe de ejecutar un batazo imparable es independiente e idéntica en los 20 turnos al bate, describa la distribución de X.

26. Dada esta información, ¿qué número de aciertos predice que obtendrá Joe?

27. ¿Cuál es la desviación típica de X?

4.4: Distribución geométrica

28. ¿Cuáles son las tres principales características de un experimento geométrico?

29. Decide realizar un experimento geométrico lanzando una moneda hasta que salga cara. Esto requiere cinco ensayos. Represente los resultados de este ensayo mediante H para cara y *T* para cruz.

30. Está realizando un experimento geométrico sacando cartas de un mazo regular de 52 cartas, con reemplazo, hasta sacar la reina de corazones. ¿Cuál es el dominio de X para este experimento?

31. Está realizando un experimento geométrico sacando cartas de un mazo regular de 52 cartas, sin reemplazo, hasta que saque una carta roja. ¿Cuál es el dominio de X para este experimento?

Use la siguiente información para responder los próximos tres ejercicios. En una universidad en particular el 27 % de los estudiantes se especializan en Ingeniería. Decide seleccionar estudiantes al azar hasta que elige a uno que se especializa en Ingeniería. Supongamos que X = el número de estudiantes que selecciona hasta hallar uno que se especialice en Ingeniería.

32. ¿Cuál es la distribución de probabilidad de X?

33. ¿Cuál es la media de X?

34. ¿Cuál es la desviación típica de X?

4.5: Distribución hipergeométrica

35. Usted extrae una muestra aleatoria de diez estudiantes para que participen en una encuesta de un grupo de 30 formado por 16 niños y 14 niñas. Le interesa la probabilidad de que siete de los estudiantes seleccionados sean niños. ¿Califica esto como un experimento hipergeométrico? Enumere las condiciones y si se cumplen o no.

36. Usted saca cinco cartas, sin reemplazo, de un mazo regular de 52 cartas y está interesado en la probabilidad de que dos de las cartas sean picas. ¿Cuáles son el grupo de interés, el tamaño del grupo de interés y el tamaño de la muestra para este ejemplo?

4.6: Distribución de Poisson

37. ¿Cuáles son las principales características de la distribución de Poisson?

Use la siguiente información para responder los próximos tres ejercicios. El número de conductores que llegan a una cabina de peaje en una hora se puede modelar mediante la distribución de Poisson.

38. Si X = el número de conductores, y el promedio de conductores por hora es de cuatro, ¿cómo expresaría esta distribución?

39. ¿Cuál es el dominio de *X*?

40. ¿Cuáles son la media y la desviación típica de *X*?

5.1: Funciones de probabilidad continuas

41. Lleva a cabo una encuesta entre los estudiantes para ver cuántos libros compraron el semestre anterior, la cantidad total que pagaron por esos libros, el número que vendieron una vez terminó el semestre y la cantidad de dinero que recibieron por los libros que vendieron. ¿Cuáles variables de esta encuesta son discretas y cuáles son continuas?

42. Con las variables aleatorias continuas nunca calculamos la probabilidad de que *X* tenga un valor determinado, sino que siempre hablamos en términos de la probabilidad de que *X* tenga un valor dentro de un rango determinado. ¿Por qué?

43. Para una variable aleatoria continua, ¿por qué $P(x < c)$ y $P(x \leq c)$ son afirmaciones equivalentes?

44. Para una función de probabilidad continua, $P(x < 5) = 0{,}35$. ¿Qué es $P(x > 5)$, y cómo lo sabe?

45. Describa cómo dibujaría la distribución de probabilidad continua descrita por la función $e(x) = \frac{1}{10}$ para $0 \leq x \leq 10$. ¿Qué tipo de distribución es esta?

46. Para la distribución de probabilidad continua descrita por la función $e(x) = \frac{1}{10}$ para $0 \leq x \leq 10$, ¿cuál es la $P(0 < x < 4)$?

5.2: La distribución uniforme

47. Para la distribución de probabilidad continua descrita por la función $e(x) = \frac{1}{10}$ para $0 \leq x \leq 10$, ¿cuál es la $P(2 < x < 5)$?

Use la siguiente información para responder los próximos cuatro ejercicios. El número de minutos que un paciente espera en una clínica médica para ser atendido por un médico se representa mediante una distribución uniforme entre cero y 30 minutos, ambos inclusive.

48. Si *X* es igual al número de minutos que espera una persona, ¿cuál es la distribución de *X*?

49. Escriba la función de densidad de probabilidad de esta distribución.

50. ¿Cuál es la media y la desviación típica del tiempo de espera?

51. ¿Cuál es la probabilidad de que un paciente espere menos de diez minutos?

5.3: La distribución exponencial

52. La distribución de la variable *X*, que representa el tiempo promedio hasta el fallo de una batería de automóvil, puede escribirse como $X \sim Exp(m)$. Describa esta distribución con palabras.

53. Si el valor de *m* para una distribución exponencial es diez, ¿cuáles son la media y la desviación típica de la distribución?

54. Escriba la función de densidad de probabilidad para una variable distribuida como: $X \sim Exp(0{,}2)$.

6.1: La distribución normal estándar

55. Traslade a palabras esta afirmación sobre la distribución de una variable aleatoria *X*: $X \sim (100, 15)$.

56. Si la variable *X* tiene la distribución normal estándar, expréselo simbólicamente.

Use la siguiente información para los próximos seis ejercicios. Según la Organización Mundial de la Salud, la altura en centímetros para niñas de cinco años y cero meses se distribuye de la siguiente manera: $X \sim N(109, 4{,}5)$.

57. ¿Cuál es la puntuación *z* para una altura de 112 pulgadas?

58. ¿Cuál es la puntuación *z* para una altura de 100 centímetros?

59. Calcule la puntuación *z* para una altura de 105 centímetros y explique lo que significa en el contexto de la población.

60. ¿Qué altura corresponde a una puntuación *z* de 1,5 en esta población?

61. Mediante la regla empírica esperamos que, aproximadamente, el 68 % de los valores de una distribución normal se sitúen dentro de una desviación típica por encima o por debajo de la media. En términos de un rango específico de valores, ¿qué significa esto para esta distribución?

62. Mediante la regla empírica, ¿aproximadamente qué porcentaje de alturas en esta distribución espera que estén entre 95,5 cm y 122,5 cm?

6.2: Uso de la distribución normal

Use la siguiente información para responder los próximos cuatro ejercicios. El distribuidor de billetes de lotería afirma que el 20 % de los billetes son ganadores. Se extrae una muestra de 500 billetes para probar esta proposición.

63. ¿Puede usar la aproximación normal a la binomial para sus cálculos? Por qué sí o por qué no.

64. ¿Cuáles son la media y la desviación típica esperadas para su muestra, suponiendo que la afirmación del distribuidor sea cierta?

65. ¿Cuál es la probabilidad de que su muestra tenga una media superior a 100?

66. Si la puntuación *z* del resultado de su muestra es –2,00, explique qué significa esto mediante la regla empírica.

7.1: Teorema del límite central de medias muestrales (promedios)

67. ¿Qué dice el teorema del límite central con respecto a la distribución de medias muestrales?

68. La distribución de los resultados al lanzar una moneda imparcial es uniforme: la cara y la cruz tienen la misma probabilidad en cualquier lanzamiento y, en un gran número de pruebas, se espera aproximadamente el mismo número de caras y de cruces. Sin embargo, si se realiza un estudio lanzando 30 monedas, se registra el número de caras y se repite 100 veces, la distribución de la media del número de caras será aproximadamente normal. ¿Cómo es posible?

69. La media de una población distribuida normalmente es 50, y la desviación típica es cuatro. Si extrae 100 muestras de tamaño 40 de esta población, describa lo que esperaría ver en términos de la distribución del muestreo de la media muestral.

70. *X* es una variable aleatoria con una media de 25 y una desviación típica de dos. Escriba la distribución para la media muestral de muestras de tamaño 100 extraídas de esta población.

71. Su amigo está haciendo un experimento extrayendo muestras de tamaño 50 de una población con una media de 117 y una desviación típica de 16. Este tamaño de muestra es lo suficientemente grande como para permitir el uso del teorema del límite central, por lo que dice que la desviación típica de la distribución del muestreo de la media muestral también será 16. Explique por qué es un error y calcule el valor correcto.

72. Está leyendo un artículo de investigación que hace referencia al "error estándar de la media". ¿Qué significa esto y cómo se calcula?

Use la siguiente información para responder los próximos seis ejercicios. Se extraen repetidamente muestras de $n = 100$ de una población con una media de 75 y una desviación típica de 4,5.

73. ¿Cuál es la distribución esperada de las medias muestrales?

74. Uno de sus amigos intenta convencerlo de que el error estándar de la media debe ser 4,5. Explique qué error cometió su amigo.

75. ¿Cuál es la puntuación *z* para una media muestral de 76?

76. ¿Cuál es la puntuación *z* para una media muestral de 74,7?

77. ¿Qué media muestral corresponde a una puntuación *z* de 1,5?

78. Si se reduce el tamaño de la muestra a 50, ¿el error estándar de la media será menor o mayor? ¿Cuál sería su valor?

Use la siguiente información para responder las dos próximas preguntas. Usamos la regla empírica para analizar los datos de muestras de tamaño 60 extraídas de una población con una media de 70 y una desviación típica de 9.

79. ¿Qué rango de valores se espera que incluya el 68 % de las medias muestrales?

80. Si aumenta el tamaño de la muestra a 100, ¿qué rango esperaría que contuviera el 68 % de las medias muestrales mediante la regla empírica?

7.2: El teorema del límite central para las sumas

81. ¿Cómo se aplica el teorema del límite central a las sumas de variables aleatorias?

82. Explique en qué se parecen las reglas que aplican el teorema del límite central a las medias muestrales y a las sumas de una variable aleatoria.

83. Si se extraen repetidamente muestras de tamaño 50 de una población con una media de 80 y una desviación típica de cuatro y se calcula la suma de cada muestra, ¿cuál es la distribución esperada de estas sumas?

Use la siguiente información para responder los próximos cuatro ejercicios. Se extrae una muestra de tamaño 40 de una población con una media de 125 y una desviación típica de siete.

84. Calcule la suma. ¿Cuál es la probabilidad de que la suma de su muestra sea inferior a 5.000?

85. Si toma muestras de este tamaño repetidamente, calculando la suma cada vez, ¿qué rango de valores esperaría que contuviera el 95 % de las sumas de las muestras?

86. ¿Qué valor es una desviación típica por debajo de la media?

87. ¿Qué valor corresponde a una puntuación z de 2,2?

7.3: Uso del teorema del límite central

88. ¿Qué dice la ley de los grandes números sobre la relación entre la media muestral y la media de la población?

89. Al aplicar la ley de los grandes números, ¿qué media muestral se acercaría más a la media de la población, una muestra de tamaño diez o una muestra de tamaño 100?

Use esta información para las próximas tres preguntas. Un fabricante hace tornillos con un diámetro medio de 0,15 cm (centímetros) y un rango de 0,10 cm a 0,20 cm; dentro de ese rango, la distribución es uniforme.

90. Si X = el diámetro de un tornillo, ¿cuál es la distribución de X?

91. Supongamos que se extraen repetidamente muestras de tamaño 100 y se calcula su media. Al aplicar el teorema del límite central, ¿cuál es la distribución de estas medias muestrales?

92. Supongamos que extrae repetidamente muestras de 60 y calcula su suma. Al aplicar el teorema del límite central, ¿cuál es la distribución de estas sumas muestrales?

Soluciones de la prueba de práctica 2

Función de Distribución de Probabilidad (PDF) para una variable aleatoria discreta

1. El dominio de X = {Inglés, Matemáticas, ...}, es decir, una lista de todas las especialidades que se ofrecen en la universidad, más "sin declarar".

2. El dominio de Y = {0, 1, 2, ...}, es decir, los enteros desde 0 hasta el límite superior de las clases permitidas por la universidad.

3. El dominio de Z = cualquier cantidad de dinero a partir de 0.

4. Porque pueden tomar cualquier valor dentro de su dominio, y su valor para cualquier caso particular no se conoce hasta que se termina la encuesta.

5. No, porque el dominio de Z solo incluye números positivos (no se puede gastar una cantidad negativa de dinero). Posiblemente el valor –7 sea un error de introducción de datos, o un código especial para indicar que el estudiante no ha respondido la pregunta.

6. Las probabilidades deben sumar 1,0, y las probabilidades de cada evento deben estar entre 0 y 1, ambos inclusive.

7. Supongamos que X = el número de libros sacados por un cliente.

8. $P(x > 2) = 0{,}10 + 0{,}05 = 0{,}15$

9. $P(x \geq 0) = 1 - 0{,}20 = 0{,}80$

10. $P(x \leq 3) = 1 - 0{,}05 = 0{,}95$

11. Las probabilidades sumarían 1,10, y la probabilidad total en una distribución debe ser siempre igual a 1,0.

12. $\overline{x} = 0(0{,}20) + 1(0{,}45) + 2(0{,}20) + 3(0{,}10) + 4(0{,}05) = 1{,}35$

Media o valor esperado y desviación típica

13.

x	$P(x)$	$xP(x)$
30	30/130	6,92
40	40/130	12,31
60	60/130	27,69

Tabla B8

14. $\overline{x} = 6{,}92 + 12{,}31 + 27{,}69 = 46{,}92$

15. $P(x = 30) = 0{,}23$
$P(x = 40) = 0{,}31$
$P(x = 60) = 0{,}46$

16.

x	$P(x)$	$xP(x)$	$(x - \mu)^2P(x)$
30	0,23	6,92	$(30 - 46{,}92)^2(0{,}23) = 66{,}09$
40	0,31	12,31	$(40 - 46{,}92)^2(0{,}31) = 14{,}75$
60	0,46	46,92	$(60 - 46{,}92)^2(0{,}46) = 78{,}93$

Tabla B9

$$\Sigma_x = \sqrt{(66{,}09 + 14{,}75 + 78{,}93)} = 12{,}64$$

Distribución binomial

18. $q = 1 - 0{,}65 = 0{,}35$

19.

1. Hay un número fijo de ensayos.
2. Solo hay dos resultados posibles, y suman 1.
3. Los ensayos son independientes y se realizan en condiciones idénticas.

20. No, porque no hay un número fijo de ensayos

21. $X \sim B(100, 0{,}65)$

22. $\mu = np = 100(0{,}65) = 65$

23. $\sigma_x = \sqrt{npq} = \sqrt{100(0{,}65)(0{,}35)} = 4{,}77$

24. X = Joe ejecuta un batazo imparable en un turno al bate (en una ocasión en la que viene a batear)

25. $X \sim B(20, 0{,}4)$

26. $\mu = np = 20(0{,}4) = 8$

27. $\sigma_x = \sqrt{npq} = \sqrt{20(0{,}40)(0{,}60)} = 2{,}19$

4.4: Distribución geométrica

28.

1. Se realizan una serie de ensayos de Bernoulli hasta que uno de ellos es un acierto, y entonces el experimento se detiene.
2. Se realiza al menos un ensayo, pero no hay un límite máximo al número de ensayos.
3. La probabilidad de acierto o fallo es igual para cada ensayo.

29. *T T T T H*

30. El dominio de $X = \{1, 2, 3, 4, 5, ...n\}$. Como está haciendo la extracción sin reemplazo, no hay un límite superior para el número de extracciones que pueden ser necesarias.

31. El dominio de $X = \{1, 2, 3, 4, 5, 6, 7, 8., 9, 10, 11, 12...27\}$. Como está haciendo la extracción sin reemplazo, y 26 de las 52 cartas son rojas, tiene que extraer una carta roja dentro de las primeras 17 extracciones.

32. $X \sim G(0{,}24)$

33. $\mu = \frac{1}{p} = \frac{1}{0{,}27} = 3{,}70$

34. $\sigma = \sqrt{\frac{1-p}{p^2}} = \sqrt{\frac{1-0{,}27}{0{,}27^2}} = 3{,}16$

4.5: Distribución hipergeométrica

35. Sí, porque está haciendo el muestreo de una población compuesta por dos grupos (niños y niñas), tiene un grupo de interés (niños) y está haciendo el muestreo sin reemplazo (por lo tanto, las probabilidades cambian con cada elección, y no está realizando ensayos de Bernoulli).

36. El grupo de interés son las cartas que son picas, el tamaño del grupo de interés es 13 y el tamaño de la muestra es cinco.

4.6: Distribución de Poisson

37. Una distribución de Poisson modela el número de eventos que ocurren en un intervalo fijo de tiempo o espacio, cuando los eventos son independientes y la tasa promedio de los eventos es conocida.

38. $X \sim P(4)$

39. El dominio de $X = \{0, 1, 2, 3, ...)$ es decir, cualquier número entero a partir de 0.

40. $\mu = 4$
$\sigma = \sqrt{4} = 2$

5.1: Funciones de probabilidad continuas

41. Las variables discretas son el número de libros comprados y el número de libros vendidos al final del semestre. Las variables continuas son la cantidad de dinero gastada por los libros y la cantidad de dinero recibida cuando se vendieron.

42. Porque para una variable aleatoria continua, $P(x = c) = 0$, donde c es un valor cualquiera. En cambio, calculamos $P(c < x < d)$, es decir, la probabilidad de que el valor de x esté entre los valores c y d.

43. Porque $P(x = c) = 0$ para cualquier variable aleatoria continua.

44. $P(x > 5) = 1 - 0{,}35 = 0{,}65$, porque la probabilidad total de una función de probabilidad continua es siempre 1.

45. Se trata de una distribución de probabilidad uniforme. Se dibujaría como un rectángulo con los lados verticales en 0 y 20, y los lados horizontales en $\frac{1}{10}$ y 0.

46. $P(0 < x < 4) = (4-0)\left(\frac{1}{10}\right) = 0{,}4$

5.2: La distribución uniforme

47. $P(2 < x < 5) = (5-2)\left(\frac{1}{10}\right) = 0{,}3$

48. $X \sim U(0, 15)$

49. $e(x) = \frac{1}{b-a}$ para $(a \leq x \leq b)$ así que $e(x) = \frac{1}{30}$ para $(0 \leq x \leq 30)$

50. $\mu = \frac{a+b}{2} = \frac{0+30}{5} = 15{,}0$

$\sigma = \sqrt{\frac{(b-a)^2}{12}} = \sqrt{\frac{(30-0)^2}{12}} = 8{,}66$

51. $P(x < 10) = (10)\left(\frac{1}{30}\right) = 0{,}33$

5.3: La distribución exponencial

52. *X* tiene una distribución exponencial con parámetro de decaimiento *m* y media y desviación típica $\frac{1}{m}$. En esta distribución, habrá un número relativamente grande de valores pequeños, y los valores serán menos comunes a medida que sean más grandes.

53. $\mu = \sigma = \frac{1}{m} = \frac{1}{10} = 0{,}1$

54. $f(x) = 0{,}2e^{-0{,}2x}$ donde $x \geq 0$.

6.1: La distribución normal estándar

55. La variable aleatoria *X* tiene una distribución normal con una media de 100 y una desviación típica de 15.

56. $X \sim N(0,1)$

57. $z = \frac{x-\mu}{\sigma}$ así que $z = \frac{112-109}{4{,}5} = 0{,}67$

58. $z = \frac{x-\mu}{\sigma}$ así que $z = \frac{100-109}{4{,}5} = -2{,}00$

59. $z = \frac{105-109}{4{,}5} = -0{,}89$
Esta niña es más baja que el promedio para su edad, en 0,89 desviaciones típicas.

60. 109 + (1,5)(4,5) = 115,75 cm

61. Se espera que alrededor del 68 % de las estaturas de las niñas de cinco años y cero meses estén entre 104,5 cm y 113,5 cm.

62. Esperamos que el 99,7 % de las alturas de esta distribución se sitúen entre 95,5 cm y 122,5 cm porque ese rango representa los valores de tres desviaciones típicas por encima y por debajo de la media.

6.2: Uso de la distribución normal

63. Sí, porque tanto np como nq son mayores que cinco.
np = (500)(0,20) = 100 y *nq* = 500(0,80) = 400

64. $\mu = np = (500)(0{,}20) = 100$

$\sigma = \sqrt{npq} = \sqrt{500(0{,}20)(0{,}80)} = 8{,}94$

65. Cincuenta por ciento, porque en una distribución normal la mitad de los valores están por encima de la media.

66. Los resultados de nuestra muestra estaban dos desviaciones típicas por debajo de la media, lo que sugiere que es poco probable que el 20 % de los boletos de lotería sean ganadores, como afirma el distribuidor, y que el verdadero porcentaje de ganadores es menor. Al aplicar la regla empírica, si esa afirmación fuera cierta, esperaríamos ver un resultado tan inferior a la media solo un 2,5 % de las veces.

7.1: Teorema del límite central de medias muestrales (promedios)

67. El teorema del límite central afirma que si se extraen muestras de tamaño suficiente de una población, la distribución de las medias muestrales será normal, incluso si la distribución poblacional no lo es.

68. El tamaño de la muestra de 30 es lo suficientemente grande en este ejemplo para aplicar el teorema del límite central. Este teorema] establece que para muestras de tamaño suficiente extraídas de una población, la distribución del muestreo de la media muestral se acerca a la normalidad, independientemente de la distribución poblacional de la que se extrajeron las muestras.

69. No se puede esperar que cada muestra tenga una media de 50 debido a la variabilidad del muestreo. Sin embargo, es de esperar que la distribución del muestreo de la media muestral se agrupe en torno a 50, con una distribución aproximadamente normal, de modo que los valores cercanos a 50 sean más comunes que los valores más alejados de 50.

70. $\overline{X} \sim N(25, 0{,}2)$ porque $\overline{X} \sim N\left(\mu_x, \frac{\sigma_x}{\sqrt{n}}\right)$

71. La desviación típica de la distribución del muestreo de la media muestral se puede calcular mediante la fórmula

$\left(\frac{\sigma_X}{\sqrt{n}}\right)$, que en este caso es $\left(\frac{16}{\sqrt{50}}\right)$. Por tanto, el valor correcto de la desviación típica de la distribución del muestreo de la media muestral es 2,26.

72. El error estándar de la media es otro nombre para la desviación típica de la distribución del muestreo de la media muestral. Dadas muestras de tamaño n extraídas de una población con desviación típica σ_X, el error estándar de la media es $\left(\frac{\sigma_X}{\sqrt{n}}\right)$.

73. $X \sim N(75, 0{,}45)$

74. Su amigo olvidó dividir la desviación típica entre la raíz cuadrada de *n*.

75. $z = \frac{\bar{x} - \mu_X}{\sigma_X} = \frac{76-75}{4{,}5} = 2{,}2$

76. $z = \frac{\bar{x} - \mu_X}{\sigma_X} = \frac{74{,}7-75}{4{,}5} = -0{,}67$

77. 75 + (1,5)(0,45) = 75,675

78. El error estándar de la media será mayor porque estará dividiendo entre un número menor. El error estándar de la media para muestras de tamaño *n* = 50 es:
$\left(\frac{\sigma_X}{\sqrt{n}}\right) = \frac{4{,}5}{\sqrt{50}} = 0{,}64$

79. Es de esperar que este rango incluya valores de hasta una desviación típica por encima o por debajo de la media muestral. En este caso:
$70 + \frac{9}{\sqrt{60}} = 71{,}16$ y $70 - \frac{9}{\sqrt{60}} = 68{,}84$ por lo que cabría esperar que el 68 % de las medias muestrales estuvieran entre 68,84 y 71,16.

80. $70 + \frac{9}{\sqrt{100}} = 70{,}9$ y $70 - \frac{9}{\sqrt{100}} = 69{,}1$ por lo que cabría esperar que el 68 % de las medias muestrales estuvieran entre 69,1 y 70,9. Observe que se trata de un intervalo más estrecho debido al mayor tamaño de la muestra.

7.2: El teorema del límite central para las sumas

81. Para una variable aleatoria *X*, la variable aleatoria *ΣX* tenderá a una distribución normal a medida que aumenta el tamaño n de las muestras utilizadas para calcular la suma.

82. Ambas reglas establecen que la distribución de una cantidad (la media o la suma) calculada sobre muestras extraídas de una población tenderá a tener una distribución normal, a medida que aumenta el tamaño de la muestra, independientemente de la distribución poblacional de la que se extraen las muestras.

83. $\Sigma X \sim N\left(n\mu_X, \left(\sqrt{n}\right)(\sigma_X)\right)$ así que $\Sigma X \sim N(4.000, 28{,}3)$

84. La probabilidad es 0,50, porque 5.000 es la media de la distribución muestral de las sumas de tamaño 40 de esta población. Las sumas de las variables aleatorias calculadas a partir de una muestra de tamaño suficiente se distribuyen normalmente y, en una distribución normal, la mitad de los valores están por debajo de la media.

85. Al usar la regla empírica, se esperaría que el 95 % de los valores estuvieran dentro de las dos desviaciones típicas de la media. El uso de la fórmula de la desviación típica es para una suma de muestras: $\left(\sqrt{n}\right)(\sigma_X) = \left(\sqrt{40}\right)(7) = 44{,}3$ por lo que cabría esperar que el 95 % de los valores estuvieran entre 5.000 + (2)(44,3) y 5.000 - (2)(44,3), o entre 4.911,4 y 588,6.

86. $\mu - \left(\sqrt{n}\right)(\sigma_X) = 5000 - \left(\sqrt{40}\right)(7) = 4955{,}7$

87. $5000 + (2{,}2)\left(\sqrt{40}\right)(7) = 5097{,}4$

7.3: Uso del teorema del límite central

88. La ley de los grandes números dice que, a medida que aumenta el tamaño de la muestra, la media muestral tiende a acercarse cada vez más a la media de la población.

89. Es de esperar que la media de una muestra de tamaño 100 esté más cerca de la media de la población, porque la ley de los grandes números dice que, a medida que aumenta el tamaño de la muestra, la media muestral tiende a acercarse a la media de la población.

90. $X \sim N(0{,}10,\ 0{,}20)$

91. $\overline{X} \sim N\left(\mu_X, \frac{\sigma_X}{\sqrt{n}}\right)$ y la desviación típica de una distribución uniforme es $\frac{b-a}{\sqrt{12}}$. En este ejemplo, la desviación típica de la distribución es $\frac{b-a}{\sqrt{12}} = \frac{0{,}10}{\sqrt{12}} = 0{,}03$
así que $\overline{X} \sim N\,(0{,}15, 0{,}003)$

92. $\Sigma X \sim N((n)(\mu_X), (\sqrt{n})(\sigma_X))$ así que $\Sigma X \sim N(9{,}0, 0{,}23)$

Prueba práctica 3

8.1: Intervalo de confianza, media de población única, desviación típica de la población conocida, normal

Use la siguiente información para responder los próximos siete ejercicios. Se extrae una muestra de tamaño 30 de una población distribuida normalmente y una desviación típica de cuatro.

1. ¿Cuál es el error estándar de la media muestral en este caso redondeado a dos decimales?

2. ¿Cuál es la distribución de la media muestral?

3. Si quiere construir un intervalo de confianza del 95 % doble, ¿cuál será la probabilidad en cada cola de la distribución?

4. ¿Cuál es la puntuación *z* y el límite de error o margen de error de la población (Error Bound for a population Mean, *EBM*) apropiados para un intervalo de confianza del 95 % para estos datos?

5. Al redondear a dos decimales, ¿cuál es el intervalo de confianza del 95 % si la media muestral es 41?

6. ¿Cuál es el intervalo de confianza del 90 % si la media muestral es 41? Redondear a dos decimales

7. Supongamos que el tamaño de la muestra en este estudio hubiera sido de 50, en vez de 30. ¿Cuál sería el intervalo de confianza del 95 % si la media muestral es 41? Redondee su respuesta a dos decimales.

8. Para cualquier conjunto de datos y situación de muestreo dados, ¿qué esperaría que fuera más amplio: un intervalo de confianza del 95 % o un intervalo de confianza del 99 %?

8.2: Intervalo de confianza, media de población única, desviación típica desconocida, *t* de Student

9. Al comparar los gráficos de la distribución normal estándar (distribución*z*) y una distribución *t* con 15 grados de libertad (degrees of freedom, *df*), ¿en qué se diferencian?

10. Al comparar los gráficos de la distribución normal estándar (distribución*z*) y una distribución *t* con 15 grados de libertad (*df*), ¿en qué se parecen?

Use la siguiente información para responder los próximos cinco ejercicios. Se sabe que la temperatura corporal se distribuye normalmente entre adultos sanos. Como no se conoce la desviación típica de la población, se utiliza la distribución t para estudiar la temperatura corporal. Usted recopila datos de una muestra aleatoria de 20 adultos sanos y halla que las temperaturas de su muestra tienen una media de 98,4 y una desviación típica de la muestra de 0,3 (ambas en grados Fahrenheit).

11. ¿Cuáles son los grados de libertad (*df*) de este estudio?

12. Para un intervalo de confianza del 95 % de dos colas, ¿cuál es el valor *t* apropiado que se debe usar en la fórmula?

13. ¿Qué es el intervalo de confianza del 95 %?

14. ¿Qué es el intervalo de confianza del 99 %? Redondee a dos decimales.

15. Supongamos que el tamaño de la muestra hubiera sido de 30 en vez de 20. ¿Cuál sería entonces el intervalo de confianza del 95 %? Redondear a dos decimales

8.3: Intervalo de confianza para una proporción de la población

Use esta información para responder los próximos cuatro ejercicios. Usted realiza un sondeo entre 500 residentes de la ciudad seleccionados al azar para preguntarles si tienen automóvil. 280 dicen que poseen automóvil y 220 que no.

16. Calcule la proporción y la desviación típica de la muestra para estos datos.

17. ¿Cuál es el intervalo de confianza del 95 % doble? Redondee a cuatro decimales.

18. Calcule el intervalo de confianza del 90 %. Redondee a cuatro decimales.

19. Calcule el intervalo de confianza del 99 %. Redondee a cuatro decimales.

Use la siguiente información para responder los próximos tres ejercicios. Está planeando hacer un sondeo entre miembros de la comunidad mayores de 65 años para determinar cuántos tienen teléfonos móviles. Quiere producir una estimación cuyo intervalo de confianza del 95 % esté dentro de los cuatro puntos porcentuales (más o menos) de la verdadera proporción de la población. Utilice una proporción de población estimada de 0,5.

20. ¿Qué tamaño de muestra necesita?

21. Supongamos que usted sabe, por una investigación previa, que la proporción de la población es de 0,6. ¿Qué tamaño de muestra necesita?

22. Supongamos que quiere un intervalo de confianza del 95 % dentro de tres puntos porcentuales de la población. Supongamos que la proporción de la población es de 0,5. ¿Qué tamaño de muestra necesita?

9.1: Hipótesis nula y alternativa

23. En su estado, el 58 % de los votantes registrados en una comunidad están registrados como republicanos. Le interesa hacer un estudio para ver si esto también ocurre en su comunidad. Indique las hipótesis nula y alternativa para comprobarlo.

24. Cree que, al menos, el 58 % de los votantes registrados en una comunidad están registrados como republicanos. Indique las hipótesis nula y alternativa para comprobarlo.

25. El valor medio de un hogar en una ciudad es de 268.000 dólares. Cree que el valor medio de un hogar de un determinado vecindario es inferior al promedio de la ciudad. Escriba las hipótesis nula y alternativa para comprobarlo.

26. Indique la hipótesis alternativa adecuada a esta hipótesis nula: H_0: $\mu = 107$

27. Indique la hipótesis alternativa adecuada a esta hipótesis nula: H_0: $p < 0{,}25$

9.2: Resultados y errores de tipo I y II

28. Si se rechaza H_0 cuando H_0 es correcta, ¿de qué tipo de error se trata?

29. Si no se rechaza H_0 cuando H_0 es falsa, ¿de qué tipo de error se trata?

30. ¿Cuál es la relación entre el error de tipo II y la potencia de una prueba?

31. Se está desarrollando un nuevo análisis de sangre para detectar cáncer en los pacientes. Los resultados positivos son seguidos por una prueba más precisa (y costosa). Se supone que el paciente no tiene cáncer. Describa la hipótesis nula, los errores de tipo I y de tipo II para esta situación y explique qué tipo de error es más grave.

32. Explique con palabras qué significa que una prueba de detección de TB tenga un nivel α de 0,10. La hipótesis nula es que el paciente no tiene tuberculosis (TB).

33. Explique con palabras qué significa que una prueba de detección de TB tenga un nivel β de 0,20. La hipótesis nula es que el paciente no tiene tuberculosis (TB).

34. Explique con palabras qué significa que una prueba de detección de TB tenga una potencia de 0,80.

9.3: Distribución necesaria para la comprobación de la hipótesis

35. Si está realizando una prueba de hipótesis de una media de población única y no conoce la varianza poblacional, ¿qué prueba utilizará si el tamaño de la muestra es 10 y la población es normal?

36. Si está realizando una prueba de hipótesis de una única media poblacional, y conoce la varianza poblacional, ¿qué prueba utilizará?

37. Si está realizando una prueba de hipótesis de una única proporción poblacional, con *np* y *nq* mayores o iguales a cinco, ¿qué prueba utilizará y con qué parámetros?

38. La información publicada indica que, en promedio, los estudiantes de educación superior dedican menos de 20 horas a estudiar a la semana. Usted extrae una muestra de 25 estudiantes de su instituto universitario y halla que la media muestral es de 18,5 horas, con una desviación típica de 1,5 horas. ¿Qué distribución utilizará para comprobar si los hábitos de estudio en su instituto universitario son iguales al promedio nacional, y por qué?

39. Un estudio publicado dice que el 95 % de los niños estadounidenses están vacunados contra el sarampión, con una desviación típica del 1,5 %. Usted toma una muestra de 100 niños de su comunidad y comprueba sus registros de vacunación, para ver si la tasa de vacunación en su comunidad es igual al promedio nacional. ¿Qué distribución utilizará para esta prueba y por qué?

9.4: Eventos poco comunes, la muestra, decisión y conclusión

40. Usted está realizando un estudio con un nivel α de 0,05. Si obtiene un resultado con un valor p de 0,07, ¿cuál será su decisión?

41. Está realizando un estudio con $\alpha = 0{,}01$. Si obtiene un resultado con un valor p de 0,006, ¿cuál será su decisión?

Use la siguiente información para responder los próximos cinco ejercicios. Según la Organización Mundial de la Salud, la altura promedio de un niño de un año es de 29". Usted cree que los niños que padecen una determinada enfermedad son más pequeños que el promedio, así que toma una muestra de 20 niños con esta enfermedad y halla una altura promedio de 27,5" y una desviación típica de la muestra de 1,5".

42. ¿Cuáles son las hipótesis nula y alternativa de este estudio?

43. ¿Qué distribución utilizará para comprobar su hipótesis y por qué?

44. ¿Cuál es el estadístico de prueba y el valor p?

45. Con base en los resultados de su muestra, ¿cuál es su decisión?

46. Suponga que la media de su muestra es de 25,0. Vuelva a hacer los cálculos y describa cuál sería su decisión.

9.5: Información adicional y ejemplos de pruebas de hipótesis completas

47. Usted realiza un estudio utilizando α = 0,05. ¿Cuál es el nivel de significación de este estudio?

48. Usted lleva a cabo un estudio basado en una muestra extraída de una población distribuida normalmente y varianza conocida, con las siguientes hipótesis:
H_0: $\mu = 35{,}5$
H_a: $\mu \neq 35{,}5$
¿Realizará una prueba de una o dos colas?

49. Usted lleva a cabo un estudio basado en una muestra extraída de una población distribuida normalmente y varianza conocida, con las siguientes hipótesis:
H_0: $\mu \geq 35{,}5$
H_a: $\mu < 35{,}5$
¿Realizará una prueba de una o dos colas?

Use la siguiente información para responder los próximos tres ejercicios. El 80 % de los adultos de todo el país tienen automóvil. Le interesa saber si en su comunidad se mantiene esa proporción. Toma una muestra de 100 personas y halla que el 75 % tiene automóvil.

50. ¿Cuáles son las hipótesis nula y alternativa de este estudio?

51. ¿Qué prueba utilizará y por qué?

10.1: Comparación de dos medias poblacionales independientes con desviaciones típicas poblacionales desconocidas

52. Usted lleva a cabo un sondeo de opinión política y entrevista a los dos miembros de 50 matrimonios. ¿Los grupos de este estudio son independientes o coincidentes?

53. Usted está probando un nuevo medicamento para tratar el insomnio. Se asignan aleatoriamente 80 sujetos voluntarios a las condiciones experimental (nuevo fármaco) o de control (tratamiento estándar). ¿Los grupos de este estudio son independientes o coincidentes?

54. Usted investiga la eficacia de un nuevo libro de texto de Matemáticas para estudiantes de escuela secundaria. Se administra una prueba previa a un grupo de estudiantes al principio del semestre y una prueba posterior al final de un año de instrucción utilizando este libro de texto, y se comparan los resultados. ¿Los grupos de este estudio son independientes o coincidentes?

Use la siguiente información para responder los próximos dos ejercicios. Usted realiza un estudio sobre la diferencia de tiempo en dos institutos universitarios para la finalización de la carrera. En el instituto universitario A, los estudiantes tardan un promedio de 4,8 años en alcanzar su título, mientras que en el instituto universitario B tardan un promedio de 4,2 años. La desviación típica combinada de estos datos es de 1,6 años

55. Calcule la *d* de Cohen e interprétela.

56. Supongamos que el tiempo medio para obtener un título en el instituto universitario A es de 5,2 años. Calcule el tamaño del efecto e interprételo.

57. Lleva a cabo una prueba t de muestras independientes con un tamaño de muestra de diez en cada uno de los dos grupos. Si realiza una prueba de hipótesis de dos colas con α = 0,01, ¿qué valores p le harán rechazar la hipótesis nula?

58. Usted realiza una prueba *t* de muestras independientes con un tamaño de muestra de 15 en cada grupo, con las siguientes hipótesis:
H_0: $\mu \geq 110$
H_a: $\mu < 110$.
Si $\alpha = 0{,}05$, ¿qué valores *t* le harán rechazar la hipótesis nula?

10.2: Comparación de dos medias poblacionales independientes con desviaciones típicas poblacionales conocidas

Use la siguiente información para responder los próximos seis ejercicios. Los estudiantes de Ciencias de institutos universitarios suelen quejarse de que deben gastar más en libros de texto cada semestre que los estudiantes de Humanidades. Para comprobarlo, toma muestras aleatorias de 50 estudiantes de Ciencias y 50 de Humanidades de su instituto universitario y registra cuánto gastó cada uno de ellos durante el semestre pasado en libros de texto. Considere que los estudiantes de Ciencias son el grupo uno y los de Humanidades el grupo dos.

59. ¿Cuál es la variable aleatoria de este estudio?

60. ¿Cuáles son las hipótesis nula y alternativa de este estudio?

61. Si los 50 estudiantes de Ciencias gastaron un promedio de 530 dólares con una desviación típica de la muestra de 20 dólares y los 50 estudiantes de Humanidades gastaron un promedio de 380 dólares con una desviación típica de la muestra de 15 dólares, ¿aceptaría o rechazaría la hipótesis nula? Utilice un nivel alfa de 0,05. ¿Cuál es su conclusión?

62. ¿Cuál sería su decisión si utilizara $\alpha = 0{,}01$?

10.3: Comparación de dos proporciones de población independientes

Use la información para responder los próximos seis ejercicios. Quiere saber si la proporción de hogares con servicio de televisión por cable difiere entre la comunidad A y la comunidad B. Para comprobarlo, extrae una muestra aleatoria de 100 para cada una y registra si tienen servicio de cable.

63. ¿Cuáles son las hipótesis nula y alternativa de este estudio?

64. Si 65 hogares de la comunidad A y 78 hogares de la comunidad B tienen servicio de cable, ¿cuál es la proporción combinada?

65. Con $\alpha = 0{,}03$, ¿rechazará la hipótesis nula? ¿Cuál es su conclusión? 65 hogares de la comunidad A y 78 hogares de la comunidad B tienen servicio de cable. Se encuestaron 100 hogares de cada comunidad.

66. Utilizando un valor alfa de 0,01, ¿rechazaría la hipótesis nula? ¿Cuál es su conclusión? 65 hogares de la comunidad A y 78 hogares de la comunidad B tienen servicio de cable. Se encuestaron 100 hogares de cada comunidad.

10.4: Muestras coincidentes o emparejadas

Use la siguiente información para responder los próximos cinco ejercicios. Le interesa saber si un programa de ejercicios en particular ayuda a la gente a perder peso. Usted lleva a cabo un estudio en el que pesa a los participantes al principio del estudio y de nuevo al final, después de que hayan participado en el programa de ejercicios durante seis meses. Se comparan los resultados utilizando una prueba t de pares coincidentes, en la que los datos son {peso al final – peso al inicio}. Cree que, en promedio, los participantes habrán perdido peso después de seis meses en el programa de ejercicios.

67. ¿Cuáles son las hipótesis nula y alternativa de este estudio?

68. Calcule el estadístico de prueba, suponiendo que $\overline{x}_d = -5$, $s_d = 6$, y $n = 30$ (pares).

69. ¿Cuáles son los grados de libertad de esta estadística?

70. Utilizando $\alpha = 0{,}05$, ¿cuál es su decisión respecto a la eficacia de este programa para provocar la pérdida de peso?

¿Cuál es la conclusión?

71. ¿Qué significaría que la estadística *t* hubiera sido 4,56 y cuál habría sido su decisión en ese caso?

11.1: Datos sobre la distribución chi-cuadrado

72. ¿Cuál es la media y la desviación típica de una distribución chi-cuadrado con 20 grados de libertad?

11.2: Prueba de bondad de ajuste

Use la siguiente información para responder los próximos cuatro ejercicios. En todo el país, alrededor del 66 % de los graduados de la escuela secundaria se inscriben en la enseñanza superior. Hace una prueba de bondad de ajuste de chi-cuadrado para determinar si esta misma proporción se aplica a la clase más reciente de 200 graduados de su escuela secundaria. Su hipótesis nula es que la distribución nacional también se aplica a su escuela secundaria.

73. ¿Cuál es el número previsto de estudiantes de su clase de graduados de la escuela secundaria inscritos y no inscritos en la educación superior?

74. Rellene el resto de esta tabla.

	Observado (*O*)	Esperado (*E*)	*O* - *E*	(*O* - *E*)2	$\frac{(O–E)^2}{z}$
Inscritos	145				
No inscritos	55				

Tabla B10

75. ¿Cuáles son los grados de libertad de esta prueba de chi-cuadrado?

76. ¿Cuál es el estadístico de prueba de chi-cuadrado y el valor *p*? Al nivel de significación del 5 %, ¿qué conclusión obtiene?

77. Para una distribución chi-cuadrado con 92 grados de libertad, la curva ___________.

78. Para una distribución chi-cuadrado con cinco grados de libertad, la curva es ___________.

11.3: Prueba de independencia

Use la siguiente información para responder los próximos cuatro ejercicios. Está considerando realizar una prueba de independencia de chi-cuadrado para los datos de esta tabla que muestra datos sobre la posesión de teléfonos móviles de los estudiantes de primer y último año de una escuela secundaria. Su hipótesis nula es que la posesión de teléfonos móviles es independiente de la posición de clase.

79. Calcule los valores esperados para las celdas.

	Móvil = Sí	Móvil = No
Primer año	100	150
Último año	200	50

Tabla B11

80. Calcule $\frac{(O–E)^2}{z}$ por cada móvil, donde *O* = observado y *E* = esperado.

81. ¿Cuál es el estadístico de chi-cuadrado y los grados de libertad de este estudio?

82. Con un nivel de significación α = 0,5, ¿cuál es su decisión respecto a la hipótesis nula?

11.4: Prueba de homogeneidad

83. Usted realiza una prueba de homogeneidad de chi-cuadrado para los datos de una tabla de cinco por dos. ¿Cuáles son los grados de libertad de esta prueba?

11.5: Resumen comparativo de las pruebas chi-cuadrado: Bondad de ajuste, independencia y homogeneidad

84. Un sondeo realizado en 2013 en el estado de California encuestó a personas sobre los impuestos a las bebidas azucaradas. Los resultados se presentan en la siguiente tabla y están clasificados por grupo étnico y tipo de respuesta. ¿Las respuestas del sondeo son independientes del grupo étnico de los participantes? Haga una prueba de hipótesis al nivel de significación del 5 %.

Grupo étnico/Tipo de respuesta	Aprueba	Desaprueba	Sin opinión	Total de la fila
Blanco/no hispano	234	433	43	710
Latinos	147	106	19	272
Afroamericanos	24	41	6	71
Asiático americano	54	48	16	118
Total de la columna	459	628	84	1171

Tabla B12

85. En una prueba de homogeneidad, ¿qué debe ser cierto sobre el valor esperado de cada celda?

86. En términos generales, ¿cuáles son las hipótesis nula y alternativa de la prueba de independencia chi-cuadrado?

87. En términos generales, ¿cuáles son las hipótesis nula y alternativa de la prueba de homogeneidad chi-cuadrado?

11.6: Prueba de una sola varianza

88. Una prueba de laboratorio pretende tener una varianza de no más de cinco. Usted cree que la varianza es mayor. ¿Cuáles son las hipótesis nula y alternativa para comprobarlo?

Soluciones de la prueba de práctica 3

8.1: Intervalo de confianza, media de población única, desviación típica de la población conocida, normal

1. $\frac{\sigma}{\sqrt{n}} = \frac{4}{\sqrt{30}} = 0{,}73$

2. normal

3. 0,025 o 2,5 %; un intervalo de confianza del 95 % contiene el 95 % de la probabilidad y excluye el 5 %, y el 5 % excluido se reparte por igual entre las colas superior e inferior de la distribución.

4. puntuación z = 1,96; $EBM = z_{\frac{\alpha}{2}}\left(\frac{\sigma}{\sqrt{n}}\right) = (1{,}96)\,(0{,}73) = 1{,}4308$

5. 41 ± 1,43 = (39,57, 42,43); utilizando la función Zinterval de la calculadora, la respuesta es (40,74, 41,26. Las respuestas difieren debido al redondeo.

6. El valor $z$para un intervalo de confianza del 90 % es 1,645, por lo que EBM = 1,645(0,73) = 1,20085.
El intervalo de confianza del 90 % es 41 ± 1,20 = (39,80; 42,20).
La respuesta de la función Zinterval de la calculadora es (40,78; 41,23). Las respuestas difieren debido al redondeo.

7. El error estándar de medición es: $\frac{\sigma}{\sqrt{n}} = \frac{4}{\sqrt{50}} = 0{,}57$

$$EBM = z_{\frac{\alpha}{2}}\left(\frac{\sigma}{\sqrt{n}}\right) = (1{,}96)\,(0{,}57) = 1{,}12$$

El intervalo de confianza del 95 % es 41 ± 1,12 = (39,88; 42,12).
La respuesta de la función Zinterval de la calculadora es (40,84; 41,16). Las respuestas difieren debido al redondeo.

8. El intervalo de confianza del 99 % porque incluye todo el porcentaje de la distribución, menos el uno. El intervalo de confianza del 95 % será más estrecho, porque excluye el cinco por ciento de la distribución.

8.2: Intervalo de confianza, media de población única, desviación típica desconocida, t de Student

9. La distribución *t* tendrá más probabilidad en sus colas ("colas más gruesas") y menos probabilidad cerca de la media de la distribución ("más corta en el centro").

10. Ambas distribuciones son simétricas y están centradas en cero.

11. $df = n - 1 = 20 - 1 = 19$

12. Puede obtener el valor *t* de una tabla de probabilidades o de una calculadora. En este caso, para una distribución *t* con 19 grados de libertad, y un intervalo de confianza del 95 % doble, el valor es 2,093, es decir, $t_{\frac{\alpha}{2}} = 2{,}093$. La función de la calculadora es invT(0,975, 19).

13. $EBM = t_{\frac{\alpha}{2}}\left(\frac{s}{\sqrt{n}}\right) = (2{,}093)\left(\frac{0{,}3}{\sqrt{20}}\right) = 0{,}140$

98,4 ± 0,14 = (98,26, 98,54).
La respuesta de la función de calculadora Tinterval es (98,26; 98,54).

14. $t_{\frac{\alpha}{2}} = 2{,}861$. La función de la calculadora es invT(0,995, 19)

$EBM = t_{\frac{\alpha}{2}}\left(\frac{s}{\sqrt{n}}\right) = (2{,}861)\left(\frac{0{,}3}{\sqrt{20}}\right) = 0{,}192$

98,4 ± 0,19 = (98,21, 98,59). La respuesta de la función Tinterval de la calculadora es (98,21, 98,59).

15. $df = n - 1 = 30 - 1 = 29$. $t_{\frac{\alpha}{2}} = 2{,}045$

$EBM = z_t\left(\frac{s}{\sqrt{n}}\right) = (2{,}045)\left(\frac{0{,}3}{\sqrt{30}}\right) = 0{,}112$

98,4 ± 0,11 = (98,29, 98,51). La respuesta de la función Tinterval de la calculadora es (98,29; 98,51).

8.3: Intervalo de confianza para una proporción de la población

16. $p' = \frac{280}{500} = 0{,}56$

$q' = 1 - p' = 1 - 0{,}56 = 0{,}44$

$s = \sqrt{\frac{pq}{n}} = \sqrt{\frac{0{,}56(0{,}44)}{500}} = 0{,}0222$

17. Porque está usando la aproximación normal a la binomial, $z_{\frac{\alpha}{2}} = 1{,}96$.

Calcule el límite de error de la población (*error bound for the population, EBP*):

$EBP = z_{\frac{\alpha}{2}}\sqrt{\frac{pq}{n}} = 1{,}96\,(0{,}222) = 0{,}0435$

Calcule el intervalo de confianza del 95 %:
0,56 ± 0,0435 = (0,5165, 0,6035).
La respuesta de la función 1-PropZint de la calculadora es (0,5165; 0,6035).

18. $z_{\frac{\alpha}{2}} = 1{,}64$

$EBP = z_{\frac{\alpha}{2}}\sqrt{\frac{pq}{n}} = 1{,}64\,(0{,}0222) = 0{,}0364$

0,56 ± 0,03 = (0,5236, 0,5964). La respuesta de la función de calculadora 1-PropZint es (0,5235; 0,5965)

19. $z_{\frac{\alpha}{2}} = 2{,}58$

$EBP = z_{\frac{\alpha}{2}}\sqrt{\frac{pq}{n}} = 2{,}58\,(0{,}0222) = 0{,}0573$

0,56 ± 0,05 = (0,5127, 0,6173).
La respuesta de la función 1-PropZint de la calculadora es (0,5028; 0,6172).

20. *EBP* = 0,04 (porque 4 % = 0,04)

$z_{\frac{\alpha}{2}} = 1{,}96$ para un intervalo de confianza del 95 %

$n = \frac{z^2 pq}{EBP^2} = \frac{1{,}96^2(0{,}5)(0{,}5)}{0{,}04^2} = \frac{0{,}9604}{0{,}0016} = 600{,}25$

Necesita 601 sujetos (redondeando hacia arriba desde 600,25).

21. $n = \frac{n^2 pq}{EBP^2} = \frac{1{,}96^2(0{,}6)(0{,}4)}{0{,}04^2} = \frac{0{,}9220}{0{,}0016} = 576{,}24$
Necesita 577 sujetos (redondeando hacia arriba desde 576,24).

22. $n = \frac{n^2 pq}{EBP^2} = \frac{1{,}96^2(0{,}5)(0{,}5)}{0{,}03^2} = \frac{0{,}9604}{0{,}0009} = 1067{,}11$
Necesita 1.068 sujetos (redondeando hacia arriba desde 1.067,11).

9.1: Hipótesis nula y alternativa

23. H_0: $p = 0{,}58$
H_a: $p \neq 0{,}58$

24. H_0: $p \geq 0{,}58$
H_a: $p < 0{,}58$

25. H_0: $\mu \geq$ 268.000 dólares
H_a: $\mu <$ 268.000 dólares

26. H_a: $\mu \neq 107$

27. H_a: $p \geq 0{,}25$

9.2: Resultados y errores de tipo I y II

28. un error de tipo I

29. un error de tipo II

30. Potencia = 1 – β = 1 – P(error de tipo II).

31. La hipótesis nula es que el paciente no tiene cáncer. Un error de tipo I sería detectar un cáncer cuando no está presente. Un error de tipo II sería no detectar el cáncer cuando está presente. Un error de tipo II es más grave, ya que el hecho de no detectar el cáncer podría impedir que el paciente reciba el tratamiento adecuado.

32. La prueba de detección tiene un diez por ciento de probabilidad de error de tipo I, lo que significa que el diez por ciento de las veces detectará TB cuando no esté presente.

33. La prueba de detección tiene una probabilidad de error de tipo II del 20 %, lo que significa que el 20 % de las veces no detectará TB cuando en realidad está presente.

34. El ochenta por ciento de las veces, la prueba de detección detectará TB cuando esté realmente presente.

9.3: Distribución necesaria para la comprobación de la hipótesis

35. La distribución *t* de Student.

36. La distribución normal o prueba *z*.

37. La distribución normal con $\mu = p$ y $\sigma = \sqrt{\frac{pq}{n}}$

38. t_{24}. Se utiliza la distribución *t* porque no se conoce la desviación típica de la población, y los grados de libertad son 24 porque $df = n - 1$.

39. $\overline{X} \sim N\left(0{,}95, \frac{0{,}051}{\sqrt{100}}\right)$
Como se conoce la desviación típica de la población y se tiene una muestra grande, se puede utilizar la distribución normal.

9.4: Eventos poco comunes, la muestra, decisión y conclusión

40. No se rechaza la hipótesis nula porque $\alpha \leq p$

41. Rechaza la hipótesis nula porque $\alpha \geq p$.

42. H_0: $\mu \geq 29{,}0''$
H_a: $\mu < 29{,}0''$

43. t_{19}. Como no se conoce la desviación típica de la población, se utiliza la distribución *t*. Los grados de libertad son 19, porque $df = n - 1$.

44. El estadístico de prueba es –4,4721 y el valor *p* es 0,00013 con la función TTEST de la calculadora.

45. Con $\alpha = 0{,}05$, se rechaza la hipótesis nula.

46. Con $\alpha = 0{,}05$, el valor *p*es casi cero utilizando la función TTEST de la calculadora, por lo que se rechaza la hipótesis nula.

9.5: Información adicional y ejemplos de pruebas de hipótesis completas

47. El nivel de significación es del cinco por ciento.

48. dos colas

49. una cola

50. H_0: $p = 0{,}8$
H_a: $p \neq 0{,}8$

51. Utiliza la prueba normal para una proporción poblacional única porque *np* y *nq* son mayores que cinco.

10.1: Comparación de dos medias poblacionales independientes con desviaciones típicas poblacionales desconocidas

52. Son coincidentes (emparejados), porque usted entrevistó a parejas casadas.

53. Son independientes, porque los participantes se asignaron al azar a los grupos.

54. Son coincidentes (emparejados), porque se han recopilado datos dos veces de cada persona.

55. $d = \frac{\bar{x}_1 - \bar{x}_2}{s_{pooled}} = \frac{4{,}8 - 4{,}2}{1{,}6} = 0{,}375$
Se trata de un tamaño del efecto pequeño, ya que 0,375 se sitúa entre los tamaños del efecto pequeño (0,2) y medio (0,5) de Cohen.

56. $d = \frac{\bar{x}_1 - \bar{x}_2}{s_{pooled}} = \frac{5{,}2 - 4{,}2}{1{,}6} = 0{,}625$
El tamaño del efecto es de 0,625. Según la norma de Cohen, se trata de un tamaño del efecto medio, ya que se sitúa entre los tamaños del efecto medio (0,5) y grande (0,8).

57. valor $p < 0{,}01$.

58. Solo rechazará la hipótesis nula si obtiene un valor significativamente inferior a la media hipotética de 110.

10.2: Comparación de dos medias poblacionales independientes con desviaciones típicas poblacionales conocidas

59. $\overline{X}_1 - \overline{X}_2$, es decir, la diferencia media de la cantidad gastada en libros de texto para los dos grupos.

60. H_0: $\overline{X}_1 - \overline{X}_2 \leq 0$
H_a: $\overline{X}_1 - \overline{X}_2 > 0$
Esto también se podría escribir como:
H_0: $\overline{X}_1 \leq \overline{X}_2$
H_a: $\overline{X}_1 > \overline{X}_2$

61. Use la función 2-SampTest de la calculadora y rechace la hipótesis nula. Con un nivel de significación del 5 % hay pruebas suficientes para concluir que los estudiantes de Ciencias gastan más en libros de texto que los de Humanidades.

62. Use la función 2-SampTest de la calculadora y rechace la hipótesis nula. Con un nivel de significación del 1 %, hay pruebas suficientes para concluir que los estudiantes de Ciencias gastan más en libros de texto que los de Humanidades.

10.3: Comparación de dos proporciones de población independientes

63. H_0: $p_A = p_B$
H_a: $p_A \neq p_B$

64. $p_c = \frac{x_A + x_A}{n_A + n_A} = \frac{65 + 78}{100 + 100} = 0{,}715$

65. Con la función de la calculadora 2-PropZTest el valor p = 0,0417. rechazar la hipótesis nula. Con un nivel de significación del 3 %, hay pruebas suficientes para concluir que existe una diferencia entre las proporciones de hogares de las dos comunidades que tienen servicio de cable.

66. Con la función 2-PropZTest de la calculadora, el valor $p = 0,0417$. no rechazar la hipótesis nula. Al nivel de significación del 1 % no hay pruebas suficientes para concluir que existe una diferencia entre las proporciones de hogares de las dos comunidades que tienen servicio de cable.

10.4: Muestras coincidentes o emparejadas

67. H_0: $\overline{x}_d \geq 0$
H_a: $\overline{x}_d < 0$

68. $t = -4,5644$

69. $df = 30 - 1 = 29$.

70. Con la función TTEST de la calculadora, el valor $p = 0,00004$, por lo que se rechaza la hipótesis nula. Al nivel del 5 %, hay pruebas suficientes para concluir que los participantes perdieron peso, en promedio.

71. Un estadístico *t*positivo significaría que los participantes, en promedio, aumentaron de peso durante los seis meses.

11.1: Datos sobre la distribución chi-cuadrado

72. $\mu = df = 20$
$\sigma = \sqrt{2(de)} = \sqrt{40} = 6{,}32$

11.2: Prueba de bondad de ajuste

73. Inscritos = 200(0,66) = 132. No inscritos = 200(0,34) = 68

74.

	Observado (O)	Esperado (E)	O – E	(O – E)2	$\frac{(O-E)^2}{z}$
Inscritos	145	132	145 – 132 = 13	169	$\frac{169}{132} = 1{,}280$
No inscritos	55	68	55 – 68 = -13	169	$\frac{169}{68} = 2{,}485$

Tabla B13

75. $df = n - 1 = 2 - 1 = 1$.

76. Con la función de la calculadora Chi-square GOF – Test (en STAT TESTS), el estadístico de prueba es 3,7656 y el valor p es 0,0523. no rechazar la hipótesis nula. Al nivel de significación del 5 % no hay pruebas suficientes para concluir que la distribución de la clase de graduados más recientes de la escuela secundaria de inscritos y no inscritos no se ajusta a la de la distribución nacional.

77. se aproxima a la normal

78. asimetría a la derecha

11.3: Prueba de independencia

79.

	Móvil = Sí	Móvil = No	Total
Primer año	$\frac{250(300)}{500} = 150$	$\frac{250(200)}{500} = 100$	250
Último año	$\frac{250(300)}{500} = 150$	$\frac{250(200)}{500} = 100$	250
Total	300	200	500

Tabla B14

80. $\frac{(100-150)^2}{150} = 16{,}67$

$\frac{(150-100)^2}{100} = 25$

$\frac{(200-100)^2}{150} = 16{,}67$

$\frac{(50-100)^2}{100} = 25$

81. Chi-cuadrado = 16,67 + 25 + 16,67 + 25 = 83,34.
$df = (r - 1)(c - 1) = 1$

82. valor p = P(Chi-cuadrado, 83,34) = 0
Rechaza la hipótesis nula.
También puede usar la función de la calculadora STAT TESTS Chi-Square - Test.

11.4: Prueba de homogeneidad

83. La tabla tiene cinco filas y dos columnas. $df = (r - 1)(c - 1) = (4)(1) = 4$.

11.5: Resumen comparativo de las pruebas chi-cuadrado: Bondad de ajuste, independencia y homogeneidad

84. Con la función de la calculadora (STAT TESTS) Chi-Square Test, el valor $p = 0$. rechazar la hipótesis nula. Con un nivel de significación del 5 % hay pruebas suficientes para concluir que las respuestas del sondeo son independientes del grupo étnico de los participantes.

85. El valor esperado de cada celda debe ser, al menos, cinco.

86. H_0: Las variables son independientes.
H_a: Las variables no son independientes.

87. H_0: Las poblaciones tienen la misma distribución.
H_a: Las poblaciones no tienen la misma distribución.

11.6: Prueba de una sola varianza

88. H_0: $\sigma^2 \leq 5$
H_a: $\sigma^2 > 5$

Prueba práctica 4

12.1 Ecuaciones lineales

1. ¿Cuáles de las siguientes ecuaciones son lineales?

a. $y = -3x$
b. $y = 0{,}2 + 0{,}74x$
c. $y = -9{,}4 - 2x$
d. A y B
e. A, B y C

2. Para completar un trabajo de pintura se necesitan cuatro horas de preparación más una hora por cada 1.000 pies cuadrados. ¿Cómo expresaría esta información en una ecuación lineal?

3. Se paga a un instructor de estadística una tarifa por clase de 2.000 dólares más 100 dólares por cada estudiante de la clase. ¿Cómo expresaría esta información en una ecuación lineal?

4. Una escuela de tutoría requiere que los estudiantes paguen una cuota de inscripción única de 500 dólares más una matrícula de 3.000 dólares al año. Exprese esta información en una ecuación.

12.2: Pendiente e intersección en *Y* de una ecuación lineal

Use la siguiente información para responder los próximos cuatro ejercicios. Por los costos de mano de obra de las reparaciones un mecánico de automóviles cobra una tarifa fija de 75 dólares por automóvil, más una tarifa por hora de 55 dólares.

5. ¿Cuáles son las variables independientes y dependientes de esta situación?

6. Escriba la ecuación e identifique la pendiente y la intersección.

7. ¿Cuál es el costo de la mano de obra para un trabajo que tarda 3,5 horas en terminarse?

8. Un trabajo tarda 2,4 horas en terminarse, mientras que otro tarda 6,3 horas. ¿Cuál es la diferencia en los costos de mano de obra de estos dos trabajos?

12.3: Diagramas de dispersión

9. Describa el patrón de este diagrama de dispersión y decida si las variables *X* y *Y* serían buenas candidatas para la regresión lineal.

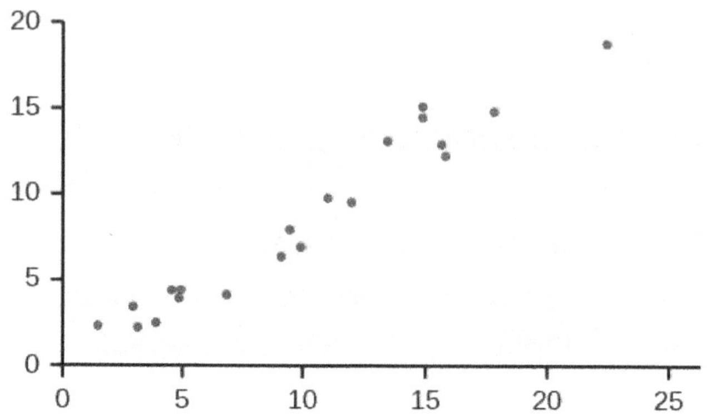

Figura B4

10. Describa el patrón de este diagrama de dispersión y decida si las variables *X* y *Y* serían buenas candidatas para la regresión lineal.

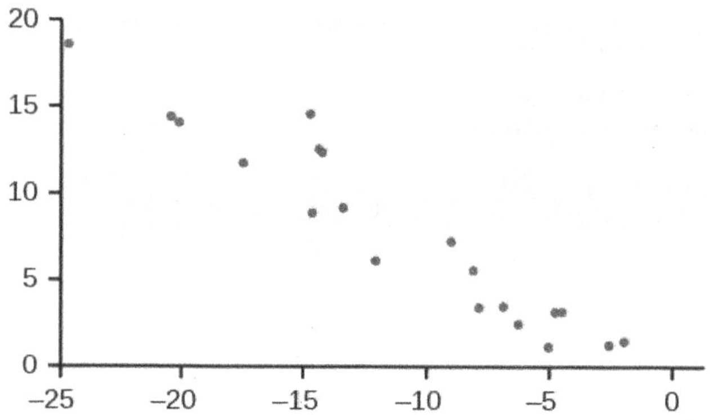

Figura B5

11. Describa el patrón de este diagrama de dispersión y decida si las variables *X* y *Y* serían buenas candidatas para la regresión lineal.

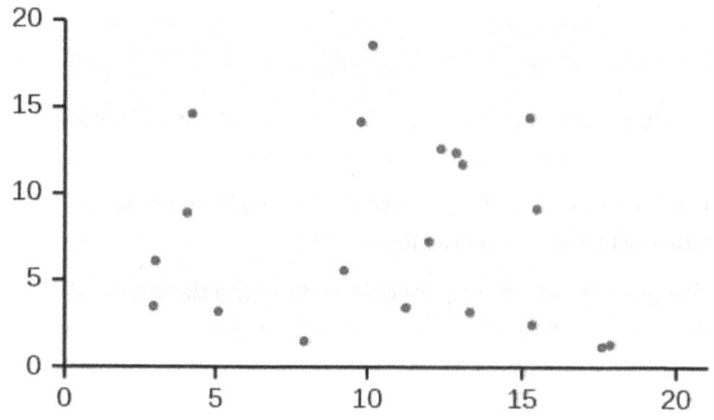

Figura B6

12. Describa el patrón de este diagrama de dispersión y decida si las variables *X* y *Y* serían buenas candidatas para la regresión lineal.

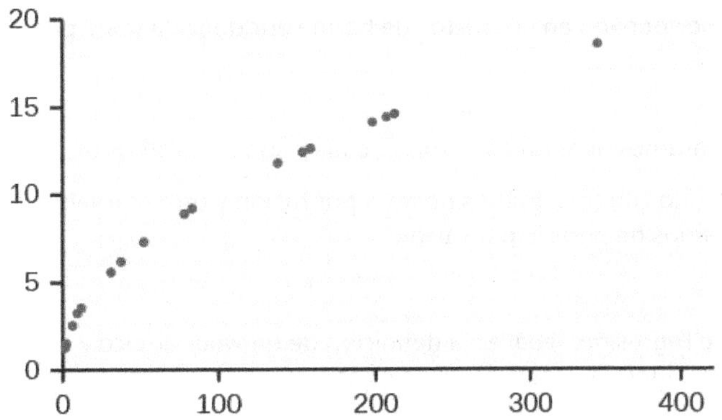

Figura B7

12.4: La ecuación de regresión

Use la siguiente información para responder los próximos cuatro ejercicios. La estatura (en pulgadas) y el peso (en libras) en una muestra de hombres de institutos universitarios de primer año que tienen una relación lineal con las siguientes estadísticas resumidas:

$\overline{x} = 68{,}4$
$\overline{y} = 141{,}6$
$s_x = 4{,}0$
$s_y = 9{,}6$
$r = 0{,}73$.

Supongamos que Y = peso y X = estatura, y escriba la ecuación de regresión en la forma:

$\hat{y} = a + bx$

13. ¿Cuál es el valor de la pendiente?

14. ¿Cuál es el valor de la intersección en *y*?

15. Escriba la ecuación de regresión que predice el peso a partir de la estatura en este conjunto de datos, y calcule el peso predicho para alguien de 68 pulgadas de alto.

12.5: Coeficiente de correlación y coeficiente de determinación

16. La correlación entre el peso de la carrocería y la eficiencia del combustible (medida en millas por galón) para una muestra de 2.012 modelos de automóviles es de –0,56. Calcule el coeficiente de determinación de estos datos y explique su significado.

17. La correlación entre el promedio de calificaciones (Grade Point Average, GPA) de la escuela secundaria y el GPA del primer año del instituto universitario para una muestra de 200 estudiantes de educación superior es de 0,32. ¿Cuánta variación en el GPA del primer año de instituto universitario no se explica por el GPA de la escuela secundaria?

18. Redondeado a dos decimales, ¿qué correlación entre dos variables es necesaria para tener un coeficiente de determinación de, al menos, 0,50?

12.6: Comprobación de la importancia del coeficiente de correlación

19. Escriba las hipótesis nula y alternativa de un estudio para determinar si dos variables están significativamente correlacionadas.

20. En una muestra de 30 casos, dos variables tienen una correlación de 0,33. Haga una prueba *t* para ver si este resultado es significativo al nivel $\alpha = 0{,}05$. Use la fórmula

$$t = \frac{r\sqrt{n-2}}{\sqrt{1-r^2}}$$

21. En una muestra de 25 casos, dos variables tienen una correlación de 0,45. Haga una prueba *t* para ver si este resultado es significativo al nivel $\alpha = 0{,}05$. Use la fórmula

$$t = \frac{r\sqrt{n-2}}{\sqrt{1-r^2}}$$

12.7: Predicción

Use la siguiente información para responder los próximos dos ejercicios. Un estudio que relaciona los gramos de potasio

(Y) con los gramos de fibra (X) por porción en productos de harina enriquecida (pan, panecillos, etc.) produjo la ecuación:
$\hat{y} = 25 + 16x$

22. Para un producto con cinco gramos de fibra por ración, ¿cuáles son los gramos de potasio esperados por ración?

23. Al comparar dos productos, uno con tres gramos de fibra por ración y otro con seis gramos de fibra por ración, ¿cuál es la diferencia esperada en gramos de potasio por ración?

12.8: Valores atípicos

24. En el contexto del análisis de regresión, ¿cuál es la definición de un valor atípico y cuál es la regla general para evaluar si un valor dado en un conjunto de datos es un valor atípico?

25. En el contexto del análisis de regresión, ¿cuál es la definición de punto influyente y en qué se diferencia un punto influyente de un valor atípico?

26. La línea de regresión de mínimos cuadrados para un conjunto de datos es $\hat{y} = 5 + 0{,}3x$ y la desviación típica de los residuos es de 0,4. ¿Un caso con los valores $x = 2$ $y = 6{,}2$ se considera un valor atípico?

27. La línea de regresión de mínimos cuadrados para un conjunto de datos es $\hat{y} = 2{,}3 – 0{,}1x$ y la desviación típica de los residuos es de 0,13. ¿Un caso con los valores $x = 4{,}1$ $y = 2{,}34$ se considera un valor atípico?

13.1: ANOVA de una vía

28. ¿Cuáles son los cinco supuestos básicos que hay que cumplir si se quiere hacer un análisis de varianza (ANalysis Of VAriance, ANOVA) de una vía?

29. Usted está hacer un ANOVA de una vía para comparar la eficacia de cuatro fármacos en la reducción de la presión arterial en pacientes hipertensos. ¿Cuáles son las hipótesis nula y alternativa de este estudio?

30. ¿Cuál es la principal diferencia entre la prueba $t$de muestras independientes y el ANOVA de una vía?

31. Está comparando los resultados de tres métodos de enseñanza de geometría para estudiantes de escuela secundaria. Las calificaciones del examen final X_1, X_2, X_3, para las muestras impartidas por los diferentes métodos tienen las siguientes distribuciones:
$X_1 \sim N(85; 3{,}6)$
$X_1 \sim N(82; 4{,}8)$
$X_1 \sim N(79; 2{,}9)$.
Cada muestra incluye 100 estudiantes, y las calificaciones del examen final tienen un rango de 0 a 100. Suponiendo que las muestras sean independientes y seleccionadas al azar, ¿se han cumplido los requisitos para realizar un ANOVA de una vía? Explique por qué sí o por qué no para cada supuesto.

32. Usted realiza un estudio en el que se compara la eficacia de cuatro tipos de fertilizantes para aumentar el rendimiento de los cultivos en sembradíos de trigo. Al examinar los resultados de la muestra, se halla que dos de las muestras tienen una distribución aproximadamente normal, y dos tienen una distribución aproximadamente uniforme. ¿Esto es una violación de los supuestos para realizar un ANOVA de una vía?

13.2: La distribución *F*

Use la siguiente información para responder los próximos siete ejercicios. Está realizando un estudio sobre tres tipos de suplementos alimenticios para el ganado vacuno para comprobar su eficacia a la hora de producir un aumento de peso entre los terneros, cuya alimentación incluye uno de los suplementos. Tiene cuatro grupos de 30 terneros (uno es un grupo de control que recibe el alimento habitual, pero sin suplemento). Llevará a cabo un ANOVA de una vía después de un año para ver si hay diferencias en el peso medio de los cuatro grupos.

33. ¿Cuál es la suma de los cuadrados (Sum of Squares, SS) SS_{dentro} en este experimento y qué significa?

34. ¿Cuál es la SS_{entre} en este experimento y qué significa?

35. ¿Qué son k y i para este experimento?

36. Si $SS_{dentro} = 374{,}5$ y $SS_{total} = 621{,}4$ para estos datos, ¿qué es SS_{entre}?

37. ¿Qué son MS_{entre} y MS_{dentro} para este experimento?

38. ¿Cuál es la estadística F para estos datos?

39. Si hubiera habido 35 terneros en cada grupo, en vez de 30, y las sumas de los cuadrados siguieran siendo iguales,

¿sería el estadístico F mayor o menor?

13.3: Datos sobre la distribución F

40. ¿Cuáles de los siguientes números son posibles estadísticas F?

a. 2,47
b. 5,95
c. -3,61
d. 7,28
e. 0,97

41. Los histogramas $F1$ y $F2$ que aparecen a continuación muestran la distribución de los casos de las muestras de dos poblaciones, una distribuida $F_{3, 15}$ y otra distribuida $F_{5, 500}$. ¿Qué muestra procede de qué población?

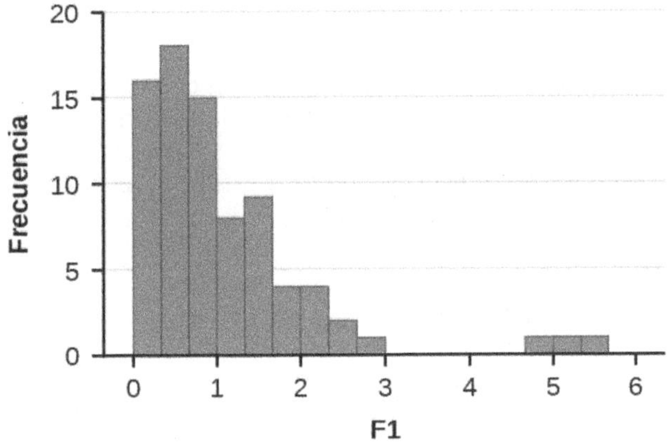

Figura B8

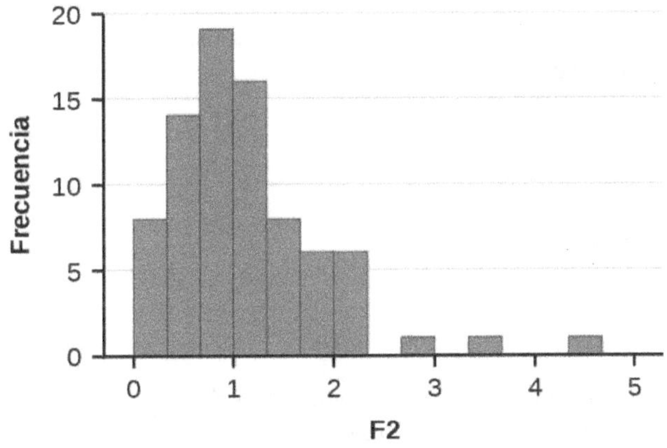

Figura B9

42. El estadístico F de un experimento con $k = 3$ y $n = 50$ es 3,67. Con $\alpha = 0{,}05$, ¿rechazará la hipótesis nula?

43. El estadístico F de un experimento con $k = 4$ y $n = 100$ es 4,72. Con $\alpha = 0{,}01$, ¿rechazará la hipótesis nula?

13.4: Prueba de dos varianzas

44. ¿Qué supuestos deben cumplirse para realizar la prueba F de dos varianzas?

45. Cree que hay mayor varianza en las notas otorgadas por el Departamento de Matemáticas de su universidad que en el de Inglés. Usted recopila todas las notas de las clases de grado en los dos departamentos durante un semestre, calcula la varianza de cada una y realiza una prueba F de dos varianzas. ¿Cuáles son las hipótesis nula y alternativa de este estudio?

Soluciones de la prueba de práctica 4

12.1 Ecuaciones lineales

1. e. A, B y C.
Las tres son ecuaciones lineales de la forma $y = mx + b$.

2. Supongamos que y = el número total de horas necesarias, y x son los pies cuadrados, medidos en unidades de 1.000. La ecuación es: $y = x + 4$

3. Supongamos que y = el pago total y x es el número de estudiantes de una clase. La ecuación es: $y = 100(x) + 2.000$

4. Supongamos que y = el costo total de la asistencia, y x es el número de años inscritos. La ecuación es: $y = 3.000(x) + 500$

12.2: Pendiente e intersección en Y de una ecuación lineal

5. La variable independiente son las horas trabajadas en un automóvil. La variable dependiente es el total de gastos de mano de obra para arreglar un automóvil.

6. Supongamos que y = la carga total, y x es el número de horas necesarias. La ecuación es: $y = 55x + 75$
La pendiente es 55 y la intersección es 75.

7. $y = 55(3,5) + 75 = 267,50$

8. Dado que la intersección está incluida en ambas ecuaciones, mientras que usted solo está interesado en la diferencia de costos, no necesita incluir la intersección en la solución. La diferencia en el número de horas requeridas es: 6,3 – 2,4 = 3,9.
Multiplique esta diferencia por el costo por hora: 55(3,9) = 214,5.
La diferencia de costo entre los dos trabajos es de 214,50 dólares.

12.3: Diagramas de dispersión

9. Las variables X y Y tienen una fuerte relación lineal. Estas variables serían buenas candidatas para el análisis con regresión lineal.

10. Las variables X y Y tienen una fuerte relación lineal negativa. Estas variables serían buenas candidatas para el análisis con regresión lineal.

11. No hay una relación lineal clara entre las variables X y Y, por lo que no son buenas candidatas para la regresión lineal.

12. Las variables X y Y tienen una fuerte relación positiva, pero es curvilínea y en vez de lineal. Estas variables no son buenas candidatas para la regresión lineal.

12.4: La ecuación de regresión

13. $r\left(\frac{s_y}{s_x}\right) = 0{,}73\left(\frac{9{,}6}{4{,}0}\right) = 1{,}752 \approx 1{,}75$

14. $a = \overline{y} - b\overline{x} = 141{,}6 - 1{,}752(68{,}4) = 21{,}7632 \approx 21{,}76$

15. $\hat{y} = 21{,}76 + 1{,}75(68) = 140{,}76$

12.5: Coeficiente de correlación y coeficiente de determinación

16. El coeficiente de determinación es el cuadrado de la correlación, o r^2.
Para estos datos, $r^2 = (-0{,}56)2 = 0{,}3136 \approx 0{,}31$ o 31 %. Esto significa que el 31 % de la variación en la eficiencia del combustible se puede explicar por el peso de la carrocería del automóvil.

17. El coeficiente de determinación = $0{,}32^2 = 0{,}1024$. Esta es la cantidad de variación en el GPA de estudiantes de primer año del instituto universitario que puede ser explicada por el GPA de la escuela secundaria. La cantidad que no se puede explicar es 1 – 0,1024 = 0,8976 ≈ 0,90. Por lo tanto, cerca del 90 % de la varianza en el GPA de los estudiantes de instituto universitario de primer año en estos datos no se explica por el GPA de la escuela secundaria.

18. $r = \sqrt{r^2}$
$\sqrt{0{,}5} = 0{,}707106781 \approx 0{,}71$
Se necesita una correlación de 0,71 o superior para tener un coeficiente de determinación de, al menos, 0,5.

12.6: Comprobación de la importancia del coeficiente de correlación

19. H_0: $\rho = 0$
H_a: $\rho \neq 0$

20. $t = \frac{r\sqrt{n-2}}{\sqrt{1-r^2}} = \frac{0{,}33\sqrt{30-2}}{\sqrt{1-0{,}33^2}} = 1{,}85$
El valor crítico para $\alpha = 0{,}05$ para una prueba de dos colas utilizando la distribución t_{29} es 2,045. Su valor es menor que

este, por lo que no se rechaza la hipótesis nula y se concluye que el estudio no produjo ninguna evidencia de que las variables estén significativamente correlacionadas.
Con la función tcdf de la calculadora, el valor *p* es 2tcdf(1,85; 10^99; 29) = 0,0373. No se rechaza la hipótesis nula y se concluye que el estudio no ha aportado pruebas de que las variables estén significativamente correlacionadas.

21. $t = \frac{r\sqrt{n-2}}{\sqrt{1-r^2}} = \frac{0{,}45\sqrt{25-2}}{\sqrt{1-0{,}45^2}} = 2{,}417$

El valor crítico para $\alpha = 0{,}05$ para una prueba de dos colas utilizando la distribución t_{24} es 2,064. Su valor es mayor que este, por lo que se rechaza la hipótesis nula y se concluye que el estudio produjo evidencia de que las variables están significativamente correlacionadas.
Con la función tcdf de la calculadora, el valor p es 2tcdf(2,417; 10^99; 24) = 0,0118. Rechace la hipótesis nula y concluya que el estudio produjo evidencia de que las variables están significativamente correlacionadas.

12.7: Predicción

22. $\hat{y} = 25 + 16(5) = 105$

23. Como la intersección aparece en ambos valores esperados, puede ignorarla al calcular una puntuación de diferencia prevista. La diferencia en gramos de fibra por ración es de 6 – 3 = 3 y la diferencia prevista en gramos de potasio por ración es de (16)(3) = 48.

12.8: Valores atípicos

24. Un valor atípico es un valor observado que se aleja de la línea de regresión de mínimos cuadrados. Una regla general es que un punto con más de dos desviaciones típicas de los residuos respecto a su valor predicho en la línea de regresión de mínimos cuadrados es un valor atípico.

25. Un punto influyente es un valor observado en un conjunto de datos que está alejado de otros puntos del conjunto de datos, en una dirección horizontal. A diferencia de un valor atípico, un punto influyente se determina por su relación con otros valores del conjunto de datos, no por su relación con la línea de regresión.

26. El valor previsto para y es: $\hat{y} = 5 + 0{,}3x = 5{,}6$. El valor de 6,2 está a menos de dos desviaciones típicas del valor previsto, por lo que no se considera un valor atípico.
Residual para (2; 6,2): 6,2 – 5,6 = 0,6 (0,6 < 2(0,4))

27. El valor previsto para y es: $\hat{y}$ = 2,3 – 0.1(4,1) = 1,89. El valor de 2,32 está a más de dos desviaciones típicas del valor previsto, por lo que se considera un valor atípico.
Residual para (4,1; 2,34): 2,32 – 1,89 = 0,43 (0,43 > 2(0,13))

13.1: ANOVA de una vía

28.

1. Cada muestra se extrae de una población distribuida normalmente
2. Todas las muestras son independientes y se seleccionan al azar.
3. Las poblaciones de las que se extraen las muestras tienen desviaciones típicas iguales.
4. El factor es una variable categórica.
5. La respuesta es una variable numérica.

29. H_0: $\mu 1 = \mu 2 = \mu 3 = \mu 4$
H_a: Al menos dos de las medias del grupo $\mu 1$, $\mu 2$, $\mu 3$, $\mu 4$ no son iguales.

30. La prueba *t*de muestras independientes solo puede comparar las medias de dos grupos, mientras que el ANOVA de una vía puede comparar las medias de más de dos grupos.

31. Cada muestra parece haber sido extraída de una población distribuida normalmente, el factor es una variable categórica (método), el resultado es una variable numérica (calificación de la prueba) y se le dijo que las muestras eran independientes y seleccionadas al azar, por lo que se cumplen esos requisitos. Sin embargo, cada muestra tiene una desviación típica diferente, y esto sugiere que las poblaciones de las que se extrajeron también tienen desviaciones típicas diferentes, lo que supone una violación de un supuesto del ANOVA de una vía. Serán necesarios más estadísticos de prueba para comprobar el supuesto de igualdad de varianza antes de continuar con el análisis.

32. Uno de los supuestos de un ANOVA de una vía es que las muestras proceden de poblaciones distribuidas normalmente. Dado que dos de sus muestras tienen una distribución aproximadamente uniforme, esto pone en duda que se cumpla esta hipótesis. Serán necesarios más estadísticos de prueba para determinar si puede continuar con el análisis.

13.2: La distribución F

33. La SS_{dentro} es la suma de los cuadrados dentro de los grupos, lo que representa la variación en el resultado que no puede atribuirse a los diferentes suplementos alimenticios, sino que se debe a factores individuales o al azar entre los terneros de cada grupo.

34. La SS_{entre} es la suma de los cuadrados entre los grupos, lo que representa la variación en el resultado que puede atribuirse a los diferentes suplementos alimenticios.

35. k = el número de grupos = 4
n_1 = el número de casos del grupo 1 = 30
n = el número total de casos = 4(30) = 120

36. $SS_{total} = SS_{dentro} + SS_{entre}$ por lo que $SS_{entre} = SS_{total} - SS_{dentro}$
621,4 – 374,5 = 246,9

37. Las medias cuadráticas en un ANOVA se hallan al dividir cada suma de cuadrados entre sus respectivos grados de libertad (df).
Para SS_{total}, $df = n - 1 = 120 - 1 = 119$.
Para SS_{entre}, $df = k - 1 = 4 - 1 = 3$.
Para SS_{dentro}, $df = 120 - 4 = 116$.
$MS_{entre} = \frac{246,9}{3} = 82,3$
$MS_{dentro} = \frac{374,5}{116} = 3,23$

38. $F = \frac{MS_{between}}{MS_{within}} = \frac{82,3}{3,23} = 25,48$

39. Sería mayor, porque estaría dividiendo entre un número menor. El valor de MS_{entre} no cambiaría con un cambio en el tamaño de la muestra, pero el valor de MS_{dentro} sería menor, porque se estaría dividiendo entre un número mayor (df_{dentro} sería 136, no 116). Dividir una constante entre un número menor produce un resultado mayor.

13.3: Datos sobre la distribución F

40. Todas menos la opción c, –3,61. Las estadísticas F son siempre mayores o iguales a 0.

41. A medida que aumentan los grados de libertad en una distribución F, la distribución casi se normaliza. El histograma $F2$ se acerca más a una distribución normal que el histograma $F1$, por lo que la muestra que aparece en el histograma $F1$ se extrajo de la población $F_{3, 15}$, y la muestra que aparece en el histograma $F2$ se extrajo de la población $F_{5, 500}$.

42. Con la función Fcdf de la calculadora, el valor p = Fcdf(3,67; 1E; 3,50) = 0,0182. rechazar la hipótesis nula.

43. Con la función Fcdf de la calculadora, el valor p = Fcdf(4,72; 1E; 4; 100) = 0,0016. Rechaza la hipótesis nula.

13.4: Prueba de dos varianzas

44. Las muestras se deben extraer de poblaciones distribuidas normalmente y de poblaciones independientes.

45. Supongamos que σ_M^2 = varianza en las notas de Matemáticas y σ_E^2 = varianza en las notas de Inglés.
H_0: $\sigma_M^2 \le \sigma_E^2$
H_a: $\sigma_M^2 > \sigma_E^2$

Práctica del examen final 1

Use la siguiente información para responder los dos próximos ejercicios: El experimento consiste en lanzar dos dados de 12 caras (los números 1 a 12 están impresos en las caras de cada dado).

- Sea que el evento A = ambos dados muestran un número par.
- Sea que el evento B = ambos dados muestran un número superior a ocho.

1. Los eventos A y B son:

a. mutuamente excluyentes.
b. independientes.
c. mutuamente excluyentes e independientes.
d. no son mutuamente excluyentes ni independientes.

2. Calcule $P(A|B)$.

a. $\frac{2}{4}$
b. $\frac{16}{144}$
c. $\frac{4}{16}$
d. $\frac{2}{144}$

3. ¿Cuál de las siguientes afirmaciones es VERDADERA cuando comprobamos una hipótesis sobre muestras coincidentes o emparejadas?

a. El tamaño de las muestras casi nunca es pequeño.
b. Se toman dos medidas del mismo par de personas u objetos.
c. Se comparan dos medias muestrales entre sí.
d. Las opciones de respuesta b y c son ambas verdaderas.

Use la siguiente información para responder los próximos dos ejercicios: A ciento dieciocho estudiantes se les preguntó de qué tipo de color estaban pintadas sus habitaciones: colores claros, oscuros o llamativos. Los resultados se tabularon según el sexo.

	Colores claros	Colores oscuros	Colores llamativos
Mujeres	20	22	28
Hombres	10	30	8

Tabla B15

4. Calcule la probabilidad de que un estudiante seleccionado al azar sea hombre o tenga un dormitorio pintado con colores claros.

a. $\frac{10}{118}$
b. $\frac{68}{118}$
c. $\frac{48}{118}$
d. $\frac{10}{48}$

5. Calcule la probabilidad de que un estudiante elegido al azar sea hombre, dado que su dormitorio está pintado con colores oscuros.

a. $\frac{30}{118}$
b. $\frac{30}{48}$
c. $\frac{22}{118}$
d. $\frac{30}{52}$

Use la siguiente información para responder los próximos dos ejercicios: Nos interesa el número de veces que hay que recordarle a un adolescente que haga sus tareas cada semana. Se realizó una encuesta a 40 madres. La Tabla B16 muestra los resultados de la encuesta.

x	$P(x)$
0	$\frac{2}{40}$
1	$\frac{5}{40}$
2	

Tabla B16

x	$P(x)$
3	$\frac{14}{40}$
4	$\frac{7}{40}$
5	$\frac{4}{40}$

Tabla B16

6. Calcule la probabilidad de que a un adolescente se le recuerde dos veces que haga sus tareas.

a. 8
b. $\frac{8}{40}$
c. $\frac{6}{40}$
d. 2

7. Calcule el número de veces que se le recuerda a un adolescente que haga sus tareas.

a. 15
b. 2,78
c. 1,0
d. 3,13

Use la siguiente información para responder los próximos dos ejercicios: En un día cualquiera, aproximadamente el 37,5 % de los automóviles en el garaje de De Anza están estacionados en posición incorrecta. Seleccionamos al azar a 22 automóviles. Estamos interesados en el número de automóviles que están estacionados en posición incorrecta.

8. Por cada 22 automóviles, ¿cuántos se espera que estén aparcados en posición incorrecta, en promedio?

a. 8,25
b. 11
c. 18
d. 7,5

9. ¿Cuál es la probabilidad de que al menos diez de los 22 automóviles estén aparcados en posición incorrecta?

a. 0,1263
b. 0,1607
c. 0,2870
d. 0,8393

10. Queremos hacer una prueba de hipótesis con una muestra de 15 calificaciones de la escala de inteligencia Stanford-Binet. Nuestra afirmación es que la calificación media de la escala de inteligencia Stanford-Binet es superior a 100. Se sabe que la desviación típica de todas las calificaciones de la escala de inteligencia Stanford-Binet es de 15 puntos. La distribución correcta que se utiliza para la comprobación de la hipótesis es:

a. Binomial
b. *t* de Student
c. Normal
d. Uniforme

Use la siguiente información para responder los próximos tres ejercicios: El instituto universitario De Anza mantiene estadísticas sobre el índice de aprobados de los estudiantes que se inscriben en las clases de Matemáticas. En una muestra de 1.795 estudiantes inscritos en Matemáticas 1A (Cálculo del 1.er trimestre), 1.428 aprobaron el curso. En una muestra de 856 estudiantes inscritos en Matemáticas 1B (Cálculo del 2.º trimestre), 662 aprobaron. En general, ¿los índices de aprobados de Matemáticas 1A y Matemáticas 1B son estadísticamente iguales? Supongamos que A = el subíndice de Matemáticas 1A y B = el subíndice de Matemáticas 1B.

11. Si se realizara una comprobación adecuada, la hipótesis alternativa sería:

a. H_a: $p_A = p_B$
b. H_a: $p_A > p_B$
c. H_o: $p_A = p_B$
d. H_a: $p_A \neq p_B$

12. El error de tipo I:

a. concluye que el índice de aprobados de Matemáticas 1A es igual al de Matemáticas 1B cuando, en realidad, los índices de aprobados son diferentes.
b. concluye que el porcentaje de aprobados de Matemáticas 1A es diferente al de Matemáticas 1B cuando, en realidad, los porcentajes de aprobados son iguales.
c. concluye que el porcentaje de aprobados de Matemáticas 1A es mayor que el de Matemáticas 1B cuando, en realidad, el porcentaje de aprobados de Matemáticas 1A es menor que el de Matemáticas 1B.
d. concluye que el porcentaje de aprobados de Matemáticas 1A es igual al de Matemáticas 1B cuando, en realidad, son iguales.

13. La decisión correcta es:

a. rechaza H_0
b. no rechaza H_0
c. No hay suficiente información para hacer la prueba de la hipótesis.

Kia, Alejandra e Iris son corredoras en los equipos de atletismo de tres escuelas diferentes. Sus tiempos de carrera, en minutos, y las estadísticas de los equipos de atletismo de sus respectivas escuelas para una carrera de una milla figuran en la siguiente tabla:

	Tiempo de ejecución	Tiempo promedio de carrera de la escuela	Desviación típica de la escuela
Kia	4,9	5,2	0,15
Alejandra	4,2	4,6	0,25
Iris	4,5	4,9	0,12

Tabla B17

14. ¿Cuál es la MEJOR estudiante en comparación con las demás corredoras de su escuela?

a. Kia
b. Alejandra
c. Iris
d. Imposible de determinar

Use la siguiente información para responder los próximos dos ejercicios: Los siguientes precios de sudaderas de esquí para adultos son del catálogo de invierno de Gorsuch Ltd.: 212, 292, 278, 199, 280 y 236 dólares.

Supongamos que la población subyacente del precio de la sudadera es aproximadamente normal. La hipótesis nula es que el precio medio de las sudaderas de esquí para adultos de Gorsuch Ltd. es de 275 dólares como mínimo.

15. La distribución correcta que debería utilizarse para comprobar la hipótesis es

a. Normal
b. Binomial
c. *t* de Student
d. Exponencial

16. La prueba de la hipótesis:

a. es de dos colas.
b. es de cola izquierda.
c. es de cola derecha.
d. no tiene colas.

17. Sara, estudiante de estadística, quería determinar la media del número de libros que los profesores de institutos universitarios tienen en su oficina. Seleccionó al azar dos edificios del campus y le preguntó a cada profesor de los edificios seleccionados cuántos libros hay en su oficina. Sara encuestó a 25 profesores. El tipo seleccionado de muestreo es

a. muestreo aleatorio simple.
b. muestreo sistemático.
c. muestreo por conglomerados.
d. muestreo estratificado.

18. ¿Una tienda de ropa utilizaría qué medida del centro de datos al hacer pedidos para el típico cliente "medio"?

a. media
b. mediana
c. moda
d. IQR

19. En una comprobación de la hipótesis, el valor p es

a. la probabilidad de que un resultado de los datos ocurra por pura casualidad cuando la hipótesis nula es verdadera.
b. llamado el alfa preconcebido.
c. comparado con beta para decidir si se rechaza o no la hipótesis nula.
d. Las opciones de respuesta A y B son ambas verdaderas.

Use la siguiente información para responder los próximos tres ejercicios: Un colegio comunitario ofrece clases 6 días a la semana: de lunes a sábado. María realizó un estudio de los estudiantes de sus clases para determinar cuántos días a la semana acuden al campus los estudiantes que están en sus clases. En cada una de sus 5 clases seleccionó al azar a 10 estudiantes y les preguntó cuántos días acudían al campus para asistir a clases. Todas sus clases son del mismo tamaño. Los resultados de su encuesta se resumen en la Tabla B18.

Número de días en el campus	Frecuencia	Frecuencia relativa	Frecuencia relativa acumulada
1	2		
2	12	0,24	
3	10	0,20	
4			0,98
5	0		
6	1	0,02	1,00

Tabla B18

20. Además del muestreo de conveniencia, ¿qué otra técnica de muestreo utilizó María?

a. simple aleatorio
b. sistemático
c. conglomerado
d. estratificado

21. ¿Cuántos estudiantes acuden al campus para recibir clases cuatro días a la semana?

a. 49
b. 25
c. 30
d. 13

22. ¿Cuál es el percentil 60 de estos datos?

a. 2

b. 3
c. 4
d. 5

Use la siguiente información para responder los dos próximos ejercicios: Los siguientes datos son los resultados de una encuesta aleatoria realizada a 110 reservistas llamados a servicio activo para aumentar la seguridad en aeropuertos de California.

Número de dependientes	Frecuencia
0	11
1	27
2	33
3	20
4	19

Tabla B19

23. Construya un intervalo de confianza del 95 % para la media poblacional real del número de dependientes de los reservistas llamados a servicio activo para aumentar la seguridad en aeropuertos de California.

a. (1,85, 2,32)
b. (1,80, 2,36)
c. (1,97, 2,46)
d. (1,92, 2,50)

24. El intervalo de confianza del 95 % significa:

a. El cinco por ciento de los intervalos de confianza construidos de esta manera no contendrán el verdadero número promedio de dependientes de la población.
b. Tenemos un 95 % de confianza para que el número de la media real de la población de dependientes caiga en el intervalo.
c. Las dos opciones de respuesta anteriores son correctas.
d. Ninguna de las anteriores.

25. $X \sim U(4; 10)$. Calcule el percentil 30.

a. 0,3000
b. 3
c. 5,8
d. 6,1

26. Si $X \sim Exp(0{,}8)$, entonces $P(x < \mu) =$ ________

a. 0,3679
b. 0,4727
c. 0,6321
d. no se puede determinar

27. La vida útil de un tablero de circuito de computadora se distribuye normalmente con una media de 2.500 horas y una desviación típica de 60 horas. ¿Cuál es la probabilidad de que un tablero seleccionado al azar dure como máximo 2.560 horas?

a. 0,8413
b. 0,1587
c. 0,3461
d. 0,6539

28. Se realizó una encuesta entre 123 reservistas llamados a servicio activo como consecuencia de los atentados del 11 de septiembre de 2001 para determinar la proporción de los que estaban casados. Ochenta y seis declararon estar casados. Construya un intervalo de confianza del 98 % para la verdadera proporción de la población de reservistas llamados al servicio activo que están casados.

a. (0,6030, 0,7954)
b. (0,6181, 0,7802)
c. (0,5927, 0,8057)
d. (0,6312, 0,7672)

29. Los tiempos de victoria en los maratones de 26 millas de corredores de talla mundial tienen un promedio de 145 minutos con una desviación típica de 14 minutos. Se recopila una muestra de los últimos diez tiempos de los ganadores de maratones. Supongamos que x = los tiempos medios de victoria en diez maratones. La distribución para x es:

a. $N\left(145, \frac{14}{\sqrt{10}}\right)$
b. $N(145,14)$
c. t_9
d. t_{10}

30. Supongamos que Phi Beta Kappa distingue al uno por ciento de los mejores estudiantes de último año de institutos universitarios y universidades. Suponga que la media del promedio de calificaciones (GPA) en un instituto universitario determinado se distribuye normalmente con una media de 2,5 y una desviación típica de 0,5. ¿Cuál sería el GPA mínimo necesario para ser miembro de Phi Beta Kappa en esa universidad?

a. 3,99
b. 1,34
c. 3,00
d. 3,66

El número de personas que viven en granjas en Estados Unidos ha disminuido constantemente durante el siglo XX. Estos son los datos sobre la población agrícola (en millones de personas) de 1935 a 1980.

Año	1935	1940	1945	1950	1955	1960	1965	1970	1975	1980
Población	32,1	30,5	24,4	23,0	19,1	15,6	12,4	9,7	8,9	7,2

Tabla B20

31. La ecuación de regresión lineal es $\hat{y}$ = 1166,93 - 0,5868x. ¿Cuál era la población agrícola prevista (en millones de personas) para 1980?

a. 7,2
b. 5,1
c. 6,0
d. 8,0

32. En la regresión lineal, ¿cuál es la mejor *SSE* posible?

a. 13,46
b. 18,22
c. 24,05
d. 16,33

33. En el análisis de regresión, si el coeficiente de correlación es cercano a uno, ¿qué se puede decir de la línea de mejor ajuste?

a. Es una línea horizontal. Por lo tanto, no podemos utilizarla.
b. Hay un fuerte patrón lineal. Por lo tanto, es muy probable que sea un buen modelo para utilizar.
c. El coeficiente de correlación está cerca del límite. Por lo tanto, es difícil tomar una decisión.
d. No tenemos la ecuación. Por lo tanto, no podemos decir nada al respecto.

Use la siguiente información para responder los próximos tres ejercicios: En un estudio sobre los planes de carrera de mujeres y hombres jóvenes se enviaron cuestionarios a los 722 miembros de la clase de último año de la Facultad de

Administración y Negocios de la Universidad de Illinois. Una de las preguntas se refería a la especialidad que el estudiante había elegido dentro del programa de Negocios. Estos son los datos de los estudiantes que respondieron.

	Mujeres	Hombres
Contabilidad	68	56
Administración	91	40
Economía	5	6
Finanzas	61	59

Tabla B21 ¿Los datos sugieren que existe una relación entre el sexo de los estudiantes y su elección de especialidad?

34. La distribución para la prueba es:

a. $\text{Chi}^2{}_8$.
b. $\text{Chi}^2{}_3$.
c. t_{721}.
d. $N(0, 1)$.

35. El número previsto de mujeres que eligen las finanzas es:

a. 37.
b. 61.
c. 60.
d. 70.

36. El valor *p* es 0,0127 y el nivel de significación es 0,05. La conclusión de la prueba es:

a. no hay pruebas suficientes para concluir que la elección de la especialidad y el sexo del estudiante no son independientes entre sí.
b. hay pruebas suficientes para concluir que la elección de la especialidad y el sexo del estudiante no son independientes entre sí.
c. hay pruebas suficientes para concluir que los estudiantes hallan la economía muy difícil.
d. hay pruebas suficientes para concluir que hay más mujeres que prefieren la administración que los hombres.

37. Una agencia informó que la fuerza laboral en todo el país está compuesta por un 10 % de profesionales, un 10 % de administrativos, un 30 % de trabajadores cualificados, un 15 % de trabajadores de servicios y un 35 % de trabajadores semicualificados. Una muestra aleatoria de 100 residentes en San José indicó que había 15 profesionales, 15 administrativos, 40 trabajadores cualificados, 10 trabajadores de servicios y 20 trabajadores semicualificados. Con α = 0,10, ¿parece que la fuerza laboral de San José es coherente con el informe de la agencia para el país? ¿Qué tipo de prueba es?

a. Bondad de ajuste de chi^2
b. Prueba de independencia de chi^2
c. Proporciones de grupos independientes
d. No se puede determinar

Soluciones del examen final de práctica 1

Soluciones

1. b. independiente

2. c. $\frac{4}{16}$

3. b. Se toman dos medidas del mismo par de personas u objetos.

4. b. $\frac{68}{118}$

5. d. $\frac{30}{52}$

6. b. $\frac{8}{40}$

7. b. 2,78

8. a. 8,25

9. c. 0,2870

10. c. Normal

11. d. H_a: $p_A \neq p_B$

12. b. concluye que el porcentaje de aprobados de Matemáticas 1A es diferente al de Matemáticas 1B cuando, en realidad, los porcentajes de aprobados son iguales.

13. b. no rechazar H_0

14. c. Iris

15. c. *t* de Student

16. b. es de cola izquierda.

17. c. muestreo por conglomerados

18. b. mediana

19. a. la probabilidad de que un resultado de los datos ocurra por pura casualidad cuando la hipótesis nula es verdadera.

20. d. estratificado

21. b. 25

22. c. 4

23. a. (1,85, 2,32)

24. c. Ambas anteriores son correctas.

25. c. 5,8

26. c. 0,6321

27. a. 0,8413

28. a. (0,6030, 0,7954)

29. a. $N\left(145, \frac{14}{\sqrt{10}}\right)$

30. d. 3,66

31. b. 5,1

32. a. 13,46

33. b. Hay un fuerte patrón lineal. Por lo tanto, es muy probable que sea un buen modelo para utilizar.

34. b. $\text{Chi}^2{}_3$.

35. d. 70

36. b. Hay pruebas suficientes para concluir que la elección de la especialidad y el sexo del estudiante no son independientes entre sí.

37. a. Chi^2 bondad de ajuste

Práctica del examen final 2

1. Se hizo un estudio para determinar la proporción de adolescentes que tienen un automóvil. La proporción de población de adolescentes que tienen un automóvil es la:

a. estadístico.
b. parámetro.
c. población.
d. variable.

Use la siguiente información para responder los próximos dos ejercicios:

valor	frecuencia
0	1
1	4
2	7
3	9
6	4

Tabla B22

2. El diagrama de caja para los datos es:

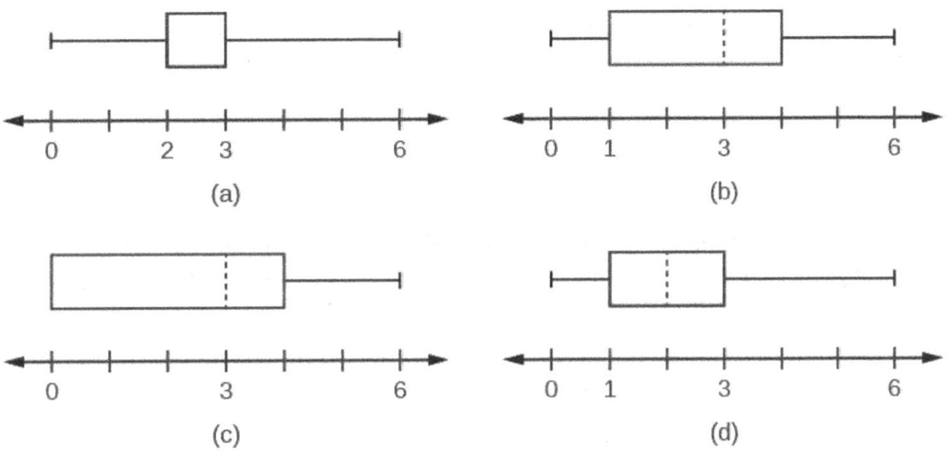

Figura B10

3. Si se suma seis a cada valor de los datos de la tabla, el percentil 15 de la nueva lista de valores es:

a. seis
b. uno
c. siete
d. ocho

Use la siguiente información para responder los próximos dos ejercicios: Supongamos que la probabilidad de que se produzca una sequía en cualquier año independiente es del 20 %. De los años en los que se produce una sequía, la probabilidad de racionamiento de agua es del diez por ciento. Sin embargo, en cualquier año, la probabilidad de racionamiento de agua es del cinco por ciento.

4. ¿Cuál es la probabilidad de que se produzca tanto una sequía como racionamiento de agua?

a. 0,05
b. 0,01
c. 0,02
d. 0,30

5. ¿Cuál de las siguientes afirmaciones es cierta?

a. La sequía y el racionamiento de agua son eventos independientes.
b. La sequía y el racionamiento de agua son eventos mutuamente excluyentes.
c. Ninguna de las anteriores.

Use la siguiente información para responder los próximos dos ejercicios: Supongamos que una encuesta arroja los siguientes datos:

sexo	manzana	calabaza	pacana
mujer	40	10	30
hombre	20	30	10

Tabla B23 Tarta favorita

6. Supongamos que se elige una persona al azar. La probabilidad de que la tarta favorita de la persona sea de manzana o de que la persona sea hombre es ____.

a. $\frac{40}{60}$
b. $\frac{60}{140}$
c. $\frac{120}{140}$
d. $\frac{100}{140}$

7. Supongamos que H_0 es: La tarta favorita y el sexo son independientes. El valor *p* es _____.

a. ≈ 0
b. 1
c. 0,05
d. no se puede determinar

Use la siguiente información para responder los próximos dos ejercicios: Supongamos que la probabilidad de que un adulto vea las noticias, al menos, una vez a la semana sea de 0,60. Encuestamos 14 personas al azar. Nos interesa el número de personas que ven las noticias, al menos, una vez por semana.

8. ¿Cuál de los siguientes enunciados es FALSO?

a. $X \sim B(14\ 0{,}60)$
b. Los valores de *x* son: {1, 2, 3, ..., 14}.
c. $\mu = 8{,}4$
d. $P(X = 5) = 0{,}0408$

9. Calcule la probabilidad de que al menos seis adultos vean las noticias al menos una vez a la semana.

a. $\frac{6}{14}$
b. 0,8499
c. 0,9417
d. 0,6429

10. ¿Qué distribución de muestreo es probable que haya generado el siguiente histograma?

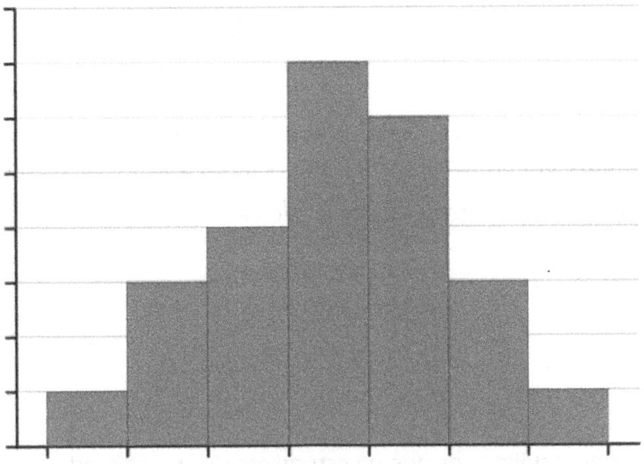

Figura B11

a. chi-cuadrado con $df = 6$
b. exponencial
c. uniforme
d. binomial

11. Se sabe que las edades de los estudiantes diurnos y nocturnos del campus se distribuyen normalmente. Una muestra de seis estudiantes diurnos y nocturnos del campus declararon sus edades (en años) como: {18, 35, 27, 45, 20, 20}. ¿Cuál es el límite de error para el intervalo de confianza del 90 % de la edad promedio real?

a. 11,2
b. 22,3
c. 17,5
d. 8,7

12. Si una variable aleatoria con distribución normal tiene $\mu = 0$ y $\sigma = 1$, entonces el 97,5 % de los valores de la población están por encima de:

a. -1,96.
b. 1,96.
c. 1.
d. -1.

Use la siguiente información para responder los próximos tres ejercicios. Se sabe que la cantidad de dinero que un cliente gasta cuando va al supermercado tiene una distribución exponencial. Supongamos que la cantidad promedio de dinero que gasta un cliente cuando va al supermercado es de 72 dólares.

13. ¿Cuál es la probabilidad de que un cliente gaste menos de 72 dólares en un viaje al supermercado?

a. 0,6321
b. 0,5000
c. 0,3714
d. 1

14. ¿Cuánto dinero en total espera que gasten los próximos cinco clientes en un solo viaje al supermercado (en dólares)?

a. 72
b. $\frac{72^2}{5}$
c. 5184
d. 360

15. Si se quiere calcular la probabilidad de que la cantidad media de dinero que 50 clientes gastan en un viaje al supermercado sea inferior a 60 dólares, la distribución que debería utilizarse es:

a. $N(72, 72)$
b. $N\left(72, \frac{72}{\sqrt{50}}\right)$

c. *Exp*(72)
d. $Exp\left(\frac{1}{72}\right)$

Use la siguiente información para responder los próximos tres ejercicios: El tiempo que tarda un estudiante de cuarto grado en sacar la basura se distribuye uniformemente en el intervalo de uno a diez minutos.

16. ¿Cuál es la probabilidad de que un estudiante de cuarto grado elegido al azar tarde más de siete minutos en sacar la basura?

a. $\frac{3}{9}$
b. $\frac{7}{9}$
c. $\frac{3}{10}$
d. $\frac{7}{10}$

17. ¿Qué gráfico muestra mejor la probabilidad de que un estudiante de cuarto grado elegido al azar tarde más de seis minutos en sacar la basura dado que ya ha tardado más de tres minutos?

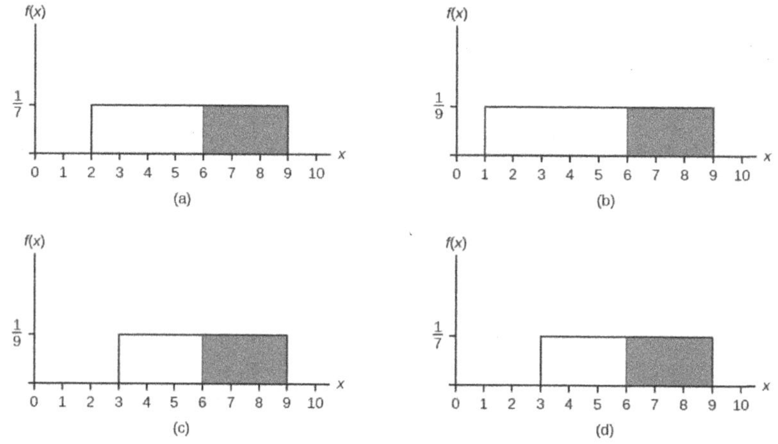

Figura B12

18. ¿Cuántos minutos deberíamos esperar que un estudiante de cuarto grado tarde en sacar la basura?

a. 4,5
b. 5,5
c. 5
d. 10

Use la siguiente información para responder los próximos tres ejercicios: Al principio del trimestre, el tiempo que un estudiante espera en la fila de la cafetería del campus se distribuye normalmente, con una media de cinco minutos y una desviación típica de 1,5 minutos.

19. ¿Cuál es el percentil 90 de los tiempos de espera (en minutos)?

a. 1,28
b. 90
c. 7,47
d. 6,92

20. La mediana de tiempo de espera (en minutos) para un estudiante es:

a. 5.
b. 50.
c. 2,5.
d. 1,5.

21. Calcule la probabilidad de que el tiempo promedio de espera de diez estudiantes sea como máximo de 5,5 minutos.

a. 0,6301

b. 0,8541
c. 0,3694
d. 0,1459

22. Se toma una muestra de 80 ingenieros de software en Silicon Valley y se comprueba que el 20 % de ellos gana 50.000 dólares al año aproximadamente. Una estimación puntual de la verdadera proporción de ingenieros en Silicon Valley que ganan 50.000 dólares al año es:

a. 16.
b. 0,2.
c. 1.
d. 0,95.

23. Si $P(Z < z_{\alpha}) = 0{,}1587$ donde $Z \sim N(0, 1)$, entonces α es igual a:

a. -1.
b. 0,1587.
c. 0,8413.
d. 1.

24. Un profesor hizo una prueba a 35 estudiantes para determinar sus habilidades al inicio del curso. Al final del trimestre, tras completar el curso, se administró la misma prueba a los mismos 35 estudiantes para indagar sobre su mejora. Esta sería una prueba de:

a. grupos independientes.
b. dos proporciones.
c. pares coincidentes, grupos dependientes.
d. grupos exclusivos.

Todos los niños de tercer grado que asisten a la escuela ABC presentaron un examen de Matemáticas. Se tomaron dos muestras aleatorias de calificaciones.

	n	$\overline{x}$	s
Niños	55	82	5
Niñas	60	86	7

Tabla B24

25. ¿Cuál de las siguientes opciones describe correctamente los resultados de la comprobación de hipótesis de la afirmación "existe una diferencia entre las puntuaciones medias obtenidas por las niñas y los niños de tercer grado al nivel de significación del 5 %"?

a. No rechazar H_0. No hay pruebas suficientes para concluir que existe una diferencia en las calificaciones medias.
b. No rechazar H_0. Hay pruebas suficientes para concluir que existe una diferencia en las calificaciones medias.
c. Rechazar H_0. No hay pruebas suficientes para concluir que no hay diferencias en las calificaciones medias.
d. Rechazar H_0. Hay pruebas suficientes para concluir que existe una diferencia en las calificaciones medias.

26. En una encuesta realizada a 80 hombres, 45 habían practicado un deporte organizado durante su infancia. De las 70 mujeres encuestadas, 25 habían practicado un deporte organizado durante su infancia. Nos interesa saber si la proporción de hombres es mayor que la de mujeres. La conclusión correcta es que:

a. no hay información suficiente para concluir que la proporción de hombres es igual a la de mujeres.
b. no hay información suficiente para concluir que la proporción de hombres no es igual a la de mujeres.
c. hay pruebas suficientes para concluir que la proporción de hombres es mayor que la de mujeres.
d. no hay suficiente información para llegar a una conclusión.

27. Por experiencia, un maestro de estadística ha comprobado que la calificación promedio en un examen parcial es de 81 con una desviación típica de 5,2. Este trimestre, una clase de 49 estudiantes tuvo una desviación típica de 5 en el examen parcial. ¿Los datos indican que debemos rechazar la afirmación del maestro de que la desviación típica es de 5,2? Utilice $\alpha = 0{,}05$.

a. Sí

b. No
c. No se da suficiente información para resolver el problema

28. Se comparan tres máquinas de carga. Se tomaron diez muestras para cada máquina. La máquina I tardó un promedio de 31 minutos en cargar los paquetes con una desviación típica de dos minutos. La máquina II tardó un promedio de 28 minutos en cargar los paquetes con una desviación típica de 1,5 minutos. La máquina III tardó un promedio de 29 minutos en cargar los paquetes con una desviación típica de un minuto. Calcule el valor *p* al probar que el promedio de los tiempos de carga es el mismo.

a. el valor *p* es cercano a cero
b. el valor *p* es cercano a uno
c. no se da suficiente información para resolver el problema

Use la siguiente información para responder los próximos tres ejercicios: Una compañía tiene oficinas en diferentes partes del país. Ha recopilado la siguiente información sobre el número de baños y el número de empleados en siete centros:

Número de empleados x	650	730	810	900	102	107	1150
Número de baños y	40	50	54	61	82	110	121

Tabla B25

29. ¿Es significativa la correlación entre el número de empleados y el número de baños?

a. Sí
b. No
c. No hay suficiente información para responder la pregunta

30. La ecuación de regresión lineal es:

a. $\hat{y} = 0{,}0094 - 79{,}96x$
b. $\hat{y} = 79{,}96 + 0{,}0094x$
c. $\hat{y} = 79{,}96 - 0{,}0094x$
d. $\hat{y} = -0{,}0094 + 79{,}96x$

31. Si un centro tiene 1.150 empleados, ¿cuántos baños debería tener aproximadamente?

a. 69
b. 91
c. 91.954
d. Aquí no deberíamos hacer estimaciones.

32. Supongamos que se recopila una muestra de tamaño diez, con $\overline{x} = 4{,}4$ y $s = 1{,}4$. H_0: $\sigma^2 = 1{,}6$ versus H_a: $\sigma^2 \neq 1{,}6$. ¿Qué gráfico describe mejor los resultados de la prueba?

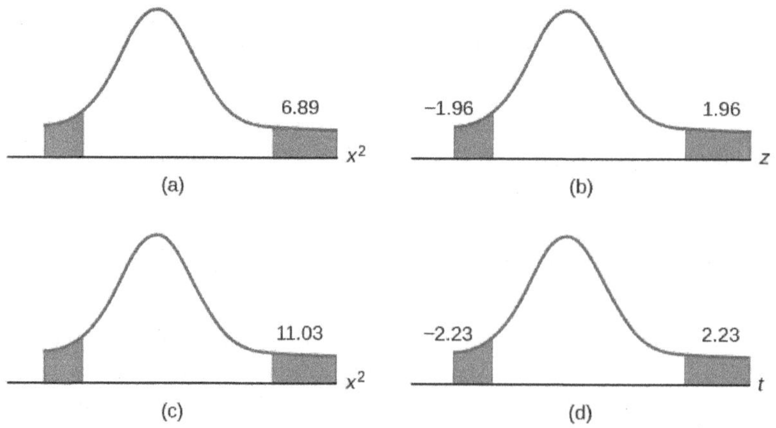

Figura B13

Se les preguntó a sesenta y cuatro mochileros sobre el número de días transcurridos desde su viaje más reciente. El número de días se indica en Tabla B26:

Número de días	1	2	3	4	5	6	7	8
Frecuencia	5	9	6	12	7	10	5	10

Tabla B26

33. Realice una prueba adecuada para determinar si la distribución es uniforme.

a. El valor *p* es > 0,10. No hay información suficiente para concluir que la distribución no es uniforme.
b. El valor *p* es < 0,01. Hay suficiente información para concluir que la distribución no es uniforme.
c. El valor *p* está entre 0,01 y 0,10, pero sin alfa (α) no hay suficiente información
d. No hay ninguna prueba que se pueda realizar.

34. ¿Cuál de las siguientes afirmaciones es cierta cuando se utiliza el ANOVA de una vía?

a. Las poblaciones de las que se seleccionan las muestras tienen distribuciones diferentes.
b. El tamaño de las muestras es grande.
c. La prueba consiste en determinar si los diferentes grupos tienen las mismas medias.
d. Existe una correlación entre los factores del experimento.

Soluciones del examen final de práctica 2

Soluciones

1. b. parámetro.

2. a.

3. c. siete

4. c. 0,02

5. c. ninguna de las anteriores

6. d. $\frac{100}{140}$

7. a. ≈ 0

8. b. Los valores de *x* son: {1, 2, 3,..., 14}

9. c. 0,9417.

10. d. binomial

11. d. 8,7

12. a. −1,96

13. a. 0,6321

14. d. 360

15. b. $N\left(72, \frac{72}{\sqrt{50}}\right)$

16. a. $\frac{3}{9}$

17. d.

18. b. 5,5

19. d. 6,92

20. a. 5

21. b. 0,8541

22. b. 0,2

23. a. –1.

24. c. pares coincidentes, grupos dependientes.

25. d. Rechazar H_0. Hay pruebas suficientes para concluir que existe una diferencia en las calificaciones medias.

26. c. hay pruebas suficientes para concluir que la proporción de hombres es mayor que la de mujeres.

27. b. no

28. b. El valor *p* es cercano a 1.

29. b. No

30. c. $\hat{y} = 79{,}96x - 0{,}0094$

31. d. Aquí no deberíamos hacer estimaciones.

32. a.

33. a. El valor *p*es > 0,10. No hay información suficiente para concluir que la distribución no es uniforme.

34. c. La prueba consiste en determinar si los diferentes grupos tienen las mismas medias.

C CONJUNTOS DE DATOS

Tiempos de vuelta

Las siguientes tablas proporcionan los tiempos de vuelta del libro de registro de Terri Vogel. Los tiempos se registran en segundos para las vueltas de 2,5 millas completadas en una serie de carreras y carreras de práctica.

	Vuelta 1	Vuelta 2	Vuelta 3	Vuelta 4	Vuelta 5	Vuelta 6	Vuelta 7
Carrera 1	135	130	131	132	130	131	133
Carrera 2	134	131	131	129	128	128	129
Carrera 3	129	128	127	127	130	127	129
Carrera 4	125	125	126	125	124	125	125
Carrera 5	133	132	132	132	131	130	132
Carrera 6	130	130	130	129	129	130	129
Carrera 7	132	131	133	131	134	134	131
Carrera 8	127	128	127	130	128	126	128
Carrera 9	132	130	127	128	126	127	124
Carrera 10	135	131	131	132	130	131	130
Carrera 11	132	131	132	131	130	129	129
Carrera 12	134	130	130	130	131	130	130
Carrera 13	128	127	128	128	128	129	128
Carrera 14	132	131	131	131	132	130	130
Carrera 15	136	129	129	129	129	129	129
Carrera 16	129	129	129	128	128	129	129
Carrera 17	134	131	132	131	132	132	132
Carrera 18	129	129	130	130	133	133	127
Carrera 19	130	129	129	129	129	129	128
Carrera 20	131	128	130	128	129	130	130

Tabla C1 Tiempos de vuelta de carrera (en segundos)

	Vuelta 1	Vuelta 2	Vuelta 3	Vuelta 4	Vuelta 5	Vuelta 6	Vuelta 7
Práctica 1	142	143	180	137	134	134	172
Práctica 2	140	135	134	133	128	128	131
Práctica 3	130	133	130	128	135	133	133
Práctica 4	141	136	137	136	136	136	145
Práctica 5	140	138	136	137	135	134	134
Práctica 6	142	142	139	138	129	129	127
Práctica 7	139	137	135	135	137	134	135
Práctica 8	143	136	134	133	134	133	132
Práctica 9	135	134	133	133	132	132	133
Práctica 10	131	130	128	129	127	128	127
Práctica 11	143	139	139	138	138	137	138
Práctica 12	132	133	131	129	128	127	126
Práctica 13	149	144	144	139	138	138	137
Práctica 14	133	132	137	133	134	130	131
Práctica 15	138	136	133	133	132	131	131

Tabla C2 Tiempos de vuelta de práctica (en segundos)

Precios de las acciones

La siguiente tabla recoge los precios de las acciones de la oferta pública inicial (OPI) de todos los valores de 1999 que al menos duplicaron su valor durante el primer día de cotización.

$17,00	$23,00	$14,00	$16,00	$12,00	$26,00
$20,00	$22,00	$14,00	$15,00	$22,00	$18,00
$18,00	$21,00	$21,00	$19,00	$15,00	$21,00
$18,00	$17,00	$15,00	$25,00	$14,00	$30,00
$16,00	$10,00	$20,00	$12,00	$16,00	$17,44
$16,00	$14,00	$15,00	$20,00	$20,00	$16,00
$17,00	$16,00	$15,00	$15,00	$19,00	$48,00

Tabla C3 Precios de oferta de la OPI

$16,00	$18,00	$9,00	$18,00	$18,00	$20,00
$8,00	$20,00	$17,00	$14,00	$11,00	$16,00
$19,00	$15,00	$21,00	$12,00	$8,00	$16,00
$13,00	$14,00	$15,00	$14,00	$13,41	$28,00
$21,00	$17,00	$28,00	$17,00	$19,00	$16,00
$17,00	$19,00	$18,00	$17,00	$15,00	
$14,00	$21,00	$12,00	$18,00	$24,00	
$15,00	$23,00	$14,00	$16,00	$12,00	
$24,00	$20,00	$14,00	$14,00	$15,00	
$14,00	$19,00	$16,00	$38,00	$20,00	
$24,00	$16,00	$8,00	$18,00	$17,00	
$16,00	$15,00	$7,00	$19,00	$12,00	
$8,00	$23,00	$12,00	$18,00	$20,00	
$21,00	$34,00	$16,00	$26,00	$14,00	

Tabla C3 Precios de oferta de la OPI

Referencias

Datos recopilados por Jay R. Ritter, de la Universidad de Florida, con datos de *Securities Data Co.* y *Bloomberg*.

D PROYECTOS DE GRUPOS Y ASOCIACIONES

Datos univariantes

Objetivos de aprendizaje de los estudiantes

- El estudiante diseñará y realizará una encuesta.
- El estudiante analizará y representará gráficamente los resultados de la encuesta.

Instrucciones

A medida que vaya terminando cada una de las tareas que aparecen a continuación, márquelas. Responda a todas las preguntas de su resumen.

___ Decida qué datos va a considerar.

Aquí hay dos ejemplos, pero **NO** puede usarlos: número de M&M por bolsa, número de lápices que los estudiantes tienen en sus mochilas.

___ ¿Sus datos son discretos o continuos? ¿Cómo lo sabe?

___ Decida cómo va a recoger los datos (por ejemplo, compre 30 bolsas de M&M; recoja datos de internet).

___ Describa su técnica de muestreo en detalle. Utilice muestreos por conglomerados, estratificado, sistemático o aleatorio simple (mediante un generador de números aleatorio). No use el muestreo de conveniencia. ¿Qué método utilizó? ¿Por qué eligió ese método?

___ Realice su encuesta. **El tamaño de sus datos debe ser de al menos 30.**

___ Resuma sus datos en un gráfico con columnas que muestren el **valor de los datos, la frecuencia, la frecuencia relativa y la frecuencia relativa acumulada.**

Conteste lo siguiente (redondeado a dos decimales)

a. $\overline{x}$ = _____
b. s = _____
c. Primer cuartil = _____
d. Mediana = _____
e. Percentil 70 = _____

___ ¿Qué valor está dos desviaciones típicas por encima de la media?

___ ¿Qué valor está 1,5 desviaciones típicas por debajo de la media?

___ Realice un histograma que muestre sus datos.

___ En frases completas, describa la forma de su gráfico.

___ ¿Nota algún valor atípico potencial? Si es así, ¿qué valores son? Muestre su trabajo sobre cómo utilizó la fórmula de valores atípicos potenciales para determinar si los valores podrían ser atípicos o no.

___ Realice un diagrama de caja y bigotes que muestre sus datos.

___ ¿El 50 % medio de los datos parece estar concentrado o disperso? Explique cómo lo determinó.

___ Observe tanto el histograma como el diagrama de caja y bigotes y discuta la distribución de sus datos.

Lista de comprobación de asignaciones

Entregue el siguiente paquete mecanografiado y engrapado, con las páginas en el siguiente orden:

Portada: nombre, hora de la clase y nombre de su estudio

Página de resumen: Debe contener párrafos escritos con frases completas. Debe incluir las respuestas a todas las preguntas anteriores. También debe incluir afirmaciones que describan la población estudiada, la muestra, el parámetro o los parámetros estudiados y la estadística o las estadísticas producidas.

URL de los datos, si sus datos proceden de internet

Cuadro de datos, frecuencia, frecuencia relativa y frecuencia relativa acumulada

Página(s) de gráficos: histograma y diagrama de caja y bigotes

Distribuciones continuas y teorema del límite central

Objetivos de aprendizaje de los estudiantes

- El estudiante recogerá una muestra de datos continuos.
- El estudiante intentará ajustar la muestra de datos a varios modelos de distribución.
- El estudiante validará el teorema del límite central.

Instrucciones

A medida que vaya terminando cada una de las tareas que aparecen a continuación, márquelas. Responda a todas las preguntas en su resumen.

Parte I: Muestreo

___ Decida qué datos **continuos** va a estudiar. (He aquí dos ejemplos, pero NO puede utilizarlos: la cantidad de dinero que un estudiante ha gastado en material universitario este trimestre, o la duración de una llamada telefónica a distancia).

___ Describa detalladamente su técnica de muestreo. Utilice muestreos por conglomerados, estratificado, sistemático o aleatorio simple (mediante un generador de números aleatorio). No use el muestreo de conveniencia. ¿Qué método utilizó? ¿Por qué eligió ese método?

___ Realice su encuesta. Reúna **al menos 150 datos continuos y cuantitativos**.

___ Defina (en palabras) la variable aleatoria de sus datos. X = ______

___ Cree dos listas con sus datos: (1) datos no ordenados, (2) en orden de menor a mayor.

___ Halle la media muestral y la desviación típica de la muestra (redondeada a dos decimales).

a. $\overline{x}$ = _____
b. s = _____

___ Construya un histograma de sus datos que contenga de cinco a diez intervalos de igual anchura. El histograma debe ser una muestra representativa de sus datos. Identifíquelo y escálelo.

Parte II: Distribuciones posibles

___ Supongamos que X sigue las siguientes distribuciones teóricas. Configure cada distribución utilizando la información apropiada de sus datos.

___ Uniforme: $X \sim U$ __________ Utilice los valores más bajos y más altos como a y b.

___ Normal: $X \sim N$ __________ Use $\overline{x}$ para estimar μ y s para estimar σ.

___ **¿Deben** sus datos ajustarse a una de las distribuciones anteriores? Explique por qué sí o por qué no.

___ **¿Podrían** los datos ajustarse a dos o tres de las distribuciones anteriores (al mismo tiempo)? Explique.

___ Calcule el valor k(un valor X) que está 1,75 desviaciones típicas por encima de la media muestral. k = ________ (redondeado a dos decimales) Note que: $k = \overline{x} + (1{,}75)s$

___ Determine las frecuencias relativas(RF) redondeadas a cuatro decimales.

Nota

$$RF = \frac{\text{frecuencia}}{\text{número total de encuestados}}$$

a. $RF(X < k)$ = _____
b. $RF(X > k)$ = _____
c. $RF(X = k)$ = _____

Nota

Debe tener una página para la distribución uniforme, una para la distribución exponencial y otra para la distribución normal.

___ Indique la distribución: $X \sim$ _______

___ Dibuje un gráfico para cada una de las tres distribuciones teóricas. Rotule los ejes y márquelos adecuadamente.

___ Halle las siguientes probabilidades teóricas (redondeadas a cuatro decimales).

a. $P(X < k) =$ _____
b. $P(X > k) =$ _____
c. $P(X = k) =$ _____

____ Compare las frecuencias relativas con las probabilidades correspondientes. ¿Los valores son cercanos?
____ ¿Parece que los datos se ajustan bien a la distribución? Justifique tu respuesta comparando las probabilidades con las frecuencias relativas y los histogramas con los gráficos teóricos.

Parte III: Experimentos del CLT

_____ A partir de sus datos originales (antes de ordenarlos), utilice un generador de números aleatorios para elegir 40 muestras de tamaño cinco. En cada muestra, calcule el promedio.
_____ En una página separada, adjunta al resumen, incluya las 40 muestras de tamaño cinco, junto con los 40 promedios de las muestras.
_____ Enumere los 40 promedios en orden de menor a mayor.
_____ Defina la variable aleatoria, $\overline{X}$, en palabras. $\overline{X} =$ ____________
_____ Indique la distribución teórica aproximada de $\overline{X}$. $\overline{X} \sim$ ____________
_____ Base esto en la media y la desviación típica de sus datos originales.
_____ Construya un histograma que muestre sus datos. Utilice de cinco a seis intervalos de igual anchura. Identifíquelo y escálelo.
Calcule el valor $\overline{k}$ (un valor $\overline{X}$) que está 1,75 desviaciones típicas por encima de la media muestral. $\overline{k} =$ ____ (redondeado a dos decimales)
Determine las frecuencias relativas (*RF*) redondeadas a cuatro decimales.

a. $RF(\overline{X} < \overline{k}) =$ ______
b. $RF(\overline{X} > \overline{k}) =$ ______
c. $RF(\overline{X} = \overline{k}) =$ ______

Halle las siguientes probabilidades teóricas (redondeadas a cuatro decimales).

a. $P(\overline{X} < \overline{k}) =$ ______
b. $P(\overline{X} > \overline{k}) =$ ______
c. $P(\overline{X} = \overline{k}) =$ ______

_____ Dibuje el gráfico de la distribución teórica de X.
_____ Compare las frecuencias relativas con las probabilidades. ¿Los valores son cercanos?
_____ ¿Parece que los datos de los promedios se ajustan bien a la distribución de $\overline{X}$? Justifique su respuesta comparando las probabilidades con las frecuencias relativas y el histograma con el gráfico teórico.
Responda a las siguientes preguntas en tres o cinco frases completas para cada una. Dé explicaciones detalladas.
_____ En resumen, ¿los datos originales parecen ajustarse a las distribuciones uniforme, exponencial o normal? Responda por qué sí o por qué no para cada distribución. Si los datos no se ajustan a ninguna de esas distribuciones, explique por qué.
_____ ¿Qué ocurrió con la forma y la distribución cuando promedió sus datos? **En teoría**, ¿qué pudo haber pasado? En teoría, ¿siempre ocurriría "eso"? ¿Por qué sí o por qué no?
_____ ¿Las frecuencias relativas comparadas con las probabilidades teóricas eran más cercanas al comparar las distribuciones X o $\overline{X}$? Explique su respuesta.

Lista de comprobación de asignaciones

Debe entregar el siguiente paquete mecanografiado y engrapado, con las páginas en el siguiente orden:
___ **Portada**: nombre, hora de clase y nombre de su estudio.
___ **Páginas de resumen**: Las páginas contener varios párrafos escritos con frases completas que describan el experimento, incluyendo lo que estudió y su técnica de muestreo, así como las respuestas a todas las preguntas formuladas anteriormente.
___ **URL** de los datos, si sus datos provienen de internet.
___ **Páginas, una por cada distribución teórica**, con la distribución indicada, el gráfico y las preguntas de probabilidad respondidas.
___ **Páginas de los datos solicitados.**
___ **Todos los gráficos requeridos**

Artículo sobre la prueba de hipótesis

Objetivos de aprendizaje de los estudiantes

- El estudiante identificará un problema de comprobación de hipótesis en versión impresa.
- El estudiante realizará una encuesta para verificar o rebatir los resultados de la prueba de hipótesis.
- El estudiante resumirá el artículo, el análisis y las conclusiones en un informe.

Instrucciones

Marque cada tarea a medida que la complete. Conteste todas las preguntas de su resumen.

___Busque **un artículo** de periódico, de una revista o en internet que haga una afirmación sobre **UNA** media poblacional o **UNA** proporción de la población. La afirmación puede basarse en una encuesta sobre la que el artículo informaba. Decida si esta afirmación es la hipótesis nula o la alternativa.

___**Copie o imprima el artículo** e incluya una copia en su proyecto, junto con la fuente.

___**Indique cómo recogerá sus datos** (el muestreo de conveniencia no es aceptable).

___**Realice su encuesta. Debe tener más de 50 respuestas en su muestra.** Cuando entregue su proyecto final, adjunte la hoja de registro o el paquete de cuestionarios que utilizó para recoger los datos. Sus datos deben ser reales.

___**Indique los estadísticos** resultado de su recopilación de datos: tamaño de la muestra, media muestral y desviación típica, O BIEN, tamaño de la muestra y número de éxitos.

___**Haga dos copias de la hoja de soluciones correspondiente.**

___**Registre la prueba de hipótesis** en la hoja de soluciones, con base en su experimento. Haga primero **un BORRADOR de la solución** en una de las hojas de solución y revísela cuidadosamente. Pídale a un compañero que verifique su solución. Tome su decisión utilizando un nivel de significación del 5 %. Incluya el intervalo de confianza del 95 % en la hoja de soluciones.

___**Realice un gráfico que ilustre sus datos.** Puede ser un gráfico circular o de barras, o bien un histograma o un diagrama de caja, según la naturaleza de los datos. Elabore un gráfico que tenga sentido para sus datos y ofrezca información visual útil sobre ellos. Es posible que tenga que ver varios tipos de gráficos antes de decidir cuál es el más apropiado para el tipo de datos de su proyecto.

___**Escriba su resumen** (en oraciones y párrafos completos, con gramática adecuada y ortografía correcta) que describa el proyecto. El resumen **DEBE** incluir:

a. Breve análisis del artículo, incluyendo la fuente.
b. Enunciado de la afirmación hecha en el artículo (una de las hipótesis).
c. Descripción detallada de cómo, dónde y cuándo se recogieron los datos, incluida la técnica de muestreo; ¿se utilizó un muestreo por conglomerados, estratificado, sistemático o aleatorio simple (utilizando un generador de números aleatorios)? Como se mencionó anteriormente, no se acepta el muestreo de conveniencia.
d. Conclusión sobre la afirmación del artículo a la luz de su prueba de hipótesis expuesta en palabras, en el contexto de la situación de su proyecto en forma de oraciones, como si estuviera escribiendo esta conclusión para un no estadístico.
e. Oración que interprete su intervalo de confianza en el contexto de la situación de su proyecto.

Lista de comprobación de asignaciones

Entregue el siguiente paquete mecanografiado (12 puntos) y engrapado para su proyecto final:

___**Portada** que contenga su(s) nombre(s), la hora de la clase y el nombre de su estudio

___**Resumen**, que incluya todos los elementos enumerados en la lista de verificación del resumen

___**Hoja de solución** organizada y completa. La hoja de soluciones no necesita ser mecanografiada.

___**Representación gráfica de sus datos**, elaborada siguiendo las directrices ya expuestas; incluya sólo los gráficos que correspondan y sean útiles.

___**Datos brutos recogidos Y una tabla que resuma los datos de la muestra** (n, $\overline{x}$ y s; o x, n, y p', según convenga para sus hipótesis); no es necesario que los datos brutos estén mecanografiados, pero sí el resumen. Entregue los datos tal y como los recogió. (Adjunte su hoja de recuento o un sobre con sus cuestionarios)

Datos bivariantes, regresión lineal y datos univariantes

Objetivos de aprendizaje de los estudiantes

- Los estudiantes recogerán una muestra de datos bivariantes mediante el uso de técnicas de muestreo adecuadas.
- El estudiante intentará ajustar los datos a un modelo lineal.
- El estudiante determinará la idoneidad del ajuste lineal del modelo.
- El estudiante analizará y graficará datos univariantes.

Instrucciones

1. A medida que vaya terminando cada una de las tareas que aparecen a continuación, márquelas. Responda a todas las preguntas en su introducción o resumen.
2. Consulte el calendario del curso para conocer las fechas de entrega intermedias y finales.
3. Los gráficos pueden elaborarse a mano o por computadora, a menos que su instructor le indique lo contrario. Todos los gráficos deben estar ordenados y ser precisos.
4. Todas las demás respuestas deben elaborarse en la computadora.
5. La claridad y calidad de las explicaciones se utilizan para determinar la nota final.

Parte I: Datos bivariantes

Introducción

___Indique los datos bivariantes que su grupo estudiará.

Estos son dos ejemplos, pero **NO** puede utilizarlos: altura frente a peso y edad frente a distancia de carrera.

___Describa detalladamente su técnica de muestreo. Utilice un muestreo por conglomerados, estratificado, sistemático o aleatorio simple (utilizando un generador de números aleatorios). El muestreo de conveniencia **NO** es aceptable.

___Realice su encuesta. El número de pares debe ser al menos 30.

___Imprima una copia de sus datos.

Análisis

___ En una hoja aparte, elabore un gráfico de dispersión de los datos. Rotule y escale ambos ejes.

___Establezca la línea de mínimos cuadrados y el coeficiente de correlación.

___En su diagrama de dispersión, con un color diferente, construya la línea de mínimos cuadrados.

___¿Es significativo el coeficiente de correlación? Explique y muestre cómo lo determinó.

___Interprete la pendiente de la recta de regresión lineal en el contexto de los datos de su proyecto. Relacione la explicación con sus datos y cuantifique lo que le dice la pendiente.

___¿La línea de regresión parece ajustarse a los datos? ¿Por qué sí o por qué no? Si los datos no parecen ser lineales, explique si algún otro modelo parece ajustarse mejor a los datos.

___¿Hay algún valor atípico? Si es así, ¿cuáles son? Muestre cómo utilizó la fórmula de valores atípicos potenciales en el capítulo de Regresión y correlación lineal (ya que tiene datos bivariantes) para determinar si algún par podría ser atípico o no.

Parte II: Datos univariantes

En esta sección, solo utilizará los datos de **UNA** variable. Elija la variable más interesante de analizar. Por ejemplo: si su variable independiente son datos secuenciales como años, presentando 30 años y un dato por año, sus valores *x* podrían ser 1971, 1972, 1973, 1974, ..., 2000. No sería interesante analizar esto. En ese caso, opte por utilizar la variable dependiente para analizar esta parte del proyecto.

____Resuma sus datos en un gráfico con columnas que muestren el valor de los datos, la frecuencia, la frecuencia relativa y la frecuencia relativa acumulada.

____Responda a la siguiente pregunta, redondeada a dos decimales:

a. Media muestral = _____
b. Desviación típica de la muestra = _____
c. Primer cuartil = _____
d. Tercer cuartil = _____
e. Mediana = _____
f. Percentil 70 = _____
g. Valor que está 2 desviaciones típicas por encima de la media = _____
h. Valor que está 1,5 desviaciones típicas por debajo de la media = _____

____Elabore un histograma que muestre sus datos. Agrupe los datos en seis o diez intervalos de igual anchura. Elija intervalos regularmente espaciados que tengan sentido en relación con sus datos. Por ejemplo, NO agrupe los datos por edad como 20-26,27-33,34-40,41-47,48-54,55-61 . . . En su lugar, puede utilizar los grupos de edad 19,5-24,5, 24,5-29,5, . . . o 19,5-29,5, 29,5-39,5, 39,5-49,5, . . .

____Describa en frases completas la forma de su histograma.

____¿Hay algún valor atípico potencial? ¿Qué valores son? Muestre su trabajo y sus cálculos sobre cómo utilizó la

fórmula de valores atípicos potenciales en Estadística descriptiva (ya que ahora está utilizando datos univariantes) para determinar qué valores podrían ser atípicos.
____Elabore un diagrama de caja y bigotes de sus datos.
____¿El 50 % central de sus datos parece estar concentrado o disperso? Explique cómo lo determinó.
____ Observe tanto el histograma como el diagrama de caja y bigotes, y analice la distribución de sus datos. Por ejemplo: ¿cómo se compara la dispersión del 50 % central de los datos con la dispersión del resto de los datos representados en el diagrama de caja y bigotes?, ¿cómo se corresponde eso con su descripción de la forma del histograma?, ¿cómo muestra la representación gráfica los valores atípicos que pudo haber encontrado?, ¿el histograma muestra espacios en los datos que no son visibles en el diagrama de caja y bigotes? ¿hay alguna característica interesante de sus datos que deba señalar?

Fechas de entrega

- Parte I, Introducción: ________ (guarde una copia para sus archivos).
- Parte I, Análisis: ________ (guarde una copia para sus archivos).
- Proyecto completo, mecanografiado y engrapado: ________

___ Portada: nombres, hora de la clase y nombre de su estudio

___ Parte I: rotule las secciones "Introducción" y "Análisis".

___ Parte II:

___ Página de resumen que contiene varios párrafos escritos con frases completas que describan el experimento, incluyendo lo que estudió y cómo recogió sus datos. La página de resumen también debe incluir las respuestas a TODAS las preguntas formuladas anteriormente.

___ Todos los gráficos solicitados en el proyecto.

___ Todos los cálculos solicitados para apoyar las preguntas en los datos-

___ Descripción: ¿qué aprendió al realizar este proyecto?, ¿qué retos se le presentaron?, ¿cómo los superó?

Nota

Incluya las respuestas a TODAS las preguntas formuladas, aunque no se repitan explícitamente en los puntos anteriores.

E HOJAS DE SOLUCIONES

Prueba de hipótesis con una muestra

Hora de clases: ____________________

Nombre: ____________________________

a. H_0: _____
b. H_a: _____
c. En palabras, indique **CLARAMENTE** qué representa su variable aleatoria $\overline{X}$ o P'.
d. Indique la distribución que se utilizará para la prueba.
e. ¿Cuál es el estadístico de prueba?
f. ¿Cuál es el valor *p*? En una o dos frases completas, explique qué significa el valor *p* en este problema.
g. Use la información anterior para dibujar una imagen de esta situación. DE FORMA CLARA, identifique y escale el eje horizontal y sombree la(s) región(es) correspondiente(s) al valor *p*.

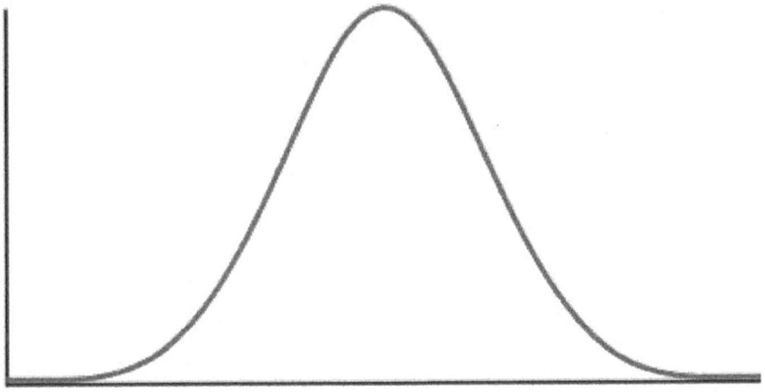

Figura E1

h. Indique la decisión correcta ("rechazar" o "no rechazar" la hipótesis nula), la razón para ello y escriba una conclusión adecuada, utilizando **frases completas**.
   i. Alfa: _____
   ii. Decisión: _____
   iii. Motivo de la decisión: _____
   iv. Conclusión: _____
i. Construya un intervalo de confianza del 95 % para la media o la proporción verdaderas. Incluya un esquema del gráfico de la situación. Identifique la estimación puntual y los límites inferior y superior del intervalo de confianza.

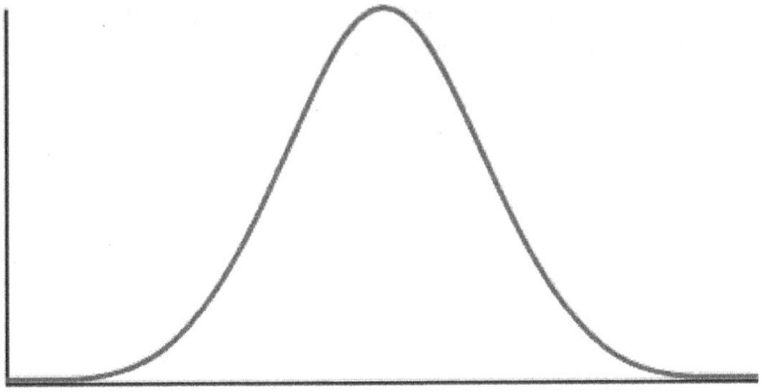

Figura E2

Prueba de hipótesis con dos muestras

Hora de clases: ____________________

Nombre: ____________________________

a. H_0: _____
b. H_a: _____

c. En palabras, indique **claramente** qué representa su variable aleatoria $\overline{X}_1 - \overline{X}_2$, $P'_1 - P'_2$ o $\overline{X}_d$.
d. Indique la distribución que se utilizará para la prueba.
e. ¿Cuál es el estadístico de prueba?
f. ¿Cuál es el valor *p*? En una o dos frases completas, explique qué significa el valor p en este problema.
g. Use la información anterior para dibujar una imagen de esta situación. Rotule y escale **CLARAMENTE** el eje horizontal y sombree la(s) región(es) correspondiente(s) al valor *p*.

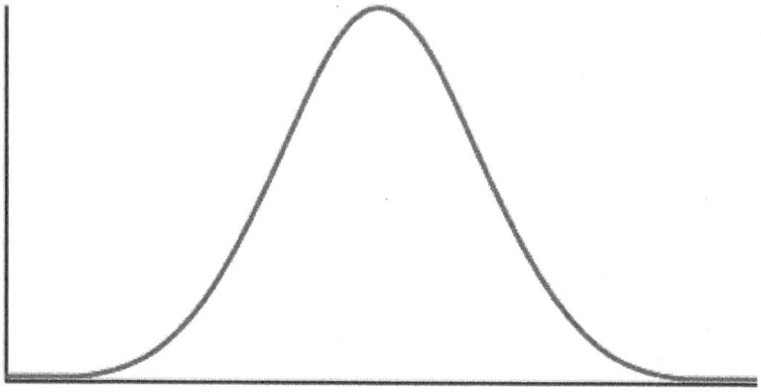

Figura E3

h. Indique la decisión correcta ("rechazar" o "no rechazar" la hipótesis nula), la razón para ello y escriba una conclusión adecuada, utilizando **frases completas**.
a. Alfa: ______
b. Decisión: ______
c. Motivo de la decisión: ______
d. Conclusión: ______

i. Explique con frases completas cómo ha determinado qué distribución utilizar.

La distribución chi-cuadrado

Hora de clases: ____________________
Nombre: ____________________________

a. H_0: ______
b. H_a: ______
c. ¿Cuáles son los grados de libertad?
d. Indique la distribución que se utilizará para la prueba.
e. ¿Cuál es el estadístico de prueba?
f. ¿Cuál es el valor *p*? En una o dos oraciones completas explique qué significa el valor *p* para este problema.
g. Use la información anterior para dibujar una imagen de esta situación. Identifique y escale **claramente** el eje horizontal y sombree la(s) región(es) correspondiente(s) al valor *p*.

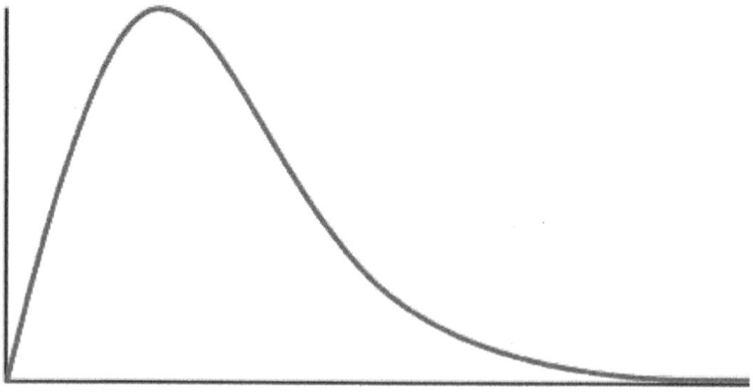

Figura E4

h. Indique la decisión correcta ("rechazar" o "no rechazar" la hipótesis nula) y escriba las conclusiones adecuadas, utilizando **frases completas.**
i. Alfa: ______

ii. Decisión: ______
iii. Motivo de la decisión: ______
iv. Conclusión: ______

Distribución F y ANOVA de una vía

Hora de clases: ______________________
Nombre: ______________________________

a. H_0: ______
b. H_a: ______
c. $df(n)$ = _____ $df(d)$ = ______
d. Indique la distribución que se utilizará para la prueba.
e. ¿Cuál es el estadístico de prueba?
f. ¿Cuál es el valor *p*?
g. Use la información anterior para dibujar una imagen de esta situación. Identifique y escale **claramente** el eje horizontal y sombree la(s) región(es) correspondiente(s) al valor *p*.

Figura E5

h. Indique la decisión correcta ("rechazar" o "no rechazar" la hipótesis nula) y escriba las conclusiones adecuadas, utilizando **frases completas**
a. Alfa: ______
b. Decisión: ______
c. Motivo de la decisión: ______
d. Conclusión: ______

F ORACIONES, SÍMBOLOS Y FÓRMULAS MATEMÁTICAS

Oraciones en español escritas matemáticamente

Cuando en español dice:	Interprete esto como:
X es, al menos, 4.	$X \geq 4$
El mínimo de *X* es 4.	$X \geq 4$
X no es inferior a 4.	$X \geq 4$
X es mayor o igual a 4.	$X \geq 4$
X es como máximo 4.	$X \leq 4$
El máximo de *X* es 4.	$X \leq 4$
X no es más que 4.	$X \leq 4$
X es menor o igual a 4.	$X \leq 4$
X no excede de 4.	$X \leq 4$
X es mayor que 4.	$X > 4$
X es más de 4.	$X > 4$
X supera a 4.	$X > 4$
X es inferior a 4.	$X < 4$
Hay menos *X* que 4.	$X < 4$
X es 4.	$X = 4$
X es igual a 4.	$X = 4$
X es igual a 4.	$X = 4$
X no es 4.	$X \neq 4$
X no es igual a 4.	$X \neq 4$
X no es igual a 4.	$X \neq 4$
X es diferente de 4.	$X \neq 4$

Tabla F1

Fórmulas

Fórmula 1: Factorial

$n! = n(n-1)(n-2)\ldots(1)$

$0! = 1$

Fórmula 2: Combinaciones

$\binom{n}{r} = \frac{n!}{(n-r)!r!}$

Fórmula 3: Distribución binomial

$X \sim B(n, p)$

$P(X = x) = \binom{n}{x} p^x q^{n-x}$, para $x = 0, 1, 2, \ldots, n$

Fórmula 4: Distribución geométrica

$X \sim G(p)$

$P(X = x) = q^{x-1} p$, para $x = 1, 2, 3, \ldots$

Fórmula 5: Distribución hipergeométrica

$X \sim H(r, b, n)$

$P(X = x) = \left(\frac{\binom{r}{x}\binom{b}{n-x}}{\binom{r+b}{n}} \right)$

Fórmula 6: Distribución de Poisson

$X \sim P(\mu)$

$P(X = x) = \frac{\mu^x e^{-\mu}}{x!}$

Fórmula 7: Distribución uniforme

$X \sim U(a, b)$

$e(X) = \frac{1}{b-a}, a < x < b$

Fórmula 8: Distribución exponencial

$X \sim Exp(m)$

$e(x) = me^{-mx} m > 0, x \geq 0$

Fórmula 9: Distribución normal

$X \sim N(\mu, \sigma^2)$

$e(x) = \frac{1}{\sigma\sqrt{2\pi}} e^{\frac{-(x-\mu)^2}{2\sigma^2}}, \quad -\infty < x < \infty$

Fórmula 10: Función gama

$$\Gamma(z) = \int_{\infty}^{0} x^{z-1} e^{-x} dx \; z > 0$$

$\Gamma\left(\frac{1}{2}\right) = \sqrt{\pi}$

$\Gamma(m+1) = m!$ para m, un número entero no negativo

de otro modo: $\Gamma(a+1) = a\Gamma(a)$

Fórmula 11: Distribución *t* de Student

$X \sim t_{de}$

$$e(x) = \frac{\left(1+\frac{x^2}{n}\right)^{\frac{-(n+1)}{2}} \Gamma\left(\frac{n+1}{2}\right)}{\sqrt{n\pi}\,\Gamma\left(\frac{n}{2}\right)}$$

$$X = \frac{Z}{\sqrt{\frac{Y}{n}}}$$

$Z \sim N(0,1)$, $Y \sim X^2_{de}$, n = grados de libertad

Fórmula 12: Distribución chi-cuadrado

$X \sim X^2_{de}$

$e(x) = \dfrac{x^{\frac{n-2}{2}} e^{\frac{-x}{2}}}{2^{\frac{n}{2}} \Gamma\left(\frac{n}{2}\right)}$, $x > 0$, n = número entero positivo y grados de libertad

Fórmula 13: Distribución F

$X \sim F_{de(n),de(d)}$

$de(n)$ =grados de libertad para el numerador

$de(d)$ =grados de libertad para el denominador

$$e(x) = \frac{\Gamma(\frac{u+v}{2})}{\Gamma(\frac{u}{2})\Gamma(\frac{v}{2})} (\tfrac{u}{v})^{\frac{u}{2}} x^{(\frac{u}{2}-1)} [1 + (\tfrac{u}{v}) x^{-0,5(u+v)}]$$

$X = \frac{Y_u}{W_v}$, Y, W son chi-cuadrado

Símbolos y su significado

Capítulo (1er uso)	Símbolo	Se pronuncia	Significado
Muestreo y datos	$\sqrt{\;}$	La raíz cuadrada de	igual
Muestreo y datos	π	Pi	3,14159... (un número específico)
Estadística descriptiva	Q_1	Cuartil uno	el primer cuartil

Tabla F2 Símbolos y su significado

Capítulo (1er uso)	Símbolo	Se pronuncia	Significado
Estadística descriptiva	Q_2	Cuartil dos	el segundo cuartil
Estadística descriptiva	Q_3	Cuartil tres	el tercer cuartil
Estadística descriptiva	IQR	rango intercuartil	$Q_3 - Q_1 = IQR$
Estadística descriptiva	$\overline{x}$	barra de x	media muestral
Estadística descriptiva	μ	mu	media de la población
Estadística descriptiva	**s** s_x sx	s	desviación típica de la muestra
Estadística descriptiva	s^2 s_x^2	s al cuadrado	varianza de la muestra
Estadística descriptiva	σ σ_x σx	sigma	desviación típica de la población
Estadística descriptiva	σ^2 σ_x^2	sigma al cuadrado	varianza de la población
Estadística descriptiva	Σ	sigma mayúscula	suma
Temas de probabilidad	{ }	corchetes	notación de conjunto
Temas de probabilidad	S	S	espacio muestral
Temas de probabilidad	A	Evento A	evento A
Temas de probabilidad	$P(A)$	probabilidad de A	probabilidad de que ocurra A
Temas de probabilidad	$P(A\|B)$	probabilidad de A dado que B	probabilidad de que ocurra A dado que ha ocurrido B
Temas de probabilidad	$P(A \text{ O } B)$	probabilidad de A o B	probabilidad de que se produzca A o B o ambos
Temas de probabilidad	$P(A \text{ Y } B)$	probabilidad de A y B	probabilidad de que ocurran tanto A como B (al mismo tiempo)

Tabla F2 Símbolos y su significado

Capítulo (1er uso)	Símbolo	Se pronuncia	Significado
Temas de probabilidad	A'	A prima, complemento de A	complemento de A, no A
Temas de probabilidad	$P(A')$	probabilidad de complemento de A	igual
Temas de probabilidad	G_1	verde en la primera selección	igual
Temas de probabilidad	$P(G_1)$	probabilidad de verde en la primera selección	igual
Variables aleatorias discretas	*PDF*	función de distribución de probabilidad	igual
Variables aleatorias discretas	X	X	la variable aleatoria X
Variables aleatorias discretas	$X\sim$	la distribución de X	igual
Variables aleatorias discretas	B	distribución binomial	igual
Variables aleatorias discretas	G	distribución geométrica	igual
Variables aleatorias discretas	H	distribución hipergeométrica	igual
Variables aleatorias discretas	P	Distribución de Poisson	igual
Variables aleatorias discretas	λ	Lambda	promedio de la distribución de Poisson
Variables aleatorias discretas	$\geq$	mayor que o igual a	igual
Variables aleatorias discretas	$\leq$	menor que o igual a	igual
Variables aleatorias discretas	$=$	igual a	igual
Variables aleatorias discretas	$\neq$	no es igual a	igual
Variables aleatorias continuas	$f(x)$	f de x	función de x

Tabla F2 Símbolos y su significado

Capítulo (1er uso)	Símbolo	Se pronuncia	Significado
Variables aleatorias continuas	*pdf*	probabilidad de función de densidad	igual
Variables aleatorias continuas	*U*	distribución uniforme	igual
Variables aleatorias continuas	*Exp*	distribución exponencial	igual
Variables aleatorias continuas	k	k	valor crítico
Variables aleatorias continuas	$f(x) =$	f de x es igual a	igual
Variables aleatorias continuas	m	m	tasa de decaimiento (para la dist. exp.)
La distribución normal	N	distribución normal	igual
La distribución normal	z	puntuación z	igual
La distribución normal	Z	dist. normal estándar	igual
El teorema del límite central	*CLT*	Teorema del límite central	igual
El teorema del límite central	$\overline{X}$	Barra de X	la variable aleatoria de la barra de X
El teorema del límite central	μ_x	media de X	el promedio de X
El teorema del límite central	$\mu_{\overline{x}}$	media de barra x	el promedio de barra x
El teorema del límite central	σ_x	desviación típica de X	igual
El teorema del límite central	$\sigma_{\overline{x}}$	desviación típica de barra X	igual
El teorema del límite central	ΣX	suma de X	igual
El teorema del límite central	Σx	suma de x	igual

Tabla F2 Símbolos y su significado

Capítulo (1er uso)	Símbolo	Se pronuncia	Significado
Intervalos de confianza	CL	nivel de confianza	igual
Intervalos de confianza	CI	intervalo de confianza	igual
Intervalos de confianza	EBM	límite de error para una media	igual
Intervalos de confianza	EBP	límite de error para una proporción	igual
Intervalos de confianza	t	Distribución *t* de Student	igual
Intervalos de confianza	df	grados de libertad	igual
Intervalos de confianza	$t_{\frac{\alpha}{2}}$	t de Student con área *a*/2 en la cola derecha	igual
Intervalos de confianza	p'; $\widehat{p}$	*p* prima; estimador de *p*	proporción de aciertos de la muestra
Intervalos de confianza	q'; $\widehat{q}$	*q* prima; estimador de *q*	proporción de fallos de la muestra
Prueba de hipótesis	H_0	*H*-nada, *H*-sub 0	hipótesis nula
Prueba de hipótesis	H_a	*H*-*a*, *H*-sub *a*	hipótesis alterna
Prueba de hipótesis	H_1	*H*-1, *H*-sub 1	hipótesis alterna
Prueba de hipótesis	α	alfa	probabilidad de error tipo I
Prueba de hipótesis	β	beta	probabilidad de error tipo II
Prueba de hipótesis	$\overline{X1}-\overline{X2}$	Barra de *X*1 menos barra de *X*2	diferencia en las medias muestrales
Prueba de hipótesis	$\mu_1-\mu_2$	*mu*-1 menos *mu*-2	diferencia de medias de la población
Prueba de hipótesis	$P'_1-P'_2$	*P*1-primo menos *P*2-primo	diferencia en las proporciones de la muestra
Prueba de hipótesis	p_1-p_2	*p*1 menos *p*2	diferencia en las proporciones de la población
Distribución chi-cuadrado	X^2	*Ky*-cuadrado	chi-cuadrado
Distribución chi-cuadrado	O	Observado	Frecuencia observada

Tabla F2 Símbolos y su significado

Capítulo (1er uso)	Símbolo	Se pronuncia	Significado
Distribución chi-cuadrado	E	Esperado	Frecuencia esperada
Regresión lineal y correlación	$y = a + bx$	y es igual a a más b–x	ecuación de una línea
Regresión lineal y correlación	$\hat{y}$	estimador de y	valor estimado de y
Regresión lineal y correlación	r	coeficiente de correlación	igual
Regresión lineal y correlación	ε	error	igual
Regresión lineal y correlación	SSE	Suma de errores al cuadrado	igual
Regresión lineal y correlación	1,9s	1,9 veces s	valor de corte para los valores atípicos
Distribución F y ANOVA	F	Cociente F	Cociente F

Tabla F2 Símbolos y su significado

G NOTAS PARA LAS CALCULADORAS TI-83, 83+, 84 Y 84+

Consejos rápidos

Leyenda

- [ ] representa la pulsación de un botón
- [ ] representa el comando amarillo o la letra verde detrás de una tecla
- < > representa elementos en la pantalla

Para ajustar el contraste

Pulse 2nd y, a continuación, mantenga pulsada la ▲ para aumentar el contraste o la ▼ para disminuir el contraste.

Para escribir letras y palabras en mayúsculas

Pulse ALPHA para escribir una letra mayúscula, o pulse la 2nd , entonces ALPHA para establecer todas los botones pulsados en mayúsculas. Puede volver a los valores del botón del nivel superior pulsando la ALPHA de nuevo.

Para corregir un error

Si se equivoca de botón, solo tiene que pulsar la CLEAR y empezar de nuevo.

Para escribir en notación científica
Los números en notación científica se expresan en la TI-83, 83+, 84 y 84+ utilizando la notación E, de forma que...

- 4,321 E 4 = $40{,}321 \times 10^4$
- 4,321 E –4 = $40{,}321 \times 10^{-4}$

Para transferir programas o ecuaciones de una calculadora a otra:

Ambas calculadoras: Inserte el extremo correspondiente del cable de enlace y pulse la 2nd , luego `[LINK]`.

Calculadora que recibe la información:

1. Utilice las flechas para navegar y seleccionar <RECEIVE>
2. Pulse ENTER .

Calculadora que envía la información:

1. Pulse el número o la letra correspondiente.
2. Utilice las flechas hacia arriba y hacia abajo para acceder al elemento correspondiente.
3. Pulse ENTER para seleccionar el elemento a transferir.
4. Pulse la flecha derecha para navegar y seleccionar <TRANSMIT>.
5. Pulse ENTER .

Nota

ERROR 35 LINK significa generalmente que los cables no se han conectado correctamente.

Ambas calculadoras: Inserte su extremo correspondiente del cable de enlace en ambas calculadoras: pulse la 2nd , luego `[QUIT]` para salir cuando haya terminado.

Manipulación de estadísticas con una sola variable

Nota

Estas instrucciones son para introducir datos con el programa estadístico incorporado.

Datos	Frecuencia
-2	10
-1	3
0	4
1	5
3	8

Tabla G1 Datos de la muestra Estamos manipulando estadísticas de una variable.

Para comenzar:

1. Encienda la calculadora
   ON
2. Acceda a modo estadística.
   STAT
3. Seleccione <4:ClrList> para borrar los datos de las listas.
   4 , ENTER
4. Ingrese la lista [L1] que va a eliminar.
   2nd , [L1] , ENTER
5. Pida mostrar la última instrucción.
   2nd , [ENTRY]
6. Continúe borrando las listas restantes de la misma manera si lo desea.
   ◀ , 2nd , [L2] , ENTER
7. Acceda a modo estadística.
   STAT
8. Seleccione <1:Edit . . .>
   ENTER
9. Introduzca los datos. Los valores de los datos van a [L1]. (Es posible que tenga que moverse con la fecha hacia [L1]).
   - Escriba un valor de datos e introdúzcalo. (Para los números negativos, utilice la teclanegativo (-) situada en la parte inferior del teclado).

(−) , 9 , ENTER

- Continúe de la misma manera hasta introducir todos los valores de los datos.

10. En `[L2]`, introduzca las frecuencias de cada valor de los datos en `[L1]`.
    - Escriba una frecuencia e introdúzcala. (Si un valor de datos aparece solo una vez, la frecuencia es "1")

      4 , ENTER

    - Continúe de la misma manera hasta introducir todos los valores de los datos.
11. Acceda a modo estadística.

    STAT

12. Navegue hasta <CALC>.
13. Acceda a <`1:1-var Stats`>

    ENTER

14. Indique que los datos están en `[L1]`...

    2nd , [L1] , ,

15. ...e indique que las frecuencias están en `[L2]`

    2nd , [L2] , ENTER

16. Deberían aparecer las estadísticas. Puede bajar la flecha para obtener las estadísticas restantes. Repita la operación si es necesario.

Dibujar histogramas

Nota

Suponemos que ya se introdujeron los datos.

Construiremos dos histogramas con la aplicación incorporada STATPLOT. La primera forma utilizará el ZOOM por defecto. La segunda forma implicará la personalización de un nuevo gráfico.

1. Acceda a modo para graficar.

   2nd , [STAT PLOT]

2. Seleccione <`1:plot 1`> para acceder al trazado - primer gráfico.

   ENTER

3. Utilice las flechas para ir a <ON> para cambiar a Plot 1

   <ON> , ENTER

4. Utilice las flechas para ir a la imagen del histograma y seleccione el histograma. ENTER
5. Use las flechas para navegar a <`Xlist`>.
6. Si "L1" no está seleccionado, selecciónelo.

   2nd , [L1] , ENTER

7. Use las flechas para navegar a <`Freq`>.
8. Asigne las frecuencias a `[L2]`

   2nd , [L2] , ENTER

9. Regrese para acceder a otros gráficos.

2nd, [STAT PLOT]

10. Use las flechas para desactivar los diagramas restantes.
11. **Asegúrese de desmarcar o borrar todas las ecuaciones antes de hacer el gráfico.**

Para anular la selección de ecuaciones:

1. Acceda a la lista de ecuaciones.
   Y=
2. Seleccione cada signo de igual (=).
   ▼ ▶ ENTER
3. Continúe hasta deseleccionar todas las ecuaciones.

Para borrar las ecuaciones:

1. Acceda a la lista de ecuaciones.
   Y=
2. Utilice las teclas de flecha para desplazarse a la derecha de cada signo de igual (=) y borrarlos.
   ▼ ▶ CLEAR
3. Repita la operación hasta eliminar todas las ecuaciones.

Para dibujar el histograma por defecto:

1. Acceda al menú ZOOM.
   ZOOM
2. Seleccione <9:ZoomStat>
   9
3. El histograma se mostrará con una ventana que se fija automáticamente.

Para dibujar un histograma personalizado:

1. Acceda al modo de ventana para ajustar los parámetros del gráfico.
   WINDOW
2.
   - $X_{\min} = -2{,}5$
   - $X_{\max} = 3{,}5$
   - $X_{scl} = 1$ (anchura de las barras)
   - $Y_{\min} = 0$
   - $Y_{\max} = 10$
   - $Y_{scl} = 1$ (espaciado de las marcas de verificación en el eje *y*)
   - $X_{res} = 1$
3. Acceda al modo de gráficos para ver el histograma.
   GRAPH

Para dibujar diagramas de caja y bigotes:

1. Acceda a modo para graficar.
   2nd, [STAT PLOT]
2. Seleccione <1:Plot 1> para acceder al primer gráfico
   ENTER
3. Utilice las flechas para seleccionar <ON> y active Plot 1.
   ENTER

4. Utilice las flechas para seleccionar el diagrama de caja y bigotes y habilitarlo.
   ENTER
5. Use las flechas para navegar a <Xlist>.
6. Si "L1" no está seleccionado, selecciónelo.
   2nd , [L1] , ENTER
7. Use las flechas para navegar a <Freq>.
8. Indique que las frecuencias están en [L2]
   2nd , [L2] , ENTER
9. Regrese para acceder a otros gráficos.
   2nd , [STAT PLOT]
10. **Asegúrese de deseleccionar o borrar todas las ecuaciones antes de hacer el gráfico** utilizando el método mencionado anteriormente.
11. Vea el diagrama de caja y bigotes.
   GRAPH , [STAT PLOT]

Regresión lineal

Datos de la muestra

Los siguientes datos son reales. El porcentaje de estudiantes declarados como minorías étnicas en el De Anza College para los años seleccionados de 1970 a 1995 fue:

Año	Porcentaje de estudiantes de minorías étnicas
1970	14,13
1973	12,27
1976	14,08
1979	18,16
1982	27,64
1983	28,72
1986	31,86
1989	33,14
1992	45,37
1995	53,1

Tabla G2 La variable independiente es "Año", mientras que la variable independiente es "Porcentaje de estudiantes de minorías étnicas".

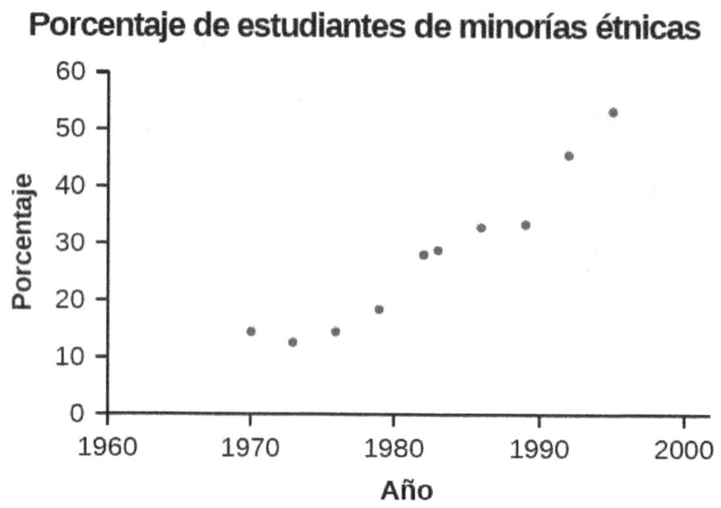

Figura G1 **Porcentaje de estudiantes de minorías étnicas** A mano, verifique el diagrama de dispersión anterior.

Nota

La TI-83 incorpora una función de regresión lineal que permite editar los datos. Los valores *x* estarán en `[L1]`; los valores *y* en `[L2]`.

Para introducir datos y hacer una regresión lineal:

1. Encienda la calculadora con ON.
   ON
2. Antes de acceder a este programa, asegúrese de cerrar todos los gráficos.
   - Acceda a modo para graficar.
     2nd, `[STAT PLOT]`
   - Cierre todos los gráficos.
     4, ENTER
3. Redondee a tres decimales. Para ello:
   - Acceda al menú de modo.
     MODE, `[STAT PLOT]`
   - Navegue hasta <`Float`> y luego a la derecha a <3>
     ▼ ▶
   - Todas las cifras se redondearán a tres decimales hasta que se modifiquen.
     ENTER
4. Entre en el modo de estadísticas y borre las listas `[L1]` y `[L2]` como se describió anteriormente.
   STAT, 4
5. Entre en el modo de edición para insertar los valores de *x* y *y*.
   STAT, ENTER
6. Introduzca cada valor. Pulse ENTER para continuar.

Para mostrar el coeficiente de correlación:

1. Acceda al catálogo.
   [2nd], [CATALOG]
2. Flecha hacia abajo y seleccione <DiagnosticOn>
   [▼] ..., [ENTER], [ENTER]
3. r y r^2 se mostrarán durante los cálculos de regresión.
4. Acceda a la regresión lineal
   [STAT] [▶]
5. Seleccione la forma de $y = a + bx$.
   [8], [ENTER]

La pantalla mostrará:

LinReg

- $y = a + bx$
- $a = –3176,909$
- $b = 1,617$
- $r = 2$ 0,924
- $r = 0,961$

Esto significa que la línea de mejor ajuste (línea de mínimos cuadrados) es

- y = -3176,909 + 1,617x
- Porcentaje = -3176,909 + 1,617 (N.° de año)

El coeficiente de correlación $r = 0,961$

Para ver el diagrama de dispersión:

1. Acceda a modo para graficar.
   [2nd], [STAT PLOT]
2. Seleccione <1:plot 1> Para acceder al trazado - primer gráfico.
   [ENTER]
3. Navegue y seleccione <ON> para cambiar a Plot 1
   <ON> [ENTER]
4. Navegue hasta la primera imagen.
5. Seleccione el diagrama de dispersión
   [ENTER]
6. Navegue hasta <Xlist>.
7. Si [L1] no está seleccionada, pulse la [2nd], [L1] para hacerlo.
8. Confirme que los valores de los datos estén en [L1]
   <ON> [ENTER]
9. Navegue hasta <Ylist>.
10. Seleccione que las frecuencias estén en [L2]
    [2nd], [L2], [ENTER]
11. Regrese para acceder a otros gráficos.

2nd, [STAT PLOT]

12. Use las flechas para desactivar los diagramas restantes.
13. Acceda al modo de ventana para ajustar los parámetros del gráfico.

    WINDOW

    - $X_{\min} = 1970$
    - $X_{\max} = 2000$
    - $X_{scl} = 10$ (espaciado de las marcas de verificación en el eje *x*)
    - $Y_{\min} = -0{,}05$
    - $Y_{\max} = 60$
    - $Y_{scl} = 10$ (espaciado de las marcas de verificación en el eje *y*)
    - $X_{res} = 1$

14. Asegúrese de desmarcar o borrar todas las ecuaciones antes de hacer el gráfico siguiendo las instrucciones anteriores.
15. Pulse el botón graph para ver el diagrama de dispersión. **GRAPH**

Para ver el gráfico de regresión:

1. Acceda al menú de ecuaciones. La ecuación de regresión se pondrá en Y1.

   Y=

2. Acceda al menú vars y navegue hasta <5: Statistics>

   VARS, **5**

3. Navegue hasta <EQ>.
4. <1: RegEQ> contiene la ecuación de regresión que se introducirá en Y1.

   ENTER

5. Pulse el botón del modo graficar. La línea de regresión se superpondrá al diagrama de dispersión

   GRAPH

Para ver los residuos y utilizarlos para calcular el punto crítico de un valor atípico:

1. Acceda a la lista. RESID será un elemento del menú. Navegue hasta ese elemento.

   2nd, [LISTA], <RESID>

2. Confirme dos veces para ver la lista de residuos. Utilice las flechas para seleccionarlos.

   ENTER, **ENTER**

3. El punto crítico para un valor atípico es: $1{,}9\sqrt{\frac{\mathrm{SSE}}{n-2}}$ donde:
   - n = número de pares de datos
   - SSE = suma de errores cuadrados (sum of squared errors)
   - $\sum \text{residual}^2$

4. Almacene los residuos en [L3]

   STO►, **2nd**, [L3], **ENTER**

5. Calcule el $\frac{(\text{residuo})^2}{n-2}$. Observe que $n-2=8$

   2nd, [L3], **x²**, **÷**, **8**

6. Almacene este valor en [L4]

   STO►, **2nd**, [L4], **ENTER**

7. Calcule el valor crítico utilizando la ecuación anterior.

1, ., 9, X, 2nd, [V], 2nd, [LISTA] ▶, ▶, 5, 2nd, [L4],),), ENTER

8. Compruebe que la calculadora muestre: 7,642669563. Este es el valor crítico.
9. Compare el valor absoluto de cada valor residual en [L3] con 7,64. Si el valor absoluto es superior a 7,64, el punto (X, y) correspondiente es un valor atípico. En este caso, ninguno de los puntos es un valor atípico.

Para obtener estimaciones de *y* para varios valores de *x*:
Hay varias formas de determinar las estimaciones de "*y*". Una forma es sustituir los valores de "*x*" en la ecuación. Otra forma es utilizar la TRACE en el gráfico de la línea de regresión.

Instrucciones para distribuciones y pruebas en la TI-83, 83+, 84, 84+

Distribuciones

Acceda a `DISTR` (para "Distribuciones").

Para obtener asistencia técnica, visite el sitio web de Texas Instruments en http://www.ti.com (http://www.ti.com) e introduzca su modelo de calculadora en la casilla "search" (búsqueda).

Distribución binomial

- `binompdf(n,p,x)` corresponde a $P(X = x)$
- `binomcdf(n,p,x)` corresponde a $P(X \leq x)$
- Para ver una lista de todas las probabilidades de *x*: 0, 1, . . . , *n*, omita el parámetro "*x*".

Distribución de Poisson

- `poissonpdf(λ,x)` corresponde a $P(X = x)$
- `poissoncdf(λ,x)` corresponde a $P(X \leq x)$

Distribuciones continuas (en general)

- $-\infty$ utiliza el valor -1EE99 para el límite izquierdo
- ∞ utiliza el valor 1EE99 para el límite derecho

Distribución normal

- `normalpdf(x,μ,σ)` produce un valor de la función de densidad de probabilidad (solo es útil para trazar la curva normal, en cuyo caso "*x*" es la variable)
- `normalcdf(left bound, right bound, μ, σ)` corresponde a *P*(límite izquierdo < *X* < límite derecho)
- `normalcdf(left bound, right bound)` corresponde a *P*(límite izquierdo < *Z* < límite derecho) - normal estándar
- `invNorm(p,μ,σ)` da el valor crítico, *k*: $P(X < k) = p$
- `invNorm(p)` da el valor crítico, *k*: $P(Z < k) = p$ para la normal estándar

Distribución *t* de Student

- `tpdf(x,df)` produce el valor de la función de densidad de probabilidad (solo para trazar la curva *t* de Student, en cuyo caso "*x*" es la variable)
- `tcdf(límite izquierdo, límite derecho, df)` corresponde a *P*(límite izquierdo < *t* < límite derecho)

Distribución chi-cuadrado

- `X²pdf(x,df)` produce el valor de la función de densidad de probabilidad (solo para trazar la curva chi2, en cuyo caso "*x*" es la variable)
- `X²cdf(left bound, right bound, df)` corresponde a *P*(límite izquierdo < X^2 < límite derecho)

Distribución F

- `Fpdf(x,dfnum,dfdenom)` produce el valor de la función de densidad de probabilidad (solo para trazar la curva *F*, en cuyo caso "*x*" es la variable)
- `Fcdf(left bound,right bound,dfnum,dfdenom)` corresponde a *P*(límite izquierdo < *F* < límite derecho)

Pruebas e intervalos de confianza

Acceda a STAT y TESTS.

Para los intervalos de confianza y las pruebas de hipótesis, puede introducir los datos en las listas correspondientes y pulsar DATA para que la calculadora halle las medias muestrales y las desviaciones típicas, o puede introducir directamente las medias muestrales y las desviaciones típicas pulsando STAT una vez en las pruebas correspondientes.

Intervalos de confianza

- `ZInterval` es el intervalo de confianza para la media cuando se conoce σ.
- `TInterval` es el intervalo de confianza para la media cuando σ es desconocida; *s* estima σ.
- `1-PropZInt` es el intervalo de confianza de la proporción.

Nota

Los niveles de confianza deben indicarse en porcentajes (por ejemplo, introduzca "95" o "0,95" para un nivel de confianza del 95 %).

Pruebas de hipótesis

- `Z-Test` es la prueba de hipótesis para una sola media cuando se conoce σ.
- `T-Test` es la prueba de hipótesis para una sola media cuando σ es desconocida; *s* estima σ.
- `2-SampZTest` es la prueba de hipótesis para dos medias independientes cuando se conocen ambas σ.
- `2-SampTTest` es la prueba de hipótesis para dos medias independientes cuando ambas σ son desconocidas.
- `1-PropZTest` es la prueba de hipótesis para una sola proporción.
- `2-PropZTest` es la prueba de hipótesis para dos proporciones.
- X^2`-Test` es la prueba de hipótesis de independencia.
- X^2`GOF-Test` es la prueba de hipótesis de bondad de ajuste (solo en la TI-84+).
- `LinRegTTEST` es la prueba de hipótesis para la Regresión Lineal (solo en la TI-84+).

Nota

Introduzca el valor de la hipótesis nula en la fila de abajo "Inpt." En una prueba de una sola media, "μ∅" representa la hipótesis nula. En una prueba de una sola proporción, "p∅" representa la hipótesis nula. Introduzca la hipótesis alternativa en la fila inferior.

H TABLAS

Este módulo contiene enlaces a las tablas de los sitios gubernamentales utilizados en las estadísticas.

Tablas (NIST/SEMATECH e-Handbook of Statistical Methods, http://www.itl.nist.gov/div898/handbook/, 3 de enero de 2009)

- Tabla de *t* de Student (http://www.itl.nist.gov/div898/handbook/eda/section3/eda3672.htm)
- Tabla normal (http://www.itl.nist.gov/div898/handbook/eda/section3/eda3671.htm)
- Tabla de chi-cuadrado (http://www.itl.nist.gov/div898/handbook/eda/section3/eda3674.htm)
- Mesa F (http://www.itl.nist.gov/div898/handbook/eda/section3/eda3673.htm)
- Se puede acceder a las cuatro tablas (http://www.itl.nist.gov/div898/handbook/eda/section3/eda367.htm) entrando en

Valores críticos al 95 % de la tabla de coeficientes de correlación de la muestra

- Valores críticos al 95 % del coeficiente de correlación muestral

Índice

Símbolos

A

B

C

D

E

F

G

H

I

J

L

M

N

P

R

S

T

U

V

Z